Chemie für Biologen

Hans Peter Latscha · Uli Kazmaier

Chemie für Biologen

4. Auflage

 Springer Spektrum

Hans Peter Latscha
früher Institut für Anorganische Chemie
Universität Heidelberg
Heidelberg, Deutschland

Uli Kazmaier
Institut für Organische Chemie
Universität des Saarlandes
Saarbrücken, Deutschland

ISBN 978-3-662-47783-0   ISBN 978-3-662-47784-7 (eBook)
DOI 10.1007/978-3-662-47784-7

Die Deutsche Nationalbibliothek verzeichnet diese Publikation in der Deutschen Nationalbibliografie; detaillierte bibliografische Daten sind im Internet über http://dnb.d-nb.de abrufbar.

Springer Spektrum
© Springer-Verlag Berlin Heidelberg 2002, 2004, 2008, 2016

Gedruckt auf säurefreiem und chlorfrei gebleichtem Papier.

Springer-Verlag GmbH Berlin Heidelberg ist Teil der Fachverlagsgruppe Springer Science+Business Media
(www.springer.com)

Vorwort zur vierten Auflage

Im Rahmen der vierten Auflage wurde der Text korrigiert und didaktisch überarbeitet. Es wurden Ergänzungen und Verbesserungen im Detail vorgenommen. Im Organischen Teil wurde der Fokus verstärkt auf biologierelevante Themen gelegt. Neben dem Vorkommen verschiedener Klassen von Naturstoffen wird ihre „typische Chemie" besprochen. Auch wurde ein neues Kapitel über wichtige Medikamente eingefügt.

Die einzelnen Teile (Lernblöcke) können unabhängig voneinander benutzt werden. Vermeintlich Überflüssiges kann vom Benutzer selbst gestrichen werden, ohne dass Nachteile für das Verständnis anderer Teile entstehen. Dies gilt besonders für die sog. *Stoffchemie*.

Auf analytische Methoden und spezielle bioanorganische Aspekte wurde bewusst verzichtet. Beide Bereiche haben sich zu umfangreichen Spezialgebieten entwickelt, denen auch im Lehrplan eigenständige Veranstaltungen gewidmet sind.

Auf der Produktseite des Buches (siehe http://www.springer.com/de/book/9783662477830) findet der Benutzer eine umfangreiche Sammlung von *Fragen/ Aufgaben* mit *Antworten/Lösungen*.

Wir hoffen, dass damit unseren Leserinnen und Lesern die Einarbeitung des chemischen Grundwissens wesentlich erleichtert wird.

Besonderen Dank schulden wir Frau *Stefanie Wolf* und Frau *Sabine Bartels* vom Springer-Verlag für die tatkräftige Unterstützung unseres Projekts.

Heidelberg, Saarbrücken, H. P. LATSCHA
im Juli 2015 U. KAZMAIER

Inhaltsverzeichnis

Teil I
Allgemeine Chemie

Chemische Elemente und chemische Grundgesetze

1

Die Chemie ist eine naturwissenschaftliche Disziplin. Sie befasst sich mit der Zusammensetzung, Charakterisierung und Umwandlung von Materie. Unter Materie wollen wir dabei alles verstehen, was Raum einnimmt und Masse besitzt. Hierzu gehören auch die Organismen.

Die übliche Einteilung der Materie zeigt Abb. 1.1.

▶ Die chemischen Elemente sind Grundstoffe, die mit chemischen Methoden nicht weiter zerlegt werden können.

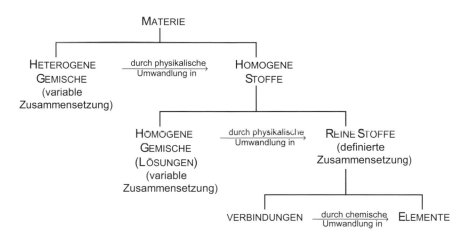

Abb. 1.1 Einteilung der Materie

© Springer-Verlag Berlin Heidelberg 2016

H.P. Latscha, U. Kazmaier, *Chemie für Biologen*, DOI 10.1007/978-3-662-47784-7_1

1.1 Chemische Elemente

Die **Elemente** lassen sich unterteilen in **Metalle** (z. B. Eisen, Aluminium), **Nichtmetalle** (z. B. Kohlenstoff, Wasserstoff, Schwefel) und sog. **Halbmetalle** (z. B. Arsen, Antimon), die weder ausgeprägte Metalle noch Nichtmetalle sind.

Zurzeit kennt man etwa 117 chemische Elemente. Davon zählen 20 zu den Nichtmetallen und 7 zu den Halbmetallen, die restlichen sind Metalle. Bei 20 °C sind von 92 natürlich vorkommenden Elementen **11 Elemente gasförmig** (Wasserstoff, Stickstoff, Sauerstoff, Chlor, Fluor und die 6 Edelgase), **2 flüssig** (Quecksilber und Brom) und **79 fest**. Die Elemente werden durch die Anfangsbuchstaben ihrer latinisierten Namen gekennzeichnet. *Beispiele:* Wasserstoff H (Hydrogenium), Sauerstoff O (Oxygenium), Gold Au (Aurum).

1.1.1 Verbreitung der Elemente

Die Elemente sind auf der Erde und in Organismen sehr unterschiedlich verbreitet. Einige findet man häufig, oft jedoch nur in geringer Konzentration. Andere Elemente sind weniger häufig, treten aber in höherer Konzentration auf.

Tab. 1.1 Verbreitung der Elemente

Elemente	In Luft, Meeren und zugänglichen Teilen der festen Erdrinde	Im menschlichen Körper
	Massenanteil in %	
Sauerstoff	49,4	65,0
Silicium	25,8	
Kohlenstoff		18,5
Summe:	**75,2**	
Aluminium	7,5	
Eisen	4,7	
Calcium	3,4	1,5
Natrium	2,6	0,2
Kalium	2,4	0,4
Magnesium	1,9	0,1
Summe:	**97,7**	
Wasserstoff	0,9	9,5
Titan	0,58	
Chlor	0,19	
Phosphor	0,12	0,2
Kohlenstoff	0,08	1,0
Stickstoff	0,03	3,3
Summe:	**99,6**	
Alle übrigen Elemente	0,4	
Summe:	**100**	

Eine Übersicht über die Häufigkeit der Elemente auf der Erde und im menschlichen Körper als Beispiel für einen Organismus zeigt Tab. 1.1.

Ein **Organismus** braucht zum Leben etwa *25* chemische Elemente. **Kohlenstoff** (C), **Sauerstoff** (O), **Wasserstoff** (H) und **Stickstoff** (N) machen etwa 96 % der Masse eines lebenden **Organismus** aus. Der Rest besteht aus Phosphor (P), Schwefel (S), Calcium (Ca), Kalium (K) und einigen weiteren Elementen.

Die **Spurenelemente** wie Cu, Co, Cr, Fe, F, I, Mo, Si, Sn, Zn, Se, Mn werden nur in winzigen Mengen und je nach Art des Organismus in sehr unterschiedlichen Mengen benötigt.

1.2 Chemische Grundgesetze

Schon recht früh versuchte man eine Antwort auf die Frage zu finden, in welchen Volumen- oder Massenverhältnissen sich Elemente bei einer chemischen Umsetzung (Reaktion) vereinigen.

Die quantitative Auswertung von Gasreaktionen und Reaktionen von Metallen mit Sauerstoff ergab, dass bei chemischen Umsetzungen die Masse der Ausgangsstoffe (Edukte) gleich der Masse der Produkte ist, dass also die Gesamtmasse der Reaktionspartner im Rahmen der Messgenauigkeit erhalten bleibt.

1.2.1 Gesetz von der Erhaltung der Masse

Das Gesetz von der Erhaltung der Masse wurde 1785 von *Lavoisier* ausgesprochen. Die Einstein'sche Beziehung $E = m \cdot c^2$ zeigt, dass das Gesetz ein Grenzfall des Prinzips von der Erhaltung der Energie ist.

▶ Bei einer chemischen Reaktion ist die Masse der Produkte gleich der Masse der Ausgangsstoffe (Edukte).

Weitere Versuchsergebnisse sind das Gesetz der konstanten Proportionen (*Proust*, 1799) und das Gesetz der multiplen Proportionen (*Dalton*, 1803).

1.2.2 Gesetz der konstanten Proportionen

▶ Chemische Elemente vereinigen sich in einem konstanten Massenverhältnis.

Wasserstoffgas und Sauerstoffgas vereinigen sich bei Zündung stets in einem Massenverhältnis von 1 : 7,936, unabhängig von der Menge der beiden Gase.

1.2.3 Gesetz der multiplen Proportionen

▶ Die Massenverhältnisse von zwei Elementen, die sich zu verschiedenen chemischen Substanzen vereinigen, stehen zueinander im Verhältnis einfacher ganzer Zahlen.

Beispiel Die Elemente Stickstoff und Sauerstoff bilden miteinander verschiedene Produkte (NO, NO_2; N_2O; N_2O_3; N_2O_5). Die Massenverhältnisse von Stickstoff und Sauerstoff verhalten sich in diesen Substanzen wie $1:1$; $1:2$; $2:1$; $2:3$; $2:5$.

1.2.4 Chemisches Volumengesetz

Auskunft über Volumenänderungen gasförmiger Reaktionspartner bei chemischen Reaktionen gibt das von *Gay-Lussac* (1808) formulierte chemische Volumengesetz.

▶ Das Volumenverhältnis gasförmiger, an einer chemischen Umsetzung beteiligter Stoffe lässt sich bei gegebener Temperatur und gegebenem Druck durch einfache ganze Zahlen wiedergeben.

Ein einfaches *Beispiel* liefert hierfür die Elektrolyse von Wasser (Wasserzersetzung). Es entstehen **zwei** Volumenteile Wasserstoff auf **ein** Volumenteil Sauerstoff. Entsprechend bildet sich aus zwei Volumenteilen Wasserstoff und einem Volumenteil Sauerstoff Wasser (Knallgasreaktion).

1.2.5 Gesetz von *Avogadro*

Ein weiteres aus Experimenten abgeleitetes Gesetz wurde von *Avogadro* (1811) aufgestellt.

▶ Gleiche Volumina „idealer" Gase enthalten bei gleichem Druck und gleicher Temperatur gleich viele Teilchen.

(Zur Definition eines idealen Gases Abschn. 7.2.)
Wenden wir dieses Gesetz auf die Umsetzung von Wasserstoff mit Chlor zu Chlorwasserstoff an, so folgt daraus, dass die Elemente Wasserstoff und Chlor aus zwei Teilchen bestehen müssen, denn aus je einem Volumenteil Wasserstoff und Chlor bilden sich zwei Volumenteile Chlorwasserstoff (Abb. 1.2).

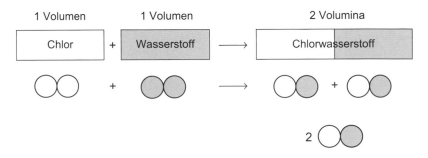

Abb. 1.2 Umsetzung von Chlor und Wasserstoff zu Chlorwasserstoff

Auch Elemente wie Fluor, Chlor, Brom, Iod, Wasserstoff, Sauerstoff, Stickstoff oder z. B. Schwefel bestehen aus mehr als einem Teilchen.

Eine einfache und plausible Erklärung dieser Gesetzmäßigkeiten war mit der 1808 von *J. Dalton* veröffentlichten Atomhypothese möglich. Danach sind die chemischen Elemente aus kleinsten, chemisch nicht weiter zerlegbaren Bausteinen, den sog. **Atomen**, aufgebaut.

▶ Ein Atom ist die kleinste Masseneinheit, die noch die chemischen und physikalischen Eigenschaften des betreffenden Elements aufweist.

Die Symbole z. B. H, C kennzeichnen sowohl das Element, als auch ein Atom dieses Elements.

Aufbau der Atome

2

Zu Beginn des 20. Jahrhunderts war aus Experimenten bekannt, dass *Atome* aus mindestens zwei Arten von Teilchen bestehen, aus negativ geladenen **Elektronen** und positiv geladenen **Protonen**. Über ihre Anordnung im Atom informierten Versuche von *Lenard* (1903), *Rutherford* (1911) u. a. Danach befindet sich im Zentrum eines Atoms der **Atomkern**. Er enthält den größten Teil der Masse (99,95–99,98 %) und die gesamte positive Ladung des Atoms. Den Kern umgibt die **Atomhülle**. Sie besteht aus Elektronen = **Elektronenhülle** und macht das Gesamtvolumen des Atoms aus.

Der **Durchmesser** des Wasserstoffatoms beträgt ungefähr 10^{-10} m ($= 10^{-8}$ **cm** $= 0,1$ nm $= 100$ pm $= 1$ Å). Der Durchmesser eines Atomkerns liegt bei 10^{-12} **cm**, d. h., er ist um ein Zehntausendstel kleiner. Die Dichte des Atomkerns hat etwa den Wert 10^{14} g/cm^3.

2.1 Atomkern

Nach der Entdeckung der Radioaktivität durch *Becquerel* 1896 fand man, dass aus den Atomen eines Elements (z. B. Radium) Atome anderer Elemente (z. B. Blei und Helium) entstehen können. Aus vielen Beobachtungen bzw. Experimenten erkannte man, dass die Kerne aus *subatomaren* Teilchen aufgebaut sind. Die Physik kennt mehr als 100 davon. Tatsächlich bestehen die Kerne aller Atome aus den gleichen für die *Chemie* und *Biologie* wichtigen Kernbausteinen = *Nukleonen*, den **Protonen** und den **Neutronen**. Diese vereinfachte Darstellung genügt für unsere Zwecke. Beim kompletten Atom kommen noch die **Elektronen** der Elektronenhülle hinzu (Tab. 2.1).

Aus den Massen von Elektron und Proton sieht man, dass das Elektron nur den 1/1837 Teil der Masse des Protons besitzt. (Über die Bedeutung von u s. Abschn. 2.1.1 und 4.1.)

Die Ladung eines Elektrons wird auch „elektrische Elementarladung" (e_0) genannt. Sie beträgt: $e_0 = 1,6022 \cdot 10^{-19}$ A s (1 A s $= 1$ C). Alle elektrischen Ladungsmengen sind ein ganzzahliges Vielfaches von e_0.

© Springer-Verlag Berlin Heidelberg 2016
H.P. Latscha, U. Kazmaier, *Chemie für Biologen*, DOI 10.1007/978-3-662-47784-7_2

Tab. 2.1 Wichtige Elementarteilchen (subatomare Teilchen)

	Symbol	Ladung	Relative Masse	Ruhemasse
Elektron	e	$-1\,(-e)$	10^{-4}	0,0005 u; $m_e = 9,110 \cdot 10^{-31}\,\mathrm{kg}$
Proton	p	$+1\,(+e)$	1	1,0072 u; $m_p = 1,673 \cdot 10^{-27}\,\mathrm{kg}$
Neutron	n	0 (elektrisch neutral)	1	1,0086 u; $m_n = 1,675 \cdot 10^{-27}\,\mathrm{kg}$

Die Massen sind in der 3. Stelle nach dem Komma aufgerundet

Die Atome verschiedener Elemente unterscheiden sich durch die Anzahl der subatomaren Teilchen.

▶ Jedes chemische Element ist durch die Anzahl der Protonen im Kern seiner Atome charakterisiert.

Die Protonenzahl heißt auch **Kernladungszahl**. Diese Zahl ist gleich der **Ordnungszahl**, nach der die Elemente im Periodensystem (s. Abb. 3.4) angeordnet sind. Die Anzahl der Protonen nimmt von Element zu Element jeweils um 1 zu. Ein chemisches Element besteht also aus Atomen gleicher Kernladung.

▶ Da ein Atom elektrisch neutral ist, ist die Anzahl seiner Protonen gleich der Anzahl seiner Elektronen.

Es wurde bereits erwähnt, dass der Atomkern praktisch die gesamte Atommasse in sich vereinigt und nur aus Protonen und Neutronen besteht. Die Summe aus der Zahl der Protonen und Neutronen wird **Nukleonenzahl** oder **Massenzahl** genannt. Sie ist stets ganzzahlig und bezieht sich auf ein bestimmtes Nuklid (Atomart).

Nukleonenzahl = Protonenzahl + Neutronenzahl

Mit wachsender Kernladungszahl nimmt die Neutronenzahl überproportional zu. Der Neutronenüberschuss ist für die Stabilität der Kerne notwendig.

Die Massenzahl entspricht in den meisten Fällen nur ungefähr der Atommasse eines Elements. Chlor z. B. hat die Atommasse 35,45. Genauere Untersuchungen ergaben, dass Chlor in der Natur mit zwei **Atomarten** *(Nukliden)* vorkommt, die 18 bzw. 20 Neutronen neben jeweils 17 Protonen im Kern enthalten. Derartige Atome mit unterschiedlicher Massenzahl, aber gleicher Protonenzahl, heißen **Isotope** des betreffenden Elements. Nur 20 der natürlich vorkommenden Elemente sind sog. *Reinelemente*, z. B. F, Na, Al, P. Die übrigen Elemente sind Isotopengemische, sog. *Mischelemente*.

Die Isotope eines Elements haben chemisch praktisch die gleichen Eigenschaften. Wir ersehen daraus, dass ein Element nicht durch seine Massenzahl, sondern durch seine Kernladungszahl charakterisiert werden muss. Sie ist bei allen Atomen eines Elements gleich, während die Anzahl der Neutronen variieren kann. Es ist daher notwendig, zur Kennzeichnung der Nuklide und speziell der Isotope eine besondere Schreibweise zu verwenden. Die vollständige Kennzeichnung eines Nuklids von einem Element ist auf folgende Weise möglich:

Nukleonenzahl   Ladungszahl
(Massenzahl)

$$\boxed{\text{Elementsymbol}}$$

Ordnungszahl

Beispiel $^{16}_{8}O^{2-}$ besagt: doppelt negativ geladenes, aus Sauerstoff der Kernladungszahl 8 und der Masse 16 aufgebautes Ion.

Anmerkung Im PSE (Abb. 3.4) und in der Ausklapptafel ist bei den Elementsymbolen die Atommasse angegeben. Sie bezieht sich dort auf das jeweilige **Nuklidgemisch** des entsprechenden Elements.

2.1.1 Atommasse

► Die Atommasse ist die Masse eines *Atoms* in der gesetzlichen atomphysikalischen Einheit: *atomare Masseneinheit:* Kurzzeichen: u (engl. amu von atomic mass unit), amu oder Dalton.

Eine **atomare Masseneinheit u** ist 1/12 der Masse des **Kohlenstoffisotops** der Masse 12 ($^{12}_{6}C$, s. Abschn. 4.1). In Gramm ausgedrückt ist $\mathbf{u = 1{,}66053 \cdot 10^{-24}\ g} = 1{,}66053 \cdot 10^{-27}$ kg.

Mit Bezug auf die Masse des $^{12}_{6}C$-Isotops ist die Masse eines Protons und eines Neutrons etwa 1 u oder 1 amu oder 1 Dalton.

Die **Atommasse eines Elements** errechnet sich aus den Atommassen der Isotope unter Berücksichtigung der natürlichen Isotopenhäufigkeit.

Beispiele
- Die Atommasse von Wasserstoff ist:
  $A_H = 1{,}0079\,u$ bzw. $1{,}0079 \cdot 1{,}6605 \cdot 10^{-24}\ g = 1{,}674 \cdot 10^{-24}\ g$.
- Die Atommasse von Chlor ist: $A_{Cl} = 35{,}453\,u$ bzw. $35{,}453 \cdot 1{,}6605 \cdot 10^{-24}\ g$.

Die Zahlenwerte **vor** dem u sind die **relativen** (dimensionslosen) **Atommassen**. (Relativ = bezogen auf die Masse des Nuklids ^{12}C als Standardmasse.) Die in Gramm angegebenen Massen sind die **absoluten** (wirklichen) **Atommassen**.

2.1.1.1 Isotopieeffekte
Untersucht man das physikalische Verhalten isotoper Nuklide, findet man gewisse Unterschiede. Diese sind im Allgemeinen recht klein, können jedoch zur Isotopentrennung genutzt werden.

Unterschiede zwischen isotopen Nukliden auf Grund verschiedener Masse nennt man **Isotopieeffekte**.

Die Isotopieeffekte sind bei den Wasserstoff-Isotopen H, D und T größer als bei den Isotopen anderer Elemente, weil das Verhältnis der Atommassen 1 : 2 : 3 ist.

2.1.2 Radioaktive Strahlung

(Zerfall instabiler Isotope)

Isotope werden auf Grund ihrer Eigenschaften in **stabile** und **instabile** Isotope eingeteilt. Stabile Isotope zerfallen nicht. Instabile Isotope gibt es von leichten und schweren Elementen. Der größte stabile Kern ist $^{209}_{83}\text{Bi}$.

▶ Instabile Isotope (Radionuklide) sind radioaktiv, d. h., sie zerfallen in andere Nuklide und geben beim Zerfall Heliumkerne, Elektronen, Photonen usw. ab. Man nennt die Erscheinung radioaktive Strahlung oder Radioaktivität.

2.1.2.1 Radioaktive Zerfallsgeschwindigkeit

Die Zerfallsgeschwindigkeiten aller radioaktiven Substanzen folgen einem **Gesetz erster Ordnung**: Die Zerfallsgeschwindigkeit hängt von der Menge des radioaktiven Materials ab (vgl. Abschn. 12.2.2). Sie ist für ein radioaktives Nuklid eine charakteristische Größe. Zum Begriff der Halbwertszeit s. Abschn. 12.2.4.

Für uns wichtig sind folgende **Strahlungsarten**:

- α-Strahlung
- β-Strahlung
- γ-Strahlung
- Neutronenstrahlen.

α-Strahlung

Es handelt sich um Teilchen, die aus zwei Protonen und zwei Neutronen aufgebaut sind. Es sind Kerne von Helium-Atomen: $^{4}_{2}\text{He}^{2+}$ (Ladung +2, Masse 4 u). Die kinetische Energie von α-Teilchen liegt, je nach Herkunft, zwischen 5 und 11 MeV. Unmittelbar nach seiner Emittierung nimmt der $^{4}_{2}\text{He}^{2+}$-Kern Elektronen auf und kann als neutrales Heliumatom (Heliumgas) nachgewiesen werden.

Beispiel für eine Kernreaktion mit Emission von α-Teilchen:

$$\underset{\text{Mutterkern}}{^{210}_{84}\text{Po}} \quad \rightarrow \quad \underset{\text{Tochterkern}}{^{206}_{82}\text{Pb}} \quad + \quad \underset{\alpha\text{-Teilchen}}{^{4}_{2}\text{He}}$$

β-Strahlung

β-Strahlen bestehen aus Elektronen (Ladung −1, Masse 0,0005 u). Energie: 0,02–4 MeV. Reichweite ca. 1,5–8,5 m in Luft, je nach Quelle.

Beachte: Bei Kernreaktionen bleibt gewöhnlich die Elektronenhülle unberücksichtigt. Die Reaktionsgleichungen (Kernreaktionsgleichungen) können wie üblich überprüft werden, denn die Summe der Indexzahlen muss auf beiden Seiten gleich sein.

γ-Strahlung

Elektromagnetische Strahlung sehr kleiner Wellenlänge (ca. 10^{-10} cm, sehr harte Röntgenstrahlung). Sie ist nicht geladen und hat eine verschwindend kleine Masse (Photonenmasse), Kinetische Energie: 0,1–2 MeV.

γ-Strahlung begleitet häufig die anderen Arten radioaktiver Strahlung.

Neutronenstrahlen (n-Strahlen)

Beschießt man Atomkerne mit α-Teilchen, können Neutronen aus dem Atomkern herausgeschossen werden. Eine einfache, viel benutzte **Neutronenquelle** ist die Kernreaktion

$$\mathrm{^{9}_{4}Be} \;\mathrm{I}\; \mathrm{^{4}_{2}He} \rightarrow \mathrm{^{4}_{2}n} + \mathrm{^{12}_{6}C}$$

Diese führte zur Entdeckung des Neutrons durch *Chadwick* 1932. Die Heliumkerne stammen bei diesem Versuch aus α-strahlendem Radium $^{226}_{88}\mathrm{Ra}$. Die gebildeten Neutronen haben eine maximale kinetische Energie von 7,8 eV.

Neutronen sind wichtige Reaktionspartner für viele Kernreaktionen, da sie als ungeladene Teilchen nicht von den Protonen der Kerne abgestoßen werden.

2.1.2.2 Messung radioaktiver Strahlung

Die meisten Messverfahren nutzen die ionisierende Wirkung der radioaktiven Strahlung aus. *Fotografische Techniken* (Schwärzung eines Films) sind nicht sehr genau, lassen sich aber gut zu Dokumentationszwecken verwenden. *Szintillationszähler* enthalten Stoffe (z. B. Zinksulfid, ZnS), welche die Energie der radioaktiven Strahlung absorbieren und in sichtbare Strahlung (Lichtblitze) umwandeln, die fotoelektrisch registriert wird. Weitere Messgeräte sind die *Wilson'sche Nebelkammer* und das *Geiger-Müller-Zählrohr*.

2.1.2.3 Radioaktive Aktivität

Der radioaktive Zerfall eines Nuklids bedingt seine radioaktive *Aktivität A*. Sie ist unabhängig von der Art des Zerfalls. A ist identisch mit der Zerfallsrate, d. i. die Häufigkeit dN/dt, mit der N Atome zerfallen: $A = -dN/dt = \lambda \cdot N$, mit $\lambda =$ Zerfallskonstante.

Die Zerfallsrate wird als Zahl der Kernumwandlungen pro Sekunde angegeben. SI-Einheit: s^{-1} oder **Becquerel (Bq)**. Veraltet: 1 Ci (Curie) $= 3{,}7 \cdot 10^{10}\,s^{-1} = 3{,}7 \cdot 10^{10}\,\mathrm{Bq} = 3{,}7\,\mathrm{GBq}$. *Beispiel:* Die EU-Einfuhr-Grenzwerte für die meisten Nahrungsmittel betragen bis zum 31. März 2010 jetzt 600 Bq pro kg.

Da die Aktivität nur die Zahl der Zerfallsprozesse pro Sekunde angibt, sagt sie nur wenig aus über die biologische Wirksamkeit einer radioaktiven Substanz. Letztere muss daher auf andere Weise gemessen werden. Biologisch wirksam ist ein

Beispiele für natürliche und künstliche Isotope

Isotop		Natürliche Häufigkeit	Strahlenart (Energie in MeV)	Halbwertszeit $t_{1/2}$ (a = Jahre, d = Tage)
Wasserstoff	$^1_1$H oder H (leichter Wasserstoff, Protium)	99,9855 %	–	–
	$^2_1$H oder D (Deuterium, schwerer Wasserstoff)	0,0148 %	–	–
	$^3_1$H oder T (Tritium)		β (0,0186)	12,3 a
	Mengenverhältnis	1 : 1,1 · 10^{-14} : 10^{-18}		
Kohlenstoff	$^{12}_6$C	98,892 %	–	–
	$^{13}_6$C	1,108 %	–	–
	$^{14}_6$C		β (0,156)	5730 a
Phosphor	$^{31}_{15}$P	100 %	–	–
	$^{32}_{15}$P		β (1,71)	5730 a
Cobalt	$^{59}_{27}$Co	100 %	–	–
	$^{60}_{27}$Co		β (0,314), γ (1,173; 1,332)	5,26 a
Iod	$^{125}_{53}$I		γ (0,035)	60 d
	$^{127}_{53}$I	100 %	–	–
	$^{129}_{53}$I		β (0,150), γ (0,040)	1,7 · 10^7 a
	$^{133}_{53}$I		β (0,606; 0,33; 0,25 ...), γ (0,364; 0,637; 0,284 ...)	8,05 d
Uran	$^{238}_{92}$U	99,276 %	α, β, γ	4,51 · 10^9 a
	$^{235}_{92}$U	0,7196 %	α, γ	7,1 · 10^8 a

Radionuklid dadurch, dass die von ihm ausgehende Strahlung ionisierend wirkt. Dies hängt von der Art der Strahlung und ihrer Energie ab. Die sog. *Dosimetrie* basiert dabei auf der Ionisation der Luft in sog. Ionisationskammern. Diese dienen auch zur Eichung anderer Dosisinstrumente wie z. B. Filmstreifen. Hierbei sind folgende Angaben zu unterscheiden.

Ionendosis *I*

Quotient aus erzeugter Ionenladung Q und Masse m in der Luft in einem Messvolumen: $I = Q/m$; SI-Einheit: $\mathbf{C\,kg^{-1}}$ (Coulomb pro kg). Veraltet Röntgen (R); $1\,\text{R} = 258 \cdot 10^{-6}\,\text{C\,kg}^{-1}$.

Ionendosisrate (Ionendosisleistung): dI/dt; SI-Einheit: $\mathbf{A\,kg^{-1}}$.

Energiedosis D

Quotient aus Energie W und Masse m von ionisierender Strahlung räumlich konstanter Energieflussdichte: $D = W/m$; SI-Einheit: $\mathbf{J\,kg^{-1}}$ oder Gray (Gy). Veraltet: Rad (rd) mit $1\,\mathrm{rd} = 10^{-2}\,\mathrm{J\,kg^{-1}} = 10^{-2}\,\mathrm{Gy}$.

Energiedosisrate (Energiedosisleistung): $\mathrm{d}D/\mathrm{d}t$; SI-Einheit: $\mathbf{Gy\,s^{-1}}$ ($= \mathrm{W\,kg^{-1}}$).

Äquivalentdosis $D \cdot q$

Produkt aus der Energiedosis und (dimensionslosen) Bewertungsfaktoren. $D \cdot q = D \cdot$ Qualitätsfaktor $\cdot$ Wichtungsfaktor; SI-Einheit: $\mathrm{J\,kg^{-1}}$ oder **Sievert (Sv)**. Veraltet: rem; $1\,\mathrm{rem} = 10^{-2}\,\mathrm{J\,kg^{-1}}$.

Beispiele für Qualitätsfaktoren der Strahlung: $\alpha = 20$, $\beta = 1$, $\gamma = 1$, Protonen $= 10$, schnelle Neutronen $= 10$. Beispiele für Wichtungsfaktoren: Ganzkörper $= 1$, Lunge $= 0{,}12$, Schilddrüse $= 0{,}03$, Keimdrüse $= 0{,}25$, Brustdrüse $= 0{,}15$.

Für die biologische Wirkung ist die im Strahlenschutz verwendete Äquivalentdosis von besonderer Bedeutung.

Effektive Halbwertszeit $t_{1/2\mathrm{eff}}$

Sie ist die Zeit, nach der die Gefährdung des Organismus auf die Hälfte gesunken ist. Sie wird berechnet aus der physikalischen Halbwertszeit $t_{1/2\mathrm{P}}$, in der die Hälfte des radioaktiven Materials zerfallen ist, und der biologischen Halbwertszeit $t_{1/2\mathrm{B}}$, in der die Hälfte einer chemischen Substanz aus dem Körper ausgeschieden wird, nach $t_{1/2\mathrm{eff}} = (t_{1/2\mathrm{P}} \cdot t_{1/2\mathrm{B}}) : (t_{1/2\mathrm{P}} + t_{1/2\mathrm{B}})$.

$$^{131}_{53}\mathrm{I}: \quad t_{1/2\mathrm{P}} = 8\,\mathrm{d}; \quad t_{1/2\mathrm{B}} = 138\,\mathrm{d}; \quad t_{1/2\mathrm{eff}} = 7{,}6\,\mathrm{d}$$

$$^{90}_{38}\mathrm{Sr}: \quad t_{1/2\mathrm{P}} = 28{,}5\,\mathrm{a}; \quad t_{1/2\mathrm{B}} = 11\,\mathrm{a}; \quad t_{1/2\mathrm{eff}} = 7{,}9\,\mathrm{a}$$

$$^{137}_{55}\mathrm{Cs}: \quad t_{1/2\mathrm{P}} = 30{,}2\,\mathrm{a}; \quad t_{1/2\mathrm{B}} = 70\,\mathrm{d}; \quad t_{1/2\mathrm{eff}} = 69{,}5\,\mathrm{d}$$

$$^{226}_{88}\mathrm{Ra}: \quad t_{1/2\mathrm{P}} = 1600\,\mathrm{a}; \quad t_{1/2\mathrm{B}} = 55\,\mathrm{a}; \quad t_{1/2\mathrm{eff}} = 53\,\mathrm{a}$$

Radioaktive Zerfallsreihen

Bei Kernreaktionen können auch Nuklide entstehen, die selbst radioaktiv sind. Es gibt vier verschiedene radioaktive Zerfallsreihen. Endprodukt der Zerfallsreihen ist entweder ein *Blei-* oder *Bismut-Isotop*. Drei Zerfallsreihen kommen in der Natur vor: *Thorium-Reihe, Uran-Reihe, Aktinium-Reihe.*

Radioaktives Gleichgewicht

Stehen mehrere Radionuklide in einer genetischen Beziehung: Nuklid 1 → Nuklid 2 → Nuklid 3 usw., so stellt sich nach einer bestimmten Zeit ein Gleichgewicht ein. Hierbei werden in der Zeiteinheit ebenso viele Atome gebildet, wie weiter zerfallen. Die im radioaktiven Gleichgewicht vorhandenen Mengen radioaktiver Elemente verhalten sich wie die Halbwertszeiten bzw. umgekehrt wie die Zerfallskonstanten.

Beachte: Das radioaktive Gleichgewicht ist – im Gegensatz zum chemischen Gleichgewicht – nicht reversibel, d. h., es kann nicht von beiden Seiten erreicht werden. Es handelt sich auch im Allgemeinen nicht um einen stationären Zustand.

2.1.3 Beispiele für Anwendungsmöglichkeiten von Isotopen

2.1.3.1 Altersbestimmung von uranhaltigen Mineralien

Uran geht durch radioaktiven Zerfall in Blei über. Ermittelt man in uranhaltigen Mineralien den Gehalt an Uranblei $^{206}_{82}$Pb, so kann man mit Hilfe der Gleichung

$$\ln([A_0]/[A]) = k \cdot t$$

(Abschn. 12.2.2) die Zeit t berechnen, die verging, bis die Menge Uran zerfallen war, welche der gefundenen Menge Blei entspricht. Das Alter bezieht sich dabei auf die Zeit nach der letzten Erstarrung des Gesteins, aus dem die Mineralien gewonnen wurden.

Andere Methoden benutzen die Nuklidverhältnisse: $^{40}_{18}$Ar$/^{40}_{19}$K oder $^{87}_{38}$Sr$/^{87}_{37}$Rb zur Altersbestimmung von Mineralien.

2.1.3.2 Altersbestimmungen von organischen Substanzen

Sie sind mit Hilfe des Kohlenstoffisotops $^{14}_{6}$C (Radiokarbonmethode) möglich. Das Isotop entsteht in der Ionosphäre nach der Gleichung

$$^{14}_{7}\text{N} + ^{1}_{0}\text{n} \rightarrow ^{14}_{6}\text{C} + ^{1}_{1}\text{p}, \qquad \text{Kurzform: } ^{14}\text{N(n, p)}^{14}\text{C}$$

Es ist eine (n,p)-Reaktion. Die Neutronen werden durch die kosmische Strahlung erzeugt. Wegen des Gleichgewichts zwischen gebildetem und zerfallendem ^{14}C ist das Mengenverhältnis zwischen ^{12}C und ^{14}C in der Luft und folglich im lebenden Organismus konstant. Nach dem Tode des Organismus bleibt der ^{12}C-Gehalt konstant, der ^{14}C-Gehalt ändert sich mit der Zeit. Aus dem Verhältnis ^{12}C zu ^{14}C kann man das Alter der toten organischen Substanz ermitteln *(Libby, 1947)*.

Beispiel Grabtuch von Turin, „Ötzi".

Mit Hilfe radioaktiver Isotope lassen sich chemische Verbindungen *radioaktiv markieren*, wenn man anstelle eines stabilen Isotops ein radioaktives Isotop des gleichen Elements als „radioaktiven Marker" einbaut. Auf Grund der Strahlung des Isotops lässt sich sein Weg bei Synthesen oder Analysen oder z. B. im Stoffwechsel verfolgen. Sind markierte Substanzen in Nahrungsmitteln enthalten, lässt sich ihr Weg im Organismus beobachten. Ein radioaktiver Marker ist z. B. das $^{131}_{53}$I-Isotop, das beim sog. Radioiodtest zur Lokalisierung von Geschwülsten in der Schilddrüse benutzt wird. Radioaktive Marker sind zu unentbehrlichen medizinischen Hilfsmitteln geworden. So kann man z. B. mit PET-Scannern (PET = Positronen-Emissions-Tomographie) chemische Abläufe im Körper in Echtzeit verfolgen. Dies gilt natürlich auch für andere Organismen.

Radionuklide finden auch als *Strahlungsquellen* vielfache Anwendung. Mit $^{60}_{27}$Co werden z. B. Tumore bestrahlt. Durch Bestrahlen werden Lebensmittel sterilisiert oder Gase ionisiert. So werden α- und β-Strahler in den Strahlungsionisationsdetektoren von Gaschromatografen benutzt. Durch radioaktive Strahlen wird aber auch die Erbmasse verändert. Auf diese Weise lassen sich z. B. neue Pflanzenarten züchten.

Breite Anwendung finden Radionuklide ferner bei der Werkstoffprüfung. Aus der Durchlässigkeit der Materialien lassen sich Rückschlüsse auf Wanddicke, Materialfehler usw. ziehen.

2.1.3.3 Aktivierungsanalyse

Die Aktivierungsanalyse dient der quantitativen Bestimmung eines Elements in einer Probe. Dabei wird die Probe mit geeigneten nuklearen Geschossen „bombardiert" und die Intensität der radioaktiven Strahlung gemessen, welche durch den Beschuss hervorgerufen wird (Bildung radioaktiver Isotope). Als Geschosse werden meist Neutronen benutzt (Neutronenaktivierung). Für die Analyse genügen wenige mg Substanz. Von der aktivierten Probe wird meist ein Gammaspektrum aufgenommen (Messung der Energieverteilung und -intensität der ausgesandten Gammaquanten). Die Auswertung des Spektrums zur Bestimmung von Art und Menge der in der Probe enthaltenen Elemente erfolgt mittels Computer.

Beispiel Nachweis von Quecksilber in biologischen und organischen Materialien.

2.2 Elektronenhülle

Erhitzt man Gase oder Dämpfe chemischer Substanzen in der Flamme eines Bunsenbrenners oder im elektrischen Lichtbogen, so strahlen sie Licht aus. Wird dieses Licht durch ein Prisma oder Gitter zerlegt, erhält man ein diskontinuierliches Spektrum, d. h. ein **Linienspektrum**.

▶ Trotz einiger Ähnlichkeiten hat jedes Element ein charakteristisches Linienspektrum (*Bunsen, Kirchhoff*, 1860).

Die Spektrallinien entstehen dadurch, dass die Atome Licht nur in diskreten Quanten (Photonen) ausstrahlen. Dies hat seinen Grund in der Struktur der Elektronenhülle.

Abbildung 2.1 zeigt einen Ausschnitt aus dem Emissionsspektrum von atomarem Wasserstoff.

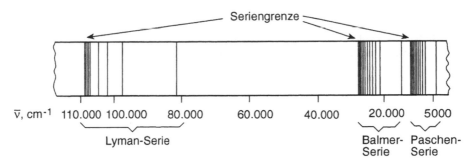

Abb. 2.1 Emissionsspektrum von atomarem Wasserstoff (Ausschnitt). $\bar{v}$ Wellenzahl in cm^{-1}

2.2.1 Atommodell von *Niels Bohr* (1913)

Von den klassischen Vorstellungen über den Bau der Atome wollen wir hier nur das
Bohr'sche Atommodell skizzieren.

2.2.1.1 Bohr'sches Modell vom Wasserstoffatom

Das Wasserstoffatom besteht aus einem Proton und einem Elektron. Das Elek-
tron (Masse m, Ladung $-e$) bewegt sich auf einer Kreisbahn vom Radius r ohne
Energieverlust = **strahlungsfrei** mit der Lineargeschwindigkeit v (= ungefähre
Lichtgeschwindigkeit) um den Kern (Masse m_p, Ladung $+e$).

▶ Die Umlaufbahn ist stabil, weil die *Zentrifugalkraft*, die auf das Elektron wirkt
  (mv^2/r), gleich ist der *Coulomb'schen Anziehungskraft* zwischen Elektron und Kern
  ($e^2/(4\pi\varepsilon_0 r^2)$).

Da eine Kreisbahn nur durch den Radius r bestimmt wird, hat *Bohr* nur eine
Quantisierungsbedingung für sein Modell gebraucht, um die Energie des Elektrons auf seiner Umlaufbahn zu berechnen und gleichzeitig zu berücksichtigen, dass
dabei nur ausgewählte Energiewerte (= Bahnen) zulässig sind. Er führte die sog.
Hauptquantenzahl n ein. Für n dürfen nur **ganze Zahlen** (1, 2, ... bis ∞) eingesetzt werden. Zu jedem Wert von n gehört eine Umlaufbahn mit einer bestimmten
Energie. Diese entspricht einem „stationären Zustand" (diskretes Energieniveau)
des Atoms.

▶ Der stabilste Zustand eines Atoms *(Grundzustand)* ist der Zustand niedrigster
  Energie.

Höhere Zustände (Bahnen) heißen **angeregte Zustände**. Abbildung 2.2 zeigt
die Elektronenbahnen und die zugehörigen Energien für das Wasserstoffatom in
Abhängigkeit von der Hauptquantenzahl n.

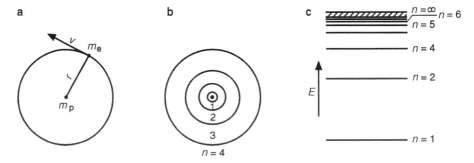

Abb. 2.2 Bohr'sches Atommodell. **a** Bohr'sche Kreisbahn. **b** Bohr'sche Kreisbahnen für das
Wasserstoffatom mit $n = 1, 2, 3$ und 4. **c** Energieniveaus für das Wasserstoffatom mit $n =
1, 2, 3, 4, \ldots, \infty$

Anmerkung Das Elektron besitzt aufgrund seines Abstands vom Kern eine potenzielle Energie. Je größer der Abstand umso größer der Energiewert.

2.2.1.2 Atomspektren (Absorptions- und Emissionsspektroskopie)

Nach *Bohr* sind Übergänge zwischen verschiedenen Bahnen bzw. energetischen Zuständen (Energieniveaus) möglich, wenn die Energiemenge, die der Energiedifferenz zwischen den betreffenden Zuständen entspricht, entweder zugeführt (**absorbiert**) oder in Form von elektromagnetischer Strahlung (Photonen) ausgestrahlt (**emittiert**) wird. Erhöht sich die Energie eines Atoms, und entspricht die Energiezufuhr dem Energieunterschied zwischen zwei Zuständen E_m und E_n, dann wird ein Elektron auf die höhere Bahn mit E_n angehoben. Kehrt es in den günstigeren Zustand E_m zurück, wird die Energiedifferenz $\Delta E = E_n - E_m$ als Licht (Photonen) ausgestrahlt, s. Abb. 2.2.

Für den Zusammenhang der Energie eines Photons mit seiner Frequenz ν gilt eine von *Einstein* (1905) angegebene Beziehung:

$$E = h \cdot \nu$$

Anmerkung: Ein praktisches Beispiel für die Anhebung eines Elektrons ist der erste Schritt in der Fotosynthese von Pflanzen s. Abb. 41.1.

▶ Die Frequenz einer Spektrallinie in einem Atomspektrum ist demnach gegeben durch $\nu = \Delta F/h$. Die Linien in einem Spektrum entsprechen allen möglichen Elektronenübergängen, vgl. Abb. 2.3.

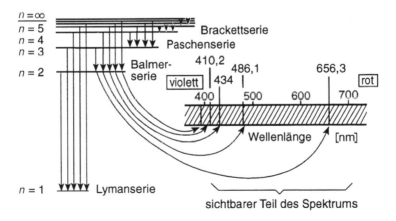

Abb. 2.3 Elektronenübergänge und Spektrallinien am Beispiel des Wasserstoffspektrums. (Nach *E. Mortimer*)

2.2.1.3 Verbesserungen des Bohr'schen Modells

Sommerfeld und *Wilson* erweiterten das Bohr'sche Atommodell, indem sie es auf
Ellipsenbahnen ausdehnten. Ellipsenbahnen haben im Gegensatz zum Kreis **zwei**
Freiheitsgrade, denn sie sind durch die beiden Halbachsen bestimmt. Will man
daher die Atomspektren durch Übergänge zwischen Ellipsenbahnen beschreiben,
braucht man demzufolge zwei Quantenbedingungen. Man erhält zu der Hauptquantenzahl n die Nebenquantenzahl ℓ.

▶ Die Nebenquantenzahl ℓ bestimmt den Bahndrehimpuls des Elektrons.

Als **dritte** Quantenzahl wurde die **magnetische Quantenzahl** m eingeführt.

▶ Die magnetische Quantenzahl m bestimmt die Neigung der Ebene einer Ellip-
senbahn gegen ein äußeres magnetisches Feld.

Trotz dieser und anderer Verbesserungen versagt das Bohr'sche Modell in mehreren Fällen. Vor allem aber entbehren die stationären Zustände jeder theoretischen
Grundlage.

2.2.2 Wellenmechanisches Atommodell des *Wasserstoffatoms*

Das wellenmechanische Modell berücksichtigt die Beobachtung, dass sich freie
Elektronen je nach Versuchsanordnung wie Teilchen mit Masse, Energie und Impuls oder aber wie Wellen verhalten. Ferner beachtet es die **Heisenberg'sche Un-
schärfebeziehung**, wonach es im atomaren Bereich unmöglich ist, von einem Teilchen gleichzeitig Ort und Impuls mit beliebiger Genauigkeit zu bestimmen.

▶ Das *Elektron des Wasserstoffatoms* wird als eine kugelförmige, stehende (in sich
selbst zurücklaufende) Welle im Raum um den Atomkern aufgefasst. Die maximale Amplitude einer solchen Welle ist eine Funktion der Ortskoordinaten x, y und
z: $\psi(x, y, z)$. Das Elektron kann durch eine solche **Wellenfunktion** beschrieben
werden.

ψ selbst hat keine anschauliche Bedeutung. Nach *M. Born* kann man jedoch das
Produkt $|\psi^2|\mathrm{d}x\mathrm{d}y\mathrm{d}z$ als die Wahrscheinlichkeit interpretieren, das Elektron in dem
Volumenelement $\mathrm{d}V = \mathrm{d}x\mathrm{d}y\mathrm{d}z$ anzutreffen (**Aufenthaltswahrscheinlichkeit**).
Nach *E. Schrödinger* lässt sich das Elektron auch als Ladungswolke mit der Dichte
ψ^2 auffassen (**Elektronendichteverteilung**).

1926 verknüpfte *Schrödinger* Energie und Welleneigenschaften eines Systems
wie des Elektrons im Wasserstoffatom durch eine homogene Differentialgleichung
zweiter Ordnung.

▶ Die zeitunabhängige Schrödinger-Gleichung lautet in stark vereinfachter Form:

$$H\psi = E\psi$$

H heißt **Hamilton-Operator** und bedeutet die Anwendung einer Rechenoperation auf ψ. H stellt die allgemeine Form der Gesamtenergie des Systems dar. E ist der Zahlenwert der Energie für ein bestimmtes System.

▶ Wellenfunktionen ψ, die Lösungen der Schrödinger-Gleichung sind, heißen **Eigenfunktionen**. Die Energiewerte E, welche zu diesen Funktionen gehören, nennt man **Eigenwerte**.

Die Eigenfunktionen entsprechen den stationären Zuständen des Atoms im Bohr'schen Modell.

Die Eigenfunktionen (Einteilchen-Wellenfunktionen) $\psi_{n,\ell,m}$ nennt man **Atomorbitale (AO)** *(Mulliken, 1931)*.

Das Wort Orbital ist ein Kunstwort und deutet die Beziehung zum Bohr'schen Kreis an (englisch: orbit = Planetenbahn, Bereich).

Die Indizes n, ℓ, m entsprechen der Hauptquantenzahl n, der Nebenquantenzahl ℓ und der magnetischen Quantenzahl m. Die Quantenzahlen ergeben sich in diesem Modell gleichsam von selbst.

Aus mathematischen Gründen gilt:

$\psi_{n,\ell,m}$ kann nur dann eine **Lösung der Schrödinger-Gleichung** sein, wenn die Quantenzahlen folgende Werte annehmen:

$$n = 1, 2, 3, \ldots, \infty \text{ (ganze Zahlen)}$$
$$\ell = 0, 1, 2, \ldots \text{ bis } n - 1$$
$$m = +\ell, +(\ell - 1), \ldots, 0, \ldots, -(\ell - 1), -\ell;$$

m kann maximal $2\ell + 1$ Werte annehmen.

Atomorbitale werden durch ihre Nebenquantenzahl ℓ gekennzeichnet, wobei man den Zahlenwerten für ℓ aus historischen Gründen Buchstaben in folgender Weise zuordnet:

$$\ell = 0, 1, 2, 3, \ldots$$
$$| \quad | \quad | \quad |$$
$$s, p, d, f,$$

Man sagt, ein Elektron besetzt ein Atomorbital, und meint damit, dass es durch eine Wellenfunktion beschrieben werden kann, die eine Lösung der Schrödinger-Gleichung ist. Speziell spricht man von einem s-Orbital bzw. p-Orbital und versteht darunter ein Atomorbital, für das die Nebenquantenzahl ℓ den Wert 0 bzw. 1 hat.

Zustände gleicher Hauptquantenzahl bilden eine sog. *Schale.* Innerhalb einer Schale bilden die Zustände gleicher Nebenquantenzahl ein sog. *Niveau* (Unterschale): z. B. s-Niveau, p-Niveau, d-Niveau, f-Niveau.

Den Schalen mit den Hauptquantenzahlen $n = 1, 2, 3, \ldots$ werden die Buchstaben **K, L, M** usw. zugeordnet.

Elektronenzustände, welche die gleiche Energie haben, nennt man **entartet**. Im freien Atom besteht das p-Niveau aus drei, das d-Niveau aus fünf und das f-Niveau aus sieben entarteten AO.

2.2.3 Elektronenspin

Die Quantenzahlen n, ℓ und m genügen nicht zur vollständigen Erklärung der Atomspektren, denn sie beschreiben gerade die Hälfte der erforderlichen Elektronenzustände. Dies veranlasste 1925 *Uhlenbeck* und *Goudsmit zu* der Annahme, dass jedes Elektron neben seinem räumlich gequantelten Bahndrehimpuls einen Eigendrehimpuls hat. Dieser kommt durch eine Drehung des Elektrons um seine eigene Achse zustande und wird **Elektronenspin** genannt. Der Spin ist ebenfalls gequantelt. Je nachdem ob die Spinstellung parallel oder antiparallel zum Bahndrehimpuls ist, nimmt die **Spinquantenzahl** s die Werte $+1/2$ oder $-1/2$ an. Die Spinrichtung wird durch einen Pfeil angedeutet: $\uparrow$ bzw. $\downarrow$. (Die Werte der Spinquantenzahl wurden spektroskopisch bestätigt.)

▶ Durch die vier Quantenzahlen n, ℓ, m und s ist der Zustand eines Elektrons im Atom eindeutig charakterisiert.

Jeder Satz aus den vier Quantenzahlen kennzeichnet einen anderen Typ von Elektronenbewegung.

n gibt die „Schale" an (K, L, M usw.) und bestimmt die Orbitalgröße.
ℓ gibt Auskunft über die Form eines Orbitals (s, p, d usw.).
m gibt Auskunft über die Orientierung eines Orbitals im Raum.
s gibt Auskunft über die Spinrichtung (Drehsinn) eines Elektrons.

2.2.4 Grafische Darstellung der Atomorbitale

Der Übersichtlichkeit wegen zerlegt man oft die Wellenfunktion $\psi_{n,\ell,m}$ – unter Verwendung von Polarkoordinaten (Abb. 2.4) – in ihren sog. **Radialteil** $R_{n,\ell}(r)$, der nur eine Funktion vom Radius r ist, und in die sog. **Winkelfunktion** $Y_{\ell,m}(\vartheta,\varphi)$. Beide Komponenten von ψ werden meist getrennt betrachtet.

$$\psi_{n,\ell,m} = R_{n,\ell}(r) \cdot Y_{\ell,m}(\vartheta, \varphi) \equiv \text{Atomorbitale}$$

2.2.4.1 Die Winkelfunktion der Wellenfunktion

Zur bildlichen Darstellung der Winkelfunktion benutzt man häufig sog. **Polardiagramme**. Die Diagramme entstehen, wenn man den Betrag von $Y_{\ell,m}$ für jede Richtung als Vektor vom Koordinatenursprung ausgehend aufträgt. Die Richtung des Vektors ist durch die Winkel φ und ϑ gegeben. Sein Endpunkt bildet einen Punkt auf der Oberfläche der räumlichen Gebilde in Abb. 2.5–2.7. **Die Polardiagramme haben für unterschiedliche Kombinationen von ℓ und m verschiedene Formen oder Orientierungen.**

Für **s-Orbitale** ist $\ell = 0$. Daraus folgt: m kann $2 \cdot 0 + 1 = 1$ Wert annehmen, d. h., m kann nur null sein. Das Polardiagramm für s-Orbitale ist daher **kugelsymmetrisch**.

Abb. 2.4 Polarkoordinaten
und ihre Beziehungen zu
rechtwinkligen Koordinaten.
$x = r \sin \vartheta \cdot \cos \varphi;\ y = r \sin \vartheta \cdot \sin \varphi;\ z = r \cos \vartheta$

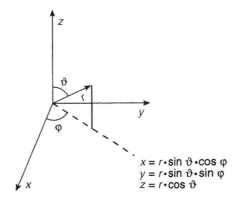

$$x = r \cdot \sin \vartheta \cdot \cos \varphi$$
$$y = r \cdot \sin \vartheta \cdot \sin \varphi$$
$$z = r \cdot \cos \vartheta$$

Für **p-Orbitale** ist $\ell = 1$. m kann demnach die Werte $-1, 0, +1$ annehmen. Diesen Werten entsprechen drei verschiedene Orientierungen der p-Orbitale im Raum. Die Richtungen sind identisch mit den Achsen des kartesischen Koordinatenkreuzes. Deshalb unterscheidet man meist zwischen $\mathbf{p}_x$-, $\mathbf{p}_y$- und $\mathbf{p}_z$-**Orbitalen**. Die Polardiagramme dieser Orbitale ergeben *hantelförmige Gebilde*. Beide Hälften einer solchen Hantel sind durch eine sog. *Knotenebene* getrennt. In dieser Ebene ist die Aufenthaltswahrscheinlichkeit eines Elektrons praktisch null.

Für **d-Orbitale** ist $\ell = 2$. m kann somit die Werte annehmen: $-2, -1, 0, +1, +2$. Abbildung 2.7 zeigt die graphische Darstellung der Winkelfunktion $Y_{2,m}$ dieser fünf d-Orbitale. Vier d-Orbitale sind rosettenförmig. Beachte, dass gegenüberliegende Orbitallappen gleiches Vorzeichen haben, weil an zwei Knotenebenen eine Vorzeichenumkehr stattfindet.

Abb. 2.5 **a** Grafische Darstellung der Winkelfunktion $Y_{0,0}$. **b** Elektronendichteverteilung im 1s-AO

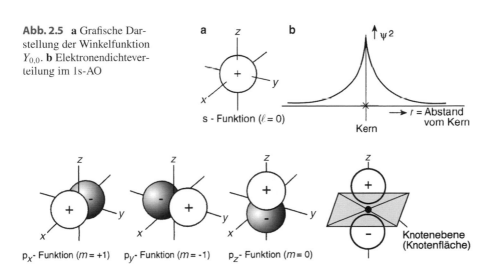

Abb. 2.6 Grafische Darstellung der Winkelfunktion $Y_{1,m}$

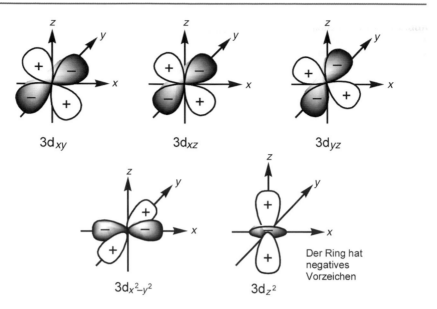

Abb. 2.7 Grafische Darstellung der Winkelfunktion $Y_{2,m}$

Beim Durchgang durch die sog. Knotenebene (Knotenfläche) ändert sich das Vorzeichen der Funktion von $+$ nach $-$ bzw. von $-$ nach $+$ ($=$ Phasenwechsel der Funktion).

Bei den d-AO sind *zwei* Knotenebenen bzw. zwei kegelförmige Knotenflächen (d_{z^2}) vorhanden. Gegenüberliegende Orbitallappen haben daher gleiches Vorzeichen.

Anmerkung Die Vorzeichen in den Abb. 2.5–2.7 ergeben sich aus der mathematischen Beschreibung der Elektronen durch Wellenfunktionen. Bei der Kombination von Orbitalen bei der Bindungsbildung und der Konstruktion von Hybrid-Orbitalen werden die Vorzeichen berücksichtigt.

2.2.4.2 Der Radialteil der Wellenfunktion

▶ Der Radialteil $R_{n,\ell}(r)$ der Wellenfunktion $\psi_{n,\ell,m}$ ist außer von der Nebenquantenzahl ℓ auch von der Hauptquantenzahl n abhängig.

Abbildung 2.8 zeigt die Radialfunktionen $R_{n,\ell}(r)$ und das Quadrat von $R_{n,\ell}(r)$ multipliziert mit der Oberfläche ($4\pi r^2$) einer Kugel vom Radius r um den Atomkern in Abhängigkeit von r (Entfernung vom Kern).

In Abb. 2.9 sieht man, dass die Radialfunktion für das **2s-Orbital** einmal den Wert 0 annimmt. Das **2s-Orbital** besitzt *eine* kugelförmige *Knotenfläche*.

Den Unterschied zwischen der Winkelfunktion und einem kompletten Orbital verdeutlicht Abb. 2.10 am Beispiel eines 2p-Orbitals (Abb. 2.11).

Abb. 2.8 Radialfunktion $R_{n,\ell}(r)$ und das Quadrat der Radialfunktion multipliziert mit der Oberfläche $(4\pi r^2)$ einer Kugel

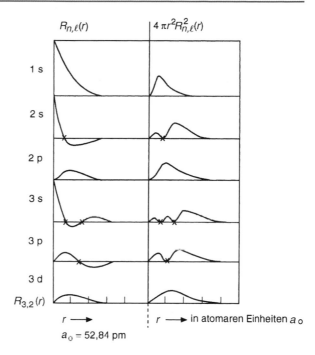

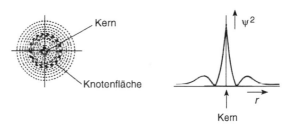

Abb. 2.9 ψ^2 von 2s-Elektronen

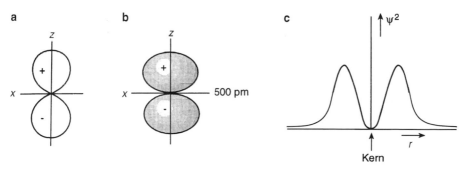

Abb. 2.10 **a** Darstellung der Winkelfunktion: $Y_{l,m}$. **b** Darstellung eines „kompletten" 2p-Orbitals des H-Atoms durch Begrenzungslinien. Durch Rotation um die senkrechte Achse entsteht das dreidimensionale Orbital, wobei ein Elektron in diesem Orbital mit 99 % Wahrscheinlichkeit innerhalb des Rotationskörpers anzutreffen ist. **c** Darstellung von ψ^2 von 2p-Elektronen

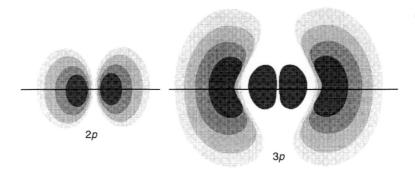

Abb. 2.11 Konturliniendiagramm für 2p- und 3p-Orbitale. Die verschieden schraffierten Zonen entsprechen von innen nach außen einer Aufenthaltswahrscheinlichkeit von 20 %, 40 %, 60 % und 80 %. (Nach *Becker* u. *Wentworth*, 1976)

2.2.5 Mehrelektronenatome

Die Schrödinger-Gleichung lässt sich für Atome mit mehr als einem Elektron nicht exakt lösen. Man kann aber die Elektronenzustände in einem Mehrelektronenatom näherungsweise durch Wasserstoff-Orbitale wiedergeben, wenn man die Abhängigkeit der Orbitale von der Hauptquantenzahl berücksichtigt. Die Anzahl der Orbitale und ihre Winkelfunktionen sind die gleichen wie im Wasserstoffatom.

▶ Jedes Elektron eines Mehrelektronenatoms wird wie das Elektron des Wasserstoffatoms durch die vier Quantenzahlen n, ℓ, m und s beschrieben.

2.2.5.1 Pauli-Prinzip, Pauli-Verbot

Nach einem von *Pauli* ausgesprochenen Prinzip stimmen keine zwei Elektronen in allen vier Quantenzahlen überein.

Haben zwei Elektronen z. B. gleiche Quantenzahlen n, ℓ, m, müssen sie sich in der Spinquantenzahl s unterscheiden. Hieraus folgt:

▶ Ein Atomorbital kann höchstens mit zwei Elektronen, und zwar mit antiparallelem Spin besetzt werden.

2.2.5.2 Hund'sche Regel

▶ Besitzt ein Atom energetisch gleichwertige (entartete) Elektronenzustände, z. B. für $\ell = 1$ drei entartete p-Orbitale, und werden mehrere Elektronen eingebaut, so erfolgt der Einbau derart, dass die Elektronen die Orbitale zuerst mit parallelem Spin besetzen. Anschließend erfolgt paarweise Besetzung mit antiparallelem Spin, falls genügend Elektronen vorhanden sind.

Beispiel Es sollen drei und vier Elektronen in ein p-Niveau eingebaut werden:

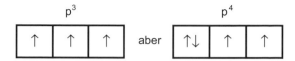

▶ *Beachte:* Niveaus unterschiedlicher Energie werden in der Reihenfolge zunehmender Energie mit Elektronen besetzt (Abb. 2.12).

Die Elektronenzahl in einem Niveau wird als Index rechts oben an das Orbitalsymbol geschrieben. Die Kennzeichnung der Schale, zu welcher das Niveau gehört, erfolgt so, dass man die zugehörige Hauptquantenzahl vor das Orbitalsymbol schreibt. *Beispiel:* $1\,s^2$ (sprich: cins s zwci) bedeutet: In der K-Schale ist das s-Niveau mit zwei Elektronen besetzt.

In Abb. 2.12 sieht man:

1. Die Abstände zwischen den einzelnen Energieniveaus werden mit höherer Hauptquantenzahl n klcincr.
2. Bei gleichem Wert für n ergeben sich wegen verschiedener Werte für ℓ und m unterschiedliche Energiewerte. So ist das 4s-Niveau energetisch günstiger (tieferer Energiewert) als das 3d-Niveau.

▶ Die Elektronenanordnung in einem Atom nennt man auch seine **Elektronenkonfiguration**.

Abb. 2.12 Encrgicnivcauschcma für vielelektronige Atome

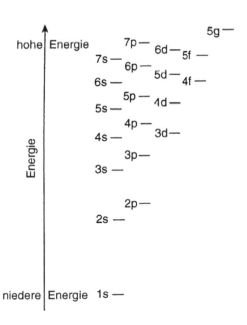

Schale	Hauptquantenzahl n	Nebenquantenzahl l	Elektronentypus	Magnetische Quantenzahl m	Spinquantenzahl $s = \pm 1/2$	Elektronen je Teilschale maximal	Maximale Elektronenzahl für die ganze Schale
K	1	0	s	0	$\pm$ 1/2	2	2
L	2	0	s	0	$\pm$ 1/2	2	8
		1	p	-1,0,+1	$\pm$ 1/2	3 x 2 = 6	
M	3	0	s	0	$\pm$ 1/2	2	18
		1	p	-1,0,+1	$\pm$ 1/2	3 x 2 = 6	
		2	d	- 2,-1,0,+1,+2	$\pm$ 1/2	5 x 2 = 10	
N	4	0	s	0	$\pm$ 1/2	2	32
		1	p	-1,0,+1	$\pm$ 1/2	3 x 2 = 6	
		2	d	- 2,-1,0,+1,+2	$\pm$ 1/2	5 x 2 = 10	
		3	f	- 3,-2,-1,0,+1,+2,+3,	$\pm$ 1/2	7 x 2 = 14	

Abb. 2.13 Mögliche Besetzung der Elektronenschalen und Energieniveaus eines Atoms mit Elektronen

Jedes Element hat seine charakteristische Elektronenkonfiguration.

Abbildung 2.12 gibt die energetische Reihenfolge der Orbitale in (neutralen) Mehrelektronenatomen an, wie sie experimentell gefunden wird.

Ist die Hauptquantenzahl $n = 1$, so existiert nur das 1s-AO.

Besitzt ein Atom ein Elektron und befindet sich dieses im 1s-AO, besetzt das Elektron den stabilsten Zustand (Grundzustand).

Ist die Hauptquantenzahl $n = 1$, so existiert nur das 1s-AO.

Besitzt ein Atom ein Elektron und befindet sich dieses im 1s-AO, besetzt das Elektron den stabilsten Zustand (Grundzustand).

Abbildung 2.13 zeigt den Zusammenhang zwischen den vier Quantenzahlen und die mögliche Besetzung der einzelnen Schalen und Niveaus mit Elektronen.

▶ Die maximale Elektronenzahl einer Schale ist $2\,n^2$.

Für die Reihenfolge der Besetzung beachte Abb. 2.12!

Periodensystem der Elemente

3

Das 1869 von *D. Mendelejew* und *L. Meyer* unabhängig voneinander aufgestellte Periodensystem der Elemente ist ein gelungener Versuch, die Elemente auf Grund ihrer chemischen und physikalischen Eigenschaften zu ordnen. Beide Forscher benutzten die Atommasse als ordnendes Prinzip. Da die Atommasse von der Häufigkeit der Isotope eines Elements abhängt, wurden einige Änderungen nötig, als man zur Ordnung der Elemente ihre Kernladungszahl heranzog. *H. Moseley* konnte 1913 experimentell ihre lückenlose Reihenfolge bestätigen (Abb. 3.1).

Er konnte aus den Röntgenspektren der Elemente ihre Kernladungszahl bestimmen.

Abb. 3.1 Reihenfolge der Besetzung von Atomorbitalen

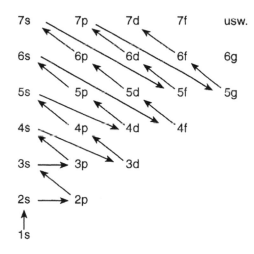

© Springer-Verlag Berlin Heidelberg 2016
H.P. Latscha, U. Kazmaier, *Chemie für Biologen*, DOI 10.1007/978-3-662-47784-7_3

3.1 Aufbau des Periodensystems der Elemente

Ordnet man die Elemente mit zunehmender **Kernladungszahl = Ordnungszahl** und fasst chemisch ähnliche („verwandte") Elemente in Gruppen zusammen, erhält man das **Periodensystem der Elemente (PSE)**, wie es Abb. 3.4 zeigt.

3.1.1 Aufbauprinzip des Periodensystems der Elemente

Eine logische Ableitung des Periodensystems aus den Elektronenzuständen der Elemente erlaubt das **Aufbauprinzip**. Ausgehend vom Wasserstoffatom werden die Energieniveaus entsprechend ihrer energetischen Reihenfolge mit Elektronen besetzt. Abbildung 3.1 zeigt die Reihenfolge der Besetzung. Tabelle 3.1 und Abb. 3.2 enthalten das Ergebnis in Auszügen.

3.1.1.1 Besonderheiten bei der Besetzung der Energieniveaus
Bei der Besetzung der Energieniveaus ist auf folgende Besonderheit zu achten:
Nach der Auffüllung der **3p**-Orbitale mit sechs Elektronen bei den Elementen Al, Si, P, S, Cl, Ar wird das **4s**-Orbital bei den Elementen **K** (s^1) und **Ca** (s^2) besetzt.

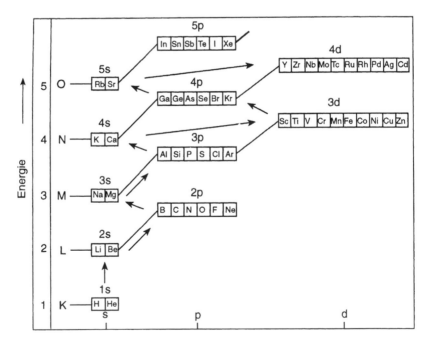

Abb. 3.2 Energieniveauschemata der wichtigsten Elemente. Die Niveaus einer Schale sind jeweils miteinander verbunden. Durch Pfeile wird die Reihenfolge der Besetzung angezeigt

Tab. 3.1 Reihenfolge der Besetzung der Elektronenschalen mit Elektronen ausgehend vom Wasserstoff (Ausschnitt)

Z		K	L		M			N				O				P		Q	
		1s	2s	2p	3s	3p	3d	4s	4p	4d	4f	5s	5p	5d	5f	6s	6p	6d	7s
1	H	1																	
2	**He**	**2**																	
3	Li	2	1																
4	Be	2	2																
5	B	2	2	1															
6	C	2	2	2															
7	N	2	2	3															
8	O	2	2	4															
9	F	2	2	5															
10	**Ne**	2	**2**	**6**															
usw.																			

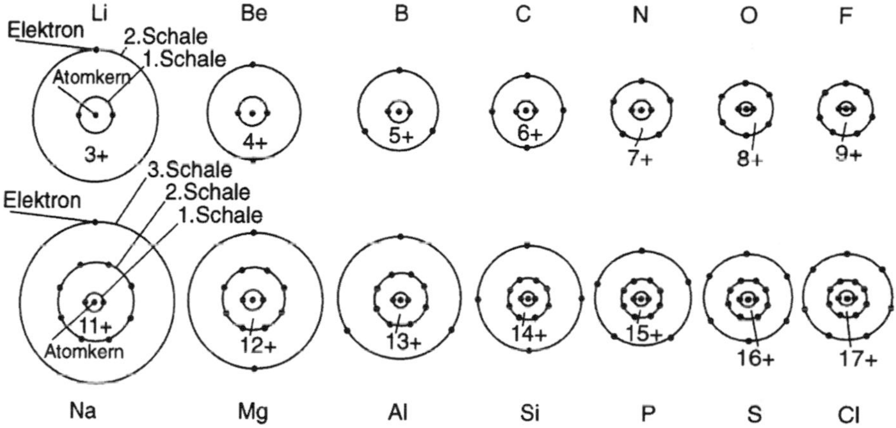

Abb. 3.3 Elektronenschalen und relative Atomradien der Elemente Lithium bis Chlor

Jetzt wird bei **Sc** das erste Elektron in das **3d**-Niveau eingebaut. Sc ist somit das *erste Übergangselement* (s. Abschn. 3.2.3). Es folgen: Ti, V, Cr, Mn, Fe, Co, Ni, Cu, Zn. Zn hat die Elektronenkonfiguration $4s^2 3d^{10}$.

Anschließend wird erst das **4p**-Niveau besetzt bei den Elementen Ga, Ge, As, Se, Br, Kr.

Aus Tab. 3.1 geht hervor, dass es Ausnahmen von der in Abb. 3.1 angegebenen Reihenfolge gibt. **Halb-** und **voll**besetzte Niveaus sind nämlich besonders stabil; außerdem ändern sich die Energiewerte der Niveaus mit der Kernladungszahl. Bei höheren Schalen werden zudem die Energieunterschiede zwischen einzelnen Niveaus immer geringer, vgl. Abb. 2.12.

Eine vereinfachte Darstellung des Atomaufbaus nach dem Bohr'schen Atommodell für die Elemente Lithium bis Chlor zeigt Abb. 3.3.

3.1.2 Perioden und Gruppen des Periodensystems

Das Periodensystem lässt sich unterteilen in Perioden und Gruppen.

Es gibt **7 Perioden** und **16 Gruppen** (**8 Haupt-** und **8 Nebengruppen**, ohne Lanthanoide und Actinoide), s. auch Abb. 3.4.

Die Perioden sind die (horizontalen) Zeilen.

▶ Innerhalb einer Periode sind die Elemente von links nach rechts nach steigender Ordnungszahl bzw. Elektronenzahl angeordnet.

So hat z. B. Calcium (Ca) ein Elektron mehr als Kalium (K) oder Schwefel (S) ein Elektron mehr als Phosphor (P).

Elemente, die in einer (vertikalen) Spalte untereinander stehen, bilden eine Gruppe. Wegen der *periodischen* Wiederholung einer analogen Elektronenkonfiguration besitzen sie die gleiche Anzahl *Valenzelektronen* und sind deshalb einander in gewisser Hinsicht chemisch ähnlich (**Elementfamilie**).

▶ Valenzelektronen sind die Elektronen in den äußeren Schalen, welche zur Bindungsbildung benutzt werden können.

Ihre Anzahl und Anordnung (= Elektronenkonfiguration der Valenzschale) bestimmen die chemischen Eigenschaften.

3.2 Einteilung der Elemente auf Grund ähnlicher Elektronenkonfiguration

3.2.1 Edelgase

Bei den Edelgasen sind die Elektronenschalen voll besetzt. Die Elektronenkonfiguration s^2 (bei Helium) und s^2p^6 in der äußeren Schale bei den anderen Edelgasen ist energetisch besonders günstig (= **Edelgaskonfiguration**). Edelgase sind demzufolge extrem reaktionsträge und haben hohe Ionisierungsenergien (s. Abschn. 3.3.3). Lediglich mit Fluor und Sauerstoff ist bei den schweren Edelgasen Verbindungsbildung möglich.

3.2.2 Hauptgruppenelemente („repräsentative" Elemente, s- und p-Block-Elemente)

Bei den Hauptgruppenelementen werden beim Durchlaufen einer Periode von links nach rechts die **äußersten** Schalen besetzt (s- und p-Niveaus). Die übrigen Schalen sind entweder vollständig besetzt oder leer.

Gruppe

Ordnungszahl	25	54,94	Atommasse[1]
		Mn	Symbol
		Mangan	Name

[1] Eingeklammerte Werte sind die Massenzahlen des stabilsten oder am besten untersuchten Isotops

Schale	Ia / 1	IIa / 2	IIIb / 3	IVb / 4	Vb / 5	VIb / 6	VIIb / 7	VIIIb / 8	VIIIb / 9	VIIIb / 10	Ib / 11	IIb / 12	IIIa / 13	IVa / 14	Va / 15	VIa / 16	VIIa / 17	VIIIa / 18
K	1 1,008 H Wasserstoff																	2 4,003 He Helium
L	3 6,939 Li Lithium	4 9,012 Be Beryllium											5 10,811 B Bor	6 12,011 C Kohlenstoff	7 14,007 N Stickstoff	8 15,999 O Sauerstoff	9 18,998 F Fluor	10 20,183 Ne Neon
M	11 22,990 Na Natrium	12 24,312 Mg Magnesium											13 26,982 Al Aluminium	14 28,086 Si Silicium	15 30,974 P Phosphor	16 32,064 S Schwefel	17 35,453 Cl Chlor	18 39,948 Ar Argon
N	19 39,10 K Kalium	20 40,08 Ca Calcium	21 44,96 Sc Scandium	22 47,90 Ti Titan	23 50,94 V Vanadium	24 52,00 Cr Chrom	25 54,96 Mn Mangan	26 55,84 Fe Eisen	27 58,93 Co Kobalt	28 58,71 Ni Nickel	29 63,54 Cu Kupfer	30 65,38 Zn Zink	31 69,72 Ga Gallium	32 72,59 Ge Germanium	33 74,92 As Arsen	34 78,96 Se Selen	35 79,91 Br Brom	36 83,80 Kr Krypton
O	37 85,47 Rb Rubidium	38 87,62 Sr Strontium	39 88,91 Y Yttrium	40 91,22 Zr Zirconium	41 92,91 Nb Niob	42 95,94 Mo Molybdän	43 (98) Tc Technetium	44 101,07 Ru Ruthenium	45 102,91 Rh Rhodium	46 106,4 Pd Palladium	47 107,87 Ag Silber	48 112,40 Cd Cadmium	49 114,82 In Indium	50 118,82 Sn Zinn	51 121,75 Sb Antimon	52 127,60 Te Tellur	53 126,90 I Iod	54 131,30 Xe Xenon
P	55 132,91 Cs Cäsium	56 137,34 Ba Barium	57 138,91 La Lanthan	72 178,49 Hf Hafnium	73 180,95 Ta Tantal	74 183,85 W Wolfram	75 186,2 Re Rhenium	76 190,2 Os Osmium	77 192,2 Ir Iridium	78 195,1 Pt Platin	79 196,97 Au Gold	80 200,59 Hg Quecksilber	81 204,37 Tl Thallium	82 207,2 Pb Blei	83 208,98 Bi Bismut	84 (210) Po Polonium	85 (210) At Astat	86 (222) Rn Radon
Q	87 (223) Fr Francium	88 (226) Ra Radium	89 (227) Ac Actinium	104 (261) Rf Rutherfordium	105 (262) Db Dubnium	106 (263) Sg Seaborgium	107 Bh Bohrium	108 Hs Hassium	109 Mt Meitnerium	110 Ds Darmstadtium	111 Rg Roentgenium	112						

58 140,12 Ce Cer	59 140,91 Pr Praseodym	60 144,24 Nd Neodym	61 (147) Pm Promethium	62 150,35 Sm Samarium	63 151,96 Eu Europium	64 157,25 Gd Gadolinium	65 158,93 Tb Terbium	66 162,50 Dy Dysprosium	67 164,93 Ho Holmium	68 167,26 Er Erbium	69 168,93 Tm Thulium	70 173,04 Yb Ytterbium	71 174,97 Lu Lutetium
90 232,04 Th Thorium	91 (231) Pa Protaktinium	92 238,03 U Uran	93 (237) Np Neptunium	94 (239) Pu Plutonium	95 (243) Am Americium	96 (247) Cm Curium	97 (247) Bk Berkelium	98 (249) Cf Californium	99 (252) Es Einsteinium	100 (257) Fm Fermium	101 (258) Md Mendelevium	102 (255) No Nobelium	103 (257) Lr Lawrencium

Abb. 3.4 Periodensystem der Elemente.

Anmerkung: Nach einer IUPAC-Empfehlung sollen die Haupt- und Nebengruppen von 1–18 durchnummeriert werden. Die dreispaltige Nebengruppe (Fe, Ru, Os), (Co, Rh, Ir), (Ni, Pd, Pt) hat danach die Zahlen 8, 9, 10. Die Edelgase erhalten die Zahl 18. Die *Lanthanoide* (Ce–Lu) und *Actinoide* (Th–Lr) gehören zwischen die Elemente La und Hf bzw. Ac und Ku

Die Hauptgruppenelemente sind – nach Gruppen eingeteilt:

1. Gruppe: Wasserstoff (H), Lithium (Li), Natrium (Na), Kalium (K), Rubidium (Rb), Cäsium (Cs), Francium (Fr)
2. Gruppe: Beryllium (Be), Magnesium (Mg), Calcium (Ca), Strontium (Sr), Barium (Ba), Radium (Ra)
3. Gruppe: Bor (B), Aluminium (Al), Gallium (Ga), Indium (In), Thallium (Tl)
4. Gruppe: Kohlenstoff (C), Silicium (Si), Germanium (Ge), Zinn (Sn), Blei (Pb)
5. Gruppe: Stickstoff (N), Phosphor (P), Arsen (As), Antimon (Sb), Bismut (Bi)
6. Gruppe: Sauerstoff (O), Schwefel (S), Selen (Se), Tellur (Te), Polonium (Po)
7. Gruppe: Fluor (F), Chlor (Cl), Brom (Br), Iod (I), Astat (At)
8. Gruppe: Helium (He), Neon (Ne), Argon (Ar), Krypton (Kr), Xenon (Xe), Radon (Rn)

Die Metalle der 1. Gruppe werden auch *Alkalimetalle*, die der 2. Gruppe *Erdalkalimetalle* und die Elemente der 3. Gruppe *Erdmetalle* genannt. Die Elemente der 6. (16.) Gruppe sind die sog. *Chalkogene* und die der 7. (17.) Gruppe die sog. *Halogene*. In der 8. (18.) Gruppe stehen die *Edelgase*.

3.2.3 Übergangselemente bzw. Nebengruppenelemente

Bei den sog. Übergangselementen werden beim Durchlaufen einer Periode von links nach rechts Elektronen in **innere Schalen** eingebaut. Es werden die 3d-, 4d-, 5d- und 6d-Zustände besetzt. Übergangselemente nennt man üblicherweise die Elemente mit den Ordnungszahlen 21–30, 39–48 und 72–80, ferner $_{57}$La, $_{89}$Ac, $_{104}$Ku, $_{105}$Ha. Sie haben mit Ausnahme der letzten und z. T. vorletzten Elemente jeder „Übergangselementreihe" unvollständig besetzte d-Orbitale in der *zweitäußersten* Schale. Anomalien bei der Besetzung treten auf, weil **halb- und vollbesetzte Zustände besonders stabil** (energiearm) sind. So hat Chrom (Cr) ein 4s-Elektron, aber fünf 3d-Elektronen, und Kupfer (Cu) hat ein 4s-Elektron und zehn 3d-Elektronen.

Die Einteilung der Übergangselemente in **Nebengruppen** erfolgt analog zu den Hauptgruppenelementen entsprechend der Anzahl der Valenzelektronen, zu denen s- **und** d-Elektronen gehören:

Die Elemente der I. Nebengruppe (Ib), Cu, Ag, Au, haben **ein** s-Elektron; die Elemente der VI. Nebengruppe (VIb), Cr, Mo, haben **ein** s- und **fünf** d-Elektronen, und W hat **zwei** s- und **vier** d-Elektronen.

Bei den sog. **inneren Übergangselementen** werden die 4f- und 5f-Zustände der *drittäußersten* Schale besetzt. Es sind die **Lanthanoiden** oder *Seltenen Erden* (Ce bis Lu, Ordnungszahl 58–71) und die **Actinoiden** (Th bis Lr, Ordnungszahl 90–103).

Beachte Lanthan (La) besitzt kein 4f-Elektron, sondern ein 5d-Elektron, obwohl das 4f-Niveau energetisch günstiger liegt als das 5d-Niveau. Das erste Element mit 4f-Elektronen ist Ce ($4f^2$).

▶ Alle Übergangselemente sind Metalle. Die meisten von ihnen bilden Komplexverbindungen. Sie kommen in ihren Verbindungen meist in mehreren Oxidationsstufen
vor.

3.2.4 Valenzelektronenzahl und Oxidationsstufen

Die Elektronen in den äußeren Schalen der Elemente sind für deren chemische
und z. T. auch physikalische Eigenschaften verantwortlich. Weil die Elemente nur
mit Hilfe dieser Elektronen miteinander verknüpft werden können, d. h. Bindungen
(Valenzen) ausbilden können, nennt man diese Außenelektronen auch **Valenzelektronen**. Ihre Anordnung ist die **Valenzelektronenkonfiguration**.

▶ Die Valenzelektronen bestimmen das chemische Verhalten der Elemente.

Wird einem neutralen chemischen Element durch irgendeinen Vorgang *ein* Valenzelektron entrissen, wird es *einfach* positiv geladen. Es entsteht ein *einwertiges*
Kation (s. Abschn. 8.4.1.8). Das Element wird oxidiert (s. Abschn. 9.2), seine
Oxidationsstufe/Oxidationszahl (s. Abschn. 9.1), ist $+1$. Die Oxidationsstufe -1
erhält man, wenn einem neutralen Element ein Valenzelektron zusätzlich hinzugefügt wird. Es entsteht ein **Anion** (s. Abschn. 8.4.1.8). Höhere bzw. tiefere Oxidati-
onsstufen/Oxidationszahlen werden entsprechend durch Subtraktion bzw. Addition
mehrerer Valenzelektronen erhalten.

Beachte Als **Ionen** bezeichnet man geladene Atome und Moleküle. Positiv gela
dene heißen **Kationen**, negativ geladene **Anionen**. Die jeweilige Ladung wird mit
dem entsprechenden Vorzeichen oben rechts an dem Element, Molekül etc. angegeben, z. B. Cl^-, SO_4^{2-}, Cr^{3+}.

3.3 Periodizität einiger Eigenschaften

Es gibt Eigenschaften der Elemente, die sich periodisch mit zunehmender Ordnungszahl ändern.

3.3.1 Atom- und Ionenradien

Abbildung 3.5 zeigt die Atom- und Ionenradien wichtiger Elemente.
    Aus Abb. 3.5 kann man entnehmen, dass die Atomradien **innerhalb einer Grup-
pe** von oben nach unten zunehmen (*Vermehrung der Elektronenschalen*). **Innerhalb
einer Periode** nehmen die Atomradien von links nach rechts ab, wegen stärkerer
Kontraktion infolge zunehmender Kernladung bei *konstanter Schalenzahl*.

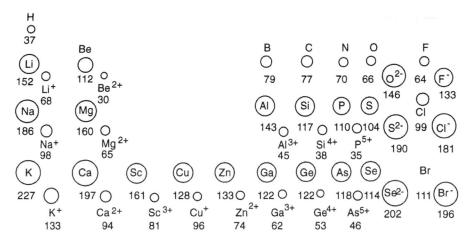

Abb. 3.5 Atom- und Ionenradien (in pm)

Diese Aussagen gelten analog für die Radien der Kationen bzw. Anionen der Hauptgruppenelemente. Bei Nebengruppenelementen sind die Verhältnisse komplizierter.

3.3.2 Elektronenaffinität (EA)

Die Elektronenaffinität (EA) ist definiert als diejenige **Energie**, die mit der Elektronenaufnahme durch ein gasförmiges Atom oder Ion verbunden ist:

$$X + e^- \rightarrow X^-; \qquad Cl + e^- \rightarrow Cl^-, \qquad EA = -3,61\,eV\,mol^{-1}$$

Beispiel Das Chlor-Atom nimmt ein Elektron auf und geht in das Cl^--Ion über. Hierbei wird eine Energie von $3,61\,eV\,mol^{-1}$ frei (negatives Vorzeichen). Nimmt ein Atom mehrere Elektronen auf, so muss Arbeit gegen die abstoßende Wirkung des ersten „überschüssigen" Elektrons geleistet werden. Die Elektronenaffinität hat dann einen positiven Wert.

▶ Innerhalb einer Periode nimmt der Absolutwert der Elektronenaffinität im Allgemeinen von links nach rechts zu und innerhalb einer Gruppe von oben nach unten ab.

3.3.3 Ionisierungspotenzial/Ionisierungsenergie

Unter dem Ionisierungspotenzial IP (Ionisierungsenergie) versteht man die Energie, die aufgebracht werden muss, um von einem gasförmigen Atom oder Ion ein

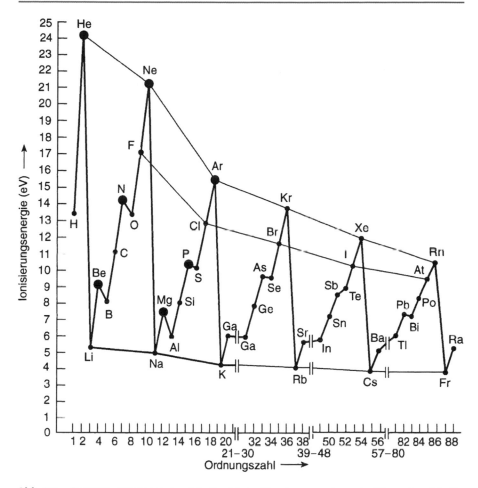

Abb. 3.6 „Erste" Ionisierungspotenziale (in eV) der Hauptgruppenelemente. Elemente mit halb-
und vollbesetzten Energieniveaus in der K-, L- und M-Schale sind durch einen ausgefüllten Kreis
gekennzeichnet. $1\,eV \,\hat{=}\, 96{,}485\,kJ$

Elektron vollständig abzutrennen:

$$\overset{0}{Na} - e^- \rightarrow Na^+; \quad IP = 500\,kJ\,mol^{-1}$$

$$= 5{,}1\,eV = 8{,}1 \cdot 10^{-19}\,J \text{ pro Atom}$$

Wird das *erste* Elektron abgetrennt, spricht man vom **1. Ionisierungspotenzial**
usw. Das Ionisierungspotenzial ist direkt messbar und ein Maß für den Energiezustand des betreffenden Elektrons bzw. der Stabilität der Elektronenstruktur des
Atoms oder Ions (Abb. 3.6).

► Im Allgemeinen nimmt die Ionisierungsenergie innerhalb einer Periode von links nach rechts zu (wachsende Kernladung, größere Anziehung) und innerhalb einer Gruppe von oben nach unten ab (wachsender Atomradius, größere Entfernung für Elektron – Atomrumpf).

Halbbesetzte und **volle** Energieniveaus sind besonders stabil. Dementsprechend haben Elemente mit diesen Elektronenkonfigurationen vergleichsweise hohe Ionisierungspotenziale.

3.3.4 Elektronegativität

► Die Elektronegativität EN oder χ ist nach *L. Pauling* ein Maß für das Bestreben eines Atoms, in einer kovalenten Einfachbindung das bindende Elektronenpaar an sich zu ziehen.

Abbildung 3.7 zeigt die von *Pauling* angegebenen Werte für eine Reihe wichtiger Elemente. Wie man deutlich sehen kann, nimmt die Elektronegativität innerhalb einer **Periode** von links nach rechts zu und innerhalb einer **Gruppe** von oben nach unten meist ab.

► Fluor wird als elektronegativstem Element willkürlich die Zahl 4 zugeordnet.

Demgemäß handelt es sich bei den Zahlenwerten in Abb. 3.7 um *relative Zahlenwerte*.

Bei kovalent gebundenen Atomen muss man beachten, dass die Elektronegativität der Atome von der jeweiligen **Hybridisierung** abhängt. So erhöht sich z. B. die EN mit dem Hybridisierungsgrad in der Reihenfolge $sp^3 < sp^2 < sp$. Dies ist besonders für die Chemie des Kohlenstoffs wichtig.

L. Pauling hat seine Werte über die Bindungsenergien in Molekülen ermittelt.

Abb. 3.7 Elektronegativitäten nach *Pauling*

H 2,1							H 2,1
Li 1,0	Be 1,5	B 2,0	C 2,5	N 3,0	O 3,5	F 4,0	
Na 0,9	Mg 1,2	Al 1,5	Si 1,8	P 2,1	S 2,5	Cl 3,0	
K 0,8	Ca 1,0				Se 2,4	Br 2,8	
Rb 0,8	Sr 1,0				Te 2,1	I 2,4	
Cs 0,7	Ba 0,9						

Eine einfache Beziehung für die experimentelle Bestimmung der Elektronegativitätswerte wurde auch von *R. Mulliken* angegeben:

$$\chi = \frac{IP + EA}{2}$$

χ = Elektronegativität; IP = Ionisierungspotenzial; EA = Elektronenaffinität

Die Werte für die Ionisierungspotenziale sind für fast alle Elemente experimentell bestimmt. Für die Elektronenaffinitäten ist dies allerdings nicht in gleichem Maße der Fall.

Die Differenz $\Delta\chi$ der Elektronegativitäten zweier Bindungspartner ist ein Maß für die *Polarität* (= Ionencharakter) der Bindung, s. auch Abschn. 5.1.

3.3.5 Metallischer und nichtmetallischer Charakter der Elemente

Innerhalb einer Periode nimmt der **metallische** Charakter von links nach rechts ab und innerhalb einer Gruppe von oben nach unten zu (Abb. 3.8). Für den **nichtmetallischen** Charakter gelten die entgegengesetzten Richtungen.

▶ Im Periodensystem stehen demzufolge die typischen *Metalle* links und unten und die typischen *Nichtmetalle* rechts und oben.

Eine „Trennungslinie" bilden die so genannten **Halbmetalle** B, Si, Ge, As, Te, die auch in ihrem Verhalten zwischen beiden Gruppen stehen. Die Trennung ist nicht scharf; es gibt eine breite Übergangszone.

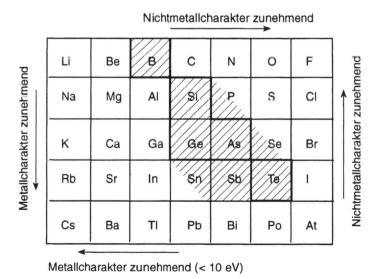

Abb. 3.8 Metallischer und nichtmetallischer Charakter der Elemente im Periodensystem

Charakterisierung der Metalle

3/4 aller Elemente sind Metalle. Metalle haben hohe elektrische und thermische Leitfähigkeit, metallischen Glanz, kleine Elektronegativitäten, Ionisierungspotenziale ($< 10\,eV$) und Elektronenaffinitäten. Sie können Oxide bilden und sind in Verbindungen (besonders in Salzen) fast immer der positiv geladene Partner. Metalle sind dehnbar, formbar usw. Sie kristallisieren in sog. Metallgittern, s. Abschn. 5.3.1 (über die Bindung in Metallen s. Abschn. 5.3).

Charakterisierung der Nichtmetalle

Die Nichtmetalle stehen mit Ausnahme des Wasserstoffs im Periodensystem eine bis vier Positionen vor einem Edelgas. Ihre Eigenschaften ergeben sich aus den allgemeinen Gesetzmäßigkeiten im Periodensystem. Nichtmetalle haben relativ hohe Ionisierungspotenziale, große Elektronenaffinitäten (für die einwertigen Anionen) und größere Elektronegativitätswerte als Metalle (außer den Edelgasen). Hervorzuheben ist, dass sie meist Isolatoren sind und untereinander typisch kovalente Verbindungen bilden, wie H_2, N_2, S_8, Cl_2, Kohlendioxid (CO_2), Schwefeldioxid (SO_2) und Stickstoffdioxid (NO_2). Nichtmetalloxide sind so genannte *Säureanhydride* und reagieren im Allgemeinen mit Wasser zu Säuren.

Beispiele

$$CO_2 + H_2O \; \rightleftharpoons \; H_2CO_3;$$
$$SO_2 + H_2O \; \rightleftharpoons \; H_2SO_3;$$
$$SO_3 + H_2O \rightleftharpoons H_2SO_4.$$

Moleküle, chemische Verbindungen, Reaktionsgleichungenund Stöchiometrie

4

▶ Die kleinste Kombination von Atomen eines Elements oder verschiedener Elemente, die unabhängig existenzfähig ist, heißt **Molekül**. Ein Molekül ist das kleinste für sich genommen existenzfähige Teilchen einer chemischen **Verbindung**.

Eine Verbindung weist dabei völlig neue (andere) Merkmale auf. Sie haben mit denen der einzelnen Bauteile nichts mehr zu tun. Die *biologische Funktion* eines Moleküls oder einer Verbindung ist von der räumlichen Anordnung der Bausteine d. h. der **Struktur** des Moleküls oder der Verbindung abhängig. Alle Verbindungen (Moleküle) lassen sich in die Elemente zerlegen.

▶ Die Zerlegung einer Verbindung in die Elemente zur Bestimmung von Zusammensetzung und Aufbau nennt man **Analyse**, den Aufbau einer Verbindung aus den Elementen bzw. Elementkombinationen **Synthese**.

Ein Molekül wird hinsichtlich seiner Zusammensetzung dadurch charakterisiert, dass man die Elementsymbole seiner elementaren Komponenten nebeneinander stellt. Kommt ein Element in einem Molekül mehrfach vor, wird die Anzahl durch eine tief gestellte Zahl rechts unten am Elementsymbol angegeben.

Beispiele
- Das Wasserstoffmolekül H_2 enthält zweimal das Element Wasserstoff H.
- Das Wassermolekül enthält zweimal das Element Wasserstoff H und einmal das Element Sauerstoff O. Sein Symbol ist H_2O.
- N_2, O_2, F_2, I_2.
- $2\,H \rightarrow H_2$; $2\,Br \rightarrow Br_2$; ein Schwefelmolekül S_8 ist aus 8 S-Atomen aufgebaut.
- *Beispiele* für einfache Verbindungen sind auch die Alkali- und Erdalkalihalogenide. Es handelt sich um Kombinationen aus einem Alkalimetall wie Natrium (Na), Kalium (K) oder einem Erdalkalimetall wie Calcium (Ca), Strontium (Sr) oder Barium (Ba) mit den Halogenen Fluor (F), Chlor (Cl), Brom (Br) oder Iod (I).

© Springer-Verlag Berlin Heidelberg 2016
H.P. Latscha, U. Kazmaier, *Chemie für Biologen*, DOI 10.1007/978-3-662-47784-7_4

Abb. 4.1 Cristobalit

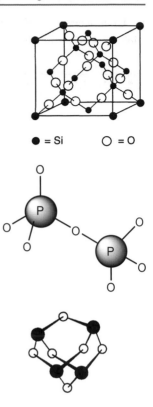

● = Si   ○ = O

Abb. 4.2 $P_2O_7^{4-}$

Abb. 4.3 P_4O_6 oder As_4O_6

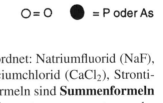

○ = O   ● = P oder As

Die **Formeln** sind den Namen in Klammern zugeordnet: Natriumfluorid (NaF), Natriumchlorid (NaCl), Natriumbromid (NaBr), Calciumchlorid (CaCl$_2$), Strontiumchlorid (SrCl$_2$), Bariumchlorid (BaCl$_2$). Solche Formeln sind **Summenformeln** (Bruttoformeln, empirische Formeln), die nur die Elementzusammensetzung der betreffenden Substanzen angeben. Sie sagen nichts aus über die räumliche Anordnung der Bestandteile.

Auskunft über die räumliche Anordnung der einzelnen Elemente in einer Verbindung und die Molekülgröße gibt die **Strukturformel** (Konstitutionsformel) bzw. das **Raumgitter** bei Salzen und anderen festen Stoffen (vgl. Abschn. 5.1, 7.1.4).

Einige *Beispiele* sollen die Unterschiede erläutern:

Methan	**Summenformel:**	CH$_4$	Strukturformel:	Abb. 5.14
Ammoniak		NH$_3$	Strukturformel:	Abb. 5.19
Phosphor(III)-oxid		P$_4$O$_6$	Strukturformel:	Abb. 4.3
Natriumchlorid		(NaCl)$_n$	Raumgitter:	Abb. 5.2
Siliziumdioxid (Cristobalit)		(SiO$_2$)$_n$	Raumgitter:	Abb. 4.1
Pyrophosphorsäure		H$_4$P$_2$O$_7$	Strukturformel:	Abb. 4.2
Arsenoxid (kubisch)		As$_4$O$_6$	Strukturformel:	Abb. 4.3

▶ **Chemische Reaktion** nennt man den Aufbau und Umbau (= Veränderung) von Materie durch Bilden und Aufbrechen *chemischer Verbindungen.*

4.1 Reaktionsgleichungen

Die in Abschn. 1.2 angegebenen Grundgesetze der Chemie bilden die Grundlage für die **quantitative** Beschreibung chemischer Reaktionen in Form chemischer **Reaktionsgleichungen.** Hierbei schreibt man die **Ausgangsstoffe** (Reaktionspartner, Reaktanden, Edukte) auf die linke Seite und die **Produkte** auf die rechte Seite des Gleichheitszeichens.

▶ Das Wort Gleichung besagt:
Die Anzahl der Atome eines Elements muss auf beiden Seiten der Gleichung insgesamt gleich sein.

Die Atome sind nämlich auf beiden Seiten nur verschieden miteinander kombiniert. Materie wird lediglich umgeordnet.

Die Reaktion von Chlor, Cl_2, mit Wasserstoff, H_2, zu Chlorwasserstoff, HCl, kann folgendermaßen wiedergegeben werden:

$$H_2 + Cl_2 = 2\,HCl + \text{Energie}$$

Verläuft eine Reaktion weitgehend vollständig von links nach rechts, ersetzt man das Gleichheitszeichen durch einen nach rechts gerichteten Pfeil:

$$H_2 + Cl_2 \rightarrow 2\,HCl$$

Existiert bei einer bestimmten Reaktion auch eine merkliche Zersetzung der Produkte in die Ausgangsstoffe (= **Rückreaktion**), verwendet man Doppelpfeile. Die Reaktion ist **reversibel**:

$$A + B \rightleftharpoons C$$

Um chemische Gleichungen quantitativ auswerten zu können, benötigt man außer der Atommasse auch die Masse der zusammengesetzten Teilchen (Formel- oder **Molekülmasse**, früher Molekulargewicht genannt).

▶ Die Molekülmasse ist die Summe der Atommassen aller Atome eines Moleküls. Sie wird in der Einheit atomare Masseneinheit u angegeben.

Beispiele Die Molekülmasse von HCl ist $1 + 35{,}5 = 36{,}5$; die Molekülmasse von Methan (CH_4) ist $12 + 4 \cdot 1 = 16$.
(Auch hier lässt man, weil Verwechslung ausgeschlossen, die Einheit u weg.)
Einheit der Stoffmenge ist das **Mol** (Kurzzeichen: mol).

▶ 1 Mol ist die Stoffmenge eines Systems bestimmter Zusammensetzung, das aus ebenso vielen Teilchen besteht, wie Atome in 12/1000 Kilogramm des Nuklids $^{12}_{6}C$ enthalten sind.

Ein Mol bezieht sich also auf eine bestimmte Anzahl Teilchen (Atome, Moleküle, Ionen usw.). Diese Anzahl ist die Avogadro'sche Konstante N_A; oft heißt sie auch **Avogadro'sche Zahl N_A**.

▶ $N_A = 6{,}0220943 \cdot 10^{23}\,\text{mol}^{-1}$ ($\pm 1{,}05$ ppm)

(ppm = parts per million, = 1 Teil auf 10^6 Teile). Die Größe dieser Zahl wird klar, wenn man bedenkt, dass 602.209.430.000.000.000.000.000 Wasserstoffatome zusammengenommen 1,0079 g wiegen.

Die Stoffmengeneinheit Mol verknüpft die beiden gesetzlichen Einheiten für Massen, das Kilogramm und die atomare Masseneinheit u:

▶ $u \cdot \text{mol} = g$ $1\,u = 1\,g \cdot \text{mol}^{-1} = 1{,}66053 \cdot 10^{-24}\,g$

Mit dem Mol als Stoffmengeneinheit werden die früher üblichen Stoffmengenangaben *Gramm-Atom* (= Substanzmenge in so viel Gramm, wie die Atommasse angibt) und *Gramm-Molekül* (= Substanzmenge in so viel Gramm einer Verbindung, wie ihre Molekülmasse angibt) überflüssig.

Beispiele
- Unter *1 mol Eisen* (Fe) versteht man N_A Atome Eisen mit der in Gramm ausgedrückten Substanzmenge der Atommasse: 1 mol Fe = $55{,}84 \cdot 1{,}66053 \cdot 10^{-24}\,g \cdot 6 \cdot 10^{23} = 55{,}84\,g$
- Unter *1 mol Methan* (CH$_4$) versteht man N_A Moleküle Methan mit der in Gramm ausgedrückten Substanzmenge 1 mol: 1 mol CH$_4$ = $(1 \cdot 12{,}01 + 4 \cdot 1{,}00)\,g = 16{,}01\,g$
- Unter *1 mol Natriumchlorid* (Na$^+$Cl$^-$) versteht man $N_A \cdot$ Na$^+$-Ionen $+ N_A \cdot$ Cl$^-$-Ionen mit der zahlenmäßig in Gramm ausgedrückten Substanzmenge: 1 mol NaCl = $58{,}5\,g$

Für Umsetzungen, an denen gasförmige Stoffe beteiligt sind, braucht man das **Molvolumen V_m**; Dies ist das Volumen, das N_A Teilchen einnehmen. Man erhält es durch einen Rückschluss aus dem Volumengesetz von *Avogadro*, Abschn. 1.2.

Das Molvolumen V_m bei **0 °C** (= 273,15 K) und **1,013 bar** (genau: 1013,25 mbar) ist das **molare Normvolumen V_{mn}** eines *idealen* Gases.

$$V_{mn} = 22{,}41383\,\text{L mol}^{-1}$$

$$\approx \mathbf{22{,}414\,L\,mol^{-1}}$$

Mit Hilfe des Molvolumens von Gasen sind Umrechnungen zwischen Masse und Volumen möglich.

4.2 Konzentrationsmaße

Die Konzentration eines Stoffes wurde früher meist durch eckige Klammern symbolisiert: $[X]$. Heute verwendet man stattdessen $c(X)$.

Für die Konzentrationen von Lösungen sind verschiedene Angaben gebräuchlich:

4.2.1 Stoffmenge

▶ Die Stoffmenge $n(X)$ des Stoffes X ist der Quotient aus der *Masse m einer Stoffportion* und der *molaren Masse von X*:

$$n(X) = \frac{m}{M(X)} \qquad \text{SI-Einheit: mol}$$

Stoffportion ist die Bezeichnung für einen abgegrenzten Materiebereich, der aus einem Stoff oder mehreren Stoffen oder definierten Bestandteilen von Stoffen bestehen kann. Gekennzeichnet ist die Stoffportion *qualitativ* durch die Bezeichnung des Stoffes, *quantitativ* durch Masse, Volumen, Teilchenzahl und Stoffmenge.

4.2.2 Stoffmengenkonzentration und Molalität

▶ Die Stoffmengenkonzentration (Konzentration) eines Stoffes X $c(X)$ in einer Lösung ist der Quotient aus einer *Stoffmenge $n(X)$* und dem *Volumen V der Lösung*:

$$c(X) = \frac{n(X)}{V} \qquad \text{SI-Einheit: mol/m}^3$$

$c(X)$ wird in der Regel in **mol/L** angegeben.

Beachte Die Stoffmengenkonzentration bezogen auf **1 Liter Lösung** wurde früher **Molarität** genannt und mit M abgekürzt.

Beispiele
- Eine KCl-Lösung mit der Stoffmengenkonzentration $c(\text{KCl}) = 0{,}5 \, \text{mol L}^{-1}$ enthält 0,5 Mol KCl in 1 Liter Lösung.
- $c(\text{NaOH}) = 0{,}1 \, \text{mol L}^{-1}$: 1 Liter NaOH-Lösung enthält 0,1 Mol NaOH $= 4 \, \text{g}$ NaOH. (Die molare Masse $M(\text{NaOH}) = 40 \, \text{g mol}^{-1}$).

Die Molalität b eines gelösten Stoffes X ist der Quotient aus seiner *Stoffmenge $n(X)$* und der *Masse $m(\text{Lm})$ des Lösemittels*:

$$b(X) = \frac{n(X)}{m(\text{Lm})} \qquad \text{SI-Einheit: mol kg}^{-1} \, (\text{Lösemittel})$$

Die Molalität ist unabhängig von Volumenänderungen bei unterschiedlicher Temperatur.

4.2.3 Äquivalentstoffmenge

▶ Die Äquivalentstoffmenge (früher = Molzahl) n_{eq} eines Stoffes X ist der Quotient aus der *Masse einer Stoffportion* und der *molaren Masse des Äquivalents*:

$$n_{eq} = \frac{m}{M\left[(1/z^*)X\right]} \qquad \text{SI-Einheit: mol}$$

z^* bedeutet die Äquivalentzahl. Sie ergibt sich aus einer Äquivalenzbeziehung (z. B. einer definierten chem. Reaktion). Bei Ionen entspricht sie der Ionenladung.

4.2.4 Äquivalentkonzentration

▶ Die Äquivalentkonzentration c_{eq} eines Stoffes X ist der Quotient aus der *Äquivalentstoffmenge* n_{eq} und dem *Volumen V der Lösung*:

$$c_{eq} = \frac{n_{eq}}{V} \qquad \text{SI-Einheit: mol/m}^3$$

c_{eq} wird in der Regel in **mol/L** angegeben.

Beachte Die Äquivalentkonzentration c_{eq} eines Stoffes X bezogen auf **1 Liter Lösung** wurde früher **Normalität** genannt und mit **N** abgekürzt.

Zusammenhang zwischen der Stoffmengenkonzentration $c(X)$ und der Äquivalentkonzentration c_{eq}:

$$c_{eq} = c(X) \cdot z^*$$

Zusammenhang zwischen Stoffmenge $n(X)$ und der Äquivalentstoffmenge n_{eq}:

$$n_{eq} = n(X) \cdot z^*$$

4.2.5 Massenanteil

▶ Der Massenanteil w eines Stoffes X in einer Mischung ist der Quotient aus der *Masse $m(X)$* und der *Masse der Mischung*:

$$w(X) = \frac{m(X)}{m(\text{Mischung})}$$

Die Angabe des Massenanteils erfolgt durch die Größengleichung; z. B. $w(\text{NaOH}) = 0{,}32$ oder *in Worten:* Der Massenanteil an NaOH beträgt 0,32 oder 32 %.

Beispiele
- 4,0 g NaCl werden in 40 g Wasser gelöst. Wie groß ist der Massenanteil?
  Antwort: Die Masse der Lösung ist $40 + 4 = 44$ g. Der Massenanteil an NaCl beträgt $4 : 44 = 0{,}09$ oder 9 %.
- Wie viel g Substanz sind in 15 g einer Lösung mit dem Massenanteil 0,08 enthalten?
  Antwort: $8/100 = x/15$; $x = 1{,}2$ g
  15 g einer Lösung mit dem Massenanteil 0,08 enthalten 1,2 g gelöste Substanz.

Beachte Der Massenanteil wurde früher auch **Massenbruch** genannt. Man sprach aber meist von **Massenprozent** oder **Gewichtsprozent (Gew.-%)**.

4.2.6 Volumenanteil

▶ Der Volumenanteil x eines Stoffes X in einer Mischung aus den Stoffen X und Y ist der Quotient aus dem *Volumen $V(X)$* und der *Summe der Volumina $V(X)$ und $V(Y)$* vor dem Mischvorgang.

$$x(X) = \frac{V}{V(X) + \overline{V(Y)}}$$

Bei mehr Komponenten gelten entsprechende Gleichungen.

Die Angabe des Volumenanteils erfolgt meist durch die Größengleichung, z. B. $x(\text{II}_2) = 0{,}25$ oder *in Worten:* Der Volumenanteil an H_2 beträgt 0,25 bzw. 25 %.

Beachte Der Volumenanteil wurde früher auch **Volumenbruch** genannt. Man sprach aber meist von einem Gehalt in **Volumen-Prozent (Vol.-%)**.

4.2.7 Stoffmengenanteil

▶ Der Stoffmengenanteil x eines Stoffes X in einer Mischung aus den Stoffen X und Y ist der Quotient aus seiner *Stoffmenge $n(X)$* und der *Summe der Stoffmengen $n(X)$ und $n(Y)$*.

$$x(X) = \frac{n(X)}{n(X) + n(Y)}$$

Bei mehr Komponenten gelten entsprechende Gleichungen.

▶ Die Summe aller Stoffmengenanteile einer Mischung ist 1.

Die Angaben des Stoffmengenanteils x erfolgt meist durch die Größengleichung, z. B. $x(X) = 0{,}5$ oder *in Worten:* Der Stoffmengenanteil an X beträgt 0,5.

Beachte Der Stoffmengenanteil wurde früher **Molenbruch** genannt. Man sprach aber meist von **Atom-%** bzw. **Mol-%**.

Bei sehr verdünnten Lösungen (sehr niedrigen Konzentrationen) benutzt man häufig die Konzentrationsangaben *Promille*, Abk. p.m., Zeichen ‰, Tausendstel und *ppb* Abk. für **p**arts **p**er **b**illion = Nanogramm, 10^{-9} g.

Beispiele
- Wie viel g NaCl und Wasser werden zur Herstellung von 5 Liter einer 10 %igen NaCl-Lösung benötigt?
  Antwort: Zur Umrechnung des Volumens in die Masse muss die spez. Masse der NaCl-Lösung bekannt sein. Sie beträgt $1{,}071\,\mathrm{g\,cm^{-3}}$. Demnach wiegen 5 Liter $5 \cdot 1071 = 5355\,\mathrm{g}$. 100 g Lösung enthalten 10 g, d. h. 5355 g enthalten 535,5 g NaCl. Man benötigt also 535,5 g Kochsalz und 4819,5 g Wasser.
- Wie viel Milliliter einer unverdünnten Flüssigkeit sind zur Herstellung von 3 L einer 5 %igen Lösung notwendig? *(Volumenanteil)*
  Antwort: Für 100 mL einer 5 %igen Lösung werden 5 mL benötigt, d. h. für 3000 mL insgesamt $5 \cdot 30 = 150\,\mathrm{mL}$.
- Wie viel mL Wasser muss man zu 100 mL 90 %igem Alkohol geben, um 70 %igen Alkohol zu erhalten? *(Volumenanteil)*
  Antwort: 100 mL 90 %iger Alkohol enthalten 90 mL Alkohol. Daraus können $100 \cdot 90/70 = 128{,}6\,\mathrm{mL}$ 70 %iger Alkohol hergestellt werden, indem man 28,6 mL Wasser zugibt. (Die Alkoholmenge ist in beiden Lösungen gleich, die Konzentrationsverhältnisse sind verschieden.)
- Wie viel mL 70 %igen Alkohol und wie viel mL Wasser muss man mischen, um 1 Liter 45 %igen Alkohol zu bekommen? *(Volumenanteil)*
  Antwort: Wir erhalten aus 100 mL 70 %igem Alkohol insgesamt 155,55 mL 45 %igen Alkohol. Da wir 1000 mL herstellen wollen, benötigen wir $1000 \cdot 100/155{,}55 = 643\,\mathrm{mL}$ 70 %igen Alkohol und $1000 - 643 = 357\,\mathrm{mL}$ Wasser (ohne Berücksichtigung der Volumenkontraktion).

4.3   Rechnen mit der Äquivalentkonzentration

Mit dem Mol als Stoffmengeneinheit ergibt sich:

▶ Die Äquivalentkonzentration

$$c_{eq} = 1\,\mathrm{mol\,L^{-1}}$$

- einer *Säure* (nach *Brønsted)* ist diejenige Säuremenge, die 1 mol Protonen abgeben kann,

- einer *Base* (nach *Brønsted*) ist diejenige Basenmenge, die 1 mol Protonen aufnehmen kann,
- eines *Oxidationsmittels* ist diejenige Substanzmenge, die 1 mol Elektronen aufnehmen kann,
- eines *Reduktionsmittels* ist diejenige Substanzmenge, die 1 mol Elektronen abgeben kann.

4.3.1 Beispiele

4.3.1.1 1. Beispiel
Wie viel Gramm HCl enthält ein Liter einer **HCl-Lösung** mit $c_{eq} = 1\,\text{mol}\,\text{L}^{-1}$?

Gesucht m in Gramm

Formel

$$c_{eq} = \frac{m}{M[(1/z)\text{HCl}] \cdot V} \quad \text{bzw.}$$
$$m = c_{eq} \cdot M[(1/z)\text{HCl}] \cdot V$$

Gegeben $c_{eq} = 1\,\text{mol}\,\text{L}^{-1}$; $V = 1$; $z = 1$; $M(\text{HCl}) = 36,5\,\text{g}$

Ergebnis $m = 1 \cdot 36,5\text{g} \cdot 1 - 36,5\,\text{g}$
Ein Liter einer HCl-Lösung mit der Äquivalentkonzentration $1\,\text{mol}\,\text{L}^{-1}$ enthält $36,5\,\text{g}$ HCl.

4.3.1.2 2. Beispiel
Wie viel Gramm H_2SO_4 enthält ein Liter einer **H_2SO_4-Lösung** mit $c_{eq} = 1\,\text{mol}\,\text{L}^{-1}$?

Gesucht m in Gramm

Formel

$$c_{eq} = \frac{m}{M[(1/z)H_2SO_4] \cdot V} \quad \text{bzw.}$$
$$m = c_{eq} \cdot M[(1/z)H_2SO_4] \cdot V$$

Gegeben $c_{eq} = 1\,\text{mol}\,\text{L}^{-1}$; $V = 1$; $z = 2$; $M(H_2SO_4) = 98\,\text{g}$

Ergebnis $m = 1 \cdot 49\,\text{g} \cdot 1 = 49\,\text{g}$
Ein Liter einer H_2SO_4-Lösung mit der Äquivalentkonzentration $1\,\text{mol}\,\text{L}^{-1}$ enthält $49\,\text{g}$ H_2SO_4.

4.3.1.3   3. Beispiel

Wie groß ist die Äquivalentkonzentration einer 0,5 molaren Schwefelsäure in Bezug auf eine Neutralisation?

Gleichungen

$$c_{eq} = z \cdot c_i; \quad c_i = 0{,}5 \, \text{mol} \, \text{L}^{-1}; \quad z = 2$$
$$c_{eq} = 2 \cdot 0{,}5 \, \text{mol} \, \text{L}^{-1} = 1 \, \text{mol} \, \text{L}^{-1}$$

Die Lösung hat die Äquivalentkonzentration $c_{eq} = 1 \, \text{mol} \, \text{L}^{-1}$. Sie ist einnormal.

4.3.1.4   4. Beispiel

Eine **NaOH-Lösung** enthält 80 g NaOH pro Liter. Wie groß ist die **Äquivalentmenge** n_{eq}? Wie groß ist die **Äquivalentkonzentration** c_{eq}? (= wie viel normal ist die Lösung?)

Gleichungen

$$n_{eq} = z \cdot \frac{m}{M}; \quad m = 80 \, \text{g}; \quad M = 40 \, \text{g mol}^{-1}; \quad z = 1$$
$$n_{eq} = 1 \cdot \frac{80 \, \text{g}}{40 \, \text{g mol}^{-1}} = 2 \, \text{mol}; \quad c_{eq} = \frac{2 \, \text{mol}}{1 \, \text{L}} = 2 \, \text{mol} \, \text{L}^{-1}$$

Es liegt eine 2 N NaOH-Lösung vor.

4.3.1.5   5. Beispiel

Wie groß ist die **Äquivalentmenge** von 63,2 g **KMnO$_4$** bei **Redoxreaktionen** im alkalischen bzw. im sauren Medium (es werden jeweils 3 bzw. 5 Elektronen aufgenommen)?

Gleichungen

$$n_{eq} = z \cdot n = z \cdot \frac{m}{M}; \quad M = 185 \, \text{g mol}^{-1}$$

Im **sauren Medium** gilt:

$$n_{eq} = 5 \cdot \frac{63{,}2}{158} \, \text{mol} = 2 \, \text{mol}$$

Löst man 63,2 g KMnO$_4$ in Wasser zu 1 Liter Lösung, so erhält man eine Lösung mit der Äquivalentkonzentration $c_{eq} = 2 \, \text{mol} \, \text{L}^{-1}$ für Reaktionen in saurem Medium.

Im **alkalischen Medium** gilt:

$$n_{eq} = 3 \cdot \frac{63{,}2}{158} \, \text{mol} = 1{,}2 \, \text{mol}$$

Die gleiche Lösung hat bei Reaktionen im alkalischen Bereich nur noch die Äquivalentkonzentration $c_{eq} = 1{,}2 \, \text{mol} \, \text{L}^{-1}$.

4.3.1.6 6. Beispiel

Ein Hersteller verkauft 0,02 molare **KMnO₄-Lösungen**. Welches ist der **chemische Wirkungswert** bei Titrationen?

Gleichungen

$$c_{eq} = z \cdot c_i; \quad c_i = 0,02 \, mol \, L^{-1}$$

Im **sauren Medium** mit $z = 5$ gilt:

$$c_{eq} = 5 \cdot 0,02 = 0,1 \, mol \, L^{-1}$$

Im **alkalischen Medium** mit $z = 3$ gilt:

$$c_{eq} = 3 \cdot 0,02 = 0,06 \, mol \, L^{-1}$$

Im sauren Medium entspricht eine 0,02 M KMnO₄-Lösung also einer KMnO₄-Lösung mit $c_{eq} = 0,1 \, mol \, L^{-1}$, im alkalischen Medium einer KMnO₄-Lösung mit $c_{eq} = 0,06 \, mol \, L^{-1}$.

4.3.1.7 7. Beispiel

Wie groß ist die **Äquivalentmenge** von 63,2 g **KMnO₄** in Bezug auf Kalium (K^+)?

$$n_{eq} = 1 \cdot \frac{63,2}{158} \, mol = 0,4 \, mol$$

Beim Auflösen zu 1 Liter Lösung ist $c_{eq} = 0,4 \, mol \, L^{-1}$ in Bezug auf Kalium.

4.3.1.8 8. Beispiel

Wie viel Gramm **KMnO₄** werden für 1 Liter einer Lösung mit $c_{eq} = 2 \, mol \, L^{-1}$ benötigt? (**Oxidationswirkung** im sauren Medium)

$$c_{eq} = \frac{n_{eq}}{V}; \quad c_{eq} = 2 \, mol \, L^{-1}; \quad V = 1 \, L \tag{1}$$

$$n_{eq} = z \cdot \frac{m}{M}; \quad z = 5; \quad m = ?; \quad M = 185 \, g \, mol^{-1} \tag{2}$$

Einsetzen von (2) in (1) gibt:

$$m = \frac{c_{eq} \cdot V \cdot M}{z} = \frac{2 \cdot 1 \cdot 158}{5} \, g = 63,2 \, g$$

Man braucht $m = 63,2$ g KMnO₄.

4.3.1.9 9. Beispiel

a. Für die **Redoxtitration von Fe²⁺-Ionen mit KMnO₄-Lösung in saurer Lösung**

($Fe^{2+} \rightarrow Fe^{3+} + e^-$) gilt:

$$n_{eq}(\text{Oxidationsmittel}) = n_{eq}(\text{Reduktionsmittel})$$

$$\text{hier: } n_{eq}(KMnO_4) = n_{eq}(Fe^{2+}) \tag{1}$$

Es sollen 303,8 g $FeSO_4$ oxidiert werden. Wie viel g $KMnO_4$ werden hierzu benötigt?

Für $FeSO_4$ gilt:

$$n_{eq}(FeSO_4) = z \cdot \frac{m}{M}; \quad z = 1; \quad M = 151,9\,\text{g mol}^{-1}; \quad m = 303,8\,\text{g}$$

$$n_{eq}(FeSO_4) = 1 \cdot \frac{303,8}{151,9}\,\text{mol} = 2\,\text{mol}$$

Für $KMnO_4$ gilt:

$$n_{eq}(KMnO_4) = z \cdot \frac{m}{M}; \quad z = 5; \quad M = 158\,\text{g mol}^{-1}; \quad m = ?$$

$$n_{eq}(KMnO_4) = 5 \cdot \frac{m}{158}$$

Eingesetzt in (1) ergibt:

$$2 = 5 \cdot \frac{m}{158} \text{ oder } m = \frac{316}{5}\,\text{g} = 63,2\,\text{g } KMnO_4$$

b. Wie viel Liter einer **KMnO₄-Lösung** mit $c_{eq} = 1\,\text{mol L}^{-1}$ werden für die **Titration** in Aufgabe a. benötigt?

63,2 g $KMnO_4$ entsprechen bei dieser Titration einer Äquivalentmenge von

$$n_{eq} = 5 \cdot \frac{63,2}{158}\,\text{mol} = 2\,\text{mol}$$

Gleichungen

$$c_{eq} = \frac{n_{eq}}{V}; \quad c_{eq} = 1\,\text{mol} \cdot \text{L}^{-1}; \quad n_{eq} = 2\,\text{mol}; \quad V = \frac{2\,\text{mol}}{1\,\text{mol} \cdot \text{L}^{-1}} = 2\,\text{L}$$

Ergebnis Es werden 2 Liter Titratorlösung gebraucht.

Zusammenfassende Gleichung für die Aufgabe b.:

$$c_{eq} = \frac{z \cdot m}{V \cdot M}; \quad V = \frac{z \cdot m}{c_{eq} \cdot M} = \frac{5 \cdot 63,2}{1 \cdot 158}\,\text{L} = 2\,\text{L}$$

4.3.1.10 10. Beispiel

Für eine **Neutralisationsreaktion** gilt die Beziehung:

$$n_{eq}(\text{Säure}) = n_{eq}(\text{Base}) \tag{1}$$

Für die Neutralisation von H_2SO_4 mit NaOH gilt demnach:

$$n_{eq}(\text{Schwefelsäure}) = n_{eq}(\text{Natronlauge}) \tag{2}$$

a. Es sollen 49 g **H_2SO_4** titriert werden. Wie viel g **NaOH** werden hierzu benötigt?
    Für H_2SO_4 gilt:

$$n_{eq}(H_2SO_4) = z \cdot \frac{m}{M}; \quad z = 2; \quad M = 98\,\text{g mol}^{-1}; \quad m = 49\,\text{g}$$

$$n_{eq}(H_2SO_4) = 2 \cdot \frac{49}{98}\,\text{mol} = 1\,\text{mol}$$

Für NaOH gilt:

$$n_{eq}(\text{NaOH}) = z \cdot \frac{m}{M}; \quad z = 1; \quad M = 40\,\text{g mol}^{-1}; \quad m = ?$$

$$n_{eq}(\text{NaOH}) = 1 \cdot \frac{m}{40}$$

Eingesetzt in die Gleichung (2) ergibt:

$$1 = 1 \cdot \frac{m}{40}; m = 40\,\text{g}$$

Ergebnis Es werden 40 g NaOH benötigt.

b. Wie viel Liter einer **NaOH-Lösung** mit $c_{eq} = 2\,\text{mol L}^{-1}$ werden für die Titration von 49 g **H_2SO_4** benötigt?
    Gleichungen

$$c_{eq} = \frac{n_{eq}}{V} = \frac{z \cdot m}{V \cdot M}; \quad z = 2; \quad m = 49\,\text{g}; \quad M = 98\,\text{g mol}^{-1};$$

$$c_{eq} = 2\,\text{mol L}^{-1}; \quad V = ?$$

$$2\,\text{mol L}^{-1} = \frac{2 \cdot 49\,\text{g}}{V \cdot 98\,\text{L g mol}^{-1}}; \quad V = \frac{2 \cdot 49}{2 \cdot 98}\,\text{L} = 0{,}5\,\text{L} = 500\,\text{mL}$$

Ergebnis Es werden 500 mL einer NaOH-Lsg. mit $c_{eq} = 2\,\text{mol L}^{-1}$ benötigt.

4.4 Stöchiometrische Rechnungen

Betrachten wir nun wieder die Umsetzung von Wasserstoff und Chlor zu Chlorwasserstoff nach der Gleichung:

$$H_2 + Cl_2 \rightarrow 2\,HCl + \text{Energie}$$

so beschreibt die Gleichung die Reaktion **nicht nur qualitativ**, dass nämlich aus einem Molekül Wasserstoff und einem Molekül Chlor zwei Moleküle Chlorwasserstoff entstehen, **sondern** sie sagt auch **quantitativ**:

- 1 mol = 2,016 g Wasserstoff $\approx$ 22,414 L Wasserstoff (0 °C, 1 bar) und
- 1 mol = 70,906 g $\approx$ 22,414 L Chlor geben unter Wärmeentwicklung von 185 kJ bei 0 °C
- 2 mol = 72,922 g $\approx$ 44,828 L Chlorwasserstoff.

Dies ist ein Beispiel einer stöchiometrischen Rechnung.

▶ **Stöchiometrie** heißt das Teilgebiet der Chemie, das sich mit den Massenverhältnissen zwischen den Elementen und Verbindungen beschäftigt, wie es die Formeln und Gleichungen wiedergeben.
Bei Kenntnis der Atommassen der Reaktionspartner und der Reaktionsgleichung kann man z. B. den theoretisch möglichen Stoffumsatz (**theoretische Ausbeute)** berechnen.

Beispiel einer Ausbeuteberechnung
Wasserstoff (H_2) und Sauerstoff (O_2) setzen sich zu Wasser (H_2O) um nach der Gleichung:

$$2\,H_2 + O_2 \rightarrow 2\,H_2O + \text{Energie}$$

Frage Wie groß ist die theoretische Ausbeute an Wasser, wenn man 3 g Wasserstoff bei einem beliebig großen Sauerstoffangebot zu Wasser umsetzt?

Lösung Wir setzen anstelle der Elementsymbole die Atom- bzw. Molekülmassen in die Gleichung ein:

$$2 \cdot 2 + 2 \cdot 16 = 2 \cdot 18 \text{ oder } 4\,g + 32\,g = 36\,g,$$

d. h., 4 g Wasserstoff setzen sich mit 32 g Sauerstoff zu 36 g Wasser um.

Die Wassermenge x, die sich bei der Reaktion von 3 g Wasserstoff bildet, ergibt sich zu $x = (36 \cdot 3)/4 = 27$ g Wasser. Die Ausbeute an Wasser beträgt also 27 g.

4.4.1 Anmerkungen zu stöchiometrischen Rechnungen

▶ Stöchiometrische Rechnungen versucht man so einfach wie möglich zu machen.

1. Beispiel
Zersetzung von Quecksilberoxid. Das Experiment zeigt:

$$2\,HgO \rightarrow 2\,Hg + O_2$$

Man kann diese Gleichung auch schreiben: $HgO \rightarrow Hg + 1/2\,O_2$. Setzen wir die Atommassen ein, so folgt: Aus $200,59 + 16 = 216,59$ g HgO entstehen beim Erhitzen 200,59 g Hg und 16 g Sauerstoff.

2. Beispiel

Obwohl man weiß, dass elementarer Schwefel als S_8-Molekül vorliegt, schreibt man für die Verbrennung von Schwefel mit Sauerstoff zu Schwefeldioxid anstelle von $S_8 + 8\,O_2 \rightarrow 8\,SO_2$ vereinfacht: $S + O_2 \rightarrow SO_2$.

▶ Bei der Analyse einer Substanz ist es üblich, die Zusammensetzung nicht in g, sondern den Massenanteil der Elemente in Prozent anzugeben.

3. Beispiel

Wasser H_2O (Molekülmasse $= 18$) besteht zu $2 \cdot 100/18 = 11{,}1\,\%$ aus Wasserstoff und zu $16 \cdot 100/18 = 88{,}9\,\%$ aus Sauerstoff.

4.5   Berechnung von empirischen Formeln

Etwas schwieriger ist die Berechnung der Summenformel aus den Prozentwerten.

Beispiel Gesucht ist die einfachste Formel einer Verbindung, die aus $50{,}05\,\%$ Schwefel und $49{,}95\,\%$ Sauerstoff besteht.

▶ Dividiert man die Massenanteile (in %) durch die Atommassen der betreffenden Elemente, erhält man das Atomzahlenverhältnis der unbekannten Verbindung.

Dieses wird nach dem Gesetz der multiplen Proportionen in ganze Zahlen umgewandelt:

$$\frac{50{,}05}{32{,}06} : \frac{49{,}95}{15{,}99} = 1{,}56 : 3{,}12 = 1 : 2$$

Die einfachste Formel ist SO_2.

Ausführlichere Rechnungen gehen über den Rahmen dieses Buches hinaus. Siehe hierzu Literaturverweise unter *Stöchiometrie*.

Chemische Bindung – Bindungsarten

5

Untersucht man Substanzen auf die Kräfte, die ihre Bestandteile zusammenhalten (chemische Bindung), so findet man verschiedene Typen der chemischen Bindung. Sie werden in reiner Form nur in Grenzfällen beobachtet. In der Regel überwiegen die Übergänge zwischen den Bindungsarten.

Man unterscheidet als **starke Bindungen** die ionische, die kovalente, die metallische und die koordinative Bindung (Bindung in Komplexen), als **schwache Bindungen** die Wasserstoffbrückenbindung, die Van-der-Waals-Bindung sowie die hydrophobe Wechselwirkung. Die schwachen Bindungen spielen in der „Chemie des Lebens" eine besonders große Rolle.

5.1 Ionische (polare, heteropolare) Bindungen, Ionenbeziehung

► Voraussetzung für die Bildung einer ionisch gebauten Substanz ist, dass ein Bestandteil ein relativ niedriges Ionisierungspotenzial hat und der andere eine hohe Elektronegativität besitzt.

Die Mehrzahl der ionisch gebauten Stoffe bildet sich demnach durch Kombination von Elementen mit stark unterschiedlicher Elektronegativität (EN-Differenz > 1,5). Sie stehen am linken und rechten Rand des Periodensystems (Metalle und Nichtmetalle).

► Salze bilden sich zwischen Metallen und Nichtmetallen.

Ionische Verbindungen sind u. a. **Halogenide** ($NaCl$, $CaCl_2$, CaF_2, $BaCl_2$), **Oxide** (CaO), **Sulfide** (Na_2S), **Hydroxide** ($NaOH$, KOH, $Ca(OH)_2$), **Carbonate** (K_2CO_3, Na_2CO_3, $CaCO_3$, $NaHCO_3$), **Sulfate** ($MgSO_4$, $CaSO_4$, $FeSO_4$, $CuSO_4$, $ZnSO_4$).

Bei der Salzbildung geht mindestens ein Elektron von einem Bestandteil mehr oder weniger vollständig auf einen anderen Bestandteil über. Dabei entstehen negativ geladene **Anionen** und positiv geladene **Kationen**. In der Regel besitzen die

© Springer-Verlag Berlin Heidelberg 2016
H.P. Latscha, U. Kazmaier, *Chemie für Biologen*, DOI 10.1007/978-3-662-47784-7_5

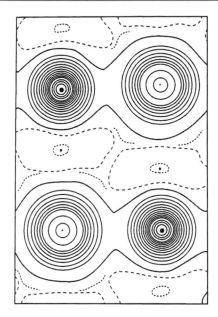 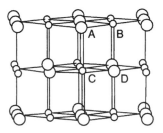

Abb. 5.1 Elektronendichte im NaCl-Kristall bei 100 °C. Konturen *links oben* und *rechts unten*: Elektronendichte der Na-Ionen (entsprechend A und D); die anderen beziehen sich auf die Cl-Ionen (entsprechend B und C in der rechten Abbildung). Man beachte nur das Minimum zwischen jeweils vertikal benachbarten Ionen. (Horizontal nebeneinander liegende Ionen zeigen infolge der gewählten Projektionsebene nur scheinbar höhere Elektronendichten zwischen Na$^+$ und Cl$^-$.) (Nach *Brill, Grimm, Herrmann* u. *Peters*)

entstehenden Ionen der Hauptgruppenelemente „Edelgaskonfiguration". Die Elektronendichte zwischen den Ionen ist im Idealfall praktisch null. Vgl. Abb. 5.1.

Die Theorie der ionischen (polaren) Bindung ist sehr einfach, da es sich hauptsächlich um elektrostatische Anziehungskräfte handelt.

Stellt man sich die Ionen in erster Näherung als positiv und negativ geladene, nichtkompressible Kugeln vor, dann gilt für die Kraft, mit der sie sich anziehen, das **Coulomb'sche Gesetz**:

$$K = \frac{e_1 \cdot e_2}{4\pi\varepsilon_0 \cdot \varepsilon \cdot r^2} \qquad (\varepsilon_0 = \text{Dielektrizitätskonstante des Vakuums})$$

mit den Ladungen e_1 bzw. e_2 und r als Abstand zwischen den als Punktladungen gedachten Ionenkugeln. ε ist die Dielektrizitätskonstante des Mediums. Über die Bedeutung von ε s. Abschn. 8.2.1.

Die Ionenkugeln können sich nun einander nicht beliebig nähern, da sich die gleichsinnig geladenen Kerne der Ionen abstoßen. Zwischen Anziehung und Abstoßung stellt sich ein **Gleichgewichtszustand** ein, der dem **Gleichgewichtsabstand** $\mathbf{r_0}$ der Ionen im Gitter entspricht. Im Natriumchlorid ist er 280 pm (Abb. 5.2).

Abb. 5.2 Ausschnitt aus dem Natriumchlorid- (NaCl-)Gitter. A, B, C sind verschieden weit entfernte Na^+- und Cl^--Ionen

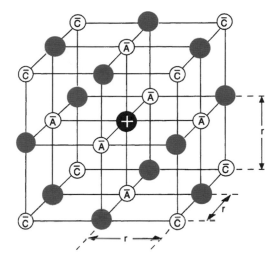

Die Coulomb'sche Anziehungskraft bevorzugt keine Raumrichtung, d. h., sie ist **ungerichtet** (elektrostatisches Feld). Dies führt dazu, dass sich um jedes Ion eine möglichst große Anzahl von entgegengesetzt geladenen Ionen um ein als Zentralion herausgegriffenes Ion gruppieren (**große Koordinationszahl**, KZ). Abb. 5.2 zeigt dies deutlich.

Für NaCl ist die Koordinationszahl sechs; d. h. *sechs* Cl^--Ionen gruppieren sich um *ein* Na^+-Ion, und *sechs* Na^+-Ionen um *ein* Cl^--Ion. Die entstehenden Polyeder sind das Oktaeder.

Beachte Das Kristallgitter des NaCl ist kubisch gebaut (Abb. 5.3).

Die räumliche Struktur (Raumgitter, Kristallgitter), die sich mit ionischen Bausteinen aufbaut, ist ein **Ionengitter**.

Abb. 5.3 Natriumchloridgitter (NaCl). Die großen Kugeln sind die Cl^--Ionen

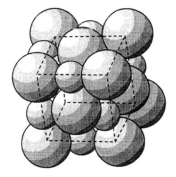

5.1.1 Gitterenergie

Die Energie, die bei der Vereinigung äquivalenter Mengen gasförmiger (g) Kationen und Anionen zu einem Einkristall (fest, (f)) von 1 mol frei wird, heißt die **Gitterenergie** U_G der betreffenden Substanz:

$$X^+(g) + Y^-(g) \rightarrow XY(f) + U_G$$

(U_G gilt für den Kristall am absoluten Nullpunkt.)

Für NaCl ist die Gitterenergie $-770\,\mathrm{kJ\,mol^{-1}}$. Um diesen Energiebetrag ist das Ionengitter **stabiler** als die isolierten Ionen.

▶ Die Gitterenergie ist den Ionenladungen direkt und dem Kernabstand (Summe der Ionenradien) umgekehrt proportional. Sie ist ein Maß für die Stärke der ionischen Bindung im Kristall.

In einem Ionengitter sind Ionen entgegengesetzter Ladung und meist unterschiedlicher Größe in einem stöchiometrischen Verhältnis so untergebracht, dass das **Prinzip der elektrischen Neutralität** gewahrt ist, und dass die elektrostatischen Anziehungskräfte die Abstoßungskräfte überwiegen. Da in den meisten Ionengittern die Anionen größer sind als die Kationen, stellt sich dem Betrachter das Gitter als ein **Anionengitter** dar (dichteste Packung aus Anionen), bei dem die **Kationen** in den **Gitterzwischenräumen** (Lücken) sitzen und für den Ladungsausgleich sowie den Gitterzusammenhalt sorgen. Es leuchtet unmittelbar ein, dass somit für den Bau eines Ionengitters das **Verhältnis der Radien** der Bausteine eine entscheidende Rolle spielt (Abb. 5.3).

▶ Der Gittertyp, der eine größere Gitterenergie (= kleinere potenzielle Energie) besitzt, ist im Allgemeinen thermodynamisch stabiler.

Beachte Die Größe der Ionenradien ist abhängig von der Koordinationszahl. Für die KZ 4, 6 und 8 verhält sich der Radius eines Ions annähernd wie 0,8 : 1,0 : 1,1.

Die Abb. 5.4 und 5.5 zeigen typische Ionengitter. Die schwarzen Kugeln stellen die Kationen dar. Abbildung 5.6 gibt die Abhängigkeit der Koordinationszahl und des Gittertyps vom Radienverhältnis wieder.

Abb. 5.4 Caesiumchlorid (CsCl). Die Cs^+- und Cl^--Ionen sitzen jeweils im Zentrum eines Würfels

Abb. 5.5 Calciumfluorid
(CaF_2). Die Ca^{2+}-Ionen sind
würfelförmig von F^--Ionen
umgeben. Jedes F^--Ion sitzt
in der Mitte eines Tetraeders
aus Ca^{2+}-Ionen

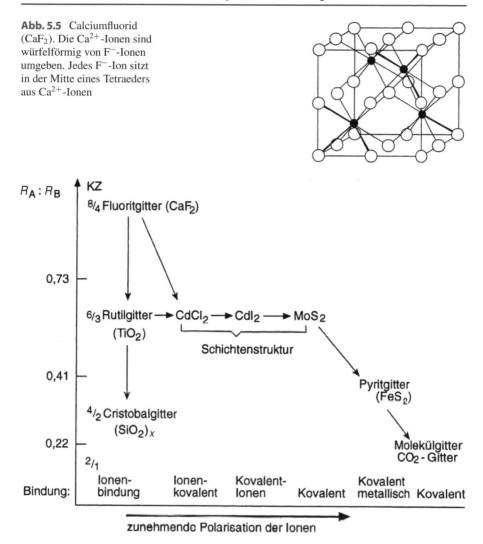

Abb. 5.6 Abhängigkeit des Gittertyps und der Bindungsart für Verbindungen der Zusammensetzung AB_2 vom Radienverhältnis und der Polarisation der Ionen. KZ = Koordinationszahl

5.1.2   Übergang von der ionischen zur kovalenten Bindung

Bei der Beschreibung der ionischen Bindung durch das Coulomb'sche Gesetz gingen wir davon aus, dass Ionen in erster Näherung als nicht kompressible Kugeln angesehen werden können. Dies gilt aber nur für isolierte Ionen. Nähern sich nämlich zwei entgegengesetzt geladene Ionen einander, werden ihre Elektronenhüllen deformiert, d. h., die Ionen werden **polarisiert** (= Trennung der Ladungsschwerpunkte).

Tab. 5.1 Bindungsart und Differenz der Elektronegativitäten

Bindungsart	Differenz $\Delta\chi$ der Elektronegativität zweier Bindungspartner
Atombindung	0,0 bis < 0,5
Polare Atombindung	0,5 bis < 1,5
Salzartiger Charakter	1,5 bis < 2,0
Ionenbindung, Salze	> 2,0

Beispiele: H–Cl ($\Delta\chi = 0{,}9$; ca. 20 % Ionencharakter), NaCl ($\Delta\chi = 2{,}1$, typisches Salz)

▶ Die *Polarisierbarkeit* wächst mit der Elektronenzahl und bei gleicher Ladung mit der Ionengröße.
  Die *polarisierende Wirkung* eines Ions wächst dagegen mit abnehmendem Radius und zunehmender Ladung.

Die Polarisationseigenschaften der Gitterbausteine sind nun neben dem Radienverhältnis ein entscheidender Faktor für die Ausbildung eines bestimmten Gittertyps.

▶ Je stärker die Polarisation ist, umso deutlicher ist der Übergang von der typisch ionischen zur kovalenten Bindungsart, weil sich die Elektronenwolken gegenseitig stärker durchdringen.

Eine Zwischenstufe stellen die **Schichtengitter** dar, bei denen große Anionen von relativ kleinen Kationen so stark polarisiert werden, dass die Kationen zwar symmetrisch von Anionen umgeben sind, die Anionen aber unsymmetrisch teils Kationen, teils Anionen als Nachbarn besitzen.

Beispiele für Substanzen mit Schichtengittern sind: $CdCl_2$, $MgCl_2$, CdI_2, MoS_2.
  Benutzt man zu einer ersten Orientierung bei der Beurteilung der Bindungsart die Elektronennegativität (EN) erhält man das in Tab. 5.1 dargestellte Schema.

Übergang von der ionischen zur metallischen Bindung
Einen Übergang von der ionischen zur metallischen Bindungsart kann man beobachten in Verbindungen von **Übergangselementen mit Schwefel, Arsen** und ihren höheren **Homologen**.

5.1.3 Eigenschaften ionisch gebauter Substanzen (Salze)

Sie besitzen einen relativ hohen Schmelz- und Siedepunkt und sind hart und spröde. Diese Eigenschaften hängen im Wesentlichen mit der Größe des Wertes der Gitterenergie zusammen. Die Lösungen und Schmelzen leiten den elektrischen Strom infolge Ionenwanderung. Über den Zusammenhang von Gitterenergie und Löslichkeit von Ionenkristallen s. Abschn. 8.3.1.

Ein Beispiel für die technische Anwendung der Leitfähigkeit von Schmelzen ist die elektrolytische Gewinnung (Elektrolyse) unedler Metalle wie Aluminium, Magnesium, der Alkalimetalle usw.

5.2   Atombindung (kovalente, homöopolare Bindung, Elektronenpaarbindung)

▶ Die kovalente Bindung (Atom-, Elektronenpaarbindung) bildet sich zwischen Elementen ähnlicher Elektronegativität aus: „Ideale" kovalente Bindungen findet man nur zwischen Elementen gleicher Elektronegativität bzw. bei Kombination der Elemente selbst (z. B. H_2, Cl_2, N_2).

Im Gegensatz zur elektrostatischen Bindung ist sie **gerichtet**, d. h., sie verbindet ganz bestimmte Atome miteinander. Zwischen den Bindungspartnern existiert eine erhöhte Elektronendichte. Besonders deutlich wird der Unterschied zwischen ionischer und kovalenter Bindung beim Vergleich der Abb. 5.1 und 5.7.

Zur Beschreibung dieser Bindungsart benutzt der Chemiker im Wesentlichen zwei Theorien. Diese sind als **Molekülorbitaltheorie** (MO-Theorie) und **Valenzbindungstheorie** (VB-Theorie) bekannt. Beide Theorien sind Näherungsverfahren zur Lösung der Schrödinger-Gleichung für Moleküle.

Abb. 5.7 Elektronendichte im Diamantkristall, darunter Diamantgitter in Parallelprojektion. (Nach *Brill, Grimm, Hermann* u. *Peters*)

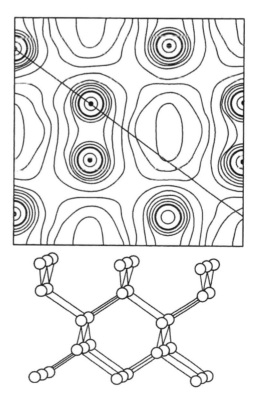

5.2.1 MO-Theorie der kovalenten Bindung

In der MO-Theorie beschreibt man die Zustände von Elektronen in einem Molekül ähnlich wie die Elektronenzustände in einem Atom durch Wellenfunktionen ψ_{MO}. Die Wellenfunktion, welche eine Lösung der Schrödinger-Gleichung ist, heißt **Molekülorbital** (MO). Jedes ψ_{MO} ist durch Quantenzahlen charakterisiert, die seine Form und Energie bestimmen.

Zu jedem ψ_{MO} gehört ein bestimmter Energiewert. $|\psi^2|\mathrm{d}x\mathrm{d}y\mathrm{d}z$ kann wieder als die Wahrscheinlichkeit interpretiert werden, mit der das Elektron in dem Volumenelement dxdydz angetroffen wird. Im Gegensatz zu den Atomorbitalen sind die MO **mehrzentrig**, z. B. zweizentrig für ein Molekül A–A (z. B. H_2). Eine exakte Formulierung der Wellenfunktion ist in fast allen Fällen unmöglich. Man kann sie aber näherungsweise formulieren, wenn man die Gesamtwellenfunktion z. B. durch *Addition* oder *Subtraktion* (Linearkombination) einzelner isolierter Atombitale zusammensetzt (LCAO-Methode = linear combination of atomic orbitals):

$$\psi_{MO} = c_1\psi_{AO} \pm c_2\psi_{AO} \qquad \text{(für ein zweizentriges MO)}$$

Die Koeffizienten c_1 und c_2 werden so gewählt, dass die Energie, die man erhält, wenn man ψ_{MO} in die Schrödinger-Gleichung einsetzt, einen *minimalen Wert* annimmt. Minimale potentielle Energie entspricht einem *stabilen Zustand*.

Durch die Linearkombination *zweier* Atomorbitale (AO) erhält man *zwei* Molekülorbitale, nämlich MO(I) durch Addition der AO und MO(II) durch Subtraktion der AO. MO(I) hat eine *geringere* potentielle Energie als die isolierten AO. Die Energie von MO(II) ist höher als die der isolierten AO. **MO(I)** nennt man ein **bindendes Molekülorbital** und **MO(II)** ein **antibindendes** oder **lockerndes**. (Das antibindende MO wird oft mit * markiert.) Abbildung 5.8 zeigt das Energienieveauschema des H_2-Moleküls (s. a. Abb. 5.9).

▶ Der Einbau der Elektronen in die MO erfolgt unter Beachtung von Hund'scher Regel und Pauli-Prinzip in der Reihenfolge zunehmender potentieller Energie. Ein MO kann von maximal *zwei* Elektronen mit antiparallelem Spin besetzt werden.

Abb. 5.8 Bildung der MO beim H_2-Molekül

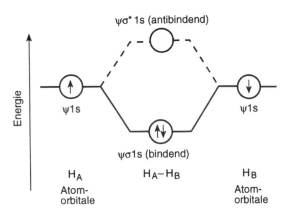

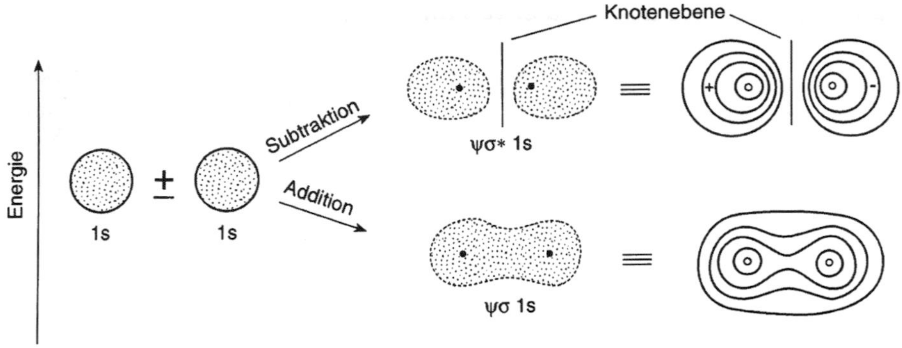

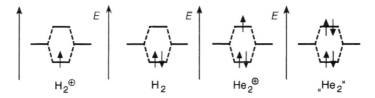

Abb. 5.9 Grafische Darstellung der Bildung der MO beim H_2-Molekül

Abb. 5.10 Bildung der MO-Orbitale für H_2^+, H_2, He_2^+ und He_2

Tab. 5.2 Bindungseigenschaften einiger zweiatomiger Moleküle

Molekül	Valenzelektronen	Bindungsenergie kJ/mol	Kernabstand pm
H_2^+	1	269	106
H_2	2	436	74
He_2^+	3	~ 300	108
„He_2"	4	0	–

In Molekülen mit ungleichen Atomen wie CO können auch sog. **nichtbindende** MO auftreten.

Die Elektronen befinden sich in einer Bindung näher beim elektronegativeren Bindungspartner.

Abbildung 5.10 zeigt die Verhältnisse für H_2^+, H_2, He_2^+ und „He_2". Die Bindungseigenschaften der betreffenden Moleküle sind in Tab. 5.2 angegeben.

Aus Tab. 5.2 kann man entnehmen, dass H_2 die stärkste Bindung hat. In diesem Molekül sind beide Elektronen in dem bindenden MO. Ein „He_2" existiert nicht, weil seine vier Elektronen sowohl das bindende als auch das antibindende MO besetzen würden.

Beachte In der MO-Theorie befinden sich die Valenzelektronen der Atome nicht in Atomorbitalen, d. h. bevorzugt in der Nähe bestimmter Kerne, sondern in delokalisierten Molekülorbitalen, die sich über das ganze Molekül erstrecken. Dies gilt auch für Atomgitter wie im Diamant (Abb. 5.11).

Abb. 5.11 zeigt die Elektronendichteverteilung für das
H_2^+-Ion. Kurve (a) entspricht
getrennten Atomen. Kurve
(b) entspricht dem bindenden MO. Kurve (c) entspricht
dem antibindenden MO

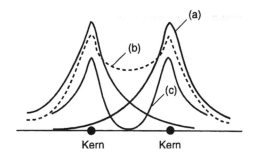

Die Konstruktion der MO von **mehratomigen** Molekülen erfolgt prinzipiell auf dem gleichen Weg. Jedoch werden die Verhältnisse mit zunehmender Zahl der Bindungspartner immer komplizierter. Es können auch nur Atomorbitale **gleicher** Symmetrie in Bezug auf die Kernverbindungsachse und vergleichbarer Energie und Größe miteinander kombiniert werden. Ist ein MO **rotationssymmetrisch** um die Kernverbindungsachse, so heißt es **σ-MO**. Besitzt es eine **Knotenfläche** nennt man es **π-MO**. Abbildung 5.12 zeigt das MO-Diagramm von CH_4. Weitere Beispiele finden sich in den Abschn. 14.6.1.1, 14.7.1.1.

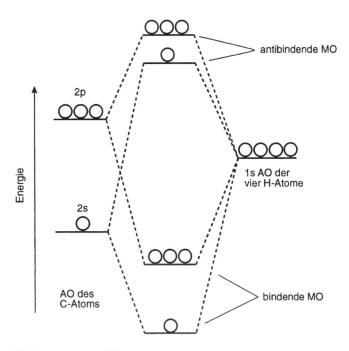

Abb. 5.12 MO-Diagramm von CH_4

Abb. 5.13 Überlappung der
1s-Orbitale im Wasserstoff-
Molekül

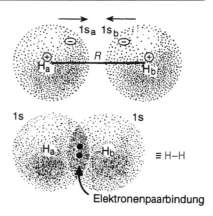

≡ H–H

Elektronenpaarbindung

5.2.2   VB-Theorie der kovalenten Bindung

Erläuterung der Theorie an Hand von Beispielen

5.2.2.1   Beispiel: das Wasserstoff-Molekül H₂

Es besteht aus zwei Protonen und zwei Elektronen. Isolierte H-Atome besitzen je
ein Elektron in einem 1s-Orbital. Eine Bindung zwischen den H-Atomen kommt
nun dadurch zustande, dass sich ihre Ladungswolken durchdringen, d. h. dass sich
ihre 1s-Orbitale *überlappen* (s. Abb. 5.13).

▶ Der Grad der Überlappung ist ein Maß für die Stärke der Bindung.

In der Überlappungszone ist eine endliche Aufenthaltswahrscheinlichkeit für
beide Elektronen vorhanden.
Die rein kovalente Bindung ist meist eine **Elektronenpaarbindung.** Beide Elektronen der Bindung stammen von beiden Bindungspartnern. Nach der Bindungsbildung gehören sie *beiden* Bindungspartnern. Diese erreichen damit formal jeder für
sich eine Edelgasschale. Es ist üblich, ein Elektronenpaar, das die Bindung zwischen zwei Atomen herstellt, durch einen Strich (**Valenzstrich**) darzustellen.

Beispiel H· + ·H = H· ·H bzw. H:H = H–H.
H₂ hat formal eine dem He entsprechende Elektronenkonfiguration.

▶ Eine mit Valenzstrichen aufgebaute Molekülstruktur nennt man **Valenzstruktur**
(Lewis-Formel). Die Formel ist die **Valenzstrichformel**.

Elektronenpaare eines Atoms, die sich nicht an einer Bindung beteiligen, heißen
einsame, **freie** oder **nichtbindende Elektronenpaare**. Sie werden am Atom durch
einen Strich symbolisiert.

Beispiele $H_2\overline{\underline{O}}$, $|NH_3$, $H_2\overline{\underline{S}}$, $R-\overline{\underline{O}}H$, $R-\overline{\underline{O}}-R$, $H-\overline{\underline{F}}|$, $R-\overline{N}H_2$.

Abb. 5.14 CH$_4$-Tetraeder

5.2.2.2 Beispiel: das Methan-Molekül CH$_4$

Strukturbestimmungen am CH$_4$-Molekül haben gezeigt, dass das Kohlenstoffatom von *vier* Wasserstoffatomen in Form eines Tetraeders umgeben ist. Die Bindungswinkel H–C–H sind 109°28' (Tetraederwinkel). Die Abstände vom C-Atom zu den H-Atomen sind gleich lang (gleiche Bindungslänge) (vgl. Abb. 5.14). Eine mögliche Beschreibung der Bindung im CH$_4$ ist folgende:

Im Grundzustand hat das Kohlenstoffatom die Elektronenkonfiguration (1s^2) **2s^{2}2p^2**. Es könnte demnach nur zwei Bindungen ausbilden mit einem Bindungswinkel von 90° (denn zwei p-Orbitale stehen senkrecht aufeinander). Damit das Kohlenstoffatom vier Bindungen eingehen kann, muss ein Elektron aus dem 2s-Orbital in das leere 2p-Orbital „angehoben" werden (Abb. 5.15). Die hierzu nötige Energie (**Promotions**- oder **Promovierungsenergie**) wird durch den Energiegewinn, der bei der Molekülbildung realisiert wird, aufgebracht. Das Kohlenstoffatom befindet sich nun in einem „angeregten" Zustand.

▶ Gleichwertige Bindungen aus s- und p-Orbitalen mit Bindungswinkeln von 109°28' erhält man nach *Pauling* durch *mathematisches Mischen (= Hybridisieren)* der Atomorbitale.

Aus *einem* s- und *drei* p-Orbitalen entstehen *vier* gleichwertige **sp^3-Hybrid-Orbitale**, die vom C-Atom ausgehend in die Ecken eines Tetraeders gerichtet sind (Abb. 5.16 und 5.17). Ein sp^3-Hybrid-Orbital besitzt, entsprechend seiner Konstruktion, 1/4 s- und 3/4 p-Charakter.

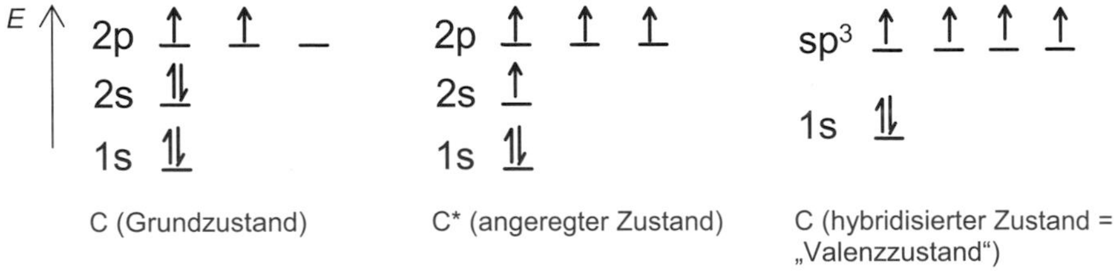

E

2p ↑ ↑ —   2p ↑ ↑ ↑   sp^3 ↑ ↑ ↑ ↑
2s ⇅   2s ↑
1s ⇅   1s ⇅   1s ⇅

C (Grundzustand)   C* (angeregter Zustand)   C (hybridisierter Zustand =
                                               „Valenzzustand")

Abb. 5.15 Bildung von sp^3-Hybrid-Orbitalen am C-Atom. Im „Valenzzustand" sind die Spins der Elektronen statistisch verteilt. Die Bezeichnung „Zustand" ist insofern irreführend, als es sich beim „angeregten" und „hybridisierten Zustand" nicht um reale Zustände eines isolierten Atoms handelt, sondern um theoretische Erklärungsversuche. Ein angeregter Zustand wird durch einen *Stern* gekennzeichnet

Abb. 5.16 sp³-Hybrid-
Orbital eines C-Atoms

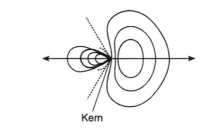

Kern

Abb. 5.17 VB-Struktur von
CH₄. In dieser und allen weiteren Darstellungen sind die
Orbitale vereinfacht gezeichnet

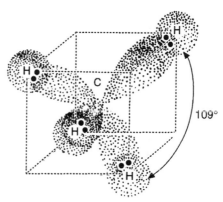

Beachte Die Anzahl der Hybrid-Orbitale ist gleich der Anzahl der benutzten AO.

Aus Abb. 5.16 und 5.25 geht deutlich hervor: Die Hybrid-Orbitale haben nicht nur eine **günstigere** Orientierung auf die Bindungspartner, sie besitzen auch eine **größere** räumliche Ausdehnung als die nicht hybridisierten AO. Dies ergibt eine **bessere** Überlappung und somit eine stärkere Bindung. Die Bindung zwischen dem C-Atom und den vier Wasserstoffatomen im CH₄ kommt nämlich dadurch zustande, dass jedes der vier Hybrid-Orbitale des C-Atoms mit je einem 1s-Orbital eines Wasserstoffatoms überlappt (Abb. 5.17).

Bindungen, wie sie im Methan ausgebildet werden, sind **rotationssymmetrisch** um die Verbindungslinie der Atome, die durch eine Bindung verknüpft sind. Sie heißen **σ-Bindungen**.

σ-Bindungen können beim Überlappen folgender AO entstehen: s + s, s + p, p + p, s + sp-Hybrid-AO, s + sp²-Hybrid-AO, s + sp³-Hybrid-AO, sp + sp, sp²+ sp², sp³+ sp³ usw. (Abb. 5.18).

Beachte Die Orbitale müssen in Symmetrie, Energie und Größe zueinander passen.

Substanzen, die wie Methan die größtmögliche Anzahl von σ-Bindungen ausbilden, nennt man **gesättigte** Verbindungen. CH₄ ist also ein gesättigter Kohlenwasserstoff.

Auch Moleküle wie **NH₃** (Abb. 5.19) und **H₂O** (Abb. 5.20), die nicht wie CH₄ von vier H-Atomen umgeben sind, zeigen eine Tendenz zur Ausbildung eines **Te-**

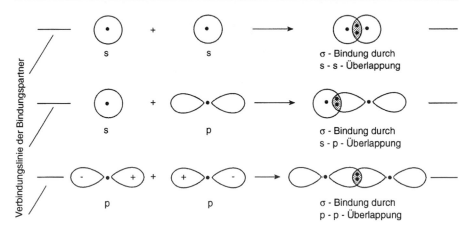

Abb. 5.18 Möglichkeiten der Bildung von σ-Bindungen (schematisch)

Abb. 5.19   Ammoniak (NH$_3$)
(sp^3 = 1 s-AO + 3 p-AO)

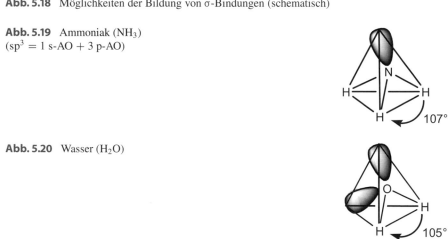

Abb. 5.20   Wasser (H$_2$O)

traederwinkels. Der Grund liegt darin, dass bei ihnen das Zentralatom (O bzw. N) auch sp^3-hybridisiert ist.

Die Valenzelektronenkonfiguration des **Stickstoffatoms** ist 2s^{2}2p^3. Das **Sauerstoffatom** hat die Konfiguration 2s^{2}2p^4. Durch Mischen von einem s-AO mit drei p-AO entstehen vier gleichwertige sp^3-Hybrid-Orbitale.

Im **NH$_3$-Molekül** können drei Hybrid-Orbitale mit je einem 1s-AO eines H-Atoms überlappen. Das vierte Hybrid-orbital wird durch das freie Elektronenpaar am N-Atom besetzt.

Im **H$_2$O-Molekül** überlappen zwei Hybrid-Orbitale mit je einem 1s-AO eines H-Atoms, und zwei Hybrid-Orbitale werden von jeweils einem freien Elektronenpaar des O-Atoms besetzt (Abb. 5.21). Da letztere einen größeren Raum einnehmen als bindende Paare, führt dies zu einer Verringerung des H–Y–H-Bindungswinkels auf 107° (NH$_3$) bzw. 105° (H$_2$O), vgl. Abb. 8.1.

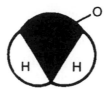

Abb. 5.21 „Kalottenmodell" von H_2O. Es gibt die maßstabgerechten Kernabstände, Wirkungsradien der Atome sowie die Bindungswinkel (Valenzwinkel) wieder. (Kalotte = Kugelkappe)

5.2.2.3 Beispiel: Ethan C_2H_6

Aus Abb. 5.22 geht hervor, dass *beide C-Atome* in diesem gesättigten Kohlenwasserstoff mit jeweils vier sp^3-hybridisierten Orbitalen *je vier σ-Bindungen* ausbilden. Drei Bindungen entstehen durch Überlappung eines sp^3-Hybrid-Orbitals mit je einem 1s-Orbital eines Wasserstoffatoms, während die vierte Bindung durch Überlappung von zwei sp^3-Hybrid-Orbitalen beider C-Atome zustande kommt.

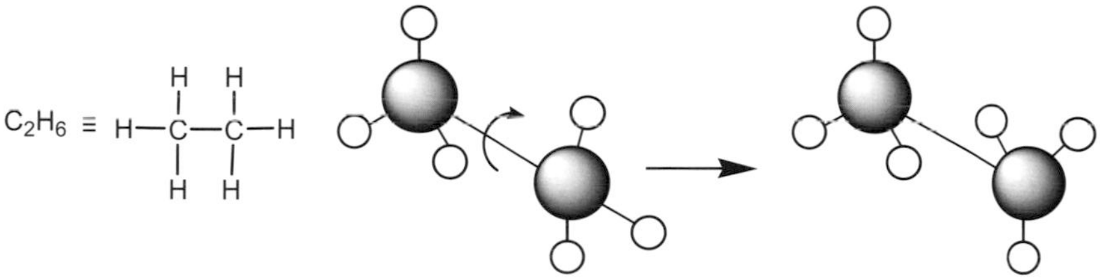

$$C_2H_6 \equiv H{-}\underset{\underset{H}{|}}{\overset{\overset{H}{|}}{C}}{-}\underset{\underset{H}{|}}{\overset{\overset{H}{|}}{C}}{-}H$$

Abb. 5.22 Rotation um die C–C-Bindung im Ethan

▶ Bei dem Ethanmolekül sind somit zwei Tetraeder über eine Ecke miteinander verknüpft.

Am Beispiel der C–C-Bindung ist angedeutet, dass um jede σ-Bindung prinzipiell *freie Drehbarkeit* (Rotation) möglich ist (sterische Hinderungen können sie einschränken oder aufheben).

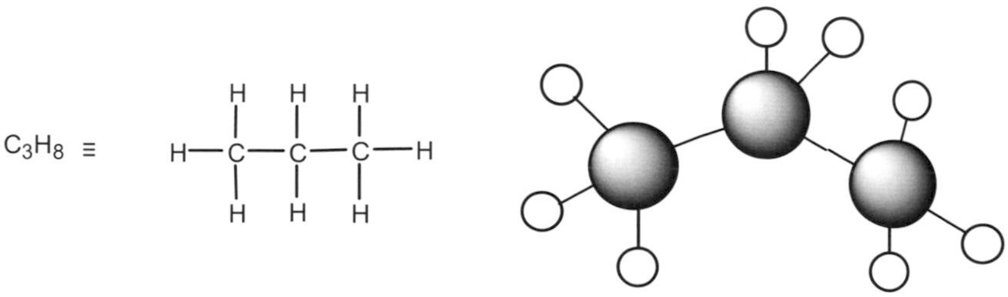

$$C_3H_8 \equiv H{-}\underset{\underset{H}{|}}{\overset{\overset{H}{|}}{C}}{-}\underset{\underset{H}{|}}{\overset{\overset{H}{|}}{C}}{-}\underset{\underset{H}{|}}{\overset{\overset{H}{|}}{C}}{-}H$$

Abb. 5.23 Propan

In Abb. 5.23 ist als weiteres Beispiel für ein Molekül mit sp^3-hybridisierten Bindungen das Propanmolekül angegeben.

5.2.2.4 Mehrfachbindungen, ungesättigte Verbindungen

Als Beispiel für eine ungesättigte Verbindung betrachten wir das **Ethen** (Ethylen) C_2H_4 (Abb. 5.24).

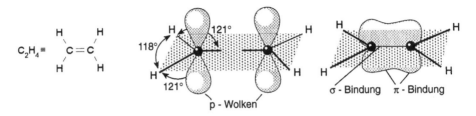

Abb. 5.24 Bildung einer π-Bindung durch Überlappen zweier p-AO im Ethen

Ungesättigte Verbindungen sind dadurch von den gesättigten unterschieden, dass ihre Atome *weniger* als die maximale Anzahl von σ-Bindungen ausbilden.

Im Ethen bildet jedes C-Atom drei σ-*Bindungen* mit seinen drei Nachbarn (zwei H-Atome, ein C-Atom). Der Winkel zwischen den Bindungen ist etwa 120°. Jedes C-Atom liegt in der *Mitte* eines Dreiecks. Dadurch kommen alle Atome in einer Ebene zu liegen (Molekülebene).

Das σ-**Bindungsgerüst** lässt sich mit **sp^2-Hybrid-Orbitalen** an den C-Atomen aufbauen. Hierbei wird ein **Bindungswinkel von 120°** erreicht. Wählt man als Verbindungslinie zwischen den C-Atomen die x-Achse des Koordinatenkreuzes, und liegen die Atome in der xy-Ebene (= Molekülebene), dann besetzt das übrig gebliebene p-Elektron das p_z-Orbital.

Im Ethen können sich die p_z-Orbitale beider C-Atome wirksam überlappen. Dadurch bilden sich Bereiche hoher Ladungsdichte oberhalb und unterhalb der Molekülebene. In der Molekülebene selbst ist die Ladungsdichte (Aufenthaltswahrscheinlichkeit der Elektronen) praktisch null. Eine solche Ebene nennt man **Knotenebene**. Die Bindung heißt π-**Bindung**.

▶ Bindungen aus einer σ- und einer oder zwei π-Bindungen nennt man **Mehrfachbindungen**.

Im Ethen haben wir eine sog. **Doppelbindung** >C=C< vorliegen. σ- und π-Bindungen beeinflussen sich in einer Mehrfachbindung gegenseitig.

Man kann experimentell zwar zwischen einer Einfachbindung (σ-Bindung) und einer Mehrfachbindung ($\sigma + \pi$-Bindungen) unterscheiden, aber nicht zwischen einzelnen σ- und π-Bindungen einer Mehrfachbindung.

▶ Durch Ausbildung von Mehrfachbindungen wird die Rotation um die Bindungsachsen aufgehoben.

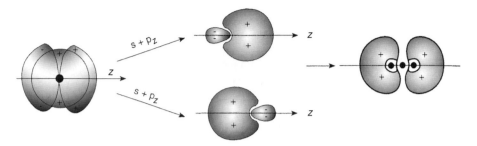

Abb. 5.25 Schematische Darstellung der Konstruktion zweier sp-Hybrid-Orbitale

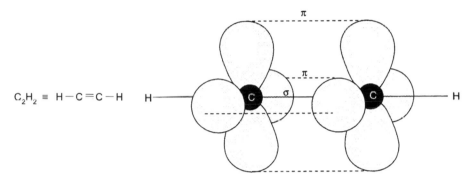

$C_2H_2 \equiv H-C\equiv C-H$

Abb. 5.26 Bildung der π-Bindungen beim Ethin

Sie ist nur dann wieder möglich, wenn die Mehrfachbindungen gelöst werden (indem man z. B. das ungesättigte Molekül durch eine Additionsreaktion in ein gesättigtes überführt).

Übungsbeispiel

$$H_3C^1-C^2 \cdots C \underset{O}{\overset{H}{<}}$$

$$CH=CH_2$$

Die C-Atome 1 und 2 sind sp^3-hybridisiert, alle anderen 9 C-Atome besitzen sp^2-hybridisierte Orbitale.

Substanzen mit einer σ-Bindung und zwei π-Bindungen sind das **Ethin** (Acetylen) C_2H_2 und das **Stickstoffmolekül** N_2. Das Bindungsgerüst ist linear.

Im Ethinmolekül sind die C-Atome **sp-hybridisiert** ($\angle$ 180°) (Abb. 5.25). Die übrig gebliebenen zwei p-Orbitale an jedem C-Atom ergeben durch Überlappung **zwei π-Bindungen** (Abb. 5.26). Im N_2 sind die Verhältnisse analog.

Tab. 5.3 Wichtige Hybridorbitale

Hybridorbital	Zahl der Hybrid-AO	∢ zwischen Hybrid-AO	Geometrische Form	Beispiele
sp	2	180°	Linear  180°	σ-Gerüst von Ethin (Abb. 5.26), N_2, σ-Gerüst von CO_2, $HgCl_2$
sp^2	3	120°	Dreieck 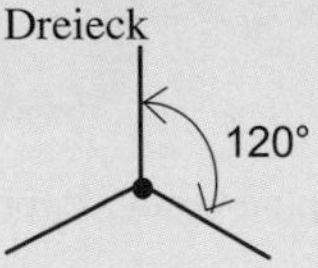 120°	σ-Gerüst von Ethen, σ-Gerüst von Benzol, BF_3, NO_3^-, CO_3^{2-}, BO_3^{3-}, BCl_3, PCl_3
sp^3	4	109°28′	Tetraeder 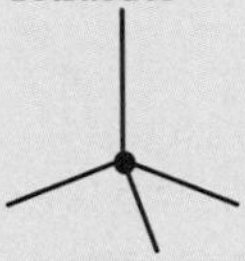	CH_4, Ethan, NH_4^+, $Ni(CO)_4$, SO_4^{2-}, PO_4^{3-}, ClO_4^-, BF_4^-, $FeCl_4^-$
sp^2d	4	90°	Quadrat 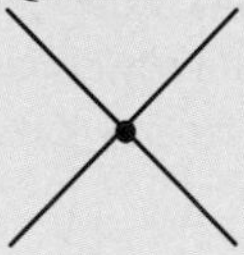	Komplexe von Pd(II), Pt(II), Ni(II)
sp^3d^a $dsp^{3\ a}$	5	90° 120°	Trigonale Bipyramide 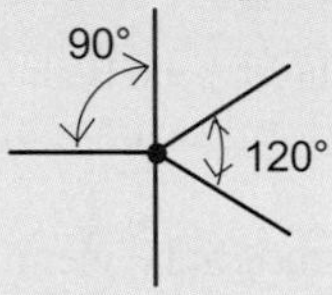 90° 120°	PCl_5, $SbCl_5$, $Fe(CO)_5$, $MoCl_5$, $NbCl_5$
$d^2sp^{3\ a}$ sp^3d^2	6	90°	Oktaeder 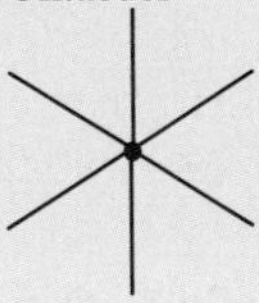	$[Fe(CN)]^{4-}$, $[Fe(CN)_6]^{3-}$ PCl_6^-, PF_6^-, SF_6 (ein 3s- + drei 3p- + zwei 3d-Orbitale) $[FeF_6]^{3-}$, $[Fe(H_2O)_6]^{2+}$, $[Co(H_2O)_6]^{2+}$, $[CoF_6]^{3-}$

[a] Die Reihenfolge der Buchstaben hängt von der Herkunft der Orbitale ab: zwei 3d-AO + ein 4s-AO + drei 4p-AO ergeben: d^2sp^3.

Anorganische Substanzen mit Mehrfachbindungen sind z. B. $BeCl_2$, CO_2, CO, N_2, HN_3, N_2O, NO_2, H_3PO_4, Phosphazene. Bei Elementen der höheren Perioden können auch d-Orbitale an Doppelbindungen beteiligt sein.

In der **Anorganischen Chemie** spielen außer sp-, sp^2- und sp^3-Hybrid-Orbitalen vor allem noch dsp^2- (bzw. sp^2d-), dsp^3- (bzw. sp^3d-) und d^2sp^3- (bzw. sp^3d^2-) Hybrid-Orbitale eine Rolle. Tabelle 5.3 enthält alle in diesem Buch vorkommenden Hybrid-Orbitale.

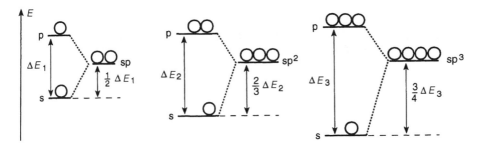

Abb. 5.27 Energieniveaudiagramme für die Hybridisierungen von s- und p-Orbitalen

Energie von Hybridorbitalen

Wie auf Abschn. 5.2.2 erwähnt, ist die Ursache für die Hybridisierung ein Gewinn an Bindungsenergie. Verschiedene Hybridorbitale unterscheiden sich daher im Allgemeinen nicht nur in der Geometrie, sondern auch in der Energie voneinander. Bei *vollständiger* Hybridisierung ist die Orbitalenergie der Hybridorbitale der arithmetische Mittelwert aus den Energiewerten der Ausgangsorbitale. Abbildung 5.27 verdeutlicht dies in einem Energieniveauschema (E = Orbitalenergie).

5.2.2.5 Bindigkeit

▶ Als Bindigkeit oder Bindungszahl bezeichnet man allgemein die Anzahl der Atombindungen, die von einem Atom gebildet werden.

Im CH_4 ist das Kohlenstoffatom **vierbindig**. Im Ammoniak-Molekül NH_3 ist die Bindigkeit des Stickstoffatoms **3** und diejenige des Wasserstoffatoms **1**. Im Ammonium-Ion NH_4^+ ist das N-Atom vierbindig. Das Sauerstoffatom ist im H_2O-Molekül zwei- und im H_3O^+-Molekül dreibindig. Das Schwefelatom bildet im Schwefelwasserstoff H_2S zwei Atombindungen aus. Schwefel ist daher in diesem Molekül zweibindig. Im Chlorwasserstoff HCl ist das Chloratom einbindig. Bei Elementen ab der 3. Periode können auch d-Orbitale bei der Bindungsbildung benutzt werden. Entsprechend werden höhere Bindungszahlen erreicht: Im PF_5 ist das P-Atom fünfbindig; im SF_6 ist das S-Atom sechsbindig.

Bindungsordnung, Bindungsgrad

Beide Begriffe werden synonym benutzt. Sie beziehen sich auf die Anzahl der Bindungen zwischen zwei Atomen. Im Cl_2-Molekül ist die Bindungsordnung 1, im N_2-Molekül 3.

5.2.2.6 Oktettregel

Die Ausbildung einer Bindung hat zum Ziel, einen energetisch günstigeren Zustand (geringere potenzielle Energie) zu erreichen, als ihn das ungebundene Element besitzt.

Ein besonders günstiger Elektronenzustand ist die Elektronenkonfiguration der Edelgase. Mit Ausnahme von Helium ($1s^2$) haben alle Edelgase in ihrer äußersten Schale (Valenzschale) die Konfiguration $n\,s^2\,n\,p^6$ (n = Hauptquantenzahl). Diese 8 Elektronenzustände sind die mit den Quantenzahlen ℓ, m und s maximal erreichbare Zahl (= Oktett), Abschn. 3.2.2 und 3.3.3.

▶ Die Elemente der 2. Periode (Li bis Ne) haben nur s- und p-Valenzorbitale. Bei der Bindungsbildung streben sie die Edelgaskonfiguration an. Sie können das Oktett nicht überschreiten, und nur vier kovalente Bindungen ausbilden. Dieses Verhalten ist auch als Oktettregel bekannt.

Beispiele

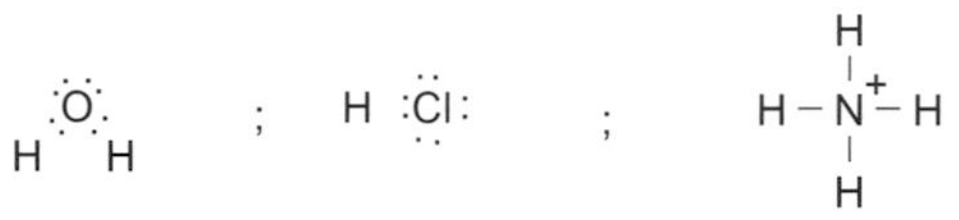

Bei Elementen höherer Perioden können u. U. auch d-Valenzorbitale mit Elektronen besetzt werden, weshalb hier vielfach eine **Oktettaufweitung** beobachtet wird.

Beispiele sind die Moleküle PCl_5 (10 Elektronen um das Phosphoratom) und SF_6 (12 Elektronen um das Schwefelatom).

5.2.2.7 Doppelbindungsregel

Die „klassische Doppelbindungsregel" besagt:

▶ Elemente der höheren Perioden (Hauptquantenzahl $n > 2$) können keine p_π–p_π-Bindungen ausbilden.

Die Gültigkeit der Doppelbindungsregel wurde seit 1964 durch zahlreiche „Ausnahmen" eingeschränkt. Es gibt Beispiele mit Si, P, As, Sb, Bi, S, Te, Sb. Als Erklärung für die Stabilität der „Ausnahmen" wird angeführt, dass Elemente der höheren Perioden offenbar auch pd-Hybridorbitale zur Bildung von π-Bindungen benutzen können. Hierdurch ergibt sich trotz großer Bindungsabstände eine ausreichende Überlappung der Orbitale.

Sind größere Unterschiede in der Elektronegativität vorhanden, sind polarisierte Grenzstrukturen an der Mesomerie beteiligt:

$$El{=}C \longleftrightarrow {}^+El{-}C^-$$

Beispiele s. Si-, P-Verbindungen.

5.2.2.8 Radikale

Es gibt auch Substanzen mit **ungepaarten** Elektronen, sog. **Radikale.**

Tab. 5.4 Es werden meist mittlere Bindungsenergien und mittlere Bindungslängen (Kernabstände) tabelliert

Bindung	Bindungslänge (pm)	Bindungsenergie (kJ mol^{-1})
Cl–Cl	199	242
F–H	92	567
Cl–H	127	431
O–H	96	464
N–H	101	389
C=O	122	736
H–H	74	436
N≡N	110	945
C–H	109	416
C–C	154	346
C=C	135	611
C≡C	121	835
C⋯C (Benzol)	139	–
C–F		460
C–Cl		335
C–Br		289
C–I		230
C–O		356

$1 \, \text{nm} = 1000 \, \text{pm} = 10^{-9} \, \text{m}.$

Beispiele sind das Diradikal O_2, NO, NO_2 oder organische Radikale wie das Triphenylmethylradikal.

Auch bei chemischen Umsetzungen treten Radikale auf. So bilden sich durch Fotolyse von Chlormolekülen Chloratome mit je einem ungepaarten Elektron, die mit H_2-Molekülen zu Chlorwasserstoff reagieren können (Chlorknallgasreaktion), s. Abschn. 12.7.

Substanzen mit ungepaarten Elektronen verhalten sich **paramagnetisch**. Sie werden von einem magnetischen Feld angezogen.

5.2.2.9 Bindungsenergie und Bindungslänge

In Abb. 5.11 wurde gezeigt, dass bei der Kombination von H-Atomen von einer gewissen Entfernung an Energie freigesetzt wird. Beim Gleichgewichtsabstand r_0 hat die potenzielle Energie E_{pot} des Systems ein Minimum.

▶ Die bei der Bindungsbildung freigesetzte Energie heißt Bindungsenergie, der Gleichgewichtsabstand zwischen den Atomkernen der Bindungspartner Bindungslänge.

Beachte Je größer die Bindungsenergie, umso fester die Bindung.

Tab. 5.4 zeigt eine Zusammenstellung der Bindungslängen und Bindungsenergien von Kovalenzbindungen.

5.2.2.10 Mesomerie oder Resonanz

Betrachtet man die Struktur des SO_4^{2-}-**Ions**, stellt man fest: Das S-Atom sitzt in der Mitte eines regulären Tetraeders; die S–O-Abstände sind gleich **und** kleiner, als es einem S–O-Einfachbindungsabstand entspricht.

Will man nun den kurzen Bindungsabstand erklären, muss man für die S–O-Bindung teilweisen (partiellen) **Doppelbindungscharakter** annehmen:

$$
\overline{|O|}^{-} \atop
O\!=\!\!\underset{|\underline{O}|}{\overset{|\overline{O}|}{S}}\!-\!\overline{O}|^{-}
\;\longleftrightarrow\;
{}^{-}|\underline{O}\!-\!\!\underset{|\underline{O}|}{\overset{|\overline{O}|^{-}}{S}}\!=\!\overline{O}
\;\longleftrightarrow\;
\overline{O}\!=\!\!\underset{|\underline{O}|_{-}}{\overset{|\overline{O}|^{-}}{S}}\!=\!\overline{O}
\;\longleftrightarrow\;
{}^{-}|\underline{O}\!-\!\!\underset{|\underline{O}|_{-}}{\overset{|O|}{\overset{+}{S}}}\!-\!\overline{O}|^{-}
\;\longleftrightarrow\;
{}^{-}|\underline{O}\!-\!\!\underset{|\underline{O}|_{-}}{\overset{|\overline{O}|^{-}}{\overset{2+}{S}}}\!-\!\overline{O}|^{-}
$$

Für das tertiäre Phospat-Anion PO_4^{3-} lassen sich ebenfalls mehrere mesomere Grenzstrukturformeln zeichnen. Z. B.:

$$
{}^{-}|\underline{O}\!-\!\!\underset{|O|}{\overset{|\overline{O}|^{-}}{P}}\!-\!\overline{O}|^{-}
\;\longleftrightarrow\;
{}^{-}|\underline{O}\!-\!\!\underset{|\underline{O}|_{-}}{\overset{|\overline{O}|^{-}}{P}}\!=\!\overline{O}
\;\longleftrightarrow\;
{}^{-}|\underline{O}\!-\!\!\underset{|O|}{\overset{|O|}{P}}\!-\!\overline{O}|^{-}
\;\longleftrightarrow\;
\overline{O}\!=\!\!\underset{|O|}{\overset{|\overline{O}|^{-}}{P}}\!-\!\overline{O}|^{-}
\;\longleftrightarrow\;
\textbf{usw.}
$$

Die **tatsächliche** Elektronenverteilung (= realer Zustand) kann also durch keine Valenzstruktur allein wiedergegeben werden.

▶ Jede einzelne Valenzstruktur ist nur eine *Grenzstruktur* (mesomere Grenzstruktur, Resonanzstruktur). Die tatsächliche Elektronenverteilung ist eine Überlagerung (Resonanzhybrid) aller denkbaren Grenzstrukturen. Diese Erscheinung heißt **Mesomerie** oder **Resonanz**.

Beachte Das Mesomeriezeichen $\longleftrightarrow$ darf nicht mit einem Gleichgewichtszeichen verwechselt werden!

Die Mesomerie bezieht sich nur auf die Verteilung der Valenzelektronen. Grenzstrukturen (Grenzstrukturformeln) existieren nicht. Sie sind nur unvollständige Einzelbilder.

Der Energieinhalt des Moleküls oder Ions ist kleiner als von jeder Grenzstruktur.

Je mehr Grenzstrukturen konstruiert werden können, umso besser ist die Elektronenverteilung (Delokalisation der Elektronen) im Molekül, umso stabiler ist auch das Molekül.

▶ Die Stabilisierungsenergie bezogen auf die energieärmste Grenzstruktur heißt **Resonanzenergie**.

Beispiele für Mesomerie sind u. a. folgende Moleküle und Ionen: CO, CO_2, CO_3^{2-}, NO_3^{-}, HNO_3, HN_3, N_3^{-}. Ein bekanntes Beispiel aus der organischen Chemie ist Benzol, C_6H_6. Die Resonanzstabilisierungsenergie beträgt für Benzol $150\,kJ\,mol^{-1}$.

5.2.3 Valenzschalen-Elektronenpaar-Abstoßungsmodell

Eine sehr einfache Vorstellung zur Deutung von Bindungswinkeln in Molekülen mit kovalenten oder vorwiegend kovalenten Bindungen ist das Valenzschalen-Elektronenpaar-Abstoßungsmodell (VSEPR-Modell = **V**alence **S**hell **E**lectron **P**air **R**epulsion). Es betrachtet die sog. **Valenzschale** eines Zentralatoms A. Diese besteht aus den bindenden Elektronenpaaren der Bindungen zwischen A und seinen Nachbaratomen L (Liganden) **und** eventuell vorhandenen nichtbindenden (einsamen) Elektronenpaaren E am Zentralatom.

▶ Das Modell geht davon aus, dass sich die Elektronenpaare den kugelförmig gedachten Aufenthaltsraum um den Atomkern (und die Rumpfelektronen) so aufteilen, dass sie sich so weit wie möglich ausweichen (minimale Abstoßung).

Für die Stärke der Abstoßung gilt folgende Reihenfolge:

einsames Paar − einsames Paar > einsames Paar − bindendes Paar

> bindendes Paar − bindendes Paar.

Wir wollen das VSEPR-Modell an einigen *Beispielen* demonstrieren (vgl. Tab. 5.5):

a. Besonders einfach sind die Verhältnisse bei gleichen Liganden und bei Abwesenheit von einsamen Elektronenpaaren. Die wahrscheinlichste Lage der Elektronenpaare in der Valenzschale wird dann durch **einfache geometrische Regeln** bestimmt:
zwei Paare → lineare Anordnung ($\angle$ 180°),
drei Paare → gleichseitiges Dreieck ($\angle$ 120°),
vier Paare → Tetraeder ($\angle$ 109°28′),
sechs Paare → Oktaeder ($\angle$ 90°).
Bei **fünf** Paaren gibt es die **quadratische Pyramide** und die **trigonale Bipyramide**. Letztere ist im Allgemeinen günstiger.
b. Besitzt das Zentralatom bei gleichen Liganden einsame Elektronenpaare, werden die in a. angegebenen idealen geometrischen Anordnungen infolge unterschiedlicher Raumbeanspruchung (Abstoßung) verzerrt. **Nichtbindende** (einsame) **Paare** sind **diffuser** und somit **größer als bindende** Paare.
Bei den Molekültypen AL_4E, AL_3E_2 und AL_2E_3 liegen die E-Paare deshalb in der äquatorialen Ebene.
c. Ist das Zentralatom mit Liganden unterschiedlicher Elektronegativität verknüpft, kommen Winkeldeformationen dadurch zustande, dass die Raumbeanspruchung der bindenden Elektronenpaare mit zunehmender Elektronegativität der Liganden sinkt.
d. Bildet das Zentralatom **Mehrfachbindungen** (Doppel- und Dreifachbindungen) zu Liganden aus, werden die Aufenthaltsräume der Elektronen statt mit einem mit zwei oder drei bindenden Elektronenpaaren besetzt. Alle an einer Bindung

Tab. 5.5 Beispiele für die geometrische Anordnung von Liganden und einsamen Elektronenpaaren um ein Zentralatom

Aufenthaltsraum	Einsame Elektronenpaare	Molekültyp	Geometrische Anordnung der Liganden	Beispiele
2	0	AL_2	linear 180° 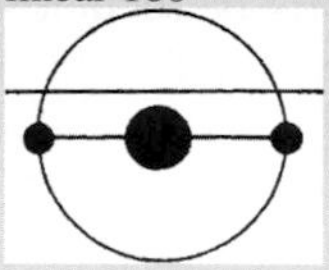	$HgCl_2$ $O=C=O$ $H–C\equiv N$
3	0	AL_3	trigonaleben 90° 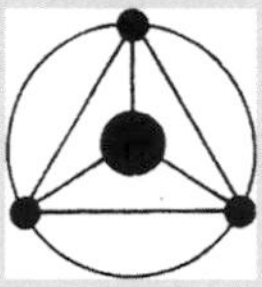	BF_3 NO_3^- SO_3
	1	AL_2E	V-förmig 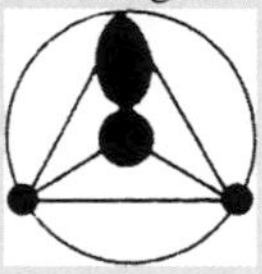	NO_2 SO_2 O_3
4	0	AL_4	tetraedrisch 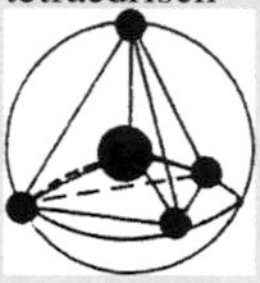	CH_4, SO_4^{2-} NH_4^+, SiX_4 $POCl_3$ SO_2Cl_2
	1	AL_3E	trigonal-pyramidal 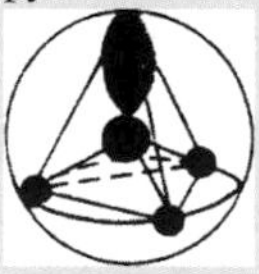	NH_3 SO_3^{2-} H_3O^+
	2	AL_2E_2	V-förmig 	H_2O H_2S

beteiligten Elektronen werden ohne Rücksicht auf die Bindungsordnung als *ein* Elektronenpaar gezählt.

Beispiele $O=C=O$, $H–C\equiv N$, $H–C\equiv C–H$. Für sie gilt: $L = 2$, $E = 0$.

Mit experimentellen Befunden gut übereinstimmende Winkel erhält man bei Berücksichtigung der größeren Ausdehnung und geänderten Form mehrfach besetzter Aufenthaltsräume.

Tab. 5.5   (Fortsetzung)

Aufenthaltsraum	Einsame Elektronenpaare	Molekültyp	Geometrische Anordnung der Liganden	Beispiele
5	3	AL_2E_3	linear 	I_3^- XeF_2
6	0	AL_6	oktaedrisch 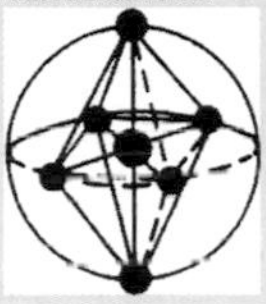	SF_6 SiF_6^{2-}

e. Ist A ein Übergangselement, müssen vor allem bei den Elektronenkonfigurationen d^7, d^8 und d^9 im Allgemeinen starke Wechselwirkungen der d-Elektronen mit den bindenden Elektronenpaaren berücksichtigt werden.

5.3   Metallische Bindung

Von den theoretischen Betrachtungsweisen der metallischen Bindung ist folgende besonders anschaulich:

Im Metallgitter stellt jedes Metallatom je nach seiner Wertigkeit (Die Wertigkeit entspricht hier der Zahl der abgegebenen Elektronen, s. auch Oxidationszahl, Abschn. 9.2) ein oder mehrere Valenzelektronen dem Gesamtgitter zur Verfügung und wird ein Kation (**Metallatomrumpf** = Atomkern + „innere“ Elektronen). Die Elektronen gehören allen Metallkationen gemeinsam; sie sind praktisch über das ganze Gitter verteilt (delokalisiert) und bewirken seinen Zusammenhalt. Diese gleichsam frei beweglichen Elektronen, das sog. **Elektronengas**, sind der Grund für das besondere Leitvermögen der Metalle.

▶ Das Leitvermögen der Metalle nimmt mit zunehmender Temperatur ab, weil die Wechselwirkung der Elektronen mit den Metallkationen zunimmt.

Für einwertige Metalle ist die Elektronenkonzentration etwa 10^{23} cm^{-3}!

Das Elektronengas bildet somit den weitaus größten Teil des Volumens eines Metalls. Es zeigt bei einer Temperaturerhöhung ein „anormales“ Verhalten. Zu dieser „Entartung“ des Elektronengases s. Lehrbücher der Physik oder Physikalischen Chemie.

Es gibt auch eine Modellvorstellung der metallischen Bindung auf der Grundlage der **MO-Theorie** (Abschn. 5.2.1). Hierbei betrachtet man das Metallgitter als ein

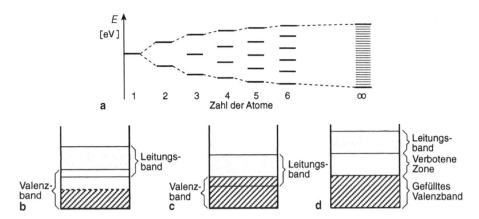

Abb. 5.28 a Aufbau von einem Energieband durch wiederholte Anlagerung von Atomen mit einem s-AO (*Beispiel:* Lithium), Schematische Energiebänderdiagramme. **b** Überlappung eines teilweise besetzten Valenzbandes mit einem Leitungsband. **c** Überlappung eines gefüllten Valenzbandes mit einem Leitungsband. **d** Valenz- und Leitungsband sind durch eine „verbotene Zone" getrennt: Isolator

Riesenmolekül und baut es schrittweise aus einzelnen Atomen auf. Besitzt z. B. ein Metallatom in der äußersten Schale (Valenzschale) ein s-Atomorbital und nähert sich ihm ein zweites Atom, werden aus den beiden Atomorbitalen zwei Molekülorbitale gebildet. Kommt ein *drittes* Atom hinzu, werden *drei* Molekülorbitale erhalten. Im letzten Falle sind die MO dreizentrig, denn sie erstrecken sich über drei Kerne bzw. Atomrümpfe. Baut man das Metallgitter in der angegebenen Weise weiter auf, kommt *mit jedem neuen Atom ein neues MO* hinzu. Jedes MO besitzt eine bestimmte Energie (Energieniveau). Betrachtet man eine relativ große Anzahl von Atomen, so wird die Aufspaltung der Orbitale, d. h. der Abstand zwischen den einzelnen Energieniveaus, durch neu hinzukommende Atome kaum weiter vergrößert, sondern die Energieniveaus rücken näher zusammen. Sie unterscheiden sich nurmehr wenig voneinander, und man spricht von einem **Energieband** (Abb. 5.28a).

Der Einbau der Elektronen in ein solches Energieband erfolgt unter Beachtung der Hund'schen Regel und des Pauli-Prinzips in der Reihenfolge zunehmender Energie.

▶ Jedes Energieniveau (MO) kann maximal mit zwei Elektronen mit antiparallelem Spin besetzt werden.

In einem Metallgitter wird jedes Valenzorbital eines isolierten Atoms (z. B. 2s-, 2p-Atomorbital) zu einem Energieband auseinander gezogen. (Die inneren Orbitale werden kaum beeinflusst, weil sie zu stark abgeschirmt sind.) Die Bandbreite (Größenordnung eV) ist eine Funktion des Atomabstandes im Gitter und der Energie der Ausgangsorbitale. Die Bänder sind umso breiter, je größer ihre Energie ist. Die *höheren Bänder* erstrecken sich ohne Unterbrechung über den *ganzen Kristall*. Die Elektronen können daher in diesen Bändern nicht bestimmten Atomen zugeordnet werden. In ihrer Gesamtheit gehören sie dem ganzen Kristall, d. h. die Atome *tauschen ihre Elektronen* im raschen Wechsel *aus*.

▶ Das oberste elektronenführende Band heißt **Valenzband**.

Es kann teilweise oder voll besetzt sein. Ein vollbesetztes Band leistet keinen Beitrag zur elektrischen Leitfähigkeit.

▶ Ein leeres oder unvollständig besetztes Band heißt Leitfähigkeitsband oder **Leitungsband** (Abb. 5.28b–d).

In einem **Metall** grenzen Valenzband und Leitungsband unmittelbar aneinander oder überlappen sich. Das Valenz- bzw. Leitungsband ist nicht vollständig besetzt und kann Elektronen für den Stromtransport zur Verfügung stellen. Legt man an einen Metallkristall ein elektrisches Feld an, bewegen sich die Elektronen im Leitungsband bevorzugt in eine Richtung. Verlässt ein Elektron seinen Platz, wird es durch ein benachbartes Elektron ersetzt usw.

Die *elektrische Leitfähigkeit* der Metalle ($> 10^6\,\Omega^{-1}\,m^{-1}$) hängt von der Zahl derjenigen Elektronen ab, für die unbesetzte Elektronenzustände zur Verfügung stehen *(effektive Elektronenzahl)*.

Mit dem Elektronenwechsel direkt verbunden ist auch die *Wärmeleitfähigkeit*. Der metallische Glanz kommt dadurch zustande, dass die Elektronen in einem Energieband praktisch jede Wellenlänge des sichtbaren Lichts absorbieren und wieder abgeben können (hoher Extinktionskoeffizient).

Bei einem **Nichtleiter** (Isolator) ist das Valenzband voll besetzt und von dem leeren Leitungsband durch eine hohe Energieschwelle = *verbotene Zone* getrennt.

Beispiel Diamant ist ein Isolator. Die verbotene Zone hat eine Breite von 5,3 eV.

Halbleiter haben eine verbotene Zone bis zu $\Delta E \approx 3$ eV.

Beispiele Ge 0,72 eV, Si 1,12 eV, Se 2,2 eV, InSb 0,26 eV, GaSb 0,80 eV, AlSb 1,6 eV, CdS 2,5 eV.

Bei Halbleitern ist das Leitungsband schwach besetzt, weil nur wenige Elektronen die verbotene Zone überspringen können. Diese Elektronen bedingen die *Eigenleitung (Eigenhalbleiter, Beispiele*: reines Si, Ge). Daneben kennt man die sog. *Störstellenleitung*, die durch den Einbau von Fremdatomen in das Gitter eines Halbleiters verursacht wird (*dotierter Halbleiter, Fremdhalbleiter*). Man unterscheidet zwei Fälle:

1. *Elektronenleitung* oder *n-Leitung*. Sie entsteht beim Einbau von Fremdatomen, die mehr Valenzelektronen besitzen als die Atome des Wirtsgitters. Für *Germanium* als Wirtsgitter sind P, As, Sb geeignete Fremdstoffe. Sie können relativ leicht ihr „überschüssiges" Elektron abgeben und zur Elektrizitätsleitung zur Verfügung stellen.

2. *Defektelektronenleitung* oder *p-Leitung* beobachtet man beim Einbau von Elektronenakzeptoren. Für *Germanium* als Wirtsgitter eignen sich z. B. B, Al, Ga und In. Sie haben ein Valenzelektron weniger als die Atome des Wirtsgitters. Bei der Bindungsbildung entsteht daher ein Elektronendefizit oder „positives Loch" (= ionisiertes Gitteratom). Das positive Loch wird von einem Elektron eines Nachbaratoms aufgefüllt. Dadurch entsteht ein neues positives Loch an anderer Stelle usw. Auf diese Weise kommt ein elektrischer Strom zustande.

Beachte Im Gegensatz zu den Metallen nimmt bei den Halbleitern die Leitfähigkeit mit steigender Temperatur zu, weil mehr Elektronen den Übergang vom Valenzband ins Leitungsband schaffen.

5.3.1   Metallgitter

Die metallische Bindung ist wie die ionische Bindung **ungerichtet**. Dies führt in festen Metallen zu einem gittermäßigen Aufbau mit *hoher* Koordinationszahl (Tab. 5.6). 3/5 aller Metalle kristallisieren in der **kubisch-dichtesten** bzw. **hexagonal-dichtesten Kugelpackung** (Abb. 5.29 und 5.30).

Abb. 5.29 Hexagonal-dichteste Kugelpackung, aufgebaut aus dichtesten Kugellagen-Ebenen der Lagenfolge A B A. (Aus *Winkler*)

Abb. 5.30 Kubisch-dichteste Kugelpackung, aufgebaut aus dichtesten Kugellagen-Ebenen der Lagenfolge A B C A. (Aus *Winkler*)

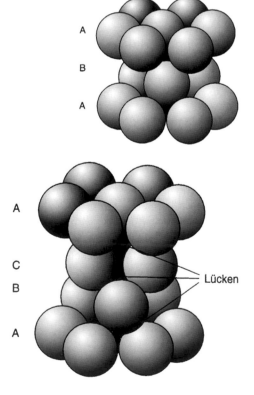

Abb. 5.31 Kubisch-
raumzentriertes Gitter. Es
sind auch die 6 übernächsten
Gitterpunkte gezeigt

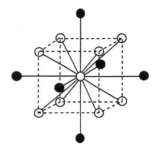

Tab. 5.6 Koordinationszahl und Raumerfüllung kubisch-dichtester Kugelpackungen

Anordnung	Koordinationszahl	Raumerfüllung (%)
Kubisch- und hexagonal-dichteste Kugelpackung	12	74,1
Kubisch-raumzentriert	8	68,1

Ein großer Teil der restlichen 2/5 aller Metalle bevorzugt das **kubisch-innen-zentrierte = kubisch-raumzentrierte** Gitter (Abb. 5.31). Die unterschiedlichen Gittertypen ergeben sich aus den individuellen Eigenschaften der nur in *erster Näherung* starren Kugelform der Metallatomrümpfe. Metalle, welche in einer kubisch-dichtesten Packung kristallisieren, sind in der Regel relativ weich und duktil.

5.3.2 Mechanische Eigenschaften der Metalle/*Einlagerungsstrukturen*

Die besonderen mechanischen Eigenschaften der Metalle ergeben sich aus dem Aufbau des Metallgitters. Es können nämlich ganze Netzebenen und Schichtpakete verschoben werden, ohne dass Änderungen im Bauprinzip oder Deformationen auftreten. In den dichtesten Kugelpackungen existieren **Tetraeder-** und **Oktaederlücken**. Die Zahl der Oktaederlücken ist gleich der Zahl der Bausteine. Die Zahl der Tetraederlücken ist doppelt so groß. Werden nun in diese Lücken (Zwischengitterplätze) größere Atome anderer Metalle oder Nichtmetalle wie Kohlenstoff, Wasserstoff, Bor oder Stickstoff eingelagert, wird die Gleitfähigkeit der Schichten gehemmt bzw. verhindert.

Die kleinen H-Atome sitzen in den Tetraederlücken. B-, N- und C-Atome sitzen in den größeren Oktaederlücken.

Voraussetzung für die Bildung solcher **Einlagerungsmischkristalle (Einlagerungsstrukturen)** ist ein Radienverhältnis:

$$r_{\text{Nichtmetall}} : r_{\text{Metall}} \leq 0{,}59.$$

Da nicht alle Lücken besetzt sein müssen, ist die Phasenbreite groß (s. Abschn. 5.3.3).

Die Substanzen heißen auch **legierungsartige Hydride, Boride, Carbide, Nitride**. Gebildet werden sie von Metallen der 4. bis 8. Nebengruppe, Lanthanoiden und Actinoiden.

Ihre Darstellung gelingt durch direkte Synthese aus den Elementen bei hohen Temperaturen unter Schutzgasatmosphäre.

Beispiele TiC, TiN, VC, TaC, CrC, WC (Widia (wie Diamant), zusammengesintert mit Cobalt), das Fe-C-System.

Eigenschaften Verglichen mit den Metallen haben die Einlagerungsmischkristalle ähnlichen Glanz und elektrische Leitfähigkeit; sie sind jedoch härter (sog. Hartstoffe) und spröder und haben extrem hohe Schmelzpunkte: TaC, Schmp. 3780 °C.

5.3.3 Legierungen

▶ Der Name Legierung ist eine Sammelbezeichnung für metallische Gemische aus mindestens zwei Komponenten, von denen wenigstens eine ein Metall ist.

Entsprechend der Anzahl der Komponenten unterscheidet man *binäre, ternäre, quaternäre* ... Legierungen.

Der Hauptbestandteil heißt *Grundmetall*, die übrigen Komponenten *Zusätze*.

Homogene Legierungen haben an allen Stellen die gleiche Zusammensetzung, ihre Bestandteile sind ineinander löslich, z. B. *Mischkristalle* (= Feste Lösungen).

Heterogene Legierungen zeigen mindestens zwei verschiedene Phasen, die z. B. durch Schleifen sichtbar gemacht werden können. Sie können dabei ein *Gemenge* aus den entmischten Komponenten sein, auch *Mischkristalle* und/oder *intermetallische Verbindungen* enthalten.

Mischkristalle sind homogene Kristalle (feste Lösungen) aus verschiedenen Komponenten.

Substitutionsmischkristalle bilden sich mit chemisch verwandten Metallen von gleicher Kristallstruktur und ähnlichem Radius (Abweichungen bis 15 %). Mischt man der Schmelze eines Metalls ein anderes Metall zu (zulegieren), werden Atome in dem Gitter der Ausgangssubstanz durch Atome des zulegierten Metalls ersetzt (substituiert). Die Verteilung der Komponenten auf die Gitterplätze erfolgt *statistisch*.

5.3.4 Intermetallische Verbindungen oder intermetallische Phasen

▶ Kristallarten in Legierungen, die von den Kristallen der Legierungsbestandteile und ihren Mischkristallen durch Phasengrenzen abgegrenzt sind, nennt man intermetallische Verbindungen. Da diese Substanzen vielfach keine eindeutige oder konstante stöchiometrische Zusammensetzung besitzen, bezeichnet man sie häufig auch als intermetallische Phasen.

Intermetallische Phasen unterscheiden sich in ihren Eigenschaften meist von ihren Bestandteilen. Sie haben einen *geringeren metallischen Charakter.* Daher sind sie meist *spröde* und besitzen ein *schlechteres elektrisches Leitvermögen* als die reinen Metalle.

5.3.4.1   Beispiele für intermetallische Phasen

Hume-Rothery-Phasen sind intermetallische Phasen, die in Legierungen der Elemente Cu, Ag, Au; Mn; Fe, Co, Ni, Rh, Pd, Pt mit den Elementen Be, Mg, Zn, Hg; Al, Ga, In, Tl; Si, Ge, Sn, Pb; La, Ce, Pr, Nd vorkommen.

Ein schönes *Beispiel* für das Auftreten dieser Phasen bietet das System Cu-Zn (Messing).

Laves-Phasen haben die Zusammensetzung AB_2. Ausschlaggebend für ihre Existenz ist das *Radienverhältnis* mit einem Idealwert – bei kugeligen Bausteinen – von 1,225. Die Anzahl der Valenzelektronen beeinflusst die Struktur.

Beispiele $MgCu_2$ (kubisch), $MgZn_2$ (hexagonal), $MgNi_2$ (hexagonal).

5.4   Zwischenmolekulare Bindungskräfte/schwache Bindungen

In der „Chemie des Lebens" spielen auch die *schwachen* Bindungen eine herausragende Rolle. Durch sie können Moleküle zeitweilig zusammengehalten werden. Da die Bindungen schwach sind, kann der Kontakt zwischen den Molekülen bisweilen kurz sein. Sie kommen zusammen, reagieren in bestimmter Weise miteinander und trennen sich wieder.

Eine Rolle spielen diese Bindungen z. B. bei der chemischen Signalübertragung.

In den meisten Fällen ist eine **Ladungsasymmetrie (elektrischer Dipol)** Voraussetzung für das Entstehen solcher Bindungskräfte.

Eine Art von schwacher Bindung ist die *Ionenbindung in wässriger Lösung.* Wegen des hohen Werts der Dielektrizitätskonstanten ($\varepsilon = 81$) ist die Coulomb'sche Anziehung nur 1/81 der Anziehung zwischen Ionen im Vakuum.

5.4.1   Dipol-Dipol-Wechselwirkungen

Sie treten zwischen kovalenten Molekülen mit einem Dipolmoment auf. Die resultierenden Bindungsenergien betragen 4 bis 25 kJ mol^{-1}. Sie sind stark temperaturabhängig: Steigende Temperatur verursacht eine größere Molekülbewegung und somit größere Abweichungen von der optimalen Orientierung.

Dipol-Dipol-Anziehungskräfte wirken in Flüssigkeiten und Feststoffen. Ihre Auswirkungen zeigen sich in der **Erhöhung von Siedepunkten** und/oder **Schmelzpunkten**. Von Bedeutung sind diese Kräfte auch beim Lösen polarer Flüssigkeiten ineinander. Ein *Beispiel* ist die unbegrenzte Löslichkeit von Ethanol in Wasser und umgekehrt.

5.4.2 Wasserstoffbrückenbindungen

Dipolmoleküle können sich zusammenlagern (assoziieren) und dadurch größere Molekülverbände bilden. Kommen hierbei positiv polarisierte **H-Atome** zwischen zwei negativ polarisierte (**F-**), **O-** oder **N-Atome** zu liegen, kommt es zu einer *Anziehung*, es bilden sich sog. **Wasserstoffbrückenbindungen** aus.

Wasser und *Ammoniak* sind einfache Beispiele für Moleküle mit starken Wasserstoffbrückenbindungen zwischen den Molekülen (*intermolekulare* Wasserstoffbrückenbindungen).

Ein *Wassermolekül* kann an *bis zu vier* Wasserstoffbrückenbindungen beteiligt sein: im flüssigen Wasser sind es eine bis drei, im Eis drei bis vier. Im Eis liegt daher eine räumliche Struktur wie z. B. im $(SiO_2)_\infty$ vor. Die Volumenzunahme gegenüber Wasser beträgt ca. 10 %. Die Eisbildung entwickelt daher eine gewaltige Sprengkraft. Eine Folge ist z. B. die Erosion im Gebirge.

Auch das viel größere CH_3COOH-Molekül (*Essigsäure*) liegt z. B. noch im Dampfzustand dimer vor. Wasserstoffbrückenbindungen sind im Wesentlichen elektrostatischer Natur. Sie besitzen ungefähr 5 bis 10 % der Stärke ionischer Bindungen, d. h. die Bindungsenergie liegt zwischen 8 und 42 kJ mol^{-1}.

Wasserstoffbrückenbindungen bedingen in Flüssigkeiten (z. B. Wasser) und Festkörpern (z. B. Eis) eine gewisse Fernordnung (Struktur).

Verbindungen mit Wasserstoffbrückenbindungen haben einige ungewöhnliche Eigenschaften: Sie besitzen hohe Siedepunkte (Sdp. von Wasser = 100 °C, im Gegensatz dazu ist der Sdp. von CH_4 = −161,4 °C), hohe Schmelzpunkte, Verdampfungswärmen, Schmelzwärmen, Viskositäten, und sie zeigen eine besonders ausgeprägte gegenseitige Löslichkeit.

Wasserstoffbrückenbindungen können sich, falls die Voraussetzungen gegeben sind, auch innerhalb eines Moleküls ausbilden (*intramolekulare* Wasserstoffbrückenbindungen).

Beispiel

Wasserstoffbrückenbindungen bestimmen die Struktur und beeinflussen die Eigenschaften vieler biochemisch wichtiger Moleküle. S. hierzu Teil III – Organische Chemie.

5.4.3   Dipol-induzierte Dipol-Wechselwirkungen

Sie entstehen, wenn Molekülen ohne Dipolmoment wie H_2, Cl_2, O_2, CH_4 durch Annäherung eines Dipols (z. B. H_2O) eine Ladungsasymmetrie aufgezwungen wird (induziertes Dipolmoment). Zwischen Dipol und induziertem Dipol wirken Anziehungskräfte, deren Energie zwischen 0,8 und 8,5 kJ mol^{-1} liegt. Die Größe des induzierten Dipols und als Folge davon die Stärke der Anziehung ist abhängig von der Polarisierbarkeit des unpolaren Teilchens.

Die **Polarisierbarkeit** α ist ein Maß für die Verschiebbarkeit der Elektronenwolke eines Teilchens (geladen oder ungeladen) in einem elektrischen Feld der Stärke F. Durch das Feld wird ein Dipolmoment μ induziert, für das gilt:

$$\vec{\mu} = \alpha \cdot \vec{F}.$$

Die Polarisierbarkeit ist eine stoffspezifische Konstante.

Moleküle mit großen, ausgedehnten Ladungswolken sind leichter und stärker polarisierbar als solche mit kleinen, kompakten.

Als *Beispiel* für das Wirken Dipol-induzierter Dipol-Kräfte kann die Löslichkeit von unpolaren Gasen wie H_2, O_2 usw. in Wasser dienen.

5.4.4   Ionen-Dipol-Wechselwirkungen

Sie sind sehr starke Anziehungskräfte. Die freiwerdende Energie liegt in der Größenordnung von 40 bis 680 kJ mol^{-1}. Ionen-Dipol-Kräfte wirken vor allem beim Lösen von Salzen in polaren Lösemitteln. Die Auflösung von Salzen in Wasser und die damit zusammenhängenden Erscheinungen werden in Abschn. 8.4.1.8 ausführlich behandelt.

5.4.5   *Van-der-Waals*-Bindung (*Van-der-Waals*-Kräfte, Dispersionskräfte)

▶   Van-der-Waals-Kräfte nennt man zwischenmolekulare „Nahbereichskräfte".

Sie beruhen ebenfalls auf dem Coulomb'schen Gesetz. Da die Ladungsunterschiede relativ klein sind, ergeben sich verhältnismäßig schwache Bindungen mit einer Bindungsenergie zwischen 0,08 und 42 kJ · mol^{-1}. Die Stärke der Bindung ist stark abhängig von der Polarisierbarkeit der Atome und Moleküle und somit von deren Größe.

Für die potenzielle Energie (U) gilt in Abhängigkeit vom Abstand (r) zwischen den Teilchen:

$$U \approx 1/r^6 \qquad F(= \text{Kraft}) = -\partial U/\partial r$$

▶ Die Reichweite der Van-der-Waals-Kräfte ist sehr klein.

Van-der-Waals-Kräfte wirken grundsätzlich *zwischen allen* Atomen, Ionen und Molekülen, auch wenn sie ungeladen und unpolar sind. In den Kohlenwasserstoffen zum Beispiel ist die Ladungsverteilung im zeitlichen Mittel symmetrisch. Die Elektronen bewegen sich jedoch ständig. Hierdurch kommt es zu Abweichungen von der Durchschnittsverteilung und zur Ausbildung eines kurzlebigen Dipols. Dieser induziert im Nachbarmolekül einen weiteren Dipol, sodass sich schließlich die Moleküle gegenseitig anziehen, obwohl die induzierten Dipole ständig wechseln (fluktuierende Dipole).

Van-der-Waals-Kräfte sind auch dafür verantwortlich, dass inerte Gase wie z. B. Edelgase (He: Sdp. $-269\,°C$, Ar: Sdp. $-189\,°C$, Xe: Sdp. $-112\,°C$, Cl_2: Sdp. $-34\,°C$ oder CH_4: Sdp. $-161{,}4\,°C$) verflüssigt werden können.

Folgen der Van-der-Waals-Bindung sind z. B. die Zunahme der Schmelz- und Siedepunkte der Alkane mit zunehmender Molekülgröße, die Bindung von Phospholipiden an Proteine (Lipoproteine in Membranen). Manchmal macht sie sich durch eine gewisse Klebrigkeit der Teilchen bemerkbar.

5.4.6 Hydrophobe Wechselwirkungen (Hydrophobe Bindung)

Es sind zwischenmolekulare Kräfte, die z. B. die *apolaren* (hydrophoben) Seitenketten von Proteinen in wässriger Lösung den Kontakt *miteinander* statt mit dem Lösemittel suchen lassen.

Die Kohlenwasserstoffketten kommen dabei einander so nahe, dass Wassermoleküle aus dem Zwischenbereich herausgedrängt werden. Dabei spielen Entropieeffekte (s. Abschn. 11.2.4) eine wichtige Rolle: Hydrophobe Gruppen stören infolge ihrer „Unverträglichkeit" mit hydrophilen Gruppen die durch Wasserstoffbrückenbindungen festgelegte Struktur des Wassers. Die Entropie S des Systems nimmt zu und damit die Freie Enthalpie G ab, d. h., die Assoziation der Molekülketten wird stabilisiert. Zu S und G s. Abschn. 11.4.

Hydrophobe Wechselwirkungen haben eine kurze Reichweite und sind ortsunspezifisch. Sie werden über die Größe aneinander gelagerter Oberflächen quantifiziert.

Komplexverbindungen – Bindungen in Komplexen

▶ Komplexverbindung, Koordinationsverbindung, Koordinationseinheit oder kurz Komplex heißt eine Verbindung, die ein **Zentralteilchen** (Koordinationszentrum) enthält, das ein Atom oder Ion sein kann und von einer**Ligandenhülle** umgeben ist. Die Zahl der Liganden (Anionen, neutrale polarisierte oder polarisierbare Moleküle oder Moleküle mit polaren Gruppen) ist dabei größer als die Zahl der Bindungspartner, die man für das Zentralteilchen entsprechend seiner Ladung und Stellung im PSE erwartet.

Wendet man dieses Kriterium auf Moleküle und Molekülanionen an, dann sind CH_4, BF_3 *kovalente Moleküle*; BF_4^-, ClO_4^-, SO_4^{2-} *komplexe Anionen*. Komplexverbindungen spielen in der Biologie eine herausragende Rolle.

▶ Durch die Komplexbildung verlieren die Komplexbausteine ihre spezifischen Eigenschaften.

So kann man z. B. in der Komplexverbindung $K_3[Fe(CN)_6]$ weder die Fe^{3+}-Ionen noch die CN^--Ionen qualitativ nachweisen; die Bausteine sind „maskiert". Erst nach der Zerstörung des Komplexes, z. B. durch Kochen mit Schwefelsäure, ist es möglich. Diese Eigenschaft unterscheidet Komplexe von den Doppelsalzen (*Beispiel:* Alaune, $M(I)M(III)(SO_4)_2 \cdot 12\,H_2O$, s. Abschn. 14.4.2.1). Die Komplexe bzw. Komplexionen besitzen als Ganzes spezifische Eigenschaften. Bisweilen besitzen sie charakteristische Farben.

▶ Die Zahl der Liganden, die das Zentralteilchen umgeben, ist die **Koordinationszahl** (KoZ oder KZ). Die Position, die ein Ligand in einem Komplex einnehmen kann, heißt **Koordinationsstelle**. **Konfiguration** nennt man die räumliche Anordnung der Atome in einer Verbindung.

Zentralteilchen sind meist Metalle und Metallionen. Liganden können eine Vielzahl von Ionen und Molekülen sein, die **einsame** Elektronenpaare zur Verfügung stellen können.

© Springer-Verlag Berlin Heidelberg 2016
H.P. Latscha, U. Kazmaier, *Chemie für Biologen*, DOI 10.1007/978-3-662-47784-7_6

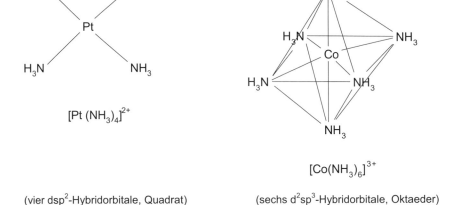

$$H_3N \mapsto Ag \leftarrow\!\dashv NH_3$$

$$[Ag(NH_3)_2]^+$$

(zwei sp-Hybridorbitale,
lineare Anordnung)

$$Ni(CO)_4$$

(vier sp³-Hybridorbitale, Tetraeder)

$$[Pt\,(NH_3)_4]^{2+}$$

(vier dsp²-Hybridorbitale, Quadrat)

$$[Co(NH_3)_6]^{3+}$$

(sechs d²sp³-Hybridorbitale, Oktaeder)

Abb. 6.1 Beispiele für Komplexe mit einzähnigen Liganden und verschiedener Koordinationszahl

Besetzt ein Ligand eine Koordinationsstelle, so heißt er *einzähnig* (Abb. 6.1), besetzt er mehrere Koordinationsstellen am gleichen Zentralteilchen, so spricht man von einem *mehrzähnigen* Liganden oder **Chelat-Liganden**. Die zugehörigen Komplexe nennt man **Chelatkomplexe**.

Werden zwei Zentralteilchen über Liganden verbrückt oder durch Bindungen zwischen den Zentralteilchen miteinander verbunden, entstehen **mehrkernige** Komplexe. Brückenliganden sind meistens einzähnige Liganden, die geeignete einsame Elektronenpaare besitzen. Tabelle 6.1 enthält eine Auswahl **ein-** und **mehrzähniger Liganden**.

Als größere selektive Chelatliganden finden neuerdings **Kronenether** (macrocyclische Ether) und davon abgeleitete Substanzen Verwendung. Mit ihnen lassen sich auch Alkali- und Erdalkali-Ionen komplexieren. Ein Beispiel zeigt Abb. 6.2.

Tab. 6.1   Beispiele für einzähnige und mehrzähnige Liganden

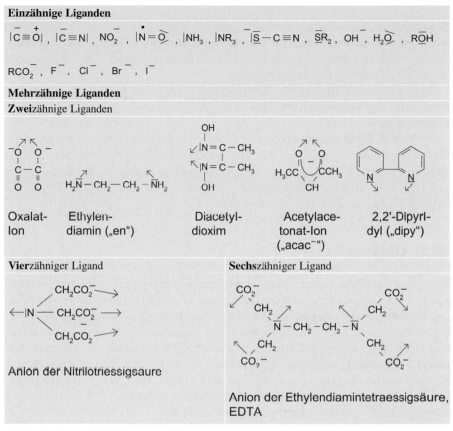

Die Pfeile deuten die freien Elektronenpaare an, die die Koordinationsstellen besetzen.

Abb. 6.2   Beispiele für Chelatkomplexe

[18]Krone-6
(1,4,7,10,13,16-
Hexaoxacyclooctadecan)
Schmp. 39 – 40 °C

[Kronenether-K]$^+$ + F$^-$
(Dieses Salz ist in
CHCl$_3$ löslich.)

6.1 Beispiele für Komplexe

Beachte Je nach der Summe der Ladungen von Zentralteilchen und Liganden sind die Komplexe entweder **neutral** oder **geladen** (Komplex-Kation bzw. Komplex-Anion). Komplex-Ionen werden in eckige Klammern gesetzt. Die Ladung wird rechts oben an der Klammer angegeben.

Man kennt auch **hydrophile Komplexe** (*Beispiele:* Aqua-Komplexe, Ammin-Komplexe) und **lipophile Komplexe** (*Beispiele:* einkernige Carbonyle, Sandwich-Verbindungen).

Benutzt man zur Beschreibung der räumlichen Verhältnisse in Komplexen das von *Pauling* auf der Grundlage der VB-Theorie entwickelte Konzept der Hybridisierung, Abschn. 5.2.2, kann man für jede räumliche Konfiguration die zugehörigen Hybrid-Orbitale am Zentralteilchen konstruieren. In Abb. 6.1 sind die Hybrid-Orbital-Typen jeweils in Klammern gesetzt.

6.1.1 Chelateffekt

Komplexe mit Chelatliganden sind im Allgemeinen stabiler als solche mit einzähnigen Liganden. Besonders stabil sind Komplexe, in denen fünfgliedrige Ringsysteme mit Chelatliganden gebildet werden. Diese Erscheinung ist als **Chelateffekt** bekannt. Erklärt wird der Effekt mit einer Entropiezunahme des Systems (Komplex und Umgebung) bei der Substitution von einzähnigen Liganden durch Chelatliganden. Es ist nämlich wahrscheinlicher, dass z. B. ein Chelatligand, der bereits eine Koordinationsstelle besetzt, auch eine weitere besetzt, als dass ein einzähniger Ligand (z. B. H_2O) von einem anderen einzähnigen Liganden (z. B. NH_3) aus der Lösung ersetzt wird. Über Entropie s. Abschn. 11.2.4.

Bei geeigneten mehrzähnigen Liganden liefern auch Mesomerieeffekte einen Beitrag zur besonderen Stabilität von Chelatkomplexen.

Beispiele für **biologisch wichtige Komplexe** sind Chlorophyll (Abschn. 14.3.2.1, 48.2.2), Häm (Farbstoff im Hämoglobin, Abschn. 48.2, 48.2.1) Vitamin B_{12} (Abschn. 15.8.1.2, 48.2.3, 48.2.4, Abb. 15.8). Wohl alle Spurenelemente wirken im Organismus in komplexierter Form.

6.1.2 π-Komplexe

Es gibt auch eine Vielzahl von Komplexverbindungen mit organischen Liganden wie Olefinen, Acetylenen und aromatischen Molekülen, die über ihr π-Elektronensystem an das Zentralteilchen gebunden sind.

Beispiel **Ferrocen**, $Fe(C_5H_5)_2$ (Abb. 6.3), wurde 1951 als erster Vertreter einer großen Substanzklasse entdeckt. Es entsteht z. B. aus Cyclopentadien mit $Fe(CO)_5$ oder nach folgender Gleichung:

$$FeCl_2 + 2\,C_5H_5MgBr \longrightarrow Fe(C_5H_5)_2$$

Abb. 6.3 Bis(π-cyclopenta-dienyl)-eisen(II), $Fe(C_5H_5)_2$, (Ferrocen)

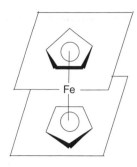

Wegen ihrer Struktur nennt man solche Verbindungen auch **Sandwichverbindungen**. Großtechnische Anwendung finden π-Komplexe als *Ziegler Natta-Katalysatoren* für Polymerisationen (s. Abschn. 22.5).

6.1.3 Charge-Transfer-Komplexe

▶ Charge-Transfer-Komplexe (CT-Komplexe) sind Elektronen-Donor-Akzeptor-Komplexe, bei denen negative Ladungen reversibel von einem Donor-Molekül zu einem Akzeptormolekül übergehen.

Beispiele sind Molekülverbindungen aus polycyclischen Aromaten und Iod, aus Halogenen oder Halogenverbindungen mit Pyridin, Dioxan u. a. Bei Energiezufuhr gehen die Addukte in einen elektronisch angeregten Zustand über, der ionische Anteile enthält (= Charge-Transfer-Übergang). Da die Übergänge häufig im sichtbaren Wellenbereich des Lichtspektrums liegen, erscheinen die Substanzen oft farbig.

6.1.4 Carbonyle

▶ Komplexe von Metallen mit Kohlenstoffmonoxid, CO, als Ligand nennt man **Carbonyle** (Abb. 6.4).

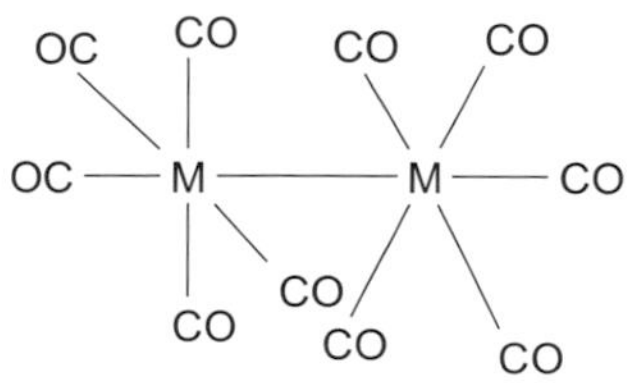

Abb. 6.4 Molekülstruktur eines mehrkernigen Carbonyls

$$M_2(CO)_{10}, \ M = Mn, \ Tc, \ Te$$

$$Mn \longleftrightarrow Mn = 297,7 \ pm$$

Sie haben in der reinen und angewandten Chemie in den letzten Jahren großes Interesse gefunden. Man benutzt sie z. B. zur Herstellung reiner Metalle.

▶ **Cluster** (engl.: cluster = Haufen) nennt man allgemein kompakte Anordnungen von Atomen, Ionen oder auch Molekülen. Von Metall-Clustern spricht man, wenn zwischen mehreren Metallatomen (M) **direkte M–M-Bindungen** existieren.

$[Re_3Cl_{12}]^{3-}$ hat als erste Substanz das Metall-Cluster-Phänomen aufgezeigt (1963). Die Atome eines Clusters müssen nicht alle vom gleichen Element sein. Die Bindungsordnung der M–M-Bindungen reicht von schwachen Wechselwirkungen bis zur Vierfachbindung. In den Clustern ist jedes Metall-Atom Teil eines Polyeders.

6.2   Koordinationszahl und räumlicher Bau von Komplexen

Nachfolgend sind die wichtigsten Koordinationszahlen und die räumliche Anordnung der Liganden (Koordinationspolyeder) zusammengestellt:

Koordinationszahl 2
Bau linear
    Zentralteilchen: Cu^+, Ag^+, Au^+, Hg^{2+}
    Beispiele $[CuCl_2]^-$, $[Ag(NH_3)_2]^+$, $[Ag(CN)_2]^-$

Koordinationszahl 3
sehr selten
    Beispiele $[HgI_3]^-$, Bau: fast gleichseitiges Dreieck um das Hg-Ion; $[SnCl_3]^-$, Bau: pyramidal mit Sn an der Spitze; $Pt(P(C_6H_5)_3)_3$; (ZO_3^-, Z = Cl, Br, I).

Koordinationszahl 4
Es gibt zwei Möglichkeiten, vier Liganden um ein Zentralteilchen zu gruppieren:

a. **tetraedrische Konfiguration**, häufigste Konfiguration
    Beispiele $Ni(CO)_4$, $[NiCl_4]^{2-}$, $[FeCl_4]^-$, $[Co(SCN)_4]^{2-}$, $[Cd(CN)_4]^{2-}$, $[BF_4]^-$, $[Zn(OH)_4]^{2-}$, $[Al(OH)_4]^-$, $[MnO_4]^-$, $[CrO_4]^{2-}$
    Alle diese Komplexe sind high-spin-Komplexe und paramagnetisch.
b. **planar-quadratische Konfiguration**
    Zentralteilchen: Pt^{2+}, Pd^{2+}, Au^{3+}, Ni^{2+}, Cu^{2+}, Rh^+, Ir^+; besonders bei Kationen mit d^8-Konfiguration
    Beispiele $[Pd(NH_3)_4]^{2+}$, $[PtCl_4]^{2-}$, $Pt(NH_3)_2Cl_2$, $[Ni(CN)_4]^{2-}$, $[Cu(NH_3)_4]^{2+}$ in Wasser korrekt: $[Cu(NH_3)_4(H_2O)_2]^{2+}$, $[Ni(diacetyldioxim)_2]$
    Alle diese Komplexe sind low-spin-Komplexe und diamagnetisch.

Koordinationszahl 5
relativ selten

Koordinationszahl 6
sehr häufig

Bau: oktaedrische Konfiguration (Sehr selten wird ein trigonales Prisma beobachtet.)

Beispiele $[Fe(CN)_6]^{3-}$, $[Fe(CN)_6]^{4-}$, $[Fe(H_2O)_6]^{2+}$, $[FeF_6]^{3-}$, $[Co(NH_3)_6]^{2+}$, $[Ni(NH_3)_6]^{2+}$, $[Al(H_2O)_6]^{3+}$, $[AlF_6]^{3-}$, $[TiF_6]^{3-}$, $[PtCl_6]^{2-}$, $[Cr(H_2O)_6]^{3+}$ usw.

Höhere Koordinationszahlen
werden bei Elementen der zweiten und dritten Reihe der Übergangselemente sowie bei Lanthanoiden und Actinoiden gefunden. Die Zentralteilchen müssen groß und die Liganden klein sein.

6.3 Isomerieerscheinungen bei Komplexverbindungen

▶ **Isomere** nennt man Verbindungen mit gleicher Bruttozusammensetzung und Molekülmasse, die sich z. B. in der Anordnung der Atome unterscheiden können.

Sie besitzen unterschiedliche chemische und/oder physikalische Eigenschaften. Die Unterschiede bleiben normalerweise auch in Lösung erhalten.

6.3.1 Stereoisomerie

Stereoisomere unterscheiden sich durch die räumliche Anordnung der Liganden. Bezugspunkt ist das Zentralteilchen.

6.3.1.1 cis-trans-Isomerie (Geometrische Isomerie)

Komplexe mit KZ 4
Bei KZ 4 ist cis-trans-Isomerie mit einfachen Liganden nur bei quadratischebener Konfiguration möglich. Im Tetraeder sind nämlich alle Koordinationsstellen einander benachbart.

Beispiel $[M\,A_2B_2]$ wie z. B. $Pt(NH_3)_2Cl_2$

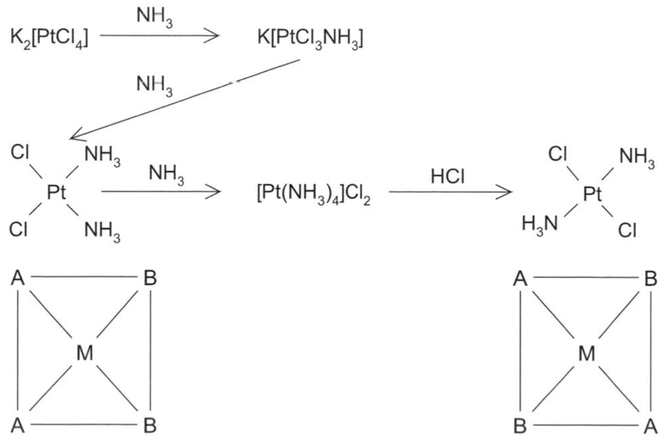

(1) *cis*-Konfiguration   (2) *trans*-Konfiguration

In der Anordnung (1) sind gleiche Liganden einander *benachbart*. Sie sind cis-ständig. Die Konfiguration ist die *cis-Konfiguration*. In Anordnung (2) liegen gleiche Liganden einander *gegenüber*. Sie sind trans-ständig. Die Konfiguration ist die *trans-Konfiguration*.

Anmerkung Das *cis*-Diammindichloroplatin(II) („Cisplatin") wird mit besonders gutem Erfolg bei Hoden- und Blasenkrebs eingesetzt.

Komplexe mit KZ 6
Beispiele
$[M(A)_4B_2]$, z. B. $[Co(NH_3)_4Cl_2]^+$

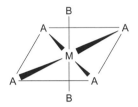
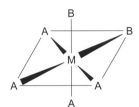

   trans-Konfiguration   **cis**-Konfiguration

$[M(en)_2A_2]$, z. B. $[Co(en)_2Cl_2]^+$

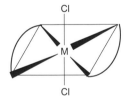
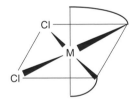

   trans-Konfiguration   **cis**-Konfiguration

Beachte Durch stereospezifische Synthesen lässt sich gezielt *ein* Isomer darstellen.

6.3.1.2 Optische Isomerie (Spiegelbildisomerie)

▶ Verhalten sich zwei Stereoisomere wie ein Gegenstand und sein Spiegelbild, heißen sie **Enantiomere** oder *optische Antipoden*.

Innere Abstände und Winkel beider Formen sind gleich. Substanzen mit diesen Eigenschaften heißen enantiomorph oder **chiral** (händig) und die Erscheinung demnach auch **Chiralität**; s. hierzu Abschn. 17.6, 39.1, 39.3. Stereoisomere, die keine Enantiomere sind, heißen **Diastereomere**.

Bei der Synthese entstehen normalerweise beide Enantiomere in gleicher Menge (= **racemisches Gemisch**).

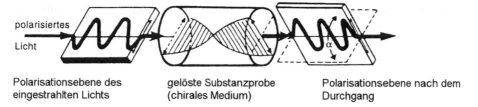

polarisiertes Licht

Polarisationsebene des eingestrahlten Lichts

gelöste Substanzprobe (chirales Medium)

Polarisationsebene nach dem Durchgang

Abb. 6.5 Drehung der Polarisationsebene von linear polarisiertem Licht um den Winkel α durch eine chirale Substanz

▶ **Racemat** heißt das äquimolare kristallisierte racemische Gemisch.

Eine Trennung von Enantiomeren gelingt manchmal, z. B. durch fraktionierte Kristallisation mit optisch aktiven organischen Anionen bzw. Kationen. Setzt man z. B. das Komplex-Ion $[A]^+$, das in den Enantiomeren $[A_1]^+$ und $[A_2]^+$ vorkommt, mit einem Anion B^- um, das in den Enantiomeren B_1^-, B_2^- vorliegt, erhält man die Salze = **Diastereomere** $[A_1]^+B_1^-$, $[A_1]^+B_2^-$; $[A_2]^+B_1^-$, $[A_2]^+B_2^-$. Diese Diastereomere unterscheiden sich nun physikalisch-chemisch und ermöglichen so eine Trennung.

Enantiomere sind nur spiegelbildlich verschieden. Sie verhalten sich chemisch und physikalisch genau gleich mit einer **Ausnahme:** Gegenüber optisch aktiven Reagenzien und in ihrer Wechselwirkung mit linear polarisiertem Licht zeigen sie Unterschiede.

Enantiomere lassen sich dadurch unterscheiden, dass das eine die Polarisationsebene von linear polarisiertem Licht – unter sonst gleichen Bedingungen – nach links und das andere diese um den *gleichen* Betrag nach rechts dreht. Daher ist ein racemisches Gemisch optisch inaktiv.

Die Polarisationsebene wird im chiralen Medium zum verdrehten Band (Abb. 6.5). Das Ausmaß der Drehung ist proportional der Konzentration c der Lösung und der Schichtdicke ℓ. Ausmaß und Vorzeichen hängen ferner ab von der Art des Lösemittels, der Temperatur T und der Wellenlänge λ des verwendeten Lichts. Eine Substanz wird durch einen **spezifischen Drehwert** α charakterisiert:

$$[\alpha]_\lambda^T = \frac{\alpha_\lambda^T \text{ gemessen}}{\ell\,[\text{dm}] \cdot c\,[\text{g/mL}]}$$

Komplexe mit KZ 4

In **quadratisch-ebenen** Komplexen wird optische Isomerie nur mit bestimmten mehrzähnigen asymmetrischen Liganden beobachtet.

Bei **tetraedrischer** Konfiguration erhält man Enantiomere, wenn vier verschiedene Liganden das Zentralteilchen umgeben. Dies ist das einfachste Beispiel für einen optisch aktiven Komplex. Optische Isomerie ist auch mit zwei zweizähnigen Liganden möglich.

Komplexe mit KZ 6

Mit *einzähnigen* Liganden ist optische Isomerie möglich bei den Zusammensetzungen: $[M\,A_2B_2C_2]$, $[M\,A_2BCDE]$ und $[M\,ABCDEF]$.

Optische Isomerie beobachtet man auch z. B. bei zwei oder drei *zweizähnigen* Liganden. *Beispiele:* $[M(en)_2A_2]$, z. B. $Co(en)_2Cl_2$, und $[M(en)_3]$.

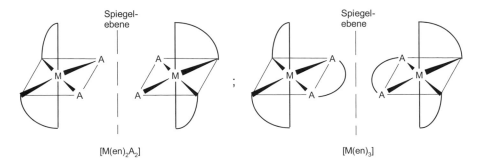

$[M(en)_2A_2]$ $[M(en)_3]$

6.3.2   Strukturisomerie

Koordinations-Isomerie beobachtet man, wenn eine Substanz sowohl ein komplexes Kation als auch ein komplexes Anion besitzt. In einem solchen Fall kann die Verteilung der Liganden in beiden Komplex-Ionen verschieden sein.

$$[Co(NH_3)_6]^{3+}[Cr(CN)_6]^{3-} \text{ oder } [Cr(NH_3)_6]^{3+}[Co(CN)_6]^{3-}$$

Weitere Beispiele sind: Hydratisomerie, Bindungsisomerie und Ionisationsisomerie.

6.4   Bindung in Komplexen/Koordinative Bindung

Wie aus Tab. 6.1 hervorgeht, besitzen Liganden mindestens ein freies Elektronenpaar. Über dieses Elektronenpaar werden sie an das Zentralteilchen gebunden (= σ-Donor-Bindung, dative Bindung, **koordinative Bindung**).

Die Komplexbildung ist somit eine Reaktion zwischen einem **Elektronenpaar-Donator** (D) (= Lewis-Base) und einem **Elektronenpaar-Akzeptor** (A) (= Lewis-Säure):

$$A + D \rightleftharpoons A \leftarrow\!\!|\,D = A\!-\!D$$

6.4.1 Edelgas-Regel

▶ Durch den Elektronenübergang bei der Komplexbildung versuchen die Metalle die Elektronenzahl des nächsthöheren Edelgases zu erreichen (Edelgasregel von *Sidgwick* „18-Valenzelektronen-(VE-)Regel").

Diese einfache Regel ermöglicht das Verständnis und die Vorhersage der Zusammensetzung von Komplexen. Sie erklärt nicht ihre Struktur und Farbe.

Beispiele
- $Ni(CO)_4$: Elektronenzahl $= 28 + 4 \cdot 2 = 36$ (Kr)
- $Fe(CO)_5$: Elektronenzahl $= 26 + 5 \cdot 2 = 36$ (Kr)

Eine Erweiterung dieser einfachen Vorstellung lieferte *Pauling* (1931) mit der Anwendung der VB-Theorie auf die Bindung in Komplexen.

6.4.2 VB-Theorie der Komplexbindung

Um Bindungen in Komplexen zu konstruieren, braucht man am Zentralteilchen leere Atomorbitale. Diese werden durch Promovieren und anschließendes Hybridisieren der Geometrie der Komplexe angepasst. Bei der KZ 6 sind demzufolge sechs Hybridorbitale auf die sechs Ecken eines Oktaeders gerichtet.

Die freien Elektronenpaare der Liganden werden nun in diese Hybridorbitale eingebaut, d. h., die gefüllten Ligandenorbitale überlappen mit den leeren Hybridorbitalen des Zentralteilchens. Auf diese Weise entstehen **kovalente** Bindungen.

Beispiel Bildung von **Nickeltetracarbonyl Ni(CO)₄** aus feinverteiltem metallischem Nickel und Kohlenstoffmonoxid CO.

a. **Grundzustand des Ni-Atoms:**
$\overset{0}{Ni}$

b. **Angeregter Zustand:**
$\overset{0}{Ni}^*$

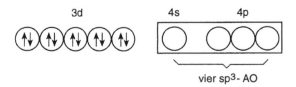

vier sp³- AO

Bei der Komplexbildung kann man einen angeregten Zustand dadurch konstruieren, dass die beiden Elektronen des 4s-AO mit jeweils antiparallelem Spin in die beiden einfach besetzten d-AO eingebaut werden.

c. Es können nun das leere 4s-AO und die drei leeren 4p-AO zu vier gleichwertigen sp^3-Hybridorbitalen miteinander gemischt werden, um den Tetraederwinkel von $109°28'$ zu erreichen.

d. In die leeren vier sp^3-Hybridorbitale können die vier Elektronenpaare der vier CO-Ligandenmoleküle eingebaut werden:

Als **Ergebnis** erhält man ein diamagnetisches Komplexmolekül, dessen Zentralteilchen tetraederförmig von vier CO-Liganden umgeben ist.

6.4.2.1 Vorzüge und Nachteile der VB-Theorie

Die VB-Theorie ermöglicht in einigen Fällen qualitative Erklärungen der stereochemischen Verhältnisse. In einigen Fällen bedarf sie dabei jedoch der Ergänzung. Die VB-Theorie gibt u.a. keine Auskunft über die Energie der Orbitale. Sie kennt keine angeregten Zustände und gibt somit auch keine Erklärung der Spektren der Komplexe. Das magnetische Verhalten der Komplexe bleibt weitgehend ungeklärt. Verzerrungen der regulären Polyeder durch den „Jahn-Teller-Effekt" werden nicht berücksichtigt (vgl. Abschn. 6.4.3.2).

Eine brauchbare Erklärung z. B. der Spektren und des magnetischen Verhaltens von Komplexverbindungen mit **Übergangselementen** als Zentralteilchen liefert die sog. Kristallfeld- oder Ligandenfeld-Theorie.

6.4.3 Kristallfeld-Ligandenfeld-Theorie

Aus der Beobachtung, dass die Absorptionsbanden von Komplexen mit **Übergangselementen** im sichtbaren Bereich vorwiegend dem Zentralteilchen und die Banden im UV-Bereich den Liganden zugeordnet werden können, kann man schließen, dass die Elektronen in einem derartigen Komplex weitgehend an den einzelnen Komplexbausteinen lokalisiert sind. Die Kristallfeld-Theorie ersetzt nun die Liganden durch **negative Punktladungen** (evtl. auch Dipole) und betrachtet den Einfluss dieser Punktladungen auf die Energie und die Besetzung der d-Orbitale am Zentralteilchen.

In einem isolierten **Atom** oder **Ion** sind die fünf d-Orbitale energetisch **gleichwertig** (= entartet). Bringt man ein solches Teilchen in ein **inhomogenes elektrisches Feld**, indem man es mit Liganden (Punktladungen) umgibt, wird die Entartung der fünf d-Orbitale aufgehoben, d. h., es treten **Energieunterschiede** zwischen ihnen auf. Diejenigen Orbitale, welche den Liganden direkt gegenüber liegen, werden als Aufenthaltsort für Elektronen ungünstiger und erfahren eine Erhöhung ihrer potenziellen Energie. Für günstiger orientierte Orbitale ergibt sich dagegen eine

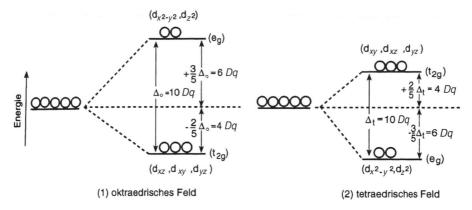

Abb. 6.6 Aufspaltung der fünf entarteten d-Orbitale in einem (1) oktaedrischen und (2) tetraedrischen Feld

Verminderung der Energie. Betrachten wir die unterschiedliche räumliche Ausdehnung der d-Orbitale in Abb. 2.7, dann wird klar, dass die energetische Aufspaltung von der jeweiligen Anordnung der Liganden um das Zentralteilchen abhängt. Nimmt man die Energie der fünf entarteten Orbitale (fiktiver Zustand) als Bezugspunkt, resultiert für eine **oktaedrische** und **tetraedrische Umgebung** des Zentralteilchens die in Abb. 6.6 skizzierte Energieaufspaltung.

Die Bezeichnungen e_g und t_{2g} für die beiden Orbitalsätze in Abb. 6.6 entstammen der Gruppentheorie. Sie werden dort für bestimmte Symmetriemerkmale benutzt.

▶ Δ ist die Energiedifferenz zwischen den e_g- und t_{2g}-Orbitalen und heißt **Feldstärkeparameter**.

Die Indizes o (oktaedrisch), t (tetraedrisch) und q (planar-quadratisch) kennzeichnen die Geometrie des Ligandenfeldes: $\Delta_t = 4/9\Delta_o$. $\Delta_q = 7/4\Delta_o$. Δ wird willkürlich gleich **10 Dq** gesetzt. Es ist eine Funktion der Abstände zwischen Zentralteilchen und Liganden (der Struktur des Komplexes), der Ladung des Zentralteilchens und der Ladungen bzw. Dipolmomente der Liganden. Δ ist auch eine Funktion der Hauptquantenzahl der d-Elektronen. Aus Absorptionsspektren wurde folgende Reihenfolge für die aufspaltende Wirkung ausgewählter Liganden ermittelt = **spektrochemische Reihe**.

▶ $CO, CN^- > NO_2 > en > NH_3 > SCN^- > H_2O \approx C_2O_4^{2-} >$
starke Liganden
$F^- > OH^- > Cl^- > Br^- > I^-$
schwache Liganden

Bei nicht voller Besetzung der Orbitale ergeben sich jedoch zwischen beiden Systemen Energieunterschiede. Diese heißen **Kristallfeld-Stabilisierungsenergie** (**CFSE**) oder **Ligandenfeld-Stabilisierungsenergie** (**LFSE**). Da diese Energie beim Aufbau eines Komplexes *zusätzlich* zur Coulomb-Energie frei wird, sind Komplexe mit Zentralteilchen mit **1** bis **9 d-Elektronen** um den Betrag dieser Energie stabiler.

▶ **Spinpaarungsenergie** heißt diejenige Energie, die notwendig ist, um *zwei* Elektronen mit antiparallelem Spin in *einem* Orbital unterzubringen.

6.4.3.1 Absorptionsspektren

Die Absorptionsspektren von Übergangselementkomplexen im sichtbaren Bereich können durch Elektronenübergänge zwischen den e_g- und t_{2g}-Orbitalen erklärt werden.

Beispiel Die violette Farbe des $[Ti(H_2O)_6]^{3+}$-Kations wird durch den Übergang

$$t_{2g}^1 \xrightarrow{\ h\nu\ } e_g^1$$

verursacht. Δ_0 hat für diesen Übergang einen Wert von $243\,kJ\,mol^{-1}$. Das Maximum der Absorptionsbande liegt bei 500 nm. Lösungen von $[Ti(H_2O)_6]^{3+}$ absorbieren vorwiegend grünes und gelbes Licht und lassen blaues und rotes Licht durch, weshalb die Lösung violett ist.

Beachte Man erhält ein Bandenspektrum, weil durch die Lichtabsorption auch viele Atombewegungen in dem Komplexmolekül angeregt werden.

6.4.3.2 *Jahn-Teller*-Effekt

▶ Nach einem Theorem (Lehrsatz) von *Jahn* und *Teller* (1937) ist ein **nichtlineares** Molekül mit einem **entarteten Elektronenzustand instabil**. Als Folge davon ändert sich die Molekülgeometrie so, dass die Entartung aufgehoben wird.
Auswirkungen dieses Theorems werden als **Jahn-Teller-Effekt** bezeichnet.

Schöne Beispiele für die Gültigkeit dieses Theorems finden sich bei Komplexverbindungen der Übergangsmetalle mit d^4- bzw. d^9-Konfiguration (Cr^{2+}-, Mn^{3+}- bzw. Cu^{2+}-Ionen). Hier werden die symmetrischen Strukturen bei Komplexen mit *teilweise* besetzten, entarteten Niveaus der Zentralteilchen verzerrt.

Beispiel
Bei sechsfach koordinierten Komplexen des Cu^{2+}-Ions wird die oktaedrische Anordnung der Liganden um das Zentralion durch Verlängern der beiden Bindungen in Richtung der z-Achse zu einer quadratischen (tetragonalen) **Bipyramide** verzerrt. Das Cu^{2+}-Ion hat dann **vier** nächste Nachbarn, die es **planar-quadratisch** umgeben. In wässriger Lösung besetzen zwei H_2O-Moleküle die beiden axialen Positionen in der quadratischen Bipyramide in einem relativ weiten Abstand. Ein *Beispiel* ist der Amminkomplex: $[Cu(NH_3)_4]^{2+}$ bzw. korrekter $[Cu(NH_3)_4(H_2O)_2]^{2+}$. $[Cu(H_2O)_6]^{2+}$ ist analog gebaut.

Erklärung

Die Cu^{2+}-Ionen haben die Elektronenkonfiguration **3** $\mathbf{d}^9$. Unter dem Einfluss eines symmetrischen oktaedrischen Ligandenfeldes sind die beiden e_g-Orbitale d_{z^2} und $d_{x^2-y^2}$ entartet. Beide Orbitale sind mit insgesamt *drei* Elektronen zu besetzen.

Wird nun z. B. das d_{z^2}-Orbital doppelt besetzt, so resultiert eine größere Elektronendichte in Richtung der z-Achse, was eine Abstoßung der Liganden in Richtung der z-Achse bewirkt. Hieraus resultiert eine Streckung des Oktaeders in Richtung der z-Achse. Auch bei doppelter Besetzung des $d_{x^2-y^2}$-Orbitals wird eine Verzerrung des regulären Oktaeders erfolgen.

▶ Der Energiegewinn, der bei Besetzung energetisch abgesenkter Orbitale entsteht, heißt **Jahn-Teller-Stabilisierung**.

6.4.3.3 Vorzüge und Nachteile der Kristallfeld-Theorie

Die Verwendung von Punktladungen oder auch Dipolen als Ersatz für die realen Liganden ermöglicht die Erklärung der Absorptionsspektren, des magnetischen Verhaltens oder des Jahn-Teller-Effekts der Komplexe.

Für die Beschreibung der Bindung in Komplexen wie Carbonylen ist das elektrostatische Modell zu einfach.

6.4.4 MO-Theorie der Bindung in Komplexen

Die MO-Theorie liefert die **beste** Beschreibung der Bindungsverhältnisse in Komplexen. Sie ist insofern eine Weiterentwicklung der Kristallfeld-Theorie, als sie eine Überlappung der Atomorbitale der Liganden mit den Orbitalen des Zentralteilchens ähnlich der VB-Theorie mitberücksichtigt.

Man kann auch sagen VB- und Kristallfeld-Theorie liefern Teilaspekte der allgemeineren MO-Theorie der Komplexe.

6.4.4.1 HSAB-Konzept bei Komplexen

Die Bildung von Komplexen kann man auch mit dem HSAB-Konzept erklären. Dieses Prinzip der „harten" und „weichen" Säuren und Basen von *Pearson* ist in Abschn. 10.12 behandelt.

6.4.4.2 σ- und π-Bindung in Komplexen

Ob nur σ- oder ob σ- und π-Bindungen ausgebildet werden, hängt von der Elektronenkonfiguration der Liganden und des Zentralteilchens ab.

Bindung in Carbonylen

Liganden können auch gleichzeitig als **σ-Donor und π-Akzeptor** wirken, falls geeignete Orbitale vorhanden sind. *Beispiele* sind: CO, CN^-, N_2, NO. Solche Liganden werden gelegentlich auch als **π-Säuren** bezeichnet.

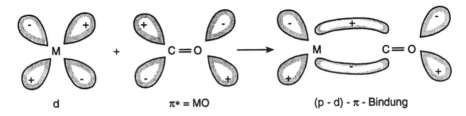

Abb. 6.7 Schema zur Bildung von σ- und π-Bindung in Carbonylen

Betrachten wollen wir das Zustandekommen der Bindung in Carbonylen (Abb. 6.7).

In den Carbonylen bildet das CO-Molekül ($|\overset{-}{C}\equiv\overset{+}{O}|$) zunächst mit dem freien Elektronenpaar am C-Atom eine schwache **σ-Donor-Bindung** zu dem Metallatom aus; dieses besitzt ein unbesetztes s-AO oder Hybrid-AO mit s-Anteil. Es entsteht ein Ligand-Metall-σ-MO, in das das Elektronenpaar des Liganden eingebaut wird. Dadurch gehen Elektronen vom Liganden zum Metall über: L → M.

Die Stabilität der Bindung und die Bindungsabstände (Auswertung der Schwingungsspektren (= IR-Spektren)) zeigen, dass sich die Bindungsverhältnisse durch mesomere Grenzstrukturen beschreiben lassen:

$$\overset{-}{M}-C\equiv O|^{+} \quad \longleftrightarrow \quad M=C=O\rangle$$

Verstärkt wird also die Bindung zwischen Metall und Ligand durch eine zusätzliche **π-Akzeptor-Bindung**. Es kommt zur Überlappung eines d-AO des Metalls mit dem unbesetzten π*-MO des CO-Moleküls.

Das Zustandekommen dieser Bindung kann man so erklären:

Die Elektronendichte, die durch die σ-Donor-Bindung auf das Metall übertragen wurde, wird an den Liganden zurückgegeben (= Rückbindung; „back-bonding", „back-donation"). Hierdurch verstärkt sich die Fähigkeit des Liganden, eine σ-Donor-Bindung auszubilden; dies erhöht wiederum die Elektronendichte am Metall.

Ergebnis Die Bindungsanteile verstärken sich gegenseitig; daher heißt der Bindungsmechanismus **synergetisch**.

6.5   Komplexbildungsreaktionen

▶ Komplexbildungsreaktionen sind Gleichgewichtsreaktionen.

Fügt man z. B. zu festem AgCl wässrige Ammoniaklösung (NH$_3$-Lösung) hinzu, so geht das AgCl in Lösung, weil ein wasserlöslicher Diammin-Komplex entsteht:

$$AgCl + 2\,NH_3 \rightleftharpoons [Ag(NH_3)_2]^+ + Cl^- \qquad bzw.$$
$$Ag^+ + 2\,NH_3 \rightleftharpoons [Ag(NH_3)_2]^+$$

Die Massenwirkungsgleichung für diese Reaktion ist:

$$\frac{c[Ag(NH_3)_2]^+}{c(Ag^+) \cdot c^2(NH_3)} = K = 10^8; \quad (lg\,K = 8;\ pK = -lg\,K = -8)$$

K heißt hier **Komplexbildungskonstante** oder *Stabilitätskonstante* (Tab. 6.2). Ihr reziproker Wert ist die Dissoziationskonstante oder **Komplexzerfallskonstante**.

Ein großer Wert für K bedeutet, dass das Gleichgewicht auf der rechten Seite der Reaktionsgleichung liegt, und dass der Komplex stabil ist.

Die Geschwindigkeit der Gleichgewichtseinstellung ist bei den einzelnen Ligandenaustauschreaktionen sehr verschieden. Komplexe sind **kinetisch stabil**, wenn die Abspaltung oder der Austausch der Liganden nicht oder nur sehr langsam erfolgen.

Beispiel [Ag(CN)$_2$]$^-$.

Kinetisch instabile (labile) Komplexe zerfallen rasch oder tauschen Liganden schnell aus.

Beispiel [Cu(H$_2$O)$_4$]$^{2+}$.

Gibt man zu einem Komplex ein Molekül oder Ion hinzu, das imstande ist, mit dem Zentralteilchen einen **stärkeren** Komplex zu bilden, so werden die ursprünglichen Liganden aus dem Komplex herausgedrängt:

$$[Cu(H_2O)_4]^{2+} + 4\,NH_3 \rightleftharpoons [Cu(NH_3)_4]^{2+} + 4\,H_2O$$
$$\text{hellblau} \qquad\qquad\qquad \text{dunkelblau}$$

Das Gleichgewicht liegt bei dieser Reaktion auf der rechten Seite.

$$lg\,K_{[Cu(NH_3)_4]^{2+}} \approx 13 \quad (pK = -13!)$$

Beachte   Komplexe sind dann **thermodynamisch stabil**, wenn für ihre Bildung die Änderung der Freien Enthalpie den Ausschlag gibt. (ΔG besitzt einen negativen Wert.)

Tab. 6.2 Stabilitätskonstanten einiger Komplexe in Wasser

Komplex	lg K	Komplex	lg K
$[Ag(NH_3)_2]^+$	8	$[Cu(NH_3)_4]^{2+}$	13
$[Ag(CN)_2]^-$	21	$[CuCl_4]^{2-}$	6
$[Ag(S_2O_3)_2]^{3-}$	13		
		$[HgI_4]^{2-}$	30
$[Al(OH)_4]^-$	30		
$[AlF_6]^{3-}$	20	$[Co(CN)_6]^{4-}$	19
		$[Co(NH_3)_6]^{3+}$	35
$[Ni(CN)_4]^{2-}$	22		
$[Ni(NH_3)_6]^{2+}$	9	$[Fe(CN)_6]^{3-}$	31
$[Ni(EDTA)]^{2-}$	18,6	$[Fe(CN)_6]^{4-}$	24

6.6   Formelschreibweise von Komplexen

In den Formeln für neutrale Komplexe wird das Symbol für das Zentralatom an den Anfang gesetzt. Anschließend folgen die anionischen, neutralen und kationischen Liganden. Die Reihenfolge der Liganden ergibt sich aus der alphabetischen Reihenfolge der Symbole für die Liganden. Bei den geladenen Komplexen gilt folgende Reihenfolge:

Kationischer Komplex: [ ] Anion; *anionischer Komplex:* Kation [ ]

6.6.1   Nomenklatur von Komplexen

Für die Benennung von einfachen Komplexen gelten folgende Regeln:

a. Ist der Komplex **ionisch** gebaut, wird das Kation zuerst genannt.
b. Die Zahl der Liganden wird durch griechische Zahlwörter gekennzeichnet: **di-** (2), **tri-** (3), **tetra-** (4), **penta-** (5), **hexa-** (6) usw. Die Zahl der Liganden steht vor ihrem Namen.
c. Die Namen **neutraler** Liganden bleiben meist unverändert; einige haben spezielle Namen. *Beispiele:* H_2O: aqua; NH_3: ammin; CO: carbonyl; NO: nitrosyl usw.
d. Die Namen **anionischer** Liganden leiten sich vom Namen des betreffenden Atoms oder der Gruppe ab. Sie enden alle auf -o.
    Beispiele F^-: fluoro; Cl^-: chloro; Br^-: bromo; O^{2-}: oxo; S^{2-}: thio; OH^-: hydroxo; CN^-: cyano; SCN^-: thiocyanato (rhodano); SO_4^{2-}: sulfato; NO_2^-: nitro bzw. nitrito (s. Abschn. 6.3.2, 14.6.1.1); $S_2O_3^{2-}$: thiosulfato; I^-: iodo. Kohlenwasserstoffreste werden als Radikale ohne besondere Endung bezeichnet. Liganden, die sich von org. Verbindungen durch Abspaltung eines Protons ableiten, erhalten die Endung -ato (phenolato-).

e. Abkürzungen für längere Ligandennamen, insbesondere bei organischen Liganden sind erlaubt.

Beispiele

Anionische Gruppen (es sind die Säuren angegeben)

Hacac   Acetylaceton, 2,4-pentandion

Hbg   Biguanid $H_2NC(NH)NHC(NH)NH_2$

H_2dmg Dimethylglyoxim, Diacetyldioxim, 2,3-Butandion-dioxim

H_4edta Ethylendiamintetraessigsäure

H_2ox Oxalsäure

Neutrale Gruppen:

dien   Diethylentriamin, $H_2NCH_2CH_2NHCH_2CH_2NH_2$

en   Ethylendiamin, $H_2NCH_2CH_2NH_2$

py   Pyridin

ur   Harnstoff

f. In der Benennung des Komplexes folgt der Name des Zentralteilchens den Namen der Liganden. Ausnahmen bilden die Carbonyle:

Beispiel: $Ni(CO)_4$ = Nickeltetracarbonyl.

Enthält ein Komplex *gleichzeitig* anionische, neutrale und kationische Liganden, werden die anionischen Liganden zuerst genannt, dann die neutralen und anschließend die kationischen.

g. **Komplexanionen** erhalten die Endung -at an den Namen bzw. den Wortstamm des lateinischen Namens des Zentralteilchens angehängt.

h. Die Oxidationszahl des Zentralteilchens folgt häufig als römische Zahl in Klammern seinem Namen.

i. Bei Liganden komplizierter Struktur wird ihre Anzahl anstatt durch di-, tri-, tetra- usw. durch bis- (2), tris- (3), tetrakis- (4) gekennzeichnet.

j. Ein Brückenligand wird durch das Präfix μ gekennzeichnet.

k. Sind Liganden über π-Systeme an das Zentralteilchen gebunden, kann zur Kennzeichnung dieser Bindung vor den Liganden der Buchstabe η gestellt werden.

l. **Geladene** Komplexe werden in **eckige Klammern** geschrieben. Die Angabe der Ladung erfolgt rechts oben an der Schluss-Klammer. Komplexladung = Ladung des Zentralteilchens + Ligandenladungen.

m. In manchen Komplex-Anionen wird der Name des Zentralatoms von seinem latinisierten Namen abgeleitet.

Beispiele Au-Komplex: aurat; Ag-Komplex: argentat; Fe-Komplex: ferrat; Co-Komplex: cobaltat; Cu-Komplex: cuprat; Ni-Komplex: niccolat; Pt-Komplex: platinat; Hg-Komplex: mercurat; Zn-Komplex: zincat.

n. Die Zahl der Kationen bzw. Anionen welche zum Ladungsausgleich von Komplexionen dienen, bleibt unberücksichtigt.

Beispiele zur Nomenklatur

- $K_4[Fe(CN)_6]$ Kaliumhexacyanoferrat(II)
- $[Cr(H_2O)_6]Cl_3$ Hexaquachrom(III)-chlorid; (Hexaaqua...)
- $[Co(H_2O)_4Cl_2]Cl$ Dichlorotetraquacobalt(III)-chlorid
- $[Ag(NH_3)_2]^+$ Diamminsilber(I)-Kation
- $[Ag(S_2O_3)_2]^{3-}$ Bis(thiosulfato)argentat(I)
- $[Cr(NH_3)_6]Cl_3$ Hexamminchrom(III)-chlorid; (Hexaammin...)
- $[Cr(NH_2-(CH_2)_2-NH_2)_3]Br_3 = [Cr(en)_3]Br_3$ Tris(ethylendiamin)-chrom(III)-bromid

Zustandsformen der Materie (Aggregatzustände)

7

Die Materie kommt in drei Zustandsformen (Aggregatzuständen) vor: **gasförmig**, **flüssig** und **fest**. Die strukturelle Ordnung nimmt in dieser Reihenfolge zu. Gasteilchen bewegen sich frei im Raum, Gitteratome schwingen nur noch um ihre Ruhelage.

Anmerkung Flüssigkristallen (*Reinitzer* 1888, *Lehmann* 1889) kann man aufgrund ihrer charakteristischen Eigenschaften einen eigenen „Aggregatzustand" zuordnen.

7.1 Fester Zustand

Feste Stoffe sind entweder **amorph** oder **kristallin**. Bisweilen befinden sie sich auch in einem Übergangszustand.

Der amorphe Zustand ist energiereicher als der kristalline. Amorphe Stoffe sind **isotrop**, d. h. ihre physikalischen Eigenschaften sind unabhängig von der Raumrichtung. *Beispiel:* Glas.

7.1.1 Kristalline Stoffe

In kristallinen Stoffen sind die Bestandteile (Atome, Ionen oder Moleküle) in Form eines regelmäßigen räumlichen Gitters (Raumgitter) so angeordnet, dass sie in drei – nicht in einer Ebene gelegenen – Richtungen mit einem für jede Richtung charakteristischen, sich immer wiederholenden Abstand aufeinander folgen.

▶ Ein **Kristall** ist eine periodische Anordnung von Gitterbausteinen.

© Springer-Verlag Berlin Heidelberg 2016
H.P. Latscha, U. Kazmaier, *Chemie für Biologen*, DOI 10.1007/978-3-662-47784-7_7

7.1.2 Eigenschaften von kristallinen Stoffen

Das Gitter bestimmt die äußere Gestalt und die physikalischen Eigenschaften des kristallinen Stoffes. Durch den Gitteraufbau sind einige physikalische Eigenschaften wie Lichtbrechung richtungsabhängig, d. h., kristalline Stoffe sind **anisotrop**. Sie sind im Allgemeinen auch schwer deformierbar und spröde. Lassen sich Kristalle ohne Zersetzung genügend hoch erhitzen, bricht das **Kristallgitter** zusammen, d. h., die Substanz schmilzt (z. B. Schmelzen von Eis). Das gleiche geschieht beim Lösen eines Kristalls in einem Lösemittel. Beim Eindampfen, Eindunsten oder Abkühlen von Lösungen bzw. Schmelzen kristallisierbarer Substanzen kristallisieren diese meist wieder aus. Hierbei wird das Kristallgitter wieder aufgebaut. Über die Löslichkeit eines Stoffes s. Abschn. 8.3.2.

Kristallwasser Viele Salze wie z. B. $CaSO_4$, Na_2SO_4, Na_2CO_3 binden beim Auskristallisieren aus wässriger Lösung Wasser mit festen Mengenverhältnissen.

Beispiele $CaSO_4 \cdot 2\,H_2O$, $CaSO_4 \cdot 5\,H_2O$, $Na_2SO_4 \cdot 10\,H_2O$ usw.

7.1.3 Schmelz- und Erstarrungspunkt; Schmelzenthalpie

Geht ein fester Stoff beim Erhitzen ohne Zersetzung in den flüssigen Zustand über, schmilzt er. Erhitzt man z. B. einen kristallinen Stoff, bewegen sich mit zunehmender Energie die Gitterbausteine mit wachsendem Abstand um ihre Gleichgewichtslage, bis schließlich das Gitter zusammenbricht.

Die Temperatur, bei der die Phasenumwandlung fest → flüssig erfolgt und bei der sich flüssige und feste Phasen im Gleichgewicht befinden, heißt **Schmelzpunkt** (Schmp.) oder **Festpunkt** (Fp.). Der Schmelzpunkt ist eine spezifische Stoffkonstante und kann deshalb als Reinheitskriterium benutzt werden. Er ist druckabhängig und steigt normalerweise mit zunehmendem Druck an (wichtige Ausnahme: Wasser).

Die Energie, die man zum Schmelzen eines Feststoffes braucht, heißt **Schmelzwärme** bzw. **Schmelzenthalpie** (für p = konst.). Auch sie ist eine spezifische Stoffkonstante und beträgt z. B. beim Eis $332{,}44\,\mathrm{kJ\,g^{-1}}$.

Kühlt man eine Flüssigkeit ab, so verlieren ihre Teilchen kinetische Energie. Wird ihre Geschwindigkeit so klein, dass sie durch Anziehungskräfte in einem Kristallgitter fixiert werden können, beginnt die Flüssigkeit zu erstarren.

▶ Der normale **Erstarrungspunkt** (auch Gefrierpunkt) einer Flüssigkeit entspricht der Temperatur, bei der sich flüssige und feste Phase bei einem Gesamtdruck von 1 bar im Gleichgewicht befinden.

Die Temperatur eines Zweiphasensystems (flüssig/fest) bleibt so lange konstant, bis die gesamte Menge fest oder flüssig geworden ist.

Die Energie, die während des Erstarrungsvorganges frei wird, ist die **Erstarrungswärme** bzw. **Erstarrungsenthalpie**. Ihr Absolutbetrag entspricht der Schmelzenthalpie.

Die Höhe von Schmelz- und Erstarrungspunkt hängt von den Bindungskräften zwischen den einzelnen Gitterbausteinen ab.

7.1.4 Gittertypen

Unterteilt man die Raumgitter nach der Art ihrer Bausteine, erhält man folgende Gittertypen:

a. **Atomgitter:**
 - Bausteine: Atome; Bindungsart: kovalent. Eigenschaften: hart, hoher Schmelzpunkt; *Beispiel:* Diamant.
 - Bausteine: Edelgasatome; Bindungsart: Van-der-Waals'sche Bindung; Eigenschaften: tiefer Schmelz- und Siedepunkt.

b. **Molekülgitter:**
 - Bausteine: Moleküle; Bindungsart: Van-der-Waals'sche Bindung; Eigenschaften: tiefer Schmelz- und Siedepunkt; *Beispiele:* Benzol, Kohlenstoffdioxid.
 - Bausteine: Moleküle; Bindungsart: Dipol-Dipol-Wechselwirkungen; Wasserstoffbrückenbindung; *Beispiele:* H_2O, HF.

c. **Metallgitter:**
 Bausteine: **Metallionen** und **Elektronen**; Bindungsart: metallische Bindung; Eigenschaften: thermische und elektrische Leitfähigkeit, metallischer Glanz, duktil usw. *Beispiel:* Natrium, Calcium, Kupfer, Silber, Gold.

d. **Ionengitter:**
 Bausteine: Ionen; Bindungsart: elektrostatisch, s. Abschn. 5.1; Eigenschaften: elektrische Leitfähigkeit (Ionenleitfähigkeit) in Lösung und Schmelze; hart, hoher Schmelzpunkt. *Beispiel:* Natriumchlorid (Kochsalz).

7.2 Gasförmiger Zustand

Von den chemischen Elementen sind unter Normalbedingungen nur die Nichtmetalle H_2, O_2, N_2, Cl_2, F_2 und die Edelgase gasförmig. Gewisse kovalent gebaute Moleküle (meist mit kleiner Molekülmasse) sind ebenfalls gasförmig, wie NH_3, CO und HCl. Manche Stoffe können durch Temperaturerhöhung und/oder Druckverminderung in den gasförmigen Zustand überführt werden.

Gase bestehen aus einzelnen Teilchen (Atomen, Ionen, Molekülen), die sich in relativ großem Abstand voneinander in schneller Bewegung (thermische Bewegung, **Brown'sche Molekularbewegung**) befinden.

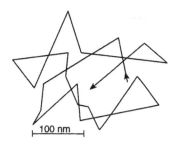

Abb. 7.1 Bahn eines Gas-
teilchens (schematisch). Bei
Zimmertemperatur wäre das
Molekül die gezeichnete
Strecke in ungefähr $5 \cdot 10^{-8}$ s
abgelaufen

Die einzelnen Gasteilchen bewegen sich gleichmäßig verteilt in alle Raumrich-
tungen. Einzelne herausgegriffene Teilchen bewegen sich unter unregelmäßigen
Zusammenstößen in verschiedene Richtungen mit unterschiedlichen Weglängen
(Abb. 7.1).

Sie diffundieren in jeden Teil des ihnen zur Verfügung stehenden Raumes und
verteilen sich darin **statistisch**. Gase sind in jedem beliebigen Verhältnis miteinander mischbar, wobei homogene Gemische entstehen. Sie haben ein geringes spezifisches Gewicht und sind kompressibel, d. h., durch Druckerhöhung verringert sich
der Abstand zwischen den einzelnen Gasteilchen. Gase lassen sich durch Druckerhöhung und/oder Abkühlen verflüssigen oder kristallisieren.

Stoßen Gasteilchen bei ihrer statistischen Bewegung auf die Wand des sie um-
schließenden Gefäßes, üben sie auf diese Gefäßwand **Druck** aus:

$$\text{Druck} = \text{Kraft/Fläche} \quad (\text{N/m}^2)$$

Der gasförmige Zustand lässt sich durch allgemeine Gesetze beschreiben. Besonders einfache Gesetzmäßigkeiten ergeben sich, wenn man „ideale Gase" betrachtet.

Ideales Gas Die Teilchen eines idealen Gases bestehen aus Massenpunkten und
besitzen somit keine räumliche Ausdehnung (kein Eigenvolumen). Ein solches Gas
ist praktisch unendlich verdünnt, und es gibt keine Wechselwirkung zwischen den
einzelnen Teilchen.

Reales Gas Die Teilchen eines realen Gases besitzen ein Eigenvolumen. Es existieren Wechselwirkungskräfte zwischen ihnen, und der Zustand eines idealen Gases
wird nur bei großer Verdünnung näherungsweise erreicht.

7.2.1 Gasgesetze – für „ideale Gase"

Die folgenden Gasgesetze gelten streng nur für ideale Gase.

7.2.1.1 Gesetz von *Boyle* und *Mariotte*

▶ $$p \cdot V = \text{konstant} \quad (\text{für } T = \text{konstant})$$

Abb. 7.2 Druck-Volumen-
Kurve eines idealen Gases
(Gesetz von *Boyle-Mariotte*)

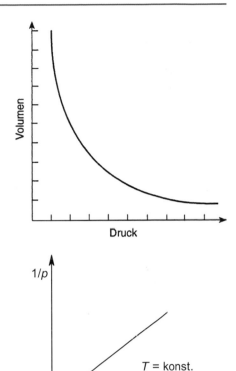

Abb. 7.3 Isotherme

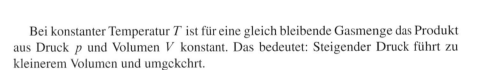

Bei konstanter Temperatur T ist für eine gleich bleibende Gasmenge das Produkt aus Druck p und Volumen V konstant. Das bedeutet: Steigender Druck führt zu kleinerem Volumen und umgekehrt.

Die Druck-Volumen-Kurve ist der positive Ast einer **Hyperbel** (Abb. 7.2).

Trägt man V gegen $1/p$ auf, erhält man für jede Temperatur eine Gerade durch den Koordinatenursprung. Die Steigung der Geraden entspricht der Konstanten (Abb. 7.3).

7.2.1.2   Gesetz von *Gay-Lussac*
Dieses Gesetz beschreibt:

a. bei konstantem Druck die Volumenänderung einer bestimmten Gasmenge in Abhängigkeit von der Temperatur oder
b. bei konstantem Volumen die Druckänderung des Gases in Abhängigkeit von der Temperatur:

Bei einer Temperaturerhöhung um $1\,°C$ dehnt sich das Gas bei konstantem Druck (= *isobar*) um $1/273{,}15$ seines Volumens bei $0\,°C$ V_0 aus (= *lineare* Abhängigkeit).

Bei einer Temperaturerhöhung um 1 °C steigt der Druck bei konstantem Volumen (= *isochor*) um $1/273,15$ seines Druckes bei 0 °C.

▶ Alle idealen Gase haben bei $-273,15$ °C das Volumen null. Diese Temperatur bezeichnet man als den **absoluten Nullpunkt**.

Hierauf baut sich die Temperaturskala von *Kelvin* (1848) auf.

▶ Die absolute Temperatur $T(\mathrm{K}) = 273,15\,°\mathrm{C} + t(°\mathrm{C})$.

7.2.1.3 Allgemeine Gasgleichung

Betrachtet man **n Mole** eines Gases, wobei n der Quotient aus der Masse des Gases und seiner Atom- bzw. Molekülmasse ist, erhält man (mit $V = v/n$) die allgemeine Beziehung:

▶
$$p \cdot v = n \cdot R \cdot T \qquad \text{(allgemeine Gasgleichung)}$$

$$R = \frac{22,414 \cdot 1,013}{273,15}$$

$$R = 0,083143\,\mathrm{L\,bar\,K^{-1}\,mol^{-1}} = 8,314\,\mathrm{J\,K^{-1}\,mol^{-1}}$$

$$R = \text{allgemeine Gaskonstante}$$

7.2.1.4 Gasmischungen

Gesamtvolumen v: Werden verschiedene Gase mit den Volumina $v_1, v_2, v_3 \ldots$ von gleichem Druck p und gleicher Temperatur T vermischt, ist das Gesamtvolumen v (bei gleich bleibendem p und T) gleich der Summe der Einzelvolumina:

$$v = v_1 + v_2 + v_3 + \ldots = \sum v_i \quad (v_i = \text{Partialvolumina}).$$

Gesamtdruck p: Dieser ergibt sich aus der Addition der Partialdrücke (Einzeldrücke) der Gase im Gasgemisch:

$$p = p_1 + p_2 + p_3 + \ldots = \sum p_i$$

Setzen wir das in die allgemeine Gasgleichung ein, erhalten das **Dalton'sche Gesetz**:

$$p = \sum p_i = \sum n_i \cdot \frac{R \cdot T}{v}$$

7.2.2 Das Verhalten realer Gase

Infolge der Anziehungskräfte zwischen den einzelnen Teilchen zeigen reale Gase Abweichungen vom Gesetz von *Boyle* und *Mariotte*. Bei hohen Drücken beobachtet man unterschiedliche Abhängigkeit des Produktes $p \cdot V$ vom Druck p.

7.2.3 Diffusion von Gasen

▶ **Diffusion** eines Gases nennt man seine Bewegung infolge Wärmebewegung (Brown'sche Molekularbewegung) aus einem Bereich höherer Konzentration in einen Bereich niedrigerer Konzentration. **Effusion** heißt die Diffusion in den leeren Raum.

7.3 Flüssiger Zustand

Der flüssige Zustand bildet den Übergang zwischen dem gasförmigen und dem festen Zustand. Eine Flüssigkeit besteht aus Teilchen (Atome, Ionen, Moleküle), die noch relativ frei beweglich sind. Anziehungskräfte, welche stärker sind als in Gasen, führen bereits zu einem gewissen Ordnungszustand (Nahordnung). Die Teilchen rücken so dicht zusammen, wie es ihr Eigenvolumen gestattet.

▶ Die Anziehungskräfte in Flüssigkeiten nennt man **Kohäsionskräfte**. Ihre Wirkung heißt Kohäsion (Abb. 7.4).

Eine Auswirkung der Kohäsion ist z. B. die Zerreißfestigkeit eines Flüssigkeitsfilms. Flüssigkeiten sind viskos, d. h., sie setzen dem Fließen Widerstand entgegen. Im Gegensatz zu Gasen sind sie volumenstabil, kaum kompressibel und besitzen meist eine Phasengrenzfläche (Oberfläche). Da Teilchen, die sich in der Oberflächenschicht befinden, einseitig nach innen gezogen werden, wird eine möglichst kleine Oberfläche angestrebt. Ein Maß für die Kräfte, die eine Oberflächenverkleinerung bewirken, ist die **Oberflächenspannung** σ.

▶ Die Oberflächenspannung ist definiert als Quotient aus Zuwachs an Energie und Zuwachs an Oberfläche:

$$\sigma = \frac{\text{Zuwachs an Energie}}{\text{Zuwachs an Oberfläche}} \quad (\mathrm{J\,m^{-2}})$$

Zur Messung der Oberflächenspannung s. Lehrbücher der Physik.

Abb. 7.4 Unterschiedliche Kräfte, die auf ein Teilchen an der Oberfläche und innerhalb einer flüssigen Phase wirken

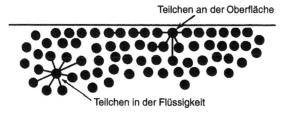

7.3.1 Dampfdruck einer Flüssigkeit

Die Teilchen einer Flüssigkeit besitzen bei einer gegebenen Temperatur unterschiedliche Geschwindigkeiten, d. h. verschiedene kinetische Energie. Durch Zusammenstöße mit anderen Teilchen ändert sich ihre kinetische Energie ständig. Die meisten besitzen jedoch eine *mittlere kinetische Energie*. Die Energieverteilung ist temperaturabhängig. S. hierzu Abschn. 7.4.

Teilchen in der Nähe der Oberfläche können die Flüssigkeit verlassen, wenn ihre kinetische Energie ausreicht, die Anziehungskräfte zu überwinden. Sie wechseln in den Gasraum (Gasphase) über der Flüssigkeit über. Bei diesem Prozess wird der Flüssigkeit Energie in Form von Wärme entzogen (Verdunstungskälte). Den Vorgang nennt man **Verdampfen**. Den Druck, den die verdampften Teilchen z. B. gegen eine Gefäßwand, den Atmosphärendruck usw. ausüben, nennt man **Dampfdruck**. Diejenige Energie, die nötig ist, um **ein Mol** einer Flüssigkeit bei einer bestimmten Temperatur zu verdampfen, heißt **molare Verdampfungswärme** bzw. **Verdampfungsenthalpie** (für $p = $ konst.). Kondensiert (verdichtet) sich umgekehrt Dampf zur flüssigen Phase, wird eine zahlenmäßig gleiche Wärmemenge wieder frei. Sie heißt dann **Kondensationsenthalpie** (für $p = $ konst.).

Je höher die Konzentration der Teilchen in der Gasphase wird, umso häufiger stoßen sie miteinander zusammen, kommen mit der Oberfläche der flüssigen Phase in Berührung und werden von ihr eingefangen.

Im Gleichgewichtszustand verlassen pro Zeiteinheit so viele Teilchen die Flüssigkeit wie wieder kondensieren. Die Konzentration der Teilchen in der Gasphase (Dampfraum) ist konstant. Der Gasdruck, den die verdampfende Flüssigkeit dann besitzt, heißt **Sättigungsdampfdruck**.

Jede Flüssigkeit hat bei einer bestimmten Temperatur einen ganz bestimmten Dampfdruck. Er nimmt mit steigender Temperatur zu. Die Änderung des Druckes in Abhängigkeit von der Temperatur zeigen die Dampfdruckkurven (Abb. 7.5).

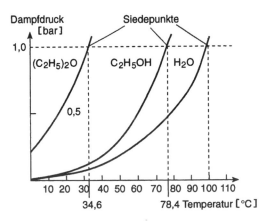

Abb. 7.5 Dampfdrücke von Wasser, Ethanol und Ether als Funktion der Temperatur

7.3.1.1 Siedepunkt

Ist der Dampfdruck einer Flüssigkeit gleich dem Außendruck, so siedet die Flüssigkeit. Die zugehörige Temperatur heißt **Siedepunkt (Sdp.)** oder **Kochpunkt (Kp.)** der Flüssigkeit.

▶ Der normale Siedepunkt einer Flüssigkeit entspricht der Temperatur, bei der der Dampfdruck gleich 1,013 bar ist (Atmosphärendruck, Abb. 7.5).

Die Temperatur einer siedenden Flüssigkeit bleibt – die nötige Energiezufuhr vorausgesetzt – konstant, bis die gesamte Flüssigkeit verdampft ist.

Definitionsgemäß ist der normale Siedepunkt von Wasser 100 °C. Der Siedepunkt ist eine **spezifische Stoffkonstante** und kann als Reinheitskriterium benutzt werden

Wird der Außendruck z. B. durch Evakuieren eines Gefäßes geringer, sinkt auch der Siedepunkt. Der Druck wird dann in mbar angegeben.

7.3.1.2 Gefrierpunkt

Kühlt man eine Flüssigkeit ab, so verlieren die Teilchen kinetische Energie. Wird ihre Geschwindigkeit so klein, dass sie durch Anziehungskräfte in einem Kristallgitter fixiert werden können, beginnt die Flüssigkeit zu gefrieren.

▶ Der normale Gefrierpunkt (auch Schmelzpunkt Schmp. oder Festpunkt Fp. genannt) einer Flüssigkeit entspricht der Temperatur, bei der sich flüssige und feste Phase bei einem Gesamtdruck von 1,013 bar im Gleichgewicht befinden.

Die Temperatur eines Zweiphasensystems (flüssig/fest) bleibt so lange konstant, bis die gesamte Menge fest oder flüssig ist.

7.4 Durchschnittsgeschwindigkeit von Atomen und Molekülen

Atome und Moleküle von Gasen und Flüssigkeiten bewegen sich trotz gleicher Temperatur und gleicher Masse unterschiedlich schnell (Wärmebewegung, *Brown'sche Molekularbewegung*). Die Teilchen (Atome, Moleküle) sind auf alle Raumrichtungen statistisch gleichmäßig verteilt. Die Geschwindigkeitsverteilung vieler Teilchen zeigt Geschwindigkeiten zwischen null und unendlich (Abb. 7.6).

Die Fläche unterhalb der Verteilungskurve gibt die Wahrscheinlichkeit an, Teilchen mit einer Geschwindigkeit zwischen $v = 0$ und $v = \infty$ zu finden.

Betrachtet man sehr viele Teilchen, so haben die meisten von ihnen eine mittlere Geschwindigkeit = Durchschnittsgeschwindigkeit.

Die Geschwindigkeit der Teilchen hängt von der Temperatur ab (nicht vom Druck!). Erhöht man die Temperatur, erhalten mehr Teilchen eine höhere Geschwindigkeit. Die gesamte Geschwindigkeitsverteilungskurve verschiebt sich nach höheren Geschwindigkeiten, Abb. 7.7.

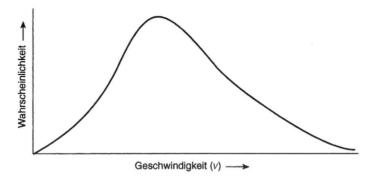

Abb. 7.6 Geschwindigkeitsverteilung von Teilchen bei der Temperatur T

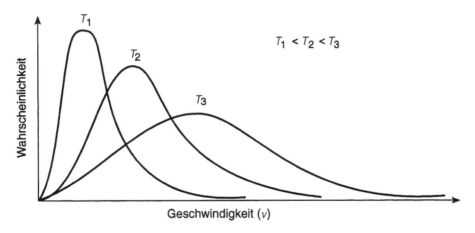

Abb. 7.7 Geschwindigkeitsverteilung von Atomen oder Molekülen bei verschiedenen Temperaturen

Beachte Leichte Teilchen haben eine höhere Durchschnittsgeschwindigkeit als schwere Teilchen.

Beispiel Die Durchschnittsgeschwindigkeit für Wasserstoffgas (H_2-Teilchen) ist mit $1760 \, \text{m s}^{-1}$ bei $20 \, °\text{C}$ viermal so groß wie diejenige von Sauerstoffgas (O_2-Teilchen).

Mehrstoffsysteme – Lösungen

▶ Unter einer **Phase** versteht man einen Substanzbereich, in dem die physikalischen und chemischen Eigenschaften homogen sind.

Der Substanzbereich wird durch Grenzflächen, die Phasengrenzen, von anderen Bereichen abgetrennt. Zwischen zwei Phasen ändern sich verschiedene Eigenschaften sprunghaft.

Beispiele für Phasen Wasser, Wasserdampf, Eis; Flüssigkeiten, die nicht miteinander mischbar sind, bilden ebenfalls Phasen, z. B. Wasser/Ether.

Beachte Gase und Gasmischungen bilden nur eine Phase.

Zwei- und Mehrphasensysteme werden nach dem Aggregatzustand der homogenen Bestandteile unterschieden.

Beispiele Suspensionen, Emulsionen, Aerosole, fest-feste Gemische wie Granit etc.

8.1 Mehrstoffsysteme

Mehrstoffsysteme können homogen oder heterogen sein.

Heterogene (uneinheitliche) Gemische besitzen eine variable Zusammensetzung aus homogenen (einheitlichen) Stoffen. Sie können durch physikalische Methoden in die homogenen Bestandteile zerlegt werden.

Homogene Stoffe liegen dann vor, wenn man keine Uneinheitlichkeit erkennen kann. Homogene Stoffe werden auch als **Phasen** bezeichnet; heterogene Stoffe sind demnach mehrphasige Systeme (zu dem Begriff System s. Kap. 11).

Homogene Stoffe können Lösungen (homogene Gemische) aus Reinsubstanzen oder bereits Reinsubstanzen selbst sein (z. B. Wasser, Kohlenstoff). Der Begriff **Lösung** ist hier sehr weit gefasst. Es gibt flüssige Lösungen (z. B. Natriumchlorid in Wasser gelöst), feste Lösungen (z. B. Metalllegierungen), gasförmige Lösungen

© Springer-Verlag Berlin Heidelberg 2016
H.P. Latscha, U. Kazmaier, *Chemie für Biologen*, DOI 10.1007/978-3-662-47784-7_8

(z. B. Luft). Der in einer Lösung überwiegend vorhandene Bestandteil heißt *Löse-mittel*. Die anderen Komponenten sind die *gelösten Stoffe*.

Homogene Gemische lassen sich durch physikalische Methoden in die reinen Stoffe zerlegen.

Beispiel Eine klare Lösung von Natriumchlorid in Wasser kann man in die Komponenten Wasser und festes Natriumchlorid trennen, wenn man das Wasser verdampft und den Wasserdampf wieder verdichtet (kondensiert).

▶ Ein reiner Stoff (Reinsubstanz) ist dadurch charakterisiert, dass jeder Teil der Substanz die gleichen unveränderlichen Eigenschaften und die gleiche Zusammensetzung hat. *Beispiel:* Wasser.

Die Entscheidung darüber, ob Reinsubstanzen, reine Verbindungen oder reine Elemente vorliegen, kann man aufgrund von **Reinheitskriterien** treffen.

Reine Substanzen, Verbindungen und Elemente haben ganz bestimmte, nur für sie charakteristische Eigenschaften, z. B. Emissions- und Absorptionsspektren, Siedepunkt, Schmelzpunkt, chromatografische Daten und Brechungsindex.

8.2 Lösungen

Sehr viele Stoffe lösen sich in Flüssigkeiten ohne chemische Reaktion: Es entstehen Lösungen. Ist in einer Lösung der aufgelöste Stoff so weitgehend verteilt, dass von ihm nur noch Einzelteilchen (Atome, Ionen, Moleküle) in der als Lösemittel dienenden Flüssigkeit vorliegen, handelt es sich um **echte** Lösungen. Die Größenordnung der Teilchen liegt zwischen 0,1 und 3 nm. Sie sind daher unsichtbar und befinden sich in lebhafter *Brown'scher* Bewegung (s. Abschn. 7.4). Die Teilchen des gelösten Stoffes erteilen der Lösung einen osmotischen Druck, verursachen eine Dampfdruckerniedrigung und als Folge davon eine Schmelzpunkterniedrigung und Siedepunkterhöhung gegenüber dem reinen Lösemittel. Daneben gibt es die **kolloiden** Lösungen. Dort ist die Größenordnung der Teilchen 10–100 nm.

8.2.1 Eigenschaften von Lösemitteln (Lösungsmitteln)

▶ Lösemittel heißt die in einer Lösung überwiegend vorhandene Komponente. Man unterscheidet polare und unpolare Lösemittel.

Das wichtigste **polare** Lösemittel ist das **Wasser**. Es ist ein bekanntes Beispiel für ein mehratomiges Molekül mit einem Dipolmoment. Ein Molekül ist dann ein **Dipol** (Abb. 8.1) und besitzt ein Dipolmoment, wenn es aus Atomen verschieden großer Elektronegativität aufgebaut ist, *und* wenn die Ladungsschwerpunkte der positiven und der negativen Ladungen nicht zusammenfallen (Ladungsasymmetrie). Der Grad der Unsymmetrie der Ladungsverteilung äußert sich im (elektrischen)

Abb. 8.1 Wasser als Beispiel
eines elektrischen Dipols

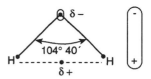

Dipolmoment μ. μ ist das Produkt aus Ladung e und dem Abstand r der Ladungsschwerpunkte:

$$\mu = e \cdot r.$$

Einheit: Debye D; $1\,D = 0{,}33 \cdot 10^{-27}\,A\,s\,cm$.

Je polarer eine Bindung ist, umso größer ist ihr Dipolmoment. Unpolare Moleküle wie H_2, Cl_2, N_2 besitzen kein Dipolmoment.

Enthält ein Molekül Mehrfachbindungen, ist die Abschätzung des Dipolmoments nicht mehr einfach. *Beispiel:* Kohlenstoffmonoxid. Es besitzt ein sehr kleines Dipolmoment. Der positive Pol liegt beim O-Atom:

$$|\overset{-}{C}\equiv\overset{+}{O}|.$$

Besitzt ein Molekül *mehrere* polare Atombindungen, setzt sich das Gesamtdipolmoment des Moleküls – in erster Näherung – als **Vektorsumme** aus den Einzeldipolmomenten jeder Bindung zusammen.

Im **Wassermolekül** sind beide O–H-Bindungen polarisiert. Das Sauerstoffatom besitzt eine negative und die Wasserstoffatome tragen eine positive Teilladung (**Partialladung**). Das Wassermolekül hat beim Sauerstoffatom einen negativen Pol und auf der Seite der Wasserstoffatome einen positiven Pol.

Am Beispiel des H_2O-Moleküls wird auch deutlich, welche Bedeutung die räumliche Anordnung der Bindungen für die Größe des Dipolmoments besitzt. Ein linear gebautes H_2O-Molekül hätte kein Dipolmoment, weil die Ladungsschwerpunkte zusammenfallen.

Flüssigkeiten aus Dipolmolekülen besitzen eine große **Dielektrizitätskonstante** ε. ε ist ein Maß dafür, wie sehr die Stärke eines elektrischen Feldes zwischen zwei entgegengesetzt geladenen Teilchen durch die betreffende Substanz verringert wird; d. h., die *Coulomb'sche* Anziehungskraft K ist für zwei entgegengesetzt geladene Ionen um den ε-ten Teil vermindert:

$$K = \frac{1}{4\pi\varepsilon_0} \cdot \frac{e_1 \cdot e_2}{\varepsilon \cdot r^2}$$

($e_0 = $ Dielektrizitätskonstante des Vakuums) (s. hierzu Abschn. 5.1)

Beachte ε ist temperaturabhängig.

Weitere *Beispiele* für *polare Lösemittel* sind: NH_3, CH_3OH Methanol, H_2S, CH_3COOH Essigsäure, C_5H_5N Pyridin.

▶ **Zusammenfassung** Die polaren Lösemittel lösen hauptsächlich Stoffe mit **hydrophilen** (wasserfreundlichen) Gruppen wie –OH, –COOH und –OR. Unpolare Moleküle, z. B. Kohlenwasserstoff-Moleküle wie CH_3–$(CH_2)_{10}$–CH_3 sind in polaren Lösemitteln nahezu unlöslich und werden **hydrophob** (wasserfürchtend) genannt. Diese Substanzen lösen sich jedoch in **unpolaren** Lösemitteln. Dazu gehören u. a. Benzol (C_6H_6), Kohlenwasserstoffe wie Pentan, Hexan, Petrolether, und Tetrachlorkohlenstoff (CCl_4).

Bisweilen nennt man Kohlenwasserstoffe auch **lipophil** (fettliebend), weil sie sich in Fetten lösen und umgekehrt.

Die Erscheinung, dass sich Verbindungen in Substanzen von ähnlicher Struktur lösen, war bereits den Alchimisten bekannt: *similia similibus solvuntur* (Ähnliches löst sich in Ähnlichem).

8.3 Echte Lösungen

Lösungsvorgänge

Die Löslichkeit eines Stoffes in einer Flüssigkeit hängt von der Änderung der Freien Enthalpie des betrachteten Systems ab, die mit dem Lösungsvorgang verbunden ist (s. Abschn. 11.2):

$$\Delta G = \Delta H - T \Delta S$$

8.3.1 Lösen polarer Stoffe

▶ Polare Substanzen sind entweder aus Ionen aufgebaut oder besitzen eine polarisierte Elektronenpaarbindung.

Beispiel: Lösung von einem Natriumchloridkristall in Wasser

Die Wasserdipole lagern sich mit ihren Ladungsschwerpunkten an der Kristalloberfläche an entgegengesetzt geladene Ionen an (Abb. 8.2). Hierbei werden die Ionen aus dem Gitterverband herausgelöst. Die Dielektrizitätskonstante ε des Wassers ist ca. 80, d. h., die Coulomb'sche Anziehungskraft ist in Wasser nur noch 1/80 der Coulomb-Kraft im Ionenkristall. Die Wassermoleküle umhüllen die herausgelösten Ionen (Hydrathülle, allgemein Solvathülle). Man sagt, das Ion ist **hydratisiert** (allgemein: **solvatisiert**). Der Vorgang ist mit einer Energieänderung verbunden. Sie heißt im Falle des Wassers **Hydrationsenergie** bzw. **-enthalpie** und allgemein **Solvationsenergie** bzw. **-enthalpie** (manchmal auch Hydratations- und Solvatationsenthalpie). Sie entspricht dem ΔH in der Gibbs-Helmholtz'schen Gleichung. Über Enthalpie, Gibbs-Helmholtz'sche Gleichung s. Abschn. 11.4.

▶ Die Solvationsenthalpie hängt von der Ladungskonzentration der Ionen ab, d. h., sie ist der Ionenladung direkt und dem Ionenradius umgekehrt proportional.

Abb. 8.2 Schematische
Darstellung solvatisierter
Ionen

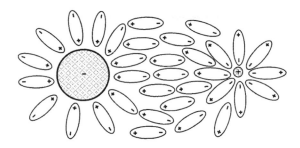

Für gleich hoch geladene Ionen nimmt sie mit wachsendem Radius ab. Kleine hochgeladene Kationen und Anionen sind demnach stark solvatisiert, z. B.:

$$Na^+ \rightarrow [Na(H_2O)_6]^+; \qquad \Delta H = -418{,}6\,kJ\,mol^{-1}; \qquad Radius: 97\,pm$$

$$Al^{3+} \rightarrow [Al(H_2O)_6]^{3+}; \qquad \Delta H = -4605{,}4\,kJ\,mol^{-1}; \qquad Radius: 51\,pm.$$

▶ Ionen sind in Wasser stets mit einer Hydrathülle umgeben (Aqua-Komplexe).

Die Solvationsenthalpie ist weiter abhängig von der Polarität des Lösemittels und sie ist der Temperatur umgekehrt proportional.

Ist die Solvationsenthalpie ΔH größer als die Gitterenergie U_G (s. Abschn. 5.1.1), so ist der Lösungsvorgang **exotherm**, d. h., es wird Wärme frei (Lösungswärme, Lösungsenthalpie) und ΔH ist negativ.

Beispiele MgCl$_2$, AgF

Ist die Solvationsenthalpie kleiner als die Gitterenergie, wird Energie verbraucht. Da sie der Umgebung entzogen wird, kühlt sich die Lösung ab. Der Lösungsprozess ist **endotherm**.

Beispiel NH$_4$Cl in Wasser

Aus der Definitionsgleichung der Änderung der Freien Enthalpie geht hervor, dass die Freiwilligkeit des Lösungsvorganges auch von der Entropie bestimmt wird. Im Allgemeinen nimmt bei einem Lösungsvorgang die Entropie zu, denn aus dem hochgeordneten Zustand im Kristall wird der weniger geordnete Zustand der Lösung. Die Entropie ist daher meist positiv. Eine große Entropiezunahme kann dazu führen, dass ein endothermer Vorgang, wie z. B. das Auflösen von NH$_4$Cl in Wasser, freiwillig abläuft.

In einigen Fällen kommt es auch zu einer Entropieabnahme beim Lösungsprozess, und zwar dann, wenn die Hydrathülle einen höheren Ordnungszustand darstellt als der Kristall.

Beispiel MgCl$_2$ in Wasser

8.3.2 Löslichkeit

In allen Fällen stellt sich bei einem Lösungsvorgang in einer gegebenen Lösemittelmenge ein Gleichgewicht ein; d. h., jeder Stoff hat eine spezifische **maximale Löslichkeit**. Die Löslichkeit ist in Tabellenwerken meist in mol/kg Lösung und g/100 g Lösemittel (H_2O) für eine bestimmte Temperatur angegeben.

Beispiel $AgNO_3$: 4,02 mol/kg Lösung oder 215,3 g/100 g H_2O bei 20 °C

Bei Elektrolyten ist die Löslichkeit c durch die Größe des Löslichkeitsproduktes Lp gegeben (vgl. Abschn. 13.5).

Beispiel $BaSO_4$

$$c(Ba^{2+}) \cdot c(SO_4{}^{2-}) = 10^{-10} \, mol^2 \, L^{-2} = Lp_{BaSO_4}$$

Da aus $BaSO_4$ beim Lösen gleichviel Ba^{2+}-Ionen und $SO_4{}^{2-}$-Ionen entstehen, ist $c(Ba^{2+}) = c(SO_4{}^{2-})$ oder $c(Ba^{2+})^2 = 10^{-10} \, mol^2 \, L^{-2}$.

$$c(Ba^{2+}) = 10^{-5} \, mol \, L^{-1}$$

Daraus ergibt sich eine Löslichkeit von $10^{-5} \, mol \, L^{-1} = 2,33 \, mg \, L^{-1} \, BaSO_4$.

Molare Löslichkeit eines Elektrolyten $A_m B_n$
Für größenordnungsmäßige Berechnungen der molaren Löslichkeit c eines Elektrolyten $A_m B_n$ eignet sich folgende allgemeine Beziehung:

$$c_{A_m B_n} = \sqrt[m+n]{\frac{Lp_{A_m B_n}}{m^m \cdot n^n}}$$

$c_{A_m B_n}$ = molare Löslichkeit der Substanz $A_m B_n$ in $mol \, L^{-1}$

Beispiele
- 1 : 1-Elektrolyt: AgCl: $Lp_{AgCl} = 10^{-10} \, mol^2 \, L^{-2}$, $c_{AgCl} = 10^{-5} \, mol \, L^{-1}$
- 2 : 1-Elektrolyt: $Mg(OH)_2$: $Lp_{Mg(OH)_2} = 10^{-12} \, mol^3 \, L^{-3}$, $c_{Mg(OH)_2} = 10^{-4,2} \, mol \, L^{-1} = 6,3 \cdot 10^{-5} \, mol \, L^{-1}$

Den Einfluss der Temperatur auf die Löslichkeit beschreibt die Gibbs-Helmholtz'sche Gleichung. Dort sind Temperatur und Entropieänderung direkt miteinander verknüpft; d. h., mit der Temperatur ändert sich der Einfluss des Entropiegliedes $T \cdot \Delta S$.

8.3.3   Lösen unpolarer Substanzen

Wird ein unpolarer Stoff in einem unpolaren Lösemittel gelöst, so wird der Lösungsvorgang außer von zwischenmolekularen Wechselwirkungen hauptsächlich von dem Entropieglied bestimmt:

$$\Delta G = -T \cdot \Delta S$$

8.3.4   Chemische Reaktionen bei Lösungsvorgängen

Häufig werden beim Lösen von Substanzen in Lösemitteln chemische Reaktionen beobachtet. Die Substanzen sind dann in diesen Lösemitteln nicht unzersetzt löslich. Zum Beispiel löst sich Phosphorpentachlorid (PCl_5) in Wasser unter Bildung von Orthophosphorsäure (H_3PO_4) und Chlorwasserstoff (HCl):

$$PCl_5 + 4\,H_2O \rightarrow H_3PO_4 + 5\,HCl$$

Diese Reaktion, die zur Zerstörung des PCl_5-Moleküls führt, wobei kovalente P–Cl-Bindungen gelöst werden, nennt man *Hydrolyse*.

▶ Allgemein: Als *Hydrolyse* bezeichnet man die Umsetzung von Verbindungen mit Wasser als Reaktionspartner.

8.4   Verhalten und Eigenschaften von Lösungen

8.4.1   Lösungen von *nichtflüchtigen* Substanzen

8.4.1.1   Dampfdruckerniedrigung über einer Lösung
Der Dampfdruck über einer Lösung ist bei gegebener Temperatur kleiner als der Dampfdruck über dem reinen Lösemittel.

▶ Je konzentrierter die Lösung, desto größer ist die Dampfdruckerniedrigung (-depression) Δp (Abb. 8.3).

Es gilt das **Raoult'sche Gesetz**:

$$\Delta p = E \cdot n \qquad \text{(für sehr verdünnte Lösungen)}$$

n ist die Anzahl der in einer gegebenen Menge Flüssigkeit gelösten Mole des Stoffes (Konzentration). $n \cdot N_A$ ist die Zahl der gelösten Teilchen.

Abb. 8.3 Dampfdruckkurve einer Lösung und des reinen Lösemittels (H$_2$O).
1 Schmelzpunkt der Lösung; *2* Schmelzpunkt des reinen Lösemittels; *3* Siedepunkt des reinen Lösemittels; *4* Siedepunkt der Lösung

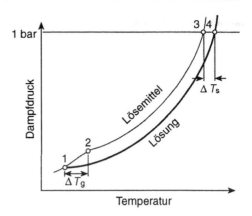

Beachte Elektrolyte ergeben mehr als N_A-Teilchen pro Mol; so gibt 1 Mol NaCl insgesamt:

$$N_A \cdot \text{Na}^+\text{-Ionen} + N_A \cdot \text{Cl}^-\text{-Ionen}, \quad \Delta p = 2E \cdot n_{\text{NaCl}}.$$

n wird immer auf 1000 g Lösemittel bezogen. E ist ein Proportionalitätsfaktor und heißt **molale Dampfdruckerniedrigung**. Diese ist gleich Δp, wenn in 1000 g Lösemittel 1 Mol Stoff gelöst wird.

Bei Verwendung des Stoffmengenanteils (Molenbruchs) (s. Abschn. 4.2.7) gilt: Die Dampfdruckerniedrigung Δp ist gleich dem Produkt aus dem Dampfdruck p_0 des reinen Lösemittels und dem Stoffmengenanteil x_2 des gelösten Stoffes:

$$\Delta p = x_2 \cdot p_0 \qquad \text{(für verdünnte Lösungen)}$$

▶ Der Dampfdruckerniedrigung entsprechen eine Siedepunktserhöhung und eine Gefrierpunktserniedrigung.

8.4.1.2 Siedepunktserhöhung
Lösungen haben einen höheren Siedepunkt als das reine Lösemittel. Für die Siedepunktserhöhung ΔT_s gilt (Tab. 8.1):

$$\Delta T_s = E_s \cdot n \qquad (E_s = \text{molale Siedepunktserhöhung})$$

8.4.1.3 Gefrierpunktserniedrigung
Lösungen haben einen tieferen Gefrierpunkt als das reine Lösemittel. Für die Gefrierpunktserniedrigung ΔT_g gilt (Tab. 8.1):

$$\Delta T_g = E_g \cdot n \qquad (E_g = \text{molale Gefrierpunktserniedrigung})$$

Beachte Auf der Gefrierpunktserniedrigung beruht die Anwendung der Auftausalze für vereiste Straßen und die Verwendung einer Eis-Kochsalz-Mischung als Kältemischung ($-21\,°C$).

Tab. 8.1 Beispiele für E_s und E_g [in Kelvin]

Substanz	E_s	E_g
Wasser	0,515	1,853
Methanol	0,84	
Ethanol	1,20	
Benzol	2,57	5,10
Eisessig	3,07	3,9

8.4.1.4 Diffusion in Lösung

Bestehen in einer Lösung Konzentrationsunterschiede, so führt die Wärmebewegung der gelösten Teilchen dazu, dass sich etwaige Konzentrationsunterschiede allmählich ausgleichen. Dieser Konzentrationsausgleich heißt **Diffusion**. Die einzelnen Komponenten einer Lösung verteilen sich in dem gesamten zur Verfügung stehenden Lösungsvolumen völlig gleichmäßig. Der Vorgang ist mit einer Entropiezunahme verbunden. Infolge stärkerer Wechselwirkungskräfte zwischen den Komponenten einer Lösung ist die Diffusionsgeschwindigkeit in Lösungen geringer als in Gasen.

8.4.1.5 Osmose

Trennt man z. B. in einer Versuchsanordnung, wie in Abb. 8.4 angegeben (Pfeffer'sche Zelle), eine Lösung und reines Lösemittel durch eine Membran, die nur für die Lösemittelteilchen durchlässig ist (halbdurchlässige = semipermeable Wand), so diffundieren Lösemittelteilchen in die Lösung und verdünnen diese (Zunahme der Entropie des Systems s. Abschn. 11.2.3). Diesen Vorgang nennt man **Osmose**.

Durch Osmose vergrößert sich die Lösungsmenge und die Lösung steigt so lange in dem Steigrohr hoch, bis der hydrostatische Druck der Flüssigkeitssäule dem „Überdruck" in der Lösung gleich ist. Der durch Osmose in einer Lösung entstehende Druck heißt **osmotischer Druck (π)**. Er ist ein Maß für das Bestreben einer Lösung, sich in möglichst viel Lösemittel zu verteilen. Formelmäßige Wiedergabe (*van't Hoff*, 1886):

$$\pi \cdot V = n \cdot R \cdot T \qquad \text{oder mit } c = n/V: \quad \pi = c \cdot R \cdot T \qquad (V = \text{Volumen})$$

Abb. 8.4 Anordnung zum Nachweis des osmotischen Drucks

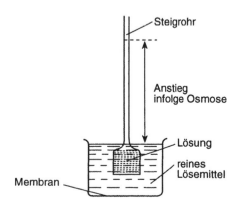

▶ Der osmotische Druck ist direkt proportional der Teilchenzahl, d. h. der molaren Konzentration c des gelösten Stoffes ($c = n/V$) und der Temperatur T.
Der osmotische Druck ist unabhängig von der Natur des gelösten Stoffes.

So hat 1 mol irgendeines Nichtelektrolyten bei 0 °C in 22,414 Liter Wasser einen osmotischen Druck von 1,013 bar. Elektrolyte, die in zwei Teilchen zerfallen wie NaCl, haben den zweifachen osmotischen Druck einer gleichkonzentrierten, undissoziierten Substanz.

Das **van't Hoff'sche Gesetz** der Osmose gilt streng nur im Konzentrationsbereich bis 0,1 mol L^{-1}. Bei größeren Konzentrationen verringern Wechselwirkungen zwischen den gelösten Teilchen den berechneten osmotischen Druck.

▶ Lösungen verschiedener Zusammensetzung, die den gleichen osmotischen Druck verursachen, heißen **isotonische Lösungen**.

Die physiologische Kochsalzlösung (0,9 % NaCl) hat den gleichen osmotischen Druck wie Blut. Sie ist blutisotonisch. *Hypertonische* Lösungen haben einen höheren osmotischen Druck und *hypotonische* Lösungen einen tieferen osmotischen Druck als eine Bezugslösung.

▶ Äquimolare Lösungen verschiedener Nichtelektrolyte zeigen unabhängig von der Natur des gelösten Stoffes den gleichen osmotischen Druck, die gleiche Dampfdruckerniedrigung und somit die gleiche Gefrierpunktserniedrigung und Siedepunktserhöhung.

Beispiel 1 Liter Wasser enthält ein Mol irgendeines Nichtelektrolyten gelöst. Diese Lösung hat bei 0 °C den osmotischen Druck 22,69 bar. Sie gefriert um 1,86 °C tiefer und siedet um 0,52 °C höher als reines Wasser.

8.4.1.6 Dialyse

▶ Die Dialyse ist ein physikalisches Verfahren zur Trennung gelöster niedermolekularer Stoffe von makromolekularen oder kolloiden Stoffen.

Sie beruht darauf, dass makromolekulare oder kolloiddisperse (10–100 nm) Substanzen nicht oder nur schwer durch halbdurchlässige Membranen („Ultrafilter", tierische, pflanzliche oder künstliche Membranen) diffundieren.
Die **Dialysegeschwindigkeit** v, d. h. die Abnahme der Konzentration des durch die Membran diffundierenden molekulardispers (0,1–3 nm) gelösten Stoffes pro Zeiteinheit ($v = -dc/dt$), ist in jedem Augenblick der Dialyse der gerade vorhandenen Konzentration c proportional:

$$v = \lambda \cdot c$$

Abb. 8.5 Schema einer
einfachen Dialyseapparatur
(Dialysator)

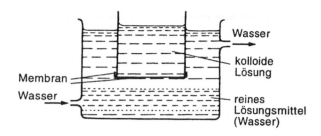

λ heißt **Dialysekoeffizient**. Er hat bei gegebenen Bedingungen (Temperatur, Flächengröße der Membran, Schichthöhe der Lösung, Konzentrationsunterschied auf beiden Seiten der Membran) für jeden gelösten Stoff einen charakteristischen Wert.
Für zwei Stoffe A und B mit der Molekülmasse M_A bzw. M_B gilt die Beziehung:

$$\frac{\lambda_A}{\lambda_B} = \sqrt{\frac{M_B}{M_A}}$$

Abbildung 8.5 zeigt einen einfachen Dialyseapparat (Dialysator).

Die echt gelösten (molekulardispersen) Teilchen diffundieren unter dem Einfluss der Brown'schen Molekularbewegung durch die Membran und werden von dem strömenden Außenwasser abgeführt.

Die Dialyse hat u. a. in der Chemie, Pharmazie und Medizin eine große Bedeutung als Reinigungsverfahren hochmolekularer Stoffe. So werden beispielsweise hochmolekulare Eiweißlösungen durch Dialyse gereinigt und in Einzelfraktionen aufgetrennt (Enzymchemie).

8.4.1.7 Lösungsgleichgewichte

▶ Man spricht von einem Lösungsgleichgewicht, wenn sich bei der Verteilung eines Stoffes zwischen zwei Phasen ein Gleichgewicht einstellt.

Man unterscheidet zwei Fälle:

1. Verteilung zwischen zwei nichtmischbaren flüssigen Phasen
2. Verteilung zwischen einer Gasphase und der Lösung.

Verteilung zwischen zwei nichtmischbaren flüssigen Phasen

▶ Nach dem **Nernst'schen Verteilungssatz** ist das Verhältnis der Konzentrationen eines Stoffes, der sich zwischen zwei Phasen verteilt, im Gleichgewichtszustand konstant.

Bedingung ist: konstante Temperatur und gleicher Molekularzustand in beiden Phasen.

Beispiel Verteilt sich ein Stoff physikalisch zwischen den Phasen a und b, so gilt im Gleichgewicht:

$$\frac{c_{\text{Phase a}}}{c_{\text{Phase b}}} = k$$

Die Konstante k heißt **Verteilungskoeffizient**. Der Verteilungssatz spielt bei der Trennung von Substanzgemischen eine große Rolle. Weiß man z. B., dass eine Verbindung X den Wert $k = 1$ für ein Wasser-Ether-Gemisch hat, so ergibt sich daraus, dass bei einmaligem Ausschütteln von 50 mL Lösung mit 50 mL Ether nur noch 50 % der ursprünglichen Menge von X in der wässrigen Lösung vorhanden sind.

Verteilung zwischen einer Gasphase und der Lösung
Für die Konzentration eines gelösten Gases in einer Flüssigkeit gilt das sog. **Henry-Dalton'sche Gesetz**. Es geht aus dem Nernst'schen Verteilungssatz hervor. Ersetzt man darin die Konzentration eines Stoffes in der Gasphase durch den Druck ($c = p/(RT)$), dann ergibt sich:

$$\frac{c_{\text{Gas}}}{c_{\text{Lösung}}} = k_1 \quad \text{oder} \quad \frac{p_{\text{Gas}}}{c_{\text{Lösung}}} = k_2$$

Die Löslichkeit eines Gases in einer Flüssigkeit hängt also bei gegebener Temperatur vom Partialdruck des Gases in dem über der Lösung befindlichen Gasraum ab. Der Proportionalitätsfaktor k heißt **Löslichkeitskoeffizient** (Absorptionskoeffizient).

Für die Abhängigkeit der Löslichkeit von der Temperatur gilt: Die Konzentration eines Gases in einer Flüssigkeit ist der Temperatur umgekehrt proportional. *Beispiel:* Seltersflasche.

8.4.1.8   Elektrolytlösungen

Elektrolytische Dissoziation

▶ Zerfällt ein Stoff in wässriger Lösung oder in der Schmelze mehr oder weniger vollständig in Ionen, sagt man, er dissoziiert. Der Vorgang heißt elektrolytische Dissoziation und der Stoff **Elektrolyt**.

Lösungen und Schmelzen von Elektrolyten leiten den elektrischen Strom durch Ionenwanderung. Dabei wandern die positiv geladenen Ionen zur Kathode (Kationen) und die negativ geladenen Ionen zur Anode (Anionen). Lösungen bzw. Schmelzen von Elektrolyten heißen zum Unterschied zu den Metallen (Leiter erster Art) **Leiter „zweiter Art"** (= **Ionenleiter**).

▶ Für Elektrolyte gilt das Gesetz der **Elektroneutralität**:
In allen Systemen (Ionenverbindungen, Lösungen) ist die Summe der positiven Ladungen gleich der Summe der negativen Ladungen.

Als Beispiel betrachten wir die Dissoziation von Natriumacetat, dem Natriumsalz der Essigsäure. $CH_3COO^-Na^+$:

$$CH_3COO^-Na^+ \rightleftharpoons CH_3COO^- + Na^+$$

Wenden wir das Massenwirkungsgesetz (s. Abschn. 13.1) an, ergibt sich:

$$\frac{c(CH_3COO^-) \cdot c(Na^+)}{c(CH_3COO^-Na^+)} = K$$

K heißt **Dissoziationskonstante**. Ihre Größe ist ein Maß für die Stärke des Elektrolyten.

Häufig benutzt wird auch der **Dissoziationsgrad** α:

$$\alpha = \frac{\text{Konzentration dissoziierter Substanz}}{\text{Konzentration gelöster Substanz vor der Dissoziation}}$$

Man gibt α entweder in Bruchteilen von 1 (z. B. 0,5) oder in Prozenten (z. B. 50 %) an. α multipliziert mit 100 ergibt in Prozent den Bruchteil der dissoziierten Substanz.

Beispiel $\alpha = 0,5$ oder $1/2$ bedeutet: 50 % ist dissoziiert.

Je nach der Größe von *K* bzw. α unterscheidet man starke und schwache Elektrolyte.

- **Starke Elektrolyte** sind zu fast 100 % dissoziiert, d. h. α ist etwa gleich 1 ($\alpha \approx 1$).
  Beispiele starke Säuren wie die Mineralsäuren HCl, HNO_3, H_2SO_4 usw.; starke Basen wie Natriumhydroxid (NaOH), Kaliumhydroxid (KOH); typische Salze wie die Alkali- und Erdalkalihalogenide.
- **Schwache Elektrolyte** sind nur wenig dissoziiert (< 10 %). Für sie ist α sehr viel kleiner als 1 ($\alpha \ll 1$).
  Beispiele die meisten organischen Säuren.

Außerdem unterscheidet man folgende Fälle:

- **Echte Elektrolyte** sind bereits in festem Zustand aus Ionen aufgebaut.
  Beispiel NaCl.
- **Potenzielle Elektrolyte** dissoziieren bei der Reaktion z. B. mit dem Lösemittel.
  Beispiel $HCl + H_2O \rightleftharpoons H_3O^+ + Cl^-$.
- **Mehrstufig dissoziierende Elektrolyte** können in mehreren Stufen dissoziieren.
  Beispiele Orthophosphorsäure (H_3PO_4), Kohlensäure (H_2CO_3), Schwefelsäure (H_2SO_4).

Ostwald'sches Verdünnungsgesetz

Betrachten wir die Dissoziation von CH_3COOH und bezeichnen die CH_3COOH-Konzentration vor der Dissoziation mit c, dann ist $\alpha \cdot c$ die Menge der dissoziierten Substanz und $(1-\alpha) \cdot c$ die Menge an undissoziierter CH_3COOH im Gleichgewicht. Wir schreiben nun für die Dissoziation das MWG und ersetzen die Ionenkonzentrationen durch die neuen Konzentrationsangaben:

$$CH_3COOH \;\rightleftharpoons\; CH_3CO_2{}^- + H^+; \quad c(CH_3CO_2{}^-) = c(H^+)$$

$$\frac{c(CH_3CO_2{}^-) \cdot c(H^+)}{c(CH_3COOH)} = K_c$$

Mit $(1 - \alpha) \cdot c$ für $c(CH_3COOH)$ und $\alpha \cdot c$ für $c(CH_3CO_2^-)$ und $c(H^+)$ ergibt sich:

$$\frac{\alpha \cdot c \cdot \alpha \cdot c}{(1 - \alpha) \cdot c} = \frac{\alpha^2 \cdot c^2}{(1 - \alpha) \cdot c} = \boldsymbol{\frac{\alpha^2 \cdot c}{1 - \alpha} = K_c}$$

Die fettgedruckte Gleichung ist bekannt als das **Ostwald'sche Verdünnungsgesetz** (gilt streng nur für schwache Elektrolyte).

Aus dem Ostwald'schen Verdünnungsgesetz geht hervor:

▶ Bei abnehmender Konzentration c, d. h. zunehmender Verdünnung, nimmt der Dissoziationsgrad α zu.

Der Wert für α nähert sich bei unendlicher Verdünnung dem Wert 1. Daraus folgt: Selbst schwache Elektrolyte, wie z. B. Essigsäure (CH_3COOH), dissoziieren bei hinreichender Verdünnung praktisch vollständig.

Beachte α ist temperaturabhängig und nimmt mit steigender Temperatur zu.

Elektrodenprozesse

Taucht man in eine Elektrolytlösung oder Elektrolytschmelze zwei Elektroden (z. B. Platinbleche) und verbindet diese mit einer Stromquelle geeigneter Stärke, so wandern die positiven Ionen (Kationen) an die Kathode (negativ polarisierte Elektrode) und die negativen Ionen (Anionen) an die Anode (positiv polarisierte Elektrode). Der Vorgang heißt **Elektrophorese**.

Bei genügend starker Polarisierung der Elektroden können Kationen Elektronen von der Kathode abziehen und sich entladen. Sie werden reduziert. An der Anode können Anionen ihre Überschussladung (Elektronen) abgeben und sich ebenfalls entladen. Sie werden oxidiert. Einen solchen Vorgang nennt man **Elektrolyse**.

▶ Elektrolyse heißt die Gesamtheit der chemischen Veränderungen (Oxidation, Reduktion, Zersetzung) einer Substanz beim Hindurchfließen eines elektrischen Gleichstroms.

Abb. 8.6 Chloralkali-
Elektrolyse. $(+) = Na^+$;
$(-) = Cl^-$; D Diaphragma

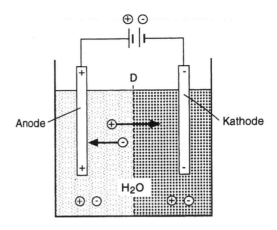

Beachte An der Kathode erfolgen Reduktionen, an der Anode Oxidationen.

Für die Elektrolyse einer Substanz ist eine bestimmte Mindestspannung zwischen den Elektroden erforderlich. Sie heißt **Zersetzungsspannung**. Für einfache, bekannte Beispiele kann man den theoretischen Wert der Zersetzungsspannung der Differenz der Normalpotenziale aus der Spannungsreihe entnehmen (s. Tab. 9.2). Bisweilen sorgen besondere Widerstände für eine anomale Erhöhung der theoretischen Zersetzungsspannung. Man spricht dann von einer sog. **Überspannung**. Besonders häufig werden Überspannungen beobachtet, wenn bei der Elektrolyse Gase entstehen, die dann die Elektrodenoberfläche bedecken und die Elektrodenreaktion kinetisch hemmen.

Chloralkali-Elektrolyse
Elektrolyse einer *wässrigen* Natriumchlorid-Lösung (Abb. 8.6) (Chloralkali-Elektrolyse)

Anmerkung Bei dieser Versuchsanordnung müssen Kathodenraum und Anodenraum durch ein Diaphragma voneinander getrennt werden, damit die Reaktionsprodukte nicht sofort miteinander reagieren.

In einer wässrigen Lösung von NaCl liegen hydratisierte Na^+-Kationen und Cl^--Anionen vor.

Diaphragma-Verfahren
Anodenvorgang: $2\,Cl^- \rightarrow Cl_2 + 2\,e^-$.

An der Anode geben die Cl^--Ionen je ein Elektron ab. Zwei entladene (neutrale) Chloratome vereinigen sich zu einem Chlormolekül. Anode: Retortenkohle; Achesongraphit; Titan/Rutheniumdioxid.

Kathodenvorgang: $2\,Na^+ + 2\,H_2O + 2\,e^- \rightarrow H_2 + 2\,Na^+ + 2\,OH^-$.

An der Kathode werden Elektronen auf Wasserstoffatome der Wassermoleküle übertragen. Es bilden sich elektrisch neutrale H-Atome, die zu H_2-Molekülen kombinieren. Aus den Wassermolekülen entstehen ferner OH^--Ionen. Man erhält **kein** metallisches Natrium! Weil Wasserstoff ein positiveres Normalpotenzial als Na hat, wird Wasser zersetzt. Kathode: Eisen.

Gesamtvorgang: $2\,NaCl + 2\,H_2O \rightarrow 2\,NaOH + H_2 + Cl_2$.

▶ Bei der Elektrolyse einer *wässrigen* NaCl-Lösung entstehen Natronlauge (NaOH), Chlorgas (Cl_2) und Wasserstoffgas (H_2).

Weitere Beispiele
Weitere Beispiele für Elektrolysen sind:

- die Schmelzelektrolyse von Kochsalz zur *Herstellung von Natrium*,
- die Schmelzelektrolyse einer Mischung aus Al_2O_3 und Na_3AlF_6 (Kryolith) zur *Herstellung von Aluminium*,
- die *Wasserelektrolyse* (Bildung von Wasserstoff und Sauerstoff),
- die *Raffination* (Reinigung) von *Kupfer*.

8.4.2 Lösungen *flüchtiger* Substanzen

▶ Der Dampfdruck über der Lösung ist die Summe der Partialdrücke der Komponenten.

8.4.2.1 Siedediagramme binärer Lösungen bei konstantem Druck

Ideale Lösungen
Bei idealen Lösungen gilt für jede Komponente das **Raoult'sche Gesetz**. Das Mischen der Komponenten ist ein rein physikalischer Vorgang. Die Dampfdruckkurve ist eine Gerade.

Beispiele sind Mischungen weitgehend inerter und verwandter Substanzen wie die Gemische Benzol-Toluol, Methanol-Ethanol, flüssiger Stickstoff – flüssiger Sauerstoff.

Erhitzt man eine Lösung zum Sieden, beobachtet man keinen Siedepunkt, sondern ein **Siedeintervall**. Untersucht man die Zusammensetzung der Lösung und ihres Dampfes bei der jeweiligen Siedetemperatur, erhält man ein **Siedediagramm**, das dem in Abb. 8.7 ähnlich ist.

Erläuterung des Siedediagramms
Die **Siedekurve** (Siedelinie) trennt die flüssige Phase, die **Kondensationskurve** (Taulinie) die gasförmige Phase von einem Zweiphasengebiet, in dem beide Phasen im Gleichgewicht nebeneinander existieren.

Erhitzt man z. B. eine Lösung der Zusammensetzung A : B = 1 bei konstantem äußeren Druck, beginnt sie zu sieden, wenn ihr Dampfdruck dem äußeren Druck gleich ist. Die zugehörige Temperatur ist die Siedetemperatur T_1.

Trägt man T_1 als Ordinate und das Konzentrationsverhältnis A/B als Abszisse auf (Abb. 8.7), ergibt sich als Schnittpunkt Punkt (1). Die Punkte auf der Kondensationskurve geben die Zusammensetzung des Dampfes an, der bei der betreffenden

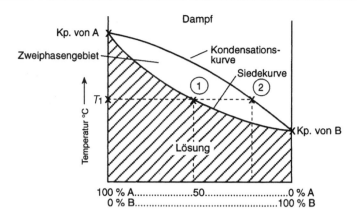

Abb. 8.7 Siedediagramm einer idealen Lösung bei $p = $ const.

Temperatur mit der flüssigen Phase im Gleichgewicht steht. Die Zusammensetzung des Dampfes bei der Temperatur T_1 entspricht derjenigen von Punkt (2) auf der Kondensationskurve. Im Dampf ist also die Komponente mit dem tieferen Siedepunkt angereichert. Beim Erhitzen einer Lösung reichert sich demzufolge die Lösung mit dem höhersiedenden Bestandteil an. Erhitzt man eine Lösung längere Zeit zum Sieden, erhält man daher immer höhere Siedetemperaturen. Wird der Dampf über der Lösung nicht entfernt, ist der Siedevorgang beendet, wenn der Dampf die gleiche Zusammensetzung besitzt wie die zu Anfang vorhandene Lösung. Dies ist der Fall, wenn die gesamte Lösung verdampft ist.

Beachte
Das Mengenverhältnis der Komponenten in der Lösung und der Dampfphase ist verschieden. Praktisch ausgenutzt wird dies bei der *fraktionierten Destillation*.

Nichtideale Lösungen
Man unterscheidet zwei Fälle von nichtidealen Lösungen.

Fall a
Die Wechselwirkungen zwischen den Teilchen der verschiedenen Komponenten sind größer als zwischen den Teilchen der reinen Komponenten. Dies führt zu einer negativen Lösungsenthalpie und einer Volumenkontraktion.

Beispiel System Aceton-Chloroform.

Fall b
Es existieren stärkere Wechselwirkungen zwischen den Teilchen der einzelnen Komponenten als zwischen den Teilchen der verschiedenen Komponenten. Gegenüber einer idealen Lösung dieser Komponenten beobachtet man eine positive

Tab. 8.2 Beispiele für azeo-
trope Gemische bei 1 bar

Komponente 1	Komponente 2	Siedepunkt
Wasser (4 %)	Ethanol (96 %)	78,2 °C
Wasser (8,83 %)	Benzol (91,17 %)	69,3 °C
Wasser (79,8 %)	HCl-Gas (20,2 %)	108,6 °C
Chloroform (78,5 %)	Aceton (21,8 %)	64,4 °C

Lösungsenthalpie und eine Volumenexpansion. Die Dampfdruckkurve zeigt bei
einer bestimmten Temperatur ein *Maximum* oder *Minimum*.

Beispiel System Aceton-Schwefelkohlenstoff.
Die zugehörige Lösung verhält sich wie ein reiner Stoff. Sie hat einen **Siedepunkt**. Dampf und Lösung besitzen die gleiche Zusammensetzung. Eine Lösung mit diesen Eigenschaften heißt konstant siedendes oder **azeotropes Gemisch**,
Azeotrop (Tab. 8.2).

Beachte Ein azeotropes Gemisch lässt sich nicht durch Destillation bei konstantem
Druck trennen.

8.5 Kolloide Lösungen, kolloiddisperse Systeme

In einem kolloiddispersen System (Kolloid) sind Materieteilchen der Größenordnung 10–100 nm in einem Medium, dem *Dispersionsmittel*, verteilt (dispergiert).
Dispersionsmittel und dispergierter Stoff können in beliebigem Aggregatzustand
vorliegen. Echte Lösungen (molekulardisperse Lösungen) und kolloiddisperse Sys-
teme zeigen daher trotz gelegentlich ähnlichen Verhaltens deutliche Unterschiede.
Dies wird besonders augenfällig beim **Faraday-Tyndall-Effekt** (Abb. 8.8).
Während eine echte Lösung „optisch leer" ist, streuen kolloide Lösungen einge-
strahltes Licht nach allen Richtungen, und man kann seitlich zum eingestrahlten
Licht eine leuchtende Trübung erkennen.
Der Tyndall-Effekt wird auch im Alltag häufig beobachtet. Ein *Beispiel* liefern
Sonnenstrahlen, die durch Staubwolken oder Nebel fallen. Ihren Weg kann man
infolge der seitlichen Lichtstreuung beobachten.

Abb. 8.8 Experiment zum
Nachweis des Tyndall-
Effektes

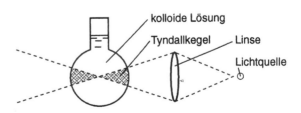

Tab. 8.3 Aggregatzustände kolloider Systeme

Kolloides System	Dispersionsmittel	Dispergierter Stoff	Beispiele
Aerosol	Gas	Fest	Rauch
	Gas	Flüssig	Nebel
Sol, Suspension	Flüssig	Fest	Dispersionsanstrichfarben
Emulsion	Flüssig	Flüssig	Milch (Fetttröpfchen in Wasser), Hautcreme (Öl in Wasser oder Wasser in Öl)
Schaum	Fest	Gas	Seifenschaum, Schlagsahne, verschäumte Polyurethane

8.5.1 Einteilung der Kolloide

Kolloide Systeme können Dispersionsmittel und dispergierten Stoff in verschiedenem Aggregatzustand enthalten (Tab. 8.3).

Bisweilen unterteilt man Kolloide nach ihrer Gestalt in **isotrope** Kolloide oder *Sphärokolloide* und **anisotrope** (nicht kugelförmige) **Kolloide** oder *Linearkolloide*.

Besitzen die Kolloidteilchen etwa die gleiche Größe, spricht man von einem *monodispersen* System. *Polydispers* heißt ein System, wenn die Teilchen verschieden groß sind.

Weit verbreitet ist die Einteilung von Kolloiden aufgrund ihrer Wechselwirkungen mit dem Dispersionsmittel. Kolloide mit starken Wechselwirkungen mit dem Lösemittel heißen **lyophil** (Lösemittel liebend). Auf Wasser bezogen nennt man sie **hydrophil**. Lyophile Kolloide enthalten entweder große Moleküle oder Aggregate (Micellen) kleinerer Moleküle, die eine Affinität zum Lösemittel haben. Sie sind oft sehr stabil.

Beispiele Natürlich vorkommende Polymere oder polymerähnliche Substanzen wie Proteine, Nucleinsäuren, Seifen, Detergentien oder Emulgatoren (s. Abschn. 42.3, 43.2, 44.2, 46.2).

Lyophob oder speziell **hydrophob** heißen Kolloide, die mit dem Lösemittel keine oder nur geringe Wechselwirkungen zeigen. Sie sind im neutralen Zustand im Allgemeinen instabil. Durch Wechselwirkung mit dem Lösemittel können sie bisweilen positiv oder negativ aufgeladen werden, z. B. durch Anlagerung von Ionen wie H^+, OH^- usw. Dies führt zu einer Stabilisierung des kolloiden Zustandes, weil sich gleichsinnig geladene Teilchen abstoßen und ein Zusammenballen verhindert wird.

Ballen sich die einzelnen Teilchen eines Kolloidsystems zusammen, flocken sie aus. Der Vorgang heißt Koagulieren bzw. **Koagulation**. Da hierbei die Oberfläche verkleinert wird, ist die Koagulation ein exergonischer Vorgang ($\Delta G < 0$). Der zur Koagulation entgegengesetzte Vorgang heißt **Peptisation**.

8.5.2 Isoelektrischer Punkt (I. P.)

▶ Isoelektrischer Punkt (I. P.) heißt der pH-Wert, bei dem die Anzahl der positiven und negativen Ladungen gerade gleich groß ist.

Erreicht ein kolloiddisperses System diesen Zustand, wird das System instabil und die Kolloidteilchen flocken aus.

Durch das Ausflocken von Kolloidteilchen entsteht aus einem **Sol** ein **Gel**, ein oft puddingartiger Zwischenzustand:

$$\text{Sol} \underset{\text{Peptisation}}{\overset{\text{Koagulation}}{\rightleftharpoons}} \text{Gel}$$

Durch Zugabe sog. **Schutzkolloide** wie z. B. Gelatine, Eiweißstoffe, lösliche Harze kann das Ausflocken manchmal verhindert werden. Die Kolloidteilchen sind dann nämlich von einer Schutzhülle umgeben, welche die Wechselwirkungen zwischen den Teilchen vermindert oder unterdrückt.

Redoxsysteme

9

9.1 Oxidationszahl

Die Oxidationszahl ist ein wichtiger Hilfsbegriff besonders bei der Beschreibung von Redoxvorgängen.

▶ Die Oxidationszahl eines Elements ist die Zahl der formalen Ladungen eines Atoms in einem Molekül, die man erhält, wenn man sich das Molekül aus Ionen aufgebaut denkt.

Sie darf nicht mit der Partialladung verwechselt werden, die bei der Polarisierung einer Bindung oder eines Moleküls entsteht (s. Abschn. 8.2.1).
Die Oxidationszahl ist eine ganze Zahl. Ihre Angabe geschieht in der Weise, dass sie

- mit vorangestelltem Vorzeichen als arabische oder römische Zahl über das entsprechende Elementsymbol geschrieben wird:

$$\overset{0}{Na}, \overset{+1}{Na^+} \quad \text{oder} \quad \overset{II}{Fe}, \overset{III}{Fe}.$$

- oft auch als römische Zahl in Klammern hinter das Elementsymbol oder den Elementnamen geschrieben wird: Eisen(III)-chlorid, Fe(III)-chlorid, $FeCl_3$.

Regeln zur Ermittlung der Oxidationszahl
1. Die Oxidationszahl eines Atoms im elementaren Zustand ist null.
2. Die Oxidationszahl eines einatomigen Ions entspricht seiner Ladung.
3. In Molekülen ist die Oxidationszahl des Elements mit der kleineren Elektronegativität (s. Abb. 3.7) positiv, diejenige des Elements mit der größeren Elektronegativität negativ.
4. Die algebraische Summe der Oxidationszahlen der Atome eines neutralen Moleküls ist null.

© Springer-Verlag Berlin Heidelberg 2016
H.P. Latscha, U. Kazmaier, *Chemie für Biologen*, DOI 10.1007/978-3-662-47784-7_9

5. Die Summe der Oxidationszahlen der Atome eines Ions entspricht seiner Ladung.

6. Die Oxidationszahl des Wasserstoffs in Verbindungen ist $+1$ (nur in Hydriden ist sie -1).

7. Die Oxidationszahl des Sauerstoffs in Verbindungen ist -2 (Ausnahmen sind: Peroxide, Sauerstofffluoride und das $O_2{}^+$-Kation).

8. Bei Bindungspartnern gleicher Elektronegativität wird das bindende Elektronenpaar geteilt.

9. Betrachtet man die Valenzstrichformel (Lewis-Formel) eines Moleküls, so ergibt sich die Oxidationszahl dadurch, dass man dem elektronegativeren Bindungspartner **alle** Elektronen einschließlich der bindenden Elektronen zuordnet und die Differenz gegenüber der Anzahl der Valenzelektronen bildet.

Beispiele

H_2O:

Für Sauerstoff:

zugeordnete Elektronen:	8
Valenzelektronen:	6
Oxidationszahl $=$	-2

H_2O_2:   Im Wasserstoffperoxid $H{-}O{-}O{-}H$ hat Sauerstoff die Oxidationszahl: -1.

Die Oxidationszahlen des **Stickstoffs** in verschiedenen Stickstoffverbindungen sind z. B.

$\overset{-3}{N}H_4Cl\ (NH_4{}^+Cl^-),\ \overset{-3}{N}H_4{}^+,\ \overset{-3}{N}H_3,\ \overset{-3}{N}H_2{}^-,\ \overset{-2}{N}_2H_4,\ H_2\overset{-1}{N}OH,\ \overset{+1}{N}_2O$ (Distickstoffmonoxid),

$H\overset{+1}{N}O,\ \overset{+2}{N}O,\ \overset{+4}{N}O_2,\ \overset{+5}{N}O_3{}^-$

Die Oxidationszahlen des **Kohlenstoffs** in verschiedenen Verbindungen sind z. B.:

$\overset{-4}{C}H_4,\ H_3\overset{-3}{C}{-}\overset{+3}{C}OOH$ (Essigsäure), $\overset{-3}{C}H_3{-}\overset{-3}{C}H_3$ (Ethan),

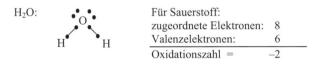

$C_2H_6\ :\ \overset{-3}{C}H_3 | \overset{-3}{C}H_3\ :\ -\underset{|}{\overset{|}{C}}\bullet\ :\ 4-7=-3$ $\overset{-2}{C}H_3OH$ (Methanol),

$\overset{+2}{C}H_3{-}\overset{}{C}O{-}\overset{+2}{C}H_3$ (Aceton), $H\overset{+2}{C}OOH$ (Ameisensäure), $\overset{+4}{C}O_2:\ O{=}C{=}O$

In vielen Fällen lassen sich die Oxidationszahlen der Elemente aus dem Periodensystem ablesen. Die Gruppennummer („klassische Einteilung der Elemente") gibt meist die höchstmögliche Oxidationszahl eines Elements an (s. Tab. 9.1). Eine Ausnahme bilden die Elemente der 1. Nebengruppe.

Tab. 9.1 Die häufigsten Oxidationszahlen wichtiger Elemente

+1	H	Li	Na	K	Rb	Cs	Cu	Ag	Au	Tl	Cl	Br	I	
+2	Mg	Ca	Sr	Ba	Mn	Fe	Co	Ni	Cu	Zn	Cd	Hg	Sn	Pb
+3	B	Al	Cr	Mn	Fe	Co	N	P	As	Sb	Bi	Cl		
+4	C	Si	Sn	Pb	S	Se	Te	Xe						
+5	N	P	As	Sb	Cl	Br	I							
+6	Cr	S	Se	Te	Xe									
+7	Mn	Cl	I											
+8	Os	Xe												
−1	F	Cl	Br	I	H	O								
−2	O	S	Se	Te										
−3	N	P	As											
−4	C													

Anmerkung: Häufig benutzt man auch gleichbedeutend mit dem Begriff Oxidationszahl die Begriffe *Oxidationsstufe* und (elektrochemische) *Wertigkeit* oder *Valenz* eines Elements (s. Abschn. 3.2.4).

9.2 Reduktion und Oxidation

▶ **Reduktion** heißt jeder Vorgang, bei dem ein Teilchen (Atom, Ion, Molekül) Elektronen aufnimmt. Hierbei wird die Oxidationszahl des reduzierten Teilchens kleiner.

Reduktion bedeutet also *Elektronenaufnahme* (Erniedrigung der Oxidationszahl).

Beispiel

$$\overset{0}{Cl_2} + 2\,e^- \; \rightleftharpoons \; 2\,\overset{-1}{Cl^-}$$

allgemein:

$$Ox_1 + n \cdot e^- \; \rightleftharpoons \; Red_1$$

▶ **Oxidation** heißt jeder Vorgang, bei dem einem Teilchen (Atom, Ion, Molekül) Elektronen entzogen werden. Hierbei wird die Oxidationszahl des oxidierten Teilchens größer.

Beispiel

$$\overset{0}{Na} \; \rightleftharpoons \; \overset{+1}{Na^+} + e^-$$

allgemein:

$$Red_2 \; \rightleftharpoons \; Ox_2 + n \cdot e^-$$

Oxidation bedeutet *Elektronenabgabe* (Erhöhung der Oxidationszahl).

Diese Bezeichnungen gehen auf Zeiten zurück, in denen die Aufnahme von Sauerstoff „Oxydation" und die Abgabe von Sauerstoff „Reduktion" genannt wurden *(Lavoisier)*.

Ein Teilchen kann nur dann Elektronen aufnehmen (abgeben), wenn diese von anderen Teilchen abgegeben (aufgenommen) werden. Reduktion und Oxidation sind also stets miteinander gekoppelt:

$$Ox_1 + n \cdot e^- \rightleftharpoons Red_1 \qquad \text{konjugiertes \textbf{Redoxpaar} } Ox_1/Red_1$$

$$Red_2 \rightleftharpoons Ox_2 + n \cdot e^- \qquad \text{konjugiertes \textbf{Redoxpaar} } Red_2/Ox_2$$

$$\overline{Ox_1 + Red_2 \rightleftharpoons Ox_2 + Red_1 \qquad \textbf{Redoxsystem}}$$

$$\overset{0}{Cl_2} + 2\,\overset{0}{Na} \rightleftharpoons 2\,Na^+ + 2\,Cl^-$$

▶ Zwei miteinander kombinierte Redoxpaare nennt man ein **Redoxsystem**.

Reaktionen, die unter Reduktion und Oxidation irgendwelcher Teilchen verlaufen, nennt man **Redoxreaktionen** (Redoxvorgänge). Ihre Reaktionsgleichungen heißen **Redoxgleichungen**.

Allgemein kann man formulieren: Redoxvorgang = Elektronenverschiebung.

Die formelmäßige Wiedergabe von Redoxvorgängen wird erleichtert, wenn man zuerst für die *Teilreaktionen* (Halbreaktionen, Redoxpaare) formale *Teilgleichungen* schreibt. Die Gleichung für den gesamten Redoxvorgang erhält man dann durch Addition der Teilgleichungen. Da Reduktion und Oxidation stets miteinander gekoppelt sind, gilt:

▶ Die Summe der Ladungen (auch der Oxidationszahlen) und die Summe der Elemente müssen auf beiden Seiten einer Redoxgleichung gleich sein!

Ist dies nicht unmittelbar der Fall, muss durch Wahl geeigneter Koeffizienten (Faktoren) der Ausgleich hergestellt werden.

Vielfach werden Redoxgleichungen ohne die Begleit-Ionen vereinfacht angegeben = *Ionengleichungen*.

Beispiele für Redoxpaare: Na/Na^+; $2\,Cl^-/Cl_2$; Mn^{2+}/Mn^{7+}; Fe^{2+}/Fe^{3+}.

9.2.1 Beispiele für Redoxgleichungen

Verbrennen von Natrium in Chlorgasatmosphäre

$$1) \qquad \overset{0}{Na} - e^- \longrightarrow \overset{+1}{Na^+} \qquad |\cdot 2$$

$$2) \qquad \overset{0}{Cl_2} + 2\,e^- \longrightarrow 2\,\overset{-1}{Cl^-}$$

$$\overline{1) + 2) \qquad 2\,\overset{0}{Na} + \overset{0}{Cl_2} \longrightarrow 2\,\overset{+1\,-1}{NaCl}}$$

Verbrennen von Wasserstoff mit Sauerstoff

$$
\begin{array}{lll}
\text{1)} & \overset{0}{H_2} - 2e^- \longrightarrow 2\overset{+1}{H^+} & | \cdot 2 \\[2mm]
\text{2)} & \overset{0}{O_2} + 4e^- \longrightarrow 2\overset{-2}{O^{2-}} & \\[2mm]
\hline
\text{1)} + \text{2)} & 2\overset{0}{H_2} + \overset{0}{O_2} \longrightarrow 2\overset{+1\,-2}{H_2O} &
\end{array}
$$

Reaktion von konzentrierter Salpetersäure mit Kupfer

$$
4\,\overset{+1+5-2}{HNO_3} + \overset{0}{Cu} \longrightarrow \overset{+2}{Cu}(\overset{+5-2}{NO_3})_2 + 2\,\overset{+4-2}{NO_2} + 2\,H_2O
$$

Meist gibt man nur die Oxidationszahlen der Elemente an, die oxidiert und reduziert werden:

$$
4\,\overset{+5}{H}NO_3 + \overset{0}{Cu} \longrightarrow \overset{+2}{Cu}(NO_3)_2 + 2\,\overset{+4}{N}O_2 + 2\,H_2O
$$

Reaktion von Permanganat- (MnO_4^-) und Fe^{2+}-Ionen in saurer Lösung

$$
\begin{array}{lll}
\text{1)} & \overset{+7}{Mn}O_4^- + 8\,H_3O^+ + 5e^- \longrightarrow \overset{+2}{Mn^{2+}} + 12\,H_2O & \\[2mm]
\text{2)} & \overset{+2}{Fe^{2+}} - 1e^- \longrightarrow \overset{+3}{Fe^{3+}} & | \cdot 5 \\[2mm]
\hline
\text{1)} + \text{2)} & \overset{+7}{Mn}O_4^- + 8\,H_3O^+ + 5\,\overset{+2}{Fe^{2+}} \longrightarrow 5\,\overset{+3}{Fe^{3+}} + \overset{+2}{Mn^{2+}} + 12\,H_2O &
\end{array}
$$

Bei der Reduktion von $\overset{+7}{Mn}O_4^-$ zu $\overset{+2}{Mn^{2+}}$ werden 4 Sauerstoffatome in Form von Wasser frei, wozu man $8\,H_3O^+$-Ionen braucht. Deshalb stehen auf der rechten Seite der Gleichung $12\,H_2O$-Moleküle.

Solche Gleichungen geben nur die Edukte und Produkte der Reaktionen sowie die Massenverhältnisse an. Sie sagen nichts über den Reaktionsverlauf (Reaktionsmechanismus) aus.

9.2.2 Reduktionsmittel und Oxidationsmittel

► **Reduktionsmittel** sind Substanzen (Elemente, Verbindungen), die Elektronen abgeben oder denen Elektronen entzogen werden können. Sie werden hierbei **oxidiert**.

Beispiele Natrium, Kalium, Kohlenstoff, Wasserstoff.

► **Oxidationsmittel** sind Substanzen (Elemente, Verbindungen), die Elektronen aufnehmen und dabei andere Substanzen oxidieren. Sie selbst werden dabei **reduziert**.

Beispiele Sauerstoff, Ozon (O_3, besondere Form (Modifikation) des Sauerstoffs), Chlor, Salpetersäure, Kaliumpermanganat ($KMnO_4$).

Ein **Redoxvorgang** lässt sich allgemein formulieren:

$$\text{Oxidierte Form} + \text{Elektronen} \underset{\text{Oxidation}}{\overset{\text{Reduktion}}{\rightleftharpoons}} \text{Reduzierte Form}$$
$$\text{(Oxidationsmittel)} \qquad\qquad\qquad \text{(Reduktionsmittel)}$$

Redoxreaktionen sind Gleichgewichtsreaktionen. Die Lage des Gleichgewichts hängt von den jeweiligen Werten der Redoxpotenziale ab.

9.2.3 Normalpotenziale von Redoxpaaren

Lässt man den Elektronenaustausch einer Redoxreaktion so ablaufen, dass man die Redoxpaare (Teil- oder Halbreaktionen) räumlich voneinander trennt, sie jedoch elektrisch und elektrolytisch leitend miteinander verbindet, ändert sich am eigentlichen Reaktionsvorgang nichts.

Ein Redoxpaar bildet zusammen mit einer „Elektrode" (= Elektronenleiter), z. B. einem Platinblech zur Leitung der Elektronen, eine sog. **Halbzelle** (Halbkette).

Die Kombination zweier Halbzellen nennt man eine **Zelle**, Kette, galvanische Zelle, **galvanisches Element** oder Volta-Element. (Galvanische Zellen finden als ortsunabhängige Stromquellen mannigfache Verwendung, z. B. in Batterien oder Akkumulatoren.)

Bei Redoxpaaren Metall/Metall-Ion kann das betreffende Metall als „Elektrode" dienen.

▶ Allgemein ist eine **Elektrode** definiert als eine Phasengrenzfläche eines Zweiphasensystems, an der sich Redoxgleichgewichte einstellen können.

„Aktive" Elektroden beteiligen sich durch Auflösung oder Abscheidung an der Zellreaktion. „Inerte" Elektroden bleiben unverändert.

9.2.3.1 Daniell-Element
Ein Beispiel für eine aus Halbzellen aufgebaute Zelle ist das Daniell-Element (Abb. 9.1).

Die Reaktionsgleichungen für den Redoxvorgang im Daniell-Element sind:

Anodenvorgang (Oxidation):	$Zn \rightleftharpoons Zn^{2+} + 2e^-$
Kathodenvorgang (Reduktion):	$Cu^{2+} + 2\,e^- \rightleftharpoons Cu$
Redoxvorgang:	$Cu^{2+} + Zn \rightleftharpoons Zn^{2+} + Cu$
oder in Kurzschreibweise (f = fest):	

$$Zn(f)/Zn^{2+}$$
$$\underline{Cu^{2+}/Cu(f)}$$
$$Zn(f)/Zn^{2+}//Cu^{2+}/Cu(f)$$

Abb. 9.1 Daniell-Element

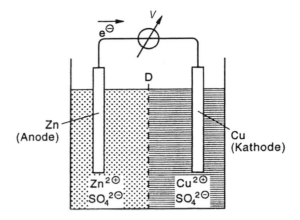

Die Schrägstriche symbolisieren die Phasengrenzen; doppelte Schrägstriche trennen die Halbzellen.

In der Versuchsanordnung erfolgt der Austausch der Elektronen über die Metallelektroden Zn bzw. Cu, die leitend miteinander verbunden sind. Die elektrolytische Leitung wird durch das **Diaphragma D** hergestellt. D ist eine semipermeable Wand und verhindert eine Durchmischung der Lösungen von Anoden- und Kathodenraum. Anstelle eines Diaphragmas wird oft eine **Salzbrücke** („Stromschlüssel") benutzt. Ein Durchmischen von *Anolyt* und *Katholyt* muss verhindert werden, damit der Elektronenübergang zwischen der Zn- und Cu-Elektrode über die leitende Verbindung erfolgt.

Bei einem „Eintopfverfahren" scheidet sich Kupfer direkt an der Zinkelektrode ab. Diesen Vorgang bezeichnet man als **Zementation**. Durch das Diaphragma bzw. die Salzbrücke wird die elektrische Neutralität der Lösungen im Kathoden- und Anodenraum aufrechterhalten. Über die Salzbrücke können je nach Bedarf z. B. NH_4^+-, Na^+-, K^+- oder NO_3^--Ionen in die beiden Halbzellen wandern.

9.2.3.2 Redoxpotenzial und Potenzialdifferenz

Schaltet man zwischen die Elektroden in Abb. 9.1 ein Voltmeter, so registriert es eine Spannung (Potenzialdifferenz) zwischen den beiden Halbzellen. Die stromlos gemessene Potenzialdifferenz einer galvanischen Zelle wird **elektromotorische Kraft** (EMK, Symbol E) genannt. Sie ist die *maximale* Spannung der Zelle. Die Existenz einer Potenzialdifferenz in Abb. 9.1 zeigt:

▶ Ein Redoxpaar hat unter genau fixierten Bedingungen ein ganz bestimmtes elektrisches Potenzial, das **Redoxpotenzial**.

Die Redoxpotenziale von Halbzellen sind die Potenziale, die sich zwischen den Komponenten eines Redoxpaares ausbilden, z. B. zwischen einem Metall und der Lösung seiner Ionen. Sie sind einzeln nicht messbar, d. h., es können nur *Potenzialdifferenzen* bestimmt werden.

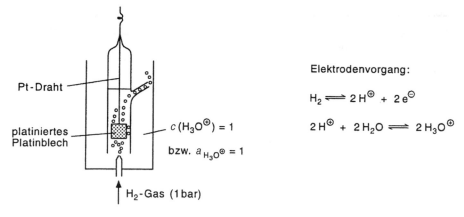

Elektrodenvorgang:

$$H_2 \rightleftharpoons 2\,H^{\oplus} + 2\,e^{\ominus}$$

$$2\,H^{\oplus} + 2\,H_2O \rightleftharpoons 2\,H_3O^{\oplus}$$

Pt-Draht

platiniertes Platinblech

$c(H_3O^{\oplus}) = 1$

bzw. $a_{H_3O^{\oplus}} = 1$

↑ H₂-Gas (1 bar)

Abb. 9.2 Normalwasserstoffelektrode

Kombiniert man aber eine Halbzelle mit immer der gleichen **standardisier- ten** Halbzelle, so kann man die Einzelspannung der Halbzelle in Bezug auf das Einzelpotenzial (Redoxpotenzial) der Bezugs-Halbzelle, d. h. in einem *relativen* Zahlenmaß, bestimmen.

Als standardisierte Bezugselektrode hat man die Normalwasserstoffelektrode ge- wählt und ihr willkürlich das **Potenzial null** zugeordnet.

9.2.3.3 Normalwasserstoffelektrode und Normalpotenzial

Die Normalwasserstoffelektrode (NWE) ist eine Halbzelle. Sie besteht aus einer Elektrode aus Platin (mit elektrolytisch abgeschiedenem, fein verteiltem Platin überzogen), die bei 25 °C von Wasserstoffgas unter einem konstanten Druck von 1 bar umspült wird. Diese Elektrode taucht in die wässrige Lösung einer Säure vom pH = 0, d. h. $c(H_3O^+) = 1\ \text{mol}\,L^{-1}$ ein (Abb. 9.2). Korrekter ist die Angabe (über die Aktivität a s. Abschn. 13.3)

$$a_{H_3O^+} = 1, \qquad a_{H_3O^+} = 1 \text{ gilt z. B. für eine 2 M HCl-Lösung.}$$

Werden die Potenzialdifferenz-Messungen mit der Normalwasserstoffelektrode un- ter Normalbedingungen durchgeführt, so erhält man die **Normalpotenziale E^0** der betreffenden Redoxpaare. Diese E^0-Werte sind die EMK-Werte einer Zelle, bestehend aus den in Tab. 9.2 angegebenen Halbzellen und der Normalwasserstoff- elektrode.

▶ **Normalbedingungen** sind dann gegeben, wenn bei 25 °C alle Reaktionspartner die Konzentration $1\ \text{mol}\,L^{-1}$ haben (genau genommen müssen die Aktivitäten 1 sein).

Gase haben dann die Konzentration 1, wenn sie unter einem Druck von 1,013 bar stehen. Für **reine Feststoffe** und **reine Flüssigkeiten** ist die Konzentration gleich 1.

Tab. 9.2   Redoxreihe („Spannungsreihe") (Ausschnitt)

	Red (reduzierte Form)		Ox (oxidierte Form)		Normalpotenzial E^0	
	Li	$\rightleftharpoons$	Li^+	$+ e^-$	$-3{,}03$	
	K	$\cdot$	K^+	$+ e^-$	$-2{,}92$	
	Ca	$\cdot$	Ca^{2+}	$+ 2e^-$	$-2{,}76$	
	Na	$\cdot$	Na^+	$+ e^-$	$-2{,}71$	
	Mg	$\cdot$	Mg^{2+}	$+ 2e^-$	$-2{,}40$	
	Zn	$\cdot$	Zn^{2+}	$+ 2e^-$	$-0{,}76$	
	S^{2-}	$\cdot$	S	$+ 2e^-$	$-0{,}51$	
	Fe	$\cdot$	Fe^{2+}	$+ 2e^-$	$-0{,}44$	
	$2\,H_2O + H_2$	$\cdot$	**$2\,H_3O^+$**	**$+ 2e^-$**	**$0{,}00^a$**	
	Cu^+	$\cdot$	Cu^{2+}	$\vert\; e^-$	$+0{,}17$	
	Cu	$\cdot$	Cu^{2+}	$+ 2e^-$	$+0{,}35$	
	$4\,OH^-$	$\cdot$	O_2	$+ 2\,H_2O + 4e^-$	$+0{,}40^b$	
	$2\,I^-$	$\cdot$	I_2	$+ 2e^-$	$+0{,}58$	
	Fe^{2+}	$\cdot$	Fe^{3+}	$+ e^-$	$+0{,}75$	
	$12\,H_2O + Cr^{3+}$	$\cdot$	$CrO_4{}^{2-}$	$+ 8\,H_3O^+ + 3\,e^-$	$+1{,}30$	
	$2\,Cl^-$	$\cdot$	Cl_2	$+ 2e^-$	$+1{,}36$	
	$12\,H_2O + Mn^{2+}$	$\cdot$	MnO_4^-	$+ 8\,H_3O^+ + 5\,e^-$	$+1{,}50$	
	$3\,H_2O + O_2$	$\cdot$	O_3	$+ 2\,H_3O^+ + 2\,e^-$	$+2{,}07$	
	$2\,F^-$	$\rightleftharpoons$	F_2	$+ 2e^-$	$+3{,}06^c$	

oxidierende Wirkung nimmt zu ← (left margin)

oxidierende Wirkung nimmt ab → (right margin)

^{a} $a(H_3O^+) = 1$, $p_{H_2} = 1{,}013$ bar
^{b} Das Normalpotenzial bezieht sich auf Lösungen vom pH 14 ($c(OH^-) = 1$). Bei pH 7 beträgt das Potenzial $+0{,}82$ V.
^{c} in saurer Lösung, $+2{,}87$ V in basischer Lösung.

▶ Das Normalpotenzial eines Metalls ist also das Potenzial dieses Metalls (gegenüber der NWE) in einer 1 M Lösung seines Salzes bei 25 °C (298,15 K).

Vorzeichengebung
Redoxpaare, die Elektronen abgeben, wenn sie mit der Normalwasserstoffelektrode als Nullelektrode kombiniert werden, erhalten ein **negatives** Normalpotenzial zugeordnet. Sie wirken gegenüber dem Redoxpaar H_2/H_3O^+ **reduzierend**.

Redoxpaare, deren oxidierte Form (Oxidationsmittel) stärker oxidierend wirkt als das H_3O^+-Ion, bekommen ein **positives** Normalpotenzial.

9.2.3.4   Elektrochemische Spannungsreihe
Ordnet man die Redoxpaare nach steigendem Normalpotenzial, erhält man die elektrochemische Spannungsreihe (Redoxreihe) (Tab. 9.2).

Abb. 9.3 Zellpotenzial des
Daniell-Elements

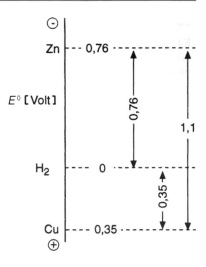

9.2.3.5 Zellpotenzial ΔE

Die EMK (Zellpotenzial ΔE) einer beliebigen Zelle (unter Normalbedingungen) setzt sich aus den Einzelpotenzialen der Halbzellen zusammen und wird als Differenz $E_2^0 - E_1^0$ gefunden (Abb. 9.3).

▶ Dabei wird das Normalpotenzial des **schwächeren** Oxidationsmittels vom Normalpotenzial des **stärkeren** Oxidationsmittels abgezogen.

Dies kann man aus der Angabe $Zn/Zn^{2+}//Cu^{2+}/Cu$ eindeutig entnehmen. Das Verfahren ist zweckmäßig, weil die Reaktion nur in eine Richtung spontan (freiwillig) abläuft (Elektronenübergang vom Zn zum Cu). ΔE muss positiv sein!

Beispiel Für das Daniell-Element ergibt sich die EMK zu +1,1 Volt:

$$E_{Zn/Zn^{2+}}^0 = -0,76 \text{ Volt}; \quad E_{Cu/Cu^{2+}}^0 = +0,35 \text{ Volt}$$
$$E_{Cu/Zn}^0 = \Delta E = E_{Cu}^0 - E_{Zn}^0 = 0,35 - (-0,76) = +1,1 \text{ Volt}$$

9.2.4 Normalpotenzial und Reaktionsrichtung

Das Normalpotenzial eines Redoxpaares charakterisiert sein Reduktions- bzw. Oxidationsvermögen in wässriger Lösung.

Je **negativer** das Potenzial ist, umso stärker wirkt die reduzierte Form des Redoxpaares reduzierend (Reduktionsmittel), und je **positiver** das Potenzial ist, umso stärker wirkt die oxidierte Form des Redoxpaares oxidierend (Oxidationsmittel).

In einem Redoxsystem wie $Ox_2 + Red_1 \rightleftharpoons Ox_1 + Red_2$ kann das oxidierbare Teilchen Red1 von dem Oxidationsmittel Ox_2 nur oxidiert werden, wenn das

Tab. 9.3 Redoxreihe unedler und edler Metalle

K Ca Na Mg Al	Mn Zn Cr Fe Cd Co Ni Sn Pb	H_2 Cu Ag Hg	Au Pt
Leichtmetalle (unedel)	Schwermetalle (unedel)	Halbedelmetalle	Edelmetalle
links			**rechts**

Potenzial des Redoxpaares Ox_2/Red_2 positiver ist als dasjenige des Redoxpaares Ox_1/Red_1. Analoges gilt für eine Reduktion.

▶ Aus der Kenntnis der Redoxpotenziale kann man voraussagen, ob ein bestimmter Redoxvorgang möglich ist.

Ein Blick auf die Tab. 9.2 zeigt: Die reduzierende Wirkung der Redoxpaare nimmt von oben nach unten und in Tab. 9.3 von links nach rechts ab. Die oxidierende Wirkung nimmt in der gleichen Richtung zu.

Redoxpaare mit negativem Redoxpotenzial stehen oberhalb bzw. links vom Wasserstoff, und Redoxpaare mit positivem Redoxpotenzial stehen unterhalb bzw. rechts vom Wasserstoff.

Besonderes Interesse beanspruchen die Normalpotenziale von Redoxpaaren, die aus Metallen und den Lösungen ihrer Ionen bestehen (Me/Me^{n+}).

a. Metalle mit negativem Potenzial können die Ionen der Metalle mit positivem Potenzial reduzieren, d. h. die entsprechenden Metalle aus ihren Lösungen abscheiden.

Beispiel $\Delta E = \Delta E_2 - \Delta E_1$

$$\overset{0}{Fe} + Cu^{2+} \longrightarrow Fe^{2+} + \overset{0}{Cu} \quad \Delta E^0 = E^0_{Cu/Cu^{2+}} - E^0_{Fe/Fe^{2+}} = +0{,}79\,V$$

b. Lösen von Metallen in Säuren. Alle Metalle, die in der elektrochemischen Spannungsreihe oberhalb bzw. links vom Wasserstoff stehen, lösen sich als „unedle" Metalle in Säuren und setzen hierbei Wasserstoff frei. z. B.

$$\overset{0}{Zn} + 2\,H^+ \longrightarrow Zn^{2+} + \overset{0}{H_2} \quad \Delta E^0 = E^0_{H_2/H_3O^+} - E^0_{Zn/Zn^{2+}} = +0{,}76\,V$$

Hemmungserscheinungen wie Überspannung (z. B. verursacht durch Gasblasen auf der Metalloberfläche), Passivierung (Bildung einer dichten oxidischen Schutzschicht) verzögern bzw. verhindern bei manchen Metallen eine Reaktion mit Säuren.

Beispiele hierfür sind Aluminium (Al), Chrom (Cr), Nickel (Ni), Zink (Zn).

Die **edlen** Metalle stehen unterhalb bzw. rechts vom Wasserstoff. Sie lösen sich nicht in Säuren wie HCl, jedoch teilweise in oxidierenden Säuren wie konz. HNO_3 und konz. H_2SO_4.

9.3 Nernst'sche Gleichung

Liegen die Reaktionspartner einer Zelle nicht unter Normalbedingungen vor, kann man mit einer von *W. Nernst* 1889 entwickelten Gleichung sowohl die EMK eines Redoxpaares (Halbzelle) als auch einer Zelle (Redoxsystem) berechnen.

9.3.1 EMK eines Redoxpaares

Für die Berechnung des Potenzials E eines Redoxpaares lautet die Nernst'sche Gleichung:

$$\text{Ox} + n \cdot \text{e}^- \rightleftharpoons \text{Red}$$

$$E = E^0 + \frac{R \cdot T \cdot 2{,}303}{n \cdot F} \lg \frac{c(\text{Ox})}{c(\text{Red})}; \quad \frac{R \cdot T \cdot 2{,}303}{F} = 0{,}059$$

Für $c(\text{Ox}) = 1$ und $c(\text{Red}) = 1$ folgt $E = E^0$ mit $T = 298{,}15\,\text{K} = 25\,°\text{C}$, $\ln x = 2303 \cdot \lg x$, $F = 96.522\,\text{A s mol}^{-1}$

E^0 = Normalpotenzial des Redoxpaares aus Tab. 9.2; R = allgemeine Gaskonstante, $R = 8{,}316\,\text{J K}^{-1}\,\text{mol}^{-1}$; T = Temperatur; F = Faraday-Konstante; n = Anzahl der bei dem Redoxvorgang verschobenen Elektronen.

$c(\text{Ox})$ symbolisiert das Produkt der Konzentration *aller* Reaktionsteilnehmer auf der Seite der oxidierten Form (Oxidationsmittel) des Redoxpaares. $c(\text{Red})$ symbolisiert das Produkt der Konzentrationen *aller* Reaktionsteilnehmer auf der Seite der reduzierten Form (Reduktionsmittel) des Redoxpaares. Die stöchiometrischen Koeffizienten treten als Exponenten der Konzentrationen auf.

Beachte Bei korrekten Rechnungen müssen statt der Konzentrationen die Aktivitäten eingesetzt werden!

Beispiel 1
Gesucht wird das Potenzial E des Redoxpaares $\text{Mn}^{2+}/\text{MnO}_4^-$. Aus Tab. 9.2 entnimmt man $E^0 = +1{,}5\,\text{V}$. Die vollständige Teilreaktion für den Redoxvorgang in der Halbzelle ist:

$$\text{MnO}_4^- + 8\,\text{H}_3\text{O}^+ + 5\,\text{e}^- \rightleftharpoons \text{Mn}^{2+} + 12\,\text{H}_2\text{O}$$

Die Nernst'sche Gleichung lautet:

$$E = 1{,}5 + \frac{0{,}059}{5} \lg \frac{c(\text{MnO}_4^-) \cdot c^8(\text{H}_3\text{O}^+)}{c(\text{Mn}^{2+}) \cdot c^{12}(\text{H}_2\text{O})}$$

$c^{12}(\text{H}_2\text{O})$ ist in E^0 enthalten, da $c(\text{H}_2\text{O})$ in verdünnter wässriger Lösung konstant ist und E^0 für wässrige Lösungen gilt.

Von einem anderen Standpunkt aus kann man auch sagen: Die Aktivität des Lösemittels in einer verdünnten Lösung ist annähernd gleich 1. Mit $c^{12}(H_2O) = 1$ erhält man:

$$E = 1{,}5 + \frac{0{,}059}{5} \lg \frac{c(MnO_4^-) \cdot c^8(H_3O^+)}{c(Mn^{2+})}$$

Man sieht, dass das Redoxpotenzial in diesem Beispiel stark pH-abhängig ist.

Beispiel 2
pH-abhängig ist auch das Potenzial des Redoxpaares H_2/H_3O^+. Das Potenzial ist definitionsgemäß null für

$$a_{H_3O^+} = 1,\ p_H = 1{,}013\ \text{bar (Normalwasserstoffelektrode)}.$$

Über die Änderung des Potenzials einer Wasserstoffelektrode mit dem pH-Wert gibt die Nernst'sche Gleichung Auskunft:

$$E = E^0 + \frac{0{,}059}{5} \cdot \lg c^2(H_3O^+)$$
$$E = 0 + 0{,}059 \cdot \lg c(H_3O^+) = -0{,}059 \cdot pH$$

Für pH $= 7$, d. h. neutrales Wasser, ist das Potenzial: $-0{,}41$ V!

9.3.2 EMK eines Redoxsystems

$$Ox_2 + Red_1 \rightleftharpoons Ox_1 + Red_2.$$

Für die EMK (ΔE) eines Redoxsystems ergibt sich aus der Nernst'schen Gleichung:

$$\Delta E = E_2 - E_1$$
$$\Delta E = E_2^0 + \frac{R \cdot T \cdot 2{,}303}{n \cdot F} \lg \frac{c(Ox_2)}{c(Red_2)} \qquad E_1^0 - \frac{R \cdot T \cdot 2{,}303}{n \cdot F} \lg \frac{c(Ox_1)}{c(Red_1)}$$

oder

$$\Delta E = E_2^0 - E_1^0 + \frac{R \cdot T \cdot 2{,}303}{n \cdot F} \lg \frac{c(Ox_2) \cdot c(Red_1)}{c(Red_2) \cdot c(Ox_1)}$$

E_2^0 bzw. E_1^0 sind die Normalpotenziale der Redoxpaare Ox_2/Red_2 bzw. Ox_1/Red_1. E_2^0 soll positiver sein als E_1^0, d. h. Ox_2/Red_2 ist das stärkere Oxidationsmittel.

Eine Reaktion läuft nur dann spontan von links nach rechts, wenn die Änderung der Freien Enthalpie $\Delta G < 0$ ist. Da die EMK der Zelle über die Gleichung

$\Delta G = \pm n \cdot F \cdot$ EMK mit der Freien Enthalpie (Triebkraft) einer chemischen Reaktion zusammenhängt, folgt, dass die EMK ($= \Delta E$) größer als null sein muss. (Zu dem Begriff Freie Enthalpie s. Abschn. 11.2).

▶ Man sieht daraus, dass die Konzentrationen der Reaktionspartner die Richtung einer Redoxreaktion beeinflussen können.

Beachte Mit Konzentrationsänderungen durch **Komplexbildung** lässt sich ein Stoff „edler" oder „unedler" machen. Man kann damit den Ablauf von Redoxreaktionen in gewissem Umfang steuern.

9.3.3 Konzentrationskette

Die Abhängigkeit der EMK eines Redoxpaares bzw. eines Redoxsystems von der Konzentration (Aktivität) der Komponenten lässt sich zum Aufbau einer Zelle (Kette, galvanisches Element) ausnützen. Eine solche Konzentrationskette (Konzentrationszelle) besteht also aus den gleichen Stoffen in unterschiedlicher Konzentration.
Die Spannung der Kette lässt sich mit der Nernst'schen Gleichung ermitteln.

9.4 Praktische Anwendung von galvanischen Elementen

Galvanische Elemente finden in **Batterien** (Primärelement) und **Akkumulatoren** (Sekundärelement) als Stromquellen vielfache Verwendung.

Anmerkung Primärelemente können in der Regel nicht wieder „aufgeladen" werden. D. h., die stromliefernde Reaktion ist nicht umkehrbar.

9.4.1 Trockenbatterie (Leclanché-Element, Taschenlampenbatterie)

Anode (negativer Pol): Zinkblechzylinder; *Kathode* (positiver Pol): Braunstein (MnO$_2$), der einen inerten Graphitstab umgibt; *Elektrolyt*: konz. NH$_4$Cl-Lösung, oft mit Sägemehl angedickt (NH$_4^+$ $\rightleftharpoons$ NH$_3$ + H$^+$); auch eine wässrige ZnCl$_2$-Lösung wird verwendet.

Anodenvorgang Zn $\longrightarrow$ Zn^{2+} + 2 e$^-$

Kathodenvorgang 2 MnO$_2$ + 2 e$^-$ + 2 NH$_4^+$ $\longrightarrow$ Mn$_2$O$_3$ + H$_2$O + 2 NH$_3$
Das Potenzial einer Zelle beträgt ca. 1,5 V.

Anmerkung   Die erwartete H_2-Entwicklung wird durch die Anwesenheit von MnO_2 und mit Sauerstoff gesättigter Aktivkohle verhindert. H_2 wird zu H_2O oxidiert. Ist diese Oxidation nicht mehr möglich, bläht sich u. U. die Batterie auf und „läuft aus".

9.4.2   Alkali-Mangan-Zelle

Die alkaline-manganese-Zelle ist eine Weiterentwicklung des Leclanché-Systems. Als Elektrolyt wird KOH-Lösung verwendet. Mit Lauge getränkte Zinkflitter bilden die Anode (negativer Pol). Die Elektrodenanordnung ist *umgekehrt* wie im Leclanché-Element. MnO_2 wird in zwei Stufen bis zu $Mn(OH)_2$ umgesetzt. Man erreicht dadurch bis zu 50 % bessere Batterieleistungen.

Kathodenvorgang

$$MnO_2 + H_2O + e^- \longrightarrow MnO(OH) + OH^-$$
$$MnO(OH) + H_2O + e^- \longrightarrow Mn(OH)_2 + OH^-$$

9.4.3   Nickel-Cadmium-Batterie

Anodenvorgang (negativer Pol): $Cd + 2\,OH^- \longrightarrow Cd(OH)_2 + 2\,e^-$

Kathodenvorgang (positiver Pol): $2\,NiO(OH) + 2\,e^- + 2\,H_2O \longrightarrow \mathbf{2}\,Ni(OH)_2 + 2\,OH^-$
   Das Potenzial einer Zelle beträgt etwa 1,4 V.

9.4.4   Quecksilber-Batterie

Anode: Zn; *Kathode:* HgO/Graphitstab; *Elektrolyt:* feuchtes $HgCl_2$/KOH.

Anodenvorgang (negativer Pol): $Zn + 2\,OH^- \longrightarrow Zn(OH)_2 + 2\,e^-$

Kathodenvorgang (positiver Pol): $HgO + 2\,e^- + H_2O \longrightarrow Hg + 2\,OH^-$
   Potenzial einer Zelle: ca. 1,35 V.

9.4.5   Brennstoffzellen

▶ Brennstoffzellen nennt man Versuchsanordnungen, in denen durch Verbrennen von H_2, Kohlenwasserstoffen usw. *direkt* elektrische Energie erzeugt wird.

Beispiel Redoxreaktion $H_2 + 1/2\,O_2 \longrightarrow H_2O$

Alkalische Zelle

Beide Reaktionsgase werden z. B. durch poröse „Kohleelektroden" in konz. wässrige NaOH- oder KOH-Lösung eingegast. Die Elektroden enthalten als Katalysatoren z. B. Metalle der VIIIb-Gruppe des Periodensystems.

Anodenvorgang (negativer Pol): $H_2 + 2\,OH^- \longrightarrow 2\,H_2O + 2\,e^-$

Kathodenvorgang (positiver Pol): $2\,e^- + 1/2\,O_2 + H_2O \longrightarrow 2\,OH^-$

Bei der sog. *sauren Zelle* verwendet man poröse Nickelplatten in verd. Schwefelsäure.

9.4.6 Akkumulatoren

▶ Akkumulatoren sind regenerierbare galvanische Elemente, bei denen der Redoxvorgang, der bei der Stromentnahme abläuft, durch Anlegen einer äußeren Spannung (= Elektrolyse) umgekehrt werden kann.

9.4.6.1 Blei-Akku

Anode: Bleigitter, gefüllt mit Bleischwamm; *Kathode:* Bleigitter, gefüllt mit PbO_2; *Elektrolyt:* 20–30 %ige H_2SO_4.

Anodenvorgang (negativer Pol): $Pb \longrightarrow Pb^{2+} + 2\,e^-$ ($Pb^{2+} + SO_4{}^{2-} \longrightarrow PbSO_4$)

Kathodenvorgang (positiver Pol): $PbO_2 + SO_4{}^{2-} + 4\,H_3O^+ + 2\,e^- \longrightarrow PbSO_4 +$ $6\,H_2O$

Das Potenzial einer Zelle beträgt ca. 2 V.

Beim *Aufladen* des Akkus wird aus $PbSO_4$ elementares Blei und PbO_2 zurückgebildet:

$$2\,PbSO_4 + 2\,H_2O \longrightarrow Pb + PbO_2 + 2\,H_2SO_4$$

Beachte Beim Entladen (Stromentnahme) wird H_2SO_4 verbraucht und H_2O gebildet. Dies führt zu einer Verringerung der Spannung. Durch Dichtemessungen der Schwefelsäure lässt sich daher der Ladungszustand des Akkus überprüfen.

9.4.6.2 Lithium-Ionen-Akku

Grundprinzip: $LiMO_x + C_n \underset{\text{Entladen}}{\overset{\text{Laden}}{\rightleftharpoons}} Li_{1-y}MO_x + Li_yC_n$

Negative Elektrode: M = Co, Mn, Ni; C = Graphit, Koks.

Positive Elektrode: Li^+ in bestimmten Oxiden mit Schichtstruktur wie z. B. Manganoxiden.

9.5 Elektrochemische Korrosion/Lokalelement

Die Bildung eines galvanischen Elements ist auch die Ursache für die elektrochemische Korrosion.

▶ Unter Korrosion eines Metalls versteht man allgemein seine Zerstörung durch chemische Reaktion.

Berühren sich zwei Metalle in einer Elektrolytlösung wie z. B. CO_2-haltigem Wasser (Regenwasser), entsteht an der Berührungsstelle ein sog. **Lokalelement**. Das unedle Metall (Anode) löst sich auf (korrodiert) und bildet mit OH^--Ionen ein Oxidhydrat; an dem edlen Metall (Kathode) werden meist H_3O^+-Ionen zu H_2 reduziert. Man kann die Bildung eines Lokalelements auch zum „kathodischen Korrosionsschutz" verwenden. Als sog. *Opfer-, Aktiv-* oder *Schutzanode* (Pluspol) verwendet man z. B. Zn-, Mg-Legierungen.

Beispiel Schiffsbau, Metalltanks im Erdreich.

9.6 Elektrochemische Bestimmung von pH-Werten

9.6.1 Glaselektrode

Der pH-Wert kann für den Verlauf chemischer und biologischer Prozesse von ausschlaggebender Bedeutung sein. Elektrochemisch kann der pH-Wert durch folgendes Messverfahren bestimmt werden: Man vergleicht eine Spannung E_i, welche mit einer Elektrodenkombination in einer Lösung von bekanntem pH-Wert gemessen wird, mit der gemessenen Spannung E_a einer Probenlösung. Als Messelektrode wird meist die sog. Glaselektrode benutzt. Sie besteht aus einem dickwandigen Glasrohr, an dessen Ende eine (meist kugelförmige) dünnwandige Membran aus einer besonderen Glassorte angeschmolzen ist. Die Glaskugel ist mit einer Pufferlösung von bekanntem und konstantem pH-Wert gefüllt (*Innenlösung*). Sie taucht in die Probenlösung ein, deren pH-Wert gemessen werden soll (*Außenlösung*). An der Phasengrenze Glas/Lösung bildet sich eine Potenzialdifferenz ΔE (Potenzialsprung), die von der Acidität der Außenlösung abhängt.

9.6.1.1 Bezugselektroden

Zur Messung der an der inneren (i) und äußeren (a) Membranfläche entstandenen Potenziale werden zwei indifferente Bezugselektroden benutzt, wie z. B. zwei gesättigte Kalomelelektroden (Halbelement Hg/Hg_2Cl_2). Die innere Bezugselektrode ist in die Glaselektrode fest eingebaut. Die äußere Bezugselektrode taucht über eine KCl-Brücke (s. Abb. 9.4) in die Probenlösung. (Moderne Glaselektroden enthalten oft beide Elektroden in einem Bauelement kombiniert.)

Zusammen mit der Ableitelektrode bilden die Pufferlösung und die Probenlösung eine sog. *Konzentrationskette* (Konzentrationszelle). Für die EMK der Zelle

Abb. 9.4 Einstab-
Glaselektrode

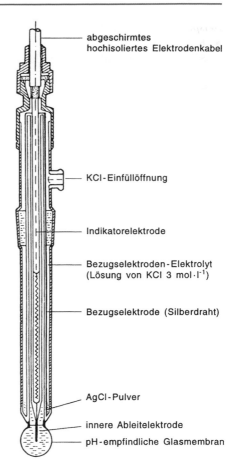

abgeschirmtes
hochisoliertes Elektrodenkabel

KCl-Einfüllöffnung

Indikatorelektrode

Bezugselektroden-Elektrolyt
(Lösung von KCl 3 mol·l⁻¹)

Bezugselektrode (Silberdraht)

AgCl-Pulver

innere Ableitelektrode

pH-empfindliche Glasmembran

(ΔE) ergibt sich mit der Nernst'schen Gleichung:

$$\Delta E = E_a - E_i = 0{,}059 \cdot \lg \frac{c(\mathrm{H_3O^+})_a}{c(\mathrm{H_3O^+})_i}$$

Da die $\mathrm{H_3O^+}$-Konzentration der Pufferlösung bekannt ist, kann man aus der gemessenen EMK den pH-Wert der Probenlösung berechnen bzw. an einem entsprechend ausgerüsteten Messinstrument (pH-Meter) direkt ablesen.

9.6.1.2 Elektroden 2. Art

In der Praxis benutzt man anstelle der Normalwasserstoffelektrode andere *Bezugselektroden*, deren Potenzial auf die Normalwasserstoffelektrode bezogen ist.

Besonders bewährt haben sich Elektroden 2. Art. Dies sind Anordnungen, in denen die Konzentration der potenzialbestimmenden Ionen durch die Anwesenheit einer schwerlöslichen, gleichionigen Verbindung festgelegt ist.

Beispiele
- Kalomel-Elektrode (Hg/Hg_2^{2+}) mit Hg_2Cl_2 (Kalomel),
- Silber/Silberchlorid-Elektrode (Ag/AgCl).

Silber/Silberchlorid-Elektrode (Ag/AgCl)
Die potenzialbestimmende Reaktion bei der (Ag/AgCl)-Elektrode ist:

$$Ag^+ + e^- \rightleftharpoons Ag$$

Für das Potenzial gilt:

$$E = E^0_{Ag/Ag^+} + \frac{R \cdot T}{F} \ln a_{Ag^+}$$
$$E^0_{Ag/Ag^+} = +0{,}81 \text{ V}$$

Die Aktivität a_{Ag^+} wird über das Löslichkeitsprodukt von AgCl durch die Aktivität der Cl^--Ionen bestimmt.

9.6.2 Redoxelektroden

Außer der Glaselektrode gibt es andere Elektroden zur pH-Messung, die im Prinzip alle auf Redoxvorgängen beruhen. Die wichtigsten sind

- die Wasserstoffelektrode (s. Abschn. 9.2.3.3),
- die Chinhydron-Elektrode (s. Abschn. 32.4.4) und
- Metall-Metalloxidelektroden, die teilweise industrielle Verwendung finden.

Praktische Bedeutung haben vor allem die *Antimon-* und die *Bismutelektrode*. Das Potenzial wird durch folgende Gleichung bestimmt:

$$Me + OH^- \rightleftharpoons MeOH + e^-$$

Über das Ionenprodukt des Wassers ergibt sich dann der gesuchte Zusammenhang zwischen dem Potenzial und dem pH-Wert.

9.7   Spezielle Redoxreaktionen

▶ **Disproportionierungsreaktion** heißt eine Redoxreaktion, bei der ein Element gleichzeitig in eine höhere und eine tiefere Oxidationsstufe übergeht.

Leitet man z. B. Chlorgas in Wasser ein, bilden sich bis zu einem bestimmten Gleichgewicht *Salzsäure* und *hypochlorige Säure* HOCl:

$$\underbrace{\overset{0}{Cl_2} + H_2O}_{\text{„Chlorwasser"}} \rightleftharpoons \overset{-1}{H}Cl + \overset{+1}{H}OCl$$

Ein anderes Beispiel ist die Disproportionierung von *Quecksilber(I)-Verbindungen:*

$$Hg_2{}^{2+} \longrightarrow \overset{0}{Hg} + Hg^{2+}$$

▶ **Komproportionierung** oder **Synproportionierung** nennt man den zur Disproportionierung umgekehrten Vorgang.

Hierbei bildet sich aus einer *höheren* und einer *tieferen* Oxidationsstufe eine *mittlere* Oxidationsstufe.

Beispiel

$$\overset{+4}{S}O_2 + 2\,H_2\overset{-2}{S} \longrightarrow 3\,\overset{0}{S} + 2\,H_2O$$

Diese Reaktion wird großtechnisch angewandt (Claus-Prozess).

Säure-Base-Systeme 10

Die Vorstellungen über die Natur der Säuren und Basen haben sich im Laufe der Zeit zu leistungsfähigen Theorien entwickelt. Eine erste allgemein brauchbare Definition für Säuren stammt von *Boyle* (1663). Weitere Meilensteine auf dem Weg zu den heutigen Theorien setzten u.a. *Lavoisier, v. Liebig* und *Arrhenius*. Die Säure-Base-Definition *von Arrhenius* ist auf Wasser beschränkt und nur noch von historischem Interesse: Säuren geben H^+-Ionen ab, Basen geben OH^--Ionen ab. Heute werden Säure-Base-Systeme vor allem durch die Theorien von *Brønsted* (1923) und *Lowry* sowie durch die Elektronentheorie von *Lewis* (1923) beschrieben.

10.1 *Brønsted*-Säuren und -Basen; pH-Wert

▶ **Säuren** sind – nach *Brønsted* (1923) – *Protonendonatoren* (Protonenspender).

Das sind Stoffe oder Teilchen, die H^+-Ionen abgeben können, wobei ein Anion A^- (= Base) zurückbleibt.

Beispiele Salzsäure HCl, Salpetersäure HNO_3, Schwefelsäure H_2SO_4, Essigsäure CH_3COOH, Schwefelwasserstoff H_2S.
Außer diesen *Neutralsäuren* gibt es auch *Kationsäuren* und *Anionsäuren*.

Beachte Diese Theorie ist nicht auf Wasser als Lösemittel beschränkt!

▶ **Basen** sind Protonenakzeptoren.

Das sind Stoffe oder Teilchen, die H^+-Ionen aufnehmen können.

Beispiele $NH_3 + H^+ \rightleftharpoons NH_4^+$; $Na^+OH^- + HCl \rightleftharpoons H_2O + Na^+ + Cl^-$.
Kationbasen und *Anionbasen* werden im Abschn. 10.4 besprochen.

▶ **Salze** sind Stoffe, die in festem Zustand aus Ionen aufgebaut sind.

© Springer-Verlag Berlin Heidelberg 2016
H.P. Latscha, U. Kazmaier, *Chemie für Biologen*, DOI 10.1007/978-3-662-47784-7_10

Beispiele Na^+Cl^-, Ammoniumchlorid ($NH_4^+Cl^-$), Na_2SO_4, $CaSO_4$.

Eine Säure kann ihr Proton nur dann abgeben, d. h. als Säure reagieren, wenn das Proton von einer Base aufgenommen wird. Für eine Base liegen die Verhältnisse umgekehrt. Die saure oder basische Wirkung einer Substanz ist also eine Funktion des jeweiligen Reaktionspartners, denn Säure-Base-Reaktionen sind **Protonenübertragungsreaktionen (Protolysen)**.

10.1.1 Protolysegleichgewichte

Protonenaufnahme bzw. -abgabe sind reversibel, d. h., bei einer Säure-Base-Reaktion stellt sich ein Gleichgewicht ein. Es heißt **Säure-Base-Gleichgewicht** oder Protolysegleichgewicht:

$$HA + B \rightleftharpoons BH^+ + A^-,$$

mit den Säuren: HA und BH^+ und den Basen: B und A^-. Bei der Rückreaktion wirkt A^- als Base und BH^+ als Säure. Man bezeichnet A^- als die zu HA *korrespondierende* (konjugierte) Base. HA ist die zu A^- *korrespondierende* (konjugierte) Säure. HA und A^- nennt man ein **korrespondierendes** (konjugiertes) **Säure-Base-Paar**.

Für ein Säure-Base-Paar gilt: Je leichter eine Säure (Base) ihr Proton abgibt (aufnimmt), d. h. je stärker sie ist, umso schwächer ist ihre korrespondierende Base (Säure).

Die Lage des Protolysegleichgewichts wird durch die Stärke der beiden Basen (Säuren) bestimmt. Ist B stärker als A^-, so liegt das Gleichgewicht auf der rechten Seite der Gleichung.

Beispiel

$$HCl \rightleftharpoons H^+ + Cl^-$$
$$NH_3 + H^+ \rightleftharpoons NH_4^+$$
$$HCl + NH_3 \rightleftharpoons NH_4^+ + Cl^-$$

allgemein:

$$\text{Säure 1} + \text{Base 2} \rightleftharpoons \text{Säure 2} + \text{Base 1}$$

Die Säure-Base-Paare sind:

- HCl/Cl^- bzw. (Säure 1/Base 1)
- NH_3/NH_4^+ bzw. (Base 2/Säure 2)

▶ Substanzen oder Teilchen, die sich einer starken Base gegenüber als Säure verhalten und von einer starken Säure H^+-Ionen übernehmen und binden können, heißen **Ampholyte** (*amphotere* Substanzen).

Welche Funktion ein Ampholyt ausübt, hängt vom Reaktionspartner ab.

Beispiele H_2O, HCO_3^-, $H_2PO_4^-$, HSO_4^-, H_2NCOOH.

10.1.2 Protolysegleichgewicht des Wassers und pH-Wert

Wasser, H_2O, ist als sehr schwacher amphoterer Elektrolyt in ganz geringem Maße dissoziiert:

$$H_2O \rightleftharpoons H^+ + OH^-$$

H^+-Ionen sind wegen ihrer im Verhältnis zur Größe hohen Ladung nicht existenzfähig. Sie liegen solvatisiert vor:

$$H^+ \cdot x\,H_2O = H_3O^+, H_5O_2^+, H_7O_3^+, H_9O_4^+ = H_3O^+ \cdot 3\,H_2O \text{ etc.}$$

Zur Vereinfachung schreibt man nur das erste Ion $\mathbf{H_3O^+}$ (= **Hydronium-Ion**).

Man formuliert die Dissoziation von Wasser meist als **Autoprotolyse** (Wasser reagiert mit sich selbst):

$$H_2O + H_2O \rightleftharpoons H_3O^+ + OH^- \quad \text{(Autoprotolyse des Wassers)}$$

Das Massenwirkungsgesetz ergibt für diese Reaktion:

$$\frac{c(H_3O^+) \cdot c(OH^-)}{c^2(H_2O)} - K$$

oder $c(H_3O^+) \cdot c(OH^-) = K \cdot c^2(H_2O) = \mathbf{\mathit{K}_W}$

K ist die Protolysekonstante des Wassers. Ihr Zahlenwert ist:

$$K_{(293\,K)} = 3{,}26 \cdot 10^{-18}$$

Da die Eigendissoziation des Wassers außerordentlich gering ist, kann die Konzentration des undissoziierten Wassers $c(H_2O)$ als nahezu konstant angenommen und gleichgesetzt werden der Ausgangskonzentration $c(H_2O) = 55{,}4\,\text{mol L}^{-1}$ (bei $20\,°C$). (1 Liter H_2O wiegt bei $20\,°C$ 998,203 g; dividiert man durch $18{,}01\,\text{g mol}^{-1}$, ergeben sich für $c(H_2O) = 55{,}4\,\text{mol L}^{-1}$.)

Mit diesem Zahlenwert für $c(H_2O)$ erhält man:

$$c(\mathbf{H_3O^+}) \cdot c(\mathbf{OH^-}) = 3{,}26 \cdot 10^{-18} \cdot 55{,}4^2 \,\text{mol}^2\,\text{L}^{-2}$$
$$= 1 \cdot 10^{-14} \,\text{mol}^2\,\text{L}^{-2} = K_W$$

Die Konstante K_W heißt das **Ionenprodukt des Wassers**.

Für $c(H_3O^+)$ und $c(OH^-)$ gilt:

$$c(H_3O^+) = c(OH^-) = \sqrt{10^{-14}\,\text{mol}^2\,\text{L}^{-2}} = 10^{-7}\,\text{mol L}^{-1}$$

Anmerkungen Der Zahlenwert von K_W ist abhängig von der Temperatur. Für genaue Rechnungen muss man statt der Konzentrationen die Aktivitäten verwenden (s. Abschn. 13.3).

▶ Reines Wasser reagiert neutral, d. h. weder sauer noch basisch.

Man kann auch allgemein sagen:

▶ Eine wässrige Lösung reagiert dann *neutral*, wenn in ihr die Wasserstoffionenkonzentration $c(H_3O^+)$ den Wert $10^{-7}\,\text{mol}\,L^{-1}$ hat.

Die Zahlen 10^{-14} oder 10^{-7} sind vom Typ $a \cdot 10^{-b}$. Bildet man hiervon den negativen dekadischen Logarithmus, erhält man:

$$-\lg a \cdot 10^{-b} = b - \lg a$$

Für den negativen dekadischen Logarithmus des Zahlenwertes der **Wasserstoffio-nenkonzentration** hat man aus praktischen Gründen das Symbol **pH** (von potentia hydrogenii) eingeführt. Den zugehörigen Zahlenwert bezeichnet man als den **pH-Wert** einer Lösung:

▶ $$pH = -\lg c(H_3O^+)$$

Der pH-Wert ist der negative dekadische Logarithmus des Zahlenwertes der H_3O^+-Konzentration (genauer: H_3O^+-Aktivität).

Analog gilt:

$$pOH = -\lg c(OH^-)$$

▶ Der pH-Wert ist ein Maß für die „Acidität" bzw. „Basizität" einer verdünnten wässrigen Lösung.

Beachte Außerhalb der normalen pH-Skala gilt die Beziehung: $pH = -\lg c(H_3O^+)$ nicht mehr. In diesen Fällen muss man $pH = \lg a_{H_3O^+}$ setzen. S. hierzu „Aktivität a", Abschn. 13.3.

▶ • Eine *neutrale* Lösung hat den pH-Wert 7 (bei $T = 22\,°C$) $pH = 7$
  • In *sauren* Lösungen überwiegen die H_3O^+-Ionen und es gilt:
    $c(H_3O^+) > 10^{-7}\,\text{mol}\,L^{-1}$ oder $pH < 7$
  • In *alkalischen* (basischen) Lösungen überwiegt die OH^--Konzentration. Hier ist:
    $c(H_3O^+) < 10^{-7}\,\text{mol}\,L^{-1}$ oder $pH > 7$

Tab. 10.1 pH- und pOH-Wert saurer und basischer Lösungen

pH			pOH
0	1 M	Starke Säure, z. B. 1 M HCl, $c(H_3O^+) = 10^0 = 1$, $c(OH^-) = 10^{-14}$	14
1	0,1 M	Starke Säure, z. B. 0,1 M HCl, $c(H_3O^+) = 10^{-1}$, $c(OH^-) = 10^{-13}$	13
2	0,01 M	Starke Säure, z. B. 0,01 M HCl, $c(H_3O^+) = 10^{-2}$, $c(OH^-) = 10^{-12}$	12
$\vdots$			$\vdots$
7		Neutralpunkt, reines Wasser, $c(H_3O^+) = c(OH^-) = 10^{-7}$ mol L^{-1}	7
$\vdots$			$\vdots$
12	0,01 M	Starke Base, z. B. 0,01 M NaOH, $c(OH^-) = 10^{-2}$, $c(H_3O^+) = 10^{-12}$	2
13	0,1 M	Starke Base, z. B. 0,1 M NaOH, $c(OH^-) = 10^{-1}$, $c(H_3O^+) = 10^{-13}$	1
14	1 M	Starke Base, z. B. 1 M NaOH, $c(OH^-) = 10^0$, $c(H_3O^+) = 10^{-14}$	0

Anmerkung „pH-neutral" heißt, der pH-Wert ist 7. „Hautneutral" bezeichnet den physiologischen pH-Wert der gesunden Haut von ca. 5,5. Blutplasma: pH $= 7{,}4$; Magensaft: pH $= 1{,}4$; Wein: pH $= 2{,}8$–$3{,}8$; Regen (Reinluftgebiete): pH $= 5{,}6$.

Benutzt man das Symbol p allgemein für den negativen dekadischen Logarithmus einer Größe (z. B. pOH, pK_W), lässt sich das Ionenprodukt von Wasser auch schreiben als:

$$pH + pOH = pK_W = 14$$

Mit dieser Gleichung kann man über die OH$^-$-Ionenkonzentration auch den pH-Wert einer alkalischen Lösung errechnen (Tab. 10.1).

Manchmal findet man die Bezeichnungen „übersauer" für pH < 0 z. B. 5 M HClO$_4$ pH $= -0{,}7$ und „überalkalisch" für pH > 14, z. B. Alkalischmelze pH ~ 40.

10.2 Säure- und Basestärke

Reaktion einer Säure HA mit H$_2$O
Wir betrachten die Reaktion einer Säure HA mit H$_2$O:

$$HA + H_2O \rightleftharpoons H_3O^+ + A^-; \quad K = \frac{c(H_3O^+) \cdot c(A^-)}{c(HA) \cdot c(H_2O)}$$

Solange mit verdünnten Lösungen der Säure gearbeitet wird, kann $c(H_2O)$ als konstant angenommen und in die Gleichgewichtskonstante (Protolysekonstante) einbezogen werden:

$$K \cdot c(H_2O) = K_S = \frac{c(H_3O^+) \cdot c(A^-)}{c(HA)} \quad \text{(manchmal auch } K_a\text{, a von acid)}$$

Reaktion einer Base mit H$_2$O

Für die Reaktion einer Base mit H$_2$O gelten analoge Beziehungen:

$$\mathrm{B} + \mathrm{H_2O} \rightleftharpoons \mathrm{BH^+} + \mathrm{OH^-}; \quad K' = \frac{c(\mathrm{BH^+}) \cdot c(\mathrm{OH^-})}{c(\mathrm{H_2O}) \cdot c(\mathrm{B})}$$

$$K' \cdot c(\mathrm{H_2O}) = K_\mathrm{B} = \frac{c(\mathrm{BH^+}) \cdot c(\mathrm{OH^-})}{c(\mathrm{B})}$$

Die Konstanten K_S und K_B nennt man **Säure-** bzw. **Basekonstante**. Sie sind ein Maß für die Stärke einer Säure bzw. Base. Analog dem pH-Wert formuliert man den pK_S- bzw. pK_B-Wert:

$$\mathbf{p}K_\mathbf{S} = -\lg K_\mathrm{S} \text{ und } \mathbf{p}K_\mathbf{B} = -\lg K_\mathrm{B}$$

Zwischen den pK_S- und pK_B-Werten korrespondierender Säure-Base-Paare gilt die Beziehung:

▶ $\mathrm{p}K_\mathrm{S} + \mathrm{p}K_\mathrm{B} = 14 \quad (K_\mathrm{S} \cdot K_\mathrm{B} = 10^{-14})$

Anmerkung pK_S bzw. pK_B heißen auch *Säure-* bzw. *Baseexponent*. Sie sind nämlich der negative dekadische Logarithmus des Zahlenwertes von K_S und K_B.

10.2.1 Starke Säuren und starke Basen

▶ Starke Säuren haben pK_S-Werte < 1.
Starke Basen haben pK_B-Werte < 0, d. h. pK_S-Werte > 14.

In wässrigen Lösungen starker Säuren und Basen reagiert die Säure oder Base praktisch vollständig mit dem Wasser, d. h. $c(\mathrm{H_3O^+})$ bzw. $c(\mathrm{OH^-})$ ist gleich der Gesamtkonzentration der Säure bzw. Base, $C_\mathrm{Säure}$ bzw. C_Base.

Der **pH-Wert** ist daher leicht auszurechnen.

Beispiele

- **Säure.** Gegeben: 0,01 M wässrige HCl-Lösung = $C_\mathrm{Säure}$; gesucht: pH-Wert.
  $c(\mathrm{H_3O^+}) = 0{,}01 = 10^{-2}\,\mathrm{mol\,L^{-1}}; \quad \mathrm{pH} = 2$
- **Base.** Gegeben: 0,1 M NaOH = C_Base; gesucht: pH-Wert.
  $c(\mathrm{OH^-}) = 0{,}1 = 10^{-1}\,\mathrm{mol\,L^{-1}}; \quad \mathrm{pOH} = 1; \quad c(\mathrm{OH^-}) \cdot c(\mathrm{H_3O^+}) = 10^{-14};$
  $c(\mathrm{H_3O^+}) = 10^{-13}\,\mathrm{mol\,L^{-1}}; \quad \mathrm{pH} = 13$

10.2.2 Schwache Säuren und schwache Basen

Bei schwachen Säuren bzw. Basen kommt es nur zu unvollständigen Protolysen. Es stellt sich ein Gleichgewicht ein, in dem alle beteiligten Teilchen in messbaren Konzentrationen vorhanden sind.

10.2.2.1 Schwache Säuren

$$HA + H_2O \rightleftharpoons H_3O^+ + A^-$$

Aus Säure und H_2O entstehen gleichviele H_3O^+- und A^--Ionen, d. h. $c(A^-) = c(H_3O^+) = x$. Die Konzentration der undissoziierten Säure $c = c(HA)$ ist gleich der Anfangskonzentration der Säure $C_0(\text{Säure})$ minus x; denn wenn x H_3O^+-Ionen gebildet werden, werden x Säuremoleküle verbraucht. Bei schwachen Säuren ist x gegenüber $C_0(\text{Säure})$ vernachlässigbar, und man darf $C_0(\text{Säure}) = C_{\text{Säure}}$ setzen.

Nach dem Massenwirkungsgesetz ist:

$$K_S = \frac{c(H_3O^+) \cdot c(A^-)}{c(HA)} = \frac{c^2(H_3O^+)}{c(HA)} \Bigg| = \frac{x^2}{C-x} \approx \frac{x^2}{c}$$

$$K_S \cdot c(HA) = c^2(H_3O^+)$$

mit $c(HA) = C_{\text{Säure}}$ ergibt sich durch Logarithmieren und mit

$$pK_S = -\lg K_S \text{ sowie } pH = -\lg(c(H_3O^+)):$$

$pK_S - \lg C_{\text{Säure}} = 2 \cdot pH$ (Tab. 10.2)

Für den pH-Wert gilt:

▶
$$pH = \frac{pK_S - \lg C_{\text{Säure}}}{2}$$

Beachte Bei *sehr verdünnten* schwachen Säuren ist die Protolyse so groß ($\alpha >$ 0,62, s. Abschn. 8.4.1.8), dass diese Säuren wie starke Säuren behandelt werden müssen. Für sie gilt:

$$pH = -\lg C.$$

Analoges gilt für *sehr verdünnte* schwache Basen.

10.2.2.2 Schwache Basen

$$B + H_2O \rightleftharpoons BH^+ + OH^-$$

Aus Base und H_2O entstehen gleich viele OH^-- und BH^+-Ionen, d. h. $c(OH^-) = c(BH^+)$. Bei schwachen Basen darf man $c(B) = C_0(\text{Base}) = C_{\text{Base}}$ setzen (= Anfangskonzentration der Base).

MWG:

$$K_B = \frac{c(BH^+) \cdot c(OH^-)}{c(B)} = \frac{c^2(OH^-)}{c(B)}; \quad K_B \cdot c(B) = c^2(OH^-)$$

Mit $c(B) = C_{\text{Base}}$ ergibt sich durch Logarithmieren und mit

$$pK_B = -\lg K_B \text{ sowie } pOH = -\lg c(OH)$$

Tab. 10.2 Starke und schwache Säure-Base-Paare

pK_s	Säure		← korrespondierende →		Base	pK_B
≈ -10	Sehr starke	$HClO_4$	Perchlorsäure	ClO_4^-	Perchloration	Sehr	≈ 24
-6	Säure	HCl_{aq}	Salzsäure	Cl^-	Chloridion	schwache	20
-3		H_2SO_4	Schwefelsäure	HSO_4^-	Hydrogen-sulfation	Base	17
$-1,76$		H_3O^+	Oxoniumion	H_2O	Wasser[a]		15,76
1,92		H_2SO_3	Schweflige Säure	HSO_3^-	Hydrogen-sulfition		12,08
1,92		HSO_4^-	Hydrogen-sulfation	SO_4^{2-}	Sulfation		12,08
1,96		H_3PO_4	Orthophosphor-säure	$H_2PO_4^-$	Dihydrogen-phosphation		12,04
4,76		HAc	Essigsäure	Ac^-	Acetation		9,25
6,52		H_2CO_3	Kohlensäure	HCO_3^-	Hydrogen-carbonation		7,48
7		HSO_3^-	Hydrogen-sulfition	SO_3^{2-}	Sulfition		7
9,25		NH_4^+	Ammoniumion	NH_3	Ammoniak		4,75
10,4		HCO_3^-	Hydrogen-carbonation	CO_3^{2-}	Carbonation		3,6
	Sehr					Sehr starke	
15,76	schwache	H_2O	Wasser	OH^-	Hydroxidion	Base	$-1,76$
24	Säure	OH^-	Hydroxidion	O^{2-}	Oxidion		-10

Die Stärke der Säure nimmt ab ↓ ⏐ Die Stärke der Base nimmt zu ↓

[a] Wegen $K_B = \dfrac{c(H^+) \cdot c(OH^-)}{c(H_2O)} = \dfrac{10^{-14}}{55,5}$, um H^+, OH^- und H_2O in die Tabelle aufnehmen zu können. Bei der Ableitung von K_W über die Aktivitäten ist $pK_S(H_2O) = 14$ und $pK_S(H_3O^+) = 0$.

$$pK_B - \lg C_{Base} = 2 \cdot pOH \text{ (Tab. 10.2)}$$

$$pOH = \frac{pK_B - \lg C_{Base}}{2}$$

Mit $pOH + pH = 14$ erhält man

$$pH = 14 - pOH = 14 - \frac{pK_B - \lg C_{Base}}{2} \text{ oder}$$

▶
$$pH = 7 + \frac{1}{2}(pK_S + \lg C_{Base})$$

10.2.2.3 Beispiele

Schwache Säure: HCN
Gegeben: 0,1 M HCN-Lösung; $pK_S(HCN) = 9,4$; gesucht: pH-Wert.
$\quad C = 0,1 = 10^{-1} \, mol \, L^{-1}; \quad pH = \frac{9,4+1}{2} = 5,2$

Schwache Säure: CH₃COOH

Gegeben: 0,1 M CH_3COOH; $pK_S(CH_3COOH) = 4{,}76$; gesucht: pH-Wert.

$C = 0{,}1 = 10^{-1}\,mol\,L^{-1}$; $\quad$ pH $= \frac{4{,}76+1}{2} = 2{,}88$

Schwache Base: Na₂CO₃

Gegeben: 0,1 M Na_2CO_3-Lösung; gesucht: pH-Wert.

Na_2CO_3 enthält das basische CO_3^{2-}-Ion, das mit H_2O reagiert:

$$CO_3^{2-} + H_2O \rightleftharpoons HCO_3^- + OH^-$$

Das HCO_3^--Ion ist die zu CO_3^{2-} konjugierte Säure mit $pK_S = 10{,}4$.

Aus $pK_s + pK_B = 14$ folgt $pK_B = 3{,}6$. Damit wird

$$pOH = \frac{3{,}6 - \lg 0{,}1}{2} = \frac{3{,}6 - (-1)}{2} = 2{,}3 \text{ und pH} = 14 - 2{,}3 = 11{,}7$$

10.3 Mehrwertige Säuren

Im Gegensatz zu *einwertigen* Säuren der allgemeinen Formel HA sind *mehrwertige* (mehrbasige, mehrprotonige) Säuren Beispiele für **mehrstufig dissoziierende Elektrolyte**. Hierzu gehören Orthophosphorsäure (H_3PO_4), Schwefelsäure (H_2SO_4) und Kohlensäure (H_2CO_3). Sie können ihre Protonen schrittweise abgeben. Für jede Dissoziationsstufe bzw. Protolyse gibt es eine eigene Dissoziationskonstante K bzw. Säurekonstante K_s mit einem entsprechenden pK_s-Wert.

H₃PO₄

Als **Dissoziation** formuliert	Als **Protolyse** formuliert
1. Stufe: $H_3PO_4 \rightleftharpoons H^+ + H_2PO_4^-$	$H_3PO_4 + H_2O \rightleftharpoons H_3O^+ + H_2PO_4^-$ $K_{S_1} = \dfrac{c(H_3O^+) \cdot c(H_2PO_4^-)}{c(H_3PO_4)}$ $= 1{,}1 \cdot 10^{-?}$, $\quad pK_{S_1} = 1{,}96$
2. Stufe: $H_2PO_4^- \rightleftharpoons H^+ + HPO_4^{2-}$	$H_2PO_4^- + H_2O \rightleftharpoons H_3O^+ + HPO_4^{2-}$ $K_{S_2} = \dfrac{c(H_3O^+) \cdot c(HPO_4^{2-})}{c(H_2PO_4^-)}$ $= 6{,}1 \cdot 10^{-8}$; $\quad pK_{S_2} = 7{,}21$
3. Stufe: $HPO_4^{2-} \rightleftharpoons H^+ + PO_4^{3-}$	$HPO_4^{2-} + H_2O \rightleftharpoons H_3O^+ + PO_4^{3-}$ $K_{S_3} = \dfrac{c(H_3O^+) \cdot c(PO_4^{3-})}{c(HPO_4^{2-})}$ $= 4{,}7 \cdot 10^{-13}$; $\quad pK_{S_3} = 12{,}32$
Gesamtreaktion: $H_3PO_4 \rightleftharpoons 3\,H^+ + PO_4^{3-}$ $K_{1,2,3} = \dfrac{c^3(H^+) \cdot c(PO_4^{3-})}{c(H_3PO_4)}$ $K_{1,2,3} = K_1 \cdot K_2 \cdot K_3$	Bei einer Lösung von H_3PO_4 spielt die dritte Protolysereaktion praktisch keine Rolle.
	Im Falle einer Lösung von Na_2HPO_4 ist auch pK_{S_3} maßgebend.

H_2CO_3 Es wird nur die Protolyse formuliert.

1. Stufe:	
$CO_2 + H_2O \rightleftharpoons H_2CO_3$	
$H_2CO_3 + H_2O \rightleftharpoons HCO_3^- + H_3O^+$	$K_{S_1} = \dfrac{c(H_3O^+) \cdot c(HCO_3^-)}{c(H_2CO_3)} = 3 \cdot 10^{-7}$ $pK_{S_1} = 6{,}52$
2. Stufe:	
$HCO_3^- + H_2O \rightleftharpoons CO_3^{2-} + H_3O^+$	$K_{S_2} = \dfrac{c(H_3O^+) \cdot c(CO_3^{2-})}{c(HCO_3^-)} = 3{,}9 \cdot 10^{-11}$ $pK_{S_2} = 10{,}4$
Gesamtreaktion:	
$H_2CO_3 + 2\,H_2O \rightleftharpoons CO_3^{2-} + 2\,H_3O^+$	$K_{S_{1.2}} = \dfrac{c^2(H_3O^+) \cdot c(CO_3^{2-})}{c(H_2CO_3)} = K_{S_1} \cdot K_{S_2}$ $= 1{,}2 \cdot 10^{-17}$ $pK_{S_{1.2}} = pK_{S_1} + pK_{S_2} = 16{,}92$

Bei der ersten Stufe ist zu beachten, dass nur ein kleiner Teil des in Wasser gelösten CO_2 als H_2CO_3 vorliegt. pK_{S_1} bezieht sich hierauf.

10.3.1 Auswirkung der Dissoziationsstufen auf den pH-Wert

Bei genügend großem Unterschied der K_S bzw. pK_S-Werte kann man jede Stufe für sich betrachten.

▶ Ausschlaggebend für den pH-Wert ist meist die 1. Stufe.

Während nämlich die Abspaltung des ersten Protons leicht und vollständig erfolgt, werden alle weiteren Protonen sehr viel schwerer und unvollständig abgespalten weil das Anion eine Höhere negative Ladung erhält.

Daher gilt: $pK_{S_1} < pK_{S_2} < pK_{S_3}$.

Die einzelnen Dissoziationsstufen können oft in Form ihrer Salze isoliert werden.

Beispiele (mit Angaben über die Reaktion in Wasser):

Natriumdihydrogenphosphat (primäres Natriumphosphat)	NaH_2PO_4	Sauer
Dinatriumhydrogenphosphat (sekundäres Natriumphosphat)	Na_2HPO_4	Basisch
Trinatriumphosphat (tertiäres Natriumphosphat)	Na_3PO_4	Stark basisch
Natriumhydrogencarbonat	$NaHCO_3$	Basisch
Natriumcarbonat	Na_2CO_3	Stark basisch
Andere Alkalicarbonate wie Kaliumcarbonat K_2CO_3 und Lithiumcarbonat Li_2CO_3		

10.3.2 Mehrwertige Basen

Außer einwertigen Basen der allgemeinen Formel B gibt es auch mehrwertige Basen wie z. B. $Ca(OH)_2$.

10.4 Protolysereaktionen beim Lösen von Salzen in Wasser

Salze aus einer starken Säure und einer starken Base wie NaCl reagieren beim Lösen in Wasser neutral. Die hydratisierten Na^+-Ionen sind so schwache Protonendonatoren, dass sie gegenüber Wasser nicht sauer reagieren. Die Cl^--Anionen sind andererseits so schwach basisch, dass sie aus dem Lösemittel keine Protonen aufnehmen können.

Anionbasen
Es gibt nun auch Salze, deren Anionen infolge einer Protolysereaktion mit Wasser OH^--Ionen bilden. Es sind sog. Anionbasen.
Die stärkste Anion-Base in Wasser ist OH^-. Weitere *Beispiele:*

- CN^-
- CH_3COO^-
  $CH_3COO^- + H_2O \rightleftharpoons CH_3COOH + OH^-$ $\qquad pK_B(CH_3CO_2^-) = 9{,}25$
- CO_3^{2-}
  $CO_3^{2-} + H_2O \rightleftharpoons HCO_3^- + OH^-$ $\qquad pK_B(CO_3^{2-}) = 3{,}6$
- S^{2-}
  $S^{2-} + H_2O \rightleftharpoons HS^- + OH^-$ $\qquad pK_B(S^{2-}) = 1{,}1$

$$pOH = pK_B - \lg C_{Salz}$$
$$pH = 14 - pOH$$

Anionsäuren
Anionsäuren sind z. B. HSO_4^- und $H_2PO_4^-$:

- $HSO_4^- + H_2O \rightleftharpoons H_3O^+ + SO_4^{2-}$
- $H_2PO_4^- + H_2O \rightleftharpoons H_3O^+ + HPO_4^{2-}$

Kationsäuren
Kationsäuren entstehen durch Protolysereaktionen beim Lösen bestimmter Salze in Wasser. *Beispiele* für Kationsäuren sind das NH_4^+-Ion und hydratisierte, mehrfach geladene Metallkationen:

- $NH_4^+ + H_2O + Cl^- \rightleftharpoons H_3O^+ + NH_3 + Cl^-$; $\quad pK_S(NH_4^+) = 9{,}21$

$$pH = \frac{9{,}21 - \lg C_{NH_4Cl}}{2} \bigg| = \frac{pK_S - \lg C_{Salz}}{2}$$

(Für $C_{NH_4Cl} = 0{,}1 \, mol\,L^{-1}$ ist $pH = \frac{9{,}21+1}{2} = 5{,}1$.)

- $[Fe(H_2O)_6]^{3+}$

  $[Fe(H_2O)_6]^{3+} + H_2O + 3\,Cl^- \rightleftharpoons H_3O^+ + [Fe(OH)(H_2O)_5]^{2+} + 3\,Cl^-$;

  $pK_S([Fe(H_2O)_6]^{3+}) = 2{,}2$

In allen Fällen handelt es sich um Kationen von Salzen, deren Anionen schwächere Basen als Wasser sind, z. B. Cl^-, $SO_4{}^{2-}$. Die Lösungen von hydratisierten Kationen reagieren umso stärker sauer, je kleiner der Radius und je höher die Ladung, d. h. je größer die Ladungsdichte des Metallions ist.

Kationbasen

Betrachtet man die Reaktion von $[Fe(OH)(H_2O)_5]^{2+}$ oder $[Al(OH)(H_2O)_5]^{2+}$ mit H_3O^+, so verhalten sich die Kationen wie eine Base. Man nennt sie daher auch Kationbasen.

10.5 Neutralisationsreaktionen

Neutralisationsreaktionen nennt man allgemein die Umsetzung einer Säure mit einer Base. Hierbei hebt die Säure die Basewirkung bzw. die Base die Säurewirkung mehr oder weniger vollständig auf.

Lässt man z. B. äquivalente Mengen wässriger Lösungen von starken Säuren und Basen miteinander reagieren, ist das Gemisch weder sauer noch basisch, sondern neutral. Es hat den pH-Wert 7. Handelt es sich nicht um starke Säuren und starke Basen, so kann die Mischung einen pH-Wert $\neq$ 7 aufweisen (s. Abschn. 10.7).

▶ Allgemeine Formulierung einer Neutralisationsreaktion:

$$\text{Säure} + \text{Base} \longrightarrow \text{deprotonierte Säure} + \text{protonierte Base}$$

Beispiel Salzsäure + Natronlauge

$$H_3O^+ + Cl^- + Na^+ + OH^- \rightleftharpoons Na^+ + Cl^- + 2\,H_2O$$

$$\Delta H = -57{,}3\,\text{kJ}\,\text{mol}^{-1}$$

Die Metallkationen und die Säurerest-Anionen bleiben wie in diesem Fall meist gelöst und bilden erst beim Eindampfen der Lösung **Salze**.

Beachte Die Rückreaktion ist die „Hydrolyse des Salzes" (NaCl).

Das Beispiel zeigt deutlich:

Die Neutralisationsreaktion ist eine Protolyse, d. h. eine Übertragung eines Protons von der Säure H_3O^+ auf die Base OH unter Bildung von Wasser.

$$H_3O^+ + OH^- \longrightarrow 2\,H_2O \qquad \Delta H = -57{,}3\,\text{kJ}\,\text{mol}^{-1}$$

Da starke Säuren praktisch vollständig dissoziiert sind, wird bei allen Neutralisationsreaktionen gleich konzentrierter Hydroxidlösungen mit verschiedenen starken Säuren immer die gleiche Wärmemenge (Neutralisationswärme) von $57{,}3\,\text{kJ}\,\text{mol}^{-1}$ frei.

Beachte Ein Beispiel für eine Neutralisationsreaktion *ohne Wasserbildung* ist die Reaktion von NH_3 mit HCl in der Gasphase:

$$NH_3 + HCl \longrightarrow NH_4^+Cl^-.$$

Genau verfolgen lassen sich Neutralisationsreaktionen durch die Aufnahme von pH-Diagrammen (Titrationskurven) bei Titrationen.

10.6 Protolysegrad

Anstelle des Dissoziationsgrads α (s. Abschn. 8.4.1.8) kann man auch einen **Protolysegrad** α analog definieren:

Für die Protolysereaktion:

$$HA + H_2O \rightleftharpoons H_3O^+ + A^- \text{ gilt:}$$

$$\alpha = \frac{\text{Konzentration protolysierter HA-Moleküle}}{\text{Konzentration der HA-Moleküle vor der Protolyse}}$$

Mit c = Gesamtkonzentration HA und $c(HA)$, $c(H_3O^+)$, $c(A^-)$, den Konzentrationen von HA, H_3O^+, A^- im Gleichgewicht ergibt sich:

$$\alpha = \frac{c - c(HA)}{c} = \frac{c(H_3O^+)}{c} = \frac{c(A^-)}{c}$$

Man gibt α entweder in Bruchteilen von 1 (z. B. 0,5) oder in Prozenten (z. B. 50 %) an.

Das **Ostwald'sche Verdünnungsgesetz** lautet für die Protolyse:

▶
$$\frac{\alpha^2 \cdot c}{1 - \alpha} = K_S$$

Für *starke* Säuren ist $\alpha \approx 1$ (bzw. 100 %).

Für *schwache* Säuren ist $\alpha \ll 1$, und die Gleichung vereinfacht sich zu:

$$\alpha = \sqrt{\frac{K_S}{c}}$$

Daraus ergibt sich:

▶ Der Protolysegrad einer schwachen Säure wächst mit abnehmender Konzentration c, d. h. zunehmender Verdünnung.

Beispiel 0,1 M CH_3COOH: $\alpha = 0{,}013$; 0,001 M CH_3COOH: $\alpha = 0{,}125$.

10.7 Titrationskurven

Titrieren heißt, die unbekannte Menge eines gelösten Stoffes dadurch ermitteln, dass man ihn durch Zugabe einer geeigneten Reagenzlösung mit genau bekanntem Gehalt (Wirkungsgrad, Titer) quantitativ von einem chemisch definierten Anfangszustand in einen ebenso gut bekannten Endzustand überführt. Man misst dabei die verbrauchte Menge Reagenzlösung z. B. mit einer Bürette (Volumenmessung).

Das Ende der Umwandlungsreaktion soll von selbst erkennbar sein oder leicht erkennbar gemacht werden können.

Gesucht wird der **Äquivalenzpunkt** (= theoretischer Endpunkt). Hier ist die dem gesuchten Stoff äquivalente Menge gerade verbraucht. (Der Titrationsgrad ist 1.)

Bestimmt man z. B. den Säuregehalt einer Lösung durch Zugabe einer Base genau bekannten Gehalts, indem man die Basenmenge misst, die bis zum Äquivalenzpunkt verbraucht wird, und verfolgt man diese Titration durch Messung des jeweiligen pH-Wertes der Lösung, so erhält man Wertepaare. Diese ergeben graphisch die Titrationskurve der Neutralisationsreaktion. Der Wendepunkt der Kurve beim Titrationsgrad $1 \hat{=} 100\,\%$. Neutralisation entspricht dem Äquivalenzpunkt.

Anmerkung Maßlösung heißt eine Lösung bekannten Gehalts (bekannter *Molarität*, Äquivalentkonzentration).

Abb. 10.1 pH-Diagramm zur Titration von sehr starken Säuren mit sehr starken Basen. 0,1 M HCl/0,1 M NaOH. *1* Äquivalenzpunkt; *2* Neutralpunkt (pH = 7) (s. Abschn. 10.2)

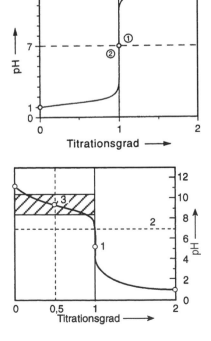

Abb. 10.2 pH-Diagramm zur Titration einer 0,1 M Lösung von NH_3 mit einer sehr starken Säure. *1* Äquivalenzpunkt; *2* Neutralpunkt (pH = 7); *3* Halbneutralisationspunkt: pH = pK_S (Titrationsgrad $0,5 \hat{=} 50\,\%$); *schraffiert* Pufferbereich ($pK_S \pm 1$) (s. Abschn. 10.2)

Beispiele für Säure/Base-Titrationen (= Acidimetrie und Alkalimetrie)
1. Starke Säure/starke Base.
   Beispiel 0,1 M HCl/0,1 M NaOH. Vorgelegt wird 0,1 M HCl (Abb. 10.1).
   Hier fallen Äquivalenzpunkt und Neutralpunkt (pH = 7) zusammen!
2. Titration einer schwachen Base wie Ammoniak mit HCl (Abb. 10.2).
3. Titration einer schwachen Säure wie Essigsäure mit NaOH (Abb. 10.3).
4. Titration einer schwachen Säure mit einer schwachen Base oder umgekehrt.

Je schwächer die Säure bzw. Base, desto kleiner ist die pH-Änderung am Äquivalenzpunkt. Der Reagenzzusatz ist am Wendepunkt so groß, dass eine einwandfreie Feststellung des Äquivalenzpunktes nicht mehr möglich ist. Der pH-Wert des Äquivalenzpunktes hängt von den Dissoziationskonstanten der beiden Reaktionspartner ab. Er kann im sauren oder alkalischen Gebiet liegen. In Abb. 10.4 ist ein Sonderfall angegeben.

Bemerkungen Der Wendepunkt einer Titrationskurve, der dem Äquivalenzpunkt entspricht, weicht umso mehr vom Neutralpunkt (pH = 7) ab, je schwächer die Säure oder Base ist. Bei der Titration *schwacher Säuren* liegt er im alkalischen, bei der Titration *schwacher Basen* im sauren Gebiet. Der Sprung im Äquivalenzpunkt, d. h. die größte Änderung des pH-Wertes bei geringster Zugabe von Reagenzlösung ist umso kleiner, je schwächer die Säure bzw. Lauge ist.

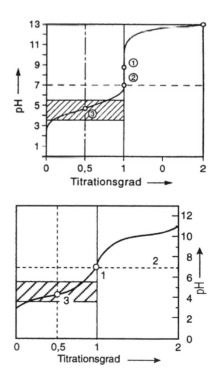

Abb. 10.3 pH-Diagramm zur Titration einer 0,1 M Lösung von CH_3COOH mit einer sehr starken Base. *1* Äquivalenzpunkt; *2* Neutralpunkt (pH = 7); *3* Halbneutralisationspunkt: pH = pK_S (Titrationsgrad 0,5 ≙ 50 %); *schraffiert* Pufferbereich ($pK_S \pm 1$) (s. Abschn. 10.2)

Abb. 10.4 Titration von 0,1 M CH_3COOH mit 0,1 M NH_3-Lösung. *1* Äquivalenzpunkt; *2* Neutralpunkt (pH = 7); *3* Halbneutralisationspunkt: pH = pK_S (Titrationsgrad 0,5 ≙ 50 %); *schraffiert* Pufferbereich ($pK_S \pm 1$) (s. Abschn. 10.2)

10.8   pH-Abhängigkeit von Säure- und Base-Gleichgewichten, Pufferlösungen

Protonenübertragungen in wässrigen Lösungen verändern den pH-Wert. Dieser wiederum beeinflusst die Konzentrationen konjugierter Säure/Base-Paare.

Die **Henderson-Hasselbalch-Gleichung (Puffergleichung)** gibt diesen Sachverhalt wieder. Man erhält sie auf folgende Weise:

$$HA + H_2O \rightleftharpoons H_3O^+ + A^-$$

Wenden wir auf diese Protolysereaktion der Säure HA das MWG an:

$$K_S = \frac{c(H_3O^+) \cdot c(A^-)}{c(HA)}$$

dividieren durch K_S und $c(H_3O^+)$ und logarithmieren anschließend, ergibt sich:

$$-\lg c(H_3O^+) = -\lg K_S + \lg \frac{c(A^-)}{c(HA)}$$

oder $pH = pK_S + \lg \frac{c(A^-)}{c(HA)}$ bzw. $pH = pK_S - \lg \frac{c(HA)}{c(A^-)}$ oder

▶
$$pH = pK_S + \lg \frac{c_{(Salz)}}{c_{(Säure)}}$$

Berechnet man mit dieser Gleichung für bestimmte pH-Werte die prozentualen Verhältnisse an Säure und korrespondierender Base (HA/A$^-$) und stellt diese graphisch dar, entstehen Kurven, die als **Pufferungskurven** bezeichnet werden (Abb. 10.5, 10.6 und 10.7). Abbildung 10.5 zeigt die Kurve für CH_3COOH/ CH_3COO^-. Die Kurve gibt die Grenze des Existenzbereichs von Säure und korrespondierender Base an: bis pH = 3 existiert nur CH_3COOH; bei pH = 5 liegt 63,5 %, bei pH = 6 liegt 95 % CH_3COO^- vor; ab pH = 8 existiert nur CH_3COO^-.

Abbildung 10.6 gibt die Verhältnisse für das System NH_4^+/NH_3 wieder. Bei pH = 6 existiert nur NH_4^+, ab pH = 12 nur NH_3. Will man die NH_4^+-Ionen quantitativ in NH_3 überführen, muss man durch Zusatz einer starken Base den pH-Wert auf 12 erhöhen. Da NH_3 unter diesen Umständen flüchtig ist, „treibt die stärkere Base die schwächere aus". Ein analoges Beispiel für eine Säure ist das System H_2CO_3/HCO_3^- (Abb. 10.7).

10.8.1   Bedeutung der *Henderson-Hasselbalch*-Gleichung (Puffergleichung)

a. Bei bekanntem pH-Wert kann man das Konzentrationsverhältnis von Säure und konjugierter Base berechnen.
b. Bei $pH = pK_S$ ist $\lg c(A^-)/c(HA) = \lg 1 = 0$, d. h. $c(A^-) = c(HA)$.

Abb. 10.5 HAc: pH $= pK_S = 4{,}75 =$ Pufferbereich

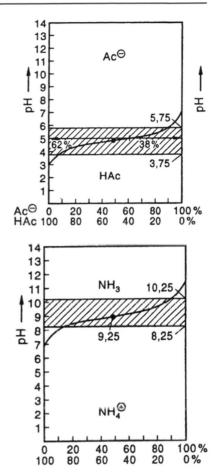

Abb. 10.6 NH_4^+: pH $= pK_S = 9{,}25$

c. Ist $c(A^-) = c(HA)$, so ist der pH-Wert gleich dem pK_S-Wert der Säure. Dieser pH-Wert stellt den Wendepunkt der Pufferungskurven in Abb. 10.5, 10.6 und 10.7 dar (vgl. Abb. 10.1, 10.2, 10.3 und 10.4).

d. Pufferlösungen können verdünnt werden, ohne dass sich der pH-Wert merklich ändert. Erklärung: Der pH-Wert hängt vom K_S-Wert und vom Verhältnis $c(Salz)/c(Säure)$ ab. Dieses bleibt bei der Verdünnung gleich!

e. Die Gleichung gibt auch Auskunft darüber, wie sich der pH-Wert ändert, wenn man zu Lösungen, die eine schwache Säure (geringe Protolyse) und ihr Salz (konjugierte Base) oder eine schwache Base und ihr Salz (konjugierte Säure) enthalten, eine Säure oder Base zugibt.

Enthält die Lösung eine Säure und ihr Salz bzw. eine Base und ihr Salz in etwa gleichen Konzentrationen, so bleibt der pH-Wert bei Zugaben von Säure bzw. Base in einem bestimmten Bereich, dem Pufferbereich des Systems, nahezu konstant (Abb. 10.5, 10.6, 10.7).

Abb. 10.7 HCO_3^-: pH = $pK_S = 10,40$

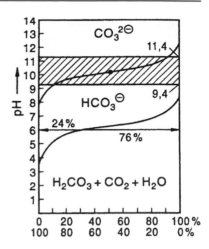

Lösungen mit diesen Eigenschaften heißen **Pufferlösungen, Puffersysteme** oder **Puffer**.

▶ Eine Pufferlösung besteht aus einer schwachen Brønsted-Säure (-Base) und der korrespondierenden Base (bzw. korrespondierenden Säure).

Sie vermag je nach der Stärke der gewählten Säure bzw. Base die Lösung in einem ganz bestimmten Bereich (**Pufferbereich**) gegen Säure- bzw. Basezusatz zu puffern.

Ein günstiger Pufferungsbereich erstreckt sich über etwa je einen pH-Wert auf beiden Seiten des pK_S-Wertes der zugrunde liegenden schwachen Säure.

Eine Pufferlösung hat die **Pufferkapazität 1**, wenn der Zusatz von $c_{eq} = 1$ mol Säure oder Base zu einem Liter Pufferlösung den pH-Wert um 1 Einheit ändert. **Maximale Pufferkapazität** erhält man für ein molares Verhältnis von Säure zu Salz von 1 : 1.

Geeignete Puffersysteme können aus Tabellen entnommen werden.

10.8.1.1   Wichtige Puffersysteme des Blutes

Pufferlösungen besitzen in der physiologischen Chemie besondere Bedeutung, denn viele Körperflüssigkeiten, z. B. Blut (pH = 7,39 ±0,05), sind gepuffert (**physiologische Puffersysteme**).

Der Bicarbonatpuffer (Kohlensäure-Hydrogencarbonat-Puffer)

$$H_2CO_3 \rightleftharpoons HCO_3^- + H^+$$

H_2CO_3 ist praktisch vollständig in CO_2 und H_2O zerfallen:

$$H_2CO_3 \rightleftharpoons CO_2 + H_2O.$$

Die Kohlensäure wird jedoch je nach Verbrauch aus den Produkten wieder nachgebildet. Bei der Formulierung der Henderson-Hasselbalch-Gleichung für den Bicarbonatpuffer muss man daher die CO_2-Konzentration im Blut mitberücksichtigen:

$$pH = pK'_S(H_2CO_3) + \lg \frac{c(HCO_3^-)}{c(H_2CO_3 + CO_2)}$$

mit $K'_S = \frac{c(H^+) \cdot c(HCO_3^-)}{c(CO_2)}$.

(K'_S ist die scheinbare Protolysekonstante der H_2CO_3, die den Zerfall in H_2O + CO_2 berücksichtigt.)

Der Phosphatpuffer
Mischung aus $H_2PO_4^-$ (primäres Phosphat) und HPO_4^{2-} (sekundäres Phosphat):

$$H_2PO_4^- \rightleftharpoons HPO_4^{2-} + H^+$$

$$pH = pK_S(H_2PO_4^-) + \lg \frac{c(HPO_4^{2-})}{c(H_2PO_4^-)}$$

10.8.1.2 Acetatpuffer
Ein weiteres wichtiges Puffersystem ist der **Acetatpuffer** (Essigsäure/Acetat-Gemisch):

1. **Säurezusatz:** Gibt man zu der Lösung aus $CH_3COOH/CH_3CO_2^-$ etwas verdünnte HCl, so reagiert das H_3O^+-Ion der vollständig protolysierten HCl mit dem Acetatanion und bildet undissoziierte Essigsäure. Das Acetatanion fängt also die Protonen der zugesetzten Säure ab, wodurch der pH-Wert der Lösung konstant bleibt:

$$H_3O^+ + CH_3COO^- \rightleftharpoons CH_3COOH + H_2O$$

2. **Basezusatz:** Gibt man zu der Pufferlösung wenig verdünnte Natriumhydroxid-Lösung NaOH, reagieren die OH^--Ionen mit H^+-Ionen der Essigsäure zu H_2O:

$$CH_3COOH + Na^+ + OH^- \rightleftharpoons CH_3COO^- + Na^+ + H_2O$$

Da CH_3COOH als schwache Säure wenig protolysiert ist, ändert auch der Verbrauch an Essigsäure durch die Neutralisation den pH-Wert nicht merklich.

Die zugesetzte Base wird von dem Puffersystem „abgepuffert".

Zahlenbeispiel für die Berechnung des pH-Wertes eines Puffers
Gegeben:

Lösung 1 = 1 L Pufferlösung, die 0,1 mol Essigsäure CH_3COOH ($pK_S = 4,76$) und 0,1 mol Natriumacetat-Lösung ($CH_3COO^-Na^+$) enthält.

Der pH-Wert des Puffers berechnet sich zu:

$$pH = pK_S + \lg \frac{c(CH_3COO^-)}{c(CH_3COOH)} = 4,76 + \lg \frac{0,1}{0,1} = 4,76$$

Gegeben:
Lösung 2 $= 1$ mL Natriumhydroxid-Lösung (NaOH) mit $c_{eq} = 1\,mol\,L^{-1}$. Sie enthält 0,001 mol NaOH.
Gesucht: pH-Wert der Mischung aus Lösung 1 und Lösung 2.
0,001 mol NaOH neutralisieren die äquivalente Menge $= 0,001$ mol CH_3COOH.
Hierdurch wird $c(CH_3COOH) = 0,099$ und $c(CH_3COO^-) = 0,101$.
Der pH-Wert der Lösung berechnet sich zu:

$$pH = pK_S + lg\,\frac{0,101}{0,099} = 4,76 + lg\,1,02 = 4,76 + 0,0086 = 4,7686$$

10.9 Messung von pH-Werten

Eine genaue Bestimmung des pH-Wertes ist potenziometrisch mit der sog. *Glaselektrode* möglich (s. Abschn. 9.6.1). Weniger genau arbeiten sog. pH-Indikatoren oder Farbindikatoren (Tab. 10.3).

▶ **Farbindikatoren** sind Substanzen, deren wässrige Lösungen in Abhängigkeit vom pH-Wert der Lösung ihre Farbe ändern können.

Es sind *Säuren* (HIn), die eine andere Farbe (Lichtabsorption) haben als ihre *korrespondierenden Basen* (In⁻). Zwischen beiden liegt folgendes Gleichgewicht vor:

$$HIn + H_2O \rightleftharpoons H_3O^+ + In^-$$

Hierfür gilt:

$$K_S(HIn) = \frac{c(H_3O^+) \cdot c(In^-)}{c(HIn)}$$

- Säurezusatz verschiebt das Gleichgewicht nach links. Die Farbe von HIn wird sichtbar.
- Basezusatz verschiebt das Gleichgewicht nach rechts. Die Farbe von In⁻ wird sichtbar.

Anmerkung Die geringe Menge des zugegebenen Indikators beeinflusst den pH-Wert der Lösung praktisch nicht.
Am Farbumschlagspunkt gilt:

$$c(HIn) = c(In^-)$$

Damit wird $c(H_3O^+) = K_S(HIn)$ oder **pH = pK_S(HIn)**, d. h., der Umschlagspunkt eines Farbindikators liegt bei seinem pK_S-Wert, der dem pH-Wert der Lösung entspricht.

Tab. 10.3 Umschlagsgebiete verschiedener pH-Indikatoren

Indikator	Umschlagsgebiet (pH)	Übergang sauer nach basisch
Thymolblau	1,2–2,8	Rot – Gelb
Methylorange	3,0–4,4	Rot – Orangegelb
Kongorot	3,0–5,2	Blauviolett – Rot
Methylrot	4,4–6,2	Rot – Gelb
Bromthymolblau	6,2–7,6	Gelb – Blau
Phenolphthalein	8,0–10,0	Farblos – Rot

Ein brauchbarer Umschlagsbereich ist durch zwei pH-Werte begrenzt:

$$pH = pK_S(HIn) \pm 1,$$

da das Auge die Farben erst bei einem 10-fachen Überschuss der einzelnen Komponenten in der Lösung erkennt. Für $c(In^-)/c(HIn) = 10$ ist nur die Farbe von In^- und für $c(In^-)/c(HIn) = 0,1$ ist nur die Farbe von HIn zu sehen.

Durch Kombination von Indikatoren kann man die Genauigkeit auf 0,1 bis 0,2 pH-Einheiten bringen. Häufig benutzt man Indikatorpapiere (mit Indikatoren getränkte und anschließend getrocknete Papierstreifen). Beliebt sind sog. **Universalindikatoren**, die aus Mischungen von Indikatoren mit unterschiedlichen Umschlagsbereichen bestehen. Hier tritt bei jedem pH-Wert eine andere Farbe auf.

Verwendung finden Farbindikatoren außer zur pH-Wertbestimmung auch zur Bestimmung des stöchiometrischen Endpunktes bei der Titration einer Säure oder einer Base.

10.10   Säure-Base-Reaktionen in nichtwässrigen Systemen

Auch in nichtwässrigen Systemen sind Säure-Base-Reaktionen möglich.

Bei Anwendung der Säure-Base-Theorie von *Brønsted* ist eine Säure-Base-Reaktion auf solche nichtwässrige Lösemittel beschränkt, in denen Protonenübertragungsreaktionen möglich sind. Geeignete Lösemittel sind z. B. Eisessig, konz. H_2SO_4, konz. HNO_3, Alkohole, Ether, Ketone, NH_3 (flüssig).

Reaktionen in flüssigen Säuren

Autoprotolyse von HNO_3 und CH_3COOH:

$$HNO_3 + HNO_3 \rightleftharpoons H_2NO_3^+ + NO_3^-$$
$$CH_3COOH + CH_3COOH \rightleftharpoons CH_3COOH_2^+ + CH_3CO_2^-$$

Das Autoprotolysegleichgewicht liegt hier weitgehend auf der linken Seite.

Schwache Basen wie Anilin und Pyridin werden in Eisessig weitgehend protolysiert.

Gegenüber *stärkeren Säuren* wie Perchlorsäure und Schwefelsäure wirken Essigsäure und Salpetersäure als Basen:

$$HClO_4 + CH_3COOH \rightleftharpoons CH_3COOH_2^+ + ClO_4^-$$

$$H_2SO_4 + HNO_3 \rightleftharpoons H_2NO_3^+ + HSO_4^-$$

Reaktionen in flüssigem Ammoniak

Ammoniak ist wie Wasser ein Ampholyt ($pK_S > 23$). Autoprotolyse in flüssigem Ammoniak:

$$NH_3 + NH_3 \rightleftharpoons NH_4^+ + NH_2^-$$

Das Gleichgewicht liegt weitgehend auf der linken Seite. Das Ionenprodukt

$$c(NH_4^+) \cdot c(NH_2^-) = 10^{-29} \, \text{mol}^2 \, \text{L}^{-2}.$$

NH_{4+} reagiert in flüssigem Ammoniak mit unedlen Metallen unter Wasserstoffentwicklung:

$$2\,NH_4^+ + Ca \longrightarrow 2\,NH_3 + Ca^{2+} + H_2$$

Säuren wie *Essigsäure*, die in Wasser schwache Säuren sind, sind in flüssigem Ammoniak starke Säuren:

$$CH_3COOH + NH_3 \rightleftharpoons NH_4^+ + CH_3COO^-$$

10.11   Elektronentheorie der Säuren und Basen nach *Lewis*

Wir haben gesehen, dass Brønsted-Säure Wasserstoffverbindungen sind und Brønsted-Basen ein freies Elektronenpaar besitzen müssen, um ein Proton aufnehmen zu können.

Es gibt nun aber sehr viele Substanzen, die saure Eigenschaften haben, ohne dass sie Wasserstoffverbindungen sind. Ferner gibt es in nichtwasserstoffhaltigen (nichtprototropen) Lösemitteln Erscheinungen, die Säure-Base-Vorgängen in Wasser oder anderen prototropen Lösemitteln vergleichbar sind. Eine Beschreibung dieser Reaktionen ist mit der nach *Lewis* benannten Elektronentheorie der Säuren und Basen möglich.

► Eine **Lewis-Säure** ist ein Molekül mit einer unvollständig besetzten Valenzschale (Elektronenpaarlücke), das zur Bildung einer kovalenten Bindung ein Elektronenpaar aufnehmen kann.

Eine Lewis-Säure ist demnach ein **Elektronenpaar-Akzeptor**.

Beispiele SO_3, BF_3, BCl_3, $AlCl_3$, $SnCl_4$, $SbCl_5$ und alle Zentralteilchen von Komplexen.

▶ Eine **Lewis-Base** ist eine Substanz, die ein Elektronenpaar zur Ausbildung einer kovalenten Bindung zur Verfügung stellen kann.

Eine Lewis-Base ist ein **Elektronenpaar-Donator**.

Beispiele $|NH_3$, $|N(C_2H_5)_3$, OH^-, NH_2^-, $C_6H_5^-$, Cl^-, O^{2-}, SO_3^{2-}.

Beachte Eine Lewis-Säure ist ein Elektrophil. Eine Lewis-Base ist ein Nucleophil (vgl. Abschn. 18.3.2).

Eine **Säure-Base-Reaktion** besteht nach Lewis in der Ausbildung einer Atombindung zwischen einer Lewis-Säure und einer Lewis-Base. Die **Stärke** einer Lewis-Säure bzw. Lewis-Base hängt daher vom jeweiligen Reaktionspartner ab.

Beispiele für Säure-Base-Reaktionen nach *Lewis*:

$$Ni + 4\ |C\equiv O| \longrightarrow Ni(|C\equiv O|)_4$$

$$Fe^{3+} + 6\ |C\equiv N|^- \longrightarrow \left[Fe(|C\equiv N|)_6\right]^{3-}$$

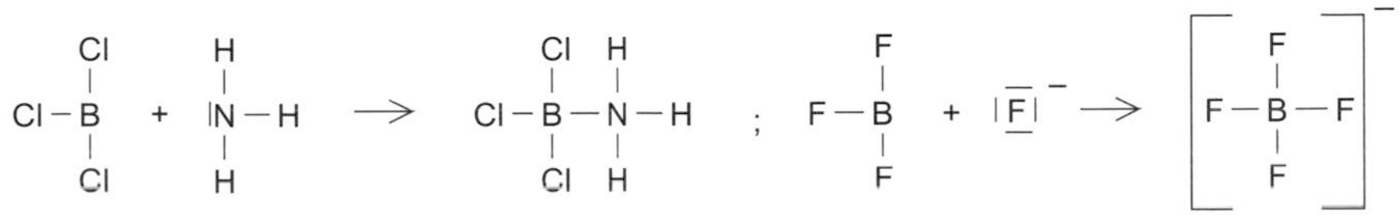

10.12 Prinzip der „harten" und „weichen" Säuren und Basen

Nach *R.G. Pearson* (1967) kommt fast jede chemische Bindung durch eine Säure-Base-Reaktion zustande. In seinem **HSAB-Konzept** (Hard and Soft Acids and Bases) unterscheidet er zwischen *harten* und *weichen Säuren* und *Basen* (Tab. 10.4).

▶ Säuren nach Pearson sind allgemein Elektronen-Akzeptoren.

Harte Säuren sind wenig polarisierbare Moleküle und Ionen mit hoher positiver Ladung und kleinem Radius (hohe Ladungsdichte). **Weiche Säuren** sind gut polarisierbare Moleküle und Ionen mit niedriger positiver Ladung und großem Radius.

▶ Basen nach Pearson sind allgemein Elektronen-Donatoren (Elektronen-Donoren).

Weiche Basen sind leichter polarisierbar als harte Basen.

Starke Bindungen (mit starkem ionischen Bindungsanteil) werden nach diesem Konzept ausgebildet zwischen *harten* Basen und *harten* Säuren oder *weichen* Basen und *weichen* Säuren.

Tab. 10.4 Auswahl von Säuren und Basen nach dem HSAB-Konzept

Säuren	
„Harte" Säuren	H^+, Li^+, Na^+, K^+, Mg^{2+}, Ca^{2+}, Sr^{2+}, Al^{3+}, Ti^{4+}, Cr^{3+}, Cr^{6+}, Mn^{2+}, Fe^{3+}, Co^{3+}, Cl^{7+}, BF_3, CO_2, HX, R_3C^+, RCO^+
„Weiche" Säuren	Cs^+, Cu^+, Ag^+, Au^+, Pd^{2+}, Pt^{2+}, Hg^{2+}, Cd^{2+}, I^+, Br^+, I_2, Br_2, BH_3, Metalle, ICN, CH_3Mg^+, RS^+, HO^+
Grenzfälle	Fe^{2+}, Co^{2+}, Pb^{2+}, NO^+, SO_2
Basen	
„Harte" Basen	H_2O, ROH, ROR, NH_3, RNH_2, N_2H_4, RO^-, OH^-, O^{2-}, $SO_4{}^{2-}$, $CO_3{}^{2-}$, $PO_4{}^{3-}$, F^-, Cl^-, $NO_3{}^-$, $ClO_4{}^-$, CH_3COO^-
„Weiche" Basen	RSH, RSR, R_3P, C_6H_6, C_2H_4, CO, RS^-, Br^-, CN^-, I^-, SCN^-, $S_2O_3{}^{2-}$, R^-, RNC^-
Grenzfälle	$C_6H_5NH_2$, Pyridin, $N_3{}^-$, Cl^-, $NO_2{}^-$

Schwache Bindungen mit vorwiegend kovalentem Bindungsanteil bilden sich bei der Reaktion von *weichen* Basen mit *harten* Säuren bzw. von *harten* Basen mit *weichen* Säuren.

Das HSAB-Konzept wird auch häufig mit Erfolg auf Komplexverbindungen angewandt. Man erklärt damit die Stabilität von Komplexen mit Zentralionen unterschiedlicher Oxidationsstufe.

Energetik chemischer Reaktionen (Grundlagen der Thermodynamik)

11

Die *Thermodynamik* ist ein wesentlicher Teil der allgemeinen Wärmelehre. Sie befasst sich mit den quantitativen Beziehungen zwischen der Wärmeenergie und anderen Energieformen, also der Energieumwandlung.

Die Thermodynamik geht von nur wenigen – aus Experimenten abgeleiteten – Axiomen aus, den sog. *Hauptsätzen der Thermodynamik*.

Die Sätze der Thermodynamik gelten für alle Energieumwandlungen bei Organismen.

Ein Zentralbegriff in der Thermodynamik ist der Begriff des **Systems**.

▶ Unter einem System versteht man eine beliebige Menge Materie mit den sie einschließenden physikalischen (realen) oder gedachten Grenzen, die sie vom Rest des Universums d. h. von ihrer Umgebung abschließen.

Man unterscheidet u. a.:

- **Abgeschlossene** oder **isolierte** Systeme, die weder Energie (z. B. Wärme, Arbeit) noch Materie (Masse) mit ihrer Umgebung austauschen.
  Beispiel geschlossene (ideale) Thermosflasche.
- **Geschlossene** Systeme, die durchlässig sind für Energie, aber undurchlässig für Materie (Masse).
  Beispiel verschlossene und gefüllte Glasflasche.
- **Offene** Systeme, welche mit ihrer Umgebung sowohl Energie als auch Materie austauschen können.

Organismen sind offene Systeme. Sie nehmen Energie (Lichtenergie, chemische Energie, Wärmeenergie) und Nährstoffe auf und sie geben Energie (in verschiedener Form z. B. Licht, Wärme, chemische Energie) und Abfallprodukte des Stoffwechsels an die Umgebung ab. Sie sind „Energieumwandler".

Der Zustand eines Systems hängt von sog. **Zustandsgrößen** oder Zustandsvariablen ab wie Temperatur, Volumen, Druck, Konzentration, Innere Energie, Enthalpie, Entropie und Freie Enthalpie. Jede Zustandsgröße kann als Funktion anderer

© Springer-Verlag Berlin Heidelberg 2016
H.P. Latscha, U. Kazmaier, *Chemie für Biologen*, DOI 10.1007/978-3-662-47784-7_11

Zustandsgrößen dargestellt werden. Eine solche Darstellung heißt **Zustandsgleichung**.

11.1 I. Hauptsatz der Thermodynamik (Energieerhaltungssatz)

Ein System besitzt einen bestimmten Energieinhalt, die sog. **Innere Energie** U (gemessen in J). U kann aus den verschiedensten Energieformen zusammengesetzt sein, z. B. potenzielle Energie, kinetische Energie, Schwingungsenergie usw. Die Innere Energie ist eine Zustandsfunktion, d. h., sie hängt ausschließlich vom Zustand des Systems ab. ΔU bezeichnet die Änderung von U.

Für die Summe aus der Inneren Energie U und dem Produkt aus Druck p und Volumen V führt man aus praktischen Gründen als neue Zustandsfunktion die **Enthalpie** (Wärmeinhalt) H (gemessen in J) ein:

$$H = U + p \cdot V$$

Beachte Der Absolutwert der Enthalpie ist nicht messbar. Es können nur Änderungen der Enthalpie gemessen werden.

Die Änderung der Enthalpie ΔH ergibt sich zu:

$$\Delta H = \Delta U + p\Delta V + V\Delta p$$

Für einen **isobaren** Vorgang (bei konstantem Druck) wird wegen $\Delta p = 0$

$$\Delta H = \Delta U + p\Delta V$$

D. h.: Die Änderung der Enthalpie ΔH ist gleich der Summe der Änderung der Inneren Energie ΔU und der Volumenarbeit $p\Delta V$ bei konstantem Druck.

▶ Für Vorgänge wie chemische Reaktionen die ohne Volumenänderung ablaufen, gilt:

$$\Delta H = \Delta U.$$

11.1.1 Veranschaulichung der Volumenarbeit $p \cdot \Delta V$

Wir betrachten die *isobare* Durchführung einer mit Volumenvergrößerung verbundenen Gasreaktion (Abb. 11.1):

In dem Reaktionsgefäß soll unter isobaren Bedingungen eine isotherme Reaktion ablaufen. Hierbei vergrößert sich das Gasvolumen V um den Betrag ΔV. Durch die Volumenvergrößerung wird der bewegliche Stempel gegen den konstanten Gegendruck (p) um die Höhe (h) nach oben gedrückt. Die hierbei geleistete Arbeit ist die Volumenarbeit $W_{\Delta V}$:

$$W_{\Delta V} = -p \cdot q \cdot h = -p \cdot \Delta V \text{ mit } q \cdot h = \Delta V$$

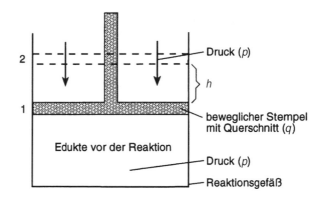

Abb. 11.1 Volumenvergrößerung bei einer isobar durchgeführten Gasreaktion *(1)* Anfangsstellung des Stempels; *(2)* Endstellung des Stempels

$W_{\Delta V}$ erhält das negative Vorzeichen, wenn wie in Abb. 11.1 eine Expansion erfolgt. Bei einer Kompression wird $W_{\Delta V}$ positiv.

Auskunft über Änderungen der Inneren Energie von Systemen gibt der **I. Hauptsatz der Thermodynamik**.

▶ Die von irgendeinem System während eines Vorganges insgesamt abgegebene oder aufgenommene Energiemenge ist nur vom Anfangs- und Endzustand des Systems abhängig. Sie ist unabhängig vom Weg: $E_1 = E_2$.

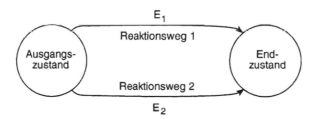

Für abgeschlossene (isolierte) Systeme folgt aus dem I. Hauptsatz, dass die Summe aller Energieformen konstant ist oder:

▶ In einem abgeschlossenen System ist die Innere Energie U konstant, d. h., die Änderung der Inneren Energie ΔU ist gleich null:

$$U = \text{const.} \quad \text{oder} \quad \Delta U = 0$$

Für geschlossene Systeme folgt aus dem I. Hauptsatz:

▶ Die Änderung der Inneren Energie ΔU eines geschlossenen Systems ist gleich der Summe der mit der Umgebung ausgetauschten Wärmemenge ΔQ und Arbeit ΔW:

$$\Delta U = \Delta Q + \Delta W$$

Das bedeutet:

Führt man einem geschlossenen System von außen Energie zu, z. B. in Form von Wärme und Arbeit, so erhöht sich seine Innere Energie um den zugeführten Energiebetrag.

Eine (häufig benutzte) Formulierung des 1. Hauptsatzes ist der **Satz von der Erhaltung der Energie**. Die *Quantität* der Energie im Universum ist konstant, ihre *Qualität* aber nicht. Energie kann übertragen und umgewandelt werden, aber nicht zerstört oder erzeugt werden.

11.1.2 Anwendung des I. Hauptsatzes auf chemische Reaktionen

Chemische Reaktionen sind sowohl mit Materie- als auch mit Energieumsatz verknüpft. Die *chemische Energie* ist für Organismen eine wichtige potenzielle Energie. Sie ist in den Molekülen in Form der Anordnung ihrer Bausteine gespeichert.

Die **thermochemischen Reaktionsgleichungen** für die Bildung von Wasser aus den Elementen und die Zersetzung von Wasser in die Elemente sind:

$$H_2(g) + 1/2\,O_2(g) \rightarrow H_2O(fl) + 285{,}84\,kJ$$

$$H_2O(fl) + 285{,}84\,kJ \rightarrow H_2(g) + 1/2\,O_2(g)$$

(g = gasförmig, fl = flüssig)

▶ Die Wärmemenge, die bei einer Reaktion frei wird oder verbraucht wird, heißt **Reaktionswärme**.

Die Reaktionswärme ist definiert als Energieumsatz in kJ pro *Formelumsatz*. Der Formelumsatz ist ein der Reaktionsgleichung entsprechender Molumsatz.

Vorstehend schrieben wir die Energiemenge, die bei einer Reaktion umgesetzt wird, auf die rechte Seite der Reaktionsgleichung und benutzten das Pluszeichen für „freiwerdende Energie". In diesem Fall betrachtet man den Energieumsatz von einem Standpunkt außerhalb des Systems. Die Energie wird dabei wie ein Reaktionspartner behandelt. Die Reaktionswärme heißt dann auch positive bzw. negative **Wärmetönung**.

Die meisten chemischen Reaktionen verlaufen bei konstantem Druck. Zur Beschreibung der energetischen Verhältnisse verwendet man daher zweckmäßigerweise die **Reaktionsenthalpie** ΔH (Reaktionswärme bei konstantem Druck) an Stelle von ΔU.

ΔH ist die Differenz zwischen der Enthalpie des Anfangszustandes und des Endzustandes.

Für eine chemische Reaktion ist:

$$\Delta H = \sum H_{\text{Produkte}} - \sum H_{\text{Edukte}}$$

Für Elemente in ihrem stabilsten Zustand wird bei 25 °C und 1,013 bar bzw. 1 mol L^{-1} die Enthalpie H (willkürlich) gleich null gesetzt: $H^0 = 0$.

Für Reaktionen, die unter *Standardbedingungen* verlaufen, ersetzt man ΔH durch $\Delta H^0 =$ **Standardreaktionsenthalpie**. $\Delta H^0_{(25\,°C)}$ heißt die **Normalreaktionsenthalpie**. Von vielen Substanzen sind ihre Werte tabelliert.

Anmerkung Standardbedingungen sind: 1,013 bar, 1 mol L^{-1}, reine Phasen, ideales Verhalten von Gasen.

Aus $H_A + H_B = H_C + H_D - \Delta H$ folgt für die Reaktion A + B $\rightleftharpoons$ C + D:

Wird bei einer Reaktion Energie frei (verbraucht), so wird diese den Edukten entzogen (zugeführt). Die zugehörige Reaktionsenthalpie ΔH erhält dann ein negatives (positives) Vorzeichen.

Bei dieser Vorzeichengebung verlegt man den Beobachterstandpunkt **in** das System.

▶ Eine Reaktion, bei der Energie frei wird (negative Reaktionsenthalpie), heißt *exotherm*.

Eine Reaktion, die Energie verbraucht (positive Reaktionsenthalpie), heißt *endotherm*.

Häufig sind Reaktionsenthalpien nicht direkt messbar. Mit Hilfe des *Hess'schen Wärmesatzes* (1840) – einer speziellen Form des I. Hauptsatzes – kann man sie oft rechnerisch ermitteln.

11.1.3 *Hess'scher Satz der konstanten Wärmesummen*

▶ Lässt man ein chemisches System von einem Anfangszustand in einen Endzustand einmal direkt und das andere Mal über Zwischenstufen übergehen, so ist die auf dem direkten Weg auftretende Wärmemenge gleich der Summe der bei den Einzelschritten (Zwischenstufen) auftretenden Reaktionswärmen.

Beispiel Die Reaktionsenthalpie der Umsetzung von Graphitkohlenstoff und Sauerstoff in Kohlenstoffmonoxid ist nicht direkt messbar, da stets ein Gemisch aus Kohlenstoffmonoxid (CO) und Kohlenstoffdioxid (CO_2) entsteht. Man kennt aber die Reaktionsenthalpie sowohl der Umsetzung von Kohlenstoff zu CO_2 als auch diejenige der Umsetzung von CO zu CO_2. Die Umwandlung von Kohlenstoff in CO_2 kann man nun einmal direkt durchführen oder über CO als Zwischenstufe. Mit Hilfe des Hess'schen Satzes lässt sich damit $\Delta H^0_{C \to CO}$ ermitteln.

1. Reaktionsweg: C + O$_2$ $\longrightarrow$ CO$_2$; $\Delta H^0 = -393{,}7$ kJ

2. Reaktionsweg:

     1. Schritt   C + O$_2$ $\longrightarrow$ CO + 1/2 O$_2$; $\Delta H^0 = ?$

     2. Schritt   CO + 1/2 O$_2$ $\longrightarrow$ CO$_2$; $\Delta H^0 = -283{,}1$ kJ

Gesamtreaktion von Reaktionsweg 2:

         C + O$_2$ $\longrightarrow$ CO$_2$; $\Delta H^0 = -393{,}7$ kJ

Daraus ergibt sich: $\Delta H^0_{C\rightarrow CO} + (-283,1\,\text{kJ}) = -393,7\,\text{kJ}$
oder $\qquad\qquad\qquad \Delta H^0_{C\rightarrow CO} = -110,6\,\text{kJ}$

11.2 II. Hauptsatz der Thermodynamik (Triebkraft chemischer Reaktionen)

Neben dem Materie- und Energieumsatz interessiert bei chemischen Reaktionen auch die Frage, ob sie in eine bestimmte Richtung ablaufen können oder nicht (ihre Triebkraft).

Ein Maß für die Triebkraft irgendeines Vorganges (mit p und T konstant) ist die **Änderung** der sog. **Freien Enthalpie ΔG** (Reaktionsarbeit, Nutzarbeit) beim Übergang von einem Anfangszustand in einen Endzustand. (Zur Definition von ΔG s. Abschn. 11.3.) Im angelsächsischen Sprachraum verwendet man anstelle von „Freier Enthalpie" die Bezeichnung „Freie Energie".

Bei chemischen Reaktionen ist

$$\Delta G = \sum G_{\text{Produkte}} - \sum G_{\text{Edukte}}$$

11.2.1 Freie Reaktionsenthalpie

Verläuft eine Reaktion unter *Standardbedingungen*, erhält man die Änderung der Freien Enthalpie im Standardzustand ΔG^0. Man nennt sie manchmal auch **Standardreaktionsarbeit**. Von vielen Substanzen sind die ΔG^0-Werte tabelliert. ($\Delta G^0_{(25\,°C)}$ heißt auch *Normalreaktionsarbeit*.)

Für Elemente in ihrem stabilsten Zustand bei $25\,°C$ und $1,013\,\text{bar}$ bzw. $1\,\text{mol\,L}^{-1}$ wird G^0 (willkürlich) gleich null gesetzt: $G^0 = 0$.

Die Änderung der Freien Enthalpie für die Umsetzung

$$a\text{A} + b\text{B} = c\text{C} + d\text{D}$$

ergibt sich unter Standardbedingungen:

$$\Delta G^0_r = c \cdot G^0_C + d \cdot G0_D - a \cdot G^0_A - b \cdot G^0_B$$

Der Index r soll andeuten, dass es sich um die Änderung der Freien Enthalpie bei der Reaktion handelt. G^0_A ist die Freie Enthalpie von 1 Mol A im Standardzustand.

Beispiel Berechne $\Delta G^0_{(25\,°C)}$ für die Reaktion von Tetrachlorkohlenstoff (CCl_4) mit Sauerstoff (O_2) nach der Gleichung:

$$CCl_4(g) + O_2 \longrightarrow CO_2 + 2\,Cl_2$$

$$\Delta G^0_{(CCl_4)} = -60,67\,\text{kJ}; \quad \Delta G^0_{(CO_2)} = -394,60\,\text{kJ}$$

$$\Delta G^0_{(CCl_4\rightarrow CO_2)} = [-394,60] - [-60,67] = -333,93\,\text{kJ}$$

Weshalb CCl_4 trotz negativem ΔG nicht spontan verbrennt, wird in Abschn. 12.6 erklärt (kinetisch kontrollierte Reaktion).

Bevor wir uns damit befassen, welche Faktoren den Wert von ΔG bestimmen, müssen wir die Begriffe **reversibel** und **irreversibel** einführen.

▶ Ein Vorgang heißt *reversibel* (umkehrbar), wenn seine Richtung durch unendlich kleine Änderungen der Zustandsvariablen umgekehrt werden kann.

Das betrachtete System befindet sich während des gesamten Vorganges im Gleichgewicht, d. h., der Vorgang verläuft über eine unendliche Folge von Gleichgewichtszuständen. Ein reversibler Vorgang ist ein idealisierter Grenzfall.

▶ Ein Vorgang heißt *irreversibel* (nicht umkehrbar), wenn er einsinnig verläuft. Alle Naturvorgänge sind irreversibel.

Wichtig ist nun die Feststellung, dass die Arbeit, die bei einem Vorgang von einem System geleistet werden kann, nur bei einem reversibel geführten Vorgang einen maximalen Wert erreicht (W_{rev}).

11.2.2   Reaktionsenthalpie

Bei einer reversibel geführten isobaren und isothermen Reaktion (Druck und Temperatur werden konstant gehalten) setzt sich die Reaktionsenthalpie ΔH aus zwei Komponenten zusammen, nämlich einer Energieform, die zur Verrichtung (Leistung) von Arbeit genutzt werden kann (maximale Nutzarbeit W_{rev}), und einem Wärmebetrag Q_{rev}. Letzterer heißt gebundene Energie, weil er nicht zur Arbeitsleistung verwendet werden kann. In Formeln:

$$\Delta H = W_{rev} + Q_{rev}$$

Die bei einem Vorgang freiwerdende maximale Nutzarbeit W_{rev} ist nun identisch mit der Änderung der Freien Enthalpie während des Vorgangs:

$$W_{rev} = \Delta G$$

11.2.3   Freie Enthalpie und II. Hauptsatz der Thermodynamik

Die Freie Enthalpie G ist wie die Innere Energie U unabhängig vom Weg. Für sie gilt der dem I. Hauptsatz entsprechende **II. Hauptsatz der Thermodynamik**. Er besagt:

▶ Die von einem System während eines isothermen Prozesses maximal leistbare Arbeit (= Änderung der Freien Enthalpie ΔG) ist nur vom Anfangs- und Endzustand des Systems abhängig, aber nicht vom Weg, auf dem der Endzustand erreicht wird: $\Delta G_1 = \Delta G_2$.

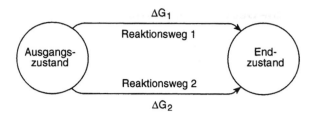

11.2.4   Entropieänderung

Dividiert man die Änderung der gebundenen Wärme ΔQ_{rev} durch die Temperatur, bei der der Vorgang abläuft, bezeichnet man den Quotienten $\Delta Q_{rev}/T$ als reduzierte Wärme oder als **Entropieänderung ΔS**:

$$\frac{\Delta Q_{rev}}{T} = \Delta S \text{ oder } \Delta Q_{rev} = T \cdot \Delta S$$

T ist die *absolute Temperatur* in der Einheit Kelvin (K). $K = {}^{\circ}C + 273$.

Die **Entropie S** (Q/T) ist eine Zustandsfunktion. Sie wurde 1850 von *R. Clausius* eingeführt. Maßeinheit: $J\,K^{-1}\,mol^{-1}$ (früher Clausius: $cal\,Grad^{-1}\,mol^{-1}$).

Der Änderung von Q_{rev} ($= \Delta Q_{rev}$) entspricht die Änderung der Entropie ΔS oder: In einem geschlossenen System ist die Entropieänderung ΔS des Systems gleich der im Verlauf von reversibel und isotherm ablaufenden Reaktionen mit der Umgebung ausgetauschten Wärmemenge, dividiert durch die zugehörige Reaktionstemperatur T (eine weitere Formulierung des II. Hauptsatzes der Thermodynamik).

Anmerkung ΔS und ΔG wurden vorstehend auf der Basis eines reversiblen Prozesses formuliert. Trotzdem hängen sie als Zustandsfunktionen nur vom Anfangs- und Endzustand des Systems ab und nicht von der Art der Änderung (reversibel oder irreversibel), die von einem Zustand in den anderen führt.

▶ Die Entropiemenge, die zur Erhöhung der Temperatur um 1 Grad erforderlich ist, heißt **spezifische Entropie** s. Die spez. Entropie pro Mol ist die spez. Molentropie S.

S wird ermittelt, indem man z. B. die Molwärme C, die zur Temperaturerhöhung eines Mols um 1 K gebraucht wird, durch die absolute Temperatur T dividiert, bei der die Erwärmung des Mols erfolgt: $S = C/T$. Je nachdem, ob die Molwärme bei konstantem Druck oder konstantem Volumen gemessen wird, versieht man sie mit dem Index p oder V: C_p bzw. C_V.

11.2.5   Statistische Deutung der Entropie

Die Entropie kann man veranschaulichen, wenn man sie nach *Boltzmann* als Maß für den Ordnungszustand eines Systems auffasst. Jedes System strebt einem Zustand maximaler Stabilität zu. Dieser Zustand hat die größte Wahrscheinlichkeit. Im statistischen Sinne bedeutet größte Wahrscheinlichkeit den höchstmöglichen Grad an Unordnung. Dieser ist gleich dem Maximalwert der Entropie. Das bedeutet, dass die Entropie mit abnehmendem Ordnungsgrad, d. h. mit wachsender Unordnung wächst.

Diffundieren z. B. zwei Gase ineinander, so verteilen sich die Gasteilchen völlig regellos über den gesamten zur Verfügung stehenden Raum. Der Endzustand entspricht dem Zustand größter Unordnung = größter Wahrscheinlichkeit = größter Entropie. Die Entropie lässt sich auch als Maß für den **Zufall** interpretieren. Je zufälliger die Objekte eines Systems verteilt sind, umso größer ist seine Entropie.

Lebende Systeme erhöhen die Entropie ihrer Umgebung. Dabei ist zu beachten: Die Entropie eines einzelnen Organismus kann abnehmen, aber die Gesamtentropie des Universums nimmt trotzdem zu. Bezugspunkt ist also die gesamte Umgebung.

11.3   III. Hauptsatz der Thermodynamik

Wenn die Entropie mit wachsender Unordnung zunimmt, so nimmt sie natürlich mit zunehmendem Ordnungsgrad ab. Sie wird gleich null, wenn die größtmögliche Ordnung verwirklicht ist. Dies wäre für einen völlig regelmäßig gebauten Kristall (Idealkristall) am absoluten Nullpunkt (bei $-273,15\,°C$ oder $0\,K$) der Fall. (Aussage des *Nernst'schen Wärmesatzes*, der oft als III. Hauptsatz der Thermodynamik bezeichnet wird.) Für die Entropie können demnach Absolutwerte berechnet werden.

▶ III. Hauptsatz der Thermodynamik: Die Entropie ist gleich null, wenn größtmögliche Ordnung erreicht ist.

Eine Formulierung des II. Hauptsatzes ist auch mit Hilfe der Entropie möglich.

▶ Für *isolierte* (abgeschlossene) *Systeme* ergeben sich damit folgende Aussagen des II. Hauptsatzes:

- Laufen in einem isolierten System spontane *(irreversible)* Vorgänge ab, so wächst die Entropie des Systems an, bis sie im Gleichgewichtszustand einen Maximalwert erreicht:
  $\Delta S > 0$.
- Bei *reversiblen* Vorgängen bleibt die Entropie konstant; d. h. die Änderung der Entropie ΔS ist gleich Null:
  $\Delta S = 0$.
- Im Gleichgewichtszustand besitzt ein isoliertes System ein Entropiemaximum und
  $\Delta S = 0$.

Für den Spezialfall chemischer Reaktionen gilt:
Die Reaktionsentropie einer chemischen Umsetzung ergibt sich zu

$$\Delta S = \sum S_{\text{Produkte}} - \sum S_{\text{Edukte}}$$

ΔS^0 ist die **Standardreaktionsentropie**. $\Delta S^0_{(25\,°C)}$ heißt auch **Normalreaktions-entropie**.
Die S^0-Werte vieler Substanzen sind in Tabellenwerken tabelliert.

Beispiel Für Ammoniak NH_3 errechnet sich $\Delta S^0_{(25\,°C)}$ nach der Gleichung:

$$3\,H_2 + N_2 \rightleftharpoons 2\,NH_3$$

zu $-99{,}28\,\text{J}\,\text{K}^{-1}$.

11.4 *Gibbs-Helmholtz'sche Gleichung*

Ersetzen wir in der Gleichung $\Delta H = W_{\text{rev}} + Q_{\text{rev}}$ (s. Abschn. 11.2.2) die Energie-beiträge W_{rev} durch ΔG und Q_{rev} durch $T \cdot \Delta S$, so wird

$$\Delta H = \Delta G + T \cdot \Delta S \quad \text{oder}$$

▶ $\Delta G = \Delta H - T \cdot \Delta S$

Diese Gibbs-Helmholtz'sche Gleichung definiert die Änderung der Freien Ent-halpie (in angelsächsischen Büchern oft auch „Freie Energie" genannt).

Die Gibbs-Helmholtz'sche Gleichung ist eine **Fundamentalgleichung** der Ther-modynamik. Sie fasst die Aussagen der drei Hauptsätze der Thermodynamik zu-sammen und erlaubt die **Absolutberechnung** von ΔG aus den kalorischen Grö-ßen ΔH, ΔS und T. ΔH und T sind experimentell zugänglich; ΔS ist über die spezifischen Molentropien S bzw. Molwärmen C_p, z. B. der Teilnehmer bei einer chemischen Reaktion, ebenfalls messbar (s. Abschn. 11.2.4).

11.4.1 Exergonische und endergonische Reaktionen

In einem **geschlossenen System** lassen sich, z. B. für chemische Reaktionen, fol-gende Fälle unterscheiden:

▶ • Für **ΔG < 0** läuft eine Reaktion freiwillig (von selbst) ab. Man nennt sie **exergo-nisch**. Die Freie Enthalpie nimmt ab. (ΔG = negativ)
  • Für **$\Delta G = 0$** befindet sich eine Reaktion im **Gleichgewicht**.
  • Für **ΔG > 0** läuft eine Reaktion nicht freiwillig (nicht von selbst) ab, sie kann nur durch Zufuhr von Arbeit erzwungen werden. Man nennt sie **endergonisch**. (ΔG ist positiv)

Ein *endergonischer* Prozess (Energie aufnehmend) speichert Freie Enthalpie in Molekülen. Er absorbiert sie aus seiner Umgebung. ΔG ist positiv.

Ein *exergonischer* Prozess (Energie abgebend) ist mit einem Verlust an „Freier Enthalpie" verbunden. ΔG ist negativ.

Beachte Eine Reaktion verläuft umso quantitativer, je größer der negative Betrag von ΔG ist.

Anmerkung Diese Verhältnisse/Beziehungen lassen sich auf beliebige Systeme übertragen!

Nach der Gibbs-Helmholtz'schen Gleichung setzt sich ΔG zusammen aus der Reaktionsenthalpie ΔH und dem Entropieglied $T \cdot \Delta S$.

In der Natur versucht ΔH einen möglichst *großen negativen* Wert zu erreichen, weil alle spontanen Prozesse so ablaufen, dass sich die potenzielle Energie des Ausgangssystems verringert. Der Idealzustand wäre am absoluten Nullpunkt erreicht.

Die Änderung der Entropie ΔS strebt einen möglichst *großen positiven* Wert an. Der Idealzustand wäre hier erreicht, wenn die ganze Materie gasförmig wäre.

Die Erfahrung lehrt, dass beide Komponenten von ΔG (d. h. ΔH und $T \cdot \Delta S$) manchmal zusammen und manchmal gegeneinander wirken.

11.4.2 Temperaturabhängigkeit von ΔG

Die günstigsten Voraussetzungen für einen negativen ΔG-Wert (d. h. freiwilliger Vorgang) sind ein negativer ΔH-Wert und ein positiver $T \cdot \Delta S$ Wert.

Ein hoher negativer ΔH-Wert kann einen geringeren $T \cdot \Delta S$-Wert überwiegen, und umgekehrt kann ein hoher Wert von $T \cdot \Delta S$ einen niedrigeren ΔH-Wert überkompensieren.

▶ Bei sehr tiefen Temperaturen ist $T \cdot \Delta S \ll \Delta H$. Es laufen daher nur exotherme Prozesse freiwillig ab.

Mit zunehmender *Temperatur* fällt das Entropieglied $T \cdot \Delta S$ stärker ins Gewicht. Bei hohen Temperaturen wird ΔG daher entscheidend durch $T \cdot \Delta S$ beeinflusst.

Für *sehr hohe* Temperaturen gilt: $\Delta G \approx -T \cdot \Delta S$.

▶ Bei sehr hohen Temperaturen laufen also nur solche Prozesse ab, bei denen die Entropie zunimmt.

11.4.3 Gekoppelte Prozesse

Bei gekoppelten Prozessen addieren sich die Änderungen der Freien Enthalpie der einzelnen Prozesse zu einem Gesamtbetrag für den Gesamtvorgang wie z. B. im Falle von Reaktionsenthalpien einer chemischen Reaktion.

Damit bietet sich die Möglichkeit, endergonische Reaktionen dadurch zum Ablauf zu bringen, dass sie mit einer exergonischen Reaktion gekoppelt werden. Ist nämlich der Gesamtbetrag von ΔG für die Summe aller miteinander gekoppelten Reaktionen negativ, läuft die gesamte Reaktionsfolge auch dann freiwillig = spontan ab, wenn einzelne Teilschritte endergonisch (nicht freiwillig) sind. Von diesem Prinzip macht die Natur häufig Gebrauch.

11.4.3.1   Beispiel: Gleichgewicht Glutaminsäure/Ammoniak

Im Gleichgewicht Glutaminsäure (Glu)/Ammoniak liegt praktisch kein Glutamin (Gln) vor; die Reaktion ist endergonisch und läuft nicht spontan ab:

$$\text{Glu} + \text{NH}_3 \rightleftharpoons \text{Gln}; \quad \Delta G^0 = +14{,}2\,\text{kJ}\,\text{mol}^{-1}$$

Koppelt man aber die Glutamin-Synthese an die Spaltung des energiereichen ATP:

$$\text{ATP} \rightleftharpoons \text{ADP} + \text{P},$$

so wird dadurch die erforderliche Energie aufgebracht.

Reaktionsablauf bei gekoppelten Reaktionen

1. Aktivierung der γ-Carboxyl-Gruppe der Glutaminsäure durch Bildung eines gemischten Säureanhydrids:

$$\text{ATP} + \text{Glu} \rightleftharpoons \text{ADP} + \text{Glu}{\sim}\text{P}; \quad \Delta G^0 = 22\,\text{kJ}\,\text{mol}^{-1}$$

2. Spaltung des entstandenen γ-Glutamylphosphats Glu$\sim$P zu Glutamin und Phosphat:

$$\text{Glu}{\sim}\text{P} + \text{NH}_3 \rightleftharpoons \text{Gln} + \text{P}; \quad \Delta G^0 = -38{,}3\,\text{kJ}\,\text{mol}^{-1}$$

Der ΔG^0-Wert für die gekoppelte Reaktion beträgt:

$$\Delta G^0 = (-38{,}3 + 22)\,\text{kJ}\,\text{mol}^{-1} = -16{,}3\,\text{kJ}\,\text{mol}^{-1}.$$

Anmerkung ΔG^0 ist definiert für die Konzentration $c(x) = 1\,\text{mol}\,\text{L}^{-1}$, pH $= 0{,}0$ (d. h. $c(\text{H}_3\text{O}^+) = 1\,\text{mol}\,\text{L}^{-1}$, Druck $= 1{,}013\,\text{bar}$).

In der Biochemie wird gelegentlich auch $\Delta G^{0'}$ benutzt. $\Delta G^{0'}$ ist definiert für die Konzentration $c(x) = 0{,}01\,\text{mol}\,\text{L}^{-1}$ und pH $= 7$.

11.4.4   Konzentrationsabhängigkeit von ΔG

Zwischen ΔG einer chemischen Reaktion

$$a \cdot \text{A} + b \cdot \text{B} \rightleftharpoons c \cdot \text{C} + d \cdot \text{D}$$

und den Konzentrationen der Reaktionsteilnehmer gilt die Beziehung:

▶
$$\Delta G = \Delta G^0 + R \cdot T \cdot \ln \frac{c^c(\text{C}) \cdot c^d(\text{D})}{c^a(\text{A}) \cdot c^b(\text{B})}$$

Verwendet man Gasdrücke, gilt entsprechend:

▶
$$\Delta G = \Delta G^0 + R \cdot T \cdot \ln \frac{p_\text{C}^c \cdot p_\text{D}^d}{p_\text{A}^a \cdot p_\text{B}^b}$$

Im **Gleichgewichtszustand** ist ΔG gleich **null**.
In diesem Falle wird

$$\Delta G^0 = -R \cdot T \cdot \ln K$$

(K ist die Gleichgewichtskonstante, s. Abschn. 13.1)

$$\Delta G^0_{(25\,°\text{C})} = 1{,}3643 \cdot \lg K_{(25\,°\text{C})}$$

Mit diesen Gleichungen lässt sich ΔG in Abhängigkeit von den Konzentrationen der Reaktionsteilnehmer berechnen.

11.4.5 Berechnung der Gleichgewichtskonstanten

Hat man ΔG auf andere Weise bestimmt, z. B. mit der Gibbs-Helmholtz'schen Gleichung oder aus einer Potenzialmessung (s. Abschn. 11.5), kann man damit auch die Gleichgewichtskonstante der Reaktion berechnen.

11.4.5.1 Bildung von Iodwasserstoff

Berechnung von ΔG^0 für die Bildung von Iodwasserstoff (HI) nach der Gleichung

$$\text{H}_2 + \text{I}_2 \rightleftharpoons 2\,\text{HI}$$

Mit $\dfrac{p_\text{HI}^2}{p_{\text{H}_2} \cdot p_{\text{I}_2}} = K_{p_{444,5°\text{C}}} = 50{,}40 = K = 50{,}40$ und

$\Delta G^0 = -R \cdot T \cdot \ln K$ ergibt sich

$\Delta G^0_{(444,5\,°\text{C})} = -8{,}316\,\text{J} \cdot \text{K}^{-1} \cdot 717{,}65\,\text{K} \cdot 2{,}3026 \cdot \lg 50{,}40 = -23{,}40\,\text{kJ}.$

Beachte Bei Änderung der Partialdrücke der Reaktionsteilnehmer ändert sich K_p und damit ΔG^0!

11.4.5.2 Das NH$_3$-Gleichgewicht

Berechnung der Gleichgewichtskonstanten für das NH$_3$-Gleichgewicht: Für die Reaktion

$$3\,H_2 + N_2 \rightleftharpoons 2\,NH_3$$

hat man bei 25 °C für $\Delta H^0 = -46,19\,kJ$ gefunden bzw. aus einer Tabelle entnommen. Für $\Delta S^0_{(25\,°C)}$ berechnet man $-99,32\,J\,K^{-1}$ (s. Abschn. 11.3). Daraus ergibt sich

$$\Delta G^0_{(25\,°C)} = -92,28 - 298,15 \cdot (-0,198) = -33,24\,kJ$$

Mit $\Delta G^0 = -R \cdot T \cdot \lg K$ oder $\lg K = -\Delta G^0/1,3643 = 5,78$ erhält man für die Gleichgewichtskonstante K_p

$$K_p = \frac{p^2_{NH_3}}{p^3_{H_2} \cdot p_{N_2}} = 10^{5,78}$$

Das Gleichgewicht der Reaktion liegt bei Zimmertemperatur und Atmosphärendruck praktisch ganz auf der rechten Seite (s. Abschn. 13.1 und Abschn. 13.1.1)!

11.5 Zusammenhang zwischen ΔG und EMK

Eine sehr genaue Bestimmung von ΔG ist über die Messung der EMK eines Redoxvorganges möglich.

Aus den Teilgleichungen für den Redoxvorgang beim Daniell-Element geht hervor, dass pro reduziertes Cu^{2+}-Ion von einem Zn-Atom zwei Elektronen an die Halbzelle Cu^{2+}/Cu abgegeben werden. Für 1 Mol Cu^{2+}-Ionen sind dies $2 \cdot N_A = 2 \cdot 6,02 \cdot 10^{23}$ Elektronen.

Bewegte Elektronen stellen bekanntlich einen elektrischen Strom dar. N_A Elektronen entsprechen einer Elektrizitätsmenge von $\sim 96.500\,A\,s = F$ (Faraday'sche Konstante). Im Daniell-Element wird somit eine Elektrizitätsmenge von $2 \cdot F$ erzeugt.

Die in einer Zelle erzeugte elektrische Energie ist gleich dem Produkt aus freiwerdender Elektrizitätsmenge in A s und der EMK der Zelle in Volt:

$$W_{el} = -n \cdot F \cdot EMK$$

n ist die Zahl der bei der Reaktion übertragenen Mole Elektronen. Für das Daniell-Element berechnet sich damit eine elektrische Energie W_{el} von:

$$-2 \cdot 96.500\,A\,s \cdot 1,1\,V = -212\,kJ.$$

Da EMK die maximale Spannung des Daniell-Elements ist (s. Abschn. 9.2.3.1), beträgt die maximale Arbeit der Redoxreaktion $Cu^{2+} + Zn \rightleftharpoons Zn^{2+} + Cu$ genau 212 kJ.

Nun ist aber die maximale Nutzarbeit, die aus einer bei konstanter Temperatur und konstantem Druck ablaufenden chemischen Reaktion gewonnen wird, ein Maß für die Abnahme der Freien Enthalpie des Systems (s. Abschn. 11.2.2):

$$\Delta G = -W_{el}$$

Zwischen der Änderung der Freien Enthalpie ΔG und der EMK einer Zelle besteht also folgender Zusammenhang:

▶ $$\Delta G = \pm n \cdot F \cdot EMK$$

Das Minuszeichen bedeutet, dass ΔG negativ ist, wenn die Zelle Arbeit leistet.

ΔG ist bekanntlich ein Maß für die Triebkraft einer chemischen Reaktion. Die relative Stärke von Reduktions- bzw. Oxidationsmitteln beruht also auf der Größe der mit der Elektronenverschiebung verbundenen Änderung der Freien Enthalpie ΔG.

Kinetik chemischer Reaktionen

12

Für die Voraussage, ob eine chemische Reaktion tatsächlich wie gewünscht abläuft, braucht man außer der Energiebilanz und dem Vorzeichen der Änderung der Freien Enthalpie (ΔG) auch Informationen über die Geschwindigkeit der Reaktion. Diese liefert die **chemische Kinetik**.

12.1 Reaktionsgeschwindigkeit

Unter gegebenen Bedingungen laufen chemische Reaktionen mit einer bestimmten Geschwindigkeit ab, der **Reaktionsgeschwindigkeit RG** oder v.

Zur Erläuterung wollen wir eine einfache Reaktion betrachten: Die gasförmigen oder gelösten Ausgangsstoffe A und B setzen sich in einer einsinnig von links nach rechts ablaufenden Reaktion zu dem Produkt C um:

$$A + B \rightarrow C.$$

Symbolisiert man die Konzentration der einzelnen Stoffe mit $c(A)$, $c(B)$ und $c(C)$, so ist die Abnahme der Konzentration des Reaktanden A bzw. B oder auch die Zunahme der Konzentration des Reaktionsproduktes C in der Zeit t gleich der Reaktionsgeschwindigkeit der betreffenden Umsetzung. Da v in jedem Zeitmoment eine andere Größe besitzt, handelt es sich um differenzielle Änderungen. Die momentane Reaktionsgeschwindigkeit v wird durch einen **Differenzialquotienten der Konzentration** ausgedrückt:

$$RG = v = -\frac{dc(A)}{dt} = -\frac{dc(B)}{dt} = +\frac{dc(C)}{dt} \text{ oder allgemein } v = \pm\frac{dc}{dt}$$

Einheit: mol/(L · s) bzw. bar s^{-1} (für Gase)

Das Vorzeichen des Quotienten ist positiv, wenn die Konzentration zunimmt, und negativ, wenn sie abnimmt.

© Springer-Verlag Berlin Heidelberg 2016
H.P. Latscha, U. Kazmaier, *Chemie für Biologen*, DOI 10.1007/978-3-662-47784-7_12

▶ Unter der Reaktionsgeschwindigkeit versteht man die zeitliche Änderung der Menge eines Stoffes, der durch die betreffende Reaktion verbraucht oder erzeugt wird.

Nach der „Stoßtheorie" stellt man sich den Reaktionsablauf folgendermaßen vor: Sind die Reaktanden A und B in einem homogenen Reaktionsraum frei beweglich, so können sie miteinander zusammenstoßen, wobei sich die neue Substanz C bildet. Nicht jeder Zusammenstoß führt zur Bildung von C. Die Zahl der erfolgreichen Zusammenstöße je Sekunde ist proportional der Reaktionsgeschwindigkeit:

$$v = k_1\, Z.$$

Z wächst mit der Konzentration von A und B, d. h.

$$Z = k_2 \cdot c(A) \cdot c(B).$$

Somit wird (mit $k = k_1 \cdot k_2$)

$$v = k \cdot c(A) \cdot c(B) = -\frac{dc(A)}{dt} = -\frac{dc(B)}{dt} = +\frac{dc(C)}{dt}$$

k_1, k_2, k sind Proportionalitätsfaktoren (-konstanten).
Für die allgemeinere Reaktion

$$x\,A + y\,B + z\,C \rightarrow \text{Produkte}$$

erhält man die entsprechende **Geschwindigkeitsgleichung** (Zeitgesetz):

$$v = -\frac{1}{x}\frac{dc(A)}{dt} = -\frac{1}{y}\frac{dc(B)}{dt} = -\frac{1}{z}\frac{dc(C)}{dt}$$
$$= k \cdot c^\alpha(A) \cdot c^\beta(B) \cdot c^\gamma(C)$$

Zur Bedeutung von α, β, γ Abschn. 12.2.
Die Beträge der stöchiometrischen Faktoren $1/x$, $1/y$, $1/z$ werden gewöhnlich in die Konstante k einbezogen, die dann einen anderen Wert erhält.
Fassen wir das Ergebnis in Worte, so lautet es:

▶ Die Reaktionsgeschwindigkeit einer einsinnig verlaufenden chemischen Reaktion ist der Konzentration der Reaktanden proportional

Die Proportionalitätskonstante k heißt **Geschwindigkeitskonstante** der Reaktion. Sie stellt die Reaktionsgeschwindigkeit der Reaktanden dar für $c(A) = 1$ und $c(B) = 1$.
Dann gilt nämlich: $v = k$
k hat für jeden chemischen Vorgang bei gegebener Temperatur einen charakteristischen Wert. Er wächst meist mit steigender Temperatur.

12.2   Reaktionsordnung

▶ Die **Potenz**, mit der die Konzentration eines Reaktionspartners in der Geschwindigkeitsgleichung der Reaktion auftritt, heißt die Reaktionsordnung der Reaktion *bezüglich* des betreffenden Reaktionspartners.

Hat der Exponent den Wert 0, 1, 2, 3, spricht man von 0., 1., 2. und 3. Ordnung. Die Reaktionsordnung muss in jedem Falle *experimentell* ermittelt werden.

In *einfachen* Zeitgesetzen wie

$$v = k \cdot c^{\alpha}(A) \cdot c^{\beta}(B) \ldots,$$

(in denen die Konzentrationen nur als Produkte auftreten), wird die *Summe der Exponenten*, mit denen die Konzentrationen im Zeitgesetz erscheinen, als **Reaktionsordnung** n der Reaktion bezeichnet.

$$n = \alpha + \beta + \ldots$$

12.2.1   Reaktion nullter Ordnung

Eine Reaktion nullter Ordnung liegt vor, wenn die Reaktionsgeschwindigkeit konzentrationsunabhängig ist. Hier wird die Geschwindigkeit durch einen zeitlich konstanten, nichtchemischen Vorgang bestimmt.

Das Zeitgesetz für eine Reaktion nullter Ordnung lautet $v = k$.

Beispiele Elektrolysen bei konstanter Stromstärke; fotochemische Reaktionen; Absorption eines Gases in einer Flüssigkeit bei konstanter Gaszufuhr; Reaktion an einer festen Grenzfläche, an der die Konzentration des Reaktanden durch Adsorption konstant gehalten wird.

12.2.2   Reaktion erster Ordnung

Ein *Beispiel* hierfür ist der radioaktive Zerfall (s. Abschn. 2.1.2) oder der thermische Zerfall von Verbindungen.

Das Zeitgesetz für eine Reaktion erster Ordnung wie der Umwandlung der Substanz A in die Substanz B: A → B lautet:

$$v = -\frac{dc(A)}{dt} = k \cdot c(A)$$

Durch Umformen erhält man:

$$-\frac{dc(A)}{c(A)} = k \cdot dt \, (= k \cdot c^1(A))$$

Bezeichnet man die Anfangskonzentration von A zum Zeitpunkt $t = 0$ mit $c(A)_0$, die Konzentration zu einer beliebigen Zeit t mit $c(A)$, so kann man das Zeitgesetz in diesen Grenzen integrieren:

$$-\int_{c(A)_0}^{c(A)} \frac{dc(A)}{c(A)} = k \int_{t=0}^{t} dt\,;$$

$$-(\ln c(A) - \ln c(A)_0) = k \cdot (t - 0)$$

$$\ln \frac{c(A)_0}{c(A)} = k \cdot t \text{ bzw. } 2{,}303 \cdot \frac{c(A)_0}{c(A)} = k \cdot t$$

$$\text{oder } \lg c(A) = -\frac{k}{2{,}303} \cdot t + \lg c(A)_0)$$

Durch Entlogarithmieren ergibt sich:

$$c(A) = c(A)_0 \cdot e^{-kt}$$

d. h., die Konzentration von A nimmt exponentiell mit der Zeit ab (Exponentialfunktion).

12.2.3 Reaktion zweiter Ordnung

Ein Beispiel ist die thermische Zersetzung von Iodwasserstoff:

$$2\,HI \rightleftharpoons H_2 + I_2.$$

Schreibt man hierfür allgemein: $2\,A \rightarrow C + D$, so lautet das Zeitgesetz für eine Reaktion zweiter Ordnung:

$$v = \frac{1}{2} \frac{dc(A)}{dt} = k \cdot c^2(A)$$

Chemische Reaktionen verlaufen nur selten in einem Reaktionsschritt. Meist sind die entstehenden Produkte das Ergebnis mehrerer **Teilreaktionen**, die auch als *Reaktionsschritte* oder *Elementarreaktionen* bezeichnet werden. Sie sind Glieder einer sog. **Reaktionskette**. Besteht nun eine Umsetzung aus mehreren, einander folgenden Reaktionsschritten, so bestimmt der **langsamste** Reaktionsschritt die Geschwindigkeit der Gesamtreaktion.

Den genauen Ablauf einer Reaktion nennt man **Reaktionsmechanismus**.

Beispiel Die Umsetzung $2\,A + B \rightarrow A_2B$ verläuft in zwei Schritten:

1. $A + B \rightarrow AB$
2. $AB + A \rightarrow A_2B$
Gesamt: $2\,A + B \rightarrow A_2B$

Ist der erste Reaktionsschritt der langsamste, bestimmt er die Reaktionsgeschwindigkeit der Umsetzung.

12.2.4 Halbwertszeit

▶ Der Begriff Halbwertszeit ($t_{1/2}$) definiert die Zeit, in der die Hälfte der am Anfang vorhandenen Menge des Ausgangsstoffes umgesetzt ist.

D. h. bei $c(A)_{t_{1/2}} = 1/2\,c(A)_0$ in Abb. 12.1.

Bei einer Reaktion **1. Ordnung** ist die Halbwertszeit unabhängig von der Ausgangskonzentration:

$$t_{1/2} = \frac{0{,}693}{k}$$

Bei einer Reaktion **2. Ordnung** ist die Halbwertszeit bei gleicher Konzentration der Ausgangsstoffe der Ausgangskonzentration umgekehrt proportional:

$$t_{1/2} = \frac{1}{k \cdot c(A)_0}$$

12.2.5 Konzentration-Zeit-Diagramm für eine Reaktion erster Ordnung

Der Verlauf der Exponentialfunktion für eine Reaktion *erster* Ordnung ist in Abb. 12.1 als Diagramm „Konzentration gegen Zeit" dargestellt. Folgende Daten sind in dem Diagramm kenntlich gemacht:

$$dc(A)$$

a. **Reaktionsgeschwindigkeit**

$$v = -\frac{dc(A)}{dt}$$

zu einer beliebigen Zeit,

Abb. 12.1 „Konzentration gegen Zeit"-Diagramm für eine Reaktion erster Ordnung. Die *durchgezogene* Kurve gibt die Abnahme von A an. Die *gestrichelte* Kurve bezieht sich auf die Zunahme von B. Reaktion: A → B

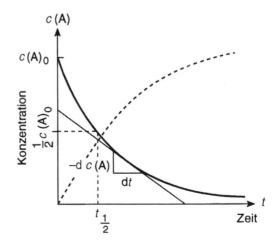

Abb. 12.2 Lineare
Darstellung des Konzentrati-
onsverlaufes einer Reaktion
erster Ordnung (halblogarith-
mische Darstellung)

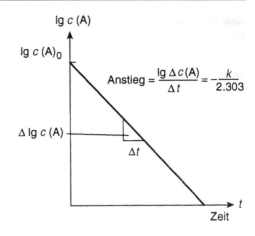

b. **Halbwertszeit** $t_{1/2}$.
   Das Diagramm in Abb. 12.1 zeigt, dass die Reaktionsgeschwindigkeit mit der
   Zeit abnimmt und sich asymptotisch dem Wert Null nähert. Für $c(A) = 0$
   kommt die Reaktion zum Stillstand.
c. $k \cdot c(A)$ ist in Abb. 12.1 die **Steigung der Tangente**.

In Abb. 12.2 ist $\lg c(A)$ über die Zeit t grafisch aufgetragen. Man erhält damit eine
Gerade mit der Steigung $-k/2{,}303$.

12.2.6   Konzentration-Zeit-Diagramm für eine Reaktion zweiter
        Ordnung (Abb. 12.3 und 12.4)

Abb. 12.3 „Konzentration
gegen Zeit"-Diagramm für
eine Reaktion zweiter Ordnung

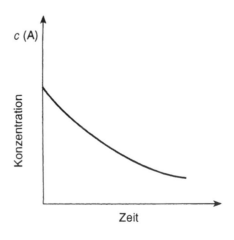

Abb. 12.4 Lineare
Darstellung des Konzentra-
tionsverlaufs einer Reaktion
zweiter Ordnung (halbloga-
rithmische Darstellung)

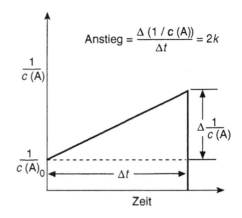

12.3 Molekularität einer Reaktion

Die Reaktionsordnung darf nicht mit der Molekularität einer Reaktion verwechselt
werden.

▶ Die Molekularität ist gleich der Zahl der Teilchen, von denen eine Elementarreaktion (Reaktionsschritt) ausgeht.

Monomolekulare Reaktion
Geht die Reaktion von nur **einem** Teilchen aus, ist die Molekularität eins und man
nennt die Reaktion monomolekular:

$$A \rightarrow \text{Produkt(e)}.$$

Beispiele $Br_2 \rightarrow 2\,Br\cdot$; $H_2O \rightarrow H\cdot + OH\cdot$; strukturelle Umlagerung (Isomerisierung):

$H_2C \underline{\qquad} CH_2$

CH_2

Cyclopropan

$\longrightarrow \quad CH_3 - CH = CH_2$

Propen

Ein weiteres Beispiel ist der Übergang eines angeregten Teilchens in einen niedrigeren Energiezustand.
Monomolekulare Reaktionen sind Reaktionen **erster Ordnung**.

Bimolekulare Reaktion
Bei einer bimolekularen Reaktion müssen **zwei** Teilchen miteinander reagieren:

$$A + X \rightarrow Produkt(e).$$

Die Molekularität der Reaktion ist zwei.

Beispiele
1. $Br + H_2 \rightarrow HBr + H\cdot$
   $H\cdot + Br_2 \rightarrow HBr + Br$
2. $HO^- + CH_3Cl \rightarrow CH_3OH + Cl^-$

Die meisten chemischen Reaktionen laufen bimolekular ab.

Trimolekulare Reaktion
Die Wahrscheinlichkeit für das Auftreten trimolekularer Reaktionen (mit drei gleichzeitig aufeinander treffenden Teilchen) ist sehr klein. Reaktionen noch höherer Molekularität werden überhaupt nicht beobachtet.

Ein *Beispiel* für eine trimolekulare Reaktion ist:

$$H\cdot + H\cdot + Ar \rightarrow H_2 + Ar^*$$

$Ar = Argon$, $Ar^* = $ angeregtes Argon

Beachte Reaktionsordnung und Molekularität stimmen nur bei Elementarreaktionen überein.

Abfolge mehrerer Elementarreaktionen
Die meisten chemischen Reaktionen bestehen jedoch nicht aus einer einzigen Elementarreaktion, sondern aus einer Folge nacheinander ablaufender Elementarreaktionen. In diesen Fällen ist eine Übereinstimmung von Reaktionsordnung und Molekularität rein zufällig.

Als *Beispiel* betrachten wir die hypothetische Reaktion:

$$A + X + Y \rightarrow B$$

Wird hierfür experimentell gefunden:

$$-\frac{dc(A)}{dt} = k \cdot c(A) \cdot c(X) \cdot c(Y),$$

so ist die Reaktionsordnung **drei**.

Untersucht man den Mechanismus (genauen Ablauf) der Reaktion, stellt man meist fest, dass die Gesamtreaktion in mehreren Schritten (Elementarreaktionen) abläuft, die z. B. bimolekular sein können:

$$A + X \rightarrow AX \text{ und } AX + Y \rightarrow B$$

Pseudo-Ordnung und Pseudo-Molekularität

Viele Reaktionen, die in Lösung ablaufen, verlaufen nur scheinbar mit niedriger Ordnung und Molekularität. Beispiele sind die säurekatalysierte Esterverseifung (s. Abschn. 35.2.4.1) oder die Spaltung der Saccharose durch Wasser in Glucose und Fructose (Inversion des Rohrzuckers) (s. Abschn. 41.2.2.1).

Beispiel **Rohrzuckerinversion**

$$\text{Rohrzucker} + H_2O \rightarrow \text{Glucose} + \text{Fructose}$$

Die Reaktion wird durch H_3O^+-Ionen katalytisch beschleunigt.

Das Zeitgesetz lautet:

$$-\frac{dc(\text{Rohrzucker})}{dt} = k \cdot c(\text{Rohrzucker}) \cdot c(H_2O) \cdot c(H_3O^+)$$

Der Katalysator H_3O^+ wird bei der Reaktion nicht verbraucht. Da die Reaktion in Wasser durchgeführt wird, verändert sich infolge des großen Überschusses an Wasser messbar nur die Konzentration des Rohrzuckers. Experimentell findet man daher in wässriger Lösung statt der tatsächlichen Reaktionsordnung 3 die **pseudo-erste** Ordnung:

$$-\frac{dc(\text{Rohrzucker})}{dt} = k' \cdot c(\text{Rohrzucker})$$

Die tatsächliche Reaktionsordnung erkennt man bei systematischer Variation der Konzentrationen aller in Frage kommenden Reaktionsteilnehmer.

Da die Rohrzuckerinversion eine Elementarreaktion ist, ist die Molekularität gleich der Reaktionsordnung. Sie ist daher auch **pseudo-monomolekular** oder krypto-trimolekular.

12.4 *Arrhenius*-Gleichung

Es wird häufig beobachtet, dass eine thermodynamisch mögliche Reaktion ($\Delta G < 0$, s. Abschn. 11.4) nicht oder nur mit kleiner Geschwindigkeit abläuft. Auf dem Weg zur niedrigeren potenziellen Energie existiert also bisweilen ein Widerstand, d. h. eine **Energiebarriere**. Dies ist verständlich, wenn man bedenkt, dass bei der Bildung neuer Substanzen Bindungen in den Ausgangsstoffen gelöst und wieder neu geknüpft werden müssen. Gleichzeitig ändert sich während der Reaktion der „Ordnungszustand" des reagierenden Systems.

Untersucht man andererseits die Temperaturabhängigkeit der Reaktionsgeschwindigkeit, so stellt man fest, dass diese meist mit zunehmender Temperatur wächst.

Diese Zusammenhänge werden in einer von *Arrhenius* 1889 angegebenen Gleichung miteinander verknüpft:

$$k = A \cdot e^{-E_a/(RT)}$$

(exponentielle Schreibweise der Arrhenius-Gleichung).
Durch Logarithmieren ergibt sich $\ln k = \ln A - E_a/(RT)$ oder

$$\ln k = \text{const.} - \frac{E_a}{(RT)}$$

(logarithmische Schreibweise).

In dieser Gleichung bedeuten: k = Geschwindigkeitskonstante; **E_a = Aktivierungsenergie**. Das ist die Energie, die aufgebracht werden muss, um die Energiebarriere zu überschreiten. R = allgemeine Gaskonstante; T = absolute Temperatur (in Kelvin). Der Proportionalitätsfaktor A wird oft auch Frequenzfaktor genannt. A ist weitgehend temperaturunabhängig.

Nach der Arrhenius-Gleichung bestehen zwischen k, E_a und T folgende Beziehungen:

a. Je größer die Aktivierungsenergie E_a ist, umso kleiner wird k und mit k die Reaktionsgeschwindigkeit v.
b. Steigende Temperatur T führt dazu, dass der Ausdruck $E_a/(RT)$ kleiner wird, dadurch werden k und v größer.

▶ **Faustregel (RGT-Regel):** Temperaturerhöhung um 10 °C bewirkt eine zwei- bis vierfach höhere Reaktionsgeschwindigkeit.

Beeinflussen lässt sich die Höhe der Aktivierungsenergie (bzw. -enthalpie) durch sog. Katalysatoren.

12.5 Katalyse

▶ **Katalysatoren** (Kontakte) sind Stoffe, die Geschwindigkeit und Richtung von chemischen Vorgängen beeinflussen. Die Erscheinung heißt **Katalyse.**

Ein Katalysator beschleunigt eine chemische Reaktion. Am Ende der Reaktion liegt er wieder unverändert vor.

Beschleunigen Katalysatoren die Reaktionsgeschwindigkeit, spricht man von **positiver** Katalyse. Bei **negativer** Katalyse (Inhibition) verringern sie die Geschwindigkeit. Entsteht der Katalysator während der Reaktion, handelt es sich um eine **Autokatalyse.** Man unterscheidet ferner zwischen homogener und heterogener Katalyse.

Bei der **homogenen** Katalyse befinden sich sowohl der Katalysator als auch die Reaktionspartner in der gleichen (gasförmigen oder flüssigen) Phase. Ein *Beispiel* hierfür ist die Säurekatalyse oder die Oxidation von SO_2 zu SO_3 mit NO_2 nach dem historischen Bleikammerverfahren zur Herstellung von Schwefelsäure.

Bei der **heterogenen** Katalyse liegen Katalysator und Reaktionspartner in verschiedenen Phasen vor. Die Reaktion verläuft dabei oft an der Oberfläche des Katalysators (Kontakt-Katalyse). *Beispiele* sind die NH_3-Synthese nach *Haber/Bosch*, die Bildung von SO_3 nach dem *Kontaktverfahren*, die Ammoniakverbrennung (*Ostwald-Verfahren*) zur Herstellung von Salpetersäure.

Katalysatoren können durch sog. **Kontaktgifte** an Wirksamkeit verlieren.

Die Wirkungsweise eines Katalysators beruht meist darauf, dass er mit einer der Ausgangssubstanzen eine reaktionsfähige Zwischenverbindung bildet, die eine geringere Aktivierungsenergie besitzt als der aktivierte Komplex aus den Reaktanden. Die Zwischenverbindung reagiert mit dem anderen Reaktionspartner dann so weiter, dass der Katalysator im Lauf der Reaktion wieder freigesetzt wird. Im *Idealfall* bildet sich der Katalysator *unverbraucht* zurück.

In vielen Fällen beruht die Katalysatorwirkung auf der chemischen Bindung (Chemisorption) der Reaktionspartner an die Katalysatoroberfläche. Hierdurch werden bestehende Bindungen gelockert und dann neu geknüpft.

Die Reaktion

$$A + B \rightarrow AB$$

wird mit dem Katalysator K zerlegt in

$$A + K \rightarrow AK \text{ und } AK + B \rightarrow AB + K$$

Der Katalysator erniedrigt über den Umweg eines Zwischenstoffes die Aktivierungsenergie der Reaktion. Die Geschwindigkeitskonstante k und mit ihr die Reaktionsgeschwindigkeit v werden dadurch erhöht, d. h., die Reaktion wird beschleunigt.

▶ Der Katalysator übt *keinen* Einfluss auf die Lage des Gleichgewichts einer Reaktion aus, denn er erhöht nur die Geschwindigkeit von Hin- und Rückreaktion. Er beschleunigt die Einstellung des Gleichgewichts und verändert den Reaktionsmechanismus.

Benutzt man verschiedene Katalysatoren, um aus denselben Ausgangsstoffen verschiedene Produkte zu erhalten, spricht man von **Katalysatorselektivität**.

Beachte Biochemische Katalysatoren sind die **Enzyme**.

▶ **Enzyme** sind katalytisch wirkende Proteine.

Sie sind substratspezifisch und reaktionsspezifisch. Über Enzyme und Ribozyme s. Bücher der Biochemie.

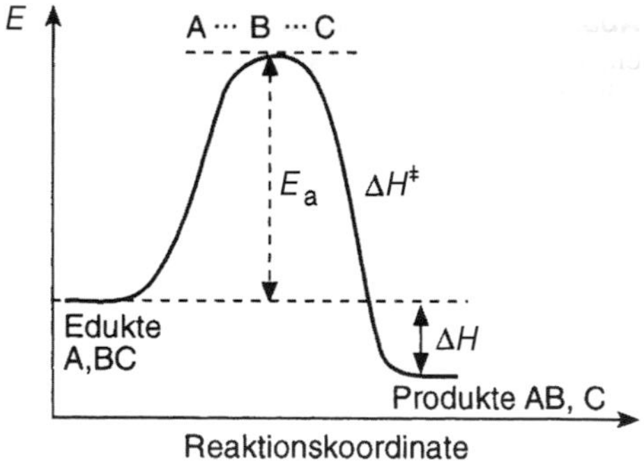

Abb. 12.5 Energiediagramm
einer exothermen Reaktion

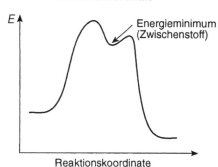

Abb. 12.6 Energiediagramm
einer exothermen Reaktion
mit Zwischenstufe

12.5.1 Darstellung von Reaktionsabläufen durch Energieprofile

In Abb. 12.5 ist der energetische Verlauf einer *exothermen* Reaktion in einem
Energiediagramm (Energieprofil) graphisch dargestellt. Die Abszisse ist die sog.
Reaktionskoordinate. Sie wird häufig vereinfacht als *Reaktionsweg* angegeben. Die
potenzielle Energie ist als Ordinate eingezeichnet. Die Aktivierungsenergie E_a bzw.
die Aktivierungsenthalpie $\Delta H^{\neq}$ (für p = const.) erscheint als „Energieberg". Den
Zustand am Gipfel des Energieberges nennt man *Übergangszustand*, **aktivierten**
Komplex oder Reaktionsknäuel. Der aktivierte Komplex wird meist durch den
hochgestellten Index $^{\neq}$ gekennzeichnet.

Beispiel

$$A + BC \rightleftharpoons A \cdots B \cdots C \rightleftharpoons AB + C$$

Bei Reaktionen zwischen festen und flüssigen Stoffen sind E_a und $\Delta H^{\neq}$ zahlen-
mäßig praktisch gleich. Unterschiede gibt es bei der Beteiligung von gasförmigen
Stoffen an der Reaktion. Hier ist $\Delta H^{\neq} = E_a + \Delta(p \cdot V)^{\neq}$. Ändert sich beim
Übergang von den Edukten zum „aktivierten Komplex" die Molzahl, muss sie ent-
sprechend $\Delta(p \cdot V)^{\neq} = n^{\neq} \cdot RT$ berücksichtigt werden. $n^{\neq}$ ist die Änderung der
Molzahl beim Übergang zum aktivierten Komplex.
Im Übergangszustand haben sich die Reaktanden einander so weit wie möglich
genähert. Hier lösen sich die alten Bindungen und bilden sich gleichzeitig neue.

Abb. 12.7 Energiediagramm
einer exothermen Reaktion
mit und ohne Katalysator

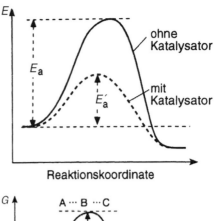

Abb. 12.8 Änderung der
Freien Enthalpie bei einer
exergonischen Reaktion

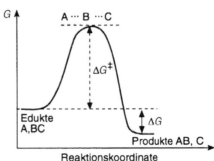

Die Reaktionsenthalpie ΔH ist die Enthalpiedifferenz zwischen den Edukten (Ausgangsstoffen) und den Produkten (s. Abschn. 11.2.1). Entsteht bei einer Reaktion eine (instabile) **Zwischenstufe** (Zwischenstoff), so zeigt das Energiediagramm ein Energieminimum an (Abb. 12.6). Es entspricht (formal) dem Diagramm einer zweistufigen Reaktion.

Beispiel

$$A + BC \rightleftharpoons A \cdots B \cdots C \rightleftharpoons AB + C$$

Abbildung 12.7 zeigt den Energieverlauf einer Reaktion mit und ohne Katalysator. E_a' ist kleiner als E_a.

Ähnliche Diagramme wie in Abb. 12.5 ergeben sich, wenn außer der Energie oder besser Enthalpieänderung ΔH auch die Entropieänderung ΔS während des Reaktionsablaufs berücksichtigt wird. Mit ΔH und ΔS erhält man nach der Gibbs-Helmholtz'schen Gleichung die Triebkraft, d. i. die Änderung der Freien Enthalpie ΔG beim Übergang von einem Anfangszustand in einen Endzustand (s. Abschn. 11.2). In Abb. 12.8 ist als Ordinate G aufgetragen. $\Delta G^{\neq}$ ist die **Freie Aktivierungsenthalpie,** d. i. die Differenz zwischen der Freien Enthalpie des aktivierten Komplexes und derjenigen der Edukte. ΔG dagegen ist die Differenz der Freien Enthalpie von Produkten und Edukten, d. i. die *Freie Reaktionsenthalpie.* Hier bei einer *exergonischen Reaktion.*

Anmerkungen Die Änderung der Aktivierungsentropie $\Delta S^{\neq}$ ist meist negativ, weil der aktivierte Komplex meist einen größeren Ordnungszustand aufweist als die Edukte. Anstelle der korrekten Bezeichnung Reaktionskoordinat" für die Abszisse in den Abb. 12.5, 12.6, 12.7 und 12.8 verwendet man auch die anschaulichere Bezeichnung „Reaktionsweg".

12.6   Parallelreaktionen – Kinetische und thermodynamische Reaktionskontrolle

Stehen Reaktionspartnern unter sonst gleichen Bedingungen Reaktionswege mit unterschiedlicher Aktivierungsenergie zur Auswahl (*Parallelreaktionen*), wird der Reaktionsweg mit der **niedrigsten** Aktivierungsenergie bevorzugt (jedenfalls bei gleichem Frequenzfaktor).

▶ Chemische Reaktionen können unter thermodynamischen und/oder kinetischen Gesichtspunkten betrachtet werden.

Will man die Möglichkeit eines Reaktionsablaufs beurteilen, müssen *beide Gesichtspunkte gleichzeitig* berücksichtigt werden. Die thermodynamische Betrachtungsweise zeigt, ob eine Reaktion thermodynamisch möglich ist oder nicht. Sie macht keine Aussage über die Zeit, die während des Reaktionsablaufs vergeht. Hierüber gibt die kinetische Betrachtungsweise Auskunft.

▶ Wird der Reaktionsablauf durch thermodynamische Faktoren bestimmt, nennt man die Reaktion **thermodynamisch kontrolliert**.
Ist die Reaktionsgeschwindigkeit für den Reaktionsablauf maßgebend, heißt die Reaktion **kinetisch kontrolliert**.

Beispiele
- Eine kinetisch kontrollierte Reaktion ist die Reaktion von Tetrachlorkohlenstoff (CCl$_4$) mit O$_2$ z. B. zu CO$_2$ (s. Abschn. 11.2.1). Für die Reaktion ist $\Delta G^0{}_{(25\,°C)} = -333,9$ kJ. Die Reaktion sollte daher schon bei Zimmertemperatur spontan ablaufen. Die Reaktionsgeschwindigkeit ist jedoch praktisch null. Erst durch Temperaturerhöhung lässt sich die Geschwindigkeit erhöhen. Den Grund für die kinetische Hemmung sieht man in der Molekülstruktur: Ein relativ kleines C-Atom ist tetraederförmig von vier großen Chloratomen umhüllt, so dass es nur schwer von O$_2$-Molekülen angegriffen werden kann.
- Ein anderes Beispiel ist die Ammoniaksynthese aus den Elementen nach *Haber/Bosch*. Auch diese Reaktion ist bei Zimmertemperatur thermodynamisch möglich. Die Reaktionsgeschwindigkeit ist jedoch praktisch null. Sie lässt sich nur durch einen Katalysator erhöhen.

12.6.1 Metastabile Systeme

Die Gasmischungen 2 H_2/O_2, H_2/Cl_2, 3 H_2/N_2 u. a. sind bei Zimmertemperatur beständig, obwohl die thermodynamische Berechnung zeigt, dass die Reaktionen zu den Produkten H_2O, HCl, NH_3 exergonisch sind.

Die Reaktionsgeschwindigkeit ist jedoch zu gering, um in den stabilen Gleichgewichtszustand überzugehen. Solche Systeme sind *kinetisch gehemmt*. Man nennt sie auch *metastabile* Systeme.

Aufheben lässt sich die kinetische Hemmung durch Energiezufuhr oder durch Katalysatoren.

Bei Beachtung der vorstehend skizzierten Gesetzmäßigkeiten gelingt es gelegentlich, Reaktionsabläufe zu **steuern**. Bei Parallelreaktionen mit unterschiedlicher Reaktionsgeschwindigkeit bestimmt die Reaktionszeit die Ausbeute an einzelnen möglichen Produkten. Bei genügend langer Reaktionszeit wird die Zusammensetzung der Produkte – bei gegebenen Reaktionsbedingungen – von der thermodynamischen Stabilität der einzelnen Produkte bestimmt. Beispiele s. Abschn. 24.2.2.

12.7 Kettenreaktionen

▶ Kettenreaktion nennt man eine besondere Art von Folgereaktionen.

Als *Beispiel* betrachten wir die **Chlorknallgasreaktion**: $Cl_2 + H_2 \rightarrow 2\,HCl$. Bei Anregung durch UV-Licht verläuft die Reaktion explosionsartig über folgende Elementarreaktionen:

$$Cl_2 \rightarrow 2\,Cl\cdot$$
$$Cl\cdot + H_2 \rightarrow HCl + H\cdot$$
$$H\cdot + Cl_2 \rightarrow HCl + Cl\cdot \text{ usw.}$$

Der Reaktionsbeginn (= *Kettenstart)* ist die fotochemische Spaltung eines Cl_2-Moleküls in zwei energiereiche Cl-Atome (Radikale). Im *zweiten* Reaktionsschritt reagiert ein Cl-Atom mit einem H_2-Molekül zu HCl und einem H-Atom. Dieses bildet in einem *dritten* Schritt HCl und ein Cl-Atom. Dieser **Zyklus** kann sich wiederholen.

Die energiereichen, reaktiven Zwischenprodukte Cl· und H· heißen *Kettenträger*. Die nacheinander ablaufenden Zyklen bilden die *Kette*. Ihre Anzahl ist die *Kettenlänge*.

12.7.1 Einleitung von Kettenreaktionen

Einleiten kann man Kettenreaktionen z. B. durch fotochemische oder thermische Spaltung schwacher Bindungen in einem der Reaktionspartner oder einem als **In-**

itiator zugesetzten Fremdstoff. Als Initiatoren eignen sich z. B. Peroxide oder Azo-verbindungen (s. Abschn. 20.1).

12.7.2 Abbruch von Kettenreaktionen

Zu einem Kettenabbruch kann z. B. die Wiedervereinigung (Rekombination) von zwei Radikalen führen, wobei in einer trimolekularen Reaktion (Dreierstoß) die überschüssige Energie an die Gefäßwand („Wandeffekt") oder ein geeignetes Molekül M (= *Inhibitor*) abgegeben wird. Geeignete Inhibitoren sind z. B. NO, O_2, Olefine, Phenole oder aromatische Amine.

$$Cl\cdot + Cl\cdot + Wand \rightarrow Cl_2 \text{ oder } Cl\cdot + Cl\cdot + M \rightarrow Cl_2 + M^*$$

(M* = angeregtes Molekül)

Beispiele für Kettenreaktionen
- Chlorknallgasreaktion: $Cl_2 + H_2 \rightarrow 2\,HCl$
- Knallgas-Reaktion: $2\,H_2 + O_2 \rightarrow 2\,H_2O$
- die Bildung von HBr aus den Elementen
- thermische Spaltung von Ethan
- Fotochlorierung von Paraffinen
- Autooxidationsprozesse und
- radikalische Polymerisationen

Beachte Bei sehr schnell ablaufenden exothermen Reaktionen führt die Temperaturerhöhung zu einer immer höheren Reaktionsgeschwindigkeit. Das Ergebnis ist eine **Explosion**. Auch bei Kettenreaktionen mit *Kettenverzweigung* kann es bei exponentiell anwachsender Reaktionsgeschwindigkeit zu einer Explosion kommen.

Chemisches Gleichgewicht (Kinetische Ableitung) 13

Chemische Reaktionen in geschlossenen Systemen verlaufen selten einsinnig d. h. in eine Richtung, sondern sind meist umkehrbar:

$$A + B \rightleftharpoons C + D$$

Für die Geschwindigkeit der Hinreaktion $A + B \rightarrow C + D$ ist die Reaktionsgeschwindigkeit v_H gegeben durch die Gleichung $v_H = k_H \cdot c(A) \cdot c(B)$. Für die Rückreaktion $C + D \rightarrow A + B$ gilt entsprechend $v_R = k_R \cdot c(C) \cdot c(D)$. (Zu dem Begriff der Reaktionsgeschwindigkeit s. Abschn. 12.1).

Der in jedem Zeitmoment nach außen hin sichtbare und damit messbare Stoffumsatz der Gesamtreaktion (aus Hin- und Rückreaktion) ist gleich der Umsatzdifferenz beider Teilreaktionen. Entsprechend ist die **Reaktionsgeschwindigkeit der Gesamtreaktion** gleich der Differenz aus den Geschwindigkeiten der Teilreaktionen:

$$v = v_H - v_R = k_H \cdot c(A) \cdot c(B) - k_R \cdot c(C) \cdot c(D)$$

13.1 Chemisches Gleichgewicht und Massenwirkungsgesetz

Bei einer umkehrbaren Reaktion tritt bei gegebenen Konzentrationen und einer bestimmten Temperatur ein Zustand ein, bei dem sich der Umsatz von Hin- und Rückreaktion aufhebt. Das Reaktionssystem befindet sich dann im **chemischen Gleichgewicht.** Die Lage des Gleichgewichts wird durch die relative Größe von v_H und v_R bestimmt. Das chemische Gleichgewicht ist ein *dynamisches Gleichgewicht,* das sich zu jedem Zeitpunkt neu einstellt. In der Zeiteinheit werden gleich viele Produkte gebildet, wie wieder in die Edukte zerfallen. Die Reaktionen laufen noch immer ab. Sie haben aber keinen Nettoeffekt auf die Konzentration der Reaktanden und Produkte. Ihre Konzentrationen sind stabilisiert.

Im chemischen Gleichgewicht ist die Geschwindigkeit der Hinreaktion v_H gleich der Geschwindigkeit der Rückreaktion v_R.

© Springer-Verlag Berlin Heidelberg 2016
H.P. Latscha, U. Kazmaier, *Chemie für Biologen*, DOI 10.1007/978-3-662-47784-7_13

▶ Die Geschwindigkeit der Gesamtreaktion ist gleich null.

Die Reaktion ist nach außen hin zum Stillstand gekommen.
In Formeln lässt sich dies wie folgt angeben:

$$k_H \cdot c(A) \cdot c(B) = k_R \cdot c(C) \cdot c(D)$$

oder

$$\frac{k_H}{k_R} = K_c = \frac{c(C) \cdot c(D)}{c(A) \cdot c(B)}$$

Das sind Aussagen des von *Guldberg* und *Waage* 1867 formulierten **Massenwirkungsgesetzes (MWG)**:

▶ Eine chemische Reaktion befindet sich – bei gegebener Temperatur – im chemischen Gleichgewicht, wenn der Quotient aus dem Produkt der Konzentrationen der Reaktionsprodukte und aus dem Produkt der Konzentrationen der Edukte einen bestimmten, für die Reaktion charakteristischen Zahlenwert K_c erreicht hat.

K_c ist die (temperaturabhängige) **Gleichgewichtskonstante** (Massenwirkungskonstante). Der Index c deutet an, dass die Konzentrationen verwendet wurden. Da Konzentration und Druck eines gasförmigen Stoffes bei gegebener Temperatur einander proportional sind (s. Abschn. 7.2.1.3):

$$p = RT \cdot n/v = R \cdot T \cdot c = \text{konst.} \cdot c$$

kann man anstelle der Konzentrationen die Partialdrücke gasförmiger Reaktionsteilnehmer einsetzen. Die Gleichgewichtskonstante bekommt dann den Index p:

$$\frac{p_C \cdot p_D}{p_A \cdot p_B} = K_p \text{ oder } K_p = RT \cdot K_c$$

K_p heißt Partialdruck-Gleichgewichtskonstante.

Beachte K_c bzw. K_p hängen von der Temperatur, nicht aber von der Stoffkonzentration oder Stoffmenge ab.

▶ **Wichtige Regeln**
- Für jede Gleichgewichtsreaktion wird das MWG so geschrieben, dass das Produkt der Konzentrationen der Produkte im Zähler und das Produkt der Konzentrationen der Edukte im Nenner des Quotienten steht.
- Besitzen in einer Reaktionsgleichung die Komponenten von dem Wert 1 verschiedene Koeffizienten, so werden diese im MWG als Exponent der Konzentration der betreffenden Komponente eingesetzt:

$$aA + bB \rightleftharpoons cC + dD$$

$$\frac{c^c(C) \cdot c^d(D)}{c^a(A) \cdot c^b(B)} = K_c \quad \text{bzw.} \quad \frac{p_C^c \cdot p_D^d}{p_A^a \cdot p_B^b} = K_p \quad \left| \begin{array}{c} \text{Produkte} \\ \hline \text{Edukte} \end{array} \right.$$

- Je größer bzw. kleiner der Wert der Gleichgewichtskonstante K ist, desto mehr bzw. weniger liegt das Gleichgewicht auf der Seite der Produkte.

Wir unterscheiden folgende Grenzfälle

$K \gg 1$: Die Reaktion verläuft nahezu vollständig in Richtung der *Produkte*.

$K \approx 1$: Alle Reaktionsteilnehmer liegen in ähnlichen Konzentrationen vor.

$K \ll 1$: Es liegen praktisch nur die *Ausgangsstoffe* vor.

Der negative dekadische Logarithmus von K wird als pK-Wert bezeichnet (vgl. Abschn. 10.1.2):

$$pK = -\lg K$$

13.1.1 Formulierung des MWG für einfache Reaktionen

1. $4\,HCl + O_2 \rightleftharpoons 2\,H_2O + 2\,Cl_2$

$$\frac{c^2(H_2O) \cdot c^2(Cl_2)}{c^4(HCl) \cdot c(O_2)} = K_c$$

2. $2\,HCl + 1/2\,O_2 \rightleftharpoons H_2O + Cl_2$

$$\frac{c(H_2O) \cdot c(Cl_2)}{c^2(HCl) \cdot c^{1/2}(O_2)} = K_c$$

3. $BaSO_4 \rightleftharpoons Ba^{2+} + SO_4{}^{2-}$

$$\frac{c(Ba^{2+}) \cdot c(SO_4{}^{2-})}{c(BaSO_4)} = K_c$$

4. $N_2 + 3\,H_2 \rightleftharpoons 2\,NH_3$

$$\frac{p_{NH_3}^2}{p_{N_2} \cdot p_{H_2}^3} = K_p$$

13.2 Gekoppelte Reaktionen

Sind Reaktionen miteinander gekoppelt, so kann man für jede Reaktion die Reaktionsgleichung aufstellen und das MWG formulieren. Für jede Teilreaktion erhält man eine Gleichgewichtskonstante. Multipliziert man die Gleichgewichtskonstanten der Teilreaktionen miteinander, so ergibt sich die Gleichgewichtskonstante der Gesamtreaktion (= Bruttoreaktion). Diese ist auch zu erhalten, wenn man auf die Gesamtgleichung das MWG anwendet.

Beispiel: Herstellung von Schwefelsäure

Zur Herstellung von Schwefelsäure (H_2SO_4) wird Schwefeltrioxid (SO_3) benötigt. Es kann durch Oxidation von SO_2 erhalten werden. Ein älteres Verfahren (Bleikammerprozess) verwendet hierzu Stickstoffdioxid NO_2. Schematisierte Herstellung (ohne Nebenreaktionen):

1. $2\,NO + O_2 \rightleftharpoons 2\,NO_2$
2. $2\,SO_2 + 2\,NO_2 \rightleftharpoons 2\,SO_3 + 2\,NO$
3. $2\,SO_3 + 2\,H_2O \rightleftharpoons 2\,H_2SO_4$

Gesamtreaktion: $2\,SO_2 + 2\,H_2O + O_2 \rightleftharpoons 2\,H_2SO_4$

Die Gleichgewichtskonstanten für die einzelnen Reaktionsschritte und die Gesamtreaktion sind:

$$K_1 = \frac{c^2(NO_2)}{c^2(NO) \cdot c(O_2)}; \quad K_2 = \frac{c^2(SO_3) \cdot c^2(NO)}{c^2(SO_2) \cdot c^2(NO_2)}; \quad K_3 = \frac{c^2(H_2SO_4)}{c^2(SO_3) \cdot c^2(H_2O)}$$

$$K_{gesamt} = \frac{c^2(H_2SO_4)}{c^2(SO_2) \cdot c^2(H_2O) \cdot c(O_2)} = K_1 \cdot K_2 \cdot K_3$$

13.3 Aktivitäten

Das Massenwirkungsgesetz gilt streng nur für **ideale** Verhältnisse wie verdünnte Lösungen (Konzentration $< 0{,}1\,mol\,L^{-1}$). Die formale Schreibweise des Massenwirkungsgesetzes kann aber auch für reale Verhältnisse, speziell für konzentrierte Lösungen beibehalten werden, wenn man anstelle der Konzentrationen die **wirksamen Konzentrationen**, die sog. **Aktivitäten der Komponenten**, einsetzt.

In nicht verdünnten Lösungen beeinflussen sich die Teilchen einer Komponente gegenseitig und verlieren dadurch an Reaktionsvermögen. Auch andere in Lösung vorhandene Substanzen oder Substanzteilchen vermindern das Reaktionsvermögen, falls sie mit der betrachteten Substanz in Wechselwirkung treten können.

Die dann noch vorhandene wirksame Konzentration heißt Aktivität a. Sie unterscheidet sich von der Konzentration durch den **Aktivitätskoeffizienten** f, der die Wechselwirkungen in der Lösung berücksichtigt:

Aktivität (a) = Aktivitätskoeffizient (f) · Konzentration (c):

$$a = f \cdot c \qquad \text{(Die Einheit der Konzentration } c \text{ ist mol\,L}^{-1})$$

Für $c \to 0$ wird $f \to 1$.

Der Aktivitätskoeffizient f ist stets < 1. Der Aktivitätskoeffizient f korrigiert die Konzentration c einer Substanz um einen experimentell zu ermittelnden Wert (z. B. durch Anwendung des *Raoult'schen Gesetzes*, s. Abschn. 8.4.1.1).

Formuliert man für die Reaktion AB $\rightleftharpoons$ A + B das MWG, so muss man beim Vorliegen großer Konzentrationen die Aktivitäten einsetzen:

$$\frac{c(\text{A}) \cdot c(\text{B})}{c(\text{AB})} = K_c$$

geht über in

$$\frac{a_\text{A} \cdot a_\text{B}}{a_\text{AB}} = \frac{f_\text{A} \cdot c(\text{A}) \cdot f_\text{B} \cdot c(\text{B})}{f_\text{AB} \cdot c(\text{AB})} = K_a$$

Bei **Gasen** ersetzt man a durch f. f ist der **Fugazitätskoeffizient**.

13.4 Beeinflussung von Gleichgewichtslagen

13.4.1 Änderung der Temperatur

Bei Temperaturänderungen ändert sich der Wert der Gleichgewichtskonstanten K wie folgt:

Temperaturerhöhung (-erniedrigung) verschiebt das chemische Gleichgewicht nach der Seite, auf der Produkte unter Wärmeverbrauch (Wärmeentwicklung) entstehen. Anders formuliert:

▶ • *Temperaturerhöhung* begünstigt *endotherme* Reaktionen, *Temperaturerniedrigung* begünstigt *exotherme* Reaktionen, oder
  • bei *exothermen* Reaktionen verschiebt eine Temperaturerhöhung das Gleichgewicht in Richtung der Edukte, bei endothermen Reaktionen in Richtung der Produkte.

Beispiel: Ammoniaksynthese nach *Haber/Bosch*

$$\text{N}_2 + 3\,\text{H}_2 \rightleftharpoons 2\,\text{NH}_3; \quad \Delta H = -92\,\text{kJ}; \quad K_p = \frac{p_{\text{NH}_3}^2}{p_{\text{N}_2} \cdot p_{\text{H}_2}^3}$$

Temperaturerhöhung verschiebt das Gleichgewicht auf die linke Seite (Edukte). K_p wird kleiner. Das System weicht der Temperaturerhöhung aus, indem es die Edukte zurückbildet, wobei Energie verbraucht wird **(Flucht vor dem Zwang)**.

Beachte Druckerhöhung zeigt die entgegengesetzte Wirkung. Links sind nämlich vier Volumenteile und rechts nur zwei. Das System weicht nach rechts aus.

Beispiel: Boudouard-Gleichgewicht

In allen Fällen, in denen CO und Kohlenstoff bei höheren Temperaturen als Reduktionsmittel eingesetzt werden, existiert das *Boudouard*-Gleichgewicht:

$$CO_2 + C \rightleftharpoons 2\,CO; \quad \Delta H = +173\,kJ\,mol^{-1}$$

Die Lage des Gleichgewichts ist stark temperatur- und druckabhängig (s. Abschn. 14.5.1.2 und Abb. 14.7).

Dies sind Beispiele für das von *Le Chatelier* und *Braun* (1888) formulierte Prinzip.

Prinzip von *Braun – Le Chatelier* oder „Prinzip des kleinsten Zwanges"

▶ Wird auf ein im Gleichgewicht befindliches System durch Änderung der äußeren Bedingungen (Konzentration, Druck, Temperatur) ein Zwang ausgeübt, weicht das System diesem Zwang dadurch aus, dass sich das Gleichgewicht so verschiebt, dass der Zwang kleiner wird.
Oder kürzer:
Ein System im Gleichgewicht weicht einem äußeren Zwang so aus, dass dieser abnimmt.

Die Abhängigkeit der Gleichgewichtskonstante von der Temperatur wird formelmäßig durch die **Gleichung von *van't Hoff*** beschrieben:

$$\frac{d \ln K_p}{dT} = \frac{\Delta H^0}{R T^2}$$

K_p = Gleichgewichtskonstante der Partialdrücke; ΔH^0 = Reaktionsenthalpie bei 298 K und 1 bar (vgl. Abschn. 11.1.2); R = allgemeine Gaskonstante; T = absolute Temperatur

Die van't Hoff'sche Gleichung (van't Hoff'sche Reaktionsisobare) erhält man durch Kombination der Gleichungen (s. Abschn. 11.4.5)

$$\Delta G^0 = -R T \cdot \ln K_p$$

$$\text{und} \quad \Delta G^0 = \Delta H^0 - T \cdot \Delta S^0$$

13.4.2 Änderung von Konzentration bzw. Partialdruck bei konstanter Temperatur

Schreibt man für die Gleichgewichtsreaktion $A + B \rightleftharpoons C$ die Massenwirkungsgleichung:

$$\frac{c(C)}{c(A) \cdot c(B)} = K_c \quad \text{bzw.} \quad \frac{p_C}{p_A \cdot p_B} = K_p$$

so muss der Quotient immer den Wert K besitzen. Erhöht man $c(A)$, muss zwangsläufig $c(C)$ größer und $c(B)$ kleiner werden, wenn sich der Gleichgewichtszustand wieder einstellt. Da nun $c(C)$ nur größer bzw. $c(B)$ nur kleiner wird, wenn A mit B zu C reagiert, verschiebt sich das Gleichgewicht nach rechts. Das bedeutet: Die Reaktion verläuft durch Erhöhung der Konzentration von A bzw. B so weit nach rechts, bis sich das Gleichgewicht mit dem gleichen Zahlenwert für K erneut eingestellt hat. Eine Verschiebung der Gleichgewichtslage im gleichen Sinne erhält man, wenn man $c(C)$ verringert.

Auf diese Weise lässt sich der Ablauf von Reaktionen beeinflussen.

Beispiele für die Anwendung auf Säure-Base-Gleichgewichte s. Abschn. 10.1.2 und 10.2.

13.5 Das Löslichkeitsprodukt

Silberbromid AgBr fällt als gelber, käsiger Niederschlag aus, wenn man einer Lösung von KBr (K^+Br^-) Silbernitrat $Ag^+NO_3^-$ hinzufügt. Es dissoziiert nach AgBr $\rightleftharpoons Ag^+ + Br^-$.

AgBr ist ein schwerlösliches Salz, d. h., das Gleichgewicht liegt auf der linken Seite.

Schreibt man die Massenwirkungsgleichung:

$$\frac{c(Ag^+) \cdot c(Br^-)}{c(AgBr)_{gelöst}} = K_c \quad \text{oder} \quad c(Ag^+) \cdot c(Br^-) = \underbrace{c(AgBr) \cdot K_c}_{Lp_{AgBr}}$$

so ist die Konzentration an gelöstem Silberbromid $c(AgBr)$ in einer *gesättigten* Lösung konstant, weil zwischen dem Silberbromid in Lösung und dem festen Silberbromid AgBr(f), das als Bodenkörper vorhanden ist, ein **dynamisches, heterogenes Gleichgewicht** besteht, das dafür sorgt, dass $c(AgBr)$ konstant ist. Man kann daher $c(AgBr)$ in die Konstante K einbeziehen.

Die neue Konstante heißt das **Löslichkeitsprodukt** von AgBr.

Das Löslichkeitsprodukt ist temperaturabhängig!

$$c(Ag^+) \cdot c(Br^-) = Lp_{AgBr} = 10^{-12,3} \, mol^2 \cdot L^{-2}$$

Für eine *gesättigte* Lösung (mit Bodenkörper) ist:

$$c(Ag^+) = c(Br^-) = \sqrt{10^{-12,3}} = 10^{-6,15} \, mol \, L^{-1}$$

Wird das Löslichkeitsprodukt überschritten, d. h. $c(Ag^+) \cdot c(Br^-) > 10^{-12,3} \, mol^2 \, L^{-2}$, fällt so lange AgBr aus, bis die Gleichung wieder stimmt. Erhöht man nur eine Ionenkonzentration, so kann man bei genügendem Überschuss das Gegenion quantitativ aus der Lösung abscheiden.

Tab. 13.1 Löslichkeitsprodukte von schwerlöslichen Salzen bei 20 °C. Dimension für $A_m B_n$: $(mol/L)^{m+n}$

AgCl	$1{,}0 \cdot 10^{-10}$	BaCrO$_4$	$2{,}4 \cdot 10^{-10}$	Mg(OH)$_2$	$1{,}2 \cdot 10^{-11}$
AgBr	$5{,}0 \cdot 10^{-13}$	PbCrO$_4$	$1{,}8 \cdot 10^{-14}$	Al(OH)$_3$	$1{,}1 \cdot 10^{-33}$
AgI	$1{,}5 \cdot 10^{-16}$	PbSO$_4$	$2{,}0 \cdot 10^{-14}$	Fe(OH)$_3$	$1{,}1 \cdot 10^{-36}$
Hg$_2$Cl$_2$	$2{,}0 \cdot 10^{-18}$	BaSO$_4$	$1{,}0 \cdot 10^{-10}$	ZnS	$1{,}0 \cdot 10^{-23}$
PbCl$_2$	$1{,}7 \cdot 10^{-5}$			CdS	$8{,}0 \cdot 10^{-27}$
				Ag$_2$S	$1{,}6 \cdot 10^{-49}$
				HgS	$2{,}0 \cdot 10^{-52}$

Beispiel Erhöht man die Konzentration von Br^- auf $c(Br^-) = 10^{-2,3}\,\text{mol L}^{-1}$, so fällt so lange AgBr aus, bis $c(Ag^+) = 10^{-10}\,\text{mol L}^{-1}$ ist. Dann gilt wieder: $c(Ag^+) \cdot c(Br^-) = 10^{-10} \cdot 10^{-2,3} = 10^{-12,3}\,\text{mol}^2\,\text{L}^{-2}$.

13.5.1 Allgemeine Formulierung

▶ Das Löslichkeitsprodukt Lp eines schwerlöslichen Elektrolyten $A_m B_n$ ist definiert als das Produkt seiner Ionenkonzentrationen in gesättigter Lösung.

$$A_m B_n \rightleftharpoons m A^+ + n B^-$$
$$Lp_{A_m B_n} = c^m(A^+) \cdot c^n(B^-) \qquad (mol/L)^{m+n}$$

Das Löslichkeitsprodukt gilt für alle **schwerlöslichen** Verbindungen (Tab. 13.1).

13.6 Fließgleichgewicht

Im Gegensatz zum vorstehend besprochenen chemischen Gleichgewicht ist ein sog. **stationärer Zustand** oder **Fließgleichgewicht** („steady state", Ungleichgewicht des Stoffwechsels) dadurch gekennzeichnet, dass sämtliche Zustandsgrößen (Zustandsvariable), die den betreffenden Zustand charakterisieren, einen zeitlich konstanten Wert besitzen. Bildet sich z. B. in einem Reaktionssystem ein stationärer Zustand aus, so besitzt das System eine *konstante*, aber *endliche Gesamtreaktionsgeschwindigkeit*, und die Konzentrationen der Reaktionsteilnehmer sind konstant (*dynamisches Gleichgewicht* im *offenen System*).

Ein stationärer Zustand kann sich nur in einem offenen System ausbilden (s. Kap. 11). Der lebende Organismus ist ein Beispiel für ein offenes System: Nahrung und Sauerstoff werden aufgenommen, CO$_2$ und andere Produkte abgegeben. Es stellt sich eine von der Aktivität der Enzyme (Biokatalysatoren) abhängige, stationäre Konzentration der Produkte ein. Dieses Fließgleichgewicht ist charakteristisch für den betreffenden Stoffwechsel, s. Bücher der Biochemie.

Das Fließgleichgewicht des Stoffwechsels ist ein Hauptkennzeichen des Lebens. Stoffwechselwege erreichen bei der lebenden Zelle nie das Gleichgewicht. Einzelheiten s. Lehrbücher der Biologie.

Teil II
Anorganische Chemie

Hauptgruppenelemente

14

14.1 Wasserstoff

14.1.1 Stellung von Wasserstoff im Periodensystem der Elemente (PSE)

Die Stellung von Wasserstoff im PSE ist nicht ganz eindeutig. Als s^1-Element zeigt er sehr große Unterschiede zu den Alkalielementen.

So ist er ein typisches Nichtmetall, besitzt eine Elektronegativität EN von 2,1. Sein Ionisierungspotenzial ($H - e^- \longrightarrow H^+$) ist mit $1312\,kJ\,mol^{-1}$ etwa doppelt so hoch wie das der Alkalimetalle. H_2 hat einen Schmp. von $-259\,°C$ und einen Sdp. von $-253\,°C$. H-Atome gehen σ-Bindungen ein. Durch Aufnahme von *einem* Elektron entsteht H^- mit der Elektronenkonfiguration von He ($\Delta H = -72\,kJ\,mol^{-1}$). Es gibt also durchaus Gründe dafür, das Element im PSE in die 1. Hauptgruppe oder in der 3. Hauptgruppe über Bor oder in der 7. Hauptgruppe über Fluor zu stellen.

So genannten metallischen Wasserstoff erhält man erst bei einem Druck von 3 bis 4 Millionen bar.

Die Bildung von molekularem H_2 ist stark exotherm ($\Delta H = -436\,kJ\,mol^{-1}$).

14.1.2 Vorkommen und Gewinnung

Vorkommen Auf der Erde selten frei, z. B. in Vulkangasen; in größeren Mengen auf Fixsternen und in der Sonnenatmosphäre. Sehr viel Wasserstoff kommt gebunden vor im Wasser und in Kohlenstoffwasserstoffverbindungen.

14.1.2.1 Technische Herstellungsverfahren

Kohlevergasung
Beim Überleiten von Wasserdampf über glühenden Koks entsteht in einer endothermen Reaktion ($\Delta H = +131\,kJ\,mol^{-1}$) „Wassergas", ein Gemisch aus CO und H_2.

© Springer-Verlag Berlin Heidelberg 2016
H.P. Latscha, U. Kazmaier, *Chemie für Biologen*, DOI 10.1007/978-3-662-47784-7_14

Bei der anschließenden *Konvertierung* wird CO mit Wasser und ZnO/Cr_2O_3 als Katalysator in CO_2 und H_2 übergeführt:

$$C + H_2O \xrightarrow{1000\,°C} CO + H_2 \qquad \Delta H = +131{,}4\,kJ\,mol^{-1}$$

$$CO + H_2O \rightleftharpoons H_2 + CO_2 \qquad \Delta H = -42\,kJ\,mol^{-1}\,.$$

Das CO_2 wird unter Druck mit Wasser oder $|NCH_3(C_2H_4OH)_2$ (Methyldiethanolamin, 45 %ige Lösung) ausgewaschen.

Crackprozess und Steam-Reforming

Große Mengen Wasserstoff entstehen bei der Zersetzung von Kohlenwasserstoffen, schwerem Heizöl, Erdölrückständen bei hoher Temperatur *(Crackprozess)* und bei der Reaktion von Erdgas mit Wasser:

$$CH_4 + H_2O \xrightarrow[900\,°C]{Ni} CO + 3\,H_2 \qquad \Delta H = +206\,kJ\,mol^{-1}\,.$$

CO wird wieder der Konvertierung unterworfen. Diese katalytische (allotherme) Dampfspaltung *(Steam-Reforming)* von Erdgas (Methan) oder von leichten Erdölfraktionen (Propan, Butan, Naphtha bis zum Siedepunkt von 200 °C) ist derzeit das wichtigste Verfahren.

Als Nebenprodukt fällt Wasserstoff bei der *Chloralkali-Elektrolyse* an (Zwangsanfall).

14.1.2.2 Herstellungsmöglichkeiten im Labor

- Durch Elektrolyse von leitend gemachtem Wasser (Zugabe von Säure oder Lauge, *kathodische Reduktion*);
- durch Zersetzung von Wasser mit elektropositiven, unedlen Metallen:

$$2\,Na + 2\,H_2O \longrightarrow 2\,NaOH + H_2\,;$$

- durch Zersetzung von Wasserstoffsäuren und Laugen mit bestimmten Metallen:

$$2\,HCl + Zn \longrightarrow ZnCl_2 + H_2\,,$$
$$Zn + 2\,NaOH + 2\,H_2O \longrightarrow Zn(OH)_4^{2-} + 2\,Na^+ + H_2\,,$$
$$Al + NaOH + 3\,H_2O \longrightarrow [Al(OH)_4]^- + Na^+ + 1{,}5\,H_2\,,$$
$$Pb + H_2SO_4 \longrightarrow PbSO_4 + H_2.\; PbSO_4 \text{ ist schwerlöslich}\,,$$
$$Fe + 2\,HCl \longrightarrow FeCl_2 + H_2\,.$$

- und durch Reaktion von salzartigen Hydraten mit Wasser.

Der auf diese Weise hergestellte Wasserstoff ist besonders reaktionsfähig, da „in statu nascendi" H-Atome auftreten.

14.1.3 Eigenschaften

In der Natur kommen drei Wasserstoffisotope vor: $^1_1$H (Wasserstoff, „Protium"), $^2_1$H = D (schwerer Wasserstoff, Deuterium) und $^3_1$H = T (Tritium, radioaktiv). Über die physikalischen Unterschiede der Wasserstoffisotope s. Abschn. 2.1. In ihren chemischen Eigenschaften sind sie praktisch gleich.

Wasserstoff liegt als H_2-Molekül vor. Es ist ein farbloses, geruchloses Gas. H_2 ist das leichteste Gas. Da die H_2-Moleküle klein und leicht sind, sind sie außerordentlich beweglich, und haben ein sehr großes Diffusionsvermögen. Wasserstoff ist ein sog. *permanentes* Gas, denn es kann nur durch gleichzeitige Anwendung von Druck und starker Kühlung verflüssigt werden (kritischer Druck: 14 bar, kritische Temperatur: −240 °C). H_2 verbrennt mit bläulicher, sehr heißer Flamme zu Wasser.

Stille elektrische Entladungen zerlegen das H_2-Molekül. Es entsteht reaktionsfähiger *atomarer* Wasserstoff H, der bereits bei gewöhnlicher Temperatur mit vielen Elementen und Verbindungen reagiert.

$$H_2 \rightleftharpoons 2\,H \qquad \Delta H = 434{,}1\,\text{kJ}\,\text{mol}^{-1}\,.$$

Bei der Rekombination an Metalloberflächen entstehen Temperaturen bis 4000 °C (Langmuir-Fackel).

Anmerkung Manche Metalle wie Ni, Cr und Pb zeigen Hemmungserscheinungen (Passivierung) infolge von *Wasserstoffüberspannung* oder Bildung von schützenden Deckschichten.

14.1.4 Reaktionen und Verwendung von Wasserstoff

Wasserstoff ist ein wichtiges Reduktionsmittel. Es reduziert z. B. Metalloxide:

$$CuO + H_2 \longrightarrow Cu + H_2O$$

und Stickstoff (45 % weltweit):

$$N_2 + 3\,H_2 \rightleftharpoons 2\,NH_3 \qquad \text{(Haber/Bosch-Verfahren)}\,.$$

Verwendet wird Wasserstoff z. B. zur Herstellung von HCl und als Heizgas.

Ein Gemisch aus zwei Volumina H_2 und einem Volumen O_2 reagiert nach Zündung (oder katalytisch mit Pt/Pd) explosionsartig zu Wasser. Der Wasserdampf besitzt ein größeres Volumen als das Gemisch $H_2 + 1/2\,O_2$. Das Gemisch heißt **Knallgas**, die Reaktion **Knallgasreaktion**:

$$H_2 + 1/2\,O_2 \longrightarrow H_2O(g) \qquad \Delta H = -239\,\text{kJ}\,\text{mol}^{-1}\,.$$

Im Knallgasgebläse für autogenes Schweißen entstehen in einer Wasserstoff/Sauerstoff-Flamme Temperaturen bis 3000 °C. Im **Wasserstoffmotor** ersetzt Wasserstoff

Benzin bzw. Dieselöl. In der **Brennstoffzelle** liefert die Reaktion von H_2 mit O_2 elektrischen Strom. In der organischen Chemie wird H_2 in Verbindung mit Metall-katalysatoren für Hydrierungen benutzt (Kohlehydrierung, Fetthärtung), in Raffine-rien (38 %) und zur Qualitätsverbesserung von Erdölprodukten.

14.1.5 Wasserstoffverbindungen

Verbindungen von Wasserstoff mit anderen Elementen werden bei diesen Elemen-ten besprochen.

Hydride
Mit den Elementen der I. und II. Hauptgruppe bildet Wasserstoff **salzartige** Hy-dride. Sie enthalten *H^--Ionen* (= Hydrid-Ionen) im Gitter. Beim Auflösen dieser Verbindungen in Wasser bildet sich H_2:

$$H^+ + H^- \longrightarrow H_2 \, .$$

Ihre Schmelze zeigt großes elektrisches Leitvermögen. Bei der Elektrolyse entsteht an der Anode H_2. Es sind starke Reduktionsmittel.

Beachte Im Hydrid-Ion hat Wasserstoff die Oxidationszahl -1.

Hydride mit den Elementen der III. bis VII. Hauptgruppe
Wasserstoffverbindungen mit den Elementen der III. bis VII. Hauptgruppe sind überwiegend kovalent gebaut (**kovalente** Hydride), z. B. C_2H_6, CH_4, PH_3, H_2S, HCl. In all diesen Verbindungen hat Wasserstoff die Oxidationszahl $+1$.

Metallartige Hydride
Metallartige Hydride (legierungsartige Hydride) werden von manchen Übergangs-elementen gebildet. Es handelt sich dabei allerdings mehr um Einlagerungsverbin-dungen von H_2, d. h. Einlagerungen von H-Atomen auf Zwischengitterplätzen im Metallgitter. Durch die Einlagerung von Wasserstoff verschlechtern sich die metal-lischen Eigenschaften. $FeTiH_x$ (x bis max. 2) befindet sich als Wasserstoffspeicher in der Erprobung.

Hochpolymere Hydride
Hochpolymere Hydride wie z. B. $(AlH_3)_x$ zeigen weder Salz- noch Metallcharakter.

14.2 Alkalimetalle (Li, Na, K, Rb, Cs, Fr)

Diese Elemente der 1. Hauptgruppe heißen Alkalimetalle. Sie haben alle ein Elek-tron mehr als das im PSE vorangehende Edelgas. Dieses Valenzelektron wird be-sonders leicht abgegeben (geringe Ionisierungsenergie), wobei positiv einwertige Ionen entstehen (Tab 14.1).

Tab. 14.1 Eigenschaften der Alkalimetalle

Name	Lithium	Natrium	Kalium	Rubidium	Caesium	Francium
Elektronenkonfiguration	$[He]2s^1$	$[Ne]3s^1$	$[Ar]4s^1$	$[Kr]5s^1$	$[Xe]6s^1$	$[Rn]7s^1$
Schmp. [°C]	180	98	64	39	29	(27)
Sdp. [°C]	1330	892	760	688	690	(680)
Ionisierungsenergie [kJ/mol]	520	500	420	400	380	
Atomradius [pm] im Metall	152	186	227	248	263	
Ionenradius [pm]	68	98	133	148	167	180
Hydratationsenergie [kJ/mol]	−499,5	−390,2	−305,6	−280,9	−247,8	
Hydratationsradius [pm]	340	276	232	228	228	

Die Alkalimetalle sind sehr reaktionsfähig. So bilden sie schon an der Luft Hydroxide und zersetzen Wasser unter Bildung von H_2 und Metallhydroxid.

Mit **Sauerstoff** erhält man verschiedene **Oxide**:

- Lithium bildet ein normales Oxid Li_2O.
- Natrium verbrennt zu Na_2O_2, *Natriumperoxid*. Durch Reduktion mit metallischem Natrium kann dieses in das *Natriumoxid* Na_2O übergeführt werden. Das *Natriumhyperoxid* NaO_2 erhält man aus Na_2O_2 bei ca. 500 °C und einem Sauerstoffdruck von ca. 300 bar.
- Kalium, Rubidium und Caesium bilden direkt die *Hyperoxide* KO_2, RbO_2 und CsO_2 beim Verbrennen der Metalle an der Luft.

Die Verbindungen der Alkalimetalle färben die nichtleuchtende Bunsenflamme charakteristisch: Li – rot, Na – gelb, K – rotviolett, Rb – rot, Cs – blau.

14.2.1 Lithium

Das Li^+-Ion ist das kleinste Alkalimetall-Ion. Folglich hat es mit 1,7 die größte Ladungsdichte (Ladungsdichte = Ladung/Radius). Natrium hat zum Vergleich eine Ladungsdichte von 1,0 und Mg^{2+} aus der II. Hauptgruppe von 3,1. Da die Ladungsdichte für die chemischen Eigenschaften von Ionen eine große Rolle spielt, ist es nicht verwunderlich, dass Lithium in manchen seiner Eigenschaften dem zweiten Element der II. Hauptgruppe ähnlicher ist als seinen höheren Homologen.

Die Erscheinung, dass das *erste* Element einer Gruppe auf Grund vergleichbarer Ladungsdichte in manchen Eigenschaften dem *zweiten Element der folgenden Gruppe* ähnlicher ist als seinen höheren Homologen, nennt man **Schrägbeziehung** im PSE. Deutlicher ausgeprägt ist diese Schrägbeziehung zwischen den Elementen Be und Al sowie B und Si.

Große Ladungsdichte bedeutet große polarisierende Wirkung auf Anionen und Dipolmoleküle. Unmittelbare Folgen sind die Fähigkeit des Li^+-Kations zur Ausbildung kovalenter Bindungen, *Beispiel* $(LiCH_3)_4$, und die große Neigung zur Hydration. In kovalenten Verbindungen versucht Li die Elektronenkonfiguration von

Neon zu erreichen, entweder durch die Ausbildung von Mehrfachbindungen, *Beispiel* (LiCH$_3$)$_4$, oder durch Adduktbildung, z. B. LiCl in H$_2$O: LiCl $\cdot$ 3 H$_2$O.

Addukt von LiCl $\bullet$ 3 H$_2$O

Der Radius des hydratisierten Li$^+$-Ions ist mit 340 pm fast sechsmal größer als der des isolierten Li$^+$. Für das Cs$^+$ (167 pm) ergibt sich im hydratisierten Zustand nur ein Radius von 228 pm.

Beachte Dies ist auch der Grund dafür, dass das Normalpotenzial E^0 für Li/Li$^+$ unter den Messbedingungen einen Wert von $-3{,}03$ V hat.

14.2.1.1 Vorkommen, Herstellung und Eigenschaften
Vorkommen Zusammen mit Na und K in Silicaten in geringer Konzentration weit verbreitet.

Herstellung Schmelzelektrolyse von LiCl mit KCl als Flussmittel.

Eigenschaften Silberweißes, weiches Metall. Läuft an der Luft an unter Bildung von Lithiumoxid Li$_2$O und Lithiumnitrid Li$_3$N (schon bei 25 °C!). Lithium ist das leichteste Metall. Zusammen mit D$_2$ und T$_2$ wird es bei Kernfusionsversuchen eingesetzt. Wegen seines negativen Normalpotenzials findet es in Batterien Verwendung; Lithium-Ionen-Akku (s. Abschn. 9.4.6.2).

14.2.1.2 Verbindungen
Li$_2$O, Lithiumoxid, entsteht beim Verbrennen von Li bei 100 °C in Sauerstoffatmosphäre.

$$4\,\text{Li} + \text{O}_2 \longrightarrow 2\,\text{Li}_2\text{O} \,.$$

LiH, Lithiumhydrid, entsteht beim Erhitzen von Li mit H$_2$ bei 600–700 °C. Es kristallisiert im NaCl-Gitter und ist so stabil, dass es unzersetzt geschmolzen werden kann. Es enthält das *Hydrid-Ion* H$^-$ und hat eine stark hydrierende Wirkung. LiH bildet **Doppelhydride** (komplexe Hydride), die ebenfalls starke Reduktionsmittel sind, z. B.:

$$4\,\text{LiH} + \text{AlCl}_3 \longrightarrow \text{LiAlH}_4 \text{ (Lithiumaluminiumhydrid)} + 3\,\text{LiCl} \,.$$

Li$_3$PO$_4$, Lithiumphosphat, ist schwerlöslich und zum Nachweis von Li geeignet.

LiCl, Lithiumchlorid, farblose, zerfließliche Kristalle; zum Unterschied von NaCl und KCl z. B. in Alkohol löslich.

Li₂CO₃, Lithiumcarbonat, zum Unterschied zu den anderen Alkalicarbonaten in Wasser schwer löslich. Ausgangssubstanz zur Herstellung anderer Li-Salze.

Lithiumorganyle (Lithiumorganische Verbindungen), z. B. $LiCH_3$, LiC_6H_5. Die Substanzen sind sehr sauerstoffempfindlich, zum Teil selbstentzündlich und auch sonst sehr reaktiv. Wichtige Synthese-Hilfsmittel. Herstellung:

$$2\,Li + RX \longrightarrow LiR + LiX \quad (X = \text{Halogen}) \ ;$$

Lösemittel: Tetrahydrofuran, Benzol, Ether .

Auch Metall-Metall-Austausch ist möglich:

$$2\,Li + R_2Hg \longrightarrow 2\,RLi + Hg \ .$$

Lithiumorganyle haben typisch kovalente Eigenschaften. Sie sind flüssig oder niedrigschmelzende Festkörper. Sie neigen zu Molekülassoziation. *Beispiel:* $(LiCH_3)_4$.

14.2.2   Natrium

Natrium kommt in seinen Verbindungen als Na^+-Kation vor. Ausnahmen sind einige kovalente Komplexverbindungen.

14.2.2.1   Vorkommen, Herstellung, Eigenschaften und Verwendung

Vorkommen $NaCl$ (Steinsalz oder Kochsalz), $NaNO_3$ (Chilesalpeter), Na_2CO_3 (Soda), $Na_2SO_4 \cdot 10\,H_2O$ (Glaubersalz), $Na_3[AlF_6]$ (Kryolith).

Herstellung   Durch Schmelzelektrolyse von $NaOH$ (mit der Castner-Zelle) oder bevorzugt $NaCl$ (Downs-Zelle).

Eigenschaften   Silberweißes, weiches Metall; lässt sich schneiden und zu Draht pressen. Bei $0\,^\circ C$ ist sein elektrisches Leitvermögen nur dreimal kleiner als das von Silber. Im Na-Dampf sind neben wenigen Na_2-Molekülen hauptsächlich Na-Atome vorhanden.

Natrium wird an feuchter Luft sofort zu $NaOH$ oxidiert und muss daher *unter Petroleum* aufbewahrt werden. In vollkommen trockenem Sauerstoff kann man es schmelzen, ohne dass es oxidiert wird! Bei Anwesenheit von Spuren Wasser verbrennt es mit intensiv gelber Flamme zu Na_2O_2, Natriumperoxid. Gegenüber elektronegativen Reaktionspartnern ist Natrium sehr reaktionsfähig. z. B.:

$$2\,Na + Cl_2 \longrightarrow 2\,NaCl \qquad \Delta H = -881{,}51\,\text{kJ}\,\text{mol}^{-1}$$

$$2\,Na + 2\,H_2O \longrightarrow 2\,NaOH + H_2 \qquad \Delta H = -285{,}55\,\text{kJ}\,\text{mol}^{-1}$$

$$2\,Na + 2\,CH_3OH \longrightarrow 2\,CH_3ONa + H_2 \ .$$

Natrium löst sich in absolut trockenem, flüssigem NH_3 mit blauer Farbe. In der Lösung liegen solvatisierte Na^+-Ionen und solvatisierte Elektronen vor. Beim Erhitzen der Lösung bildet sich Natriumamid.

$$2\,Na + 2\,NH_3 \longrightarrow NaNH_2 + H_2 \; .$$

Verwendung Zur Herstellung von Na_2O_2 (für Bleich- und Waschzwecke); $NaNH_2$ (z. B. zur Indigosynthese); für organische Synthesen; als Trockenmittel für Ether, Benzol u. a.; für Natriumdampf-Entladungslampen; in flüssiger Form als Kühlmittel in Kernreaktoren (schnelle Brüter), weil es einen niedrigeren Neutronen-Absorptionsquerschnitt besitzt.

14.2.2.2 Verbindungen

NaCl, Natriumchlorid, Kochsalz, Steinsalz. *Vorkommen:* In Steinsalzlagern, Solquellen, im Meerwasser (3 %) und in allen Organismen. *Gewinnung:* Bergmännischer Abbau von Steinsalzlagern; Auflösung von Steinsalz mit Wasser und Eindampfen der „Sole"; durch Auskristallisieren aus Meerwasser. 100 g Wasser lösen bei 22 °C 35,8 g NaCl. *Verwendung:* Ausgangsmaterial für Na_2CO_3, NaOH, Na_2SO_4, $Na_2B_4O_7 \cdot 10\,H_2O$ (Borax); für Chlorherstellung; für Speise- und Konservierungszwecke; im Gemisch mit Eis als Kältemischung ($-21\,°C$).

NaOH, Natriumhydroxid, Ätznatron. *Herstellung:* Durch Elektrolyse einer wässrigen Lösung von NaCl (Chloralkali-Elektrolyse, s. Abschn. 8.4.1.8 und Abb. 8.6). NaOH ist in Wasser leicht löslich. *Verwendung:* In wässriger Lösung als starke Base (Natronlauge). Es dient zur Farbstoff-, Kunstseiden- und Seifenfabrikation, ferner zur Gewinnung von Cellulose aus Holz und Stroh, zur Reinigung von Ölen und Fetten u. a. Es muss luftdicht aufbewahrt werden, weil es sich mit CO_2 zu Na_2CO_3 umsetzt.

Na_2SO_4, Natriumsulfat Als Glaubersalz kristallisiert es mit $10\,H_2O$. *Vorkommen:* In großen Lagern, im Meerwasser. *Herstellung:*

$$2\,NaCl + H_2SO_4 \longrightarrow Na_2SO_4 + 2\,HCl \; .$$

Es findet *Verwendung* in der Glas-, Farbstoff-, Textil- und Papierindustrie.

$NaNO_3$, Natriumnitrat, Chilesalpeter. *Vorkommen:* Lagerstätten u. a. in Chile, Ägypten, Kleinasien, Kalifornien. *Technische Herstellung:*

$$Na_2CO_3 + 2\,HNO_3 \longrightarrow 2\,NaNO_3 + H_2O + CO_2 \quad \text{oder}$$
$$NaOH + HNO_3 \longrightarrow NaNO_3 + H_2O \; .$$

$NaNO_3$ ist leichtlöslich in Wasser. *Verwendung* als Düngemittel.

Na₂CO₃, Natriumcarbonat *Vorkommen* als Soda $Na_2CO_3 \cdot 10\,H_2O$ in einigen Salzen, Mineralwässern, in der Asche von Algen und Tangen. *Technische Herstellung:* **Solvay-Verfahren** (1863): In eine NH_3-gesättigte Lösung von NaCl wird CO_2 eingeleitet. Es bildet sich schwerlösliches $NaHCO_3$. Durch Glühen entsteht daraus Na_2CO_3. Das Verfahren beruht auf der *Schwerlöslichkeit* von $NaHCO_3$.

$$2\,NH_3 + 2\,CO_2 + 2\,H_2O \rightleftharpoons 2\,NH_4HCO_3$$

$$2\,NH_4HCO_3 + 2\,NaCl \longrightarrow 2\,NaHCO_3 + 2\,NH_4Cl$$

$$2\,NaHCO_3 \xrightarrow{\Delta} Na_2CO_3 + H_2O + CO_2 \;.$$

Verwendung: Als Ausgangssubstanz für andere Natriumverbindungen; in der Seifen-, Waschmittel- und Glasindustrie, als schwache Base im Labor.

Beachte   „Sodawasser" ist eine Lösung von CO_2 in Wasser (= Sprudel).

NaHCO₃, Natriumhydrogencarbonat, Natriumbicarbonat: Entsteht beim Solvay-Verfahren. In Wasser schwerlöslich. *Verwendung* z. B. gegen überschüssige Magensäure, als Brause- und Backpulver. Zersetzt sich ab $100\,°C$:

$$2\,NaHCO_3 \longrightarrow Na_2CO_3 + CO_2 + H_2O \;.$$

Na₂O₂, Natriumperoxid, bildet sich beim Verbrennen von Natrium an der Luft. Starkes Oxidationsmittel.

Na₂S₂O₄, Natriumdithionit Starkes Reduktionsmittel.

Na₂S₂O₃, Natriumthiosulfat erhält man aus Na_2SO_3 durch Kochen mit Schwefel. Dient als Fixiersalz in der Fotografie (s. Abschn. 14.8.7).

14.2.3   Kalium

14.2.3.1   Vorkommen, Herstellung und Eigenschaften

Vorkommen Als Feldspat $K[AlSi_3O_8]$ und Glimmer, als KCl (Sylvin) in Kalisalzlagerstätten, als $KMgCl_3 \cdot 6\,H_2O$ (Carnallit), K_2SO_4 usw.

Herstellung Schmelzelektrolyse von KOH.

Eigenschaften Silberweißes, wachsweiches Metall, das sich an der Luft sehr leicht oxidiert. Es wird unter Petroleum aufbewahrt. K ist reaktionsfähiger als Na und zersetzt Wasser so heftig, dass sich der freiwerdende Wasserstoff selbst entzündet:

$$2\,K + 2\,H_2O \longrightarrow 2\,KOH + H_2 \;.$$

An der Luft verbrennt es zu Kaliumdioxid KO_2, einem Hyperoxid. Das Valenzelektron des K-Atoms lässt sich schon mit langwelligem UV-Licht abspalten (Alkalifotozellen). Das in der Natur vorkommende Kalium-Isotop ^{40}K ist radioaktiv und eignet sich zur Altersbestimmung von Mineralien.

14.2.3.2 Verbindungen

KCl, Kaliumchlorid *Vorkommen* als Sylvin und Carnallit, $KCl \cdot MgCl_2 \cdot 6\,H_2O =$ $KMgCl_3 \cdot 6\,H_2O$. *Gewinnung* aus Carnallit durch Behandeln mit Wasser, da KCl schwerer löslich ist als $MgCl_2$. Es wird als Bestandteil der sog. *Abraumsalze* von Salzlagerstätten gewonnen. Findet *Verwendung* als Düngemittel und als Ausgangsstoff für andere Kaliumverbindungen.

KOH, Kaliumhydroxid, Ätzkali. *Herstellung:*

1. Elektrolyse von wässriger KCl-Lösung (s. NaOH, Abschn. 14.2.2.2).
2. Kochen von K_2CO_3 mit gelöschtem Kalk (Kaustifizieren von Pottasche):

$$K_2CO_3 + Ca(OH)_2 \longrightarrow CaCO_3 + 2\,KOH \,.$$

KOH kann bei 350–400 °C unzersetzt sublimiert werden. Der Dampf besteht vorwiegend aus $(KOH)_2$-Molekülen. KOH ist stark hygroskopisch und absorbiert begierig CO_2. Es ist eine sehr starke Base (wässrige Lösung = Kalilauge). Es findet u. a. bei der Seifenfabrikation und als Ätzmittel Verwendung.

KNO₃, Kaliumnitrat, Salpeter. *Herstellung:*

1. $NaNO_3 + KCl \longrightarrow KNO_3 + NaCl$,
2. $2\,HNO_3 + K_2CO_3 \longrightarrow 2\,KNO_3 + H_2O + CO_2$.

Verwendung: Als Düngemittel, Bestandteil des Schwarzpulvers etc.

K₂CO₃, Kaliumcarbonat, Pottasche. *Herstellung:*

1. $2\,KOH + CO_2 \longrightarrow K_2CO_3 + H_2O$ (Carbonisieren von KOH)
2. *Formiat-Pottasche-Verfahren.* Verfahren in drei Stufen:
   (a) $K_2SO_4 + Ca(OH)_2 \longrightarrow CaSO_4 + 2\,KOH$,
   (b) $2\,KOH + 2\,CO \longrightarrow 2\,HCOOK$,
   (c) $2\,HCOOK + 2\,KOH + O_2 \longrightarrow 2\,K_2CO_3 + 2\,H_2O$.

Verwendung: Zur Herstellung von Schmierseife und Kaliglas.

KClO$_3$, Kaliumchlorat   *Herstellung* durch Disproportionierungsreaktionen beim Einleiten von Cl$_2$ in heiße KOH:

$$6\,KOH + 3\,Cl_2 \longrightarrow KClO_3 + 5\,KCl + 3\,H_2O \ .$$

KClO$_3$ gibt beim Erhitzen Sauerstoff ab: Es disproportioniert in Cl$^-$ und ClO$_4^-$; bei stärkerem Erhitzen spaltet Perchlorat Sauerstoff ab:

$$4\,ClO_3^- \longrightarrow 3\,ClO_4^- + Cl^-$$
$$ClO_4^- \longrightarrow 2\,O_2 + Cl^- \ .$$

Verwendung von KClO$_3$: Als Antiseptikum, zur Zündholzfabrikation, zu pyrotechnischen Zwecken, zur Unkrautvernichtung, Herstellung von Kaliumperchlorat.

K$_2$SO$_4$ Düngemittel.

14.2.4   Rubidium, Caesium

Beide Elemente kommen als Begleiter der leichteren Homologen in sehr geringen Konzentrationen vor. Entdeckt wurden sie von *Bunsen* und *Kirchhoff* mit der Spektralanalyse (1860).

Herstellung   Durch Reduktion der Hydroxide mit Mg im H$_2$-Strom oder mit Ca im Vakuum oder durch Erhitzen der Dichromate im Hochvakuum bei 500 °C mit Zirconium. Sie können durch Schmelzelektrolyse erhalten werden.

Eigenschaften   Sie sind viel reaktionsfähiger als die leichteren Homologen. Mit O$_2$ bilden sie die Hyperoxide RbO$_2$ und CsO$_2$. Ihre Verbindungen sind den Kalium-Verbindungen sehr ähnlich.

Wenn Atome von ^{133}Cs durch Mikrowellen angeregt werden, erreicht ihre Eigenschwingung exakt 9.192.631.770 Hertz. Seit 1967 wird die Sekunde weltweit durch die Schwingungsfrequenz des Caesiums definiert. Rundfunk- und Fernsehsender, die Zeitansage im Telefon, die Bundesbahn u. a. empfangen „atomgenaue" Zeitimpulse. Auch moderne Funkuhren vergleichen „ihre Zeit" in bestimmten Abständen mit der Zeit des Funksignals, das seit 1973 von der Bundespost-Sendeanlage in Mainflingen bei Frankfurt als Zeitcode gesendet wird. Die Genauigkeit des Zeitcodes wird seit 1978 von „CS1", der ersten Braunschweiger Caesiumuhr überwacht. Da Cs und Rb bei Bestrahlung mit Licht Elektronen abgeben, lassen sie sich als optische Sensoren verwenden.

14.3   Erdalkalimetalle (Be, Mg, Ca, Sr, Ba, Ra)

Die Erdalkalimetalle bilden die II. Hauptgruppe des PSE. Sie enthalten *zwei* locker
gebundene Valenzelektronen, nach deren Abgabe sie die Elektronenkonfiguration
des jeweils davor stehenden Edelgases haben.

Wegen der – gegenüber den Alkalimetallen – größeren Kernladung und der
verdoppelten Ladung der Ionen sind sie härter und haben u. a. höhere Dichten,
Schmelz- und Siedepunkte als diese. *Beryllium* nimmt in der Gruppe eine Sonderstellung ein. Es zeigt eine deutliche Schrägbeziehung zum Aluminium, dem zweiten
Element der III. Hauptgruppe. Beryllium bildet in seinen Verbindungen Bindungen
mit stark kovalentem Anteil aus. $Be(OH)_2$ ist eine amphotere Substanz. In Richtung
zum Radium nimmt der basische Charakter der Oxide und Hydroxide kontinuierlich zu. $Ra(OH)_2$ ist daher schon stark basisch. Tab. 14.2 enthält weitere wichtige
Daten.

14.3.1   Beryllium

Vorkommen Das seltene Metall kommt hauptsächlich als Beryll vor: $Be_3Al_2Si_6O_{18}$
$= 3\,BeOAl_2O_3 \cdot 6\,SiO_2$. Chromhaltiger Beryll = Smaragd (grün), eisenhaltiger Beryll = Aquamarin (hellblau).

Herstellung
1. *Technisch:* Schmelzelektrolyse von basischem Berylliumfluorid ($2\,BeO \cdot 5\,BeF_2$)
   im Gemisch mit BeF_2 bei Temperaturen oberhalb 1285 °C. Be fällt in kompakten Stücken an.
2. $BeF_2 + Mg \longrightarrow Be + MgF_2$.

Physikalische Eigenschaften Beryllium ist ein stahlgraues, sehr hartes, bei 25 °C
sprödes Metall.

Chemische Eigenschaften Beryllium löst sich als einziges Element der Gruppe in
Alkalilaugen.

Verwendung Als Legierungsbestandteil, z. B. Be/Cu-Legierung; als Austrittsfens-
ter für Röntgenstrahlen; als Neutronenquelle und Konstruktionsmaterial für Kernreaktoren (hoher Schmp., niedriger Neutronen-Absorptionsquerschnitt). In Form
von BeO (Schmp. 2530 °C), als feuerfester Werkstoff z. B. bei der Auskleidung
von Raketenmotoren usw.

14.3.2   Magnesium

Magnesium nimmt in der II. Hauptgruppe eine Mittelstellung ein. Es bildet Salze
mit Mg^{2+}-Ionen. Seine Verbindungen zeigen jedoch noch etwas kovalenten Charakter. In Wasser liegen Hexaqua-Komplexe vor: $[Mg(H_2O)_6]^{2+}$.

Tab. 14.2 Eigenschaften der Erdalkalimetalle

Name	Beryllium	Magnesium	Calcium	Strontium	Barium	Radium
Elektronenkonfiguration	$[He]2s^2$	$[Ne]3s^2$	$[Ar]4s^2$	$[Kr]5s^2$	$[Xe]6s^2$	$[Rn]7s^2$
Schmp. [°C]	1280	650	838	770	714	700
Sdp. [°C]	2480	1110	1490	1380	1640	1530
Ionisierungsenergie [kJ/mol]	900	740	590	550	502	–
Atomradius [pm] im Metall	112	160	197	215	221	–
Ionenradius [pm]	30	65	94	110	134	143
Hydratationsenthalpie [kJ/mol]	−2457,8	−1892,5	−1562,6	−1414,8	−1273,7	−1231
Basenstärke der Hydroxide	──────────────────────────────────⟩					zunehmend
Löslichkeit der Hydroxide	──────────────────────────────────⟶					zunehmend
Löslichkeit der Sulfate	──────────────────────────────────⟶					abnehmend
Löslichkeit der Carbonate	──────────────────────────────────⟶					abnehmend

Vorkommen   Nur in kationisch gebundenem Zustand als Carbonat, Chlorid, Silicat und Sulfat.

$CaMg(CO_3)_2 = CaCO_3 \cdot MgCO_3$ (Dolomit); $MgCO_3$ (Magnesit, Bitterspat); $MgSO_4 \cdot H_2O$ (Kieserit); $KMgCl_3 \cdot 6\,H_2O = KCl \cdot MgCl_2 \cdot 6\,H_2O$ (Carnallit); im Meerwasser als $MgCl_2$, $MgBr_2$, $MgSO_4$; als Bestandteil des Chlorophylls.

Herstellung
1. Schmelzflusselektrolyse von wasserfreiem $MgCl_2$ bei ca. 700 °C mit einem Flussmittel ($NaCl$, KCl, $CaCl_2$, CaF_2). Anode: Graphit; Kathode: Eisen.
2. „Carbothermisches" Verfahren:

$$MgO + CaC_2 \longrightarrow Mg + CaO + 2\,C$$

bei 2000 °C im Lichtbogen. Anstelle von CaC_2 kann auch Koks eingesetzt werden.

Verwendung   Wegen seines geringen spez. Gewichts als Legierungsbestandteil, z. B. in Hydronalium, Duraluminium, Elektrometallen. Letztere enthalten mehr als 90 % Mg neben Al, Zn, Cu, Si. Sie sind unempfindlich gegenüber alkalischen Lösungen und HF. Gegenüber Eisen erzielt man eine Gewichtsersparnis von 80 %! Verwendung findet es daher in steigendem Maße in der Automobilindustrie. Als Bestandteil von Blitzlichtpulver und Feuerwerkskörper, da es mit blendend weißer Flamme verbrennt. Verwendet wird es auch als starkes Reduktionsmittel.

Chemische Eigenschaften   Mg überzieht sich an der Luft mit einer dünnen, zusammenhängenden Oxidschicht. Mit kaltem Wasser bildet sich eine $Mg(OH)_2$-Schutzschicht. An der Luft verbrennt es zu MgO und Mg_3N_2.

14.3.2.1   Verbindungen

MgO

$$MgCO_3 \xrightarrow{\Delta} MgO + CO_2 \text{ (kristallisiert im NaCl-Gitter)}$$

$$MgCO_3 \xrightarrow{800\text{--}900\,°C} MgO + CO_2 \text{ (kaustische Magnesia, bindet mit Wasser ab)}$$

$$MgCO_3 \xrightarrow{1600\text{--}1700\,°C} MgO + CO_2 \text{ (Sintermagnesia, hochfeuerfestes Material) .}$$

Mg(OH)$_2$

$$MgCl_2 + Ca(OH)_2 \text{ (Kalkmilch)} \longrightarrow Mg(OH)_2 + CaCl_2 \text{ .}$$

MgCl$_2$ Als Carnallit, natürlich und durch Eindampfen der Endlaugen bei der KCl-Gewinnung, oder nach

$$MgO + Cl_2 + C \longrightarrow MgCl_2 + CO \text{ .}$$

RMgX, Grignard-Verbindungen   R = Kohlenwasserstoffrest, X = Halogen. Sie entstehen nach der Gleichung:

$$Mg + RX \longrightarrow RMgX$$

in Donor-Lösemitteln wie Ether. Die Substanzen sind gute Alkylierungs- und Arylierungsmittel.

Ein wichtiger Magnesium-Komplex ist das Chlorophyll:

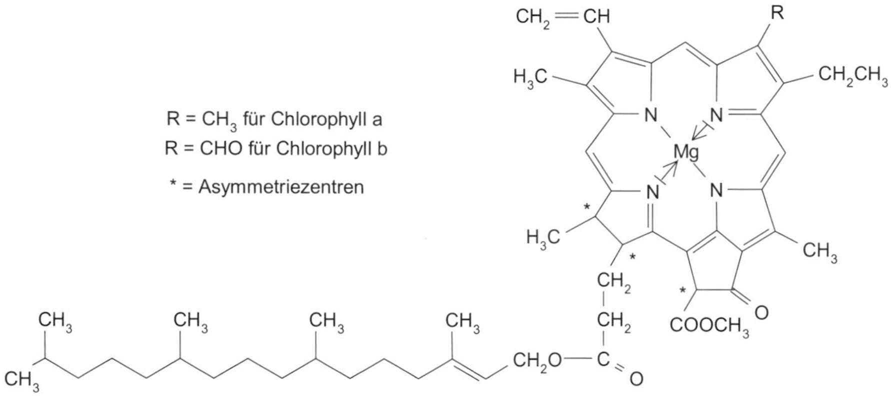

R = CH$_3$ für Chlorophyll a
R = CHO für Chlorophyll b

* = Asymmetriezentren

14.3.3   Calcium

Calcium ist mit 3,4 % das dritthäufigste Metall in der Erdrinde.

Vorkommen   Sehr verbreitet als Carbonat $CaCO_3$ (Kalkstein, Kreide, Marmor), $CaMg(CO_3)_2 \equiv CaCO_3 \cdot MgCO_3$ (Dolomit), Sulfat $CaSO_4 \cdot 2\,H_2O$ (Gips, Alabaster), in Calciumsilicaten, als Calciumphosphate $Ca_5(PO_4)_3(OH,F,Cl)$ (Phosphorit), $Ca_5(PO_4)_3F \equiv 3\,Ca_3(PO_4)_2 \cdot CaF_2$ (Apatit) und als Calciumfluorid CaF_2 (Flussspat, Fluorit).

Herstellung
1. Schmelzflusselektrolyse von $CaCl_2$ (mit CaF_2 und KCl als Flussmittel) bei 700 °C in eisernen Gefäßen. Als Anode benutzt man Kohleplatten, als Kathode einen Eisenstab („Berührungselektrode").
2. Chemisch:

$$CaCl_2 + 2\,Na \longrightarrow Ca + 2\,NaCl \ .$$

Eigenschaften Weißes, glänzendes Metall, das sich an der Luft mit einer Oxidschicht überzieht. Bei Zimmertemperatur beobachtet man langsame, beim Erhitzen schnelle Reaktion mit O_2 und den Halogenen. Calcium zersetzt Wasser beim Erwärmen:

$$Ca + 2\,H_2O \longrightarrow Ca(OH)_2 + H_2 \ .$$

An der Luft verbrennt es zu CaO und Ca_3N_2. Als starkes Reduktionsmittel reduziert es z. B. Cr_2O_3 zu Cr(0).

14.3.3.1 Verbindungen
CaH_2, Calciumhydrid, Reduktionsmittel in der organischen Chemie.

CaO, Calciumoxid, gebrannter Kalk, wird durch Glühen von $CaCO_3$ bei 900–1000 °C in Öfen dargestellt (Kalkbrennen):

$$CaCO_3 \xrightarrow{\Delta} 3\,CaO + CO_2\uparrow \ .$$

$Ca(OH)_2$, Calciumhydroxid, gelöschter Kalk, entsteht beim Anrühren von CaO mit H_2O unter starker Wärmeentwicklung und unter Aufblähen; $\Delta H = -62{,}8\,kJ\,mol^{-1}$. *Verwendung:* Zur Desinfektion, für Bauzwecke, zur Glasherstellung, zur Entschwefelung der Abluft von Kohlekraftwerken (dabei entsteht $CaSO_4 \cdot 2\,H_2O$).

Chlorkalk (Calciumchlorid-hypochlorid, Bleichkalk): $3\,CaCl(OCl) \cdot Ca(OH)_2 \cdot 5\,H_2O$. *Herstellung:* Einleiten von Cl_2 in pulverigen, gelöschten Kalk. *Verwendung:* Zum Bleichen von Zellstoff, Papier, Textilien, zur Desinfektion. Enthält 25–36 % „wirksames Chlor".

$CaSO_4$ kommt in der Natur vor als Gips, $CaSO_4 \cdot 2\,H_2O$, und kristallwasserfrei als Anhydrit, $CaSO_4$. Gips verliert bei 120–130 °C Kristallwasser und bildet den gebrannten Gips, $CaSO_4 \cdot 1/2\,H_2O$ („Stuckgips"). Mit Wasser angerührt, erhärtet dieser rasch zu einer festen, aus verfilzten Nädelchen bestehenden Masse. Dieser Vorgang ist mit einer Ausdehnung von ca. 1 % verbunden.

   Wird Gips auf ca. 650 °C erhitzt, erhält man ein wasserfreies, langsam abbindendes Produkt, den „totgebrannten" Gips. Beim Erhitzen auf 900–1100 °C entsteht der Estrichgips, Baugips, Mörtelgips (feste Lösung von CaO in $CaSO_4$).

Dieser erstarrt beim Anrühren mit Wasser zu einer wetterbeständigen, harten, dichten Masse. Estrichgips + Wasser + Sand $\longrightarrow$ Gipsmörtel; Estrichgips + Wasser + Kies $\longrightarrow$ Gipsbeton. Findet auch Verwendung im Kunsthandwerk.

Herstellung von CaSO₄

$$CaCl_2 + H_2SO_4 \longrightarrow CaSO_4 + 2\,HCl\,.$$

$CaSO_4$ bedingt die **bleibende** (permanente) **Härte des Wassers**. Sie kann z. B. durch Sodazusatz entfernt werden:

$$CaSO_4 + Na_2CO_3 \longrightarrow CaCO_3 + Na_2SO_4$$

Heute führt man die Wasserentsalzung meist mit Ionenaustauschern durch.

Anmerkung Die Wasserhärte wird in „Grad deutscher Härte" angegeben: $1°dH = 10\,mg\,CaO$ in $1000\,mL\,H_2O = 7{,}14\,mg\,Ca^{2+}/L$.

CaCl₂ kristallisiert wasserhaltig als Hexahydrat $CaCl_2 \cdot 6\,H_2O$. Wasserfrei ist es ein gutes Trockenmittel. Es ist ein Abfallprodukt bei der Soda-Herstellung nach Solvay. Man gewinnt es auch aus $CaCO_3$ mit HCl.

CaF₂ dient als Flussmittel bei der Herstellung von Metallen aus Erzen. Es wird ferner benutzt bei metallurgischen Prozessen und als Trübungsmittel bei der Porzellanfabrikation. Es ist in Wasser unlöslich! *Herstellung:*

$$Ca^{2+} + 2\,F^- \longrightarrow CaF_2\,.$$

CaCO₃ kommt in drei kristallisierten Modifikationen vor: *Calcit* (Kalkspat) = rhomboedrisch, *Aragonit* = rhombisch, *Vaterit* = rhombisch. *Calcit* ist die beständigste Form. Es kommt kristallinisch vor als Kalkstein, Marmor, Dolomit, Muschelkalk, Kreide. *Eigenschaften:* weiße, fast unlösliche Substanz. In kohlensäurehaltigem Wasser gut löslich unter Bildung des leichtlöslichen $Ca(HCO_3)_2$:

$$CaCO_3 + H_2O + CO_2 \longrightarrow Ca(HCO_3)_2\,.$$

Beim Eindunsten oder Kochen der Lösung fällt $CaCO_3$ wieder aus. Hierauf beruht die Bildung von Kesselstein und Tropfsteinen in Tropfsteinhöhlen. *Verwendung:* zu Bauzwecken, zur Glasherstellung usw.

Ca(HCO₃)₂, Calciumhydrogencarbonat (Calciumbicarbonat), bedingt die temporäre Härte des Wassers. Beim Kochen verschwindet sie:

$$Ca(HCO_3)_2 \longrightarrow CaCO_3 + H_2O + CO_2\,.$$

Über *permanente* Härte s. $CaSO_4$.

CaC$_2$, Calciumcarbid, wird im elektrischen Ofen bei ca. 3000 °C aus Kalk und Koks gewonnen:

$$CaO + 3\,C \longrightarrow CaC_2 + CO\,.$$

Es ist ein starkes Reduktionsmittel; es dient zur Herstellung von CaCN$_2$ und Acetylen (Ethin):

$$CaC_2 \xrightarrow{H_2O} Ca(OH)_2 + C_2H_2 \qquad CaC_2 = Ca^{2+}\,[|C\equiv C|]^{2-}\,.$$

CaCN$_2$, Calciumcyanamid, entsteht nach der Gleichung:

$$CaC_2 + N_2 \longrightarrow CaCN_2 + C$$

bei 1100 °C. Seine Düngewirkung beruht auf der Zersetzung durch Wasser zu Ammoniak:

$$CaCN_2 + 3\,H_2O \longrightarrow CaCO_3 + 2\,NH_3$$

Calciumkomplexe Calcium zeigt nur wenig Neigung zur Komplexbildung. Ein stabiler Komplex, der sich auch zur titrimetrischen Bestimmung von Calcium eignet, entsteht mit Ethylendiamintetraacetat (EDTA):

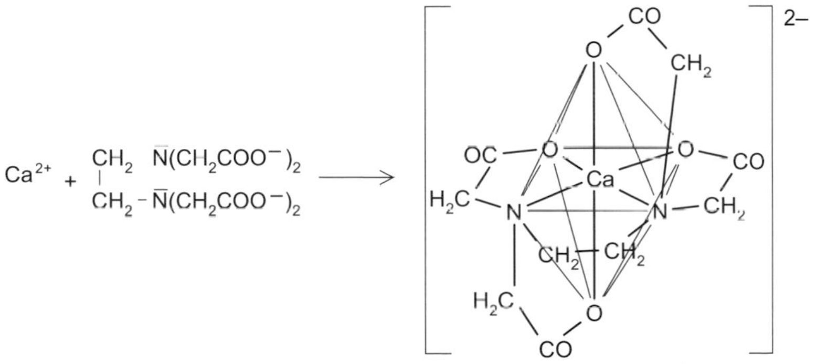

Struktur des [Ca(EDTA)]$^{2-}$-Komplexes

Wichtige stabile Komplexe bilden sich auch mit Polyphosphaten (sie dienen z. B. zur Wasserenthärtung).

14.3.3.2   Mörtel

▶ Mörtel heißen Bindemittel, welche mit Wasser angerührt erhärten (abbinden).

Luftmörtel, z. B. Kalk, Gips, werden von Wasser angegriffen. Der Abbindeprozess wird für Kalk- bzw. Gips-Mörtel durch folgende Gleichungen beschrieben:

$$Ca(OH)_2 + CO_2 \longrightarrow CaCO_3 + H_2O \quad \text{bzw.}$$
$$CaSO_4 \cdot 1/2\,H_2O + 3/2\,H_2O \longrightarrow CaSO_4 \cdot 2\,H_2O\,.$$

Wassermörtel (z. B. Portlandzement, Tonerdezement) werden von Wasser nicht angegriffen. *Zement* (Portlandzement) wird aus Kalkstein, Sand und Ton (Aluminiumsilicat) durch Brennen bei 1400 °C gewonnen. Zusammensetzung: CaO (58–66 %), SiO_2 (18–26 %), Al_2O_3 (4–12 %), Fe_2O_3 (2–5 %). *Beton* ist ein Gemisch aus Zement und Kies.

14.3.4 Strontium

Strontium steht in seinen chemischen Eigenschaften in der Mitte zwischen Calcium und Barium.

Vorkommen als $SrCO_3$ (Strontianit) und $SrSO_4$ (Coelestin).

Herstellung Schmelzflusselektrolyse von $SrCl_2$ (aus $SrCO_3$ + HCl) mit KCl als Flussmittel

Verwendung Strontiumsalze finden bei der Herstellung von bengalischem Feuer („Rotfeuer") Verwendung.

Beachte $SrCl_2$ ist im Unterschied zu $BaCl_2$ in Alkohol löslich.

14.3.5 Barium

Vorkommen als $BaSO_4$ (Schwerspat, Baryt), $BaCO_3$ (Witherit).

Herstellung Reduktion von BaO mit Al oder Si bei 1200 °C im Vakuum.

Eigenschaften weißes Metall, das sich an der Luft zu BaO oxidiert. Unter den Erdalkalimetallen zeigt es die größte Ähnlichkeit mit den Alkalimetallen.

14.3.5.1 Verbindungen
BaSO₄ schwerlösliche Substanz; $c(Ba^{2+}) \cdot c(SO_4^{2-}) = 10^{-10}\,mol^2\,L^{-2} = Lp_{BaSO_4}$.
Ausgangsmaterial für die meisten anderen Bariumverbindungen:

$$BaSO_4 + 4\,C \longrightarrow BaS + 4\,CO$$
$$BaS + 2\,HCl \longrightarrow BaCl_2 + H_2S\ .$$

Verwendung als Anstrichfarbe (Permanentweiß), Füllmittel für Papier. Bei der Röntgendurchleuchtung von Magen und Darm dient es als Kontrastmittel. Die weiße Anstrichfarbe „Lithopone" entsteht aus BaS und $ZnSO_4$:

$$BaS + ZnSO_4 \longrightarrow BaSO_4 + ZnS\ .$$

Ba(OH)₂ entsteht durch Erhitzen von $BaCO_3$ mit Kohlenstoff und Wasserdampf:

$$BaCO_3 + C + H_2O \longrightarrow Ba(OH)_2 + 2\,CO\ ,$$

oder durch Reaktion von BaO mit Wasser. Die wässrige Lösung (Barytwasser) ist eine starke Base.

BaO_2, Bariumperoxid, entsteht nach:

$$BaO + 1/2\,O_2 \longrightarrow BaO_2\ .$$

Es gibt beim Glühen O_2 ab. Bei der Umsetzung mit H_2SO_4 wird Wasserstoffperoxid, H_2O_2, frei.

Beachte Die löslichen Bariumsalze sind stark giftig! (Ratten-, Mäuse Gift).

14.4 Borgruppe (B, Al, Ga, In, Tl)

Die Elemente der Borgruppe bilden die III. Hauptgruppe des PSE. Sie haben die Valenzelektronenkonfiguration $n\,s^2p^1$ und können somit maximal drei Elektronen abgeben bzw. zur Bindungsbildung benutzen (Tab. 14.3).

Bor nimmt in dieser Gruppe eine Sonderstellung ein. Es ist ein Nichtmetall und bildet **nur kovalente Bindungen**. Als kristallisiertes Bor zeigt es Halbmetall-Eigenschaften.

► Es gibt keine B^{3+}-Ionen!

In Verbindungen wie BX_3 (X = einwertiger Ligand) versucht Bor, seinen Elektronenmangel auf verschiedene Weise zu beheben.

1. In BX_3-Verbindungen, in denen X freie Elektronenpaare besitzt, bilden sich p_π-p_π-Bindungen aus.
2. BX_3-Verbindungen sind Lewis-Säuren. Durch Adduktbildung erhöht Bor seine Koordinationszahl von drei auf vier und seine Elektronenzahl von sechs auf acht:
$$BF_3 + F^- \longrightarrow BF_4^-\ .$$
3. Bei den Borwasserstoffen werden schließlich drei Atome mit nur zwei Elektronen mit Hilfe von Dreizentrenbindungen miteinander verknüpft.

Die sog. Schrägbeziehung im PSE ist besonders stark ausgeprägt zwischen Bor und Silicium, dem zweiten Element der IV. Hauptgruppe.

Wie in den Hauptgruppen üblich, nimmt der Metallcharakter von oben nach unten zu.

Interessant ist, dass Thallium sowohl einwertig, Tl^+, als auch dreiwertig, Tl^{3+}, vorkommt.

Tab. 14.3 Eigenschaften der Elemente der Borgruppe

Name	Bor	Aluminium	Gallium	Indium	Thallium
Elektronenkonfiguration	$[\text{He}]2s^2 2p^1$	$[\text{Ne}]3s^2 3p^1$	$[\text{Ar}]3d^{10}4s^2 4p^1$	$[\text{Kr}]4d^{10}5s^2 5p^1$	$[\text{Xe}]4f^{14}5d^{10}6s^2 6p^1$
Schmp. [°C]	(2300)	660	30	156	303
Sdp. [°C]	3900	2450	2400	2000	1440
Normalpotenzial [V]	–	−1,706	−0,560	0,338	0,336 (für Tl^+)
Ionisierungsenergie [kJ/mol]	800	580	580	560	590
Atomradius [pm]	79	143	122	136	170
Ionenradius [pm] (+III)	16	45	62	81	95
Elektronegativität	2,0	1,5	1,6	1,7	1,8
Metallcharakter			→		zunehmend
Beständigkeit der E(I)-Verbindungen			→		zunehmend
Beständigkeit der E(III)-Verbindungen			→		abnehmend
Basischer Charakter der Oxide			→		zunehmend
Salzcharakter der Chloride			→		zunehmend

Abb. 14.1 Struktur von B_2H_6

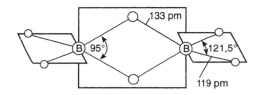

14.4.1   Bor

Vorkommen Bor kommt nur mit Sauerstoff verbunden in der Natur vor. Als H_3BO_3, Borsäure, Sassolin und in Salzen von Borsäuren der allgemeinen Formel $H_{n-2}B_nO_{2n-1}$ vor allem als $Na_2B_4O_7 \cdot 4\,H_2O$, Kernit, oder $Na_2B_4O_7 \cdot 10\,H_2O$, Borax, usw.

Herstellung Als **amorphes** Bor fällt es bei der Reduktion von B_2O_3 mit Mg oder Na an. Als sog. **kristallisiertes** Bor entsteht es z. B. bei der thermischen Zersetzung von BI_3 an 800–1000 °C heißen Metalloberflächen aus Wolfram oder Tantal. Es entsteht auch bei der Reduktion von Borhalogeniden:

$$2\,BX_3 + 3\,H_2 \longrightarrow 2\,B + 6\,HX\,.$$

Eigenschaften Kristallisiertes Bor (Bordiamant) ist härter als Korund (α-Al_2O_3). Die verschiedenen Gitterstrukturen enthalten das Bor in Form von B_{12}-**Ikosaedern** (Zwanzigflächner) angeordnet.

Bor ist sehr reaktionsträge und reagiert erst bei höheren Temperaturen. Mit den Elementen Chlor, Brom und Schwefel reagiert es oberhalb 700 °C zu den Verbindungen BCl_3, BBr_3 und B_2S_3. An der Luft verbrennt es bei ca. 700 °C zu Bortrioxid, B_2O_3. Oberhalb 900 °C entsteht Borstickstoff, $(BN)_x$. Beim Schmelzen mit KOH oder NaOH entstehen unter H_2-Entwicklung die entsprechenden Borate und Metaborate. Beim Erhitzen mit Metallen bilden sich **Boride**, wie z. B. MB_4, MB_6 und MB_{12}.

14.4.1.1   Verbindungen

Borwasserstoffe, Borane
Der einfachste denkbare Borwasserstoff, BH_3, ist nicht existenzfähig. Es gibt jedoch Addukte von ihm, z. B. $BH_3 \cdot NH_3$.

B_2H_6, **Diboran,** ist der einfachste stabile Borwasserstoff. B_2H_6 hat die nachfolgend angegebene Struktur (Abb. 14.1).

Die Substanz ist eine **Elektronenmangelverbindung**. Um nämlich die beiden Boratome über zwei Wasserstoffbrücken zu verknüpfen, stehen den Bindungspartnern jeweils nur zwei Elektronen zur Verfügung. Die Bindungstheorie erklärt diesen Sachverhalt durch die Ausbildung von sog. **Dreizentrenbindungen** (Abb. 14.2). In Abschn. 5.2.1 haben wir gesehen, dass bei der Anwendung der MO-Theorie auf zwei Atome ein bindendes und ein lockerndes Molekülorbital entstehen. Werden

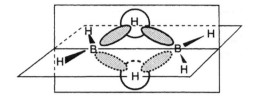

nun in einem Molekül wie dem B_2H_6 drei Atome miteinander verbunden, lässt
sich ein *drittes* Molekülorbital konstruieren, dessen Energie zwischen den beiden
anderen MO liegt und keinen Beitrag zur Bindung leistet. Es heißt daher **nichtbin-
dendes Molekülorbital**. Auf diese Weise genügen auch in diesem speziellen Fall
zwei Elektronen im bindenden MO, um drei Atome miteinander zu verknüpfen. Im
B_2H_6 haben wir eine *Dreizentren-Zweielektronen-Bindung*.

In den Polyboranen gibt es außer den B—H—B- auch B—B—B-Dreizentrenbin-
dungen. Bei einigen erkennt man Teilstrukturen des Ikosaeders.

Herstellung von B_2H_6

Es entsteht z. B. bei der Reduktion von BCl_3 mit $LiAlH_4$ (Lithiumalanat), Lithiumaluminiumhydrid oder technisch durch Hydrierung von B_2O_3 bei Anwesenheit
von Al/$AlCl_3$ als Katalysator, Temperaturen oberhalb 150 °C und einem H_2-Druck
von 750 bar.

Carborane

Ersetzt man in Boran-Anionen wie $B_6H_6^{2-}$ je zwei B^--Anionen durch zwei (isoste-
re) C-Atome, erhält man ungeladene Carborane.

Borhalogenide

BF_3 ist ein farbloses Gas (Sdp. $-99,9$ °C, Schmp. $-127,1$ °C). Es bildet sich z. B.
nach der Gleichung:

$$B_2O_3 + 6\,HF \longrightarrow 2\,BF_3 + 3\,H_2O\,.$$

Die Fluoratome im BF_3 liegen an den Ecken eines gleichseitigen Dreiecks mit Bor
in der Mitte.

Der kurze Bindungsabstand von 130 pm (Einfachbindungsabstand = 152 pm)
ergibt eine durchschnittliche Bindungsordnung von 1 1/3. Den Doppelbindungscharakter jeder B—F-Bindung erklärt man durch eine Elektronenrückgabe vom Fluor
zum Bor.

BF_3 ist eine starke Lewis-Säure. Man kennt eine Vielzahl von Additionsverbindungen.

Beispiel Bortrifluorid-Etherat $BF_3 \cdot O(C_2H_5)_2$.

Sauerstoffverbindungen

B_2O_3 entsteht als Anhydrid der Borsäure, H_3BO_3, aus dieser durch Glühen. Es fällt als farblose, glasige und sehr hygroskopische Masse an.

H_3BO_3, Borsäure, Orthoborsäure, kommt in der Natur vor. Sie entsteht auch durch Hydrolyse von geeigneten Borverbindungen wie BCl_3 oder $Na_2B_4O_7$.

Eigenschaften Sie kristallisiert in schuppigen, durchscheinenden sechsseitigen Blättchen und bildet Schichtengitter. Die einzelnen Schichten sind durch Wasserstoffbrücken miteinander verknüpft. Beim Erhitzen bildet sich unter Abspaltung von Wasser die Metaborsäure, HBO_2. Weiteres Erhitzen führt zur Bildung von B_2O_3. H_3BO_3 ist wasserlöslich. Ihre Lösung ist eine sehr schwache **einwertige** Säure:

$$H_3BO_3 + 2\,H_2O \rightleftharpoons H_3O^+ + B(OH)_4^-$$

Durch *Zusatz* mehrwertiger Alkohole wie z. B. Mannit kann das Gleichgewicht nach rechts verschoben werden. Borsäure erreicht auf diese Weise die Stärke der Essigsäure.

Borsäure-Ester sind flüchtig und färben die Bunsenflamme grün. Borsäuretrimethylester bildet sich aus Borsäure und Methanol unter dem Zusatz von konz. H_2SO_4 als wasserentziehendem Mittel:

$$B(OH)_3 + 3\,HOCH_3 \xrightarrow{\;H_2SO_4\;} B(OCH_3)_3 + 3\,H_2O\;.$$

▶ Merkhilfe:

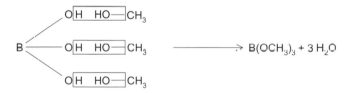

Zum Mechanismus der Esterbildung s. Abschn. 35.2.4.1!

Borate Es gibt Orthoborate, z. B. NaH_2BO_3, *Metaborate*, z. B. $(NaBO_2)_3$ und $(Ca(BO_2)_2)_n$, sowie Polyborate, Beispiel: Borax $Na_2B_4O_7 \cdot 10\,H_2O$.

Perborate sind z. T. Additionsverbindungen von H_2O_2 an Borate.
   Perborate sind in Waschmitteln, Bleichmitteln und Desinfektionsmitteln enthalten.

14.4.2 Aluminium

Aluminium ist im Gegensatz zu Bor ein Metall. Entsprechend seiner Stellung im PSE zwischen Metall und Nichtmetall haben seine Verbindungen ionischen *und* kovalenten Charakter. Aluminium ist normalerweise *dreiwertig*. Eine Stabilisierung seiner Elektronenstruktur erreicht es auf folgende Weise:

1. Im Unterschied zu Bor kann Aluminium die Koordinationszahl 6 erreichen. So liegen in wässriger Lösung $[Al(H_2O)_6]^{3+}$-Ionen vor. Ein anderes Beispiel ist die Bildung von $[AlF_6]^{3-}$.
2. In Aluminiumhalogeniden erfolgt über Halogenbrücken eine Dimerisierung, *Beispiel:* $(AlCl_3)_2$.
3. In Elektronenmangelverbindungen wie $(AlH_3)_x$ und $(Al(CH_3)_3)_x$ werden Drei-zentren-Bindungen ausgebildet. Koordinationszahl 4 erreicht Aluminium auch im $[AlCl_4]^-$.

Im Gegensatz zu $B(OH)_3$ ist $Al(OH)_3$ amphoter!

Vorkommen Aluminium ist das häufigste Metall und das dritthäufigste Element in der Erdrinde. Es kommt nur mit Sauerstoff verbunden vor: in Silicaten wie Feldspä-ten, $M(I)[AlSi_3O_8] \equiv (M(I))_2O \cdot Al_2O_3 \cdot 6\,SiO_2$, Granit, Porphyr, Basalt, Gneis, Schiefer, Ton, Kaolin usw.; als kristallisiertes Al_2O_3 im Korund (Rubin, Saphir); als Hydroxid im Hydrargillit, $Al_2O_3 \cdot 3\,H_2O \equiv Al(OH)_3$, im Bauxit, $Al_2O_3 \cdot H_2O \equiv AlO(OH)$, als Fluorid im Kryolith, Na_3AlF_6.

Herstellung Aluminium wird durch Elektrolyse der Schmelze eines „eutektischen" Gemisches von sehr reinem Al_2O_3 (18,5 %) und Na_3AlF_6 (81,5 %) bei ca. 950 °C und einer Spannung von 5–7 V erhalten (Abb. 14.3). Als Anoden dienen vorge-brannte Kohleblöcke oder Söderberg-Elektroden. Sie bestehen aus verkokter Elek-trodenkohle. Man erhält sie aus einer Mischung aus Anthrazit, verschiedenen Koks-sorten und Teerpech in einem Eisenblechmantel (Söderberg-Masse). Die Kathode besteht aus einzelnen vorgebrannten Kohleblöcken oder aus Kohle-Stampfmasse.

   Na_3AlF_6 wird heute künstlich hergestellt.

   Reines Al_2O_3 gewinnt man aus Fe- und Si-haltigem Bauxit. Hierzu löst man diesen mit NaOH unter Druck zu $[Al(OH)_4]^-$, Aluminat (Bayer-Verfahren, nas-ser Aufschluss). Die Verunreinigungen werden als $Fe_2O_3 \cdot aq$ (Rotschlamm) und Na/Al-Silicat abfiltriert. Das Filtrat wird mit Wasser stark verdünnt und die Fäl-lung/Kristallisation von $Al(OH)_3 \cdot aq$ durch Impfkristalle beschleunigt. Das abfil-trierte $Al(OH)_3 \cdot aq$ wird durch Erhitzen in Al_2O_3 übergeführt.

Eigenschaften und Verwendung Aluminium ist – unter normalen Bedingungen – an der Luft beständig. Es bildet sich eine dünne, geschlossene Oxidschicht (*Pas-sivierung*), welche das darunter liegende Metall vor weiterem Angriff schützt. Die gleiche Wirkung haben oxidierende Säuren. Durch anodische Oxidation lässt sich diese Oxidschicht verstärken (*Eloxal-Verfahren*). In nichtoxidierenden Säuren löst

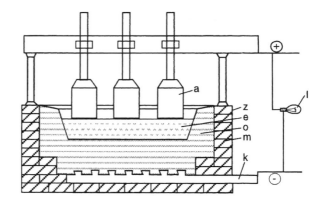

Abb. 14.3 Aluminium-Zelle. *z* Blechmantel, *m* Mauerwerk, *o* Ofenfutter, *k* Stromzuführung zur Kathode, *a* Anode, *e* Elektrolyt, *l* Kontroll-Lampe (Nach A. Schmidt)

sich Aluminium unter H_2 Entwicklung und Bildung von $[Al(H_2O)_6]^{3+}$. Starke Basen wie KOH, NaOH lösen Aluminium auf unter Bildung von $[Al(OH)_4]^-$, Aluminat-Ionen. Das silberweiße Leichtmetall (Schmp. 660 °C) findet im Alltag und in der Technik vielseitige Verwendung. So dient z. B. ein Gemisch von Aluminium und Fe_3O_4 als sog. *Thermit* zum Schweißen. Die Bildung von Al_2O_3 ist mit 1653,8 kJ so exotherm, dass bei der Entzündung der Thermitmischung Temperaturen bis 2400 °C entstehen, bei denen das durch Reduktion gewonnene Eisen flüssig ist (**aluminothermisches Verfahren**). Aluminium ist ein häufig benutzter Legierungsbestandteil. *Beispiele* sind das *Duraluminium* (Al/Cu-Legierung) und das seewasserfeste *Hydronalium* (Al/Mg-Legierung). Die elektrische Leitfähigkeit beträgt ca. 60 % derjenigen von Kupfer.

14.4.2.1 Verbindungen

Al(OH)₃ bildet sich bei tropfenweiser Zugabe von Alkalihydroxidlösung oder besser durch Zugabe von NH_3-Lösung zu $[Al(H_2O)_6]^{3+}$. Als *amphotere* Substanz löst es sich sowohl in Säuren als auch in Laugen:

$$Al(OH)_3 + 3\,H_3O^+ \rightleftharpoons Al^{3+} + 6\,H_2O \quad \text{und}$$

$$Al(OH)_3 + OH^- \rightleftharpoons [Al(OH)_4]^- \ .$$

Al_2O_3, Aluminiumoxid, kommt in zwei Modifikationen vor. Das kubische γ-Al_2O_3 entsteht beim Erhitzen von γ-$Al(OH)_3$ oder γ-$AlO(OH)$ über 400 °C. γ-Al_2O_3 ist ein weißes, wasserunlösliches, jedoch hygroskopisches Pulver. In Säuren und Basen ist es löslich. Es findet ausgedehnte Verwendung als *Adsorbens in der Chromatografie*, bei Dehydratisierungen usw. Beim Erhitzen über 1100 °C bildet sich das hexagonale α-Al_2O_3:

$$\gamma\text{-}Al(OH)_3 \xrightarrow{200\,°C} \gamma\text{-}AlO(OH) \xrightarrow{400\,°C} \gamma\text{-}Al_2O_3 \xrightarrow{1100\,°C} \alpha\text{-}Al_2O_3 \ .$$

α-Al_2O_3 kommt in der Natur als Korund vor. Es ist sehr hart, säureunlöslich und nicht hygroskopisch (Schmp. 2050 °C). Hergestellt wird es aus Bauxit, AlO(OH).

Verwendung findet es bei der Herstellung von Aluminium, von Schleifmitteln, synthetischen Edelsteinen, feuerfesten Steinen und Laborgeräten.

Die Edelsteine Rubin (rot) bzw. Saphir (blau) sind Al_2O_3-Kristalle und enthalten Spuren von Cr_2O_3 bzw. TiO_2.

Aluminate $M(I)AlO_2 \hateq M(I)_2OAl_2O_3$ und $M(II)Al_2O_4 \equiv M(II)OAl_2O_3$ (Spinell) entstehen beim Zusammenschmelzen von Al_2O_3 mit Metalloxiden.

$AlCl_3$ entsteht in wasserfreier Form beim Erhitzen von Aluminium in Cl_2- oder HCl-Atmosphäre. Es bildet sich auch entsprechend der Gleichung:

$$Al_2O_3 + 3\,C + 3\,Cl_2 \longrightarrow 2\,AlCl_3 + 3\,CO$$

bei ca. 800 °C. $AlCl_3$ ist eine farblose, stark hygroskopische Substanz, die sich bei 183 °C durch Sublimation reinigen lässt. Es ist eine starke Lewis-Säure. Dementsprechend gibt es unzählige Additionsverbindungen mit Elektronenpaardonatoren wie z. B. HCl, Ether, Aminen. Auf dieser Reaktionsweise beruht sein Einsatz bei „Friedel-Crafts-Synthesen", Polymerisationen usw. Aluminiumtrichlorid liegt in kristallisierter Form als $(AlCl_3)_n$ vor. $AlCl_3$-Dampf zwischen dem Sublimationspunkt und ca. 800 °C besteht vorwiegend aus dimeren $(AlCl_3)_2$-Molekülen.

Oberhalb 800 °C entspricht die Dampfdichte monomeren $AlCl_3$-Species.

In wasserhaltiger Form kristallisiert $AlCl_3$ mit $6\,H_2O$.

Eine Schmelze von $AlCl_3$ leitet den elektrischen Strom nicht, es ist daher keine Schmelzflusselektrolyse möglich.

$Al_2(SO_4)_3 \cdot 18\,H_2O$ bildet sich beim Auflösen von $Al(OH)_3$ in heißer konz. H_2SO_4. Es ist ein wichtiges Hilfsmittel in der Papierindustrie und beim Gerben von Häuten. Es dient ferner als Ausgangssubstanz zur Herstellung von z. B. $AlOH(CH_3CO_2)_2$, basisches Aluminiumacetat (essigsaure Tonerde), und von $KAl(SO_4)_2 \cdot 12\,H_2O$ (Kaliumalaun).

$LiAlH_4$, Lithiumaluminiumhydrid, Lithiumalanat, ist ein „komplexes Hydrid". Es ist in Ether löslich und findet als Reduktionsmittel Verwendung.

Alaune heißen kristallisierte Verbindungen der Zusammensetzung **$M(I)M(III)$-$(SO_4)_2 \cdot 12\,H_2O$**, mit $M(I) = Na^+$, K^+, Rb^+, Cs^+, NH_4^+, Tl^+ und $M(III) = Al^{3+}$, Sc^{3+}, Ti^{3+}, Cr^{3+}, Mn^{3+}, Fe^{3+}, Co^{3+} u. a. Beide Kationenarten werden entsprechend ihrer Ladungsdichte mehr oder weniger fest von je sechs H_2O-Molekülen umgeben. In wässriger Lösung liegen die Alaune vor als: $(M(I))_2SO_4 \cdot (M(III))_2(SO_4)_3 \cdot 24\,H_2O$.

Alaune sind echte **Doppelsalze**. Ihre wässrigen Lösungen zeigen die chemischen Eigenschaften der getrennten Komponenten. Die physikalischen Eigenschaften der Lösungen setzen sich additiv aus den Eigenschaften der Komponenten zusammen.

AlR$_3$, Aluminiumtrialkyle, entstehen z. B. nach der Gleichung:

$$AlCl_3 + 3\,RMgCl \longrightarrow AlR_3 + 3\,MgCl_2 \;.$$

Das technisch wichtige $Al(C_2H_5)_3$ erhält man aus Ethylen, Wasserstoff und aktiviertem Aluminium mit $Al(C_2H_5)_3$ als Katalysator unter Druck und bei erhöhter Temperatur. Es ist Bestandteil von „Ziegler-Katalysatoren", welche die Niederdruck-Polymerisation von Ethylen ermöglichen.

14.4.3   Gallium – Indium – Thallium

Diese Elemente sind dem Aluminium nahe verwandte Metalle. Sie kommen in geringen Konzentrationen vor.

Gallium findet als Füllung von Hochtemperaturthermometern sowie als Galliumarsenid und ähnliche Verbindungen für Solarzellen Verwendung (Schmp. 30 °C, Sdp. 2400 °C). Es wird hauptsächlich zum Dotieren von Si-Kristallen benutzt.

Gallium ist nach Silicium der zweitwichtigste Rohstoff für die Elektronik und die gesamte Halbleitertechnologie.

Thallium ist in seinen Verbindungen *ein-* und *dreiwertig.* Die einwertige Stufe ist stabiler als die dreiwertige. Thalliumverbindungen sind sehr giftig und finden z. B. als Mäusegift Verwendung.

14.5   Kohlenstoffgruppe (C, Si, Ge, Sn, Pb)

Die Elemente dieser Gruppe bilden die IV. Hauptgruppe (Tab. 14.4). Sie stehen von beiden Seiten des PSE gleich weit entfernt. Die Stabilität der maximalen Oxidationsstufe $+4$ nimmt innerhalb der Gruppe von oben nach unten ab. C, Si, Ge und Sn haben in ihren natürlich vorkommenden Verbindungen die Oxidationsstufe $+4$, Pb die Oxidationsstufe $+2$. Während Sn(II)-Ionen reduzierend wirken, sind Pb(IV)-Verbindungen Oxidationsmittel, wie z. B. PbO_2.

Kohlenstoff ist ein typisches Nichtmetall und Blei ein typisches Metall. Dementsprechend nimmt der Salzcharakter der Verbindungen der einzelnen Elemente innerhalb der Gruppe von oben nach unten zu. Unterschiede in der chemischen Bindung bedingen auch die unterschiedlichen Eigenschaften wie Härte und Sprödigkeit bei C, Si und Ge, Duktilität beim Sn und die metallischen Eigenschaften beim Blei.

Hydroxide $Ge(OH)_2$ zeigt noch saure Eigenschaften, $Sn(OH)_2$ ist amphoter und $Pb(OH)_2$ ist überwiegend basisch.

Wasserstoffverbindungen CH_4 ist die einzige exotherme Wasserstoffverbindung. Die Unterschiede in der Polarisierung zwischen C und Si:

$$\overset{\delta-}{C}-\overset{\delta+}{H}, \quad \overset{\delta+}{Si}-\overset{\delta-}{H}$$

zeigen sich im chemischen Verhalten.

Beachte Kohlenstoff kann als einziges Element dieser Gruppe unter normalen Bedingungen p_π-p_π-Mehrfachbindungen ausbilden. Si=Si-Bindungen erfordern besondere sterische Voraussetzungen wie z. B. in Tetramesityldisilen.

14.5.1 Kohlenstoff

Die meisten Substanzen, die für das Leben auf unserem Planeten verantwortlich sind, besitzen Kohlenstoff. Kohlenstoffatome sind die vielseitigsten Bausteine von Molekülen. Die Lehre von den organischen Kohlenstoffverbindungen ist die *organische Chemie* s. Kap. 17.
Über Kohlenstoffisotope s. Abschn. 2.1.1.

Vorkommen frei, kristallisiert als Diamant und Graphit. Gebunden als Carbonat, $CaCO_3$, $MgCO_3$, $CaCO_3 \cdot MgCO_3$ (Dolomit) usw. In der Kohle, im Erdöl, in der Luft als CO_2, in allen organischen Materialien. Die natürlichen Kohlen enthalten neben wenig Kohlenstoff unterschiedliche Kohlenstoffverbindungen. *Reinen Kohlenstoff* erhält man bei der Trockendestillation von Zucker.

Holzkohle, schwarze, poröse, sehr leichte Kohle, wird durch Trockendestillation unter Luftabschluss gewonnen. Verwendung zum Grillen, als Reduktionsmittel, zum Raffinieren, als Aktivkohle etc.

Eigenschaften Kristallisierter Kohlenstoff kommt in drei Modifikationen vor: als *Diamant* und *Graphit* und in Form der sog. *Fullerene*.

14.5.1.1 Modifikationen des Kohlenstoffs

▶ **Modifikationen** sind verschiedene Zustandsformen chemischer Elemente oder Verbindungen, die bei gleicher Zusammensetzung unterschiedliche Eigenschaften aufweisen.
Allotropie heißt die Eigenschaft von *Elementen*, in verschiedenen Modifikationen vorzukommen.
Polymorphie heißt die Eigenschaft von *Verbindungen*, in verschiedenen Modifikationen vorzukommen.
Lassen sich Modifikationen *ineinander* umwandeln nennt man sie **enantiotrop** (= Enantiotropie) (z. B. bei Schwefel).
Lassen sich Modifikationen nur in *eine* Richtung umwandeln heißen sie **monotrop** (= Monotropie) (z. B. bei Phosphor).

Tab. 14.4 Eigenschaften der Elemente der Kohlenstoffgruppe

Element	Kohlenstoff	Silicium	Germanium	Zinn	Blei
Elektronenkonfiguration	$[He]2s^22p^2$	$[Ne]3s^23p^2$	$[Ar]3d^{10}4s^24p^2$	$[Kr]4d^{10}5s^25p^2$	$[Xe]4f^{14}5d^{10}6s^26p^2$
Schmp. [°C]	3730 (Graphit)	1410	937	232	327
Sdp. [°C]	4830	2680	2830	2270	1740
Normalpotenzial [V] (+II)	–	–	–	–0,14	–0,13
Ionisierungsenergie [kJ/mol]	1090	790	750	710	720
Atomradius [pm]	77 (Kovalenzradius)	118	122	162	175
Ionenradius [pm] (bei Oxidationszahl +IV)	16	38	53	71	84
Elektronegativität	2,5	1,8	1,8	1,8	1,8
Metallcharakter	→				zunehmend
Affinität zu elektropositiven Elementen	→				abnehmend
Affinität zu elektronegativen Elementen	→				zunehmend
Beständigkeit der E(II)-Verbindungen	→				zunehmend
Beständigkeit der E(IV)-Verbindungen	→				abnehmend
Saurer Charakter der Oxide	→				abnehmend
Salzcharakter der Chloride	→				zunehmend

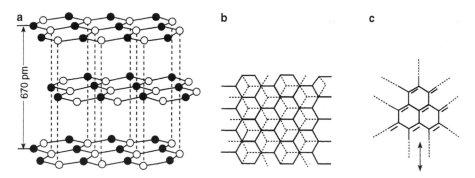

Abb. 14.4 Ausschnitt aus dem Graphitgitter. **a** Folge von drei Schichten, **b** Anordnung von zwei aufeinander folgenden Schichten in der Draufsicht, **c** Andeutung einer mesomeren Grenzstruktur

Graphit

Eigenschaften metallglänzend, weich, abfärbend. Er ist ein guter Leiter von Wärme und Elektrizität. Natürliche Vorkommen von Graphit gibt es z. B. in Sibirien, Böhmen und bei Passau. Technisch hergestellt wird er aus Koks und Quarzsand im elektrischen Ofen (Acheson-Graphit).

Verwendung als Schmiermittel, Elektrodenmaterial, zur Herstellung von Bleistiften und Schmelztiegeln etc.

Struktur von Graphit Das Kristallgitter besteht aus ebenen Schichten, welche aus allseitig verknüpften Sechsecken gebildet werden. Die Schichten liegen so übereinander, dass die *dritte* Schicht mit der Ausgangsschicht identisch ist. Da für den Aufbau der sechseckigen Schichten von jedem C-Atom jeweils nur drei Elektronen benötigt werden (sp²-Hybridorbitale), bleibt pro C-Atom ein Elektron übrig. Diese überzähligen Elektronen sind zwischen den Schichten praktisch frei beweglich. Sie befinden sich in den übrig gebliebenen p-Orbitalen, die einander überlappen und delokalisierte p_π-p_π-Bindungen bilden. Sie bedingen die Leitfähigkeit längs der Schichten und die schwarze Farbe des Graphits (Wechselwirkung mit praktisch allen Wellenlängen des sichtbaren Lichts). Abb. 14.4 zeigt Ausschnitte aus dem Graphitgitter.

Diamant

Eigenschaften kristallisiert kubisch. Er ist durchsichtig, meist farblos, von großem Lichtbrechungsvermögen und ein typischer Nichtleiter. Im Diamantgitter sind die Orbitale aller C-Atome sp³-hybridisiert. Somit ist jedes C-Atom Mittelpunkt eines Tetraeders aus C-Atomen (Atomgitter). Dies bedingt die große Härte des Diamanten. Er ist der härteste Stoff (Härte 10 in der Skala nach *Mohs*).

Diamant ist eine bei Zimmertemperatur „metastabile" Kohlenstoff-Modifikation. Thermodynamisch stabil ist bei dieser Temperatur nur der Graphit. Die Umwandlungsgeschwindigkeit Diamant $\longrightarrow$ Graphit ist jedoch so klein, dass beide Modifi-

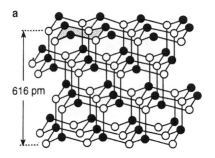
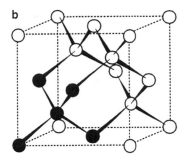

Abb. 14.5 a Kristallgitter des Diamanten. Um die Sesselform der Sechsringe anzudeuten, wurde ein Sechsring schraffiert. **b** Ausschnitt aus dem Kristallgitter. Ein Kohlenstofftetraeder wurde hervorgehoben

kationen nebeneinander vorkommen. Beim Erhitzen von Diamant im Vakuum auf 1500 °C erfolgt die Umwandlung $C_{Diamant} \longrightarrow C_{Graphit}$; $\Delta H_{(25\,°C)} = -1,89\,kJ$.

Umgekehrt gelingt auch die Umwandlung von Graphit in Diamant, z. B. bei 3000 °C und 150.000 bar (Industriediamanten).

Diamant ist reaktionsträger als Graphit. An der Luft verbrennt er ab 800 °C langsam zu CO_2. Von nichtoxidierenden Säuren und von Basen wird er nicht angegriffen.

Verwendung Geschliffene Diamanten finden als Brillanten in der Schmuckindustrie Verwendung. Das Gewicht von Diamanten wird in *Karat* angegeben: 1 Karat = 0,2 g. Wegen seiner Härte wird der Diamant benutzt zur Herstellung von Schleifscheiben, Bohrerköpfen usw.

Abbildung 14.5 zeigt einen Ausschnitt aus dem Diamantgitter.

Fullerene

Fullerene wurden als „Kohlenstoff der dritten Art" 1985 von *R. Smalley* und *H. Kroto* als Spuren in einem glasartigen Stein (Fulgurit) entdeckt. Sie waren aus Reisig und Tannennadeln durch Blitzschlag entstanden. Mittlerweile wurden Fullerene spektroskopisch auch im Sternenstaub des Weltraums nachgewiesen. Isoliert wurden sie erstmals 1990.

Präparativ zugänglich sind sie in einer umgerüsteten Lichtbogenanlage, in der Kohleelektroden zu Ruß werden. Mit Lösemitteln können daraus C_{60} und C_{70} isoliert werden.

Die Moleküle sind innen hohl. Ihre Hülle wird aus Fünf- und Sechsecken gebildet (Abb. 14.6). Benannt wurden die „fußballförmigen" Gebilde nach dem Architekten *Buckminster Fuller*, der 1967 einen ähnlichen Kugelbau in Montreal gestaltet hat.

Mittlerweile kennt man viele solcher „Buckyballs": C_{60}, C_{70}, C_{76}, C_{84}, C_{94}, C_{240}, C_{960}. Sie sind umso stabiler, je größer sie sind.

Abb. 14.6 C_{60}-Molekül. Durchmesser der Kugel: 700 pm. C–C-Abstand: 141 pm. Die Kugelfläche wird von 12 isolierten Fünfecken und 20 Sechsecken gebildet

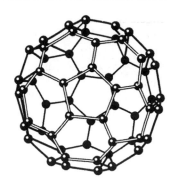

C_{60}-Moleküle sind kubisch-dicht gepackt. Die plättchenförmigen Kristalle sind metallisch glänzend und rötlich-braun gefärbt. Je nach Kombination mit anderen Atomen werden sie elektrische Leiter, Isolatoren (C_{60}, K_6C_{60}) oder Supraleiter (K_3C_{60}). Ihre überlegenen physikalisch-chemischen Eigenschaften geben zu vielen Spekulationen Anlass.

Im C_{60} sind die AO der C-Atome sp^2-hybridisiert. Jedes C-Atom bildet mit drei Nachbarn je eine σ-Bindung. Die Innen- und Außenflächen der Hohlkugel sind mit π-Elektronenwolken bedeckt. Diese π-Elektronen sind vornehmlich in den Bindungen zwischen den Sechsecken lokalisiert.

14.5.1.2 Kohlenstoffverbindungen

Die Kohlenstoffverbindungen sind so zahlreich, dass sie als „organische Chemie" ein eigenes Gebiet der Chemie bilden. An dieser Stelle sollen nur einige „anorganische" Kohlenstoffverbindungen besprochen werden.

Kohlenstoffdioxid

CO_2, Kohlenstoffdioxid, kommt frei als Bestandteil der Luft (0,03–0,04 %), im Meerwasser und gebunden in Carbonaten vor. Es entsteht bei der Atmung, Gärung, Fäulnis, beim Verbrennen von Kohle. Es ist das Endprodukt der Verbrennung jeder organischen Substanz.

Herstellung

1. Aus Carbonaten wie $CaCO_3$ durch Glühen:

$$CaCO_3 \longrightarrow CaO + CO_2$$

oder mit Säuren:

$$CaCO_3 + H_2SO_4 \longrightarrow CaSO_4 + CO_2 + H_2O \,.$$

2. Durch Verbrennen von Koks mit überschüssigem Sauerstoff.

Eigenschaften

CO_2 ist ein farbloses, geruchloses, wasserlösliches Gas und schwerer als Luft. Es ist nicht brennbar und wirkt erstickend. Durch Druck lässt es sich zu einer farblosen Flüssigkeit kondensieren. Beim raschen Verdampfen von flüssigem CO_2 kühlt es sich so stark ab, dass es zu festem CO_2 (feste Kohlensäure, Trockeneis) gefriert. Im Trockeneis werden die CO_2-Moleküle durch **Van-der-Waals-Kräfte** zusammengehalten (Molekülgitter). Eine Mischung von Trockeneis und Aceton oder Methanol usw. dient als Kältemischung für Temperaturen bis $-76\,°C$.

Struktur von CO_2

Das CO_2-Molekül ist linear gebaut. Der $C-O$-Abstand ist mit $115\,pm$ kürzer als ein $C=O$-Doppelbindungsabstand. Außer Grenzformel (**a**) müssen auch die „Resonanzstrukturen" (**b**) und (**c**) berücksichtigt werden, um den kurzen Abstand zu erklären:

a $\quad\quad\quad\quad\quad\quad\quad\quad$ **b** $\quad\quad\quad\quad\quad\quad\quad\quad$ **c**

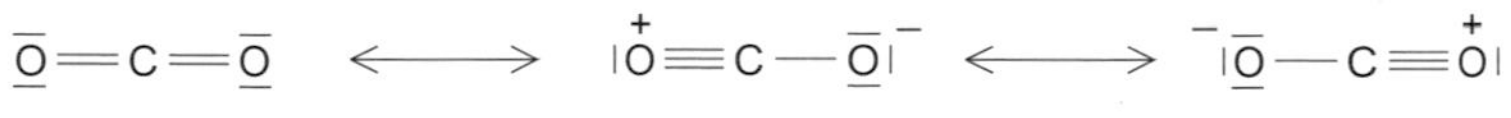

$$\overline{\underline{O}}{=}C{=}\overline{\underline{O}} \quad\longleftrightarrow\quad |\overset{+}{O}{\equiv}C{-}\overline{\underline{O}}|^{-} \quad\longleftrightarrow\quad {}^{-}|\overline{\underline{O}}{-}C{\equiv}\overset{+}{O}|$$

Kohlensäure, Hydrogencarbonate und Carbonate

Die wässrige Lösung von CO_2 ist eine schwache Säure, *Kohlensäure* H_2CO_3 ($pK_{S1} = 6{,}37$).

$$CO_2 + H_2O \;\rightleftharpoons\; H_2CO_3 \;.$$

Das Gleichgewicht liegt bei dieser Reaktion praktisch ganz auf der linken Seite. H_2CO_3 ist in wasserfreier Form nicht beständig. Sie ist eine *zweiwertige* Säure. Demzufolge bildet sie Hydrogencarbonate (primäre Carbonate, Bicarbonate) $M(I)HCO_3$ und sekundäre Carbonate (Carbonate) $M(I)_2CO_3$.

Hydrogencarbonate sind häufig in Wasser leicht löslich. Durch Erhitzen gehen sie in die entsprechenden Carbonate über:

$$2\,M(I)HCO_3 \;\rightleftharpoons\; M_2CO_3 + H_2O + CO_2 \;.$$

Sie sind verantwortlich für die temporäre Wasserhärte (s. Abschn. 14.3.3.1).

Carbonate Nur die Alkalicarbonate sind leicht löslich und glühbeständig. Alle anderen Carbonate zerfallen beim Erhitzen in die Oxide oder Metalle und CO_2. Durch Einleiten von CO_2 in die wässrige Lösung von Carbonaten bilden sich Hydrogencarbonate.

Kohlensäure-Hydrogencarbonat-Puffer (Bicarbonatpuffer) ist ein Puffersystem im Blut (s. hierzu . 10.8.1.1):

$$H_2O + CO_2 \;\rightleftharpoons\; H_2CO_3 \;\rightleftharpoons\; HCO_3^{-} + H^{+} \;.$$

Das *Carbonat-Ion* CO_3^{2-} ist eben gebaut. Seine Elektronenstruktur lässt sich durch Überlagerung von mesomeren Grenzformeln plausibel machen:

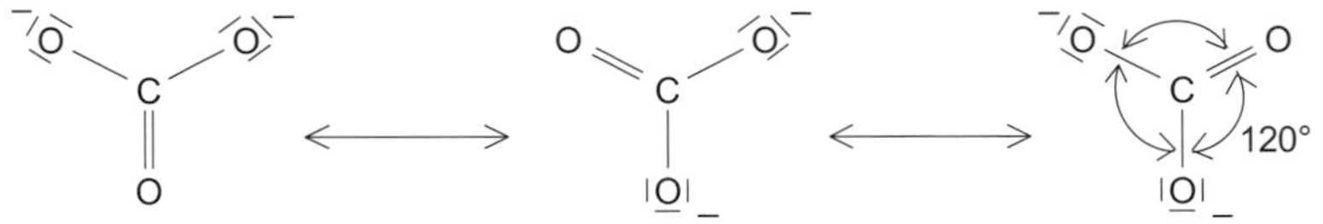

Kohlenstoffmonoxid

CO, Kohlenmonoxid, entsteht z. B. beim Verbrennen von Kohle bei ungenügender Luftzufuhr. Als formales *Anhydrid* der Ameisensäure, HCOOH, entsteht es aus dieser durch Entwässern, z. B. mit H_2SO_4. Technisch hergestellt wird es in Form von Wassergas und Generatorgas.

Wassergas ist ein Gemisch aus ca. 50 % H_2 und 40 % CO (Rest: CO_2, N_2, CH_4). Man erhält es beim Überleiten von Wasserdampf über glühenden Koks.

Generatorgas enthält ca. 70 % N_2 und 25 % CO (Rest: O_2, CO_2, H_2). Es bildet sich beim Einblasen von Luft in brennenden Koks. Zuerst entsteht CO_2, das durch den glühenden Koks reduziert wird. Bei Temperaturen von über 1000 °C kann man somit als Gleichung angeben:

$$C + 1/2\,O_2 \longrightarrow CO \qquad \Delta H = -111\,\mathrm{kJ\,mol^{-1}}\,.$$

Eigenschaften CO ist ein farbloses, geruchloses Gas, das die Verbrennung nicht unterhält. Es verbrennt an der Luft zu CO_2. Mit Wasserdampf setzt es sich bei hoher Temperatur mittels Katalysator zu CO_2 und H_2 um *(Konvertierung)*. CO ist ein starkes Blutgift, da seine Affinität zu Hämoglobin um ein Vielfaches größer ist als diejenige von O_2. CO ist eine sehr schwache Lewis-Base. Über das freie Elektronenpaar am Kohlenstoffatom kann es Addukte bilden. Mit einigen Übergangselementen bildet es Komplexe: z. B.

$$Ni + 4\,CO \longrightarrow Ni(CO)_4 \ (\text{Nickeltetracarbonyl})\,.$$

Elektronenformel von CO: $^-|C{\equiv}O|^+$. CO ist **isoster** mit N_2.

Verwendung CO wird als Reduktionsmittel in der Technik verwendet, z. B. zur Reduktion von Metalloxiden wie Fe_2O_3 im Hochofenprozess. Es dient als Ausgangsmaterial zur Herstellung wichtiger organischer Grundchemikalien, wie z. B. Natriumformiat, Methanol und Phosgen, $COCl_2$.

▶ **Isosterie** Ionen oder Moleküle mit gleicher Gesamtzahl an Elektronen, gleicher Elektronenkonfiguration, gleicher Anzahl von Atomen und gleicher Gesamtladung heißen isoster.

Sie haben ähnliche physikalische Eigenschaften.

Abb. 14.7 Die Temperaturabhängigkeit des Boudouard-Gleichgewichts

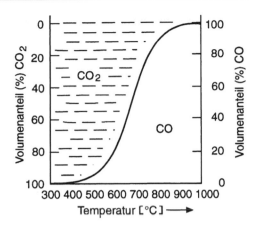

Beispiele CO_2/N_2O, CO/N_2.

▶ Atome, Ionen, Moleküle mit gleicher Anzahl und Anordnung von Elektronen (= identische Elektronenkonfiguration) heißen **isoelektronisch**.

Beispiele $O^{2-}/F^-/Ne/Na^+/Cu^+/Zn^{2+}$ usw. oder HF/OH^-.

Boudouard-Gleichgewicht

In allen Fällen, in denen CO und Kohlenstoff bei höheren Temperaturen als Reduktionsmittel eingesetzt werden, existiert das Boudouard-Gleichgewicht:

$$CO_2 + C \rightleftharpoons 2\,CO \qquad \Delta H = +173\,\text{kJ}\,\text{mol}^{-1}\,.$$

Die Lage des Gleichgewichts ist stark temperatur- und druckabhängig. Seine Abhängigkeit von der Temperatur zeigt Abb. 14.7. Siehe auch Hochofenprozess, Abb. 15.6.

Schwefelkohlenstoff

CS_2, Schwefelkohlenstoff (Kohlenstoffdisulfid), entsteht aus den Elementen beim Erhitzen. Es ist eine wasserklare Flüssigkeit (Sdp. 46,3 °C), giftig, leichtentzündlich (!). Es löst Schwefel, Phosphor, Iod, Fette u. a. Das Molekül ist gestreckt gebaut und enthält p_π-p_π-Bindungen zwischen Kohlenstoff und Schwefel: $\underline{\underline{S}}{=}C{=}\underline{\underline{S}}$.

Carbide

Carbide sind binäre Verbindungen von Elementen mit Kohlenstoff. Eingeteilt werden sie in salzartige, kovalente und metallische Carbide.

Salzartige Carbide

CaC₂ baut ein Ionengitter aus $[|C{\equiv}C|]^{2-}$- und Ca^{2+}-Ionen auf. Es ist als Salz vom Ethin (Acetylid) aufzufassen und reagiert mit Wasser nach der Gleichung:

$$CaC_2 + 2\,H_2O \longrightarrow Ca(OH)_2 + HC{\equiv}CH \quad (= \text{„Acetylenid“})\,.$$

Al$_4$C$_3$, Aluminiumcarbid, leitet sich vom Methan ab. Es enthält C^{4-}-Ionen.

$$Al_4C_3 + 12\,H_2O \longrightarrow 4\,Al(OH)_3 + 3\,CH_4 \quad (= \text{„Methanid“}) \,.$$

Li$_4$C$_3$ und **Mg$_2$C$_3$** (= „Allylenide“) hydrolysieren zu Propin, C$_3$H$_4$.

Kovalente Carbide

Kovalente Carbide sind Verbindungen von Kohlenstoff mit Nichtmetallen.

Beispiele Borcarbid, Siliciumcarbid, CH$_4$, CS$_2$.

Metallische Carbide

Metallische Carbide enthalten Kohlenstoffatome in den Lücken der Metallgitter (s. Abschn. 5.3.1). Die meist nicht stöchiometrischen Verbindungen (Legierungen) sind resistent gegen Säuren und leiten den elektrischen Strom. Sie sind sehr hart und haben hohe Schmelzpunkte.

Beispiele Fe$_3$C, Zementit; TaC, Tantalcarbid (Schmp. 3780 °C); WC (mit Cobalt zusammengesintert als Widia = wie Diamant).

14.5.2 Silicium

Vorkommen Silicium ist mit einem Prozentanteil von 27,5 % nach Sauerstoff das häufigste Element in der zugänglichen Erdrinde. Es kommt nur mit Sauerstoff verbunden vor: als Quarz (SiO$_2$) und in Form von Silicaten (Salze von Kieselsäuren) z. B. im Granit, in Tonen und Sanden; im Tier- und Pflanzenreich gelegentlich als Skelett- und Schalenmaterial.

Herstellung Durch Reduktion von SiO$_2$ mit z. B. Magnesium, Aluminium, Kohlenstoff oder Calciumcarbid, CaC$_2$, im elektrischen Ofen:

$$SiO_2 + 2\,Mg \longrightarrow 2\,MgO + Si \quad \text{(fällt als braunes Pulver an)}$$
$$SiO_2 + CaC_2 \longrightarrow \text{kompakte Stücke von Si (technisches Verfahren)} \,.$$

In sehr reiner Form erhält man Silicium bei der thermischen Zersetzung von SiI$_4$ oder von HSiCl$_3$ mit H$_2$ und anschließendem „Zonenschmelzen“. In hochreaktiver Form entsteht Silicium z. B. bei folgender Reaktion:

$$CaSi_2 + 2\,HCl \longrightarrow 2\,Si + H_2 + CaCl_2 \,.$$

Eigenschaften braunes Pulver oder – z. B. aus Aluminium auskristallisiert – schwarze Kristalle, Schmp. 1413 °C. Silicium hat eine Gitterstruktur, die der des Diamanten ähnelt; es besitzt Halbleitereigenschaften. Silicium ist sehr reaktionsträge: Aus den Elementen bilden sich z. B. SiS$_2$ bei ca. 600 °C, SiO$_2$ oberhalb 1000 °C,

Si_3N_4 bei $1400\,°C$ und SiC erst bei $2000\,°C$. Eine Ausnahme ist die Reaktion von Silicium mit Fluor: Schon bei Zimmertemperatur bildet sich unter Feuererscheinung SiF_4. *Silicide* entstehen beim Erhitzen von Silicium mit bestimmten Metallen im elektrischen Ofen, z. B. $CaSi_2$.

Weil sich auf der Oberfläche eine SiO_2-Schutzschicht bildet, wird Silicium von allen Säuren (außer Flusssäure) praktisch nicht angegriffen. In heißen Laugen löst sich Silicium unter Wasserstoffentwicklung und Silicatbildung:

$$Si + 2\,OH^- + H_2O \longrightarrow SiO_3^{2-} + 2\,H_2 \,.$$

Verwendung Hochreines Silicium wird in der Halbleiter- und Solarzellentechnik verwendet.

14.5.2.1 Verbindungen
Siliciumverbindungen unterscheiden sich von den Kohlenstoffverbindungen in vielen Punkten.

Die bevorzugte Koordinationszahl von Silicium ist 4. In einigen Fällen wird die KZ 6 beobachtet. Silicium bildet nur in Ausnahmefällen ungesättigte Verbindungen. Stattdessen bilden sich polymere Substanzen. Die Si—O-Bindung ist stabiler als z. B. die C—O-Bindung. Zur Deutung gewisser Eigenschaften und Abstände zieht man gelegentlich auch die Möglichkeit von p_π-d_π-Bindungen in Betracht.

Siliciumwasserstoffe
Siliciumwasserstoffe, Silane, haben die allgemeine Formel Si_nH_{2n+2}.

Herstellung Als allgemeine Herstellungsmethode für Monosilan SiH_4 und höhere Silane eignet sich die Umsetzung von Siliciden mit Säuren, z. B.

$$Mg_2Si + 4\,H_3O^+ \longrightarrow 2\,Mg^{2+} + SiH_4 + 4\,H_2O \,.$$

SiH_4 und Si_2H_6 entstehen auch auf folgende Weise:

$$SiCl_4 + LiAlH_4 \longrightarrow SiH_4 + LiAlCl_4 \quad \text{und}$$

$$2\,Si_2Cl_6 + 3\,LiAlH_4 \longrightarrow 2\,Si_2H_6 + 3\,LiAlCl_4 \,.$$

Auch eine Hydrierung von SiO_2 ist möglich.

Eigenschaften Silane sind extrem oxidationsempfindlich. Die Bildung einer Si—O-Bindung ist mit einem Energiegewinn von – im Durchschnitt – $368\,kJ\,mol^{-1}$ verbunden. Sie reagieren daher mit Luft und Wasser explosionsartig mit lautem Knall. Ihre Stabilität nimmt von den niederen zu den höheren Gliedern hin ab. Sie sind säurebeständig. In den Silanen sind (im Gegensatz zu den Alkanen) das Siliciumatom positiv und die H-Atome negativ polarisiert.

SiH_4 und **Si_2H_6** sind farblose Gase. SiH_4 hat einen Schmp. von $-184{,}7\,°C$ und einen Sdp. von $-30{,}4\,°C$.

Silicium-Wasserstoff-Sauerstoff-Verbindungen
Mit Halogenen oder Halogenwasserstoffen können die H-Atome in den Silanen substituiert werden, z. B.

$$SiH_4 + 3\,HCl \longrightarrow HSiCl_3 + 3\,H_2 \quad \text{(Silicochloroform)}\,.$$

Diese Substanzen reagieren mit Wasser unter Bildung von Silicium-Wasserstoff-Sauerstoff-Verbindungen: In einem ersten Schritt entstehen **Silanole**, **Silandiole** oder **Silantriole**. Aus diesen bilden sich anschließend durch Kondensation die sog. **Siloxane**: *Beispiel:* H_3SiCl:

$$H_3SiCl + H_2O \longrightarrow H_3SiOH + HCl \quad \text{(Silanol)}$$

$$2\,H_3SiOH \xrightarrow{-H_2O} H_3Si-O-SiH_3 \quad \text{(Disiloxan)}\,.$$

Alkylchlorsilane
Alkylchlorsilane ($RSiCl_3$, R_2SiCl_2, R_3SiCl) entstehen z. B. nach dem Müller-Rochow-Verfahren:

$$2\,RCl + Si \xrightarrow{300-400\,°C} R_2SiCl_2\,.$$

Bei dieser Reaktion dient Kupfer als Katalysator.

Alkylhalogensubstituierte Silane sind wichtige Ausgangsstoffe für die Herstellung von Siliconen.

Silicone
Silicone (Silico-Ketone), Polysiloxane, sind Polykondensationsprodukte der Ortho-kieselsäure $Si(OH)_4$ und/oder ihrer Derivate, der sog. Silanole R_3SiOH, Silandiole $R_2Si(OH)_2$ und Silantriole $RSi(OH)_3$. Durch geeignete Wahl dieser Reaktionspartner, des Mischungsverhältnisses sowie der Art der Weiterverarbeitung erhält man ringförmige und kettenförmige Produkte, Blatt- oder Raumnetzstrukturen. Gemeinsam ist allen Substanzen die stabile $Si-O-Si$-Struktureinheit.

Beispiele für den Aufbau von Siliconen:

$$2\,R_3SiOH \xrightarrow{-H_2O} R_3Si-O-SiR_3$$

Eigenschaften und Verwendung Silicone $[R_2SiO]_n$ sind technisch wichtige Kunststoffe. Sie sind chemisch resistent, hitzebeständig, hydrophob und besitzen ein ausgezeichnetes elektrisches Isoliervermögen. Sie finden vielseitige Verwendung als Schmiermittel (Siliconöle, Siliconfette), als Harze, Dichtungsmaterial, Imprägnierungsmittel.

Silicium-Halogen-Verbindungen

Halogenverbindungen des Siliciums haben die allgemeine Formel Si_nX_{2n+2}. Die Anfangsglieder bilden sich aus den Elementen, z. B.

$$Si + 2\,Cl_2 \longrightarrow SiCl_4 \; .$$

Verbindungen mit $n > 1$ entstehen aus den Anfangsgliedern durch Disproportionierung oder Halogenentzug, z. B. mit Si. Es gibt auch gemischte Halogenverbindungen wie SiF_3I, $SiCl_2Br_2$, $SiFCl_2Br$.

Beispiele SiF_4 ist ein farbloses Gas. $SiCl_4$ ist eine farblose Flüssigkeit mit Schmp. $-70,4\,^\circ C$ und Sdp. $57,57\,^\circ C$. Alle Halogenverbindungen reagieren mit Wasser:

$$SiX_4 + 4\,H_2O \longrightarrow Si(OH)_4 + 4\,HX \; .$$

Kieselsäuren (Abb. 14.8)

$Si(OH)_4$, Orthokieselsäure, ist eine sehr schwache Säure ($pK_{s1} = 9{,}66$). Sie ist nur bei einem pH-Wert von 3,20 einige Zeit stabil. Bei Änderung des pH-Wertes spaltet sie *intermolekular* Wasser ab:

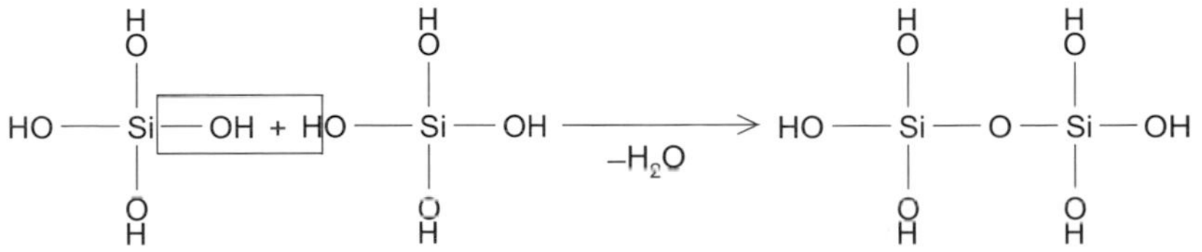

$H_6Si_2O_7$ Orthodikieselsäure

Weitere Wasserabspaltung (*Kondensation*) führt über **Polykieselsäuren** $H_{2n+2}Si_nO_{3n+1}$ zu **Metakieselsäuren** $(H_2SiO_3)_n$. Für $n = 3, 4$ oder 6 entstehen *Ringe*, für $n = \infty$ *Ketten*. Die Ketten können weiterkondensieren zu *Bändern* $(H_6Si_4O_{11})_\infty$, die Bänder zu *Blattstrukturen* $(H_2Si_2O_5)_\infty$, welche ihrerseits zu *Raumnetzstrukturen* weiterkondensieren können. Als Endprodukt entsteht als ein hochpolymerer Stoff $(SiO_2)_\infty$, das Anhydrid der Orthokieselsäure. In allen Substanzen liegt das Silicium-Atom in der Mitte eines Tetraeders aus Sauerstoffatomen.

Silicate

Die Salze der verschiedenen Kieselsäuren heißen **Silicate**. Man kann sie künstlich durch Zusammenschmelzen von Siliciumdioxid SiO_2 (Quarzsand) mit Basen oder Carbonaten herstellen: z. B.

$$CaCO_3 + SiO_2 \longrightarrow CaSiO_3 \;(\text{Calcium-metasilicat}) + CO_2 \; .$$

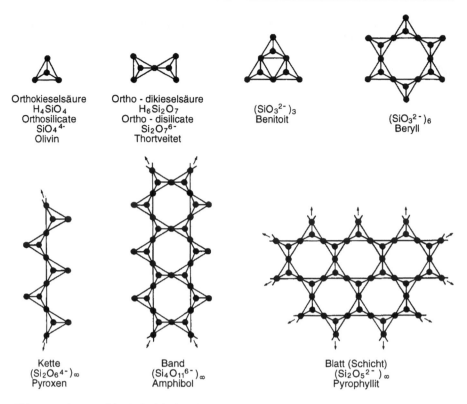

Abb. 14.8 Ausgewählte Beispiele für die Anordnung von Sauerstofftetraedern in Silicaten. Die Si-Atome, welche die Tetraedermitten besetzen, sind weggelassen

Schichtsilicate (Blatt-Silicate) haben eine zweidimensional unendliche Struktur mit $[Si_2O_5]^{2-}$-Einheiten. Die Kationen liegen zwischen den Schichten. Wichtige Schichtsilicate sind die Tonmineralien und Glimmer. Aus der Schichtstruktur ergeben sich die (besonderen) Eigenschaften von Talk als Schmiermittel, Gleitmittel, die Spaltbarkeit bei Glimmern, oder das Quellvermögen von Tonen.

Gerüstsilicate mit dreidimensional unendlicher Struktur, siehe $(SiO_2)_x$. In diesen Substanzen ist meist ein Teil des Si durch Al ersetzt. Zum Ladungsausgleich sind Kationen wie K^+, Na^+, Ca^{2+} eingebaut, z. B. $Na[AlSi_3O_8]$, Albit (Feldspat).

In den sog. *Zeolithen* gibt es Kanäle und Röhren, in denen sich Kationen und Wassermoleküle befinden. Letztere lassen sich leicht austauschen. Sie dienen daher als Ionenaustauscher (Permutite) und Molekularsiebe und Ersatz von Phosphat in Waschmitteln.

Wasserglas heißen wässrige Lösungen von Alkalisilicaten. Sie enthalten vorwiegend Salze: $M(I)_3HSiO_4$, $M_2H_2SiO_4$, MH_3SiO_4. Wasserglas ist ein mineralischer

Leim, der zum Konservieren von Eiern, zum Verkleben von Glas, als Flammschutzmittel usw. verwendet wird.

Siliciumdioxid

SiO_2, Siliciumdioxid, kommt rein vor als Quarz, Bergkristall (farblos), Amethyst (violett), Rauchtopas (braun), Achat, Opal, Kieselsinter etc. Es ist Bestandteil der Körperhülle der Diatomeen (Kieselgur, Infusorienerde). SiO_2 ist ein Polykondensat mit Raumnetzstruktur (Unterschied zu CO_2!). Es existiert in mehreren Modifikationen wie Quarz, Cristobalit, Tridymit, Coesit, Stishovit. In allen Modifikationen mit Ausnahme des Stishovits hat Silicium die Koordinationszahl 4. Im Stishovit hat Silicium die Koordinationszahl 6!

Die besondere Stabilität der Si—O-Bindung wird dadurch erklärt, dass man zusätzlich zu den (polarisierten) Einfachbindungen p_π-d_π-Bindungen annimmt. Diese kommen dadurch zustande, dass freie p-Elektronenpaare des Sauerstoffs in leere d-Orbitale des Siliciums eingebaut werden:

$$\overset{\displaystyle |}{\underset{\displaystyle |}{Si}} - \overline{\underline{O}} - \quad < \quad > \quad \overset{\displaystyle |}{\underset{\displaystyle |}{Si}} \overset{-}{=} \overset{+}{\underline{O}} -$$

Eigenschaften SiO_2 ist sehr resistent. Es ist im Allgemeinen unempfindlich gegen Säuren. *Ausnahme:* HF bildet über $SiF_4 \longrightarrow H_2SiF_6$. Mit Laugen entstehen langsam Silicate. Durch Zusammenschmelzen mit Alkalihydroxiden oder -carbonaten entstehen glasige Schmelzen, deren wässrige Lösungen das Wasserglas darstellen.

$$SiO_2 + 2\,NaOH \longrightarrow Na_2SiO_3 + H_2O \ .$$

Kieselgel

Kieselgel besteht vorwiegend aus der Polykieselsäure $(H_2Si_2O_5)_\infty$ (Blattstruktur). Durch geeignete Trocknung erhält man daraus „Kiesel-Xerogele" = Silica-Gele. Diese finden wegen ihres starken Adsorptionsvermögens vielseitige Verwendung, z. B. mit $CoCl_2$ imprägniert als *Blaugel* (Trockenmittel). Der Wassergehalt zeigt sich durch Rosafärbung an (Co-Aquakomplex). Kieselgel ist ferner ein beliebtes chromatografisches Adsorbens.

Quarzglas

Im Knallgasgebläse geschmolzener Quarz liefert Quarzglas, das sich durch einen geringen Ausdehnungskoeffizienten auszeichnet. Es ist außerdem gegen alle Säuren außer HF beständig und lässt im Gegensatz zu normalem Glas ultraviolettes Licht durch.

▶ **Gläser** Als Gläser bezeichnet man allgemein *unterkühlte* Schmelzen aus Quarzsand und unterschiedlichen Zusätzen.

Durch Zusammenschmelzen von Sand (SiO_2), Kalk (CaO) und Soda (Na_2CO_3) erhält man die gewöhnlichen Gläser wie **Fensterglas** und **Flaschenglas** (Na_2O, CaO, SiO_2).

Spezielle Glassorten entstehen mit Zusätzen. B_2O_3 setzt den Ausdehnungskoeffizienten herab (Jenaer Glas, Pyrexglas). Kali-Blei-Gläser enthalten K_2O und PbO (Bleikristallglas, Flintglas). Milchglas erhält man z. B. mit SnO_2.

Glasfasern

Glasfasern entstehen aus Schmelzen geeigneter Zusammensetzung. Sie sind Beispiele für sog. Synthesefasern (Chemiefasern). E-Glas = alkaliarmes Ca/Al_2O_3/B/Silicat-Glas; es dient zur Kunststoffverstärkung und im Elektrosektor.

Mineralfaser-Dämmstoffe bestehen aus glasigen kurzen, regellos angeordneten Fasern. Hauptanwendungsgebiete: Wärme-, Schall-, Brandschutz.

Asbest ist die älteste anorg. Naturfaser. Er besteht aus faserigen Aggregaten silicatischer Minerale.

Chrysotil-Asbeste (Serpentinasbeste), $Mg_3(OH)_4[Si_2O_5]$ sind fein- und parallelfaserig (spinnbar), alkalibeständig.

Amphibol-Asbeste (Hornblendeasbest, z. B. $(Mg, Fe^{2+})_7(OH)_2[Si_8O_{22}]$ enthalten starre Kristall-Nadeln und sind säurestabil.

Ersatzstoffe silicatische Mineralfasern, Al_2O_3-Fasern u. a.

Siliciumcarbid

SiC, Siliciumcarbid (Carborundum), entsteht aus SiO_2 und Koks bei ca. 2000 °C. Man kennt mehrere Modifikationen. Allen ist gemeinsam, dass die Atome jeweils *tetraedrisch* von Atomen der anderen Art umgeben sind. Die Bindungen sind überwiegend kovalent. SiC ist sehr hart, chemisch und thermisch sehr stabil und ein Halbleiter. *Verwendung:* als Schleifmittel, als feuerfestes Material, für Heizwiderstände (Silitstäbe).

14.5.3 Zinn

Vorkommen Als Zinnstein SnO_2 und Zinnkies $Cu_2FeSnS_4 \equiv Cu_2S \cdot FeS \cdot SnS_2$.

Herstellung Durch „Rösten" von Schwefel und Arsen gereinigter Zinnstein, SnO_2, wird mit Koks reduziert. Erhitzt man anschließend das noch mit Eisen verunreinigte Zinn wenig über den Schmelzpunkt von Zinn, lässt sich das flüssige Zinn von einer schwerer schmelzenden Fe-Sn-Legierung abtrennen („Seigern").

Eigenschaften silberweißes, glänzendes Metall, Schmp. 231,91 °C. Es ist sehr weich und duktil und lässt sich z. B. zu Stanniol-Papier auswalzen.

Vom Zinn kennt man neben der *metallischen* Modifikation (β-Zinn) auch eine *nichtmetallische* Modifikation α-Zinn (auch graues Zinn) mit Diamantgitter:

$$\alpha\text{-Zinn} \xrightleftharpoons{\;13,2°\,C\;} \beta\text{-Zinn}$$

Metallisches Zinn ist bei gewöhnlicher Temperatur unempfindlich gegen Luft, schwache Säuren und Basen. Beim Erhitzen in feinverteilter Form verbrennt es an der Luft zu SnO_2. Mit Halogenen bilden sich die Tetrahalogenide SnX_4. In starken Säuren und Basen geht Zinn in Lösung:

$$Sn + 2\,HCl \longrightarrow SnCl_2 + H_2 \quad \text{und}$$
$$Sn + 4\,H_2O + 2\,OH^- + 2\,Na^+ \longrightarrow 2\,Na^+ + [Sn(OH)_6]^{2-} + 2\,H_2$$

Verwendung Zum Verzinnen (Beispiel: verzinntes Eisenblech = Weißblech. Es ist vor Korrosion geschützt und eignet sich für Konservendosen). Als Legierungsbestandteil: Bronze = Zinn + Kupfer; Britanniametall = Zinn + Antimon + wenig Kupfer; Weichlot oder Schnellot = 40–70 % Zinn und 30–60 % Blei.

14.5.3.1 Zinnverbindungen

In seinen Verbindungen kommt Zinn in den Oxidationsstufen $+2$ und $+4$ vor. Die vierwertige Stufe ist die beständigste. Zinn(II)-Verbindungen sind starke Reduktionsmittel.

Am Beispiel des $SnCl_2$ und $SnCl_4$ kann man zeigen, dass in Verbindungen mit höherwertigen Metallkationen der kovalente Bindungsanteil größer ist als in Verbindungen mit Kationen geringerer Ladung (kleinerer Oxidationszahl). Die höher geladenen Kationen sind kleiner und haben eine größere polarisierende Wirkung auf die Anionen als die größeren Kationen mit kleinerer Oxidationszahl (Ionenradien: Sn^{2+}: 112 pm, Sn^{4+}: 71 pm). Dementsprechend ist $SnCl_2$ eine feste, salzartig gebaute Substanz und $SnCl_4$ eine Flüssigkeit mit $SnCl_4$-Molekülen.

Zinn(II)-Verbindungen

$SnCl_2$ bildet sich beim Auflösen von Zinn in Salzsäure. Es kristallisiert wasserhaltig als $SnCl_2 \cdot 2\,H_2O$ („Zinnsalz"). In verdünnter Lösung erfolgt Hydrolyse:

$$SnCl_2 + H_2O \rightleftharpoons Sn(OH)Cl + HCl\,.$$

Wasserfreies $SnCl_2$ entsteht aus $SnCl_2 \cdot 2\,H_2O$ durch Erhitzen in HCl-Gas-Atmosphäre auf Rotglut.

$SnCl_2$ ist ein starkes Reduktionsmittel.

Im Gaszustand ist monomeres $SnCl_2$ gewinkelt gebaut. Festes $(SnCl_2)_x$ enthält $SnCl_3$-Struktureinheiten.

$Sn(OH)_2$ entsteht als weißer, schwerlöslicher Niederschlag beim tropfenweisen Zugeben von Alkalilaugen zu Sn(II)-Salzlösungen:

$$Sn^{2+} + 2\,OH^- \longrightarrow Sn(OH)_2 \,.$$

Als amphoteres Hydroxid löst es sich sowohl in Säuren als auch in Basen:

$$Sn(OH)_2 + 2\,H^+ \longrightarrow Sn^{2+} + 2\,H_2O$$

$$Sn(OH)_2 + OH^- \longrightarrow [Sn(OH)_3]^- \quad \text{oder}$$

$$Sn(OH)_2 + 2\,OH^- \longrightarrow [Sn(OH)_4]^{2-} \,.$$

Diese Stannat(II)-Anionen sind starke Reduktionsmittel.

SnS ist dunkelbraun. Es bildet metallglänzende Blättchen. Es ist unlöslich in *farblosem Schwefelammon.*

Zinn(IV)-Verbindungen

$SnCl_4$ entsteht durch Erhitzen von Zinn im Cl_2-Strom. Es ist eine farblose, an der Luft rauchende Flüssigkeit (Schmp. $-36{,}2\,^\circ C$, Sdp. $114{,}1\,^\circ C$). Mit Wasser reagiert es unter Hydrolyse und Bildung von kolloidgelöstem SnO_2. Es lässt sich auch ein Hydrat $SnCl_4 \cdot 5\,H_2O$ („Zinnbutter") isolieren.

Beim Einleiten von HCl-Gas in eine wässrige Lösung von $SnCl_4$ bildet sich Hexachlorozinnsäure $H_2[SnCl_6] \cdot 6\,H_2O$. Ihr Ammoniumsalz (Pinksalz) wird als Beizmittel in der Färberei verwendet.

$SnCl_4$ ist eine starke Lewis-Säure, von der viele Addukte bekannt sind.

SnO_2 kommt in der Natur als Zinnstein vor. Herstellung durch Erhitzen von Zinn an der Luft („Zinnasche"). Es dient zur Herstellung von Email. Beim Schmelzen mit NaOH entsteht Natriumstannat(IV): $Na_2[Sn(OH)_6]$. Dieses Natriumhexahydroxostannat (Präpariersalz) wird in der Färberei benutzt. Die zugrunde liegende freie Zinnsäure ist unbekannt.

SnS_2, Zinndisulfid, Musivgold, bildet sich in Form goldglänzender, durchscheinender Blättchen beim Schmelzen von Zinn und Schwefel unter Zusatz von NH_4Cl. Es findet Verwendung als Goldbronze. Bei der Umsetzung von Zinn(IV)-Salzen mit H_2S ist es als gelbes Pulver erhältlich. Mit Alkalisulfid bilden sich Thiostannate:

$$SnS_2 + Na_2S \longrightarrow Na_2[SnS_3] \quad (\text{auch } Na_4[SnS_4]) \,.$$

14.5.4 Blei

Vorkommen selten gediegen, dagegen sehr verbreitet als Bleiglanz, PbS, und Weiß-bleierz, $PbCO_3$, etc.

Herstellung PbS kann z. B. nach folgenden zwei Verfahren in elementares Blei übergeführt werden:

1. **Röstreduktionsverfahren:**

$$PbS + 3/2\,O_2 \longrightarrow PbO + SO_2 \quad \text{„Röstarbeit"}$$
$$PbO + CO \longrightarrow Pb + CO_2 \quad \text{„Reduktionsarbeit"} .$$

2. **Röstreaktionsverfahren:** Hierbei wird PbS unvollständig in PbO übergeführt. Das gebildete PbO reagiert mit dem verbliebenen PbS nach der Gleichung:

$$PbS + 2\,PbO \longrightarrow 3\,Pb + SO_2 \quad \text{„Reaktionsarbeit"} .$$

Das auf diese Weise gewonnene Blei (Werkblei) kann u. a. elektrolytisch gereinigt werden.

Verwendung Blei findet vielseitige Verwendung im Alltag und in der Industrie, wie z. B. in Akkumulatoren, als Legierungsbestandteil im Schrotmetall (Pb/As), Letternmetall (Pb, Sb, Sn), Blei-Lagermetalle usw.

14.5.4.1 Verbindungen
In seinen Verbindungen kommt Blei in der Oxidationsstufe +2 und +4 vor. Die zweiwertige Oxidationsstufe ist die beständigste. Vierwertiges Blei ist ein starkes Oxidationsmittel.

Blei(II)-Verbindungen
PbX_2, Blei(II)-Halogenide (X = F, Cl, Br, I), bilden sich nach der Gleichung:

$$Pb^{2+} + 2\,X^- \longrightarrow PbX_2 .$$

Sie sind relativ schwerlöslich. PbF_2 ist in Wasser praktisch unlöslich.

$PbSO_4$ $Pb^{2+} + SO_4{}^{2-} \longrightarrow PbSO_4$, ist eine weiße, schwerlösliche Substanz.

PbO, Bleiglätte, ist ein Pulver (gelbe oder rote Modifikation). Es entsteht durch Erhitzen von Pb, $PbCO_3$ usw. an der Luft und dient zur Herstellung von Bleigläsern.

PbS kommt in der Natur als Bleiglanz vor. Aus Bleisalzlösungen fällt es mit S^{2-}-Ionen als schwarzer, schwerlöslicher Niederschlag aus.

$$Lp_{PbS} = 3{,}4 \cdot 10^{-28} \text{mol}^2\,L^{-2} .$$

Pb(OH)₂ bildet sich durch Einwirkung von Alkalilaugen oder NH_3 auf Bleisalz-lösungen. Es ist ein weißes, in Wasser schwerlösliches Pulver. In konzentrierten Alkalilaugen löst es sich unter Bildung von Plumbaten(II):

$$Pb(OH)_2 + OH^- \longrightarrow [Pb(OH)_3]^- \ .$$

Blei(IV)-Verbindungen
PbO₂, Bleidioxid, entsteht als braunschwarzes Pulver bei der Oxidation von Blei(II)-Salzen durch starke Oxidationsmittel wie z. B. Cl_2 oder durch anodische Oxidation ($Pb^{2+} \rightarrow Pb^{4+}$). PbO_2 wiederum ist ein relativ starkes Oxidationsmittel:

$$PbO_2 + 4\,HCl \longrightarrow PbCl_2 + H_2O + Cl_2 \ .$$

Beachte seine Verwendung im Blei-Akku, s. Abschn. 9.4.6.1.

Pb₃O₄, Mennige, enthält Blei in beiden Oxidationsstufen: $Pb_2[PbO_4]$ (Blei(II)-orthoplumbat(IV)). Als leuchtendrotes Pulver entsteht es beim Erhitzen von fein-verteiltem PbO an der Luft auf ca. 500 °C.

Inert-pair-Effekt
Blei wird häufig dazu benutzt, um gewisse Valenz-Regeln in den Hauptgruppen des PSE aufzuzeigen.

In einer Hauptgruppe mit z. B. geradzahliger Nummer sind ungeradzahlige Valenzen wenig begünstigt, wenn nicht gar unmöglich. Pb_3O_4 ist ein „valenzgemisch-tes" salzartiges Oxid.

Als Erklärung für das Fehlen bestimmter Wertigkeitsstufen für ein Element, wie z. B. Blei oder Antimon, dient die Vorstellung, dass die s-Elektronen nicht einzeln und nacheinander abgegeben werden. Sie werden erst abgegeben, wenn eine aus-reichende Ionisierungsenergie verfügbar ist: = „inert electron pair".

14.6   Stickstoffgruppe (N, P, As, Sb, Bi)

Die Elemente dieser Gruppe bilden die V. Hauptgruppe des PSE (Tab. 14.5). Sie haben alle die Elektronenkonfiguration s^2p^3 und können durch Aufnahme von drei Elektronen ein Oktett erreichen. Sie erhalten damit formal die Oxidationsstufe -3.

Beispiele NH_3, PH_3, AsH_3, SbH_3, BiH_3.

Die Elemente können auch bis zu 5 Valenzelektronen abgeben. Ihre Oxidationszahlen können demnach Werte von -3 bis $+5$ annehmen. Die Stabilität der höchsten Oxidationsstufe nimmt in der Gruppe von oben nach unten ab. Bi_2O_5 ist im Gegensatz zu P_4O_{10} ein starkes Oxidationsmittel. H_3PO_3 ist im Vergleich zu $Bi(OH)_3$ ein starkes Reduktionsmittel.

Der Metallcharakter nimmt innerhalb der Gruppe nach unten hin zu: Stickstoff ist ein typisches Nichtmetall, Bismut ein typisches Metall. Die Elemente Phosphor,

Tab. 14.5 Eigenschaften der Elemente der Stickstoffgruppe

Element	Stickstoff	Phosphor	Arsen	Antimon	Bismut
Elektronenkonfiguration	$[He]2s^22p^3$	$[Ne]3s^23p^3$	$[Ar]3d^{10}4s^24p^3$	$[Kr]4d^{10}5s^25p^3$	$[Xe]4f^{14}5d^{10}6s^26p^3$
Schmp. [°C]	−210	44[a]	817 (28,36 bar)[b]	631	271
Sdp. [°C]	−195	280	subl. bei 613 °C[b]	1380	1560
Ionisierungsenergie [kJ/mol]	1400	1010	950	830	700
Atomradius [pm] (kovalent)	70	110	118	136	152
Ionenradius [pm] E^{5+}	13	35	46	62	74
Elektronegativität	3,0	2,1	2,0	1,9	1,9
Metallischer Charakter				$\longrightarrow$	zunehmend
Affinität zu elektropositiven Elementen				$\longrightarrow$	abnehmend
Affinität zu elektronegativen Elementen				$\longrightarrow$	zunehmend
Basencharakter der Oxide				$\longrightarrow$	zunehmend
Salzcharakter der Halogenide				$\longrightarrow$	zunehmend

[a] weiße Modifikation
[b] graues As

Arsen und Antimon kommen in metallischen und nichtmetallischen Modifikationen vor. Diese Erscheinung heißt **Allotropie**.

Beachte Stickstoff kann als Element der 2. Periode in seinen Verbindungen maximal vierbindig sein (Oktett-Regel).

14.6.1 Stickstoff

Vorkommen Luft enthält 78,09 Volumenanteile (%) Stickstoff. Gebunden kommt Stickstoff u. a. vor im Salpeter KNO_3, Chilesalpeter $NaNO_3$ und als Bestandteil von Eiweiß.

Gewinnung Technisch durch fraktionierte Destillation von flüssiger Luft. Stickstoff hat einen Sdp. von $-196\,°C$ und verdampft zuerst. Sauerstoff (Sdp. $-183\,°C$) bleibt zurück.

Stickstoff entsteht z. B. auch beim Erhitzen von Ammoniumnitrit:

$$NH_4NO_2 \longrightarrow N_2 + 2\,H_2O \ .$$

Eigenschaften Stickstoff ist nur als Molekül N_2 beständig. Er ist farb-, geruch- und geschmacklos und schwer löslich in H_2O. Er ist nicht brennbar und unterhält nicht die Atmung. N_2 ist sehr reaktionsträge, weil die N-Atome durch eine **Dreifachbindung** zusammengehalten werden, N_2: $|N\equiv N|$. Die Bindungsenergie beträgt $945\,kJ\,mol^{-1}$ (Abb. 14.9).

Beim Erhitzen mit Si, B, Al und Erdalkalimetallen bilden sich Verbindungen, die **Nitride**. (Li_3N bildet sich auch schon bei Zimmertemperatur).

Verwendung Stickstoff wird als billiges Inertgas sehr häufig bei chemischen Reaktionen eingesetzt. Ausgangsstoff für NH_3-Synthese.

Zusammensetzung trockener **Luft** in Volumenanteilen (%): N_2: 78,09; O_2: 20,95; Ar: 0,93; CO_2: 0,03; restliche Edelgase sowie CH_4.

14.6.1.1 Verbindungen

Salzartige Nitride
Salzartige Nitride werden von den stark elektropositiven Elementen (Alkali- und Erdalkalimetalle, Zn, Cd) gebildet. Sie enthalten in ihrem Ionengitter das N^{3-}-Anion. Bei der Hydrolyse entsteht NH_3.

Ammoniak
NH_3, Ammoniak, ist ein farbloses, stechend riechendes Gas. Es ist leichter als Luft und löst sich sehr leicht in Wasser (Salmiakgeist). Die Lösung reagiert alkalisch:

$$NH_3 + H_2O \rightleftharpoons NH_4^+ + OH^- \ .$$

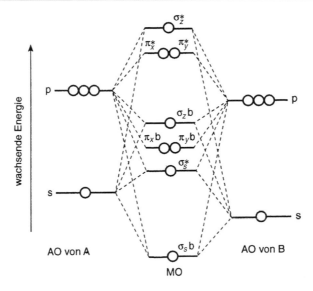

Abb. 14.9 MO-Energiediagramm für AB-Moleküle; B ist der elektronegativere Bindungspartner. *Beispiele:* CN⁻, CO, NO. Beachte: Für **N₂** haben die AO auf beiden Seiten die gleiche Energie. Die Konfiguration ist $(\sigma_s^{\ b})^2(\sigma_s^{\ *})^2(\pi_{x,y}^{\ b})^4(\sigma_z^{\ b})^2$. Es gibt somit *eine σ-Bindung* und *zwei π-Bindungen*. Vergleiche den Unterschied in der Reihenfolge der MO beim O₂-Molekül, s. Abb. 14.14! Es beruht darauf, dass hier eine Wechselwirkung zwischen den 2s-AO und den 2p-AO auftritt, weil die Energiedifferenz zwischen diesen Orbitalen klein ist

Flüssiges Ammoniak ist ein *wasserähnliches Lösemittel* (Sdp. $-33{,}4\,°C$). Im Vergleich zum Ionenprodukt des Wassers ist dasjenige von flüssigem NH₃ sehr klein:

$$2\,NH_3 \rightleftharpoons NH_4^+ + NH_2^- \qquad c(NH_4^+) \cdot c(NH_2^-) = 10^{-29}\,mol^2\,L^{-2}\ .$$

Flüssiges (wasserfreies) Ammoniak löst Alkali- und Erdalkalimetalle mit blauer Farbe. Die Blaufärbung rührt von solvatisierten Elektronen her: $e^- \cdot n\ NH_3$. Die Lösung ist ein starkes Reduktionsmittel.

NH₃ ist eine starke Lewis-Base und kann als Komplexligand fungieren. *Beispiele:* $[Ni(NH_3)_6]^{2+}$, $[Cu(NH_3)_4]^{2+}$.

Mit Protonen bildet NH₃ Ammonium-Ionen NH₄⁺. *Beispiel:*

$$NH_3 + HCl \longrightarrow NH_4Cl\ .$$

▶ Alle Ammoniumsalze sind leicht flüchtig.

Das NH₄⁺-Ion zeigt Ähnlichkeiten mit den Alkalimetall-Ionen.

Herstellung Großtechnisch aus den Elementen nach Haber/Bosch:

$$3\,H_2 + N_2 \rightleftharpoons 2\,NH_3 \qquad \Delta H = -92{,}3\,kJ\,mol^{-1}\ .$$

Abb. 14.10 Inversion im
NH_3-Molekül

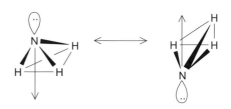

Das Gleichgewicht verschiebt sich bei dieser Reaktion mit sinkender Temperatur
und steigendem Druck nach rechts. Leider ist die Reaktionsgeschwindigkeit bei
Raumtemperatur praktisch null. Katalysatoren wie α-Eisen wirken aber erst bei ca.
400–500 °C genügend beschleunigend. Weil die Reaktion exotherm verläuft, befinden sich bei dem Druck 1 bar bei dieser Temperatur nur ca. 0,1 Volumenanteile (%)
Ammoniak im Gleichgewicht mit den Ausgangsstoffen. Da die Ammoniakbildung
unter Volumenverminderung verläuft, kann man durch Druckerhöhung die Ausbeute an Ammoniak beträchtlich erhöhen (Prinzip von *Le Chatelier*, s. Abschn. 13.4.1).

Reaktionsbedingungen Temperatur 400–500 °C, Druck 200 bar, Ausbeute: 21%.
Andere Verfahren arbeiten bei Drücken von 750 oder 1000 bar. Die Ammoniak-
ausbeute ist dann entsprechend höher. Die hohen Drücke bedingen jedoch einen
größeren apparativen Aufwand. Der Reaktor besteht aus einem Cr/Mo-Stahlmantel
und innen aus V2A-Stahl.

Verwendung von Ammoniak zur Herstellung von Düngemitteln wie $(NH_4)_2SO_4$,
zur Herstellung von Salpetersäure (Ostwald-Verfahren), zur Sodaherstellung, für
Reinigungszwecke, als Kältemittel.

Molekülstruktur von NH_3 s. Abb. 5.19 und Abschn. 5.2.2.2.
    Im NH_3-Molekül und seinen Derivaten kann das N-Atom durch die von den
drei Bindungspartnern aufgespannte Ebene „hindurchschwingen" (Abb. 14.10).
Die Energiebarriere für das als **Inversion** bezeichnete Umklappen beträgt etwa 24 kJ mol^{-1}. Im NH_3-Molekül schwingt das N-Atom mit einer Frequenz von
$2,387 \cdot 10^{10}$ Hz. Diese Inversion ist der Grund dafür, dass bei $|NR^1R^2R^3$-Molekülen
im Allgemeinen keine optischen Isomere gefunden werden (s. Kap. 39).

Amine, Amide, Imide und Nitride
Werden im NH_3-Molekül die H-Atome durch Reste R substituiert, erhält man **Amine**.

Beispiele $CH_3\overline{N}H_2$, Monomethylamin, $(CH_3)_2\overline{N}H$, Dimethylamin, $(CH_3)_3N|$, Tri-
methylamin.
    Ihre Struktur leitet sich vom Tetraeder des $|NH_3$ ab.

Ausnahme $(H_3Si)_3N$, Trisilylamin, ist eben gebaut. Man erklärt dies damit, dass
sich zwischen einem p-Orbital des N-Atoms und d-Orbitalen der Si-Atome partielle
d_π-p_π-Bindungen ausbilden. Es ist eine sehr schwache Lewis-Base.

Ersetzt man im NH_3-Molekül *ein* H-Atom durch Metalle, entstehen **Amide**.

Beispiel $Na^+NH_2^-$, Natriumamid.

Herstellung von Natriumamid

$$2\,Na + 2\,HNH_2 \xrightarrow{\text{Kat.}} 2\,NaNH_2 + H_2 \qquad \Delta H = -146\,kJ\,mol^{-1}\,.$$

Werden *zwei* H-Atome durch Metalle ersetzt, erhält man **Imide**. *Beispiel:* $(Li^+)_2NH^{2-}$.

Nitride enthalten das N^{3-}-Ion *Beispiel:* $(Li^+)_3N^{3-}$. Mit Wasser entwickeln diese Salze Ammoniak. Es handelt sich demnach um Salze von NH_3.

Hydrazin

N_2H_4, Hydrazin, ist eine *endotherme* Verbindung ($\Delta H(fl) = +55{,}6\,kJ\,mol^{-1}$). Bei Raumtemperatur ist es eine farblose, an der Luft rauchende Flüssigkeit (Sdp. 113,5 °C, Schmp. 1,5 °C). Es ist eine schwächere Base als NH_3. Hydrazin bildet **Hydraziniumsalze:** $N_2H_5^+X^-$, mit sehr starken Säuren: $N_2H_6^{2+}(X^-)_2$ (X = einwertiger Säurerest). Hydrazin ist ein starkes **Reduktionsmittel**; als Zusatz im Kesselspeisewasser vermindert es die Korrosion. Mit Sauerstoff verbrennt es nach der Gleichung:

$$N_2H_4 + O_2 \longrightarrow N_2 + 2\,H_2O \qquad \Delta H = -623\,kJ\,mol^{-1}\,.$$

Verwendung als Korrosionsinhibitor, zur Herstellung von Treibmitteln, Polymerisationsinitiatoren, Herbiziden, Pharmaka. N_2H_4 und org. Derivate als Treibstoffe für Spezialfälle in der Luftfahrt.

Beachte Hydrazin wird als kanzerogen eingestuft.

Herstellung von Hydrazin
Die *Herstellung* von Hydrazin erfolgt durch Oxidation von NH_3.

Hydrazinsynthese nach *Raschig*
Bei der Hydrazinsynthese nach Raschig verwendet man hierzu Natriumhypochlorit, NaOCl. Dabei entsteht Chloramin, NH_2Cl, als Zwischenstufe:

$$NH_3 + HOCl \longrightarrow NH_2Cl + H_2O$$
$$NH_2Cl + NH_3 \longrightarrow H_2N-NH_2 + HCl\,.$$

Die durch Schwermetallionen katalysierte Nebenreaktion:

$$N_2H_4 + 2\,NH_2Cl \longrightarrow N_2 + 2\,NH_4Cl$$

wird durch Zusatz von Komplexbildnern wie Leim, Gelatine usw. unterdrückt.

Aus der wässrigen Lösung kann Hydrazin als *Sulfat* oder durch Destillation abgetrennt werden. Durch Erwärmen mit konz. KOH entsteht daraus Hydrazinhydrat, $N_2H_4 \cdot H_2O$. Entwässern mit festem NaOH liefert wasserfreies Hydrazin.

Synthese über ein Ketazin

Ein Herstellungsverfahren verläuft über ein Ketazin:

$$2\,NH_3 + Cl_2 + 2\,R_2C{=}O \longrightarrow R_2C{=}N{-}N{=}CR_2 + 2\,H_2O + 2\,HCl$$
$$\text{(Ketazin)}$$

$$R_2C{=}N{-}N{=}CR_2 + 2\,H_2O \longrightarrow N_2H_4 + 2\,R_2C{=}O \ .$$

Diese Reaktion verläuft unter Druck.

Molekülstruktur von N_2H_4

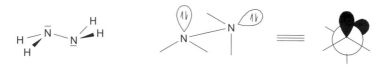

Vgl. hierzu die Struktur von H_2O_2 !   schiefe, gestaffelte Konformation
(engl. skew oder gauche)

Hydroxylamin

NH_2OH, Hydroxylamin, kristallisiert in farblosen, durchsichtigen, leicht zersetzlichen Kristallen (Schmp. $33{,}1\,°C$). Oberhalb $100\,°C$ zersetzt sich NH_2OH explosionsartig:

$$3\,NH_2OH \longrightarrow NH_3 + N_2 + 3\,H_2O \ .$$

Hydroxylamin bildet Salze, z. B.

$$NH_2OH + HCl \longrightarrow [^+NH_3OH]Cl^- \quad \text{(Hydroxylammoniumchlorid)} \ .$$

Die *Herstellung* erfolgt durch Reduktion, z. B. von HNO_3, oder nach der Gleichung:

$$NO_2 + 5/2\,H_2 \xrightarrow{\ Pt\ } NH_2OH + H_2O \ .$$

Hydroxylamin ist weniger basisch als Ammoniak. Es ist ein starkes Reduktionsmittel, kann aber auch gegenüber starken Reduktionsmitteln wie $SnCl_2$ als Oxidationsmittel fungieren.

Hydroxylamin reagiert mit Carbonylgruppen: Mit Ketonen entstehen **Ketoxime** und mit Aldehyden **Aldoxime**: $R_2C{=}\overline{N}{-}OH$ bzw. $RCH{=}\overline{N}{-}OH$.

Molekülstruktur

$$H \underset{H}{\overset{N}{\underset{|}{\underset{\diagdown}{\diagup}}}} \overset{H}{\underset{O}{\diagup}}$$

Distickstoffmonoxid

N_2O, Distickstoffmonoxid (Lachgas), ist ein farbloses Gas, das sich leicht verflüssigen lässt (Sdp. $-88{,}48\,°C$). Es muss für Narkosezwecke zusammen mit Sauerstoff eingeatmet werden, da es die Atmung nicht unterhält. Es unterhält jedoch die Verbrennung, weil es durch die Temperatur der Flamme in N_2 und $1/2\,O_2$ gespalten wird.

Herstellung Durch Erhitzen von $NH_4NO_3 \xrightarrow{\Delta} N_2O + 2\,H_2O$.

Elektronenstruktur

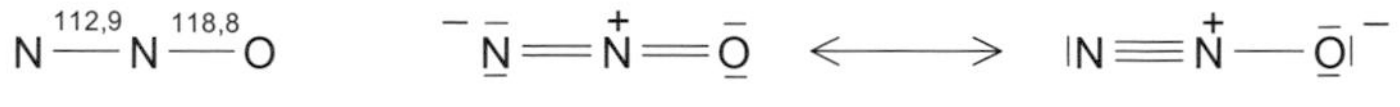

Beachte In den Grenzformeln ist N_2O mit CO_2 isoelektronisch!

Stickstoffmonoxid
NO, Stickstoffmonoxid, ist ein farbloses, in Wasser schwer lösliches Gas. Es ist eine endotherme Verbindung. An der Luft wird es sofort braun, wobei sich NO_2 bildet:

$$2\,NO + O_2 \rightleftharpoons 2\,NO_2 \qquad \Delta H = -56{,}9\,\text{kJ mol}^{-1}\ .$$

Oberhalb 650 °C liegt das Gleichgewicht auf der linken Seite.

Bei der Umsetzung mit F_2, Cl_2 und Br_2 entstehen die entsprechenden **Nitrosylhalogenide**:

$$2\,NO + Cl_2 \longrightarrow 2\,NOCl \qquad \Delta H = -77\,\text{kJ mol}^{-1}\ .$$

Die Verbindungen NOX (X = F, Cl, Br) sind weitgehend kovalent gebaut. NO^+-Ionen liegen vor in $NO^+ClO_4^-$, $NO^+HSO_4^-$. Dabei hat das neutrale NO-Molekül ein Elektron abgegeben und ist in das NO^+-Kation (Nitrosyl-Ion) übergegangen. Das NO^+-Ion kann auch als Komplexligand fungieren.

Herstellung von Stickstoffmonoxid
1. *Großtechnisch* durch katalytische Ammoniakverbrennung (Ostwald-Verfahren) bei der Herstellung von Salpetersäure HNO_3:

$$4\,NH_3 + 5\,O_2 \xrightarrow{Pt} 4\,NO + 6\,H_2O \qquad \Delta H = -906\,\text{kJ mol}^{-1}$$

   s. Salpetersäure!
2. *Weitere* Herstellungsmöglichkeiten:
   Aus den Elementen bei Temperaturen um 3000 °C (Lichtbogen):

$$1/2\,N_2 + 1/2\,O_2 \rightleftharpoons NO \qquad \Delta H = +90\,\text{kJ mol}^{-1}$$

Durch Einwirkung von Salpetersäure auf Kupfer und andere Metalle (Reduktion von HNO_3):

$$3\,Cu + 8\,HNO_3 \longrightarrow 3\,Cu(NO_3)_2 + 2\,NO + 4\,H_2O \quad \text{usw.}$$

Elektronenstruktur von NO

Das NO-Molekül enthält ein ungepaartes Elektron und ist folglich ein **Radikal**. Im flüssigen und festen Zustand liegt es weitgehend dimer vor: N_2O_2.

Stickstoffdioxid

NO_2, Stickstoffdioxid, ist ein rotbraunes, erstickend riechendes Gas. Beim Abkühlen auf $-20\,°C$ entstehen farblose Kristalle aus $(NO_2)_2$:

$$2\,NO_2 \rightleftharpoons N_2O_4 \qquad \Delta H = -57\,\text{kJ}\,\text{mol}^{-1}\,.$$

Bei Temperaturen zwischen $-20\,°C$ und $140\,°C$ liegt immer ein Gemisch aus dem monomeren und dem dimeren Oxid vor. Oberhalb $650\,°C$ ist NO_2 vollständig in NO und $1/2\,O_2$ zerfallen.

▶ NO_2 ist ein Radikal; es enthält ein ungepaartes Elektron (paramagnetisch).

Durch Elektronenabgabe entsteht NO_2^+, das **Nitryl-Kation** oder **Nitronium-Ion**. Dieses Ion ist isoster mit CO_2. Durch Aufnahme eines Elektrons entsteht NO_2^-, das **Nitrit-Ion** (Anion der Salpetrigen Säure).

NO_2 ist ein starkes Oxidationsmittel. Mit Wasser reagiert es unter Bildung von Salpetersäure HNO_3 *und* Salpetriger Säure HNO_2 (*Disproportionierung*):

$$2\,NO_2 + H_2O \longrightarrow HNO_3 + HNO_2\,.$$

Mit Alkalilaugen entstehen die entsprechenden Nitrite und Nitrate.

Herstellung von NO_2: NO_2 entsteht als Zwischenprodukt bei der Salpetersäureherstellung nach dem Ostwald-Verfahren aus NO und O_2

$$2\,NO + O_2 \longrightarrow 2\,NO_2\,.$$

Im Labormaßstab erhält man es durch Erhitzen von Nitraten von Schwermetallen wie $Pb(NO_3)_2$.

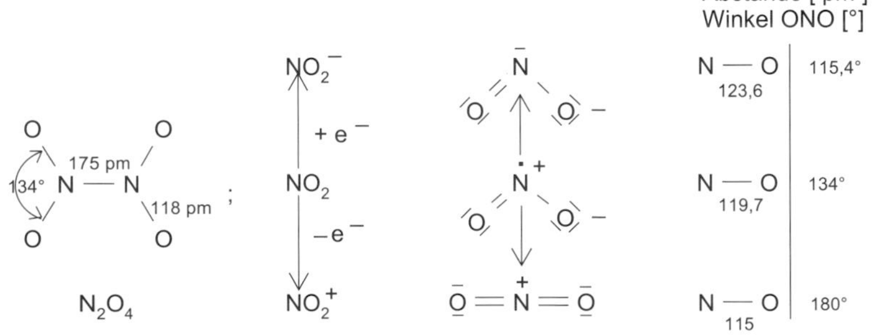

Abstände [pm]
Winkel ONO [°]

	N — O	Winkel ONO
NO_2^-	123,6	115,4°
NO_2	119,7	134°
NO_2^+	115	180°

Salpetrige Säure

HNO_2, Salpetrige Säure, ist in freiem Zustand nur in verdünnten, kalten wässrigen Lösungen bekannt ($pK_S = 3{,}29$). Ihre Salze, die **Nitrite**, sind dagegen stabil. Beim Versuch, die wässrige Lösung zu konzentrieren, und beim Erwärmen disproportioniert HNO_2 in HNO_3 und NO. Diese Reaktion verläuft über mehrere Stufen: In einem ersten Schritt zerfällt HNO_2 in Wasser und ihr Anhydrid N_2O_3. Dieses zersetzt sich sofort weiter zu NO und NO_2. NO_2 reagiert mit Wasser unter Disproportionierung usw. Zusammengefasst lässt sich die Reaktion wie folgt beschreiben:

$$3\,HNO_2 \longrightarrow HNO_3 + 2\,NO + H_2O\,.$$

Je nach der Wahl des Reaktionspartners reagieren HNO_2 bzw. ihre Salze als Reduktions- oder Oxidationsmittel. *Beispiele:*

- **Reduktionswirkung** hat HNO_2 gegenüber starken Oxidationsmitteln wie $KMnO_4$.
- **Oxidationswirkung:** $HNO_2 + NH_3 \longrightarrow N_2 + 2\,H_2O$.
  NH_3 wird hierbei zu Stickstoff oxidiert und HNO_2 zu Stickstoff reduziert. Erhitzen von NH_4NO_2 liefert die gleichen Reaktionsprodukte (*Komproportionierung*).

$NaNO_2$ wird in der organischen Chemie zur Herstellung von HNO_2 verwendet (s. *Sandmeyer-Reaktion*, Abschn. 30.4.2.1).

Herstellung von Nitriten Aus Nitraten durch Erhitzen bei Anwesenheit eines schwachen Reduktionsmittels oder durch Einleiten eines Gemisches aus gleichen Teilen NO und NO_2 in Alkalilaugen:

$$NO + NO_2 + 2\,NaOH \longrightarrow 2\,NaNO_2 + H_2O\,.$$

Molekülstruktur Von der freien HNO_2 sind zwei tautomere Formen denkbar, von denen organische Derivate existieren ($R-NO_2$ = Nitroverbindungen, $R-ONO$ = Ester der Salpetrigen Säure).

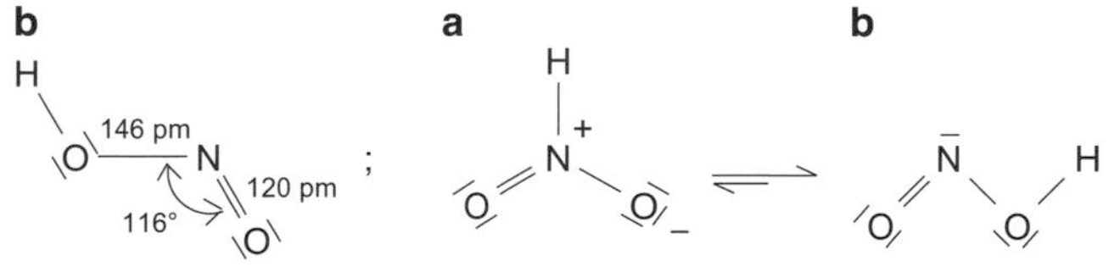

Beachte Im Gaszustand ist nur das Isomere (**b**) nachgewiesen worden. Das Molekül ist planar.

Salpetersäure

HNO_3, Salpetersäure, kommt in Form ihrer Salze, der Nitrate, in großer Menge vor; $NaNO_3$ (Chilesalpeter). Nitrate entstehen bei allen Verwesungsprozessen organischer Körper bei Anwesenheit von Basen wie $Ca(OH)_2$.

Wasserfreie HNO_3 ist eine farblose, stechend riechende Flüssigkeit, stark ätzend und an der Luft rauchend (Sdp. 84 °C, Schmp. −42 °C). Sie zersetzt sich im Licht und wird daher in braunen Flaschen aufbewahrt.

$$2\,HNO_3 \longrightarrow H_2O + 2\,NO_2 + 1/2\,O_2 \ .$$

HNO_3 ist ein kräftiges Oxidationsmittel und eine starke Säure ($pK_S = -1{,}32$).

HNO_3 als Oxidationsmittel
Oxidationswirkung:

$$NO_3^- + 4\,H^+ + 3\,e^- \longrightarrow NO + 2\,H_2O \ .$$

Besonders starke Oxidationskraft besitzt konz. HNO_3. Sie oxidiert alle Stoffe mit einem Redoxpotenzial negativer als $+0{,}96$ V. Außer Gold und Platin löst sie fast alle Metalle. Als **Scheidewasser** dient eine 50 %ige Lösung zur Trennung von Silber und Gold. Fast alle Nichtmetalle wie Schwefel, Phosphor, Arsen usw. werden zu den entsprechenden Säuren oxidiert. Aus Zucker entsteht CO_2 und H_2O. Erhöhen lässt sich die oxidierende Wirkung bei Verwendung eines Gemisches aus *einem* Teil HNO_3 und *drei* Teilen konz. HCl. Das Gemisch heißt **Königswasser**, weil es sogar Gold löst:

$$HNO_3 + 3\,HCl \longrightarrow NOCl + 2\,Cl\cdot + 2\,H_2O \ .$$

In Königswasser entsteht Chlor „in statu nascendi".

Einige unedle Metalle wie Aluminium und Eisen werden von konz. HNO_3 nicht gelöst, weil sie sich mit einer Oxid-Schutzschicht überziehen (*Passivierung*).

HNO_3 als Säure
Verdünnte HNO_3 ist eine sehr starke Säure:

$$HNO_3 + H_2O \longrightarrow H_3O^+ + NO_3^- \ .$$

Ihre Salze heißen **Nitrate**. Sie entstehen bei der Umsetzung von HNO_3 mit den entsprechenden Carbonaten oder Hydroxiden.

Beachte Alle Nitrate werden beim Glühen zersetzt. Alkalinitrate und $AgNO_3$ zersetzen sich dabei in Nitrite und O_2:

$$NaNO_3 \xrightarrow{\Delta} NaNO_2 + 1/2\,O_2 \ .$$

Die übrigen Nitrate gehen in die Oxide oder freien Metalle über, z. B.

$$Cu(NO_3)_2 \xrightarrow{\Delta} CuO + 2\,NO_2 + 1/2\,O_2$$

$$Hg(NO_3)_2 \xrightarrow{\Delta} Hg + 2\,NO_2 + O_2 \ .$$

Herstellung von Salpetersäure
Großtechnisch durch die katalytische Ammoniakverbrennung (*Ostwald-Verfahren*):

1. **Reaktionsschritt:**

$$4\,NH_3 + 5\,O_2 \xrightarrow{\text{Pt/Rh}} 4\,NO + 6\,H_2O\ .$$

2. **Schritt:** Beim Abkühlen bildet sich NO_2:

$$NO + 1/2\,O_2 \longrightarrow NO_2\ .$$

3. **Schritt:** NO_2 reagiert mit Wasser unter Bildung von HNO_3 und HNO_2. Letztere disproportioniert in HNO_3 und NO:

$$3\,HNO_2 \longrightarrow HNO_3 + 2\,NO + H_2O\ .$$

NO wird mit überschüssigem O_2 wieder in NO_2 übergeführt, und der Vorgang beginnt erneut.

Zusammenfassung

$$4\,NO_2 + 2\,H_2O + O_2 \longrightarrow 4\,HNO_3\ .$$

Eine hohe Ausbeute an NO wird dadurch erzielt, dass man das NH_3/Luft-Gemisch mit hoher Geschwindigkeit durch ein Netz aus einer Platin/Rhodium-Legierung als Katalysator strömen lässt. Die Reaktionstemperatur beträgt ca. 700 °C.

HNO_3 entsteht auch beim Erhitzen von $NaNO_3$ mit H_2SO_4:

$$NaNO_3 + H_2SO_4 \longrightarrow HNO_3 + NaHSO_4\ .$$

Verwendung von HNO_3
Als Scheidewasser zur Trennung von Silber und Gold, zur Herstellung von Nitraten, Kunststoffen, zur Farbstoff-Fabrikation, zum Ätzen von Metallen, zur Herstellung von Schießpulver und Sprengstoffen wie Nitroglycerin und Nitricrsäure (s. Abschn. 24.2.1).

$NaNO_3$ (Chilesalpeter) und NH_4NO_3 sind wichtige Düngemittel.

Molekülstruktur von HNO_3

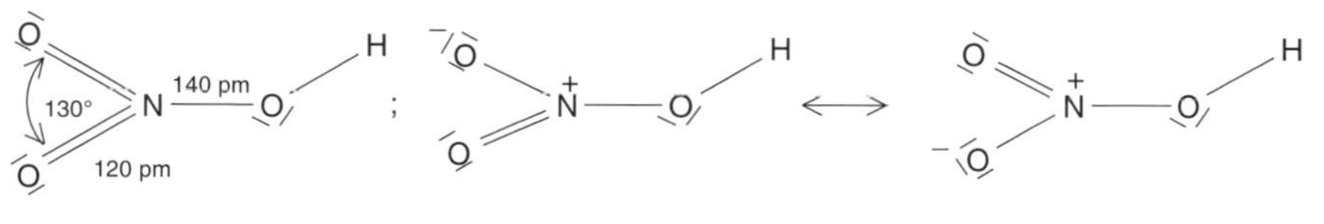

Mesomere Grenzformeln von NO_3^-

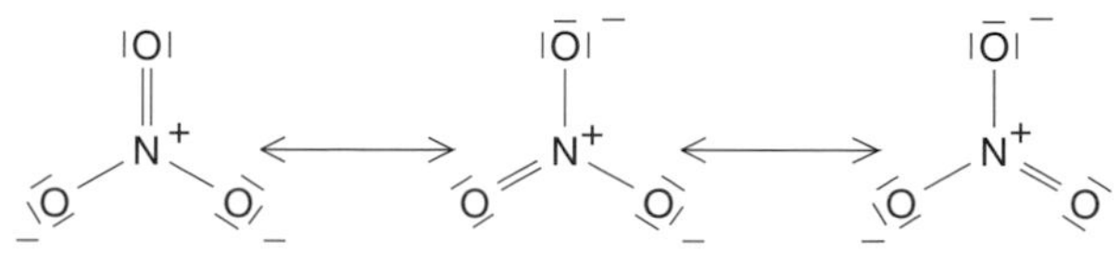

HNO_3 und das NO_3^--Ion sind planar gebaut (sp^2-Hybridorbitale am N-Atom).

14.6.2 Phosphor

Vorkommen Nur in Form von Derivaten der Phosphorsäure, z. B. als $Ca_3(PO_4)_2$ in den Knochen, als $3\,Ca_3(PO_4)_2 \cdot CaF_2$ (Apatit), als $3\,Ca_3(PO_4)_2 \cdot Ca(OH,F,Cl)_2$ (Phosphorit), im Zahnschmelz, als Ester im Organismus.

Herstellung Man erhitzt tertiäre Phosphate zusammen mit Koks und Sand (SiO_2) im elektrischen Ofen auf 1300–1450 °C:

$$2\,Ca_3(PO_4)_2 + 10\,C + 6\,SiO_2 \longrightarrow 6\,CaSiO_3 + 10\,CO + 4\,P \,.$$

Bei der Kondensation des Phosphordampfes entsteht weißer Phosphor P_4.

14.6.2.1 Modifikationen des Phosphors
Das Element Phosphor kommt in mehreren **monotropen** (in eine Richtung umwandelbaren) Modifikationen vor.

Weißer Phosphor
Weißer (gelber, farbloser) Phosphor ist fest, wachsglänzend, wachsweich, wasserunlöslich, in Schwefelkohlenstoff (CS_2) löslich, Schmp. 44 °C. Er entzündet sich bei etwa 45 °C an der Luft von selbst und verbrennt zu P_4O_{10}, Phosphorpentoxid. Weißer Phosphor muss daher unter Wasser aufbewahrt werden. Er ist sehr giftig. An feuchter Luft zerfließt er langsam unter Bildung von H_3PO_3, H_3PO_4 und $H_4P_2O_6$ (Unterdiphosphorsäure).

Phosphor reagiert mit den meisten Elementen, in lebhafter Reaktion z. B. mit Chlor, Brom und Iod zu den entsprechenden Phosphorhalogeniden.

Im Dampfzustand besteht der weiße Phosphor aus P_4-Tetraedern und oberhalb 800 °C aus P_2-Teilchen.

Die $\angle$ **PPP** sind **60°** (gleichseitige Dreiecke). Diese Winkel verursachen eine beträchtliche Ringspannung (Spannungsenergie etwa 92 kJ mol^{-1}).

Das Zustandekommen der Spannung wird dadurch erklärt, dass an der Bildung der P–P-Bindungen im Wesentlichen nur p-Orbitale beteiligt sind. Die drei p-Orbitale am Phosphoratom bilden aber Winkel von 90° miteinander (Abb. 14.11).

Roter Phosphor
Roter Phosphor entsteht aus weißem Phosphor durch Erhitzen unter Ausschluss von Sauerstoff auf ca. 300 °C. Das rote Pulver ist **unlöslich in organischen Lösemitteln, ungiftig** und **schwer entzündlich**. Auch in dieser Modifikation ist jedes P-Atom mit drei anderen P-Atomen verknüpft, es bildet sich jedoch eine mehr oder

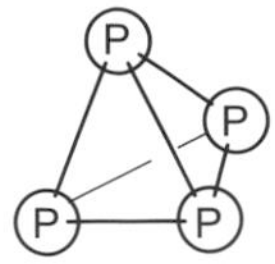

Abb. 14.11 Struktur von
weißem Phosphor

weniger geordnete Raumnetzstruktur. Der Ordnungsgrad hängt von der thermischen Behandlung ab.

Roter Phosphor findet z. B. bei der Zündholzfabrikation Verwendung. Zusammen mit Glaspulver befindet er sich auf den Reibflächen der Zündholzschachtel. In den Streichholzköpfen befindet sich $KClO_3$, Sb_2S_3 oder Schwefel (als brennbare Substanz).

Violetter Phosphor

„Violetter Phosphor", „Hittdorf'scher Phosphor", entsteht beim längeren Erhitzen von rotem Phosphor auf Temperaturen oberhalb 550 °C. Das kompliziert gebaute, geordnete Schichtengitter hat einen Schmp. von ca. 620 °C. Die Substanz ist unlöslich in CS_2.

Schwarzer Phosphor

Schwarzer Phosphor ist die bis 550 °C **thermodynamisch beständigste** Phosphormodifikation. Alle anderen sind in diesem Temperaturbereich metastabil, d. h. nur beständig, weil die Umwandlungsgeschwindigkeit zu klein ist.

Schwarzer Phosphor entsteht aus dem weißen Phosphor bei hoher Temperatur und sehr hohem Druck, z. B. 200 °C und 12.000 bar. Ohne Druck erhält man ihn durch Erhitzen von weißem Phosphor auf 380 °C mit Quecksilber als Katalysator und Impfkristallen aus schwarzem Phosphor. Diese Phosphormodifikation ist **ungiftig, unlöslich, metallisch** und **leitet den elektrischen Strom**.

14.6.2.2   Verbindungen

Monophosphan

PH_3, Monophosphan, ist ein farbloses, knoblauchartig riechendes, giftiges, brennbares Gas (Sdp. −87,7 °C). Der HPH-Winkel beträgt 93,5°. Das freie Elektronenpaar befindet sich daher vornehmlich in einem s-Orbital. PH_3 ist eine schwache Lewis-Base. Mit HI bildet sich $PH_4{}^+I^-$, Phosphoniumiodid.

Herstellung
1. Durch Kochen von weißem Phosphor mit Alkalilauge.

$$4\,P + 3\,NaOH + 3\,H_2O \longrightarrow PH_3 + 3\,NaH_2PO_2$$

$$\text{(Salz der Hypophosphorigen Säure)}\,.$$

2. Durch Hydrolyse von Phosphiden wie Ca_3P_2.
3. In reiner Form durch Zersetzung von Phosphoniumverbindungen:

$$PH_4{}^+ + OH^- \longrightarrow PH_3 + H_2O\,.$$

PH_3 ist stärker reduzierend und schwächer basisch als NH_3. Es reduziert z. B. $AgNO_3$ zum Metall. Mit O_2 bildet sich H_3PO_4.

Phosphoroxide

P_4O_6 entsteht beim Verbrennen von Phosphor bei beschränkter Sauerstoffzufuhr bzw. bei stöchiometrischem Umsatz. Es leitet sich vom P_4-Tetraeder des weißen

Abb. 14.12 Struktur von
P_4O_6 und P_4O_{10}

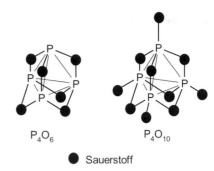

P_4O_6 P_4O_{10}

● Sauerstoff

Phosphors dadurch ab, dass in jede P—P-Bindung unter Aufweitung des PPP-Winkels ein Sauerstoffatom eingeschoben wird.

P_4O_{10}, Phosphorpentoxid, bildet sich beim Verbrennen von Phosphor im Sauerstoffüberschuss. Seine Molekülstruktur unterscheidet sich von derjenigen des P_4O_6 lediglich dadurch, dass jedes Phosphoratom noch ein Sauerstoffatom erhält, Abb. 14.12. P_4O_{10} ist das Anhydrid der Orthophosphorsäure, H_3PO_4. Es ist sehr hygroskopisch und geht mit Wasser über Zwischenstufen in H_3PO_4 über. Es findet als starkes Trockenmittel vielseitige Verwendung.

Phosphorsäuren
Phosphor bildet eine Vielzahl von Sauerstoffsäuren: Orthosäuren H_3PO_n ($n = 2, 3, 4, 5$), Metasäuren $(HPO_3)_n$ ($n = 3$ bis 8), Polysäuren $H_{n+2}P_nO_{3n+1}$ und Thiophosphorsäuren.

Phosphinsäure
H_3PO_2, Phosphinsäure (früher: Hypophosphorige Säure), ist eine **einwertige** Säure. Zwei H-Atome sind direkt an Phosphor gebunden. Phosphor hat in dieser Verbindung die Oxidationszahl $+1$. Sie ist ein starkes Reduktionsmittel und reduziert z. B. $CuSO_4$ zu CuH, Kupferhydrid! Beim Erwärmen auf ca. $130\,°C$ disproportioniert sie in PH_3 und H_3PO_3. Ihre Salze, die Phosphinate wie NaH_2PO_2, sind gut wasserlöslich.

Molekülstruktur

```
         H                              ⌈   H      ⌉ −
         |                              |   |      |
   H —— P == O                          | H —— P ⋯ O |
         |                              |   ‖      |
        OH                              ⌊   O      ⌋
```

H_3PO_2 $H_2PO_2^-$

Beachte Phosphor hat in H_3PO_2 eine tetraedrische Umgebung.

Herstellung

$$P_4 + 6\,H_2O \rightleftharpoons PH_3 + 3\,H_3PO_2$$

Phosphonsäure

H_3PO_3, Phosphonsäure (früher Phosphorige Säure): farblose, in Wasser sehr leicht lösliche Kristalle (Schmp. 70 °C).

Herstellung

$$PCl_3 + 3\,H_2O \longrightarrow H_3PO_3 + 3\,HCl\,.$$

Sie ist ein relativ starkes Reduktionsmittel. Beim Erwärmen disproportioniert sie in PH_3 und H_3PO_4. H_3PO_3 ist eine **zweiwertige** Säure, weil ein H-Atom direkt an Phosphor gebunden ist. Dementsprechend kennt man Hydrogenphosphonate wie NaH_2PO_3 und Phosphonate wie Na_2HPO_3.

Struktur von H_3PO_3 und ihren Anionen:

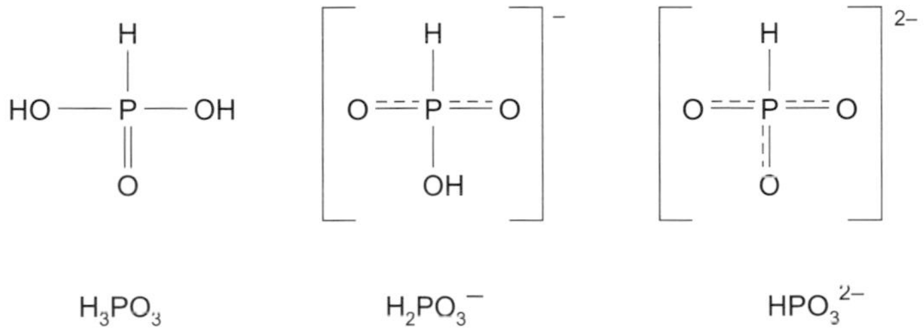

$$H_3PO_3 \qquad\qquad H_2PO_3^- \qquad\qquad HPO_3^{2-}$$

Beachte Phosphor hat in H_3PO_3 eine tetraedrische Umgebung.

Orthophosphorsäure

H_3PO_4, Orthophosphorsäure, kurz Phosphorsäure, ist eine **dreiwertige** mittelstarke Säure, s. Abschn. 10.3. Sie bildet Dihydrogenphosphate (primäre Phosphate), Hydrogenphosphate (sekundäre Phosphate) und Phosphate (tertiäre Phosphate). Über ihre Verwendung im *Phosphatpuffer* s. Abschn. 10.8.1.1.

Herstellung
1. $3\,P + 5\,HNO_3 + 2\,H_2O \longrightarrow 3\,H_3PO_4 + 5\,NO$
2. $Ca_3(PO_4)_2 + 3\,H_2SO_4 \longrightarrow 3\,CaSO_4 + 2\,H_3PO_4$ (20–50 %ige Lösung)
3. $P_4O_{10} + 6\,H_2O \longrightarrow 4\,H_3PO_4$ (85–90 %ige wässrige Lösung = sirupöse Phosphorsäure)

Eigenschaften Reine H_3PO_4 bildet eine farblose, an der Luft zerfließende Kristallmasse, Schmp. 42 °C. Beim Erhitzen bilden sich Polyphosphorsäuren.

Verwendung Phosphorsäure wird zur Rostumwandlung (Phosphatbildung) benutzt. Phosphorsaure Salze finden als Düngemittel Verwendung.

Superphosphat

„Superphosphat" ist ein Gemisch aus unlösl. $CaSO_4$ und lösl. $Ca(H_2PO_4)_2$.

$$Ca_3(PO_4)_2 + 2\,H_2SO_4 \longrightarrow Ca(H_2PO_4)_2 + 2\,CaSO_4 \ .$$

Doppelsuperphosphat

„Doppelsuperphosphat" entsteht nach der Gleichung (s. hierzu auch Abschn. 16.2.3.2):

$$Ca_3(PO_4)_2 + 4\,H_3PO_4 \longrightarrow 3\,Ca(H_2PO_4)_2 \ .$$

Molekülstruktur von H_3PO_4 und ihren Anionen:

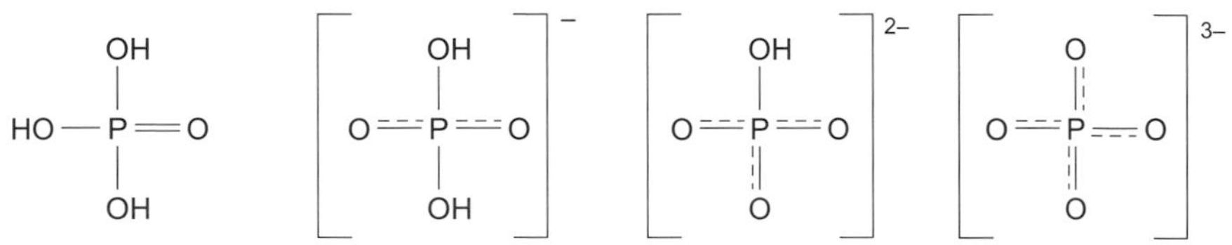

Im PO_4^{3-} sitzt das P-Atom in einem symmetrischen Tetraeder. Alle Bindungen sind gleichartig. Die π-Bindungen sind p_π-d_π-Bindungen.

Diphosphorsäure

$H_4P_2O_7$, Diphosphorsäure (Pyrophosphorsäure), erhält man durch Eindampfen von H_3PO_4-Lösungen oder durch genau dosierte Hydrolyse von P_4O_{10}. Die farblose, glasige Masse (Schmp. 61 °C) geht mit Wasser in H_3PO_4 über. Sie ist eine vierwertige Säure und bildet Dihydrogendiphosphate, z.B. $K_2H_2P_2O_7$, und Diphosphate (Pyrophosphate), z.B. $K_4P_2O_7$.

Molekülstruktur

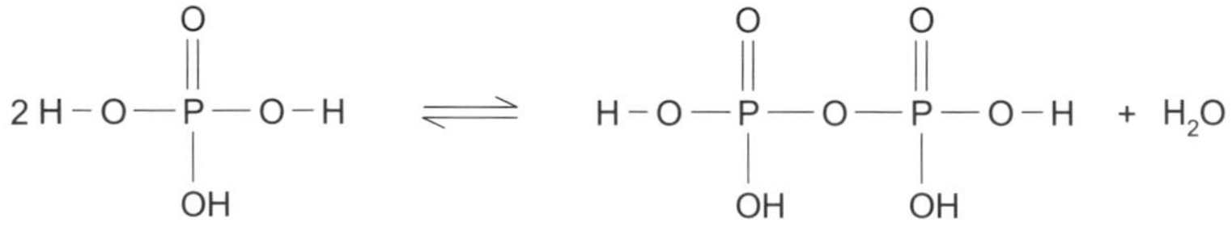

Strukturhinweis: Zwei Tetraeder sind über eine Ecke miteinander verknüpft. $H_4P_2O_7$ entsteht durch Kondensation aus zwei Molekülen H_3PO_4:

$$H_3PO_4 + H_3PO_4 \xrightarrow[-H_2O]{} H_4P_2O_7 \ .$$

Durch Erhitzen von H_3PO_4 bzw. von primären Phosphaten bilden sich durch intermolekulare Wasserabspaltung höhere **Polysäuren** ($H_{n+2}P_nO_{3n+1}$).

Natriumpolyphosphat

$Na_5P_3O_{10}$, Natriumtripolyphosphat, entsteht nach der Gleichung:

$$Na_4P_2O_7 + 1/n\,(NaPO_3)_n \xrightarrow{\Delta} Na_5P_3O_{10}\,.$$

Es findet vielfache Verwendung, so bei der Wasserenthärtung, Lebensmittelkonservierung, in Waschmitteln.

Das Polyphosphat $Na_nH_2P_nO_{3n+1}$ ($n = 30\text{–}90$) bildet mit Ca^{2+}-Ionen lösliche Komplexe.

Metaphosphorsäure

Metaphosphorsäuren heißen cyclische Verbindungen der Zusammensetzung $(HPO_3)_n$ ($n = 3\text{–}8$). Sie sind relativ starke Säuren. Die Trimetaphosphorsäure bildet einen ebenen Ring; die höhergliedrigen Ringe sind gewellt.

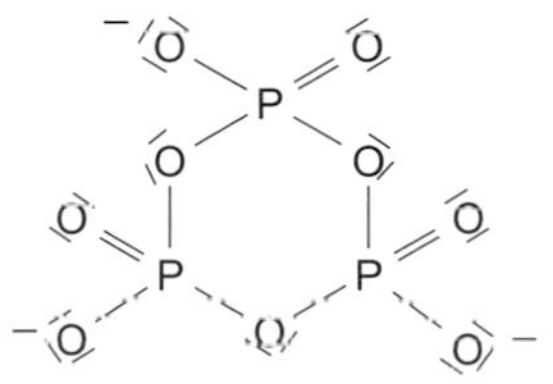

Trimetaphosphat-Ion

$Na_3P_3O_9$ entsteht beim Erhitzen von NaH_2PO_4 auf $500\,^\circ C$.

Phosphorsulfide

Die Phosphorsulfide P_4S_3, P_4S_5, P_4S_7 und P_4S_{10} entstehen beim Zusammenschmelzen von rotem Phosphor und Schwefel. Sie dienen in der organischen Chemie als Schwefelüberträger. Ihre Strukturen kann man formal vom P_4-Tetraeder ableiten.

Halogenverbindungen

Man kennt Verbindungen vom Typ PX_3, PX_5, P_2X_4 und POX_3, PSX_3 (X = Halogen).

PF_3 entsteht durch Fluorierung von PCl_3. Das farblose Gas ist ein starkes Blutgift, da es sich anstelle von O_2 an Hämoglobin anlagert. In Carbonylen kann es das CO vertreten.

PF_5 entsteht durch Fluorierung von PF_3, PCl_5 u. a. Es ist ein farbloses, hydrolyseempfindliches Gas und eine starke Lewis-Säure. *Bau:* trigonal-bipyramidal. Es zeigt bei RT als **nicht-starres** Molekül intramolekularen Ligandenaustausch, oder besser Ligandenumordnung (= *Pseudorotation*) *Berry* 1960.

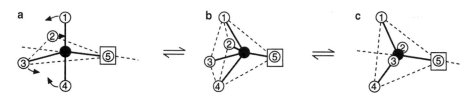

Abb. 14.13 Intramolekularer Umordnungsprozess = Pseudorotation. **a** trigonale Bipyramide (ursprüngliche Anordnung), **b** quadratische Pyramide (Übergangsstufe), **c** trigonale Bipyramide. *Beachte:* Die *Position 5* wurde festgehalten

► **Pseudorotation (*Berry*-Mechanismus)**
In der trigonalen Bipyramide gibt es **zwei** Sätze von äquivalenten Positionen. **Satz 1** besteht aus den beiden axialen (apicalen) (a) Positionen, **Satz 2** aus den drei äquatorialen (e) Positionen (Abb. 14.13).
Die Ligandenumordnung erfolgt mit relativ schwachen und einfachen Winkeldeformationsbewegungen. Zwischen den trigonalen Bipyramiden (a) bzw. (c) und der quadratischen Pyramide (b) besteht nur ein geringer Energieunterschied. Die Rotationsfrequenz ist für PF_5: 10^5 s^{-1}, die Rotationsbarriere beträgt 20 kJ mol^{-1}.
Andere *Beispiele* für nicht-starre Moleküle: NH_3, H_2O, SF_4, IF_5, XeF_6, IF_7, $Fe(CO)_5$.

PCl_3 bildet sich aus den Elementen:

$$2\,P + 3\,Cl_2 \longrightarrow 2\,PCl_3\,.$$

Es ist eine farblose, stechend riechende Flüssigkeit (Sdp. 75,9 °C). Mit Wasser bildet sich phosphorige Säure:

$$PCl_3 + 3\,H_2O \longrightarrow H_3PO_3 + 3\,HCl\,.$$

Mit Sauerstoff bzw. Schwefel entsteht $POCl_3$, Phosphoroxidchlorid (Phosphorylchlorid), bzw. $PSCl_3$, Thiophosphorylchlorid.

PCl_5 bildet sich direkt aus den Elementen über PCl_3 als Zwischenstufe. Im festen Zustand ist es ionisch gebaut: $PCl_4^+PCl_6^-$. Im Dampfzustand und meist auch in Lösung liegen bipyramidal gebaute PCl_5-Moleküle vor. PCl_5 sublimiert ab 160 °C. Hydrolyse liefert über $POCl_3$ als Endprodukt H_3PO_4. PCl_5 wird als Chlorierungsmittel verwendet.

$POCl_3$, Phosphoroxidchlorid, ist eine farblose Flüssigkeit (Sdp. 108 °C). Es entsteht bei der unvollständigen Hydrolyse von PCl_5, z. B. mit Oxalsäure $H_2C_2O_4$.

14.6.3 Arsen

Vorkommen Selten gediegen in Form von grauschwarzen Kristallen als Scherbenkobalt. Mit Schwefel verbunden als As_4S_4 (Realgar), As_2S_3 (Auripigment), NiAs (Rotnickelkies), FeAsS (Arsenkies).

Herstellung
1. Durch Erhitzen von Arsenkies:

$$FeAsS \longrightarrow FeS + As .$$

Arsen sublimiert ab.
2. Durch Reduktion von As_2O_3 mit Kohlenstoff:

$$As_2O_3 + 3\,C \longrightarrow 2\,As + 3\,CO .$$

14.6.3.1   Modifikationen des Arsens

Es gibt mehrere monotrope Modifikationen. „**Graues**" oder **metallisches** Arsen ist die normal auftretende und stabilste Modifikation; es ist stahlgrau, glänzend und spröde und leitet den elektrischen Strom; es kristallisiert in einem Schichtengitter. Die gewellten Schichten bestehen aus verknüpften Sechsecken.

Beim Abschrecken von As-Dampf mit flüssiger Luft entsteht nichtmetallisches **gelbes** Arsen, As_4. Es ähnelt in seiner Struktur dem weißen Phosphor, ist jedoch instabiler als dieser.

„**Schwarzes**" Arsen entspricht dem schwarzen Phosphor.

14.6.3.2   Eigenschaften

An der Luft verbrennt Arsen zu As_2O_3. In Chloratmosphäre entzündet es sich unter Bildung von $AsCl_3$. Mit Metallen bildet es Arsenide.

14.6.3.3   Verbindungen

AsH_3

AsH_3 ist ein farbloses, nach Knoblauch riechendes, sehr giftiges Gas. Es verbrennt mit fahler Flamme zu As_2O_3 und H_2O. In der Hitze zerfällt es in die Elemente. Leitet man das entstehende Gasgemisch auf kalte Flächen, scheidet sich ein schwarzer Belag von metallischem Arsen ab (Arsenspiegel, *Marsh'sche Probe*).

Herstellung Durch Einwirkung von naszierendem Wasserstoff (z. B. aus Zink und Salzsäure) auf lösliche Arsenverbindungen.

Sauerstoffverbindungen

Alle Oxide und Säuren sind feste weiße Stoffe.

Arsentrioxid

$(As_2O_3)_x$, Arsentrioxid, Arsenik, ist ein sehr giftiges, in Wasser sehr wenig lösliches weißes Pulver oder eine glasige Masse. Die kubische Modifikation besteht aus As_4O_6-Molekülen. Die monokline Modifikation ist hochmolekular. Es liegen gewellte Schichten vor.

Herstellung Durch Verbrennung von Arsen mit Sauerstoff.

Verwendung Zur Schädlingsbekämpfung, zum Konservieren von Tierpräparaten und Häuten, zur Glasfabrikation usw.

Arsensäure

H_3AsO_4, Arsensäure, entsteht beim Erhitzen von Arsen oder As_2O_3 in konz. HNO_3 in Form von zerfließenden, weißen Kristallen. Gegenüber geeigneten Reaktionspartnern kann sie als Oxidationsmittel wirken. Verwendung fand sie und ihre Salze, die Arsenate, als Schädlingsbekämpfungsmittel.

Arsensäure ist eine dreiwertige mittelstarke Säure. Dementsprechend gibt es drei Typen von Salzen: z. B. KH_2AsO_4, K_2HAsO_4, K_3AsO_4.

Schwefelverbindungen

As_2S_3 bzw. **As_4S_6** kommt in der Natur als Auripigment vor. Es bildet sich beim Einleiten von H_2S in saure Lösungen von As(III)-Substanzen. Es ist löslich in Na_2S zu Na_3AsS_3, Natriumthioarsenit.

As_4S_4, Realgar, bildet sich beim Verschmelzen der Elemente im richtigen stöchiometrischen Verhältnis.

As_2S_5 bzw. **As_4S_{10}** erhält man als gelben Niederschlag durch Einleiten von H_2S in saure Lösungen von As(V)-Verbindungen. In Na_2S z. B. ist es löslich zu Na_3AsS_4, Natriumthioarsenat.

14.6.4 Antimon

Vorkommen vor allem als Sb_2S_3 (Grauspießglanz), in geringen Mengen gediegen und als Sb_2O_3 (Weißspießglanz).

Herstellung
1. Durch Röstreduktionsarbeit:

$$Sb_2S_3 + 5\,O_2 \longrightarrow Sb_2O_4 \text{ (Tetroxid)} + 3\,SO_2 \,.$$

Das Oxid wird mit Kohlenstoff reduziert.
2. **Niederschlagsarbeit**: Durch Verschmelzen mit Eisen wird Antimon in den metallischen Zustand übergeführt:

$$Sb_2S_3 + 3\,Fe \longrightarrow 3\,FeS + 2\,Sb \,.$$

Eigenschaften Von Antimon kennt man mehrere monotrope Modifikationen. Das **graue, metallische** Antimon ist ein grauweißes, glänzendes, sprödes Metall. Es kristallisiert in einem Schichtengitter, vgl. As, und ist ein guter elektrischer Leiter. **Schwarzes, nichtmetallisches** Antimon entsteht durch Aufdampfen von Antimon auf kalte Flächen.

Antimon verbrennt beim Erhitzen an der Luft zu Sb_2O_3. Mit Cl_2 reagiert es unter Aufglühen zu $SbCl_3$ und $SbCl_5$.

Verwendung findet es als Legierungsbestandteil: mit Blei als Letternmetall, Hartblei, Lagermetalle. Mit Zinn als Britanniametall, Lagermetalle usw.

14.6.4.1 Verbindungen

$SbCl_3$, Antimontrichlorid, ist eine weiße, kristallinische Masse (Antimonbutter). Sie lässt sich sublimieren und aus Lösemitteln schön kristallin erhalten. Mit Wasser bilden sich basische Chloride (Oxidchloride), z. B. SbOCl.

$SbCl_5$, Antimonpentachlorid, entsteht aus $SbCl_3$ durch Oxidation mit Chlor. Es ist eine gelbe, stark hydrolyseempfindliche Flüssigkeit (Schmp. 3,8 °C). Es ist eine starke Lewis-Säure und bildet zahlreiche Komplexe mit der Koordinationszahl 6, z. B. $[SbCl_6]^-$. $SbCl_5$ findet als Chlorierungsmittel in der organischen Chemie Verwendung.

Antimonoxide sind Säure- und Basen-Anhydride, denn sie bilden sowohl mit starken Säuren als auch mit starken Basen Salze, die *Antimonite* und die *Antimonate*. Alle Oxide und Säuren sind feste, weiße Substanzen.

14.6.5 Bismut (früher Wismut)

Vorkommen meist gediegen, als Bi_2S_3 (Bismutglanz) und Bi_2O_3 (Bismutocker).

Herstellung Rösten von Bi_2S_3:

$$Bi_2S_3 + 9/2\,O_2 \longrightarrow Bi_2O_3 + 3\,SO_2$$

und anschließender Reduktion von Bi_2O_3:

$$2\,Bi_2O_3 + 3\,C \longrightarrow 4\,Bi + 3\,CO_2 \ .$$

Eigenschaften glänzendes, sprödes, rötlich-weißes Metall. Es dehnt sich beim Erkalten aus! Bi ist löslich in HNO_3 und verbrennt an der Luft zu Bi_2O_3. Bismut kristallisiert in einem Schichtengitter, s. As.

Verwendung als Legierungsbestandteil: **Wood'sches Metall** enthält Bi, Cd, Sn, Pb und schmilzt bei 62 °C, **Roses Metall** besteht aus Bi, Sn, Pb (Schmp. 94 °C). Diese Legierungen finden z. B. bei Sprinkleranlagen Verwendung.

14.6.5.1 Verbindungen

Beachte Alle Bismutsalze werden durch Wasser hydrolytisch gespalten, wobei basische Salze entstehen.

$BiCl_3$ bildet sich als weiße Kristallmasse aus Bi und Cl_2. Mit Wasser entsteht **BiOCl**.

Bi$_2$O$_3$ entsteht als gelbes Pulver durch Rösten von Bi$_2$S$_3$ oder beim Verbrennen von Bi an der Luft. Es ist löslich in Säuren und unlöslich in Laugen. Es ist ein ausgesprochen basisches Oxid.

Bi(NO$_3$)$_3$ bildet sich beim Auflösen von Bi in HNO$_3$. Beim Versetzen mit Wasser bildet sich basisches Bismutnitrat:

$$Bi(NO_3)_3 + 2\,H_2O \longrightarrow Bi(OH)_2NO_3 + 2\,HNO_3 \ .$$

Bismut(V)-Verbindungen sind starke Oxidationsmittel.

Verwendung Bismutverbindungen wirken örtlich entzündungshemmend und antiseptisch, sie finden daher medizinische Anwendung.

14.7 Chalkogene (O, S, Se, Te, Po)

Die Elemente der VI. Hauptgruppe heißen Chalkogene (Erzbildner). Sie haben alle in ihrer Valenzschale die Elektronenkonfiguration **s^{2}p^4**. Aus Tab. 14.6 geht hervor, dass der Atomradius vom Sauerstoff zum Schwefel sprunghaft ansteigt, während die Unterschiede zwischen den nachfolgenden Elementen geringer sind. Sauerstoff ist nach Fluor das elektronegativste Element. In seinen Verbindungen hat Sauerstoff mit zwei Ausnahmen die Oxidationszahl -2. *Ausnahmen:* Positive Oxidationszahlen hat Sauerstoff in den Sauerstoff-Fluoriden und im O$_2{}^+$ (Dioxigenyl-Kation) im O$_2$[PtF$_6$]; in Peroxiden wie H$_2$O$_2$ hat Sauerstoff die Oxidationszahl -1.

▶ Für Sauerstoff gilt die Oktettregel streng.

Die anderen Chalkogene kommen in den Oxidationsstufen -2 bis $+6$ vor. Bei ihnen wird die Beteiligung von d-Orbitalen bei der Bindungsbildung diskutiert.

Der Metallcharakter nimmt – wie in allen vorangehenden Gruppen – von oben nach unten in der Gruppe zu. Sauerstoff und Schwefel sind typische Nichtmetalle. Von Se und Te kennt man nichtmetallische und metallische Modifikationen. Polonium ist ein Metall. Es ist ein radioaktives Zerfallsprodukt der Uran- und Protactinium-Zerfallsreihe.

14.7.1 Sauerstoff

Vorkommen Sauerstoff ist mit ca. 50 % das häufigste Element der Erdrinde. Die Luft besteht zu 20,9 Volumenanteilen (%) aus Sauerstoff. Gebunden kommt Sauerstoff vor z. B. im Wasser und fast allen mineralischen und organischen Stoffen.

Gewinnung
1. Technisch durch **fraktionierte Destillation** von **flüssiger Luft** (**Linde-Verfahren**). Da Sauerstoff mit $-183\,°C$ einen höheren Siedepunkt hat als Stickstoff mit $-196\,°C$, bleibt nach dem Abdampfen des Stickstoffs Sauerstoff als blassblaue Flüssigkeit zurück.
2. Durch Elektrolyse von angesäuertem (leitend gemachtem) Wasser.
3. Durch Erhitzen von Bariumperoxid BaO_2 auf ca. $800\,°C$.

14.7.1.1 Modifikationen des Sauerstoffs
Von dem Element Sauerstoff gibt es zwei Modifikationen: den molekularen Sauerstoff O_2 und das Ozon O_3.

Sauerstoff – O_2
Sauerstoff, O_2, ist ein farbloses, geruchloses und geschmackloses Gas, das in Wasser wenig löslich ist. Mit Ausnahme der leichten Edelgase verbindet sich Sauerstoff mit allen Elementen, meist in direkter Reaktion. Sauerstoff ist für das Leben unentbehrlich. Für die Technik ist er ein wichtiges Oxidationsmittel und findet Verwendung z. B. bei der Oxidation von Sulfiden („Rösten"), bei der Stahlerzeugung, der Herstellung von Salpetersäure, der Herstellung von Schwefelsäure usw.

Reiner Sauerstoff ist in flüssiger Form in blauen Stahlflaschen („Bomben") mit 150 bar im Handel.

Das O_2-Molekül ist ein **Diradikal**, denn es enthält zwei ungepaarte Elektronen. Diese Elektronen sind auch der Grund für die blaue Farbe von flüssigem Sauerstoff und den Paramagnetismus. Die Elektronenstruktur des Sauerstoffmoleküls lässt sich mit der MO-Theorie plausibel machen: Abb. 14.14 zeigt das MO-Diagramm des Sauerstoffmoleküls. Hierbei gibt es keine Wechselwirkung zwischen den 2s- und 2p-AO, weil der Energieunterschied – im Gegensatz zum N_2 – zu groß ist (s. Abb. 14.9).

Man sieht: Die beiden ungepaarten Elektronen befinden sich in den beiden entarteten antibindenden MO (= „Triplett-Sauerstoff", abgekürzt: $^3O_2$). Durch spez. Aktivatoren wie z. B. Enzymkomplexe mit bestimmten Metallatomen (Cytochrom, Hämoglobin) oder bei Anregung durch Licht entsteht der aggressive diamagnetische „Singulett-Sauerstoff", abgekürzt: $^1O_2$ (Lebensdauer ca. 10^{-4} s).

Ein zweiter „Singulett-Sauerstoff" mit jeweils einem Elektron mit antiparallelem Spin in beiden entarteten Orbitalen hat eine Lebensdauer von nur 10^{-9} s.

Im $^1O_2$ sind beide Valenzelektronen in einem der beiden π^*-MO gepaart.

Eine einfache präparative Methode für $^1O_2$ bietet die Reaktion von H_2O_2 und Hypochloriger Säure $HOCl$.

Ozon – O_3
O_3, Ozon, bildet sich in der Atmosphäre z. B. bei der Entladung von Blitzen und durch Einwirkung von UV-Strahlen auf O_2-Moleküle. Die technische Herstellung erfolgt in Ozonisatoren aus O_2 durch stille elektrische Entladungen.

$$1\,1/2\,O_2 \longrightarrow O_3 \qquad \Delta H = 143\,kJ\,mol^{-1}\,.$$

Tab. 14.6 Eigenschaften der Chalkogene

Element	Sauerstoff	Schwefel	Selen	Tellur	Polonium
Elektronenkonfiguration	$[He]2s^2 2p^4$	$[Ne]3s^2 3p^4$	$[Ar]3d^{10}4s^2 4p^4$	$[Kr]4d^{10}5s^2 5p^4$	$[Xe]4f^{14}5d^{10}6s^2 6p^4$
Schmp. [°C]	−219	113[a]	217[b]	450	254
Sdp. [°C]	−183	445	685[b]	990	962
Ionisierungsenergie [kJ/mol]	1310	1000	940	870	810
Atomradius [pm] (kovalent)	66	104	114	132	
Ionenradius [pm] (E^{2-})	146	190	202	222	
Elektronegativität	3,5	2,5	2,4	2,1	2,0
Metallischer Charakter					zunehmend →
Allgemeine Reaktionsfähigkeit					abnehmend →
Salzcharakter der Halogenide					zunehmend →
Affinität zu elektropositiven Elementen					abnehmend →
Affinität zu elektronegativen Elementen					zunehmend →

[a] α-S
[b] graues Se

Abb. 14.14 MO-Energiediagramm für O_2 (s. hierzu Abschn. 5.2.1). $(\sigma_s^b)^2(\sigma_s^*)^2(\sigma_x^b)^2(\pi_{y,z}^b)^4$ $(\pi_y^*)^1(\pi_z^*)^1$. Für F_2 ergibt sich ein analoges MO-Diagramm

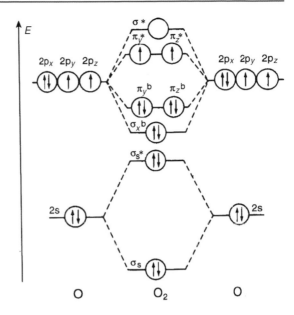

Ozon ist energiereicher als O_2 und im flüssigen Zustand ebenfalls blau. Es zerfällt leicht in molekularen und atomaren Sauerstoff:

$$O_3 \longrightarrow O_2 + O \,.$$

Ozon ist ein starkes Oxidationsmittel. Es zerstört Farbstoffe (Bleichwirkung) und dient zur Abtötung von Mikroorganismen ($E^0_{O_2/O_3} = 1{,}9\,\text{V}$).

In der Erdatmosphäre dient es als Lichtfilter, weil es langwellige UV-Strahlung ($< 310\,\text{nm}$) absorbiert.

O–O-Abstand = 128 pm

14.7.1.2 Sauerstoffverbindungen

Die Verbindungen von Sauerstoff mit anderen Elementen werden, soweit sie wichtig sind, bei den entsprechenden Elementen besprochen. Hier folgen nur einige spezielle Substanzen.

Wasser

H_2O, Wasser, nimmt in der Chemie einen zentralen Platz ein. Dementsprechend sind seine physikalischen und chemischen Eigenschaften an vielen Stellen dieses Buches zu finden. So werden z. B. die Eigendissoziation des Wassers im Abschn. 10.1.2 besprochen, Wasserstoffbrückenbindungen und im Zusammenhang damit Schmelz- und Siedepunkt in Abschn. 7.1.3, 7.3.1.1, der Bau, Dipolmoment und

Dielektrizitätskonstante in Abschn. 8.2.1, das Zustandsdiagramm, das Lösungsvermögen in Abschn. 8.2.1, die Wasserhärte in Abschn. 14.3.3.1.

▶ Natürliches Wasser ist nicht rein.

Es enthält gelöste Salze und kann mit Hilfe von Ionenaustauschern oder durch Destillieren in Quarzgefäßen von seinen Verunreinigungen befreit werden (Entmineralisieren).

Reines Wasser ist farb- und geruchlos, Schmp. 0 °C, Sdp. 100 °C, und hat bei 4 °C seine größte Dichte. Beim Übergang in den festen Zustand (Eis) erfolgt eine Volumenzunahme von 10 %. Eis ist leichter (weniger dicht) als flüssiges Wasser! Bei höheren Temperaturen wirkt Wasser oxidierend: Wasserdampf besitzt erhebliche Korrosionswirkung. Wasser ist die **Grundvoraussetzung für Leben** – wie wir es kennen.

Wasserstoffperoxid

H_2O_2, Wasserstoffperoxid, entsteht durch Oxidation von Wasserstoff und Wasser oder durch Reduktion von Sauerstoff.

Herstellung

1. Über **Anthrachinonderivate** und Aceton/Isopropanol im Kreisprozess:

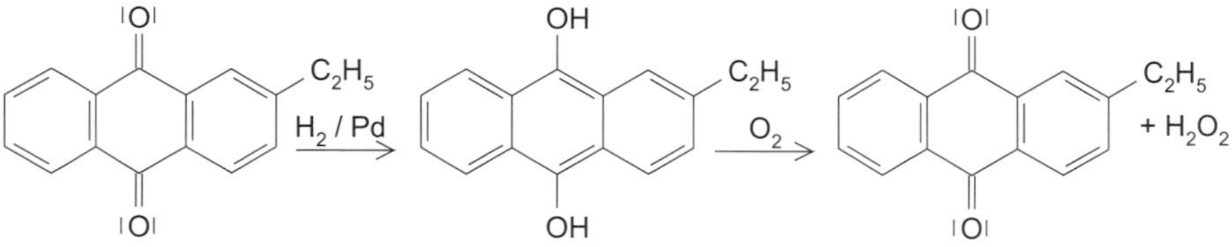

2-Ethyl-Anthrachinon   2-Ethyl-Anthrahydrochinon

$$(CH_3)_2CO \xrightarrow{H_2/Pd} (CH_3)_2CHOH \xrightarrow{O_2} (CH_3)_2CO + H_2O_2 \ .$$

2. Durch anodische Oxidation von z. B. 50 %iger H_2SO_4. Es bildet sich Peroxodischwefelsäure $H_2S_2O_8$. Ihre Hydrolyse liefert H_2O_2.
3. Zersetzung von BaO_2:

$$BaO_2 + H_2SO_4 \longrightarrow BaSO_4 + H_2O_2 \ .$$

Durch Entfernen von Wasser unter sehr schonenden Bedingungen erhält man konzentrierte Lösungen von H_2O_2 oder auch wasserfreies H_2O_2. 30 %iges H_2O_2 ist als „Perhydrol" im Handel.

Abb. 14.15 Struktur von H_2O_2

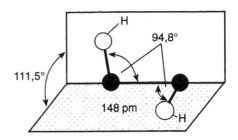

Eigenschaften Wasserfrei ist H_2O_2 eine klare, viskose Flüssigkeit, die sich bisweilen explosionsartig in H_2O und O_2 zersetzt. Durch Metalloxide wie MnO_2 wird der Zerfall katalysiert. H_2O_2 wirkt im Allgemeinen oxidierend, ist aber gegenüber stärkeren Oxidationsmitteln wie $KMnO_4$ ein Reduktionsmittel (Abb. 14.15).

$$H_2O_2 + 2\,H_2O \rightleftharpoons O_2 + 2\,H_3O^+ + 2\,e^- \qquad E^0 = 0{,}682 \text{ (in saurer Lösung)} .$$

H_2O_2 ist eine schwache Säure, $pK_S = 11{,}62$. Mit einigen Metallen bildet sie Peroxide, z. B. Na_2O_2, BaO_2.

Diese „echten" Peroxide enthalten die Peroxo-Gruppierung $-\overline{\underline{O}}-\overline{\underline{O}}-$.

Verwendung findet H_2O_2 als Oxidationsmittel, zum Bleichen, als Desinfektionsmittel usw.

Alkali- und Erdalkaliperoxide sind ionisch gebaute Peroxide. Sie enthalten O_2^{2-}-Ionen im Gitter.

Oxide

Die Oxide zahlreicher Elemente werden bei den entsprechenden Elementen besprochen. Hier sollen nur einige allgemeine Betrachtungen angestellt werden.

Salzartig gebaute Oxide bilden sich mit den Elementen der I. und II. Hauptgruppe. In den Ionengittern existieren O^{2-}-Ionen. Diese Oxide heißen auch **basische** Oxide und **Basenanhydride**, weil sie bei der Reaktion mit Wasser Hydroxyl-Ionen bilden:

$$O^{2-} + H_2O \longrightarrow 2\,OH^- .$$

Alkalioxide lösen sich in Wasser. Die anderen salzartigen Oxide lösen sich nur in Säuren.

Man kennt auch **amphotere** Oxide wie ZnO und Al_2O_3. Sie lösen sich sowohl in Säuren als auch in Laugen.

Oxide mit überwiegend **kovalenten** Bindungsanteilen sind die Oxide der Nichtmetalle und mancher Schwermetalle, z. B. CrO_3. Mit Wasser bilden sie Sauerstoffsäuren. Es sind daher **saure** Oxide und **Säureanhydride**.

14.7.2   Schwefel

Vorkommen frei (gediegen) z. B. in Sizilien und Kalifornien; gebunden als Metall-sulfid: Schwefelkies FeS_2, Zinkblende ZnS, Bleiglanz PbS, Gips $CaSO_4 \cdot 2\,H_2O$, als Zersetzungsprodukt in der Kohle und im Eiweiß. Im Erdgas als H_2S und in Vulkan-gasen als SO_2.

Gewinnung Durch Ausschmelzen aus vulkanischem Gestein; aus unterirdischen Lagerstätten mit überhitztem Wasserdampf und Hochdrücken des flüssigen Schwe-fels mit Druckluft (**Frasch-Verfahren**); durch Verbrennen von H_2S bei beschränk-ter Luftzufuhr mit Bauxit als Katalysator (**Claus-Prozess**):

$$H_2S + 1/2\,O_2 \longrightarrow S + H_2O$$

durch eine **Symproportionierungsreaktion** aus H_2S und SO_2:

$$2\,H_2S + SO_2^- \longrightarrow 2\,H_2O + 3\,S\,.$$

Schwefel fällt auch als Nebenprodukt beim Entschwefeln von Kohle an.

14.7.2.1   Eigenschaften

Schwefel kommt in vielen Modifikationen vor. Die Schwefelatome lagern sich zu Ketten oder Ringen zusammen. Die Atombindungen entstehen vornehmlich durch Überlappung von p-Orbitalen. Dies führt zur Ausbildung von **Zickzack-Ketten** (Abb. 14.16). Unter normalen Bedingungen beständig ist nur der **achtgliedrige**, kronenförmige *cyclo*-**Octaschwefel S_8** (Abb. 14.17). Er ist wasserunlöslich, jedoch löslich in Schwefelkohlenstoff CS_2 und bei Raumtemperatur „schwefelgelb". Die-ser **rhombische α-Schwefel** wandelt sich bei $95{,}6\,°C$ reversibel in den ebenfalls achtgliedrigen **monoklinen β-Schwefel** um. Solche Modifikationen heißen **enan-tiotrop** (wechselseitig umwandelbar).

Bei etwa $119\,°C$ geht der feste Schwefel in eine hellgelbe, dünnflüssige Schmel-ze über. Die Schmelze erstarrt erst bei 114–$115\,°C$. Ursache für diese Erscheinung

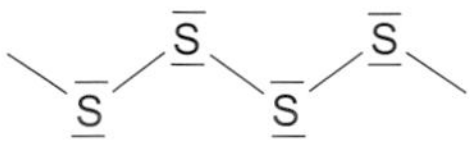

Abb. 14.16 Zweidimensionale Darstellung mit den freien Elektronenpaaren an den Schwefel-atomen. Diese sind dafür verantwortlich, dass die Schwefelketten nicht eben sind. Es entsteht ein Diederwinkel zwischen jeweils drei von vier S-Atomen eines Kettenabschnitts

Abb. 14.17 Achtgliedriger
Ring aus S-Atomen

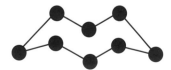

ist die teilweise Zersetzung der Achtringe beim Schmelzen. Die Zersetzungsprodukte (Ringe, Ketten) verursachen die Depression.

Bei ca. 160 °C wird flüssiger Schwefel schlagartig **viskos**. Man nimmt an, dass in diesem Produkt riesige Makromoleküle (Ketten und Ringe) vorliegen. Die Viskosität nimmt bei weiterem Erhitzen wieder ab; am Siedepunkt von 444,6 °C liegt wieder eine dünnflüssige Schmelze vor.

Schwefeldampf enthält – in Abhängigkeit von Temperatur und Druck – alle denkbaren Bruchstücke von S_8.

▶ Blaues S_2 ist ein Diradikal.

cyclo-**Hexaschwefel, S_6,** entsteht beim Ansäuern wässriger Thiosulfat-Lösungen. Die orangeroten Kristalle zersetzen sich ab 50 °C. S_6 liegt in der Sesselform vor und besitzt eine hohe Ringspannung.

Den sog. **plastischen Schwefel** erhält man durch schnelles Abkühlen (Abschrecken) der Schmelze. Gießt man die Schmelze in einem dünnen Strahl in Eiswasser, bilden sich lange Fasern. Diese lassen sich unter Wasser strecken und zeigen einen helixförmigen Aufbau. Dieser sog. *catena*-**Schwefel** ist unlöslich in CS_2. Er wandelt sich langsam in α-Schwefel um.

Verwendung findet Schwefel z. B. zum Vulkanisieren von Kautschuk, zur Herstellung von Zündhölzern, Schießpulver, bei der Schädlingsbekämpfung.

14.7.2.2 Verbindungen

Schwefel ist sehr reaktionsfreudig. Bei höheren Temperaturen geht er mit den meisten Elementen Verbindungen ein.

Verbindungen von Schwefel mit Metallen und auch einigen Nichtmetallen heißen **Sulfide**, z. B. Na_2S Natriumsulfid, PbS Bleisulfid, P_4S_3 Phosphortrisulfid. Natürlich vorkommende Sulfide nennt man entsprechend ihrem Aussehen Kiese, Glanze oder Blenden.

Schwefelwasserstoff

H_2S, Schwefelwasserstoff, ist im Erdgas und in vulkanischen Gasen enthalten und entsteht beim Faulen von Eiweiß.

Herstellung Durch Erhitzen von Schwefel mit Wasserstoff und durch Einwirkung von Säuren auf bestimmte Sulfide, z. B.

$$FeS + H_2SO_4 \longrightarrow FeSO_4 + H_2S \ .$$

Eigenschaften farbloses, wasserlösliches Gas; stinkt nach faulen Eiern. Es verbrennt an der Luft zu SO_2 und H_2O. Bei Sauerstoffmangel entsteht Schwefel.

Abb. 14.18 Molekülstruktur
von SF_4

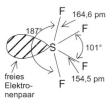

H_2S ist ein starkes Reduktionsmittel und eine schwache zweiwertige Säure. Sie
bildet demzufolge zwei Reihen von Salzen: normale Sulfide wie z. B. Na_2S, Natriumsulfid, und Hydrogensulfide wie NaHS. Schwermetallsulfide haben meist charakteristische Farben und oft auch sehr kleine Löslichkeitsprodukte, z. B. $c(Hg^{2+})\cdot$
$c(S^{2-}) = 10^{-54}\,mol^2\,L^{-2}$. H_2S wird daher in der analytischen Chemie als Grup-
penreagens verwendet.

Polysulfane

H_2S_x, Polysulfane, entstehen z. B. beim Eintragen von Alkalipolysulfiden (aus Alkalisulfid $+ S_8$) in kalte überschüssige konz. Salzsäure. Sie sind extrem empfindlich
gegenüber OH^--Ionen

Halogenverbindungen

Schwefelfluoride
SF_4 ist ein spezifisches Fluorierungsmittel für Carbonylgruppen. Es bildet sich z. B.
nach folgender Gleichung:

$$SCl_2 + Cl_2 + 4\,NaF \xrightarrow{\ CH_3CN/75\,°C\ } SF_4 + 4\,NaCl\,.$$

Die Molekülstruktur des SF_4 (Abb. 14.18) lässt sich von der trigonalen Bipyramide
ableiten. Eine der drei äquatorialen Positionen wird dabei von einem freien Elektronenpaar des Schwefels besetzt.
  Da dieses nur unter dem Einfluss des Schwefelkernes steht, ist es verhältnismäßig diffus und beansprucht einen größeren Raum als ein bindendes Elektronenpaar.
SF_4 ist oberhalb $-98\,°C$ ein Beispiel für stereochemische Flexibilität (s. Pseudorotation, Abb. 14.3, Abschn. 14.6.2.2).

SF_6 entsteht z. B. beim Verbrennen von Schwefel in Fluoratmosphäre. Das farb-
und geruchlose Gas ist **sehr stabil**, weil das S-Atom von den F-Atomen „umhüllt"
ist. Es findet als Isoliergas Verwendung.

S_2F_{10} bildet sich als Nebenprodukt bei der Reaktion von Schwefel mit Fluor oder
durch fotochemische Reaktion aus SF_5Cl:

$$2\,SF_5Cl + H_2 \longrightarrow S_2F_{10} + 2\,HCl\,.$$

Es ist **sehr giftig** (Sdp. $+29\,°C$) und reaktionsfähiger als SF_6, weil es leicht SF_5-
Radikale bildet. *Struktur:* $F_5S{-}SF_5$.

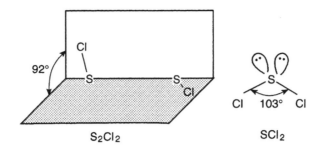

Abb. 14.19 Molekülstruktur von S_2Cl_2 und SCl_2

Schwefelchloride (Abb. 14.19) und Schwefelbromide

S_2Cl_2 bildet sich aus Cl_2 und geschmolzenem Schwefel. Es dient als Lösemittel für Schwefel beim Vulkanisieren von Kautschuk. Es ist eine gelbe Flüssigkeit (Sdp. 139 °C) und stark hydrolyseempfindlich.

SCl_2 ist eine dunkelrote Flüssigkeit, Sdp. 60 °C. Es bildet sich aus S_2Cl_2 durch Einleiten von Cl_2 bei 0 °C:

$$S_2Cl_2 + Cl_2 \longrightarrow 2\,SCl_2$$

Oxidhalogenide SOX_2 (X = F, Cl, Br)

$SOCl_2$, Thionylchlorid, bildet sich durch Oxidation von SCl_2, z. B. mit SO_3. Es ist eine farblose Flüssigkeit, Sdp. 76 °C. Mit H_2O erfolgt Zersetzung in HCl und SO_2.

SO_2Cl_2, Sulfurylchlorid, bildet sich durch Addition von Cl_2 an SO_2 mit Aktivkohle als Katalysator. Es ist eine farblose Flüssigkeit und dient in der organischen Chemie zur Einführung der SO_2Cl-Gruppe.

Schwefeloxide und Schwefelsäuren

Schwefeldioxid

SO_2, Schwefeldioxid kommt in den Kratergasen von Vulkanen vor.

Herstellung
1. Durch Verbrennen von Schwefel.
2. Durch Oxidieren (Rösten) von Metallsulfiden:

$$2\,FeS_2 + 5\,1/2\,O_2 \longrightarrow Fe_2O_3 + 4\,SO_2 \,.$$

3. Durch Reduktion von konz. H_2SO_4 mit Metallen, Kohlenstoff etc.:

$$Cu + 2\,H_2SO_4 \longrightarrow CuSO_4 + SO_2 + 2\,H_2O \,.$$

Eigenschaften farbloses, hustenreizendes Gas, leichtlöslich in Wasser. SO_2 wird bei $-10\,°C$ flüssig. Flüssiges SO_2 ist ein gutes Lösemittel für zahlreiche Substanzen. SO_2 ist das Anhydrid der Schwefligen Säure H_2SO_3. Seine wässrige Lösung reagiert daher sauer.

SO_2 ist ein starkes Reduktionsmittel. Es reduziert z. B. organische Farbstoffe, wirkt desinfizierend und wird daher zum Konservieren von Lebensmitteln und zum Ausschwefeln von Holzfässern verwendet.

Molekülstruktur

Schweflige Säure

H_2SO_3, Schweflige Säure, entsteht beim Lösen von Schwefeldioxid in Wasser. Sie lässt sich nicht in Substanz isolieren und ist eine **zweiwertige** Säure ($pK_{s1} = 1{,}81$ bei $18\,°C$). Ihre Salze, die **Sulfite**, entstehen z. B. beim Einleiten von SO_2 in Laugen. Es gibt normale Sulfite, z. B. Na_2SO_3, und saure Sulfite, z. B. $NaHSO_3$, Natriumhydrogensulfit. Disulfite oder Pyrosulfite entstehen beim Isolieren der Hydrogensulfite aus wässriger Lösung oder durch Einleiten von SO_2 in Sulfitlösungen:

$$2\,HSO_3^- \longrightarrow H_2O + S_2O_5^{2-} \quad\text{oder}\quad SO_3^{2-} + SO_2 \longrightarrow S_2O_5^{2-}\,.$$

Sie finden für die gleichen Zwecke Verwendung wie die Sulfite, z. B. zum Bleichen von Wolle und Papier und als Desinfektionsmittel.

Schwefeltrioxid

SO_3, Schwefeltrioxid, gewinnt man technisch nach dem Kontaktverfahren (s. unten). In der Gasphase existieren monomere SO_3-Moleküle. Die Sauerstoffatome umgeben das S-Atom in Form eines gleichseitigen Dreiecks.

SO_3 reagiert mit Wasser in stark exothermer Reaktion zu Schwefelsäure, H_2SO_4.

Chlorsulfonsäure

HSO_3Cl, Chlorsulfonsäure, ist ein Beispiel für eine Halogenschwefelsäure. Sie bildet sich aus SO_3 und HCl. Entsprechend werden ihre Salze aus SO_3 und Chloriden erhalten. HSO_3Cl ist eine farblose, bis $25\,°C$ stabile Flüssigkeit. Sie zersetzt sich heftig mit Wasser. Verwendung findet sie zur Einführung der Sulfonsäuregruppe $-SO_3H$ (Sulfonierungsmittel in der organischen Chemie).

Molekülstruktur s. Tab. 14.7

H_2SO_4, Schwefelsäure

Herstellung Durch Oxidation von SO_2 mit Luftsauerstoff in Gegenwart von Katalysatoren entsteht Schwefeltrioxid SO_3. Durch Anlagerung von Wasser bildet sich daraus H_2SO_4.

Tab. 14.7 Schwefelsäuren

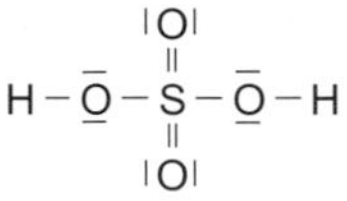

$$H-\overline{O}-S-\overline{O}-H \qquad H-\overline{O}-S-\overline{O}|^{-} \qquad {}^{-}|\overline{O}-S-\overline{O}|^{-} \qquad H-\overline{O}-S-Cl$$

Schwefelsäure 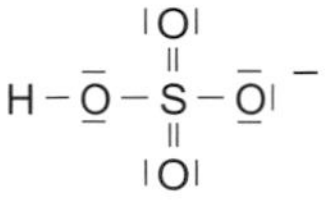   Hydrogensulfat-Ion 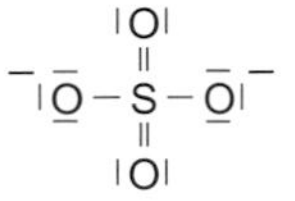   Sulfat-Ion 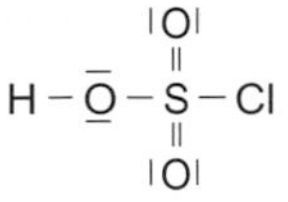   Chlorsulfonsäure

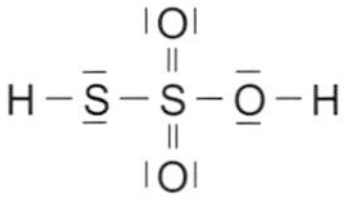

$$H-\overline{S}-S-\overline{O}-H \qquad\qquad H-\overline{O}-S-\overline{O}-H$$

Thioschwefelsäure 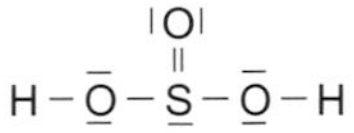   Schweflige Säure

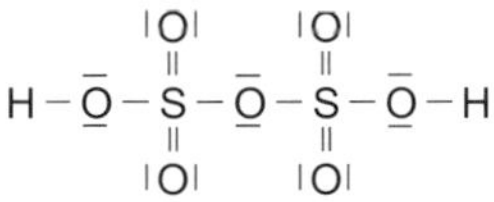

$$H-\overline{O}-S-\overline{O}-S-\overline{O}-H \qquad\qquad H-\overline{O}-S-S-\overline{O}-H$$

Dischwefelsäure    Dithionige Säure

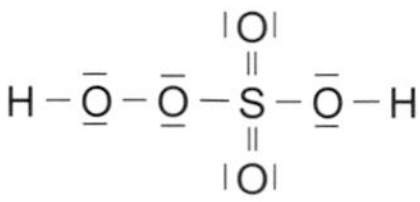

$$H-\overline{O}-\overline{O}-S-\overline{O}-H$$

Peroxomonoschwefelsäure

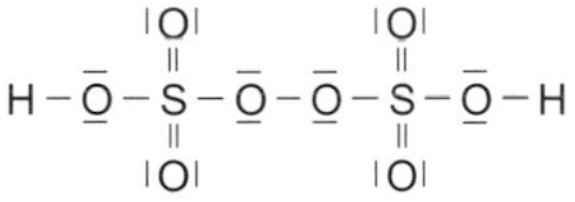

$$H-\overline{O}-S-\overline{O}-\overline{O}-S-\overline{O}-H \qquad\qquad {}^{-}|\overline{O}-S-\overline{S}-\overline{S}-S-\overline{O}|^{-}$$

Peroxodischwefelsäure 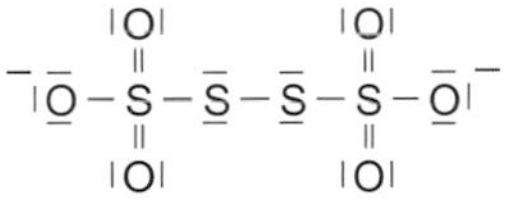   Tetrathionat-Ion

Kontaktverfahren nach Knietsch SO_2 wird zusammen mit Luft bei ca. 400 °C über einen Vanadinoxid-Kontakt (V_2O_5) geleitet:

$$SO_2 + 1/2\,O_2 \rightleftharpoons SO_3 \qquad \Delta H = -99\,\text{kJ}\,\text{mol}^{-1}$$

Das gebildete SO_3 wird von konzentrierter H_2SO_4 absorbiert. Es entsteht die *rauchende Schwefelsäure* (Oleum). Sie enthält Dischwefelsäure (= Pyroschwefelsäure) und andere Polyschwefelsäuren:

$$H_2SO_4 + SO_3 \longrightarrow H_2S_2O_7 \,.$$

Durch Verdünnen mit Wasser kann man aus der rauchenden H_2SO_4 verschieden starke Schwefelsäuren herstellen:

$$H_2S_2O_7 + H_2O \longrightarrow 2\,H_2SO_4 \ .$$

Eigenschaften 98,3 %ige Schwefelsäure (konz. H_2SO_4) ist eine konstant siedende, dicke, ölige Flüssigkeit (Dichte 1,8, Schmp. 10,4 °C, Sdp. 338 °C) und **stark hygroskopisch**. Beim Versetzen von konz. H_2SO_4 mit H_2O bilden sich in stark exothermer Reaktion Schwefelsäurehydrate: $H_2SO_4 \cdot H_2O$, $H_2SO_4 \cdot 2\,H_2O$, $H_2SO_4 \cdot 4\,H_2O$. Diese Hydratbildung ist energetisch so begünstigt, dass konz. Schwefelsäure ein **starkes Trockenmittel** für inerte Gase ist. Sie entzieht auch Papier, Holz, Zucker usw. das gesamte Wasser, so dass nur Kohlenstoff zurückbleibt.

▶ H_2SO_4 löst alle Metalle außer Pb ($PbSO_4$-Bildung), Platin und Gold. Verdünnte H_2SO_4 löst „unedle Metalle" (negatives Normalpotenzial) unter H_2-Entwicklung. Metalle mit positivem Normalpotenzial lösen sich in konz. H_2SO_4 unter SO_2-Entwicklung.

Konz. H_2SO_4 lässt sich jedoch in Eisengefäßen transportieren, weil sich eine Schutzschicht aus $Fe_2(SO_4)_3$ bildet. Konz. H_2SO_4, vor allem heiße, konz. H_2SO_4, ist ein **kräftiges Oxidationsmittel** und kann z. B. Kohlenstoff zu CO_2 oxidieren.

In wässriger Lösung ist H_2SO_4 eine sehr **starke zweiwertige Säure**. Diese bildet neutrale Salze (Sulfate), *Beispiel:* Na_2SO_4, und saure Salze (Hydrogensulfate). *Beispiel:* $NaHSO_4$. Fast alle Sulfate sind wasserlöslich. Bekannte Ausnahmen sind $BaSO_4$ und $PbSO_4$.

Beachte Im SO_4^{2-}-Ion sitzt das S-Atom in einem Tetraeder. Die S—O-Abstände sind gleich; die p_π-d_π-Bindungen sind demzufolge delokalisiert.

Verwendung Die Hauptmenge der Schwefelsäure wird zur Herstellung künstlicher Düngemittel, z. B. $(NH_4)_2SO_4$, verbraucht. Sie wird weiter benutzt zur Herstellung von Farbstoffen, Permanentweiß ($BaSO_4$), zur Herstellung von Orthophosphorsäure H_3PO_4, von HCl, zusammen mit HNO_3 als Nitriersäure in der organischen Chemie, z. B. auch zur Herstellung von Sprengstoffen wie Trinitrotoluol (TNT) usw.

Molekülstruktur s. Tab. 14.7

Dithionige Säure
$H_2S_2O_4$, Dithionige Säure, ist nicht isolierbar. Ihre Salze, die Dithionite, entstehen durch Reduktion von Hydrogensulfit-Lösungen mit Natriumamalgam, Zinkstaub oder elektrolytisch. $Na_2S_2O_4$ ist ein viel benutztes Reduktionsmittel.

Molekülstruktur s. Tab. 14.7

Thioschwefelsäure

$H_2S_2O_3$, Thioschwefelsäure, kommt nur in ihren Salzen vor, z. B. $Na_2S_2O_3$, Natriumthiosulfat. Es entsteht beim Kochen von Na_2SO_3-Lösung mit Schwefel:

$$Na_2SO_3 + S \longrightarrow Na_2S_2O_3 \ .$$

Das $S_2O_3^{2-}$-Anion reduziert Iod zu Iodid, wobei sich das Tetrathionat-Ion bildet:

$$2\,S_2O_3^{2-} + I_2 \longrightarrow 2\,I^- + S_4O_6^{2-} \ .$$

Diese Reaktion findet Anwendung bei der Iod-Bestimmung in der analytischen Chemie (Iodometrie). Chlor wird zu Chlorid reduziert, aus $S_2O_3^{2-}$ entsteht dabei SO_4^{2-} (Antichlor). Da $Na_2S_2O_3$ Silberhalogenide unter Komplexbildung löst $[Ag(S_2O_3)_2]^{3-}$, wird es als Fixiersalz in der Fotografie benutzt (s. Abschn. 14.8.7).

14.7.3   Selen

Vorkommen und Gewinnung Es ist vor allem im Flugstaub der Röstgase von Schwefelerzen von Silber und Gold enthalten. Durch Erwärmen mit konz. HNO_3 erhält man SeO_2. Dieses lässt sich durch Reduktion mit z. B. SO_2 in Selen überführen:

$$SeO_2 + 2\,SO_2 \longrightarrow Se + 2\,SO_3 \ .$$

Eigenschaften Selen bildet wie Schwefel mehrere Modifikationen. Die Molekülkristalle enthalten Se_8-Ringe. Stabil ist **graues, metallähnliches** Selen. Sein Gitter besteht aus unendlichen, spiraligen Ketten, die sich um parallele Achsen des Kristallgitters winden:

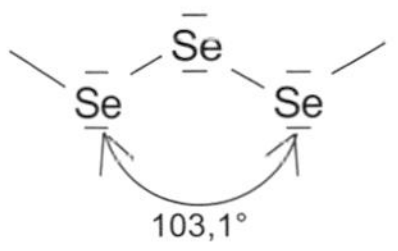

Graues Selen ist ein Halbleiter. Die elektrische Leitfähigkeit lässt sich durch Licht erhöhen. Verwendung findet es in Gleichrichtern und Fotoelementen.

14.7.3.1   Verbindungen

H_2Se, Selenwasserstoff, entsteht als endotherme Verbindung bei ca. 400 °C aus den Elementen. $\Delta H = +30\,kJ\,mol^{-1}$. Die gasförmige Substanz ist giftig und „riecht nach faulem Rettich".

SeO_2, Selendioxid, bildet sich beim Verbrennen von Selen als farbloses, sublimierbares Pulver mit Kettenstruktur.

$$SeO_2 + H_2O \longrightarrow H_2SeO_3 \ .$$

14.7.4 Tellur

Vorkommen und Gewinnung Es findet sich als Cu_2Te, Ag_2Te, Au_2Te im Anoden-schlamm bei der elektrolytischen Kupfer-Raffination. Aus wässrigen Lösungen von Telluriten erhält man durch Reduktion (mit SO_2) ein braunes amorphes Pulver. Nach dem Schmelzen ist es silberweiß und metallisch.

„Metallisches" Tellur hat die gleiche Struktur wie graues Selen.

14.7.4.1 Verbindungen

TeO_2, Tellurdioxid, entsteht beim Verbrennen von Tellur als nichtflüchtiger, farb-loser Feststoff (verzerrte Rutil-Struktur). In Wasser ist es fast unlöslich. Mit starken Basen entstehen **Tellurite**: TeO_3^{2-}. H_2TeO_3 ist in Substanz nicht bekannt.

TeO_3, Tellurtrioxid, bildet sich beim Entwässern von $Te(OH)_6$ als orangefarbener Feststoff.

$$TeO_3 + 3\,H_2O \longrightarrow Te(OH)_6\ .$$

$Te(OH)_6$, Tellursäure (Orthotellursäure) entsteht durch Oxidation von Te oder TeO_2 mit Na_2O_2, CrO_3 u. a. Die Hexahydroxoverbindung ist eine sehr schwache Säure. Es gibt Salze (Tellurate) verschiedener Zusammensetzung; sie enthalten alle TeO_6-Oktaeder: $K[TeO(OH)_5]$, $Ag_2[TeO_2(OH)_4]$, Ag_6TeO_6 usw. Bei der kristalli-nen $Te(OH)_6$ sind die Oktaeder über Wasserstoffbrücken verknüpft.

14.8 Halogene (F, Cl, Br, I, At)

Die Halogene (Salzbildner) bilden die VII. Hauptgruppe des PSE.

▶ Alle Elemente haben ein Elektron weniger als das jeweils folgende Edelgas.

Um die Edelgaskonfiguration zu erreichen, versuchen die Halogenatome ein Elektron aufzunehmen. Erfolgt die Übernahme vollständig, dann entstehen die Halogenid-Ionen F^-, Cl^-, Br^-, I^-. Sie können aber auch in einer Elektronenpaar-bindung einen mehr oder weniger großen Anteil an einem Elektron erhalten, das von einem Bindungspartner stammt. Aus diesem Grunde bilden alle Halogene zweiatomige Moleküle und sind Nichtmetalle:

$$|\overline{\underline{F}}\cdot + e^- \longrightarrow |\overline{\underline{F}}|^-,\quad \text{z.B. } Na^+F^-\ ;\quad |\overline{\underline{F}}\cdot + \cdot\overline{\underline{F}}| \longrightarrow |\overline{\underline{F}}{-}\overline{\underline{F}}|, F_2\ .$$

Der Nichtmetallcharakter nimmt vom Fluor zum Astat hin ab. At ist radioaktiv.

▶ Fluor ist das elektronegativste aller Elemente (EN = 4) und ein sehr starkes Oxidations-mittel.

Wie aus einem Vergleich der Redoxpotenziale in Tab. 14.8 hervorgeht, nimmt die Oxidationskraft vom Fluor zum Iod hin stark ab.

▶ Fluor hat in allen seinen Verbindungen die Oxidationszahl −1.

Die anderen Halogene können in Verbindungen mit den elektronegativeren Elementen Fluor und Sauerstoff auch positive Oxidationszahlen aufweisen: Bei ihnen sind Oxidationszahlen von −1 bis +7 möglich.

Die Halogene kommen wegen ihrer hohen Reaktivität in der Natur nicht elementar vor.

Die Reaktionsfähigkeit nimmt ab in der Reihenfolge: F → Cl → Br → I.

14.8.1   Fluor

Vorkommen als CaF_2 (Flussspat, Fluorit), Na_3AlF_6 (Kryolith), $Ca_5(PO_4)_3F$ = $3\,Ca_3(PO_4)_2 \cdot CaF_2$ (Apatit).

Herstellung   Fluor kann nur durch anodische Oxidation von Fluorid-Ionen erhalten werden: Man elektrolysiert wasserfreien Fluorwasserstoff oder eine Lösung von Kaliumfluorid KF in wasserfreiem HF. Als **Anode** dient Nickel oder Kohle, als **Kathode** Eisen, Stahl oder Kupfer. Die Badspannung beträgt ca. 10 V.

In dem Elektrolysegefäß muss der Kathodenraum vom Anodenraum getrennt sein, um eine explosionsartige Reaktion von H_2 mit F_2 zu HF zu vermeiden. Geeignete Reaktionsgefäße für Fluor bestehen aus Cu, Ni, Monelmetall (Ni/Cu), PTFE (Polytetrafluorethylen, Teflon).

Zum MO-Energiediagramm s. Abb. 14.4.

Besetzung für F_2: $(\sigma_s^b)^2(\sigma_s^*)^2(\sigma_x^b)^2(\pi_{y,z}^b)^4(\pi_{y,z}^*)^4$.

Eigenschaften   Fluor ist das reaktionsfähigste aller Elemente und ein sehr starkes Oxidationsmittel. Es ist stark ätzend und sehr giftig. Es ist ein schwach gelbliches, stechend riechendes Gas. Mit Metallen wie Fe, Al, Ni oder Legierungen wie Messing, Bronze, Monelmetall (Ni/Cu) bildet es Metallfluoridschichten, wodurch das darunter liegende Metall geschützt ist (Passivierung). Verbindungen von Fluor mit Metallen heißen Fluoride.

Fluor reagiert heftig mit Wasser:

$$F_2 + H_2O \rightleftharpoons 2\,HF + 1/2\,O_2\ (+\ \text{wenig}\ O_3) \qquad \Delta H = -256{,}2\,kJ\,mol^{-1}\,.$$

14.8.1.1   Verbindungen

Fluorwasserstoff

HF, Fluorwasserstoff, entsteht aus den Elementen oder aus CaF_2 und H_2SO_4 in Reaktionsgefäßen aus Platin, Blei oder Teflon $(C_2F_4)_x$.

Eigenschaften   HF ist eine farblose, an der Luft stark rauchende, leichtbewegliche Flüssigkeit (Sdp. 19,5 °C, Schmp. −83 °C). HF riecht stechend und ist sehr giftig.

Tab. 14.8 Eigenschaften der Halogene

Element	Fluor	Chlor	Brom	Iod	Astat
Elektronenkonfiguration	$[He]2s^2 2p^5$	$[Ne]3s^2 3p^5$	$[Ar]3d^{10}4s^2 4p^5$	$[Kr]4d^{10}5s^2 5p^5$	$[Xe]4f^{14}5d^{10}6s^2 6p^5$
Schmp. [°C]	−219,62	−100,98	−7,2	113,5	302
Sdp. [°C]	−188,14	−34,6	58,78	184,35	335
Ionisierungsenergie [kJ/mol]	1680	1260	1140	1010	
Kovalenter Atomradius [pm]	64	99	111	128	
Ionenradius [pm]	133	181	196	219	
Elektronegativität	4,0	3,0	2,8	2,5	
Dissoziationsenergie des X_2-Moleküls [kJ/mol]	157,8	238,2	189,2	148,2	
Normalpotenzial [V] X^-/X_2 (in saurem Milieu)	$+3,06^a$	+1,36	+1,06	+0,53	
Allgemeine Reaktionsfähigkeit					→ nimmt ab
Affinität zu elektropositiven Elementen					→ nimmt ab
Affinität zu elektronegativen Elementen					→ nimmt zu

^{a} HF · aq steht im Gleichgewicht mit $1/2\,F_2 + H^+ + e^-$

Das monomere HF-Molekül liegt erst ab 90 °C vor. Bei Temperaturen unterhalb 90 °C assoziieren HF-Moleküle über Wasserstoffbrücken zu $(HF)_n$ ($n = 2$–8). Dieser Vorgang macht sich auch in den physikalischen Daten wie Schmp., Sdp. und der Dichte bemerkbar. Bei 20 °C entspricht die mittlere Molekülmasse $(HF)_3$-Einheiten.

Zick - Zack - Ketten

Flüssiger Fluorwasserstoff ist ein wasserfreies Lösemittel für viele Substanzen:

$$3\,HF \rightleftharpoons H_2F^+ + HF_2^-; \quad c(H_2F^+)\cdot c(HF_2^-) = 10^{-10}\,mol^2\,L^{-2}\,.$$

Die wässrige HF-Lösung heißt **Fluorwasserstoffsäure** (Flusssäure). Sie ist eine mäßig starke Säure (Dissoziation bis ca. 10 %). Sie ätzt Glas unter Bildung von SiF_4 und löst viele Metalle unter H_2-Entwicklung und Bildung von Fluoriden: $M(I)^+F^-$ usw. Die Metallfluoride besitzen **Salzcharakter**. Die meisten von ihnen sind wasserlöslich. Schwerlöslich sind LiF, PbF_2, CuF_2. Unlöslich sind u. a. die Erdalkalifluoride.

14.8.2   Chlor

Vorkommen als NaCl (Steinsalz, Kochsalz), KCl (Sylvin), $KCl \cdot MgCl_2 \cdot 6\,H_2O$ (Carnallit), $KCl \cdot MgSO_4$ (Kainit).

Herstellung
1. **Großtechnisch** durch Elektrolyse von Kochsalzlösung (**Chloralkali-Elektrolyse**, Abb. 8.6, Abschn. 8.4.1.8).
2. Durch Oxidation von Chlorwasserstoff mit Luft oder MnO_2:

$$MnO_2 + 4\,HCl \longrightarrow MnCl_2 + Cl_2 + 2\,H_2O\,.$$

Eigenschaften gelbgrünes, giftiges Gas von stechendem, hustenreizendem Geruch, nicht brennbar (Sdp. $-34{,}06$ °C, Schmp. -101 °C). Auf der Giftwirkung beruht die Verwendung zur Entkeimung von Trinkwasser. Zusammen mit Feuchtigkeit zerstört es Farbstoffe („Chlorbleiche" z. B. von Papier). Chlor löst sich gut in Wasser (= Chlorwasser). Es verbindet sich direkt mit fast allen Elementen zu Chloriden. Ausnahmen sind die Edelgase, O_2, N_2 und Kohlenstoff. Absolut trockenes Chlor ist reaktionsträger als feuchtes Chlor und greift z. B. weder Kupfer noch Eisen an.

Beispiele für die Bildung von Chloriden

$$2\,\text{Na} + \text{Cl}_2 \longrightarrow 2\,\text{NaCl} \qquad \Delta H = -822{,}57\,\text{kJ}\,\text{mol}^{-1}$$

$$\text{Fe} + 3/2\,\text{Cl}_2 \longrightarrow \text{FeCl}_3 \qquad \Delta H = -405{,}3\,\text{kJ}\,\text{mol}^{-1}$$

$$\text{H}_2 + \text{Cl}_2 \xrightarrow{h\nu} 2\,\text{HCl} \qquad \Delta H = -184{,}73\,\text{kJ}\,\text{mol}^{-1}\,.$$

Die letztgenannte Reaktion ist bekannt als *Chlorknallgasreaktion*, weil sie bei Bestrahlung explosionsartig abläuft (Radikal-Kettenreaktion), s. Abschn. 12.7.

14.8.2.1 Verbindungen

Chlorwasserstoff

HCl, Chlorwasserstoff, entsteht

1. in einer „gezähmten" Knallgasreaktion aus den Elementen. Man benutzt hierzu einen Quarzbrenner.
2. aus NaCl mit Schwefelsäure:

$$\text{NaCl} + \text{H}_2\text{SO}_4 \longrightarrow \text{HCl} + \text{NaHSO}_4 \quad \text{und}$$

$$\text{NaCl} + \text{NaHSO}_4 \longrightarrow \text{HCl} + \text{Na}_2\text{SO}_4\,.$$

3. HCl fällt auch oft als Nebenprodukt bei der Chlorierung organischer Verbindungen an.

Eigenschaften farbloses, stechend riechendes Gas. HCl ist gut löslich in Wasser. Die Lösung heißt Salzsäure. Konzentrierte Salzsäure ist **38-prozentig**.

Sauerstoffsäuren von Chlor

Hypochlorige Säure

HOCl, Hypochlorige Säure, bildet sich beim Einleiten von Cl_2 in Wasser:

$$\text{Cl}_2 + \text{H}_2\text{O} \rightleftharpoons \text{HOCl} + \text{HCl} \quad (\textit{Disproportionierung})\,.$$

Das Gleichgewicht der Reaktion liegt jedoch auf der linken Seite. Durch Abfangen von HCl durch Quecksilberoxid HgO (Bildung von $\text{HgCl}_2 \cdot 2\,\text{HgO}$) erhält man Lösungen mit einem HOCl-Gehalt von über 20 %. HOCl ist nur in wässriger Lösung einige Zeit beständig.

HOCl ist ein starkes Oxidationsmittel

$$E^0_{\text{HOCl/Cl}^-} = 1{,}5\,\text{V}$$

und eine sehr schwache Säure. Chlor hat in dieser Säure die formale Oxidationsstufe $+1$.

Salze der Hypochlorigen Säure

Wichtige Salze sind NaOCl (Natriumhypochlorit), CaCl(OCl) (Chlorkalk) und $Ca(OCl)_2$ (Calciumhypochlorit). Sie entstehen durch Einleiten von Cl_2 in die entsprechenden starken Basen, z. B.:

$$Cl_2 + 2\,NaOH \longrightarrow NaOCl + H_2O + NaCl\,.$$

Hypochloritlösungen finden Verwendung als Bleich- und Desinfektionsmittel und zur Herstellung von Hydrazin (*Raschig-Synthese*).

Chlorsäure

$HClO_3$, Chlorsäure, entsteht in Form ihrer Salze, der Chlorate, u. a. beim Ansäuern der entsprechenden Hypochlorite. Die freigesetzte Hypochlorige Säure oxidiert dabei ihr eigenes Salz zum Chlorat:

$$2\,HOCl + ClO^- \longrightarrow 2\,HCl + ClO_3{}^-\quad (\textit{Disproportionierungsreaktion})\,.$$

▶ Technisch gewinnt man $NaClO_3$ durch Elektrolyse einer heißen NaCl-Lösung.

$Ca(ClO_3)_2$ bildet sich beim Einleiten von Chlor in eine heiße Lösung von $Ca(OH)_2$ (Kalkmilch). Zur Herstellung der freien Säure eignet sich vorteilhaft die Zersetzung von $Ba(ClO_3)_2$ mit H_2SO_4.

$HClO_3$ lässt sich bis zu einem Gehalt von ca. 40 % konzentrieren. Diese Lösungen sind kräftige Oxidationsmittel: Sie oxidieren z. B. elementaren Schwefel zu Schwefeltrioxid SO_3. In $HClO_3$ hat Chlor die formale Oxidationsstufe $+5$.

Feste Chlorate spalten beim Erhitzen O_2 ab und sind daher im Gemisch mit oxidierbaren Stoffen explosiv! Sie finden Verwendung z. B. mit Mg als Blitzlicht, für Oxidationen, in der Sprengtechnik, in der Medizin als Antiseptikum, ferner als Ausgangsstoffe zur Herstellung von Perchloraten.

Das $ClO_3{}^-$-Anion ist pyramidal gebaut.

Perchlorsäure

$HClO_4$, Perchlorsäure, wird durch H_2SO_4 aus ihren Salzen, den Perchloraten, freigesetzt:

$$NaClO_4 + H_2SO_4 \longrightarrow NaHSO_4 + HClO_4\,.$$

Sie entsteht auch durch **anodische Oxidation** von Cl_2. Perchlorate erhält man durch Erhitzen von Chloraten, z. B.:

$$4\,KClO_3 \longrightarrow KCl + 3\,KClO_4\quad (\textit{Disproportionierungsreaktion})$$

oder durch **anodische Oxidation**. Es sind oft gut kristallisierende Salze, welche in Wasser meist leicht löslich sind. Ausnahme: $KClO_4$. In $HClO_4$ hat das Chloratom die formale Oxidationsstufe $+7$.

▶ In Wasser ist $HClO_4$ eine der stärksten Säuren ($pK_S = -9$!).

Die große Bereitschaft von $HClO_4$, ein H^+-Ion abzuspalten, liegt in ihrem Bau begründet. Während in dem Perchlorat-Anion ClO_4^- das Cl-Atom in der Mitte eines regulären Tetraeders liegt (energetisch günstiger Zustand), wird in der $HClO_4$ diese Symmetrie durch das kleine polarisierende H-Atom stark gestört.

Es ist leicht einzusehen, dass die Säurestärke der Chlorsäuren mit abnehmender Symmetrie (Anzahl der Sauerstoffatome) abnimmt. Vgl. folgende Reihe:

HOCl: $pK_S = +7{,}25$; $HClO_3$: $pK_S = -2{,}7$; $HClO_4$: $pK_S = -9$.

Oxide des Chlors
ClO_2, Chlordioxid, entsteht durch Reduktion von $HClO_3$. Bei der **technischen Herstellung** reduziert man $NaClO_3$ mit Schwefliger Säure H_2SO_3:

$$2\,HClO_3 + 2\,H_2SO_3 \longrightarrow 2\,ClO_2 + H_2SO_4 + H_2O \,.$$

ClO_2 ist ein gelbes Gas, das sich durch Abkühlen zu einer rotbraunen Flüssigkeit kondensiert (Sdp. 9,7 °C, Schmp. −59 °C). Die Substanz ist **äußerst explosiv**. Als Pyridin-Addukt stabilisiert wird es in wässriger Lösung für Oxidationen und Chlorierungen verwendet. ClO_2 ist ein gemischtes Anhydrid. Beim Lösen in Wasser erfolgt sofort Disproportionierung:

$$2\,ClO_2 + H_2O \longrightarrow HClO_3 + HClO_2 \,.$$

Die Molekülstruktur von ClO_2 ist gewinkelt, $\angle\, O{-}Cl{-}O = 116{,}5°$. Es hat eine ungerade Anzahl von Elektronen.

14.8.3 Brom

Brom kommt in Form seiner Verbindungen meist zusammen mit den analogen Chloriden vor. Im Meerwasser bzw. in Salzlagern als NaBr, KBr und $KBr \cdot MgBr_2 \cdot 6\,H_2O$ (Bromcarnallit).

Herstellung Zur Herstellung kann man die unterschiedlichen Redoxpotenziale von Chlor und Brom ausnutzen:

$$E^0_{2\,Cl^-/Cl_2} = 1{,}36\,V \quad \text{und} \quad E^0_{2\,Br^-/Br_2} = +1{,}07\,V \,.$$

Durch Einwirkung von Cl_2 auf Bromide wird elementares Brom freigesetzt:

$$2\,KBr + Cl_2 \longrightarrow Br_2 + 2\,KCl \,.$$

Im Labormaßstab erhält man Brom auch mit der Reaktion:

$$4\,HBr + MnO_2 \longrightarrow MnBr_2 + 2\,H_2O + Br_2 \,.$$

Eigenschaften Brom ist bei Raumtemperatur eine braune, übel riechende Flüssigkeit. (Brom und Quecksilber sind die einzigen bei Raumtemperatur flüssigen Elemente). Brom ist weniger reaktionsfähig als Chlor. In wässriger Lösung reagiert es unter Lichteinwirkung:

$$H_2O + Br_2 \longrightarrow 2\,HBr + 1/2\,O_2 \ .$$

▶ Mit Kalium reagiert Brom explosionsartig unter Bildung von KBr.

14.8.3.1 Verbindungen

Bromwasserstoff
HBr, Bromwasserstoff, ist ein farbloses Gas. Es reizt die Schleimhäute, raucht an der Luft und lässt sich durch Abkühlen verflüssigen. HBr ist leicht zu Br_2 oxidierbar:

$$2\,HBr + Cl_2 \longrightarrow 2\,HCl + Br_2 \ .$$

Die wässrige Lösung von HBr heißt **Bromwasserstoffsäure**. Ihre Salze, die **Bromide**, sind meist wasserlöslich. Ausnahmen sind z. B. AgBr, Silberbromid, und Hg_2Br_2, Quecksilber(I)-bromid.

Herstellung Aus den Elementen mittels Katalysator (Platinschwamm, Aktivkohle) bei Temperaturen von ca. 200 °C oder aus Bromiden mit einer nichtoxidierenden Säure:

$$3\,KBr + H_3PO_4 \longrightarrow K_3PO_4 + 3\,HBr \ .$$

Es entsteht auch durch Einwirkung von Br_2 auf Wasserstoffverbindungen wie H_2S oder bei der Bromierung gesättigter organischer Kohlenwasserstoffe, z. B. Tetralin, $C_{10}H_{12}$.

14.8.4 Iod

Vorkommen im Meerwasser und manchen Mineralquellen, als $NaIO_3$ im Chilesalpeter, angereichert in einigen Algen, Tangen, Korallen, in der Schilddrüse etc.

Herstellung
1. Durch Oxidation von Iodwasserstoff HI mit MnO_2.
2. Durch Oxidation von NaI mit Chlor:

$$2\,NaI + Cl_2 \longrightarrow 2\,NaCl + I_2 \ .$$

3. Aus der Mutterlauge des Chilesalpeters ($NaNO_3$) durch Reduktion des darin enthaltenen $NaIO_3$ mit SO_2:

$$2\,NaIO_3 + 5\,SO_2 + 4\,H_2O \longrightarrow Na_2SO_4 + 4\,H_2SO_4 + I_2 \ .$$

Die Reinigung kann durch Sublimation erfolgen.

Eigenschaften Metallisch glänzende, grauschwarze Blättchen. Die Schmelze ist braun und der Iod-Dampf violett. Iod ist schon bei Zimmertemperatur merklich flüchtig. Es bildet ein Schichtengitter.

Die violetten Lösungen enthalten I_2-Moleküle, die braunen Lösungen „Ladungsübertragungskomplexe" (Charge-Transfer-Komplexe) $I_2 + |D \leftrightarrow I_2^- \cdots D^+$. D ist ein Elektronenpaardonor wie O oder N.

Löslichkeit In Wasser ist Iod nur sehr wenig löslich. Sehr gut löst es sich mit dunkelbrauner Farbe in einer wässrigen Lösung von Kaliumjodid, KI, oder Iodwasserstoff, HI, unter Bildung von Additionsverbindungen wie $KI \cdot I_2 = K^+ I_3^-$ oder HI_3. In organischen Lösemitteln wie Alkohol, Ether, Aceton ist Iod sehr leicht löslich mit brauner Farbe. In Benzol, Toluol usw. löst es sich mit roter Farbe, und in CS_2, $CHCl_3$, CCl_4 ist die Lösung violett gefärbt. Eine 2,5–10 %ige alkoholische Lösung heißt Iodtinktur.

Eine wässrige Stärkelösung wird durch freies Iod blau gefärbt (s. Abschn. 41.3.1.2). Dabei wird Iod in Form einer Einschlussverbindung in dem Stärkemolekül eingelagert.

Iodflecken lassen sich mit Natriumthiosulfat $Na_2S_2O_3$ entfernen. Hierbei entstehen NaI und Natriumtetrathionat $Na_2S_4O_6$.

14.8.4.1 Verbindungen

Iodwasserstoff

HI, Iodwasserstoff, ist ein farbloses, stechend riechendes Gas, das an der Luft raucht und sich sehr gut in Wasser löst. Es ist leicht zu elementarem Iod oxidierbar. HI ist ein stärkeres Reduktionsmittel als HCl und HBr. Die wässrige Lösung von HI ist eine Säure, die **Iodwasserstoffsäure**. Viele Metalle reagieren mit ihr unter Bildung von Wasserstoff und den entsprechenden Iodiden. Die Alkaliiodide entstehen nach der Gleichung:

$$I_2 + 2\,NaOH \longrightarrow NaI + NaOI + H_2O .$$

Herstellung
1. Durch Einleiten von Schwefelwasserstoff H_2S in eine Aufschlämmung von Iod in Wasser.
2. Aus den Elementen mit Platinschwamm als Katalysator:

$$H_2(g) + I_2(g) \rightleftharpoons 2\,HI(g) .$$

3. Durch Hydrolyse von Phosphortriiodid PI_3.

Iodate

Die Alkaliiodate entstehen aus I_2 und Alkalilaugen beim Erhitzen. Sie sind starke Oxidationsmittel. Im Gemisch mit brennbaren Substanzen detonieren sie auf Schlag. IO_3^- ist pyramidal gebaut.

Tab. 14.9 Bindungsenthalpie und Acidität der Halogenwasserstoffe

Substanz	ΔH [kJ mol^{-1}]	pK_S-Wert	
HF	$-563,5$	$3,14$	**HI ist demnach die**
HCl	-432	$-6,1$	**stärkste Säure!**
HBr	$-355,3$	$-8,9$	
HI	-299	$<-9,3$	

14.8.5   Bindungsenthalpie und Acidität

Betrachten wir die Bindungsenthalpie (ΔH) der Halogenwasserstoffverbindungen und ihre Acidität, so ergibt sich: Je stärker die Bindung, d. h. je größer die Bindungsenthalpie, umso geringer ist die Neigung der Verbindung, das H-Atom als Proton abzuspalten (Tab. 14.9).

14.8.6   Salzcharakter der Halogenide

▶ Der Salzcharakter der Halogenide nimmt von den Fluoriden zu den Iodiden hin ab.

Gründe für diese Erscheinung sind die Abnahme der Elektronegativität von Fluor zu Iod und die Zunahme des Ionenradius von F$^-$ zu I$^-$: Das große I$^-$-Anion ist leichter polarisierbar als das kleine F$^-$-Anion. Dementsprechend wächst der kovalente Bindungsanteil von den Fluoriden zu den Iodiden an.

Unter den Halogeniden sind die Silberhalogenide besonders erwähnenswert. Während z. B. AgF in Wasser leicht löslich ist, sind AgCl, AgBr und AgI schwerlösliche Substanzen (Lp$_{AgCl}$ = 10^{-10} mol^2 L^{-2}, Lp$_{AgBr}$ = $5 \cdot 10^{-13}$ mol^2 L^{-2}, Lp$_{AgI}$ = 10^{-16} mol^2 L^{-2}). Die Silberhalogenide gehen alle unter Komplexbildung in Lösung: AgCl löst sich u. a. in verdünnter NH$_3$-Lösung, s. Abschn. 6.5, AgBr löst sich z. B. in konz. NH$_3$-Lösung oder Na$_2$S$_2$O$_3$-Lösung, s. unten, und AgI löst sich in NaCN-Lösung.

14.8.7   Fotografischer Prozess (Schwarz-Weiß-Fotografie)

Der Film enthält in einer Gelatineschicht auf einem Trägermaterial fein verteilte AgBr-Kristalle. Bei der Belichtung entstehen an den belichteten Stellen **Silberkeime (latentes Bild)**. Durch das **Entwickeln** mit Reduktionsmitteln wie Hydrochinon wird die unmittelbare Umgebung der Silberkeime ebenfalls zu elementarem (schwarzem) Silber reduziert. Beim anschließenden Behandeln mit einer Na$_2$S$_2$O$_3$-Lösung (= **Fixieren**) wird durch die Bildung des Bis(thiosulfato)argentat-Komplexes [Ag(S$_2$O$_3$)$_2$]$^{3-}$ das restliche unveränderte AgBr aus der Gelatineschicht herausgelöst, und man erhält das gewünschte **Negativ**.

Das **Positiv** (wirklichkeitsgetreues Bild) erhält man durch Belichten von Foto-
papier mit dem Negativ als Maske in der Dunkelkammer. Danach wird wie oben
entwickelt und fixiert.

Anmerkung Bei der *Farbfotografie* kommen im Filmmaterial noch mehrere Schichten für die Bildung von Farbstoffen hinzu.

14.8.8 Interhalogenverbindungen

Verbindungsbildung der Halogene untereinander führt zu den sog. Interhalogenverbindungen. Sie sind vorwiegend vom Typ **XY$_n$**, wobei Y das leichtere Halogen
ist, und n eine ungerade Zahl zwischen 1 und 7 sein kann. Interhalogenverbindungen sind umso stabiler, je größer die Differenz zwischen den Atommassen von X
und Y ist. Ihre Herstellung gelingt aus den Elementen bzw. durch Anlagerung von
Halogen an einfache XY-Moleküle. Die Verbindungen sind sehr reaktiv. Extrem
reaktionsfreudig ist **IF$_7$**. Es ist ein gutes Fluorierungsmittel.

Polyhalogenid-Ionen sind geladene Interhalogenverbindungen wie z. B. I$_3$ (aus
I + I$_2$), Br$_3^-$, I$_5^-$, IBr$_2^-$, ICl$_3$F$^-$ (aus ICl$_3$ + F$^-$), ICl$_4^-$ (aus ICl$_2$ + Cl$_2$). Mit großen
Kationen ist I$_3^-$ *linear* und *symmetrisch* gebaut:

$$\left[\;\overline{\underline{\mathrm{I}}}\!-\!\overset{\frown}{\mathrm{I}}\!-\!\overline{\underline{\mathrm{I}}}\;\right]^{-}$$

14.8.9 Pseudohalogene – Pseudohalogenide

Die Substanzen (CN)$_2$ (Dicyan), (SCN)$_2$ (Dirhodan), (SeCN)$_2$ (Selenocyan) zeigen
eine gewisse Ähnlichkeit mit den Halogenen. Sie heißen daher Pseudohalogene.

14.8.9.1 Dicyan
(CN)$_2$, Dicyan, ist ein farbloses, giftiges Gas. Unter Luftausschluss polymerisiert es zu Paracyan. Mit Wasser bilden sich (NH$_4$)$_2$C$_2$O$_4$ (Ammoniumoxalat),
NH$_4^+$HCO$_2^-$ (Ammoniumformiat), (NH$_4$)$_2$CO$_3$ und OC(NH$_2$)$_2$ (Harnstoff). Bei
hohen Temperaturen treten CN-Radikale auf. Dicyan ist das Dinitril der Oxalsäure.

Herstellung
1. durch thermische Zersetzung von AgCN (Silbercyanid):

$$2\,\mathrm{AgCN} \xrightarrow{\Delta} 2\,\mathrm{Ag} + (\mathrm{CN})_2\;; \qquad \mathrm{N}\!\equiv\!\mathrm{C}\!-\!\mathrm{C}\!\equiv\!\mathrm{N}\,.$$

2. durch Erhitzen von Hg(CN)$_2$ mit HgCl$_2$ oder
3. durch Oxidation von HCN mit MnO$_2$.

14.8.9.2 Wasserstoffsäuren der Pseudohalogene

Die Pseudohalogene bilden Wasserstoffsäuren, von denen sich Salze ableiten. Vor allem die **Silbersalze** sind in Wasser **schwer löslich**. Zwischen Pseudohalogenen und Halogenen ist Verbindungsbildung möglich, wie z. B. Cl–CN, Chlorcyan, zeigt.

Cyanwasserstoff

HCN, Cyanwasserstoff, Blausäure, ist eine nach Bittermandelöl riechende, sehr giftige Flüssigkeit (Sdp. 26 °C). Sie ist eine schwache Säure, ihre Salze heißen **Cyanide**.

Herstellung durch Zersetzung der Cyanide mit Säure oder **großtechnisch** durch folgende Reaktion:

$$2\,CH_4 + 3\,O_2 + 2\,NH_3 \xrightarrow{\text{Katalysator} / 800\,°C} 2\,HCN + 6\,H_2O\ .$$

▶ Vom Cyanwasserstoff existiert nur die Normalform HCN.

Die organischen Derivate **RCN** heißen **Nitrile**. Von der *Iso-Form* sind jedoch organische Derivate bekannt, die **Isonitrile, RNC**.

$$H{-}C{\equiv}N|\qquad R{-}C{\equiv}N|\ \ \text{(Nitrile)} \qquad {}^-|C{\equiv}N^+{-}R\ \ \text{(Isonitrile)}\ .$$

▶ Das Cyanid-Ion CN$^-$ ist ein Pseudohalogenid. Es ist eine starke Lewis-Base und ein guter Komplexligand.

NaCN wird technisch aus Natriumamid NaNH$_2$ durch Erhitzen mit Kohlenstoff hergestellt:

$$NH_3 + Na \longrightarrow NaNH_2 + 1/2\,H_2$$

$$2\,NaNH_2 + C \xrightarrow{600\,°C} Na_2N_2C\ \text{(Natriumcyanamid)} + 2\,H_2$$

$$Na_2N_2C + C \xrightarrow{>600\,°C} 2\,NaCN\ .$$

KCN erhält man z. B. nach der Gleichung:

$$HCN + KOH \longrightarrow KCN + H_2O\ .$$

14.9 Edelgase (He, Ne, Ar, Kr, Xe, Rn)

Die Edelgase bilden die VIII. bzw. 0. Hauptgruppe oder 18. Gruppe des Periodensystems (PSE). Sie haben eine abgeschlossene Elektronenschale (= **Edelgaskonfiguration**): Helium hat s^2-Konfiguration, alle anderen haben eine **s^{2}p^6**-Konfiguration. Aus diesem Grund liegen sie als **einatomige Gase** vor und sind sehr reaktionsträge. Zwischen den Atomen wirken nur *Van-der-Waals-Kräfte*, s. Abschn. 5.4.5.

Tab. 14.10 Eigenschaften der Edelgase

Element	Helium	Neon	Argon	Krypton	Xenon	Radon
Elektronenkonfiguration	$1s^2$	$1s^2 2s^2 sp^6$	$[Ne]3s^2 3p^6$	$[Ar]3d^{10}4s^2 4p^6$	$[Rr]4d^{10}5s^2 5p^6$	$[Xe]4f^{14}5d^{10}6s^2 6p^6$
Schmp. [°C]	-269^a (104 bar)	-249	-189	-157	-112	-71
Sdp. [°C]	-269	-246	-186	-152	-108	-62
Ionisierungsenergie [kJ/mol]	2370	2080	1520	1320	1170	1040
Kovalenter Atomradius [pm]	99	160	192	192	217	

[a] Helium ist bei 1 bar am absoluten Nullpunkt flüssig (He I). Ab 2,18 K und 1,013 bar zeigt He ungewöhnliche Eigenschaften (He II): supraflüssiger Zustand. Seine Viskosität ist um 3 Zehnerpotenzen kleiner als die von gasförmigem H_2, seine Wärmeleitfähigkeit ist um 3 Zehnerpotenzen höher als die von Kupfer bei Raumtemperatur.

Vorkommen In trockener Luft sind enthalten (in Volumenanteilen (%)):

He: $5,24 \cdot 10^{-4}$, Ne: $1,82 \cdot 10^{-3}$, Ar: 0,934, Kr: $1,14 \cdot 10^{-4}$, Xe: $1 \cdot 10^{-5}$, Rn nur in Spuren.

Rn und He kommen ferner als Folgeprodukte radioaktiver Zerfallsprozesse in einigen Mineralien vor. He findet man auch in manchen Erdgasvorkommen (bis zu 10 %).

Gewinnung He aus den Erdgasvorkommen, die anderen außer Rn aus der verflüssigten Luft durch Adsorption an Aktivkohle, anschließende Desorption und fraktionierte Destillation.

Eigenschaften Die Edelgase sind farblos, geruchlos, mit Ausnahme von Radon ungiftig und nicht brennbar. Weitere Daten sind in Tab. 14.10 enthalten.

Verwendung **Helium:** Im Labor als Schutz- und Trägergas, ferner in der Kryotechnik, der Reaktortechnik und beim Gerätetauchen als Stickstoffersatz zusammen mit O_2 wegen der im Vergleich zu N_2 geringeren Löslichkeit im Blut. **Argon:** Als Schutzgas bei metallurgischen Prozessen und bei Schweißarbeiten. Edelgase finden auch wegen ihrer geringen Wärmeleitfähigkeit als Füllgas für Glühlampen Verwendung, ferner in Gasentladungslampen und Lasern.

Chemische Eigenschaften Nur die schweren Edelgase gehen mit den stark elektronegativen Elementen O_2 und F_2 Reaktionen ein, weil die Ionisierungsenergien mit steigender Ordnungszahl abnehmen. So kennt man von **Xenon** verschiedene **Fluoride, Oxide** und **Oxidfluoride**. Ein $XeCl_2$ entsteht nur auf Umwegen.

In Gasentladungslampen leuchtet Helium gelb, Neon rot, Argon blau und rot, Krypton gelb-grün und Xenon blau-grün.

Nebengruppenelemente* 15

Im Langperiodensystem von Abb. 3.4 sind zwischen die Elemente der Hauptgruppen II a und III a die sog. **Übergangselemente** eingeschoben (Tab. 15.1 und 15.2). Zur Definition der Übergangselemente s. Abschn. 3.2.3.

Man kann nun die jeweils untereinander stehenden Übergangselemente zu sog. **Nebengruppen** zusammenfassen. Hauptgruppen werden durch den Buchstaben a und Nebengruppen durch den Buchstaben b im Anschluss an die durch römische Zahlen gekennzeichneten Gruppennummern unterschieden.

Die Elemente der **Nebengruppe II b** (Zn, Cd und Hg) haben bereits **vollbesetzte d-Niveaus**: $d^{10}s^2$ und bilden den Abschluss der einzelnen Übergangsreihen. Sie werden meist gemeinsam mit den Übergangselementen besprochen, weil sie in ihrem chemischen Verhalten manche Ähnlichkeit mit diesen aufweisen.

Die Nummerierung der Nebengruppen erfolgt entsprechend der Anzahl der Valenzelektronen (Zahl der d- *und* s-Elektronen). Die Nebengruppe VIII b besteht aus drei Spalten mit insgesamt 9 Elementen. Sie enthält Elemente unterschiedlicher Elektronenzahl im d-Niveau. Diese Elementeinteilung ist historisch entstanden, weil die nebeneinander stehenden Elemente einander chemisch sehr ähnlich sind. Die sog. **Eisenmetalle** Fe, Co, Ni unterscheiden sich in ihren Eigenschaften recht erheblich von den sechs übrigen Elementen, den sog. **Platinmetallen**, s. hierzu auch Abb. 3.4.

Alle Übergangselemente sind **Metalle**. Sie bilden häufig stabile **Komplexe** und können meist in **verschiedenen Oxidationsstufen** auftreten. Einige von ihnen bilden gefärbte Ionen und zeigen Paramagnetismus. Infolge der relativ leicht anregbaren d-Elektronen sind ihre Emissionsspektren *Bandenspektren*.

Die mittleren Glieder einer Übergangsreihe kommen in einer größeren Zahl verschiedener Oxidationsstufen vor als die Anfangs- und Endglieder (s. Tab. 15.3).

Beachte Die folgenden Tabellen sollen nur einen groben Überblick über die „Trends" bei den Nebengruppenelementen geben.

---

* Zu der Durchnummerierung aller Gruppen des PSE von 1 bis 18 s. Abb. 3.4.

© Springer-Verlag Berlin Heidelberg 2016
H.P. Latscha, U. Kazmaier, *Chemie für Biologen*, DOI 10.1007/978-3-662-47784-7_15

Tab. 15.1 Eigenschaften der Elemente Sc–Zn

	III Sc	IV Ti	V V	VI Cr	VII Mn	VIII Fe	Co	Ni	I Cu	II Zn
Elektronenkonfiguration	$3d^1 4s^2$	$3d^2 4s^2$	$3d^3 4s^2$	$3d^5 4s^1$	$\mathbf{3d^5 4s^2}$	$3d^6 4s^2$	$3d^7 4s^2$	$3d^8 4s^2$	$3d^{10} 4s^1$	$\mathbf{3d^{10} 4s^2}$
Atomradius [pm][a]	161	145	132	137	137	124	125	125	128	133
Schmelzpunkt [°C]	1540	1670	1900	1900	1250	1540	1490	1450	1083	419
Siedepunkt [°C]	2730	3260	3450	2640	2100	3000	2900	2730	2600	906
Dichte [g/cm³]	3,0	4,5	5,8	7,2	7,4	7,9	8,9	8,9	8,9	7,3
Ionenradius [pm][b]										
M^{2+}		90	88	88	80	76	74	72	69	74
M^{3+}	81	87	74	63	66	64	63	62		
$E^0_{M/M^{2+}}$ [V]	–	−1,63	−1,2	−0,91	−1,18	−0,44	−0,28	−0,25	−0,35	−0,76
$E^0_{M/M^{3+}}$ [V]	−2,1	−1,2	−0,85	−0,74	−0,28	−0,04	−0,4			

[a] im Metall.
[b] im chemisch stabilen Gaszustand.
Die E^0-Werte sind in saurer Lösung gemessen.

Tab. 15.2 Eigenschaften der Elemente Mo, Ru–Cd und W, Os–Hg

	Mo	Ru	Rh	Pd	Ag	Cd
Elektronenkonfiguration	$4d^5 5s^1$	$4d^7 5s^1$	$4d^8 5s^1$	$4d^{10}$	$4d^{10} 5s^1$	$4d^{10} 5s^2$
Atomradius [pm][a]	136	133	134	138	144	149
Schmelzpunkt [°C]	2610	2300	1970	1550	961	321
Siedepunkt [°C]	5560	3900	3730	3125	2210	765
Dichte [g/cm^3]	10,2	12,2	12,4	12,0	10,5	8,64
E^0_{M/M^+}					+0,79	
$E^0_{M/M^{2+}}$		+0,45	+0,6	+1,0		−0,4
$E^0_{M/M^{3+}}$	−0,2					
	W	Os	Ir	Pt	Au	Hg
Elektronenkonfiguration	$5d^4 6s^2$	$5d^6 6s^2$	$5d^9 6s^0$	$5d^9 6s^1$	$5d^{10} 6s^1$	$5d^{10} 6s^2$
Atomradius [pm][a]	137	134	136	139	144	152
Schmelzpunkt [°C]	3410	3000	2450	1770	1063	−39
Siedepunkt [°C]	5930	5500	4500	3825	2970	357
Dichte [g/cm^3]	19,3	22,4	22,5	21,4	19,3	13,54
E^0_{M/M^+}					+1,68	
$E^0_{M/M^{2+}}$		+0,85	+1,1	+1,0		+0,85
$E^0_{M/M^{4+}}$	+0,05					

[a] im Metall.
Die E^0-Werte sind in saurer Lösung gemessen.

▶ Innerhalb einer Nebengruppe nimmt die Stabilität der höheren Oxidationsstufen von oben nach unten zu (Unterschied zu den Hauptgruppen!).

Die meisten Übergangselemente kristallisieren in dichtesten Kugelpackungen. Sie zeigen relativ gute elektrische Leitfähigkeit und sind im Allgemeinen ziemlich hart, oft spröde und haben relativ hohe Schmelz- und Siedepunkte. Den Grund hierfür kann man in den relativ kleinen Atomradien und dem bisweilen beträchtlichen kovalenten Bindungsanteil sehen.

Vorkommen meist als Sulfide und Oxide, einige auch gediegen.

Herstellung durch Rösten der Sulfide und Reduktion der entstandenen Oxide mit **Kohlenstoff** oder **CO**. Falls Carbidbildung eintritt, müssen andere Reduktionsmittel verwendet werden: **Aluminium** für die Herstellung von Mn, V, Cr, Ti, **Wasserstoff** für die Herstellung von W oder z. B. auch die Reduktion eines Chlorids mit **Magnesium** oder **elektrolytische Reduktion**.

Hochreine Metalle erhält man durch thermische Zersetzung der entsprechenden Iodide an einem heißen Wolframdraht. S. hierzu die Übersicht in Abschn. 16.1.

Tab. 15.3 Wichtige Oxidationsstufen und die zugehörigen Koordinationszahlen der Elemente Sc–Zn, Mo, Ru–Cd, W, Os–Hg und Ce

Sc	Ti	V	Cr	Mn	Fe	Co	Ni	Cu	Zn
+III 6	+III 6	+II 6	+II 6	+II 4,6	+II 6	+II	+II 4,6	+I 4,6	+II 4,6
	+IV 4,6	+III 4,5,6	+III 4,6	(+III) 5	+III 6	+III	(+III)	+II 4,6	
	(7,8)	+IV 4,5,6	+VI 4	(+IV) 6	(+IV) 4				
		+V 4,5,6		(+VI) 4	(+VI) 4				
				+VII 3,4					

Ce	Mo	Ru	Rh	Pd	Ag	Cd
+III	+III 6	+II 5,6	+III 6	+II 4	+I 2,4	+II 4,6
+IV 4	+IV 6,8	+III 6	+IV 6	+IV 6	(+II) 4	
	+V 5,6,8	+IV 6				
	+VI 4,6,8	+VI 4,5,6				

W	Os	Ir	Pt	Au	Hg
+IV 6,8	+IV 6	+III 6	+II 4	+I 2,4	+I 2,4
+V 5,6,8	+VI 4,5,6	+IV 4,5,6	+IV 6	+III 4,(5),6	+II 2,4,6
+VI 4,6,8	+VIII 4,5,6	(+VI)			

Die Oxidationszahlen sind durch römische Zahlen gekennzeichnet.
Die arabischen Zahlen geben die zugehörigen Koordinationszahlen an.

Oxidationszahlen

Die höchsten Oxidationszahlen erreichen die Elemente nur gegenüber den stark elektronegativen Elementen Cl, O und F. Die Oxidationszahl $+8$ wird in der Gruppe VIIIb nur von Os und Ru erreicht.

Qualitativer Vergleich der Standardpotenziale von einigen Metallen in verschiedenen Oxidationsstufen (vgl. hierzu Kap. 9).

▶ Beachte die folgenden Regeln:

1. Je **negativer** das Potenzial eines Redoxpaares ist, umso stärker ist die reduzierende Wirkung des reduzierten Teilchens (Red).
2. Je **positiver** das Potenzial eines Redoxpaares ist, umso stärker ist die oxidierende Wirkung des oxidierten Teilchens (Ox).
3. Ein oxidierbares Teilchen Red(1) kann nur dann von einem Oxidationsmittel Ox(2) oxidiert werden, wenn das Redoxpotenzial des Redoxpaares Red(2)/Ox(2) positiver ist als das Redoxpotenzial des Redoxpaares Red(1)/Ox(1). Für die Reduktion sind die Bedingungen analog.

Qualitativer Vergleich der Atom- und Ionenradien der Nebengruppenelemente

Atomradien Wie aus Abb. 15.1 ersichtlich, fallen die Atomradien am Anfang jeder Übergangselementreihe stark ab, werden dann i. A. relativ konstant und steigen am Ende der Reihe wieder an. Das Ansteigen am Ende der Reihe lässt sich damit erklären, dass die Elektronen im vollbesetzten d-Niveau die außen liegenden s-Elektronen (4s, 5s usw.) gegenüber der Kernladung abschirmen, so dass diese nicht mehr so stark vom Kern angezogen werden.

Auf Grund der Lanthanoiden-Kontraktion (s. u.) sind die Atomradien und die Ionenradien von gleichgeladenen Ionen in der 2. und 3. Übergangsreihe einander sehr ähnlich.

Lanthanoiden-Kontraktion Zwischen die Elemente **Lanthan** (Ordnungszahl 57) und **Hafnium** (Ordnungszahl 72) werden die 14 Lanthanoidenelemente oder Seltenen Erden eingeschoben, bei denen die sieben **4f-Orbitale**, also innenliegende Orbitale, besetzt werden. Da sich gleichzeitig pro Elektron die Kernladung um eins erhöht, ergibt sich eine stetige Abnahme der Atom- bzw. Ionengröße. Die Auswirkungen der Lanthanoiden-Kontraktion zeigen folgende *Beispiele:*

Lu^{3+} hat mit 85 pm einen kleineren Ionenradius als Y^{3+} (92 pm). **Hf, Ta, W** und **Re** besitzen fast die gleichen Radien wie ihre Homologen **Zr, Nb, Mo** und **Tc**.

Hieraus ergibt sich eine große Ähnlichkeit in den chemischen Eigenschaften dieser Elemente.

Ähnliche Auswirkungen hat die **Actinoiden-Kontraktion**.

Ionenradien Bei den Übergangselementen zeigen die Ionenradien eine Abhängigkeit von der Koordinationszahl und den Liganden. Abbildung 15.2 zeigt den Gang der Ionenradien für M^{2+}-Ionen der 3d-Elemente in *oktaedrischer Umgebung*, z. B.

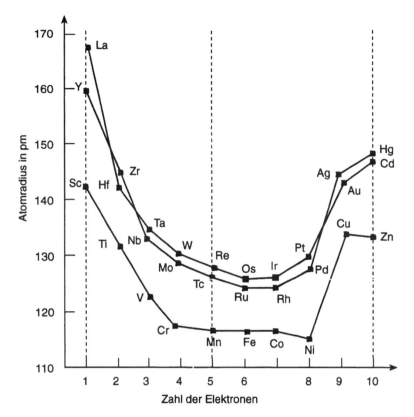

Abb. 15.1 Atomradien der Übergangselemente. Im Unterschied zu Abb. 3.5 in Abschn. 3.3.1 wurden hier die Kovalenzradien der Atome zugrunde gelegt, um eine der Realität angenäherte Vergleichsbasis sicherzustellen

$[M(H_2O)_6]^{2+}$. An dieser Stelle sei bemerkt, dass die Angaben in der Literatur stark schwanken.

Eine Deutung des Auf und Ab der Radien erlaubt die **Kristallfeldtheorie**: Bei schwachen Liganden wie H_2O resultieren High-Spin-Komplexe. Zuerst werden die tiefer liegenden t_{2g}-Orbitale besetzt (Abnahme des Ionenradius). Bei Mn^{2+} befindet sich je ein Elektron in beiden e_g-Orbitalen. Diese Elektronen stoßen die Liganden stärker ab als die Elektronen in den t_{2g}-Orbitalen. Hieraus resultiert ein größerer Ionenradius. Von Mn^{2+} an werden die t_{2g}-Orbitale weiter aufgefüllt. Bei Zn^{2+} werden schließlich die e_g-Orbitale vollständig besetzt. Der Radius von Ionen mit Low-Spin-Konfiguration ist kleiner als der Radius von Ionen mit High-Spin-Konfiguration.

Anmerkung Der Gang der Hydrationsenthalpien ist gerade umgekehrt. Abnehmender Ionenradius bedeutet kürzeren Bindungsabstand. Daraus resultiert eine höhere Bindungsenergie bzw. eine höhere Hydrationsenthalpie.

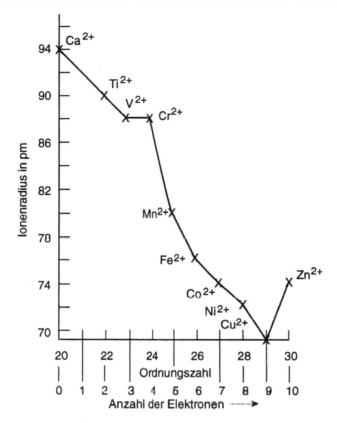

Abb. 15.2 Ionenradien für M^{2+}-Ionen der 3d-Elemente in oktaedrischer Umgebung

15.1 I. Nebengruppe

Die Elemente dieser Gruppe sind **edle** Metalle und werden vielfach als **Münzmetalle** bezeichnet. Edel bedeutet: Sie sind wenig reaktionsfreudig, denn die Valenzelektronen sind fest an den Atomrumpf gebunden. Der edle Charakter nimmt vom Kupfer zum Gold hin zu. In nicht oxidierenden Säuren sind sie unlöslich. Kupfer löst sich in HNO_3 und H_2SO_4, Silber in HNO_3, Gold in Königswasser (HCl : HNO_3 = 3 : 1).

Die Elemente unterscheiden sich in der Stabilität ihrer Oxidationsstufen: Stabil sind im allgemeinen Cu(II)-, Ag(I)- und Au(III)-Verbindungen.

15.1.1 Kupfer

Vorkommen gediegen, als Cu_2S (Kupferglanz), Cu_2O (Cuprit, Rotkupfererz), $CuCO_3 \cdot Cu(OH)_2$ (Malachit), $CuFeS_2$ (= $Cu_2S \cdot Fe_2S_3$) (Kupferkies).

Tab. 15.4 Eigenschaften der Elemente der I. Nebengruppe

	Cu	Ag	Au
Ordnungszahl	29	47	79
Elektronenkonfiguration	$3d^{10}\,4s^1$	$4d^{10}\,5s^1$	$5d^{10}\,6s^1$
Schmp. [°C]	1083	961	1063
Ionenradius [pm]			
M^+	96	126	137
M^{2+}	69	89	–
M^{3+}	–	–	85
Spez. elektr. Leitfähigkeit $[\Omega^{-1}\,cm^{-1}]$	$5{,}72 \cdot 10^5$	$6{,}14 \cdot 10^5$	$4{,}13 \cdot 10^5$

Herstellung

1. **Röstreaktionsverfahren**:

   $2\,Cu_2S + 3\,O_2 \rightarrow 2\,Cu_2O + 2\,SO_2$ und

   $Cu_2S + 2\,Cu_2O \rightarrow 6\,Cu + SO_2$

   Geht man von $CuFeS_2$ aus, muss das Eisen zuerst durch kieselsäurehaltige Zuschläge verschlackt werden (Schmelzarbeit).

2. Kupfererze werden unter Luftzutritt mit verd. H_2SO_4 als $CuSO_4$ gelöst. Durch Eintragen von elementarem Eisen in die Lösung wird das edlere Kupfer metallisch abgeschieden (**Zementation**, Zementkupfer):

   $Cu^{2+} + Fe \rightarrow Cu + Fe^{2+}$

Die Reinigung von Rohkupfer („Schwarzkupfer") erfolgt durch **Elektroraffination,** s. Abschn. 16.1.

Eigenschaften Reines Kupfer ist gelbrot. Unter Bildung von Cu_2O erhält es an der Luft die typische kupferrote Farbe. Bei Anwesenheit von CO_2 bildet sich mit der Zeit basisches Carbonat (**Patina**): $CuCO_3 \cdot Cu(OH)_2$. **Grünspan** ist **basisches Kupferacetat**. Kupfer ist weich und zäh und kristallisiert in einem kubisch flächenzentrierten Gitter. Es besitzt hervorragende thermische und elektrische Leitfähigkeit.

Übersicht (Tab. 15.4)

Verwendung Wegen seiner besonderen Eigenschaften findet Kupfer als Metall vielfache Verwendung. Es ist auch ein wichtiger Legierungsbestandteil, z. B. mit Sn in der *Bronze*, mit Zn im *Messing* und mit Zn und Ni im *Neusilber*. Das hervorragende elektrische Leitvermögen wird in der Elektrotechnik genutzt. Kupfer ist wohl das älteste Werkmetall.

15.1.1.1 Kupfer(II)-Verbindungen

Elektronenkonfiguration $3d^9$; paramagnetisch; meist gefärbt.

Abb. 15.3 Die Umgebung des fünften H_2O-Moleküls in $CuSO_4 \cdot 5\,H_2O$

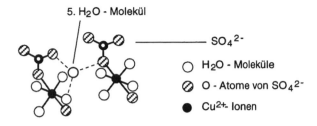

5. H_2O - Molekül

$SO_4{}^{2-}$

○ H_2O - Moleküle

⊘ O - Atome von $SO_4{}^{2-}$

● Cu^{2+}- Ionen

CuO (schwarz) bildet sich beim Verbrennen von Kupfer an der Luft. Es gibt leicht seinen Sauerstoff ab. Bei stärkerem Erhitzen entsteht Cu_2O.

Cu(OH)₂ bildet sich als hellblauer schleimiger Niederschlag:

$$Cu^{2+} + 2\,OH^- \rightarrow Cu(OH)_2$$

Beim Erhitzen entsteht CuO. $Cu(OH)_2$ ist amphoter;

$$Cu(OH)_2 + 2\,OH^- \rightleftharpoons [Cu(OH)_4]^2 \quad \text{(hellblau)}$$

Komplex gebundenes Cu^{2+} wird in alkalischer Lösung leicht zu Cu_2O reduziert (s. hierzu Fehling'sche Lösung, s. Abschn. 32.4.3.1).

CuS (schwarz), Gestein; $Lp_{CuS} = 10^{-40}\,\text{mol}^2\,L^{-2}$

CuSO₄ (wasserfrei) ist weiß und **CuSO₄ · 5 H₂O** (Kupfervitriol) blau. Im triklinen $CuSO_4 \cdot 5\,H_2O$ gibt es zwei Arten von Wassermolekülen. Jedes der beiden Cu^{2+} Ionen in der Elementarzelle ist von vier H_2O-Molekülen umgeben, die vier Ecken eines verzerrten Oktaeders besetzen. Außerdem hat jedes Cu^{2+} zwei O-Atome aus den $SO_4{}^{2-}$-Tetraedern zu Nachbarn. Das *fünfte* H_2O-Molekül ist nur von anderen Wassermolekülen und von O-Atomen der $SO_4{}^{2-}$-Ionen umgeben, Abb. 15.3.

[Cu(NH₃)₄]²⁺ bildet sich in wässriger Lösung aus Cu^{2+}-Ionen und NH_3. Die tiefblaue Farbe des Komplex-Ions dient als qualitativer Kupfernachweis. Der „Cu(II)-tetrammin-Komplex" hat eine quadratisch-planare Anordnung der Liganden, wenn man nur die nächsten Nachbarn des Cu^{2+}-Ions berücksichtigt. In **wässriger Lösung** liegt ein **verzerrtes Oktaeder** vor; hier kommen zwei H_2O-Moleküle als weitere Liganden (in größerem Abstand) hinzu (Kap. 6). Die alkalische Lösung des Komplexes $[Cu(NH_3)_4](OH)_2$ (Schweizers Reagens) löst Cellulose. Durch Einspritzen der Cellulose-Lösungen in Säuren oder Basen bilden sich Cellulosefäden (**Kupferseide**).

15.1.1.2 Kupfer(I)-Verbindungen

Elektronenkonfiguration $3d^{10}$; diamagnetisch, farblos. Sie enthalten große polarisierbare Anionen und kovalenten Bindungsanteil.

In Wasser sind Cu^+-Ionen instabil:

$$2\,Cu^+ \rightleftharpoons Cu^{2+} + Cu$$

Das Gleichgewicht liegt auf der rechten Seite. Nur Anionen und Komplexliganden, welche mit Cu^+ schwerlösliche oder stabile Verbindungen bilden, verhindern die Disproportionierung. Es bilden sich dann sogar Cu^+-Ionen aus Cu^{2+}-Ionen.

Beispiele
$$Cu^{2+} + 2\,I^- \rightarrow CuI + 1/2\,I_2$$
$$2\,Cu^{2+} + 4\,CN^- \rightarrow 2\,CuCN + (CN)_2$$

Struktur von $(CuCN)_x$: $\rightarrow Cu-C{\equiv}N| \rightarrow Cu-C{\equiv}N| \rightarrow Cu-C{\equiv}N|$

Cu_2O entsteht durch Reduktion von Cu^{2+} als gelber Niederschlag. Rotes Cu_2O erhält man durch Erhitzen von CuO bzw. gelbem Cu_2O.

15.1.2 Silber

Vorkommen gediegen, als Ag_2S (Silberglanz), AgCl (Hornsilber), in Blei- und Kupfererzen.

Gewinnung Silber findet sich im Anodenschlamm bei der Elektroraffination von Kupfer. Angereichert erhält man es bei der Bleiherstellung. Die Abtrennung vom Blei gelingt z. B. durch „Ausschütteln" mit flüssigem Zink (= **Parkesieren**). Zn und Pb sind unterhalb $400\,°C$ praktisch nicht mischbar. Ag und Zn bilden dagegen beim Erstarren Mischkristalle in Form eines Zinkschaums auf dem flüssigen Blei. Durch teilweises Abtrennen des Bleis wird das Ag im Zinkschaum angereichert. Nach Abdestillieren des Zn bleibt ein „Reichblei" mit 8–12 % Ag zurück. Die Trennung Ag/Pb erfolgt jetzt durch Oxidation von Pb zu PbO, welches bei $884\,°C$ flüssig ist, auf dem Silber schwimmt und abgetrennt werden kann (**Treibarbeit**). Eine weitere Möglichkeit der Silbergewinnung bietet die **Cyanidlaugerei** (s. Goldgewinnung, unten). Die Reinigung des Rohsilbers erfolgt elektrolytisch.

Eigenschaften Ag besitzt von allen Elementen das größte thermische und elektrische Leitvermögen.

Verwendung elementar für Münzen, Schmuck, in der Elektronik etc. oder als Überzug (Versilbern). Zur Verwendung von AgBr in der Fotografie s. Abschn. 14.8.7.

15.1.2.1 Silber(I)-Verbindungen
Elektronenkonfiguration $4d^{10}$; meist farblos, stabilste Oxidationsstufe.

Ag₂O (dunkelbraun) entsteht bei der Reaktion:

$$2\,Ag^+ + 2\,OH^- \rightarrow 2\,AgOH \rightarrow Ag_2O + H_2O$$

Ag₂S (schwarz) hat ein Löslichkeitsprodukt von $\approx 1{,}6 \cdot 10^{-49}\,mol^3\,L^{-3}$.

AgNO₃ ist das wichtigste Ausgangsmaterial für andere Ag-Verbindungen. Es ist leicht löslich in Wasser und entsteht nach folgender Gleichung:

$$3\,Ag + 4\,HNO_3 \rightarrow 3\,AgNO_3 + NO + 2\,H_2O$$

AgF ist ionisch gebaut. Es ist leicht löslich in Wasser!

AgCl bildet sich als käsiger weißer Niederschlag aus Ag^+ und Cl^-, $Lp_{AgCl} = 1{,}6 \cdot 10^{-10}\,mol^2\,L^{-2}$. In konz. HCl ist AgCl löslich:

$$AgCl + Cl^- \rightarrow [AgCl_2]^-$$

Mit wässriger verd. NH₃-Lösung entsteht das lineare Silberdiamminkomplex-Kation: $[Ag(NH_3)_2]^+$.

AgBr s. Abschn. 13.5.

15.1.3 Gold

Vorkommen hauptsächlich gediegen.

Gewinnung
1. Aus dem Anodenschlamm der **Kupfer-Raffination**.
2. Mit dem **Amalgamverfahren**: Au wird durch Zugabe von Hg als Amalgam (Au/Hg) aus dem Gestein herausgelöst. Hg wird anschließend abdestilliert.
3. Aus goldhaltigem Gestein durch **Cyanidlaugerei**: Goldhaltiges Gestein wird unter Luftzutritt mit verdünnter NaCN-Lösung behandelt. Gold geht dabei als Komplex in Lösung. Mit Zn-Staub wird Au^+ dann zu Au reduziert:
   a. $2\,Au + 4\,NaCN + H_2O + 1/2\,O_2 \rightarrow 2\,Na[Au(CN)_2] + 2\,NaOH$
   b. $2\,Na[Au(CN)_2] + Zn \rightarrow Na_2[Zn(CN)_4] + 2\,Au$

Die Reinigung erfolgt elektrolytisch. Der Reinheitsgrad von Gold wird in *Karat* angegeben. 24 Karat ist 100 % Gold, 18 Karat ist 75 % Gold.

Eigenschaften Gold ist sehr weich und reaktionsträge. Löslich ist es z. B. in Königswasser und Chlorwasser.

Verwendung zur Herstellung von Münzen und Schmuck und als Legierungsbestandteil mit Cu oder Palladium, in der Dentaltechnik, Optik, Glas-, Keramikin-
dustrie, Elektrotechnik, Elektronik

15.1.3.1 Gold(I)-Verbindungen

Gold(I)-Verbindungen sind in wässriger Lösung nur beständig, wenn sie schwerlöslich (AuI, AuCN) oder komplex gebunden sind. Sie disproportionieren leicht in
Au(0) und Au (III).

Beispiele
$$AuCl + Cl^- \rightarrow [Cl-Au-Cl]^-; \qquad 3\,AuCl \rightleftharpoons 2\,Au + AuCl_3$$

15.1.3.2 Gold(III)-Verbindungen

Das Au^{3+}-Ion ist ein starkes Oxidationsmittel. Es ist fast immer in einen planar-
quadratischen Komplex eingebaut. *Beispiele:* $(AuCl_3)_2$, $(AuBr_3)_2$

Die Herstellung dieser Substanzen gelingt aus den Elementen. $(AuCl_3)_2$ bildet
mit Salzsäure Tetrachlorogoldsäure (hellgelb):

$$2\,HCl + Au_2Cl_6 \rightarrow 2\,H[AuCl_4]$$

Au(OH)₃ wird durch OH^--Ionen gefällt. Im Überschuss löst es sich:

$$Au(OH)_3 + OH \rightleftharpoons [Au(OH)_4]^- \quad \text{(Aurate)}$$

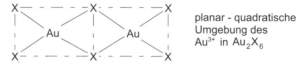

planar - quadratische
Umgebung des
Au^{3+} in Au_2X_6

Cassius'scher Goldpurpur ist ein rotes Goldkolloid. Man erhält es aus Au(III)-
Lösungen durch Reduktion mit $SnCl_2$. Es dient als analytischer Nachweis von Gold
und vor allem zum Färben von Glas und Porzellan.

15.2 II. Nebengruppe

15.2.1 Übersicht (Tab. 15.5)

Zn und **Cd** haben in ihren Verbindungen – unter normalen Bedingungen – die Oxidationszahl +2. **Hg** kann positiv ein- und zweiwertig sein. Im Unterschied zu den
Erdalkalimetallen sind die s-Elektronen fester an den Kern gebunden. Die Metalle
der II. Nebengruppe sind daher *edler* als die Metalle der II. Hauptgruppe. Die Elemente bilden Verbindungen mit z. T. sehr starkem kovalenten Bindungscharakter,

Tab. 15.5 Eigenschaften der Elemente der II. Nebengruppe

	Zn	Cd	Hg
Ordnungszahl	30	48	80
Elektronenkonfiguration	$3d^{10} 4s^2$	$4d^{10} 5s^2$	$5d^{10} 6s^2$
Schmp. [°C]	419	321	−39
Sdp. [°C]	906	765	357
Ionenradius M^{2+} [pm]	74	97	110
$E^0_{M/M^{2+}}$ [V]	−0,76	−0,40	+0,85

z. B. Alkylverbindungen wie $Zn(CH_3)_2$. Sie zeigen eine große Neigung zur Komplexbildung: $Hg^{2+} \gg Cd^{2+} > Zn^{2+}$. An feuchter Luft überziehen sich die Metalle mit einer dünnen Oxid- bzw. Hydroxidschicht oder auch mit einer Haut von basischem Carbonat, die vor weiterem Angriff schützt (**Passivierung**). **Hg** hat ein **positives Normalpotenzial**, es lässt sich daher schwerer oxidieren und löst sich – im Gegensatz zu Zn und Cd – nur in oxidierenden Säuren. Hg bildet mit den meisten Metallen Legierungen, die sog. **Amalgame**. Einige dieser Legierungen sind weich, plastisch verformbar und erhärten mit der Zeit.

Vorkommen der Elemente Zn und Cd kommen meist gemeinsam vor als Sulfide, z. B. ZnS (Zinkblende), Carbonate, Oxide oder Silicate. Die Cd-Konzentration ist dabei sehr gering. Hg kommt elementar vor und als HgS (Zinnober).

Herstellung
1. Rösten der Sulfide bzw. Erhitzen der Carbonate und anschließende Reduktion der entstandenen Oxide mit Kohlenstoff:
   $ZnS + 3/2\,O_2 \rightarrow ZnO + SO_2$ bzw.
   $ZnCO_3 \rightarrow ZnO + CO_2$
   $ZnO + C \rightarrow Zn + CO$
2. Elektrolyse von $ZnSO_4$ (aus ZnO und H_2SO_4) mit Pb-Anode und Al-Kathode.

Die Reinigung erfolgt durch fraktionierte Destillation oder elektrolytisch. Cd fällt bei der Destillation an. HgS liefert beim Erhitzen direkt metallisches Hg.

15.2.1.1 Verwendung
Zink als Eisenüberzug (Zinkblech, verzinktes Eisen). Hierzu taucht man gut gereinigtes Eisen in eine Zinkschmelze = feuerverzinktes Eisen. Als Legierungsbestandteil z. B. im Messing (CuZn), als Anodenmaterial für Trockenbatterien, mit Säuren als Reduktionsmittel. ZnO, Zinkweiß, ist eine Malerfarbe. Kristallisiertes ZnS findet als Material für Leuchtschirme Verwendung, denn es leuchtet nach Belichten nach (*Phosphoreszenz*).

Beachte Zink wird von Säuren unter Wasserstoffentwicklung und Bildung von giftigen Zn^{2+}-Ionen aufgelöst. Verzinkte Gefäße eignen sich nicht zum Aufbewahren oder Kochen von Speisen. Unterschied zu Zinn!

Cadmium als Rostschutz, als Elektrodenmaterial in Batterien, in Form seiner Verbindungen als farbige Pigmente, Legierungsbestandteil (Wood'sches Metall, Schnellot) und in Form von Steuerstäben zur Absorption von Neutronen in Kernreaktoren.

Quecksilber Verwendung zur Füllung von Thermometern, Barometern, Manometern, als Elektrodenmaterial, Quecksilberdampflampen für UV-reiches Licht usw. Quecksilberverbindungen sind wie das Metall sehr giftig und oft Bestandteil von Schädlingsbekämpfungsmitteln; sie finden aber auch bei Hautkrankheiten Verwendung. Silberamalgam dient noch als Zahnfüllmaterial. Alkalimetall-Amalgame sind starke Reduktionsmittel.

15.2.2 Zinkverbindungen

ZnO ist eine Malerfarbe (*Zinkweiß*): $Zn + 1/2\,O_2 \rightarrow ZnO$.

ZnCl$_2$ wird als Flussmittel beim Löten verwendet.

ZnS (weiß) kommt in zwei Modifikationen vor: *Zinkblende* (kubisch) und *Wurtzit* (hexagonal).

ZnSO$_4$ bildet mit BaS Lithopone (weißes Farbstoffpigment):

$$ZnSO_4 + BaS \rightarrow BaSO_4 + ZnS$$

ZnR$_2$, Zinkorganyle sind die ältesten metallorganischen Verbindungen. $Zn(CH_3)_2$ wurde 1849 von *E. Frankland* entdeckt. Es sind unpolare, flüssige oder tiefschmelzende Substanzen. Sie sind linear gebaut. *Herstellung:* Zn + Alkylhalogenid im Autoklaven oder Umsetzung von ZnCl$_2$ mit entsprechenden Lithiumorganylen oder *Grignard*-Verbindungen (s. Abschn. 31.3.2).

15.2.3 Cadmiumverbindungen

CdS ist schwerlöslich in Säuren.

$$Cd^{2+} + S^{2-} \rightarrow CdS \quad \text{(gelb)}$$

Cadmiumgelb ist eine Malerfarbe. $Lp_{CdS} = 10^{-29}\,\text{mol}^2\,\text{L}^{-2}$

15.2.4   Quecksilberverbindungen

15.2.4.1   Hg(I)-Verbindungen

Hg(I)-Verbindungen sind diamagnetisch. Sie enthalten die Einheit $[Hg–Hg]^{2+}$ mit einer kovalenten Hg–Hg-Bindung. Hg_2^{2+}-Ionen disproportionieren sehr leicht:

$$Hg_2^{2+} \rightleftharpoons Hg + Hg^{2+} \qquad E^0 = -0{,}12\,V$$

Beispiele

$$Hg_2^{2+} + 2\,OH^- \rightleftharpoons Hg + HgO + H_2O$$

$$Hg_2^{2+} + S^{2-} \rightleftharpoons Hg + HgS$$

$$Hg_2^{2+} + 2\,CN^- \rightleftharpoons Hg + Hg(CN)_2$$

Hg(I)-halogenide, X–Hg–Hg–X, sind linear gebaut und besitzen vorwiegend kovalenten Bindungscharakter. Mit Ausnahme von Hg_2F_2 sind sie in Wasser schwerlöslich. Hg_2I_2 ist gelb gefärbt, die anderen Halogenide sind farblos.

Hg_2Cl_2 (Kalomel) bildet sich in der Kälte nach der Gleichung:

$$2\,HgCl_2 + SnCl_2 \rightarrow Hg_2Cl_2 + SnCl_4$$

Es entsteht auch aus $HgCl_2$ und Hg. Mit NH_3 bildet sich ein schwarzer Niederschlag:

$$Hg_2Cl_2 + 2\,NH_3 \rightarrow Hg + HgNH_2Cl + NH_4Cl$$

Die schwarze Farbe rührt von dem feinverteilten, elementaren Quecksilber her. (Kalomel = schönes Schwarz)

15.2.4.2   Hg(II)-Verbindungen

HgO kommt in zwei Modifikationen vor (verschiedene Korngröße bedingt Farbunterschied!):

$$Hg^{2+} + 2\,OH^- \rightarrow HgO\ (gelb) + H_2O \quad \text{und}$$

$$Hg + 1/2\,O_2 \rightarrow HgO\ (rot)$$

Bei Temperaturen $> 400\,°C$ zerfällt HgO in die Elemente. Kristallines HgO besteht aus $[–Hg–O–Hg–O]$-Ketten.

HgS kommt in der Natur als *Zinnober (rot)* vor. Diese Modifikation besitzt Kettenstruktur wie HgO. Aus $Hg^{2+} + S^{2-}$ bildet sich HgS *(schwarz)* mit Zinkblendestruktur, $Lp_{HgS} = 1{,}67 \cdot 10^{-54}\,mol^2\,L^{-2}$. Durch Erwärmen von schwarzem HgS, z. B. in Na_2S-Lösung, entsteht rotes HgS.

HgI₂ ist enantiotrop und ein schönes Beispiel für das Phänomen der **Thermochromie**:

$$\text{HgI}_2 \text{ (rot)} \overset{127\,°C}{\rightleftharpoons} \text{HgI}_2 \text{ (gelb)}$$

Entsprechend der **Ostwald'schen Stufenregel** entsteht bei der Herstellung aus Hg^{2+} und I^- zuerst die gelbe Modifikation, die sich in die rote umwandelt. Mit überschüssigen I^--Ionen bildet sich ein Tetraiodokomplex:

$$\text{HgI}_2 + 2\,\text{I}^- \rightarrow [\text{HgI}_4]^{2-}$$

Eine alkalische Lösung von $K_2[\text{HgI}_4]$ dient als **Nesslers-Reagens** zum Ammoniak-Nachweis:

$$2[\text{HgI}_4]^{2-} + \text{NH}_3 + 3\,\text{OH}^- \rightarrow [\text{Hg}_2\text{N}]\,\text{I} \cdot \text{H}_2\text{O} + 7\,\text{I}^- + 2\,\text{H}_2\text{O}$$
$$\text{(braunrote Färbung)}$$

HgCl₂ (Sublimat) bildet sich beim Erhitzen von $HgSO_4$ mit NaCl. Schmp. 280 °C, Sdp. 303 °C. Es ist sublimierbar und leichtlöslich. $HgCl_2$ ist ein linear gebautes Molekül. In wässriger Lösung ist es nur sehr wenig dissoziiert. $HgCl_2$ ist sehr giftig!

15.3   III. Nebengruppe

Übersicht (Tab. 15.6)

Die d^1-**Elemente** sind typische Metalle, ziemlich weich, silbrig-glänzend und sehr reaktionsfähig. Sie haben in allen Verbindungen die Oxidationsstufe +3. Ihre Verbindungen zeigen große Ähnlichkeit mit denen der Lanthanoide. Sc, Y und La werden daher häufig zusammen mit den Lanthanoiden als Metalle der „Seltenen Erden" bezeichnet. Die Abtrennung von Sc und Y von Lanthan und den Lanthanoiden gelingt mit Ionenaustauschern. Y, La finden Verwendung z. B. in der Elektronik und Reaktortechnik.

Verschiedene keramische Supraleiter bestehen aus Ba–La–Cu-Oxiden. Für die Verbindung $YBa_2Cu_3O_7$ wurde eine Sprungtemperatur von 92 K angegeben.

Tab. 15.6 Eigenschaften der Elemente der III. Nebengruppe

	Sc	Y	La	Ac
Ordnungszahl	21	39	57	89
Elektronenkonfiguration	$3d^1\,4s^2$	$4d^1\,5s^2$	$5d^1\,6s^2$	$6d^1\,7s^2$
Ionenradius M^{3+} [pm]	81	92	114	118

15.4 IV. Nebengruppe

15.4.1 Übersicht (Tab. 15.7)

15.4.2 Titan

Vorkommen in Eisenerzen vor allem als $FeTiO_3$ (Ilmenit), als $CaTiO_3$ (Perowskit), TiO_2 (Rutil) und in Silicaten. Titan ist in geringer Konzentration sehr verbreitet.

Herstellung Ausgangsmaterial ist $FeTiO_3$ und TiO_2.

1. $2\,TiO_2 + 3\,C + 4\,Cl_2 \rightarrow 2\,TiCl_4 + 2\,CO + CO_2$
   $TiCl_4$ (Sdp. 136 °C) wird durch Destillation gereinigt. Anschließend erfolgt die Reduktion mit Natrium oder Magnesium unter Schutzgas (Argon):
   $TiCl_4 + 2\,Mg \rightarrow Ti + 2\,MgCl_2$
   Das schwarze, schwammige Titan wird mit HNO_3 gereinigt und unter Luftausschluss im elektrischen Lichtbogen zu duktilem metallischem Titan geschmolzen.
2. **Ferrotitan** wird als Ausgangsstoff für legierte Stähle durch Reduktion von $FeTiO_3$ mit Kohlenstoff hergestellt.
3. Sehr reines Titan erhält man durch thermische Zersetzung von TiI_4 an einem heißen Wolframdraht. Bei diesem **Verfahren** von **van Arkel** und **de Boer** (**Aufwachsverfahren**) erhizt man pulverförmiges Ti und Iod in einem evakuierten Gefäß, das an eine Glühbirne erinnert, auf ca. 500 °C. Hierbei bildet sich flüchtiges TiI_4. Dieses diffundiert an den ca. 1200 °C heißen Wolframdraht und wird zersetzt. Während sich das Titan metallisch an dem Wolframdraht niederschlägt, steht das Iod für eine neue „Transportreaktion" zur Verfügung.

Eigenschaften Das silberweiße Metall ist gegen HNO_3 und Alkalien resistent, weil sich eine zusammenhängende Oxidschicht bildet (Passivierung). Es hat die – im Vergleich zu Eisen – geringe Dichte von $4{,}5\,g\,cm^{-1}$. In einer Sauerstoffatmosphäre von 25 bar verbrennt Titan mit gereinigter Oberfläche bei 25 °C vollständig zu TiO_2. Das gebildete TiO_2 löst sich dabei in geschmolzenem Metall.

Tab. 15.7 Eigenschaften der Elemente der IV. Nebengruppe

	Ti	Zr	Hf
Ordnungszahl	22	40	72
Elektronenkonfiguration	$3d^2\,4s^2$	$4d^2\,5s^2$	$5d^2\,6s^2$
Schmp. [°C]	1670	1850	2000
Sdp. [°C]	3260	3580	5400
Ionenradius [pm] M^{4+}	68	79	78

Verwendung im Apparatebau, für Überschallflugzeuge, Raketen, Rennräder, Brillenfassungen usw., weil es ähnliche Eigenschaften hat wie Stahl, jedoch leichter und korrosionsbeständiger ist.

15.4.2.1 Verbindungen des Titans

TiO_2 kommt in drei Modifikationen vor: **Rutil** (tetragonal), **Anatas** (tetragonal) und **Brookit** (rhombisch). Oberhalb 800 °C wandeln sich die beiden letzten *monotrop* in Rutil um. $TiO_2 + BaSO_4$ ergibt **Titanweiß** (Anstrichfarbe). Es besitzt ein hohes Lichtbrechungsvermögen und eine hohe Dispersion. TiO_2 wird als weißes Pigment vielfach verwendet.

$TiOSO_4 \cdot H_2O$, **Titanoxidsulfat** (Titanylsulfat), ist farblos. Bildung:

$$TiO + H_2SO_{4 \text{ konz.}} \rightarrow Ti(SO_4)_2$$
$$Ti(SO_4)_2 + H_2O \rightarrow TiOSO_4 \cdot H_2O$$

Im Titanylsulfat liegen endlose $-Ti-O-Ti-O-$Zickzack-Ketten vor. Die SO_4^{2-}-Ionen und H_2O-Moleküle vervollständigen die KZ 6 am Titan. Von Bedeutung ist seine Reaktion mit H_2O_2. Sie findet als qualitative Nachweisreaktion für H_2O_2 bzw. Titan Verwendung:

$$TiO(SO_4) + H_2O_2 \rightarrow TiO_2(SO_4) \text{ (Peroxo-Komplex)}$$

Das $TiO_2^{2+} \cdot x H_2O$ ist orangegelb.

15.5 V. Nebengruppe

15.5.1 Übersicht (Tab. 15.8)

Die Elemente sind typische Metalle. Die Tendenz, in niederen Oxidationsstufen aufzutreten, nimmt mit steigender Ordnungszahl ab. So sind Vanadin(V)-Verbindungen im Gegensatz zu Tantal(V)-Verbindungen leicht zu V(III)- und V(II)-Verbindungen reduzierbar.

Auf Grund der Lanthanoiden-Kontraktion sind sich Niob und Tantal sehr ähnlich und unterscheiden sich merklich vom Vanadin.

Tab. 15.8 Eigenschaften der Elemente der V. Nebengruppe

	V	Nb	Ta
Ordnungszahl	23	41	73
Elektronenkonfiguration	$3d^3\ 4s^2$	$4d^4\ 5s^1$	$5d^3\ 6s^2$
Schmp. [°C]	1900	2420	3000
Ionenradius [pm] M^{5+}	59	69	68

15.5.2 Vanadin

Vorkommen Eisenerze enthalten oft bis zu 1 % V_2O_5. Bei der Stahlherstellung sammelt sich V_2O_5 in der Schlacke des Konverters.

Herstellung
1. Durch Reduktion von V_2O_5 mit Calcium oder Aluminium.
2. Nach dem Verfahren von *van Arkel* und *de Boer* durch thermische Zersetzung von VI_2.

Eigenschaften Reines Vanadin ist stahlgrau, duktil und lässt sich kalt bearbeiten. Es wird durch eine dünne Oxidschicht passiviert. In oxidierenden Säuren sowie HF ist es löslich.

Verwendung Vanadin ist ein wichtiger Legierungsbestandteil von Stählen. Vanadinstahl ist zäh, hart und schlagfest. *Ferrovanadin* enthält bis zu 50 % Vanadin. Zur Herstellung der Legierung reduziert man ein Gemisch von V_2O_5 und Eisenoxid mit Koks im elektrischen Ofen. V_2O_5 dient als Katalysator bei der SO_3-Herstellung.

15.5.2.1 Verbindungen des Vanadins
Vanadinverbindungen enthalten das Metall in sehr verschiedenen Oxidationsstufen. Wichtig und stabil sind die Oxidationsstufen $+4$ und $+5$.

V_2O_5 (orange), Vanadinpentoxid, ist das stabilste Vanadinoxid. Es bildet sich beim Verbrennen von Vanadinpulver im Sauerstoffüberschuss oder beim Glühen anderer Vanadinverbindungen an der Luft.

15.6 VI. Nebengruppe

15.6.1 Übersicht (Tab. 15.9)

Die Elemente dieser Gruppe sind hochschmelzende Schwermetalle. Chrom weicht etwas stärker von den beiden anderen Elementen ab. Die Stabilität der höchsten Oxidationsstufe nimmt innerhalb der Gruppe von oben nach unten zu. Die bevorzugte Oxidationsstufe ist bei Chrom $+3$, bei Molybdän und Wolfram $+6$.

Tab. 15.9 Eigenschaften der Elemente der VI. Nebengruppe

	Cr	Mo	W
Ordnungszahl	24	42	74
Elektronenkonfiguration	$3d^5 4s^1$	$4d^5 5s^1$	$5d^4 6s^2$
Ionenradius [pm]			
M^{6+}	52	62	62
M^{3+}	63		

Beachte Cr(VI)-Verbindungen sind starke Oxidationsmittel.

15.6.2 Chrom

Vorkommen als $FeCr_2O_4 \equiv FeO \cdot Cr_2O_3$, Chromeisenstein (Chromit). Die Substanz ist ein *Spinell*. Die O^{2-}-Ionen bauen eine dichteste Kugelpackung auf, die Cr^{3+}-Ionen besetzen die oktaedrischen und die Fe^{2+}-Ionen die tetraedrischen Lücken.

Herstellung Reines Chrom gewinnt man mit dem **Thermitverfahren**:

$$Cr_2O_3 + 2\,Al \rightarrow Al_2O_3 + 2\,Cr \qquad \Delta H = -536\,kJ\,mol^{-1}$$

Eigenschaften Chrom ist silberweiß, weich und relativ unedel. Es löst sich in nichtoxidierenden Säuren unter H_2-Entwicklung. Gegenüber starken Oxidationsmitteln wie konz. HNO_3 ist es beständig (Passivierung).

Verwendung Beim **Verchromen** eines Werkstückes wird elementares Chrom kathodisch auf einer Zwischenschicht von Cadmium, Nickel oder Kupfer abgeschieden und das Werkstück auf diese Weise vor Korrosion geschützt. Chrom ist ein wichtiger Legierungsbestandteil für Stähle. **Ferrochrom** ist eine Cr–Fe-Legierung mit bis zu 60 % Cr. Man erhält sie durch Reduktion von $FeCr_2O_4$ (Chromit) mit Koks im elektrischen Ofen.

15.6.2.1 Chromverbindungen

In seinen Verbindungen besitzt das Element Chrom formal die Oxidationszahlen -2 bis $+6$. Am stabilsten ist Chrom in der Oxidationsstufe $+3$.

Chrom(II)-Verbindungen

Chrom(II)-Verbindungen sind starke Reduktionsmittel. Sie entstehen entweder aus den Elementen (wie z. B. $CrCl_2$, CrS) oder durch Reduktion von Cr^{3+}-Verbindungen mit H_2 bei höherer Temperatur.

Chrom(III)-Verbindungen

Chrom(III)-Verbindungen sind besonders stabil. Sie enthalten drei ungepaarte Elektronen.

$CrCl_3$ ist die wichtigste Chromverbindung. Die Herstellung gelingt aus Chrom oder $Cr_2O_7^{2-}$ mit Koks im Chlorstrom bei Temperaturen oberhalb $1200\,°C$.

Cr_2O_3 (grün) besitzt *Korundstruktur*. Es entsteht wasserfrei beim Verbrennen von Chrom an der Luft. Wasserhaltig erhält man es beim Versetzen wässriger Lösungen von Cr(III)-Verbindungen mit OH^--Ionen. Wasserhaltiges Cr_2O_3 ist amphoter. Mit

Säuren bildet es $[Cr(H_2O)_6]^{3+}$-Ionen und mit Laugen $[Cr(OH)_6]^{3-}$-Ionen (*Chromite*). Beim Zusammenschmelzen von Cr_2O_3 mit Metalloxiden M(II)O bilden sich *Spinelle* M(II)O · Cr_2O_3.

▶ In **Spinellen** bauen O^{2-}-Ionen eine kubisch-dichteste Packung auf, und die M^{3+}-bzw. M^{2+}-Ionen besetzen die oktaedrischen bzw. tetraedrischen Lücken in dieser Packung.
Beachte: Die Cr^{3+}-Ionen sitzen in oktaedrischen Lücken.

$KCr(SO_4)_2 · 12 H_2O$ (Chromalaun) kristallisiert aus Lösungen von K_2SO_4 und $Cr_2(SO_4)_3$ in großen dunkelvioletten Oktaedern aus.

Verwendung $Cr_2(SO_4)_3$ und $KCr(SO_4)_2 · 12 H_2O$ werden zur Chromgerbung von Leder verwendet (Chromleder).

Chrom(VI)-Verbindungen
Chrom(VI)-Verbindungen sind starke Oxidationsmittel.

CrO_3
CrO_3: orangerote Nadeln, Schmp. 197 °C.

Herstellung

$$Cr_2O_7{}^{2-} + H_2SO_{4\,konz.} \rightarrow (CrO_3)_x$$

Die Substanz ist sehr giftig (kanzerogen!); sie löst sich leicht in Wasser. In viel Wasser erhält man H_2CrO_4, in wenig Wasser Polychromsäuren $H_2Cr_nO_{3n+1}$. $(CrO_3)_x$ ist das Anhydrid der Chromsäure H_2CrO_4. Es ist aus Ketten von CrO_4-Tetraedern aufgebaut, wobei die Tetraeder jeweils über zwei Ecken verknüpft sind. $(CrO_3)_x$ ist ein starkes Oxidationsmittel. Mit organischen Substanzen reagiert es bisweilen explosionsartig.

Chromylchlorid CrO_2Cl_2
CrO_2Cl_2, Chromylchlorid, entsteht aus Chromaten mit Salzsäure. Es ist eine dunkelrote Flüssigkeit mit Schmp. $-96{,}5$ °C und Sdp. $116{,}7$ °C.

Chromate $M(I)_2CrO_4$; Dichromate $M(I)_2Cr_2O_7$
Herstellung von **Na_2CrO_4**:
1. Durch Oxidationsschmelze; *in der Technik:*
   $$Cr_2O_3 + 3/2\,O_2 + 2\,Na_2CO_3 \rightarrow 2\,Na_2CrO_4 + 2\,CO_2$$
   im Labor:
   $$Cr_2O_3 + 2\,Na_2CO_3 + 3\,KNO_3 \rightarrow 2\,Na_2CrO_4 + 3\,KNO_2 + 2\,CO_2$$
2. Durch anodische Oxidation von Cr(III)-sulfat-Lösung an Bleielektroden.

Abb. 15.4 Struktur von
$Cr_2O_7^{2-}$

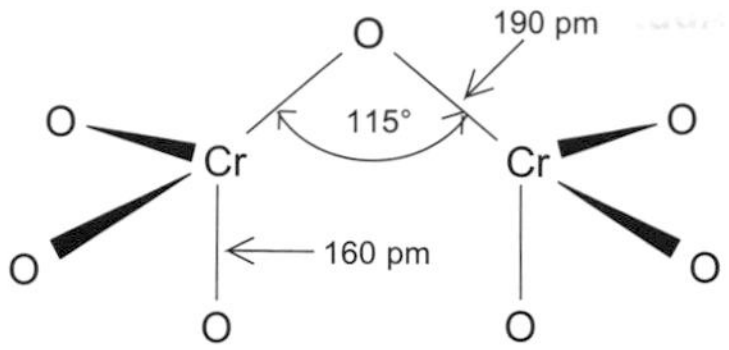

Herstellung von $Na_2Cr_2O_7$:

$$2\,Na_2CrO_4 + H_2SO_4 \rightarrow Na_2Cr_2O_7 + Na_2SO_4 + H_2O$$

Eigenschaften Zwischen CrO_4^{2-} (gelb) und $Cr_2O_7^{2-}$ (orange) besteht in verdünnter Lösung ein pH-abhängiges Gleichgewicht:

$$2\,CrO_4^{2-} \underset{OH^-}{\overset{H_3O^+}{\rightleftharpoons}} Cr_2O_7^{2-} + H_2O$$

Bei der Bildung von $Cr_2O_7^{2-}$ werden zwei CrO_4^{2-}-Tetraeder unter Wasserabspaltung über eine Ecke miteinander verknüpft (Abb. 15.4). Diese **Kondensationsreaktion** läuft schon bei Zimmertemperatur ab. Dichromate sind nur bei pH-Werten < 7 stabil. In konzentrierten, stark sauren Lösungen bilden sich unter Farbvertiefung höhere **Polychromate** der allgemeinen Formel: $[Cr_nO_{3n+1}]^{2-}$.

▶ Chromate und Dichromate sind starke Oxidationsmittel.

Besonders stark oxidierend wirken **saure** Lösungen. So werden schwefelsaure Dichromat-Lösungen z. B. bei der Farbstoffherstellung verwendet. Einige Chromate sind schwerlösliche Substanzen: $BaCrO_4$, $PbCrO_4$ und Ag_2CrO_4 sind gelb, Hg_2CrO_4 ist rot. $PbCrO_4$ (Chromgelb) und $PbCrO_4 \cdot Pb(OH)_2$ (Chromrot) finden als Farbpigmente kaum noch Verwendung wegen der krebserregenden Eigenschaften vieler Chrom(VI)-Verbindungen, wenn sie in atembarer Form (z. B. als Staub, Aerosol) auftreten. $K_2Cr_2O_7$ dient zum Alkoholnachweis in der Atemluft. Bei Anwesenheit von Alkohol verfärbt es sich von gelb nach grün.

15.6.3 Molybdän

Vorkommen MoS_2 (Molybdänglanz, Molybdänit), $PbMoO_4$ (Gelbbleierz).

Gewinnung Durch Rösten von MoS_2 entsteht MoO_3. Dieses wird mit Wasserstoff zu Molybdän reduziert. Das anfallende Metallpulver wird anschließend zu kompakten Metallstücken zusammengeschmolzen.

Abb. 15.5 MoS_2-Gitter
(nach *Hiller*)

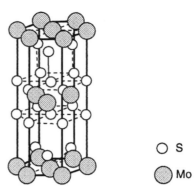

○ S

◉ Mo

Eigenschaften Molybdän ist ein hartes, sprödes, dehnbares Metall. Als Legierungsbestandteil in Stählen erhöht es deren Härte und Zähigkeit. **Ferromolybdän** enthält 50–85 % Mo. Man erhält es durch Reduktion von MoO_3 und Eisenoxid mit Koks im elektrischen Ofen.

Molybdän ist relativ beständig gegen nichtoxidierende Säuren (Passivierung). Oxidierende Säuren und Alkalischmelzen führen zur Verbindungsbildung.

15.6.3.1 Molybdänverbindungen

$(NH_4)_6Mo_7O_{24}$, **Ammoniummolybdat,** findet in der analytischen Chemie Verwendung zum Nachweis von Phosphat. In salpetersaurer Lösung bildet sich ein gelber Niederschlag von $(NH_4)_3[P(Mo_{12}O_{40})]$ = Ammonium-12-molybdatophosphat.

Molybdänblau ist eine blaugefärbte, kolloidale Lösung von Oxiden mit *vier-* und *sechswertigem* Molybdän. Es entsteht beim Reduzieren einer angesäuerten Molybdatlösung z. B. mit $SnCl_2$ und dient als analytische Vorprobe.

MoS_2 bildet sich beim Erhitzen von Molybdänverbindungen wie MoO_3 mit H_2S. Es besitzt ein Schichtengitter und wird als temperaturbeständiger Schmierstoff verwendet (Abb. 15.5).

15.6.4 Wolfram

Vorkommen z. B. Wolframit $(Mn,Fe(II))WO_4$, Wolframocker $WO_3 \cdot$ aq.

Herstellung Durch Reduktion von WO_3 mit Wasserstoff bei ca. 1200 °C erhält man Wolfram in Pulverform. Dieses wird zusammengepresst und in einer Wasserstoffatmosphäre elektrisch gesintert.

Eigenschaften Das weißglänzende Metall zeichnet sich durch einen hohen Schmelzpunkt und große mechanische Festigkeit aus. Es lässt sich zu langen dünnen

Drähten ausziehen. An seiner Oberfläche bildet sich eine dünne, zusammenhängende Oxidschicht, wodurch es gegen viele Säuren resistent ist. Wolfram verbrennt bei Rotglut zu WO_3. In Alkalihydroxidschmelzen löst es sich unter Bildung von Wolframaten.

Verwendung Wolfram findet vielfache technische Verwendung, so z. B. als Glühfaden in Glühbirnen und als Legierungsbestandteil in „Wolframstahl". **Ferrowolfram** enthält 60–80 % W. Man gewinnt es durch Reduktion von Wolframerz und Eisenerz mit Koks im elektrischen Ofen. **Wolframcarbid WC** wird mit ca. 10 % Kobalt gesintert und ist unter der Bezeichnung **Widiametall** als besonders harter Werkstoff, z. B. für Bohrerköpfe, im Handel.

Halogenglühlampen enthalten eine Glühwendel aus Wolfram sowie Halogen (Iod, Brom oder Dibrommethan). Beim Erhitzen der Glühwendel verdampft Wolframmetall. Unterhalb von 1400 °C reagiert der Metalldampf mit dem Halogen, z. B. Iod zu WI_2 (W + 2 I $\rightleftharpoons$ WI_2), das bei ca. 250 °C gasförmig vorliegt und an die ca. 1400 °C heiße Wendel diffundiert. Hier wird es wieder in die Elemente gespalten. Wolfram scheidet sich an der Wendel ab, das Halogen steht für eine neue **Transportreaktion** zur Verfügung.

▶ **Transportreaktionen**
Als chemische Transportreaktionen bezeichnet man reversible Reaktionen, bei denen sich ein fester oder flüssiger Stoff mit einem gasförmigen Stoff zu gasförmigen Reaktionsprodukten umsetzt. Der Stofftransport erfolgt unter Bildung flüchtiger Verbindungen (= über die Gasphase), die bei Temperaturänderung an anderer Stelle wieder in die Reaktanden zerlegt werden.
Beispiele für transportierbare Stoffe: Elemente, Halogenide, Oxidhalogenide, Oxide, Sulfide, Selenide, Telluride, Nitride, Phosphide, Arsenide, Antimonide.
Beispiele für Transportmittel: Cl_2, Br_2, I_2, HCl, HBr, HI, O_2, H_2O, CO, CO_2, $AlCl_3$, $SiCl_4$, $NbCl_5$.
Wichtige Verfahren: „Mond-Verfahren" s. Abschn. 15.8.1.2.
Verfahren von *van Arkel* und *de Boer* s. Abschn. 15.4.2, , 15.5.2, 16.1.3.

15.6.4.1 Wolframverbindungen

WO_3, **Wolfram(VI)-oxid** (Wolframocker), entsteht als gelbes Pulver beim Glühen vieler Wolframverbindungen an der Luft. Es ist unlöslich in Wasser und Säuren, löst sich aber in starken Alkalihydroxidlösungen unter Bildung von Wolframaten.

Wolframate, Polysäuren

Monowolframate, $M(I)_2WO_4$, sind nur in stark alkalischem Medium stabil. Beim Ansäuern tritt Kondensation ein zu Anionen von **Polywolframsäuren**, die auch hydratisiert sein können:

$$6\,WO_4{}^{2-} \rightleftharpoons [HW_6O_{21}]^{5-} \quad \textbf{Hexawolframat-Ion}\ \text{usw.}$$

Bei pH-Werten < 5 erhält man

$$12\,WO_4{}^{2-} \rightleftharpoons [W_{12}O_{39}]^{6-} \quad \textbf{Metawolframat-Ion}$$

bzw. $[H_2W_{12}O_{40}]^{6-}$ ($=$ hydratisiert).
Sinkt der pH-Wert unter 1,5, bildet sich $(WO_3)_x \cdot$ aq (Wolframoxidhydrat).

▶ Die Säuren, welche diesen Anionen zugrunde liegen, heißen **Isopolysäuren**, weil
sie die gleiche Ausgangssäure besitzen.
Heteropolysäuren nennt man im Gegensatz dazu Polysäuren, welche entstehen,
wenn man mehrbasige schwache Metallsäuren wie Wolframsäure, Molybdänsäure,
Vanadinsäure mit mehrbasigen, mittelstarken Nichtmetallsäuren ($=$ *Stammsäuren*)
wie Borsäure, Kieselsäure, Phosphorsäure, Arsensäure, Periodsäure kombiniert. Man
erhält gemischte Polysäureanionen bzw. ihre Salze.
Heteropolysäuren des Typs $[X(W_{12}O_{40})]^{(n-8)-}$ mit $n =$ Wertigkeit des Heteroatoms
erhält man mit den Heteroatomen X $=$ P, As, Si.
Heteropolysäuren des Typs $[X(W_6O_{24})]^{(n-12)-}$ kennt man mit X $=$ I, Te, Fe usw.

Wolframblau entsteht als Mischoxid mit W^{4+} und W^{5+} bei der Reduktion von
Wolframaten mit $SnCl_2$ u. a.

15.7   VII. Nebengruppe

15.7.1   Übersicht (Tab. 15.10)

15.7.2   Mangan

Vorkommen in Form von Oxiden: z. B. MnO_2 (Braunstein), Manganknollen auf
dem Boden der Tiefsee.

Herstellung durch Reduktion der Oxide mit Aluminium:

$$3\,Mn_3O_4 + 8\,Al \rightarrow 9\,Mn + 4\,Al_2O_3 \text{ oder}$$
$$3\,MnO_2 + 4\,Al \rightarrow 3\,Mn + 2\,Al_2O_3$$

Tab. 15.10   Eigenschaften der Elemente

	Mn	Tc	Re
Ordnungszahl	25	43	75
Elektronenkonfiguration	$3d^5\,4s^2$	$4d^5\,5s^2$	$5d^5\,6s^2$
Schmp. [°C]	1250	2140	3180
Ionenradius M^{2+} [pm]	80		
Ionenradius M^{7+} [pm]	46		56

Eigenschaften Mangan ist ein silbergraues, hartes, sprödes und relativ unedles Metall. Es löst sich leicht in Säuren unter H_2-Entwicklung und Bildung von Mn^{2+}-Ionen. Mn reagiert mit den meisten Nichtmetallen. An der Luft verbrennt es zu Mn_3O_4.

Verwendung Mangan ist ein wichtiger Legierungsbestandteil. **Manganstahl** entsteht bei der Reduktion von Mangan-Eisenerzen mit Koks im Hochofen oder elektrischen Ofen. Mn dient dabei u. a. als Desoxidationsmittel für Eisen:

$$Mn + FeO \rightarrow MnO + Fe$$

Ferromangan ist eine Stahllegierung mit einem Mn-Gehalt von 30–90 %. Von den Manganverbindungen findet vor allem $KMnO_4$, Kaliumpermanganat, als Oxidations- und Desinfektionsmittel Verwendung.

15.7.2.1 Manganverbindungen

Mangan kann in seinen Verbindungen die Oxidationszahlen -3 bis $+7$ annehmen. Von Bedeutung sind jedoch nur die Oxidationsstufen $+2$ in Mn^{2+}-Kationen, $+4$ im MnO_2 und $+7$ in $KMnO_4$.

Mn(II)-Verbindungen

Mn(II)-Verbindungen haben die energetisch günstige Elektronenkonfiguration $3d^5$. Mn(II)-Verbindungen sind in Substanz und saurem Medium stabil. In alkalischer Lösung wird Mn^{2+} durch Luftsauerstoff leicht zu Mn^{4+} oxidiert:

$$Mn(OH)_2 \text{ (farblos)} \rightarrow MnO_2 \cdot aq \text{ (braun)}$$

MnS fällt im Trennungsgang der qualitativen Analyse als fleischfarbener Niederschlag an. Man kennt auch eine orangefarbene und eine grüne Modifikation.

Mn(IV)-Verbindungen

MnO_2, Braunstein, ist ein schwarzes kristallines Pulver. Wegen seiner außerordentlich geringen Wasserlöslichkeit ist es sehr stabil. Das amphotere MnO_2 ist Ausgangsstoff für andere Mn-Verbindungen, z. B.

$$MnO_2 + H_2SO_4 \xrightarrow{+C} MnSO_4$$

MnO_2 ist ein **Oxidationsmittel**:

$$2\,MnO_2 \xrightarrow{>500\,°C} Mn_2O_3 + 1/2\,O_2$$

Zusammen mit Graphit bildet es die positive Elektrode (Anode) in Trockenbatterien (Leclanché-Element, s. Abschn. 9.4.1).

Mn(VII)-Verbindungen
KMnO₄, Kaliumpermanganat, ist ein starkes Oxidationsmittel. In alkalischem
Milieu wird es zu MnO_2 reduziert ($E^0 = +0,59$ V). In saurer Lösung geht die
Reduktion bis zum Mn(II) ($E^0 = +1,51$ V).

▶ **Anmerkung zu Clustern**
Metall–Metall-Bindungen findet man häufig bei **niedrigen** Oxidationszahlen von
Metallen wie Nb, Ta, Mo, W, Re insbesondere bei *Halogeniden* und *niederen Oxiden*
(Suboxiden). Für die Bindung werden nämlich „große" d-AO benötigt.
Außer Clustern mit Inselstruktur kennt man solche mit ein- und mehrdimensionalen
Metall–Metall-Bauelementen.
Aber auch Elemente **ohne** d-AO wie Rb und Cs bilden in sog. Suboxiden (Oxide mit
formal niedrigen Oxidationszahlen) *oktaedrische Cluster* aus sechs Metallatomen mit
sehr kurzem Metall–Metall-Abstand.

15.8 VIII. Nebengruppe

Diese Nebengruppe enthält **neun** Elemente mit unterschiedlicher Elektronenzahl
im d-Niveau. Die sog. **Eisenmetalle** Fe, Co, Ni sind untereinander chemisch sehr
ähnlich (Tab. 15.11). Sie unterscheiden sich in ihren Eigenschaften recht erheblich
von den sog. **Platinmetallen**, welche ihrerseits wieder in Paare aufgetrennt werden
können.

15.8.1 Eisenmetalle

15.8.1.1 Eisen
Vorkommen in Form von Erzen z. B.: $Fe_3O_4 = FeO \cdot Fe_2O_3$, Magneteisenstein
(Magnetit); Fe_2O_3, Roteisenstein (Hämatit); Fe_2O_3-aq, Brauneisenstein; FeS_2, Ei-
senkies (Pyrit).

Tab. 15.11 Eigenschaften

Element	Ordnungszahl	Elektronenkonfiguration	Schmp. [°C]	Ionenradius [pm]		
				M^{2+}	M^{3+}	M^{4+}
Fe	26	$3d^6\,4s^2$	1540	76	64	
Co	27	$3d^7\,4s^2$	1490	74	63	
Ni	28	$3d^8 4s^2$	1450	72	62	
Ru	44	$4d^7\,5s^2$	2300			67
Rh	45	$4d^8\,5s^1$	1970	86	68	
Pd	46	$4d^{10}$	1550	80		65
Os	76	$4f^{14}\,5d^6\,6s^2$	3000			69
Ir	77	$4f^{14}5d^76s^2$	2454			68
Pt	78	$4f^{14}\,5d^9\,6s^1$	1770	80		65

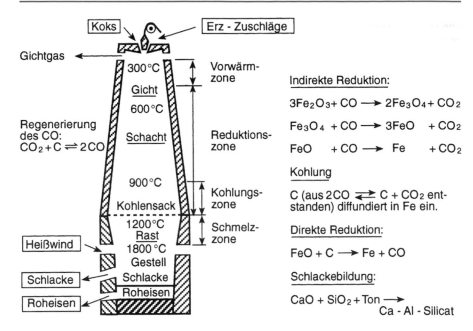

Abb. 15.6 Schematische Darstellung des Hochofenprozesses

Herstellung

Die oxidischen Erze werden meist mit Koks im **Hochofen** reduziert (Abb. 15.6). Ein Hochofen ist ein 25–30 m hoher schachtförmiger Ofen von ca. 10 m Durchmesser. Die eigenartige Form (aufeinander gestellte Kegel) ist nötig, weil mit zunehmender Temperatur das Volumen der „Beschickung" stark zunimmt und dies ein „Hängen" des Ofens bewirken würde. Daher ist der **Kohlensack** die breiteste Stelle im Ofen. Unterhalb des Kohlensacks schmilzt die Beschickung, was zu einer Volumenverminderung führt. Die Beschickung des Ofens erfolgt so, dass man schichtweise Koks und Eisenerz mit **Zuschlag** einfüllt.

Das **Roheisen** enthält ca. 4 % C, ferner geringe Mengen an Mn, Si, S, P u. a. Es wird als **Gusseisen** verwendet.

Schmiedbares Eisen bzw. **Stahl** erhält man durch Verringerung des C-Gehalts im Roheisen unter 1,7 %.

Reines, C-freies Eisen (**Weicheisen**) ist nicht härtbar.

Zur Stahlerzeugung dienen das Siemens-Martin-Verfahren und das Windfrisch-Verfahren im Konverter (Abb. 15.7).

Eigenschaften

Reines Eisen kommt in drei enantiotropen Modifikationen vor: α-**Fe** (kubisch-innenzentriert), γ-**Fe** (kubisch-dicht), δ-**Fe** (kubisch-innenzentriert):

$$\alpha\text{-Eisen} \overset{906°C}{\rightleftharpoons} \gamma\text{-Eisen} \overset{1401°C}{\rightleftharpoons} \delta\text{-Eisen} \overset{1539°C}{\rightleftharpoons} \text{flüssiges Eisen}$$

Abb. 15.7 Schematische Darstellung eines Konverters zur Stahlerzeugung

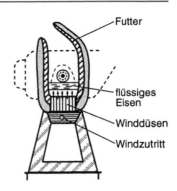

α-**Fe** ist wie Cobalt und Nickel **ferromagnetisch**. Bei 768 °C (*Curie-Temperatur*) wird es paramagnetisch. Eisen wird von feuchter, CO_2-haltiger Luft angegriffen. Es bilden sich Oxidhydrate, $FeO(OH)aq$ (= **Rostbildung**). Die Rostbildung ist ein sehr komplexer Vorgang.

Eisenverbindungen

In seinen Verbindungen ist Eisen hauptsächlich *zwei-* und *dreiwertig*, wobei der Übergang zwischen beiden Oxidationsstufen relativ leicht erfolgt:

$$Fe^{2+} \rightleftharpoons Fe^{3+} + e^- \qquad E^0 = +0{,}77\,V$$

Eisen(II)-Verbindungen

Fe(OH)₂ entsteht unter Luftausschluss als weiße Verbindung bei der Reaktion:

$$Fe^{2+} + 2\,OH^- \rightarrow Fe(OH)_2$$

Es wird an der Luft leicht zu $Fe(OH)_3 \cdot$ aq oxidiert.

$(NH_4)_2SO_4 \cdot FeSO_4 \cdot 6\,H_2O$ *(Mohr'sches Salz)* ist ein Doppelsalz. In Lösung zeigt es die Eigenschaften der Komponenten. Im Gegensatz zu anderen Fe(II)-Verbindungen wird es durch Luftsauerstoff nur langsam oxidiert.

FeS_2 (Pyrit, Schwefelkies), glänzend-gelb, enthält $S_2{}^{2-}$-Ionen.

Fe(II)-Komplexverbindungen sind mehr oder weniger leicht zu Fe(III)-Komplexen zu oxidieren. Relativ stabil ist z.B. $K_4[Fe(CN)_6] \cdot 3\,H_2O$, Kaliumhexacyanoferrat(II) *(gelbes Blutlaugensalz)*.

Herstellung

$$Fe^{2+} + 6\,CN^- \rightarrow [Fe(CN)_6]^{4-}$$

Es wurde ursprünglich durch Erhitzen von Blut mit K_2CO_3 und anschließendem Auslaugen mit Wasser gewonnen.

Biologisch wichtig ist der Eisenkomplex, welcher im **Hämoglobin**, dem Farbstoff der roten Blutkörperchen (Erythrocyten), vorkommt.

Eisen(III)-Verbindungen
Fe^{3+}**-Ionen in Wasser** Beim Auflösen von Fe(III)-Salzen in Wasser bilden sich
$[Fe(H_2O)_6]^{3+}$-Ionen. Diese reagieren sauer:

$$[Fe(H_2O)_6]^{3+} + H_2O \rightleftharpoons [Fe(H_2O)_5(OH)]^{2+} + H_3O^+$$

$$[Fe(H_2O)_5OH]^{2+} + H_2O \rightleftharpoons [Fe(H_2O)_4(OH)_2]^+ + H_3O^+$$

$[Fe(H_2O)_6]^{2+}$ ist eine sog. **Kationsäure** und $[Fe(H_2O)_5OH]^{2+}$ eine **Kationbase**.
    Bei dieser „Hydrolyse" laufen dann Kondensationsreaktionen ab (besonders
beim Verdünnen oder Basenzusatz); es entstehen unter Braunfärbung kolloide Kondensate der Zusammensetzung $(FeOOH)_x \cdot$ aq. Mit zunehmender Kondensation
flockt $Fe(OH)_3 \cdot$ aq bzw. $Fe_2O_3 \cdot nH_2O$ aus. Die Kondensate bezeichnet man auch
als **Isopolybasen**.
    Al^{3+} und Cr^{3+} verhalten sich analog.
    Um die „Hydrolyse" zu vermeiden, säuert man z. B. wässrige $FeCl_3$-Lösungen
mit Salzsäure an. Es bilden sich gelbe Chlorokomplexe: $[FeCl_4(H_2O)_2]^-$.

$Fe_2(SO_4)_3$ entsteht nach der Gleichung:

$$Fe_2O_3 + 3\,H_2SO_4 \rightarrow Fe_2(SO_4)_3 + 3\,H_2O$$

Mit Alkalisulfaten bildet es Alaune (Doppelsalze) vom Typ $M(I)Fe(SO_4)_2 \cdot 12\,H_2O$,
s. Abschn. 14.4.2.1.

$Fe(SCN)_3$ ist blutrot gefärbt. Seine Bildung ist ein empfindlicher Nachweis für
Fe^{3+}:

$$Fe^{3+} + 3\,SCN^- \rightarrow Fe(SCN)_3$$

Mit überschüssigem SCN^- entsteht u. a. $[Fe(SCN)_6]^{3-}$ bzw. $[Fe(NCS)_6]^{3-}$.

$K_3[Fe(CN)_6]$, Kaliumhexacyanoferrat(III) (rotes Blutlaugensalz), ist **thermodynamisch instabiler** als das gelbe $K_4[Fe(CN)_6]$ (hat Edelgaskonfiguration) und gibt
langsam Blausäure (HCN) ab. *Herstellung:* Aus $K_4[Fe(CN)_6]$ durch Oxidation,
z. B. mit Cl_2.

$Fe^{III}[Fe^{III}Fe^{II}(CN)_6]_3$ ist „unlösliches Berlinerblau" oder „unlösliches Turnbulls-
Blau". Es entsteht entweder aus $K_4[Fe(CN)_6]$ und überschüssigen Fe^{3+}-Ionen
oder aus $K_3[Fe(CN)_6]$ mit überschüssigen Fe^{2+}-Ionen und wird als blauer Farbstoff für blaue Tinte und für Lichtpausen verwendet. *Lösliches Berlinerblau* ist
$K[Fe^{III}Fe^{II}(CN)_6]$.

Eisenoxide sind wichtige Bestandteile anorganischer Pigmente.

▶ **Pigmente** sind feinteilige Farbmittel, die in Löse- oder Bindemitteln praktisch unlöslich sind.

Sie bestehen mit Ausnahme der „metallischen Pigmente" (Al, Cu, α-Messing), der „Magnetpigmente" (z. B. γ-Fe_2O_3, Fe_3O_4/Fe_2O_3, Cr_2O_3) und „Farbruße" im Wesentlichen aus Oxiden, Oxidhydraten, Sulfiden, Sulfaten, Carbonaten und Silicaten der Übergangsmetalle.

15.8.1.2   Cobalt und Nickel

Vorkommen und Gewinnung Cobalt und Nickel werden bei der Aufarbeitung von **Kupfererzen** und **Magnetkies** (FeS) gewonnen. Nach ihrer Anreicherung werden die Oxide mit **Kohlenstoff** zu den Rohmetallen reduziert. Diese werden elektrolytisch gereinigt.

Reines Nickel erhält man z. B. auch nach dem Mond-Verfahren durch Zersetzung von Nickeltetracarbonyl:

$$Ni(CO)_4 \stackrel{\Delta}{\rightleftharpoons} Ni + 4\,CO$$

Verwendung Cobalt und Nickel sind wichtige Legierungsbestandteile von Stählen. Cobalt wird auch zum Färben von Gläsern (Cobaltblau) benutzt. Nickel findet Verwendung als Oberflächenschutz (Vernickeln), als Münzmetall, zum Plattieren von Stahl und als Katalysator bei katalytischen Hydrierungen.

Cobaltverbindungen
In seinen Verbindungen hat Cobalt meist die Oxidationszahlen $+2$ und $+3$. In einfachen Verbindungen ist die zweiwertige und in Komplexen die dreiwertige Oxidationsstufe stabiler.

Cobalt(II)-Verbindungen In einfachen Verbindungen ist die zweiwertige Oxidationsstufe sehr stabil. Es gibt zahlreiche wasserfreie Substanzen wie **CoO**, das zum Färben von Glas benutzt wird, oder **CoCl₂** (blau), das mit Wasser einen rosa gefärbten Hexaqua-Komplex bildet. Es kann daher als Feuchtigkeitsindikator dienen, z. B. im „Blaugel", s. Abschn. 14.5.2.1. Co^{2+} bildet oktaedrische, tetraedrische und mit bestimmten Chelatliganden planar-quadratische Komplexe.

Cobalt(III)-Verbindungen Einfache Co(III)-Verbindungen sind instabil.
Besonders stabil ist die dreiwertige Oxidationsstufe in Komplexverbindungen. Co^{3+} bildet oktaedrische Komplexe, z. B. $[Co(H_2O)_6]^{3+}$, von denen die Ammin-, Acido- und Aqua-Komplexe schon lange bekannt sind und bei der Erarbeitung der Theorie der Komplexverbindungen eine bedeutende Rolle gespielt haben. Ein wichtiger biologischer Co(III)-Komplex ist das **Vitamin B₁₂, Cyanocobalamin** (Abb. 15.8).

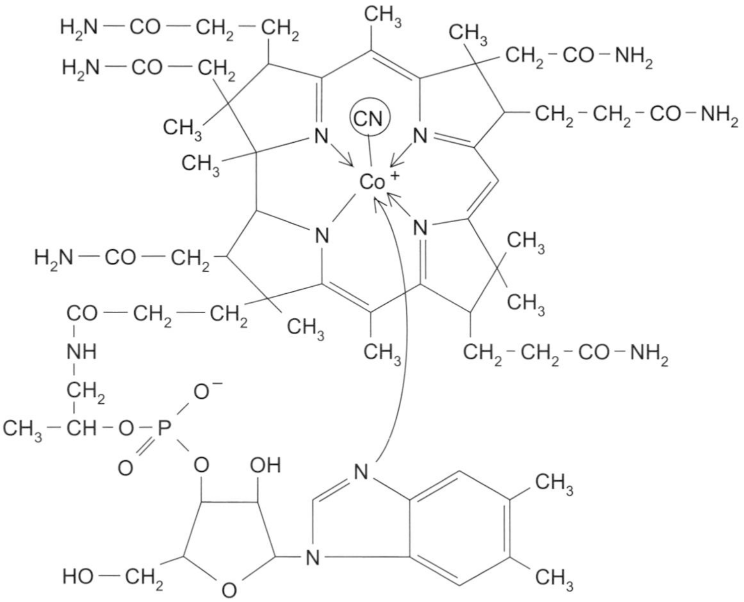

Abb. 15.8 Vitamin B_{12}

Es ähnelt im Aufbau dem Häm. Das makrocyclische Grundgerüst heißt **Corrin**. Vier Koordinationsstellen am Cobalt sind durch die Stickstoffatome des Corrins besetzt, als weitere Liganden treten die CN^--Gruppe und 5,6-Dimethylbenzimidazol auf, das über eine Seitenkette mit einem Ring des Corrins verknüpft ist.

Die Vitamin-B_{12}-Wirkung bleibt auch erhalten, wenn CN^- durch andere Anionen ersetzt wird, z. B. OH^-, Cl^-, NO_2^-, OCN^-, SCN^- u. a.

$(\pi\text{-}C_5H_5)_2Co$, Cobaltocen, s. Ferrocen, Abschn. 6.1.2, Abb. 6.3.

Nickelverbindungen

Nickel tritt in seinen Verbindungen fast nur *zweiwertig* auf. Da sich Nickel in verdünnten Säuren löst, sind viele Salze bekannt, die meist gut wasserlöslich sind. Das schwerlösliche $Ni(CN)_2$ geht mit CN^- als $[Ni(CN)_4]^{2-}$ komplex in Lösung.

Nickel bildet paramagnetische oktaedrische **Komplexe** wie z. B. $[Ni(H_2O)_6]^{2+}$ und $[Ni(NH_3)_6]^{2+}$, paramagnetische tetraedrische Komplexe wie $[NiCl_4]^{2-}$ und diamagnetische planar-quadratische Komplexe wie $[Ni(CN)_4]^{2-}$ und Bis(dimethylglyoximato)-nickel(II), bekannt auch als **Nickeldiacetyldioxim** (Abb. 15.9). Dieser rote Komplex entsteht aus einer ammoniakalischen Lösung von Ni-Salzen und einer Lösung von Diacetyldioxim (= Dimethylglyoxim) in Ethanol. Er dient zum qualitativen Nickelnachweis sowie zur quantitativen Nickelbestimmung.

Nickel (0)-Verbindung $\overset{0}{Ni}(CO)_4$ (tetraedrisch).

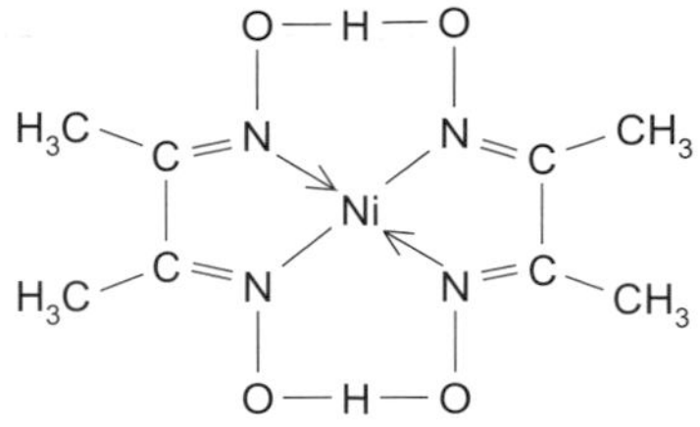

Abb. 15.9
Bis(dimethylglyoximato)-
nickel(II), Ni-Diacetyldioxim
(Grenzstruktur)

$$
\begin{array}{c}
O-H-O \\
H_3C \diagdown_{C=N} \quad {}_{N=C} \diagup CH_3 \\
Ni \\
H_3C \diagup^{C=N} \quad {}_{N}\diagdown_{C} \diagdown CH_3 \\
O-H-O
\end{array}
$$

15.8.2 Platinmetalle

Vorkommen und Gewinnung
Die Elemente kommen meist gediegen (z. T. als Legierung) oder als Sulfide vor. Daher finden sie sich oft bei der Aufbereitung von z. B. Nickelerzen oder der Goldraffination. Nach ihrer Anreicherung werden die Elemente in einem langwierigen Prozess voneinander getrennt. Er beruht auf Unterschieden in der Oxidierbarkeit der Metalle und der Löslichkeit ihrer Komplexsalze.

Eigenschaften und Verwendung
Die Elemente sind hochschmelzende, schwere Metalle, von denen **Ruthenium** und **Osmium** kaum verwendet werden. **Rhodium** wird Platin zulegiert (1–10 %), um dessen Haltbarkeit und katalytische Eigenschaften zu verbessern. **Iridium** ist widerstandsfähiger als Platin; es ist unlöslich in Königswasser. Zur Herstellung von Laborgeräten und Schreibfedern findet eine Pt-Ir-Legierung Verwendung. **Platin** und **Palladium** sind wichtige Katalysatoren in Technik und Labor, s. z. B. NO-Herstellung (s. Abschn. 14.6.1.1) und Hydrierungsreaktionen (s. Abschn. 21.1.2.2). Platin wird darüber hinaus in der Schmuckindustrie benutzt und dient zur Herstellung von technischen Geräten sowie der Abgasreinigung von Ottomotoren. Heißes Palladiumblech ist so durchlässig für Wasserstoff, dass man es zur Reinigung von Wasserstoff benutzen kann. Die Elemente gehören zu den edelsten Metallen.

Palladium löst sich in Cl_2-haltiger Salzsäure oder in konz. HNO_3.

Platin geht in Königswasser in Lösung, es bildet sich $H_2[PtCl_6] \cdot 6\,H_2O$, Hexachloroplatin(IV)-Säure.

Beachte Platingeräte werden angegriffen von schmelzenden Cyaniden, Hydroxiden, Sulfiden, Phosphat, Silicat, Blei, Kohlenstoff, Silizium, LiCl, $HgCl_2$ u. a.

15.8.2.1 Verbindungen der Platinmetalle
Wichtige Verbindungen der Platinmetalle sind die **Oxide**, **Halogenide** und die Vielzahl von **Komplexverbindungen** (Kap. 6, Abschn. 6.2).

Ruthenium und Osmium

Ruthenium und Osmium bilden Verbindungen mit den Oxidationszahlen von -2 bis $+8$ (z. B. in RuO_4 und OsO_4). Das farblose, giftige **OsO$_4$** (Schmp. $\sim 40\,^\circ$C, Sdp. 130 °C) ist bei Zimmertemperatur flüchtig.

Palladium und Platin

Viele ihrer Verbindungen waren Forschungsobjekte der klassischen Komplexchemie. Komplexverbindungen mit **Pd^{2+}** und **Pt^{2+}** sind **planar-quadratisch** gebaut. Verbindungen mit **Pd^{4+}** und **Pt^{4+}** haben Koordinationszahl 6 und somit **oktaedrischen** Bau.

Von besonderer praktischer Bedeutung ist die Fähigkeit von metallischem Palladium, Wasserstoffgas in sein Gitter aufzunehmen. Unter beträchtlicher Gitteraufweitung entsteht hierbei eine **Palladium-Wasserstoff-Legierung** (maximale Formel: $PdH_{0,85}$). Bei Hydrierungen kann der Wasserstoff in sehr reaktiver Form wieder abgegeben werden. Ähnlich, jedoch weniger ausgeprägt, ist diese Erscheinung beim Platin. Da Platin auch Sauerstoffgas absorbieren kann, wird es häufig als Katalysator bei Oxidationsprozessen eingesetzt.

cis-[PtCl$_2$(NH$_3$)$_2$] (cis-Platin) (quadratisch) zeigt Anti-Tumor-Wirkung.

PtF$_6$ mit Pt(VI) ist ein sehr starkes Oxidationsmittel. Es reagiert mit O_2 bzw. Xenon zu $O_2{}^+[PtF_6]^-$ bzw. $Xe^+[PtF_6]^-$.

15.8.3 Lanthanoide, Ln

15.8.3.1 Übersicht (Tab. 15.12)

Die Chemie der 14 auf das La folgenden Elemente ist der des La sehr ähnlich, daher auch die Bezeichnung **Lanthanoide** (früher Lanthanide). Der ältere Name „Seltene Erden" ist irreführend, da die Elemente weit verbreitet sind. Sie kommen meist jedoch nur in geringer Konzentration vor. Alle Lanthanoide bilden stabile M(III)-Verbindungen, deren Metall-Ionenradien mit zunehmender Ordnungszahl infolge der Lanthanoiden-Kontraktion abnehmen.

15.8.3.2 Vorkommen und Gewinnung

Meist als **Phosphate** oder **Silicate**. Die Mineralien werden z. B. mit konz. H_2SO_4 aufgeschlossen und die Salze aus ihren Lösungen über Ionenaustauscher abgetrennt. Die Metalle gewinnt man durch Reduktion der Chloride.

15.8.3.3 Verwendung

Verwendung findet Ce im Cer-Eisen (70 % Ce, 30 % Fe), als Zündstein in Feuerzeugen und als Oxid in den Gasglühstrümpfen (1 % CeO_2 + 99 % ThO_2). Oxide von Nd und Pr dienen zum Färben von Brillengläsern. Einige Lanthanoidenverbindungen werden als Zusatz in den Leuchtschichten von Farbfernsehgeräten verwendet.

Tab. 15.12 Eigenschaften der Elemente der Lanthanoide

Element	Ordnungszahl	Elektronenkonfiguration	Farben der M^{3+}-Ionen
Ce	58	$4f^2\ 5s^2\ 5p^6\ 5d^0\ 6s^2$	**Fast farblos**
Pr	59	$4f^3\ 5s^2\ 5p^6\ 5d^0\ 6s^2$	Gelbgrün
Nd	60	$4f^4\ 5s^2\ 5p^6\ 5d^0\ 6s^2$	Violett
Pm	61	$4f^5\ 5s^2\ 5p^6\ 5d^0\ 6s^2$	Violettrosa
Sm	62	$4f^6\ 5s^2\ 5p^6\ 5d^0\ 6s^2$	Tiefgelb
Eu	63	$4f^7\ 5s^2\ 5p^6\ 5d^0\ 6s^2$	Fast farblos
Gd	**64**	$\mathbf{4f^7\ 5s^2\ 5p^6\ 5d^1\ 6s^2}$	**Farblos**
Tb	65	$4f^9\ 5s^2\ 5p^6\ 5d^0\ 6s^2$	Fast farblos
Dy	66	$4f^{10}\ 5s^2\ 5p^6\ 5d^0\ 6s^2$	Gelbgrün
Ho	67	$4f^{11}\ 5s^2\ 5p^6\ 5d^0\ 6s^2$	Gelb
Er	68	$4f^{12}\ 5s^2\ 5p^6\ 5d^0\ 6s^2$	Tiefrosa
Tm	69	$4f^{13}\ 5s^2\ 5p^6\ 5d^0\ 6s^2$	Blassgrün
Yb	70	$4f^{14}\ 5s^2\ 5p^6\ 5d^0\ 6s^2$	Fast farblos
Lu	71	$4f^{14}\ 5s^2\ 5p^6\ 5d^1\ 6s^2$	**Farblos**

15.8.4 Actinoide, An

s. Abb. 3.4

Th, Pa und **U** kommen **natürlich** vor, alle anderen Elemente werden durch Kern-reaktionen gewonnen. Im Gegensatz zu den Lanthanoiden treten sie in mehreren Oxidationsstufen auf und bilden zahlreiche Komplexverbindungen, zum Teil mit KZ 8.

15.8.4.1 Vorkommen und Herstellung

Die künstlich durch Kernumwandlung hergestellten Elemente werden durch Ionen-austauscher getrennt und gereinigt. **Th** wird aus dem Monazitsand gewonnen, **Pa** aus Uranmineralien und **U** aus Uranpecherz UO_2 und anderen uranhaltigen Mine-ralien wie $U_3O_8 \equiv UO_2 \cdot 2\,UO_3$ (Uraninit). U wird in Form von $UO_2(NO_3)_2$ aus den Erzen herausgelöst und über UO_2 in UF_4 übergeführt. Aus diesem wird mit Ca oder Mg metallisches Uran erhalten.

15.8.4.2 Eigenschaften und Verwendung

Alle Actinoide sind unedle Metalle, die in ihren Verbindungen in mehreren Oxida-tionsstufen auftreten. Meist sind die Halogenide und Oxide besser als die anderen Verbindungen bekannt und untersucht.

Oxidationszahl IV Wichtige Verbindungen sind die stabilen Dioxide AnO_2 mit Fluoritstruktur und zahlreiche Komplexverbindungen (z. B. Fluorokomplexe).

Oxidationszahl III Alle Actinoide bilden An^{3+}-Ionen, die meist leicht oxidierbar und in ihrem chemischen Verhalten den Ln(III)-Ionen ähnlich sind.

Technische Verwendung finden die Elemente u. a. in Kernreaktoren und als Energiequelle, z. B. in Weltraumsatelliten.

Anhang

16

16.1 Allgemeine Verfahren zur Reindarstellung von Metallen (Übersicht)

Einige Metalle kommen in elementarem Zustand (= gediegen) vor: **Au, Ag, Pt, Hg**. Siehe *Cyanidlaugerei* für Ag, Au.

Von den **Metallverbindungen** sind die wichtigsten: Oxide, Sulfide, Carbonate, Silicate, Sulfate, Phosphate und Chloride.

Entsprechend den Vorkommen wählt man die Aufarbeitung. **Sulfide** führt man meist durch Erhitzen an der Luft (= **Rösten**) in die **Oxide** über.

16.1.1 Reduktion der Oxide zu den Metallen

1. **Reduktion mit Kohlenstoff bzw. CO**
   Fe, Cd, Mn, Mg, Sn, Bi, Pb, Zn, Ta.
   Metalle, die mit Kohlenstoff **Carbide** bilden, können auf diese Weise nicht rein erhalten werden. Dies trifft für die meisten Nebengruppenelemente zu. S. auch „Ferrochrom", „Ferromangan", „Ferrowolfram", „Ferrovanadin".
2. **Reduktion mit Metallen**
   (a) Das *aluminothermische Verfahren* eignet sich z. B. für Cr_2O_3, MnO_2, Mn_3O_4, Mn_2O_3, V_2O_5, BaO (im Vakuum), TiO_2.
   $$Cr_2O_3 + Al \rightarrow Al_2O_3 + 2\,Cr \quad \Delta H = -535\,kJ\,mol^{-1}$$
   (b) Reduktion mit *Alkali- oder Erdalkalimetallen*
   V_2O_5 mit Ca; TiO_2 bzw. ZrO_2 über $TiCl_4$ bzw. $ZrCl_4$ mit Na oder Mg. Auf die gleiche Weise gewinnt man Lanthanoide und einige Actinoide.
3. **Reduktion mit Wasserstoff bzw. Hydriden**
   Beispiele MoO_3, WO_3, GeO_2, TiO_2 (mit CaH_2).

© Springer-Verlag Berlin Heidelberg 2016
H.P. Latscha, U. Kazmaier, *Chemie für Biologen*, DOI 10.1007/978-3-662-47784-7_16

16.1.2 Elektrolytische Verfahren

1. **Schmelzelektrolyse**
   Zugänglich sind auf diese Weise Aluminium aus Al_2O_3, Natrium aus NaOH, die
   Alkali- und Erdalkalimetalle aus den Halogeniden.
2. **Elektrolyse wässriger Lösungen**
   Cu, Cd bzw. Zn aus H_2SO_4-saurer Lösung von $CuSO_4$, $CdSO_4$ bzw. $ZnSO_4$.
   Vgl. Kupfer-Raffination.
   Reinigen kann man auf diese Weise auch Ni, Ag, Au.

16.1.3 Spezielle Verfahren

1. **Röst-Reaktionsverfahren:**
   für Pb aus PbS und Cu aus Cu_2S.
2. **Transport-Reaktionen:**
   (a) Mond-Verfahren: $Ni + 4\,CO \xrightarrow{80°C} Ni(CO)_4 \xrightarrow{180°C} Ni + 4\,CO$
   (b) Aufwachs-Verfahren (*van Arkel* und *de Boer*) für Ti, V, Zr, Hf. *Beispiel:*

$$Ti + 2\,I_2 \underset{1200°C}{\overset{500°C}{\rightleftharpoons}} TiI_4$$

3. **Erhitzen (Destillation, Sublimation):**
   As durch Erhitzen von FeAsS. Hg aus HgS unter Luftzutritt.
4. **Niederschlagsarbeit:**
   $Sb_2S_3 + 3\,Fe \rightarrow 2\,Sb + 3\,FeS$
5. **Zonenschmelzen:**
   Hierbei wird das zu reinigende Material z. B. Silizium in Stabform an einem Ende erhitzt. Dort bildet sich eine *Schmelzzone,* in der die Beimengungen leichter
   löslich sind als im festen Material.
   Durch Weiterbewegen der Heizquelle (z. B. am Stab entlang) wird die Schmelzzone fortbewegt. Die Verunreinigungen werden auf diese Weise zum anderen
   Stabende transportiert.

16.2 Düngemittel

▶ **Düngemittel** sind Substanzen oder Stoffgemische, welche die von der Pflanze benötigten Nährstoffe in einer für die Pflanze geeigneten Form zur Verfügung
stellen.

Pflanzen benötigen zu ihrem Aufbau verschiedene Elemente, die unentbehrlich
sind, deren Auswahl jedoch bei den einzelnen Pflanzenarten verschieden ist. Da-
zu gehören die Nichtmetalle H, B, **C**, **N**, O, **S**, **P**, Cl und die Metalle **Mg**, **K**, Ca,
Mn, Fe, Cu, Zn, Mo. C, H und O werden als CO_2 und H_2O bei der Fotosynthese
verarbeitet, die anderen Elemente werden in unterschiedlichen Mengen, z. T. nur

Tab. 16.1 Organische Handelsdünger

Düngemittel	% N	% P_2O_5	% K_2O	% Ca	% org. Masse
Blutmehl	10–14	1,3	0,7	0,8	60
Erdkompost	0,02	0,15	0,15	0,7	8
Fischguano	8	13	0,4	15	40
Holzasche	–	3	6–10	30	–
Horngrieß	12–14	6–8	–	7	80
Horn-Knochen-Mehl	6–7	6–12	–	7	40–50
Horn-Knochen-Blutmehl	7–9	12	0,3	13	50
Hornmehl	10–13	5	–	7	80
Hornspäne	9–14	6–8	–	7	80
Knochenmehl, entleimt	1	30	0,2	30	–
Knochenmehl, gedämpft	4–5	20–22	0,2	30	–
Klärschlamm	0,4	0,15	0,16	2	20
Kompost	0,3	0,2	0,25	10	20–40
Peruguano	6	12	2	20	40
Rinderdung, getrocknet	1,6	1,5	4,2	4,2	45
Ricinusschrot	5	–	–	–	40
Ruß	3,5	0,5	1,2	5–8	80
Stadtkompost	0,3	0,3	0,8	8–10	20–40
Stallmist, Rind, frisch	0,35	1,6	4	3,1	20–40

als Spurenelemente benötigt. Die sechs wichtigen Hauptnährelemente sind fett geschrieben, N, P, K sind dabei von besonderer Bedeutung.

Allgemein wird unterschieden zwischen *Handelsdüngern* mit definiertem Nährstoffgehalt und *wirtschaftseigenen Düngern*. Letztere sind Neben- und Abfallprodukte, wie z. B. tierischer Dung, Getreidestroh, Gründüngung (Leguminosen), Kompost, Trockenschlamm (kompostiert aus Kläranlagen).

16.2.1 Handelsdünger aus *natürlichen* Vorkommen

Organische Dünger sind z. B. Guano, Torf, Horn-, Knochen-, Fischmehl (Tab. 16.1).

Anorganische Dünger (Mineraldünger) aus natürlichen Vorkommen sind z. B. $NaNO_3$ (Chilesalpeter (seit 1830)), $CaCO_3$ (Muschelkalk), KCl (Sylvin). Sie werden bergmännisch abgebaut und kommen gereinigt und zerkleinert in den Handel.

16.2.2 Kunstdünger

Organische Dünger Harnstoff, $H_2N–CO–NH_2$, wird mit Aldehyden kondensiert als Depotdüngemittel verwendet; es wird weniger leicht ausgewaschen.

Ammonnitrat-Harnstoff-Lösungen sind Flüssigdünger mit schneller Düngewirkung.

Harnstoff wirkt relativ langsam ($-NH_2 \rightarrow -NO_3{}^-$). Dies gilt auch für $CaCN_2$ s. u.

16.2.3 Mineraldünger

16.2.3.1 Stickstoffdünger

Sie sind von besonderer Bedeutung, weil bisher der Luftstickstoff nur von den Leguminosen unmittelbar verwertet werden kann. Die anderen Pflanzen nehmen Stickstoff als $NO_3{}^-$ oder $NH_4{}^+$ je nach pH-Wert des Bodens auf. Bekannte Düngemittel, die i. A. als Granulate ausgebracht werden, sind:

- **Ammoniumnitrat, Ammonsalpeter**, NH_4NO_3 (seit 1913)
  $NH_3 + HNO_3 \rightarrow NH_4NO_3$ (explosionsgefährlich)
  wird mit Zuschlägen gelagert und verwendet. Zuschläge sind z. B. $(NH_4)_2SO_4$, $Ca(NO_3)_2$, Phosphate, $CaSO_4 \cdot 2\,H_2O$, $CaCO_3$.
- **Kalkammonsalpeter**, $NH_4NO_3/CaCO_3$.
- **Natronsalpeter**, $NaNO_3$, **Salpeter**, KNO_3.
- **Kalksalpeter**, $Ca(NO_3)_2$
- **Kalkstickstoff** (seit 1903)
  $$CaC_2 + N_2 \underset{}{\overset{1100°C}{\rightleftharpoons}} CaCN_2 + C$$
  $(CaO + 3C \rightleftharpoons CaC_2 + CO)$

- **Ammoniumsulfat**, $(NH_4)_2SO_4$,
  $2\,NH_3 + H_2SO_4 \rightarrow (NH_4)_2SO_4$ oder
  $(NH_4)_2CO_3 + CaSO_4 \rightarrow (NH_4)_2SO_4 + CaCO_3$
- **$(NH_4)_2HPO_4$** s. Phosphatdünger

  Vergleichsbasis der Dünger ist % N.

16.2.3.2 Phosphatdünger

P wird von der Pflanze als Orthophosphat-Ion aufgenommen. Vergleichbasis der Dünger ist % P_2O_5. Der Wert der phosphathaltigen Düngemittel richtet sich auch nach ihrer Wasser- und Citratlöslichkeit (Zitronensäure, Ammoniumcitrat) und damit nach der vergleichbaren Löslichkeit im Boden.

Beispiele
- **Superphosphat** (seit 1850) ist ein Gemisch aus $Ca(H_2PO_4)_2$ und $CaSO_4 \cdot 2\,H_2O$ (Gips).
  $Ca_3(PO_4)_2 + 2\,H_2SO_4 \rightarrow Ca(H_2PO_4)_2 + 2\,CaSO_4$
- **Doppelsuperphosphat** entsteht aus carbonatreichen Phosphaten:
  $Ca_3(PO_4)_2 + 4\,H_3PO_4 \rightarrow 3\,Ca(H_2PO_4)$
  $CaCO_3 + 2\,H_3PO_4 \rightarrow Ca(H_2PO_4)_2 + CO_2 + H_2O$

- **Rhenaniaphosphat** (seit 1916) $3\,CaNaPO_4 \cdot Ca_2SiO_4$ entsteht aus einem Gemisch von $Ca_3(PO_4)_2$ mit Na_2CO_3, $CaCO_3$ und Alkalisilicaten bei 1100–1200 °C in Drehrohröfen („trockener Aufschluss"). Es wird durch organische Säuren im Boden zersetzt.
- **Ammonphosphat** $(NH_4)_2HPO_4$
  $H_3PO_4 + 2\,NH_3 \rightarrow (NH_4)_2HPO_4$
- **Thomasmehl** (seit 1878) ist feingemahlene „Thomasschlacke". Hauptbestandteil ist: Silico-carnotit $Ca_5(PO_4)_2[SiO_4]$

16.2.3.3 Kaliumdünger

K reguliert den Wasserhaushalt der Pflanzen. Es liegt im Boden nur in geringer Menge vor und wird daher ergänzend als wasserlösliches Kalisalz aufgebracht. Vergleichbasis der Dünger ist $\%\ K_2O$.

Beispiele
- **Kalidüngesalz** KCl (Gehalt ca. 40 %) (seit 1860)
- **Kornkali** mit Magnesiumoxid: 37 % KCl + 5 % MgO
- **Kalimagnesia** $K_2SO_4 \cdot MgSO_4 \cdot 6\,H_2O$
- **Kaliumsulfat** K_2SO_4 (Gehalt ca. 50 %).
- **Carnallit** $KMgCl_3 \cdot 6\,H_2O$
- **Kainit** $KMgClSO_4 \cdot 3\,H_2O$

16.2.3.4 Mehrstoffdünger

▶ Dünger, die mehrere Nährelemente gemeinsam enthalten, aber je nach den Bodenverhältnissen in unterschiedlichen Mengen, werden **Mischdünger** genannt.

Man kennt **Zweinährstoff-** und **Mehrnährstoffdünger** mit verschiedenen N–P–K–Mg-Gehalten. So bedeutet z. B. die Formulierung 20–10–5–1 einen Gehalt von 20 % N – 10 % P_2O_5 – 5 % K_2O – 1 % MgO.

Häufig werden diese Dünger mit Spurenelementen angereichert, um auch bei einem einmaligen Streuvorgang möglichst viele Nährstoffe den Pflanzen anbieten zu können.

Beispiele
- **Kaliumsalpeter** KNO_3/NH_4Cl
- **Nitrophoska** $(NH_4)_2HPO_4/NH_4Cl$ bzw. $(NH_4)_2SO_4$ und KNO_3
- **Hakaphos** KNO_3, $(NH_4)_2HPO_4$, Harnstoff

Teil III
Organische Chemie

Allgemeine Grundlagen

17

17.1 Einleitung

Die Organische Chemie ist heute der Teilbereich der Chemie, der sich mit der Chemie der **Kohlenstoffverbindungen** beschäftigt. Der Begriff „organisch" hatte im Lauf der Zeit unterschiedliche Bedeutung. Im 16. und 17. Jhdt. unterschied man mineralische, pflanzliche und tierische Stoffe. In der zweiten Hälfte des 18. Jhdt. wurde es üblich, die mineralischen Stoffe als „unorganisierte Körper" von den „organisierten Körpern" pflanzlichen und tierischen Ursprungs abzugrenzen. Im 19. Jhdt. wurde dann der Begriff „Körper" auf chemische Substanzen beschränkt. Jetzt benutzte man auch den Ausdruck „organische Chemie".

17.2 Grundlagen der chemischen Bindung

Die Grundlagen der chemischen Bindung wurden bereits in Teil I, Kap. 5, ausführlich diskutiert. Charakteristisch für organische Verbindungen sind mehr oder minder polarisierte Atombindungen (kovalente oder homöopolare Bindungen), wobei neben Einfachbindungen auch Doppel- oder Dreifachbindungen möglich sind, je nach Hybridisierung der Kohlenstoffatome. Tabelle 17.1 gibt einen Überblick über die wichtigsten Eigenschaften dieser Bindungen.

Die reine kovalente Bindung ist meist eine **Elektronenpaarbindung.** Die beiden Elektronen der Bindung stammen von beiden Bindungspartnern. Es ist üblich, ein Elektronenpaar, das die Bindung zwischen zwei Atomen herstellt, durch einen Strich (**Valenzstrich**) darzustellen. Eine mit Valenzstrichen aufgebaute Molekülstruktur nennt man **Valenzstruktur**.

© Springer-Verlag Berlin Heidelberg 2016
H.P. Latscha, U. Kazmaier, *Chemie für Biologen*, DOI 10.1007/978-3-662-47784-7_17

Tab. 17.1 Eigenschaften der Einfach- und Mehrfachbindungen zwischen zwei Kohlenstoff-Atomen

Bindung	$-\overset{\textstyle\vert}{\underset{\textstyle\vert}{C}}-\overset{\textstyle\vert}{\underset{\textstyle\vert}{C}}-$	$\diagdown\!\!\diagup C=C\diagdown\!\!\diagup$	$-C\equiv C-$
Bindende Orbitale	sp^3	sp^2, p_z	sp, p_y, p_z
Bindungstyp	σ	$\sigma + \pi_z$	$\sigma + \pi_y + \pi_z$
Winkel zw. den Bindungen	109,5°	120°	180°
Bindungslänge [pm]	154	134	120
Bindungsenergie [kJ mol^{-1}]	331	620	812
Freie Drehbarkeit um C–C	Ja	Nein	Nein

17.2.1 Mesomerie

Für manche Moleküle lassen sich mehrere Valenzstrukturen angeben.

Beispiel Benzen (Benzol)

Die tatsächliche Elektronenverteilung kann durch keine Valenzstruktur allein wiedergegeben werden. Man findet **keine alternierenden Einfach- und Doppelbindungen**, also keine unterschiedlich lange Bindungen. Vielmehr können die senkrecht zur Ringebene stehenden p-Orbitale mit beiden benachbarten p-Orbitalen gleich gut überlappen. Der C–C-Abstand im Benzol beträgt 139,7 pm, und liegt somit zwischen dem der Einfach- (147,6 pm) und der Doppelbindung (133,8 pm) (s. Tab. 17.2). Jede einzelne Valenzstruktur ist nur eine **Grenzstruktur** („mesomere Grenzstruktur"). Die wirkliche Elektronenverteilung ist ein Resonanzhybrid oder mesomerer Zwischenzustand, d. h. eine Überlagerung aller denkbaren Grenzstrukturen (Grenzstrukturformeln). Diese Erscheinung heißt **Mesomerie** oder **Resonanz**. Je mehr vergleichbare Grenzstrukturen man formulieren kann, desto stabiler wird das System.

Das Mesomeriezeichen ↔ darf **nicht** mit einem Gleichgewichtszeichen verwechselt werden!!!

Tab. 17.2 Bindungslängen in Kohlenwasserstoffen in pm

sp^3	C–H	109	sp^3–sp^3	C–C	154	sp^2–sp^2	C–C	146
sp^2	C–H	108,6	sp^3–sp^2	C–C	150	sp^2–sp^2	C=C	134
sp	C–H	106	sp^3–sp	C–C	147	sp–sp	C≡C	120

17.2.2 Bindungslängen und Bindungsenergien

Die Bindungslänge und die Bindungsenergie hängt in erster Linie von der Hybridisierung und der Art der Bindung ab (s. a. Tab. 17.1). Weitere Substituenten haben meist nur einen geringen Einfluss, so dass sich für die meisten Bindungen typische Bindungslängen angeben lassen (Tab. 17.2), die weitestgehend konstant sind. Wie die aufgeführten Beispiele zeigen, **verkürzt** sich die Bindung mit **zunehmendem s-Anteil** der Hybridorbitale.

Auch für die Bindungsenergien der meisten Bindungen lassen sich Durchschnittswerte angeben, welche z. B. für die Berechnung von Reaktionsenthalpien herangezogen werden können. Einige typische Beispiele sind in Tab. 17.3 zusammengestellt. Beim genaueren Betrachten spezifischer Bindungen findet man jedoch teilweise beträchtliche Abweichungen von diesen gemittelten Werten. Einige signifikante Beispiele finden sich in Tab. 17.4.

Die in Tab. 17.3 und 17.4 angegebenen **Bindungsdissoziationsenergien** beziehen sich auf eine **homolytische** Bindungsspaltung zu ungeladenen Radikalen.

▶ **Radikale** sind Verbindungen mit einem ungepaarten Elektron.

Je stabiler die gebildeten Radikale sind, desto leichter werden diese Bindungen gespalten (Kap. 36). So entstehen bei der Dissoziation des Methans und des Ethens besonders instabile Radikale, was sich in einer relativ hohen Dissoziationsenergie niederschlägt. Auf der anderen Seite sind Allyl- und Benzyl-Radikale durch **Mesomerie** besonders **stabilisiert**, weshalb diese Bindungen besonders leicht gespalten werden. Dies zeigt sich sowohl bei der Spaltung der C−H-Bindung des Toluols als auch der C−C-Bindung des Ethylbenzols. Höher substituierte Radikale sind stabiler als primäre Radikale. Dies erklärt den Trend zu schwächeren Bindungen mit zunehmendem Substitutionsgrad.

Tab. 17.3 Durchschnittliche Bindungsenergien ($kJ\,mol^{-1}$)

H−H	431	Cl−Cl	238	C−H	410	Cl−H	427	C=C	607	C=O	724
C−C	339	Br−Br	188	N−H	385	Br−H	364	C≡C	828	C−O	331
O−O	142	I−I	151	O−H	456	I−H	297	N≡N	941	C−N	276

Tab. 17.4 Spezifische Bindungsdissoziationsenergien ($kJ\,mol^{-1}$)

CH_3-H	435	H_3C-CH_3	368
CH_3CH_2-H	410	$H_5C_2-CH_3$	356
$CH_2=CH-H$	435	$(CH_3)_2CH-CH_3$	343
$CH_2=CHCH_2-H$	356	$H_5C_2-C_2H_5$	326
$PhCH_2-H$	356	$PhCH_2-CH_3$	293

Allylradikal:

$$CH_2{=}CH{-}\dot{C}H_2 \longleftrightarrow \dot{C}H_2{-}CH{=}CH_2$$

Benzylradikal:

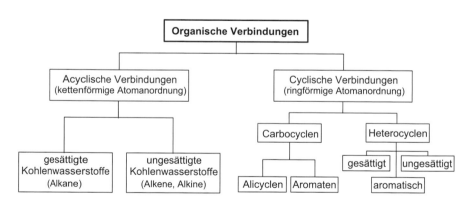

17.3   Systematik organischer Verbindungen

Organische Substanzen bestehen in der Regel aus den Elementen C, H, O, N und S. Im Bereich der Biochemie kommt P hinzu. Die Vielfalt der organischen Verbindungen war schon früh Anlass zu einer systematischen Gruppeneinteilung. Eine generelle Übersicht ist in Abb. 17.1 dargestellt. Weitere Unterteilungen in Untergruppen sind natürlich möglich. Grundlage der Systematisierung ist stets das **Kohlenstoffgerüst**. Die dranhängenden **funktionellen Gruppen** werden erst im zweiten Schritt beachtet. Dies gilt im Prinzip auch für die Nomenklatur organischer Verbindungen.

Abb. 17.1 Systematik der Stoffklassen

17.4 Nomenklatur

Es ist das Ziel der Nomenklatur, einer Verbindung, die durch eine Strukturformel gekennzeichnet ist, einen Namen eindeutig zuzuordnen und umgekehrt. Bei der Suche nach einem Namen für eine Substanz hat man bestimmte Regeln zu beachten.

Einteilungsprinzip der allgemein verbindlichen **IUPAC-** oder **Genfer Nomenklatur**:

Jede Verbindung ist (in Gedanken) aus einem **Stamm-Molekül** (Stamm-System) aufgebaut, dessen Wasserstoffatome durch ein oder mehrere Substituenten ersetzt sind. Das Stammmolekül liefert den Hauptbestandteil des systematischen Namens und ist vom Namen des zugrunde liegenden einfachen Kohlenwasserstoffes abgeleitet. Die Namen der Substituenten werden unter Berücksichtigung einer vorgegebenen **Rangfolge** (Priorität) als Vor-, Nach- oder Zwischensilben zu dem Namen des Stammsystems hinzugefügt. Sind **mehrere gleiche Substituenten** im Molekül enthalten, so wird dies durch die **Vorsilben** di-, tri- tetra, penta usw. ausgedrückt. Die Verwendung von **Trivialnamen** ist auch heute noch verbreitet (vor allem bei Naturstoffen), weil die systematischen Namen oft zu lang und daher meist zu unhandlich sind.

17.4.1 Stammsysteme

Stammsysteme sind u. a. die **acyclischen** Kohlenwasserstoffe, die gesättigt (Alkane) oder ungesättigt (Alkene, Alkine) sein können. Weitere Stammsysteme sind die **cyclischen** Kohlenwasserstoffe. Auch hier gibt es gesättigte (Cycloalkane) und ungesättigte Systeme (Cycloalkene, Aromaten). Das Ringgerüst ist entweder nur aus C-Atomen aufgebaut (**isocyclische** oder **carbocyclische** Kohlenwasserstoffe), oder es enthält auch andere Atome (**Heterocyclen**). Ringsysteme, deren Stammsystem oft mit Trivialnamen benannt ist, sind die **polycyclischen** Kohlenwasserstoffe (z. B. einfache kondensierte Polycyclen und Heterocyclen). Cyclische Kohlenwasserstoffe mit Seitenketten werden entweder als kettensubstituierte Ringsysteme oder als ringsubstituierte Ketten betrachtet. Weitere Hinweise zur Nomenklatur finden sich auch bei den einzelnen Substanzklassen.

17.4.2 Substituierte Systeme

In substituierten Systemen werden die funktionellen Gruppen dazu benutzt, die Moleküle in verschiedene Verbindungsklassen einzuteilen. Sind mehrere Gruppen in einem Molekül vorhanden, z. B. bei Hydroxycarbonsäuren, dann wird **eine funktionelle Gruppe als Hauptfunktion** ausgewählt, und die restlichen werden in alphabetischer Reihenfolge in geeigneter Weise als Vorsilben hinzugefügt (s. Anwendungsbeispiel). Die Rangfolge der Substituenten ist verbindlich festgelegt. In der Regel wird die am höchsten oxidierte Funktion Stammfunktion. Demzufolge haben Carbonsäuren Priorität vor Aldehyden und Ketonen, und diese wiederum vor Alko-

Tab. 17.5 Funktionelle Gruppen, die nur als Vorsilben auftreten

Gruppe	Vorsilbe	Gruppe	Vorsilbe
–F	Fluor-	$-NO_2$	Nitro-
–Cl	Chlor-	–NO	Nitroso-
–Br	Brom-	–OCN	Cyanato-
–I	Iod-	–OR	Alkyloxy- bzw. Aryloxy-
$=N_2$	Diazo-	–SR	Alkylthio- bzw. Arylthio-

holen. Tabelle 17.5 fasst diejenigen funktionellen Gruppen mit niedrigster Priorität zusammen, die nicht als Hauptfunktion auftreten.

17.5 Chemische Formelsprache

In der Organischen Chemie gibt es eine ganze Reihe verschiedener Formeln, mit unterschiedlichem Informationsgehalt. Dies sei am Beispiel der **Glucose** illustriert.

Verhältnisformel Die Verhältnisformel gibt die Art und das kleinstmögliche Verhältnis der Elemente einer organischen Verbindung an.

Beispiel $(CH_2O)_n$

Summenformel Die Summenformel gibt die Anzahl der einzelnen Elemente an, sagt aber noch nichts über den Aufbau des Moleküls.

Beispiel $C_6H_{12}O_6$

Konstitutionsformel Die Konstitutionsformel gibt an, welche Atome über welche Bindung miteinander verknüpft sind, macht jedoch keine Aussage über die räumliche Anordnung der Atome und Bindungen.

Beispiel

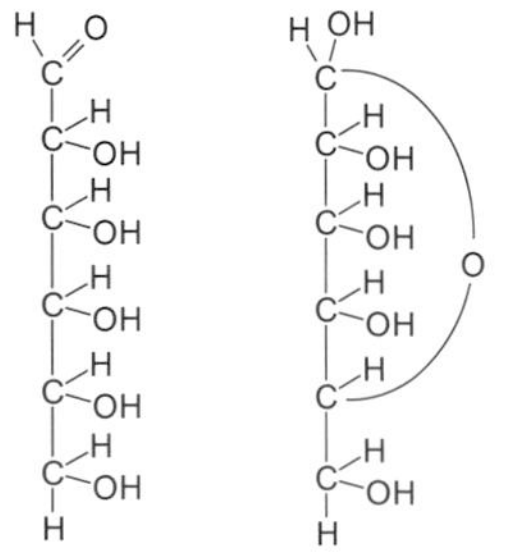

Konfigurationsformel Die Konfigurationsformel gibt an, welche räumliche Anordnung die Atome in einem Molekül bekannter Konstitution haben. Sie berücksichtigt aber nicht Rotationen um Einfachbindungen.

Beispiel

Fischer-Projektion   Haworth-Ringformel

Konformationsformel Die Konformationsformel beschreibt die räumliche Anordnung der Atome unter Berücksichtigung von Rotationen um Einfachbindungen.

Beispiel

Sessel-Konformation I   Sessel-Konformation II

17.6 Isomerie

Als Isomere bezeichnet man Moleküle mit der gleichen Summenformel, die sich jedoch in der Sequenz der Atome (Konstitutionsisomere) oder deren räumlichen Anordnung (Stereoisomere) unterscheiden (Abb. 17.2).

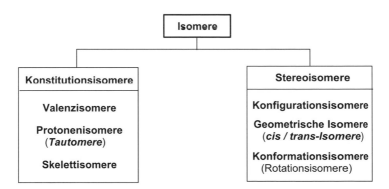

Abb. 17.2 Isomere

Konstitutionsisomere unterscheiden sich vor allem in der Verknüpfung der Atome untereinander und werden daher häufig auch als **Strukturisomere** bezeichnet. Man kann diese Gruppe weiter unterteilen in:

Valenzisomere unterscheiden sich in der Anzahl von σ- und π-Bindungen.

Beispiel Benzol C_6H_6

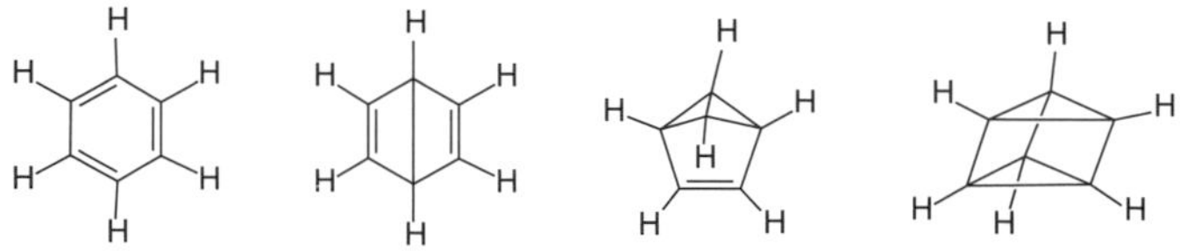

Neben diesen vier Strukturen gibt es noch eine Vielzahl weiterer Valenzisomerer mit dieser Summenformel.

Protonenisomere unterscheiden sich durch die Stellung eines Protons.

Beispiel Keto-Enol-Tautomerie

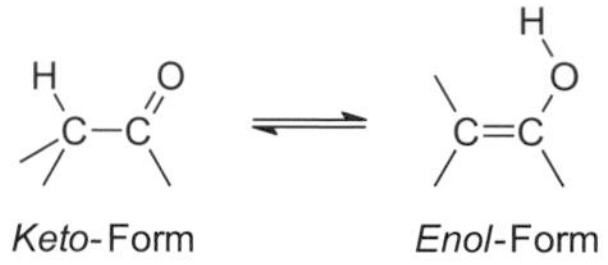

Keto-Form   *Enol*-Form

Skelettisomere unterscheiden sich im Kohlenstoffgerüst.

Beispiel Pentan

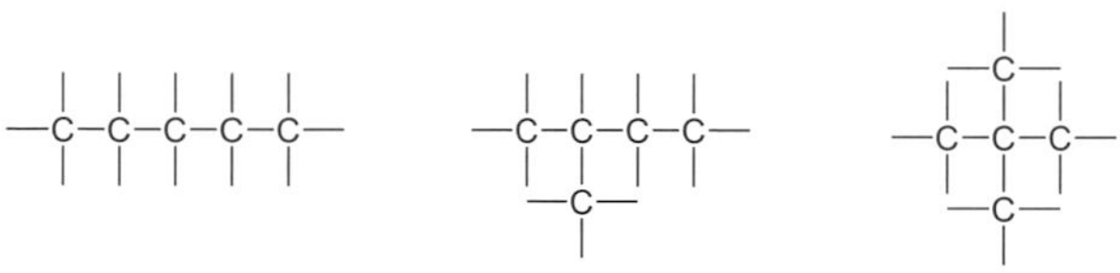

Stereoisomere besitzen die gleiche Summenformel und Atomsequenz, unterscheiden sich jedoch in der räumlichen Anordnung der Substituenten.

Konfigurationsisomere treten immer bei Molekülen mit mindestens einem **asymmetrischen Atom** auf. Dies ist der Fall, wenn an einem Atom vier verschiedene Substituenten sitzen, man spricht dann von einem **stereogenen Zentrum** oder **Chiralitätszentrum**. Auf dieses Phänomen wird im Kap. 39 (Stereochemie) ausführlicher eingegangen. Verbindungen mit nur einem asym. Atom kommen als Enantiomere vor. Mit einem zweiten asym. Zentrum kommen zusätzlich noch Diastereomere hinzu. Bei Verbindungen mit n Chiralitätszentren existieren insgesamt 2^n Stereoisomere.

Enantiomere verhalten sich wie Bild und Spiegelbild. Sie lassen sich nicht durch Drehung zur Deckung bringen. Enantiomere haben die gleichen physikalischen und chemischen Eigenschaften (Schmelzpunkte, Siedepunkte etc.), sie unterscheiden sich nur in ihrer Wechselwirkung mit polarisiertem Licht. Dieses Phänomen bezeichnet man als **optische Aktivität**.

Beispiel Milchsäure (Fischer Projektion)

$$
\begin{array}{cccc}
\text{COOH} & \text{COOH} & \text{COOH} & \text{COOH} \\
\mathrm{H{-}\overset{|}{C}{-}OH} & \mathrm{HO{-}\overset{|}{C}{-}H} \;\equiv\; & \mathrm{H{-}\overset{|}{C}{-}OH} & \mathrm{HO{-}\overset{|}{C}{-}H} \\
\text{CH}_3 & \text{CH}_3 & \text{CH}_3 & \text{CH}_3 \\
\text{(D)-} & \text{(L)-} & &
\end{array}
$$
Milchsäure

Im Gegensatz hierzu verhalten sich **Diastereomere** nicht wie Bild und Spiegelbild. Sie haben unterschiedliche chemische und physikalische Eigenschaften.

Beispiel Weinsäure (2 Zentren $\rightarrow 2^2 = 4$ Stereoisomere)

$$
\underset{\text{Enantiomere}}{\swarrow \quad \searrow} \quad \underset{\text{Diastereomere}}{\swarrow \quad \searrow}
$$

$$
\begin{array}{cccc}
\text{COOH} & \text{HOOC} & \text{COOH} & \text{COOH} \\
\mathrm{HO{-}\overset{|}{C}{-}H} & \mathrm{H{-}\overset{|}{C}{-}OH} & \mathrm{H{-}\overset{|}{C}{-}OH} & \mathrm{HO{-}\overset{|}{C}{-}H} \\
\mathrm{H{-}\overset{|}{C}{-}OH} & \mathrm{HO{-}\overset{|}{C}{-}H} & \mathrm{H{-}\overset{|}{C}{-}OH}\;\equiv\; & \mathrm{HO{-}\overset{|}{C}{-}H} \\
\text{COOH} & \text{HOOC} & \text{COOH} & \text{COOH} \\
\text{(D)-} & \text{(L)-} & \text{(DL)-Weinsäure} & \\
 & & \textit{Meso}\text{-Weinsäure} &
\end{array}
$$
Weinsäure

optisch aktiv   **optisch inaktiv**

Geometrische Isomere unterscheiden sich in der räumlichen Anordnung von Substituenten an einer Doppelbindung. Bei 1,2-disubstituierten Verbindungen spricht man von **cis/trans-Isomerie**. Diese Isomere haben unterschiedliche chemische und physikalische Eigenschaften (Dipolmoment μ etc.), die *trans*-Form ist die in der Regel etwas energieärmere Form.

Beispiel 1,2-Dichlorethen

Sdp. 60 °C $\mu = 1.85$ D
cis

Sdp. 48 °C $\mu = 0$ D
trans

Bei höher substituierten Verbindungen muss eine Gewichtung der Substituenten vorgenommen werden. Dies geschieht mit Hilfe der Regeln von *Cahn, Ingold* und *Prelog* (**CIP**), die in Abschn. 39.3.2 ausführlich besprochen werden.

Konformationsisomere unterscheiden sich in der räumlichen Anordnung von Substituenten an einer Einfachbindung. Diese können durch einfache Rotation um diese Bindung ineinander umgewandelt werden (Abschn. 19.2.1). Bei cyclischen Strukturen führt dies häufig zu einem „Umklappen" der Struktur.

Beispiel 1,4-Dimethylcyclohexan

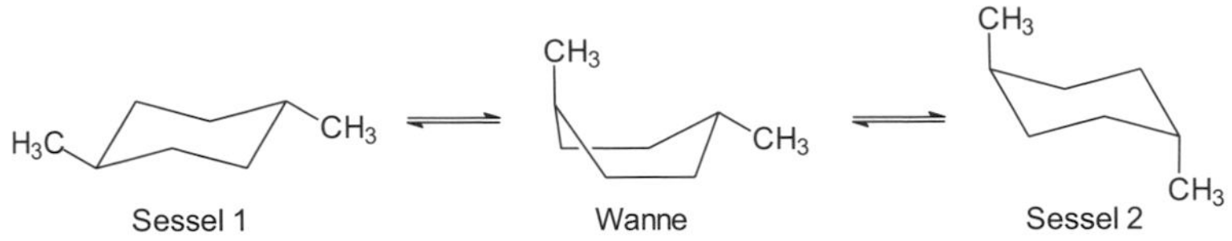

Sessel 1   Wanne   Sessel 2

Grundbegriffe organisch-chemischer Reaktionen

18

Man unterscheidet Reaktionen zwischen ionischen Substanzen und solchen mit kovalenter Bindung.

18.1 Reaktionen zwischen ionischen Substanzen

Hier tritt ein Austausch geladener Komponenten ein. Ursachen für die Bildung der neuen Substanzen sind z. B. Unterschiede in der Löslichkeit, Packungsdichte, Gitterenergie oder Entropie.

Allgemeines Schema

1. $(A^+B^-)_{fest} \xrightarrow{\text{Lösemittel}} A^+_{solvatisiert} + B^-_{solvatisiert}$
2. $(C^+D^-)_{fest} \xrightarrow{\text{Lösemittel}} C^+_{solvatisiert} + D^-_{solvatisiert}$
3. $A^+_{solv.} + B^-_{solv.} + C^+_{solv.} + D^-_{solv.} \longrightarrow (A^+D^-)_{fest} + (B^-C^+)_{fest} + \text{Lösemittel}$

Manchmal fällt auch nur *ein* schwerlösliches Reaktionsprodukt aus.

18.2 Reaktionen von Substanzen mit kovalenter Bindung

Werden durch chemische Reaktionen aus kovalenten Ausgangsstoffen neue Elementkombinationen gebildet, so müssen zuvor die Bindungen zwischen den Komponenten der Ausgangsstoffe gelöst werden. Hierzu gibt es verschiedene Möglichkeiten:

18.2.1 Homolytische Spaltung

Bei dieser homolytischen Spaltung erhält jedes Atom ein Elektron. Dies wird durch einen „halben Pfeil" ($\frown$) angedeutet. Es entstehen sehr reaktionsfähige Bruch-

© Springer-Verlag Berlin Heidelberg 2016
H.P. Latscha, U. Kazmaier, *Chemie für Biologen*, DOI 10.1007/978-3-662-47784-7_18

stücke, die ihre Reaktivität dem ungepaarten Elektron verdanken und die **Radikale** heißen.

$$A\!-\!B \longrightarrow A\cdot + B\cdot$$

18.2.2　Heterolytische Spaltung

Bei der heterolytischen Spaltung entstehen ein positives Ion (**Kation**) und ein negatives Ion (**Anion**). $A|^-$ bzw. $B|^-$ haben ein freies Elektronenpaar und reagieren als **Nucleophile** („kernsuchende" Teilchen). A^+ bzw. B^+ haben Elektronenmangel und werden **Elektrophile** („elektronensuchend") genannt. Die heterolytische Spaltung ist ein Grenzfall. Meist treten nämlich keine isolierten (isolierbaren) Ionen auf, sondern die Bindungen sind nur mehr oder weniger stark polarisiert, d. h., die Bindungspartner haben eine mehr oder minder große Partialladung.

$$\textbf{a}\quad A\!-\!B \longrightarrow A|^- + B^+ \qquad \textbf{b}\quad A\!-\!B \longrightarrow A^+ + B|^-$$

18.2.3　Electrocyclische Reaktionen

Bei den elektrocyclischen Reaktionen, die **intra**molekular (= innerhalb desselben Moleküls) oder **inter**molekular (= zwischen zwei oder mehreren Molekülen) ablaufen können, werden **Bindungen gleichzeitig gespalten** und neu ausgebildet. Man kann sich diese Reaktionen als cyclische Elektronenverlagerungen vorstellen, bei denen gleichzeitig mehrere Bindungen verschoben werden:

$$
\begin{array}{c}
A \quad C \\
| \quad | \\
B \quad D
\end{array}
\longrightarrow
\left[
\begin{array}{c}
A\text{-}\text{-}\text{-}C \\
\vdots \quad \vdots \\
B\text{-}\text{-}\text{-}D
\end{array}
\right]^{\ddagger}
\longrightarrow
\begin{array}{c}
A\!-\!C \\
+ \\
B\!-\!D
\end{array}
$$

▶ **Zusammenfassung der Begriffe mit Beispielen**

Kation:　　positiv geladenes Ion; Ion^+

Anion:　　negativ geladenes Ion; Ion^-

Elektrophil: Ion oder Molekül mit einer Elektronenlücke (sucht Elektronen), wie Säuren, Kationen, Halogene, z. B. H^+, NO_2^+, NO^+, BF_3, $AlCl_3$, $FeCl_3$, Br_2 (als Br^+), nicht aber NH_4^+!

Nucleophil: Ion oder Molekül mit Elektronen-„Überschuss" (sucht Kern), wie Basen, Anionen, Verbindungen mit mindestens einem freien Elektronenpaar, z. B. $H\underline{O}|^-$, $R\underline{O}|^-$, $R\underline{S}|^-$, Hal^-, $H_2\underline{O}$, $R_2\underline{O}$, $R_3\underline{N}$, $R_2\underline{S}$, aber auch Alkene und Aromaten mit ihrem π-Elektronensystem:

$$R_2C=CR_2$$

Radikal: Atom oder Molekül mit einem oder mehreren ungepaarten Elektronen wie $Cl\cdot$, $Br\cdot$, $I\cdot$, $R-\overline{\underline{O}}\cdot$, O_2 (Diradikal).

18.3 Säuren und Basen, Elektrophile und Nucleophile

18.3.1 Definition nach *Brønsted*

1923 schlug *Brønsted* folgende Definition vor, die für die organische Chemie sehr gut geeignet ist:

► Eine Säure ist ein Protonen-Donor, eine Base ein Protonen-Akzeptor!

18.3.1.1 Säurestärke

► Die Tendenz ein Proton abzuspalten bzw. aufzunehmen bezeichnet man als Säure- bzw. Basestärke.

Ein Maß für die Säurestärke ist der pK_s-**Wert**, der negative dekadische Logarithmus der **Säurekonstante** K_s. Eine ausführliche Behandlung dieses Themas findet sich in Teil I, Kap. 10, so dass hier nicht weiter darauf eingegangen werden soll. In Tab. 18.1 sind die für den Organiker wichtigsten pK_s-Werte zusammengestellt. Die hier angegebenen pK_s-Werte sollte man sich gut einprägen, erleichtern sie einem doch das Verständnis vieler Reaktionen.

18.3.2 Definition nach *Lewis*

Etwa zur selben Zeit wie *Brønsted* formulierte *Lewis* eine etwas andere, allgemeinere Säure-Base-Theorie. Auch hier ist eine **Base** eine Verbindung mit einem verfügbaren doppelt besetzten Orbital, sei es ein freies Elektronenpaar oder eine π-Bindung.

Eine **Lewis-Säure** ist eine Verbindung mit einem unbesetzten Orbital. In einer Lewis-Säure-Base-Reaktion kommt es nun zu einer Wechselwirkung des Elektronenpaars der Base (**Elektronenpaardonor**) mit dem unbesetzten Orbital der Säure (**Elektronenpaarakzeptor**) unter Bildung einer kovalenten Bindung. Typische Lewis-Basen sind H_2O, NH_3, Amine, CO, CN^-. Typische Lewis-Säuren sind z. B. $AlCl_3$, BF_3 etc. mit nur sechs Valenzelektronen (anstatt acht).

Teilchen mit (einem) freien Elektronenpaar(en) haben in der Regel sowohl basische als auch nucleophile Eigenschaften.

► Von **Basizität** spricht man, wenn der beteiligte Reaktionspartner ein Proton ist, andere Elektrophile werden von einem **Nucleophil** angegriffen.

Tab. 18.1 pK_s-Werte organischer Verbindungen im Vergleich mit Wasser

Säure	Base	pK_s
RCOOH	RCOO$^-$	4–5
CH$_3$COCH$_2$COCH$_3$	CH$_3$COC̄HCOCH$_3$	9
ArOH	ArO$^-$	8–11
RCH$_2$NO$_2$	RC̄HNO$_2$	10
NCCH$_2$CN	NCC̄HCN	11
CH$_3$COCH$_2$COOR	CH$_3$COC̄HCOOR	11
ROOCCH$_2$COOR	ROOCC̄HCOOR	13
CH$_3$OH	CH$_3$O$^-$	15,2
H$_2$O	OH$^-$	**15,74**
⌕CH$_2$	⌕C̄H	16
ROH	RO$^-$	16–17
RCONH$_2$	RCONH$^-$	17
RCOCH$_2$R	RCOC̄HR	19–20
RCH$_2$COOR	RC̄HCOOR	24–25
RCH$_2$CN	RC̄HCN	25
HC≡CH	HC≡Cl$^-$	25
NH$_3$	NH$_2$$^-$	35
PhCH$_3$	PhCH$_2$$^-$	40
CH$_4$	CH$_3$$^-$	48

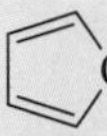

Beispiel Umsetzung eines Carbonsäureesters mit Natriumamid.

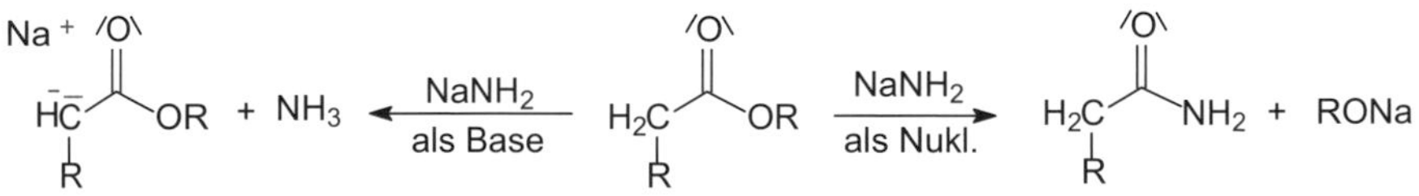

Das NaNH$_2$ kann hierbei als sehr starke Base (p$K_s \approx 35$) das relativ acide Proton des Esters (p$K_s \approx 25$) entfernen unter Bildung des Esterenolats. Andererseits kann es aber als Nucleophil auch an der positivierten Carbonyl-Gruppe angreifen unter Abspaltung von Alkoholat (p$K_s \approx 17$) und Bildung des Amids. Beide Prozesse können parallel ablaufen, was oft zu Produktgemischen führt.

Während Acidität bzw. **Basizität** eindeutig definiert sind und gemessen werden können (*thermodynamische Größen*), ist die **Nucleophilie** auf eine bestimmte Reaktion bezogen und wird meist mit der Reaktionsgeschwindigkeit des Reagenz korreliert (*kinetische Größe*). Sie wird außer von der Basizität auch von der Polarisierbarkeit des Moleküls, sterischen Effekten, Lösemitteleinflüssen u. a. bestimmt.

18.4 Substituenten-Effekte

Der Mechanismus der Spaltung einer Bindung hängt u. a. ab vom Bindungstyp, dem Reaktionspartner und den Reaktionsbedingungen. Meist liegen keine reinen Ionen- oder Atombindungen vor, sondern es herrschen Übergänge (je nach Elektronegativität der Bindungspartner) zwischen den diskreten Erscheinungsformen der chemischen Bindung vor. Überwiegt der kovalente Bindungsanteil gegenüber dem ionischen, spricht man von einer **polarisierten (polaren) Atombindung**. In einer solchen Bindung sind die Ladungsschwerpunkte mehr oder weniger weit voneinander entfernt, die Bindung besitzt ein **Dipolmoment**. Zur Kennzeichnung der Ladungsschwerpunkte in einer Bindung und einem Molekül verwendet man meist die Symbole δ^+ und δ^- (δ bedeutet Teilladung). Auch unpolare Bindungen können unter bestimmten Voraussetzungen polarisiert werden (induzierte Dipole).

18.4.1 Induktive Effekte

Mit der **Ladungsasymmetrie einer Bindung** bzw. in einem Molekül eng verknüpft sind die induktiven Substituenten-Effekte (**I-Effekte**). Hierunter versteht man *elektrostatische Wechselwirkungen* zwischen polaren (polarisierten) Substituenten und dem Elektronensystem des substituierten Moleküls. Bei solchen Wechselwirkungen handelt es sich um *Polarisationseffekte*, die meist durch σ-*Bindungen* auf andere Bindungen bzw. Molekülteile übertragen werden. Besitzt der polare Substituent eine *elektronenziehende Wirkung* und verursacht er eine positive Partialladung, sagt man, er übt einen **−I-Effekt** aus. Wirkt der Substituent *elektronenabstoßend*, d. h. erzeugt er in seiner Umgebung eine negative Partialladung, dann übt er einen **+I-Effekt** aus.

Beispiel

$$\overset{\delta\delta\delta^+}{CH_3}\!-\!\overset{\delta\delta^+}{CH_2}\!-\!\overset{\delta^+}{CH_2}\!-\!\overset{\delta^-}{Cl} \quad \text{1-Chlorpropan}$$

Das Chloratom übt einen induktiven elektronenziehenden Effekt (−I-Effekt) aus, der eine positive Partialladung am benachbarten C-Atom zur Folge hat. Man erkennt, dass die anderen C–C-Bindungen ebenfalls polarisiert werden. Die Wirkung nimmt allerdings mit zunehmendem *Abstand* vom Substituenten sehr stark ab, was durch eine Vervielfachung des δ-Symbols angedeutet wird. Bei *mehreren Substituenten* addieren sich die induktiven Effekte im Allgemeinen.

Durch den I-Effekt wird hauptsächlich die Elektronenverteilung im Molekül beeinflusst. Dadurch werden im Molekül Stellen erhöhter bzw. verminderter Elektronendichte hervorgerufen. An diesen Stellen können polare Reaktionspartner angreifen.

Durch **Vergleich der Acidität** von α-substituierten Carbonsäuren (Abschn. 34.3.1) kann man qualitativ eine Reihenfolge für die Wirksamkeit verschiedener Substituenten R festlegen (mit H als Bezugspunkt):

$$R-CH_2-COOH \rightleftharpoons R-CH_2-COO^- + H^+$$

▶ **Substituenteneinfluss**

$(CH_3)_3C < (CH_3)_2CH < C_2H_5 < CH_3 < \mathbf{H} < C_6H_5 < CH_3O < OH < I < Br < Cl$

$< CN < NO_2$

+I-Effekt	−I-Effekt
(elektronenabstoßend)	(elektronenziehend)

Auch **ungesättigte Gruppen** zeigen einen **−I-Effekt**, der zusätzlich durch „mesomere Effekte" verstärkt werden kann.

18.4.2   Mesomere Effekte

Als mesomeren Effekt (**M-Effekt**) eines Substituenten bezeichnet man seine Fähigkeit, die Elektronendichte in einem π-Elektronensystem zu verändern. Im Gegensatz zum induktiven Effekt kann der mesomere Effekt *über mehrere Bindungen hinweg* wirksam sein, er ist stark von der Molekülgeometrie abhängig. Substituenten (meist solche mit freien Elektronenpaaren), die mit dem π-System des Moleküls in Wechselwirkung treten können und eine **Erhöhung der Elektronendichte** bewirken, üben einen **+M-Effekt** aus.

▶ **Beispiele für Substituenten, die einen +M-Effekt hervorrufen können**

$$-\overline{\underline{Cl}}|, \quad -\overline{\underline{Br}}|, \quad -\overline{\underline{I}}|, \quad -\overline{\underline{O}}-H, \quad -\overline{\underline{O}}-R, \quad -\overline{N}H_2, \quad -\overline{\underline{S}}-H$$

Beispiel zum +M-Effekt: Im **Vinylchlorid** überlagert sich das nichtbindende p-AO des Cl-Atoms teilweise mit den π-Elektronen der Doppelbindung, wodurch ein delokalisiertes System entsteht. Die Elektronendichte des π-Systems wird dadurch erhöht, die des Chlorsubstituenten erniedrigt, was sich in der Ladungsverteilung der mesomeren Grenzformel ausdrückt.

$$CH_2{=}CH{-}\overline{\underline{Cl}}| \quad \longleftrightarrow \quad {}^-CH_2{-}CH{=}\overset{+}{\underline{Cl}}|$$

▶ Substituenten mit einer polarisierten Doppelbindung, die in Mesomerie mit dem π-Elektronensystem des Moleküls stehen, sind **elektronenziehend**.

Sie verringern die Elektronendichte, d. h., sie üben einen **+M-Effekt** aus. Er wächst mit

- dem Betrag der Ladung des Substituenten.
  Beispiel $-CH=NR_2^+$ hat einen starken $-M$-Effekt
- der Elektronegativität der enthaltenen Elemente.
  Beispiel $-CH=NR < -CH=O < -C\equiv N < -NO_2$
- der Abnahme der Stabilisierung durch innere Mesomerie.
  Beispiel

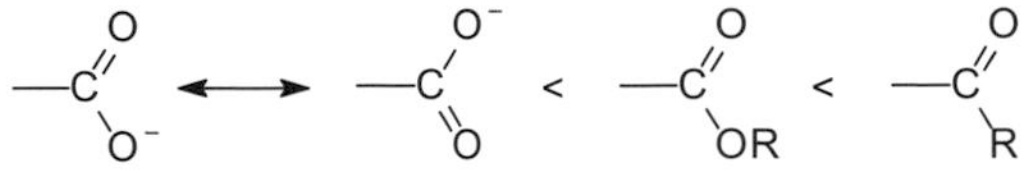

18.4.2.1 Konjugationseffekte

Statt von mesomeren Effekten wird oft auch von Konjugationseffekten gesprochen. Damit soll angedeutet werden, dass eine Konjugation mit den π-*Elektronen* stattfindet, die über *mehrere Bindungen* hinweg wirksam sein kann. Durch Konjugation wird z. B. die Elektronendichte in einer Doppelbindung oder einem aromatischen Ring herabgesetzt, wenn sich die π-Elektronen des Substituenten mit dem ungesättigten oder aromatischen System überlagern (Abschn. 23.1).

18.5 Reaktive Zwischenstufen

Zwischenstufen wie Carbeniumionen (Carbokationen), Carbanionen, Radikale und Carbene sind bei vielen Reaktionen von großer Bedeutung.

18.5.1 Carbeniumionen

▶ Carbeniumionen haben an einem Kohlenstoff-Atom eine positive Ladung.

Dieses C-Atom besitzt nur **sechs** anstatt acht **Valenzelektronen**. Die drei σ-Bindungen im R_3C^+- sind **trigonal** angeordnet. Die **planare Struktur** resultiert aus der Abstoßung der Bindungselektronenpaare der C–R-Bindungen, die in dieser Anordnung den maximalen Abstand voneinander haben. Die Struktur des sp^2-hybridisierten Kations entspricht der von Bortrifluorid.

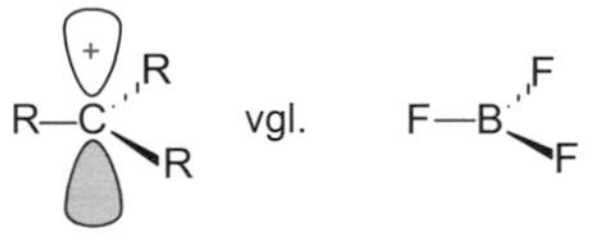

Eine Stabilisierung von Carbeniumionen wird durch Elektronen-Donoren als Substituenten erreicht, wobei die planare sp^2-Anordnung der Substituenten am zentralen C-Atom die Ladungsverteilung erleichtert.

Die **Stabilität** von Carbeniumionen wird also in folgender Reihe abnehmen:

$$R_3C^+ \quad > \quad R_2HC^+ \quad > \quad RH_2C^+ \quad > \quad H_3C^+$$

tertiär   sekundär   primär   Methyl

Die Stabilisierung der Carbeniumionen in der angegebenen Reihenfolge kann mit dem +I-Effekt der Alkyl-Gruppen oder auch durch eine Delokalisierung von Bindungselektronen, die sog. **Hyperkonjugation** („no-bond-Resonanz"), erklärt werden.

Beispiel Hyperkonjugation des Ethyl-Kations

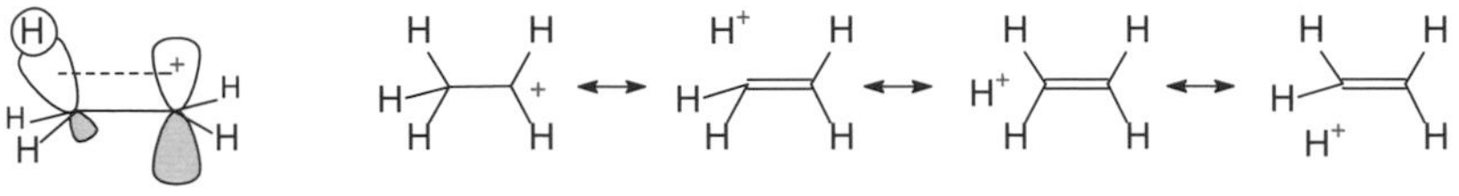

Zur *Erklärung* der Hyperkonjugation nimmt man an, dass zwischen dem leeren p-Orbital des zentralen C-Atoms und den σ-Orbitalen der C–H-Bindungen eine gewisse Überlappung stattfindet, wodurch die positive Ladung über diese Bindungen delokalisiert wird.

Besser als durch Hyperkonjugation lassen sich Carbeniumionen über mesomere Effekte stabilisieren. Hierbei kommt es zu einer Überlappung des leeren p-Orbitals mit einem freien Elektronenpaar eines Nachbaratoms oder einer π-Bindung.

Beispiele für **mesomeriestabilisierte Carbeniumionen**:

Allyl-Kation   Benzyl-Kation

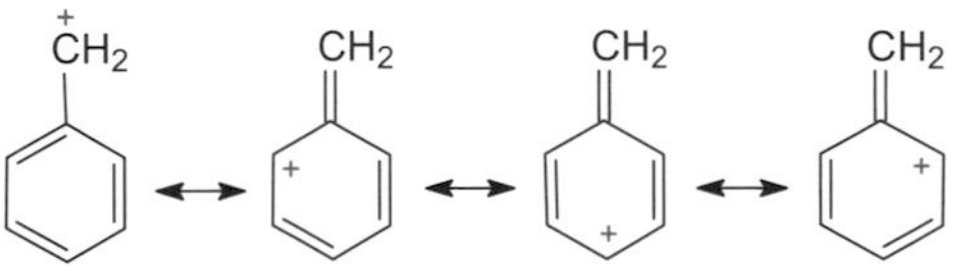

Erzeugung von Carbeniumionen

Carbeniumionen können auf verschiedene Weise gebildet werden: bei der S_N1-Reaktion, beim Zerfall von Diazonium-Kationen, durch Addition eines Protons an ungesättigte Verbindungen wie Alkene u. a.

Carbeniumionen unterliegen dann Folgereaktionen wie etwa: Reaktionen mit einem Nucleophil (S_N1), Abspaltung eines Protons (E1), Anlagerung an eine Mehrfachbindung (Addition), Umlagerungen u. a.

18.5.2 Carbanionen

▶ Carbanionen sind Verbindungen mit einem negativ geladenen Kohlenstoff-Atom, an das drei Liganden gebunden sind.

Dieses C-Atom in R_3Cl^- besitzt ein Elektronenoktett und hat in nichtkonjugierten Carbanionen eine **tetraedrische** Umgebung, da sich das freie Elektronenpaar und die Bindungselektronenpaare abstoßen. Das Carbanion invertiert rasch (10^8–$10^4\,s^{-1}$) über einen sp^2-Zustand:

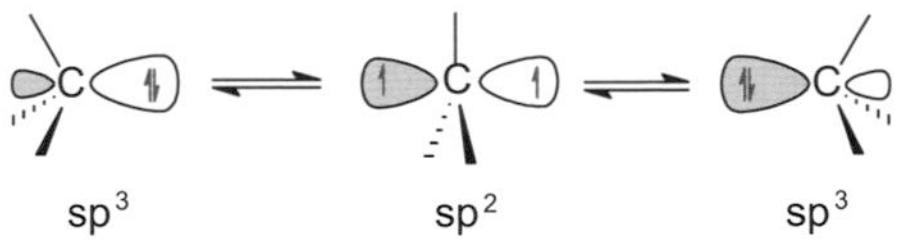

$$sp^3 \qquad sp^2 \qquad sp^3$$

Carbanionen werden von $-I$-Substituenten stabilisiert und durch $+I$-Substituenten destabilisiert. Wie die Carbeniumionen lassen sich auch die Carbanionen besonders gut durch **mesomere Effekte stabilisieren**.

Beispiele

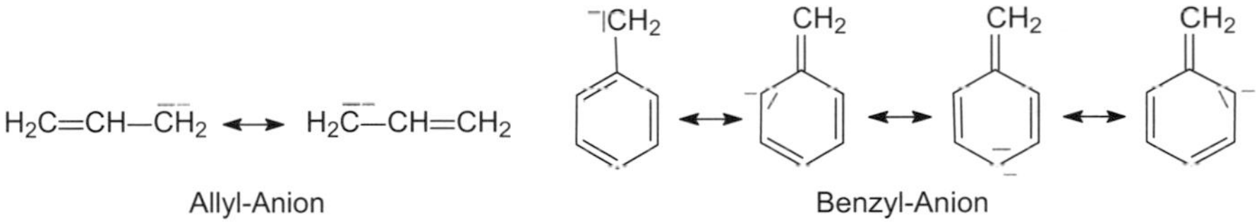

$$H_2C=CH-\overline{\overline{C}}H_2 \longleftrightarrow H_2\overline{\overline{C}}-CH=CH_2$$

Allyl-Anion   Benzyl-Anion

Verbindungen, welche besonders leicht solche stabilisierten Carbanionen bilden, werden als **C–H-acide Verbindungen** bezeichnet:

Beispiele

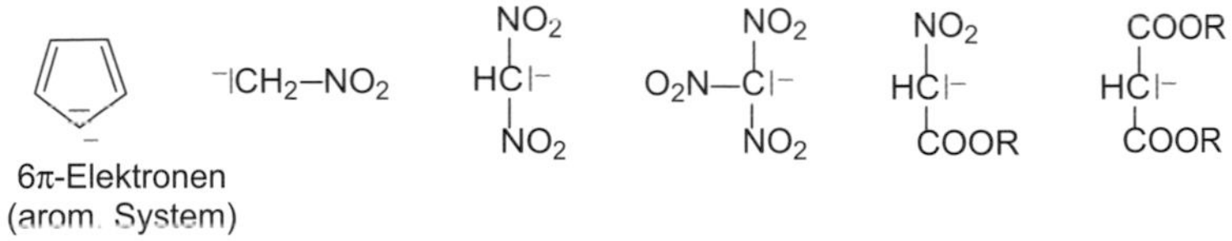

6π-Elektronen
(arom. System)

Erzeugung von Carbanionen
Carbanionen werden meist durch Entfernung eines Atoms oder einer anderen Abgangsgruppe gebildet. Besonders beliebt ist die Abspaltung eines Protons mit starken Basen wie $NaNH_2$ oder C_4H_9Li. Carbanionen sind an vielen Reaktionen beteiligt, da sie zur **Knüpfung von C–C-Bindungen** dienen können.

18.5.3 Carbene

▶ Carbene enthalten ein neutrales, zweibindiges C-Atom mit einem Elektronensextett.

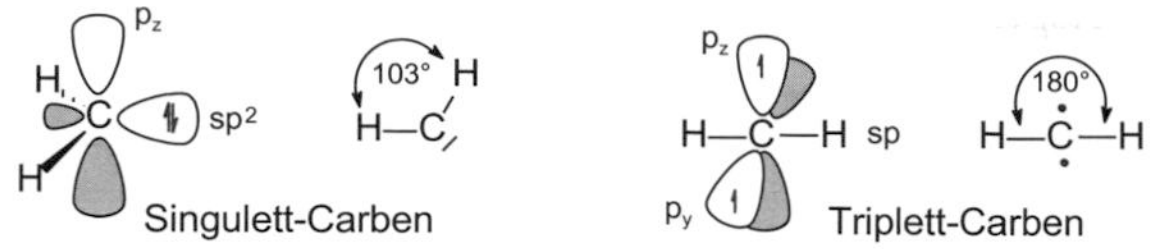

Abb. 18.1 Singulett- und
Triplett-Carben-Struktur

Singulett-Carben   Triplett-Carben

Sie sind stark elektrophile Reagenzien, deren zentrales C-Atom zwei nichtbindende Elektronen besitzt: $R_2C:$ (s. Abb. 18.1). Im sog. **Singulett-Carben** sind beide Elektronen gepaart und das C-Atom hat sp^2-Geometrie. Das p_z-Orbital bleibt unbesetzt.

▶ Ein Singulett-Carben verfügt also über ein **nucleophiles** und ein **elektrophiles Zentrum**.

Die beiden gepaarten Elektronen im sp^2-Orbital befinden sich näher am Kern als die Bindungselektronenpaare. Daher ist die Abstoßung zwischen dem freien Elektronenpaar und den Bindungselektronen größer als zwischen den Bindungselektronen. Demzufolge ist der Bindungswinkel nicht 120°, wie man für sp^2-Hybridisierung erwarten sollte, sondern deutlich kleiner (103°).

Im **Triplett-Carben** befinden sich beide Elektronen in zwei verschiedenen p-Orbitalen ($\rightarrow$ sp-Geometrie). Sie sind ungepaart, d. h., das Triplett-Carben verhält sich wie ein **Diradikal**. Beim Triplett-Carben gehen die beiden Bindungselektronenpaare auf maximale Distanz zueinander, daher die sp-Hybridisierung und der Bindungswinkel von 180°.

Das energiereichere Singulett-Methylen ist weniger stabil: Es wird bei den meisten Herstellungsweisen zuerst gebildet.

18.5.4   Radikale

▶ Radikale sind Teilchen mit einem oder **mehreren ungepaarten Elektronen**.

Radikale können auf verschiedene Weise gebildet werden, z. B. durch thermische Spaltung von Atombindungen, Fotolyse und Redoxprozesse.

Die **Stabilität der Alkyl-Radikale** nimmt in der Reihe primär < sekundär < tertiär zu (Hyperkonjugationseffekte).

Elektrisch neutrale Radikale werden durch Mesomerie-Effekte sehr stark stabilisiert (Abschn. 17.2), jedoch weniger durch induktive Effekte. **Das Triphenylmethyl-Radikal** z. B. ist in Lösung einige Zeit beständig, da die Rekombination zweier Radikale aufgrund sterischer Hinderung behindert ist. Diese Beständigkeit bezeichnet man als **Persistenz**. Die Rekombination des Triphenylmethyl-Radikals liefert auch nicht das erwartete Hexaphenylethan sondern ein Cyclohexadienderivat.

Beispiel

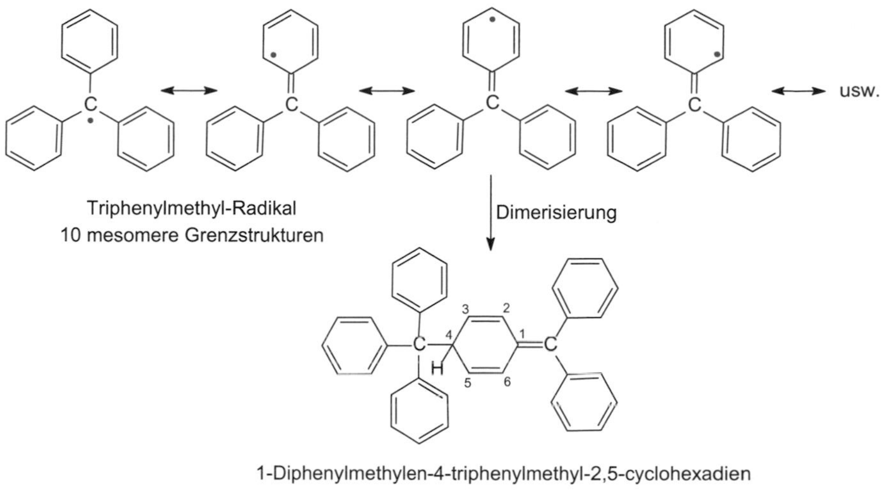

Triphenylmethyl-Radikal
10 mesomere Grenzstrukturen

Dimerisierung

1-Diphenylmethylen-4-triphenylmethyl-2,5-cyclohexadien

18.6 Übergangszustände

Im Gegensatz zu Zwischenprodukten, die oft isoliert oder spektroskopisch untersucht werden können, sind **hypothetische** Annahmen bestimmter Molekülstrukturen. Sie sind jedoch für das Erarbeiten von Reaktionsmechanismen sehr nützlich. Bei ihrer Formulierung geht man zunächst davon aus, dass diejenigen Reaktionsschritte bevorzugt werden, welche die Elektronenzustände und die Positionen der Atome der Reaktionspartner am geringsten verändern. Das bedeutet, dass man zunächst nur jene Bindungen berücksichtigt, die bei der Reaktion verändert werden (**Prinzip der geringsten Strukturänderung**).

18.7 Reaktionstypen

18.7.1 Additions-Reaktionen

▶ Bei Additionsreaktionen werden Moleküle oder Molekülfragmente an eine Mehrfachbindung angelagert, entweder elektrophil, nucleophil oder radikalisch.

Elektrophile Addition
Eine C=C-Doppelbindung kann leicht von elektrophilen Reagenzien angegriffen werden, denn sie ist ein Zentrum relativ hoher Ladungsdichte (Abschn. 22.1).

Nucleophile Addition

Nucleophile Additionen an C=C-Doppelbindungen sind nur möglich, wenn **elektronenziehende Gruppen** im Substrat vorhanden sind, wobei das angreifende Reagenz auch ein Carbanion sein kann (Beispiele Abschn. 22.3).

Radikalische Addition

Bei der Anlagerung von HBr an eine Doppelbindung kann man je nach Reaktionsbedingung zwei verschiedene Produkte finden:

$$\underset{\substack{\text{1,3-Dibrompropan} \\ \textit{anti-Markownikow-} \\ \text{Produkt}}}{\overset{\text{Br}}{\underset{|}{H_2C}}-CH_2-CH_2Br} \quad \xleftarrow{\text{radikal.}} \quad \underset{\text{Allylbromid}}{H_2C=CH-CH_2Br} + HBr \quad \xrightarrow{\text{elektr.}} \quad \underset{\substack{\text{1,2-Dibrompropan} \\ \textit{Markownikow-} \\ \text{Produkt}}}{\overset{\text{Br}}{\underset{|}{H_3C}}-CH-CH_2Br}$$

1,2-Dibrompropan entsteht durch elektrophile Addition, da bei dem Angriff von H^+ das **stabilere Carbeniumion** gebildet wird. Die Bildung von 1,3-Dibrompropan verläuft nach einem Radikalmechanismus. Hierbei greift ein **Bromradikal** an der Doppelbindung an, wobei auch hier das **stabilste Radikal** gebildet wird.

18.7.2 Eliminierungs-Reaktionen

Die Eliminierung kann als **Umkehrung der Addition** aufgefasst werden. Es werden meist Gruppen oder Atome von benachbarten C-Atomen unter Bildung von Mehrfachbindungen entfernt. Die Eliminierung verläuft entweder **monomolekular (E1)** oder **bimolekular (E2)** (Abschn. 27.3).

18.7.3 Substitutions-Reaktionen

▶ Unter einer Substitution versteht man den **Ersatz eines Atoms oder einer Atomgruppe** in einem Molekül durch ein anderes Atom bzw. eine andere Atomgruppe. Substitutionen können nucleophil, elektrophil oder radikalisch verlaufen.

Nucleophile Substitution

Nucleophile Substitutionen finden hauptsächlich an gesättigten Kohlenstoffverbindungen statt, wobei man zwischen **bi-molekularen** Substitutionen (S_N2) und **mono-molekularen** Substitution (S_N1) unterscheiden kann. (Kap. 26).

S_N1-**Reaktionen** sind **zweistufig** verlaufende Prozesse, wobei der erste, reversible Schritt geschwindigkeitsbestimmend ist. Ebenso wie bei E1-Reaktionen tritt ein Carbeniumion als Zwischenprodukt auf (siehe Beispiel bei E1, Abschn. 27.2).

S_N2-**Reaktionen** sind **einstufig** und verlaufen über einen energiereichen Übergangszustand. Die wichtigsten Konkurrenzreaktionen sind Eliminierungen.

Elektrophile Substitution
Die elektrophile Substitution ist eine typische Reaktion **aromatischer Verbindungen**, die infolge ihres π-Elektronensystems leicht mit elektrophilen Reagenzien reagieren. (Beispiele Kap. 24).

Radikalische Substitution
Die radikalische Substitution verläuft bei **Aliphaten** über **zwei Stufen**. Bei der Chlorierung von Alkanen wird zunächst ein Radikal aus den Edukten gebildet, das dann mit einem zweiten Molekül unter Substitution reagiert (Beispiele Kap. 20).

18.7.4 Radikal-Reaktionen

Bei der **homolytischen Spaltung** einer kovalenten Bindung entstehen Radikale. Radikalreaktionen werden durch **Radikalbildner** (Initiatoren) gestartet, und können durch **Radikalfänger** (Inhibitoren) verlangsamt oder gestoppt werden.

► Der Reaktionsablauf gliedert sich in:
- die Startreaktion,
- die Kettenfortpflanzung und
- den Kettenabbruch.

18.7.5 Umlagerungen

► Umlagerungen sind Isomerisierungs-Reaktionen, bei denen oft auch das Grundgerüst eines Moleküls verändert wird. Dabei finden Positionsänderungen von Atomen oder Atomgruppen innerhalb eines Moleküls statt.

Die wichtigsten und häufigsten Umlagerungen laufen über Teilchen mit *Elektronenmangel* wie Carbeniumionen. Dabei wandert die umgelagerte Gruppe mit ihrem Bindungselektronenpaar an ein Nachbaratom mit einem Elektronensextett. Triebkraft ist die Bildung des stabileren Carbeniumions.

Beispiel **Wagner-Meerwein-Umlagerung** von Alkenen in Gegenwart von Säuren:

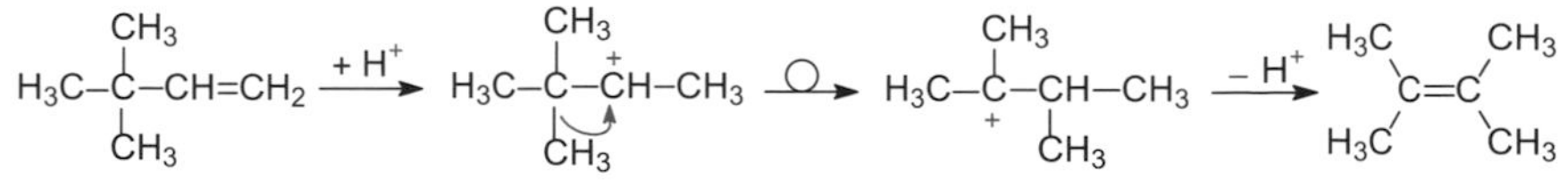

3,3-Dimethyl-1-buten   2,3-Dimethyl-2-buten

Gesättigte Kohlenwasserstoffe (Alkane) 19

19.1 Offenkettige Alkane

Das einfachste offenkettige Alkan ist das **Methan, CH$_4$** (Abb. 5.14). Durch sukzessives Hinzufügen einer CH$_2$-Gruppe lässt sich daraus die homologe Verbindungsreihe der Alkane mit der **Summenformel C$_n$H$_{2n+2}$** ableiten.

▶ Eine **homologe Reihe** ist eine Gruppe von Verbindungen, die sich um einen bestimmten, gleich bleibenden Baustein unterscheiden.

Während die chemischen Eigenschaften des jeweils nächsten Gliedes der Reihe durch die zusätzliche CH$_2$-Gruppe nur wenig beeinflusst werden, ändern sich die **physikalischen Eigenschaften** im Allgemeinen regelmäßig mit der Zahl der Kohlenstoff-Atome (Tab. 19.1).

Die ersten vier Glieder der Tabelle haben Trivialnamen. Die Bezeichnungen der höheren Homologen leiten sich von griechischen oder lateinischen Zahlwörtern ab, die man mit der Endung an versieht. Durch Abspaltung eines H-Atoms von einem Alkan entsteht ein **Alkyl-Rest** R (Radikal, Gruppe), der die Endung -yl erhält (s. Tab. 19.1):

Beispiel

Alkan	$\xrightarrow{\text{minus 1 H}}$	Alkyl
CH$_3$–CH$_3$		·CH$_2$–CH$_3$
Ethan		Ethyl

Verschiedene Reste an einem Zentralatom erhalten einen Index, z. B. R′, R″ oder R^1, R^2 usw.

Zur formelmäßigen Darstellung der Alkane ist die in Tab. 19.1 verwendete Schreibweise zweckmäßig. Die dort aufgeführten Alkane sind **unverzweigte** oder **normale Kohlenwasserstoffe (*n*-Alkane)**. Die ebenfalls übliche Bezeichnung „geradkettig" ist irreführend, da Kohlenstoffketten wegen der Bindungswinkel von etwa 109° am Kohlenstoffatom keineswegs „gerade" sind (Abschn. 19.1.2).

© Springer-Verlag Berlin Heidelberg 2016
H.P. Latscha, U. Kazmaier, *Chemie für Biologen*, DOI 10.1007/978-3-662-47784-7_19

Tab. 19.1 Homologe Reihe der Alkane

Summen-formel	Formel	Name	Eigenschaften		Alkyl
			Schmp. (in °C)	Sdp. (in °C)	C_nH_{2n+1}
CH_4	CH_4	Methan	−184	−164	Methyl
C_2H_6	$CH_3–CH_3$	Ethan	−171,4	−93	Ethyl
C_3H_8	$CH_3–CH_2–CH_3$	Propan	−190	−45	Propyl
C_4H_{10}	$CH_3–(CH_2)_2–CH_3$	Butan	−135	−0,5	Butyl
C_5H_{12}	$CH_3–(CH_2)_3–CH_3$	Pentan	−130	+36	Pentyl (Amyl)
C_6H_{14}	$CH_3–(CH_2)_4–CH_3$	Hexan	−93,5	+68,7	Hexyl
C_7H_{16}	$CH_3–(CH_2)_5–CH_3$	Heptan	−90	+98,4	Heptyl
C_8H_{18}	$CH_3–(CH_2)_6–CH_3$	Octan	−57	+126	Octyl
C_9H_{20}	$CH_3–(CH_2)_7–CH_3$	Nonan	−53,9	+150,6	Nonyl
$C_{10}H_{22}$	$CH_3–(CH_2)_8–CH_3$	Decan	−32	+173	Decyl
⋮					
$C_{17}H_{36}$	$CH_3–(CH_2)_{15}–CH_3$	Heptadecan	+22,5	+303	Heptadecyl
$C_{20}H_{42}$	$CH_3–(CH_2)_{18}–CH_3$	Eicosan	+37	−	Eicosyl

Abkürzungen Methyl = Me, Ethyl = Et, Propyl = Pr, Butyl = Bu

Hinweis Diese Abkürzungen und auch andere nur verwenden, wenn keine Missverständnisse auftreten können. So kann Me = Metall und Pr = Praseodym bedeuten.

19.1.1 Nomenklatur und Struktur

Von den normalen Kohlenwasserstoffen, den *n*-Alkanen, unterscheiden sich die **verzweigten Kohlenwasserstoffe,** die in speziellen Fällen mit der Vorsilbe *iso-* gekennzeichnet werden. Das einfachste Beispiel ist *iso*-**Butan.**

Für **Pentan** kann man drei verschiedene Strukturformeln angeben. Unter den Formeln stehen die physikalischen Daten und die Namen gemäß den Regeln der chemischen Nomenklatur:

Isomere Pentane

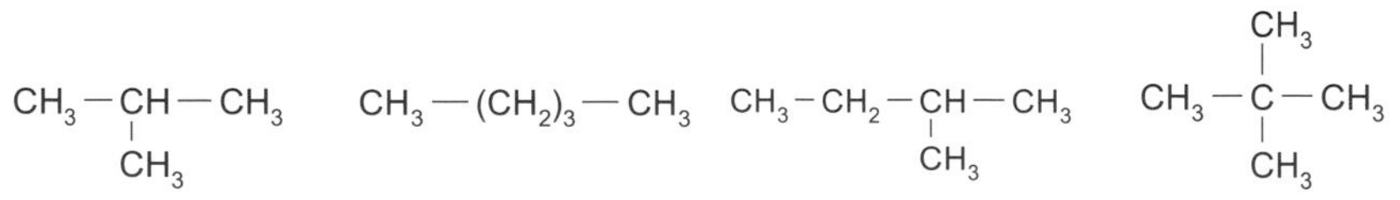

$$CH_3—CH—CH_3 \qquad CH_3—(CH_2)_3—CH_3 \qquad CH_3–CH_2–CH—CH_3 \qquad CH_3–C–CH_3$$

Methylpropan   *n*-Pentan   2-Methyl-butan   2,2-Dimethylpropan
(*iso*-Butan)   (*iso*-Pentan)   (*neo*-Pentan)

                     Sdp. 36 °C   Sdp. 27,9 °C   Sdp. 9,5 °C
                     Schmp. −129,7 °C   Schmp. −158,6 °C   Schmp. −20 °C

Tab. 19.2 Alkylreste im Beispiel 3-Ethyl-2,2-dimethyl-hexan

Benennung	C-Atom	Formelauszug	Allgemein:
Primäre Gruppen Primäres C-Atom *C*	1,6	$-CH_3$; $-CH_2-CH_3$	$R-CH_3$
Sekundäre Gruppen Sekundäres C-Atom *C*	4,5	$\overset{\mid}{C}H_2-CH_2-CH_3$	$R-CH_2-R$
Tertiäre Gruppen Tertiäres C-Atom *C*	3	$-CH-CH_2-$ $\overset{\mid}{C}H_2-$	$R-\overset{\mid}{C}H-R$ R
Quartäres C-Atom *C*	2	H_3C $\overset{\mid}{\underset{\mid}{H_3C-C}}-CH-$ H_3C	$\overset{R}{\underset{R}{R-C-R}}$

▶ Eine Verbindung wird nach dem längsten geradkettigen Abschnitt im Molekül benannt.

Die Seitenketten werden wie Alkyl-Radikale bezeichnet und alphabetisch geordnet (Bsp.: Ethyl vor Methyl). Ihre Position im Molekül wird durch Zahlen angegeben. Taucht ein **Substituent** mehrfach auf, so wird die Anzahl der Reste durch Vorsilben wie *di-*, *tri-*, *tetra-* etc. ausgedrückt. Diese Vorsilben werden bei der alphabetischen Anordnung der Reste nicht berücksichtigt (Bsp.: Ethyl vor Dimethyl). Manchmal findet man auch Positionsangaben mit griechischen Buchstaben. Diese geben die Lage eines C-Atoms einer Kette relativ zu einem anderen an. Man spricht von α-ständig, β-ständig etc. Weitere Hinweise zur Nomenklatur finden sich in Abschn. 17.4.

Beispiel

$$\underset{\overset{\mid}{H_3C}\ \underset{4}{C}H_2-\underset{5}{C}H_2-\underset{6}{C}H_3}{\overset{\overset{H_3C}{\mid}}{H_3C-\underset{2}{C}-\underset{3}{C}H-CH_2-CH_3}}$$ 3-Ethyl-2,2-dimethyl-hexan

An diesem Beispiel lassen sich verschiedene Typen von Alkyl-Resten unterscheiden, die wie in Tab. 19.2 benannt werden (R bedeutet einen Kohlenwasserstoff-Rest).

Strukturisomere nennt man Moleküle mit gleicher Summenformel, aber verschiedener Strukturformel (Abschn. 17.6). Wie am Beispiel der isomeren Pentane gezeigt, unterscheiden sie sich in ihren physikalischen Eigenschaften (Schmelz- und Siedepunkte, Dichte etc.), denn diese Eigenschaften hängen in hohem Maße von der Gestalt der Moleküle ab. So zeigen hoch verzweigte, kugelige Moleküle in der Regel eine höhere Flüchtigkeit (niederer Sdp.) als lineare, unverzweigte.

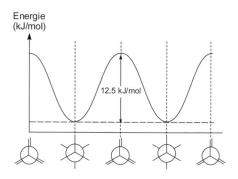

Abb. 19.1 Verlauf der potenziellen Energie bei der inneren Rotation eines Ethanmoleküls (Diederwinkeldiagramm)

19.1.2 Bau der Moleküle, Konformationen der Alkane

Im Ethan sind die Kohlenstoff-Atome durch eine rotationssymmetrische σ-Bindung verbunden.

▶ Die Rotation der CH_3-Gruppen um die C–C-Bindung gibt verschiedene räumliche Anordnungen, die sich in ihrem Energieinhalt unterscheiden und **Konformere** genannt werden.

Zur Veranschaulichung der Konformationen (s. Abb. 19.1) des **Ethans** CH_3–CH_3 verwendet man folgende zeichnerische Darstellungen:

1. **Sägebock-Projektion** (perspektivische Sicht):

   gestaffelt   *ekliptisch*
   (*staggered*)   (*eclipsed*)

2. **Stereo-Projektion** (Blick von der Seite). Die Keile zeigen nach vorn, die punktierten Linien nach hinten. Die durchgezogenen Linien liegen in der Papierebene:

   gestaffelt   *ekliptisch*
   (*staggered*)   (*eclipsed*)

3. *Newman*-**Projektion** (Blick von vorne in die C–C-Bindung). Die durchgezogenen Linien sind Bindungen zum vorderen C-Atom, die am Kreis endenden

Linien Bindungen zum hinteren C-Atom. Die Linien bei der *ekliptischen* Form müssten streng genommen aufeinander liegen (*verdeckte* Konformation). Bei der *gestaffelten* Konformation stehen die H-Atome exakt *auf Lücke*.

gestaffelt
(*staggered*)

ekliptisch
(*eclipsed*)

Neben diesen beiden extremen Konformationen gibt es unendlich viele konformere Anordnungen.

Der Verlauf der potenziellen Energie bei der gegenseitigen Umwandlung ist in Abb. 19.1 dargestellt. Aufgrund der Abstoßung der Bindungselektronen der C–H-Bindungen ist die gestaffelte Konformation um 12,5 kJ/mol energieärmer als die ekliptische. Im Gitter des festen Ethans tritt daher ausschließlich die gestaffelte Konformation auf.

Größere Energieunterschiede findet man beim **n-Butan**. Wenn man *n*-Butan als 1,2-disubstituiertes Ethan auffasst (Ersatz je eines H-Atoms durch eine CH_3-Gruppe), ergeben sich verschiedene ekliptische und gestaffelte Konformationen, die man wie in Abb. 19.2 angegeben unterscheidet. Die Energieunterschiede, Torsionswinkel und Bezeichnungen sind zusätzlich aufgeführt. Da der Energieunterschied zwischen den einzelnen Formen gering ist, können sie sich (bei 20 °C) leicht ineinander umwandeln

Abb. 19.2 Potenzielle Energie der Konformationen des *n*-Butans

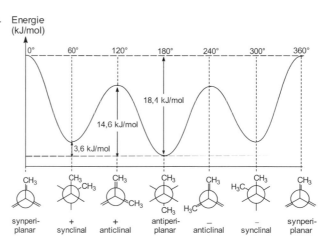

19.1.3   Vorkommen, Gewinnung und Verwendung der Alkane

Gesättigte Kohlenwasserstoffe (KW) sind in der Natur weit verbreitet, z. B. im Erdöl und im Erdgas. Die Bedeutung des Erdöls liegt darin, dass aus ihm neben Benzin, Diesel- und Heizöl bei der fraktionierten Destillation auch viele wertvolle Ausgangsstoffe für die chemische und pharmazeutische Industrie erhalten werden.

19.1.4   Herstellung von Alkanen

Neben zahlreichen, oft recht speziellen Verfahren zur Gewinnung bzw. Herstellung von Alkanen bieten die *Wurtz*-Synthese und die *Kolbe*-Synthese allgemein gangbare Wege, gezielt Kohlenwasserstoffe bestimmter Kettenlänge zu erhalten.

19.1.4.1   *Wurtz*-Synthese

Ausgehend von Halogenalkanen (Kap. 25) lassen sich zahlreiche höhere Kohlenwasserstoffe aufbauen. So konnten Verbindungen bis zur Summenformel $C_{70}H_{142}$ aufgebaut werden.

Beispiel Synthese von Eicosan aus 1-Ioddecan

$$C_{10}H_{21}I + 2\,Na \longrightarrow C_{10}H_{21}Na + NaI$$
$$C_{10}H_{21}Na + C_{10}H_{21}I \longrightarrow H_{21}C_{10}-C_{10}H_{21} + NaI$$

19.1.4.2   *Kolbe*-Synthese

Die *Kolbe*-Synthese eignet sich zum Aufbau komplizierter gesättigter Kohlenwasserstoffe. Dabei werden konzentrierte Lösungen von *Salzen von Carbonsäuren elektrolysiert*. Man kann auch Gemische verschiedener Carbonsäuren einsetzen, erhält dabei jedoch auch Gemische von Kohlenwasserstoffen. Dem Carboxylat-Anion wird an der Anode ein Elektron entzogen, wobei ein *Radikal* entsteht. Nach Abspaltung von CO_2 kombinieren die Alkyl-Radikale zum gewünschten Kohlenwasserstoff.

$$2\,C_nH_{2n+1}COO^- \xrightarrow{-2e^-} C_{2n}H_{4n+2} + 2\,CO_2$$

19.1.5   Eigenschaften gesättigter Kohlenwasserstoffe

Alkane sind ziemlich reaktionsträge und werden oft auch als **Paraffine** bezeichnet. Der Anstieg der Schmelz- und Siedepunkte innerhalb der homologen Reihe (s. Tab. 19.1) ist auf zunehmende *Van-der-Waals*-Kräfte zurückzuführen. Die Moleküle sind **unpolar** und lösen sich daher gut in anderen Kohlenwasserstoffen, hingegen nicht in polaren Lösemitteln wie Wasser. Solche Verbindungen bezeichnet man als **hydrophob** (wasserabweisend) oder **lipophil** (fettfreundlich). Substanzen mit OH-Gruppen sind dagegen **hydrophil** (wasserfreundlich).

Obwohl Alkane weniger reaktionsfreudig sind als andere Verbindungen, erlauben sie doch Reaktionen, die über Radikale als Zwischenstufen verlaufen (Kap. 20).

19.2 Cyclische Alkane

▶ Die Cycloalkane sind gesättigte Kohlenwasserstoffe mit ringförmig geschlossenem Kohlenstoffgerüst.

Sie bilden ebenfalls eine homologe Reihe. Als wichtige Vertreter seien genannt (neben der ausführlichen Strukturformel ist hier auch die vereinfachte Darstellung angegeben):

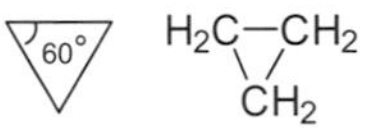

Cyclopropan

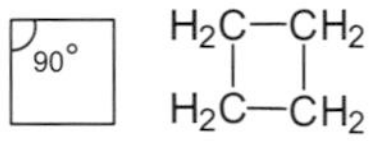

Cyclobutan

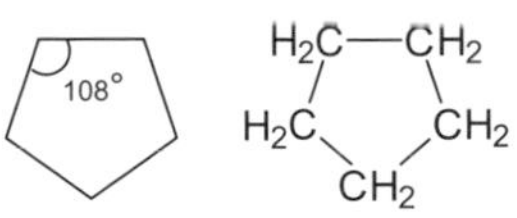

Cyclopentan

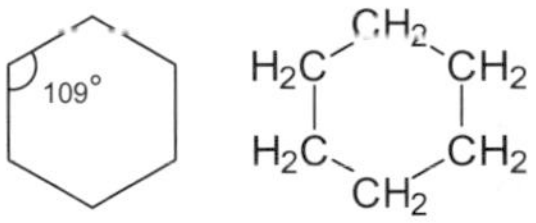

Cyclohexan

Cyclopropan findet Verwendung als Inhalationsnarkotikum, Cyclohexan als Lösemittel. Durch Oxidation erhält man hieraus Cyclohexanol und Cyclohexanon, ebenfalls wichtige synthetische Bausteine.

Außer einfachen Ringen gibt es auch *kondensierte* Ringsysteme, die vor allem in Naturstoffen, wie z. B. den Steroiden zu finden sind:

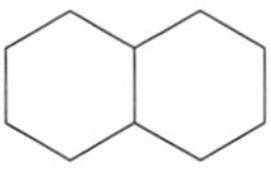

Decalin 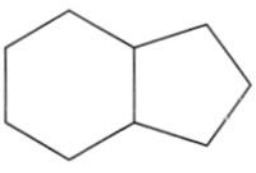   Hydrindan 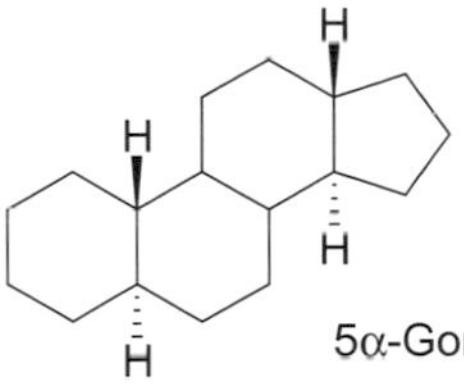   5α-Gonan (Steran)

19.2.1 Bau der Moleküle, Konformationen der Cycloalkane

Cycloalkane haben die gleiche **Summenformel** wie Alkene, nämlich C_nH_{2n}. Sie zeigen aber ein ähnliches chemisches Verhalten wie die offenkettigen Alkane.

Ausnahmen hiervon sind Cyclopropan und Cyclobutan, die relativ leicht Reaktionen unter Ringöffnung eingehen. Dies ist auf die kleinen Bindungswinkel und die damit verbundene **Ringspannung** zurückzuführen die *Baeyer*-Spannung genannt wird. Bei *unsubstituierten* Cycloalkanen tritt überdies − infolge von Wechselwirkungen zwischen den H-Atomen − eine **Konformationsspannung** auf, die man oft als *Pitzer*-Spannung (Abb. 19.3) bezeichnet. Sie ist besonders ausgeprägt beim relativ starren, planaren Cyclopropan. Cyclobutan und Cyclopentan versuchen diese

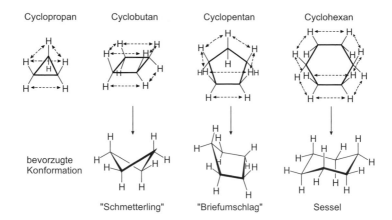

Abb. 19.3 Konformationsspannung und Vorzugskonformationen bei Cycloalkanen

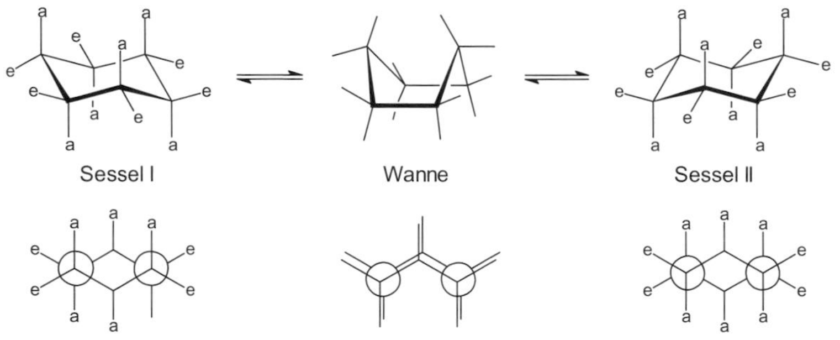

Abb. 19.4 Sessel- und Wannenform von Cyclohexan mit den verschiedenen Positionen der Substituenten (perspektivische und Newman-Projektionen)

Wechselwirkungen durch einen gewinkelten Molekülbau zu vermindern. Der Cyclohexanring liegt bevorzugt in der Sesselkonformation vor.

19.2.2   Das Cyclohexan-Ringsystem

Die sicherlich bekannteste Konformation von Cycloalkanen ist die bereits angesprochene **Sesselkonformation** des Cyclohexans. Sie ist die energetisch günstigste Konformation, und liegt daher bevorzugt vor. Durch Drehung um C–C-Bindungen kann man die Sesselkonformation über eine andere wichtige Konformation, die **Wannenkonformation**, in einen zweiten Sessel umwandeln. Beide Formen stehen bei Raumtemperatur im Gleichgewicht. Analoge Konformationen findet man auch bei anderen cyclischen Sechsringsystemen, wie den Kohlenhydraten (Kap. 40).

Anhand der Projektionsformeln der Molekülstrukturen in Abb. 19.4 erkennt man, dass die **Sesselformen energieärmer** sind, weil bei den Substituenten kei-

Abb. 19.5 Potenzielle
Energie verschiedener Konformationen von Cyclohexan

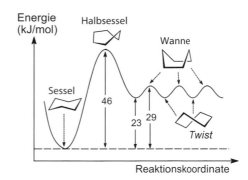

nc sterische Hinderung auftritt. Die H-Atome bzw. die Substituenten stehen auf
Lücke (gestaffelt). Im Gegensatz hierzu stehen sie bei der Wannenform verdeckt
(ekliptisch). Bei der Umwandlung der beiden Sesselformen ineinander werden eine
Reihe weiterer Konformationen, wie die **Halbsessel-** und **Twist-Konformationen**
durchlaufen. Auch diese sind energetisch weniger günstig (Abb. 19.5).

Beim Sessel unterscheidet man zwei **Orientierungen der Substituenten**. Sie
können einerseits **axial** (a) stehen, dann ragen sie senkrecht zu dem gewellten
Sechsring abwechselnd nach oben und unten heraus. Andererseits sind auch **äquatoriale** (e) Stellungen möglich, wobei die Substituenten in der Ringebene liegen.
Zur korrekten zeichnerischen Darstellung richtet man die Bindungen zu den äquatorialen Substituenten *parallel zur übernächsten Bindung* im Ring aus.

19.2.2.1 Substituierte Cyclohexane

Die gegenseitige Umwandlung der Sesselkonformationen ineinander bewirkt eine
Wanderung von Atomen aus der axialen Position in die äquatoriale und umgekehrt.

▶ Bei substituierten Cyclohexanen nehmen Substituenten mit der größeren Raumbeanspruchung vorzugsweise die äquatorialen Stellungen ein.

Dadurch sind die Wechselwirkungen mit den axialen H-Atomen geringer und
der zur Verfügung stehende Raum ist am größten.

Äquatoriale Methyl-Gruppe (um
7,5 kJ/mol stabiler als die Struktur
mit der axialen Methyl-Gruppe)

Sterische Wechselwirkungen
bei axialer Methyl-Gruppe

Disubstituierte Cycloalkane

Disubstituierte Cycloalkane unterscheiden sich durch die Stellung der Substituenten am Ring. Stehen zwei Substituenten auf derselben Seite der Ringebene, werden sie als *cis*-**ständig**, stehen sie auf entgegengesetzten Seiten, als *trans*-**ständig** bezeichnet. Diese *cis-trans*-**Isomere** sind **Stereoisomere** (Abschn. 18.4) und lassen sich nicht ineinander umwandeln, da hierzu C—C-Bindungen gespalten werden müssten.

1,2-disubstituierte Cyclohexan-Derivate

Aus der Stellung der Substituenten in der *trans* (a,a oder e,e)- bzw. der *cis* (e,a)-Form ergibt sich, dass erstere **stabiler** ist: Im *trans*-Isomer I können beide Substituenten die energetisch günstigere äquatoriale Stellung einnehmen. Bei den *cis*-Isomeren befindet sich immer ein Substituent in der ungünstigen axialen Position.

1,3-disubstituierte Cyclohexan-Derivate

Hier ist aus den gleichen Gründen von den beiden *cis*-Formen Form II **stabiler**. Man beachte, dass in diesem Fall entsprechend obiger Definition die Stellungen a,a bzw. e,e als *cis* und a,e als *trans* bezeichnet werden.

1,4-disubstituierte Cyclohexan-Derivate

Analog zu den 1,2-substituierten Verbindungen ist von den beiden *trans* (e,e oder a,a)- und *cis* (e,a)- Isomeren die diäquatoriale *trans*-Form I am **stabilsten**.

19.2.2.2 Kondensierte Ringsysteme

▶ Sind cyclische Verbindungen über eine gemeinsame Bindung verknüpft, so spricht man von kondensierten Ringen.

Beispiel: Decalin (Decahydronaphthalin)

Beim *trans*-**Decalin** (Sdp. 185 °C) sind die beiden Ringe e/e-verknüpft. Hierdurch entsteht ein sehr starres Ringsystem. Das *trans*-Decalin ist um 8,4 kJ/mol stabiler als das *cis*-Decalin. Beim *cis*-**Decalin** (Sdp. 194 °C) liegt eine a/e-Verknüpfung der beiden Ringe vor. Hierdurch wird das System sehr flexibel, wobei die Substituenten beim **Umklappen** von Konformation I in II aus der axialen in die äquatoriale Position wandern und umgekehrt.

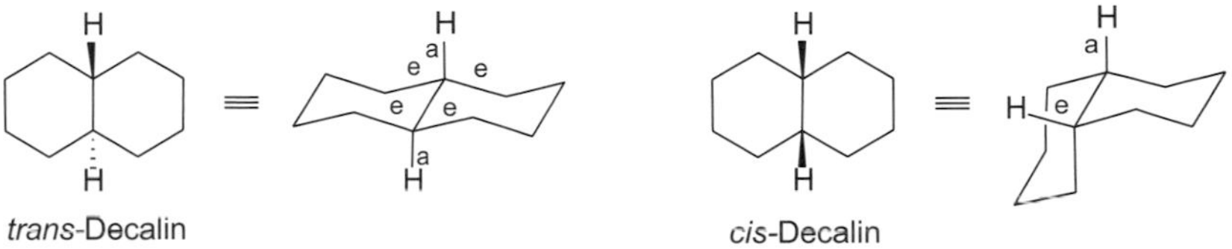

trans-Decalin   *cis*-Decalin

Beispiel: Das Steran-Gerüst

Die beim Decalin gezeigte *cis-trans*-Isomerie findet man auch bei anderen kondensierten Ringsystemen. Besonders wichtig ist das **Grundgerüst der Steroide**, das **Steran** (Gonan) (Kap. 47). Das Molekül besteht aus drei anellierten Cyclohexan-Sechsringen (A, B, C), an die ein Cyclopentan-Ring D ankondensiert ist. Es handelt sich also um ein *tetracyclisches* Ringgerüst. In fast allen **natürlichen** Steroiden sind die Ringe B und C sowie C und D *trans*-verknüpft. Die Ringe A und B können sowohl *trans*- (5α-Steran, Cholestan-Reihe) als auch *cis*-verknüpft (5β-Steran, Koprostan-Reihe) sein.

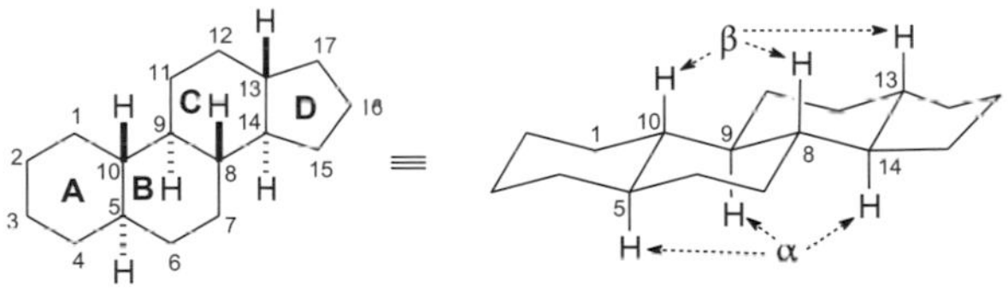

A/B *trans*: 5α-Steran (ausgewählte α- und β-Positionen sind markiert)

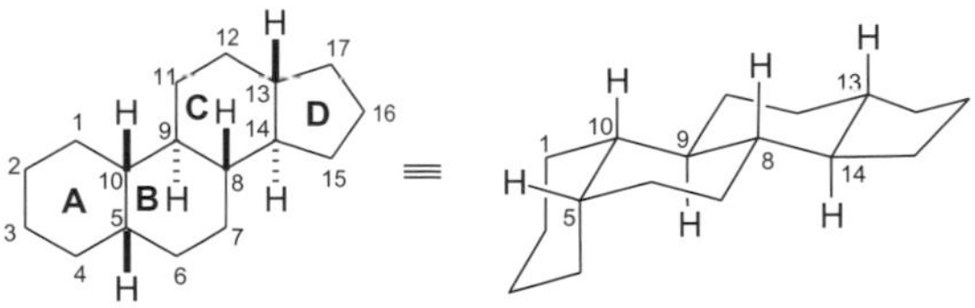

A/B *cis*: 5β-Steran

Beispiel Cholesterol (= Cholesterin; 3β-Hydroxy-Δ^5-cholesten; Cholest-5-en-3β-ol)

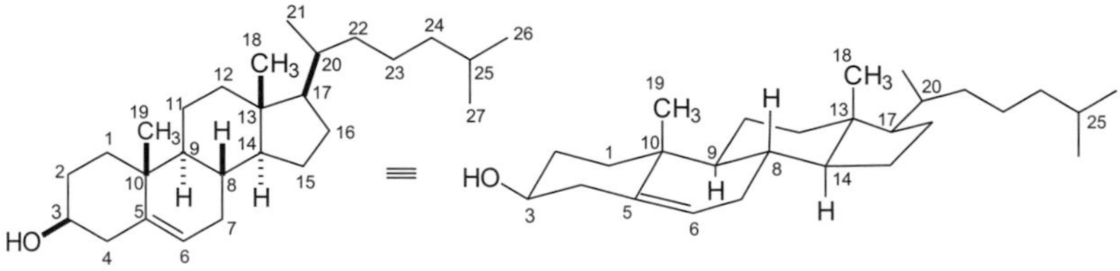

Die radikalische Substitutions-Reaktion (S$_R$) **20**

20.1 Herstellung von Radikalen

▶ Radikale sind Atome, Moleküle oder Ionen mit ungepaarten Elektronen.

Sie bilden sich u. a. bei der fotochemischen oder thermischen Spaltung neutraler Moleküle. Während eine thermische Spaltung (Δ) immer gelingt, setzt eine fotochemische Bindungsspaltung ($h \cdot v$) die Absorption der Strahlung voraus. „Farbige Verbindungen" wie etwa Halogene werden besonders leicht gespalten. Moleküle mit niedriger Bindungsdissoziationsenergie wie **1** (125 kJ/mol) und **2** (130 kJ/mol) werden oft als **Initiatoren** (Starter) benutzt, die beim Zerfall eine gewünschte Radikalreaktion einleiten:

a) fotochemisch

$$Cl{-}Cl \xrightarrow{h v} 2\,Cl\bullet \qquad Br{-}Br \xrightarrow{h v} 2\,Br\bullet$$

b) thermisch

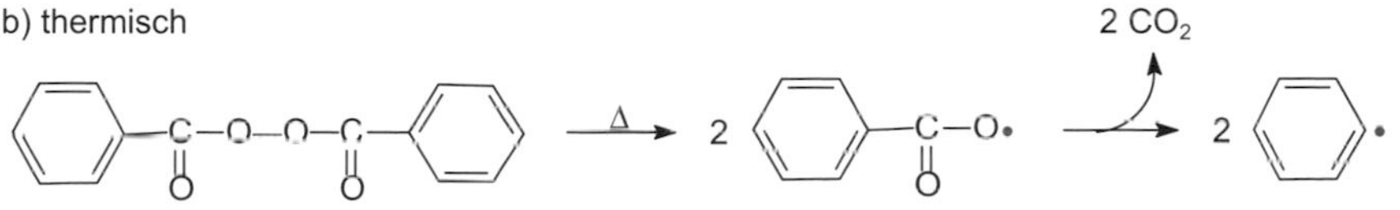

Dibenzoylperoxid (**1**)   Benzoyloxy-Radikal   Phenyl-Radikal

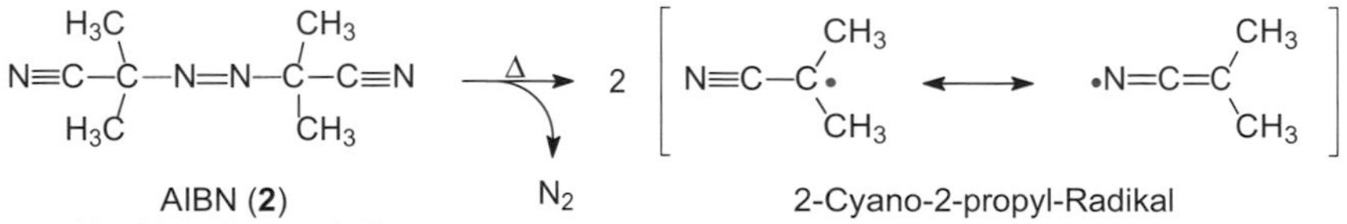

AIBN (**2**)   N$_2$ 2-Cyano-2-propyl-Radikal
(Azobisisobutyronitril)

Auch durch **Redox-Reaktionen** lassen sich Radikale erzeugen.

© Springer-Verlag Berlin Heidelberg 2016
H.P. Latscha, U. Kazmaier, *Chemie für Biologen*, DOI 10.1007/978-3-662-47784-7_20

Beispiele
- die *Kolbe*-Synthese von Kohlenwasserstoffen (Abschn. 19.1.4)
- die *Sandmeyer*-Reaktion von Aryldiazonium-halogeniden (Abschn. 30.4.2.1)

20.2   Struktur und Stabilität

▶ Radikale nehmen von der Struktur her eine Zwischenstellung ein zwischen den
Carbanionen und Carbeniumionen.

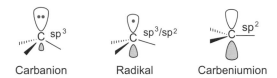

| Carbanion | Radikal | Carbeniumion |

Die Stabilität von Radikalen nimmt in dem Maße zu, wie das ungepaarte Elektron im Molekül delokalisiert werden kann. **Mesomere Effekte** können Radikale zusätzlich **stabilisieren** (Abschn. 18.4). Für Alkyl-Radikale gilt die Reihenfolge:

primär < sekundär < tertiär

20.3   Ablauf von Radikalreaktionen

Alle radikalischen Substitutionsreaktionen sind **Kettenreaktionen**, welche in der Regel durch die Spaltung eines Initiatormoleküls I$_2$ ausgelöst werden. Die in dieser **Startreaktion** gebildeten reaktiven Radikale I· setzen dann die eigentlich **Reaktionskette** in Gang, die sich immer wiederholt. Die Anzahl der durchlaufenen Cyclen pro Startreaktion bezeichnet man als *Kettenlänge*. Die Kettenlänge hängt ab von der Anzahl der **Kettenabbruchsreaktionen**, bei welcher die reaktiven Radikale verbraucht werden. Je mehr Abbruchreaktionen, desto kürzer die Kette!

$$
\begin{array}{ll}
I_2 \longrightarrow 2\,I\cdot & \left.\rule{0pt}{2.5em}\right\} \text{Startreaktion} \\
I\cdot + A\text{–}B \longrightarrow I\text{–}A + B\cdot &
\end{array}
$$

$$
\begin{array}{l}
B\cdot + C\text{–}D \longrightarrow B\text{–}C + D\cdot \\
D\cdot + A\text{–}B \longrightarrow D\text{–}A + B\cdot \\
B\cdot + C\text{–}D \longrightarrow B\text{–}C + D\cdot \\
\vdots
\end{array}
\left.\rule{0pt}{4em}\right\} \text{Reaktionskette}
$$

$$
\begin{array}{l}
2\,B\cdot \longrightarrow B_2 \\
2\,D\cdot \longrightarrow D_2 \\
B\cdot + D\cdot \longrightarrow B\text{–}D
\end{array}
\left.\rule{0pt}{3em}\right\} \text{Kettenabbruch}
$$

Ob, wie schnell und wie selektiv eine solche Kettenreaktion abläuft, hängt von der ,Energiebilanz' der Reaktion ab. Hierzu vergleicht man die Energie, die benötigt wird um die A–B- bzw. die C–D-Bindungen zu spalten, mit der Energie die bei der Bildung der D–A- und der B–C-Bindung frei wird.

▶ Insgesamt endotherme Reaktionen laufen nicht ab, exotherme Reaktionen umso schneller und unselektiver, je mehr Energie frei wird!

20.4 Selektivität bei radikalischen Substitutions-Reaktionen

Homolysen verlaufen umso leichter, je kleiner die Bindungsenergie der aufzuspaltenden Elektronenpaarbindung ist. Eine Zusammenstellung der Bindungsdissoziationsenergien relevanter Bindungen findet sich in Abschn. 17.2. Von den Alkylradikalen entstehen die tertiären Radikale am leichtesten und sind auch am stabilsten. Dennoch erhält man bei vielen Reaktionen, wie z. B. Halogenierungen oftmals Isomerengemische. Dies ist nicht verwunderlich, wenn man bedenkt, dass die Anzahl der primären H-Atome in einem Alkan größer ist als z. B. die Anzahl der tertiären. Es ist somit eine höhere Wahrscheinlichkeit für einen radikalischen Angriff gegeben (statistischer Faktor).

Die Produktverteilung hängt jedoch nicht nur vom Kohlenwasserstoff ab, sondern vor allem auch vom verwendeten Halogen. **Fluorierungen** z. B. sind extrem exotherme Reaktionen und lassen sich *überhaupt nicht kontrollieren*. Auch **Chlorierungen** verlaufen in der Regel recht *unselektiv*, wobei es häufig auch zu Mehrfachchlorierungen kommt. Bei **Bromierungen** kann sich allerdings die Reaktivität der H-Atome am Reaktionszentrum (Reihenfolge: tertiär > sekundär > primär) so stark bemerkbar machen, dass bevorzugt **ein Isomer** entsteht (Regioselektivität). So bildet sich bei der Bromierung von Isobutan zu 99 % tertiäres Butylbromid (2-Brom-2-methylpropan).

$$\underset{\substack{|\\CH_3}}{\overset{\substack{CH_3\\|}}{CH_3-C-H}} \;+\; X_2 \;\xrightarrow{h\nu}\; \underset{\substack{|\\CH_3}}{\overset{\substack{CH_2-X\\|}}{CH_3-C-H}} \;+\; \underset{\substack{|\\CH_3}}{\overset{\substack{CH_3\\|}}{CH_3-C-X}}$$

X = Cl	64	36
X = Br	1	99

20.5 Beispiele für Radikalreaktionen

20.5.1 Fotochlorierung von Alkanen mit Cl$_2$

Die bei der Halogenierung entstehenden **Halogenalkane** (Alkylhalogenide) sind wichtige Lösemittel und reaktionsfähige Ausgangsstoffe. Einige dieser *halogenierten Kohlenwasserstoffe* sind häufig verwendete Lösemittel und haben narkotische Wirkungen. Chlorethan C_2H_5Cl findet z. B. für die zahnmedizinische Anästhesierung Verwendung.

In einer Startreaktion wird zunächst ein Chlorradikal gebildet. Danach wird aus einem Alkan durch Abstraktion eines H· ein Radikal erzeugt, das seinerseits ein Chlormolekül angreift und so eine Reaktionskette in Gang setzt, die bei Bestrahlung mit Sonnenlicht explosionsartig verlaufen kann.

$$Cl_2 \xrightarrow{h\nu} 2\ Cl\cdot \qquad\qquad \text{Startreaktion}$$

$$Cl\cdot + RCH_2\text{–}CH_3 \longrightarrow HCl + R\overset{\bullet}{C}H\text{–}CH_3$$

$$R\overset{\bullet}{C}H\text{–}CH_3 + Cl_2 \longrightarrow \underset{\underset{Cl}{|}}{RCH}\text{–}CH_3 + Cl\cdot$$

Reaktionskette

$$2\ Cl\cdot \longrightarrow Cl_2$$

$$Cl\cdot + R\overset{\bullet}{C}H\text{–}CH_3 \longrightarrow \underset{\underset{Cl}{|}}{RCH}\text{–}CH_3$$

Kettenabbruch

$$2\ R\overset{\bullet}{C}H\text{–}CH_3 \longrightarrow RCH\text{=}CH_2 + RCH_2\text{–}CH_3$$

(Disproportionierung)

20.5.2　Die Chlorierung von Alkanen mit Sulfurylchlorid, SO$_2$Cl$_2$

Diese Reaktion liefert prinzipiell das gleiche Reaktionsprodukt wie die Chlorierung mit elementarem Chlor, jedoch verläuft diese Chlorierung selektiver. Dies lässt sich anhand einer höheren Stabilität, und daher auch höheren Selektivität des intermediär gebildeten Chlorsulfonylradikals erklären.

Hierbei wird z. B. Dibenzoylperoxid als Starter benutzt.

$$(C_6H_5COO)_2 \xrightarrow{\Delta} 2\ C_6H_5COO\cdot$$

$$C_6H_5COO\cdot \longrightarrow C_6H_5\cdot + CO_2$$

$$C_6H_5\cdot + SO_2Cl_2 \longrightarrow C_6H_5Cl + \cdot SO_2Cl$$

Startreaktion

$$\cdot SO_2Cl + R\text{–}H \longrightarrow R\cdot + HSO_2Cl \longrightarrow HCl + SO_2$$

$$R\cdot + SO_2Cl_2 \longrightarrow R\text{–}Cl + \cdot SO_2Cl$$

Reaktionskette

20.5.3　Pyrolysen

▶ Unter Pyrolyse versteht man die thermische Zersetzung einer Verbindung.

Die technische Pyrolyse langkettiger Alkane wird als **Cracken** bezeichnet (bei ca. 700–900 °C). Dabei entstehen kurzkettige Alkane, Alkene und Wasserstoff durch Dehydrierung.

20.5.4   Radikale in biologischen Systemen

Das Diradikal Sauerstoff wird dringend benötigt für die Atmung. Dabei wird der elementare Sauerstoff über die roten Blutkörperchen zu den einzelnen Zellen transportiert. In den Zellen oxidiert er primär in den Mitochondrien mit Hilfe von Enzymen die bereitgestellten Nährstoffe zu CO_2 und H_2O. Die bei dieser Oxidation freiwerdende Energie nutzt der Körper für die unterschiedlichsten Prozesse. Allerdings werden etwa 5 Prozent des eingeatmeten Sauerstoffs nicht bei der normalen Verbrennung verbraucht, sondern bleiben als **freie Radikale** in der Zelle übrig. Da Radikale sehr reaktionsfähig sind können sie z. B. mit Enzymen oder Nukleinsäuren reagieren und diese dadurch schädigen. Daher macht man diesen **oxidativen Stress** für die Entstehung von Krankheiten (wie etwa Krebs) oder für das Altern verantwortlich.

Ungesättigte Kohlenwasserstoffe (Alkene, Alkine) 21

21.1 Alkene

21.1.1 Nomenklatur und Struktur

Die **Alkene**, häufig auch noch als **Olefine** bezeichnet, bilden eine **homologe Reihe** von Kohlenwasserstoffen mit *einer oder mehreren C=C-Doppelbindungen*. Die Namen werden gebildet, indem man bei dem entsprechenden Alkan die Endung -an durch -en ersetzt und die Lage der Doppelbindung im Molekül durch Ziffern, manchmal auch durch das Symbol Δ, angibt. Ihre **Summenformel** ist C_nH_{2n}. Wir kennen **normale, verzweigte** und **cyclische** Alkene. Bei den Alkenen treten erheblich mehr Isomere (Abschn. 17.6) auf als bei den Alkanen. Zu der Verzweigung kommen die verschiedenen möglichen Lagen der Doppelbindung (Konstitutionsisomerie) und *cis-trans*-Isomerie hinzu.

Beispiele (die ersten drei Verbindungen unterscheiden sich um eine CH_2-Gruppe = homologe Reihe):

$CH_2{=}CH_2$	$CH_2{=}CH{-}CH_3$	$CH_2{=}CH{-}CH_2{-}CH_3$	$CH_2{=}\overset{CH_3}{\underset{\vert}{C}}{-}CH_3$
Ethen (Ethylen)	Propen (Propylen)	1-Buten	2-Methylpropen (Isobuten)

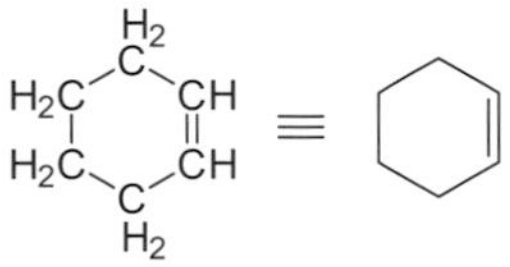

Cyclohexen

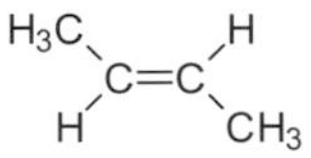

trans-2-Buten
E-2-Buten

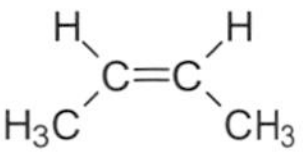

cis-2-Buten
Z-2-Buten

Reste: $CH_2{=}CH{-}$ Vinyl (Ethenyl) $CH_2{=}CH{-}CH_2{-}$ Allyl (2-Propenyl)

© Springer-Verlag Berlin Heidelberg 2016
H.P. Latscha, U. Kazmaier, *Chemie für Biologen*, DOI 10.1007/978-3-662-47784-7_21

21.1.1.1 *cis-trans*-Isomerie (geometrische Isomerie)

Diese Art von Isomerie tritt auf, wenn die *freie Drehbarkeit* um die Kohlenstoff-Kohlenstoff-Bindung *aufgehoben* wird, z. B. durch einen Ring (Abschn. 19.2.1) oder eine Doppelbindung. Im Gegensatz zu Konformeren können *cis-trans*-Isomere getrennt werden, sie unterscheiden sich in ihren physikalischen Eigenschaften. Beim ***trans*-2-Buten** befinden sich jeweils gleiche Substituenten an gegenüberliegenden Seiten der Doppelbindung, beim ***cis*-2-Buten** auf derselben Seite.

Diese *cis-trans*-Benennung ist gut geeignet zur Beschreibung 1,2-disubstituierter Doppelbindungen, sie bereitet jedoch Probleme bei höher substituierten Systemen. Daher hat man ein Bewertungssystem ausgewählt, bei dem die **Substituenten** gemäß den ***Cahn-Ingold-Prelog*-Regeln** (Abschn. 39.3.2) nach fallender Ordnungszahl geordnet werden. Dies gilt auch für größere Gruppen. Befinden sich die Substituenten mit höherer Priorität auf derselben Seite der Doppelbindung, liegt eine **Z-Konfiguration** (*Z* von „zusammen") vor, liegen sie gegenüber, spricht man von einer **E-Konfiguration** (*E* von „entgegen").

Beispiele

1-Brom-1-chlor-2-methyl-1-buten   2-Brom-3-chlor-2-penten

Br > Cl   C₂H₅ > CH₃   **Prioritäten**   Br > CH₃   Cl > C₂H₅

21.1.1.2 Nomenklatur ungesättigter Verbindungen

Besitzt ein Kohlenwasserstoff keine weiteren funktionellen Gruppen, dann haben Doppel- und Dreifachbindungen Priorität.

Regeln zur Festlegung der Hauptkette

1. Die Hauptkette muss die **größte Zahl an Doppel- und Dreifachbindungen** enthalten. Stereochemische Bezeichnungen, wie z. B. *E* und *Z* stellt man dem Molekülnamen in Klammern voran, mit Angabe der Position.

(2*E*,8*Z*)-5-Butyl-2,8-decadien

2. Ist dieses Kriterium mehrdeutig, entscheidet die **größere Zahl der C-Atome**. Die Bezifferung erfolgt so, dass die Summe der Positionen der Unsättigungen minimal wird.

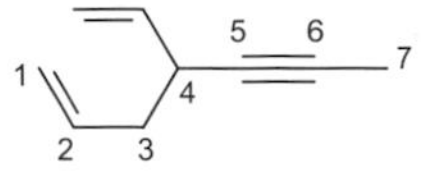
1
2
3
4
5
6
7

4-Vinyl-hept-1-en-5-in

Hat man die Wahl –en- vor –in, so erhält die Doppelbindung die niedrigere Zahl.

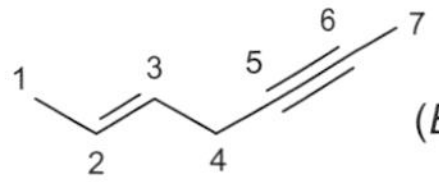
1
2
3
4
5
6
7

(*E*)-Hept-2-en-5-in

3. Hat man dann noch die Wahl, entscheidet die **größere Zahl an Doppelbindungen.**

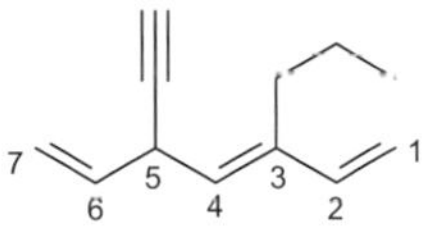
7
6
5
4
3
2
1

(3*E*)-5-Ethinyl-3-propyl-1,3,6-heptatrien

4. Ist dann noch keine Entscheidung möglich, gewinnt die **Kette mit den meisten Seitenketten.**

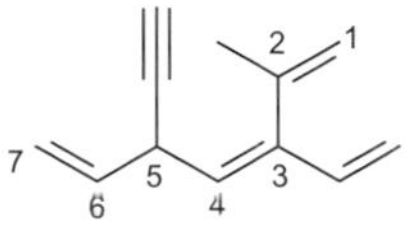
7
6
5
4
3
2
1

(3*Z*)-5-Ethinyl-2-methyl-3-vinyl-1,3,6-heptatrien

21.1.2 Vorkommen und Herstellung von Alkenen

► Alkene werden großtechnisch bei der Erdölverarbeitung durch thermische Crack-Verfahren oder katalytische Dehydrierung gewonnen.

21.1.2.1 Herstellung durch Eliminierungs-Reaktionen

Im Labor werden oft Eliminierungs-Reaktionen (Kap. 27) für die Alken-Herstellung benutzt. Analoges gilt für die Alkine.

Beispiel Dehydratisierung von Alkoholen thermisch und/oder im sauren Milieu

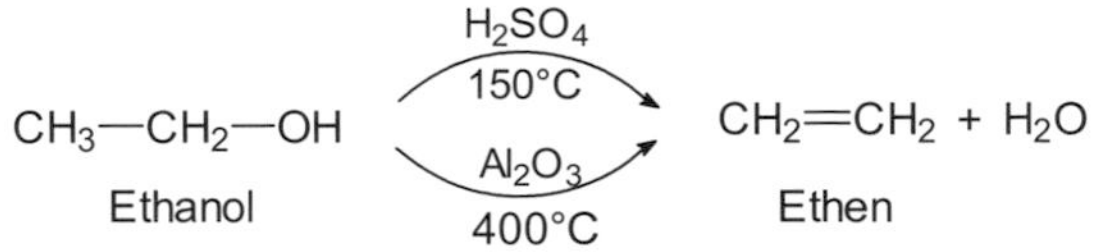
H_2SO_4
150°C
$CH_3—CH_2—OH$
Ethanol
Al_2O_3
400°C
$CH_2=CH_2$ + H_2O
Ethen

Diese Dehydratisierung erfolgt durch Protonierung der OH-Gruppe und Bildung eines Carbeniumions unter H_2O-Abspaltung (E1-Mechanismus, Abschn. 27.2.1).

Beispiel Eliminierung von Halogenwasserstoff im basischen Milieu

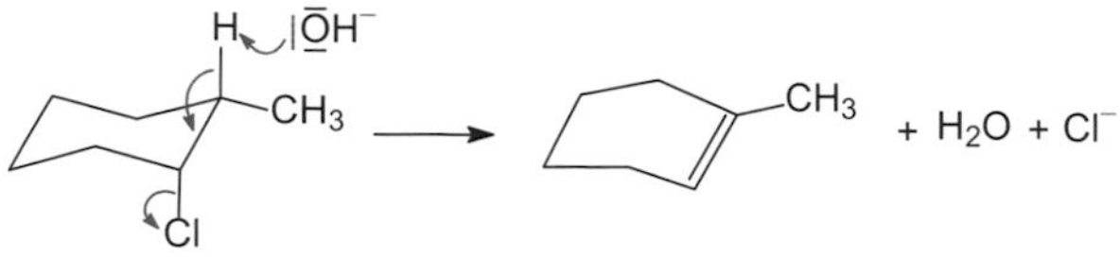

cis-1-Chlor-2-methylhexan   1-Methylcyclohexen

Die Eliminierung erfolgt in der Regel nach einem E_2-Mechanismus (Abschn. 27.2.2), wobei bei cyclischen Verbindungen das abgespaltene Proton *trans* zum austretenden Chlorid orientiert sein muss.

21.1.2.2 Herstellung durch partielle Reduktion von Alkinen

Die partielle Reduktion von Alkinen erlaubt durch geeignete Wahl der Reaktionsbedingungen die selektive Herstellung von *cis*- oder *trans*-Alkenen.

Die Verwendung eines teilweise vergifteten Katalysators, des sog. *Lindlar*-Katalysators ($Pd/CaCO_3/PbO$), erlaubt eine partielle Hydrierung der Dreifachbindung. Der zu übertragende Wasserstoff und das Alkin werden gleichzeitig an den Katalysator gebunden und der Wasserstoff ausschließlich auf „eine Seite" der Dreifachbindung übertragen. Es wird stereospezifisch ein *cis*-Alken gebildet.

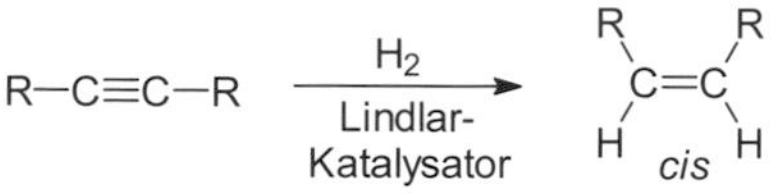

21.1.3 Konjugierte Diene

Während sich Moleküle mit *isolierten Doppelbindungen* wie *einfache Alkene* verhalten, haben Moleküle mit **konjugierten Doppelbindungen** andere Eigenschaften. Dies macht sich besonders bei Additionsreaktionen (Kap. 22) bemerkbar. Besonders wichtige Reaktionen solcher konjugierter Diene sind ***Diels-Alder-Reaktionen***, so genannte [4+2]-Cycloadditionen, welche im nächsten Kapitel behandelt werden.

Konjugierte π-Systeme haben außerdem einen kleineren Energieinhalt als isolierte Doppelbindungen und sind somit stabiler. Der Grund hierfür ist die **Delokalisierung von π-Elektronen** in den konjugierten Polyenen wie z. B. beim Butadien. Alle C-Atome liegen hier in einer Ebene, daher können sich alle vier mit je einem Elektron besetzten p-Atomorbitale überlappen. Es bildet sich eine über das ganze Molekülgerüst verteilte Elektronenwolke.

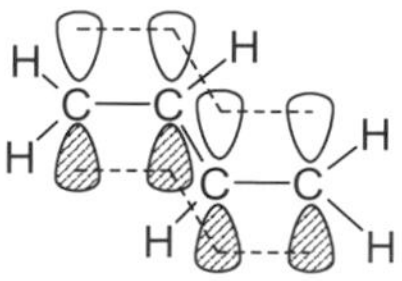

21.2 Alkine

Eine weitere homologe Reihe ungesättigter Verbindungen bilden die unverzweigten und verzweigten Alkine. Der Prototyp für diese Moleküle mit einer **C≡C-Drei-fachbindung** ist das **Ethin** (Acetylen), HC≡CH.

Die H-Atome im Ethin und anderen endständigen Alkinen lassen sich leicht durch Metallatome ersetzen, wobei **Acetylide** gebildet werden. Hiervon sind besonders die **Schwermetallacetylide** wie Ag_2C_2 und Cu_2C_2 **sehr explosiv.** Durch Protonierung der Acetylide erhält man die entsprechenden Alkine. So bildet sich aus CaC_2 (Calciumcarbid) Acetylen.

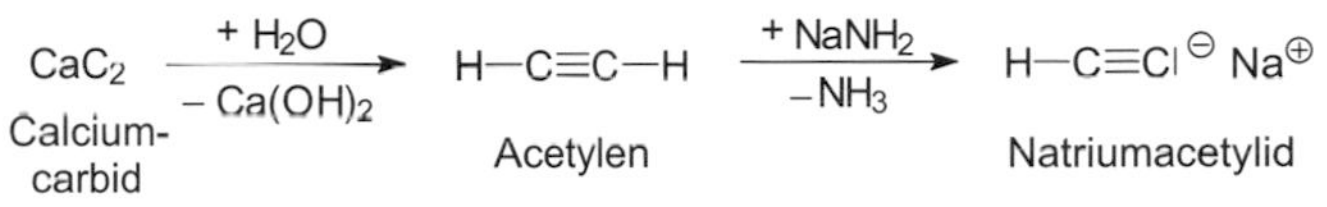

Das **Acetylid**-Ion ist ein **Nucleophil** und kann mit verschiedenen Elektrophilen weiter umgesetzt werden (***Reppe*-Chemie**), z. B. mit dem elektrophilen CO_2:

oder mit Halogenalkanen:

Weitere, vor allem auch technisch wichtige Umsetzungen sind **Ethinylierungen**

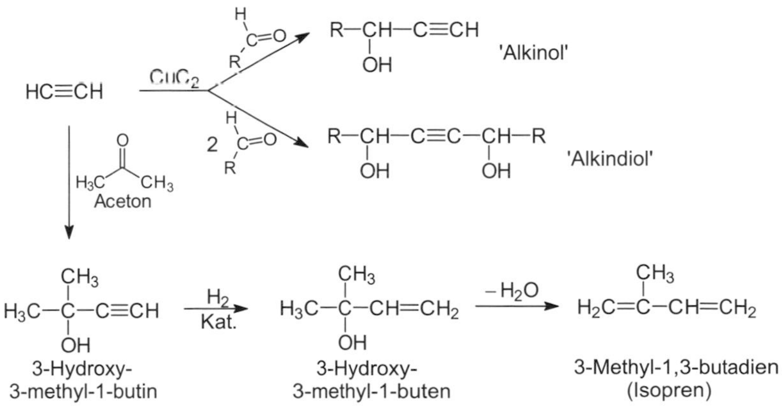

Der ungesättigte Charakter der Ethine zeigt sich in zahlreichen Additionsreaktionen (Kap. 22), wobei **Vinylverbindungen** erhalten werden:

$$HC \equiv CH \quad \text{Ethin}$$

$$\xrightarrow[\text{Kat.}]{H_2} H_2C = CH_2 \text{ (Ethen)} \xrightarrow[\text{Kat.}]{H_2} H_3C - CH_3 \text{ (Ethan)}$$

$$\xrightarrow{Cl_2} ClHC = CHCl \text{ (1,2-Dichlorethan)} \xrightarrow{Cl_2} Cl_2HC - CHCl_2 \text{ (1,2,2,2-Tetrachlorethan)}$$

$$\xrightarrow{H_2O} H_2C = CHOH \text{ (Vinylalkohol)} \xrightarrow{\text{Tautom.}} CH_3 - CHO \text{ (Acetaldehyd)}$$

$$\xrightarrow{ROH} H_2C = CHOR \text{ (Vinylether)}$$

Carbonylierung: Aus Acetylen und Kohlenstoffmonoxid erhält man mit Wasser, Alkoholen oder Aminen ungesättigte Carbonsäuren oder ihre Derivate:

$$HC \equiv CH + CO$$

$$\xrightarrow{+ H-OH} H_2C = CH - COOH \quad \text{Acrylsäure}$$

$$\xrightarrow{+ H-OR} H_2C = CH - COOR \quad \text{Acrylsäureester}$$

$$\xrightarrow{+ H-NR_2} H_2C = CH - CONR_2 \quad \text{Acrylsäureamide}$$

21.3 Biologisch interessante Alkene und Alkine

Alkene sind in der Natur weit verbreitet und spielen dabei recht unterschiedliche Rollen. Bereits das einfachste Alken, **Ethen**, zeigt biologische Wirkung, indem es als **Phytohormon** das Pflanzenwachstum kontrolliert. So beeinflusst es die Keimung von Pflanzensamen ebenso wie die Blütenbildung und Fruchtreifung. Ein typisches Beispiel ist die Reifung von Tomaten, die durch Ethen eingeleitet wird. Das Ethen wird dabei von der Pflanze aus der Aminosäure Methionin synthetisiert, wobei die Ethen-Produktion durch bereits vorhandenes Ethen stimuliert wird. In der Landwirtschaft macht man sich dies zunutze, indem man unreife Früchte erntet und diese vor dem Verkauf mit Ethen „begast". Bei den besonders haltbaren **genmanipulierten Tomaten** ist das Ethen-produzierende Gen „ausgeschaltet". Diese Tomaten können dann nach Bedarf „gereift" werden und werden dabei nicht „matschig", da sie selber kein Ethen produzieren können, das die Früchte überreif macht.

Pheromone sind im Tierreich weit verbreitet. So dienen sie Insekten zur Kommunikation, sei es in Form von Geschlechts- oder Alarmpheromonen. Der Signalstoff, häufig ein Alken, wird von einem Insekt abgesondert und von anderen über seine Fühler (Antennen) aufgenommen. Dieses Prinzip macht man sich bei der Insektenbekämpfung zunutze, indem man Insektenfallen mit den Sexuallockstoffen des „Schädlings" versieht.

Beispiele Pheromone

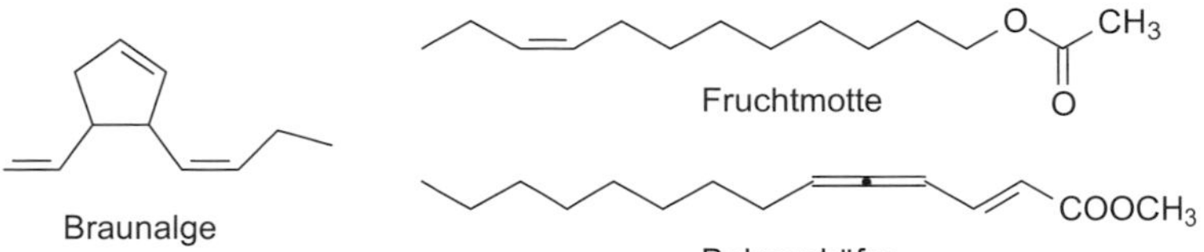

Fruchtmotte

Braunalge

Bohnenkäfer

Alkene findet sie besonders häufig in der Gruppe der **Isoprenoide** (Kap. 46), Verbindungen die aus dem Grundkörper **Isopren** (2-Methyl-1,3-butadien) aufgebaut sind. Aus zwei solchen Bausteinen erhält man die **Terpene**, von denen sowohl offenkettige Vertreter wie Myrcen als auch cyclische Strukturen wie Limonen oder Pinen bekannt sind. Myrcen kommt im Lorbeeröl vor. Durch Cyclisierung erhalt man Limonen, welches z. B. im Fichtennadelöl enthalten ist. Aus dem Harzsaft von Pinien kann man das bicyclische Terpen α-Pinen gewinnen, ein Bestandteil des Terpentinöls.

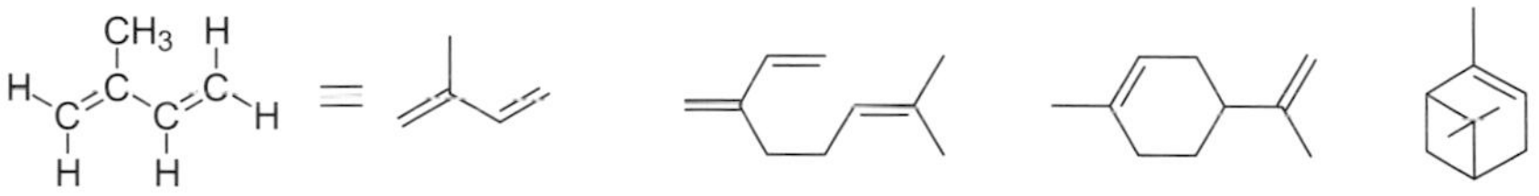

Isopren   Myrcen   Limonen   α-Pinen

Aus zwei solchen Terpeneinheiten erhält man die **Diterpene**, wobei vor allem dem Vitamin A (Retinol) eine große Bedeutung zukommt. Durch Oxidation entsteht hieraus **Retinal**, ein Bestandteil des „Sehfarbstoffs" Rhodopsin, der eine entscheidende Rolle beim **Sehvorgang** spielt. Hierbei kommt es zu einer *cis/trans*-**Isomerisierung** einer **Doppelbindung**.

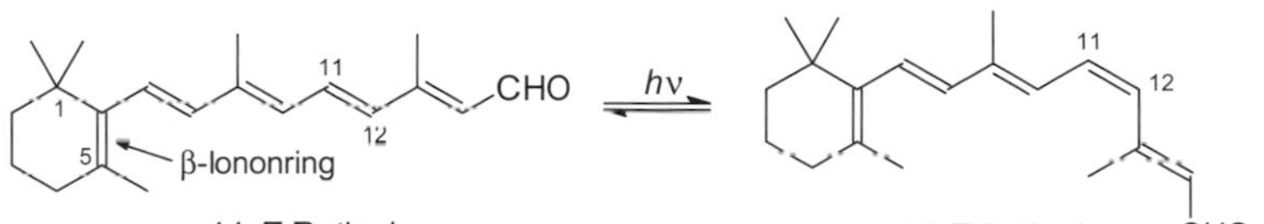

11-*E*-Retinal   11-*Z*-Retinal   CHO

Retinal kann auch eingesetzt werden zur Synthese des β-Carotins. **β-Carotin** ist der wichtigste Vertreter der großen Gruppe der **Carotinoide**, von denen Hunderte im Pflanzenreich vorkommen. Chemisch stellen sie Tetraterpene dar, die aus 8 Isopren-Einheiten symmetrisch aufgebaut sind. Ihr Verhalten wird durch die langen Kohlenwasserstoffketten mit vielen konjugierten Doppelbindungen bestimmt: Sie sind fettlöslich und farbig. β-Carotin ist der Hauptfarbstoff der Karotten, daher der Name.

Lycopin (enthält im Gegensatz zu β-Carotin und den meisten anderen Carotinoiden keine geschlossenen Ringe) ist der Farbstoff von Tomate und Paprika.

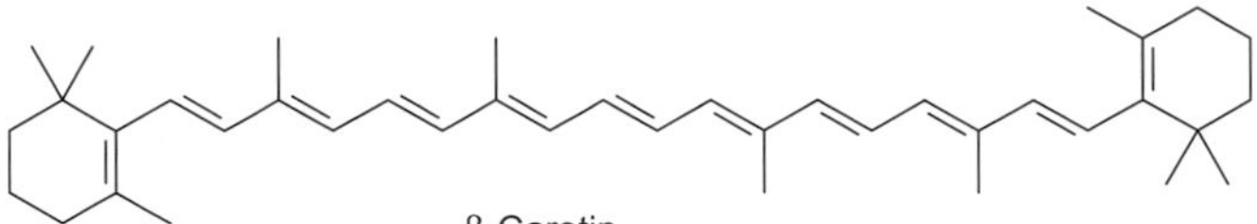

β-Carotin

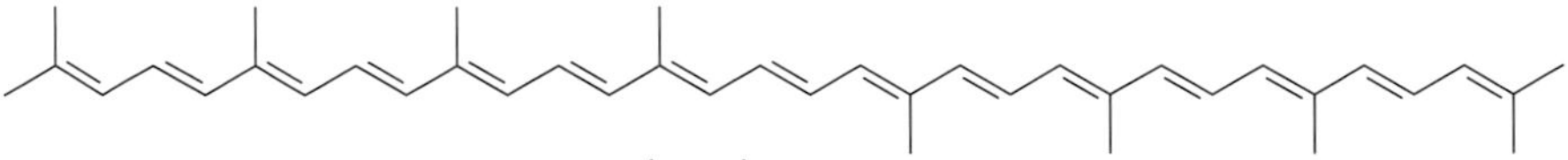

Lycopin

Durch Polymerisation von Isopreneinheiten bildet sich **Kautschuk**, welcher sich aus dem Milchsaft (Latex) tropischer Bäume isolieren lässt. Im Kautschuk sind die Isopreneinheiten (*Z*)-verknüpft (das (*E*)-konfigurierte Polymer wird **Guttapercha** genannt), durch **Vulkanisation** (Quervernetzen der Ketten) erhält man hieraus **Gummi** (*Goodyear* 1838).

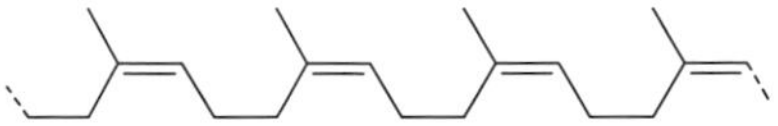

Kautschuk

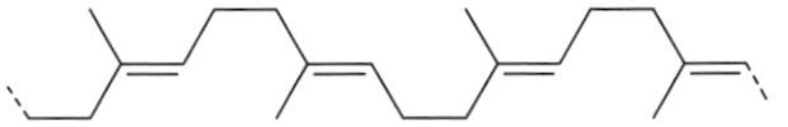

Guttapercha

Besonders aus pharmakologischer Sicht sind die sog. **Polyenantibiotika** von großem Interesse. Viele dieser Antibiotika, wie z. B. Amphotericin und Fumagillin, enthalten ein mehr oder minder ausgedehntes π-System aus konjugierten Doppelbindungen (meist *trans*).

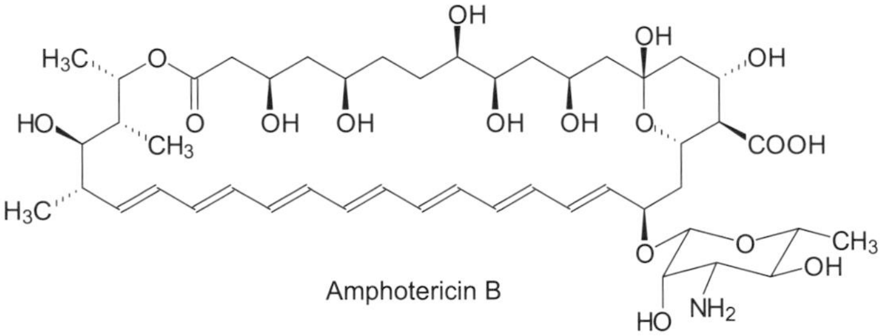

Amphotericin B

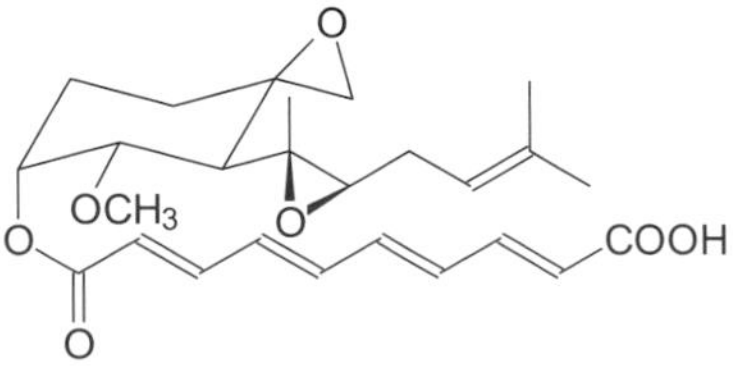

Fumagillin

Additionen an Alkene und Alkine

22

Additionen sind die bei weitem wichtigsten Reaktionen ungesättigter Verbindungen, wobei man vier verschiedene Mechanismen unterscheiden kann. Drei davon verlaufen **stufenweise**. Im ersten Schritt addiert ein Elektrophil, ein Nucleophil oder ein Radikal an ein Ende der Mehrfachbindung. Das dabei gebildete Intermediat reagiert in einem zweiten Schritt zum Reaktionsprodukt ab. Im Gegensatz hierzu werden bei **konzertierten Cycloadditionen** beide Bindungen gleichzeitig gebildet. Solche Reaktionen nennt man **pericyclische Reaktionen**.

22.1 Elektrophile Additionen

Elektrophile Additionen an Doppel- und Dreifachbindungen laufen immer nach einem **zweistufigen Mechanismus** ab, bei dem im ersten Schritt ein Elektrophil (E) mit einem π-System wechselwirkt. Es kommt zur Umwandlung einer π-Bindung in eine σ-Bindung und zur Bildung eines Carbeniumions, welches nun mit einem Nucleophil (Nu) abreagiert. Das angreifende Elektrophil muss nicht unbedingt eine positive Ladung tragen, oft genügt das positivierte Ende eines Dipols.

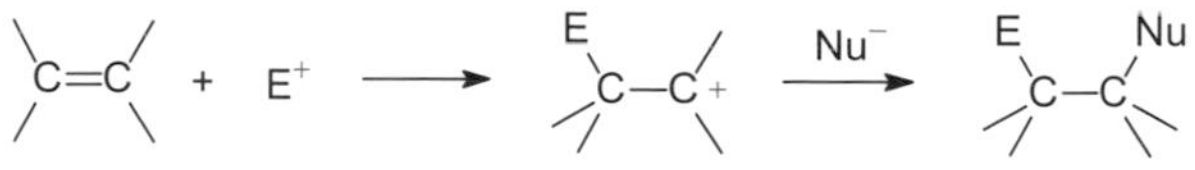

22.1.1 Additionen symmetrischer Verbindungen

22.1.1.1 Halogenierung
Die **Bromierung** ist ein besonders interessantes Beispiel für eine elektrophile Addition. Das angreifende Elektrophil ist hierbei ein **neutrales Brommolekül**, welches mit der Doppelbindung einen sog. **π-Komplex** bildet. Hierdurch kommt es zu einer **Polarisierung** der Br–Br-Bindung und letztendlich zur Abspaltung eines Bromid-Ions, unter Bildung eines **Bromoniumions**. Dieser Vorgang ist der **geschwindig-**

© Springer-Verlag Berlin Heidelberg 2016
H.P. Latscha, U. Kazmaier, *Chemie für Biologen*, DOI 10.1007/978-3-662-47784-7_22

keitsbestimmende Schritt. Das Bromoniumion kann nun von Nucleophilen im zweiten schnellen Reaktionsschritt angegriffen werden, aber *nur noch von der dem Brom gegenüber liegenden Seite*. Die Addition erfolgt **stereospezifisch anti**.

$$\text{C=C} \xrightarrow{Br_2} \text{C≟C (}\pi\text{-Komplex)} \longrightarrow \overset{Br}{\underset{}{C{-}C}}{}^{+} + Br^- \longrightarrow \underset{anti\ Br}{C{-}C} $$

π-Komplex   Bromoniumion

Interessant verläuft auch die Addition an **konjugierte Diene** (s. Abschn. 21.1.3). Hierbei bilden sich **Produktgemische** aus **1,2-** und **1,4-Additionsprodukt** aufgrund der Mesomeriestabilisierung des primär gebildeten Carbeniumions (Allylkation).

$$CH_2{=}CH{-}CH{=}CH_2 \xrightarrow{Br_2} \underset{\ \ Br\ \ \ \ Br}{CH_2{-}CH{-}CH{=}CH_2} + \underset{\ \ Br\ \ \ \ \ \ \ \ Br}{CH_2{-}CH{=}CH{-}CH_2}$$

1,2-Adukt   1,4-Adukt

22.1.2 Additionen unsymmetrischer Verbindungen (*Markownikow*-Regel)

22.1.2.1 Addition von Halogenwasserstoff

Bei der Addition einer unsymmetrischen Verbindung (z. B. H–Hal) an ein Alken können prinzipiell zwei Produkte (**I** und **II**) entstehen. Experimentell stellt man aber fest, dass fast ausschließlich Produkt II gebildet wird:

$$H_3C{-}CH{=}CH_2 \xrightarrow{H^+} \begin{cases} \underset{}{H_3C{-}\overset{H}{\underset{+}{CH}}{-}CH_2} \xrightarrow{Hal^-} \underset{Hal}{H_3C{-}\overset{H}{CH}{-}CH_2} \quad \text{I} \\[2mm] H_3C{-}\overset{+}{CH}{-}\overset{H}{CH_2} \xrightarrow{Hal^-} H_3C{-}CH{-}\overset{H}{\underset{Hal}{CH_2}} \quad \text{II} \end{cases}$$

▶ Allgemein gilt: Bei der Addition einer unsymmetrischen Verbindung addiert sich der elektrophile Teil des Reagenz so, dass das **stabilste Carbeniumion** gebildet wird. Sekundäre Carbeniumionen sind stabiler als primäre.

▶ Regel von Markownikow
Für die häufig durchgeführten Additionen von Protonensäuren (HCl, HBr, etc.) gilt: Der Wasserstoff (H$^+$) wandert an das C-Atom der Doppelbindung das die meisten H-Atome trägt: „**Wer hat, dem wird gegeben!**"

Wie die Halogenierung verläuft auch die Addition von Halogenwasserstoff an **Ethin** stufenweise. Zuerst bildet sich das entsprechende Vinylhalogenid, welches dann (nach *Markownikow*) in die geminale Dihalogenverbindung überführt wird.

$$HC{\equiv}CH \ + \ HI \ \longrightarrow \ H_2C{=}CHI \ \xrightarrow{\ HI\ } \ H_3C{-}CHI_2$$

Acetylen ⠀⠀⠀⠀⠀⠀⠀⠀⠀⠀⠀⠀ Iodethen ⠀⠀⠀⠀⠀ 1,1-Diiodethan
⠀⠀⠀⠀⠀⠀⠀⠀⠀⠀⠀⠀⠀⠀⠀⠀ (Vinyliodid)

22.1.2.2 Addition von hypohalogenigen Säuren

▶ Beachte, dass bei der Addition von HOCl und HOBr die Rolle der elektrophilen Spezies dem Halogen zukommt! Das **Halogen** geht an das C-Atom mit der **größeren** Zahl von H-Atomen.

Durch Deprotonierung der OH-Gruppe kann man den gebildeten Halogenalkohol über eine intramolekulare S_N-Reaktion in ein Epoxid (Oxiran) umwandeln (Abschn. 22.1.3.2).

$$\begin{array}{c} H_3C \\ {\diagdown} \\ C{=}CH_2 \\ {\diagup} \\ H_3C \end{array} + \ \overset{\delta^-\ \ \delta^+}{HO{-}Br} \ \longrightarrow \ \begin{array}{c} OH \\ | \\ H_3C{-}\underset{|}{C}{-}CH_2{-}Br \\ H_3C \end{array} \ \xrightarrow{KOtBu} \ \begin{array}{c} H_3C \ \ \ \ O \\ {\diagdown}{\diagup}{\diagdown} \\ C{-}CH_2 \\ {\diagup} \\ H_3C \end{array}$$

2-Methylpropen ⠀⠀ Hypobromige ⠀⠀ 1-Brom-2-methyl-2-propanol ⠀⠀ 1,1-Dimethyloxiran
⠀⠀⠀⠀⠀⠀⠀⠀⠀⠀⠀ Säure

22.1.2.3 Die Addition von Wasser (Hydratisierung)

Wasser kann nur in Gegenwart einer Säure addiert werden, da H_2O selbst nicht elektrophil genug ist. Auch hier bildet sich das *Markownikow*-Produkt. Die Rückreaktion, die Eliminierung von H_2O aus Alkoholen, dient zur Herstellung von Alkenen (Abschn. 22.1.3.2).

$$H_3C{-}CH{=}CH_2 \ \underset{H^+}{\rightleftharpoons} \ H_3C{-}\overset{+}{C}H{-}CH_3 \ \underset{H_2O}{\rightleftharpoons} \ H_3C{-}\overset{\overset{\displaystyle H\ \overset{+}{\underset{}{O}}\ H}{|}}{C}H{-}CH_3 \ \underset{-H^+}{\rightleftharpoons} \ H_3C{-}\overset{OH}{\underset{}{C}}H{-}CH_3$$

Propen ⠀⠀⠀ 2-Propanol

Alkine sind gegenüber elektrophilen Reaktionen etwas *weniger reaktionsfähig* als Alkene, daher bedarf es eines **Katalysators**. In der Regel verwendet man **Quecksilbersalze**. Dabei bildet sich primär Vinylalkohol, der jedoch nicht stabil ist, und sich in Acetaldehyd umwandelt (Keto-Enol-Tautomerie, Abschn. 17.6).

$$HC{\equiv}CH \ + \ H_2O \ \xrightarrow[H_2SO_4]{HgSO_4} \ \begin{array}{c} OH \\ {\diagup} \\ H_2C{=}C \\ {\diagdown} \\ H \end{array} \ \rightleftharpoons \ \begin{array}{c} O \\ {\diagup\diagup} \\ H_3C{-}C \\ {\diagdown} \\ H \end{array}$$

⠀⠀⠀⠀⠀⠀⠀⠀⠀⠀⠀⠀⠀⠀⠀⠀⠀⠀⠀⠀⠀⠀⠀ Vinylalkohol ⠀⠀⠀⠀⠀⠀⠀ Acetaldehyd

Analog lassen sich auch Alkohole und Carbonsäuren an Alkine addieren:

$$H_3C\text{—}CH(OC_2H_5)_2 \xleftarrow[Hg^{2+}]{2\ C_2H_5OH} HC\equiv CH \xrightarrow[Hg^{2+}]{H_3CCOOH} H_3CCOO\text{—}HC=CH_2$$

Acetaldehyd-diethylacetal   Vinylacetat

22.1.3 Stereospezifische *Syn*-Additionen

22.1.3.1 Hydroborierung

Im Gegensatz zur sauer katalysierten Hydratisierung ist die Hydroborierung (für R_2BH wird häufig BH_3 eingesetzt) mit **anschließender H_2O_2-Oxidation** und Hydrolyse formal eine *anti-Markownikow*-**Addition von Wasser**:

$$R\text{—}CH=CH_2 \xrightarrow{R_2BH} R\overset{H}{\underset{}{\text{—}CH\text{—}}}\overset{BR_2}{\underset{}{CH_2}} \xrightarrow{H_2O_2} R\overset{H}{\underset{}{\text{—}CH\text{—}}}\overset{OBR_2}{\underset{}{CH_2}} \xrightarrow[-\ R_2BOH]{H_2O} R\overset{H}{\underset{}{\text{—}CH\text{—}}}\overset{OH}{\underset{}{CH_2}}$$

Diese Methode zur **Herstellung primärer Alkohole** verläuft als *syn*-Addition des Borans an ein Alken. Das Additionsprodukt wird dann mit H_2O_2/OH$^-$ oxidiert und zum Alkohol hydrolysiert.

Ausgehend von BH_3 lassen sich alle drei H-Atome übertragen. Die Reaktion verläuft über einen **Vier-Zentren-Übergangszustand**, wobei der Wasserstoff auf das eine, das B auf das andere C-Atom der Doppelbindung übertragen.

▶ Die Hydroborierung verläuft daher *syn*-**stereospezifisch**.

$$R\text{—}CH=CH_2 \xrightarrow{R_2BH} \begin{array}{c} R\text{—}CH=CH_2 \\ \downarrow \\ \underset{R}{\overset{B}{H}}{\diagdown}R \end{array} \longrightarrow \left[\begin{array}{c} R\text{—}CH\text{⋯}CH_2 \\ | \quad\quad | \\ H\text{----}BR_2 \end{array} \right] \longrightarrow R\text{—}\underset{H}{\overset{}{CH}}\text{—}\underset{BR_2}{\overset{}{CH_2}}$$

22.1.3.2 Epoxidierung

Prileschajew-Oxidation

Persäuren (R–C(O)OOH) oxidieren Alkene **stereospezifisch** zu **Epoxiden (Oxirane)** (Abschn. 22.1.2), deren Dreiring anschließend z. B. im sauren Medium zu einem 1,2-Diol hydrolysiert werden kann.

Auch diese Reaktion läuft über einen **cyclischen Übergangszustand**, bei dem das π-System des Alkens am elektrophilen Sauerstoffatom der Persäure angreift.

22.1.3.3 *cis*-Dihydroxylierung

Alkene können in schwach **alkalischer Kaliumpermanganat-Lösung** auch zu Diolen oxidiert werden, wobei zunächst in einer *syn*-Addition cyclische Mangan-(V)-Ester entstehen, die anschließend hydrolysiert werden. Diese Reaktion dient auch zum Nachweis von Doppelbindungen (***Baeyer*-Probe**).

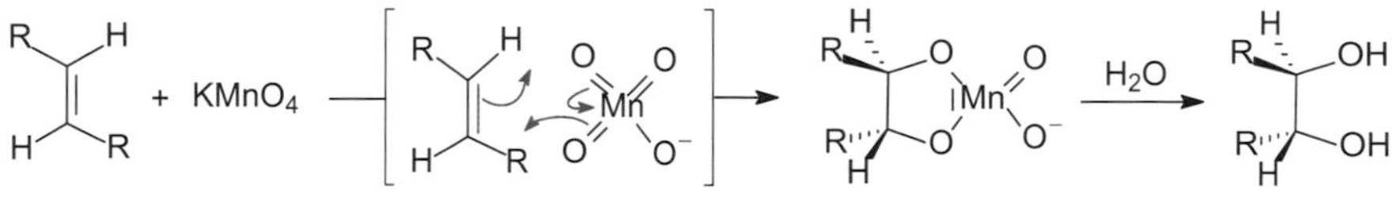

22.2 Cycloadditionen

▶ Cycloadditionen sind ringbildende Additionsreaktionen, bei denen die Summenformel des Produkts (Cycloaddukt) der Summe der Summenformeln der Edukte entspricht. Auch sie verlaufen alle *syn*-**stereospezifisch**.

22.2.1 Ozonolyse

Durch Anlagerung von **Ozon**, O_3, an eine Doppelbindung entstehen **explosive Ozonide**, deren Reduktion (Zn/Essigsäure oder katalytische Hydrierung) *zwei* Carbonylverbindungen liefert, die sich leicht isolieren und identifizieren lassen. Oxidative Aufarbeitung (z. B. mit H_2O_2) führt zu den entsprechenden Carbonsäuren, sofern eine Oxidation der Carbonylverbindung möglich ist.

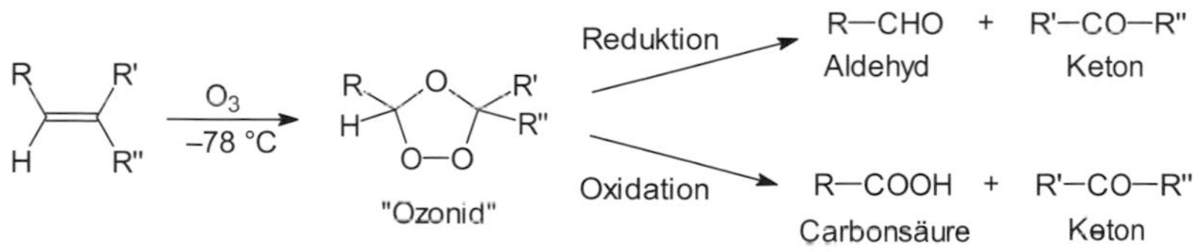

Die Bildung der Ozonide lässt sich als Abfolge zweier **1,3-dipolaren Cycloadditionen** erklären. Das zuerst gebildete **Primärozonid** ist instabil und zerfällt in eine polare Carbonylverbindung und einen weiteren Dipol. Eine zweite 1,3-dipolaren Cycloaddition führt zur Bildung des **Sekundärozonids**.

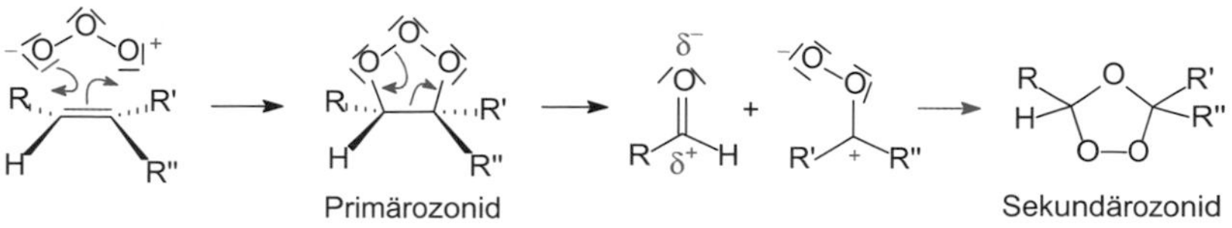

22.2.2 *Diels-Alder*-Reaktionen

Eine für 1,3-Diene charakteristische Reaktion ist die *Diels-Alder*-Reaktion. Diese Cycloaddition erfolgt **streng stereospezifisch** mit einem elektronenarmen Alken als sog. **Dienophil**.

▶ Die Reaktion verläuft konzertiert und es werden keine Zwischenstufen durchlaufen.

Dabei entsteht nur das Produkt einer *syn*-**Addition**.

Beispiel

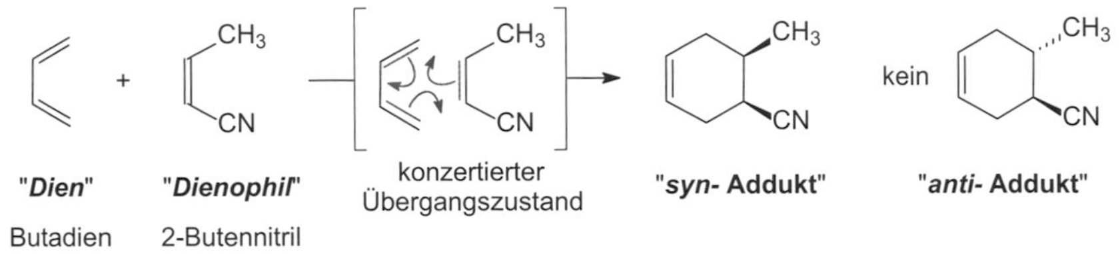

| "**Dien**" | "**Dienophil**" | konzertierter Übergangszustand | "**syn**- Addukt" | kein | "**anti**- Addukt" |
| Butadien | 2-Butennitril | | | | |

22.3   Nucleophile Additionen

Die Doppelbindung kann auch nucleophil angegriffen werden, falls **elektronenziehende Substituenten** vorhanden sind (z. B. –COR, –COOR, –CN, –NO$_2$). Hierunter fallen z. B. auch die Verbindungen, die bei *Diels-Alder*-Reaktionen als Dienophile in Betracht kommen. Der Angriff erfolgt hierbei am positivierten Ende der Doppelbindung. Bei **α,β-ungesättigten Carbonylverbindungen** spricht man von einer **1,4-Addition**. Der Angriff kann auch direkt an der Carbonyl-Gruppe erfolgen (1,2-Addition), diese Reaktionen werden jedoch bei den Carbonylverbindungen besprochen (Kap. 33 und 36).

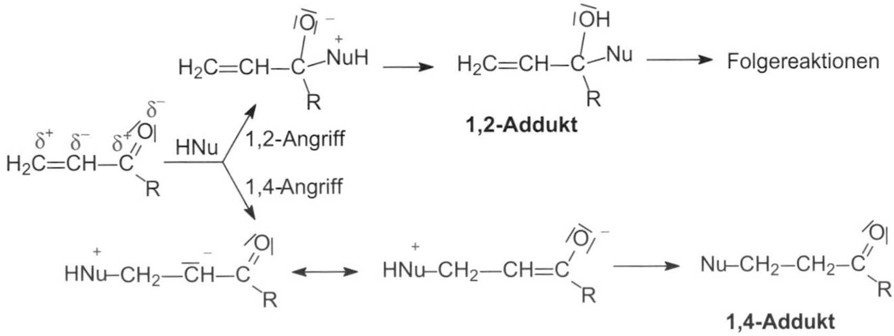

22.3.1 Nucleophile Additionen von Aminen

Ammoniak und Amine addieren relativ glatt an α,β-ungesättigte Carbonylverbindungen und Nitrile. Durch Addition an Acrylsäureester erhält man β-Aminosäurederivate:

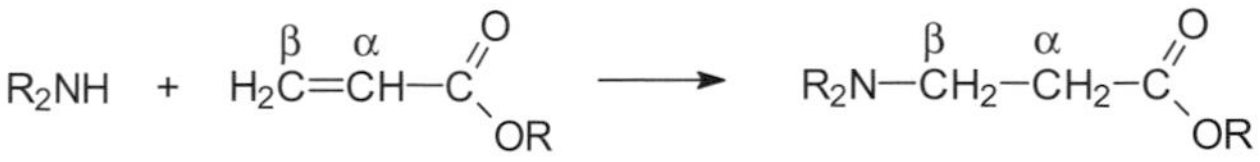

$$R_2NH \;+\; \underset{\beta}{H_2C}=\underset{\alpha}{CH}-C\underset{OR}{\overset{O}{\diagup}} \;\longrightarrow\; R_2N-\underset{\beta}{CH_2}-\underset{\alpha}{CH_2}-C\underset{OR}{\overset{O}{\diagup}}$$

22.3.2 *Michael*-Additionen

Handelt es sich bei dem angreifenden Nucleophil um ein Carbanion, wird die Additionsreaktion als *Michael*-Addition bezeichnet. Vor allem Umsetzungen von CH-aciden Verbindungen (Abschn. 33.3.3) wie Nitromethan oder Malonsäureestern sind hierbei von Bedeutung. Auch hier gilt es zu beachten, dass der Angriff an α,β-ungesättigte Carbonylverbindungen auch am Carbonyl-*C* erfolgen kann.

Beispiel

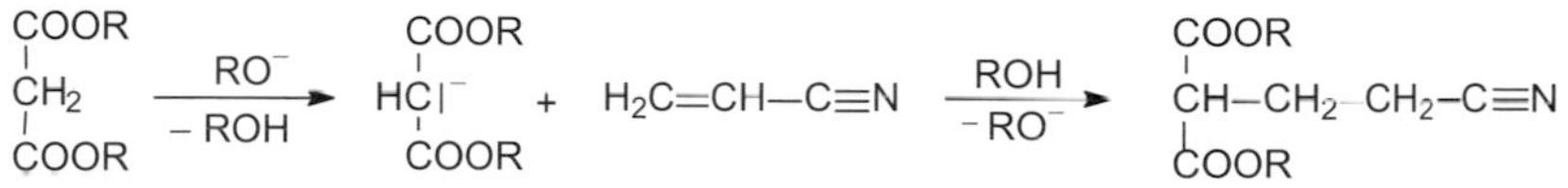

$$\begin{array}{c} COOR \\ | \\ CH_2 \\ | \\ COOR \end{array} \xrightarrow[-\,ROH]{RO^-} \begin{array}{c} COOR \\ | \\ H\bar{C}| \\ | \\ COOR \end{array} \;+\; H_2C=CH-C\equiv N \xrightarrow[-\,RO^-]{ROH} \begin{array}{c} COOR \\ | \\ CH-CH_2-CH_2-C\equiv N \\ | \\ COOR \end{array}$$

Malonsäureester   Malonat-Anion   Acrylnitril   2-Cyanoethylmalonsäureester

---

22.4 Radikalische Additionen

Bromwasserstoff lässt sich außer über eine elektrophile Addition auch radikalisch an Alkene addieren, wobei die radikalische Reaktion die schnellere ist. Hier gilt die *Markownikow*-Regel **nicht,** es entsteht das regioisomere Produkt. So bildet sich bei der Reaktion von Propen mit HBr in Gegenwart von Peroxiden 1-Brompropan. Der Grund hierfür ist in der **höheren Stabilität** des gebildeten **sekundären Alkylradikals** zu suchen (Abschn. 20.2).

▶ Dieses Phänomen, die Addition nach *anti-Markownikow*, wird oft auch als **Peroxid-Effekt** bezeichnet.

Zum Verlauf von radikalischen Reaktionen Kap. 20.

$$RO-OR \xrightarrow{\Delta} 2\ RO\bullet$$
$$RO\bullet + HBr \longrightarrow ROH + Br\bullet$$
$$\left.\begin{array}{l} \end{array}\right\} \text{Startreaktion}$$

$$Br\bullet + H_2C{=}CH{-}CH_3 \longrightarrow Br{-}CH_2{-}\overset{\bullet}{C}H{-}CH_3$$
$$Br{-}CH_2{-}\overset{\bullet}{C}H{-}CH_3 + HBr \longrightarrow Br{-}CH_2{-}CH_2{-}CH_3 + Br\bullet$$
$$\left.\begin{array}{l} \end{array}\right\} \text{Kettenreaktion}$$

22.5 Di-, Oligo- und Polymerisationen

Die bisher beschriebenen Arten von Additionsreaktionen können auch verwendet werden, um Alkene mit sich selbst umzusetzen. Dabei addiert ein Katalysator (Kat) an ein Alken, dieses an ein nächstes, usw. Es bilden sich zuerst Dimere, dann Trimere, Oligomere und schließlich Polymere (Kap. 40, Kunststoffe).

$$Kat{-}C{=}C \quad C{=}C \quad C{=}C \quad C{=}C \quad C{=}C \longrightarrow Kat{-}C{-}C{-}C{-}C{-}C{-}C{-}C{-}{-}$$

Als Katalysatoren können sowohl elektrophile Teilchen (z. B. H$^+$), Nucleophile (z. B. Carbanionen) als auch Radikale (z. B. RO·) verwendet werden. So lässt sich z. B. 2-Methylpropen im Sauren leicht dimerisieren, wobei zwei regioisomere Alkene gebildet werden können, je nachdem welches Proton abgespalten wird.

$$H_2C{=}C\overset{CH_3}{\underset{CH_3}{}} \xrightarrow{H^+} H_3C{-}\overset{CH_3}{\underset{CH_3}{C}}{+} \longleftarrow H_2C{=}C\overset{CH_3}{\underset{CH_3}{}} \longrightarrow H_3C{-}\overset{CH_3}{\underset{CH_3}{C}}{-}CH_2{-}\overset{CH_3}{\underset{CH_3}{C}}{+}$$

2-Methylpropen

$$\swarrow{-H^+} \qquad \searrow{-H^+}$$

$$H_3C{-}\overset{CH_3}{\underset{CH_3}{C}}{-}CH{=}C\overset{CH_3}{\underset{CH_3}{}} \qquad H_3C{-}\overset{CH_3}{\underset{CH_3}{C}}{-}CH_2{-}C\overset{CH_2}{\underset{CH_3}{}}$$

2,4,4-Trimethyl-2-penten   2,4,4-Trimethyl-1-penten

Nebenprodukt   **Hauptprodukt**

Ähnliche Reaktionen laufen auch in der Natur ab, z. B. bei der **Bildung von Steroiden** aus mehrfach ungesättigten Verbindungen. Dabei handelt es sich zwar nicht um Di- oder Oligomerisierungen, weil nicht verschiedene Teilchen miteinander reagieren, sondern der Angriff intramolekular erfolgt; mechanistisch gesehen verlaufen sie aber analog. Auch hier kommt es z. B. unter Säurekatalyse zur Addition eines Alkens an ein anderes.

So wird z. B. das Sesquiterpen (Kap. 46) Squalen an einer endständigen Doppelbindung enzymatisch zum Squalenoxid epoxidiert. In Gegenwart von Säure bildet dieses, nach Protonierung am Epoxidsauerstoff, ein gut stabilisiertes Carbeniumion, das mit der benachbarten Doppelbindung reagiert (der Übersichtlichkeit halber sind die Methyl-Gruppen im Schema nur als Striche dargestellt, im Endprodukt sind sie jedoch ausgeschrieben). Unter Cyclisierung entsteht wiederum ein *tert.* Carbeniumion, welches erneut von einer benachbarten Doppelbindung angegriffen wird, usw. Anschließend finden noch einige *Wagner-Meerwein*-Umlagerungen statt, unter Bildung des Lanosterins.

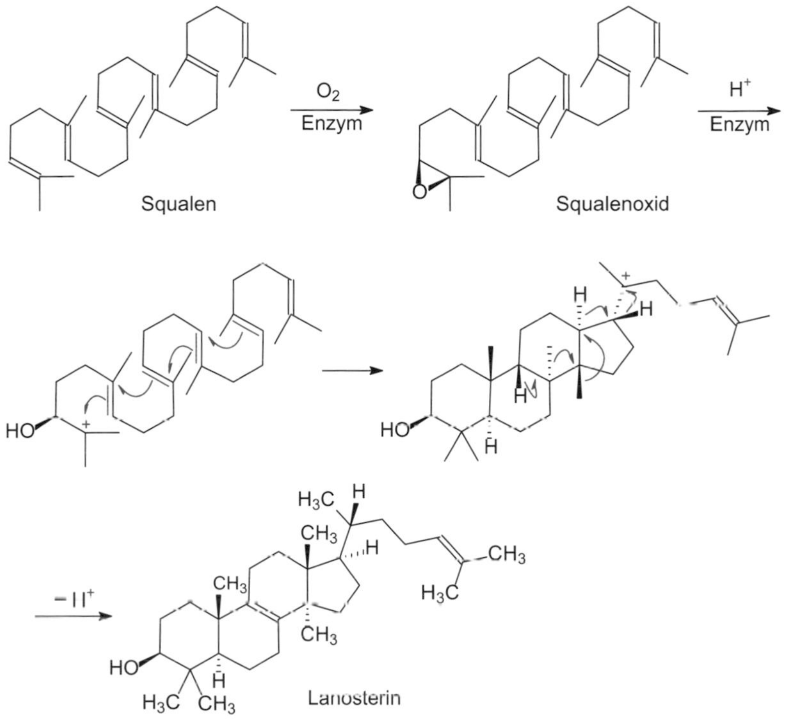

Wie mit einem „Reißverschluss" erfolgt so die Cyclisierung der linearen Vorstufe Squalen zum tetracyclischen Grundgerüst der Steroide. Solche Reaktionen, die aus **hintereinander ablaufenden Einzelschritten** bestehen, bezeichnet man als **Dominoreaktionen** (sequenzielle Reaktionen).

Aromatische Kohlenwasserstoffe (Arene) **23**

23.1 Chemische Bindung in aromatischen Systemen

Während im Ethen die Mehrfachbindung zwischen den Kernen lokalisiert ist, gibt es in anderen Molekülen „delokalisierte" Bindungen, so im Benzol (Benzen), C_6H_6. Hier bilden die Kohlenstoff-Atome einen **ebenen Sechsring** und tragen je ein H-Atom. Das entspricht einer **sp^2-Hybridisierung** am Kohlenstoff. Die Bindungswinkel sind 120°. Die übrig gebliebenen Elektronen sind nicht an der σ-Bindung beteiligt, sondern durch Überlappung der p_z-Orbitale kommt es zu einer vollständigen Delokalisation dieser Elektronen. Es bilden sich *zwei Bereiche* hoher Ladungsdichte ober- und unterhalb der Ringebene (**π-System**, Abb. 23.1).

► Die Elektronen des π-Systems sind gleichmäßig über das Benzol-Molekül verteilt (cyclische Konjugation). Alle C–C-Bindungen sind daher gleich lang (139,7 pm) und gleichwertig.

Will man die elektronische Struktur des Benzols nach dem **VB-Modell** durch **Valenzstriche** darstellen, so muss man hierfür **Grenzformeln** (*Grenzstrukturen*) angeben. Sie sind für sich nicht existent, sondern sind lediglich Hilfsmittel zur Beschreibung des tatsächlichen Bindungszustandes. Die wirkliche Struktur kann jedoch durch Kombination dieser Grenzstrukturen beschrieben werden; den beiden energieärmeren „*Kekulé*-Strukturen" **I** und **II** kommt dabei die größte Bedeutung zu.

Abb. 23.1 Bildung des π-Bindungssystems des Benzols durch Überlappung der p-AO. Die σ-Bindungen sind durch Linien dargestellt

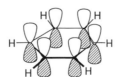 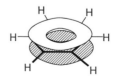

© Springer-Verlag Berlin Heidelberg 2016
H.P. Latscha, U. Kazmaier, *Chemie für Biologen*, DOI 10.1007/978-3-662-47784-7_23

$$\left[\bigcirc \leftrightarrow \bigcirc \leftrightarrow \bigcirc \leftrightarrow \bigcirc \leftrightarrow \bigcirc\right] \equiv \bigcirc$$

I   II   III   IV   V   VI

Dieses Phänomen bezeichnet man als **Mesomerie** oder **Resonanz**.

▶ Die Delokalisierung der Elektronen führt zu einer **Mesomeriestabilisierung** des aromatischen Systems im Vergleich zu einem fiktiven Cyclohexatrien.

Der Energiegewinn („**Resonanzenergie**", Stabilisierungsenergie) lässt sich z. B. aus **Hydrierungsenthalpien** abschätzen. So liefert die Hydrierung einer Doppelbindung im Cyclohexen 120 kJ/mol. Für ein fiktives Cyclohexatrien (ohne Mesomeriestabilisierung) würde man also 360 kJ/mol erwarten. Tatsächlich findet man jedoch bei der Hydrierung von Benzol nur 209 kJ/mol. Die Differenz von 151 kJ/mol ist die Resonanzenergie.

$$\bigcirc \; + \; H_2 \; \longrightarrow \; \bigcirc \qquad\qquad \bigcirc \; + 3\,H_2 \; \longrightarrow \; \bigcirc$$

$\Delta H = -120$ kJ/mol $\Delta H = -209$ kJ/mol

▶ Kohlenwasserstoffe, die das besondere Bindungssystem des Benzols enthalten, zählen zu den **aromatischen Verbindungen** (Aromaten).

Es gibt auch zahlreiche Verbindungen mit Heteroatomen, die aromatischen Charakter besitzen und mesomeriestabilisiert sind (Abschn. 38.3).

▶ **Hückel-Regel**
Quantenmechanische Berechnungen ergaben, dass monocyclische konjugierte Cyclopolyene mit **(4n+2) π-Elektronen aromatisch** sind und sich durch besondere Stabilität auszeichnen (Hückel-Regel).

Dies gilt sowohl für neutrale als auch für ionische π-Elektronensysteme, sofern eine **planare Ringanordnung** mit sp^2-hybridisierten C-Atomen vorliegt, denn dies ist die Bedingung für maximale Überlappung von p-Orbitalen.

$n = 0$	$n = 1$	$n = 1$	$n = 1$	$n = 2$
2π-Elektronen	6π-Elektronen	6π-Elektronen	6π-Elektronen	10π-Elektronen
Cyclopropenyl-kation	Cyclopenta-dienylanion	Benzol	Cyclohepta-trienylkation (Tropylium-Kation)	Cycloocta-tetraenyldianion

▶ Als **anti-aromatisch** bezeichnet man cyclisch konjugierte Systeme mit **4n** π-**Elektronen** (z. B. Cyclobutadien, Cyclooctatetraen).

23.2 Beispiele für aromatische Verbindungen; Nomenklatur

Die H-Atome des Benzol-Ringes können sowohl durch Heteroatome wie auch durch andere Kohlenstoffketten (Seitenketten) ersetzt (substituiert) werden. Sind mehrere Benzolringe über eine *gemeinsame Bindung* verknüpft, so spricht man von **kondensierten** (*anellierten*) **Ringen**.

Wegen der Symmetrie des Benzolrings gibt es nur ein einziges Methylbenzol (Toluol), jedoch drei verschiedene Dimethylbenzole (Xylole). Substituenten in *1,2-Stellung* werden als ***ortho-*** (*o-*), in *1,3-Stellung* als ***meta-*** (*m-*) und in *1,4-Stellung* als ***para-*** (*p-*) **ständig** bezeichnet. Trägt eine aromatische Verbindung mehrere verschiedene Substituenten, so werden diese wie bei den aliphatischen Verbindungen (Abschn. 19.1) in alphabetischer Reihenfolge geordnet. Tritt ein aromatischer Rest selbst als Substituent in einer Verbindungen auf, wird er als Aryl-Rest (Ar–) bezeichnet, speziell im Falle des Benzols als Phenyl-Rest (Ph–) (*Beispiel:* Triphenylmethan).

Beispiele

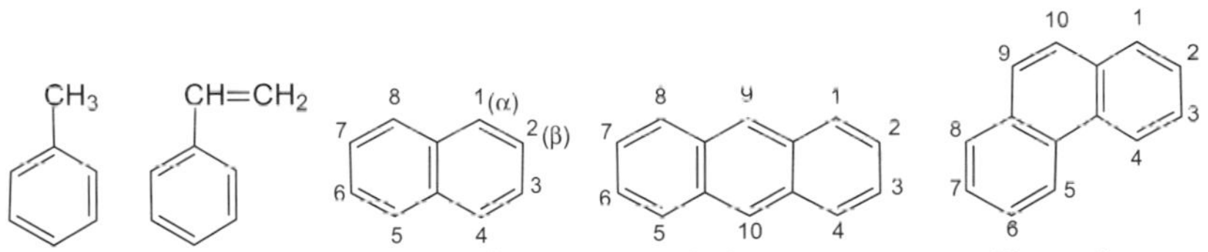

Toluol   Styrol   Naphthalin   Anthracen (linear anelliert)   Phenanthren (angular anelliert)

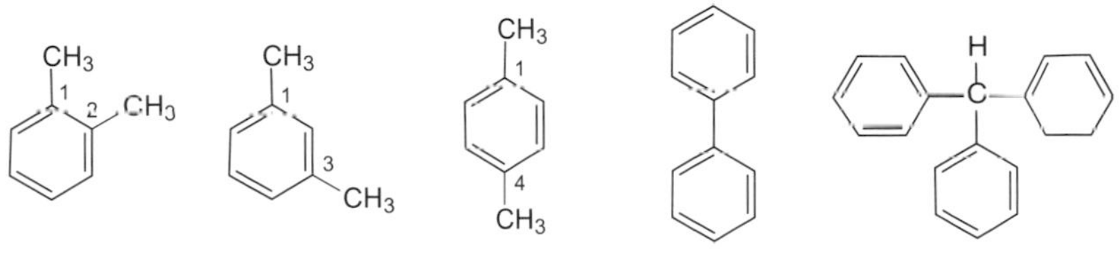

o-Xylol   m-Xylol   p-Xylol   Biphenyl   Triphenylmethan

23.3 Vorkommen und Herstellung

Die aromatischen Kohlenwasserstoffe werden im Allgemeinen aus **Steinkohlenteer** oder aus **Erdöl** gewonnen, wobei jedoch der Anteil im Erdöl in der Regel recht gering ist. Steinkohlenteer ist ein Nebenprodukt der Verkokung von Steinkohle. Der hauptsächlich gebildete Koks dient vor allem zur Reduktion von Erzen. Der Teer wird wie das Erdöl mit speziellen Verfahren auf die Aromaten hin aufgearbeitet.

Dabei findet man neben kondensierten Aromaten wie Naphthalin und Anthracen, auch heterocyclische Verbindungen (Kap. 38) wie etwa Pyridin.

$$\text{Steinkohle} \xrightarrow{\text{1000 °C}} \text{Koks} + \text{Teer} + \text{Ammoniakwasser} + \text{Leuchtgas}$$

$$\phantom{\text{Steinkohle} \xrightarrow{\text{1000 °C}} } 80\% \quad 5\% \qquad\quad 5\% \qquad\qquad 10\%$$

23.4   Eigenschaften und Verwendung

Benzol

Benzol ist eine farblose, stark lichtbrechende Flüssigkeit mit charakteristischem Geruch. Früher wurde Benzol häufig als Lösemittel verwendet. In der Zwischenzeit wurde es jedoch weitestgehend durch die weit weniger toxischen Alkylbenzole (Toluol, etc.) ersetzt. Beim längeren Einatmen verursacht Benzol Brechreiz und Schwindel, bis hin zur Bewusstlosigkeit. Chronische Vergiftungen führen zu einer Schädigung nicht nur der Leber und Nieren, sondern auch des Knochenmarks, was zu einer Abnahme der Zahl an roten Blutkörperchen führt.

Kondensierte Aromaten

Kondensierte Aromaten wie etwa Pyren und Benzo[a]pyren übertreffen das Benzol deutlich in ihrer Toxizität. Die meisten dieser Verbindungen sind krebserregend (kanzerogen) und erzeugen bei längerem Einwirken auf die Haut Hautkrebs. Auch das erhöhte Lungenkrebsrisiko von Rauchern ist hierauf zurückzuführen. Besonders gefürchtet ist das Benzo[a]pyren, welches im Körper enzymatisch epoxidiert wird. Die hierbei gebildeten hochreaktiven Intermediate können im Körper mit Nucleophilen wie zum Beispiel der Desoxyribonucleinsäure (DNA) reagieren, wodurch das Erbmaterial geschädigt wird.

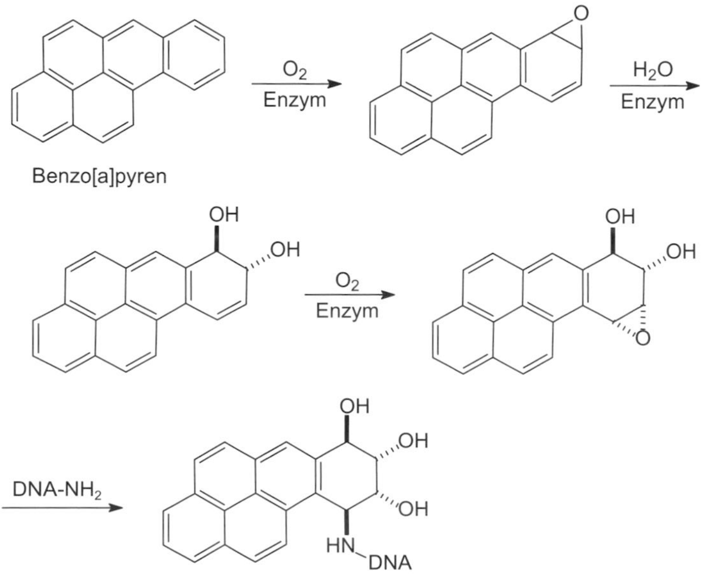

Alkylbenzole
Die Alkylbenzole sind im Gegensatz hierzu nicht oder wenig toxisch, da Oxidationsprozesse bei ihnen nicht am aromatischen Ring sondern in der Seitenkette stattfinden (Abschn. 23.5.2).

23.5 Reaktionen aromatischer Verbindungen

Die mit Abstand wichtigsten Reaktionen aromatischer Verbindungen sind die *aromatischen Substitutionsreaktionen* die im nächsten Kapitel ausführlich besprochen werden. Alle übrigen Reaktionen, die nicht unter diesen Reaktionstyp fallen, werden hier vorgestellt.

23.5.1 Additionsreaktionen aromatischer Verbindungen

Aufgrund der *Mesomeriestabilisierung* sind aromatische Verbindungen relativ **reaktionsträge** hinsichtlich Additionsreaktionen. Einige Beispiele gibt es dennoch.

23.5.1.1 Katalytische Hydrierung
Die Hydrierung von Aromaten gelingt wie bei den Alkenen mit Wasserstoff/Metallkatalysator, jedoch aufgrund des Mesomerieeffekts unter deutlich drastischeren Bedingungen. Bei der katalytischen Hydrierung werden daher alle drei Doppelbindungen hydriert. Bei kondensierten Aromaten kann man je nach Bedingungen eine teilweise oder vollständige Hydrierung erreichen. Die teilweise Hydrierung erfolgt hierbei so, dass ein aromatisches Ringsystem intakt bleibt.

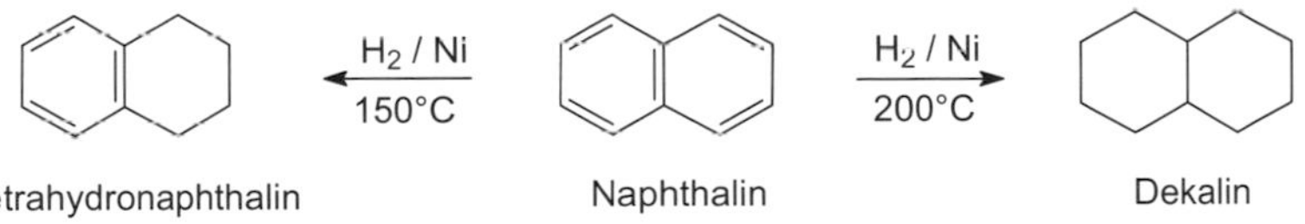

Tetrahydronaphthalin   Naphthalin   Dekalin

23.5.1.2 *Birch*-Reduktion
Eine **selektive Hydrierung** gelingt unter den Bedingungen einer **Ein-Elektron-Transfer-Reaktion**. Lithium oder Natrium in flüssigem Ammoniak dienen als Elektronenüberträger, Ethanol als Protonendonator. Reduktionsmittel sind **solvatisierte Elektronen** die an den Aromaten addieren unter Bildung eines Radikalanions. Dieses wird durch den Alkohol protoniert, bevor ein weiteres Elektron und Proton übertragen wird.

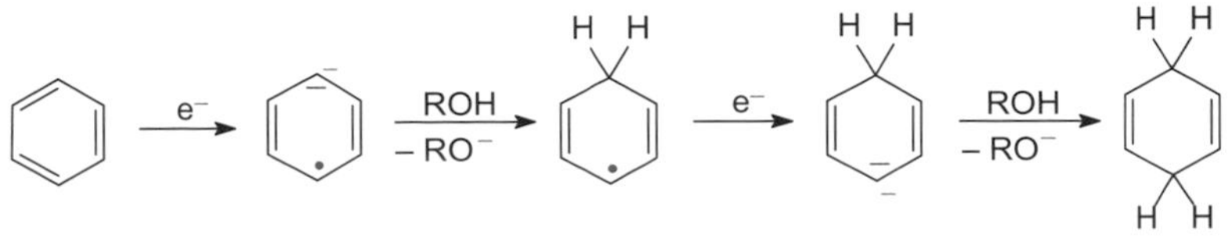

Interessant ist die Reduktion substituierter Verbindungen. Elektronenschiebende Substituenten verlangsamen die Reaktion, der Substituent befindet sich im Reduktionsprodukt an einer Doppelbindung. Im Gegensatz hierzu beschleunigt ein elektronenziehender Substituent die Reaktion, der Substituent befindet sich anschließend zwischen den Doppelbindungen.

23.5.2 Reaktionen von Alkylbenzolen in der Seitenkette

Toluol ist ein guter Ersatz für das früher verwendete Benzol. Im Gegensatz zu diesem sind bei den Alkylbenzolen auch Reaktionen in der Seitenkette möglich.

23.5.2.1 Oxidation

Während Alkane gegenüber Oxidationsmitteln ziemlich resistent sind, lassen sich alkylierte Aromaten mit $KMnO_4$ oder katalytisch durch Sauerstoff oxidieren.

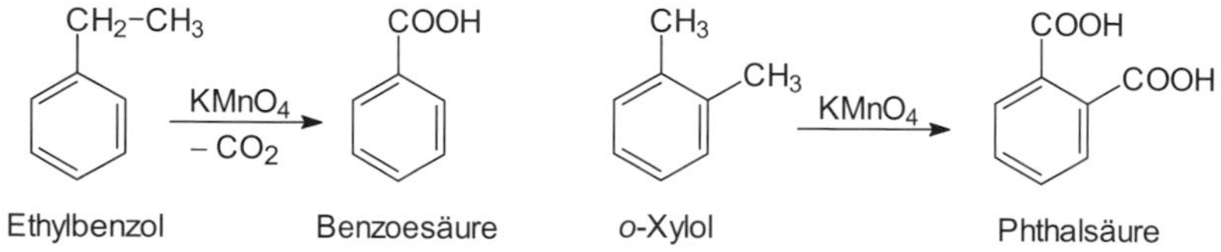

Ethylbenzol   Benzoesäure   o-Xylol   Phthalsäure

Ein technisch wichtiger Prozess ist die **Hock'sche Phenolsynthese** (Abschn. 28.2.2.1), bei der Cumol (Isopropylbenzol) in Gegenwart von Sauerstoff an der Benzylposition zum Hydroperoxid oxidiert wird. Dieses wird anschließend im sauren Milieu unter Bildung von **Phenol** und **Aceton** umgelagert.

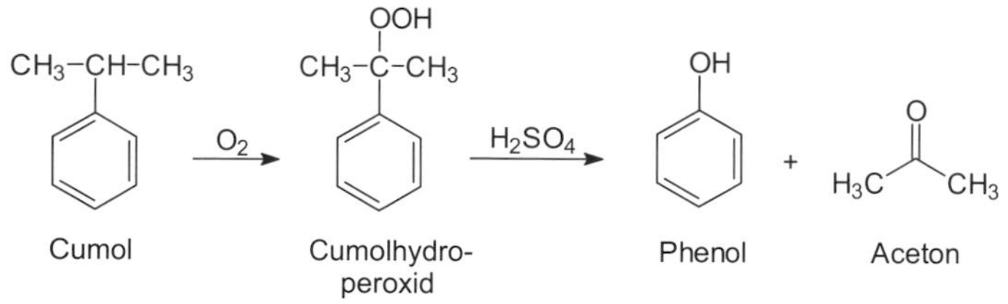

Cumol   Cumolhydroperoxid   Phenol   Aceton

23.5.2.2 Halogenierung

▶ Durch radikalische Halogenierung entstehen Aromaten mit halogenierter Seitenkette.

Bei der Chlorierung von Toluol erhält man je nach den Reaktionsbedingungen Benzylchlorid, Benzalchlorid und Benzotrichlorid. Die Reaktion verläuft unter dem Einfluss von **UV-Licht** und **Wärme** nach einem Radikalketten-Mechanismus. Bei Verwendung eines **Katalysators** findet hingegen eine **elektrophile Aromatensubstitution** am „Kern" statt (Abschn. 24.2.3).

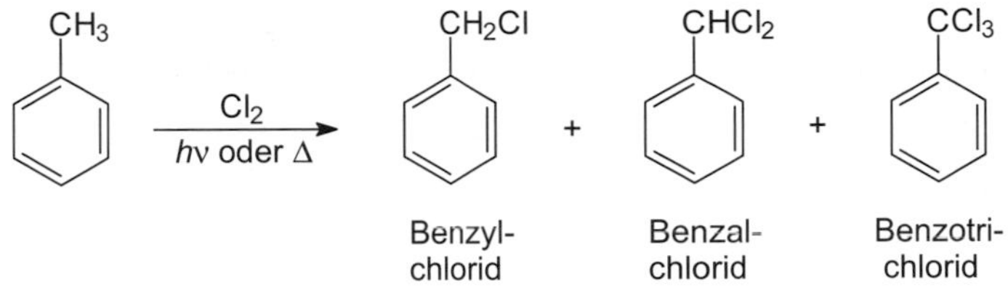

$$\underset{\text{CH}_3}{\text{⬡}} \xrightarrow[h\nu \text{ oder } \Delta]{\text{Cl}_2} \underset{\substack{\text{Benzyl-}\\\text{chlorid}}}{\underset{\text{CH}_2\text{Cl}}{\text{⬡}}} + \underset{\substack{\text{Benzal-}\\\text{chlorid}}}{\underset{\text{CHCl}_2}{\text{⬡}}} + \underset{\substack{\text{Benzotri-}\\\text{chlorid}}}{\underset{\text{CCl}_3}{\text{⬡}}}$$

▶ **Merkregel**
Kälte, Katalysator $\Rightarrow$ Kern (KKK)
Sonnenlicht, Siedehitze $\Rightarrow$ Seitenkette (SSS)

Die aromatische Substitution (S_{Ar})

24

24.1 Die elektrophile aromatische Substitution ($S_{E,Ar}$)

24.1.1 Allgemeiner Reaktionsmechanismus

Aromatische Kohlenwasserstoffe (Arene), obwohl formal ungesättigte Verbindungen, neigen kaum zu Additions-, sondern hauptsächlich zu elektrophilen Substitutions-Reaktionen (S_E). Die S_E-Reaktion verläuft zunächst analog der elektrophilen Addition an Alkene (Kap. 22). Der Aromat bildet mit dem Elektrophil einen Elektronenpaardonor-Elektronenpaarakzeptor-Komplex (**π-Komplex 1**), wobei das π-Elektronensystem erhalten bleibt. Daraus entsteht dann als Zwischenstufe ein **σ-Komplex**, in dem vier π-Elektronen über fünf C-Atome delokalisiert sind. Dies ist i. A. auch der geschwindigkeitsbestimmende Schritt. Der σ-Komplex stabilisiert sich nun aber nicht durch die Addition eines Nucleophils (vgl. Alkene, Abschn. 22.1), sondern eliminiert ein Proton (über einen zweiten π-Komplex) und bildet das 6π-Elektronensystem zurück. Dieser Schritt ist energetisch stark begünstigt und somit relativ schnell.

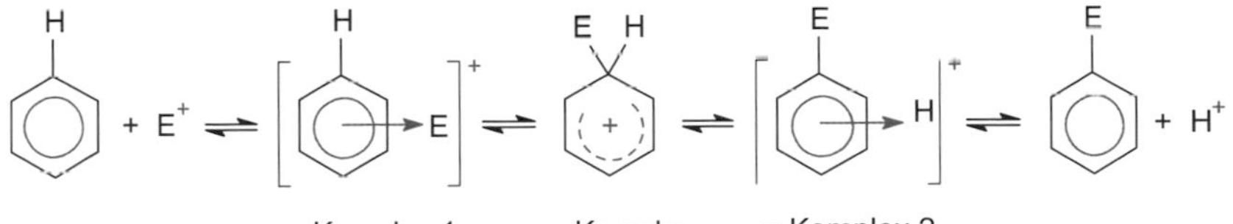

π-Komplex 1   σ-Komplex   π-Komplex 2

24.1.2 Mehrfachsubstitution

An monosubstituierten Aromaten können weitere Substitutions-Reaktionen durchgeführt werden. Dabei lässt sich häufig voraussagen, welche Produkte bevorzugt gebildet werden.

© Springer-Verlag Berlin Heidelberg 2016
H.P. Latscha, U. Kazmaier, *Chemie für Biologen*, DOI 10.1007/978-3-662-47784-7_24

Tab. 24.1 Substituenteneffekte bei der elektrophilen aromatischen Substitution

Substituent	Elektronische Effekte des Substituenten	Wirkung auf die Reaktivität	Orientierende Wirkung	
–OH	–I, +M	aktiviert	o, p	1. Ordnung
–O$^-$	+I, +M	aktiviert	o, p	
–OR	–I, +M	aktiviert	o, p	
–NH$_2$, –NHR, –NR$_2$	–I, +M	aktiviert	o, p	
–Alkyl	+I	aktiviert	o, p	
–F, –Cl, –Br, –I	–I, +M	desaktiviert	o, p	
–NO$_2$	–I, –M	desaktiviert	m	2. Ordnung
–NH$_3{}^+$, –NR$_3{}^+$	–I	desaktiviert	m	
–SO$_3$H	–I, –M	desaktiviert	m	
–CO–X (X = H, R, –OR, –NH$_2$)	–I, –M	desaktiviert	m	
–CN	–I, –M	desaktiviert	m	

▶ Bei einer Zweitsubstitution werden die Reaktionsgeschwindigkeit und die Eintritts-
stelle des neuen Substituenten von dem im Ring bereits vorhandenen Substituenten beeinflusst.

Aus den beobachteten Substituenteneffekten lassen sich Substitutionsregeln ableiten (vgl. Tab. 24.1).

24.1.2.1 Substitutionsregeln

▶ Substituenten **1. Ordnung** dirigieren in *ortho*- (*o*-) und/oder *para*- (*p*-)Stellung.
Sie können aktivierend wirken wie -OH, –$\overline{\text{O}}$|$^-$, –OCH$_3$, –NH$_2$, Alkyl-Gruppen, oder
desaktivierend wirken wie –F, –Cl, –Br, –I, –CH=CR$_2$.

Beispiel

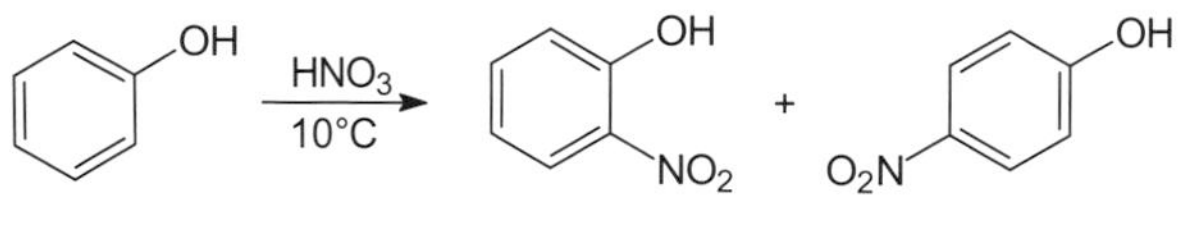

Phenol   o-Nitrophenol   p-Nitrophenol

Phenol wird in *o*- und *p*-Stellung nitriert, und zwar schneller als Benzol.
Chlorbenzol wird auch in *o*- und *p*-Stellung nitriert, jedoch langsamer als Benzol.

▶ Substituenten **2. Ordnung** dirigieren in *meta*- (*m*-)Stellung und wirken desaktivierend: –NH$_3{}^+$, –NO$_2$, –SO$_3$H, –COOR.

Beispiel

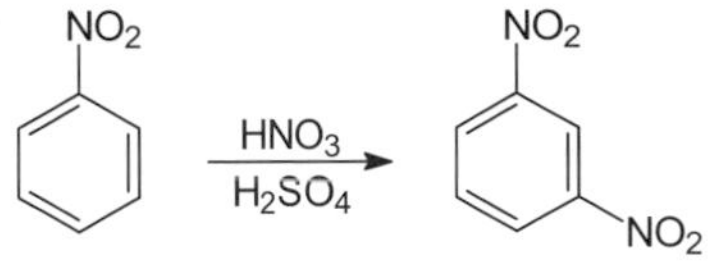

NO$_2$ NO$_2$

$\xrightarrow[\text{H}_2\text{SO}_4]{\text{HNO}_3}$

NO$_2$

Nitrobenzol   *m*-Dinitrobenzol

24.1.2.2   Auswirkungen von Substituenten auf die Orientierung und die Reaktivität bei der elektrophilen Substitution

Auswirkungen auf die Orientierung

Tabelle 24.1 zeigt, dass Substituenten, welche die **Elektronendichte** im Benzolring **erhöhen**, nach *ortho* und *para* dirigieren. +I- und +M-Substituenten aktivieren offenbar diese Stellen im Ring in besonderer Weise. Auf der anderen Seite dirigieren Substituenten, welche die Elektronendichte im Ring **erniedrigen**, vorzugsweise nach *meta*. Zwar werden alle Ringpositionen desaktiviert, die *m*-Stelle jedoch weniger als *ortho*- und *para*-Stellen.

Zur Erläuterung der Substituenteneffekte wollen wir die σ-Komplexe für einen monosubstituierten Aromaten betrachten (Abb. 24.1) und dabei annehmen, dass diese den Übergangszuständen ähnlich sind. Besonders wichtig ist die durch δ$^+$ markierte Ladungsverteilung der positiven Ladung im Carbeniumion in Bezug auf die Lage und Eigenschaften des Substituenten S.

Wirkung des Erstsubstituenten durch induktive Effekte

+I-Effekt

Ein +I-Substituent **stabilisiert das Carbeniumion** und damit auch den Übergangszustand, der zum Produkt führt, besonders gut in *o*- und *p*-Stellung. Der +I-Effekt wirkt sich in der *m*-Stellung – wegen der anderen Ladungsdelokalisation – am schwächsten aus.

► +I-Substituenten dirigieren also nach *ortho* und *para*.

−I-Effekt

Ein −I-Substituent **destabilisiert das Carbeniumion** und damit auch den entsprechenden Übergangszustand. Die Wirkung von S macht sich in allen Ringpositionen bemerkbar. Betrachtet man jedoch wieder die Ladungsverteilung, dann erkennt man, dass sich die elektronenziehenden Effekte in der *meta*-Stellung am schwächsten auswirken.

► −I-Substituenten dirigieren also nach *meta*.

Angriff in *o*-Position

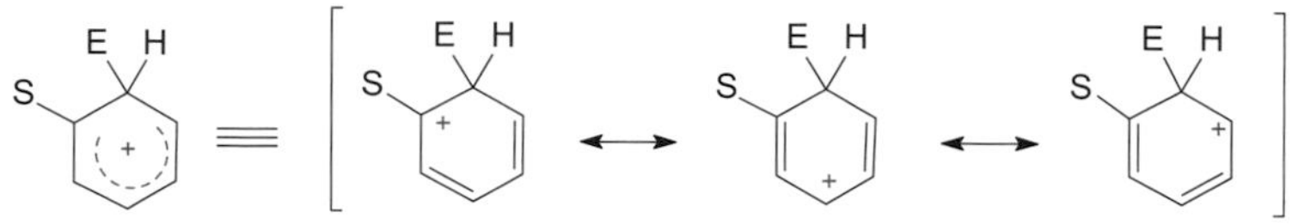

Angriff in *m*-Position

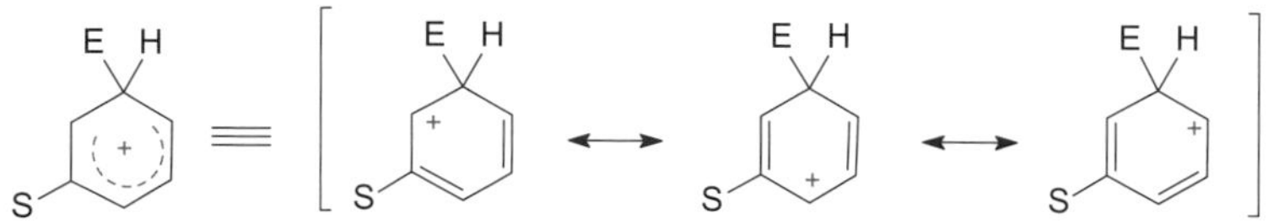

Angriff in *p*-Position

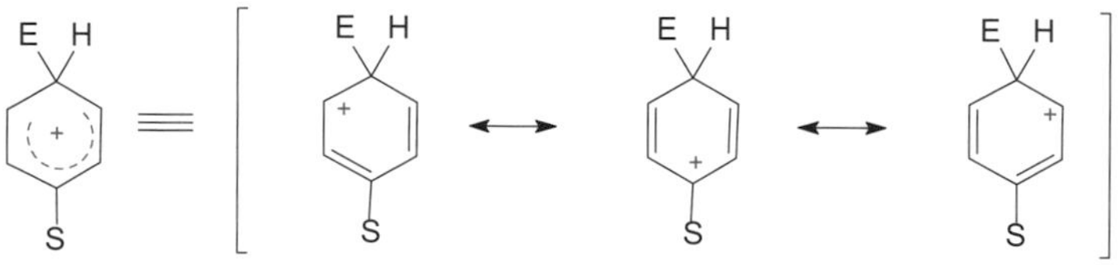

Abb. 24.1 Wirkung der induktiven Effekte bei der Zweitsubstitution. S ist jeweils ein +I- bzw. −I-Substituent im σ-Komplex, E der neu eintretende elektrophile Zweitsubstituent

Wirkung des Erstsubstituenten durch mesomere Effekte (= Resonanzeffekte)

+M-Effekt
Besitzt S ein freies Elektronenpaar (z. B. eine Amino-Gruppe) und übt dadurch einen +M-Effekt aus, können für die *o*- und **p-Substitution** im Gegensatz zur *m*-Substitution noch **weitere Grenzformeln** formuliert werden. Die Übergangszustände bei *o*- und *p*-Substitution werden dadurch stärker stabilisiert als bei *m*-Substitution.

▶ +M-Substituenten wirken also *o*- und *p*-dirigierend.

−M-Effekt
Bei −M-Substituenten (z. B. einer Nitro-Gruppe) treten bei *o*- und *p*-Substitution Grenzstrukturen mit gleichsinnigen Ladungen an benachbarten Atomen auf. Diese Strukturen sind daher energetisch sehr ungünstig. Im Vergleich zum Benzol sind alle Positionen desaktiviert. Im Falle einer *m*-Substitution wird das Carbeniumion jedoch am wenigsten desaktiviert, da hier die Ladungen günstiger verteilt sind. Daher wird vorzugsweise *meta*-Substitution eintreten.

▶ −M-Substituenten wirken *m*-dirigierend.

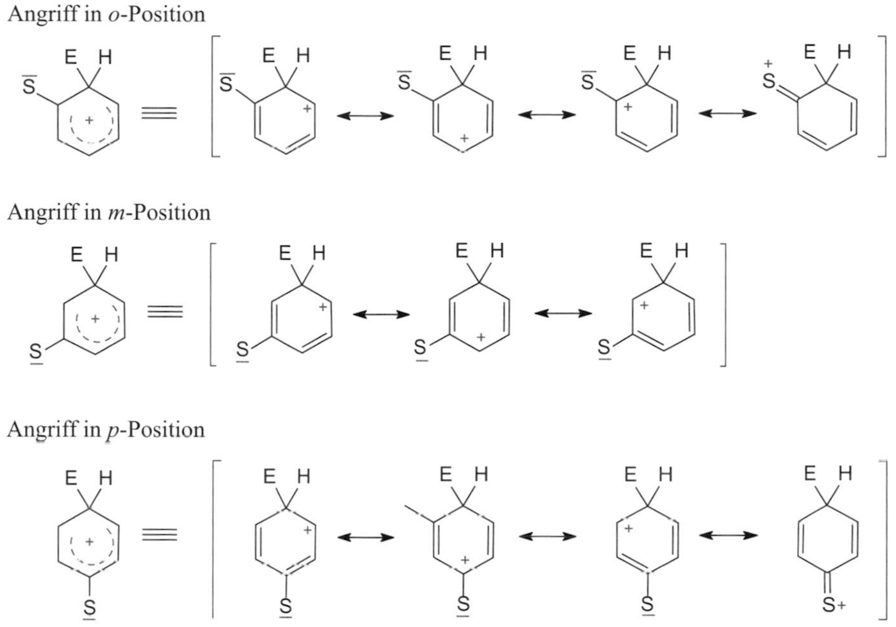

Angriff in *o*-Position

Angriff in *m*-Position

Angriff in *p*-Position

Abb. 24.2 Mesomerie-Effekte bei der Zweitsubstitution. S ist ein +M-Substituent im σ-Komplex, E der neu eintretende elektrophile Zweitsubstituent

Auswirkung von Substituenten auf die Reaktivität

Tabelle 24.1 gibt auch Auskunft über die Auswirkung von Substituenten auf die Reaktivität bei der S_E-Reaktion von monosubstituierten Aromaten. Ebenso wie bei der Frage nach der Orientierung müssen wir hier den Einfluss des Substituenten auf den aktivierten σ-Komplex betrachten.

Induktive Effekte

Ist S in Abb. 24.1 ein +I-Substituent, so wird er die Elektronendichte im Ring erhöhen und also aktivierend wirken. Ist S ein −I-Substituent, so vermindert er die Elektronendichte im Ring (er erhöht die positive Ladung) und wirkt desaktivierend, was sich bekanntlich in der *meta*-Position am schwächsten auswirkt.

Mesomere Effekte

Ist S in Abb. 24.2 ein +M-Substituent, erhöht er die Reaktivität im Vergleich zum unsubstituierten Benzol. Die Delokalisierung der Elektronen ist bei *o*- und *p*-Substitution besonders ausgeprägt. Ist S ein −M-Substituent, wird die Elektronendichte im Ring vermindert und die Reaktivität herabgesetzt (Abb. 24.3).

Kooperative Effekte

In der Regel treten diese Effekte nicht getrennt voneinander auf, sondern gekoppelt. Bei vielen Substituenten handelt es sich um Heteroatome, die elektronegativer

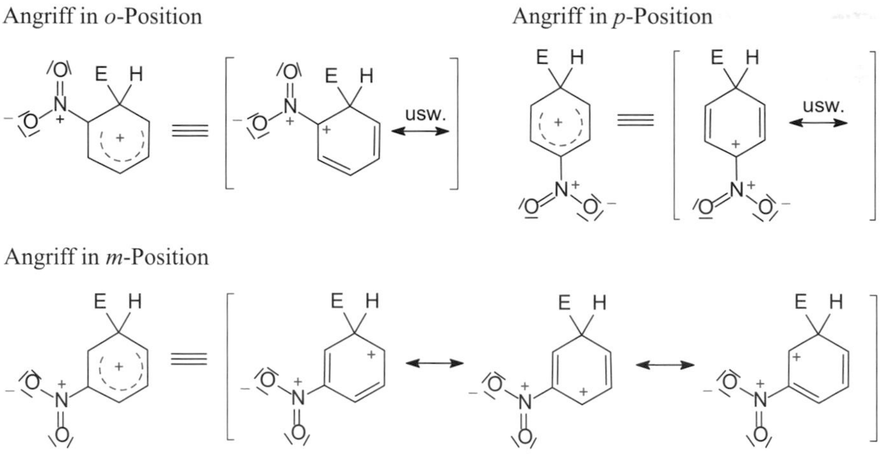

Angriff in *o*-Position   Angriff in *p*-Position

Angriff in *m*-Position

Abb. 24.3 Mesomerie-Effekte bei der Zweitsubstitution. NO_2^- ist ein $-M$-Substituent im σ-Komplex, E der neu eintretende elektrophile Zweitsubstituent

sind als Kohlenstoff und die daher einen $-I$-Effekt ausüben. Vor allem bei den Elementen der 2. Periode ist jedoch der mesomere Effekt sehr stark ausgeprägt und überwiegt in der Regel den $-I$-Effekt. Daher sind Sauerstoff- und Stickstoff-Substituenten in der Gesamtbilanz aktivierend und aufgrund des mesomeren Effekts *o/p*-dirigierend. Amino-Gruppen aktivieren hierbei stärker als Sauerstoff-Substituenten. Mit zunehmender Größe der Elemente (Übergang im Periodensystem von „oben nach unten") nimmt der mesomere Effekt ab, so dass bei den Halogenen der $-I$-Effekt überwiegt. Halogenaromaten sind daher im Vergleich zum Benzol desaktiviert, dirigieren jedoch aufgrund ihres (wenn auch schwachen) $+M$-Effekts ebenfalls *o/p*.

Sterische Effekte bei der Substitution
Neben den polaren Effekten, auf die das aromatische System besonders empfindlich reagiert, wirken sich in manchen Fällen auch sperrige Substituenten auf die Produktverteilung aus.

Beispiel

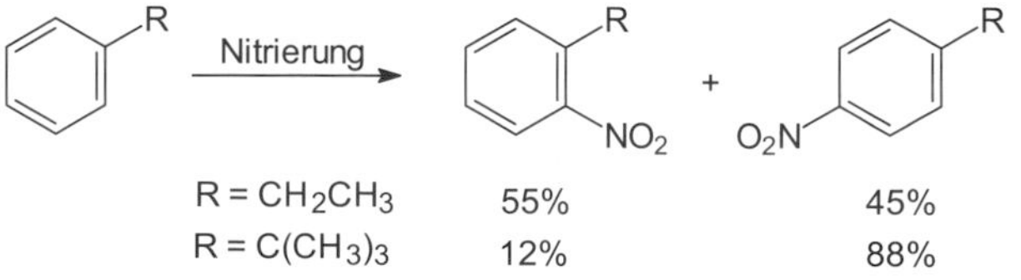

$R = CH_2CH_3$	55%	45%
$R = C(CH_3)_3$	12%	88%

24.2 Beispiele für elektrophile Substitutionsreaktionen

24.2.1 Nitrierung

Aromatische Nitroverbindungen sind wichtige Ausgangsstoffe für die Farbstoff- und Sprengstoffindustrie und zur Synthese von Arzneimitteln. Zur Nitrierung von Aromaten verwendet man neben rauchender Salpetersäure sog. **Nitriersäure**, eine Mischung von konz. HNO_3 und konz. H_2SO_4. Nitrierendes Agens ist das **Nitryl-(Nitronium-)Kation, NO_2^+**. Dieses entsteht durch Protonierung der Salpetersäure entweder durch sich selbst (Autoprotonierung) oder durch die stärkere Schwefelsäure:

$$HNO_3 + 2\,HX \rightleftharpoons O{=}\overset{+}{N}{=}O \mid H_3O^+ + 2\,X^- \quad (X^- = NO_3^-,\, HSO_4^-)$$

Die Konzentration des Nitrylkations, und damit die Reaktivität des Nitrierungsmittels, hängt von der Lage des Gleichgewichts ab. Je stärker die protonierende Säure, desto höher die Konzentration an NO_2^+. Besonders effektiv ist daher eine Mischung aus konz. HNO_3 und Oleum (Schwefelsäure mit SO_3 angereichert), mit der auch desaktivierte Aromaten nitriert werden können.

▶ Somit lässt sich durch die Zusammensetzung der Nitriersäure sehr schön das „Nitrierungspotenzial" der Mischung einstellen.

Man kann dadurch Aromaten stufenweise nitrieren.

Beispiel

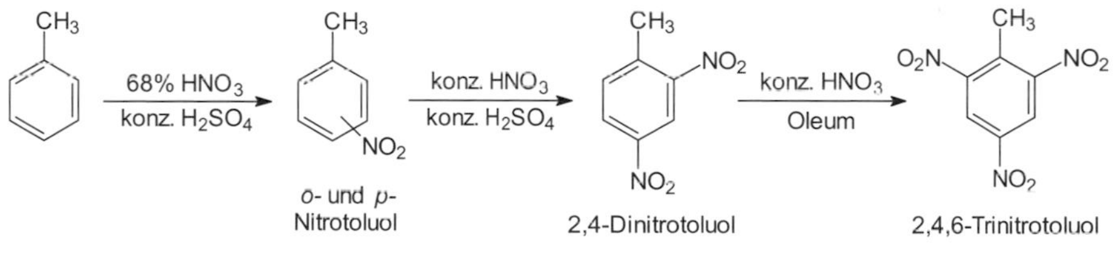

| o- und p-Nitrotoluol | 2,4-Dinitrotoluol | 2,4,6-Trinitrotoluol |

24.2.2 Sulfonierung

Aromatische **Sulfonsäuren** sind Zwischenprodukte für Farbstoffe, sowie Wasch- und Arzneimittel. Oft hat die Einführung einer Sulfo-Gruppe ($-SO_3H$) den Zweck, eine Verbindung in ihr wasserlösliches Na-Salz zu überführen. Als elektrophiles Agens fungiert vermutlich das **SO_3-Molekül**, eine Lewis-Säure, die in rauchender Schwefelsäure enthalten ist. Die Sulfonierung ist im Vergleich zu anderen elektrophilen aromatischen Substitutions-Reaktionen eine **reversible Reaktion**, weil die HO_3S-Gruppe auch eine gute Abgangsgruppe ist.

Benzol-
sulfonsäure

Kinetisch und thermodynamisch kontrollierte Reaktionen

Besonders schön lässt sich dieses reversible Verhalten am Beispiel der Sulfonierung von Naphthalin zeigen. Je nach Reaktionsbedingungen erhält man entweder das α- oder das β-substituierte Produkt.

H$_2$SO$_4$ 80 °C   H$_2$SO$_4$ 160 °C

1-Naphthalin-
sulfonsäure

(α-Produkt)

2-Naphthalin-
sulfonsäure

(β-Produkt)

Unterhalb 100 °C verläuft die Reaktion so, dass hauptsächlich das instabilere α-Produkt gebildet wird. Diese Reaktion ist **kinetisch kontrolliert**. Der Übergangszustand für das α-Substitutionsprodukt (ÜZ$_\sigma$) liegt energetisch tiefer als der des β-Produkts (ÜZ$_\beta$) (Abb. 24.4). Bei 160 °C wird die Reaktion reversibel und **thermodynamisch kontrolliert**; es entsteht das stabilere β-Produkt. Die geringere Stabilität des α-Produkts ist auf sterische Wechselwirkungen zwischen der Sulfonsäure-Gruppe und dem parallel dazu angeordneten Wasserstoffatom am Nachbarring zurückzuführen.

Durch Umsetzung mit Chlorsulfonsäure erhält man die entsprechenden Sulfonsäurechloride (**Sulfochlorierung**):

+ 2 ClSO$_3$H $\longrightarrow$ SO$_2$Cl   + H$_2$SO$_4$

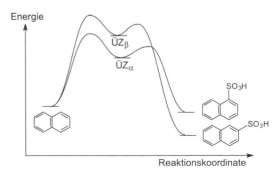

Abb. 24.4 Energiediagramm der Sulfonierung von Naphthalin

24.2.3 Halogenierung

Aromaten können sowohl durch elektrophile Substitutions- als auch durch radikalische Additions-Reaktionen halogeniert werden. Bei alkylsubstituierten Derivaten kann zudem eine Halogenierung in der Seitenkette erfolgen (Abschn. 23.5.2.2)

Die **direkte Chlorierung** als Substitutions-Reaktion gelingt nur mit Hilfe von **Katalysatoren** (wie Fe, $FeCl_3$ und $AlCl_3$), welche eine Polarisierung des Halogenmoleküls bewirken und dadurch einen elektrophilen Angriff erleichtern.

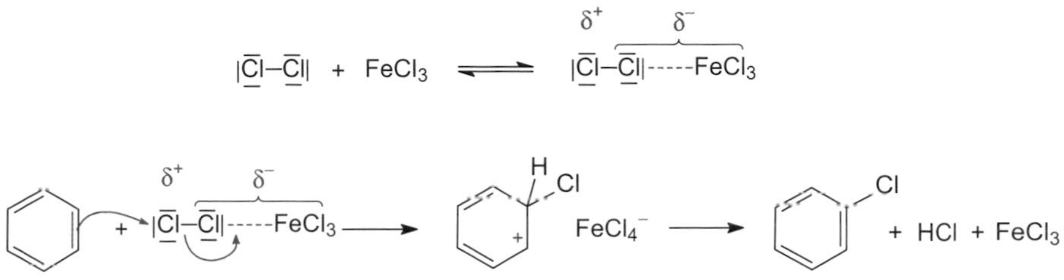

$$|\overline{Cl}-\overline{Cl}| + FeCl_3 \rightleftharpoons \overset{\delta^+}{|\overline{Cl}}-\overset{\delta^-}{\overline{Cl}|}-----FeCl_3$$

Die entsprechende Bromierung verläuft analog. Gezielte Fluorierungen lassen sich nicht mit elementarem Fluor durchführen, da es hierbei auch zu C–C-Bindungsspaltungen kommt. Fluorbenzol erhält man mit der *Balz-Schiemann*-Reaktion aus Diazoniumsalzen.

24.2.4 Alkylierung nach *Friedel-Crafts*

Alkylierte aromatische Kohlenwasserstoffe entstehen bei der Reaktion von Halogenalkanen mit Aromaten in Gegenwart eines Katalysators. Hierfür muss man ebenfalls eine **Lewis-Säure** wie $AlCl_3$ zusetzen, welche die Halogenalkane durch Polarisierung der C–Hal-Bindung aktiviert. Da die Lewis-Säure nach der Reaktion zurückgebildet wird, benötigt man bei der *Friedel-Crafts*-Alkylierung nur **katalytische Mengen** an Lewis-Säure.

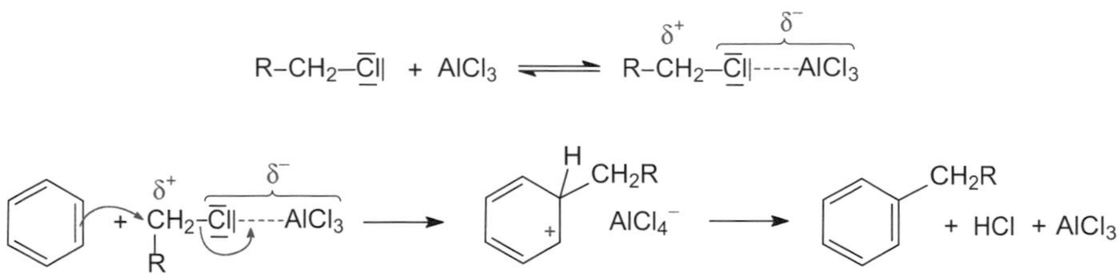

$$R-CH_2-\overline{Cl}| + AlCl_3 \rightleftharpoons \overset{\delta^+}{R-CH_2}-\overset{\delta^-}{\overline{Cl}|}-----AlCl_3$$

Allerdings treten häufig Mehrfachalkylierungen auf, da die bei der Alkylierung gebildeten Produkte elektronenreicher und somit nucleophiler sind als die Ausgangsverbindung. Diese Reaktion wird im Labor nur wenig benutzt. Wie die Sulfonierung, so ist auch die *Friedel-Crafts*-Alkylierung **reversibel**. Daher findet die *tert.*-Butyl-Gruppe häufig Anwendung als sterisch anspruchsvolle Schutzgruppe, die leicht sauer katalysiert wieder abgespalten werden kann.

24.2.5   Acylierung nach *Friedel-Crafts*

Ähnlich wie die Alkylierung verläuft die *Friedel-Crafts*-Acylierung mit Säurehalogeniden (X = Cl) und -anhydriden (X = RCOO) in Gegenwart von Lewis-Säuren wie AlCl$_3$.

▶ Diese Reaktion ist die wichtigste Methode zur Gewinnung aromatischer Ketone.

Sie verläuft über ein Acyliumion bzw. einen Acylium-Komplex. Diese Komplexe sind sterisch sehr anspruchsvoll, so dass bei substituierten Aromaten bevorzugt das *p*-Produkt gebildet wird. Die bei der Reaktion gebildeten Ketone sind ebenfalls in der Lage mit AlCl$_3$ Komplexe zu bilden. Daher werden bei der Acylierung **stöchiometrische Mengen** an **Lewis-Säuren** benötigt, im Gegensatz zur Alkylierung.

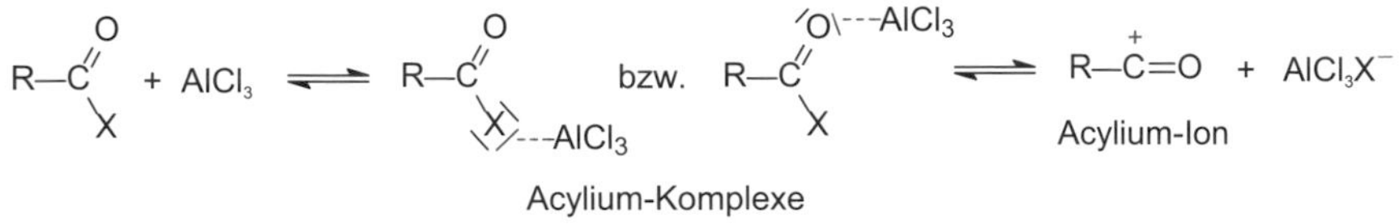

Acylium-Komplexe

Beispiele

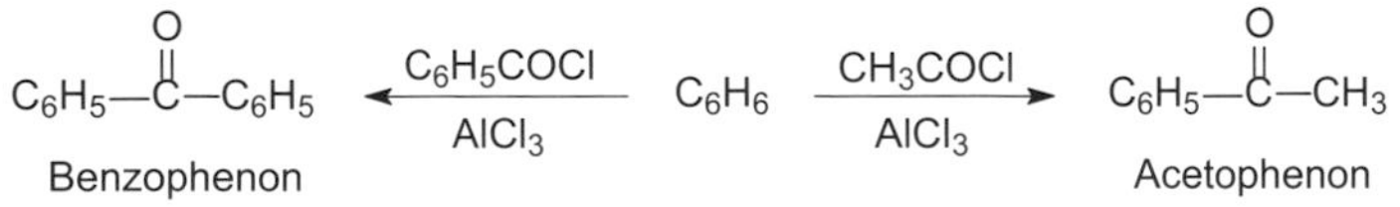

▶ *Friedel-Crafts*-Acylierungen dienen im Labor nicht nur zur Herstellung von Ketonen, sondern auch zur Darstellung aliphatisch-aromatischer Kohlenwasserstoffe.

Dabei wird oft zunächst der Aromat acyliert und das gebildete Keton anschließend reduziert (Abschn. 32.4.2). Damit lassen sich die Probleme der *Friedel-Crafts*-Alkylierung umgehen.

Ein Sonderfall ist die **Formylierung** nach *Gattermann/Koch*. Sie verläuft bei 30 bar **CO-Druck** vermutlich über einen Acylium-Komplex H–C$^+$=O AlCl$_4^-$ und nicht über das instabile Formylchlorid HCOCl:

$$C_6H_6 + CO + HCl \xrightarrow{\text{AlCl}_3} C_6H_5\text{–CHO}$$
$$\text{Benzaldehyd}$$

Die beste Methode zur Formylierung von elektronenreichen Aromaten wie Phenolethern und vor allem auch von Dialkylanilinen (einzige Methode für Aniline) ist die **Vilsmeier-Haack-Synthese**. Als Formylierungsreagenz dient **Dimethylformamid** oder das etwas reaktivere **N-Methylformanilid**. Die Aktivierung erfolgt hierbei nicht wie bisher mit Lewis-Säure sondern mit Phosphoroxychlorid (POCl$_3$), welches mit dem Formamid ebenfalls einen Komplex **I** bildet. Auch hier entsteht der gewünschte Aldehyd erst bei der wässrigen Aufarbeitung.

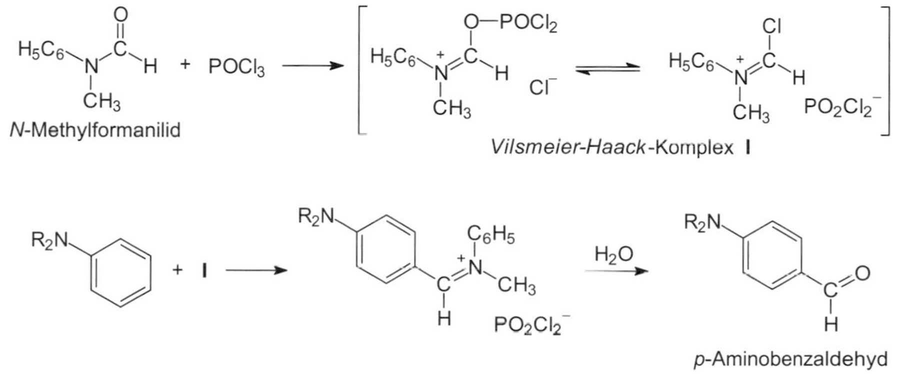

N-Methylformanilid

Vilsmeier-Haack-Komplex **I**

p-Aminobenzaldehyd

24.3   Die nucleophile aromatische Substitution (S$_{N,Ar}$)

Nucleophile Substitutionen am Aromaten finden im Allgemeinen an di- oder polysubstituierten Aromaten statt, die eine oder mehrere elektronenziehende, und somit aktivierende Gruppen tragen. Das Reagenz ist meist ein starkes Nucleophil.

► Häufig stellt man fest, dass dabei ein bereits vorhandener Substituent durch einen anderen (und nicht etwa wie sonst ein Proton) ersetzt wird. Derartige Reaktionen heißen **ipso-Substitutionen**.

Sie können nach verschiedenen Mechanismen ablaufen; so sind elektrophile und nucleophile aromatische *ipso*-Substitutionen bekannt.

Das F-Atom im **Sanger-Reagenz** (2,4-Dinitrofluorbenzol) kann z. B. gut durch die nucleophile NH$_2$-Gruppe einer Aminosäure unter Bildung eines sekundären Amins ersetzt werden. Diese Reaktion nutzt man zur **Bestimmung der Aminosäure am N-Ende von Peptiden** und Proteinen. Nach der Umsetzung wird das Peptid durch Kochen mit Salzsäure in die Aminosäuren gespalten, und nur die Aminosäure am *N*-Ende trägt die gelbe 2,4-Dinitrogruppe, die sich leicht nachweisen und identifizieren lässt.

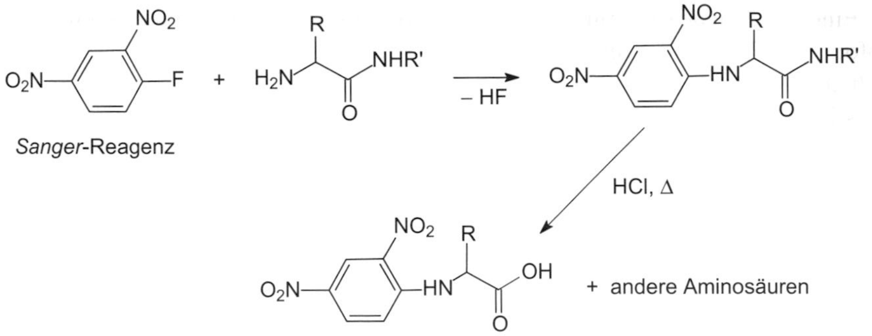

Sanger-Reagenz

+ andere Aminosäuren

24.4 Aromatische Substitutionen in biologischen Systemen

Die aromatische Substitution spielt in der Natur kaum eine Rolle, da aromatische Ringe im Stoffwechsel kaum vorkommen. Die wichtigsten aromatischen Verbindungen sind sicherlich die **Aminosäuren Phenylalanin** und **Thyrosin**, aus denen sich eine Reihe anderer aromatischer Verbindungen herstellen lassen wie etwa Adrenalin, ein Vertreter der wichtigsten Gruppe der **biogenen Amine** (Abschn. 30.1.5).

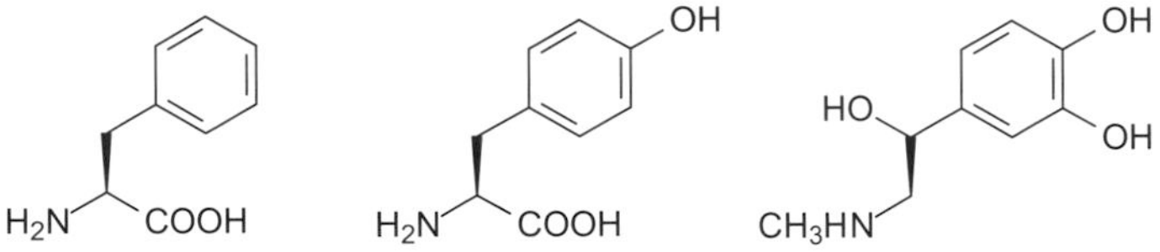

Phenylalanin   Thyrosin   Adrenalin

Die Bildung von Thyrosin und letztendlich auch von Adrenalin, sowie der Abbau des Phenylalanins im Körper, beginnt mit einer enzymkatalysierten Oxidation des Phenylrings. Mithilfe des Fe(III)-haltigen Enzyms Phenylalanin-Hydroxylase erfolgt die Hydroxylierung in *p*-Position zum Thyrosin. Daher werden beide Aminosäuren auf demselben Weg abgebaut. Der nächste Schritt ist eine Umwandlung der Amino-Gruppe in eine Ketofunktion. Das dabei gebildete *p*-Hydroxyphenylpyruvat wird decarboxyliert, anschließend kann der Ring weiter abgebaut werden.

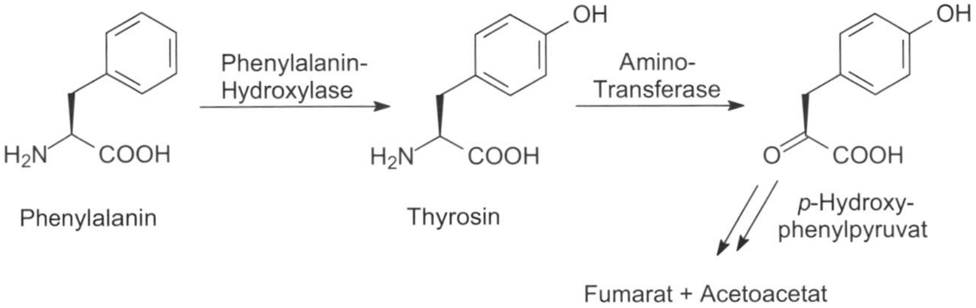

Phenylalanin   Thyrosin   *p*-Hydroxy-
                                                                 phenylpyruvat

Fumarat + Acetoacetat

Eine gefährliche Erbkrankheit ist die **Phenylketonurie**. Wird die Krankheit nicht sofort nach der Geburt erkannt und behandelt, führt dies zu schweren geistigen Schäden. Ursache der Krankheit ist ein Mangel an Phenylalanin-Hydroxylase, so dass Phenylalanin nicht (richtig) abgebaut werden kann, was eben zu diesen Schäden führt. Wird der aromatische Ring nicht oxidiert, bildet sich unter anderem Phenylpyruvat, welches über den Urin ausgeschieden wird. Da Phenylpyruvat eine Keto-Gruppe enthält, resultiert der Name: Phenylketonurie. Man kann der Krankheit entgegenwirken durch phenylalaninarme Nahrung. Da Phenylalanin jedoch Bestandteil des Stickstoffs **Aspartam** (Nutrasweet) ist, muss auf Verpackungen von Lebensmitteln, die mit diesem Stoff gesüßt werden, der Hinweis stehen: enthält Phenylalanin.

Halogenkohlenwasserstoffe
25

25.1 Chemische Eigenschaften

Ersetzt man in den Kohlenwasserstoffen ein oder mehrere H-Atome durch Halogenatome (X), erhält man organische Halogenverbindungen mit einer C–Hal-Bindung. Die Bindung ist entsprechend der unterschiedlichen Elektronegativität polarisiert nach $^{\delta+}C–X^{\delta-}$. Dadurch ist das C-Atom einem Angriff nucleophiler Reagenzien zugänglich. Für die Reaktivität gilt:

$$\text{Reaktivität:} \quad C–F < C–Cl < C–Br < C–I$$

Typische Reaktionen sind

1. **nucleophile Substitution am C-Atom**, bei der das Halogenatom durch eine andere funktionelle Gruppe ersetzt wird (Kap. 26);
2. **Eliminierungsreaktionen,** d. h. Abspaltung von Halogenwasserstoff oder eines Halogenmoleküls unter Bildung einer Doppelbindung (Kap. 27);
3. **Reduktion durch Metalle** zu Organometallverbindungen. Hierbei kommt es zu einer ‚Umpolung' des Kohlenstoffatoms, das die funktionelle Gruppe trägt (Kap. 31).
   Beispiel: Grignard-Reaktion

$$R–\overset{\delta+}{C}H_2–\overset{\delta-}{B}r + Mg \longrightarrow R–\overset{\delta-}{C}H_2–\overset{\delta+}{M}gBr$$

Halogenkohlenwasserstoffe sind meist farblose Flüssigkeiten oder Festkörper. Innerhalb homologer Reihen findet man die bekannten Regelmäßigkeiten der Siedepunkte. Halogenalkane sind in Wasser unlöslich, aber in den üblichen organischen Lösemitteln löslich (lipophiles Verhalten).

Der qualitative Nachweis von Halogen in organischen Verbindungen gelingt mit der **Beilstein-Probe**. Hierbei zersetzt man eine Substanzprobe an einem glühenden Kupferdraht. Die entstehenden flüchtigen Kupferhalogenide färben die Bunsenbrennerflamme grün.

© Springer-Verlag Berlin Heidelberg 2016
H.P. Latscha, U. Kazmaier, *Chemie für Biologen*, DOI 10.1007/978-3-662-47784-7_25

25.2 Verwendung

Halogenverbindungen sind Ausgangssubstanzen für Synthesen, da sie meist leicht herstellbar sind. Vor allem die Iod- und Bromverbindungen sind zudem sehr reaktionsfähig. Methyliodid (Iodmethan) ist z. B. ein gutes Methylierungsmittel, es erwies sich jedoch im Tierversuch als kanzerogen. Chlorierte Verbindungen sind gegenüber vielen Reaktionen inert und können daher als Lösemittel (Methylenchlorid, Chloroform etc.) verwendet werden. Neben ihrer teilweise narkotisierenden Wirkung (Chloroform etc.) ist auch eine gewisse Toxizität zu beachten. Vollständig fluorierte Verbindungen sind chemisch völlig inert und ungiftig.

Polymere Fluorverbindungen (Teflon) zeigen eine hohe Hitzebeständigkeit und dienen daher z. B. zum Beschichten von Pfannen. Eine ähnlich hohe Resistenz zeigen auch die ungiftigen Fluorchlorkohlenwasserstoffe (FCKW). Aufgrund der niederen Siedepunkte vor allem der Methan- und Ethanderivate wurden sie früher sehr häufig als Kühlmittel (Freon, Frigen) in Kühlschränken und Klimaanlagen verwendet, ebenso wie als Treibmittel für Kunststoffschäume. Mittlerweile sind diese Verbindungen jedoch in Deutschland verboten, da sie die Ozonschicht der Erde zerstören. Aufgrund ihrer hohen Flüchtigkeit und chemischen Inertheit gelangen sie bis in die Stratosphäre, wo sie unter dem Einfluss der harten UV-Strahlung in Radikale zerfallen, die dann mit dem Ozon reagieren (Tab. 25.1).

Die bisher üblichen Verwendungen sind neuerdings stark beschränkt wegen der Human- und Umwelttoxizität vieler Halogenkohlenwasserstoffe.

Tab. 25.1 Verwendung und Eigenschaften einiger Halogenkohlenwasserstoffe

Name	Formel	Schmp. °C	Sdp. °C	Verwendung
Dichlormethan (Methylenchlorid)	CH_2Cl_2	−97	40	Löse- und Extraktionsmittel
Trichlormethan (Chloroform)	$CHCl_3$	−63,5	61,2	Extraktionsmittel, Narkosemittel
Tetrachlorkohlenstoff	CCl_4	−23	76,7	Fettlösemittel
Dichlordifluormethan	CCl_2F_2	−111	−30	Treibmittel, Kältemittel (FCKW, Frigen 12)
Chlorethan (Ethylchlorid)	C_2H_5Cl	−138	12	Anästhetikum
Vinylchlorid	$CH_2{=}CH{-}Cl$	−154	−14	Kunststoffe (PVC)
Tetrafluorethen	$CF_2{=}CF_2$	−142,5	−76	Teflon
Halothane	z. B. $F_3C{-}CHClBr$	–	–	Anästhesie
Chlorbenzol	C_6H_5Cl	−45	132	→ Phenol, Nitrochlorbenzol etc.
γ-Hexachlorcyclohexan (Gammexan)	$C_6H_6Cl_6$	112	–	Insektizid

25.3 Herstellungsmethoden

Aliphatische Halogenverbindungen: Industrielle und Labormethoden
Aliphatische Halogenverbindungen werden im industriellen Maßstab meist durch radikalische Substitutionsreaktionen (Kap. 20) oder durch Umsetzung von Alkohol mit Halogenwasserstoff hergestellt. Bei letzterer Methode handelt es sich jedoch um eine Gleichgewichtsreaktion:

$$R\text{–}OH + HX \rightleftharpoons R\text{–}X + H_2O$$

Im Laboratorium hat sich neben der Addition von Halogenwasserstoffen oder Halogenen an Alkene (Abschn. 22.1) vor allem die Umsetzung von Alkoholen mit Phosphor- oder Thionylhalogeniden (Abschn. 28.1.3.2) bewährt.

$$R\text{—}OH + SOCl_2 \xrightarrow[-\,HCl]{} \left[R\text{—}O\text{—}\underset{\underset{O}{\|}}{S}\text{—}Cl \right] \longrightarrow R\text{—}Cl + SO_2$$

Hunsdiecker-Reaktion
Eine besondere Reaktion ist die Oxidation von Silbercarboxylaten mit Brom (*Hunsdiecker*-Reaktion):

$$R\text{–}COO^-Ag^+ + Br_2 \longrightarrow R\text{–}Br + CO_2 + AgBr$$

In dieser radikalischen Reaktion bildet sich im ersten Schritt ein Intermediat mit sehr instabiler O-Br-Bindung. Diese wird homolytisch gespalten unter Bildung eine Acylradikals, welches decarboxyliert (Kap. 20). Das entstehende Alkylradikal reagiert mit weiterem Brom oder kann mit Bromradikalen rekombinieren.

$$R\text{—}COO^-Ag^+ + Br_2 \xrightarrow[-\,AgBr]{} R\text{—}\overset{\overset{O}{\|}}{C}\underset{O\text{—}Br}{} \longrightarrow Br\bullet + R\text{—}\overset{\overset{O}{\|}}{C}\underset{O\bullet}{} \xrightarrow{-\,CO_2} R\bullet$$

Finkelstein-Reaktion
Iodverbindungen entstehen durch nucleophile Substitution (Kap. 26) aus anderen Halogenverbindungen (*Finkelstein*-Reaktion). Diese Reaktion ist prinzipiell eine Gleichgewichtsreaktion, das Gleichgewicht lässt sich jedoch sehr einfach auf die Seite der Iodverbindungen verschieben. Hierzu führt man die Reaktion **in Aceton** durch und nützt den Effekt aus, dass sich Natriumiodid in Aceton löst, nicht jedoch die anderen Natriumhalogenide. Diese fallen demzufolge aus und werden dadurch dem Gleichgewicht entzogen.

$$R\text{–}X + NaI \xrightarrow{\text{Aceton}} R\text{–}I + NaX \downarrow$$

Aromatische Halogenverbindungen

Aromatische Halogenverbindungen können durch elektrophile Substitutions-Reaktionen an Aromaten in Gegenwart eines Katalysators hergestellt werden (Kernchlorierung, Abschn. 24.2.3). Bei aliphatisch-aromatischen Kohlenwasserstoffen ist auch eine Seitenkettenchlorierung möglich Radikalreaktion unter dem Einfluss von Sonnenlicht bzw. UV-Licht, Abschn. 23.5.2).

25.4   Biologisch interessante Halogen-Kohlenwasserstoffe

Natürlich vorkommende Halogenverbindungen sind relativ selten. Zu den wichtigen gehören:

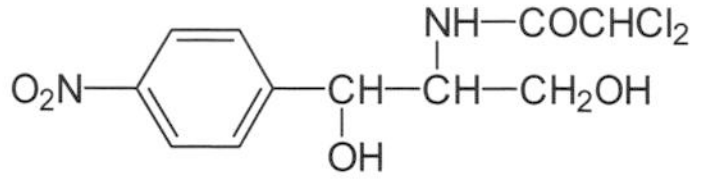

Chloramphenicol (Chloromycetin)
(Antibiotikum)
Man beachte auch die Nitro-Gruppe!

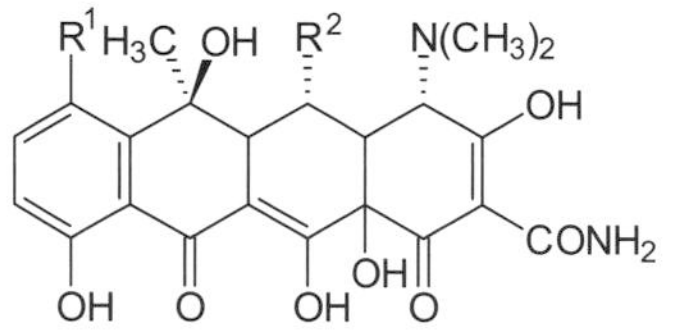

Aureomycin = Chlortetracyclin:
R^1 = Cl, R^2 = H
Tetramycin: R^1 = H, R^2 = OH
Tetracyclin: R^1 = , R^2 = H
(Antibiotika)

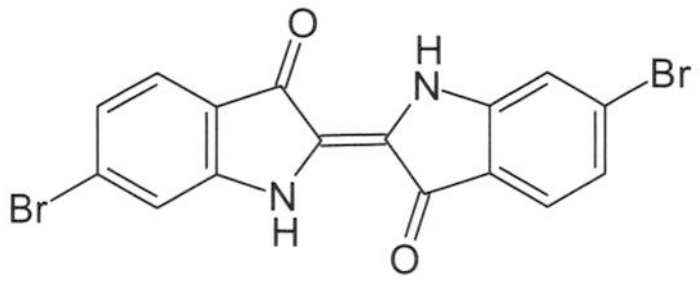

6,6'-Dibromindigo
(Antiker Purpur,
aus Purpurschnecken)

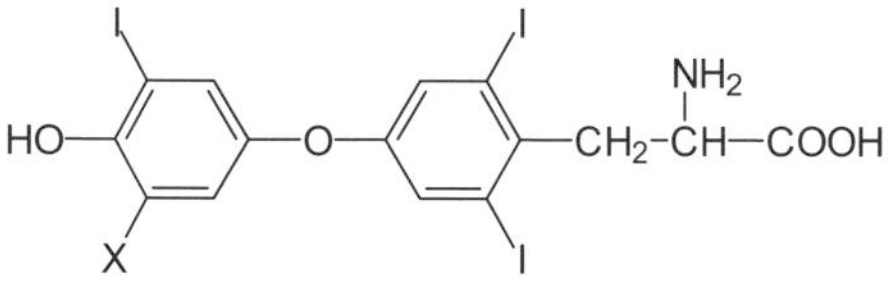

X = H: 3,5,3'-Triiodthyronin
X = I: 3,5,3',5'-Tetraiodthyronin
(= L-Thyroxin)
(Hormone der Schilddrüse)

Einige **chlorierte aromatische Verbindungen** haben aufgrund ihrer Toxizität für Schlagzeilen gesorgt: die Gruppe der teilweise sehr giftigen **poly**chlorierten **D**ibenzo**d**ioxine (PCDD) und **D**ibenzo**f**urane (PCDF). Das durch den **Seveso-Unfall** bekannt gewordene TCDD gehört zu den giftigsten bisher hergestellten Verbindungen. Toxische Effekte treten bereits im ng/kg-Bereich auf.

DDT hat eine stark toxische Wirkung auf verschiedene Insekten, weshalb es lange Zeit als Insektizid verwendet wurde. Es ist jedoch inzwischen in vielen Industrieländern verboten, da es biologisch nicht abgebaut wird, und sich daher in der Nahrungskette anreichert.

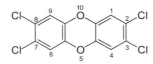

TCDD

2,3,7,8-Tetrachlor-
dibenzo-para-dioxin
("Seveso-Gift")

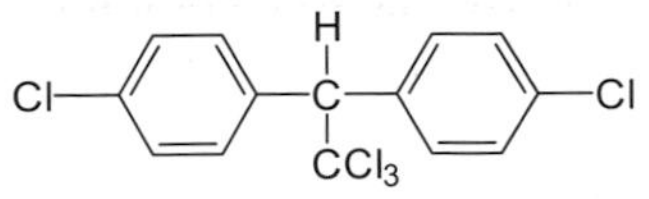

DDT

1,1-*p,p'*-Dichlordiphenyl-
2,2,2-trichlorethan

Die nucleophile Substitution (S_N) am gesättigten C-Atom

26

Die nucleophile aliphatische Substitutions-Reaktion (S_N) ist eine der am besten untersuchten Reaktionen der organischen Chemie. Sie ist dadurch gekennzeichnet, dass ein **nucleophiler Reaktionspartner Nu|** einen **Substituenten X|** (**Abgangsgruppe, nucleofuge Gruppe**) verdrängt und dabei das für die C–Nu-Bindung erforderliche Elektronenpaar liefert:

$$Nu| + R{-}CH_2{-}X \longrightarrow R{-}CH_2{-}Nu + X|$$

Im Hinblick auf den Reaktionsmechanismus können unterschieden werden:

1. die monomolekulare nucleophile Substitution, die im Idealfall nach 1. Ordnung verläuft (S_N1);
2. die bimolekulare nucleophile Substitution, die im Idealfall eine Reaktion 2. Ordnung ist (S_N2).

26.1 Der S_N1-Mechanismus

Typische Substrate für Substitutionen nach dem S_N1-Mechanismus sind **tertiäre Halogenide**. Wie hier am Beispiel der alkalischen Hydrolyse von *tert.*-Butylchlorid gezeigt, verläuft die Reaktion **monomolekular**:

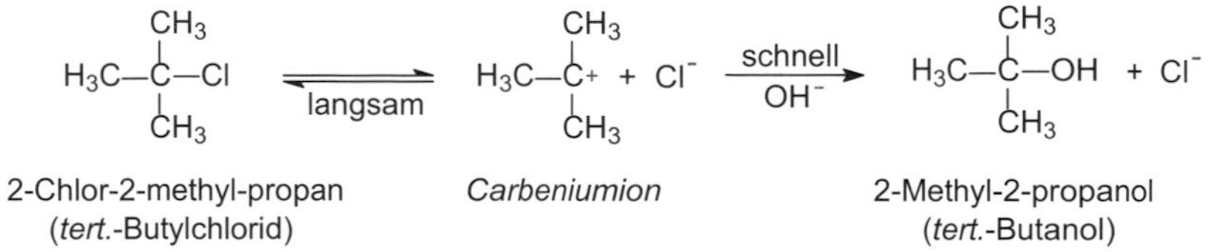

| 2-Chlor-2-methyl-propan | *Carbeniumion* | 2-Methyl-2-propanol |
| (*tert.*-Butylchlorid) | | (*tert.*-Butanol) |

Der geschwindigkeitsbestimmende Schritt ist der Übergang des vierbindigen tetraedrischen, sp^3-hybridisierten C-Atoms in das dreibindige, ebene Trimethylcarbeniumion (sp^2-hybridisiert). Der Reaktionspartner OH^- ist dabei nicht beteiligt,

© Springer-Verlag Berlin Heidelberg 2016
H.P. Latscha, U. Kazmaier, *Chemie für Biologen*, DOI 10.1007/978-3-662-47784-7_26

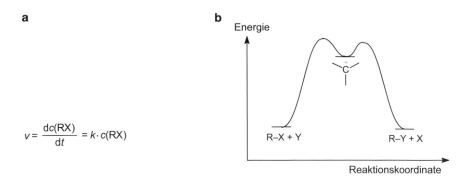

a

$$v = \frac{dc(RX)}{dt} = k \cdot c(RX)$$

Abb. 26.1 Die S_N1-Reaktion. **a** Geschwindigkeitsgesetz, **b** Energiediagramm

man erhält ein **Geschwindigkeitsgesetz erster Ordnung** (Abb. 26.1a). Das gebildete **Carbeniumion** ist eine **Zwischenstufe** und kein Übergangszustand, was sich auch im Reaktionsprofil bemerkbar macht (Abb. 26.1b).

26.1.1   Auswirkungen des Reaktionsmechanismus

26.1.1.1   Racemisierung

Die Bildung eines **planaren Carbeniumions** hat weit reichende Konsequenzen für die Umsetzung **chiraler Ausgangsverbindungen**. Geht man zum Beispiel von optisch aktiven Halogenverbindungen wie etwa 3-Chlor-3-methyl-hexan aus, so kann das im ersten Schritt gebildete Carbeniumion von OH^- **von beiden Seiten** mit dergleichen Wahrscheinlichkeit angegriffen werden. Der gebildete Alkohol entsteht demzufolge als **racemisches Gemisch** (**Racemat**).

▶ S_N1-Reaktionen verlaufen also unter weitgehender Racemisierung!

racemisches Gemisch

26.1.1.2   *Wagner-Meerwein*-Umlagerungen

Mit *Wagner-Meerwein*-Umlagerungen muss man immer rechnen, wenn **Carbeniumionen** als **Zwischenstufen** gebildet werden, und sich diese durch [1,2]-Verschiebung von Atomen oder Molekülgruppen in *stabilere* Carbeniumionen umwandeln können. H-Atome wandern hierbei besonders leicht, aber auch ganze Alkyl-Gruppen können transferiert werden. Für die Alkyl-Gruppe gilt folgende **Wanderungstendenz:**

$$C_{tertiär} > C_{sekundär} > C_{primär} > CH_3$$

Versetzt man z. B. Neopentylalkohol (2,2-Dimethylpropanol) mit konz. Schwefelsäure, so bildet sich nach Protonierung der OH-Gruppe und Wasserabspaltung das Neopentylkation, ein primäres Carbeniumion. Dieses kann sich durch Wanderung einer der benachbarten Methyl-Gruppen in das erheblich stabilere tertiäre Carbeniumion umwandeln. Dieser Prozess ist relativ schnell, und man findet in der Regel Folgeprodukte dieses umgelagerten Carbeniumions.

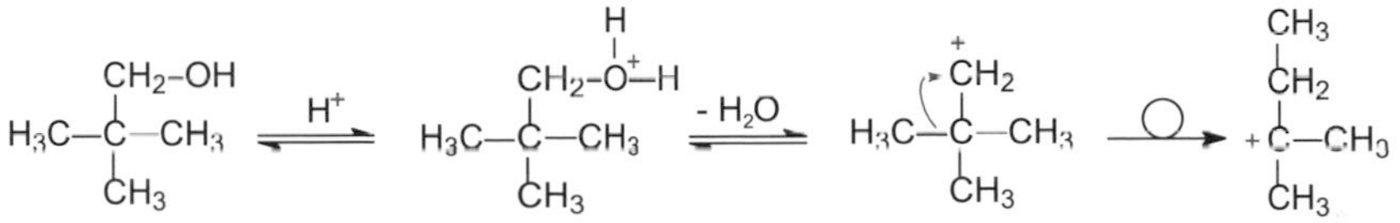

26.2 Der S$_N$2-Mechanismus

▶ Bei der S$_N$2-Reaktion, hier am Beispiel von 2-Brombutan gezeigt, erfolgen Bindungsbildung und Lösen der Bindung gleichzeitig.

Der geschwindigkeitsbestimmende Schritt ist die Bildung des Übergangszustandes **I**, d. h. der Angriff des Nucleophils. Bei dieser **bimolekularen Reaktion** sind beide Reaktionspartner beteiligt, es gilt ein **Geschwindigkeitsgesetz 2. Ordnung** (Abb. 26.2).

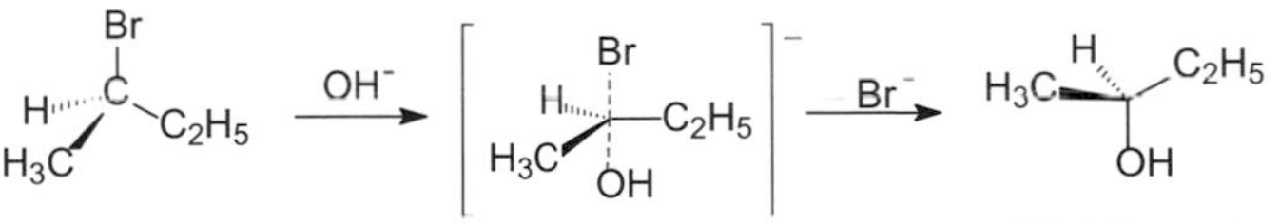

Der nucleophile Partner (OH$^-$) nähert sich dem Molekül von der dem Substituenten (Br) **gegenüberliegenden** Seite. In dem Maße wie die C–Br-Bindung gelockert wird, bildet sich die neue C–OH-Bindung aus.

▶ Im Übergangszustand I befinden sich die OH-Gruppe und das Br-Atom auf einer Geraden.

Ist das Halogen an ein optisch aktives C-Atom gebunden, z. B. beim 2-Brombutan, so entsteht das Spiegelbild der Ausgangsverbindung. Dabei wird die Konfiguration am chiralen C-Atom umgekehrt. Man spricht daher von **Inversion**, hier speziell von *Walden*'scher **Umkehr.**

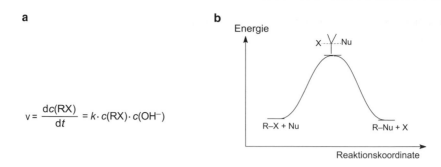

a

$$v = \frac{dc(RX)}{dt} = k \cdot c(RX) \cdot c(OH^-)$$

b

Energie

X ---Y---Nu

R–X + Nu   R–Nu + X

Reaktionskoordinate

Abb. 26.2 Die S_N2-Reaktion. **a** Geschwindigkeitsgesetz, **b** Energiediagramm

Am Formelbild erkennt man deutlich, dass die drei Substituenten am zentralen C-Atom in eine zur ursprünglichen entgegengesetzten Konfiguration „umgestülpt" werden. Vergleich: Umklappen eines Regenschirms (im Wind).

▶ Die Inversion ist charakteristisch für eine S_N2-Reaktion.

Im Gegensatz zur S_N1-Reaktion lässt sich die Bildung von Alkenen (Olefinen) und von Umlagerungsprodukten durch entsprechende Wahl der Reaktionsbedingungen vermeiden.

26.3 Das Verhältnis S_N1/S_N2

Die besprochenen S_N1- und S_N2-Mechanismen konkurrieren unterschiedlich stark miteinander bei jeder S_N-Reaktion.

Aus der Betrachtung des Übergangszustandes einer **S_N1-Reaktion** geht hervor, dass die Substitution bei einem **+I-Effekt** des Restes R erleichtert wird, da die *Bildung* eines *Carbeniumions begünstigt* ist. Da sowohl der +I-Effekt als auch die Stabilität von Carbeniumionen in der Reihenfolge primär < sekundär < tertiär zunehmen (Abschn. 18.5.4), sind für **tertiäre Alkyl-Derivate** vorwiegend S_N1-Reaktionen zu erwarten:

$$\underset{CH_3}{\overset{H_3C}{\underset{\vert}{\overset{\vert}{C^+}}}}CH_3 \quad > \quad \underset{CH_3}{\overset{H_3C}{\underset{\vert}{\overset{\vert}{C^+}}}}H \quad > \quad \underset{CH_3}{\overset{H}{\underset{\vert}{\overset{\vert}{C^+}}}}H \quad > \quad \underset{H}{\overset{H}{\underset{\vert}{\overset{\vert}{C^+}}}}H$$

Bei **S_N2-Reaktionen** ist zu berücksichtigen, dass im Übergangszustand *fünf Substituenten* um das zentrale C-Atom gruppiert sind. Der +I-Effekt wird durch die mit zunehmender Alkylierung stark wachsende *sterische Hinderung* überkompensiert. Dadurch wird die S_N2-Reaktion erschwert. Sie wird vorzugsweise bei **primären Alkyl-Derivaten** auftreten, da in diesem Fall die Hinderung durch voluminöse, raumerfüllende Alkyl-Gruppen fehlt. Die Reihenfolge der Reaktivität ist also umgekehrt wie bei S_N1.

$$\text{Bei R–X gilt für R} = \quad \overset{\displaystyle S_N1 \text{ nimmt zu} \longrightarrow}{\underset{\displaystyle \longleftarrow S_N2 \text{ nimmt zu}}{\text{primär} \quad \text{sekundär} \quad \text{tertiär}}}$$

Sekundäre Alkyl-Derivate liegen im Grenzbereich zwischen S_N1 und S_N2. Die Reaktion kann daher z. B. durch Variation des Nucleophils oder des Lösemittels in einem breiten Bereich gesteuert werden. Eine Steuerung nach S_N1 erfolgt auch dann, wenn die Carbeniumionen durch mesomere Effekte stabilisiert werden. Dies gilt z. B. für Allylchlorid, $CH_2{=}CH{-}CH_2{-}Cl$, oder Benzylchlorid (Abschn. 18.5.1).

Die Eliminierungs-Reaktionen (E1, E2) **27**

▶ Eine Abspaltung zweier Atome oder Gruppen aus einem Molekül, ohne dass andere Gruppen an ihre Stelle treten, heißt Eliminierungs-Reaktion.

▶ Bei einer 1,1- oder α-Eliminierung stammen beide Gruppen vom gleichen Atom, bei der häufigeren 1,2- oder β-Eliminierung von benachbarten Atomen.

Eliminierungen können stattfinden:

- **ohne** Teilnahme anderer Reaktionspartner, in der Regel thermisch (*Beispiel:* Esterpyrolyse):

$$H-\overset{\beta}{\underset{|}{C}}-\overset{\alpha}{\underset{|}{C}}-X \longrightarrow \;\; \diagup\!\!\!C=C\!\!\!\diagdown \;\; + \;\; HX$$

- **unter** dem Einfluss von Basen (B) oder Lösemittel-Molekülen:

$$B| \; + \; H-\underset{|}{\overset{|}{C}}-\underset{|}{\overset{|}{C}}-X \longrightarrow BH \; + \; \diagup\!\!\!C=C\!\!\!\diagdown \; + \; X|$$

27.1   α- oder 1,1-Eliminierung

Werden **beide Gruppen vom gleichen C-Atom** abgespalten, spricht man von einer α-Eliminierung. Bekanntestes Beispiel ist die Bildung von Dichlorcarben aus Chloroform mit einer starken Base.

Im ersten Schritt wird ein Carbanion (**A**) gebildet, aus dem Dichlorcarben als Zwischenprodukt entsteht.

© Springer-Verlag Berlin Heidelberg 2016   463
H.P. Latscha, U. Kazmaier, *Chemie für Biologen*, DOI 10.1007/978-3-662-47784-7_27

$$\text{Cl}-\overset{\overset{\displaystyle \text{Cl}}{|}}{\underset{\underset{\displaystyle \text{Cl}}{|}}{\text{C}}}\text{H} + \bar{|}\text{OH} \underset{\text{schnell}}{\rightleftharpoons} \text{Cl}-\overset{\overset{\displaystyle \text{Cl}}{|}}{\underset{\underset{\displaystyle \text{Cl}}{|}}{\text{C}}}\bar{|}^- + \text{H}_2\text{O} \xrightarrow[\text{langsam}]{-\text{Cl}^-} |\text{CCl}_2 \xrightarrow[\text{schnell}]{\text{H}_2\text{O / OH}^-} \text{CO} + \text{HCO}_2^- + \text{Cl}^-$$

A   Dichlorcarben

27.2 β- oder 1,2-Eliminierung

Ebenso wie Substitutionen können auch Eliminierungen **mono-** oder **bimolekular** verlaufen (E1- bzw. E2-Reaktion). Bezüglich des Verlaufs der Spaltung der H–C- und C–X-Bindung gibt es mehrere Möglichkeiten:

1. **E1:** C_α–X wird zuerst gelöst.
2. **E1cB:** H–C_β wird zuerst aufgelöst (extrem selten).
3. **E2:**   Beide Bindungen werden etwa gleichzeitig gelöst.

27.2.1 Eliminierung nach einem E1-Mechanismus

Der *erste* Reaktionsschritt, die Heterolyse der C_α–X-Bindung, ist bei E1- und S_N1-Reaktionen gleich. Er führt zu einem **Carbeniumion** als Zwischenprodukt.

$$H-\overset{\beta|}{\underset{|}{C}}-\overset{\alpha|}{\underset{|}{C}}-X \rightleftharpoons H-\overset{|}{\underset{|}{C}}-\overset{|}{\underset{|}{C}}---X \rightleftharpoons H-\overset{|}{\underset{|}{C}}-\overset{+}{C}\diagup + X^-$$

Dieser Schritt ist geschwindigkeitsbestimmend. Im folgenden schnellen Reaktionsschritt kann das Carbeniumion mit einem Nucleophil reagieren ($\rightarrow S_N 1$), oder es wird vom β-C-Atom ein Proton abgespalten und ein Alken gebildet ($\rightarrow$ E1).

Beispiel Hydrolyse von *tert.*-Butylchlorid (2-Chlor-2-methyl-propan)

$$\text{H}_3\text{C}-\overset{\overset{\displaystyle \text{CH}_3}{|}}{\underset{\underset{\displaystyle \text{CH}_3}{|}}{\text{C}}}-\text{Cl} \underset{}{\overset{\text{H}_2\text{O}}{\rightleftharpoons}} \text{H}_3\text{C}-\overset{+}{\underset{\underset{\displaystyle \text{CH}_3}{|}}{\text{C}}}\diagup\text{CH}_3 + \text{Cl}^-$$

$$\xrightarrow[\quad]{\overset{\text{H}_2\text{O}}{} S_N 1} \text{H}_3\text{C}-\overset{\overset{\displaystyle \text{CH}_3}{|}}{\underset{\underset{\displaystyle \text{CH}_3}{|}}{\text{C}}}-\text{OH} + \text{H}^+$$

$$\xrightarrow[\text{E1}]{} \text{H}_2\text{C}=\overset{}{\underset{\underset{\displaystyle \text{CH}_3}{|}}{\text{C}}}\diagdown\text{CH}_3 + \text{H}^+$$

Geschwindigkeitsgleichung für beide Reaktionsabläufe:

$$v = \frac{dc(\text{RX})}{dt} = k \cdot c(\text{RX}) \,.$$

Beide Reaktionen verlaufen sehr schnell. Das Verhältnis E1/S_N1 ist nur wenig zu beeinflussen; es treten die bekannten Umlagerungen von Carbeniumionen als Nebenreaktionen auf (Abschn. 26.1.1).

Auch die säurekatalysierte Dehydratisierung von Alkoholen zu Alkenen verläuft monomolekular. Da die Eliminierung an verschiedenen Positionen erfolgen kann, werden in der Regel Produktgemische erhalten.

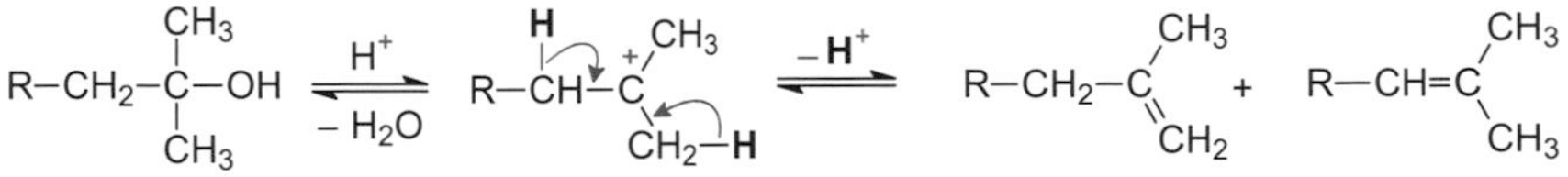

27.2.2 Eliminierung nach einem E2-Mechanismus

Der wichtigste Reaktionsmechanismus bei den Eliminierungen ist der einstufige E2-Mechanismus.

► Die Abtrennung der Gruppe vom α-C-Atom (meist ein Proton), die Bildung der Doppelbindung und der Austritt der Abgangsgruppe X verlaufen simultan.

Die Base, z. B. OH$^-$, entfernt ein Proton und gleichzeitig tritt die Abgangsgruppe, z. B. ein Bromidion, aus. Der **geschwindigkeitsbestimmende Schritt** ist die Reaktion zwischen der Base und dem Halogenalkan.

Beispiel Eliminierung von HBr aus Bromethan:

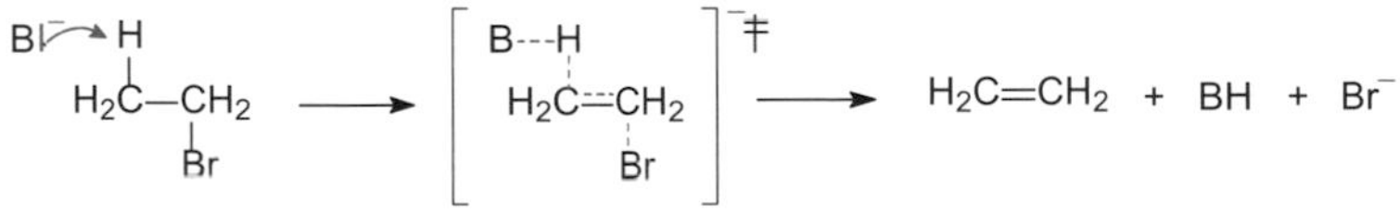

Geschwindigkeitsgleichung:

$$v = \frac{dc(RX)}{dt} = k \cdot c(B) \cdot c(RX) \, .$$

27.2.2.1 Zum stereochemischen Verlauf der Reaktion nach E2

E2-Reaktionen verlaufen dann besonders gut, wenn die beiden austretenden Gruppen *trans*-**ständig** sind und H, C_α, C_β, X **in einer Ebene liegen** (antiperiplanare Anordnung). In diesem Fall spricht man auch von *anti*-**Eliminierung**. Zur Darstellung des Reaktionsverlaufs eignet sich besonders die **Sägebock-Projektion** (Abschn. 19.1.2).

Beispiel Stereoselektive Eliminierung von HBr aus 1-Brom-1,2-diphenyl-propan

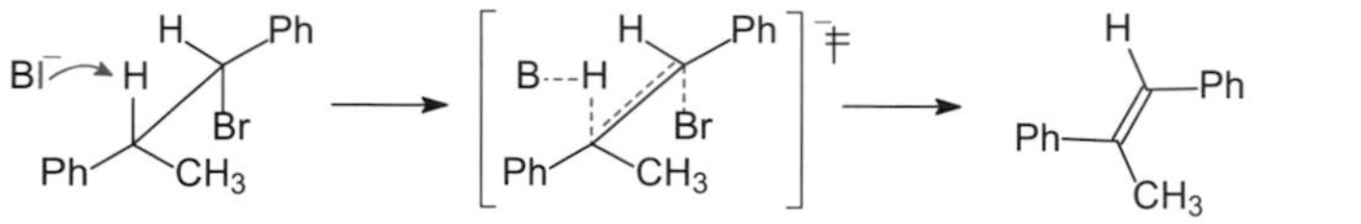

(1*S*,2*R*)-1-Brom-
1,2-diphenylpropan   (*E*)-1,2-Diphenylpropen

I

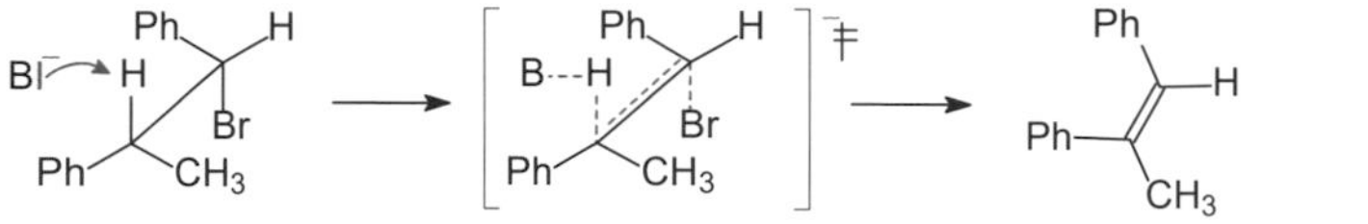

(1*R*,2*R*)-1-Brom-
1,2-diphenylpropan   (*Z*)-1,2-Diphenylpropen

II

Aus den 1,2-Diphenylpropylhalogenverbindungen entstehen jeweils nur die nach dem *anti*-Mechanismus zu erwartenden Produkte. Die diastereomeren Halogenide **I** und **II** (Kap. 39) liefern daher **stereoselektiv** die entsprechenden Alkene mit entgegengesetzter Olefingeometrie (geometrische Isomere, Abschn. 17.6).

27.3   Isomerenbildung bei Eliminierungen

Stehen benachbart zur Abgangsgruppe X zwei nicht äquivalente β-H-Atome für die Eliminierung zur Verfügung, können wie gezeigt isomere Alkene entstehen.

▶ Stehen beide H-Atome an einem benachbarten C-Atom, so bilden sich (*E*/*Z*)-Isomere (Geometrische Isomere).

Die beiden zur Eliminierung geeigneten *Anti*-Positionen **I** und **II** können sich durch Rotation ineinander umwandeln (Konformationsisomere, Abschn. 17.6).

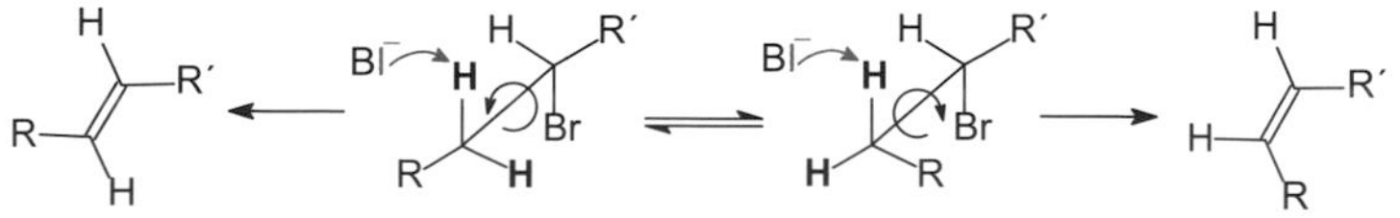

(*E*)-Alken   **I**   **II**   (*Z*)-Alken

▶ Stehen beide H-Atome an verschiedenen benachbarten C-Atomen, so bilden sich Regioisomere.

Ein Beispiel hierzu wurde auch schon beim E1-Mechanismus diskutiert (Abschn. 27.2.1).

27.3.1 Orientierung bei Eliminierungen: *Saytzeff*- und *Hofmann*-Eliminierung

Das Verhältnis der regioisomeren Produkte hängt sehr stark von der Austrittsgruppe, dem Lösemittel sowie der Basizität und Raumerfüllung der Base ab.

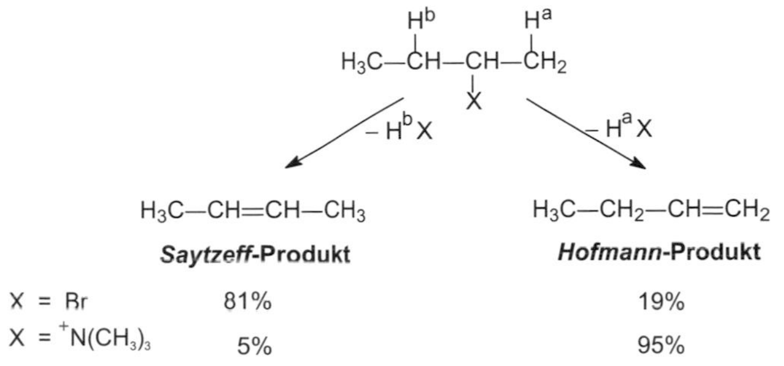

	Saytzeff-Produkt	*Hofmann*-Produkt
X = Br	81%	19%
X = $^+$N(CH$_3$)$_3$	5%	95%

Bei Bromalkanen entsteht (wie meistens) bevorzugt das höher substituierte Alken (**Regel von *Saytzeff***), bei der Eliminierung von quartären Ammonium-Salzen (***Hofmann*-Eliminierung**) bildet sich dagegen das weniger verzweigte Alken.

Das *Saytzeff*-**Produkt** ist das **thermodynamisch günstigere** Produkt und wird bevorzugt gebildet, wenn **gute Abgangsgruppen** wie –Br verwendet werden. Je besser die Abgangsgruppe, desto mehr verschiebt sich der Mechanismus der Eliminierung nach **E1**, desto höher ist der Anteil an *Saytzeff*-Produkt. Verwendet man relativ **schlechte Abgangsgruppen** wie etwa –N$^+$(CH$_3$)$_3$, so bedarf es des Mitwirkens der Base zur Eliminierung. Die Eliminierung erfolgt nach **E2** und der Angriff der Base ist der produktbestimmende Schritt. Sperrige Gruppen erschweren die Eliminierung eines Protons in ihrer Nachbarschaft, und die Reaktion erfolgt bevorzugt an einer endständigen Methyl-Gruppe.

27.4 *syn*-Eliminierungen (thermische Eliminierungen)

Zahlreiche organische Verbindungen spalten bei einer Pyrolysereaktion H–X ab und bieten so eine gute Möglichkeit zur Gewinnung reiner Alkene. Die Reaktionen verlaufen über **cyclische Mehrzentren-Prozesse** mit hoher *syn*-**Selektivität**.

Beispiel Decarboxylierung von 3-Oxocarbonsäuren

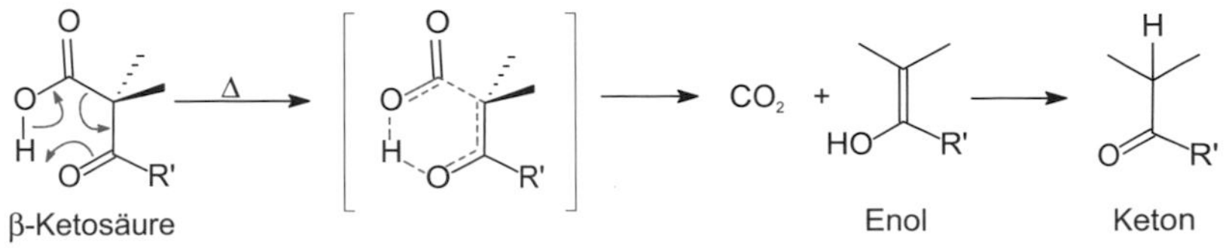

3-Oxocarbonsäuren sind thermisch nicht stabil und spalten über einen cyclischen Übergangszustand CO_2 ab. Das dabei gebildete Enol wandelt sich in das entsprechende Keton um (Keto-Enol-Tautomerie). Die Decarboxylierung von (substituierten) Malonsäuren verläuft analog. Ähnliche Reaktionen laufen in der Natur enzymkatalysiert ab (Abschn. 36.3).

27.5 Eliminierungen in biologischen Systemen

In der Natur werden Eliminierungen vor allem von der Enzymklasse der Lyasen katalysiert. Diese Enzyme beschleunigen in der Regel beide Prozesse, nicht nur die Eliminierung, sondern auch umgekehrt die Addition.

So katalysiert z. B. die Histidin-Ammoniak-Lyase die Eliminierung von NH_3 aus der Aminosäure Histidin, der erste Schritt der Abbaureaktion dieser Aminosäure zu Urocanat.

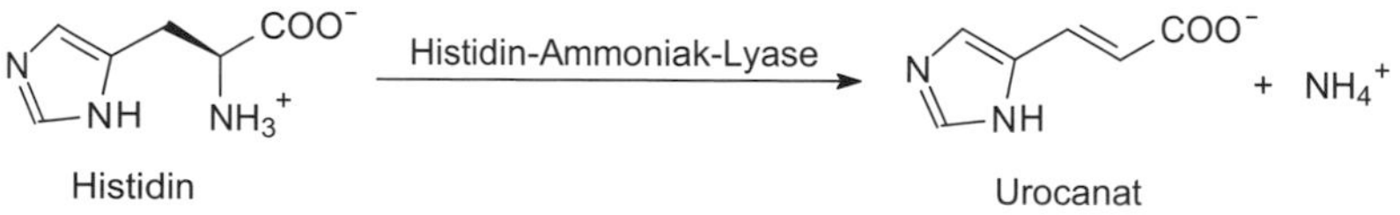

Histidin   Urocanat

Enzyme, die Wasser abspalten, sind besonders weit verbreitet und werden als Hydratasen bzw. Dehydratasen bezeichnet. Sie spielen eine wichtige Rolle z. B. bei der Fettsäuresynthese. Dabei wird aus Acetyl-Coenzym A (Abschn. 41.1) in einer *Claisen*-Kondensation (Abschn. 36.2.1) ein β-Ketoester aufgebaut. Durch Reduktion erhält man den entsprechenden β-Hydroxyester, der durch eine Hydratase zur *trans*-konfigurierten α,β-ungesättigten Carbonylverbindung (Abschn. 33.3) umgesetzt wird. Nach Reduktion der Doppelbindung kann die Kette um weitere zwei C-Atome verlängert werden, usw.

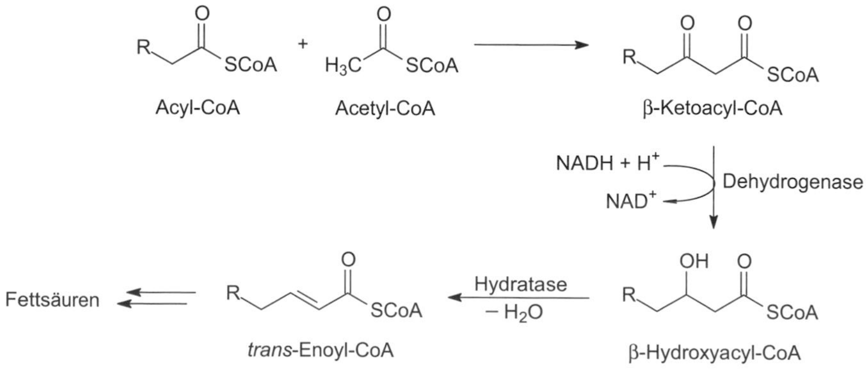

Acyl-CoA   Acetyl-CoA   β-Ketoacyl-CoA

Fettsäuren   β-Hydroxyacyl-CoA

trans-Enoyl-CoA

Die zur technischen Herstellung von Alkenen wichtigen Dehydrierungen sind auch biologisch von Bedeutung. Gut untersucht wurde die Abspaltung von Wasserstoff aus Bernsteinsäure durch das Enzym **Succinat-Dehydrogenase**. Der Wasserstoff wird hierbei auf **FAD** (Flavin-Adenin-Dinucleotid) übertragen. Man hat die Verbindungen mit Deuterium (D) markiert. Dabei zeigte sich, dass die Oxidation der Bernsteinsäure zur Fumarsäure eine *anti*-**Eliminierung** ist, es bildet sich die *trans*-konfigurierte Fumarsäure.

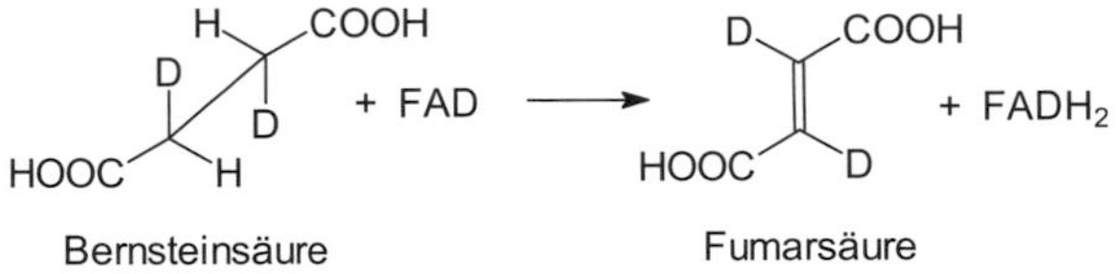

Bernsteinsäure   Fumarsäure

Die in hochwertigen Ölen enthaltenen (mehrfach) ungesättigten Fettsäuren werden jedoch nicht durch Eliminierung von H_2O, oder mithilfe der Dehydrogenasen gebildet, da hierbei die *trans*-Alkene entstehen würden, die Öle aber ausschließlich *cis*-Doppelbindungen aufweisen. Diese *cis*-Doppelbindungen erhält man durch H_2-Eliminierung mithilfe der Enzyme Desaturasen. Je nach Spezifität der Desaturasen erhält man Δ^6 oder Δ^9 etc. ungesättigte Fettsäuren, wobei das Δ die Position der Doppelbindung in der Kohlenstoffkette angibt.

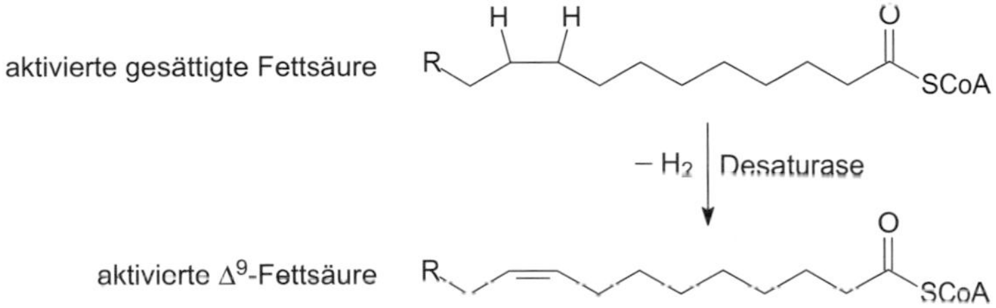

aktivierte gesättigte Fettsäure

$- H_2$ Desaturase

aktivierte Δ^9-Fettsäure

Sauerstoffverbindungen 28

28.1 Alkohole (Alkanole)

28.1.1 Beispiele und Nomenklatur

Alkohole (Alkanole) enthalten **eine oder mehrere OH-Gruppen** im Molekül. Dabei kann immer nur eine OH-Gruppe an ein und dasselbe C-Atom gebunden sein (Verbindungen mit 2 OH-Gruppen an einem C-Atom nennt man Hydrate, sie sind jedoch nicht stabil und spalten H_2O ab, Abschn. 33.1.2.1). Man unterscheidet nach dem Substitutionsgrad des Kohlenstoffatoms, das die OH-Gruppe trägt, **primäre**, **sekundäre** und **tertiäre Alkohole** und nach der Anzahl der OH-Gruppen **ein-, zwei-, drei-** und **mehrwertige Alkohole**.

▶ Die Namen werden gebildet, indem man an den Namen des betreffenden Alkans die Endung -ol anhängt.

Sind verschiedene Isomere möglich, so wird die Stellung der OH-Gruppe durch eine Ziffer dem systematischen Namen vorangestellt.

Beispiele

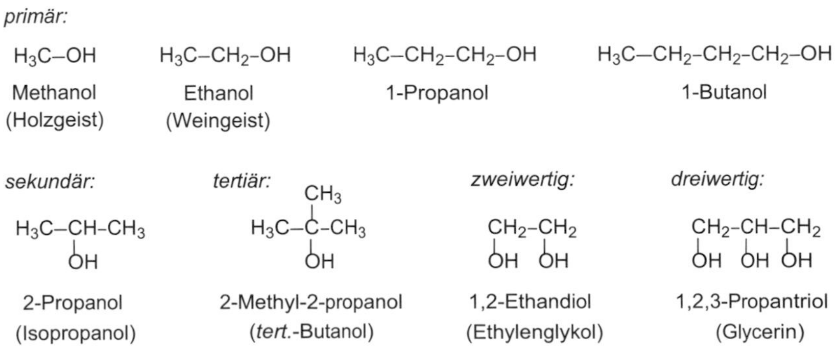

primär:

H_3C-OH	H_3C-CH_2-OH	$H_3C-CH_2-CH_2-OH$	$H_3C-CH_2-CH_2-CH_2-OH$
Methanol	Ethanol	1-Propanol	1-Butanol
(Holzgeist)	(Weingeist)		

sekundär: *tertiär:*   *zweiwertig:*   *dreiwertig:*

$$H_3C-\underset{\underset{OH}{|}}{CH}-CH_3 \qquad H_3C-\underset{\underset{OH}{|}}{\overset{\overset{CH_3}{|}}{C}}-CH_3 \qquad \underset{\underset{OH}{|}}{CH_2}-\underset{\underset{OH}{|}}{CH_2} \qquad \underset{\underset{OH}{|}}{CH_2}-\underset{\underset{OH}{|}}{CH}-\underset{\underset{OH}{|}}{CH_2}$$

2-Propanol	2-Methyl-2-propanol	1,2-Ethandiol	1,2,3-Propantriol
(Isopropanol)	(*tert.*-Butanol)	(Ethylenglykol)	(Glycerin)

© Springer-Verlag Berlin Heidelberg 2016
H.P. Latscha, U. Kazmaier, *Chemie für Biologen*, DOI 10.1007/978-3-662-47784-7_28

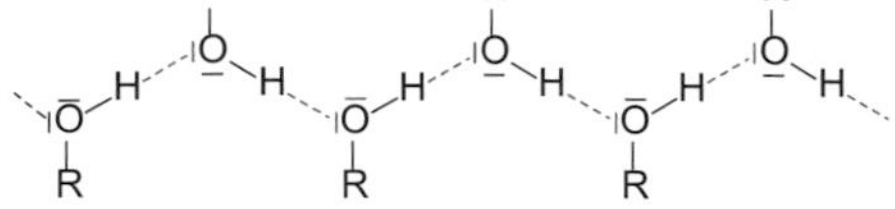

Abb. 28.1
H-Brückenbindung

Wie bei den Alkanen steigen Schmelz- und Siedepunkte der Alkohole mit zunehmender Kohlenstoffzahl an (Tab. 28.1). Allerdings liegen die Werte der Alkohole
höher als die der Alkane der entsprechenden Molekülmasse. Der Grund hierfür ist
die **Assoziation** der Moleküle über **Wasserstoff-Brückenbindungen**, wobei ein
H-Atom mit dem freien Elektronenpaar eines benachbarten Sauerstoffatoms wechselwirkt (Abb. 28.1).

Ebenso verändern sich die Löslichkeiten: Die polare Hydroxyl-Gruppe erhöht
die Löslichkeit der Alkohole in Wasser. Dies gilt besonders für die kurzkettigen
und die mehrwertigen Alkohole.

▶ Diese Hydrophilie wirkt sich umso geringer aus, je länger der Kohlenwasserstoff-
Rest ist.

Dann bestimmt vor allem der hydrophobe (lipophile) organische Rest das Löse-
verhalten. **Höhere Alkohole** lösen sich nicht mehr in Wasser, weil die gegenseitige
Anziehung der Alkoholmoleküle durch die *Van-der-Waals*-Kräfte größer wird als
die Wirkung der H-Brücken zwischen den Alkohol- und den Wassermolekülen. Sie
sind dann nur noch in lipophilen Lösemitteln löslich. Die **niederen Alkohole** wie
Methanol und Ethanol lösen sich dagegen sowohl in unpolaren (hydrophoben) wie
auch in polaren (hydrophilen) Lösemitteln.

28.1.2   Herstellung von Alkoholen

28.1.2.1   Einwertige Alkohole

Aus der großen Anzahl von Herstellungsmethoden für Alkohole sind folgende Verfahren allgemein anwendbar. Die Reaktionen sind hier nur zusammengefasst, sie
werden in den jeweils angegebenen Kapiteln näher erläutert.

1. **Hydrolyse** von **Halogenalkanen** mit NaOH oder Ag_2O (Kap. 26)

$$R\text{–}Cl + NaOH \longrightarrow R\text{–}OH + NaCl$$

2. **Reaktion** von *Grignard*-**Reagenzien mit Carbonylverbindungen** (Abschn.
    33.2.2)

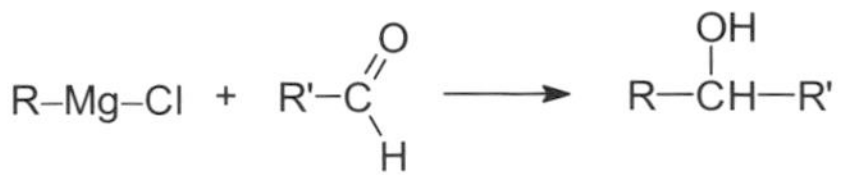

Tab. 28.1 Physikalische Eigenschaften und Verwendung von Alkoholen

Verbindung	Schmp. °C	Sdp. °C	Weitere Angaben
Methanol (Methylalkohol)	−97	65	Lösemittel, Methylierungsmittel, Ausgangsprodukt für Formaldehyd und Anilinfarben; giftig
Ethanol (Ethylalkohol)	−114	78	Ausgangsprodukt für Butadien, Ether, alkoholische Getränke
1-Propanol (*n*-Propylalkohol)	−126	97	Lösemittel
2-Propanol (Isopropylalkohol)	−90	82	Aceton-Gewinnung, Lösemittel
1-Butanol (*n*-Butylalkohol)	−80	117	Lösemittel für Harze, Esterkomponente für Essig- und Phthalsäure
2-Methyl-1-propanol (Isobutylalkohol)	−108	108	
2-Methyl-2-propanol (*tert.*-Butylalkohol)	25	83	Aluminium-*tert.*-butylat (Katalysator)
2-Propen-1-ol (Allylalkohol)	−129	97	
1,2-Ethandiol (Glykol)	−11	197	Polyesterkomponente, Gefrierschutzmittel, Lösemittel für Lacke und Acetylcellulose
1,2,3-Propantriol (Glycerin)	20	290	Alkydharze, Dynamit, Weichmacher für Filme, Frostschutzmittel; Bestandteil der Fette

3. **Reduktion von Ketonen** (Abschn. 33.1.1)

$$R{-}\underset{\underset{O}{\|}}{C}{-}R' \xrightarrow{\text{[2 H]}} R{-}\underset{\underset{OH}{|}}{CH}{-}R'$$

4. **Anlagerung** von **Wasser an Alkene** (Abschn. 22.1.2):

$$R{-}CH{=}CH_2 + H_2O \xrightarrow{H^+} R{-}\underset{\underset{OH}{|}}{CH}{-}CH_3$$

Die sauer katalysierte Hydratisierung von Alkenen erfolgt nach *Markownikow* und liefert **sekundäre** Alkohole.

5. **Hydroborierungs-Oxidations-Reaktion** (Abschn. 22.1.3).

$$R{-}CH{=}CH_2 + BHR_2 \longrightarrow R{-}CH_2{-}CH_2{-}BR_2 \xrightarrow[HO^-]{H_2O_2} R{-}CH_2{-}CH_2{-}OH$$

Die Addition des Borans erfolgt nach *anti-Markownikow*. Die gebildete primäre Borverbindung kann oxidativ zum **primären** Alkohol gespalten werden.

6. Spezielle Verfahren: Für die wichtigsten Alkohole gibt es zusätzlich spezielle Herstellungsverfahren.

Methanol

Methanol wurde ursprünglich durch **trockene Destillation von Holz** gewonnen. Daher der alte Name *Holzgeist*. Technisch erzeugt man Methanol aus Kohlenstoffmonoxid und Wasserstoff (Synthesegas).

$$CO + 2\,H_2 \xrightarrow[\text{ZnO}/\text{Cr}_2\text{O}_3]{200\,\text{bar, }400\,°C} CH_3OH$$

Ethanol

Ethanol gewinnt man technisch durch Hydratisierung von Ethen (Abschn. 22.1.2.3) und Reduktion von Acetaldehyd (Abschn. 33.1.1).

Eine weitere Möglichkeit ist die **alkoholische Gärung**. Bei der alkoholischen Gärung werden Poly-, Di- oder Monosaccharide (Stärke, Zucker) mit Hilfe der in der Hefe vorhandenen Enzyme zu Ethanol abgebaut.

$$\underset{\text{Glucose}}{C_6H_{12}O_6} \xrightarrow{\text{Hefe}} 2\,C_2H_5OH + 2\,CO_2$$

Die Stärke wird durch das Enzym Diastase in Maltose, Maltose durch das Enzym Maltase in Glucose umgewandelt. Die Vergärung der Glucose zu Ethanol und Kohlenstoffdioxid erfolgt dann in Gegenwart von **Hefe**, die den Enzymkomplex **Zymase** enthält. Nach beendeter Gärung erhält man ein Reaktionsgemisch mit ca. 20 % Ethanol, das durch Destillation bis auf 95,6 % angereichert werden kann.

28.1.2.2 Mehrwertige Alkohole

Ethylenglykol (1,2-Glykol) ist ein **zweiwertiger** Alkohol. Man erhält ihn

1. durch Reaktion von Ethylenoxid mit Wasser (Abschn. 28.3.3)

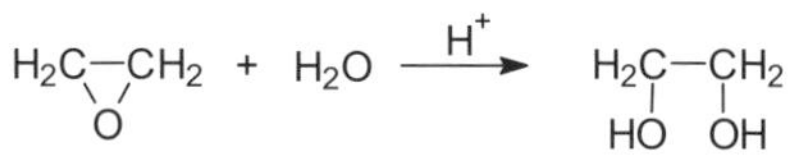

2. durch **Anlagerung** von **HOCl an Ethen** (Ethylen) und Hydrolyse des Ethylenchlorhydrins (Epichlorhydrin) (Abschn. 22.1.2.2). Andere 1,2-Diole erhält man durch *cis*-**Dihydroxylierung** (Abschn. 22.1.3.3)

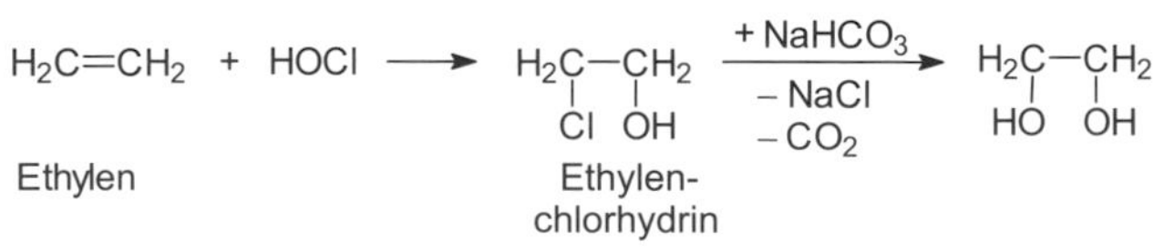

Glycerin, ein **dreiwertiger** Alkohol, ist Bestandteil von **Fetten und Ölen** und entsteht neben den freien Fettsäuren bei deren alkalischer Hydrolyse (Verseifung).

$$
\begin{array}{c}
\text{CH}_2\text{—O—COR} \\
| \\
\text{CH—O—COR} \\
| \\
\text{CH}_2\text{—O—COR}
\end{array}
\quad \xrightarrow{\text{NaOH}} \quad
\begin{array}{c}
\text{CH}_2\text{—OH} \\
| \\
\text{CH—OH} \\
| \\
\text{CH}_2\text{—OH}
\end{array}
\quad + \; 3\,\text{RCOO}^-\text{Na}^+
$$

　　　Fett　　　　　　　　　　Glycerin　　　Seife

Glycerin und Ethylenglykol sind Ausgangsstoffe für viele chemische Synthesen. Es sind zähflüssige, süß schmeckende Flüssigkeiten, beliebig mischbar mit Wasser und nur wenig löslich in Ether. Sie werden u. a. als Frostschutzmittel und Lösemittel verwendet. Glycerin ist in der pharmazeutischen Technologie ein viel verwendeter Bestandteil von Salben und anderen Arzneizubereitungen. Der **Sprengstoff Dynamit** ist **Glycerintrinitrat**, das in Kieselgur aufgesaugt wurde und so gegen Erschütterungen relativ unempfindlich ist.

28.1.3   Reaktionen der Alkohole

28.1.3.1   Basizität und Acidität der Alkohole

Alkohole verfügen wie Wasser über zwei freie Elektronenpaare am Sauerstoff und können daher als Nucleophile und Basen reagieren. Mit **starken Säuren** bilden sich **Alkyloxoniumionen**. Dies ermöglicht erst die nucleophilen Substitutions-Reaktionen bei Alkoholen, da H_2O eine viel bessere Abgangsgruppe ist als OH^-. Analog wirken Lewis-Säuren wie $ZnCl_2$ oder BF_3:

$$
\underset{\overset{|}{H}}{R\text{—}\overline{O}|} + \text{HCl} \longrightarrow \underset{\overset{|}{H}}{R\text{—}\overset{+}{\overline{O}}|}\; Cl^- \qquad \text{mit } BF_3: \; \underset{\overset{|}{H}}{R\text{—}\overset{+}{\overset{\overset{\textstyle ^-BF_3}{|}}{O}}|}
$$

Alkohole sind etwas weniger sauer als Wasser (s. pK_s-Tab. 18.1), sie **bilden** mit **Alkalimetallen salzartige Alkoholate**, wobei das H-Atom der OH-Gruppe ersetzt wird:

$$
H_5C_2\text{—OH} + \text{Na} \longrightarrow H_5C_2\text{—O}^-\text{Na}^+ + 1/2\,H_2
$$

　　　Ethanol　　　　　　　　Natriumethanolat

Diese Alkoholate sind demzufolge etwas basischer als die entsprechenden Alkalihydroxide. Sie werden gerne als Basen und Nucleophile verwendet. Durch Umsetzung z. B. mit Halogenalkanen entstehen aus Alkoholaten **Ether** (*Williamson-Synthese*):

$$
H_5C_2\text{—O}^-\text{Na}^+ + \text{Cl–R} \longrightarrow H_5C_2\text{—O–R} + \text{NaCl}
$$

Die **OH-Gruppe** der Alkohole vermag also analog zu H_2O sowohl als **Protonen-Donor** als auch als **Protonen-Akzeptor** zu fungieren:

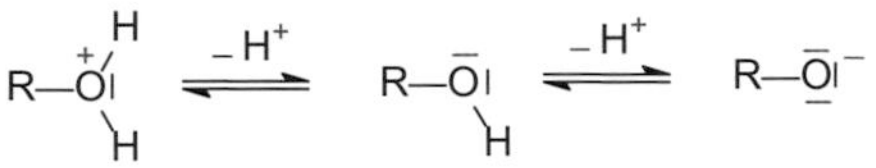

Die **Acidität** der Alkohole nimmt in der Reihenfolge **primär > sekundär > tertiär** ab. Ein Grund hierfür ist, dass die sperrigen Alkyl-Gruppen die Hydratisierung mit H_2O-Molekülen behindern, die das Alkoholat-Anion stabilisiert. Die Wirkung des $+I$-Effektes der Alkyl-Gruppen ist umstritten. Infolge seiner relativ kleinen Methyl-Gruppe ist Methanol eine etwa so starke Säure wie Wasser, während der einfachste aromatische Alkohol, das Phenol C_6H_5–OH, mit $pK_S = 9{,}95$ eine weitaus stärkere Säure darstellt. Der Grund ist hierbei in der Mesomeriestabilisierung des Phenolat-Anions zu sehen (Abschn. 28.2.3).

	CH_3OH	RCH_2OH	R_2CHOH	R_3COH	C_6H_5OH
pK_s	15,2	16	16,5	17	10

28.1.3.2 Reaktionen von Alkoholen in Gegenwart von Säuren

Die Reaktion von Säuren mit Alkoholen kann je nach den Reaktionsbedingungen zu unterschiedlichen Produkten führen. Dabei wird in der funktionellen Gruppe C–O–H entweder die C–O-Bindung oder die O–H-Bindung gespalten.

Eliminierungen

In einer Eliminierungsreaktion (Abschn. 27.2) können durch Erhitzen mit konz. H_2SO_4 oder H_3PO_4 Alkene gebildet werden.

▶ Die β-Eliminierung von Alkoholen ist eine wichtige Methode zur Herstellung von Alkenen.

Primäre Alkohole reagieren dabei nach einem E2-, tertiäre nach dem E1-Mechanismus. Bei sekundären Alkoholen können beide Mechanismen konkurrierend ablaufen. Vor allem bei Reaktionen nach dem E1-Mechanismus treten oft Nebenreaktionen der gebildeten Carbeniumionen auf, wie etwa Racemisierung (bei optisch aktiven Alkoholen) oder Umlagerungen (*Wagner-Meerwein*-**Umlagerungen**). In der Regel wird das stabilere Carbeniumion gebildet.

Beispiel 3,3-Dimethyl-2-butanol → 2,3-Dimethyl-2-buten

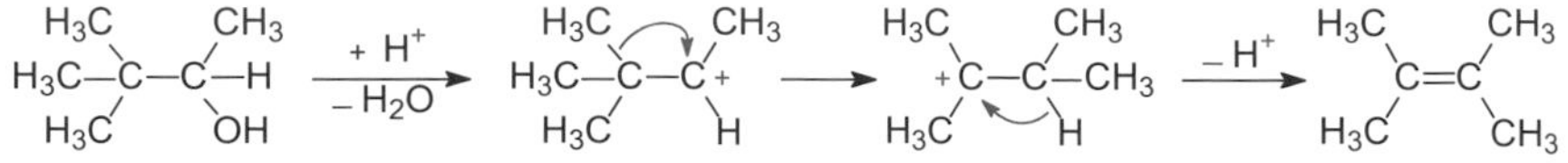

Substitutionen

Beim Versetzen von Alkoholen mit Säure (HY) können sich neben den Eliminie-rungsprodukten prinzipiell auch zwei Substitutionsprodukte bilden. Entweder es reagiert das gebildete **Alkyloxoniumion** mit einem weiteren Alkoholmolekül unter Bildung eines Ethers, oder es reagiert mit dem Anion der Säure unter Bildung eines Esters:

$$R{-}OH \xrightarrow{+\,H^+} R{-}\overset{+}{O}H_2 \xrightarrow{-\,H_2O} \begin{cases} \xrightarrow{+\,ROH} R{-}\underset{+}{\overset{\overset{\displaystyle H}{|}}{O}}{-}R \xrightarrow{-\,H^+} R{-}O{-}R \quad \text{Ether} \\[2ex] \xrightarrow{\quad +\,Y^-\quad} RY \quad \text{Ester} \quad (Y = \text{Säure-Rest}) \end{cases}$$

Welches Produkt bevorzugt gebildet wird, hängt von der Nucleophilie des am Alkyloxoniumion angreifenden Teilchens ab. Das Produktverhältnis lässt sich z. B. dadurch beeinflussen, dass eine Komponente im Überschuss eingesetzt wird.

Veresterung

Für die Umsetzung von Alkoholen mit Säuren gilt ganz allgemein:

$$\text{Alkohol} + \text{Säure} \rightleftharpoons \text{Ester} + \text{Wasser}$$

Diese säurekatalysierte Veresterung ist eine **reversible Reaktion**, wobei das Gleichgewicht z. B. durch Entfernen des gebildeten Wassers in Richtung auf die Produkte hin verschoben werden kann (Abschn. 35.1).

Herstellung von Halogenverbindungen

Eine wichtige Reaktion, bei der die C–O Bindung gespalten wird, ist auch die Umsetzung von Alkoholen mit Halogenwasserstoff oder Phosphorhalogeniden zu Halogenalkanen (Kap. 25).

Reaktionen von Diolen

Grundsätzlich verhalten sich Diole und andere mehrwertige Alkohole chemisch ähnlich wie einwertige Alkohole. Die OH-Gruppen können auch nacheinander rea-gieren; dadurch lassen sich Mono- und Diester herstellen. Hier sollen jedoch nur typische Reaktionen von Diolen besprochen werden.

Glykolspaltung

C–C-Bindungen mit benachbarten OH-Gruppen lassen sich in der Regel oxidativ spalten. Geeignete Oxidationsmittel sind **Bleitetraacetat** (Methode nach *Criegee*) oder **Periodsäure** (nach *Malaprade*). Im ersten Schritt bildet sich ein cyclischer Ester **I**, welcher unter C–C-Bindungsspaltung zerfällt. Bei dieser Redoxreaktion kommt es zu einer Oxidation des Kohlenstoffs und einer Reduktion des Bleis.

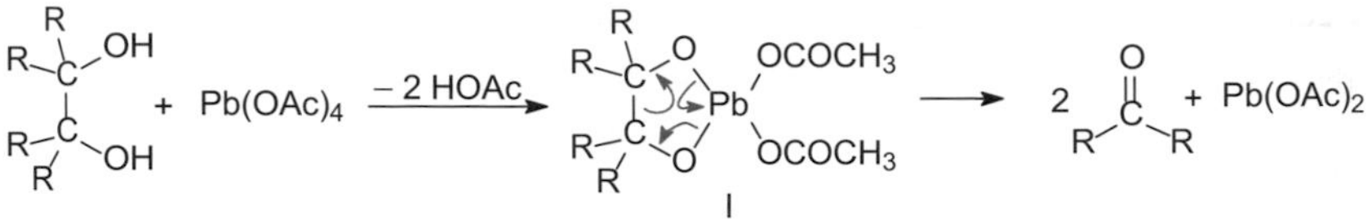

Cyclisierungen

Diole wie 1,4-Butandiol werden bei der säurekatalysierten Dehydratisierung in cyclische Ether überführt. Es handelt sich dabei um den intramolekularen nucleophilen Angriff einer OH-Gruppe:

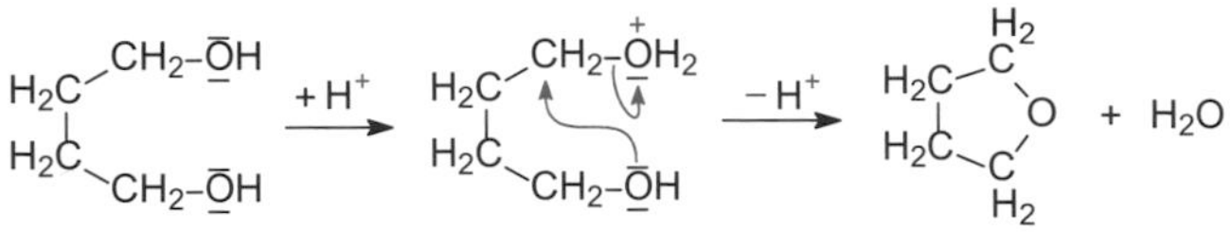

1,4-Butandiol   Tetrahydrofuran

Oxidationsreaktionen

In Umkehrung ihrer Bildung lassen sich Alkohole mit vielen Oxidationsmitteln umsetzen, wobei sie je nach Stellung der Hydroxyl-Gruppe zu verschiedenen Produkten oxidiert werden, die alle eine Carbonyl-Gruppe ($>C=O$) enthalten:

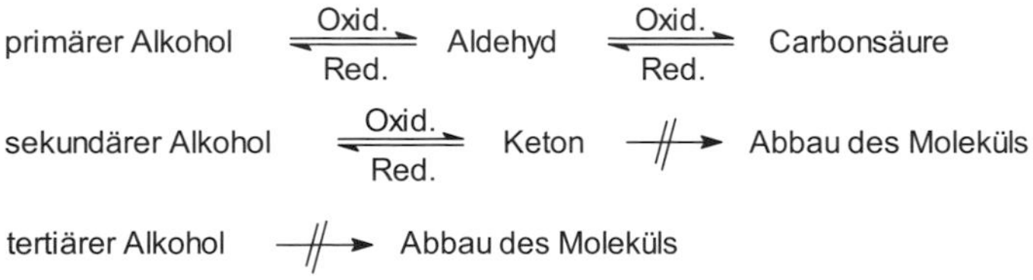

28.2 Phenole

28.2.1 Beispiele und Nomenklatur

Phenole enthalten eine oder mehrere OH-Gruppen **unmittelbar** an einen aromatischen Ring (sp²-C-Atom) gebunden. Entsprechend unterscheidet man **ein-** und **mehrwertige** Phenole ($C_6H_5-CH_2-OH$ ist kein Phenol, sondern Benzylalkohol!).

Einwertige Phenole:

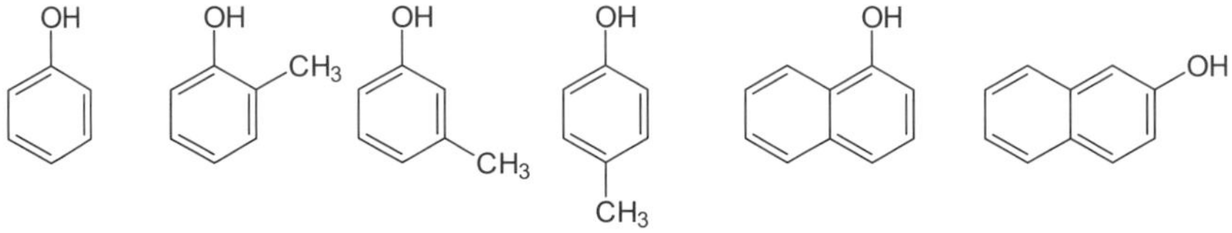

Phenol   o-Kresol   m-Kresol   p-Kresol   α-Naphthol   β-Naphthol

Tab. 28.2 Physikalische Eigenschaften und Verwendung von Phenolen

Verbindung	Schmp. °C	Sdp. °C	Verwendung
Hydroxybenzol (Phenol)	41	181	Farbstoffe, Kunstharze (Phenoplaste), Lacke, künstliche Gerbstoffe
2-Methyl-hydroxy-benzol (*o*-Kresol)	31	191	Desinfektionsmittel
1-Hydroxy-naphthalin (α-Naphthol)	94		Farbstoffindustrie
2-Hydroxy-naphthalin (β-Naphthol)	123		
1,2-Dihydroxy-benzol (Brenzcatechin)	105	280	Fotografischer Entwickler
1,3-Dihydroxy-benzol (Resorcin)	110	295	Farbstoffindustrie, Antiseptikum
1,4-Dihydroxy-benzol (Hydrochinon)	170	246	Fotografischer Entwickler
1,3,5-Trihydroxy-benzol (Phloroglucin)	218		

Mehrwertige Phenole:

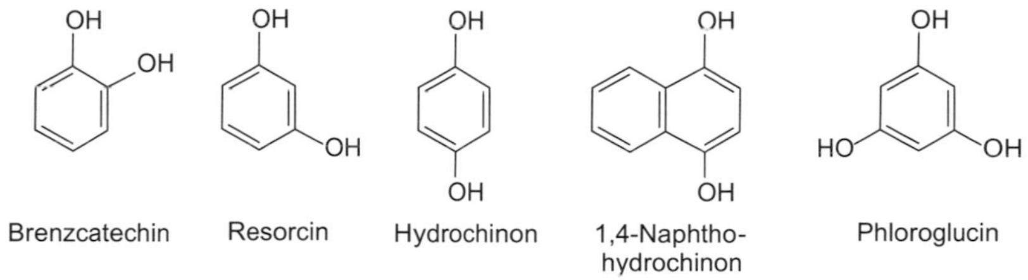

Brenzcatechin   Resorcin   Hydrochinon   1,4-Naphtho-hydrochinon   Phloroglucin

28.2.2 Herstellung von Phenolen

Phenole sind Bestandteil vieler pflanzlicher Farb- und Gerbstoffe sowie von etherischen Ölen, Steroiden, Alkaloiden und Antibiotika und dienen als Inhibitoren bei Radikalreaktionen (Tab. 28.2). Neben der **Gewinnung aus Steinkohlenteer** gibt es eine Reihe andere Herstellungsverfahren und technische Synthesen.

28.2.2.1 Hock-Verfahren (Cumol-Phenol-Verfahren)

Aus dem Propen der Crackgase und Benzol erhält man durch *Friedel-Crafts*-Alkylierung (Abschn. 24.2.4) **Cumol** und daraus durch **Oxidation** mit **Luftsauerstoff** Cumolhydroperoxid. Dieses wird mit verd. Schwefelsäure in Aceton und Phenol gespalten. Man erhält bei diesem eleganten Prozess also gleich zwei kommerziell verwertbare Produkte.

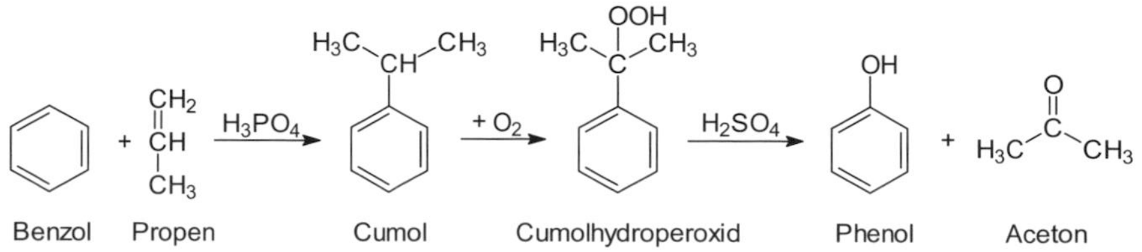

Benzol   Propen   Cumol   Cumolhydroperoxid   Phenol   Aceton

Der **erste Schritt**, die Oxidation des Cumols verläuft **radikalisch**. Sauerstoff als Diradikal greift hierbei die besonders aktivierte benzylische Position des Cumols an. Dabei bildet sich ein tertiäres benzylisches Radikal **I**, welches sich mit dem Luftsauerstoff zum Peroxyradikal **II** umsetzt. Dieses kann von weiterem Cumol ein H-Atom abstrahieren unter Bildung des Cumolhydroperoxids und Radikal **I** (radikalische Kettenreaktion, Kap. 20).

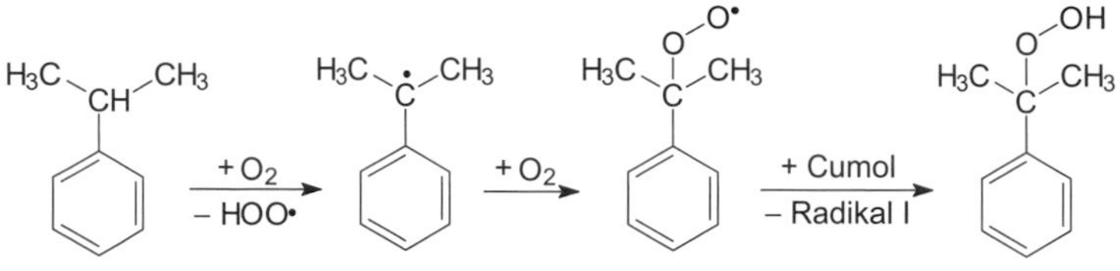

Im **zweiten Schritt**, der sauren Spaltung zum Phenol, erfolgt eine **Protonierung** des Hydroperoxids. Unter Wasserabspaltung bildet sich formal ein **Oxeniumion III** mit einer positiven Ladung und einem **Elektronensextett** am **Sauerstoff**. Solche Oxeniumionen sind **nicht stabil** und gehen spontan **Umlagerungen** ein. Wahrscheinlich erfolgt die Wanderung des Phenylrings sogar synchron zur Wasserabspaltung. Der Phenylring wandert bevorzugt, da hierbei die positive Ladung über den aromatischen Ring mesomeriestabilisiert werden kann (vgl. *Wagner-Meerwein*-Umlagerung, Abschn. 26.1.1). Dabei bildet sich ein relativ stabiles tertiäres Carbeniumion **IV**, an welches Wasser addieren kann. Das gebildete Halbketal **V** (Abschn. 33.1.2) ist nicht stabil und zerfällt in Phenol und Aceton.

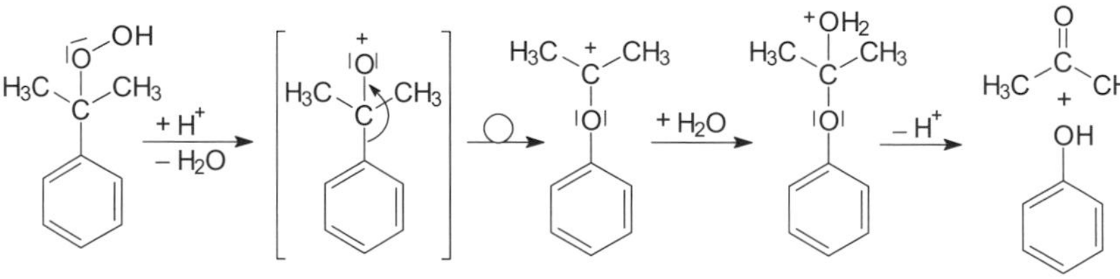

28.2.2.2 Herstellung aus Natrium-Benzolsulfonat

Aus Natrium-Benzolsulfonat mit **Natronlauge** (nucleophile Aromatensubstitution, Abschn. 24.3) und anschließendem Freisetzen aus dem Phenolat mit H_2CO_3:

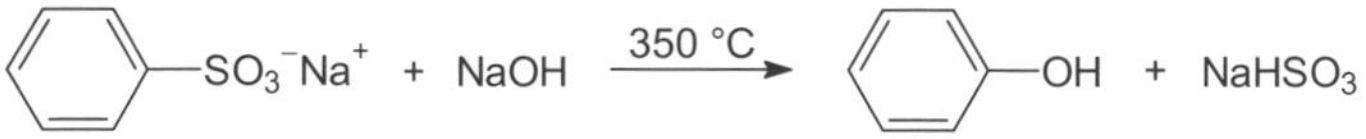

28.2.2.3 Herstellung aus Chlorbenzol

Alkalische Hydrolyse von Chlorbenzol (nucleophile Aromatensubstitution, Abschn. 24.3):

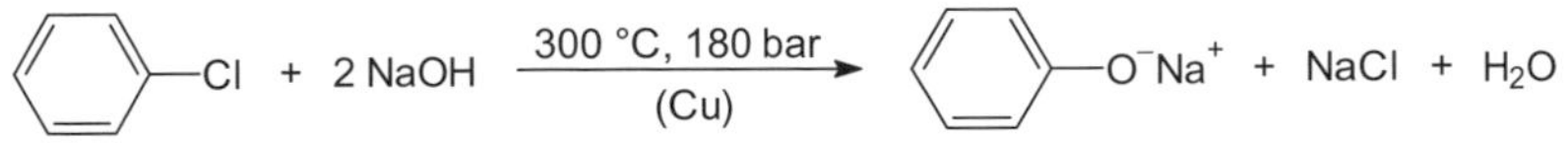

$$\text{C}_6\text{H}_5\text{-Cl} + 2\,\text{NaOH} \xrightarrow[\text{(Cu)}]{300\ °C,\ 180\ bar} \text{C}_6\text{H}_5\text{-O}^-\text{Na}^+ + \text{NaCl} + \text{H}_2\text{O}$$

28.2.2.4 Herstellung aus Diazoniumsalzen

Verkochung von Diazoniumsalzen (Abschn. 30.4.2).

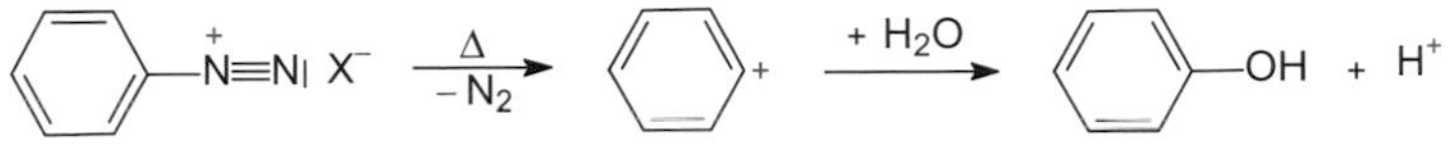

$$\text{C}_6\text{H}_5\text{-N}\equiv\text{N}|\ \text{X}^- \xrightarrow[-\text{N}_2]{\Delta} \text{C}_6\text{H}_5^+ \xrightarrow{+\text{H}_2\text{O}} \text{C}_6\text{H}_5\text{-OH} + \text{H}^+$$

28.2.3 Eigenschaften von Phenolen

Phenol, $\text{C}_6\text{H}_5\text{OH}$, ist eine farblose, kristalline Substanz mit charakteristischem Geruch, die sich in Ethanol und Ether leicht löst.

▶ Das chemische Verhalten der Phenole wird durch die Hydroxyl-Gruppe bestimmt.

Phenole sind im Gegensatz zu den Alkoholen erheblich stärkere Säuren: $\text{C}_6\text{H}_5\text{OH}$ („Carbolsäure") mit $\text{p}K_S \approx 9$ (z. Vgl. $\text{C}_2\text{H}_5\text{-OH}$: $\text{p}K_S \approx 17$). Phenole lösen sich daher in Alkalihydroxid-Lösungen unter Bildung von Phenolaten.

Die Acidität der Phenole beruht darauf, dass das **Phenolat-Anion mesomeriestabilisiert** ist (vgl. die formale Analogie zum Enolat-Anion, Abschn. 33.3.1):

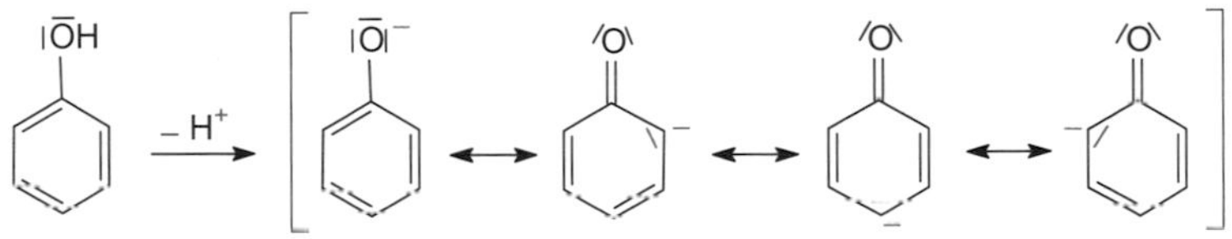

Dabei wird die negative Ladung des Sauerstoffatoms in das π-System des Benzolrings einbezogen. Zugleich wird die Elektronendichte im Ring erhöht und der Benzolkern einer elektrophilen Substitution leichter zugänglich (Abschn. 24.1). Dies gilt insbesondere für den Angriff eines Elektrophils in der 2- und 4-Stellung. Im Gegensatz zum Benzol wird die Substitution an diesen Stellen begünstigt sein, d. h. Phenole bzw. Phenolate lassen sich leichter nitrieren, sulfonieren und chlorieren.

Elektronenanziehende Gruppen, wie z. B. Nitro-Gruppen in 2- und 4-Stellung am Aromaten erhöhen die Acidität beträchtlich. So ist für 2,4,6-Trinitrophenol (**Pikrinsäure**) pK_S = 0,8.

Ein guter **qualitativer Nachweis** für Phenole ist ihre Reaktion mit $FeCl_3$ in Wasser oder Ethanol unter Bildung farbiger Eisensalze.

28.2.4   Reaktionen von Phenolen

28.2.4.1   Reaktionen an der OH-Gruppe

Veresterung
Veresterung mit Säurechloriden oder Säureanhydriden (*Schotten-Baumann*-**Reaktion**, auch möglich mit Alkoholen).

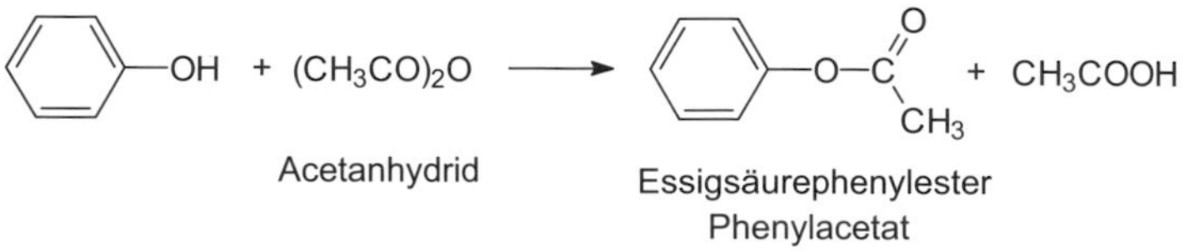

Acetanhydrid   Essigsäurephenylester
                                Phenylacetat

Ether-Bildung
Ether-Bildung mit Halogenalkanen (*Williamson*-Synthese, Abschn. 28.3.1.1):

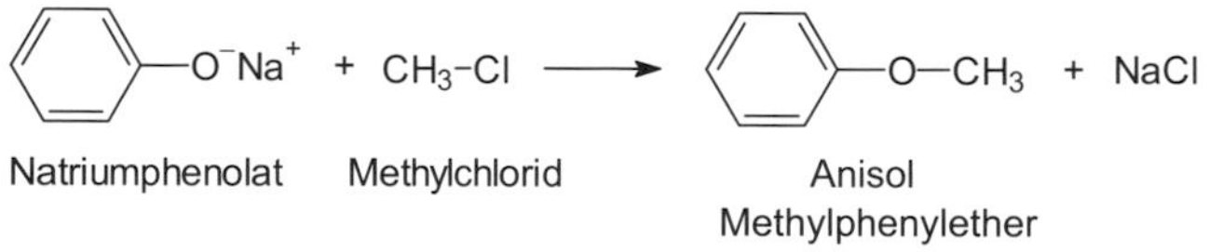

Natriumphenolat   Methylchlorid   Anisol
                                       Methylphenylether

28.2.4.2   Elektrophile Substitutionsreaktionen am Aromaten

Sulfonierung
Bei der Sulfonierung von Phenol mit konz. H_2SO_4 erhält man bei 20 °C hauptsächlich *o*-Phenolsulfonsäure und bei 100 °C die *p*-Verbindung. Die Reaktion verläuft im ersten Fall offenbar kinetisch, im zweiten Fall thermodynamisch kontrolliert (Abschn. 24.2.2).

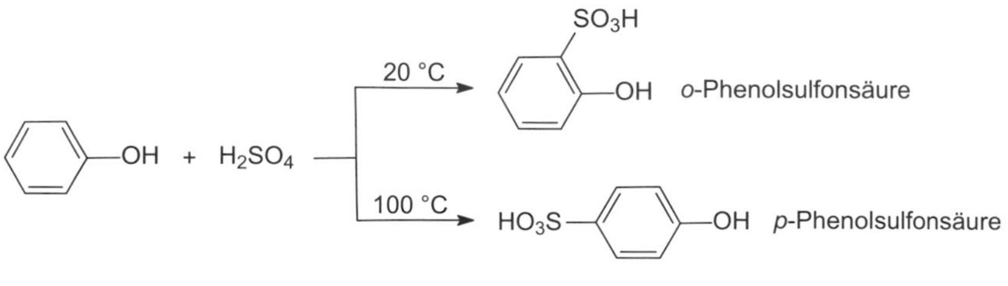

Kolbe-Schmitt-Reaktion zur Darstellung von Phenolcarbonsäuren

Natriumphenolat gibt in der Umsetzung mit Kohlendioxid Salicylsäure, die Ausgangsverbindung zur Herstellung von Acetylsalicylsäure (Aspirin).

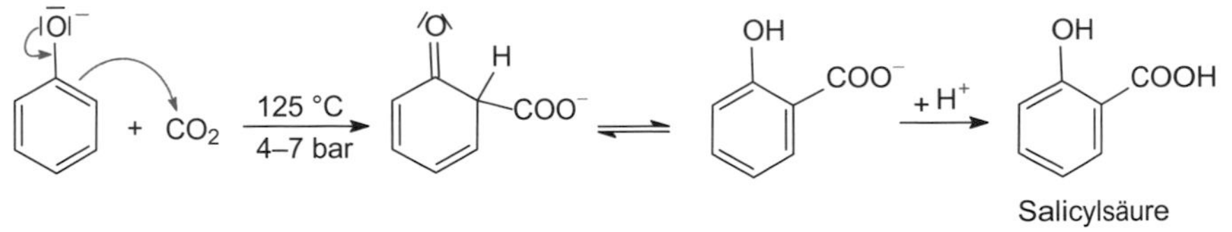

Salicylsäure

Kupplungsreaktionen mit Diazoniumsalzen

Bei Kupplungsreaktionen mit Diazoniumsalzen fungiert als Elektrophil ein Diazonium-Kation (Abschn. 30.3.1).

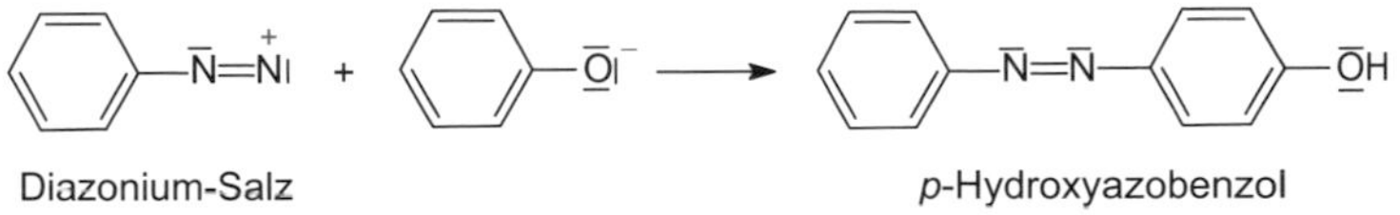

Diazonium-Salz   p-Hydroxyazobenzol

Redoxprozesse

Viele mehrwertige Phenole, vor allem *o*- und *p*-dihydroxylierte Aromaten lassen sich durch Oxidation in Chinone überführen (Abschn. 32.4.4).

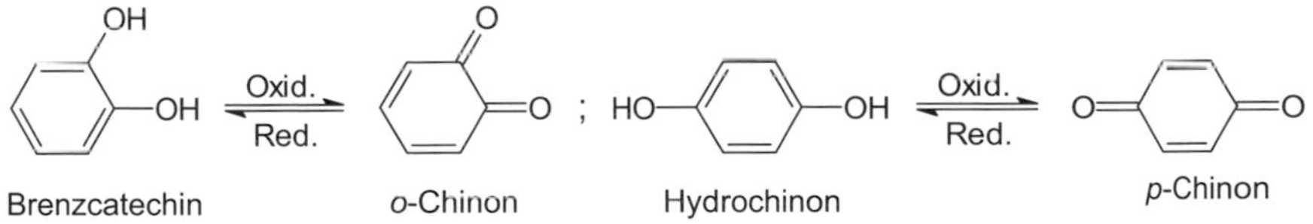

Brenzcatechin   o-Chinon   Hydrochinon   p-Chinon

28.2.5 Biologisch interessante Phenole

Phenole sind oft in Pflanzen zu finden, z. B. als Gerb-, Farb- oder Geruchsstoffe, und werden zum Teil auch daraus gewonnen, wie z. B. **Pyrogallol** aus **Gallussäure**. Zweiwertige Phenole, die leicht zu Chinonen oxidiert werden können (Kap. 32), spielen dabei eine wichtige Rolle bei Redoxreaktionen im Organismus und als Radikalfänger. So sind sie in der Lage „freie Radikale" (Abschn. 20.5.4), die im Körper z. B. Schäden an der DNA verursachen können, abzufangen. Daher lassen sich eine Reihe von Krankheiten, wie etwas Krebs oder auch Herzinfarkt, durch „phenolhaltige Nahrung" zurückdrängen.

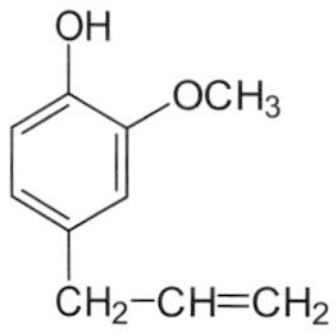

| Eugenol | Thymol | Gallussäure | Pyrogallol |
| (Gewürznelke) | (Thymianöl) | | |

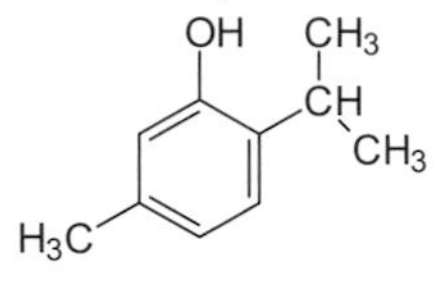

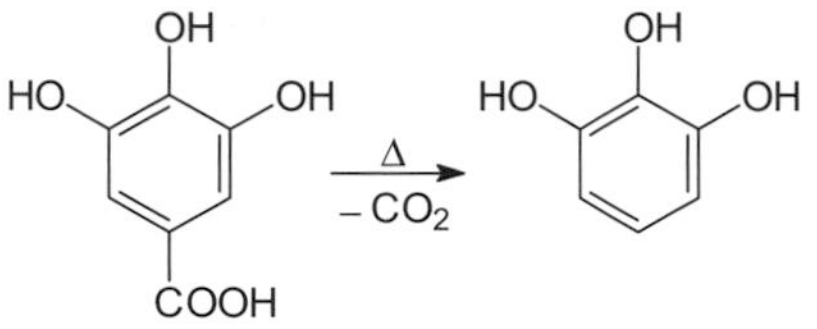

28.2.5.1 Phenole im Wein

Wein enthält mehr Phenole als Obst und Gemüsesäfte und dies in einem besonders reichhaltigen Spektrum. Bei der Gewinnung des Weins werden die Phenole aus der Beereschale herausgelöst. Wie viel, das hängt stark vom Reifegrad der Traubenbeere und von der Methode der Weinherstellung ab. Der Gehalt an Phenolverbindungen liegt in Rotweinen zwischen 500 und 4000 mg/l. In Weißweinen schwankt der Wert zwischen 150 und 400 mg/l, wobei die Weißweinphenole als etwas höher wirksam gelten. Die weit verbreitete Meinung, dass nur Rotwein „gesund" sei, ist so also nicht ganz richtig.

Bezüglich der gesundheitlichen Effekte sind die Phenolverbindungen, **Quercetin, Catechin** und **Resveratrol** am besten erforscht. So ist Resveratrol für das verringerte Herzinfarktrisiko bei moderatem Weingenuss verantwortlich.

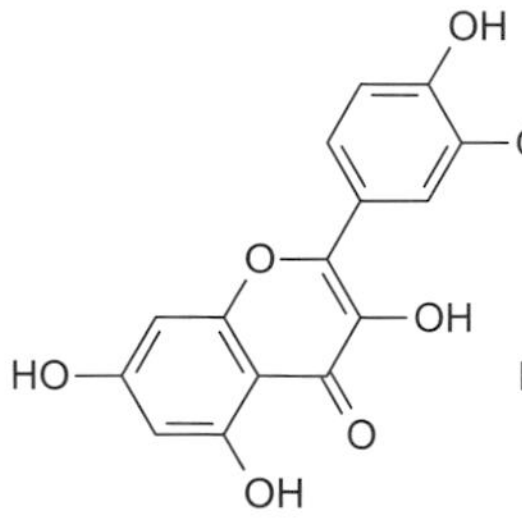

Quercetin 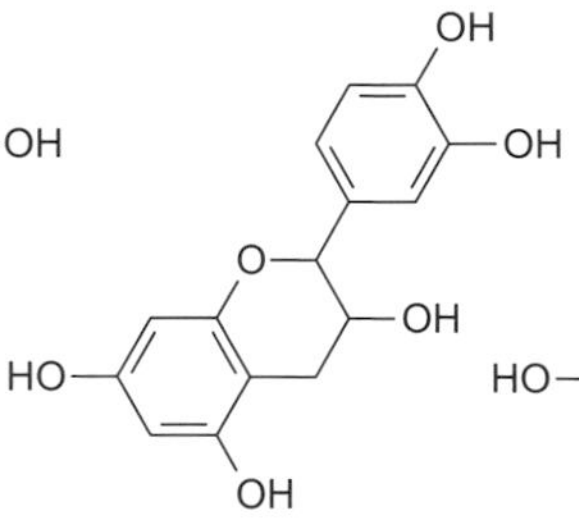   Catechin 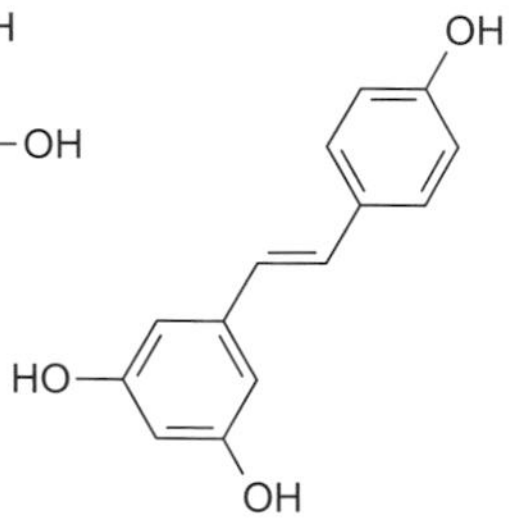   Resveratrol

Der Alkohol im Wein fördert die Aufnahme dieser Phenole vom Darm ins Blut. Dies wäre vielleicht eine Erklärung für das so genannte **French-Paradox:** Danach haben Menschen in Süd- und Südwestfrankreich seltener Herzinfarkte als Menschen in anderen Industrienationen, obwohl sie sich fettreicher und üppiger ernähren.

Dieses Phänomen wird auf einen konstanten Weinkonsum in Frankreich zurückgeführt, wo zu jeder Hauptmahlzeit ein Glas Wein gehört!

28.2.5.2 Tyrosin

Thyrosin ist eine wichtige Aminosäure mit einer phenolischen Seitenkette. Von ihr leiten sich eine ganze Reihe physiologisch und pharmazeutisch bedeutender Derivate ab, die zur Gruppe der β-**Phenylethylamine** gehören (Abschn. 30.1.5).

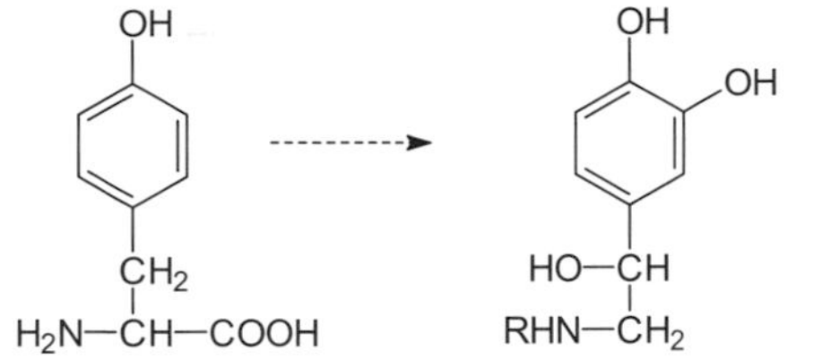

Thyrosin

R = H   Noradrenalin
R = CH$_3$ Adrenalin

28.3 Ether

Ether enthalten eine Sauerstoff-Brücke im Molekül und können als Disubstitutionsprodukte des Wassers betrachtet werden. Man unterscheidet **einfache** (symmetrische), **gemischte** (unsymmetrische) und **cyclische** Ether:

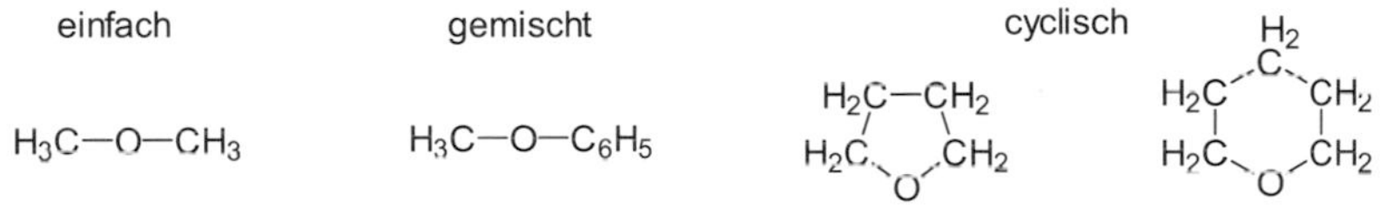

einfach	gemischt	cyclisch	
H$_3$C—O—CH$_3$	H$_3$C—O—C$_6$H$_5$	Tetrahydrofuran	Tetrahydropyran
Dimethylether	Methylphenylether Anisol		

28.3.1 Herstellung

28.3.1.1 Offenkettige Ether

▶ Die säurekatalysierte Dehydratisierung von Alkoholen bei 140 °C führt zu symmetrischen Ethern.

Im ersten Schritt kommt es zu einer Protonierung der OH-Funktion, wodurch diese in eine bessere Austrittsgruppe verwandelt wird. An dem gebildeten Alkyloxoniumion kann ein zweites Alkoholmolekül angreifen, unter Bildung des Ethers. Die nucleophile Substitution (Kap. 26) kann nach einem S_N2- oder S_N1-Mechanismus (über Carbeniumion) erfolgen, je nach Art des verwendeten Alkohols.

Williamson-Synthese

Die Umsetzung von Halogenalkanen mit Natriumalkoholaten führt zu (**gemischten**) Ethern:

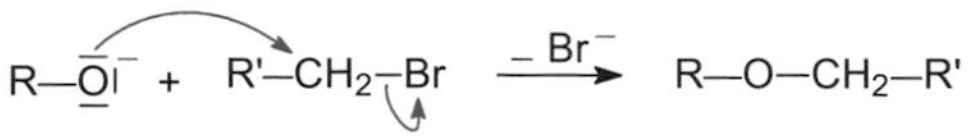

$$R\!-\!\overline{\underline{O}}|^- \;+\; R'\!-\!CH_2\!-\!Br \xrightarrow{-\,Br^-} R\!-\!O\!-\!CH_2\!-\!R'$$

28.3.1.2 Cyclische Ether

▶ Die Anlagerung von Sauerstoff an Alkene liefert Epoxide (Oxirane).

Als Oxidationsmittel können Luftsauerstoff (in Gegenwart eines Silberkatalysators) und Persäuren verwendet werden (s. auch *Prileschajew*-Reaktion, Abschn. 22.1.3.2).

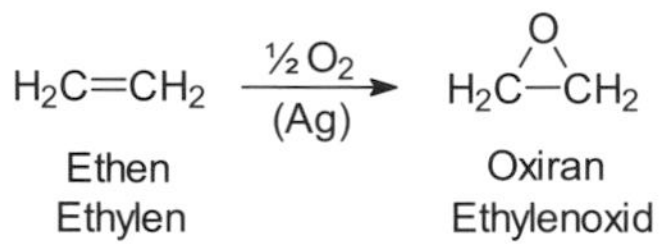

$$H_2C\!=\!CH_2 \xrightarrow[\text{(Ag)}]{\text{½}O_2} H_2C\!-\!CH_2 \;(\text{O})$$

Ethen · Ethylen → Oxiran · Ethylenoxid

▶ Auch Chlorhydrine lassen sich mit Basen in Epoxide überführen.

(Abschn. 22.1.2.2).

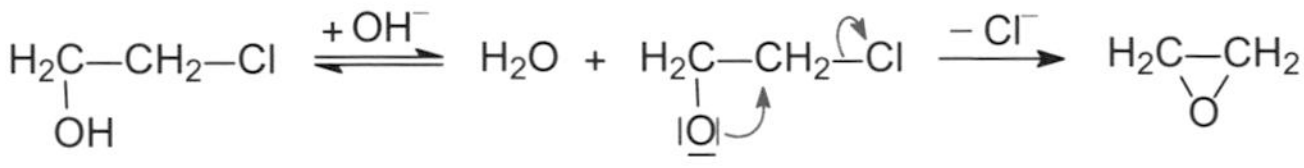

$$\underset{OH}{H_2C\!-\!CH_2\!-\!Cl} \;\overset{+\,OH^-}{\rightleftharpoons}\; H_2O \;+\; \underset{|\underline{O}|^-}{H_2C\!-\!CH_2\!-\!Cl} \xrightarrow{-\,Cl^-} H_2C\!-\!CH_2\;(\text{O})$$

Die katalytische Hydrierung von Furan ergibt **Tetrahydrofuran** (THF) ein wichtiges Lösemittel:

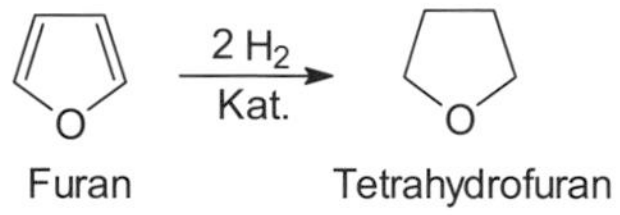

$$\text{Furan} \xrightarrow[\text{Kat.}]{2\,H_2} \text{Tetrahydrofuran}$$

Beim Erhitzen von **Ethylenglykol** mit konz. Mineralsäuren entsteht **1,4-Dioxan**, ebenfalls ein Lösemittel. Aus 1,4-Butandiol bildet sich Tetrahydrofuran (Abschn. 28.1.3.2, Reaktionen von Diolen).

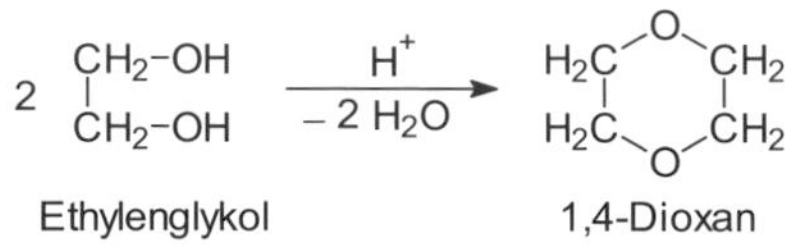

$$2\;\underset{CH_2\!-\!OH}{CH_2\!-\!OH} \xrightarrow[-\,2\,H_2O]{H^+} \text{1,4-Dioxan}$$

Ethylenglykol · 1,4-Dioxan

28.3.2 Eigenschaften der Ether

Ether sind farblose Flüssigkeiten, die im Vergleich zu den Alkoholen in Wasser nur wenig löslich sind, da sie **keine H-Brücken** bilden können. Sie haben daher auch niedrigere Siedepunkte als die konstitutionsisomeren Alkohole.

Verglichen mit Alkoholen sind Ether **reaktionsträge** und können deshalb als inerte Lösemittel verwendet werden. Sie sind unempfindlich gegen Alkalien, Alkalimetalle und Oxidations- bzw. Reduktionsmittel. Gegenüber molekularem Sauerstoff besitzen Ether jedoch eine gewisse Reaktivität (radikalische Oxidation).

▶ Beim Stehen lassen an der Luft bilden sich unter Autoxidation sehr explosive Peroxide, was besonders beim Destillieren beachtet werden muss.

Diese Reaktion wird durch Licht initiiert, daher sollte man Ether immer in dunklen Flaschen lagern.

$$R-CH_2-O-CH_2-R \ + \ O_2 \ \xrightarrow{h\nu} \ R-\overset{\overset{\displaystyle O-O-H}{|}}{C}H-O-CH_2-R$$

Ether   Etherhydroperoxid

Diethylether („Äther") wird im Labor oft als Lösemittel verwendet. Er ist erwartungsgemäß mit Wasser nur wenig mischbar (ca. 2 g/100 g H_2O) und hat einen niedrigen Flammpunkt. Seine Dämpfe sind schwerer als Luft und bilden mit ihr explosive Gemische. Mit starken Säuren bilden sich wasserlösliche Oxoniumsalze.

$$H_3C-CH_2-\overset{..}{\underset{..}{O}}-CH_2-CH_3 \ \underset{}{\overset{+H}{\rightleftharpoons}} \ H_3C-CH_2-\overset{\overset{\displaystyle H}{|}}{\underset{}{O^+}}-CH_2-CH_3$$

Diethylether   Diethyloxonium-Salz

28.3.3 Reaktionen der Ether

28.3.3.1 Ether-Spaltung

In der präparativen Chemie werden OH-Gruppen gegen weitere Reaktionen oft durch Veretherung oder Veresterung geschützt. Während **Diarylether gegenüber HI inert** sind, werden Dialkylether und Arylalkylether, obwohl sonst sehr reaktionsträge, von HI gespalten. Besonders gut verläuft die Reaktion mit **Benzyl-** oder **Alkyl-Gruppen**, so dass Erstere oft als Schutzgruppe verwendet wird:

$$R-\overset{..}{\underset{..}{O}}-CH_2-C_6H_5 \ + \ HI \ \rightleftharpoons \ R-\overset{\overset{\displaystyle H}{|}}{\underset{}{O^+}}-CH_2-C_6H_5 \ + I^- \ \longrightarrow \ ROH \ + C_6H_5-CH_2-I$$

Benzylether

Diese Reaktion wird auch zur **quantitativen Bestimmung von Alkoxy-Gruppen** nach *Zeisel* verwendet.

Die Reaktionen können nach einem S_N2-Mechanismus (wie vorstehend) oder einem S_N1-Mechanismus verlaufen.

28.3.3.2   Ringöffnung von Epoxiden

Oxiran lässt sich im Gegensatz zu anderen Ethern nicht nur elektrophil sondern auch nucleophil angreifen und ist ein wichtiges industrielles Zwischenprodukt, das auch als Insektizid und in der Medizin zum Sterilisieren verwendet wird.

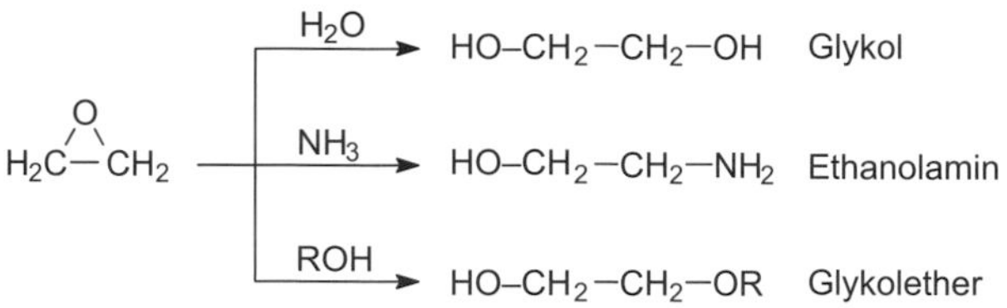

Die Ringöffnung kann sowohl im sauren als auch im alkalischen Milieu erfolgen.

- **alkalisch:** direkter nucleophiler Angriff

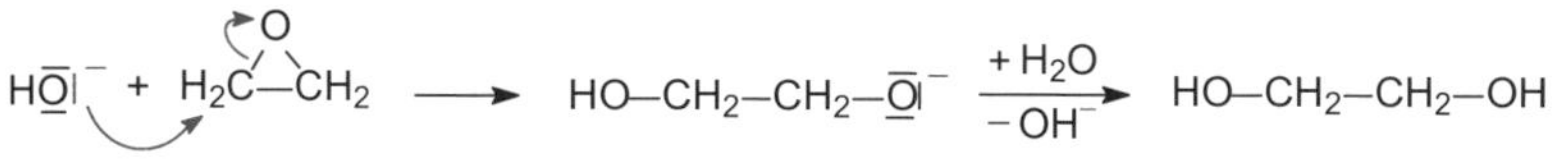

- **sauer:** zuerst Protonierung des Epoxids, dann nucleophiler Angriff

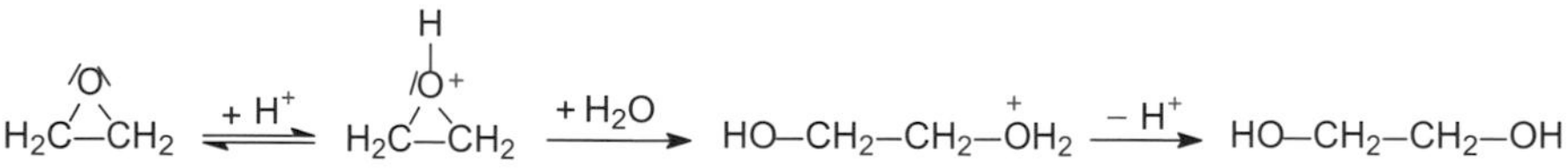

Schwefelverbindungen

29

Die einfachste Schwefel-Kohlenstoff-Verbindung ist der Schwefelkohlenstoff CS_2. Vom Schwefelwasserstoff H_2S leiten sich den Alkoholen und Ethern analoge Verbindungen ab, die **Thiole** (Mercaptane) und die **Sulfide** (Thioether). Durch Oxidation von Thiolen erhält man **Disulfide**, aus Thioethern **Sulfoxide** und **Sulfone**. Bei den **Sulfonsäuren** ist der organische Rest direkt an den Schwefel gebunden, im Gegensatz zu den **Schwefelsäureestern**.

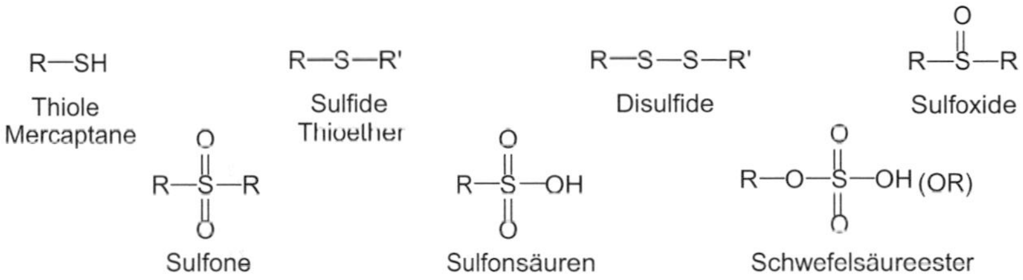

R—SH   Thiole, Mercaptane

R—S—R'   Sulfide, Thioether

R—S—S—R'   Disulfide

Sulfoxide   Sulfone   Sulfonsäuren   Schwefelsäureester

29.1 Thiole

▶ Thiole oder Thioalkohole sind Monosubstitutionsprodukte des H_2S und enthalten als funktionelle Gruppe die SH-Gruppe. Sie sind viel stärker sauer als Alkohole und bilden gut kristallisierende Schwermetallsalze.

Eine andere Bezeichnung ist Mercaptane, da die Thiole leicht unlösliche Quecksilbersalze (Mercaptide) bilden (*mercurium captans*).

$$R–SH + HgO \longrightarrow (RS)_2Hg + H_2O$$

© Springer-Verlag Berlin Heidelberg 2016
H.P. Latscha, U. Kazmaier, *Chemie für Biologen*, DOI 10.1007/978-3-662-47784-7_29

Beispiele

$$H_3C-SH \qquad H_5C_2-SH \qquad Ph-SH \qquad \underset{H_2N}{\overset{SH}{\diagup}}\overset{}{\diagdown}COOH$$

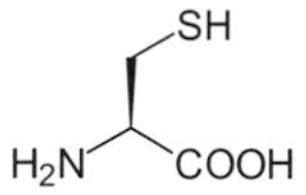

Methanthiol	Ethanthiol	Thiophenol	Cystein
Methylmercaptan	Ethylmercaptan	Phenylmercaptan	(eine Aminosäure)

Thiole lassen sich an ihrem äußerst widerwärtigen Geruch leicht erkennen. So wird u. a. eine Mischung aus 75 % *tert.*-Butylmercaptan (TBM) und 25 % Propylmercaptan zur „Odorierung" von Erdgas eingesetzt.

29.1.1 Herstellung

Thiole können auf verschiedene Weise leicht hergestellt werden.

1. Aus allen **Mercaptiden** wird durch **Säure** das Mercaptan freigesetzt:

$$(RS)_2Hg + 2HCl \longrightarrow R-SH + HgCl_2$$

2. Durch Erhitzen von **Halogenalkanen** mit Kaliumhydrogensulfid:

$$H_3C-I + KSH \longrightarrow KI + H_3C-SH \xrightarrow{H_3C-I} H_3C-S-CH_3$$

Methyliodid   Methylmercaptan   Dimethylsulfid

Das Problem bei dieser Reaktion liegt darin, dass das primär gebildete Mercaptan, bzw. das daraus durch Deprotonierung gebildete Mercaptid, nucleophiler ist (+I-Effekt der Alkyl-Gruppe) als das eingesetzte Kaliumsulfid. Es kommt daher zu einer Zweifachalkylierung unter Bildung des Dialkylsulfids (Abschn. 24.2.4 und 30.1.2).

29.1.2 Vorkommen

In der Natur bilden sich Thiole bei Zersetzungsprozessen (Fäulnis) von Eiweiß (S-haltige Verbindungen); sie sind für den unangenehmen Geruch bei der Verwesung organischer Substanz mitverantwortlich.

29.1.3 Reaktionen

Thiole können ebenso wie Alkohole oxidiert werden. Der Angriff erfolgt jedoch nicht am C-Atom wie bei den Alkoholen, sondern **am S-Atom.** Man erhält je nach Bedingungen Disulfide oder Sulfonsäuren.

Unter relativ milden Bedingungen, z. B. Oxidation mit Luftsauerstoff, erhält man die **Disulfide**. Diese sind erheblich stabiler als ihre Sauerstoff-Analoga, die Peroxide.

$$H_5C_2\text{–}SH + O_2 \longrightarrow H_5C_2\text{–}S\text{–}S\text{–}C_2H_5 + H_2O$$

Ethanthiol   Diethyldisulfid

Durch stärkere Oxidationsmittel (HNO₃) erfolgt Oxidation bis zur **Sulfonsäure**:

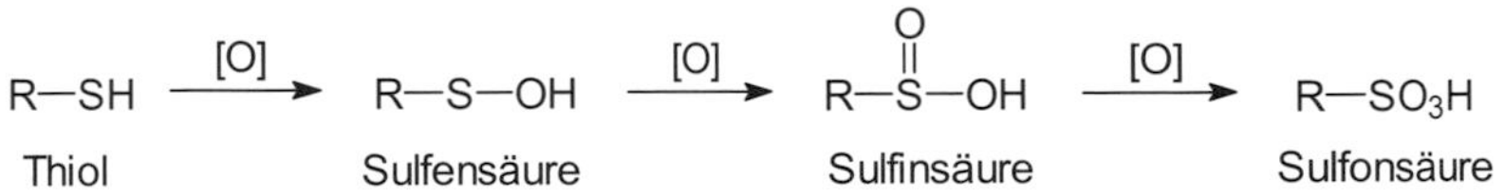

$$R\text{—}SH \xrightarrow{[O]} R\text{—}S\text{—}OH \xrightarrow{[O]} R\overset{\overset{O}{\|}}{\text{—}S}\text{—}OH \xrightarrow{[O]} R\text{—}SO_3H$$

Thiol   Sulfensäure   Sulfinsäure   Sulfonsäure

Ein biochemisch wichtiges Thiol ist die Aminosäure **Cystein**. Durch Oxidation erhält man das Disulfid **Cystin**, das wieder zu Cystein reduziert werden kann.

Diese Redox-Reaktion ist ein wichtiger biochemischer Vorgang in der lebenden Zelle.

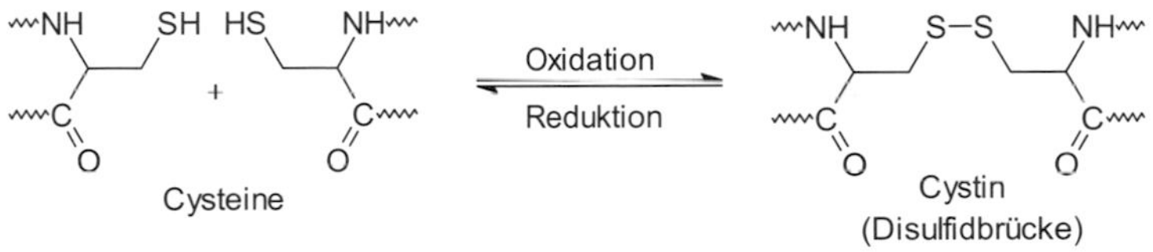

Solche **Disulfidbrücken** sind entscheidend beteiligt an der Stabilität und räumlichen Struktur von Peptiden und Proteinen, wie etwa Enzymen oder Hormonen. In diesen wird häufig die räumliche Struktur durch Disulfidbrücken zwischen verschiedenen Bereichen des Proteins fixiert. So besteht z. B. das wichtige Peptidhormon Insulin (Abschn. 42.2.3) aus zwei Peptidsträngen die über Disulfidbrücken verknüpft sind. Reduziert man Insulin, so fallen diese Ketten auseinander, das Hormon ist zerstört (denaturiert).

Eine Anwendung dieses Oxidations-/Reduktionsprozesses ist die **Dauerwelle**. Hierbei wird zuerst die natürliche Struktur des Haarproteins durch Aufbrechen der Disulfidbrücken (Reduktionsmittel: Thioglykolsäure HS CH₂–COOH) zerstört. Die Haare werden dann in die gewünschte Form gebracht, und die Struktur durch Oxidation (mit H₂O₂) und die Ausbildung neuer Disulfidbrücken fixiert.

Durch Decarboxylierung von Cystein entsteht **Cysteamin**, NH₂–CH₂–CH₂–SH, dessen SH-Gruppe die aktivierende Gruppe im **Coenzym A** ist.

29.2 Thioether (Sulfide)

▶ Die Thioether leiten sich formal vom Schwefelwasserstoff ab, in dem die beiden H-Atome durch Alkyl-Gruppen ersetzt sind.

Man erhält sie durch Erhitzen von Halogenalkanen mit Kaliumsulfid (Abschn. 29.1.1) oder Alkalimercaptiden. Die letzte Methode hat den Vorteil, dass so auch Sulfide mit unterschiedlichen Alkylketten aufgebaut werden können.

Durch **Oxidation** entstehen zunächst **Sulfoxide**, dann **Sulfone**. Technisch führt man diese Reaktion mit Luftsauerstoff durch. Ein als Lösemittel gebräuchliches Sulfoxid ist das Dimethylsulfoxid $(CH_3)_2SO$ (DMSO). Mit starken Basen bildet es Carbanionen.

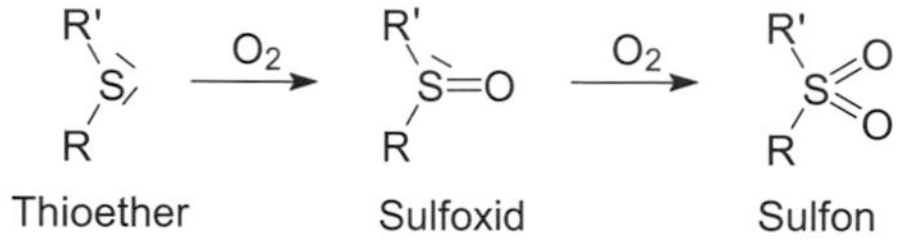

Thioether   Sulfoxid   Sulfon

29.3 Sulfonsäuren

▶ Die SO_3H-Gruppe heißt Sulfonsäure-Gruppe.

Sulfonsäuren dürfen nicht mit Schwefelsäureestern verwechselt werden: In den Estern ist der Schwefel über Sauerstoff mit Kohlenstoff verbunden, in den Sulfonsäuren ist S direkt an ein C-Atom gebunden.

29.3.1 Herstellung

1. Durch **Oxidation von Thiolen** (Abschn. 29.1.3).
2. **Aromatische Sulfonsäuren** entstehen durch Sulfonierung von Benzol mit SO_3 oder konz. Schwefelsäure (Abschn. 24.2.2). Die vom Toluol abgeleitete analoge p-Toluolsulfonsäure ist eine wichtige Austrittsgruppe für organische Synthesen.

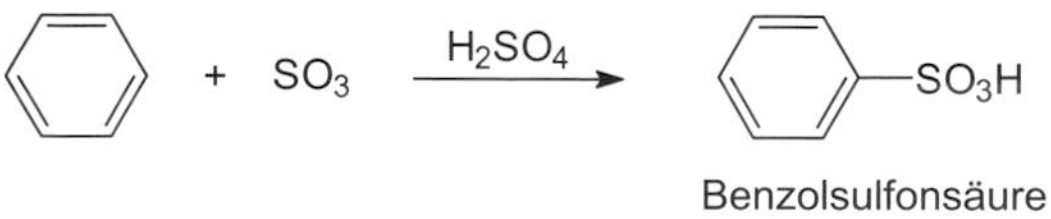

Benzolsulfonsäure

29.3.2 Verwendung von Sulfonsäuren

Die Natriumsalze alkylierter aromatischer Sulfonsäuren dienen als **Tenside**. Einige **Sulfonamide** werden als Chemotherapeutika verwendet. Stammsubstanz ist das

Sulfanilamid $H_2N-C_6H_4-SO_2-NH_2$ (*p*-Amino-benzolsulfonamid), das als Amid der Sulfanilsäure $H_2N-C_6H_4-SO_3H$ (*p*-Amino-benzolsulfonsäure) anzusehen ist.

Beispiele

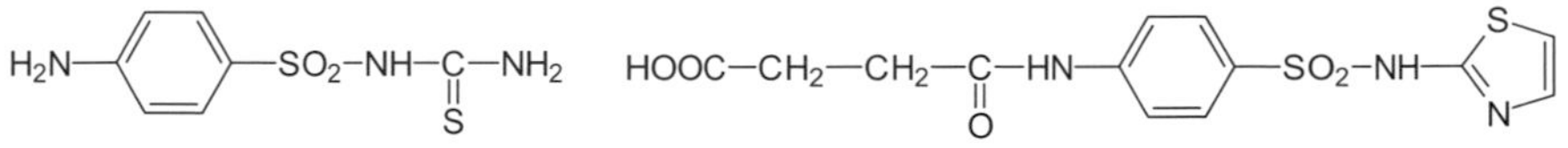

Sulfathiocarbamid   Succinoylsulfathiazol

Die antibakterielle Wirkung der Sulfonamide beruht auf „einer Verwechslung". Für ihre Vermehrung benötigen Bakterien zur Synthese von Folsäure *p*-Aminobenzoesäure, $HOOC-C_6H_4-NH_2$. Das für die Synthese zuständige Enzym ist jedoch wenig selektiv und kann auch Sulfanilsäurederivate einbauen, was dann jedoch zu unwirksamen Verbindungen führt. Tiere und Menschen bauen keine Folsäure selbst auf, so dass für sie die Sulfonamide weitestgehend untoxisch sind.

Von den Alkansulfonsäurederivaten ist das **Methansulfonylchlorid (Mesylchlorid)** als Hilfsmittel bei Synthesen sehr beliebt, weil sich damit leicht die $-SO_2CH_3$-Gruppe (Mesyl-Gruppe) einführen lässt, die auch eine gute Abgangsgruppe (Mesylat) darstellt:

$$R-CH_2-OH \xrightarrow[\text{Base}]{CH_3SO_2Cl} R-CH_2-O-SO_2CH_3 \xrightarrow{HNu} R-CH_2-Nu + CH_3SO_3H$$
$$\underset{\text{„Mesylat"}}{}$$

29.4 Biologisch wichtige Schwefelverbindungen

Aminosäuren

Organische Schwefelverbindungen sind in der Natur durchaus verbreitet. So sind die Aminosäuren **Methionin, Cystein** und **Cystin** Bestandteile der Proteine.

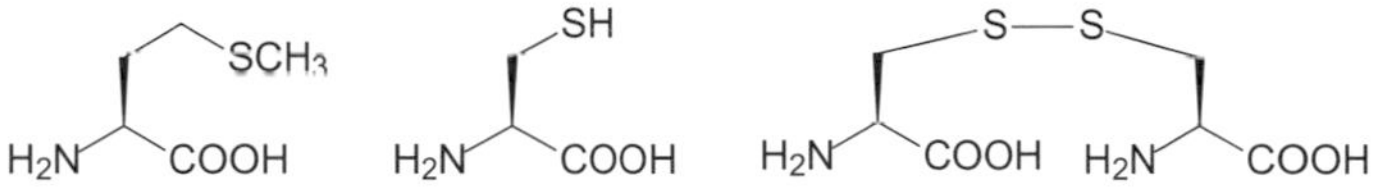

Methionin   Cystein   Cystin

Die essentielle Aminosäure **Methionin** spielt dabei eine wichtige Rolle Im **Stoffwechsel von Methyl-Gruppen**. Hierzu wird Methionin zuerst mit Hilfe von ATP (Abschn. 44.1) zu S-Adenosylmethionin (SAM oder AdoMet) aktiviert. Dieses Sulfoniumsalz wird leicht von Nucleophilen an der Methyl-Gruppe angegriffen, die dabei übertragen wird.

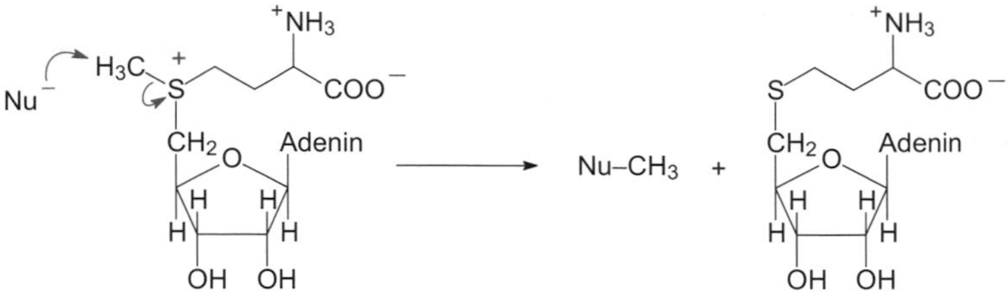

S-Adenosylmethionin
(SAM)

S-Adenosylhomocystein

Auf die Bedeutung von **Cystein** und Cystin für die Struktur von Proteinen wurde bereits im Zusammenhang mit Oxidationsprozessen hingewiesen (Abschn. 29.1.3). Cystein ist ferner Bestandteil des biologisch wichtigen Tripeptids Glutathion (Abschn. 42.2.3), welches als **Antioxidans** den Körper vor Schäden durch freie Radikale (Abschn. 20.5.4) schützt.

Liponsäure

Liponsäure wirkt in vielen enzymatischen Reaktionen, vor allem bei **oxidativen Decarboxylierungen**, als Coenzym. Seine Aufgabe besteht im Wasserstoff- und Acyl-Gruppen-Transfer.

Biotin

Biotin, auch als **Vitamin B$_7$** oder **Vitamin H** bezeichnet, spielt als prosthetische Gruppe von Enzymen im Stoffwechsel eine bedeutende Rolle. Biotin ist die prosthetische Gruppe von Carboxylasen, Enzymen die **COOH-Gruppen übertragen**, wobei Kohlendioxid fixiert werden kann.

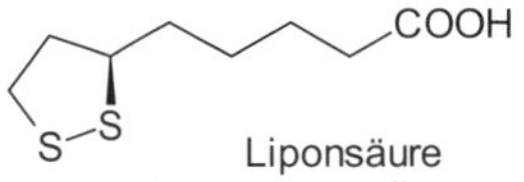

Liponsäure
(Fettsäurestoffwechsel)

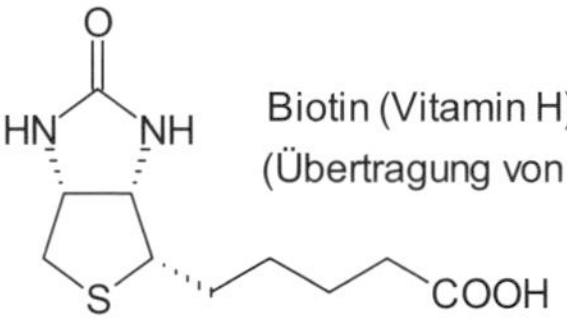

Biotin (Vitamin H)
(Übertragung von COOH-Gruppen)

Analdrüsensekret von Stinktieren

Ein charakteristisches Merkmal von Stinktieren (Skunks) sind deren ausgeprägten **Analdrüsen**, die ein streng riechendes Sekret absondern, welches bis zu 6 Meter weit versprüht werden kann. Das Sekret besteht hauptsächlich aus *E*-2-Buten-1-thiol sowie aus 3-Methylbutanthiol und Disulfiden. Der Geruch ähnelt einer Mischung aus Knoblauch, Schwefelkohlenstoff und angebranntem Gummi.

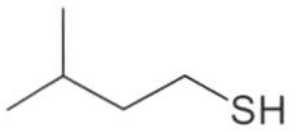

3-Methyl-butanthiol

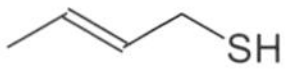

E-2-Buten-1-thiol

E-2-Butenyl-methyl-disulfid

Knoblauch-Wirkstoffe

Der oft als unangenehm empfundene Geruch nach dem Genuss von Knoblauch rührt von den Abbauprodukten schwefelhaltiger Inhaltsstoffe, wie dem Ajoen und dem **Alliin**, das zu **Allicin** umgewandelt wird, her. Er wirkt antibakteriell und soll der Bildung von Thromben vorbeugen.

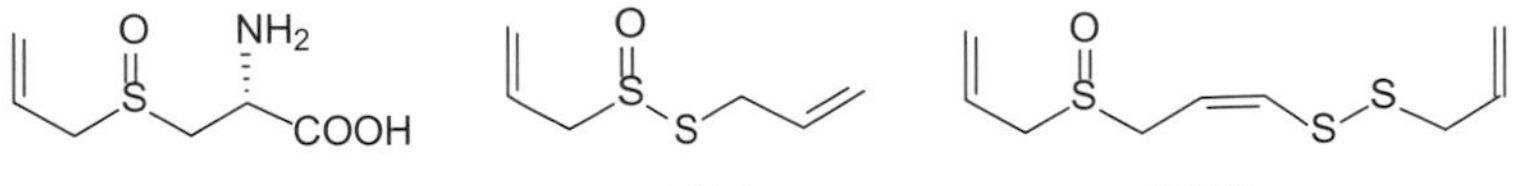

Alliin   Allicin   (Z)-Ajoen

Allicin hat cytotoxische (zelltötende) Eigenschaften, die sich aber beim Verzehr nicht auswirken, da es sehr schnell zu ungiftigen Stoffen weiter abgebaut wird. Das tränenreizende Allicin ist im Magen antibakteriell: Noch in 100.000-facher Verdünnung tötet es sowohl gram-positive als auch gram-negative Bakterien ab. Aufgrund einer lipidsenkenden Wirkung (Reagenzglas und Tierversuch) wird dem Allicin – und damit dem Knoblauch – eine positive therapeutische Wirkung bei Arteriosklerose zugesprochen.

Süßstoffe

Saccharin ist der älteste synthetische Süßstoff. Es kann besonders in höheren Konzentrationen einen bitteren oder metallischen Nachgeschmack aufweisen. Saccharin ist 300-mal so süß wie Zucker, hat aber im Gegensatz zu diesem keinen physiologischen Brennwert, da Saccharin im Körper nicht abgebaut wird, sondern unverändert wieder ausgeschieden wird. Es ist daher, wie alle Süßstoffe, auch für Diabetiker verträglich. Häufig verwendet man Saccharin im Gemisch mit anderen Süßstoffen, wie etwa **Cyclamat**, denn dann verdecken beide Stoffe gegenseitig ihren (unangenehmen) Nachgeschmack.

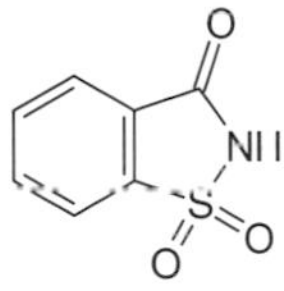

Saccharin
(o-Sulfobenzoesäureamid)

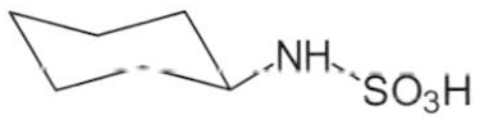

Cyclamat
(Cyclohexylamid
der Schwefelsäure)

Stickstoffverbindungen

30

30.1 Amine

30.1.1 Nomenklatur

Amine können als **Substitutionsprodukte des Ammoniaks** aufgefasst werden. Nach der Anzahl der im NH_3-Molekül durch andere Gruppen ersetzten H-Atome unterscheidet man **primäre**, **sekundäre** und **tertiäre** Amine. Die *Substitutionsbezeichnungen* beziehen sich auf das *N-Atom*; demzufolge ist das *tertiär*-Butylamin ein primäres Amin. Falls der Stickstoff vier Substituenten trägt, spricht man von **(quartären) Ammoniumverbindungen**.

Beispiele

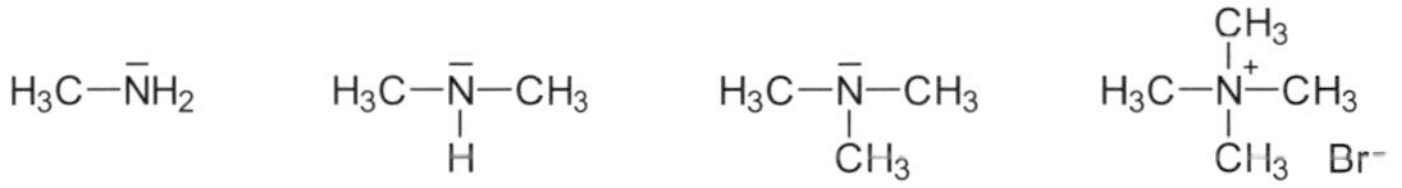

$H_3C-\overline{N}H_2$	$H_3C-\overline{N}-CH_3$ $\mid$ H	$H_3C-\overline{N}-CH_3$ $\mid$ CH_3	CH_3 $\mid^+$ $H_3C-N-CH_3$ $\mid$ CH_3 Br^-
Methylamin	Dimethylamin	Trimethylamin	Tetramethyl-ammoniumbromid
primär	*sekundär*	*tertiär*	*quartär*

Weitere primäre Amine:

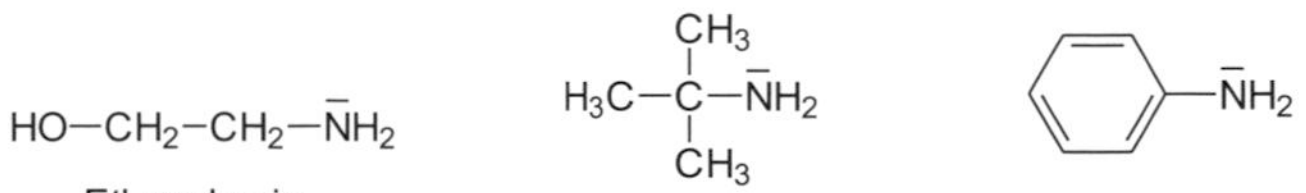

$HO-CH_2-CH_2-\overline{N}H_2$	CH_3 $\mid$ $H_3C-C-\overline{N}H_2$ $\mid$ CH_3	$\overline{N}H_2$
Ethanolamin (Colamin)	*tert.*-Butylamin	Anilin

Unter **Di-** und **Triaminen** versteht man aliphatische oder aromatische Kohlenwasserstoffverbindungen, die im Molekül zwei oder drei NH_2-Gruppen besitzen.

© Springer-Verlag Berlin Heidelberg 2016

H.P. Latscha, U. Kazmaier, *Chemie für Biologen*, DOI 10.1007/978-3-662-47784-7_30

Beispiele

$H_2N-CH_2-CH_2-NH_2$ $H_2N-(CH_2)_6-NH_2$

Ethylendiamin   Hexamethylendiamin   *m*-Phenylen-   2,4,6-Triamino-
diamin   benzoesäure

Cyclische Amine gehören zu der umfangreichen Substanzklasse der **heterocyclischen Verbindungen** (Kap. 38). Es sind ringförmige Kohlenwasserstoffe (zumeist 5- und 6-Ringe), in denen eine oder mehrere CH- bzw. CH_2-Gruppen durch >NH bzw. >N– ersetzt sind. Es gibt **gesättigte, partiell ungesättigte** und **aromatische Systeme**. Cyclische Amine und Imine sind Bestandteile vieler biochemisch wichtiger Verbindungen (Aminosäuren, Enzyme, Nucleinsäure, Alkaloide, u. a.).

30.1.2 Herstellung von Aminen

30.1.2.1 Umsetzung von Halogenverbindungen mit NH_3 oder Aminen
Diese Methode eignet sich besonders zur Gewinnung mehrfach alkylierter Amine und von quartären Ammoniumsalzen. Für primäre Amine ist sie wenig geeignet.

$\overline{N}H_3 \xrightarrow{CH_3I} H_2\overline{N}CH_3 \xrightarrow{CH_3I} H\overline{N}(CH_3)_2 \xrightarrow{CH_3I} \overline{N}(CH_3)_3 \xrightarrow{CH_3I} N(CH_3)_4{}^+ I^-$

Das Problem dieser Reaktion Mit jedem eingeführten Alkylrest nimmt die Nucleophilie des Stickstoffs zu (+I-Effekt der Alkyl-Gruppe), d. h., das primäre Amin ist nucleophiler als der eingesetzte Ammoniak und wird daher leichter weiteralkyliert (Abschn. 29.1.1). Verwendet man also stöchiometrische Mengen an Alkylierungsmittel, erhält man immer Produktgemische. Mit einem Überschuss an Alkylierungsmittel bilden sich jedoch problemlos die **quartären Ammoniumsalze**.

30.1.2.2 *Gabriel*-Synthese
Um das Problem der Mehrfachalkylierung zu umgehen, verwendet man zur Synthese **primärer** Amine **geschützte *N*-Nucleophile**, wie etwa **Phthalimid**. Aufgrund der beiden elektronenziehenden Carbonyl-Gruppen ist die NH-Bindung acidifiziert, und das Proton mit KOH leicht entfernbar. Das erhaltene Salz lässt sich dann als Nucleophil, das nur noch einmal reagieren kann, mit Alkylhalogeniden umsetzen. Das gebildete Alkylphthalimid wird anschließend gespalten (bevorzugt mit Hydrazin) unter Bildung des primären Amins.

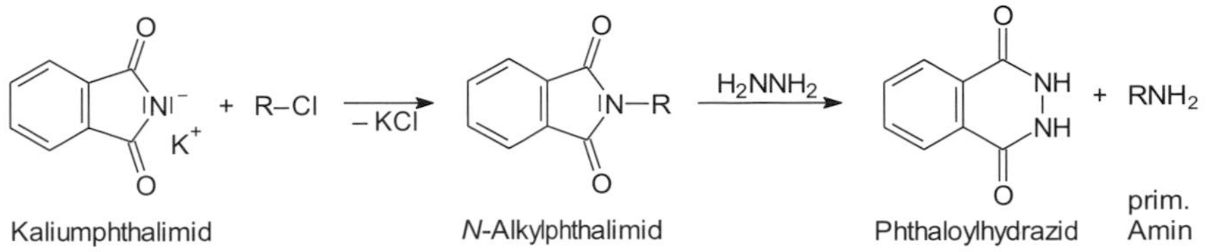

Kaliumphthalimid   N-Alkylphthalimid   Phthaloylhydrazid   prim. Amin

30.1.2.3 Reduktion von Nitroverbindungen und N-haltigen Carbonsäurederivaten

Zur Herstellung **aromatischer** Amine benutzt man vor allem die Reduktion von **Nitroverbindungen** (Abschn. 30.2.3). Als Reduktionsmittel wird häufig Eisenschrott verwendet, wobei die dabei gebildeten Eisenoxide als Pigmente verwertet werden können.

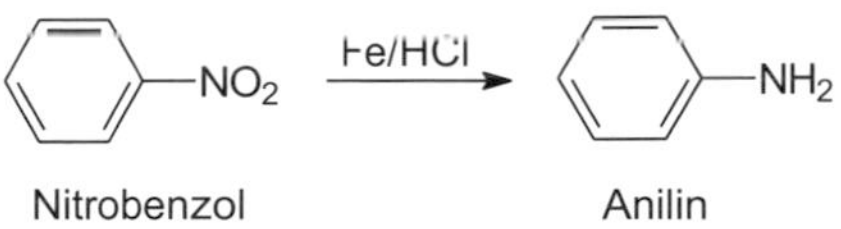

Nitrobenzol   Anilin

Aliphatische Amine erhält man durch Reduktion von Carbonsäureamiden und Nitrilen (Abschn. 36.1.3.2).

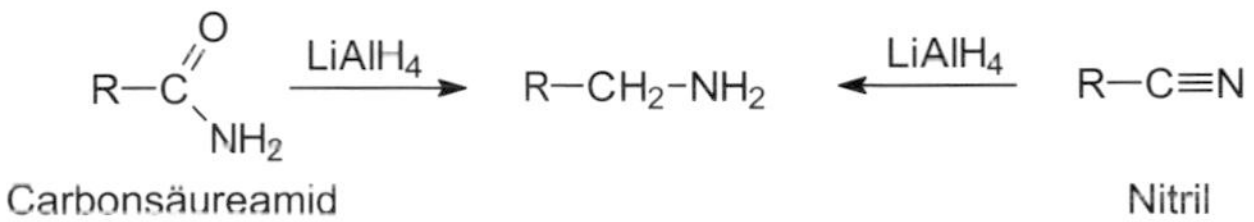

Carbonsäureamid   Nitril

30.1.2.4 Reduktive Aminierung von Carbonylverbindungen

Aus Aldehyden und Ketonen bilden sich mit Aminen und Ammoniak in einer Eintopfreaktion intermediär Imine (Abschn. 33.1.3), welche sofort zum Amin reduziert werden können.

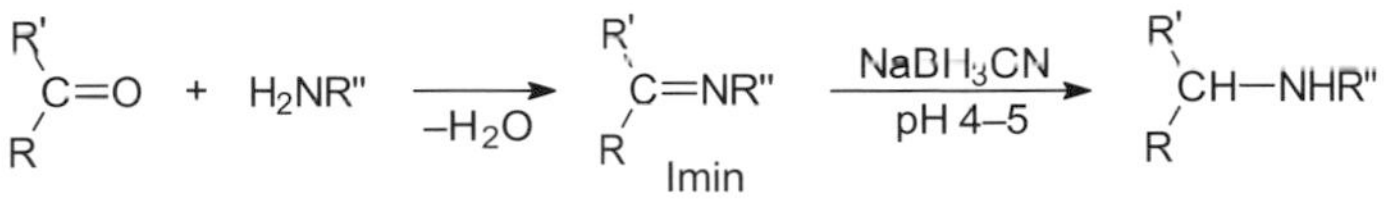

Selektiv wirkende Reduktionsmittel (wegen der Carbonyl-Gruppe) sind z. B. katalytisch aktivierter H_2 oder $NaBH_3CN$, Natriumcyanoborhydrid.

Das Problem Die Carbonyl-Gruppe ist im Vergleich zur Imin-Gruppe die reaktivere und sollte daher bevorzugt angegriffen werden. Daher sollten solche reduktiven Aminierungen eigentlich nicht möglich sein.

Die Lösung Man verwendet als wenig reaktionsfähiges Reduktionsmittel NaBH$_3$CN, welches nicht mehr in der Lage ist, mit Carbonyl-Gruppen zu reagieren. Im Gegensatz zu anderen Hydriden ist diese Verbindung auch in Gegenwart schwacher Säuren noch stabil. Man kann die Reduktion also auch z. B. bei pH 4 durchführen. Unter diesen schwach sauren Bedingungen bleibt die Carbonyl-Gruppe unverändert, die viel basischere Imingruppierung wird jedoch protoniert (Iminiumion). **Protonierte Imine** sind aber **reaktionsfähiger** als unprotonierte **Carbonyl-Gruppen** (Abschn. 33.1.3) und können daher bevorzugt umgesetzt werden, z. B. mit NaBH$_3$CN.

Eine ältere Methode ist die sog. reduktive Alkylierung von primären und sekundären Aminen nach *Leuckart-Wallach*. Verwendet man Formaldehyd (CH$_2$O) (*Eschweiler-Clarke*-**Reaktion**) und reduziert mit Ameisensäure (HCOOH), werden sekundäre Amine methyliert und primäre Amine dimethyliert:

$$H_5C_6-CH_2-NH_2 \quad \xrightarrow[\text{HCOOH}]{\text{CH}_2\text{O}} \quad H_5C_6-CH_2-N(CH_3)_2$$

30.1.3 Eigenschaften der Amine

Amine besitzen wie die Stammsubstanz Ammoniak polarisierte Atombindungen und können **intermolekulare Wasserstoff-Brücken** ausbilden. Die Moleküle mit einer geringen Anzahl von C-Atomen sind daher wasserlöslich. Ebenso wie bei den Alkoholen nimmt die Löslichkeit mit zunehmender Größe des Kohlenwasserstoff-Restes ab. Verglichen mit Alkoholen sind die H-Brückenbindungen zwischen Aminen schwächer. Bei der Verwendung von aromatischen Aminen ist ihre hohe Toxizität und Hautresorbierbarkeit zu beachten.

Das **freie Elektronenpaar am Stickstoff** verleiht den Aminen **basische** und **nucleophile** Eigenschaften. Bei heteroaromatischen Aminen muss man jedoch darauf achten, ob das freie Elektronenpaar Teil des aromatischen Systems ist oder nicht. Nur Amine, deren Elektronenpaar nicht am aromatischen System beteiligt ist (Bsp. Pyridin) sind basisch.

30.1.3.1 Basizität

Eine typische Eigenschaft der Amine ist ihre Basizität. Wie Ammoniak können sie unter Bildung von Ammoniumsalzen ein Proton anlagern. Die Extraktion mit z. B. 10-prozentiger Salzsäure ist eine oft benutzte, einfache Methode zur Trennung von Aminen und neutralen organischen Verbindungen aus organischen Phasen. Durch Zugabe einer Base, z. B. Natriumhydroxid, lässt sich diese Reaktion umkehren, d. h., das Amin bildet sich zurück.

Eine Deprotonierung von Aminen ist wegen ihrer geringen Acidität nur mit extrem starken Basen wie Alkalimetallen oder Alkyllithiumverbindungen möglich.

Es ist wichtig, die Stärke der einzelnen Basen quantitativ erfassen zu können. Dazu dient ihr **pK$_S$-Wert**. Kennt man diesen Wert, kann man über die bekannte Beziehung pK_S + pK_B = 14 auch den pK_B-Wert in Wasser ausrechnen. Ferner

Tab. 30.1 pK-Werte von Aminen

	pK_B	Name	Formel	pK_S bzw. pK_a	
	↑ 3,29	Dimethylamin	$(CH_3)_2NH$	10,71	
	3,32	tert.-Butylamin	$(CH_3)_3CNH_2$	10,68	
steigende	3,36	Methylamin	CH_3NH_2	10,64	fallende
Basizität	4,26	Trimethylamin	$(CH_3)_3N$	9,74	Basizität
	4,64	Benzylamin	$C_6H_5CH_2NH_2$	9,36	
	4,75	**Ammoniak**	**NH_3**	**9,25**	
	9,42	Anilin	$C_6H_5NH_2$	4,58	↓

pK_s gilt für die Reaktion: $R^1R^2R^3NH^+ \rightleftharpoons R^1R^2R^3N + H^+$.

kann man aufgrund der Gleichung pH $= 7 + 1/2\,pK_S + 1/2\,\lg c$ den pH-Wert einer Amin-Lösung der Konzentration c berechnen.

Beispiel 0,1 molare Lösung von Ammoniak:

$$pH = 7 + 1/2\,(9{,}25 + \lg 0{,}1) = 7 + 1/2\,(9{,}25 - 1) = 7 + 4{,}1 = 11{,}1$$

Liegt eine Mischung aus Amin und Hydrochlorid vor, so lässt sich hierfür die Gleichung für Puffer anwenden. Allgemein gilt für Puffersysteme, wenn die Komponenten im Verhältnis 1 : 1, also äquimolar, vorliegen: pH $=$ pK_S.

Beispiel Eine 1 : 1-Mischung von Anilin und Anilinhydrochlorid hat in Wasser den pH-Wert 4,58.

Mit Hilfe der pK-Werte lassen sich die Amine in eine Reihenfolge bringen (Tab. 30.1). Dabei gilt:

▶ Je größer der pK_S- und je kleiner der pK_B-Wert ist, desto basischer ist das Amin.

Hinweis Der pK_S-Wert von „Methylamin" in Tab. 30.1 ist in Wirklichkeit der pK_S-Wert des Methylammoniumions. Der pK_S-Wert von Methylamin selbst ist etwa 35!

▶ Ein **aliphatisches Amin** ist stärker basisch als Ammoniak, weil die elektronenliefernden Alkyl-Gruppen die Verteilung der positiven Ladung im Ammoniumion begünstigen.

Erwartungsgemäß vermindert die Einführung von Elektronenakzeptoren die Basizität, weil dadurch die Möglichkeit zur Aufnahme eines Protons verringert wird. Stark elektronenziehende Gruppen erhöhen die Acidität der N–H-Bindung. **Säureamide** sind in Wasser nur sehr schwach basisch.

Aromatische Amine sind nur schwache Basen. Beim Anilin tritt das Elektronenpaar am Stickstoff mit den π-Orbitalen des Phenylrings in Wechselwirkung (+M-Effekt):

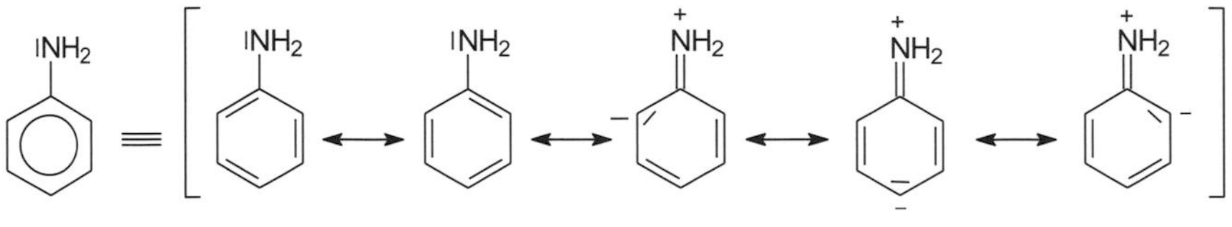

Diese Resonanzstabilisierung des Moleküls wird teilweise wieder aufgehoben, wenn ein Aniliniumion gebildet wird.

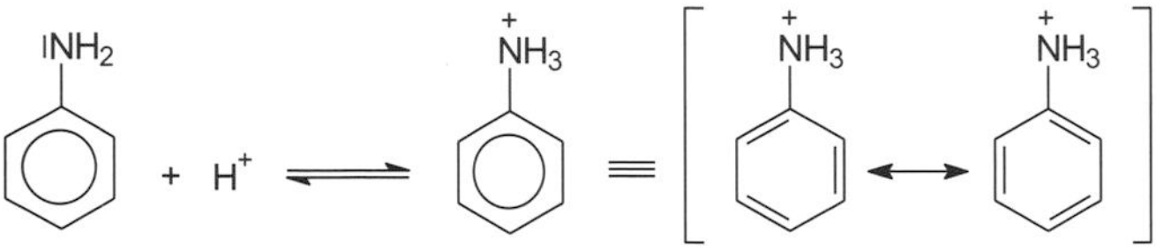

$pK_s = 4.58$

Die geringe Basizität aromatischer Amine ist also eine Folge der größeren Resonanzstabilisierung des Amins im Vergleich zum entsprechenden Ammoniumsalz. Kleinere Änderungen sind durch die Einführung von Substituenten in den aromatischen Ring möglich: **Elektronendonoren** wie $-NH_2$, $-OCH_3$, $-CH_3$ stabilisieren das Kation und erhöhen die Basizität, **Elektronenakzeptoren** wie $-NH_3^+$, $-NO_2$, $-SO_3^-$ vermindern die Basizität noch stärker.

30.1.4 Reaktionen der Amine

30.1.4.1 Umsetzungen mit Salpetriger Säure HNO$_2$

Lässt man Amine mit Salpetriger Säure, HNO$_2$, reagieren, so können je nach Substitutionsgrad verschiedene Verbindungen entstehen:

- **Primäre aromatische** Amine bilden Diazoniumsalze:

$$Ar—NH_2 \;+\; HONO \;\xrightarrow{\;HX\;}\; Ar-\overset{+}{N}\equiv N| \; X^- \;+\; H_2O$$
$$\text{Diazoniumsalz}$$

- **Primäre aliphatische** Amine (auch Aminosäuren!) bilden instabile Diazoniumsalze, die weiter zerfallen (*Van-Slyke*-Reaktion). Intermediär entsteht ein Carbeniumion, das die typischen Folgereaktionen (Abschn. 26.1 und Abschn. 27.2) eingeht:

$$R—NH_2 \;+\; HONO \;\xrightarrow[-H_2O]{\;HX\;}\; \left[R-\overset{+}{N}\equiv N| \; X^-\right] \xrightarrow{-N_2}\; R^+ \, X^- \;\longrightarrow\; \text{Folgeprodukte}$$

- **Sekundäre aliphatische** oder **aromatische** Amine bilden Nitrosamine, die meist toxisch und kanzerogen sind:

$$R_2NH + HONO \xrightarrow[-H_2O]{} R_2N-NO$$
$$\text{Nitrosamin}$$

- **Tertiäre aliphatische** Amine reagieren bei Raumtemperatur nicht mit Salpetriger Säure, sie werden jedoch beim Erwärmen durch HNO_2 gespalten. Dabei bilden sich ebenfalls Nitrosamine.

Zum Reaktionsmechanismus

Das nitrosierende Reagenz bei allen Reaktionen ist das Elektrophil N_2O_3 bzw. NO^+. Diese bilden sich durch Autoprotonierung der HNO_2. Wird HCl zur Protonierung verwendet, bildet sich nur NO^+.

$$2\ HNO_2 \longrightarrow H_2O + \overset{+}{N}=\overset{..}{O} + O_2N^- \rightleftharpoons O_2N-NO$$

$$HNO_2 + HCl \longrightarrow H_2O + \overset{+}{N}=\overset{..}{O} + Cl^-$$

Das NO^+ reagiert mit dem Amin unter Bildung eines *N*-**Nitrosoammoniumions**:

$$R-\underset{R^2}{\overset{R^1}{N}} + \overset{+}{N}=\overset{..}{O} \longrightarrow R-\underset{R^2}{\overset{R^1}{\overset{|}{N}}}\overset{+}{-}N=\overset{..}{O}$$

Dieses kann je nach verwendetem Amin weiterreagieren, so etwa mit primären Aminen:

$$R-\underset{H}{\overset{H}{\overset{|}{N}}}\overset{+}{-}N=\overset{..}{O} \xrightarrow{-H^+} R-\underset{H}{\overset{|}{N}}-N=\overset{..}{O} \rightleftharpoons R-\underline{N}=N-OH \xrightarrow[-H_2O]{H^+} R-\overset{+}{N}\equiv N$$

30.1.4.2 Oxidationen

Primäre Amine ergeben bei der Oxidation zunächst **Hydroxylamine** (I). Diese können zu **Nitroso-** (II) bzw. **Nitroverbindungen** (III) oder zu **Oximen** (IV) bzw. **Hydroxamsäuren** (V) weiteroxidiert werden.

$$R^1\!-\!\underset{R^3}{\overset{R^2}{\overset{|}{C}}}\!-\!NH_2 \xrightarrow{Oxid.} R^1\!-\!\underset{R^3}{\overset{R^2}{\overset{|}{C}}}\!-\!NH\!-\!OH \xrightarrow[R^1-R^3 \neq H]{Oxid.} R^1\!-\!\underset{R^3}{\overset{R^2}{\overset{|}{C}}}\!-\!NO \xrightarrow{Oxid.} R^1\!-\!\underset{R^3}{\overset{R^2}{\overset{|}{C}}}\!-\!NO_2$$
$$\qquad\qquad\qquad\qquad \mathbf{I} \qquad\qquad\qquad\qquad\qquad \mathbf{II} \qquad\qquad\qquad \mathbf{III}$$

$$Oxid. \Big\downarrow R^3 = H$$

$$R^1\!-\!\underset{}{\overset{R^2}{\overset{|}{C}}}\!=\!N\!-\!OH \xrightarrow[R^2=H]{Oxid.} R^1\!-\!\overset{\overset{\displaystyle O}{\|}}{C}\diagdown_{NH-OH}$$
$$\qquad\quad \mathbf{IV} \qquad\qquad\qquad\qquad \mathbf{V}$$

Sekundäre Amine bilden ***N,N*-Dialkylhydroxylamine**, die evtl. weiterreagieren können, **tertiäre** Amine lassen sich zu **Aminoxiden** oxidieren:

$$R_2\bar{N}H \xrightarrow{H_2O_2} R_2\overset{\overset{\displaystyle |\bar{O}|^-}{|}}{\overset{+}{N}}H \longrightarrow R_2N\!-\!OH$$

$$R\!-\!\overset{\overset{\displaystyle R^1}{|}}{\underset{\underset{\displaystyle R^2}{|}}{N}}| \;+\; H_2O_2 \longrightarrow R\!-\!\overset{\overset{\displaystyle R^1}{|}}{\underset{\underset{\displaystyle R^2}{|}}{N}}{\overset{+}{}}\!\!-\!\bar{O}|^-$$

30.1.4.3 Trennung und Identifizierung von Aminen

Hinsberg-**Trennung**
Gemische von Aminen mit unterschiedlichem Substitutionsgrad können nach Reaktion mit **Benzolsulfochlorid** $C_6H_5SO_2Cl$ in alkalischer Lösung getrennt werden. Nur primäre und sekundäre Amine bilden gut kristallisierende Sulfonamide. Aufgrund der stark elektronenziehenden Wirkung der Sulfonyl-Gruppe ist das verbleibende H-Atom der primären Sulfonamide sehr acide. Daher lösen sich diese Amide in Natronlauge, im Gegensatz zu den sekundären Amiden, welche nicht deprotoniert werden können.

- **Primäre** Amine:

$$C_6H_5SO_2Cl \;+\; R\bar{N}H_2 \xrightarrow[-HCl]{NaOH} C_6H_5SO_2\!-\!\bar{N}HR \xrightarrow[-H_2O]{NaOH} C_6H_5SO_2\!-\!\bar{N}R\;\;Na^+$$

- **Sekundäre** Amine:

$$C_6H_5SO_2Cl \;+\; R_2\bar{N}H \xrightarrow[-HCl]{NaOH} C_6H_5SO_2\!-\!\bar{N}R_2 \xrightarrow{NaOH} /\!/$$

- **Tertiäre** Amine reagieren nicht unter diesen Bedingungen. Die unumgesetzten Amine können mit verd. Salzsäure als Hydrochlorid entfernt werden.

30.1.5 Biochemisch wichtige Amine

Neben den Alkaloiden (Kap. 48) und Aminosäuren (Kap. 43) gibt es eine Vielzahl biologisch interessanter Amine. Durch **Decarboxylierung** erhält man aus **Aminosäuren** eine ganze Reihe wichtiger **biogener Amine**. Besondere Bedeutung kommt hierbei den Verbindungen zu, die von Phenylalanin und dessen Derivaten abgeleitet werden. Zu dieser Gruppe der **β-Phenylethylamine** gehören Verbindungen wie Dopamin, Adrenalin und Mescalin.

| Dopamin | Adrenalin | Mescalin | Ephedrin |

30.1.5.1 Dopamin

Dopamin bildet sich aus Tyrosin (*p*-Hydroxyphenylalanin) durch **Hydroxylierung** des aromatischen Rings (Dopa) und anschließende **Decarboxylierung**. Dopamin ist ein wichtiger **Neurotransmitter**, auf dessen Mangel im Gehirn die *Parkinson*'sche **Krankheit** zurückzuführen ist. Zur Behandlung dieser Krankheit kann Dopamin selbst nicht verwendet werden, da es die **Blut-Hirn-Schranke** nicht durchdringt. Daher verabreicht man den Patienten die entsprechende Aminosäure **Dopa** (3,4-Dihydroxyphenylalanin). Diese ist in der Lage, die Blut-Hirn-Schranke zu durchdringen, sie wird dann im Gehirn decarboxyliert unter Bildung des eigentlichen Wirkstoffs Dopamin.

30.1.5.2 Adrenalin

Durch **Hydroxylierung von Dopamin** an der benzylischen Position bildet sich zuerst **Noradrenalin** (nor bedeutet: es fehlt eine CH_3-Gruppe), welches anschließend durch *N*-Methylierung in **Adrenalin** überführt wird.

Adrenalin wurde als erstes **Hormon** aus dem **Nebennierenmark** (*ad* = bei, *renes* = Niere) isoliert. Adrenalin wirkt stark **blutdrucksteigernd** und fördert den Glykogenabbau in Leber und Muskel, was zu einer **Erhöhung des Blutzuckerspiegels** führt. Adrenalin wird daher vor allem bei Stress ausgeschüttet.

30.1.5.3 Mescalin

Durch weitere Oxidation des aromatischen Rings kommt man zum Grundgerüst des Mescalins. **Mescalin** findet sich als Inhaltsstoff des **Peyotl-Kaktus** (*Lophophora williamsii*). Es ist das älteste bekannte Halluzinogen, das bereits in vorkolumbianischer Zeit von mittelamerikanischen Volksstämmen als **Kultdroge** verwendet wurde. Mescalin wirkt lähmend auf das zentrale Nervensystem, in hohen Dosen führt es zu Blutdruckabfall, Atemdepression und fortschreitender Lähmung. Die bekannteste Wirkung ist jedoch die Erzeugung visueller, farbiger Halluzinationen, die Veränderung der Sinneseindrücke, des Denkens bis hin zur Bewusstseinsspaltung. In dieser Hinsicht ist es vergleichbar mit anderen halluzinogenen Drogen wie etwas LSD.

30.1.5.4 Ephedrin

Ephedrin ist ein wichtiger Bestandteil der chinesischen *Ma-Huang*-Droge, die aus verschiedenen *Ephedra*-Arten gewonnen wird. Ephedrin wirkt blutdrucksteigernd und anregend auf das sympathische Nervensystem. Daher werden Ephedrin und verwandte Verbindungen (**Amphetamine**) illegaler Weise als Aufputschmittel verwendet (**Weckamine**). Es fand auch Anwendung als Appetitzügler. Ephedrin enthält zwei asymmetrische C-Atome, so dass insgesamt vier verschiedene Stereoisomere existieren (Abschn. 39.1).

30.1.5.5 Quartäre Ammoniumsalze

Neben diesen biogenen Aminen kommt auch quartären Ammoniumsalzen eine große Bedeutung zu.

$$
\underset{\text{Cholin}}{HO-CH_2-CH_2-\overset{\overset{CH_3}{+|}}{\underset{\underset{CH_3}{|}}{N}}-CH_3 \;\; OH^-}
\qquad
\underset{\text{Acetylcholin}}{CH_3COO-CH_2-CH_2-\overset{\overset{CH_3}{+|}}{\underset{\underset{CH_3}{|}}{N}}-CH_3 \;\; OH^-}
\qquad
\underset{\text{Neurin}}{CH_2{=}CH-\overset{\overset{CH_3}{+|}}{\underset{\underset{CH_3}{|}}{N}}-CH_3 \;\; OH^-}
$$

Cholin ist ein essentieller Bestandteil der **Phosphatide** (Phospholipide) sowie des Acetylcholins. Es wirkt gefäßerweiternd, blutdrucksenkend und regelt die Darmbewegung.

Acetylcholin ist ein wichtiger **Neurotransmitter des parasympathischen Nervensystems**. Es wirkt **blutdrucksenkend** und stark **muskelkontrahierend**. Diese Wirkung wird durch das Enzym Acetylcholinesterase reguliert , welche das Acetylcholin spaltet und dadurch die Wirkung aufhebt. Giftgase wie Tabun und Sarin hemmen dieses Enzym, so dass es zu einer andauernden Übererregung des Nervensystems kommt (Nervengase).

Neurin bildet sich durch Fäulnis aus Cholin durch Wasserabspaltung. Es ist höchst toxisch und zählt zu den **Leichengiften**.

30.2 Nitroverbindungen

30.2.1 Nomenklatur und Beispiele

Bei Nitroverbindungen ist die **NO$_2$-Gruppe** über das **Stickstoffatom mit Kohlenstoff verknüpft** (Bsp.: Nitromethan). Im Unterschied dazu ist die NO$_2$-Gruppe der Salpetersäureester über ein O-Atom an Kohlenstoff gebunden (Bsp. Glycerintrinitrat). Der gebräuchliche Name Nitroglycerin ist daher falsch!

$$
\underset{\text{Nitromethan}}{CH_3-NO_2}
\qquad\qquad
\underset{\substack{\text{Glycerintrinitrat}\\ \text{("Nitroglycerin")}}}{\begin{array}{l} CH_2{-}O{-}NO_2 \\ |\;\;\;\;\; \\ CH{-}O{-}NO_2 \\ |\;\;\;\;\; \\ CH_2{-}O{-}NO_2 \end{array}}
$$

30.2.2 Herstellung

30.2.2.1 Aliphatische Nitroverbindungen

Eine brauchbare Methode im Labor ist die Umsetzung von **Halogenalkanen mit Alkalinitrit**. Allerdings entstehen hier gleichzeitig auch die isomeren Salpetrigsäureester (Alkylnitrite), da es sich bei dem Nitrition um ein so genanntes **ambidentes Nucleophil** (zwei nucleophile Stellen im Molekül) handelt:

$$R-X + NaNO_2 \xrightarrow[- NaX]{} R-NO_2 + R-ONO$$

Nitroalkan   Alkylnitrit

Das Nitroalkan wird bevorzugt nach dem S_N2-Mechanismus gebildet, während das Alkylnitrit eher nach einem S_N1-Mechanismus entsteht (Kap. 26).

30.2.2.2 Aromatische Nitroverbindungen

Aromatische Nitroverbindungen erhält man durch Nitrierung des entsprechenden aromatischen Kohlenwasserstoffs in einer elektrophilen Aromatensubstitution (Abschn. 24.2.1).

30.2.3 Eigenschaften und Reaktionen von Nitroverbindungen

Reduktionen von Nitroverbindungen

Aliphatische Nitroverbindungen lassen sich z. B. mit Zinn in Salzsäure oder durch katalytische Hydrierung zu **Aminen** reduzieren. Dabei wird die Stufe der **Hydroxylamine** durchlaufen:

$$R-NO_2 \xrightarrow[- H_2O]{4\ H} R-NHOH \xrightarrow[- H_2O]{2\ H} R-NH_2$$

Nitroverb.   Hydroxylamin   Amin

Bei der Reduktion **aromatischer** Nitroverbindungen lassen sich je nach der H_3O^+-Konzentration verschiedene Produkte erhalten. Wie bei den Nitroalkanen erhält man die entsprechende **Aminoverbindung**, wobei man **Nitrosobenzol** und **Phenylhydroxylamin** als Zwischenstufe annimmt. So erhält man aus Nitrobenzol das technisch wichtige **Anilin**. Als Reduktionsmittel wird in der Regel Eisen (Schrott) in Salzsäure verwendet, wobei Fe_3O_4 gebildet wird.

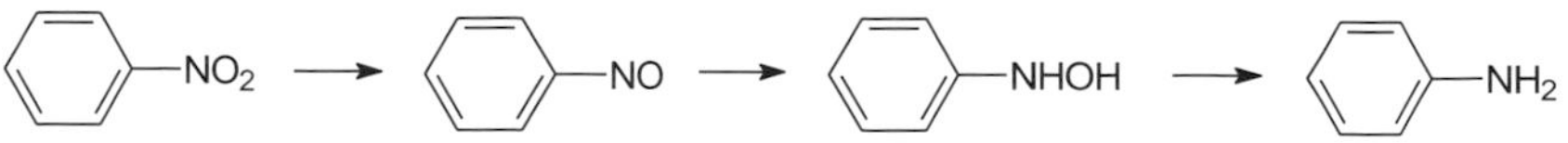

Nitrobenzol   Nitrosobenzol   N-Phenylhydroxylamin   Anilin

30.2.4   Verwendung von Nitroverbindungen

1. Nitroverbindungen sind **Ausgangsstoffe für Amine**.
2. Nitromethan und Nitrobenzol werden als **Lösemittel** verwendet.
3. Handelsübliche **Sprengstoffe** sind meist **Nitroverbindungen** oder **Salpeter-säureester**. Der Grund hierfür ist ihre thermodynamische Labilität bei gleich-zeitiger hoher kinetischer Stabilität.

Sprengstoffe

Zerfallsgleichungen für **2,4,6-Trinitrotoluol** (TNT) und **Glycerintrinitrat** („Nitro-glycerin"):

$$2\,H_3C-C_6H_2(NO_2)_3 \longrightarrow 7\,CO + 7\,C + 5\,H_2O + 3\,N_2$$
$$\Delta H = -940\,kJ/mol \equiv 4\,kJ/g$$
$$4\,C_3H_5(ONO_2)_3 \longrightarrow 12\,CO_2 + 10\,H_2O + 6\,N_2 + O_2$$

Bei der hohen freiwerdenden Energie verdampft das gebildete Wasser, so dass letzt-endlich z. B. beim Glycerintrinitrat **aus vier Molekülen Flüssigkeit 29 Moleküle Gas entstehen**. Die Verhältnisse beim TNT sind ähnlich. Dies erklärt die extreme Druckwelle (Stoßwelle), die mit diesen Sprengstoffen erzeugt wird.

Wichtige Sprengstoffe sind: Ester, z. B. Cellulosenitrat (Schießbaumwolle), Glycerintrinitrat (als Dynamit, aufgesaugt z. B. in Kieselgur, als Sprenggelatine mit Cellulosenitrat), Pentaerythrit-tetranitrat $C(CH_2ONO_2)_4$; Nitroverbindungen wie TNT, Nitroguanidin, Hexogen (1,3,5-Trinitro-1,3,5-triaza-cyclohexan).

30.3   Azoverbindungen

▶ Unter Azoverbindungen versteht man Verbindungen, die an einer **Azo-Gruppe** –N=N– auf beiden Seiten Alkyl- oder Aryl-Gruppen tragen.

Dabei sind die Diarylderivate viel stabiler als die Dialkylderivate. So ist Azome-than (nicht zu verwechseln mit Diazomethan, Abschn. 30.4.2) ein explosives Gas, während der einfachste aromatische Vertreter Azobenzol der Grundkörper der **Azo-farbstoffe** darstellt.

$$H_3C-N{=}N-CH_3 \qquad H_5C_6-N{=}N-C_6H_5$$
          Azomethan   Azobenzol

30.3.1   Herstellung der Azoverbindungen

▶ **Aromatische** Azoverbindungen erhält man durch „Azokupplung" eines Diazonium-salzes mit einem elektronenreichen Aromaten.

Dies ist ein extrem wichtiger Prozess zur Herstellung sogenannter Azofarbstoffe. Es handelt sich hierbei um eine elektrophile Aromatensubstitution (Abschn. 24.1), die in der Regel nur mit aktivierten Aromaten gelingt. Dabei ist zwischen Phenolen und Aminen zu unterscheiden.

30.3.1.1 Kupplung mit Phenolen

Die Reaktion erfolgt in **schwach basischem Medium**. Dort liegen Phenolat-Anionen vor, d. h., das aromatische System ist stärker aktiviert als im Phenol (Abschn. 28.2). Neben der *p*-Azoverbindung entsteht auch teilweise die *o*-Azoverbindung, wie dies nach den Substitutionsregeln zu erwarten ist.

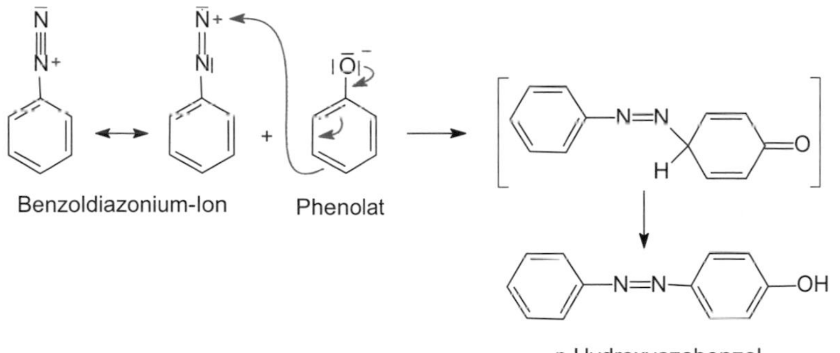

Benzoldiazonium-Ion   Phenolat

p-Hydroxyazobenzol

30.3.1.2 Kupplung mit aromatischen Aminen

▶ Bei Aminen hängt der Reaktionsverlauf vom pH-Wert und der Art des eingesetzten Amins ab.

Das elektrophile Diazoniumion wird zunächst am Ort der höchsten Elektronendichte angreifen. Bei **primären Aminen** (Anilinen) ist dies ist in der Regel der Stickstoff des Anilins. In schwach saurem Medium (z. B. in Essigsäure, AcOH) bildet sich daher bevorzugt das **Triazen**. Dieser Prozess ist jedoch reversibel. Man darf jedoch nicht zu sauer werden, da sonst alles Anilin zum Aniliniumsalz protoniert und als desaktivierter Aromat nicht mehr angegriffen wird. Auch bei der Kupplung von Anilinen erhält man ein Gemisch von *o*- und *p*-Substitutionsprodukt, auch wenn hier nur das *p*-Produkt gezeigt ist.

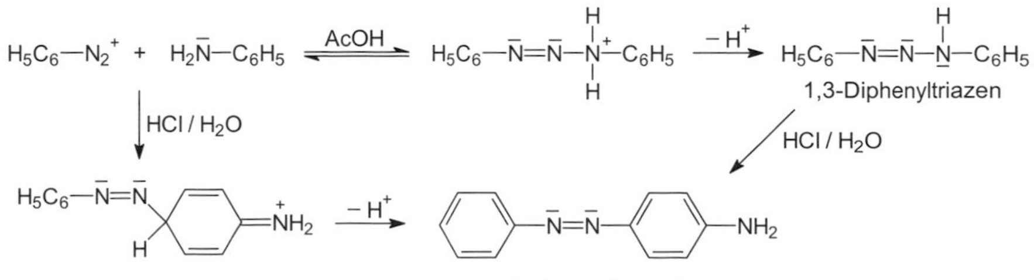

p-Aminoazobenzol

Bei **N,N-disubstituierten Anilinen** erfolgt die Kupplung auch in schwach saurem Medium direkt am aromatischen Ring, da eine N-Kupplung zu keinem stabilen Produkt führt.

N,N-Dimethylanilin   p-Dimethylaminoazobenzol

30.4   Diazoverbindungen, Diazoniumsalze

30.4.1   Herstellung von Diazo- und Diazoniumverbindungen

Durch **Umsetzung primärer Amine mit Natriumnitrit** im Sauren erhält man Diazoniumsalze (Abschn. 30.1.4). Aliphatische Diazoniumsalze sind unbeständig und zerfallen sofort unter Abspaltung von Stickstoff (Bildung eines Carbeniumions). Aromatische Diazoniumsalze sind hingegen bei Temperaturen unter 5 °C beständig und können in einer Reihe weiterer Reaktionen umgesetzt werden.

$$\text{Ar–NH}_2 + \text{HONO} \xrightarrow{\text{HX}} \underset{\text{Diazoniumsalz}}{\text{Ar–}\overset{+}{\text{N}}\equiv\text{N}|\text{X}^-} + \text{H}_2\text{O}$$

Durch Deprotonierung aliphatischer Diazoniumsalze erhält man die etwas stabileren Diazoverbindungen. Verbindungen mit elektronenziehenden Gruppen (z. B. Diazoester, Diazoketone), welche die Deprotonierung begünstigen, sind daher besonders stabil.

So erhält man mesomeriestabilisierte **Diazoester** sehr einfach aus **Aminosäureestern** (nicht den freien Aminosäuren) mit Natriumnitrit und Salzsäure:

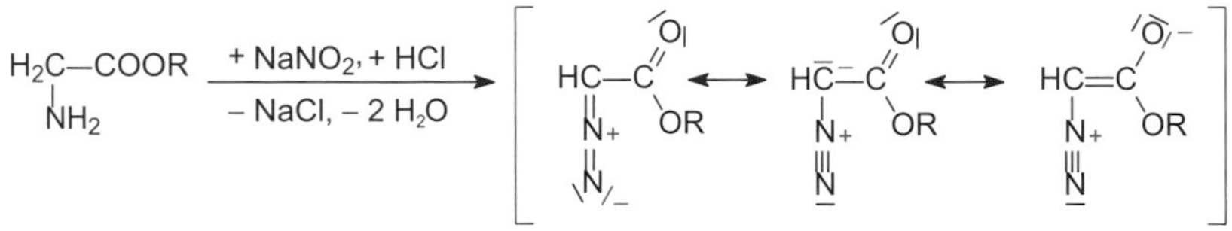

Diazoessigester

Die ebenfalls mesomeriestabilisierten **Diazoketone** entstehen durch Umsetzung von **Säurechloriden** (Abschn. 36.1.2) mit **Diazomethan**. Dabei greift das negativ polarisierte Kohlenstoffatom des Diazomethans an der Carbonyl-Gruppe des Säurechlorids an. Diese Reaktion ist ein Schlüsselschritt bei der *Arndt-Eistert*-**Synthese** zur Verlängerung von Carbonsäuren (Abschn. 30.4.2).

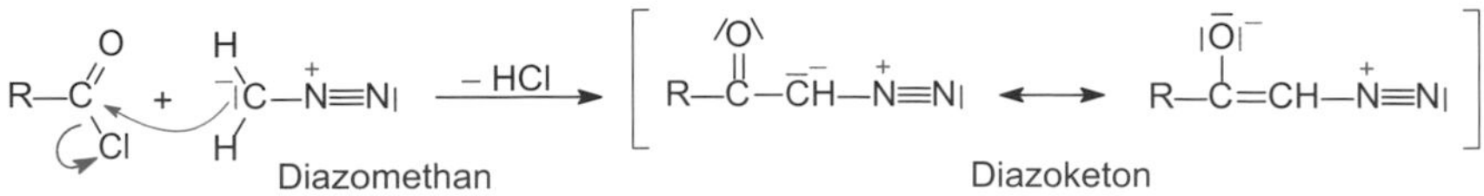

Diazomethan   Diazoketon

30.4.2 Reaktionen von Diazo- und Diazoniumverbindungen

30.4.2.1 Umsetzungen aromatischer Diazoniumsalze

Für die vergleichsweise stabilen aromatischen Diazoniumverbindungen gibt es eine Reihe von Umsetzungsmöglichkeiten:

1. Bei der **Azokupplung** werden Diazoniumsalze mit elektronenreichen Aromaten (Phenol- und Anilinderivate) umgesetzt, wobei Azoverbindungen (Abschn. 30.3.1) erhalten werden. Besonders wichtig sind hierbei die **Azofarbstoffe**.
2. Durch *Sandmeyer*-**Reaktion** gelingt in einer **radikalischen Substitutionsreaktion** die Einführung von Chlor, Brom und Cyanid-Substituenten. Hierzu werden die Diazoniumsalze mit den entsprechenden Kupfer(I)-salzen umgesetzt.

$$\text{Ar}-\overset{+}{\text{N}}\equiv\text{N}|\text{X} \xrightarrow{\text{CuX}} \text{Ar}-\text{X} + \text{N}_2 \quad \text{X} = \text{Cl}, \text{Br}, \text{CN}$$

3. Bei der **Phenolverkochung** werden die Diazoniumsalze **in Wasser erhitzt**. Sie spalten dabei spontan N_2 ab unter Bildung eines sehr reaktionsfähigen Arylkations, welches dann mit dem Wasser abreagiert.

Hinweis Beim Arylkation befindet sich die positive Ladung in einem sp^2-Orbital senkrecht zum π-System. Es ist daher nicht mesomeriestabilisiert und besonders reaktionsfähig.

30.4.2.2 Umsetzungen aliphatischer Diazoverbindungen

▶ **Diazomethan** (CH_2N_2), eine der wichtigsten Diazoverbindungen, ist giftig, karzinogen, und in reiner Form explosiv.

Daher sollte sehr vorsichtig mit dieser Verbindung umgegangen werden. Durch Protonierung von Diazoverbindungen entstehen instabile Diazoniumsalze, die spontan N_2 eliminieren.

Diazomethan wird daher wegen seiner großen Reaktivität als **Methylierungsmittel für acide Substanzen** verwendet. So sind Carbonsäuren ($pK_s \approx 4$) und Phenole ($pK_s \approx 10$) in der Lage, Diazomethan zu protonieren. Das gebildete Carbeniumion methyliert anschließend das Säureanion.

Aus Carbonsäuren erhält man so die entsprechenden Methylester, aus Phenolen die entsprechenden Methylether. Alkohole ($pK_s \approx 17$) sind nicht mehr acide genug und lassen sich daher so nicht umsetzen.

Die Umsetzung von Diazomethan mit **Säurechloriden** liefert **Diazoketone**. Diazoketone sind zentrale Intermediate bei ***Arndt-Eistert*-Synthesen**. Schlüsselschritt ist hierbei die thermische Zersetzung von Diazoketonen. Unter N_2-Abspaltung bildet sich hierbei ein Acylcarben, eine Verbindung mit einem Elektronensextet am Carben-C. Dieses instabile Intermediat lagert sich um durch Wanderung einer benachbarten Alkyl-Gruppe (***Wolff*-Umlagerung**) unter Bildung eines Ketens. **Ketene** sind sehr **reaktionsfähige Carbonsäurederivate** (Abschn. 35.2.6, die leicht Nucleophile addieren. So erhält man bei Umsetzungen in Wasser Carbonsäuren, in Alkoholen Ester, und in Gegenwart von Aminen Amide.

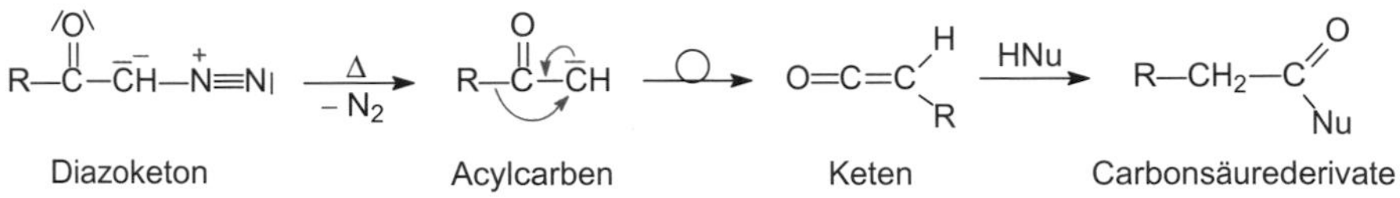

| Diazoketon | Acylcarben | Keten | Carbonsäurederivate |

Elementorganische Verbindungen

31

In der präparativen organischen Chemie finden zunehmend Verbindungen Verwendung, die Heteroatome enthalten (B, Si, Li, Cd u. a.).

▶ Verbindungen mit den elektropositiven Elementen (Metallen) bezeichnet man oft als **metallorganische Verbindungen** R–M.

In diesem Kapitel soll ein kurzer Überblick über elementorganische Verbindungen allgemein gegeben werden, unter besonderer Berücksichtigung ihrer Bedeutung für Synthesen.

31.1 Bindung und Reaktivität

Viele Reaktionen von Verbindungen des Typs R–M zeichnen sich dadurch aus, dass die Heteroelemente nicht im Endprodukt erhalten bleiben, sondern lediglich zur Aktivierung der Reaktionspartner dienen. Dies beruht darauf, dass diese Verbindungen leicht nucleophile Substitutions-Reaktionen eingehen, bei denen die Bindung zwischen dem C-Atom und dem Heteroatom gelöst wird. Ein Blick auf die Elektronegativitäts-Skala zeigt, dass die Elektronegativitäts-Werte für die Heteroatome kleiner sind als der Wert für Kohlenstoff. Die Bindung ist daher polarisiert: Das **C-Atom erhält** eine **negative Partialladung**. Im Allgemeinen wächst die chemische Reaktionsfähigkeit mit zunehmendem Ionencharakter der M–C-Bindung (abhängig von der Elektronegativität von M). Ionische Bindungen werden mit den stärksten elektropositiven Elementen wie Na und K erhalten. Die meisten Hauptgruppenelemente bilden aber **kovalente** M–C-Bindungen aus.

Verbindungen vom Typ M–CR$_3$ kann man als **maskierte Carbanionen** des Typs R$_3$Cl$^-$ betrachten. Vergleicht man die Ladungsverteilung im Halogenalkan mit der der daraus hergestellten metallorganischen Verbindung ($^{\delta+}$R–Hal$^{\delta-}$ und $^{\delta-}$R–Li$^{\delta+}$) fällt auf, dass der organische Rest R „umgepolt" wurde ($\delta^+ \rightarrow \delta^-$). Reaktivitätsumpolungen dieser Art findet man bei vielen Kohlenstoff-Heteroatomverbindungen.

© Springer-Verlag Berlin Heidelberg 2016
H.P. Latscha, U. Kazmaier, *Chemie für Biologen*, DOI 10.1007/978-3-662-47784-7_31

31.2   Eigenschaften elementorganischer Verbindungen

Oft ist es notwendig, elementorganische Verbindungen unter Schutzgas-Atmosphäre zu handhaben, da sie in der Regel oxidations- oder hydrolyseempfindlich sind. Manche sind sogar selbstentzündlich. Bei weniger reaktiven Verbindungen und Ether als Lösemittel genügt das über der Lösung befindliche „Ether-Polster".

31.3   Beispiele für elementorganische Verbindungen (angeordnet nach dem Periodensystem)

31.3.1   I. Gruppe: Lithium

Einfache Verbindungen wie Phenyllithium erhält man durch Reaktion von metallischem Lithium mit Halogenverbindungen (**Halogen-Metall-Austausch**).

$$C_6H_5Br + 2\,Li \longrightarrow C_6H_5Li + LiBr$$

Das tetramere Methyllithium $(CH_3Li)_4$ sowie Butyllithium werden häufig als **starke Basen** und **Nucleophile** bei Synthesen verwendet. Sie sind **reaktiver als** *Grignard*-**Verbindungen**.

31.3.2   II. Gruppe: Magnesium

Für Synthesen von besonderer Bedeutung sind die *Grignard*-**Verbindungen**. Sie werden meist durch Umsetzung von Alkyl- oder Arylhalogeniden mit metallischem Magnesium hergestellt:

$$\overset{\delta^+ \;\; \delta^-}{R\!-\!X} + Mg \longrightarrow \overset{\delta^- \;\; \delta^+}{R\!-\!MgX} \quad (\textit{Grignard}\text{-Reagenz})$$

Die Kohlenstoff-Magnesium-Bindung ist erwartungsgemäß stark polarisiert, wobei der Kohlenstoff die negative Teilladung trägt. *Grignard*-Verbindungen sind daher **nucleophile Reagenzien**, die mit elektrophilen Reaktionspartnern nucleophile Substitutionsreaktionen eingehen. *Vereinfacht betrachtet* greift das Carbanion $R|^-$ am positivierten Atom des Reaktionspartners an.

31.3.2.1   Reaktionen von Verbindungen mit aktivem Wasserstoff

Substanzen wie Wasser, Alkohole, Amine, Alkine und andere C–H-acide Verbindungen zersetzen *Grignard*-Verbindungen unter Bildung von Kohlenwasserstoffen. Dies gilt ganz allgemein für metallorganische Verbindungen. Durch volumetrische Bestimmung des entstandenen Alkans kann man den aktiven **Wasserstoff quanti-**

tativ erfassen (***Zerewitinoff*-Reaktion**).

$$CH_3\text{-}MgBr + H_2O \longrightarrow CH_4 + Mg(OH)Br$$
$$CH_3\text{-}MgBr + ROH \longrightarrow CH_4 + Mg(OR)Br$$

31.3.2.2 Addition an Verbindungen mit polaren Mehrfachbindungen

Reaktion mit Aldehyden und Ketonen

Bei Verwendung von Formaldehyd erhält man primäre Alkohole. Andere Aldehyde ergeben sekundäre Alkohole; Ketone liefern tertiäre Alkohole.

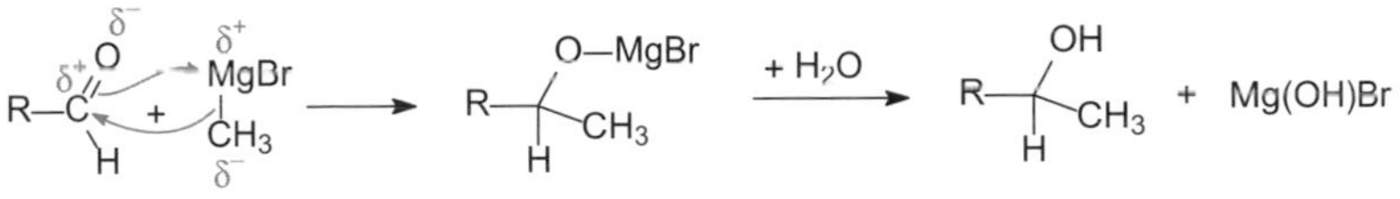

Reaktion mit Kohlenstoffdioxid

Die Umsetzung von *Grignard*-Verbindungen mit Kohlenstoffdioxid führt zur Bildung von Carbonsäuren.

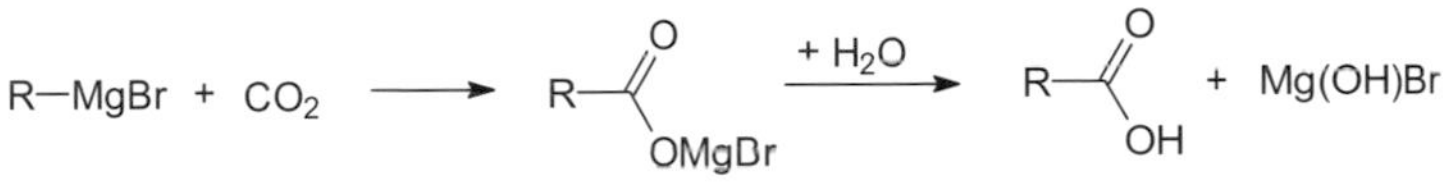

Reaktion mit Estern

Bei der Umsetzung von Estern entstehen primär Ketone, die jedoch reaktiver sind als die ursprünglich eingesetzten Ester (Abschn. 36.1.1.1). Sie reagieren deshalb schneller weiter als der Ester. Daher kann man Ester nicht zum Keton umsetzen. Die Reaktion läuft weiter durch bis zum tertiären Alkohol. Ameisensäureester ergeben sekundäre Alkohole.

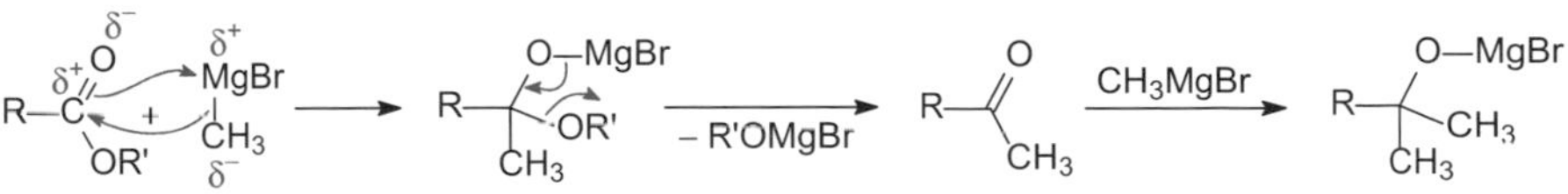

Reaktion mit Nitrilen

Bei der Umsetzung von Nitrilen kann das intermediär gebildete Magnesium-Salz nicht zerfallen wie bei den Estern, das Keton bildet sich erst bei der wässrigen Aufarbeitung. Unter diesen Bedingungen zersetzt sich jedoch auch die *Grignard*-Verbindung, so dass keine weitere Reaktion am Keton erfolgen kann.

▶ Die Umsetzung von Nitrilen ist also eine gute Möglichkeit zur Herstellung von Ketonen.

$$\underset{\delta^+ \ \delta^-}{R-C\equiv N} \ + \ CH_3MgBr \ \longrightarrow \ R-\overset{NMgBr}{\underset{CH_3}{C}} \ \xrightarrow[- Mg(OH)Br]{+ H_2O} \ R-\overset{NH}{\underset{CH_3}{C}} \ \xrightarrow[- NH_3]{+ H_2O} \ R-\overset{O}{\underset{CH_3}{C}}$$

31.3.3 III. Gruppe: Bor

Bor-organische Verbindungen und dabei vor allem die Trialkylborane sind reaktive Zwischenprodukte bei organischen Synthesen, da sich Borane leicht an Alkene addieren (vgl. **Hydroborierung**, Abschn. 22.1.3). Von großer Bedeutung sind auch Reduktionen mit B_2H_6 oder $NaBH_4$ (Abschn. 33.1.1).

Die Produkte der Hydroborierung können entweder durch Hydrolyse oder durch Oxidation aufgearbeitet werden:

$$R-CH=CH_2 \ + \ R'_2BH \ \longrightarrow \ R-CH_2-CH_2-BR'_2 \ \overset{\xrightarrow{\ H_2O \ / \ H^+ \ } \ R-CH_2-CH_3}{\underset{\xrightarrow{\ H_2O_2 \ / \ OH^- \ } \ R-CH_2-CH_2-OH}{}}$$

31.3.4 V. Gruppe: Phosphor

***Wittig*-Reaktion**
Quartäre Phosphoniumhalogenide mit α-ständigem H-Atom werden durch starke Basen (z. B. *n*-Butyllithium) in **Alkyliden-phosphorane** überführt. Diese sind mesomeriestabilisiert (**Ylid-Ylen-Struktur**) mit einer stark polarisierten P=C-Bindung.

$$\underset{R^2 \ \ X^-}{\overset{H}{R^1-\overset{|}{\underset{|}{C}}-\overset{+}{P}R_3}} \ \xrightarrow[- LiX]{n-BuLi} \ \left[\ \underset{R'^2}{\overset{R^1}{\underset{|}{\overset{-}{C}}-\overset{+}{P}R_3}} \ \longleftrightarrow \ \underset{R'^2}{\overset{R^1}{C=PR_3}} \ \right]$$
$$\qquad\qquad\qquad\qquad\qquad\qquad Ylid \qquad\qquad Ylen$$

Wichtigste Reaktion dieser **Phosphor-Ylide** ist die **Carbonyl-Olefinierung** nach *Wittig*. Hierzu stellt man zunächst in zwei Schritten ein Alkylidenphosphoran *(Wittig-Reagenz)* her. Das ***Wittig*-Reagenz** reagiert mit der Carbonyl-Gruppe unter Bildung einer neuen C–C-Bindung entsprechend den Polaritäten der Reaktionspartner. Unter Abspaltung von Triphenylphosphanoxid erhält man ein Alken.

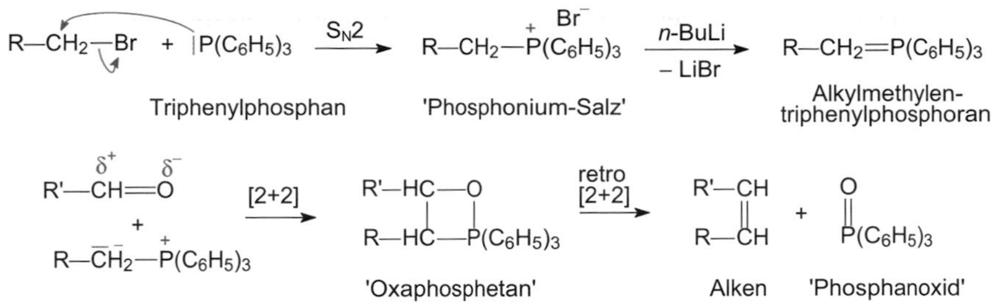

R—CH₂—Br + |P(C₆H₅)₃ $\xrightarrow{S_N2}$ R—CH₂—$\overset{+}{P}$(C₆H₅)₃ $\overset{Br^-}{}$ $\xrightarrow[- LiBr]{n\text{-BuLi}}$ R—CH₂═P(C₆H₅)₃

Triphenylphosphan   'Phosphonium-Salz'   Alkylmethylen-
triphenylphosphoran

R'—$\overset{\delta^+}{C}$H═$\overset{\delta^-}{O}$
        $\xrightarrow{[2+2]}$ R'—HC—O $\xrightarrow[]{\text{retro} \atop [2+2]}$ R'—CH + O
        + | | ‖   ‖
R—$\overset{-}{C}$H₂—$\overset{+}{P}$(C₆H₅)₃   R—HC—$\overset{+}{P}$(C₆H₅)₃   R—CH   P(C₆H₅)₃

                        'Oxaphosphetan'   Alken   'Phosphanoxid'

Horner-Wadsworth-Emmons-**Reaktion**

Eng verwandt mit der *Wittig*-Reaktion ist die Olefinierung nach ***Horner, Wadsworth*** und ***Emmons***. Hierbei geht man von den entsprechenden Phosphonsäureestern aus.

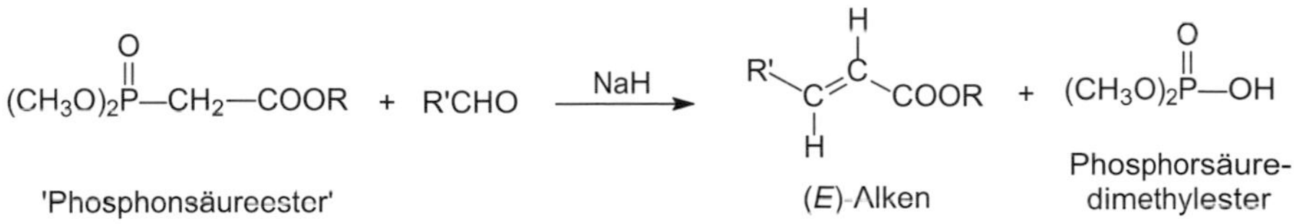

                O   H   O
                ‖ | ‖
(CH₃O)₂$\overset{}{P}$—CH₂—COOR + R'CHO $\xrightarrow{\text{NaH}}$ R'╲ C═C ╱COOR + (CH₃O)₂$\overset{}{P}$—OH
                                                                        C
                                                                        | Phosphorsäure-
     'Phosphonsäureester'   H   dimethylester
                                                                  (*E*)-Alken

Die Carbonyl-Gruppe

Die wichtigste **funktionelle Gruppe** ist die Carbonyl-Gruppe $R^1R^2C=O$. Bei ihr sind sowohl der Kohlenstoff als auch der Sauerstoff **sp^2-hybridisiert**. R, C und O liegen demzufolge in einer Ebene und haben Bindungswinkel von ~120°. C und O sind durch eine Doppelbindung miteinander verbunden.

Der Unterschied zwischen einer C=C- und einer C=O-Doppelbindung besteht darin, **dass die Carbonyl-Gruppe polar** ist, aufgrund der höheren Elektronegativität des Sauerstoffs. Die Carbonyl-Gruppe besitzt daher am Kohlenstoff ein elektrophiles und am Sauerstoff ein nucleophiles Zentrum, d. h., das C-Atom ist positiv polarisiert (trägt eine positive Partialladung), das O-Atom ist negativ polarisiert (trägt eine negative Partialladung).

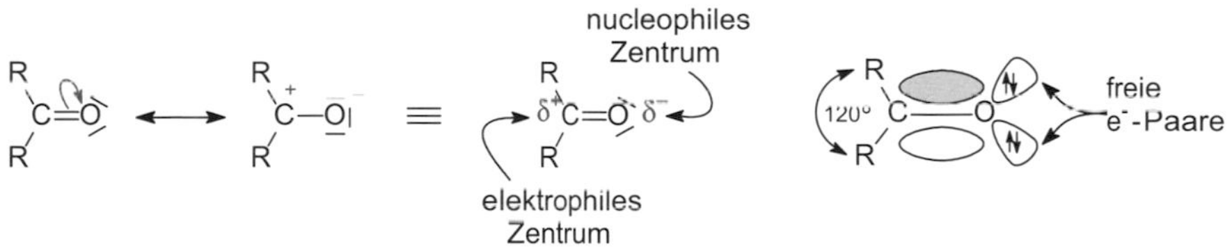

Carbonylverbindungen lassen sich wie folgt nach steigender Reaktivität ordnen:

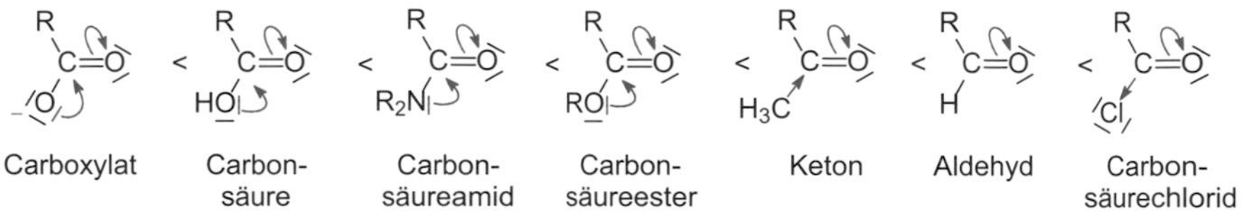

Carboxylat	Carbon-säure	Carbon-säureamid	Carbon-säureester	Keton	Aldehyd	Carbon-säurechlorid

Die **Reaktivität** der Carbonyl-Gruppe beruht auf der **Polarität der C–O-Bindung**. Reaktionen an der Carbonyl-Gruppe sind in der Regel Angriffe von

Nucleophilen am positivierten C-Atom. Die Reaktionsgeschwindigkeit wird daher umso höher sein, je größer die Elektrophilie des Carbonyl-*C* ist.

Elektronenschiebende Gruppen erniedrigen die positive Partialladung und somit die Reaktionsgeschwindigkeit, während elektronenziehende Gruppen an der Carbonyl-Gruppe deren Reaktivität erhöhen.

Heteroatom-Substituenten an der Carbonyl-Gruppe wirken in der Regel induktiv (−I-Effekt) und mesomer unter Beteiligung ihres freien Elektronenpaars (+M-Effekt) (Abschn. 18.4).

Den **stärksten desaktivierenden** Effekt hat die **Carboxylat-Gruppe** mit ihrer negativen Ladung. Carboxylate lassen sich daher nur noch mit den reaktivsten Nucleophilen, wie etwa Alkyllithiumverbindungen (Abschn. 31.3.1) umsetzen.

Da Nucleophile in der Regel auch basische Eigenschaften haben, werden **Carbonsäuren** unter den Reaktionsbedingungen ebenfalls **deprotoniert** und somit desaktiviert.

Stickstoff ist im Vergleich zum Sauerstoff weniger elektronegativ. Daher hat ein *N*-Substituent einen geringeren −I-Effekt und einen höheren +M-Effekt als ein *O*-Substituent.

▶ Carbonsäureamide sind daher weniger reaktionsfähig als Ester.

Bei den „höheren Halogenen" überwiegt der −I-Effekt den +M-Effekt.

▶ Säurehalogenide sind somit besonders reaktionsfähig und reaktiver als z. B. Aldehyde.

Alkyl-Gruppen besitzen einen schwachen **+I-Effekt**.

▶ Ketone sind deshalb etwas weniger reaktionsfähig als Aldehyde.

Diese elektronischen Effekte sind jedoch relativ gering. Vielmehr spielen hier auch sterische Aspekte eine große Rolle.

Dies wird verständlich, wenn man bedenkt, dass bei allen Additionen an die Carbonyl-Gruppe primär eine **tetrahedrale Zwischenstufe** gebildet wird, aus der heraus weitere Folgereaktionen ablaufen. Die verschiedenen Carbonylverbindungen unterscheiden sich in eben diesen Folgereaktionen. Daher kann man unterscheiden zwischen den Umsetzungen von Aldehyden und Ketonen und denen der Carbonsäurederivate.

$$
Nu^- + \underset{X}{\overset{R}{\diagup}}C=\underline{\overline{O}} \longrightarrow Nu-\underset{X}{\overset{R}{\underset{|}{C}}}-\underline{\overline{O}}|^- \longrightarrow \text{Folgeprodukte}
$$

tetrahedrale
Zwischenstufe

Anmerkung „tetrahedral" bedeutet, dass vier miteinander verbundene Atome eine Tetraeder-Struktur bilden.

Aldehyde, Ketone und Chinone 32

32.1 Nomenklatur und Beispiele

▶ Aldehyde und Ketone sind primäre Oxidationsprodukte der Alkohole.

Sie haben die Carbonyl-Gruppe gemeinsam. Bei einem **Aldehyd** trägt das C-Atom dieser Gruppe ein *H*-Atom und ist mit einem zweiten C-Atom verbunden (Aldehyd = *Alcohol dehydrogenatus*). Beim Keton ist das Carbonyl-C-Atom mit zwei weiteren C-Atomen verknüpft. (*Beachte:* Ein Lacton ist kein Keton!)

▶ Aldehyde tragen die Endsilbe al, angefügt an den systematischen Namen, Ketone die Endung -on.

Für Aldehyde werden jedoch meist noch Trivialnamen verwendet, die von der entsprechenden Carbonsäure abgeleitet sind. Ketone werden oft benannt, indem man an die beiden Reste (in alphabetischer Reihenfolge) die Endung „-keton" anhängt.

Beispiele

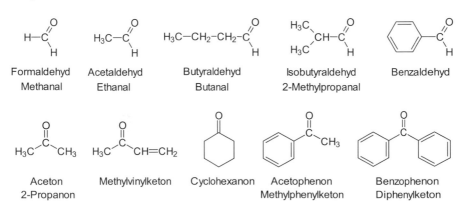

| Formaldehyd | Acetaldehyd | Butyraldehyd | Isobutyraldehyd | Benzaldehyd |
| Methanal | Ethanal | Butanal | 2-Methylpropanal | |

| Aceton | Methylvinylketon | Cyclohexanon | Acetophenon | Benzophenon |
| 2-Propanon | | | Methylphenylketon | Diphenylketon |

© Springer-Verlag Berlin Heidelberg 2016
H.P. Latscha, U. Kazmaier, *Chemie für Biologen*, DOI 10.1007/978-3-662-47784-7_32

▶ Chinone nennt man Verbindungen, die zwei Carbonyl-Funktionen in cyclischer Konjugation enthalten.

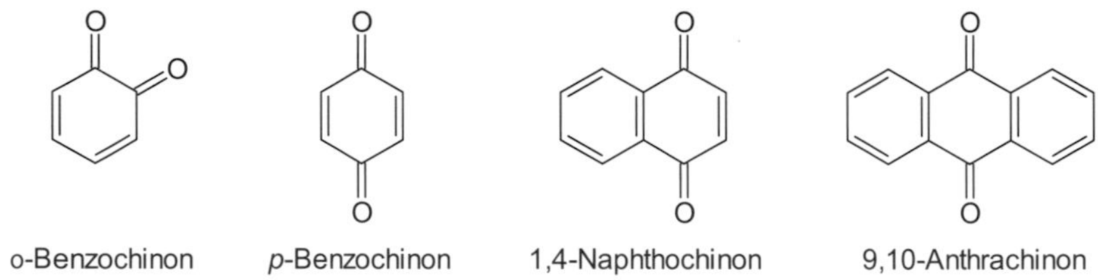

| o-Benzochinon | p-Benzochinon | 1,4-Naphthochinon | 9,10-Anthrachinon |

32.2 Herstellung von Aldehyden und Ketonen

32.2.1 Oxidation von Alkoholen

Die Oxidation primärer Alkohole gibt Aldehyde. Die Oxidation sekundärer Alkohole gibt Ketone. Gebräuchliche Oxidationsmittel für **sekundäre** Alkohole sind $KMnO_4$, $K_2Cr_2O_7$ oder CrO_3. Bei der Oxidation **primärer** Alkohole muss man jedoch darauf achten, dass die Oxidation nicht weitergeht bis zur Carbonsäure. Leichtflüchtige Aldehyde können vereinzelt aus dem Reaktionsgemisch abgetrennt und dadurch vor weiterer Oxidation geschützt werden.

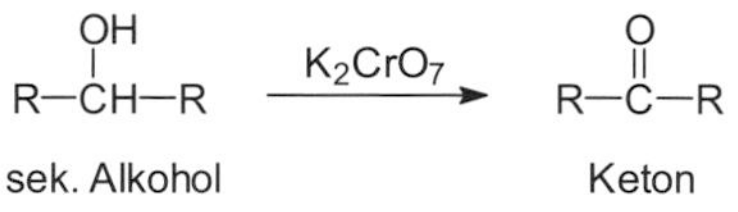

$$ \underset{\text{sek. Alkohol}}{R-\overset{\overset{\displaystyle OH}{|}}{C}H-R} \xrightarrow{K_2CrO_7} \underset{\text{Keton}}{R-\overset{\overset{\displaystyle O}{\|}}{C}-R} $$

Chinone erhält man durch Oxidation (Dehydrierung) der entsprechenden Hydrochinone. So lässt sich das Hydrochinon (p-Dihydroxybenzol) leicht zu dem Chinon (p-Benzochinon) oxidieren. Dabei geht das aromatische System in ein **chinoides** über. Auch andere Dihydroxy-Aromaten mit OH-Gruppen in o- oder p-Stellung können zu Chinonen oxidiert werden.

32.2.2 Reduktion von Carbonsäurederivaten

Die Reduktion von Carbonsäurechloriden **mit H_2** und Palladium als Katalysator führt zu gesättigten Alkoholen. Ein Zusatz von $BaSO_4$ verhindert, dass der zuerst entstehende Aldehyd zum Alkohol reduziert wird. Dieses Verfahren ist als *Rosenmund*-Reduktion zur Herstellung von Aldehyden aus Säurechloriden bekannt:

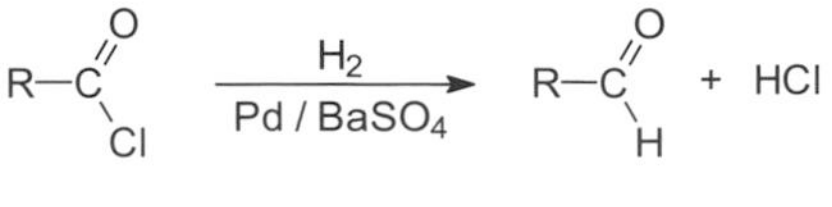

$$ R-\overset{\overset{\displaystyle O}{\|}}{\underset{\underset{\displaystyle Cl}{}}{C}} \xrightarrow[\text{Pd / BaSO}_4]{H_2} R-\overset{\overset{\displaystyle O}{\|}}{\underset{\underset{\displaystyle H}{}}{C}} \ + \ HCl $$

32.2.3 Umsetzung von Carbonsäurederivaten mit metallorganischen Verbindungen

Wie mit Wasserstoff und Hydriden lassen sich Carbonsäurederivate auch mit metallorganischen Verbindungen (Kap. 31) umsetzen. Aber auch hier besteht das Problem der Mehrfachreaktion, da das bei der Reaktion gebildete Keton oft reaktionsfähiger ist als die eingesetzte Carbonylverbindung. Es reagiert daher weiter unter Bildung eines tertiären Alkohols. Man verwendet deshalb häufig die entsprechenden Nitrile (Abschn. 31.3.2), oder man setzt sehr reaktionsfähige Derivate wie **Säurechloride** mit wenig reaktiven metallorganischen Verbindungen wie **Kupfer-** oder **Cadmiumverbindungen** um. Diese reagieren zwar noch mit Säurehalogeniden, aber nicht mehr mit Ketonen, so dass die Reaktion hier anhält.

$$2\ R-\overset{O}{\underset{Cl}{C}} + R'_2Cd \longrightarrow 2\ R-\overset{O}{\underset{R'}{C}} + CdCl_2$$

32.2.4 *Friedel-Crafts*-Acylierungen

Aromatische Aldehyde und Ketone lassen sich durch ***Friedel-Crafts*-Acylierung** (Abschn. 24.2.5) aus Säurechloriden in Gegenwart von $AlCl_3$ als Katalysator erhalten.

$$\langle\text{C}_6\text{H}_6\rangle + H_3C-\overset{O}{\underset{Cl}{C}} \xrightarrow{AlCl_3} \langle\text{C}_6\text{H}_5\rangle-\overset{O}{\underset{CH_3}{C}} + HCl$$

Acetophenon

Ein Spezialfall der *Friedel-Crafts*-Acylierung ist die ***Vilsmeier-Haack*-Reaktion** (Abschn. 24.2.5). Mit ihr gelingt die Einführung des Formyl-Restes in aktivierte Aromaten (Aniline und Phenolderivate) mittels **POCl₃**.

$$H_3CO-\langle\rangle + OHC-\overset{CH_3}{\underset{}{N}}-C_6H_5 \xrightarrow{POCl_3} H_3CO-\langle\rangle-CHO + HN\overset{CH_3}{\underset{}{}}-C_6H_5$$

| Anisol | N-Methylformanilid | | Anisaldehyd | N-Methylanilin |

Aromatische Aldehyde und Ketone können auch durch andere elektrophile Substitutionsreaktionen erhalten werden, wie z. B. die ***Houben-Hoesch*-Synthese**. Bei ihr werden Phenole und deren Derivate mit **Nitrilen** umgesetzt, wobei Imine erhalten werden, die sich anschließend zu den entsprechenden Ketonen hydrolysieren lassen. Die analoge Reaktion mit **HCN** ergibt Aldehyde und heißt *Gattermann-Formylierung*.

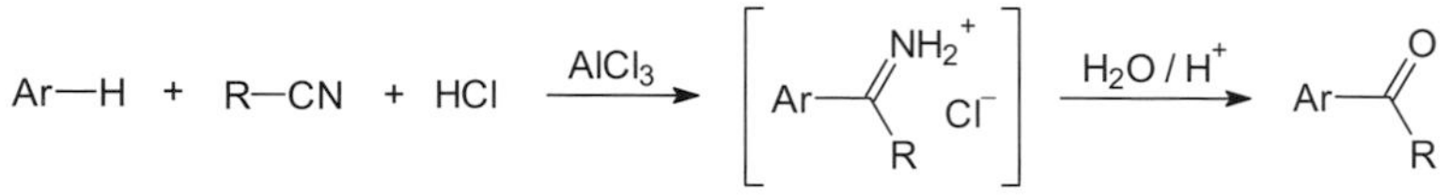

$$Ar-H \ + \ R-CN \ + \ HCl \quad \xrightarrow{\text{AlCl}_3} \quad \left[Ar-\overset{\overset{+}{NH_2}}{\underset{R}{C}} \ Cl^- \right] \quad \xrightarrow{H_2O \, / \, H^+} \quad Ar-\overset{O}{\underset{R}{C}}$$

32.2.5 Oxidative Spaltungsreaktionen

Alkene lassen sich durch Ozon oxidativ spalten (Abschn. 22.2.1). Durch **Ozonolyse** erhält man aus tetrasubstituierten Alkenen Ketone, aus 1,2-disubstituierten Alkenen bei reduktiver Aufarbeitung Aldehyde.

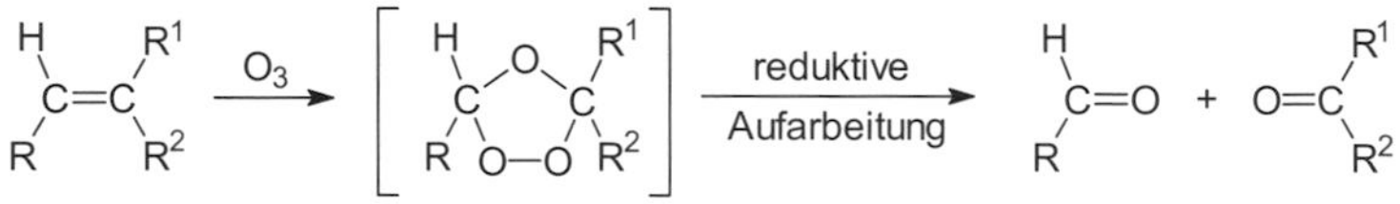

$$\overset{H}{\underset{R}{C}}=\overset{R^1}{\underset{R^2}{C}} \quad \xrightarrow{O_3} \quad \left[\overset{H}{\underset{R}{C}}\overset{O}{\underset{O-O}{}}\overset{R^1}{\underset{R^2}{C}} \right] \quad \xrightarrow[\text{Aufarbeitung}]{\text{reduktive}} \quad \overset{H}{\underset{R}{C}}=O \ + \ O=\overset{R^1}{\underset{R^2}{C}}$$

1,2-Diole lassen sich durch **Glykolspaltung** (Abschn. 28.1.3.2) mit Bleitetraacetat $Pb(OAc)_4$ oder Natriumperiodat $NaIO_4$ ebenfalls zu den entsprechenden Carbonylverbindungen spalten.

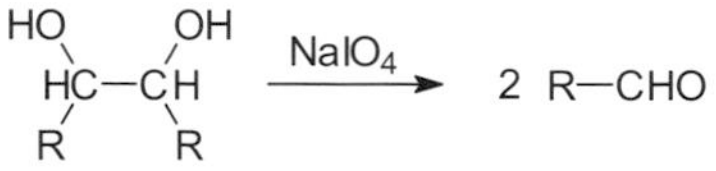

$$\overset{HO}{\underset{R}{H}}\overset{OH}{\underset{R}{C}}-\overset{}{\underset{}{C}}H \quad \xrightarrow{NaIO_4} \quad 2 \ R-CHO$$

32.3 Eigenschaften

Die Siedepunkte der Aldehyde und Ketone liegen tiefer als die der analogen Alkohole, da die Moleküle *untereinander* keine H-Brücken ausbilden können. Niedere Aldehyde und Ketone sind wasserlöslich und können *mit* H_2O-Molekülen H-Brücken bilden und zu Additionsprodukten (Hydrate) (Abschn. 33.1.2) reagieren.

Keto-Enol-Tautomerie
Aldehyde und Ketone mit α-ständigen Wasserstoff-Atomen bilden **tautomere Gleichgewichte** (Abschn. 17.6) mit den entsprechenden Enolen.

▶ Meist liegt das Gleichgewicht auf der Seite des Ketons, außer wenn die Enolform z. B. durch Konjugation begünstigt wird.

Beispiele

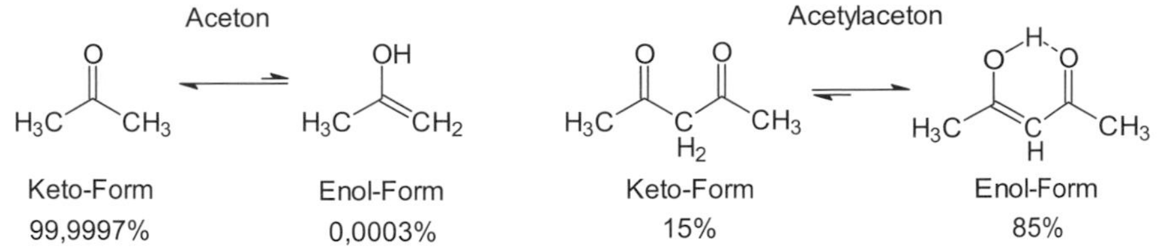

Aceton   Acetylaceton

Keto-Form   Enol-Form   Keto-Form   Enol-Form
99,9997%   0,0003%   15%   85%

Die Stabilisierung der Enol-Form der 1,3-Diketone beruht auf der Bildung einer **intramolekularen Wasserstoff-Brückenbindung** und der Ausbildung konjugierter Doppelbindungen.

32.4 Redoxreaktionen von Carbonylverbindungen

32.4.1 Reduktion zu Alkoholen

In Umkehrung ihrer Bildungsreaktion (Oxidation von Alkoholen) lassen sich Aldehyde und Ketone durch Reduktion wieder in Alkohole überführen. Dabei wird in der Regel ein **Hydridion** auf die Carbonyl-Gruppe übertragen (Abschn. 33.1.1).

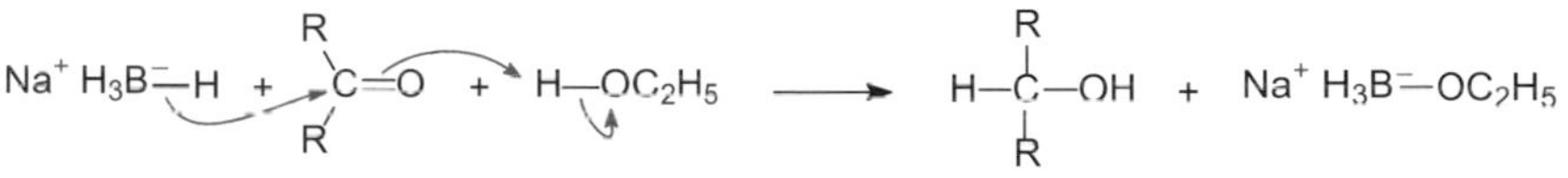

32.4.2 Reduktion zu Kohlenwasserstoffen

32.4.2.1 Reduktion nach *Clemmensen*
Die Methode nach *Clemmensen* reduziert mittels **amalgamiertem Zink** und **starken Mineralsäuren** Ketone, die dieses stark saure Milieu aushalten.

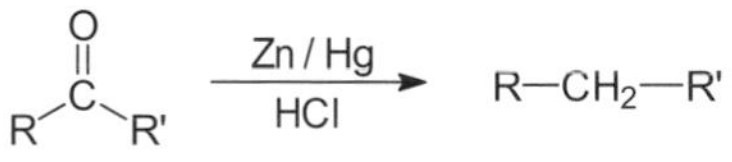

32.4.2.2 Reduktion nach *Wolff-Kishner*
Verbindungen, die säurelabil sind, bzw. mit Säuren in nicht gewünschter Weise reagieren, können mit **Basen**, z. B. Hydrazin und Lauge, nach der *Wolff-Kishner*-Methode reduziert werden:

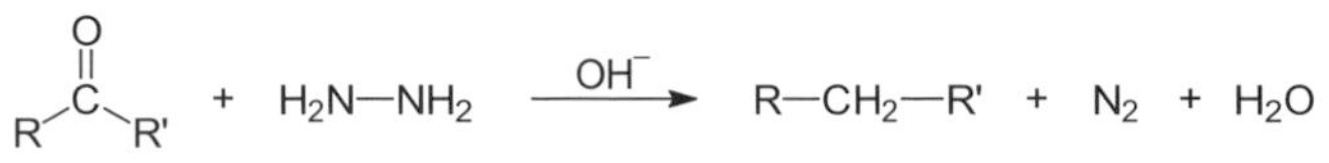

32.4.3 Oxidationsreaktionen

Die meisten bisher vorgestellten Reaktionen sind mit Aldehyden und Ketonen möglich. **Unterschiede** zeigen beide im Verhalten **gegen Oxidationsmittel.** Aldehyde werden zu Carbonsäuren oxidiert; Ketone hingegen lassen sich normalerweise an der Carbonyl-Gruppe nicht weiter oxidieren.

32.4.3.1 Nachweis der Aldehydfunktion

Zum Nachweis von Verbindungen mit Aldehyd-Funktionen dient ihre reduzierende Wirkung auf Metallkomplexe. So wird bei der *Fehling*-**Reaktion** eine alkalische Kupfer(II)-tartrat-Lösung (Cu^{2+}/OH^-/Weinsäure) zu rotem Cu_2O reduziert ($Cu^{2+} \rightarrow Cu^+$) und bei der *Tollens*-**Reaktion** (Silberspiegel-Prüfung) eine ammoniakalische Silbersalzlösung (Ag^+/$NH_4^+OH^-$) zu metallischem Silber.

32.4.4 Redoxverhalten der Chinone

Auf die Herstellung der Chinone durch Oxidation der entsprechenden Hydrochinone wurde bereits hingewiesen. Umgekehrt lassen sich Chinone sehr leicht zu den Hydrochinonen reduzieren.

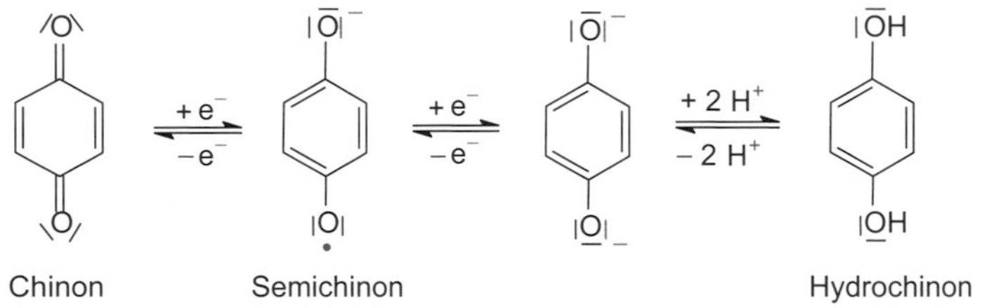

| Chinon | Semichinon | | Hydrochinon |

▶ Chinone und ihre Hydrochinone können durch Redoxreaktionen ineinander umgewandelt werden.

Für dieses Reaktionsschema ergibt sich das Redoxpotenzial aus der *Nernst*'schen **Gleichung** (s. Teil I, Kap. 11) zu:

$$E = E^0 + \frac{R \cdot T \cdot 2{,}303}{2 \cdot F} \cdot \lg \frac{c\,(\text{Chinon}) \cdot c^2\,(\text{H}^+)}{c\,(\text{Hydrochinon})}$$

Daraus kann man u. a. folgende Schlüsse ziehen:

1. Ist das Produkt der Konzentrationen von Chinon und H^+ gleich der Konzentration von Hydrochinon, so wird $E = E^0$, da $\lg 1/1 = \lg 1 = 0$ ist. Das Redoxpotenzial des Systems ist dann so groß wie sein **Normalpotenzial E^0**.

2. Mischt man ein Hydrochinon mit seinem Chinon im Molverhältnis 1 : 1, so entsteht eine Additionsverbindung, das tiefgrüne **Chinhydron**, ein sog. **Charge-Transfer-Komplex**. Er besteht aus zwei Komponenten, dem elektronenreichen Donor (hier Hydrochinon) und dem elektronenziehenden Akzeptor (hier Chinon). Die entsprechenden Komplexe nennt man daher auch **Donor-Akzeptor-Komplexe**. Sie sind meist intensiv farbig, wobei man die Farbe dem Elektronenübergang Donor → Akzeptor zuschreibt. In einer gesättigten Chinhydron-Lösung liegen die Reaktionspartner in gleicher Konzentration (also 1 : 1) vor. Damit vereinfacht sich die *Nernst'sche* Gleichung zu:

$$E = E^0 + \frac{R \cdot T \cdot 2{,}3}{2 \cdot F} \cdot \lg c^2(\mathrm{H^+}) = E^0 + \frac{R \cdot T \cdot 2{,}3}{F} \cdot \lg c(\mathrm{H^+})$$

$$= E^0 - \frac{R \cdot T \cdot 2{,}3}{F} \cdot \mathrm{pH}$$

Jetzt ist das Redoxpotenzial nur noch vom pH-Wert der Lösung abhängig. Eine **Chinhydron-Elektrode** kann daher zu Potenzialmessungen benutzt werden.

Chinone wirken als Oxidationsmittel, so z. B. **Chloranil** (Tetrachlor-*p*-benzochinon):

| 1,2-Dihydro-naphthalin | Tetrachlor-*p*-benzochinon | Naphthalin | Tetrachlor-hydrochinon |

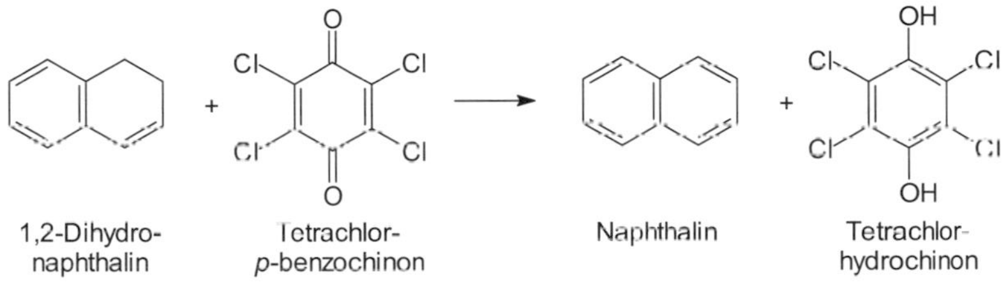

Die **1,4-Chinone** sind auch **ungesättigte Ketone**, die 1,2 und 1,4-Additionsreaktionen eingehen können. Außerdem sind *Diels-Alder*-**Reaktionen** (Abschn. 22.2.2) möglich mit **Chinon als Dienophil**.

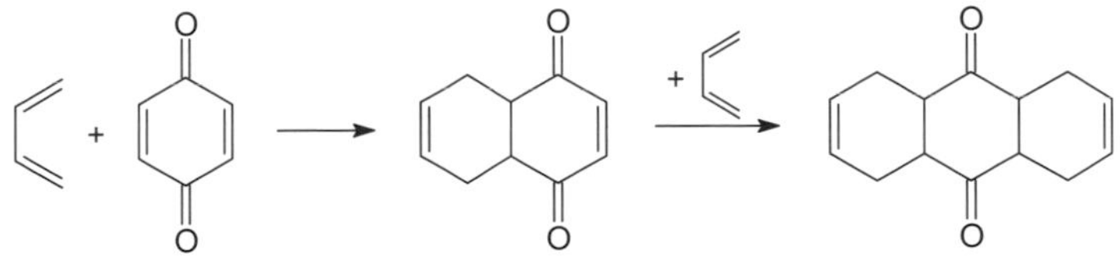

Semichinone sind mesomeriestabilisiert (sowohl das Radikal als auch die neg. Ladung). 1,4-Benzochinon wird daher als Inhibitor bei radikalischen Polymerisationen benutzt.

Hydrochinone werden als **Reduktionsmittel** verwendet, z. B. als fotografische Entwickler, oder bei der technischen Herstellung von H_2O_2.

32.5 Biologisch interessante Carbonylverbindungen

Wegen der Vielzahl verschiedenartiger Carbonylverbindungen werden diese z. T. in anderen Kapiteln besprochen, so z.B. Citral, Anisaldehyd und Vanillin, Menthon (s. Terpene, Kap. 46) und Zimtaldehyd.

Cyclische Ketone sind häufig wohlriechende Verbindungen und finden daher in der **Parfümerie** Verwendung. **Muscon** ist z. B. der Geruchsträger von natürlichem Moschus und wird von einer Hirschart (*Moschus moschiferus*) produziert. Das ähnlich riechende **Zibeton** kann aus Duftdrüsen der Zibet-Katze isoliert werden.

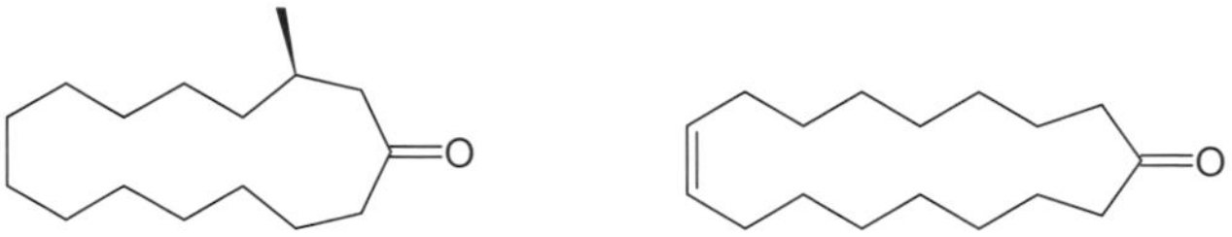

Muscon   Zibeton

Chinone sind wegen ihrer Redoxeigenschaften von Bedeutung. So sind die **Ubichinone** ($n = 6$–10) wichtige Wasserstoffüberträger bei Oxidationen in den Mitochondrien. **Vitamin K_1** sowie seine reduzierte Form spielen eine Rolle bei der Blutgerinnung. Die strukturell verwandten Hydrochinonderivate **Tocopherole** (Vitamine der E-Reihe) wirken als Radikalfänger (Abschn. 20.5.4) und Antioxidantien in Zellmembranen und Lipoproteinen.

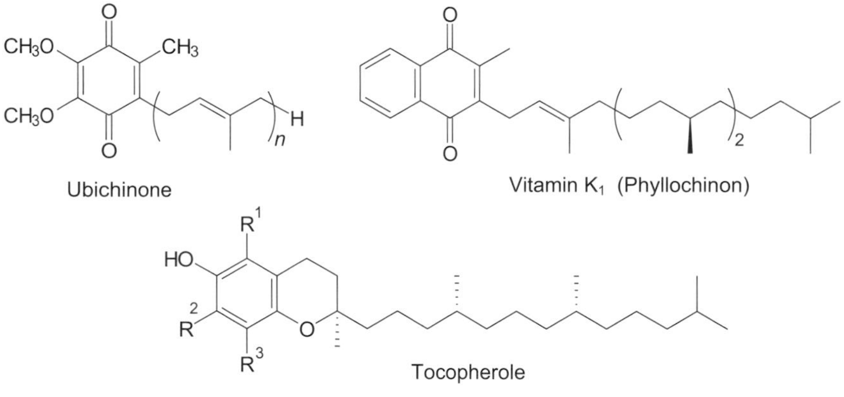

Ubichinone   Vitamin K_1 (Phyllochinon)

Tocopherole

Viele Chinone sind intensiv gefärbt, vor allem bei größeren konjugierten Systemen. So bildet das rote **Alizarin** (aus der Krappwurzel) intensiv gefärbte Metallkomplexe, die bereits im Altertum zum Färben verwendet wurden (Krapplacke).

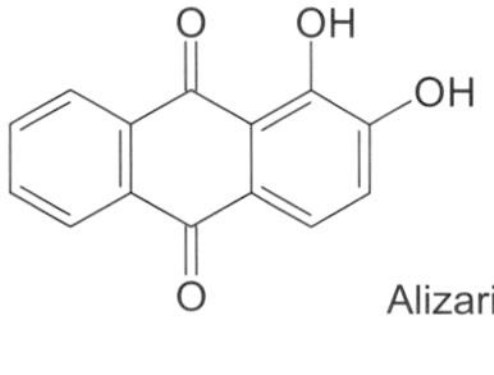

Alizarin

Reaktionen von Aldehyden und Ketonen

33

▶ Typische Reaktionen aller Carbonylverbindungen sind Additionen von Nucleophilen an die Carbonyl-Gruppe.

Für Aldehyde und Ketone lässt sich folgender allgemeiner Mechanismus formulieren:

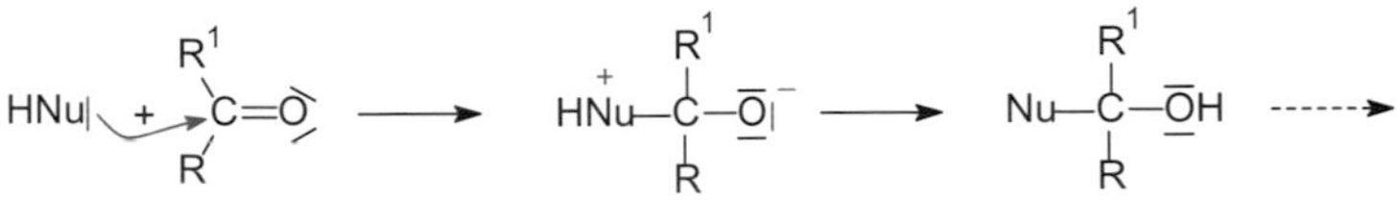

Das nucleophile Reagenz lagert sich an das positivierte C-Atom der C=O-Gruppe an. Unter Protonenwanderung bildet sich daraus eine Additionsverbindung, die je nach den Reaktionsbedingungen weiterreagieren kann. Die Reaktion wird durch Säuren beschleunigt, da Protonen als elektrophile Teilchen mit dem nucleophilen Carbonyl-Sauerstoff reagieren können und dadurch die Polarität der C=O-Gruppe erhöhen (**Säurekatalyse**).

Manchmal ist es zweckmäßig **in alkalischer Lösung** zu arbeiten, wenn durch Deprotonierung von HNu ein reaktiveres Nucleophil Nu⁻ gebildet wird.

Die verschiedenen Umsetzungen der Carbonylverbindungen unterscheiden sich in der Art der Nucleophile (Heteroatom- oder *C*-Nucleophile) und in der Art der Folgereaktionen.

Carbonylverbindungen mit **Wasserstoffatomen in α-Position** stehen über die **Keto-Enol-Tautomerie** (Abschn. 32.3) mit der entsprechenden Enolform im Gleichgewicht. Sie sind relativ acide und lassen sich mit **starken Basen** unter Bildung eines Enolats **deprotonieren**. **Enolate** sind sehr gute *C*-Nucleophile und können als solche z. B. mit anderen Carbonylverbindungen reagieren.

© Springer-Verlag Berlin Heidelberg 2016
H.P. Latscha, U. Kazmaier, *Chemie für Biologen*, DOI 10.1007/978-3-662-47784-7_33

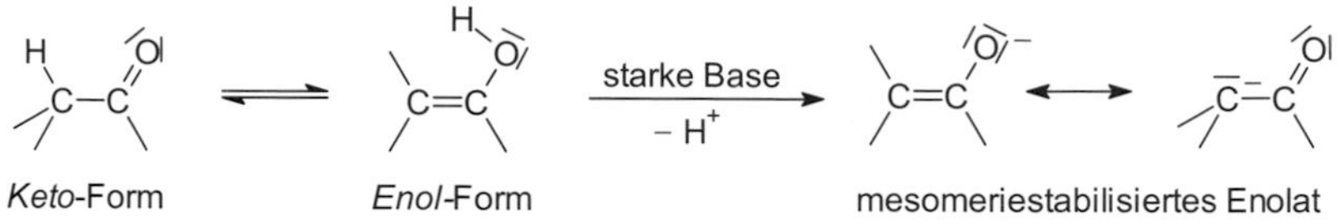

Keto-Form   Enol-Form   mesomeriestabilisiertes Enolat

▶ Carbonylverbindungen mit Wasserstoffatomen in α-Position können sowohl als Elektrophil als auch als Nucleophil umgesetzt werden.

33.1 Additionen von Hetero-Nucleophilen

33.1.1 Addition von „Hydrid"

In Umkehrung ihrer Bildungsreaktion (Oxidation von Alkoholen) lassen sich Aldehyde und Ketone durch Reduktion wieder in Alkohole überführen. Die Reduktion mit H_2/Pt verläuft relativ langsam und ist wenig selektiv, da hierbei nicht nur C=O sondern auch C=C-Bindungen hydriert werden. Besser geeignet sind Metallhydride wie **Natriumborhydrid** ($NaBH_4$) in Ethanol oder **Lithiumaluminiumhydrid** ($LiAlH_4$) in Ether.

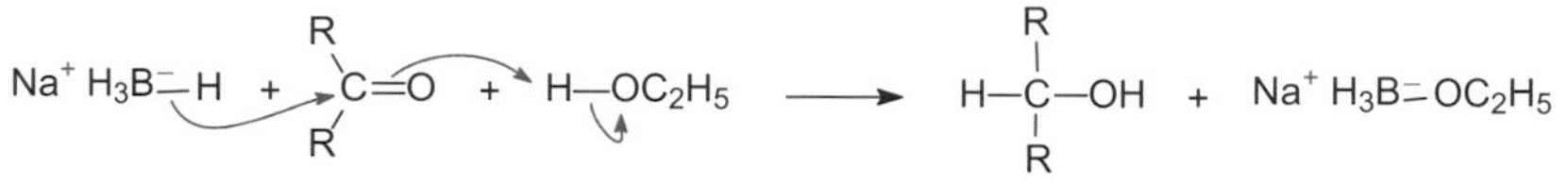

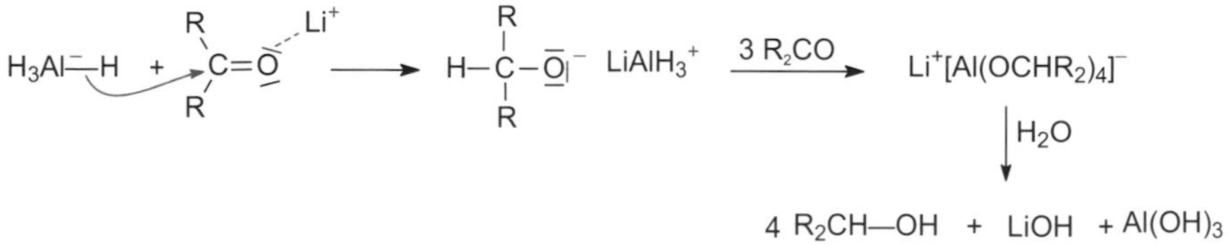

Beim sehr reaktiven $LiAlH_4$ lassen sich prinzipiell alle 4 Wasserstoffatome übertragen, wobei die Reaktivität der dabei gebildeten Alkoxyaluminiumhydride kontinuierlich abnimmt. Verwendet man anstelle von $LiAlH_4$ das analoge $LiAlD_4$, lassen sich isotopenmarkierte Verbindungen herstellen.

Cannizzaro-Reaktion

▶ **Aldehyde ohne α-ständiges H-Atom** können in Gegenwart von starken Basen keine Aldole bilden (Abschn. 33.3.2), sondern unterliegen der *Cannizzaro*-Reaktion.

Unter Disproportionierung entsteht aus einem Aldehyd ein äquimolares Gemisch des analogen primären Alkohols und der Carbonsäure. Neben aromatischen Aldehyden (z. B. Benzaldehyd, PhCHO) gehen auch einige aliphatische Aldehyde wie

Formaldehyd und Trimethylacetaldehyd (Pivalaldehyd) die *Cannizzaro*-Reaktion ein.

$$2\,C_6H_5CHO + NaOH \longrightarrow C_6H_5CH_2OH + C_6H_5COO^-Na^+$$

Benzaldehyd   Benzylalkohol Natrium-Benzoat

Mechanismus

Die Anlagerung eines OH^--Ions an das C-Atom der polarisierten C=O-Gruppe ermöglicht die Abspaltung eines **Hydridions H^-**, das sich an das positivierte C-Atom einer zweiten Carbonylverbindung anlagert. Auf diese Weise entstehen Alkoholat und Säure, die anschließend ein Proton austauschen.

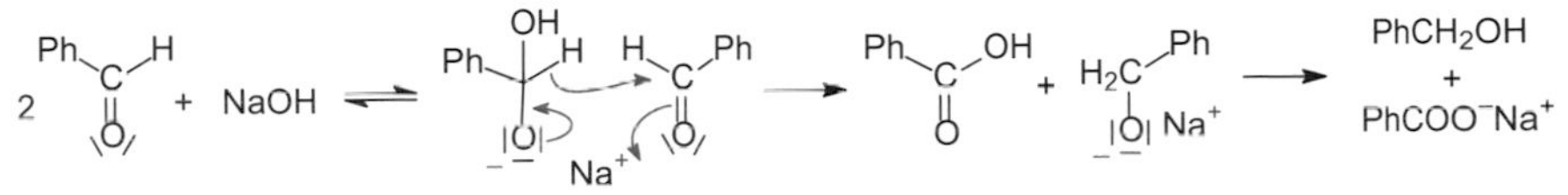

33.1.2 Reaktion mit *O*-Nucleophilen

33.1.2.1 Hydratbildung

Wasser lagert sich unter Bildung von **Hydraten** an, die im Allgemeinen nicht isolierbar sind:

Je reaktiver eine Carbonylverbindung, desto höher ist der Hydratanteil im Gleichgewicht. Während **Formaldehyd** (ein farbloses Gas) in wässriger Lösung vollständig hydratisiert ist, beträgt der Hydratanteil des **Acetaldehyds** lediglich 60 %. Durch Einführung elektronenziehender Gruppen (Erhöhung der Carbonylaktivität) ist eine Stabilisierung dieser Hydrate möglich, so dass sie isoliert werden können, z. B. **Chloralhydrat** oder **Ninhydrin**.

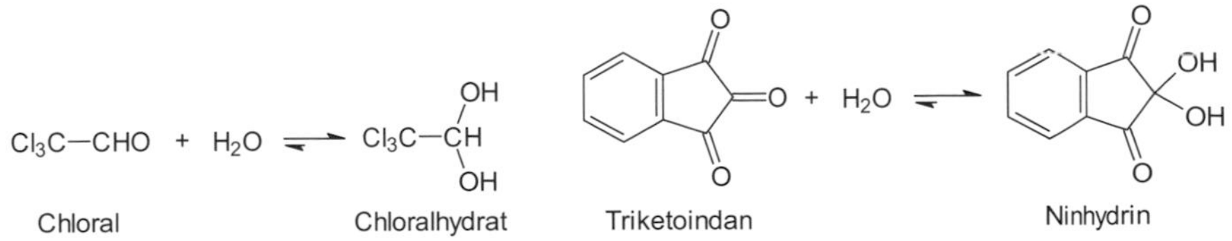

Chloral   Chloralhydrat   Triketoindan   Ninhydrin

33.1.2.2 Acetalbildung

▶ Die Reaktion von Aldehyden mit Alkoholen verläuft analog unter Bildung von **Halbacetalen**.

Diese lassen sich in Gegenwart von Säure und überschüssigem Alkohol zu **Acetalen** umsetzen. Aus Ketonen erhält man **Ketale**.

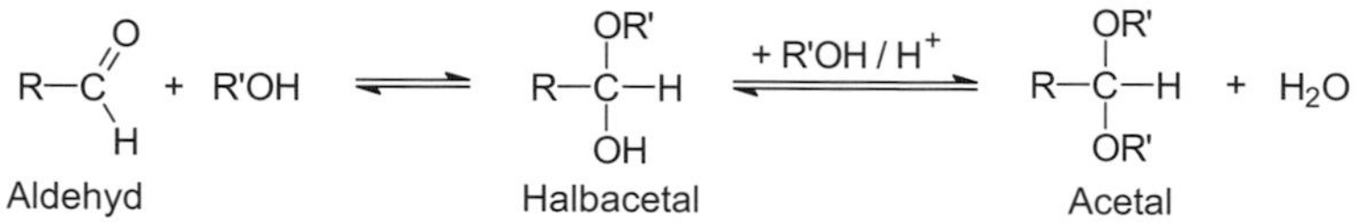

Aldehyd   Halbacetal   Acetal

▶ Die Acetalbildung verläuft in zwei Schritten.

Zunächst bildet sich unter Addition eines Alkohols ein **Halbacetal**. Diese Reaktion ist völlig analog zur Hydratbildung und **benötigt keine Säure**. Ganz anders der zweite Schritt: Hier wird Säure benötigt, um eine OH-Gruppe zu protonieren. Erst dann lässt sich H_2O abspalten unter Bildung eines gut stabilisierten Carbeniumions (+M-Effekt des Sauerstoffs), an das sich das zweite Alkoholmolekül anlagert. Deprotonierung liefert dann das entsprechende Acetal (bzw. Ketal wenn man von Ketonen ausgeht).

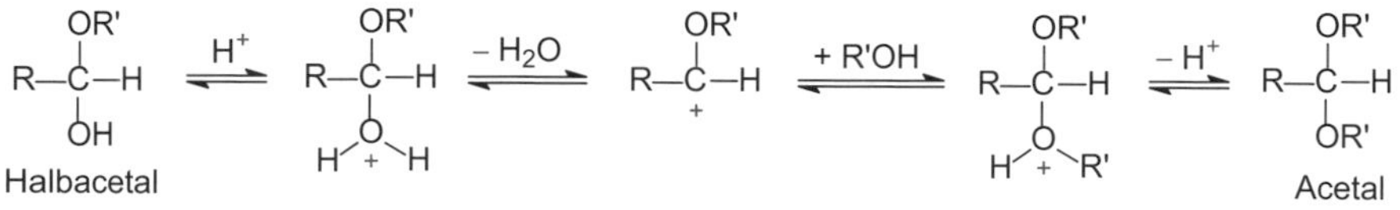

Halbacetal   Acetal

Da alle Reaktionsschritte Gleichgewichtsreaktionen sind, lassen sich **Acetale im Sauren leicht wieder spalten**. Dagegen sind sie im Basischen stabil.

Besonders günstig verläuft die Acetalbildung bei der Umsetzung von **Diolen**, da hierbei **cyclische Acetale** gebildet werden. Der zweite Reaktionsschritt verläuft in diesem Fall intramolekular. Diese cyclischen Acetale und Ketale sind relativ stabil und werden daher gerne als **Schutzgruppe für Carbonylverbindungen** verwendet. Die Spaltung erfolgt im Sauren.

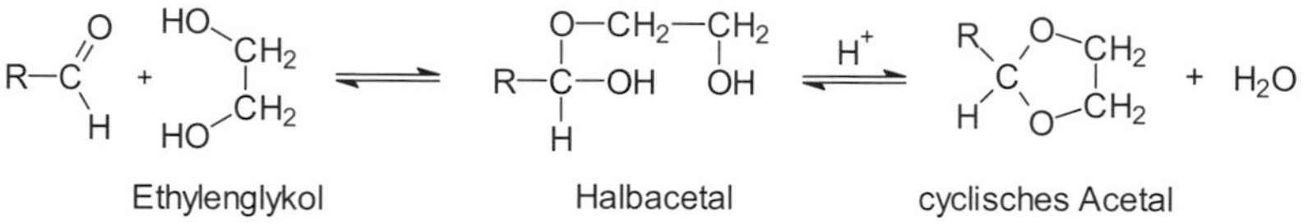

Ethylenglykol   Halbacetal   cyclisches Acetal

Befinden sich OH- und Carbonyl-Gruppe in einem Molekül, so bilden sich sehr leicht cyclische Halbacetale. Die wichtigsten Beispiele hierzu findet man bei den Kohlenhydraten (Kap. 41).

33.1.2.3 Oligo- und Polymerisation

Aliphatische Aldehyde neigen besonders in Gegenwart von Protonen zur Polymerisation (genauer: **Polykondensation**; Abschn. 40.1). **Formaldehyd** polymerisiert zu **Paraformaldehyd** mit linearer Kettenstruktur. Er bildet sich bereits beim Stehen lassen einer Formalinlösung (40 %-ige wässrige Formaldehyd-Lösung).

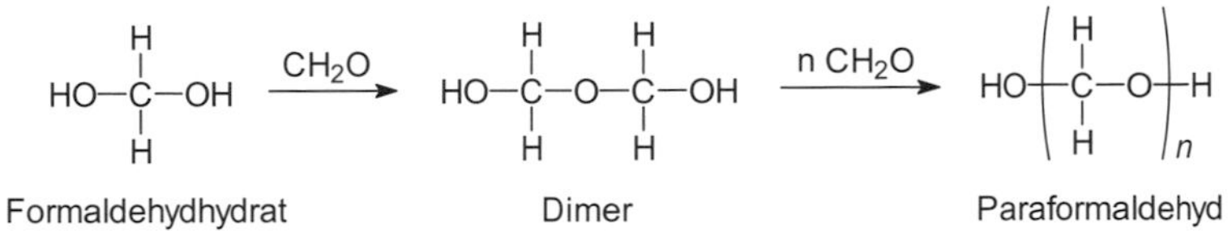

| Formaldehydhydrat | Dimer | Paraformaldehyd |

Ein trimeres cyclisches Produkt, das **Trioxan**, wird durch Zugabe verdünnter Säuren erhalten:

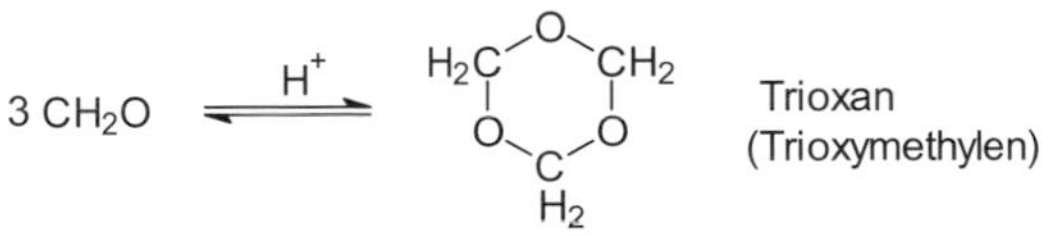

Trioxan
(Trioxymethylen)

Acetaldehyd oligomerisiert im Sauren zu **Paraldehyd** und **Metaldehyd**:

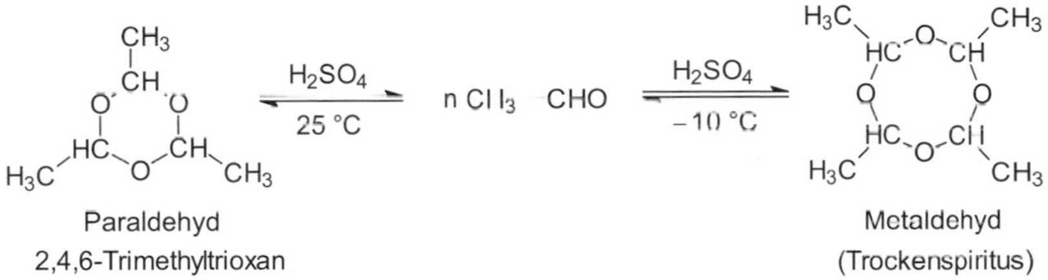

| Paraldehyd | Metaldehyd |
| 2,4,6-Trimethyltrioxan | (Trockenspiritus) |

33.1.3 Reaktion mit *N*-Nucleophilen

33.1.3.1 Umsetzung mit primären Aminen

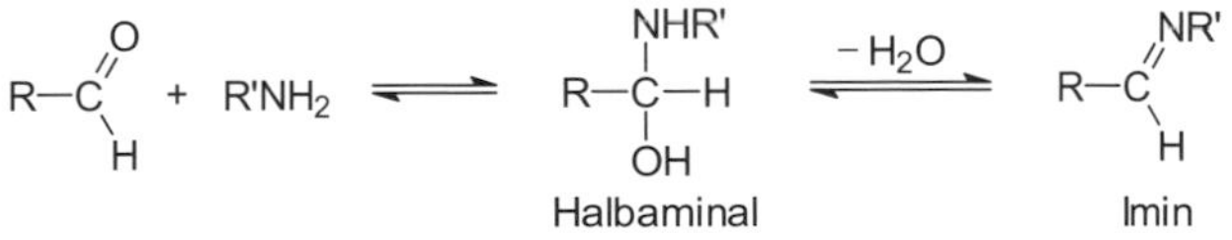

Halbaminal   Imin

Das primär gebildete **Halbaminal ist instabil** und nicht isolierbar. Es geht unter Dehydratisierung (Wasserabspaltung) in ein Imin (Azomethin, *Schiff*'sche Base) über.

Analog verhalten sich auch andere „Aminderivate".

Beispiele

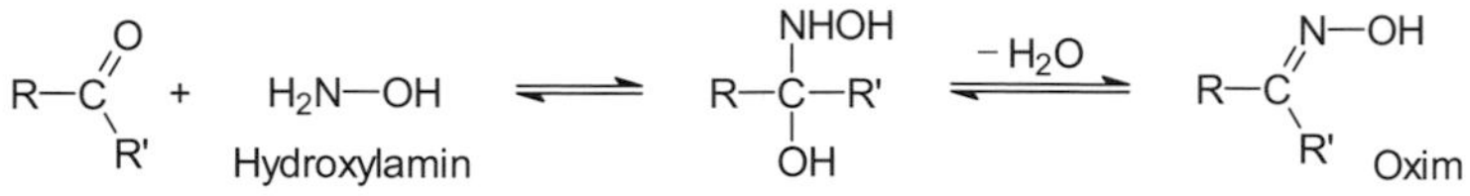

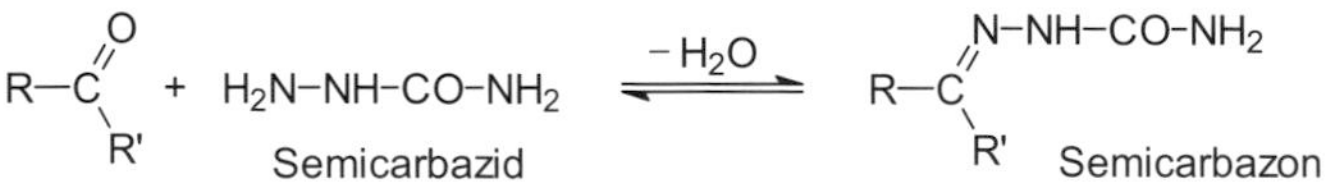

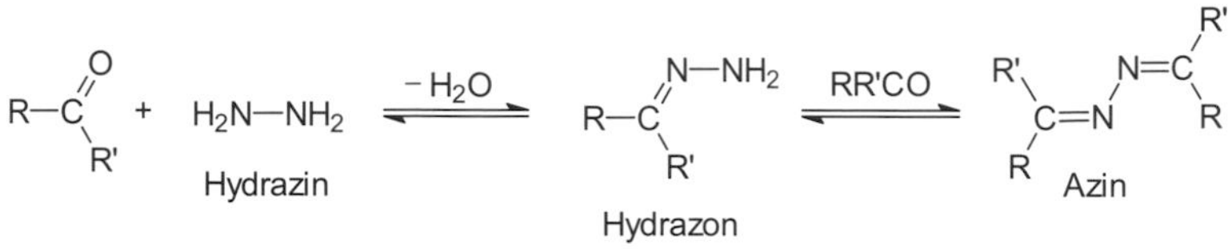

Bei Umsetzungen unsubstituierter Hydrazine können beide Amino-Gruppen reagieren, so dass sich neben den Hydrazonen auch Azine bilden können.

Phenylhydrazone und **Semicarbazone** sind in der Regel sehr gut kristallisierende Verbindungen und dienten daher früher zur **Identifizierung von Carbonylverbindungen** (anhand ihres Schmelzpunktes).

Hinweis Die Bezeichnung der Produkte richtet sich danach, ob die Ausgangsverbindung ein Aldehyd oder ein Keton ist, also z. B. Aldimin bzw. Ketimin, Aldoxim bzw. Ketoxim etc.

33.1.3.2 Umsetzung mit sekundären Aminen

Sekundäre Amine reagieren unter Bildung eines teilweise isolierbaren Primäraddukts, welches unter Wasserabspaltung in ein **Enamin** übergeht:

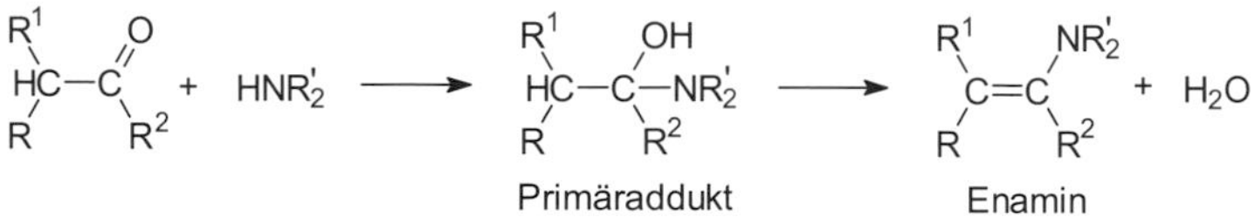

Spaltet das Primärprodukt intramolekular kein Wasser ab (z. B. bei Aldehyden ohne α-Wasserstoffatom), sondern reagiert mit einem weiteren Molekül Amin, so erhält man **Aminale**. Auch diese Reaktion wird durch Säure katalysiert und ist daher völlig analog zur Bildung von Acetalen.

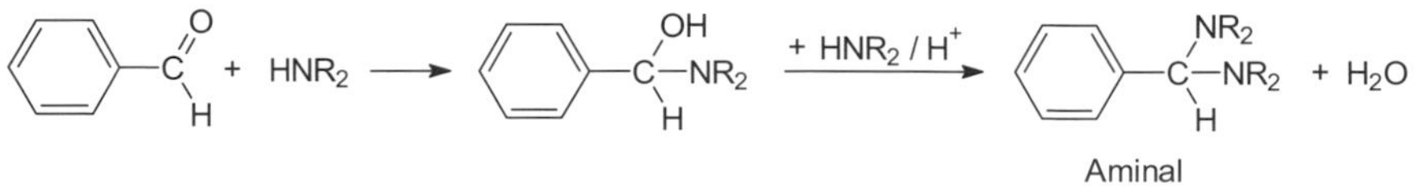

33.1.3.3 Tertiäre Amine

Tertiäre Amine reagieren nicht, da sie keinen Wasserstoff am Stickstoffatom tragen.

33.1.3.4 Enamin-Imin-Gleichgewicht

Enamine stehen mit den Iminen in einem **tautomeren Gleichgewicht**, das der Keto-Enol-Tautomerie analog ist:

Die Imine können als Ketonderivate von Nucleophilen am Imin-Kohlenstoff angegriffen werden. Auf der anderen Seite ist die Amino-Gruppe ein Elektronendonor. Enamine sind daher am β-C-Atom negativ polarisiert und können dort als Nucleophile leicht mit Elektrophilen umgesetzt werden.

33.1.3.5 Vergleich der Reaktivität von Iminen, Enaminen und Ketonen

Imine, Enamine und Ketone kann man bezüglich ihrer Reaktivität wie folgt einstufen.

Reaktionen an der Carbonyl- bzw. Imin-Gruppe

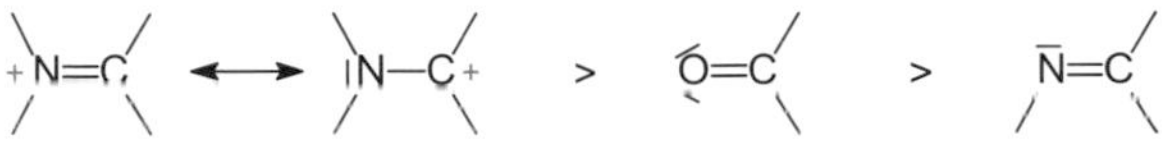

Iminium-Ion Carbonylgruppe Imin

Iminiumionen erhält man durch Protonierung von Iminen oder Enaminen. Für diese lassen sich mesomere Grenzstrukturen formulieren mit einer positiven Ladung am C-Atom. **Iminiumionen** sind daher an dieser Stelle **stärker positiviert** als die Carbonyl-Gruppe und somit **reaktiver**. Da Stickstoff weniger elektronegativ ist als Sauerstoff, sind **Imine weniger reaktionsfähig** als Carbonylverbindungen.

Reaktionen am β-C-Atom

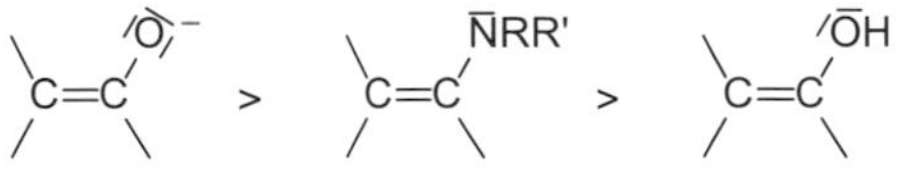

Enolat Enamin Enol

Das **Enolat** mit seiner negativen Ladung hat die mit Abstand **größte Reaktivität**. Da Stickstoff weniger elektronegativ ist als Sauerstoff und er zusätzlich einen stärkeren +M-Effekt ausübt, besitzen Enamine eine höhere negative Ladungsdichte am β-C-Atom.

► Enamine sind daher nucleophiler als Enole.

33.1.3.6   Umsetzungen mit Ammoniak

Besonderes Interesse verdienen die Reaktionen, die Formaldehyd und Acetaldehyd mit Ammoniak eingehen können.

Acetaldehyd reagiert mit NH_3 über ein Acetaldimin zu 2,4,6-Trimethylhexahydro-1,3,5-triazin:

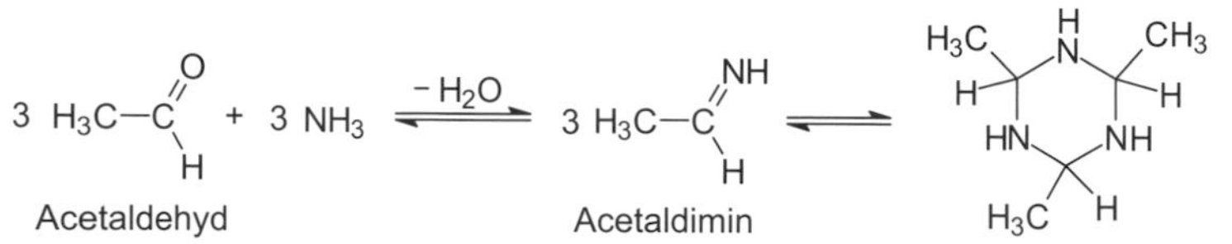

Acetaldehyd   Acetaldimin

Formaldehyd reagiert mit Ammoniak zuerst zum Triazin. Die Reaktion geht jedoch weiter, indem das Triazin mit Ammoniak zum Endprodukt **Hexamethylentetramin** (Urotropin) weiterreagiert. Dieses zersetzt sich unter Säureeinfluss wieder in den bakterizid wirkenden Formaldehyd.

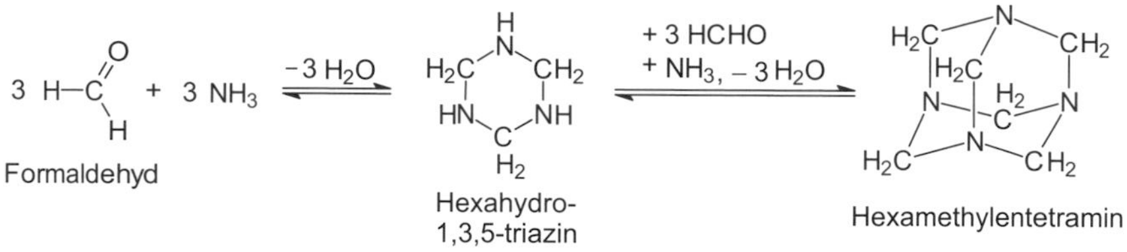

Formaldehyd   Hexahydro-
                               1,3,5-triazin   Hexamethylentetramin

33.1.4   Reaktion mit *S*-Nucleophilen

33.1.4.1   Umsetzungen mit Thiolen

Analog zur Umsetzung von Carbonylverbindungen mit Alkoholen verläuft die Umsetzung mit Thiolen. Dabei bilden sich **Thioacetale** bzw. **Thioketale**. Deren Bildung erfolgt sehr leicht, da Thiole sehr nucleophil sind, viel nucleophiler als Alkohole oder Wasser. Prinzipiell sollten sich Thioacetale ebenfalls im Sauren spalten lassen, jedoch reagiert das über den Schwefel stabilisierte Carbeniumion leichter mit dem abgespaltenen Thiol (unter erneuter Thioacetalbildung) als mit Wasser unter Thioacetalspaltung (vgl. Acetalspaltung). Man arbeitet daher in Gegenwart von Quecksilbersalzen, welche unlösliche Mercaptide bilden und dadurch das abgespaltene Thiol aus dem Gleichgewicht entfernen.

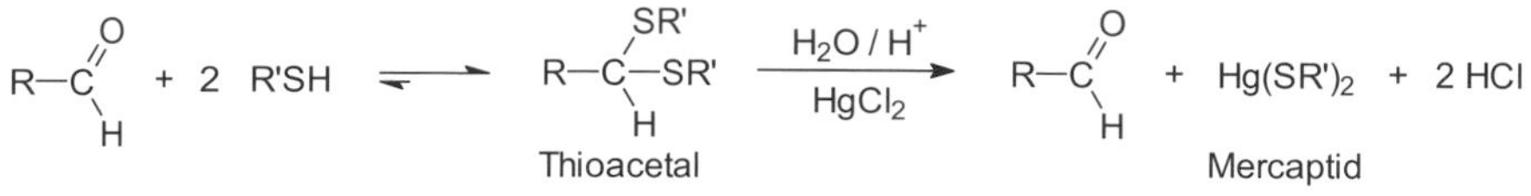

                               Thioacetal   Mercaptid

33.1.4.2 Addition von Natriumhydrogensulfit

Natriumhydrogensulfit addiert ebenfalls an Carbonylverbindungen unter Bildung eines wasserlöslichen Addukts, das sich leicht von anderen organischen Verbindungen abtrennen lässt.

$$R-\overset{\overset{O}{\|}}{\underset{R'}{C}} + NaHSO_3 \rightleftharpoons R-\overset{OH}{\underset{R'}{\overset{|}{C}}}-SO_3^-Na^+ \xrightarrow{H^+} R-\overset{\overset{O}{\|}}{\underset{R'}{C}} + H_2O + SO_2 + Na^+$$

Addukt

33.2 Additionen von Kohlenstoff-Nucleophilen

33.2.1 Umsetzungen mit Blausäure bzw. Cyanid

33.2.1.1 Cyanhydrinbildung

Durch **Anlagerung von Blausäure** (HCN) an Carbonylverbindungen erhält man α-Hydroxycarbonitrile, so genannte **Cyanhydrine**. Die Reaktion erfolgt in wässrigem Milieu in Gegenwart schwacher Basen, die das nucleophile Cyanidion CN⁻ erzeugen. Die Reaktion ist reversibel, deshalb lassen sich Cyanhydrine auch im Basischen wieder spalten.

$$R-\overset{\overset{O}{\|}}{\underset{R'}{C}} + HCN \rightleftharpoons R-\overset{OH}{\underset{R'}{\overset{|}{C}}}-CN$$

Cyanhydrin

33.2.1.2 *Strecker*-Synthese

Führt man die Reaktion in Gegenwart stöchiometrischer Mengen Ammoniak durch, so erhält man nach vorgelagerter Iminbildung α-Aminonitrile. Diese lassen sich durch Verseifung in α-Aminosäuren überführen (Abschn. 42.1.3.1).

$$R-\overset{\overset{O}{\|}}{\underset{H}{C}} + HCN + NH_3 \rightleftharpoons R-\overset{NH_2}{\underset{H}{\overset{|}{C}}}-CN \xrightarrow{+2 H_2O / H^+} R-\overset{NH_2}{\underset{H}{\overset{|}{C}}}-COOH$$

α-Aminonitril   α-Aminosäure

33.2.1.3 Benzoinkondensation

Führt man die Umsetzung mit Cyaniden nicht in Wasser durch, sondern in organischen Lösemitteln, erhält man keine Cyanhydrine, wegen einer ungünstigen Gleichgewichtslage. Bei **aromatischen Aldehyden** (Aldehyde ohne acides α-H-Atom) bilden sich α-Hydroxyketone, so genannte **Acyloine**. Führt man die Reaktion mit Benzaldehyd durch, erhält man Benzoin. Es genügen hierbei katalytische Mengen an Cyanid.

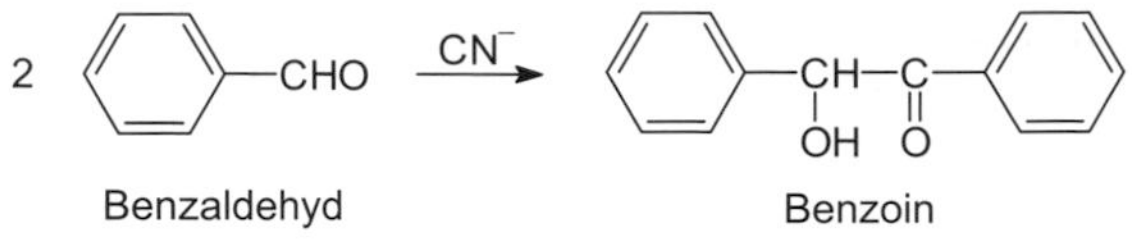

$$2 \; \text{Ph}-\text{CHO} \; \xrightarrow{\text{CN}^-} \; \text{Ph}-\underset{\underset{\text{OH}}{|}}{\text{CH}}-\underset{\underset{\text{O}}{\|}}{\text{C}}-\text{Ph}$$

Benzaldehyd   Benzoin

Zum Mechanismus der Reaktion:

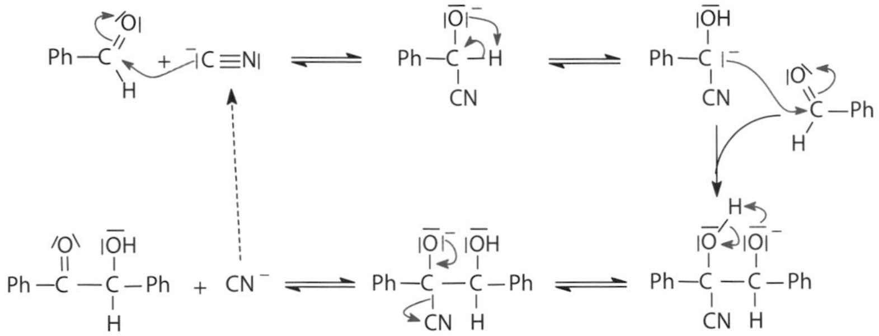

Im ersten Schritt erfolgt eine Addition des Cyanids an die Carbonyl-Gruppe. Dieser Schritt ist identisch mit der Cyanhydrinbildung. Nur erfolgt dort eine Protonierung des basischen „Alkoholats" durch das Lösemittel Wasser, was hier nicht möglich ist. Bei Verwendung aromatischer Aldehyde ist die benzylische CH-Bindung relativ acide, daher erfolgt anschließend eine Umprotonierung. Das dabei gebildete Carbanion ist nun in der Lage als *C*-Nucleophil die Carbonyl-Gruppe eines zweiten Aldehyds anzugreifen. Es kommt erneut zu einer Umprotonierung. Unter Abspaltung von Cyanid (daher katalytische Mengen) bildet sich schließlich das Benzoin.

33.2.2 Umsetzungen mit *Grignard*-Reagenzien

Bei der Addition von *Grignard-Verbindung*en an Aldehyde entstehen sekundäre Alkohole, die Addition an Ketone liefert tertiäre Alkohole (Abschn. 31.3.2).

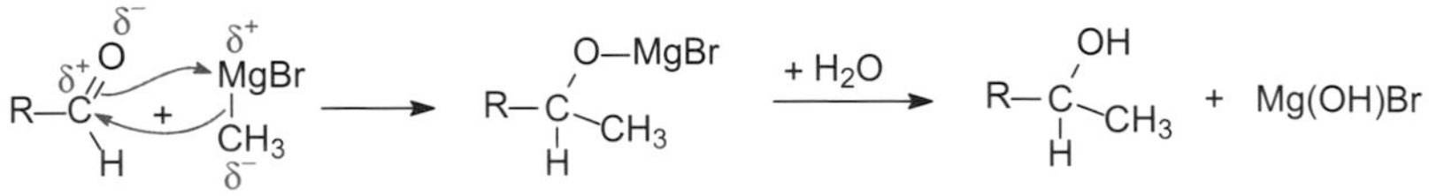

33.2.3 Umsetzungen mit Acetyliden

Endständige Alkine sind vergleichsweise acide (p$K_s \approx 25$) und lassen sich daher mit starken Basen wie z. B. Natriumamid deprotonieren. Die dabei erhaltenen Acetylide sind gute Nucleophile, die mit Aldehyden und Ketonen zu den entsprechenden ungesättigten Alkoholen abreagieren. Technisch wichtig sind vor allem

Umsetzungen von Ethin (Acetylen) z. B. mit Formaldehyd. Dabei bildet sich neben 2-Propin-1-ol (Propargylalkohol) auch 2-Butin-1,4-diol:

$$HC{\equiv}CH \ + \ CH_2O \ \xrightarrow{\text{NaNH}_2} \ HC{\equiv}C-CH_2-OH \ + \ HO-CH_2-C{\equiv}C-CH_2-OH$$

Acetylen   Formaldehyd   Propargylalkohol   2-Butin-1,4-diol

33.2.4 Umsetzungen mit Phosphor-Yliden

Quartäre Phosphoniumhalogenide mit α-ständigem H-Atom werden durch starke Basen (z. B. *n*-Butyllithium) deprotoniert (Abschn. 31.3.4) unter Bildung der **Ylide**. Diese reagieren mit Aldehyden unter Bildung eines Oxaphosphetans, welches in Triphenylphosphanoxid und ein Alken zerfällt (***Wittig*-Reaktion**).

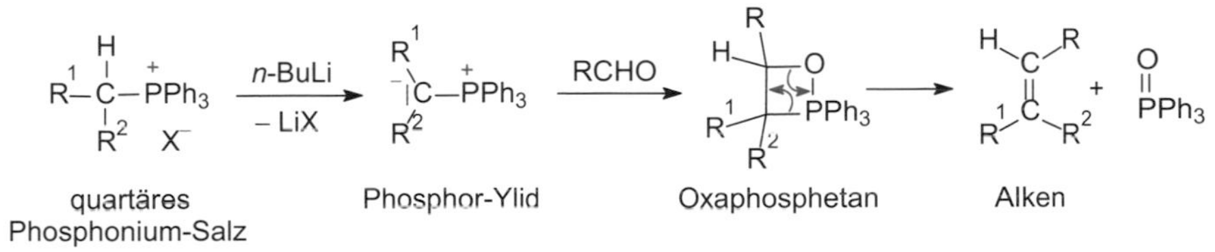

quartäres   Phosphor-Ylid   Oxaphosphetan   Alken
Phosphonium-Salz

Analoge Reaktionen lassen sich auch mit Phosphonsäureestern durchführen (Abschn. 31.3.4) (*Horner-Wadsworth-Emmons*-Reaktion), wobei die gebildeten Ylide auch mit Ketonen umgesetzt werden können.

33.3 Additionen von Carbonylverbindungen

33.3.1 Bildung und Eigenschaften von Carbanionen

Carbonylverbindungen sind Schlüsselsubstanzen bei vielen Synthesen. Dies gilt vor allem für Verbindungen, die am **α-C-Atom** zur Carbonyl-Funktion ein H-Atom besitzen und damit auch in der Enolform vorliegen können (s. a. Keto-Enol-Tautomerie, Abschn. 32.3). Die elektronenziehende Wirkung des Carbonyl-O-Atoms beeinflusst die Stärke der C–H-Bindung an dem zur C=O-Gruppe benachbarten α-C-Atom in besonderem Maße. Dadurch ist es oft möglich, dieses H-Atom mit einer geeigneten Base B|⁻ als Proton abzuspalten. Man spricht daher auch von einer **C–H-Acidität** dieser C–H-Bindung.

▶ Es entstehen negativ geladene Ionen, die als mesomeriestabilisierte Enolationen bzw. Carbanionen formuliert werden können.

$$\text{Bl}^{\ominus} + \underset{R}{\overset{R}{H-C-C}}\overset{O}{\underset{R'}{\diagup}} \;\rightleftharpoons\; \text{BH} + \left[\underset{R}{\overset{R}{C=C}}\overset{\overset{\overset{\text{Elektrophil}}{}}{O^{\ominus}}}{\underset{R'}{}} \longleftrightarrow \underset{R}{\overset{R}{|C-C}}\overset{O}{\underset{R'}{}} \right]$$

$$\qquad\qquad\qquad\qquad\qquad\qquad\qquad\text{Enolat}\qquad\qquad\text{Carbanion}$$

Das Enolat-Ion ist ein **ambidentes Nucleophil**, d. h., es hat zwei reaktive Zentren. Beide sind nucleophil und können mit Elektrophilen reagieren. Verwendet man Carbonylverbindungen als Elektrophile, finden wichtige C–C-Knüpfungsreaktionen statt. *Beispiel:* Aldol-Reaktion.

Die Lage des Gleichgewichts bei der Carbanion-Bildung ist abhängig von den Basizitäten der Base Bl^- und des gebildeten Carbanions. Eine elektronenziehende Gruppe (R, R′) steigert die Acidität des betreffenden H-Atoms. Es ist daher wichtig die pK_S-Werte (s. Tab. 18.1) der beteiligten Reaktionspartner zu kennen.

▶ Die aktivierende Wirkung von –C(=O)Y nimmt wegen der zunehmenden Elektronendonor-Wirkung von Y in folgender Reihe ab:

$$R'\!-\!CH_2\!-\!\overset{O}{\underset{H}{C}} \;>\; R'\!-\!CH_2\!-\!\overset{O}{\underset{R}{C}} \;>\; R'\!-\!CH_2\!-\!\overset{O}{\underset{OR}{C}} \;>\; R'\!-\!CH_2\!-\!\overset{O}{\underset{NR_2}{C}} \;>\; R'\!-\!CH_2\!-\!\overset{O}{\underset{O^-}{C}}$$

pK_S 16–17   19–20   ~24   ~26   > 30

Auch andere elektronenziehende Substituenten wie –CN oder –NO$_2$ können zur Stabilisierung von α-Carbanionen beitragen. Bezüglich ihrer acidifizierenden Wirkung lässt sich folgende Reihe angeben:

$$R'\!-\!CH_2\!-\!NO_2 \;>\; R'\!-\!CH_2\!-\!\overset{O}{\underset{H}{C}} \;>\; R'\!-\!CH_2\!-\!\overset{O}{\underset{R}{C}} \;>\; R'\!-\!CH_2\!-\!\overset{O}{\underset{OR}{C}} \;>\; R'\!-\!CH_2\!-\!C\!\equiv\!N$$

pK_S ~10   ~17   ~20   ~24   ~25

33.3.2 Aldol-Reaktion

33.3.2.1 Basenkatalysierte Aldol-Reaktionen

Bei der basenkatalysierten Reaktion zweier Aldehyde entsteht ein Alkohol, der noch eine Aldehyd-Gruppe enthält (**Aldol**). Prinzipiell können auch verschiedene Carbonylverbindungen miteinander umgesetzt werden (gekreuzte Aldolreaktion). Voraussetzung ist, dass einer der Reaktionspartner (die „Methylen-Komponente") ein acides α-H-Atom besitzt, das durch eine Base Bl^- unter Bildung eines Carbanions abgespalten werden kann. Ketone reagieren analog.

▶ Bei Reaktionen mit Aldehyden fungieren Ketone wegen ihrer geringeren Carbonylaktivität stets als Methylen-Komponente.

Das mit einer Base gebildete Carbanion kann als Nucleophil mit einer weiteren Carbonyl-Gruppe reagieren.

▶ Der nucleophile Angriff des Carbanions am Carbonyl-C-Atom hat somit eine Verlängerung der Kohlenstoffatom-Kette zur Folge.

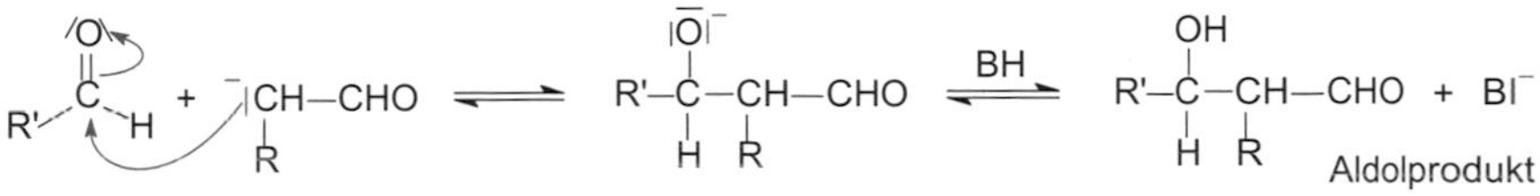

$$B| + CH-CHO \rightleftharpoons BH + |CH-CHO$$

$$R'-C-H + |CH-CHO \rightleftharpoons R'-C-CH-CHO \xrightarrow{BH} R'-C-CH-CHO + B|^-$$

Aldolprodukt

Das Produkt einer basenkatalysierten Aldoladdition ist eine **β-Hydroxycarbonylverbindung**. An diese Addition kann man die Abspaltung von Wasser (Dehydratisierung) anschließen, wenn man Säure zusetzt, so dass **α, β-ungesättigte Carbonylverbindungen** entstehen. In der Regel bildet sich das Eliminierungsprodukt mit einer *trans-(E-)*Doppelbindung.

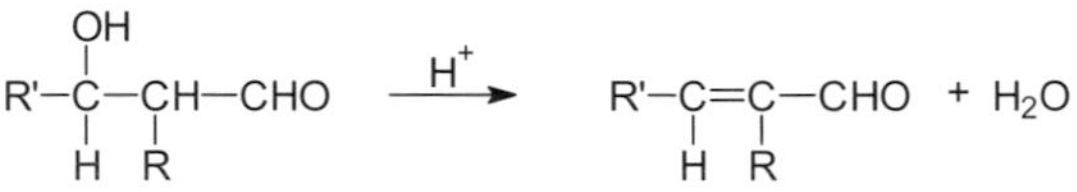

$$R'-C-CH-CHO \xrightarrow{H^+} R'-C=C-CHO + H_2O$$

Aldehyde liegen mit ihrem pK_s-Wert in demselben Bereich wie Alkohole (pK_s 16–20) und Wasser. Daher sind Alkalihydroxide und –alkoholate geeignet, um einen Aldehyd im Gleichgewicht zu deprotonieren. Es liegen ausreichende Mengen an Enolat und Aldehyd vor, die miteinander reagieren können:

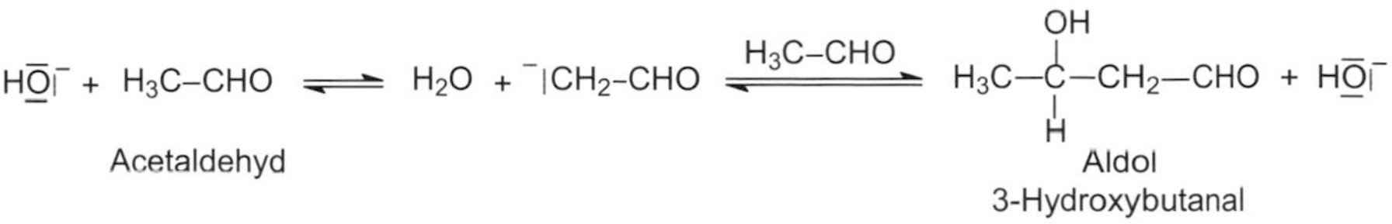

$$HO|^- + H_3C-CHO \rightleftharpoons H_2O + |CH_2-CHO \xrightarrow{H_3C-CHO} H_3C-C-CH_2-CHO + HO|^-$$

Acetaldehyd   Aldol
                                                     3-Hydroxybutanal

Das bei der Umsetzung von Acetaldehyd gebildete Produkt war namengebend für diese Reaktion.

▶ Der Name Aldol-Reaktion ist mittlerweile für diese Art von Umsetzung allgemein üblich, auch wenn statt Acetaldehyd andere Aldehyde oder gar Ketone eingesetzt werden.

Gekreuzte Aldol-Reaktionen

▶ Von gekreuzten Aldol-Reaktionen spricht man, wenn zwei *verschiedene* Carbonylkomponenten miteinander umgesetzt werden.

Besitzen beide Carbonylverbindungen eine ähnliche Carbonylaktivität und Struktur (z. B. beide mit α-H), so erhält man hierbei Produktgemische.

Gekreuzte Aldolreaktionen zwischen Aldehyden
Aldehyde lassen sich dann gezielt miteinander umsetzen, wenn einer der Aldehyde *kein* acides α-H-Atom hat. Dieser kann dadurch nicht deprotoniert werden und somit nur als **Carbonylkomponente** fungieren. Der zweite Aldehyd muss ein α-H-Atom besitzen, damit er ein Enolat bilden kann. Diesen Aldehyd bezeichnet man als **Methylenkomponente**. Der Aldehyd *ohne* α-H sollte zudem **carbonylaktiver** sein als der mit α-H, damit dieser nicht mit sich selber reagiert.

Beispiel Technische Herstellung von Pentaerythrit

| Form-
aldehyd | Acet-
aldehyd | 3-Hydroxy-2,2-bis-
(hydroxymethyl)-propanal | Pentaerythrit |

Der eingesetzte Formaldehyd besitzt kein α-H und ist zudem viel reaktiver als der Acetaldehyd, der demzufolge als Methylenkomponente reagiert. Da Acetaldehyd über drei acide α-H-Atome verfügt, können alle drei substituiert werden. Das gebildete „dreifache Aldolprodukt" wird anschließend in einer **gekreuzten** *Cannizzaro*-**Reaktion** (Abschn. 33.1) zum Pentaerythrit reduziert. Dabei fungiert überschüssiger Formaldehyd als Reduktionsmittel.

Gekreuzte Aldolreaktionen zwischen Aldehyden und Ketonen

▶ Aldehyde sind carbonylaktiver als Ketone. Ketone reagieren daher immer als Methylenkomponente, Aldehyde als Carbonylkomponente.

Besonders günstig ist es, wenn der Aldehyd kein α-H-Atom besitzt.

| Benzaldehyd | | 4-Hydroxy-4-phenyl-2-butanon | 4-Phenyl-3-buten-2-on |

33.3.2.2 Säurekatalysierte Aldol-Reaktionen (Aldol-Kondensation)
Die Aldol-Reaktion z. B. mit Acetaldehyd kann auch säurekatalysiert ablaufen. Der Aldehyd wird protoniert und reagiert dann mit der Methylenkomponente. Diese liegt dabei in der Enol-Form vor, deren Bildung durch Protonierung an der Carbonyl-Gruppe erleichtert wird. Die C=C-Doppelbindung ist elektronenreich und kann daher nucleophil an der protonierten Carbonyl-Gruppe angreifen.

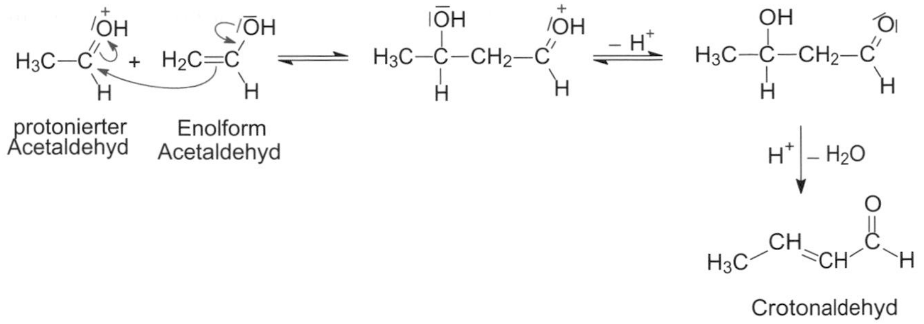

protonierter Acetaldehyd   Enolform Acetaldehyd

Crotonaldehyd

Man erkennt, dass dabei dasselbe Endprodukt wie bei der basekatalysierten Addition entsteht, jedoch lässt sich die säurekatalysierte Aldol-Reaktion nicht auf der Stufe des Aldols stoppen. Im Sauren erfolgt direkt die H_2O-Abspaltung unter Bildung von Crotonaldehyd, eines α, β-ungesättigten Aldehyds.

33.3.3 *Mannich*-Reaktion

Völlig analog zur sauer katalysierten Aldolreaktion verläuft die *Mannich*-Reaktion, nur dass anstelle eines Aldehyds oder Ketons als Carbonylkomponente ein **Iminiumion** verwendet wird. Dieses bildet sich aus einem Aldehyd und einem (in der Regel) sekundären Amin **im schwach sauren Milieu** (Abschn. 33.1.3). Ein Reaktionsteilnehmer ist in der Regel Formaldehyd.

Die *Mannich*-Reaktion ist **stark pH-abhängig**. Einerseits benötigt man die Säure, um bei der Iminiumionbildung H_2O abspalten zu können, andererseits darf das eingesetzte Amin nicht vollständig protoniert werden.

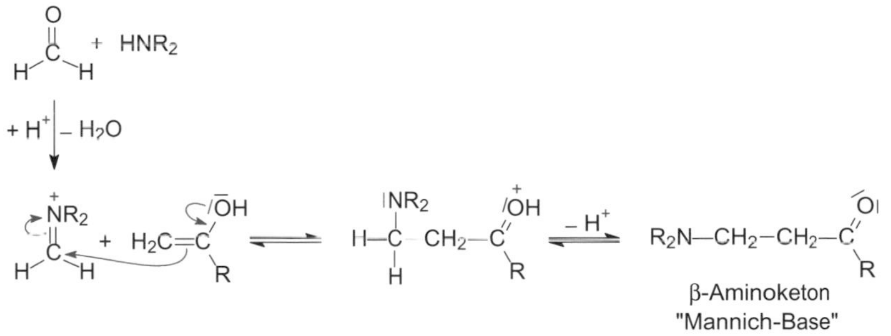

β-Aminoketon
"Mannich-Base"

Man kann die Mannich-Reaktion als **Dreikomponenten-Reaktion** auffassen, durch die man β-Aminoketone, die sog. *Mannich*-Basen, erhält.

▶ Unter einer *Mannich*-Reaktion versteht man die Aminoalkylierung von C–H-aciden Verbindungen.

Mannich-Basen lassen sich durch Reduktion in die physiologisch wichtigen β-Aminoalkohole oder durch Erhitzen unter Abspaltung eines sekundären Amins in α, β-ungesättigte Carbonylverbindungen überführen. Daher findet die *Mannich*-Reaktion häufig Anwendung in der Natur- und Wirkstoffsynthese von stickstoffhaltigen Verbindungen, wie etwa Alkaloiden (Kap. 48).

33.3.4 *Knoevenagel*-Reaktion

▶ Die *Knoevenagel*-Reaktion bietet eine allgemeine Synthesemöglichkeit für Acrylsäurederivate und andere **Alkene mit elektronenziehenden Gruppen**.

Die *Knoevenagel*-Reaktion ist gewissermaßen ein Spezialfall der Aldolreaktion, bei der Methylenkomponenten mit relativ hoher C–H-Acidität verwendet werden. In der Regel trägt die Methylenkomponente zwei elektronenziehende Gruppen (Z). Aufgrund der guten Konjugationsmöglichkeiten über die beiden Z-Substituenten erfolgt bei dieser Reaktion immer die H_2O-Eliminierung.

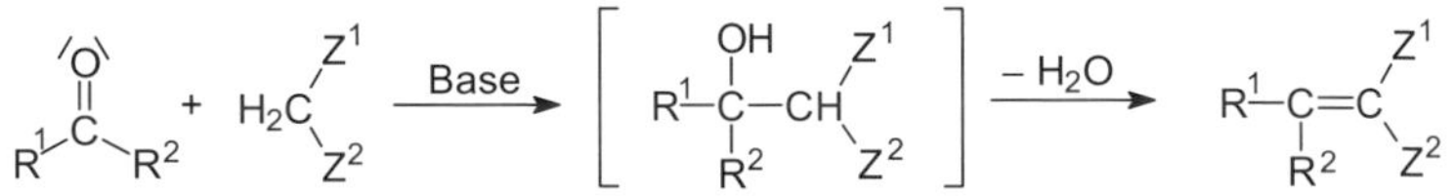

$$Z = -CHO, -COR, -COOR, -CN, -NO_2$$

Zur Synthese der Zimtsäure verwendet man Benzaldehyd sowie einen Malonester. Der gebildete Benzalmalonester wird hydrolysiert und anschließend zur Zimtsäure decarboxyliert (Abschn. 36.2.2).

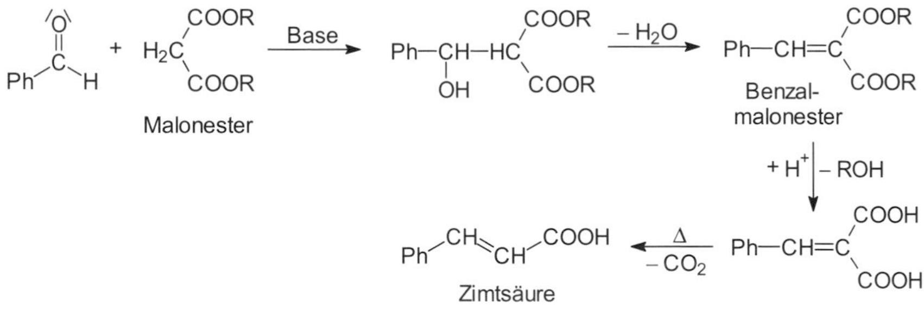

33.3.5 *Michael*-Reaktion

Eine bei Naturstoffsynthesen häufig verwendete Reaktion ist die *Michael*-Reaktion.

▶ Ihr Mechanismus ist im Prinzip analog zur Aldol-Reaktion, jedoch fungiert als Carbonylkomponente eine α, β-ungesättigte Carbonylverbindung.

Der Angriff des Nucleophils (Enolat) kann hierbei sowohl an der Carbonyl-Gruppe direkt erfolgen (Aldolreaktion) oder an der positiv polarisierten β-Position (*Michael*-Addition). Die *Michael*-Reaktion läuft oftmals schneller ab. Häufig verwendete Methylenkomponenten sind Malonester, Acetessigester und Cyanoessigester.

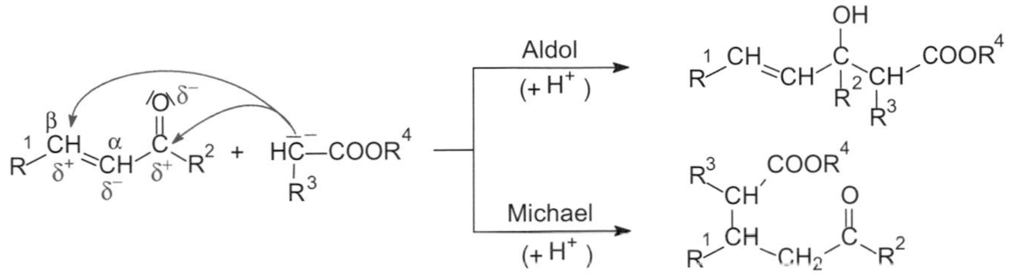

33.3.6 *Robinson*-Anellierung

Der Aufbau des **Kohlenstoff-Gerüstes von Steroiden** beginnt oft mit der sog. *Robinson*-Anellierung. Dabei stellt man zuerst in einer *Michael*-Reaktion ein **1,5-Diketon** her. In einer direkt anschließenden intramolekularen Aldol-Kondensation folgt ein Ringschluss unter Ausbildung eines Cyclohexenon-Ringes.

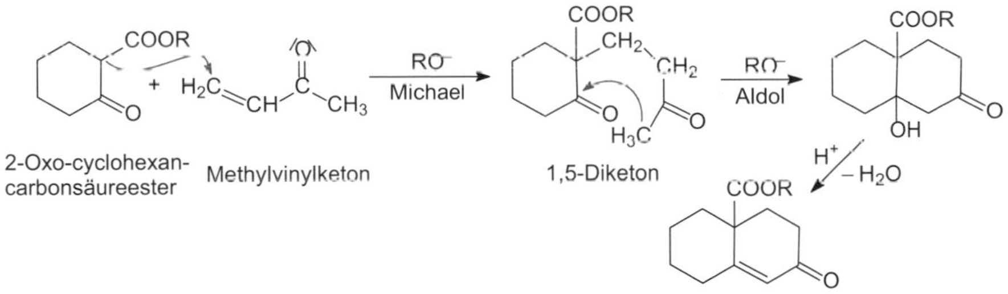

2-Oxo-cyclohexan-carbonsäureester Methylvinylketon

1,5-Diketon

Carbonsäuren

34

34.1 Nomenklatur und Beispiele

► Carbonsäuren sind die Oxidationsprodukte der Aldehyde. Sie enthalten die Carboxyl-Gruppe COOH.

Die Hybridisierung am Kohlenstoff der COOH-Gruppe ist wie bei der Carbonyl-Gruppe sp^2. Viele schon lange bekannte Carbonsäuren tragen Trivialnamen. Nomenklaturgerecht ist es, an den Stammnamen die Endung -säure anzuhängen oder das Wort -carbonsäure an den Namen des um ein C-Atom verkürzten Kohlenwasserstoff-Restes anzufügen. Diese Bezeichnung verwendet man vor allem für komplizierte Verbindungen. Die Stammsubstanz kann aliphatisch, ungesättigt oder aromatisch sein. Ebenso können auch mehrere Carboxyl-Gruppen im gleichen Molekül vorhanden sein. Entsprechend unterscheidet man **Mono-**, **Di-**, **Tri-** und **Poly**carbonsäuren.

Beispiele (die Namen der Salze sind zusätzlich angegeben):

H–COOH	H_3C–COOH	CH_3–CH_2–COOH	CH_3–CH_2–CH_2–COOH
Ameisensäure	Essigsäure	Propionsäure	*n*-Buttersäure
Methansäure	Ethansäure	Propansäure	Butansäure
(Formiate)	(Acetate)	(Propionate)	(Butyrate)

CH_3–$(CH_2)_{16}$–COOH	CH_3–$(CH_2)_7$–CH=CH–$(CH_2)_7$–COOH		
Stearinsäure	Ölsäure	isomer mit	Elaidinsäure
Octadecansäure	*cis*-9-Octa-decensäure		*trans*-9-Octa-decensäure
Heptadecan-1-carbonsäure	*cis*-8-Heptadecen-1-carbonsäure		*trans*-8-Heptadecen-1-carbonsäure
(Stearate)	(Oleate)		(Elaidate)

© Springer-Verlag Berlin Heidelberg 2016
H.P. Latscha, U. Kazmaier, *Chemie für Biologen*, DOI 10.1007/978-3-662-47784-7_34

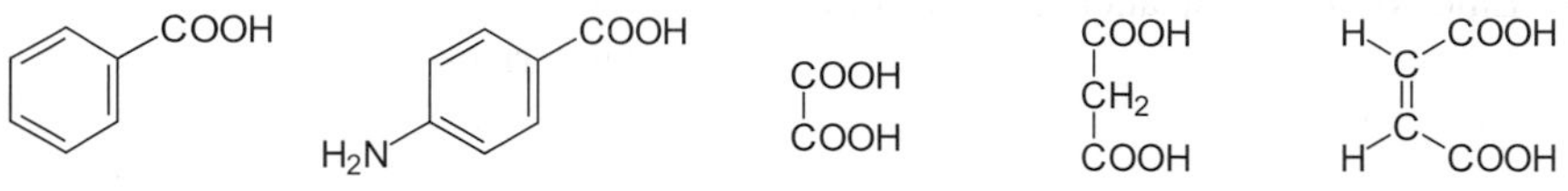

Benzoesäure   p-Aminobenzoesäure   Oxalsäure   Malonsäure   Maleinsäure
(Benzoate)   (p-Aminobenzoate)   (Oxalate)   (Malonate)   (Maleate)

34.2 Herstellung von Carbonsäuren

1. Ein allgemein gangbarer Weg ist die **Oxidation primärer Alkohole** und **Aldehyde**. Als Oxidationsmittel eignen sich z. B. CrO_3, $K_2Cr_2O_7$ und $KMnO_4$.

$$R–CH_2OH \xrightarrow{\text{Oxidation}} R–CHO \xrightarrow{\text{Oxidation}} R–COOH$$

Bei der Oxidation von Alkylaromaten werden aromatische Carbonsäuren erhalten:

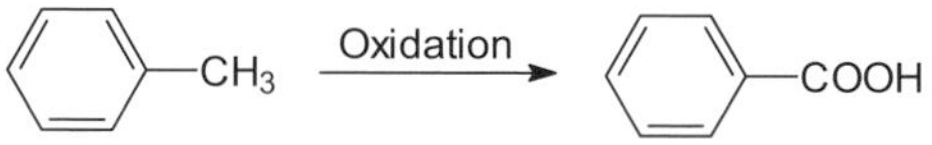

Toluol   Benzoesäure

2. Die **Verseifung von Nitrilen** bietet präparativ mehrere Vorteile. Nitrile sind leicht zugänglich aus Halogenalkanen und KCN (Abschn. 35.2.6). Die Verseifung geschieht unter Säure- oder Basekatalyse:

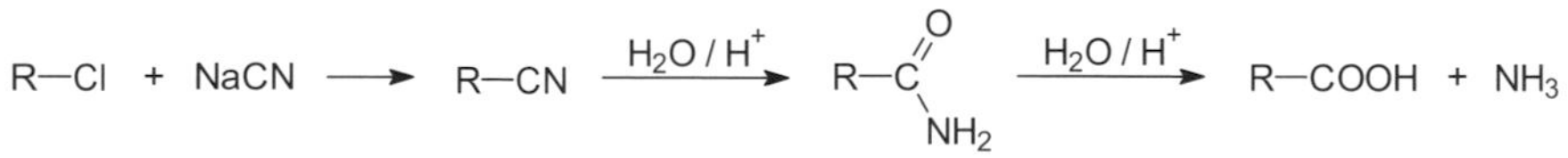

3. Eine präparativ wichtige Herstellungsmethode ist die **Carboxylierung**, z. B. die Umsetzung von *Grignard*-**Verbindungen** mit CO_2 (Abschn. 31.3.2):

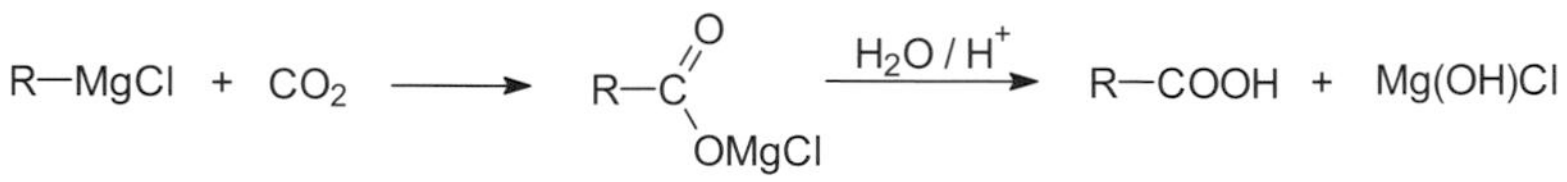

Eine weitere Carboxylierungsreaktion ist die *Kolbe-Schmitt*-**Reaktion** zur Herstellung der **Salicylsäure** (Abschn. 28.2.4.2). Hierbei wird Phenolat mit CO_2 umgesetzt:

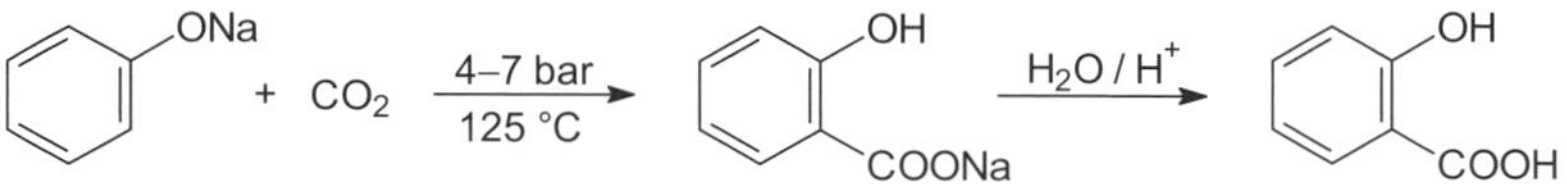

Natriumphenolat   Natriumsalicylat   Salicylsäure

4. Eine Methode ist auch die **Malonester-Synthese**. Sie bietet eine allgemeine Möglichkeit, eine C-Kette um zwei C-Atome zu verlängern (Abschn. 36.2.2.1). Der primär gebildete substituierte Malonester wird verseift und decarboxyliert.

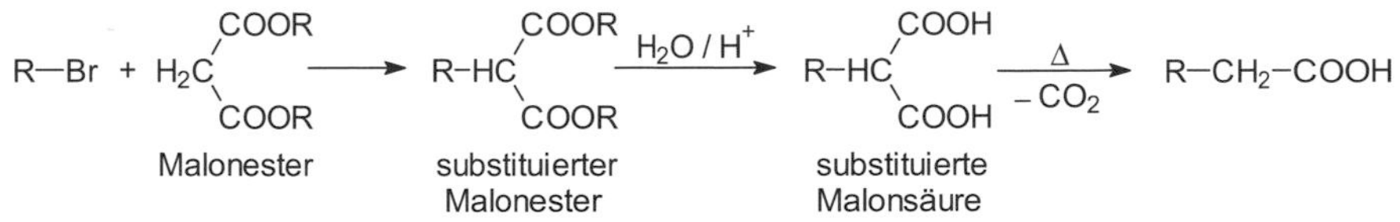

$$R-Br + H_2C\!\!\begin{array}{c}COOR\\COOR\end{array} \longrightarrow R-HC\!\!\begin{array}{c}COOR\\COOR\end{array} \xrightarrow{H_2O\,/\,H^+} R-HC\!\!\begin{array}{c}COOH\\COOH\end{array} \xrightarrow[-CO_2]{\Delta} R-CH_2-COOH$$

Malonester	substituierter Malonester	substituierte Malonsäure

34.3 Eigenschaften von Carbonsäuren

Carbonsäuren enthalten in der Carboxyl-Gruppe je eine polare C=O und OH Gruppe. Sie reagieren deshalb mit Nucleophilen und Elektrophilen: Sowohl das Proton der OH-Gruppe als auch die OH-Gruppe selbst können durch andere Substituenten ersetzt werden. Die Carbonyl-Gruppe kann am C-Atom nucleophil angegriffen werden. Die Carboxyl-Gruppe als Ganzes besitzt ebenfalls besondere Eigenschaften:

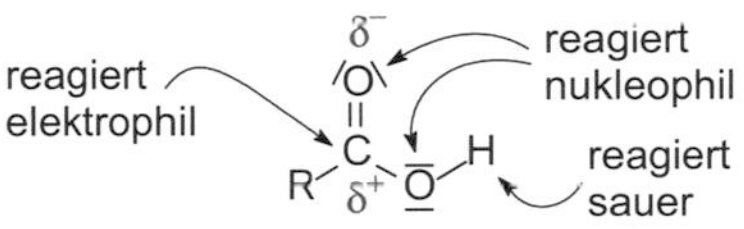

Carbonsäuren können untereinander und mit anderen geeigneten Verbindungen **H-Brückenbindungen** bilden. Die ersten Glieder der Reihe der aliphatischen Carbonsäuren sind daher unbeschränkt mit Wasser mischbar. Die längerkettigen Säuren werden erwartungsgemäß lipophiler und sind in Wasser schwerer löslich. Sie lösen sich besser in weniger polaren Lösemitteln wie Ether, Alkohol oder Benzol. Der Geruch der Säuren verstärkt sich von intensiv stechend zu unangenehm „ranzig". Die längerkettigen Säuren sind dickflüssig und riechen wegen ihrer geringen Flüchtigkeit (niederer Dampfdruck) kaum. Carbonsäuren haben **außergewöhnlich hohe Siedepunkte** und liegen sowohl im festen als auch im dampfförmigen Zustand als **Dimere** vor, die durch H-Brückenbindungen zusammengehalten werden:

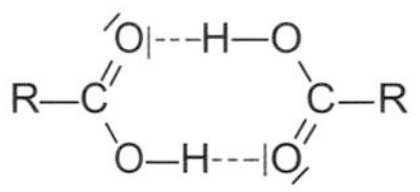

▶ Die erheblich größere Acidität der COOH-Gruppe im Vergleich zu den Alkoholen beruht auf der Mesomeriestabilisierung der konjugierten Base (vgl. auch Phenole).

Tab. 34.1 pK_S-Werte von Carbonsäuren

Name	Formel	pK_S	Name	Formel	pK_S
Essigsäure	CH_3COOH	4,76	Trimethylessigsäure	$(CH_3)_3CCOOH$	5,05
Acrylsäure	$CH_2=CHCOOH$	4,26	Isobuttersäure	$(CH_3)_2CHCOOH$	4,85
Monochloressigsäure	$ClCH_2COOH$	2,81	Propionsäure	CH_3CH_2COOH	4,88
Dichloressigsäure	$Cl_2CHCOOH$	1,30	Essigsäure	CH_3COOH	4,76
Trichloressigsäure	Cl_3CCOOH	0,65	Ameisensäure	$HCOOH$	3,77
β-Chlorpropionsäure	$ClCH_2CH_2COOH$	4,1	Trifluoressigsäure	F_3CCOOH	0,23
α-Chlorpropionsäure	$CH_3CHClCOOH$	2,8	Benzoesäure	⬡—COOH	4,22

Die Delokalisierung der Elektronen führt zu einer symmetrischen Ladungsverteilung und damit zu einem energieärmeren, stabileren Zustand.

34.3.1 Substituenteneinflüsse auf die Säurestärke

Die Abspaltung des Protons der Hydroxyl-Gruppe wird durch den Rest R in R–COOH beeinflusst. Dieser Einfluss lässt sich mit Hilfe induktiver und mesomerer Effekte plausibel erklären.

34.3.1.1 Elektronenziehender Effekt (−I-Effekt)

Elektronenziehende Substituenten wie Halogene, –CN, –NO$_2$ oder auch –COOH bewirken eine **Zunahme der Acidität**. Ähnlich wirkt eine in Konjugation zur Carboxyl-Gruppe stehende Doppelbindung.

Bei den α-Halogen-Carbonsäuren X–CH$_2$COOH nimmt der Substituenteneinfluss entsprechend der Elektronegativität der Substituenten in der Reihe F > Cl > Br > I deutlich ab, was an der Zunahme der zugehörigen pK_S-Werte (s. Tab. 34.1) zu erkennen ist: (pK_S = 2,66; 2,81; 2,86; 3,12 für X = F, Cl, Br, I).

Die Stärke des −I-Effektes ist auch von der Stellung der Substituenten abhängig. Mit wachsender Entfernung von der Carboxyl-Gruppe nimmt seine Stärke rasch ab (vgl. β-Chlorpropionsäure).

Bei **mehrfacher Substitution** ist die **Wirkung additiv**, wie man an den pK_S-Werten der verschieden substituierten Chloressigsäuren erkennen kann. Trifluoressigsäure (CF$_3$COOH) erreicht schon die Stärke anorganischer Säuren.

34.3.1.2 Elektronendrückender Effekt (+I-Effekt)

Elektronendrückende Substituenten wie Alkyl-Gruppen bewirken eine **Abnahme der Acidität** (Zunahme des pK_S-Wertes), weil sie die Elektronendichte am

Tab. 34.2 Verwendung und Eigenschaften von Monocarbonsäuren

Name	Formel	Schmp. °C	Sdp. °C	pK_S	Vorkommen, Verwendung
Ameisensäure	HCOOH	8	100,5	3,77	Ameisen, Brennnesseln
Essigsäure	CH_3COOH	16,6	118	4,76	Lösemittel, Speiseessig
Propionsäure	C_2H_5COOH	−22	141	4,88	Konservierungsmittel
Buttersäure	$CH_3(CH_2)_2COOH$	−6	164	4,82	Butter, Schweiß
Isobuttersäure	$(CH_3)_2CHCOOH$	−47	155	4,85	Johannisbrot
n-Valeriansäure	$CH_3(CH_2)_3COOH$	−34,5	187	4,81	Baldrianwurzel
Capronsäure	$CH_3(CH_2)_4COOH$	−1,5	205	4,85	Ziege
Palmitinsäure	$CH_3(CH_2)_{14}COOH$	63			Palmöl
Stearinsäure	$CH_3(CH_2)_{16}COOH$	70			Talg
Acrylsäure	$CH_2=CHCOOH$	13	141	4,26	Kunststoffe
Sorbinsäure	COOH	133			Konservierungsmittel
Ölsäure	cis-Octadecen-(9)-säure	16			In Fetten und Ölen
Linolsäure	cis,cis-Octadecen-(9,12)-säure	−5			In Fetten und Ölen
Linolensäure	cis,cis,cis-Octadecen-(9,12,15)-säure	−11			In Fetten und Ölen
Benzoesäure	C_6H_5COOH	122	250	4,22	Konservierungsmittel
Salicylsäure	o-HOC_6H_4COOH	159		3,00	Konservierungsmittel

Carboxyl-C-Atom und am Hydroxyl-Sauerstoff erhöhen. Alkyl-Gruppen haben allerdings keinen so starken Einfluss wie die Gruppen mit einem −I-Effekt.

34.3.1.3 Mesomere Effekte
Bei aromatischen Carbonsäuren treten zusätzlich mesomere Effekte auf. Benzoesäure ($pK_S = 4{,}22$) ist zwar stärker sauer als Cyclohexancarbonsäure ($pK_S = 4{,}87$), doch lässt sich die relativ schwache Acidität durch Einführung von −I- und −M-Substituenten beträchtlich steigern. So hat z. B. p-Nitrobenzoesäure einen pK_S-Wert von 3,42.

34.3.1.4 H-Brückenbildung
Ein interessanter Fall liegt bei der Salicylsäure (o-Hydroxybenzoesäure) vor, deren Anion sich durch intramolekulare H-Brückenbindungen stabilisieren kann.

34.3.2   pH-Wert wässriger Carbonsäurelösung (Tab. 34.1 und 34.2)

Berechnung des pH-Werts einer wässrigen Carbonsäurelösung:

Beispiel 0,1 molare Propionsäure; $pK_S = 4{,}88$; $c = 10^{-1}$.
$pH = 1/2\ pK_S - 1/2\ \lg c$; $pH = 2{,}44 - 1/2\,(-1) = 2{,}94$

34.4   Reaktionen von Carbonsäuren

34.4.1   Reduktion

Carbonsäuren lassen sich durch starke Reduktionsmittel wie Lithiumaluminiumhydrid zu Alkoholen reduzieren. Im ersten Schritt bildet sich das Lithiumsalz der
Carbonsäure, welches anschließend reduziert wird.

$$R\text{–}COOH \xrightarrow[-H_2,\,-AlH_3]{+LiAlH_4} R\text{–}COO^-Li^+ \xrightarrow{+\,LiAlH_4} R\text{–}CH_2\text{–}O^-Li^+ \xrightarrow[-LiOH]{+H_2O} RCH_2OH$$

34.4.2   Abbau unter CO₂-Abspaltung (Decarboxylierung)

Decarboxylierungen sind möglich durch Erhitzen der Salze (über 400 °C), Oxidation mit Bleitetraacetat oder durch oxidative Decarboxylierung von Silbersalzen zu
Bromiden (*Hunsdiecker*-**Reaktion**, Abschn. 25.3).

$$R\text{–}COO^-Ag^+ + Br_2 \longrightarrow R\text{–}Br + CO_2 + AgBr$$

34.4.3   Bildung von Derivaten

Carbonsäuren sind Ausgangsverbindungen für die Herstellung vieler Derivaten
(Kap. 35):

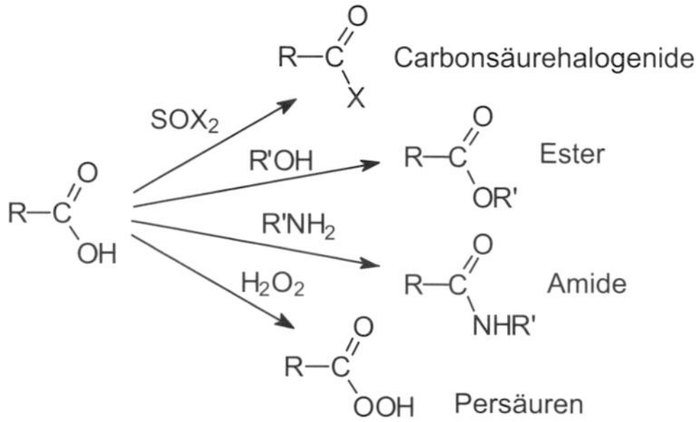

34.5 Spezielle Carbonsäuren

34.5.1 Dicarbonsäuren

Dicarbonsäuren enthalten zwei Carboxyl-Gruppen im Molekül und können daher in zwei Stufen dissoziieren. Die ersten Glieder der homologen Reihe sind stärker sauer als die entsprechenden Monocarbonsäuren, da sich die beiden Carboxyl-Gruppen gegenseitig beeinflussen (−I-Effekt). Die einfachen Dicarbonsäuren haben oft Trivialnamen, die auf die Herkunft der Säure aus einem bestimmten Naturstoff hinweisen (Einzelheiten s. Tab. 34.3). Die IUPAC-Nomenklatur entspricht der der Monocarbonsäuren: HOOC–CH$_2$–CH$_2$–COOH (Bernsteinsäure) = 1,2-Ethandicarbonsäure = Butandisäure.

34.5.1.1 Herstellung von Dicarbonsäuren
Die Synthese von Dicarbonsäuren erfolgt meist nach speziellen Methoden. Grundsätzlich können aber die gleichen Verfahren wie bei Monocarbonsäuren angewandt werden, wobei als Ausgangsstoffe bifunktionelle Verbindungen eingesetzt werden.

Oxalsäure
Oxalsäure wurde erstmals von *Wöhler* (1824) durch Hydrolyse von Dicyan hergestellt:

$$\begin{array}{c} C\equiv N \\ | \\ C\equiv N \end{array} + 4\,H_2O \longrightarrow \begin{array}{c} COOH \\ | \\ COOH \end{array} + 2\,NH_3$$

Dicyan　　　　　　　　　Oxalsäure

Tab. 34.3 Eigenschaften, Vorkommen und Verwendung von Dicarbonsäuren

Trivialname	Formel	Schmp. °C	pK_{S1}	pK_{S2}	Vorkommen und Verwendung
Oxalsäure	HOOC–COOH	189	1,46	4,40	Sauerklee (Oxalis), Harnsteine
Malonsäure	HOOCCH$_2$COOH	135	2,83	5,85	Leguminosen
Bernsteinsäure	HOOC(CH$_2$)$_2$COOH	185	4,17	5,64	Citrat-Cyclus, Rhabarber
Glutarsäure	HOOC(CH$_2$)$_3$COOH	97,5	4,33	5,57	Zuckerrübe
Adipinsäure	HOOC(CH$_2$)$_4$COOH	151	4,43	5,52	Zuckerrübe; Nylonherstellung
Maleinsäure	(Z)-HOOCCH=CHCOOH	130	1,9	6,5	
Fumarsäure	(E)-HOOCCH=CHCOOH	287	3,0	4,5	Citrat-Cyclus
Acetylendicarbonsäure	HOOC–C≡C–COOH	179	–	–	Synthesen
Phthalsäure	1,2-C$_6$H$_4$(COOH)$_2$	231	2,96	5,4	Weichmacher, Polymere
Terephthalsäure	1,4-C$_6$H$_4$(COOH)$_2$	300	3,54	4,46	Kunststoffe

Oxalsäure bildet schwerlösliche Calciumsalze, ist u. a. auch für die Bildung von Blasen- und **Nierensteinen** (Oxalatsteine) verantwortlich.

Malonsäure

Malonsäure entsteht durch Hydrolyse von Cyanessigsäure, die aus Chloressigsäure und KCN erhalten wird:

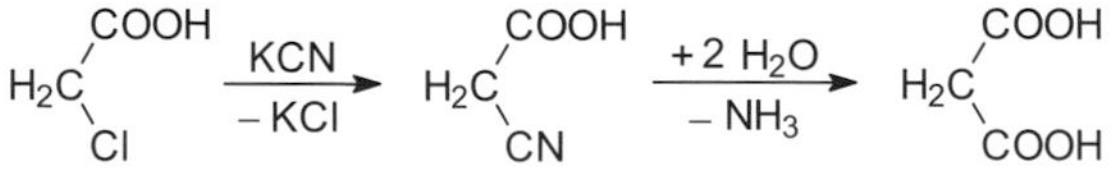

Maleinsäure

Maleinsäure als **ungesättigte Dicarbonsäure** erhält man durch Erhitzen von Äpfelsäure. Unter Wasserabspaltung bildet sich dabei primär das Maleinsäureanhydrid, das zur Dicarbonsäure hydrolysiert werden kann:

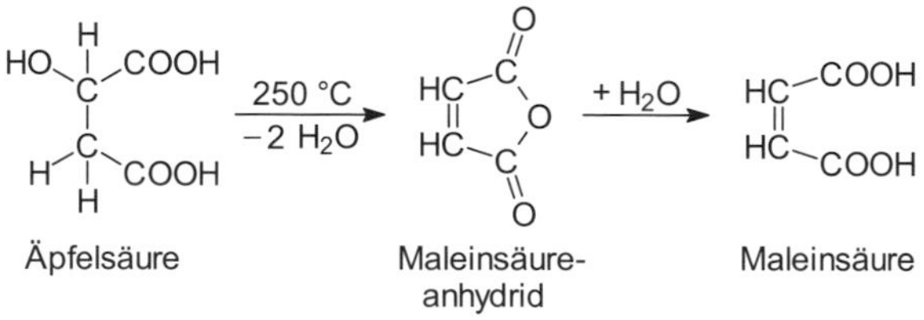

Äpfelsäure   Maleinsäure-   Maleinsäure
                    anhydrid

Fumarsäure

Fumarsäure, die entsprechende E-konfigurierte Dicarbonsäure, entsteht durch HBr-Eliminierung aus Monobrombernsteinsäure:

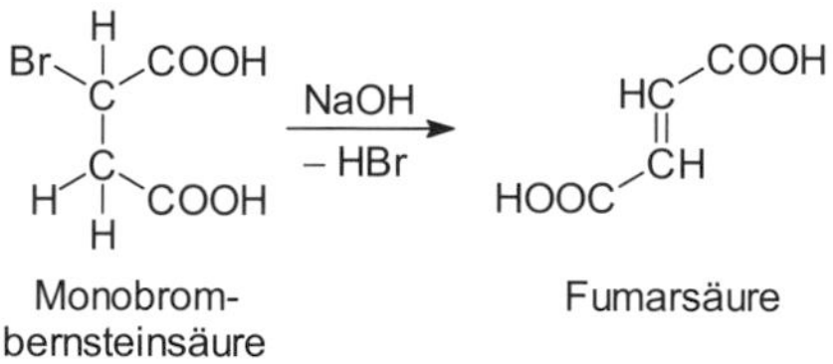

Monobrom-   Fumarsäure
bernsteinsäure

Fumarsäure spielt im Citronensäure-Cyclus (Citrat-Cyclus) eine wichtige Rolle. Sie entsteht dort bei der Dehydrierung von Bernsteinsäure als Zwischenprodukt. Maleinsäure wurde bisher in der Natur nicht gefunden und ist nur synthetisch zugänglich.

Phthalsäure

Phthalsäure (Benzol-o-dicarbonsäure) entsteht durch Hydrolyse von Phthalsäureanhydrid, hergestellt durch Oxidation von o-Xylol oder Naphthalin.

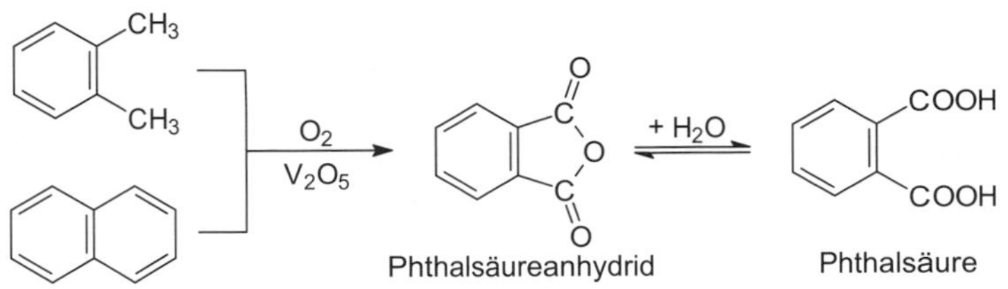

Phthalsäureanhydrid   Phthalsäure

Phthalsäure findet Verwendung zur Synthese von Farbstoffen. Sie lässt sich durch Wasserabspaltung leicht in ihr Anhydrid überführen, das ebenfalls als Ausgangsverbindung für chemische Synthesen vielfache Anwendung findet.

Terephthalsäure
Terephthalsäure (Benzol-p-dicarbonsäure) erhält man durch Oxidation von p-Xylol oder Carboxylierung von Benzoesäure mit CO_2. Sie besitzt technische Bedeutung zur Herstellung von Kunststoffen (Polyesterfaser) wie Trevira, Diolen u. a.

34.5.1.2 Reaktionen von Dicarbonsäuren

Die Dicarbonsäuren unterscheiden sich durch ihr **Verhalten beim Erhitzen**:

1,1-Dicarbonsäuren, wie die Malonsäure, **decarboxylieren** über einen cyclischen Übergangszustand viel leichter als die Monocarbonsäuren:

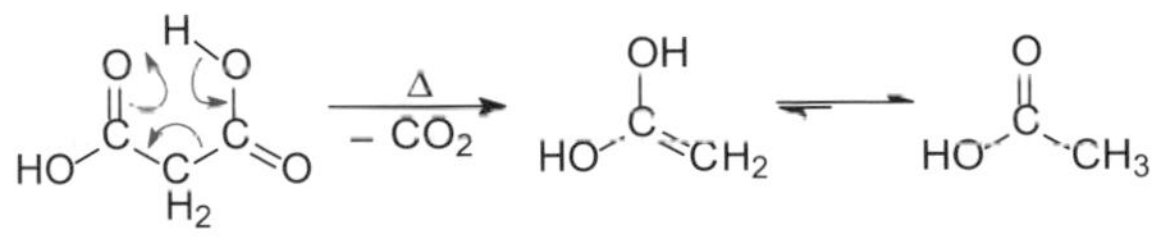

1,2- und **1,3-Dicarbonsäuren** liefern beim Erhitzen **cyclische Anhydride**:

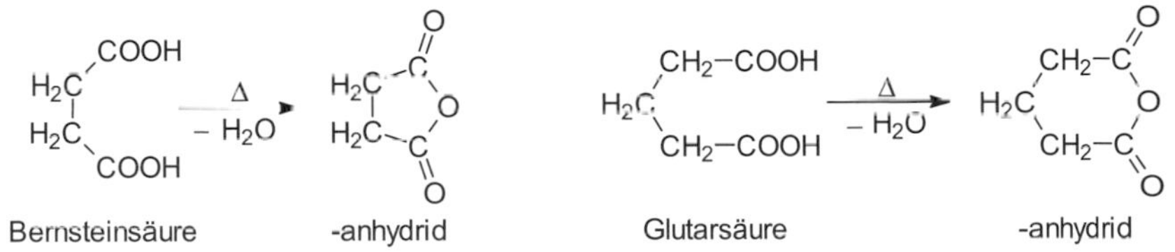

Bernsteinsäure   -anhydrid   Glutarsäure   -anhydrid

Besonders leicht geht die Anhydridbildung wenn die zur Cyclisierung benötigte *cisoide* Struktur der Dicarbonsäure fixiert ist, wie etwa bei der Maleinsäure.

34.5.2 Hydroxycarbonsäuren

Außer den bisher besprochenen Carbonsäuren mit einer oder mehreren Carboxyl-Gruppen gibt es auch solche, die daneben noch andere funktionelle Gruppen tragen.

Diese haben zum Teil in der Chemie der Naturstoffe große Bedeutung. Zu ihnen zählen u. a.

- die **Aminosäuren** (Abschn. 43.1) mit einer NH_2-Gruppe,
- die **Oxocarbonsäuren** (Abschn. 34.5.3), die Aldehyd- und Keto-Gruppen enthalten, und
- die **Hydroxycarbonsäuren** mit einer oder mehreren OH-Gruppen.

Man kennt aliphatische und aromatische Hydroxycarbonsäuren mit einer oder mehreren Carboxyl-Gruppen (s. Tab. 34.4).

34.5.2.1 Herstellung von Hydroxycarbonsäuren

α-**Hydroxycarbonsäuren** erhält man durch **Hydrolyse von Cyanhydrinen** (Abschn. 33.2.1):

$$R-CHO \;+\; HCN \longrightarrow \underset{\text{Cyanhydrin}}{R-\overset{\overset{\displaystyle OH}{|}}{C}H-CN} \;\xrightarrow[-\,NH_3]{+\,2\,H_2O}\; \underset{\substack{\alpha\text{-Hydroxy-}\\\text{carbonsäure}}}{R-\overset{\overset{\displaystyle OH}{|}}{C}H-COOH}$$

β-**Hydroxysäuren** gewinnt man durch Verseifung der entsprechenden β-Hydroxyester. Durch **Verseifung von** entsprechenden **Lactonen** erhält man beliebige andere Hydroxycarbonsäuren.

Generell anwendbar ist auch die **Reduktion der** entsprechenden **Ketosäuren** (Abschn. 34.5.3).

Besonders gut geht die **Hydrolyse von Halogencarbonsäuren** (Abschn. 34.5.4), wenn das Halogenatom am Ende einer Carbonsäure sitzt, da hier ein primäres Halogenid vorliegt, welches besonders leicht substituiert werden kann.

$$Br\diagdown\diagup\diagdown\diagup\diagdown COOH \;\xrightarrow[-\,NaBr]{+\,NaOH}\; HO\diagdown\diagup\diagdown\diagup\diagdown COOH$$

Ebenfalls gut reagieren α-**Halogencarbonsäuren**. Unter den basischen Hydrolysebedingungen bildet sich zuerst das Carboxylat, welches dann intramolekular das Halogenatom substituieren kann, unter Bildung eines α-Lactons. Dieses α-Lacton ist sehr gespannt und somit reaktionsfähig und wird von OH^- verseift, wobei die α-Hydoxycarbonsäure entsteht.

$$\underset{Br}{R-\overset{|}{C}H-COOH} \;\xrightarrow[-\,H_2O]{NaOH}\; \underset{Br}{R-\overset{|}{C}H-COO^-Na^+} \;\xrightarrow{-\,NaBr}\; \underset{\alpha\text{-Lacton}}{R-\overset{O}{\overset{/\;\backslash}{C}H-C}{=}O} \;\xrightarrow{NaOH}\; \underset{}{R-\overset{\overset{\displaystyle OH}{|}}{C}H-COO^-Na^+}$$

34.5.2.2 Eigenschaften von Hydroxycarbonsäuren

Schmelz- und **Siedepunkte** von Hydroxycarbonsäuren liegen generell **höher** als die der unsubstituierten Carbonsäuren. Sie sind **in Wasser leichter**, in Ether hin-

Tab. 34.4 Eigenschaften und Vorkommen von Hydroxycarbonsäuren

Säure	Formel	Schmp. °C	Vorkommen
Glykolsäure Hydroxyethansäure	CH₂-COOH, OH	79 Sdp. 100	In unreifen Weintrauben und Zuckerrohr Salze: Glykolate
Milchsäure 2-Hydroxypropansäure	H₃C-CH-COOH, OH	L-Form: 25 Racemat: 18 Sdp 122	L-(+)-Milchsäure: Abbauprodukt der Kohlenhydrate im Muskel; Salze: Lactate
Glycerinsäure 2,3-Dihydroxypropansäure	CH₂-CH-COOH, OH OH	Sirupös Sdp Zers.	Wichtiges Zwischenprodukt im Kohlenhydratstoffwechsel; Salze: Glycerate
Äpfelsäure 2-Hydroxybutandisäure	HOOC-CH₂-CH-COOH, OH	100–101	In unreifen Äpfeln u. a. Früchten, bes. in Vogelbeeren. Salze: Malate
Weinsäure 2,3-Dihydroxybutandisäure	HOOC-CH-CH-COOH, OH OH	170	In Früchten; Salze: Tartrate
Mandelsäure 2-Hydroxy-2-phenylethansäure	C₆H₅-CH-COOH, OH	133	Mandeln (Glykosid: Amygdalin); Salze: Mandelate
Citronensäure 2-Hydroxy-1,2,3-pentantrisäure	HOOC-CH₂-C(OH)(COOH)-CH₂-COOH	153	In Zitrusfrüchten u. a., Citrat-Cyclus; Salze: Citrate
Salicylsäure o-Hydroxybenzoesäure	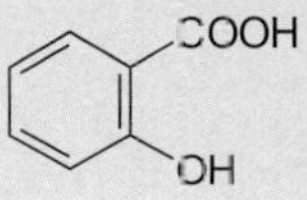 (Benzolring mit COOH und OH)	159	Etherische Öle; Salze: Salicylate

gegen schwerer **löslich** als die zugehörigen Carbonsäuren (wegen zusätzlicher OH-Gruppe). Auch **erhöht** die α-ständige Hydroxyl-Gruppe durch ihren −I-Effekt die **Acidität** der Carboxyl-Gruppe.

Beispiele   Paare von unsubstituierten und substituierten Carbonsäuren

- Essigsäure (pK_S = 4,76) und Glykolsäure (pK_S = 3,82);
- Propionsäure (pK_S = 4,88) und Milchsäure (pK_S = 3,85).

34.5.2.3   Reaktionen von Hydroxycarbonsäuren

Das chemische Verhalten der Hydroxycarbonsäuren wird durch beide funktionelle Gruppen bestimmt:

1. **Mit Säurechloriden** können Hydroxysäuren **acyliert** werden:

$$
\underset{\text{Natriumlactat}}{R-\overset{\overset{\displaystyle OH}{|}}{C}H-COO^-Na^+} \; + \; \underset{\text{Benzoylchlorid}}{Ph-\overset{\overset{\displaystyle O}{\|}}{C}\!-\!Cl} \quad \xrightarrow{-HCl} \quad \underset{\text{O-Benzoyllactat}}{R-\overset{\overset{\displaystyle O-\overset{O}{\overset{\|}{C}}-Ph}{|}}{C}H-COO^-Na^+}
$$

2. **Mit Alkoholen** erfolgt bei Säurekatalyse die bekannte **intermolekulare Esterbildung**:

$$
R-\overset{\overset{\displaystyle OH}{|}}{C}H-COOH \; + \; R'OH \quad \xrightarrow{H^+} \quad R-\overset{\overset{\displaystyle OH}{|}}{C}H-COOR' \; + \; H_2O
$$

3. **Beim Erhitzen** spalten Hydroxycarbonsäuren **Wasser ab**, wobei verschiedene Verbindungen erhalten werden:

    (a) Aus **α-Hydroxysäuren** entstehen durch **intermolekulare Wasserabspaltung** cyclische Ester, so genannte **Lactide**:

$$
\underset{\text{Milchsäure}}{\overset{\overset{\displaystyle CH_3}{|}}{\underset{\underset{\displaystyle COOH}{|}}{HC}\!-\!OH} \quad \overset{\overset{\displaystyle HOOC}{}}{\underset{\underset{\displaystyle CH_3}{|}}{HO\!-\!CH}}} \quad \xrightarrow{-2\,H_2O} \quad \underset{\substack{\text{Lactid} \\ \text{3,6-Dimethyl-1,4-dioxan-2,5-dion}}}{\text{Lactid-Ringstruktur}}
$$

    (b) Bei β-Hydroxysäuren erfolgt intramolekulare Wasserabspaltung unter Bildung α,β-ungesättigter Carbonsäuren:

$$
\underset{\substack{\text{β-Hydroxypropionsäure} \\ \text{3-Hydroxypropansäure}}}{HO\!-\!CH_2\!-\!CH_2\!-\!COOH} \quad \xrightarrow[-H_2O]{\Delta} \quad \underset{\substack{\text{Acrylsäure} \\ \text{Propensäure}}}{CH_2\!=\!CH\!-\!COOH}
$$

(c) Bei **γ- und δ-Hydroxycarbonsäuren**, bei denen beide Gruppen genügend weit voneinander entfernt sind, bilden sich im Sauren leicht intramolekulare Ester, die **Lactone**. Im Falle der γ-Hydroxysäuren erhält man **Fünfringe** (γ-Lactone), bei den δ-Hydroxysäuren **Sechsringe** (δ-Lactone).

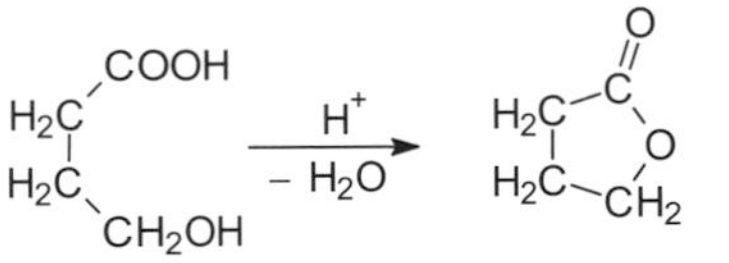

$$H_2C\underset{H_2C}{\overset{COOH}{\diagdown}}CH_2OH \xrightarrow[-H_2O]{H^+} H_2C\underset{H_2C}{\overset{C=O}{\diagdown}}\underset{CH_2}{\diagup}O$$

γ-Hydroxybuttersäure   γ-Butyrolacton

34.5.3 Oxocarbonsäuren

Oxocarbonsäuren enthalten außer einer Carboxyl-Gruppe noch mindestens eine **weitere Carbonyl-Gruppe**, wobei man zwischen **Aldehydo-** und **Ketocarbonsäuren** unterscheiden kann.

34.5.3.1 Herstellung von Oxocarbonsäuren

Ein generelles Verfahren zu Herstellung beliebiger Oxocarbonsäuren ist die Oxidation der entsprechenden Hydroxycarbonsäuren.

Beispiel

$$H_3C-\overset{OH}{\underset{|}{CH}}-COOH \xrightarrow{Oxidation} H_3C-\overset{O}{\overset{||}{C}}-COOH$$

Milchsäure   Brenztraubensäure

α-Oxocarbonsäuren

α-Oxocarbonsäuren erhält man durch **Hydrolyse von Acylcyaniden**, welche aus Säurechloriden und Cyaniden zugänglich sind:

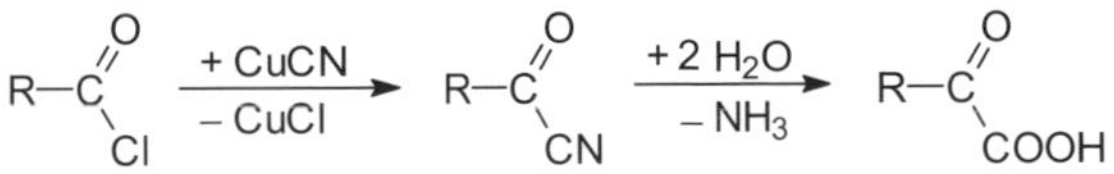

$$R-\overset{O}{\overset{||}{C}}-Cl \xrightarrow[-CuCl]{+CuCN} R-\overset{O}{\overset{||}{C}}-CN \xrightarrow[-NH_3]{+2\,H_2O} R-\overset{O}{\overset{||}{C}}-COOH$$

Glyoxylsäure

Glyoxylsäure, die einfachste **Aldehydocarbonsäure** entsteht durch oxidative Spaltung von Weinsäure mit Bleitetraacetat oder Natriumperiodat (Abschn. 28.1.3):

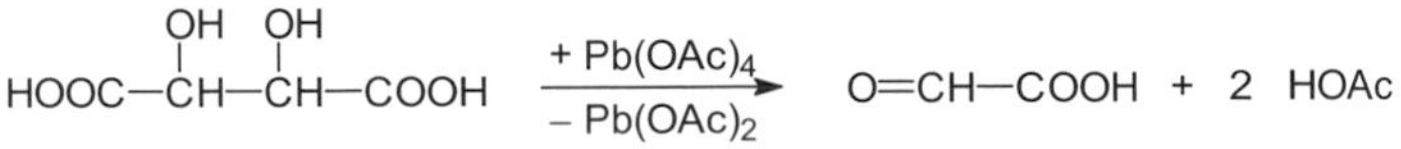

$$HOOC-\overset{OH}{\underset{|}{CH}}-\overset{OH}{\underset{|}{CH}}-COOH \xrightarrow[-Pb(OAc)_2]{+Pb(OAc)_4} O=CH-COOH + 2\ HOAc$$

Weinsäure   Glyoxylsäure

Brenztraubensäure

Brenztraubensäure (2-Oxopropansäure, α-Ketopropionsäure), die einfachste α-Ketosäure, kann außer durch **Oxidation von Milchsäure** auch durch **Erhitzen von Wein- oder Traubensäure** (Racemat der Weinsäure) **mit KHSO₄** hergestellt werden. Im ersten Schritt erfolgt eine sauer katalysierte Wasserabspaltung unter Bildung der Hydroxymaleinsäure. Diese steht über die **Keto-Enol-Tautomerie** mit der Oxalessigsäure im Gleichgewicht. Oxalessigsäure ist nicht nur eine αKeto- sondern auch eine β-Ketocarbonsäure. β-Ketocarbonsäuren sind nicht sonderlich stabil und spalten beim Erwärmen CO_2 ab, wobei sich die Brenztraubensäure bildet. Diese Reaktion ist eine Pyrolyse (Hitzespaltung), daher der Name Brenztraubensäure:

| Traubensäure | Hydroxymaleinsäure | Oxalessigsäure | Brenztraubensäure |

34.5.3.2 Eigenschaften der Oxosäuren

Keto-Enol-Tautomerie (Oxo-Enol-Tautomerie)
Wie bei den Ketonen gibt es auch bei Oxosäuren und Oxoestern die Keto-Enol-Tautomerie, bei den **β-Oxoderivaten** ist sie sogar besonders stark ausgeprägt, da ein konjugiertes Doppelbindungssystem entsteht.

92,5 %   Acetessigester   7,5 %

Der **qualitative Nachweis** der Enolform erfolgt mit einer Lösung von $FeCl_3$, das mit dem Enol einen Komplex bildet: Mit $FeCl_3$ entsteht eine tiefrote Lösung.

1,3-Diketone haben ebenfalls beachtliche Enolgehalte, was auf die Aktivierung durch zwei Carbonyl-Gruppen zurückgeführt wird. Die **Enolformen** der 1,3-Diketone, die durch Ausbildung eines konjugierten Systems und intramolekulare H-Brückenbindungen stabilisiert sind, liegen hinsichtlich ihrer **Säurestärke** fast schon in der Größenordnung der Carbonsäuren (pK_s-Werte Tab. 18.1).

34.5.3.3 Reaktionen der Oxosäuren

2-Oxocarbonsäuren (α-Oxosäuren)

▶ **Brenztraubensäure** und vor allem ihre Salze, die **Pyruvate**, sind wichtige biochemische Zwischenprodukte beim Abbau der Kohlenhydrate und Fette.

Unter anaeroben Bedingungen wird Pyruvat im Säugetierorganismus zu Milchsäure (Lactat) reduziert, z. B. im Muskel bei intensiver Beanspruchung. Bei der
alkoholischen Gärung bilden sich durch **Decarboxylierung** Acetaldehyd und CO_2.

Die Decarboxylierung erfolgt unter dem katalytischen Einfluss einer Thiamin-
Einheit (Vitamin B_1) der Pyruvat-Dehydrogenase. Diese greift nucleophil an der
Keto-Gruppe des Pyruvat-Ions an und ermöglicht durch Bildung einer Additionsverbindung die Abspaltung von CO_2. Das erhaltene Produkt wird dann zum Aufbau
von **Acetyl-Coenzym A** verwendet.

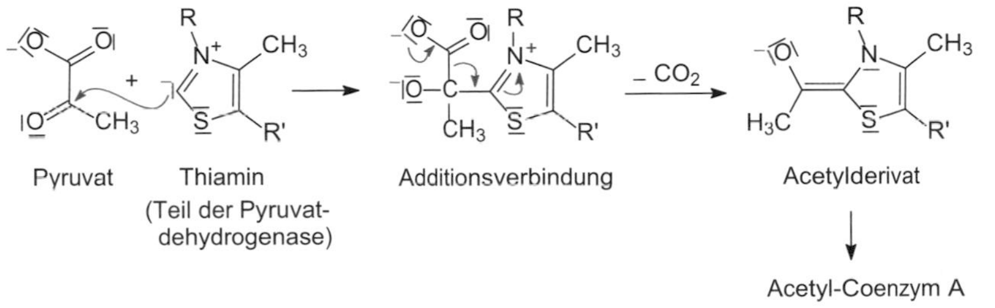

Pyruvat   Thiamin   Additionsverbindung   Acetylderivat
            (Teil der Pyruvat-
            dehydrogenase)

Acetyl-Coenzym A

3-Oxocarbonsäuren (β-Ketocarbonsäuren)

Im Gegensatz zu den α-Ketosäuren sind β-Ketosäuren unbeständig. So zerfällt Acetessigsäure leicht in Aceton und CO_2 (**Decarboxylierung**). Im Organismus werden β-Ketosäuren ebenfalls durch Decarboxylierungsreaktionen abgebaut (z. B. im
Citrat-Cyclus, Bildung von Ketoverbindungen bei Diabetikern).

Beispiele

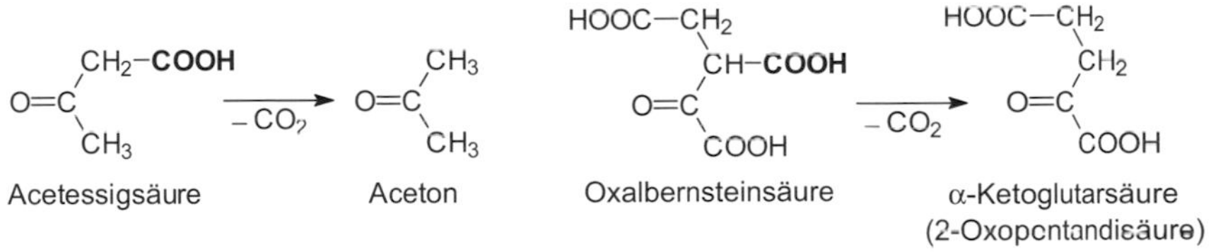

Acetessigsäure   Aceton   Oxalbernsteinsäure   α-Ketoglutarsäure
                                                            (2-Oxopentandisäure)

Die Decarboxylierung erfolgt hierbei als *syn*-Eliminierung (Abschn. 27.4) über
einen sechsgliedrigen Übergangszustand:

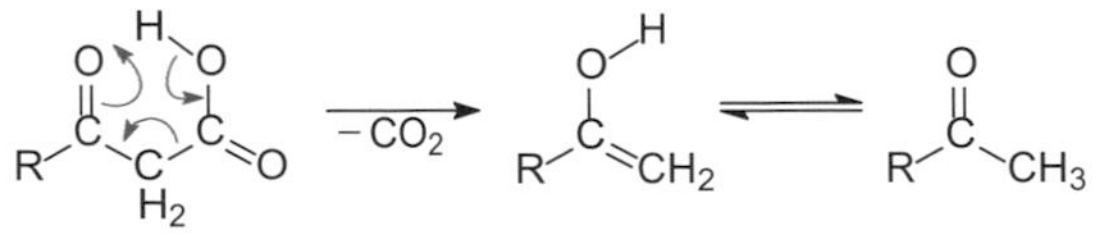

Stabiler als Acetessigsäure sind die **Acetessigsäureester**. Man erhält diese durch
***Claisen*-Kondensation** von Essigsäureestern (Abschn. 36.2.1). Acetessigester sind
wichtige Synthesebausteine, z. B. für die Synthese von Heterocyclen (Kap. 38).
Weitere Reaktionen werden in Abschn. 36.2.2 besprochen.

34.5.4 Halogencarbonsäuren

Halogencarbonsäuren sind wichtige Zwischenstufen, da sie sich durch nucleophile Substitution leicht in andere funktionalisierte Carbonsäuren umwandeln lassen.

34.5.4.1 Herstellung von Halogencarbonsäuren

Besonders leicht sind die α-Halogencarbonsäuren zugänglich, da die α-Position von Carbonylverbindungen besonders aktiviert ist. Über die Keto-Enol-Tautomerie besitzt diese Position nucleophile Eigenschaften und kann daher mit Elektrophilen wie Halogenen umgesetzt werden.

α-Chloressigsäuren

Die direkte Halogenierung von Carbonsäuren mit Chlor erfolgt nur sehr langsam, da die Reaktion über die Enolform erfolgt, und der Enolanteil von Carbonsäuren sehr gering ist. Durch Belichten und Temperaturerhöhung lässt sich die Reaktion jedoch beschleunigen. Je nach Halogenmenge erhält man mono- oder mehrfach halogenierte Verbindungen:

$$\underset{\text{Essigsäure}}{H_3C-COOH} \xrightarrow[-HCl]{+Cl_2} \underset{\text{Chloressigsäure}}{ClH_2C-COOH} \xrightarrow[-HCl]{+Cl_2} \underset{\text{Dichloressigsäure}}{Cl_2HC-COOH} \xrightarrow[-HCl]{+Cl_2} \underset{\text{Trichloressigsäure}}{Cl_3C-COOH}$$

Hell-Volhard-Zelinsky-Reaktion

Diese Reaktion dient zur Herstellung von **α-Bromcarbonsäuren**. Man erhält diese durch Umsetzung von Carbonsäuren mit Brom in Gegenwart katalytischer Mengen an Phosphor. Aus Phosphor und Brom bildet sich intermediär Phosphortribromid (PBr_3), welches in der Lage ist, die Carbonsäure in das Carbonsäurebromid zu überführen (Abschn. 35.2.2). Carbonsäurehalogenide haben einen erheblich höheren Enolanteil als Carbonsäuren, so dass die elektrophile Bromierung der Enolform viel schneller erfolgt als bei der „direkten Halogenierung".

$$R-CH_2-COOH + Br_2 \xrightarrow{(P)} \overset{\overset{\textstyle Br}{\textstyle |}}{R-CH-COOH} + HBr$$

34.5.4.2 Eigenschaften der Halogencarbonsäuren

Durch Einführung der elektronegativen Halogenatome **erhöht** sich die **Acidität** der entsprechenden Carbonsäuren. Dieser Effekt ist umso größer, je dichter das Halogenatom an der Carboxyl-Gruppe sitzt. Mehrfach halogenierte Carbonsäuren sind daher auch acider als monosubstituierte Derivate. Für die Acidität z. B. von chlorierten Carbonsäuren ergibt sich folgende Reihenfolge:

$\overset{\overset{\textstyle Cl}{\textstyle |}}{H_3CCH_2CHCOOH}$ >	$\overset{\overset{\textstyle Cl}{\textstyle |}}{H_3CCHCH_2COOH}$ >	$\overset{\overset{\textstyle Cl}{\textstyle |}}{H_2CCH_2CH_2COOH}$ >	$H_3CCH_2CH_2COOH$
pK_S: 2,84	4,06	4,52	4,82

Cl_3CCOOH	$Cl_2CHCOOH$	$ClCH_2COOH$	H_3CCOOH
pK_S: 0,65	1,29	2,86	4,76

Verbindungen wie die 2-Chlor- und die 3-Chlorbuttersäure besitzen ein **asymmetrisches Kohlenstoffatom** und sind daher **optisch aktiv** (Kap. 39). Es existieren zwei enantiomere Formen, die sich wie Bild und Spiegelbild verhalten. Bei den beschriebenen Herstellungsverfahren erhält man immer ein Gemisch beider Formen, ein Racemat.

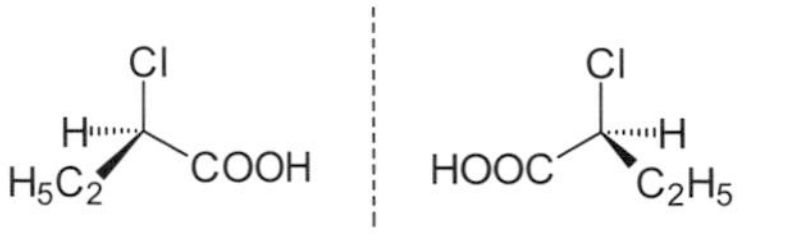

(*R*)-2-Chlorbuttersäure   (*S*)-2-Chlorbuttersäure

34.5.4.3   Reaktionen der Halogencarbonsäuren

Die wichtigsten Reaktionen der Halogencarbonsäuren sind **nucleophile Substitutionsreaktionen**, durch die sie in andere Carbonsäurederivate überführt werden können. Umsetzungen mit OH^- führt zur wichtigen Klasse der **Hydroxycarbonsäuren** (Abschn. 34.5.2), mit Ammoniak erhält man **Aminosäuren** (Abschn. 42.1.3).

Wichtig sind hierbei Substitutionen optisch aktiver Halogenverbindungen die nach dem **S$_N$2-Mechanismus** (Abschn. 26.2) verlaufen, da die Substitution unter **Inversion** erfolgt und man dabei optisch aktive Produkte erhält.

Besonders gut verlaufen Umsetzungen von α-**Halogencarbonsäuren**, da hierbei die benachbarte Carboxyl-Gruppe einen so genannten **Nachbargruppeneffekt** ausübt (Abschn. 34.5.2.1).

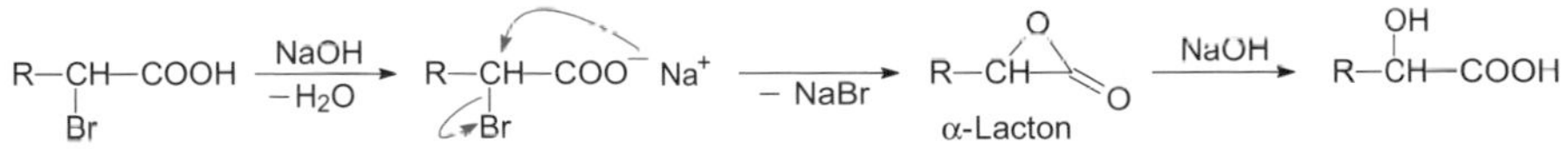

Derivate der Carbonsäuren

35

Zu den wichtigsten Reaktionen der Carbonsäuren zählen die verschiedenen Möglichkeiten, die Carboxyl-Gruppe in charakteristischer Weise abzuwandeln. Dabei wird die OH-Gruppe durch eine andere funktionelle Gruppe Y ersetzt. Die entstehenden Produkte werden als **Carbonsäurederivate** bezeichnet und können allgemein formuliert werden als:

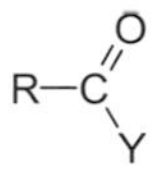

$$R-C \underset{Y}{\overset{O}{\lessgtr}}$$

Die Derivate lassen sich meist leicht ineinander überführen und haben daher präparativ große Bedeutung. Es gibt folgende Verbindungstypen, die in der **Reihenfolge zunehmender Reaktivität** gegenüber Nucleophilen geordnet sind:

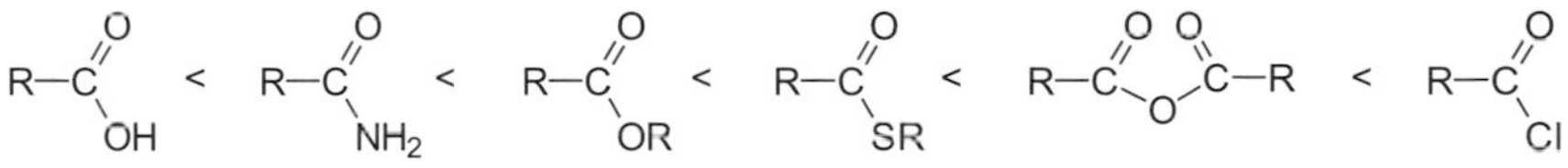

Carbonsäure	-amid	-ester	-thioester	-anhydrid	-chlorid

Beispiele

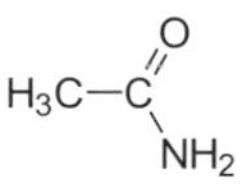

Essigsäureamid	Essigsäureethylester	Essigsäureanhydrid	Essigsäurechlorid
Acetamid	Essigester	Acetanhydrid	Acetylchlorid

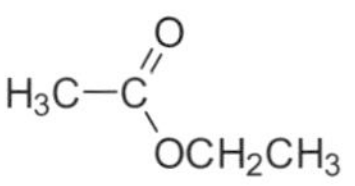

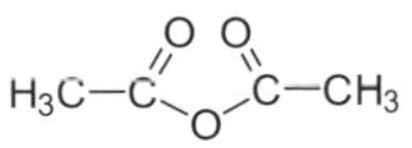

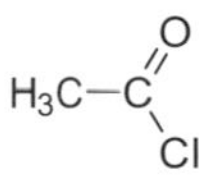

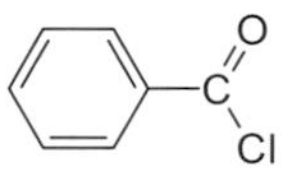

Benzoylchlorid	Acetylsalicylsäure	Acetessigsäureethylester
		Acetessigester

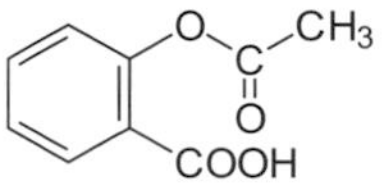

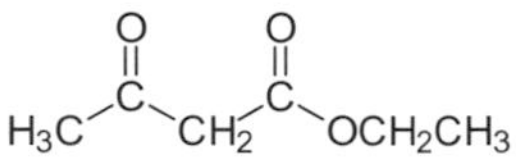

© Springer-Verlag Berlin Heidelberg 2016
H.P. Latscha, U. Kazmaier, *Chemie für Biologen*, DOI 10.1007/978-3-662-47784-7_35

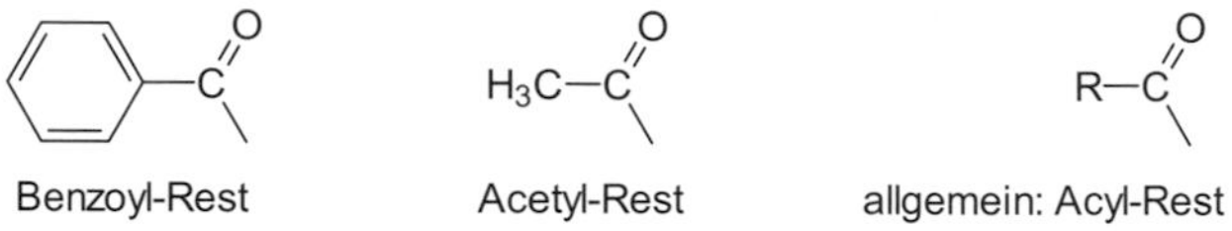

| Benzoyl-Rest | Acetyl-Rest | allgemein: Acyl-Rest |

35.1   Reaktionen von Carbonsäurederivaten

Die Umsetzung von Carbonsäurederivaten mit Nucleophilen verläuft nach folgendem Schema:

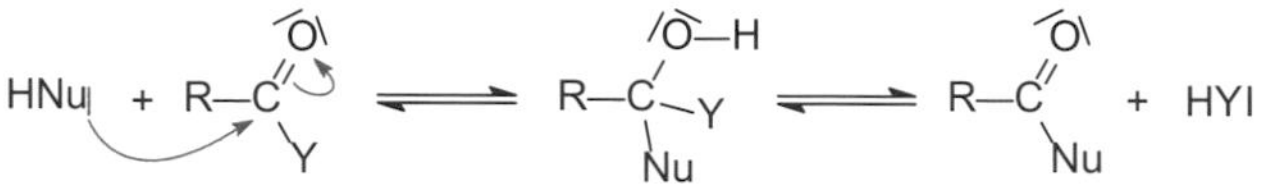

Dabei greift das Nucleophil HNu an der Carbonyl-Gruppe an unter Bildung einer **tetrahedralen Zwischenstufe**. Diese zerfällt unter Abspaltung von HY. Reaktionen an der Carbonyl-Gruppe sind in der Regel **Gleichgewichtsreaktionen**.

Beachte den Unterschied zur Reaktion von Aldehyden und Ketonen in Kap. 33, bei der keine Abgangsgruppe Y eliminiert werden kann. Die vorstehend skizzierte nucleophile Substitution verläuft **nicht** als S_N2-Reaktion, sondern ist eine **Additions-Eliminierungs-Reaktion** (vgl. S_NAr, Kap. 24).

Die Reaktionen von Carbonsäurederivaten lassen sich sowohl durch **Säuren als auch durch Basen** katalytisch beschleunigen.

Im Sauren ist die Beschleunigung auf eine **Aktivierung der Carbonyl-Gruppe** durch Protonierung zurückzuführen:

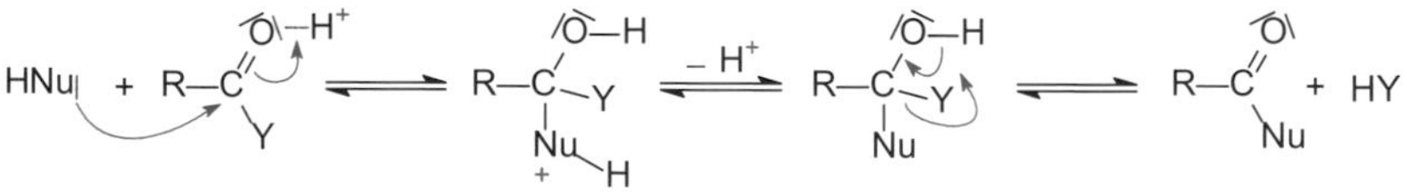

Im Unterschied zu den Reaktionen von Carbonsäuren ist hier auch eine **Basen-Katalyse** möglich. Sie beruht darauf, dass in einem vorgelagerten Gleichgewicht zuerst das **viel reaktionsfähigere Anion Nu**$^-$ gebildet wird, das nun als Nucleophil reagieren kann:

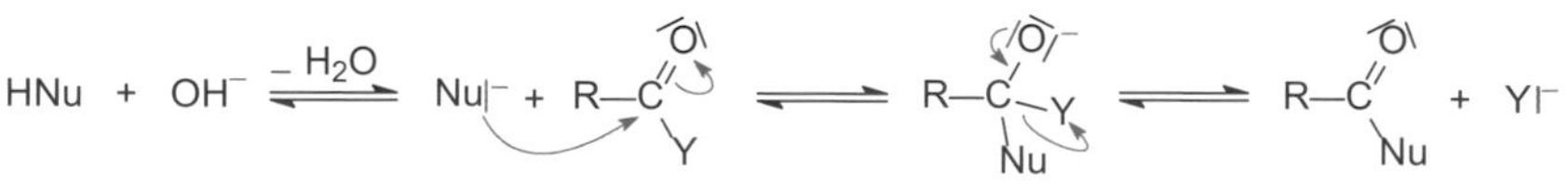

Die Carbonsäuren selbst werden dagegen durch Basen-Zusatz in das mesomeriestabilisierte Carboxylat-Anion überführt und zeigen dann so gut wie keine Reaktivität mehr.

Einige dieser Umsetzungen sind typische Gleichgewichtsreaktionen. Bei anderen liegt das Gleichgewicht weit auf einer Seite. Dies gilt vor allem für Reaktionen, bei denen aus einem reaktiven Carbonsäurederivat ein deutlich weniger reaktives Derivat entsteht. Diese Reaktionen verlaufen in der Regel sehr sauber und gut.

35.1.1 Hydrolyse von Carbonsäurederivaten zu Carbonsäuren

Die reaktionsfähigen Carbonsäurederivate reagieren direkt mit Wasser, die weniger reaktionsfähigen benötigen zusätzliche Aktivierung (H^+ oder OH^-).

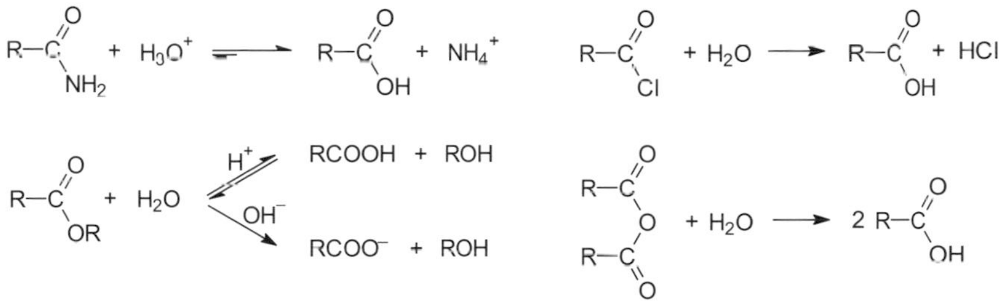

Die Hydrolyse der sehr reaktionsfähigen Carbonsäurechloride und -anhydride verläuft im Prinzip irreversibel, ebenso wie die Hydrolyse der Amide. Bei der basischen Verseifung entsteht das Carboxylat-Ion, welches kaum noch Carbonylaktivität aufweist. Deshalb ist auch die basische Esterverseifung irreversibel. Im Gegensatz hierzu ist die saure Esterhydrolyse eine typische Gleichgewichtsreaktion. So dient die Umsetzung von Carbonsäuren mit Alkoholen in Gegenwart von Säure zur Herstellung der entsprechenden Ester (Abschn. 35.2.4.1).

35.1.2 Umsetzung von Carbonsäurederivaten mit Aminen

Bei der **Amino-** bzw. **Ammonolyse** (R' − H) entstehen (N substituierte) Carbonsäureamide. Die wässrigen Lösungen der Amide reagieren im Gegensatz zu den Aminen neutral. (Die Carbonsäuren selbst geben mit NH_3 keine Amide, sondern Ammoniumsalze: $CH_3–CH_2–COOH + NH_3 \longrightarrow CH_3–CH_2–COO^-NH_4^+$.)

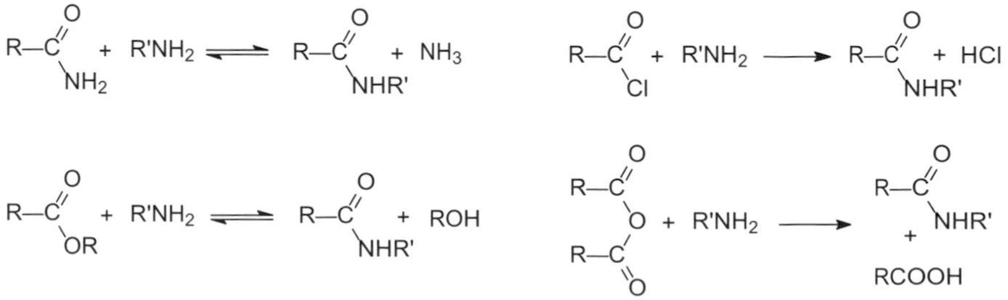

Die Umsetzung von Amiden mit Aminen (Transaminierung) und die Aminolyse von Estern sind Gleichgewichtsreaktionen, wohingegen die Aminolyse der reaktionsfähigen Carbonsäurederivate irreversibel verläuft. Aus Anhydriden und Aminen bilden sich Amide und Carbonsäuren. Eine wichtige Anwendung dieser Reaktion ist die Herstellung von Phthalimid, ausgehend von Phthalsäureanhydrid und Ammoniak. Phthalimid ist die Ausgangsverbindung zur Herstellung primärere Amine durch *Gabriel*-Synthese (Abschn. 30.1.2.2).

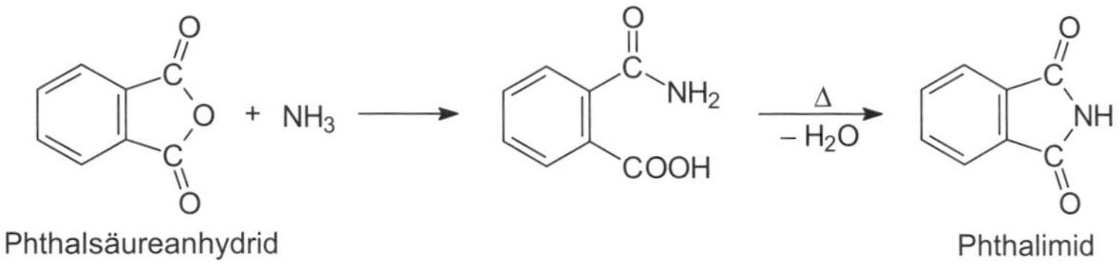

Phthalsäureanhydrid   Phthalimid

35.1.3   Umsetzung mit Alkoholen zu Carbonsäureestern

Die niederen Glieder der Carbonsäureester haben einen fruchtartigen Geruch und werden u. a. als Aromastoffe verwendet, z. B. Buttersäureethylester (Ananas).

35.2   Herstellung und Eigenschaften von Carbonsäurederivaten

Reaktionen von Säurechloriden und -anhydriden verlaufen oft exotherm, relativ schnell und mit hohen Ausbeuten, so dass man von **energiereichen** Carbonsäurederivaten spricht. Ester sind im Vergleich hierzu relativ reaktionsträge und können daher bei vielen Reaktionen als Lösemittel (Bsp. Essigsäureethylester) verwendet werden. Bei Umsetzungen guter Nucleophile sind sie jedoch nicht geeignet (Tab. 35.1).

35.2.1   Carbonsäureanhydride

Die präparativ wichtigen Säureanhydride können aus Dicarbonsäuren durch Erhitzen (Abschn. 34.5.2) oder aus aliphatischen Monocarbonsäuren durch Umsetzung der Säurechloride mit Carbonsäuren hergestellt werden. Eine Base, z. B. Pyridin, dient zum Abfangen des gebildeten HCl. Anstelle der Carbonsäure kann man auch das entsprechende Natriumsalz einsetzen. Hierbei kann man auf die Base verzichten. Die Bildung von Natriumchlorid verschiebt das Gleichgewicht zugunsten des

Tab. 35.1 Eigenschaften und Verwendung einiger Säurederivate

Verbindung	Formel	Schmp. °C	Sdp. °C	Verwendung
Chloride:				
Acetylchlorid	CH_3–COCl	–112	51	Acylierungsmittel
Benzoylchlorid	C_6H_5–COCl	–1	197	
Anhydride:				
Acetanhydrid	$(CH_3CO)_2O$	–73	139	Acylierungsmittel
Phthalsäureanhydrid	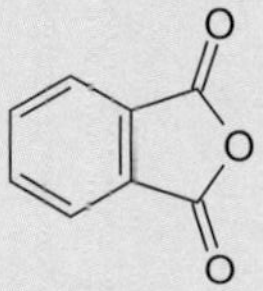	132	285	Farbstoffindustrie
Ester:				
Ameisensäureethylester (Ethylformiat)	$HCOOC_2H_5$	–81	54	Lösemittel, Aromastoff für Rum und Arrak
Essigsäureethylester (Ethylacetat)	CH_3–$COOC_2H_5$	–83	77	Lösemittel
Acetessigsäureethylester	CH_3–CO–CH_2–$COOC_2H_5$	–4	181	Synth. v. Pyrazolonfarbstoffen u. Pharmazeutika
Malonsäurediethylester	$CH_2(COOC_2H_5)_2$	–50	199	Malonester-Synthesen, Barbiturate
Amide:				
Formamid	$HCONH_2$	2	105 bei 1466,5 Pa	Lösemittel
N,N-Dimethylformamid	$HCON(CH_3)_2$		155	Lösemittel
Acetamid	CH_3–$CONH_2$	82	221	
Harnstoff	$O=C(NH_2)_2$	133		Düngemittel, Harnstoff-Formaldehyd-Harze
Nitrile:				
Acetonitril	CH_3–CN	–45	82	
Acrylnitril	CH_2=CH–CN	–82	78	Polyacrylnitril
Benzonitril	C_6H_5–CN	–13	191	

Anhydrids. Auf diese Weise lassen sich auch **gemischte Anhydride** ($R^1 \neq R^2$) problemlos synthetisieren.

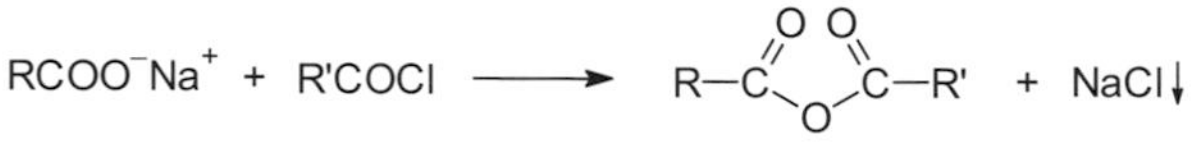

$$RCOO^- Na^+ \ + \ R'COCl \ \longrightarrow \ R-C\underset{O}{\overset{O\ \ O}{\diagup}}C-R' \ + \ NaCl\downarrow$$

Säureanhydride mit gleichen Resten R erhält man bei der Dehydratisierung von zwei Molekülen der Monocarbonsäure mit P_4O_{10}:

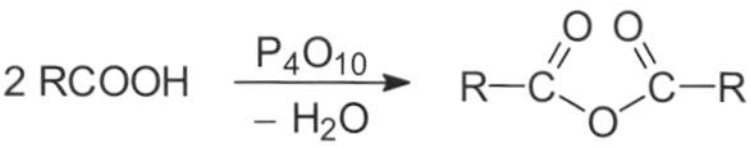

$$2\ RCOOH \ \xrightarrow[-\ H_2O]{P_4O_{10}} \ R-C\underset{O}{\overset{O\ \ O}{\diagup}}C-R$$

35.2.2 Carbonsäurehalogenide

Säurechloride erhält man z. B. durch Umsetzung von Carbonsäuren mit Thionylchlorid ($SOCl_2$) oder Phosphorhalogeniden. Die Umsetzung mit Thionylchlorid ist die angenehmere Variante, da bei dieser Reaktion nur gasförmige Nebenprodukte entstehen, während sich bei der Reaktion mit Phosphorhalogeniden Phosphorsäurederivate bilden, die oft schwierig abzutrennen sind.

$$RCOOH \ + \ SOCl_2 \ \longrightarrow \ R-\overset{O}{\underset{Cl}{C}} \ + \ SO_2 \ + \ HCl$$

Thionylchlorid ist das Dichlorid der Schwefligen Säure. Wie gezeigt, reagieren Carbonsäuren mit Säurechloriden zu Anhydriden. In diesem Fall bildet sich das gemischte Anhydrid der Carbonsäure und der Schwefligen Säure, welches von der freigewordenen HCl angegriffen wird, unter Bildung des Säurechlorids.

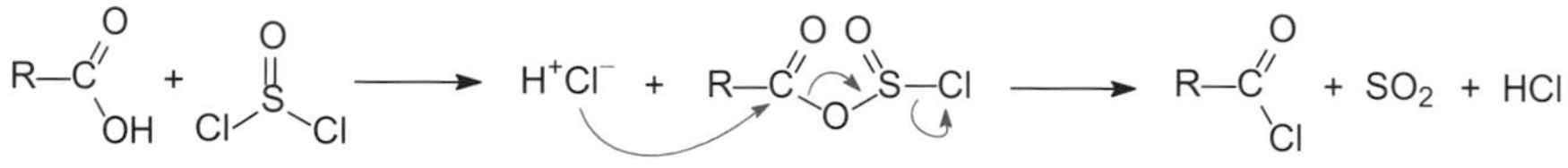

$$R-\overset{O}{\underset{OH}{C}} \ + \ \overset{O}{\underset{Cl}{\underset{\shortmid}{S}}}Cl \ \longrightarrow \ H^+Cl^- \ + \ R-C\underset{O}{\overset{O\ \ O}{\diagup}}S-Cl \ \longrightarrow \ R-\overset{O}{\underset{Cl}{C}} \ + \ SO_2 \ + \ HCl$$

35.2.3 Carbonsäureamide

Carbonsäureamide werden durch Umsetzung von Estern oder Säurehalogeniden mit NH_3 (bzw. Aminen) hergestellt (Abschn. 35.1.2). Auch beim Erhitzen entsprechender Ammoniumsalze entstehen Säureamide:

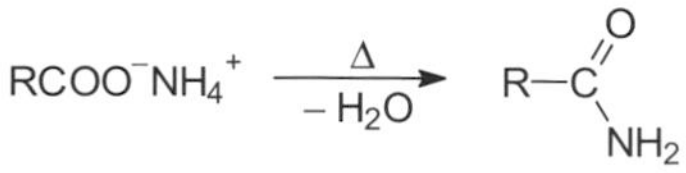

$$RCOO^- NH_4^+ \ \xrightarrow[-\ H_2O]{\Delta} \ R-\overset{O}{\underset{NH_2}{C}}$$

Technische Bedeutung zur Synthese von Amiden hat die **Beckmann-Umlagerung (Oxim-Amid-Umlagerung)**. Ketoxime lagern sich bei der Einwirkung konzentrierter Mineralsäuren in die isomeren Carbonsäureamide um.

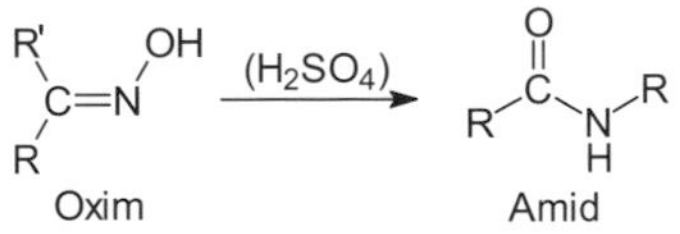

Die Hydroxyl-Gruppe des Oxims wird zunächst protoniert. Anschließend wandert der Rest R, der in **anti**-Stellung zur $^+OH_2$-Gruppe steht, mit seinem Elektronenpaar zum Stickstoffatom, wobei Wasser abgespalten wird. Das entstandene Carbeniumion addiert Wasser und stabilisiert sich unter Abspaltung eines Protons zum Carbonsäureamid. Angewandt wird diese Reaktion zur **Herstellung von Perlon (Polycaprolactam)**. Die **Beckmann**-Umlagerung von Cyclohexanonoxim führt zu ε-Caprolactam, das leicht zu dem Polyamid umgesetzt werden kann:

Mechanismus

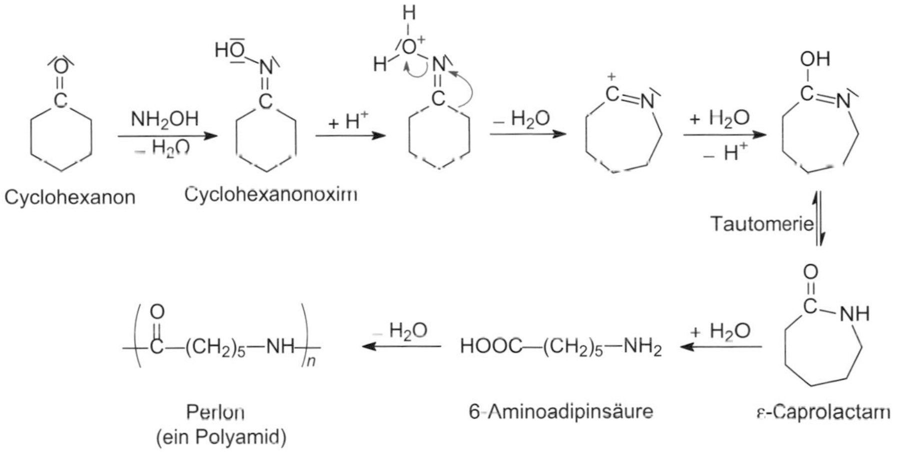

Bei **Amiden** besteht ebenfalls die Möglichkeit der **Tautomerie** (Abschn. 17.6). Die **C–N-Bindung** besitzt dadurch einen gewissen **Doppelbindungscharakter**. Substituierte Amide können daher in einer cis- (syn-) und einer trans- (anti-)Form vorliegen, wobei die trans-Form die energetisch günstigere ist. Dies spielt eine wichtige Rolle für die räumliche Struktur von Peptiden und Proteinen (Abschn. 43.2 und Abschn. 43.3).

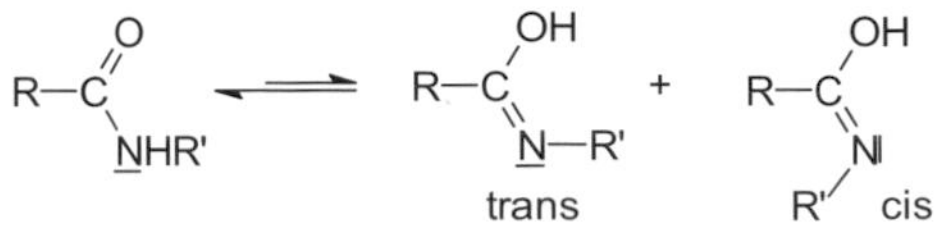

35.2.4 Carbonsäureester

35.2.4.1 Aus Carbonsäuren und Alkoholen

Von den Umsetzungen der Carbonsäurederivate sei die **Veresterung** und ihre Umkehrung, die **Verseifung** oder **Esterhydrolyse**, eingehender besprochen. Es handelt sich hierbei um eine typische Gleichgewichtsreaktion.

Beispiel

$$CH_3COOH + C_2H_5OH \xrightleftharpoons[(H^+,\,OH^-)]{(H^+)} CH_3COOC_2H_5 + H_2O$$

Die Einstellung des Gleichgewichts dieser Umsetzung lässt sich erwartungsgemäß durch **Zusatz starker Säuren** katalytisch beschleunigen, oder durch **Erhöhung der Reaktionstemperatur**. Da eine Gleichgewichtsreaktion vorliegt, wird daher auch die Rückreaktion, d. h. die Hydrolyse des gebildeten Esters, beschleunigt.

Mechanismus

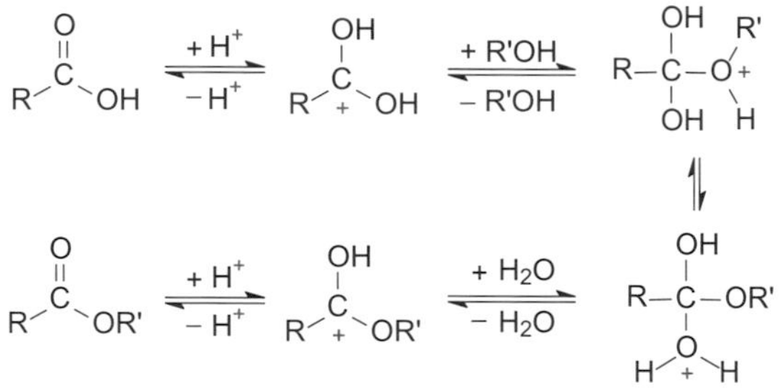

Veresterung

Will man das Gleichgewicht auf die Seite des Esters verschieben, muss man die Konzentrationen der Reaktionspartner verändern:

1. **Eine der Ausgangskomponenten** (meist der billigere Alkohol) wird im 5- bis 10-fachen **Überschuss** eingesetzt.
2. Das **entstehende Wasser** wird **aus dem Gleichgewicht entfernt**, z. B. durch die Katalysatorsäure (H_2SO_4 u. a.).

Esterhydrolyse

Genau umgekehrt sind die Verhältnisse bei der **sauren Esterhydrolyse**. Hier verschiebt man das Gleichgewicht zugunsten der Säure dadurch, dass man die Hydrolyse in Wasser als Lösemittel durchführt.

Im Gegensatz dazu verläuft die **alkalische Esterverseifung** praktisch **irreversibel**. Hierbei bildet sich das Carboxylat-Ion, welches gegenüber Nucleophilen fast völlig inert ist (geringste Carbonylaktivität von allen Carbonylverbindungen):

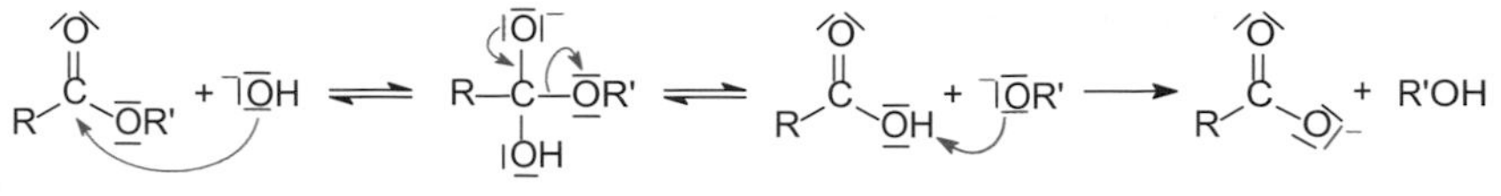

35.2.4.2   Durch Umesterung

Ester können mit Alkoholen eine **Alkoholyse** eingehen. Diese Reaktion wird wie die Hydrolyse durch Säuren (z. B. H_2SO_4) oder Basen (z. B. Alkoholat-Ionen) katalysiert. Der Reaktionsmechanismus ist analog. Da eine Gleichgewichtsreaktion vorliegt, wird bei der praktischen Durchführung ein Produkt abdestilliert oder der Ausgangsalkohol im Überschuss eingesetzt.

Beispiel

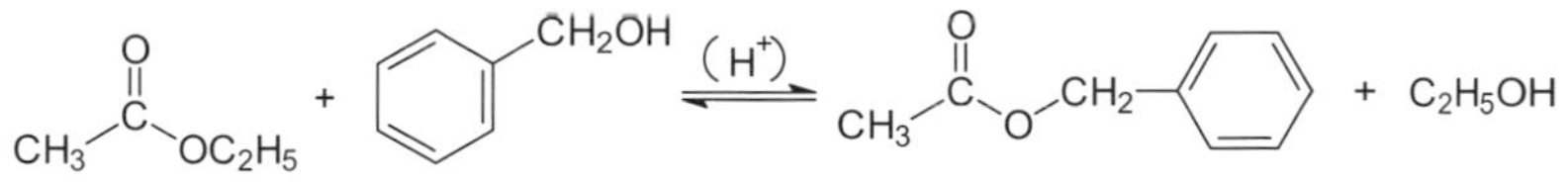

Essigsäureethylester   Essigsäurebenzylester

35.2.4.3   Aus Säurechloriden mit Alkoholen

35.2.4.4   Durch Umsetzung von Ketenen mit Alkoholen

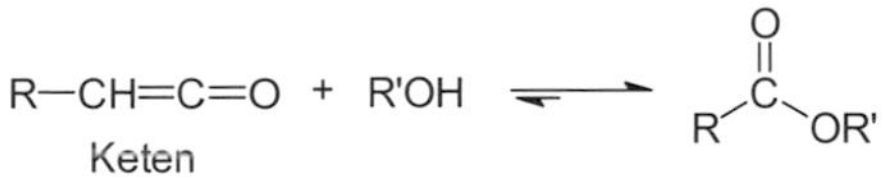

35.2.4.5   Durch Alkylierung mit Diazomethan

Eine elegante Methode speziell zur Herstellung von **Methylestern** ist die (säurefreie!) Alkylierung von Carbonsäuren mit **Diazomethan** (Abschn. 30.4.2).

Beispiel

Benzoesäure   Diazomethan   Benzoesäuremethylester

Einige **physikalische Eigenschaften** der Ester sind günstiger als die der entsprechenden Säuren.

▶ Ester sind im Unterschied zu der Säure nicht assoziiert und haben deshalb trotz
höherer Molmasse niedrigere Siedepunkte.

So liegen z. B. die Siedepunkte der Methylester um ca. 60 °C tiefer als die der
entsprechenden Carbonsäuren. Ester fester Carbonsäuren haben zudem niedrigere
Schmelzpunkte als die entsprechenden Säuren. Sie sind außerdem in organischen
Lösemitteln leichter löslich und besser kristallisierbar. Flüchtige Ester sind Flüssigkeiten mit charakteristischem Fruchtgeschmack und bedingen in großem Umfang
den typischen Geschmack von Früchten oder den Duft von Blumen.

35.2.5 Lactone

Lactone sind cyclische Ester, die aus Hydroxycarbonsäuren (Abschn. 34.5.2) gebildet werden. Je nach Stellung der OH-Gruppe bzw. des Lactonrings unterscheidet
man α-, β-, γ-, δ-, ... Lactone.

Während **α-Lactone** nur als instabile Zwischenprodukte auftreten, z. B. bei der
Hydrolyse von α-Halogencarbonsäuren (Abschn. 34.5.2.1), können die sehr reakti-
onsfähigen **β-Lactone** auf Umwegen synthetisiert werden, z. B. durch eine [2+2]-
Cycloaddition:

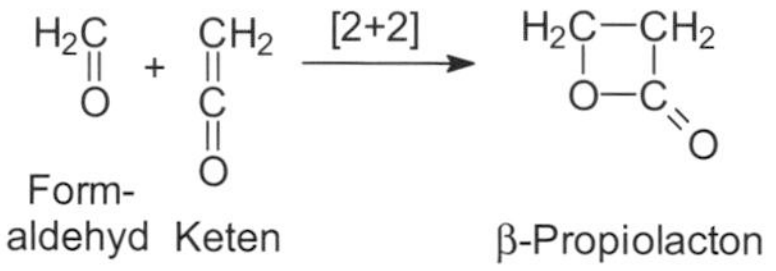

Form-
aldehyd Keten   β-Propiolacton

35.2.6 Spezielle Carbonsäurederivate

1. Aus Säurechloriden entstehen durch HCl-Abspaltung **Ketene**.

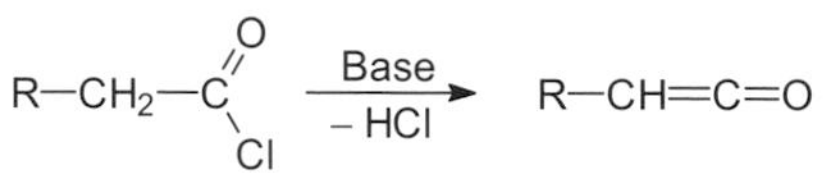

Ketene sind besonders reaktionsfähige Carbonylverbindungen. Wie die Carbonsäurehalogenide und -anhydride reagieren sie daher mit den unterschiedlichsten
Nucleophilen (s. Abschn. 35.2.1, 35.2.2).

2. Durch Wasserabspaltung werden aus Oximen und Säureamiden **Nitrile** (Cyanide, R–C≡N) hergestellt:

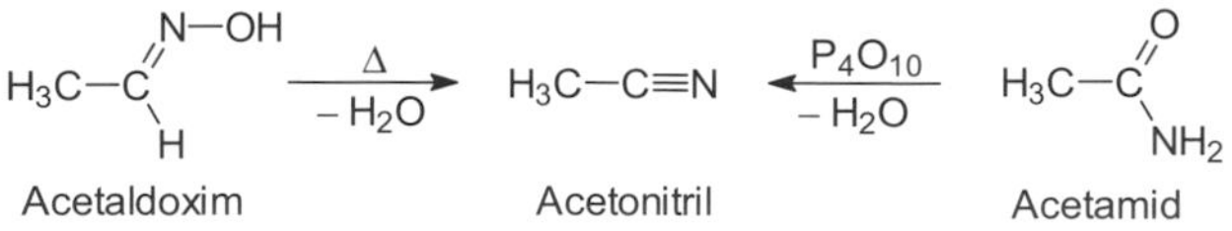

Acetaldoxim   Acetonitril   Acetamid

Einen alternativen Zugang liefert die *Kolbe*-**Nitrilsynthese**. Durch Einwirken von Alkylhalogeniden auf Kaliumcyanid bildet sich in wässriger Lösung hauptsächlich das Nitril, neben geringen Mengen des entsprechenden Isonitrils.

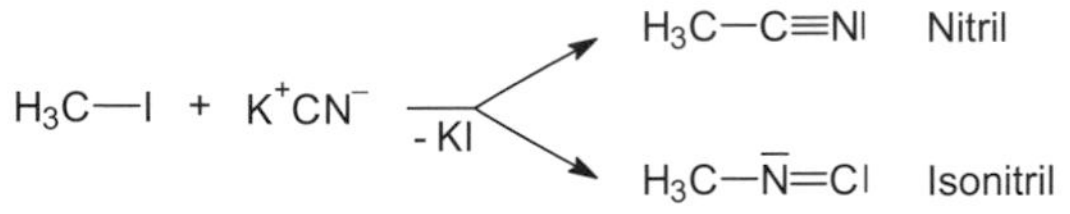

3. **Phthalimid** bildet sich beim Erhitzen von Phthalsäureanhydrid mit Ammoniak:

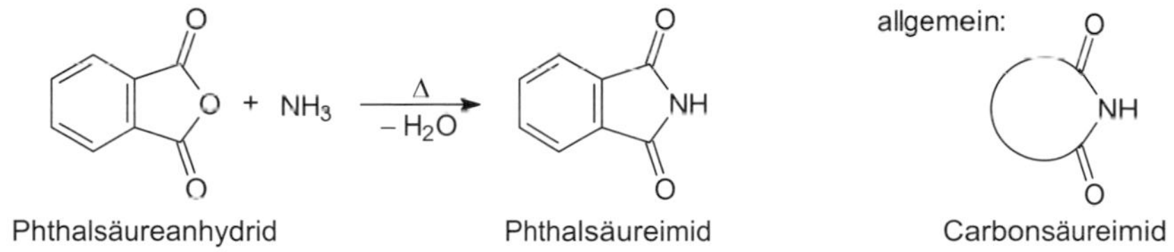

Phthalsäureanhydrid   Phthalsäureimid   Carbonsäureimid

Phthalimid ist eine wichtige Ausgangsverbindung z. B. bei der *Gabriel*-Synthese (Abschn. 30.1.2).

35.3 Biologisch wichtige Carbonsäurederivate

Für Acylierungsreaktionen werden auch in der Natur **aktivierte Carbonsäurederivate** benötigt, allerdings sind z. B. Säurechloride nicht kompatibel mit den physiologischen Bedingungen in der Zelle. Die Natur verwendet daher keine Carbonsäurechloride oder –anhydride, sondern energiereiche Thioester, vor allem des **Coenzyms A**.

Das Coenzym-A-Molekül setzt sich aus mehreren Komponenten zusammen: dazu gehören Cysteamin (Abschn. 29.4), β-Alanin (Abschn. 42.1.1), Pantoinsäure, Diphosphat und Adenosin (Abschn. 44.1.2).

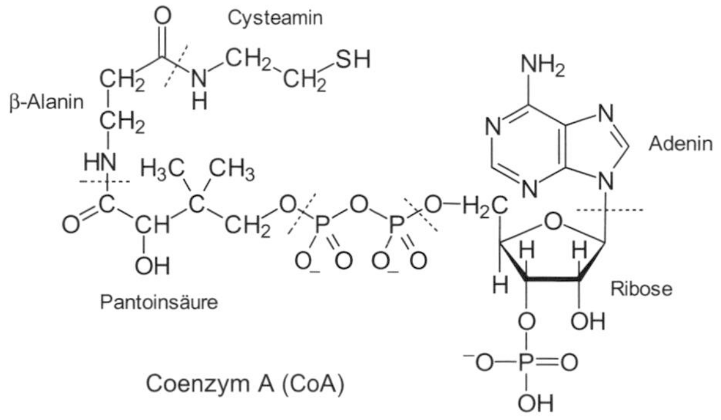

Coenzym A (CoA)

Das Coenzym A ist in der Lage, energiereiche Verbindungen über die SH-Gruppe (Thiol-Gruppe) des Cysteamin-Anteils einzugehen. So bildet es Thioester z. B. mit Fettsäuren und ist damit als **Acyl-CoA** direkt am Stoffwechsel der Fette beteiligt.

Mit Abstand die wichtigste Thioesterverbindung im Stoffwechsel (Abschn. 41.2) ist das **Acetyl-Coenzym A** (Acetyl-CoA), oft auch als „aktivierte Essigsäure" bezeichnet. Es ist beteiligt am Auf- und Abbau von Fettsäuren (Abschn. 44.2), der Cholesterin-Biosynthese, dem Alkohol-Stoffwechsel und dem Citrat-Cyclus (Abschn. 41.2), um nur einige Beispiele zu nennen.

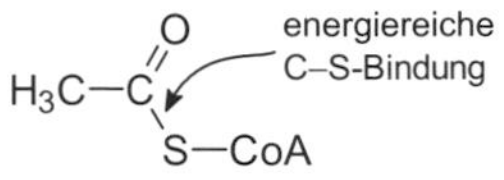

Acetyl-Coenzym A
(Acetyl-CoA)

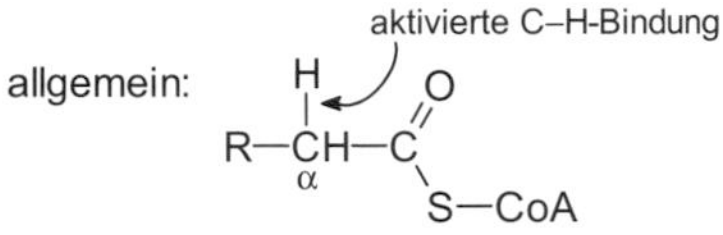

Acyl-Coenzym A

Reaktionen von Carbonsäurederivaten

36

Für Reaktionen an Carbonsäurederivaten stehen zwei Positionen zur Verfügung: Zum einen die **Carbonyl-Gruppe**, die von Nucleophilen angegriffen werden kann, und zum anderen die **α-Position**. In Gegenwart starker Basen lassen sich bei den meisten Derivaten an dieser Position **Enolate** erzeugen, die dann mit Elektrohilen umgesetzt werden können. Besonders interessant sind Reaktionen, bei denen andere Carbonylverbindungen als Elektrophile eingesetzt werden.

36.1 Reaktionen an der Carbonyl-Gruppe

Umsetzungen von Carbonsäurederivaten mit Hetero Nucleophilen (Aminen, Alkoholen etc.) führen zu einer Umwandlung in andere Carbonsäurederivate. Diese Reaktionen wurden im Kap. 35 ausführlich behandelt.

36.1.1 Reaktionen von Carbonsäureestern

36.1.1.1 Umsetzungen mit C-Nucleophilen

Bei der **Umsetzung von Estern** mit *Grignard*-**Reagenzien** (Abschn. 31.3.2) erhält man **tertiäre Alkohole**. Im ersten Schritt bildet sich zwar das entsprechende Keton. Dieses lässt sich jedoch nicht fassen, da es carbonylaktiver ist als der eingesetzte Ester. Es reagiert daher bevorzugt mit dem *Grignard*-Reagenz unter Bildung des Alkohols.

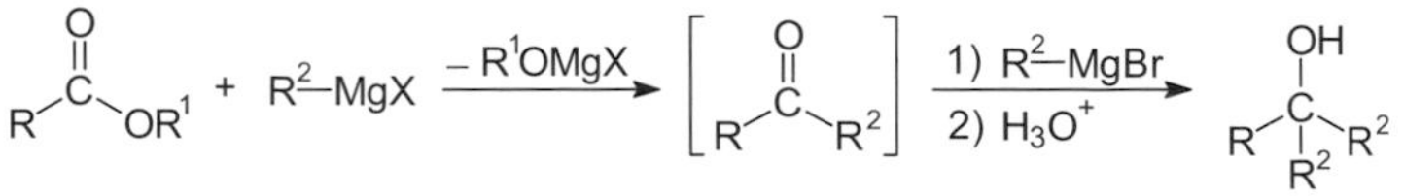

Mit anderen *C*-Nucleophilen kann es jedoch gelingen die Reaktion auf der Ketonstufe anzuhalten. So erhält man bei der Umsetzung mit **Esterenolaten** (*Claisen-Kondensation*, Abschn. 36.2.1) die entsprechenden **β-Ketoester**. Diese besitzen

© Springer-Verlag Berlin Heidelberg 2016
H.P. Latscha, U. Kazmaier, *Chemie für Biologen*, DOI 10.1007/978-3-662-47784-7_36

eine hohe C–H-Acidität (Abschn. 36.2.2) und werden daher durch das bei der Reaktion gebildete Alkoholat deprotoniert. Dadurch wird aber auch die Carbonylaktivität der Keto-Gruppe abgesenkt, so dass keine weitere Reaktion an dieser Gruppe mehr erfolgt.

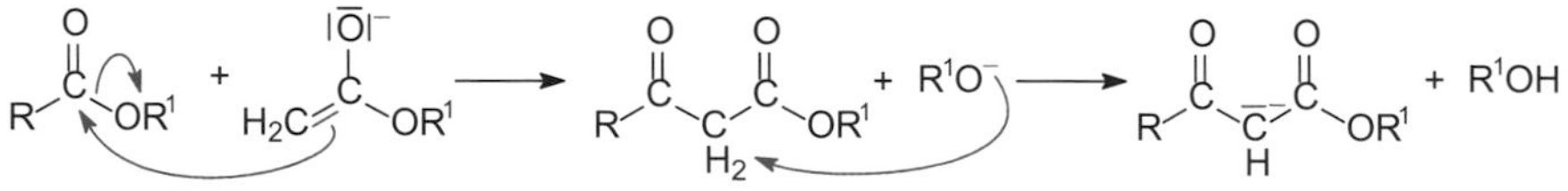

36.1.1.2 Reduktionen

Bei der Reduktion mit **komplexen Hydriden** wie Lithiumaluminiumhydrid (LiAlH$_4$) bleibt die Reaktion ebenfalls nicht auf der Ketonstufe stehen, sondern geht weiter bis zum primären Alkohol.

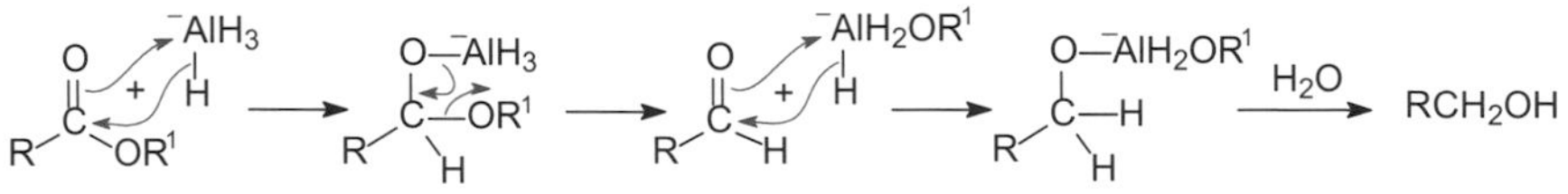

36.1.2 Reaktionen von Carbonsäurehalogeniden und -anhydriden

Umsetzungen mit C-Nucleophilen

Bei der Umsetzung mit *Grignard*-**Reagenzien** erhält man wie bei den Carbonsäureestern die entsprechenden **tertiären Alkohole**. Verwendet man jedoch die erheblich weniger reaktiven **Kupfer- oder Cadmium**-organischen Verbindungen so kann man die Reaktion auf der Stufe der **Ketone** anhalten:

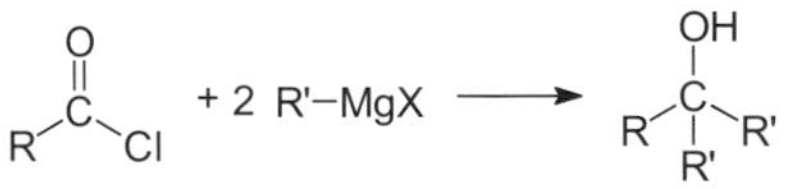

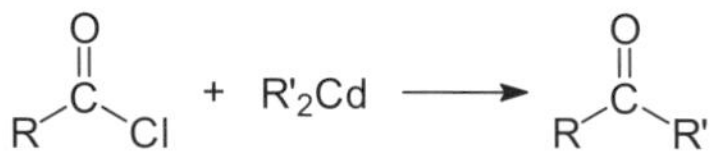

Durch Umsetzung mit **Diazomethan** erhält man **Diazoketone** (Abschn. 30.4.1).

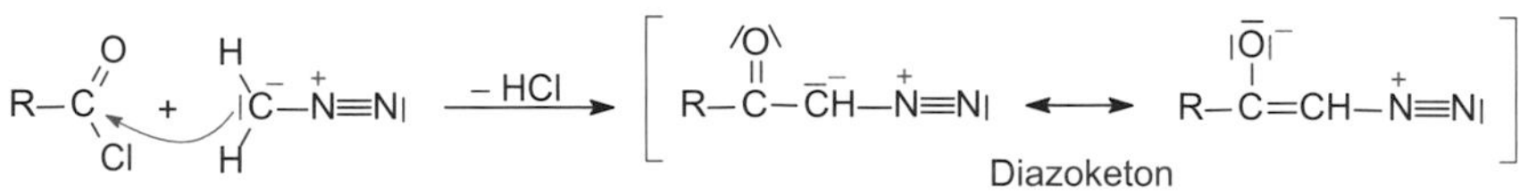

Andere, wenig nucleophile Verbindungen wie etwa elektronenreiche Aromaten lassen sich ebenfalls mit Säurechloriden und -anhydriden zu Ketonen umsetzen (*Friedel-Crafts*-**Acylierung**, Abschn. 24.2.5). In den meisten Fällen muss das Säurechlorid zusätzlich noch mit einer Lewis-Säure (z. B. AlCl$_3$) aktiviert werden:

36.1.3 Reaktionen von Carbonsäureamiden

36.1.3.1 Umsetzungen mit C-Nucleophilen

Bei Umsetzungen mit *Grignard*-**Reagenzien** muss man zwischen den verschiedenen Amiden unterscheiden. Amide von Ammoniak und primären Aminen besitzen relativ **acide N−H-Bindungen**. Sie reagieren daher mit *Grignard*-Reagenzien unter **Salzbildung** und Bildung des entsprechenden Kohlenwasserstoffs (Abschn. 31.3.2.1, *Zerewitinoff*-**Reaktion**).

$$R-\overset{\overset{O}{\|}}{C}-NH_2 \ + \ R'-MgX \ \longrightarrow \ R-\overset{\overset{O}{\|}}{C}-NH^- \ XMg^+ \ + \ R'H$$

Amide sekundärer Amine (*ohne* acides H-Atom) gehen hingegen ***Grignard*-Addition** ein. Im Gegensatz zu den Estern zerfällt das intermediär gebildete Halbaminal-Salz **I** jedoch nicht, und man erhält nach wässriger Aufarbeitung die entsprechenden **Ketone**.

$$R-\overset{\overset{O}{\|}}{C}-NR_2 \ + \ R'-MgX \ \longrightarrow \ R-\overset{\overset{|\overline{O}|^- \, ^+MgX}{|}}{\underset{R'}{C}}-NR_2 \ \xrightarrow[H_2O]{H^+} \ R-\overset{\overset{O}{\|}}{C}-R' \ + \ Mg(OH)X \ + \ HNR_2$$

$$\mathbf{I}$$

36.1.3.2 Reduktionen

Da Carbonsäureamide zu den wenig reaktionsfähigen Carbonsäurederivaten zählen, gelingt ihre Reduktion nur mit den **sehr reaktionsfähigen Aluminiumhydriden** (LiAlH$_4$, DIBAH). Man erhält die entsprechenden Amine. Im Gegensatz zu den Estern, bei denen die Alkoholkomponente bei der Reduktion abgespalten wird, verbleibt der Stickstoff der Amide im Molekül.

$$R-\overset{\overset{O}{\|}}{C}-NR'_2 \ \xrightarrow[2) \, H_3O^+]{1) \, LiAlH_4} \ R-CH_2-NR'_2$$

36.1.4 Reaktionen von Nitrilen

Umsetzungen mit C-Nucleophilen

Die Umsetzung von Nitrilen mit *Grignard*-**Reagenzien** ist eine sehr gute Methode zur Herstellung von Ketonen. Intermediär bilden sich die entsprechenden **Imine**, welche anschließend zu den gewünschten **Ketonen** hydrolysiert werden:

$$R-C\equiv N| \ + \ R'-MgX \ \longrightarrow \ R-\overset{\overset{\overline{N}|^- \, Mg^+ \, X}{\|}}{C}-R' \ \xrightarrow[-\, Mg(OH)X]{H_2O} \ R-\overset{\overset{NH}{\|}}{C}-R' \ \xrightarrow[-\, NH_3]{+\, H_2O} \ R-\overset{\overset{O}{\|}}{C}-R'$$

36.2   Reaktionen in α-Stellung zur Carbonyl-Gruppe

In Kap. 33 wurde gezeigt, dass C–C-Bindungen recht einfach mittels Carbanionen hergestellt werden können. Die **Carbanionen** werden aus C–H-aciden Verbindungen erzeugt, die meist durch Carbonyl-Gruppen aktiviert werden (**Enolate**). Bei den in Kap. 35 vorgestellten Carbonsäurederivaten handelt es sich nun um Verbindungen, die ebenfalls eine Carbonyl-Gruppe enthalten und folglich zur Bildung von Enolaten befähigt sein sollten. Die Carbonylderivate unterscheiden sich jedoch in ihrer Reaktivität und ihrem Reaktionsverhalten erheblich. Daher sind nicht alle zur Erzeugung von Carbanionen geeignet. Da die Carbonsäurederivate i. A. pK_s-Werte > 20 besitzen, werden zur Bildung der nucleophilen Enolate in der Regel **starke Basen** verwendet. Dies führt bei einigen Derivaten zu Nebenreaktionen:

- **Carbonsäuren** werden in das mesomeriestabilisierte Carboxylat-Ion übergeführt und so desaktiviert.
- Bei **Carbonsäureamiden** muss man zwischen primären und sekundären Amiden unterscheiden. Primäre Amide enthalten ein acides H-Atom und werden daher in Gegenwart von starken Basen deprotoniert. Das gebildete Amidanion kann kein weiteres Mal mehr deprotoniert werden. Sekundäre Amide sind hingegen zur Bildung von Amidenolaten befähigt, jedoch sind die Amide weniger reaktionsfähig als die entsprechenden Ester.
- **Carbonsäurechloride** reagieren mit nucleophilen Basen und Lösemitteln unter Bildung anderer Carbonsäurederivate (Abschn. 35.1). Mit nicht nucleophilen Basen eliminieren sie sehr leicht HCl unter Bildung von Ketenen (Abschn. 35.2.6). Bei ihnen gibt es daher nur wenige Reaktionen in α-Position.

▶ Am besten geeignet zur Bildung von Enolaten sind die Carbonsäureester.

Von ihnen gibt es daher auch die meisten Anwendungsbeispiele.

36.2.1   Reaktionen von Carbonsäureestern

Bei der Umsetzung von Carbonsäureestern ist die richtige Wahl der verwendeten Base von großer Bedeutung, da mit nucleophilen Basen, vor allem wenn sie als Lösemittel verwendet werden, Solvolysereaktionen auftreten können. Der **pK_s-Wert** der meisten Ester liegt bei ≈ 24, d. h., zur **vollständigen Deprotonierung** benötigt man *starke Basen* wie etwa **Lithiumdiisopropylamid** (LDA) mit einem pK_s-Wert von > 30. Viele Reaktionen lassen sich jedoch auch mit *schwächeren Basen* wie etwa **Alkoholaten** ($pK_s \approx 18$) durchführen. Unter diesen Bedingungen liegt im **Gleichgewicht** jedoch nur ein kleiner Anteil an deprotoniertem Ester vor. Verwendet man Alkoholate zur Deprotonierung, so sollte man immer denselben Alkohol verwenden, der auch im Ester enthalten ist. Dadurch lassen sich Nebenreaktionen durch Solvolyse verhindern (da immer wieder derselbe Ester entsteht).

36.2.1.1 *Claisen*-Kondensation

► Als *Claisen*-Kondensation bezeichnet man die Umsetzung zweier Ester unter Bildung eines β-Ketoesters (β-Oxocarbonsäureesters).

Diese Reaktion ist verwandt mit der Aldoladdition (Abschn. 33.3.2). Auch hier wird aus einer Esterkomponente ein nucleophiles Enolat erzeugt, welches dann die zweite Esterkomponente an der Carbonyl-Gruppe angreift.

Eine wichtige Anwendung dieser Reaktion ist die Herstellung von **Acetessigester**. Hierbei wird Essigsäureethylester mit Natriumethanolat als Base umgesetzt. Die nucleophile Komponente muss nicht unbedingt ein Ester sein, es gelingt auch die Umsetzung von Ketonen und Nitrilen:

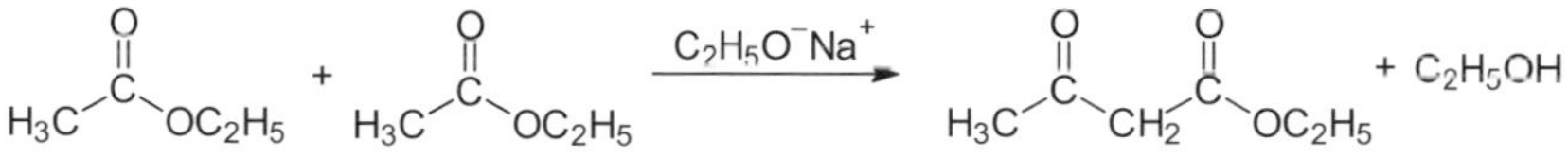

Acetessigester

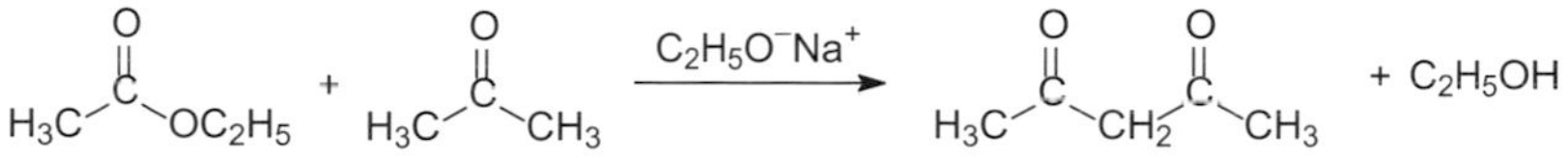

Aceton

Acetylaceton

Der Mechanismus dieser Reaktion sei am Beispiel der Synthese des Acetessigesters erläutert: Das zur Deprotonierung des Esters **I** eingesetzte Ethanolat **II** ist erheblich weniger basisch als das bei der Deprotonierung gebildete Esterenolat **III**, d. h., das Gleichgewicht dieser Reaktion liegt also weit auf der linken Seite:

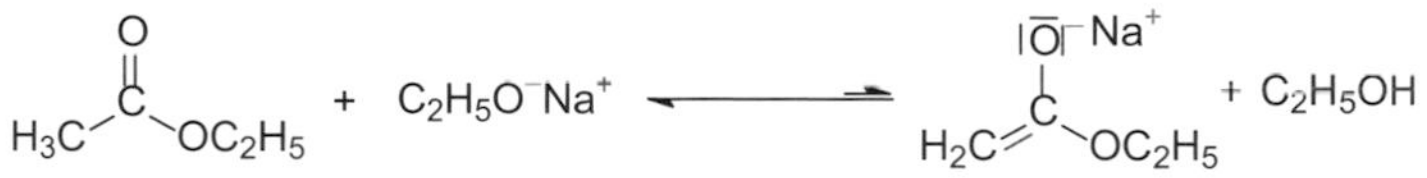

I II III

Das äußerst nucleophile Enolat **III** reagiert dann mit dem in großem Überschuss vorhandenen Essigester **I** unter Abspaltung von Alkoholat zum entsprechenden β-Ketoester **IV**. Aufgrund der zwei elektronenziehenden Gruppen ist die α-Position nun stark acidifiziert (pK_S: 11). Das abgespaltene Alkoholat deprotoniert daher den β-Ketoester unter Bildung des sehr gut mesomeriestabilisierten Carbanions **V**.

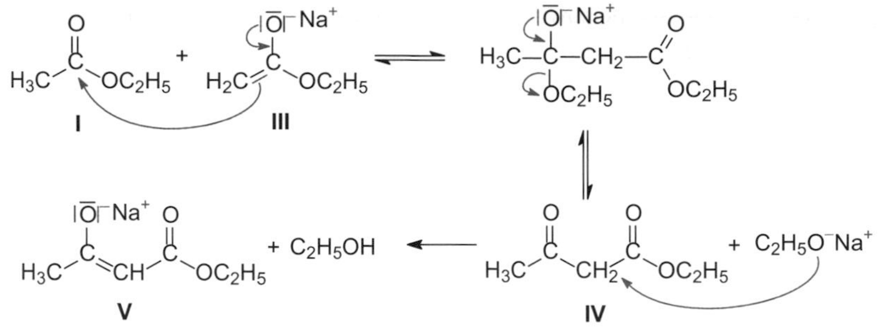

Aufgrund des großen Unterschieds ($\approx$ 7 Einheiten) der pK_s-Werte von β-Ketoester und Alkoholat verläuft der letzte Schritt nahezu irreversibel. Aufgrund der Deprotonierung werden stöchiometrische Mengen an Base nötig, im Gegensatz zur Aldolreaktion, die mit katalytischen Mengen an Base auskommt.

36.2.2   Reaktionen von 1,3-Dicarbonylverbindungen

▶ Der pK_s-Wert von 1,3-Dicarbonylverbindungen liegt zwischen 9 (1,3-Diketone) und 13 (1,3-Dicarbonsäureester, Malonsäureester).

Zur Deprotonierung dieser Dicarbonylverbindungen reichen demnach **weniger starke Basen** aus. Geeignet hierzu sind z. B. **nicht nucleophile Amine** wie Triethylamin oder Pyridin. Prinzipiell könnte man auch Natronlauge verwenden, jedoch kann diese auch als Nucleophil reagieren und z. B. Malonester und β-Ketoester verseifen, da diese besonders reaktionsfähig sind gegenüber dem Angriff von Nucleophilen. Sehr gut geeignet sind auch Alkoholate, wobei man auch hier darauf achten sollte, dass der Alkohol des Alkoholats derselbe ist wie im Ester.

Die **Carbanionen** der **1,3-Dicarbonylverbindungen** sind durch Mesomerie besonders gut stabilisiert:

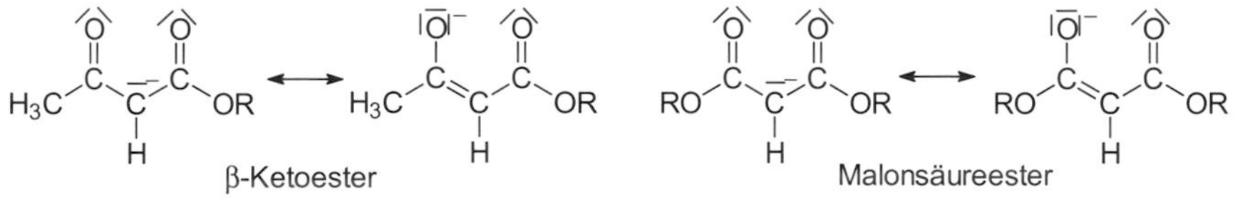

36.2.2.1   Alkylierung von 1,3-Dicarbonylverbindungen
(Malonester-Synthese)

Umsetzungen von β-Ketoestern und Malonestern mit Alkylhalogeniden liefern die alkylierten Derivate. Verfügt die 1,3-Dicarbonylverbindung über zwei acide Protonen, können beide ausgetauscht werden. Prinzipiell können auch zwei verschiedene Substituenten eingeführt werden. Verseifung der Malonester und anschließende thermische Decarboxylierung liefert substituierte Carbonsäuren.

▶ Synthesen die über solche substituierten Malonester verlaufen, nennt man daher Malonester-Synthesen.

$$H_2C \underset{COOR}{\overset{COOR}{<}} \xrightarrow[R^1X]{RO^-Na^+} R^1\!-\!HC \underset{COOR}{\overset{COOR}{<}} \xrightarrow[R^2X]{RO^-Na^+} \underset{R^1}{\overset{R^2}{>}}C \underset{COOR}{\overset{COOR}{<}} \xrightarrow[2)\ \Delta]{1)\ H_3O^+} \underset{R^1}{\overset{R^2}{>}}C \underset{H}{\overset{COOH}{<}}$$

36.2.2.2   Acylierung von 1,3-Dicarbonylverbindungen

Die Acylierung von 1,3-Dicarbonylverbindungen ist eine wichtige Methode, bei der die entsprechenden Metallenolate mit Säurechloriden umgesetzt werden. Dabei entsteht eine Tricarbonylverbindung, die acider ist als die eingesetzte Dicarbonylverbindung. Daher benötigt man mindestens zwei Äquivalente an Base:

$$H_2C\!\underset{COOR}{\overset{COOR}{<}} \xrightarrow[-ROH]{RO^-Na^+} H\bar{C}\!\underset{COOR}{\overset{COOR}{|}} \xrightarrow{+\ R'COCl} R'\!-\!\underset{\underset{O}{\|}}{C}\!-\!HC\!\underset{COOR}{\overset{COOR}{<}} \xrightarrow[-ROH]{RO^-Na^+} R'\!-\!\underset{\underset{O}{\|}}{C}\!-\!\bar{C}\!\underset{COOR}{\overset{COOR}{|}}$$

36.2.2.3   *Knoevenagel*-Reaktion

Die *Knoevenagel*-Reaktion kann man verstehen als eine Kombination aus Malonester-Synthese und Aldolreaktion (Abschn. 33.3.2). Bei ihr werden Malonester mit Aldehyden in Gegenwart schwacher Basen wie Piperidin oder Ammoniumacetat umgesetzt. Dabei erhält man unter Eliminierung **Alkylidenmalonester** (α, β-ungesättigte Malonester), da sich die Reaktion nicht wie die Aldolreaktion auf der Stufe des Additionsprodukts aufhalten lässt. Anschließende Verseifung und Decarboxylierung liefert so α, β-**ungesättigte Carbonsäuren**. Setzt man als Aldehydkomponente Benzaldehyd ein, so erhält man auf diese Weise Zimtsäure.

$$H_2C\!\underset{COOR}{\overset{COOR}{<}} \xrightarrow{\text{Base}} H\bar{C}\!\underset{COOR}{\overset{COOR}{|}} \xrightarrow{+\ R'CHO} R'\!-\!CH\!-\!HC\!\underset{COOR}{\overset{COOR}{<}} \longrightarrow R'\!-\!CH\!-\!C\!\underset{COOR}{\overset{OH\ COOR}{<}}$$

$$\Big\downarrow -OH^-$$

$$R'\!-\!CH\!=\!CH\!-\!COOH \xleftarrow{\ \Delta\ } R'\!-\!CH\!=\!C\!\underset{COOH}{\overset{COOH}{<}} \xleftarrow{H_3O^+} R'\!-\!CH\!=\!C\!\underset{COOR}{\overset{COOR}{<}}$$

Alkylidenmalonester

36.2.2.4   *Michael*-Additionen

Die Umsetzung von 1,3-Dicarbonylverbindungen mit α, β-ungesättigten Carbonylverbindungen führt in einer *Michael*-Addition zum **1,4-Additionsprodukt** (Abschn. 33.3.5). Wie bei der Alkylierung muss man auch hier mit Mehrfachreaktion rechnen:

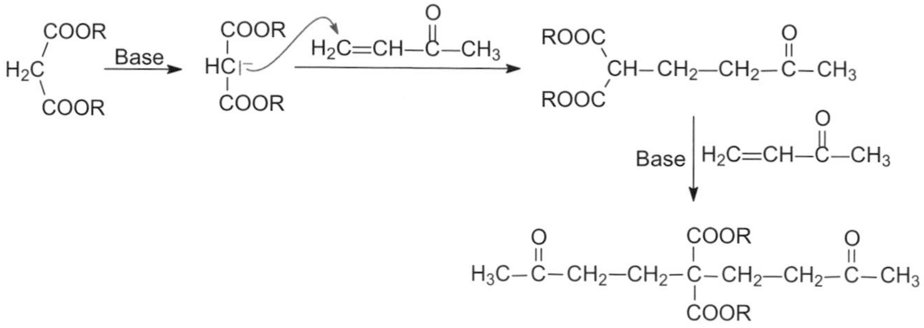

36.2.2.5 Abbaureaktionen von 1,3-Dicarbonylverbindungen

Ester-Spaltung

1,3-Dicarbonylverbindungen erhält man – wie beschrieben – durch *Claisen*-Kondensation (Abschn. 36.2.1). Alle Teilschritte dieser Umsetzung sind **Gleichgewichtsreaktionen**, so dass es umgekehrt auch möglich ist, 1,3-Dicarbonylverbindungen wieder zu spalten. Aus einem β-Ketoester erhält man folglich zwei Moleküle Ester, aus einem β-Diketon je ein Molekül Ester und Keton:

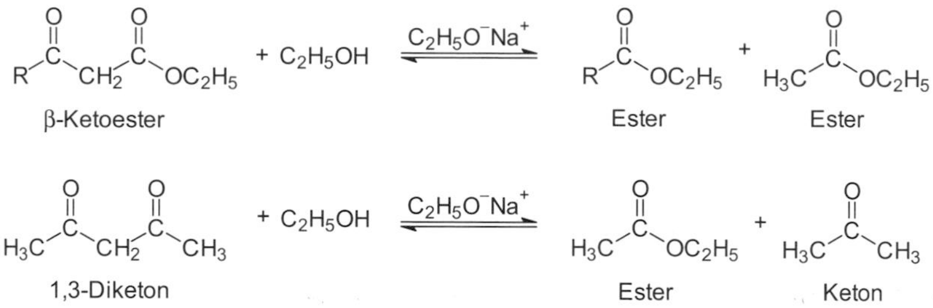

36.2.3 Reaktionen von Carbonsäurehalogeniden und -anhydriden

Im Gegensatz zu den Carbonsäureestern lassen sich die Carbonsäurehalogenide (X = Hal) in der Regel nicht in α-Position deprotonieren. Die entsprechenden Enolate sind nicht stabil und eliminieren Halogenid (X⁻) unter Bildung eines Ketens:

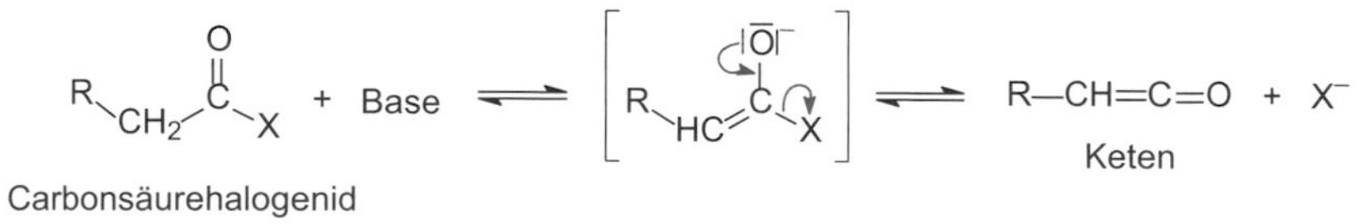

36.3 C–C-Knüpfungen in biologischen Systemen

Ein sehr schönes Beispiel, an dem man biologische C–C-Knüpfungen erläutern kann, ist die **Fettsäure-Biosynthese**. Mit ihr werden letztendlich aus Acetyl-Coenzym A (Acetyl-CoA) Fette und Öle sowie so genannte Polyketide aufgebaut.

Bemerkenswert ist, dass die sich im Aufbau befindliche Fettsäure bis zur endgültigen Fertigstellung an ein Enzym, der so genannten Fettsäure-Synthase (einem Multienzymkomplex), gebunden bleibt. Diese besitzt eine distale SH-Gruppe und eine proximale SH-Gruppe an einer Untereinheit des Komplexes, dem Acyl-Carrier-Protein (ACP).

Die für den Aufbau der C-Kette wichtigsten Schritte sind folgende:

1. Bindung eines Moleküls **Acetyl-CoA** an die distale SH-Gruppe des ACP durch die *Acetyl-Transferase* (Acetyl-ACP). Dabei wird Coenzym A abgespalten.

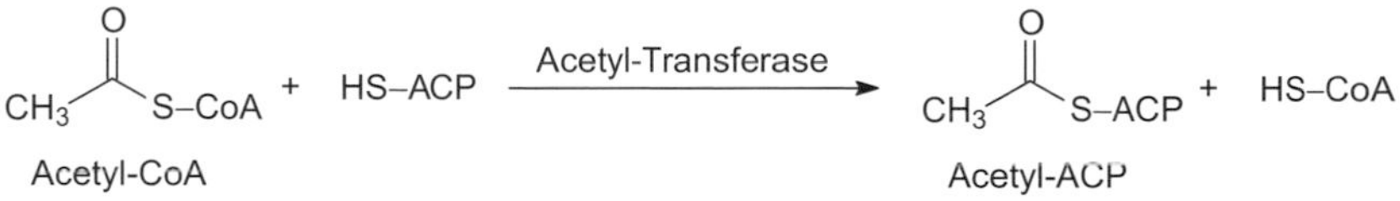

2. Carboxylierung (Anlagerung von CO_2) von freiem Acetyl-CoA zu Malonyl-CoA außerhalb des Komplexes durch die *Acetyl-CoA-Carboxylase*. Durch diese Carboxylierung erhöht sich die Acidität des α-H-Atoms (Abschn. 36.2.2).

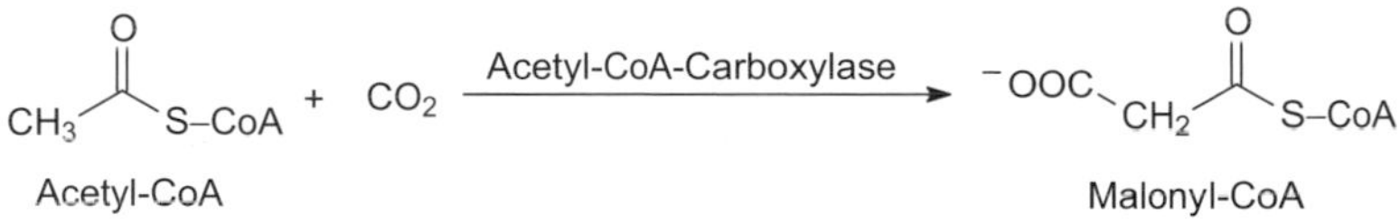

3. Bindung des Malonyl-CoA an die proximale SH-Gruppe des Enzymkomplexes durch die *Malonyl-Transferase* (Malonyl-ACP), erneut unter Coenzym-A-Abspaltung.
4. Aufgrund der relativ hohen Acidität des Malonyl-ACP kann dieses auch unter physiologischen Bedingungen deprotoniert werden und die aktivierte Essigsäure (Acetyl-ACP) angreifen. Dieser Schritt ist völlig analog zur Malonester-Synthese. Das primär gebildete acetylierte Malonyl-ACP decarboxyliert sofort zu Acetoacetyl-ACP, da β-Ketocarbonsäuren nicht stabil sind (Abschn. 27.4). Die freiwerdende Thiol-Gruppe des ACP kann erneut mit Malonyl-CoA beladen werden.

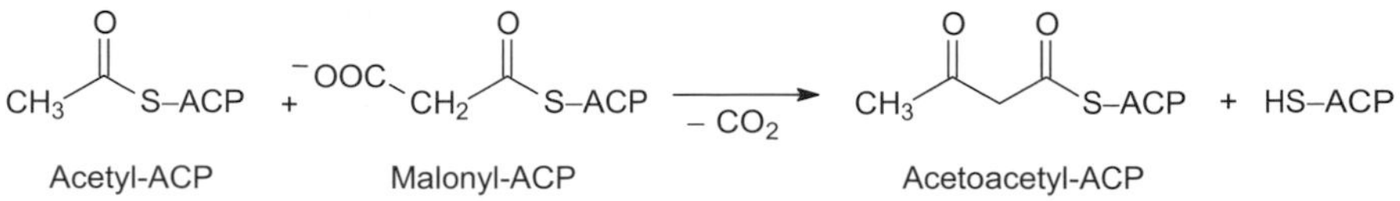

5. Anschließend wird die Keto-Gruppe reduziert und die gebildete OH-Gruppe als
    H_2O eliminiert. Die dabei gebildete α, β-ungesättigte Carbonylverbindung wird
    reduziert und der aktivierte Acylrest kann dann wieder auf Malonyl-ACP über-
    tragen werden usw., bis die gewünschte Kettenlänge erreicht ist.

Kohlensäure und ihre Derivate

37

Die Chemie der Kohlensäure und ihrer Derivate ist von großer Bedeutung. Viele Verbindungen lassen sich strukturell auf die Kohlensäure zurückführen.

Die Kohlensäure kann sowohl als einfachste Hydroxysäure wie auch als **Hydrat des Kohlenstoffdioxids** aufgefasst werden. Sie ist instabil und zerfällt leicht in CO_2 und H_2O. In wässriger Lösung existiert sie auch bei hohem CO_2-Druck nur in relativ geringer Konzentration im Gleichgewicht neben physikalisch gelöstem CO_2:

$$HO-\underset{\underset{O}{\|}}{C}-OH \; \rightleftharpoons \; H_2O \; + \; CO_2$$

37.1 Beispiele und Nomenklatur

Die Kohlensäure ist bifunktionell, deshalb besitzen auch ihre Derivate zwei funktionelle Gruppen, die gleich oder verschieden sein können.

Beispiele

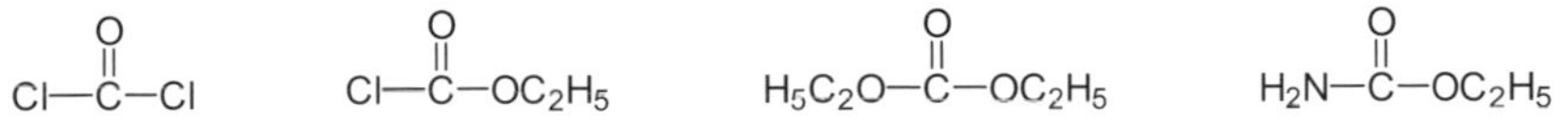

$Cl-\underset{\underset{O}{\|}}{\overset{\overset{O}{\|}}{C}}-Cl$	$Cl-\underset{\underset{O}{\|}}{\overset{\overset{O}{\|}}{C}}-OC_2H_5$	$H_5C_2O-\underset{\underset{O}{\|}}{\overset{\overset{O}{\|}}{C}}-OC_2H_5$	$H_2N-\underset{\underset{O}{\|}}{\overset{\overset{O}{\|}}{C}}-OC_2H_5$
Phosgen	Chlorameisensäure-ethylester	Diethylcarbonat	Urethan
Kohlensäure-dichlorid		Kohlensäurediethylester	Carbamidsäure-ethylester

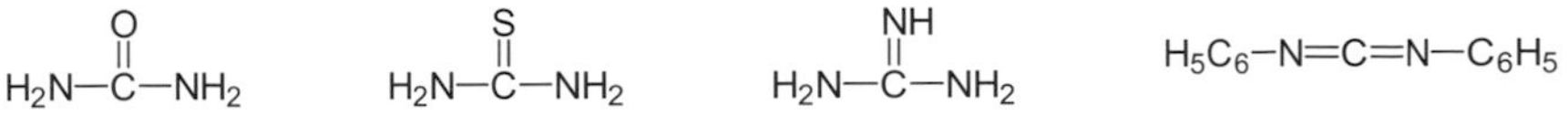

$H_2N-\underset{\underset{O}{\|}}{\overset{\overset{O}{\|}}{C}}-NH_2$	$H_2N-\underset{\underset{S}{\|}}{\overset{\overset{S}{\|}}{C}}-NH_2$	$H_2N-\underset{\underset{NH}{\|}}{\overset{\overset{NH}{\|}}{C}}-NH_2$	$H_5C_6-N{=}C{=}N-C_6H_5$
Harnstoff	Thioharnstoff	Guanidin	Dicyclohexylcarbodiimid
Kohlensäure-diamid	(Derivat der Thiokohlensäure)		(Derivat von Kohlendioxid)

© Springer-Verlag Berlin Heidelberg 2016
H.P. Latscha, U. Kazmaier, *Chemie für Biologen*, DOI 10.1007/978-3-662-47784-7_37

▶ Kohlensäurederivate, die eine OH-Gruppe enthalten, sind instabil und zersetzen sich.

$$H_2N-\overset{\overset{\displaystyle O}{\|}}{C}-OH \longrightarrow NH_3 + CO_2 \qquad\qquad RO-\overset{\overset{\displaystyle O}{\|}}{C}-OH \longrightarrow ROH + CO_2$$

Carbamidsäure   Kohlensäuremonoester

37.2 Herstellung von Kohlensäurederivaten

Die meisten Kohlensäurederivate lassen sich direkt oder indirekt aus dem äußerst giftigen Säurechlorid **Phosgen** herstellen, das aus Kohlenstoffmonoxid und Chlor leicht zugänglich ist:

$$CO + Cl_2 \xrightarrow[\text{Aktivkohle}]{200\,°C} Cl-\overset{\overset{\displaystyle O}{\|}}{C}-Cl$$

Phosgen reagiert als Säurechlorid sehr heftig mit Carbonsäuren, Wasser, Ammoniak (Aminen) und Alkoholen:

$$Cl-\overset{\overset{\displaystyle O}{\|}}{C}-Cl$$

RCOOH $\longrightarrow$ $R-\overset{\overset{\displaystyle O}{\|}}{C}-Cl + CO_2 + HCl$

H_2O $\longrightarrow$ $HO-\overset{\overset{\displaystyle O}{\|}}{C}-Cl \longrightarrow CO_2 + HCl$

$2\,NH_3$ $\longrightarrow$ $H_2N-\overset{\overset{\displaystyle O}{\|}}{C}-NH_2 + 2\,HCl$

ROH $\longrightarrow$ $RO-\overset{\overset{\displaystyle O}{\|}}{C}-Cl$

R'OH $\longrightarrow$ $RO-\overset{\overset{\displaystyle O}{\|}}{C}-OR'$

R'NH$_2$ $\longrightarrow$ $RO-\overset{\overset{\displaystyle O}{\|}}{C}-NHR'$

Auf diese Weise können die präparativ wichtigen **Kohlensäureester** und **Harnstoffe** leicht hergestellt werden. Für Peptid-Synthesen von besonderer Bedeutung sind die **Chlorameisensäureester** (z. B. Chlorameisensäurebenzylester), die zur Einführung von **N-Schutzgruppen** verwendet werden (Abschn. 42.2.2.1). Dabei werden Urethane gebildet.

Urethane werden u. a. auch durch Addition von Alkohol an Isocyanate erhalten.

$$H_3C-N{=}C{=}O + HO-R \longrightarrow H_3C-HN-\overset{\overset{\displaystyle O}{\|}}{C}-OR$$

Methylisocyanat   N-Methylcarbamidsäureester
                                                          ein Urethan

37.3 Harnstoff und Derivate

37.3.1 Synthese von Harnstoff

Eine preiswerte **technische Synthesemöglichkeit** für Harnstoff besteht in der thermischen Umwandlung von Ammoniumcarbamat, das aus NH_3 und CO_2 erhältlich ist. Dabei greift NH_3 nucleophil das CO_2 an unter Bildung der instabilen Carbamidsäure. Mit überschüssigem Ammoniak bildet sich daraus das entsprechende Ammoniumsalz, welches beim Erhitzen Wasser abspaltet unter Bildung des Harnstoffs.

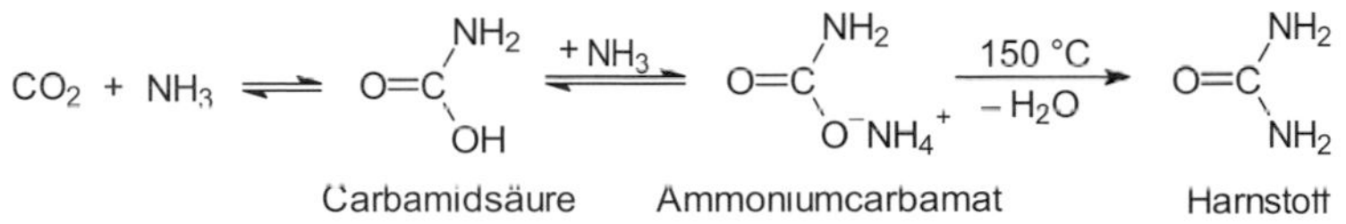

Von historischem Interesse ist die Synthese von Harnstoff aus Ammoniumcyanat durch *F. Wöhler* (1828):

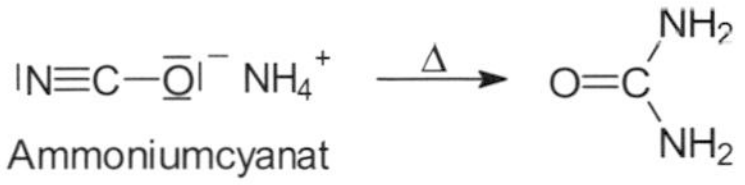

37.3.2 Eigenschaften und Nachweis

Harnstoff ist das Endprodukt des Eiweißstoffwechsels und findet sich in den Ausscheidungsprodukten von Mensch und Säugetier. Die im Vergleich zu anderen Amiden höhere Basizität beruht auf einer Mesomeriestabilisierung des Kations:

Erhitzt man Harnstoff über den Schmelzpunkt hinaus, so wird NH_3 abgespalten, und die entstandene Isocyansäure reagiert mit einem weiteren Molekül Harnstoff zu **Biuret**:

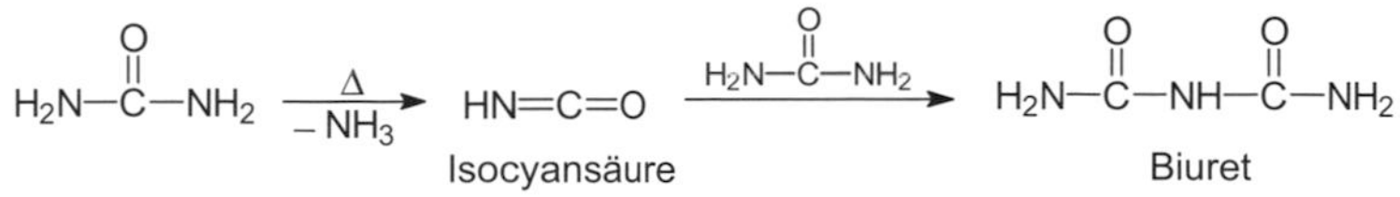

In alkalischer Lösung gibt Biuret mit Cu^{2+}-Ionen eine blauviolette Färbung (**Biuret-Reaktion**). Es entsteht ein Kupferkomplexsalz:

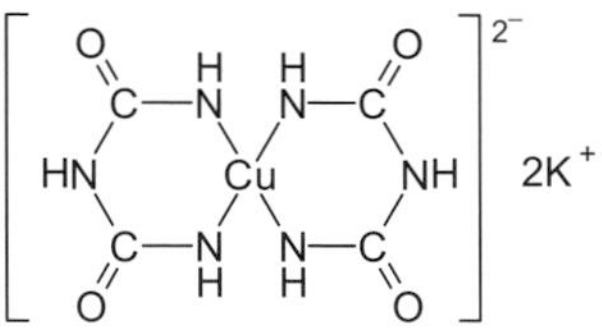

Diese Reaktion ist charakteristisch für –CO–NH-Gruppierungen und wird allgemein zum **qualitativen Nachweis** von Harnstoff und Eiweißstoffen angewandt. Zur **quantitativen Bestimmung** von Harnstoff kann die Reaktion mit Salpetriger Säure herangezogen werden: Harnstoff wird zu CO_2, Wasser und Stickstoff oxidiert, Letzterer wird volumetrisch bestimmt.

$$H_2N\!-\!\overset{\displaystyle O}{\overset{\|}{C}}\!-\!NH_2 \ + \ 2\,HONO \ \longrightarrow \ CO_2 \ + \ 3\,H_2O \ + \ 2\,N_2$$

37.3.3   Synthesen mit Harnstoff

Durch Umsetzung von Harnstoff mit organischen Carbonsäurechloriden oder -estern bilden sich *N*-**Acyl-harnstoffe (Ureide)**:

Beispiel

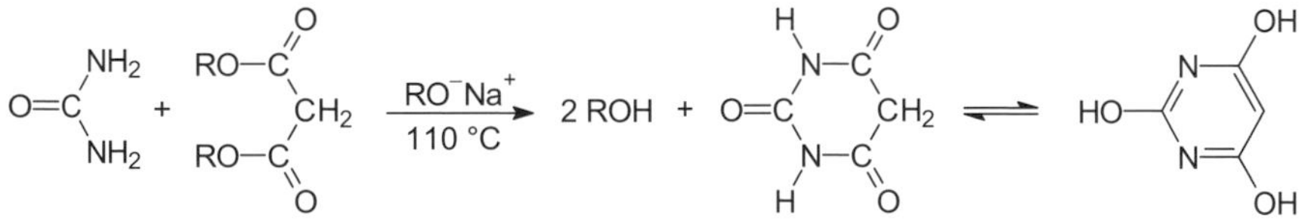

Barbitursäure
(cyclisches Ureid)

An der CH_2-Gruppe substituierte cyclische Ureide sind wichtige **Schlafmittel** und Narkotika, z. B. die Phenylethyl- und Diethyl-barbitursäure. Die **Barbitursäure** kann auch als Derivat des Pyrimidins angesehen werden. Als cyclisches Diamid besitzt sie die –NH–CO-Gruppierung, auch **Lactam-Gruppe** genannt, die tautomere Formen bilden kann (Lactam-Lactim-Tautomerie, Abschn. 35.2.3).

37.3.4 Derivate des Harnstoffs

Zu den Harnstoff-Derivaten zählen u. a. **Guanidin** und **Semicarbazid**.

$$
\begin{array}{cc}
\underset{\text{Guanidin}}{HN=C\!\!\begin{array}{l} NH_2 \\ NH_2 \end{array}} &
\underset{\text{Semicarbazid}}{O=C\!\!\begin{array}{l} NH_2 \\ NH\!-\!NH_2 \end{array}}
\end{array}
$$

Die drei Stickstoffatome im Molekül des Guanidins sind chemisch äquivalent. Das Guanidinium-Kation ist mesomeriestabilisiert:

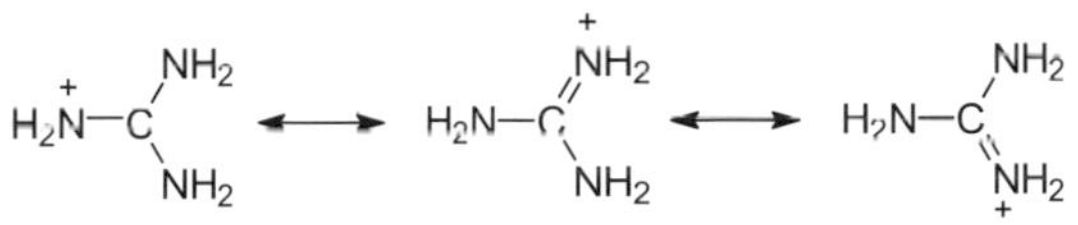

$$
H_2\overset{+}{N}\!-\!C\!\!\begin{array}{l} NH_2 \\ NH_2 \end{array}
\;\longleftrightarrow\;
H_2N\!-\!C\!\!\begin{array}{l} \overset{+}{N}H_2 \\ NH_2 \end{array}
\;\longleftrightarrow\;
H_2N\!-\!C\!\!\begin{array}{l} NH_2 \\ \underset{+}{N}H_2 \end{array}
$$

Derivate von Guanidin wie L-Arginin, Kreatin und Kreatinin haben biologische Bedeutung:

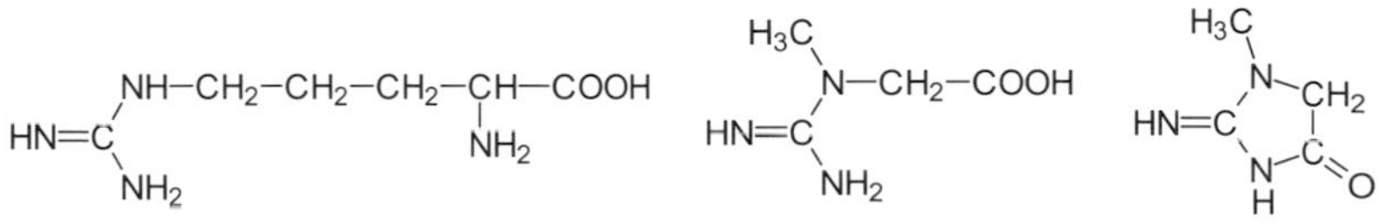

$$
\underset{\text{Arginin}}{HN=C\!\!\begin{array}{l} NH\!-\!CH_2\!-\!CH_2\!-\!CH_2\!-\!\underset{NH_2}{CH}\!-\!COOH \\ NH_2 \end{array}}
\qquad
\underset{\text{Kreatin}}{HN=C\!\!\begin{array}{l} \overset{H_3C}{N}\!-\!CH_2\!-\!COOH \\ NH_2 \end{array}}
\qquad
\text{Kreatinin}
$$

Arginin ist eine **basische Aminosäure** (Abschn. 42.1.1) und Bestandteil der Proteine. **Kreatin** findet sich im Muskel der Wirbeltiere und teilweise auch im Blut und Gehirn. Durch Wasserabspaltung erhält man hieraus **Kreatinin**, welches mit dem Harn ausgeschieden wird.

Heterocyclen

38

Heterocyclische Verbindungen enthalten außer C-Atomen ein oder mehrere **Heteroatome** als Ringglieder, z. B. Stickstoff, Sauerstoff oder Schwefel. Man unterscheidet *heteroaliphatische* und *heteroaromatische* Verbindungen.

38.1 Heteroaliphaten

Heterocyclische Verbindungen mit fünf und mehr Ringatomen (s. Tab. 38.1), die gesättigt sind oder isolierte Doppelbindungen enthalten, verhalten sich chemisch wie die analogen acyclischen Verbindungen. Dazu gehören z. B. cyclische Ether, Thioether, Acetale.

▶ Kleinere Ringsysteme sind wegen der hohen Ringspannung reaktiver als größere.

Beispiel Zum Schutz von Alkohol-Gruppen werden diese häufig verethert. Addiert man den Alkohol ROH an die Doppelbindung im 2,3-Dihydropyran, erhält man als Heteroaliphaten den sog. **Tetrahydropyranyl-ether** (**THP-Ether**). Dieser lässt sich, da eigentlich ein **Acetal**, leicht wieder im Sauren spalten (Abschn. 33.1.2).

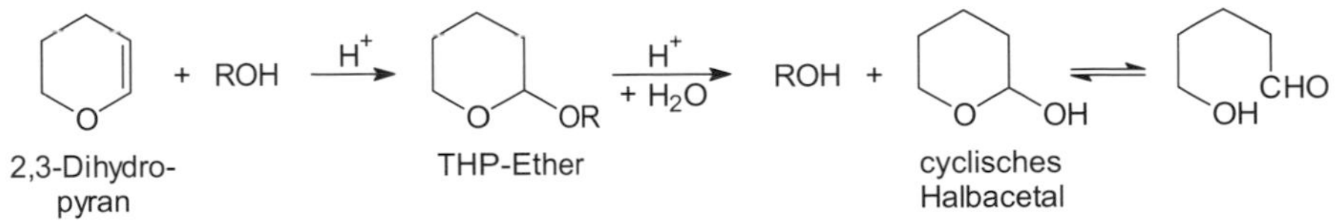

| 2,3-Dihydro-pyran | THP-Ether | cyclisches Halbacetal |

Solche cyclischen Acetal- und Halbacetalstrukturen spielen eine große Rolle bei den Kohlenhydraten (Kap. 42) und werden dort ausführlich behandelt. Neben den Pyranen findet man dort Furane, die ein Sauerstoffatom im Fünfring enthalten.

© Springer-Verlag Berlin Heidelberg 2016
H.P. Latscha, U. Kazmaier, *Chemie für Biologen*, DOI 10.1007/978-3-662-47784-7_38

Tab. 38.1 Beispiele für Heteroaliphaten

Systemat. Name	Andere Bezeichnung	Formel	Vorkommen, Verwendung
Oxiran	Ethylenoxid	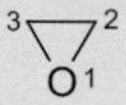	Techn. Zwischenprodukt
Thiiran	Ethylensulfid		→ Arzneimittel, Biozide
Aziridin	Ethylenimin		→ Arzneimittel
Oxolan	Tetrahydrofuran	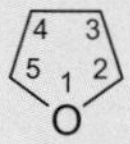	Lösemittel
Thiolan	Tetrahydrothiophen	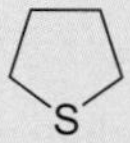	Im Biotin; Odorierungsmittel für Erdgas
Azolidin	Pyrrolidin	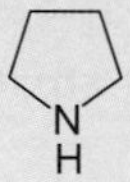	Base, $pK_B \approx 3$
Thiazolidin		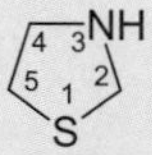	In Penicillinen
1,3-Diazolidin	Imidazolidin	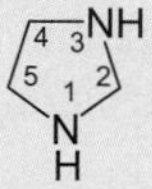	Im Biotin
Hexahydropyridin	Piperidin	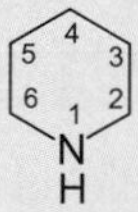	In Alkaloiden, $pK_B = 6{,}2$
1,4-Dioxan		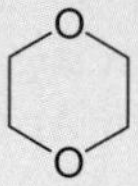	Lösemittel
Hexahydropyrazin	Piperazin	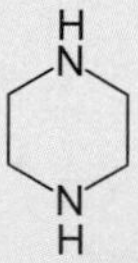	→ Arzneimittel
Tetrahydro-1,4-oxazin	Morpholin		Lösemittel; N-Formylmorpholin als Extraktionsmittel

Bei den stickstoffhaltigen Verbindungen kommt vor allem der Aminosäure Prolin eine besondere Bedeutung zu (Kap. 43). Sie ist die einzige proteinogene sekundäre Aminosäure.

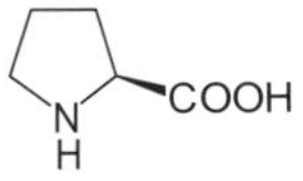

Prolin

38.2 Heteroaromaten

Viele ungesättigte Heterocyclen können ein delokalisiertes π-Elektronensystem ausbilden. Falls für sie die **Hückel**-Regel (Abschn. 23.1) gilt, werden sie als **Heteroaromaten** bezeichnet. Im Vergleich zum Benzol und verwandten Verbindungen sind ihre aromatischen Eigenschaften jedoch weniger stark ausgeprägt.

38.2.1 Fünfgliedrige Ringe

Die elektronische Struktur der fünfgliedrigen Heteroaromaten (s. Tab. 38.2) unterscheidet sich in Bezug auf die Elektronenkonfiguration der Heteroatome erheblich von der sechsgliedriger Heterocyclen. Neben einer ungeladenen Grenzstruktur existieren vier weitere **Grenzstrukturen** mit einer positiven Ladung am Heteroatom und einer delokalisierten negativen Ladung an den C-Atomen. Die **Fünfringheterocyclen** sind also polarisiert und verfügen über eine relativ **hohe negative Ladungsdichte im π-System**. Zudem sind 6 π-Elektronen (Hückel-Regel erfüllt) auf nur 5 Zentren verteilt. Sie sind daher sehr gute Nucleophile und werden leicht in elektrophilen Substitutionsreaktionen umgesetzt.

Valenzstrukturen von Pyrrol:

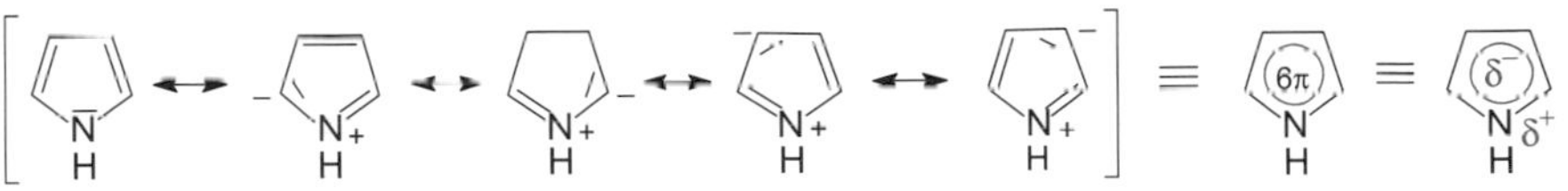

Resonanzenergie: 88 kJ/mol

analog:

Furan:

Thiophen:

Resonanzenergie: 67 kJ/mol

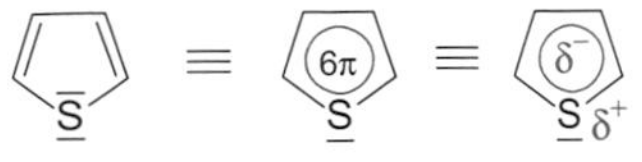

Resonanzenergie: 122 kJ/mol

Tab. 38.2 Beispiele für fünfgliedrige Heteroaromaten

Name	Formel	Vorkommen, Derivate, Verwendung
Furfural		Lösemittel, → Farbstoffe, → Polymere
Pyrrol		Porphyrin-Gerüst (Hämoglobin, Chlorophyll), Cytochrome, Bilirubinoide
Indol		Indoxyl (3-(Hydroxyindol) → Indigo, Tryptophan (Indolyl-Alanin), Serotonin, Skatol, (3-Methylindol), in Alkaloiden
Pyrazol		Arzneimittel
Imidazol		In Histidin (Imidazol-4-yl-alanin), als Dimethyl-benzimida-zol im Vit. B_{12}, im Histamin
Thiazol		In Aneurin (Vit. B_1), eine Cocarboxylase

38.2.1.1 Bindungsbeschreibung für Furan, Pyrrol und Thiophen

Jedes Ringatom benutzt **drei sp²-Orbitale**, um ein planares pentagonales σ-Bindungsgerüst aufzubauen. Die π-MO entstehen durch Überlappen von p-Orbitalen der C-Atome (mit je 1 Elektron) und eines p-Orbitals des Heteroatoms (mit 2 Elektronen). **Beim Pyrrol ist somit das einzige freie Elektronenpaar in das π-System einbezogen**, beim **Thiophen** und **Furan** jeweils nur eines der beiden freien Elektronenpaare; das andere besetzt ein sp²-Orbital, welches in der Ringebene liegt.

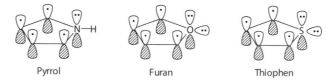

Mit jeweils **6 π-Elektronen** befolgen diese Ringsysteme somit die *Hückel-Regel*.

Die unterschiedliche Elektronegativität der Ringatome hat eine unsymmetrische Ladungsdichteverteilung zur Folge: π-Elektronenüberschuss im Ring, Unterschuss am Heteroatom.

38.2.1.2 Basizität

Da das freie Elektronenpaar des Pyrrol-Stickstoffs Bestandteil des π-Systems ist, steht es nicht zur Protonierung zur Verfügung. **Pyrrol** ist daher **kaum basisch** und wird nur durch starke Säuren protoniert. Dabei wird zunächst der Heteroaromat protoniert. Das so entstandene Kation hat keine aromatischen Eigenschaften mehr, es greift einen anderen Heterocyclus an und leitet damit die Polymerisation ein. Deshalb zersetzen sich Pyrrole (und Furane) im Sauren.

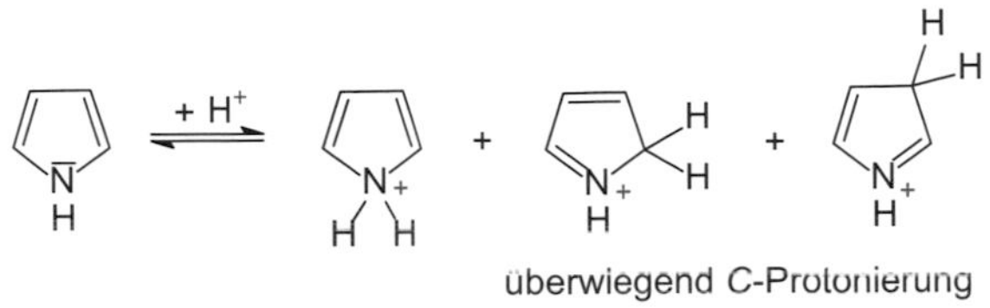

überwiegend *C*-Protonierung

Fünfgliedrige Heterocyclen mit **zwei Heteroatomen** wie die **1,2-Diazole (Pyrazole)** und die **1,3-Diazole (Imidazole)** sind demgegenüber stärkere Basen, da sie ein weiteres Ring-Stickstoffatom enthalten, dessen freies Elektronenpaar senkrecht zum π-System steht, und das sich deshalb nicht an der Mesomerie beteiligt.

Beispiel Pyrazol

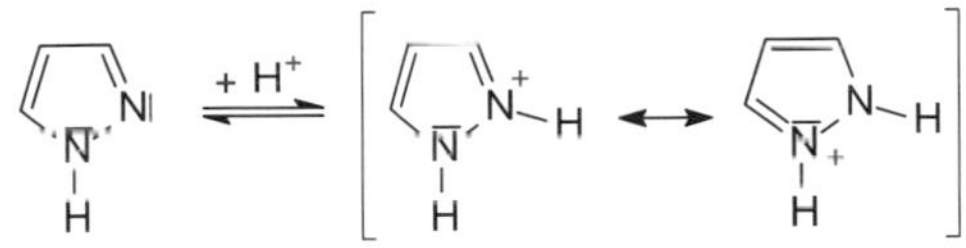

38.2.1.3 Reaktivität

Die **typische Reaktion** der genannten drei Heterocyclen ist die **elektrophile Substitution** (Abschn. 24.1). In dieser Hinsicht sind sie allerdings erheblich reaktiver als Benzol, wobei sich etwa folgende Reihe angeben lässt:

$$\text{Pyrrol} > \text{Furan} > \text{Thiophen} > \text{Benzol} \,.$$

Sie unterscheiden sich auch in ihren chemischen Eigenschaften und Reaktionen voneinander: **Nur Furan**, der Heterocyclus mit der geringsten Resonanzenergie, zeigt auch **typische Reaktionen eines Diens**. So bildet es z. B. mit Maleinsäureanhydrid leicht ein *Diels-Alder*-Addukt (Abschn. 22.2.2).

38.2.1.4 Elektrophile Substitution

Viele für aromatische Systeme charakteristische Reaktionen (Abschn. 24.1) verlaufen bei diesen elektronenreichen Heteroaromaten analog (Nitrierung, Sulfonierung, Halogenierung u. a.).

Die **Substitution** erfolgt normalerweise leichter in **2- (bzw. 5-) Stellung**. Das hierbei gebildete Intermediat ist besser stabilisiert (3 mesomere Grenzformeln) als bei einer Reaktion in 3-Stellung, für die sich nur zwei Resonanzstrukturformeln schreiben lassen:

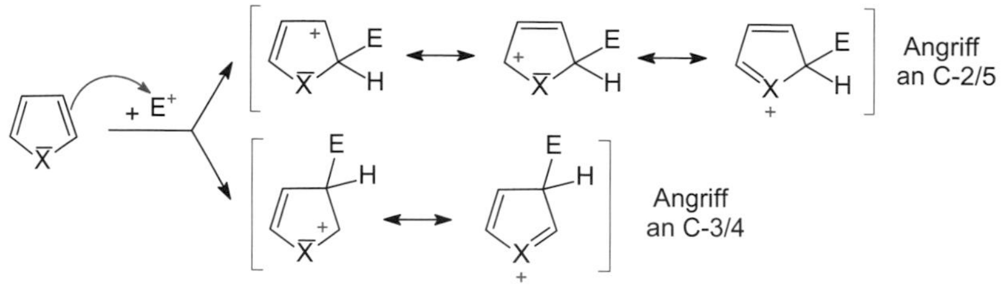

Beispiele für die elektrophile Substitution am Pyrrol

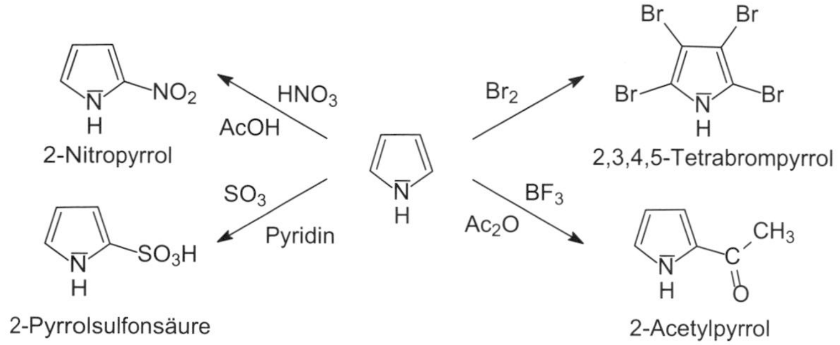

2-Nitropyrrol

2-Pyrrolsulfonsäure

2,3,4,5-Tetrabrompyrrol

2-Acetylpyrrol

38.2.2 Sechsgliedrige Ringe

Pyridin, ein typischer Vertreter der **sechsgliedrigen** Heterocyclen (s. Tab. 38.3), lässt sich durch folgende Resonanzstrukturformeln beschreiben:

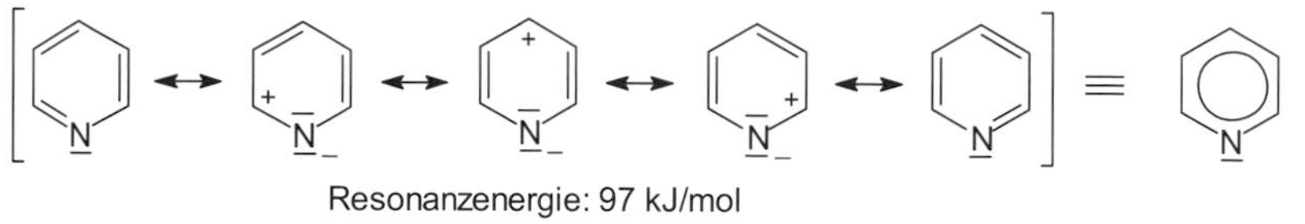

Resonanzenergie: 97 kJ/mol

Jedes Ringatom benutzt drei sp^2-Orbitale, um ein **planares, hexagonales σ-Gerüst** zu bilden. Die π-MO entstehen durch Überlappen von p-Orbitalen. Das **freie Elektronenpaar** am N-Atom befindet sich in einem **sp^2-Orbital,** das **in der Ringebene liegt** und somit **senkrecht zum π-System** steht. Mit seinen 6 π-Elektronen entspricht das monocyclische System der *Hückel*-Regel. Im Gegensatz zum Pyrrol ist das freie Elektronenpaar hier nicht am aromatischen Elektronensextett beteiligt. Pyridin ist daher eine **Base** ($pK_B = 8,7$) und bildet mit Säuren **Pyridinium-Salze.**

Tab. 38.3 Beispiele für sechsgliedrige Heteroaromaten

Name	Formel	Vorkommen, Derivate, Verwendung
Nicotinsäure	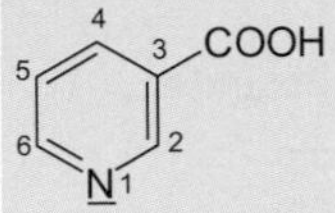	NAD, NADP, Nicotin
Pyridoxin	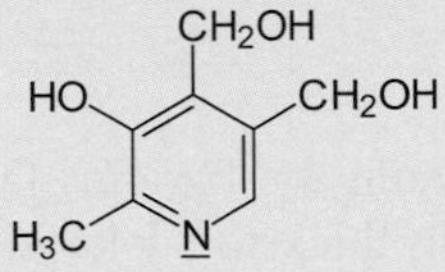	Vitamin B_6
Pyrimidin	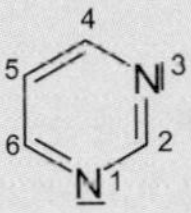	Aneurin (Vit. B_1), Barbitursäure, Uracil, Thymin, Cytosin (RNA bzw. DNA)
1,3,5-Triazin	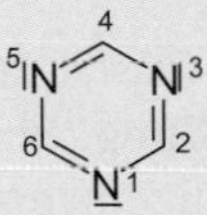	Cyanurchlorid, Cyanursäure, Melamin
Chinolin	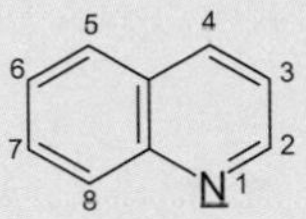	Alkaloide wie Chinin aus dem Chinabaum
Isochinolin	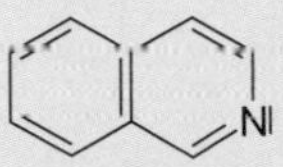	Opiumalkaloide wie Morphin, Codein
4H-Chromen	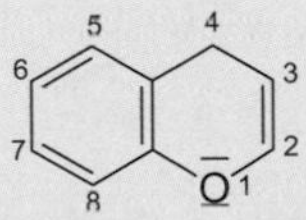	Stammverbindung der Anthocyane (4H bedeutet: C-4-Atom ist gesättigt)
Dibenzodioxin	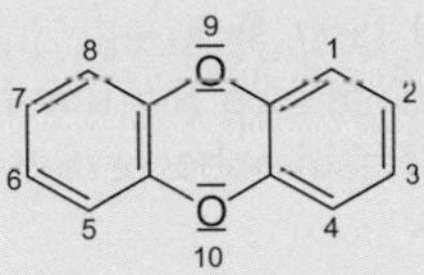	Stammverbindung der polychlorierten Dibenzodioxine (PCDD) Bsp.: TCDD (Seveso-Gift)
Purin	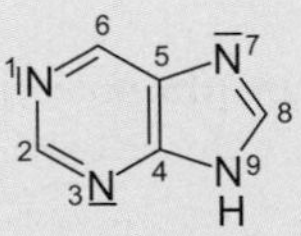	Harnsäure, Adenin, Guanin, Xanthin (2,6-Dihydroxy-purin), Coffein (1,3,7-Trimethylxanthin), Theobromin (3,7-Dimethylxanthin), Theophyllin (1,3-Dimethylxanthin)
Pteridin	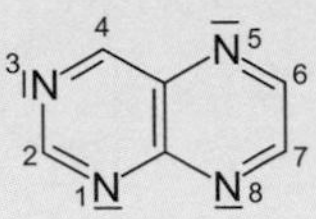	Flügelpigmente von Schmetterlingen, Folsäure (Vit.-B-Gruppe), Lactoflavin (Riboflavin, Vit. B_2)

MO-Modell des Pyridins

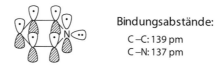

Bindungsabstände:

C –C: 139 pm
C –N: 137 pm

38.2.2.1   Reaktivität

Beim Betrachten der mesomeren Grenzstrukturen des Pyridins fällt auf, dass bei drei Grenzstrukturen eine negative Ladung am Stickstoff lokalisiert ist, während die positive Ladung im π-System delokalisiert ist. Im Vergleich zum Benzol ist also die negative Ladungsdichte im π-System erniedrigt.

Demzufolge ist der an **π-Elektronen arme** Pyridin-Ring gegenüber Elektrophilen desaktiviert, was durch eine Protonierung am N-Atom sogar noch verstärkt werden kann.

Elektrophile Substitutionen finden daher nur unter drastischen Bedingungen statt, und zwar in der am wenigsten desaktivierten **3-Stellung**. Beim Angriff in 2- oder 4-Position lässt sich eine mesomere Grenzstruktur mit einer positiven Ladung am elektronegativen N-Atom formulieren, was besonders ungünstig ist:

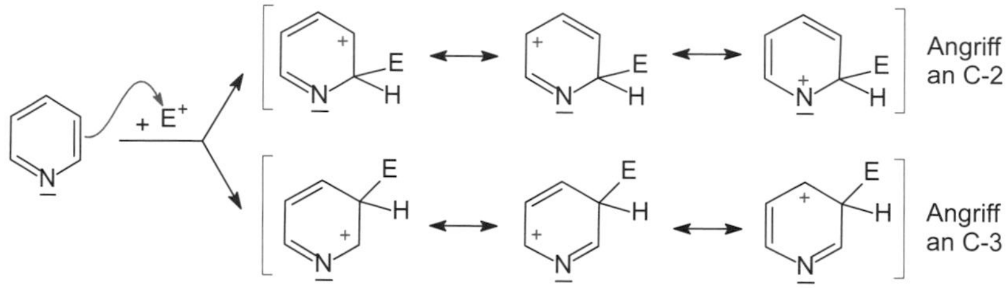

Relativ leicht möglich beim Pyridin sind **nucleophile Substitutionsreaktionen** (Abschn. 24.3) in **2- und 4-Stellung.** Hierbei lässt sich eine mesomere Grenzstruktur mit einer negativen Ladung am elektronegativen N-Atom formulieren, was besonders günstig ist. Im Allgemeinen ist die 2-Position bevorzugt wegen der Nähe zum elektronenziehenden N-Atom.

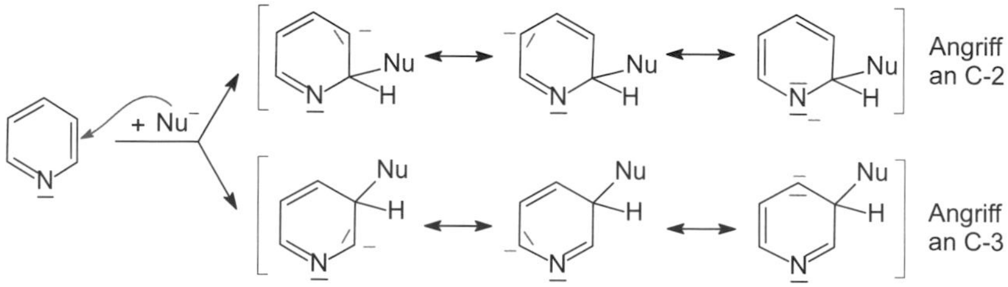

Beispiel Herstellung von 2-Aminopyridin nach ***Tschitschibabin***.

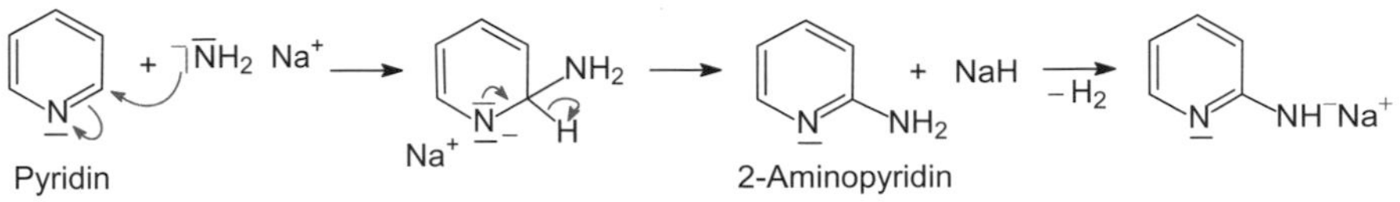

Pyridin   2-Aminopyridin

38.3 Synthesen von Heterocyclen über Dicarbonylverbindungen

Dicarbonylverbindungen sind reaktive und vielseitig anwendbare Ausgangssubstanzen für die Synthese von Heterocyclen.

1. **1,2-Dicarbonylverbindungen** dienen z. B. zur Herstellung von Imidazolen (s. o.) und Chinoxalinen:

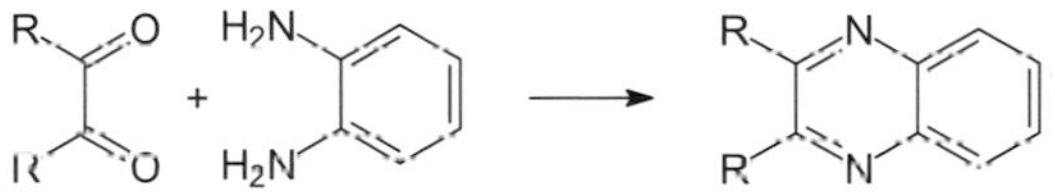

Chinoxaline

2. **1,3-Dicarbonylverbindungen,** leicht herstellbar durch *Claisen*-Kondensation (Abschn. 36.2.1), können zur Synthese von Pyrazolen (über Hydrazone), Isoxazolen (über Oxime), Pyrimidinen (s. o.), Pyrimidonen u. a. verwendet werden:

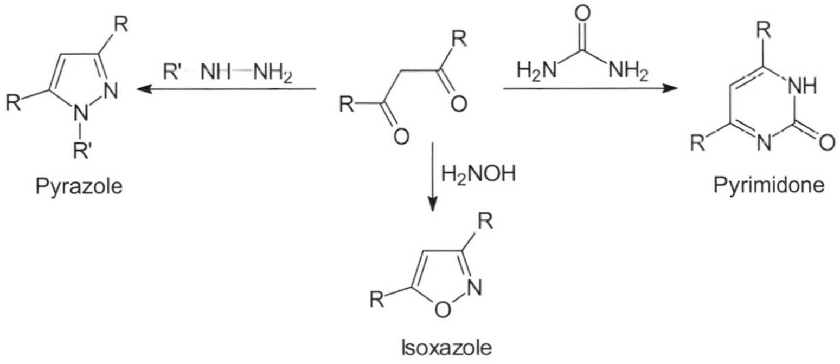

Pyrazole   Pyrimidone

Isoxazole

3. **1,4-Dicarbonylverbindungen** verwendet man bei der ***Paal-Knorr*-Synthese** von fünfgliedrigen Heterocyclen:

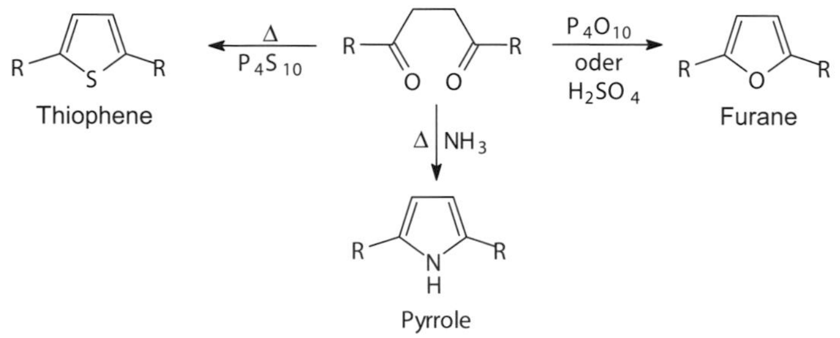

Thiophene

Pyrrole

Furane

4. **1,5-Dicarbonylverbindungen**, herstellbar durch *Michael*-Addition (Abschn. 33.3.5), und Hydroxylamin liefern unter Wasserabspaltung **Pyridine**:

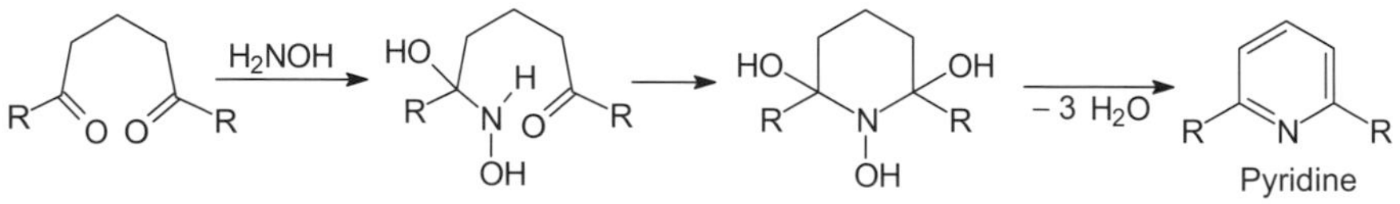

Pyridine

Stereochemie

39

Bereits bei den Alkanen wurde deutlich, dass die Summenformel zur Charakterisierung einer Verbindung nicht ausreicht. Es muss auch die Strukturformel hinzugenommen werden.

▶ Als **Strukturisomere** oder **Konstitutionsisomere** werden Moleküle bezeichnet, die sich durch eine unterschiedliche Verknüpfung der Atome unterscheiden (Abschn. 17.6).

Eine zweite große Gruppe von Isomeren sind die **Stereoisomere**.

39.1 Stereoisomere

▶ Stereoisomere besitzen die gleiche Summenformel und Atomsequenz, unterscheiden sich jedoch in der räumlichen Anordnung der Atome an einem **stereogenen Zentrum** (**Chiralitätszentrum**).

Sie werden aufgrund ihrer Symmetrieeigenschaften eingeteilt:
Verhalten sich zwei Stereoisomere wie ein Gegenstand und sein Spiegelbild, so nennt man sie **Enantiomere** oder (**optische**) **Antipoden**. Ist eine solche Beziehung nicht vorhanden, heißen sie **Diastereomere**.
Bei Verbindungen mit nur einem Chiralitätszentrum existieren nur Enantiomere. Verbindungen mit zwei oder mehr stereogenen Zentren können als Enantiomere und Diastereomere vorliegen. Bei Verbindungen mit n **Chiralitätszentren** existieren insgesamt 2^n **Stereoisomere**.

© Springer-Verlag Berlin Heidelberg 2016
H.P. Latscha, U. Kazmaier, *Chemie für Biologen*, DOI 10.1007/978-3-662-47784-7_39

Beispiel

Enantiomere   Diastereomere

COOH		HOOC		COOH		COOH	
HO—C—H		H—C—OH		H—C—OH		HO—C—H	Spiegel-
H—C—OH		HO—C—H		H—C—OH	=	HO—C—H	ebene
COOH		HOOC		COOH		COOH	
(D)-		(L)-		(DL)-Weinsäure			

Weinsäure   *Meso*-Weinsäure

optisch aktiv   **optisch inaktiv**

Es gilt:

▶ 1. Zwei Stereoisomere können nicht gleichzeitig enantiomer und diastereomer zu-
     einander sein, und

2. von einem bestimmten Molekül existieren immer nur zwei Enantiomere; es kann
   aber mehrere Diastereomere geben.

Diastereomere unterscheiden sich, ähnlich wie die Strukturisomere, in ihren
chemischen und physikalischen Eigenschaften wie Siedepunkt, Schmelzpunkt, Löslichkeit usw. Sie können durch die üblichen Trennmethoden (z. B. fraktionierte
Destillation, Chromatographie) getrennt werden.

Enantiomere verhalten sich wie **Bild und Spiegelbild**. Sie lassen sich nicht
durch Drehung zur Deckung bringen. Enantiomere haben die gleichen physikalischen und chemischen Eigenschaften (Schmelzpunkte, Siedepunkte, etc.), sie unterscheiden sich nur in ihrer Wechselwirkung mit chiralen Medien wie optisch aktiven
(chiralen) Reagenzien und Lösemitteln oder polarisiertem Licht. Dieses Phänomen
bezeichnet man als **optische Aktivität**.

Enantiomere lassen sich dadurch unterscheiden, dass das eine die Polarisationsebene von linear polarisiertem Licht – unter sonst gleichen Bedingungen – nach
links und das andere um den **gleichen** Betrag nach rechts dreht. Daher ist ein racemisches Gemisch optisch inaktiv. Zur Messung dient das **Polarimeter** (Abb. 39.1).

▶ Die Ebene des polarisierten Lichts wird in einem chiralen Medium gedreht.

Das Ausmaß der Drehung ist proportional der *Konzentration c* der Lösung (angegeben in g/100 ml) und der *Schichtdicke l* (angegeben in dm). Ausmaß und Vorzeichen hängen ferner ab von der *Art des Lösemittels*, der *Temperatur T* und der
Wellenlänge λ des verwendeten Lichts. Eine Substanz wird durch einen **spezifischen Drehwert** α charakterisiert:

$$[\alpha]_\lambda^T = \frac{\alpha_\lambda^T \text{ gemessen}}{\ell[\text{dm}] \cdot c[\text{g/ml}]} \ .$$

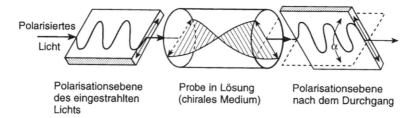

Polarisationsebene des eingestrahlten Lichts | Probe in Lösung (chirales Medium) | Polarisationsebene nach dem Durchgang

Abb. 39.1 Polarimeter (schematisch)

Liegt in einem Enantiomeren-Gemisch ein Enantiomer angereichert vor, so spricht man von einem **Enantiomerenüberschuss** (engl. *enantiomeric excess*, Abk.: ee). Sind R und S die Konzentrationen der beiden Enantiomere, und ist $R > S$, so gilt für den Enantiomerenüberschuss.

$$\underset{\text{(ee-Wert)}}{\% \text{ Enantiomerenüberschuss}} = \frac{(R - S)}{(R + S)} \cdot 100 \ .$$

39.2 Schreibweisen und Nomenklatur der Stereochemie

Zur Wiedergabe der räumlichen Lage der Atome eines Moleküls auf dem Papier gibt es mehrere Möglichkeiten.

Häufig verwendet wird die **Keilschreibweise**, bei der Substituenten, die auf den Betrachter gerichtet sind, durch einen fetten durchgezogenen Keil angedeutet werden, während Substituenten, die vom Betrachter wegzeigen, durch einen unterbrochenen Keil gekennzeichnet werden. Bindungen, die nicht besonders markiert sind, befinden sich in der Papierebene.

Eine vor allem in der Kohlenhydratchemie (Kap. 42) gebräuchliche Schreibweise sind die **Projektionsformeln** nach *Fischer*. Bei der *Fischer*-Projektion werden alle Bindungen als normale Linien dargestellt, die nur senkrecht oder waagrecht verlaufen dürfen.

▶ Per definitionem zeigen alle waagrechten Linien auf den Betrachter zu und alle senkrechten Linien vom Betrachter weg.

Das zentrale (asymmetrische) C-Atom liegt in der Papierebene und wird vor allem bei den Kohlenhydraten häufig weggelassen. Bei der *Fischer*-Projektion wird das **am höchsten oxidierte Ende** einer vertikal gezeichneten Kohlenstoffkette **nach oben** gezeichnet.

Beispiel   2-Chlorpropionaldehyd (Enantiomerenpaar)

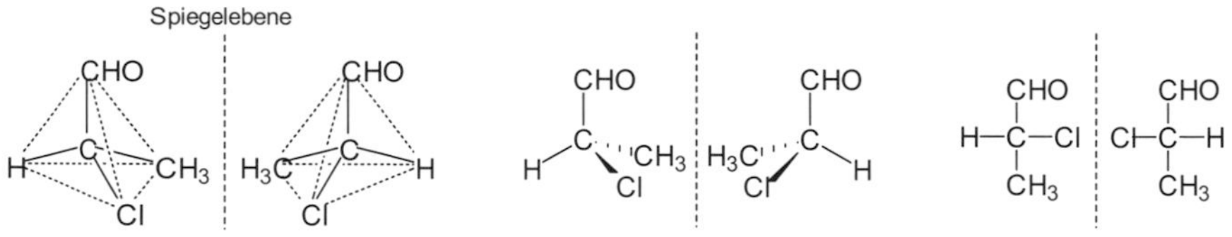

Spiegelebene

a Tetraeder-Schreibweise	**b** Keil-Schreibweise	**c** Fischer-Projektion

Von a → c Ableitung der *Fischer*-Projektionsformel aus der räumlichen Struktur.

39.2.1   D,L-Nomenklatur

Die historischen Konfigurationsangaben **D** und **L** werden hauptsächlich bei **Zuckern** und **Aminosäuren** verwendet. Sie gehen auf *Emil Fischer* zurück, der dem rechtsdrehenden **(+)-Glycerinaldehyd** willkürlich folgende Projektionsformel zuordnete. In ihr steht die OH-Gruppe rechts, und daher wird diese Form des Glycerinaldehyds als D-Form bezeichnet (D von *dexter* = rechts).

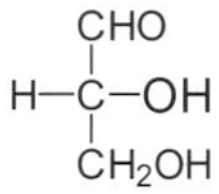

$$
\begin{array}{c}
CHO \\
| \\
H{-}C{-}OH \\
| \\
CH_2OH
\end{array}
\quad \text{D-Glycerinaldehyd}
$$

Entsprechend erhalten alle Substanzen, bei denen der Substituent (hier die OH-Gruppe) am *untersten asymmetrischen C-Atom* in der *Fischer*-Projektion auf der rechten Seite steht, die Bezeichnung D vorangestellt (*relative* Konfiguration bezüglich D-Glycerinaldehyd). Das andere Enantiomer erhält die **Konfiguration L** (von *laevus* = links), z. B. L-Glycerinaldehyd.

Die D/L-Nomenklatur bezieht sich nur auf die Konfiguration *eines* asymmetrischen C-Atoms. Folglich gibt es Probleme bei Verbindungen mit mehreren Chiralitätszentren. Es gab daher Bemühungen ein generell anwendbareres System zur Nomenklatur zu entwickeln.

39.2.2   R,S-Nomenklatur (*Cahn-Ingold-Prelog*-System)

Zur Bestimmung der absoluten Konfiguration bedient man sich der **Regeln** von *Cahn*, *Ingold* und *Prelog*, die da lauten:

▶ 1.   Die direkt an das asymmetrische *C-Atom gebundenen Atome (a) werden nach fallender Ordnungszahl angeordnet, d. h., das Atom mit der höheren Ordnungszahl hat die höhere Priorität.

Sind zwei oder mehr Atome gleichwertig, wird ihre Prioritätsfolge ermittelt, indem man die weiter entfernt stehenden Atome b (im gleichen Substituenten) betrachtet. Notfalls muss man die nächstfolgenden Atome c (evtl. auch d) heranziehen. Falls kein Substituent vorhanden ist, setzt man für die entsprechende Position die Ordnungszahl Null ein. **Mehrfachbindungen zählen als mehrere Einfachbindungen**, d. h., aus $C=O$ wird formal $O-C-O$. Aus diesen Regeln ergibt sich für wichtige Substituenten folgende Reihe, die nach abnehmender Priorität geordnet ist:

$$Cl > SH > OH > NH_2 > COOH > CHO > CH_2OH > CN > CH_2NH_2 > CH_3 > H$$

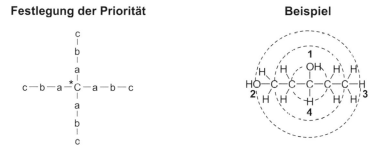

| **Festlegung der Priorität** | **Beispiel** |

Weitere Festlegungen
- Bei Isotopen hat dasjenige mit der **höheren Masse** Priorität.
- Bei Alkenyl-Gruppen geht **Z vor E**.
- Bei chiralen Substituenten geht **R vor S**.

▶ 2. Man betrachtet nun ein Molekül in der Weise, dass der Substituent niedrigster Priorität (meist H) nach hinten zeigt.

Man blickt sozusagen von vorne über das asymmetrische C-Atom in die C–H-Bindung. Dies kann man sich leicht klar machen, wenn man sich ein Lenkrad vorstellt, mit dem rangniedrigsten Substituenten hinter dem Lenkrad in der Drehachse, dem chiralen C-Atom in der Nabe und den anderen drei Substituenten auf dem Radkranz. Entspricht die Reihenfolge der restlichen drei Substituenten (nach abnehmender Priorität geordnet) einer **Drehung im Uhrzeigersinn**, erhält das Chiralitätszentrum das Symbol **R** (*rectus*). Entspricht die Reihenfolge einer **Drehung im Gegenuhrzeigersinn**, erhält es die Bezeichnung **S** (*sinister*).

Beispiel $(-)$-*R*-Milchsäure

Die Ableitung der Konfiguration eines Stereoisomers wird erleichtert, wenn man die Verbindung in der *Fischer*-Projektion hinschreibt. Der Substituent niedrigster Priorität muss nach **unten** oder **oben** zeigen, da er dann hinter der Papierebene liegt (s. o.). Die Reihenfolge wird danach entsprechend den Sequenzregeln bestimmt und die Konfiguration ermittelt.

Da man bei der *Fischer*-Projektion die C-Kette von oben nach unten schreibt, befindet sich der Substituent mit niedrigster Priorität häufig in einer waagrechten Position. In diesem Fall muss man die **Regel des doppelten Austauschs** anwenden.

Beispiele

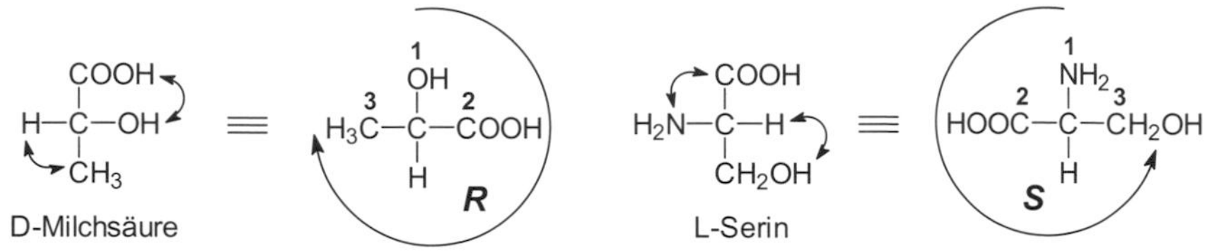

Enthält ein Molekül **mehrere** asymmetrische Atome, wird jedes einzelne mit R oder S bezeichnet und die Buchstaben werden in den Namen aufgenommen.

▶ Es sei hier ausdrücklich betont, dass die Bezeichnungen *R* und *S* lediglich die Konfiguration am Asymmetriezentrum angeben und keine Aussage darüber machen, in welche Richtung die Polarisationsebene gedreht wird.

Die Drehung dieser Ebene nach rechts wird mit $(+)$, die Drehung nach links mit $(-)$ bezeichnet und die Drehrichtung dem Molekülnamen vorangestellt.

39.3 Beispiele zur Stereochemie

39.3.1 Verbindungen mit mehreren chiralen C-Atomen

Für Verbindungen mit n Chiralitätszentren kann es maximal 2^n Stereoisomere geben. Dies gilt unter der Voraussetzung, dass die Chiralitätszentren verschieden substituiert sind und die C-Kette beweglich ist.

Bei Verbindungen mit zwei benachbarten Chiralitätszentren spricht man oft von der ***erythro***- und der ***threo***-Form. Die Namen leiten sich von den stereoisomeren Zuckern **Erythrose** und **Threose** ab (Abschn. 41.1.1).

Beispiel: 2,3,4-Trihydroxybutyraldehyd
Beim 2,3,4-Trihydroxybutyraldehyd sind vier Stereoisomere möglich:

	(1)	(2)	(3)	(4)
	¹CHO	CHO	CHO	CHO
	H—²—OH	HO——H	HO——H	H——OH
	H—³—OH	HO——H	H——OH	HO——H
	⁴CH₂OH	CH₂OH	CH₂OH	CH₂OH
	D-	L-	D-	L-
		Erythrose		Threose
Konfiguration	2R,3R	2S,3S	2S,3R	2R,3S

Bei Verbindungen mit *erythro*-**Konfiguration** befinden sich die Substituenten an den **Chiralitätszentren** in der *Fischer* Projektion *auf derselben Seite*, bei der *threo*-**Konfiguration** auf der *gegenüberliegenden Seite*.

Die Verbindungen **1** und **2** bzw. **3** und **4** sind Enantiomere. Die *erythro*- und die *threo*-Formen sind diastereomer zueinander. Zur Verdeutlichung der Beziehungen ist die Konfiguration angegeben. Man sieht, dass die Enantiomeren an den beiden Asymmetriezentren die entgegengesetzte Konfiguration haben.

39.3.2 Verbindungen mit gleichen Chiralitätszentren

Die Anzahl der möglichen Stereoisomere wird verringert, wenn die Verbindung zwei gleichartig substituierte Chiralitätszentren enthält, wie z. B. die Weinsäure.

1 und **2** sind Enantiomere; **3** und **4** sehen zwar ebenfalls spiegelbildlich aus, können aber zur Deckung gebracht werden: bei der *Fischer*-Projektion durch Drehung um 180°. Sie besitzen in der *Fischer*-**Projektion** eine **Symmetrieebene**, die Verbindungen sind somit **identisch**. Substanzen dieser Art sind **achiral**, da beide Asymmetriezentren entgegengesetzte Konfiguration *R* bzw. *S* zeigen. Die Strukturen **3** und **4** werden als *meso*-**Formen** bezeichnet und können nicht optisch aktiv erhalten werden. Sie verhalten sich zu dem Enantiomerenpaar **1** und **2** wie **Diastereomere**. Damit unterscheidet sich die *meso*-Weinsäure **3/4** in ihren chemischen und physikalischen Eigenschaften von **1** und **2** und kann abgetrennt werden (z. B. durch Kristallisation).

Beispiel

	(1)	(2)	(3)	(4)	
	COOH	HOOC	COOH	COOH	
	HO—C—H	H—C—OH	H—C—OH	HO—C—H	Symmetrie-
	H—C—OH	HO—C—H	H—C—OH	HO—C—H	ebene
	COOH	HOOC	COOH	COOH	
	D-	L-	(DL)-Weinsäure	*Meso*-Weinsäure	
		Weinsäure			

39.4   Herstellung optisch aktiver Verbindungen

Trennung von Racematen (Racematspaltung)
Wie erwähnt, entsteht bei der Synthese chiraler Verbindungen normalerweise ein
Gemisch der beiden Enantiomere im Verhältnis 1 : 1. Die Trennung eines racemi-
schen Gemisches in die optischen Antipoden ist möglich durch:

1. **Mechanisches Auslesen der kristallinen Enantiomere,** sofern diese makro-
   skopisch unterscheidbar sind oder verschieden schnell aus ihrer Lösung auskristallisieren. Auf diese Weise gelang *Louis Pasteur* erstmals die Trennung
   von Weinsäuresalzen in die Enantiomeren. Diese Methode ist daher historisch
   interessant, besitzt jedoch keine praktische Bedeutung.
2. **Racematspaltung über Diastereomere.** Meistens lässt man ein racemisches
   Gemisch mit einer anderen optisch einheitlich aktiven Hilfssubstanz reagieren.
   Dabei **entsteht aus dem Enantiomerenpaar ein Diastereomerenpaar,** das
   aufgrund seiner physikalischen Eigenschaften getrennt werden kann. Die so erhaltenen reinen Produkte werden wieder in ihre Ausgangsverbindungen zerlegt,
   d. h., man erhält zwei getrennte Enantiomere und die Hilfssubstanz zurück.
   Dieses Verfahren ist vor allem dann besonders effizient, wenn keine kovalenten sondern nur ionische Bindungen (Salze) gebildet werden. Zum Zweck der
   Spaltung **racemischer Säuren** werden meistens $(-)$-Brucin, $(-)$-Strychnin,
   $(-)$-Chinin, $(+)$-Cinchonin und $(+)$-Chinidin verwendet. Diese natürlich
   vorkommenden Alkaloide (Kap. 48) sind optisch aktive Basen, die leicht kristallisierende Salze bilden. Leicht zugängliche, natürlich vorkommende Säuren,
   die sich zur Zerlegung **racemischer Basen** eignen, sind $(+)$-Weinsäure und
   $(-)$-Äpfelsäure.
   Prinzip

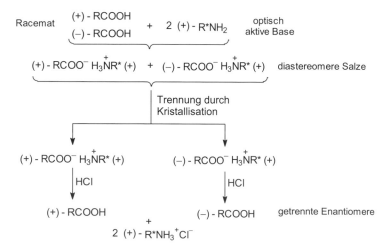

3. Eine sehr wirksame Methode der **Racematspaltung** kann mit Hilfe von **Enzymen** durchgeführt werden. Diese setzen häufig stereospezifisch nur eines der beiden Enantiomere um, während das andere rein zurückbleibt. Häufig werden hierfür hydrolytische Enzyme verwendet, wie etwa **Esterasen** und **Lipasen**.

4. **Chromatografische Trennmethoden**. Verwendet man bei der Chromatografie optisch aktive Adsorbentien (z. B. Cellulosederivate), dann werden die beiden Enantiomere verschieden stark adsorbiert und können anschließend nacheinander eluiert werden. Dies ist eine recht neue Methode, die sich vor allem für analytische Zwecke eignet (Bestimmung der Enantiomerenreinheit, etc.). Für präparative Verfahren wird sie jedoch weniger verwendet, da die benötigten chiralen Adsorbentien in der Regel sehr teuer sind.

Teil V
Chemie von Naturstoffen und Biochemie

Naturstoffe können sowohl aus der Sicht der Stoffchemie, d. h. als isolierte chemische Substanzen, als auch als Stoffwechselprodukte im Rahmen von Stoffwechselkreisläufen betrachtet werden. So wird z. B. die Brenztraubensäure, eine Ketocarbonsäure, im Hinblick auf ihre chemischen Eigenschaften im Abschn. 34.5.3 (Oxocarbonsäuren) als Sonderfall einer Carbonsäure abgehandelt, ohne dass dort besonders auf ihre herausragende Bedeutung als biochemisches Zwischenprodukt in der lebenden Zelle eingegangen wird. In den nachfolgenden Kapiteln wird nun versucht, beiden Gesichtspunkten gerecht zu werden und die Bedeutung der besprochenen Verbindungen für die Biochemie hervorzuheben.

Chemie und Biochemie

40

40.1 Biokatalysatoren

Der Grund für den **spezifischen Ablauf biochemischer Reaktionen** unter vorgegebenen Bedingungen (Lösemittel: Wasser, pH $\approx$ 7, enger Temperaturbereich) ist der Einsatz wirksamer Biokatalysatoren, der Enzyme.

▶ **Enzyme** sind meist Proteine, die neben dem Protein-Teil noch nicht-proteinartige Bestandteile, die Coenzyme enthalten.

Proteingebundene Coenzyme werden auch als **prosthetische Gruppen** bezeichnet, vor allem, wenn sie relativ fest gebunden sind.

Coenzyme werden häufig aus Vitaminen gebildet. Ihre Funktion besteht vor allem in der Unterstützung des Enzyms bei der Substratbindung, der Vorbereitung des Substrats auf die Umsetzung sowie in der Bindung der Intermediärprodukte. Oft sind Coenzyme auch Gruppendonatoren (z. B. für Phosphat, Zucker, Amino-Gruppe) oder Gruppenakzeptoren oder wirken als Redoxsystem (z. B. wasserstoffübertragende Coenzyme). Einen Überblick über Coenzyme gibt Tab. 40.1.

Beispiele
1. Das gruppenübertragende **Coenzym A** ist ein Mercaptan, dessen SH-Gruppe mit Essigsäure einen Thioester, das **Acetyl-Coenzym A**, bildet. Dies erleichtert einen nucleophilen Angriff an der Carbonyl-Gruppe des Esters und schafft eine **aktivierte C–H-Bindung** am α-C-Atom. Acetyl-CoA wird z. B. verwendet zur biochemischen Synthese von Fettsäuren.

© Springer-Verlag Berlin Heidelberg 2016
H.P. Latscha, U. Kazmaier, *Chemie für Biologen*, DOI 10.1007/978-3-662-47784-7_40

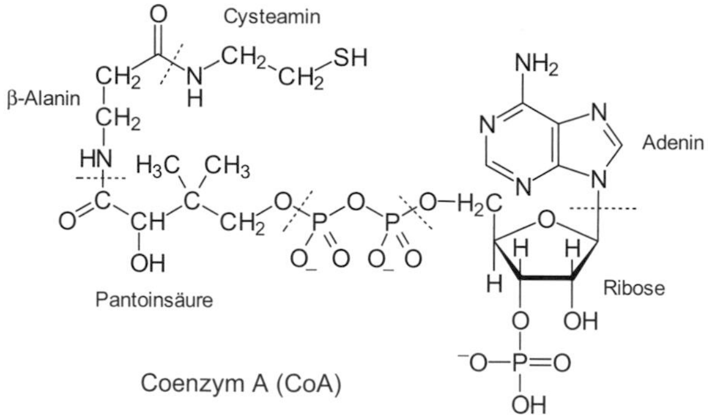

Coenzym A (CoA)

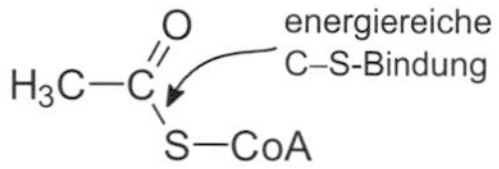

Acetyl-Coenzym A
(Acetyl-CoA)

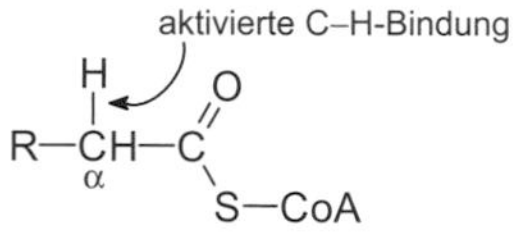

Acyl-Coenzym A

2. Die wasserstoffübertragenden **Coenzyme NAD$^+$ und NADP$^+$** enthalten als Heterocyclen **Adenin** (Purin-Gerüst) und **Nicotinamid** (ein Carbonsäureamid) sowie als Polyhydroxyverbindungen zwei **Ribose-Einheiten** (einen Zucker), die über eine Diphosphorsäureeinheit (Pyrophosphorsäure) verknüpft sind. Die Untereinheit aus Adenin und Ribose bezeichnet man als Adenosin (Abschn. 44.1.2).

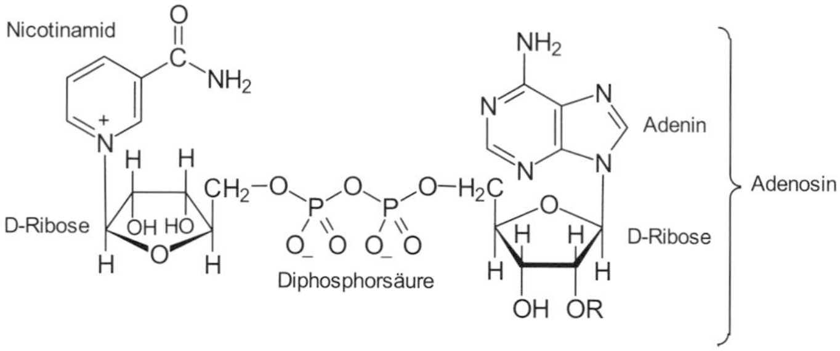

Nicotinamid-adenin-dinucleotid (NAD$^+$):   R = H

Nicotinamid-adenin-dinucleotidphosphat (NADP$^+$):   R = —P—O$^-$

Das positiv geladene Pyridiniumsalz ist in der Lage, von einer anderen Verbindung ein Hydridion zu übernehmen unter Bildung von NADH bzw. NADPH (Abschn. 39.2.1). Der hydridspendende Partner wird dabei oxidiert. Umgekehrt

Tab. 40.1 Coenzyme und prosthetische Gruppen

Coenzym bzw. prosthetische Gruppe	Abkürzung	Übertragene Gruppe/Funktion	Zugehöriges Vitamin (Kennbuchstabe)
I. Wasserstoffüberträger			
Nicotinamid-adenin-dinucleotid	NAD$^+$	Wasserstoff	Nicotinsäureamid (B$_3$)
Nicotinamid-adenin-dinucleotid-phosphat	NADP$^+$	Wasserstoff	Nicotinsäureamid (B$_3$)
Flavinmononucleotid	FMN	Wasserstoff	Riboflavin (B$_2$)
Flavin-adenin-dinucleotid	FAD	Wasserstoff	Riboflavin (B$_2$)
II. Gruppenüberträger			
Adenosintriphosphat	ATP	Phosphorsäure/AMP-Rest	–
Phosphoadenylsäure-sulfat	PAPS	Schwefelsäure-Rest	–
Pyridoxalphosphat	PLP	Amino-Gruppe	Pyridoxin (B$_6$)
C$_1$-Transfer-Coenzyme			
Tetrahydrofolsäure	FH$_4$	Formyl-Gruppe	Folsäure (B$_4$)
Biotin		Carboxyl-Gruppen (CO$_2$)	Biotin (H)
C$_2$-Transfer-Coenzyme			
Coenzym A	CoA	Acetyl (Acyl)	Pantothensäure
Thiaminpyrophosphat	ThPP	C$_2$-Aldehyd-Gruppen	Thiamin (B$_1$)
III. Wirkgruppen der Isomerasen und Lyasen			
Pyridoxalphosphat	PLP	Decarboxylierung	Pyridoxin (B$_6$)
Thiaminpyrophosphat	ThPP	Decarboxylierung	Thiamin (B$_1$)
B$_{12}$-Coenzym	B$_{12}$	Umlagerung	Cobalamin (B$_{12}$)

kann NADH (NADPH) in Gegenwart von H$^+$ auch Carbonylverbindungen reduzieren. Daher sind diese Dinucleotide an den meisten **biochemischen Redoxprozessen** beteiligt.

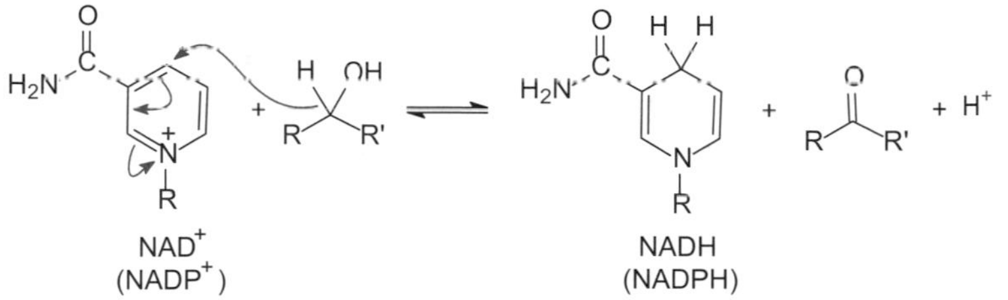

NAD$^+$
(NADP$^+$)   NADH
(NADPH)

3. Das zur Energieübertragung und -speicherung dienende **ATP** wird in Abschn. 44.1 besprochen, die elektronenübertragenden Chlorophylle in Kap. 48.

40.2 Stoffwechselvorgänge

▶ Unter Stoffwechsel versteht man den Auf-, Um- und Abbau der Nahrungsbestand-
teile zur Aufrechterhaltung der Funktionen eines lebenden Organismus.

Die entsprechenden Stoffwechselvorgänge sind miteinander verbundene Fließ-
gleichgewichte von meist einfachen, reversiblen Reaktionen, die durch Enzyme
beeinflusst und z. B. von Hormonen gesteuert werden. Die freigesetzte Energie wird
vom Organismus gespeichert (z. B. in Form von ATP), bei Reaktionen verbraucht,
als Wärme abgegeben oder für Muskelarbeit zur Verfügung gestellt. Zur Aufrechterhaltung des dynamischen Gleichgewichts im Organismus werden die einzelnen
Substanzen nach Bedarf ineinander umgewandelt. Man hat daher den Auf-, Ab- und
Umbau der Verbindungen, die beim Stoffwechsel wichtig sind (Metabolite, Substrate), in Cyclen zusammengefasst, die in den Lehrbüchern der Biochemie ausführlich
besprochen werden.

Bei der biochemischen Grundsynthese, die nur in Pflanzen (und einigen Bakterien) stattfinden kann, werden alle Verbindungen aus anorganischen Stoffen wie
CO_2, H_2O etc. aufgebaut. Sie beginnt mit der **Fotosynthese**. Abb. 40.1 zeigt den
Zusammenhang wichtiger Stoffgruppen mit dem Stoffwechsel. Schlüsselsubstan-
zen sind: **Brenztraubensäure** (als Pyruvat, da die Metabolite in wässriger Lösung
dissoziiert sind), **Acetyl-Coenzym A** (Acetyl-CoA) und die **Ketosäuren** im **Citrat-
Cyclus**. Von diesen Verbindungen ausgehend kann man die im Schema angegebenen Substanzklassen ableiten, die alle in diesem Buch besprochen werden.

Zur planmäßigen **Steuerung** der Stoffwechselvorgänge werden im Organismus
fortlaufend Informationen benötigt, aus denen ersichtlich ist, welche Stoffe transportiert oder synthetisiert werden sollen, und wie der erforderliche Energieumsatz
zu regeln ist. Die Übermittlung der Information erfolgt vorwiegend über zwei Wege,
nämlich das Nervensystem und über chemische Botenstoffe (Signalstoffe). Letztere
übermitteln Signale innerhalb der Zellen, zwischen den Zellen und auch außerhalb
des Organismus zwischen den Lebewesen selbst.

Beispiele
- **Signale im Zellinnern** werden z. B. durch **Diacylglycerin** weitergegeben, das
  aus den Phospholipiden der Zellwand stammt und durch Anregung der Zellmembran von außen frei gesetzt wird.
- **Signale zwischen den Zellen** werden z. B. durch **Hormone** übermittelt. Die-
  se werden von bestimmten Drüsen im Organismus an den Kreislauf abgegeben
  und wirken dann – an anderer Stelle – als Signal und Katalysator für bestimmte
  Reaktionen. Viele Hormone sind Peptide (Abschn. 42.2.3) oder gehören zu den
  Steroiden (Abschn. 46.3).
- **Signale zwischen Lebewesen** sind z. B. **Pheromone**, die als Duft- und Lock-
  stoffe an die Umwelt abgegeben werden. Eine entgegengesetzte Wirkung haben
  Abwehrstoffe, die andere Individuen fernhalten sollen. Dazu gehören viele Ter-
  pene und Alkaloide (Kap. 45 und Kap. 47).

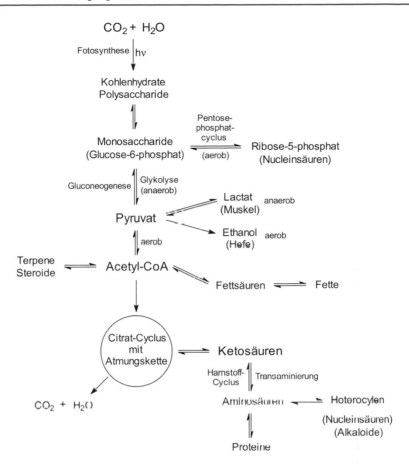

Abb. 40.1 Wichtige Stoffwechselvorgänge (schematisch)

Kohlenhydrate

41

Zu diesen Naturstoffen zählen Verbindungen (z. B. **die Zucker, Stärke und Cellulose**), die oft der **Summenformel $C_n(H_2O)_n$** entsprechen, also formal aus Kohlenstoff und Wasser aufgebaut sind. Sie werden deshalb als **Kohlenhydrate** bezeichnet. Diese Verbindungen enthalten jedoch kein freies Wasser, sondern es sind **Polyalkohole**, die außer den Hydroxyl-Gruppen, die das lipophobe (hydrophile) Verhalten verursachen, meist weitere funktionelle Gruppen besitzen.

▶ Zucker, die eine *Aldehyd-Gruppe* im Molekül enthalten, nennt man **Aldosen**, diejenigen mit einer *Keto-Gruppe* **Ketosen**. Als **Desoxyhexosen** bzw. **-pentosen** werden Zucker bezeichnet, bei denen an einem oder mehreren C-Atomen die OH-Gruppe durch H-Atome ersetzt wurde.

Man unterteilt die Kohlenhydrate in:

- **Monosaccharide** (einfache Zucker wie Glucose),
- **Oligosaccharide** (hier sind 2–6 Monosaccharide miteinander verknüpft, z. B. Rohrzucker) und
- **Polysaccharide** (z. B. Cellulose, Abschn. 41.3).

Die (unverzweigten) Monosaccharide werden weiter eingeteilt nach der Anzahl der enthaltenen C-Atome in **Triosen** (3 C), **Tetrosen** (4 C), **Pentosen** (5 C), **Hexosen** (6 C) usw.

41.1 Monosaccharide

41.1.1 Struktur und Stereochemie

Zur formelmäßigen Darstellung der Zucker wird oft die *Fischer*-**Projektion** (Abschn. 41.3) verwendet. Dabei zeichnet man die Kohlenstoffkette von oben nach unten, wobei das am höchsten oxidierte Ende (in der Regel die Aldehydfunktion)

© Springer-Verlag Berlin Heidelberg 2016
H.P. Latscha, U. Kazmaier, *Chemie für Biologen*, DOI 10.1007/978-3-662-47784-7_41

oben steht. Von hier aus erfolgt auch die Durchnummerierung der C-Kette. Die OH-Gruppen stehen an dieser Kette entweder nach rechts oder links. Je nach Stellung der OH-Gruppen kann man die Zucker der D- oder der L-Reihe zuordnen. Das für die **Zuordnung maßgebende C-Atom** (Abschn. 39.3.1) ist bei den einfachen Zuckern das **asymmetrische C-Atom** mit der **höchsten Nummer**.

Zeigt die OH-Gruppe **nach rechts**, gehört der Zucker zur **D-Reihe** (D von *dexter* = rechts), weist sie **nach links**, zur **L-Reihe** (L von *laevus* = links). D- und L-Form desselben Zuckers verhalten sich an **allen** Asymmetriezentren wie Gegenstand und Spiegelbild und sind somit Enantiomere. **Bezugssubstanz** ist der einfachste chirale Zucker, der **Glycerinaldehyd**, eine Triose.

D-Glycerinaldehyd   L-Glycerinaldehyd

Durch Einfügen von CH–OH Gruppen leiten sich von ihm alle anderen Zucker ab. Man erhält sozusagen **einen Stammbaum für Aldosen** (Abb. 41.1).

Einen analogen Stammbaum kann man auch für die **Ketosen** formulieren. Stammkörper ist hier das **Dihydroxyaceton**. Weitere wichtige Ketosen sind die **Ribulose** (eine Pentose), **Fructose** (eine Hexose) und die **Sedoheptulose** (eine Heptose). Die Phosphorsäureester (Phosphate) dieser Zucker sind wichtige Intermediate des Kohlenhydratstoffwechsels (Fotosynthese und Glycolyse).

Dihydroxyaceton   D(–)-Ribulose   D(–)-Fructose   D(+)-Sedoheptulose

In der hier gezeigten offenen Form liegen Zucker nur zu einem geringen Teil vor. Überwiegend existieren sie als **Fünf-** bzw. **Sechsringe** mit einem Sauerstoffatom als Ringglied (Tetrahydrofuran- bzw. Tetrahydropyran-Ring).

Der Ringschluss verläuft unter Ausbildung eines **Halbacetals**, hier auch **Lactol** genannt (Abschn. 33.1.2.2). Bei der Glucose addiert sich z. B. die OH-Gruppe am C-5-Atom intramolekular an die Carbonyl-Gruppe am C-1-Atom. Bei der Cyclisierung erhalten wir am C-1-Atom **ein neues Asymmetrie-Zentrum (anomeres Zentrum)**.

▶ Die beiden möglichen Diastereomeren werden als α- und β-**Form** unterschieden, die man an der Stellung der OH-Gruppe am C-1-Atom erkennt und oft als α- bzw. β-**Anomere** bezeichnet.

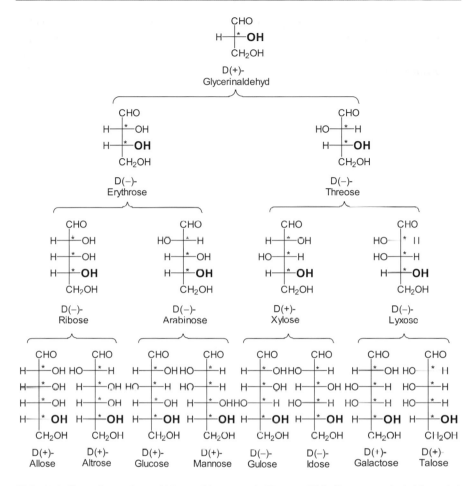

Abb. 41.1 Stammbaum der D-Aldosen. *Asymmetrie-Zentren (Chiralitätszentren), (+) bzw. (−) Drehrichtung für polarisiertes Licht

Beim Lösen der reinen Formen der Anomeren in Wasser beobachtet man ein interessantes Phänomen. Der **spezifische Drehwert** der Lösung ändert sich kontinuierlich bis zu einem bestimmten Endwert. Dabei ist es egal, von welchem Anomeren man ausgeht. Dieses Phänomen bezeichnet man als **Mutarotation**. Da die Halbacetalbildung reversibel verläuft, stellt sich zwischen der α- und β-Form ein Gleichgewicht ein. Der **Gleichgewichts-Drehwert** entspricht nicht dem arithmetischen Mittel der Drehwerte der reinen Anomeren. Dies liegt daran, dass im Gleichgewicht die beiden Formen nicht im Verhältnis 1 : 1 vorliegen, sondern zu 38 % in der α- und zu 62 % β-Form. Der Anteil der offenkettigen Verbindung liegt bei unter 1 %.

Zur Darstellung der cyclischen Zuckerstrukturen gibt es verschiedene Möglichkeiten. Das Phänomen der Mutarotation soll am Beispiel der Glucose mit den unterschiedlichen Schreibweisen dargestellt werden.

41.1.1.1 *Tollens*-Ringformel

Diese Schreibweise leitet sich direkt von der Fischer-Projektion ab. Für die *Tollens*-Ringformel bzw. die Fischer-Projektion gilt:

D-Reihe: OH-Gruppe zeigt nach rechts: α,
OH-Gruppe weist nach links: β.
L-Reihe: genau umgekehrt.

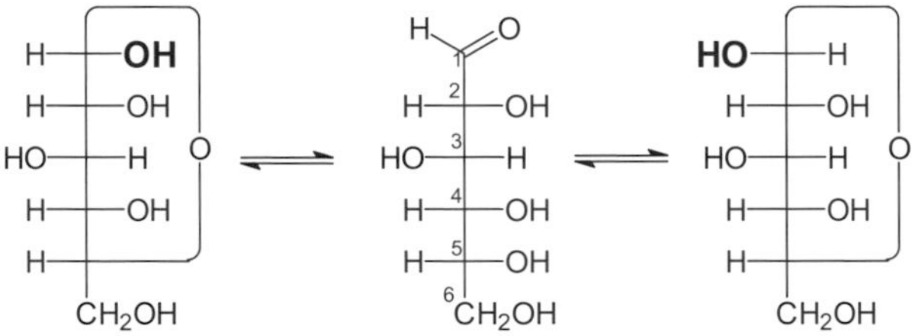

α-D-Glucose
Schmp. 146°C
$[α]_D = + 113°$ Gleichgewicht in Wasser $[α]_D = + 19°$

β-D-Glucose
Schmp. 150°C

$[α]_D = + 52,5°$

41.1.1.2 *Haworth*-Ringformel

Bei dieser Schreibweise befinden sich **alle Ringatome in einer Ebene**. Die Bindungen zu den Substituenten gehen senkrecht nach oben und unten. Bindungen nach oben bedeutet, der Substituent liegt oberhalb der Ringebene. Bei der α-Form steht die anomere OH-Gruppe nach unten, bei der β-Form nach oben.

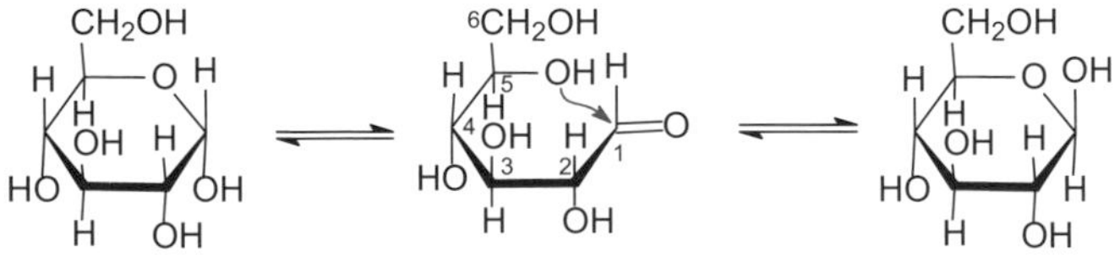

α-D-Glucose
38%

offene Aldehydform
< 0,3%

β-D-Glucose
62%

Man erkennt, dass bei der α-Form zwei OH-Gruppen direkt benachbart sind (C1 und C2). Aus sterischen Gründen ist die α-Form benachteiligt und liegt daher im Gleichgewicht auch im Unterschuss vor.

Der Übergang von der *Fischer*-Projektion in die *Haworth*-Ringformel lässt sich gut verstehen, wenn man bedenkt, dass ein Glucose-Molekül nicht als gerade Kette vorliegt, sondern wegen der Tetraederwinkel an den C-Atomen ringförmig vorliegen kann. Da bei der Fischer-Projektion die senkrechten Bindungen alle nach hinten gehen, ergibt sich automatisch die Konformation zur Cyclisierung.

Die in der *Fischer*-Projektion nach rechts weisenden Gruppen zeigen am *Haworth*-Ring nach unten, –CH₂OH zeigt nach oben.

41.1.1.3 Konformationsformel

Die *Haworth*-Ringformel ist eine sehr vereinfachte Darstellung. In Wirklichkeit liegt ein sechsgliedriger Ring nicht planar vor, sondern in der Regel in der **Sesselkonformation** (Abschn. 19.2.1). Es gilt jedoch: Atome, die am *Haworth*-Ring nach oben zeigen, weisen auch bei der Sesselkonformation nach oben.

Bei der α-Form steht die anomere OH-Gruppe axial, bei der β-Form äquatorial.

α-D-Glucose   offene Aldehydform   β-D-Glucose

Die **Fructose** kann zusammen mit der Glucose durch Hydrolyse von Rohrzucker erhalten werden. Fructose ist eine Ketohexose und bildet einen Fünfring (**Furanose**) oder Sechsring (**Pyranose**).

Beachte Bisher konnte nur die β-D-Fructopyranose in Substanz isoliert werden. Die Fructofuranosen kommen nur als Bausteine in den Glycosiden (= Furanoside) vor.

α-D-Fructopyranose   β-D-Fructopyranose   β-D-Fructofuranose
(*Haworth*-Formel)

41.1.2 Reaktionen und Eigenschaften

41.1.2.1 Reduktionen und Oxidationen

Die Glucose ist ein **Monosaccharid** (d. h., sie ist nicht mit einem weiteren Zucker verknüpft). Glucose enthält sechs C-Atome (**Hexose**) und eine Aldehyd-Gruppe, ist also eine **Aldose.** Die Aldohexose liegt in wässriger Lösung überwiegend als ein Sechsring vor, dessen Grundgerüst dem **Tetrahydropyran** entspricht, daher die Bezeichnung **Pyranose**. Wegen der zahlreichen Hydroxyl-Gruppen ist sie wasserlöslich (hydrophil). Sie reduziert wie alle α-Hydroxyaldehyde und α-Hydroxyketone *Fehling*'sche Lösung (Abschn. 32.4.3). Durch andere Oxidationsreaktionen kann sich aus Glucose die **Gluconsäure** bilden (siehe Abb. 41.2), wobei die Aldehyd-Gruppe zur Carboxyl-Gruppe oxidiert wird (Abschn. 41.2). Gluconsäure und andere **-onsäuren** können durch Wasserabspaltung leicht in γ- oder δ-Lactone übergehen; aus Glucose entsteht daher bei milder Oxidation das **Gluconsäurelacton**. Bei stärkerer Oxidation wird auch die primäre Alkohol-Gruppe oxidiert. Es entste-

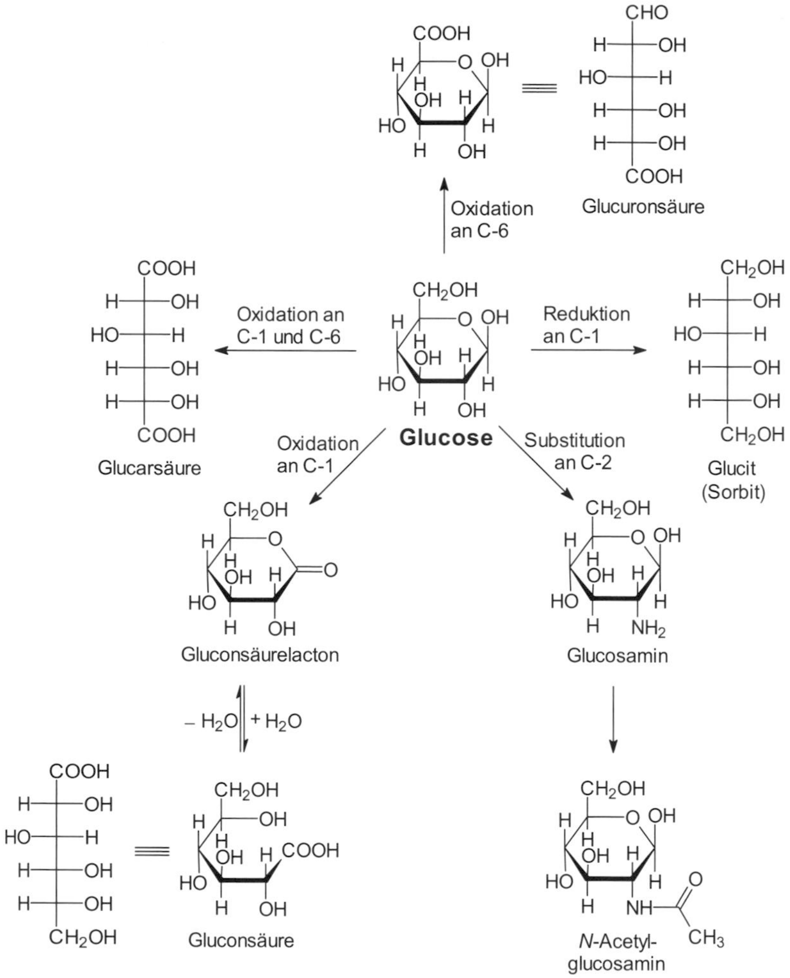

Abb. 41.2 Wichtige Derivate der Glucose

hen Polyhydroxydicarbonsäuren, die **-arsäuren,** wie **Glucarsäure** (Zuckersäure), **Galactarsäure** (Schleimsäure) u. a.

Im Unterschied zu den -onsäuren und -arsäuren liegen die **-uronsäuren** als cyclische Verbindungen vor. Bei ihnen ist – im Vergleich zur Stammverbindung – die primäre CH_2OH-Gruppe oxidiert und die Aldehyd-Gruppe noch erhalten. Die biochemisch wichtigen Uronsäuren, wie z. B. die **Glucuronsäure**, sind physiologisch von Bedeutung, weil die Aldehyd-Gruppe mit anderen Substanzen, wie z. B. Phenolen, reagieren kann. Die so erhaltenen Glucuronide können über die Nieren aus dem Körper ausgeschieden werden („Entgiftung").

Durch Reduktion der Carbonyl-Gruppe entstehen Alkohole, welche die Endung –it erhalten. Aus Glucose entsteht z. B. **D-Glucit** (Sorbit, Sorbitol).

Neben diesen offenkettigen Polyalkoholen („Zuckeralkohole") sind auch cyclische Polyalkohole bekannt, wie z. B. der in Phospholipiden vorkommende myo-Inositol, ein Hexahydroxycyclohexan („Cyclit").

Ketosen lassen sich wie die Aldosen reduzieren und oxidieren. Durch **Reduktion** der **Keto-Gruppe** entsteht ein **neues stereogenes Zentrum** (C-2). In der Regel erhält man ein Gemisch der beiden möglichen Diastereomeren.

▶ Solche Verbindungen, die sich nur in der Konfiguration eines chiralen Zentrums unterscheiden, nennt man **Epimere**.

Aus D-Fructose entstehen z. B. D-Sorbit und D-Mannit.

Bei Oxidationen von Ketosen werden zunächst die primären Alkohol-Gruppen oxidiert; energische Oxidationen spalten die C-Kette. **Fructose reagiert** auch mit *Fehing*'scher Lösung (eine typische Nachweisreaktion für Aldehyde), obwohl es sich um eine Ketose handelt.

Dies liegt daran, dass sich Ketosen in Aldosen umwandeln lassen und umgekehrt. Die Reaktion verläuft über ein intermediär gebildetes **Endiol**. Aus Fructose erhält man so die epimeren Zucker Mannose und Glucose.

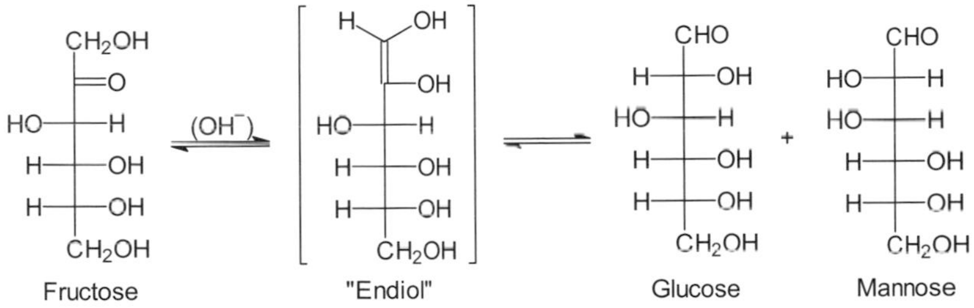

Fructose   "Endiol"   Glucose   Mannose

Ebenfalls durch Oxidation von Glucose wird sowohl in der Natur wie auch technisch **Ascorbinsäure** (Vitamin C) hergestellt. Auffallend an der Struktur sind der Lactonring und die Endioleinheit, die auch für die sauren Eigenschaften der Ascorbinsäure verantwortlich ist. Vitamin C steigert die Aktivität mancher Enzyme sowie die Resistenz gegen Infektionskrankheiten. Mangelerscheinungen führen zu Skorbut (Blutungen der Haut und des Zahnfleischs, Zahnausfall).

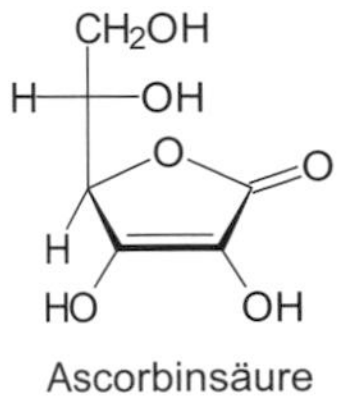

Ascorbinsäure

41.1.2.2 Acetal-Bildung bei Zuckern

Wie gezeigt liegen die Monosaccharide in Lösung überwiegend in der cyclischen Halbacetalform vor. Aus Halbacetalen erhält man mit Alkoholen im Sauren Vollacetale. Diese bezeichnet man als **Glycoside** (speziell: Glucoside, Fructoside usw.). Je nach Stellung der OH-Gruppe können sie α- oder β-verknüpft sein. Diese Verknüpfung wird als **glycosidische Bindung** bezeichnet.

α-Glucosid   β-Glucosid   substituiertes
                                                      Methyl- β-D-glucosid

Ein Übergang in die Aldehyd-Form ist jetzt unmöglich: Die reduzierende Wirkung entfällt, Mutarotation findet nicht mehr statt. Eine Glycosidbildung (unter H_2O-Abspaltung) kann erfolgen mit OH-Gruppen (z. B. von Alkoholen, Phenolen, Carbonsäuren, Zuckern) und NH_2-Gruppen (z. B. von Nucleosiden, Polynucleotiden).

▶ Glycoside sind (wie alle Acetale) gegen Alkalien beständig, werden jedoch durch Säuren hydrolysiert.

Verdünnte Säuren spalten nur den acetalischen Rest ab, bei dem abgebildeten substituierten Methylglucosid also die OCH_3-Gruppe. Die anderen vier Reste R^1–R^4 enthalten z. B. gewöhnliche Etherbindungen und können nur unter drastischeren Bedingungen entfernt werden. Umgekehrt werden bei der Umsetzung von Glucose mit Methanol und Chlorwasserstoff nur das α- bzw. β-Methylglucosid gebildet. Die anderen OH-Gruppen bleiben unverändert erhalten. Eine Methylierung an diesen Positionen ist z. B. möglich mit CH_3I/Ag_2O (s. *Williamson*'sche Ethersynthese, Abschn. 28.3.1).

41.1.2.3 Charakterisierung von Zuckern durch Derivate

Die oft schlecht kristallisierenden Zucker geben bei der Umsetzung **mit Phenylhydrazin Osazone** (Abschn. 33.1.3). Osazone kristallisieren gut, dienen der Identifizierung der Zucker und geben auch Hinweise auf ihre Konfiguration. Da bei der Reaktion das Asymmetriezentrum am C-2-Atom verschwindet, geben die epimeren Zucker **D-Glucose** und **D-Mannose** das **gleiche Osazon**. Dabei wird der Zucker oxidiert und ein Äquivalent Phenylhydrazin reduziert. Der Mechanismus ist noch nicht genau bekannt.

Eine andere Methode zur Derivatbildung von Zuckern ist die **Acetylierung** mit Acetylchlorid. Glucose bildet zwei Pentaacetate, nämlich Penta-*O*-acetyl-β-D-glucopyranose und Penta-*O*-acetyl-α-D-glucopyranose. Die Acetyl-Gruppen lassen sich durch Hydrolyse leicht wieder entfernen.

41.2 Disaccharide

41.2.1 Allgemeines

Im Kapitel Monosaccharide wurde gezeigt, dass diese mit beliebigen Alkoholen unter H_2O-Abspaltung Glycoside bilden können. Reagieren sie hingegen mit sich selbst oder einem anderen Monosaccharid, so bilden sich Disaccharide, bei weiterer Wiederholung dieser Reaktion Oligo- und schließlich Polysaccharide.

▶ Tritt immer dasselbe Monosaccharid als Baustein auf, so spricht man von **Homogly-canen**; handelt es sich um verschiedene Monosaccharide, nennt man sie **Hetero-glycane**.

Die zugrunde liegende Reaktionsfolge ist eine **Polykondensation**.

Auch die Glycoside können, wie alle Acetale, durch Säuren in ihre Bausteine zerlegt werden. Neben die säurekatalysierte Hydrolyse tritt in der Biochemie auch die enzymkatalysierte Hydrolyse zu Mono- und z. T. auch zu Disacchariden auf.

Für die Verknüpfung zweier Monosaccharide gibt es verschiedene Möglichkeiten und man unterscheidet zwischen reduzierenden und nichtreduzierenden Zuckern. Bei **reduzierenden Zuckern** liegt wie bei den Monosacchariden eine **Halb-acetalstruktur** vor. Diese Verbindungen zeigen daher ebenfalls das Phänomen der Mutarotation. Bei den **nichtreduzierenden Zuckern** sind beide Monosaccharide über ihre anomere OH-Gruppe verknüpft. Hier liegt nun ein **doppeltes Vollacetal** vor, welches nicht mehr reduzierend wirkt und das keine Mutarotation zeigt.

In der Natur kommen nur wenige Disaccharide vor, die wichtigsten sind **Rohr-, Milch-** und **Malzzucker**. Dies sind die allgemein gebräuchlichen Trivialnamen.

Bei der **systematischen Benennung** betrachtet man einen Monosaccharid-Baustein als Stammkörper und den zweiten als Substituenten (Endung -yl).

▶ Bei reduzierenden Zuckern wird das Monosaccharid mit der Halbacetal-Gruppe **Stammkörper**, bei nichtreduzierenden Zuckern wird die vorliegende Glycosid-struktur durch die Endung -osid ausgedrückt.

Die Position der OH-Gruppe, welche für die glycosidische Bindung verwendet wird, wird dem Namen vorangestellt, ebenso wie die Art der Verknüpfung (α oder β).

▶ Allgemeines Schema für die Benennung der Disaccharide:

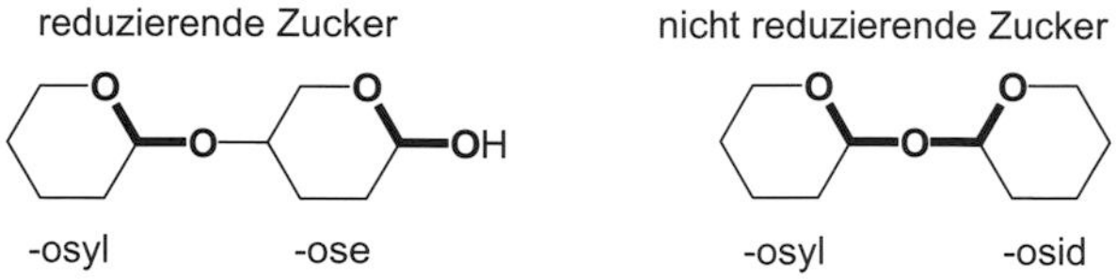

reduzierende Zucker   nicht reduzierende Zucker

-osyl   -ose   -osyl   -osid

Hinweis Im Folgenden werden die glycosidischen Bindungen **fett** gezeichnet. Der Übersichtlichkeit halber werden die Wasserstoffatome am Ring weggelassen.

41.2.2   Beispiele für Disaccharide

41.2.2.1   Nicht reduzierende Zucker

Rohrzucker
Im Rohrzucker (Saccharose) ist die α-D-Glucose mit β-D-Fructose α-β-glycosidisch verknüpft. Dieses Disaccharid ist ein **Vollacetal** und daher als **α-D-Glucopyrano-syl-β-D-fructofuranosid** zu bezeichnen. Die Hydrolyse ergibt die beiden Hexosen.
    Wie man sehen kann, erfolgt die Verknüpfung (unter Wasseraustritt) zwischen den beiden anomeren OH-Gruppen, die beim Ringschluss aus den Carbonyl-Gruppen entstanden sind. Da das Molekül somit keine (latenten) Carbonyl-Gruppen mehr enthält, folgt, dass Rohrzucker z. B. die *Fehling'sche Lösung nicht reduziert*.

Trehalose
Gleiches gilt für die Trehalose, (**α-D-Glucopyranosyl-α-D-glucopyranosid**). Besonders bemerkenswert ist hier die 1,1-Verknüpfung der beiden Glucose-Moleküle (vgl. Maltose).

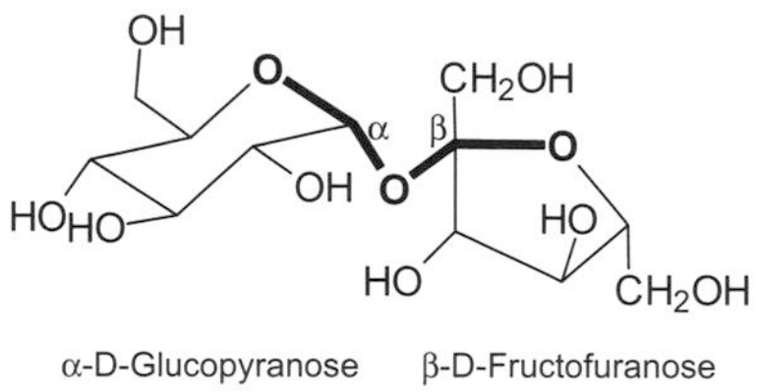

Kurzformel:

Glc α(1→2)β Fru

α-D-Glucopyranose   β-D-Fructofuranose

α-D-Glucopyranosyl-β-D-fructofuranosid
(Saccharose)

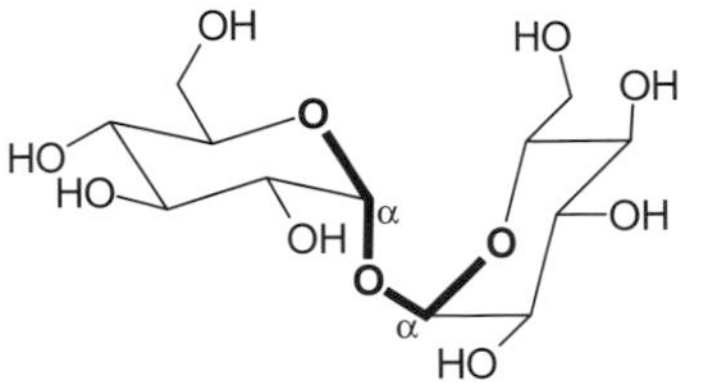

Kurzformel:

Glc α(1→1)α Glc

α-D-Glucopyranose   α-D-Glucopyranose

α-D-Glucopyranosyl-β-D-glucopyranosid
(Trehalose)

41.2.2.2 Reduzierende Zucker

Wird die glycosidische Bindung mit einer alkoholischen OH-Gruppe gebildet, steht
die Halbacetal-Form des zweiten Zuckers mit der offenen Form im Gleichgewicht,
d. h. die **Reduktion von *Fehling*-Lösung** ist möglich (latente Carbonyl-Gruppe).

Malzzucker

Malzzucker (**Maltose**), 4-*O*-(α-D-Glucopyranosyl)-D-glucopyranose. Maltose ist
ein Disaccharid, das ohne hydrolytische Spaltung Fehling´sche Lösung reduzieren
kann. *Beachte:* **Cellobiose** ist Glc β (1 → 4) Glc.

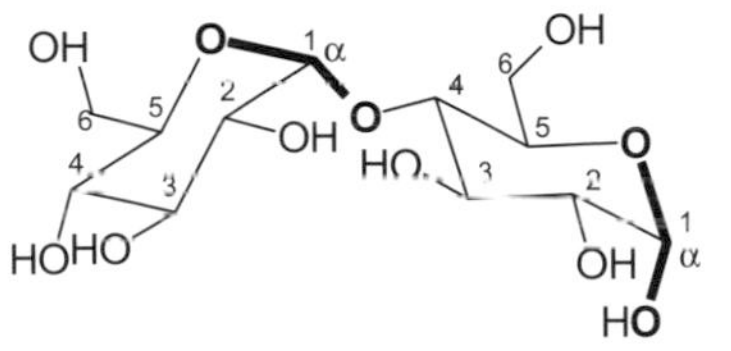

Kurzformel:

Glc α(1→4)α Glc

α-D-Glucopyranose   α-D-Glucopyranose

4–O–(α-D-Glucopyranosyl)-D-glucopyranose
(Maltose)

Milchzucker

Das gleiche gilt für Milchzucker (**Lactose**), 4-*O*-(β-D-Galactopyranosyl)-D-gluco-
pyranose.

Kurzformel:

Gal β(1→4)β Glc

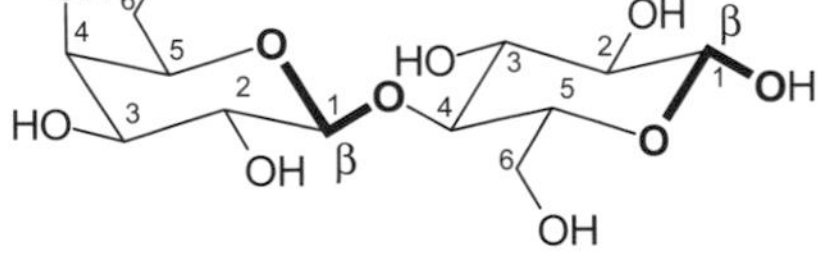

β-D-Glalactopyranose   β-D-Glucopyranose

4–O–(β-D-Galactopyranosyl)-D-glucopyranose
(Lactose)

41.3 Oligo- und Polysaccharide (Glycane) (Tab. 41.1)

41.3.1 Makromoleküle aus Glucose

Die Bedeutung der makromolekularen Struktur wird am Beispiel der Polysaccharide **Cellulose, Stärke** und **Glycogen** besonders deutlich. Alle drei sind aus dem gleichen Monomeren, der D-Glucose, aufgebaut, unterscheiden sich jedoch in der Art der Verknüpfung und der Verzweigung.

41.3.1.1 Cellulose

Cellulose besteht aus D-Glucose-Molekülen, die an den C-Atomen **1 und 4** β-**glycosidisch** verknüpft sind. Das Ergebnis ist ein lineares, lang gestrecktes Molekül ohne Verzweigungen, das hervorragend Fasern bilden kann:

Cellulose
(Ausschnitt aus der Kette)

In der Strukturformel erkennt man, dass die einzelnen Pyranose-Einheiten H-Brückenbindungen von den Hydroxyl-Gruppen am C-3-Atom zum Ring-Sauerstoffatom der nächsten Pyranose ausbilden können. Auch zwischen den Molekülsträngen sind H-Brückenbindungen wirksam, so dass man die Struktur einer Faser erhält. Diese eignet sich als Gerüstsubstanz, weil sie unter normalen Bedingungen unlöslich ist.

Die beiden anderen aus Glucose aufgebauten Polysaccharide Stärke und Glycogen haben einen anderen Bau. Ihre Verwendung als Reservekohlenhydrate verlangt eine möglichst schnelle und direkte Verwertbarkeit im Organismus. Sie müssen daher wasserlöslich und stark verzweigt sein, um einen schnellen Abbau zu gewährleisten.

41.3.1.2 Stärke

Stärke, ein wichtiger Bestandteil der Nahrung, besteht zu 10–30 % aus **Amylose** und zu 70–90 % aus **Amylopectin**. Beide sind aus D-Glucose-Einheiten zusammengesetzt, die α-glycosidisch verknüpft sind.

In der **Amylose** sind die Einheiten **α(1,4)-verknüpft**, wobei die Glucose-Ketten kaum verzweigt sind. Sie ist der Stärkebestandteil, der mit Iod eine blaue **Iod-Stärke-Einschlussverbindung** ergibt. Die Röntgenstrukturanalyse zeigt, dass die Ketten in Form einer **Helix** spiralförmig gewunden sind, da die verbrückenden O-Atome immer auf der gleichen Seite der Glucosebausteine liegen.

Tab. 41.1 Polysaccharide, Struktur und Vorkommen

Polysaccharid	Monosaccharid-Bausteine	Verknüpfung	Vorkommen
Agar	D-Galactose, L-Galactose-6-sulfat	β(1,3), β(1,4)	Rote Meeresalgen
Alginsäure	D-Mannuronsäure	β(1,4)	Braunalgen
Amylopectin	D-Glucose	α(1,4), α(1,6)	Pflanzen
Amylose	D-Glucose	α(1,4)	Pflanzen
Cellulose	D-Glucose	β(1,4)	Pflanzen
Chitin	N-Acetyl-D-Glucosamin	β(1,4)	Niedere Tiere, Pilze
Chondroitinsulfat	D-Glucuronsäure, N-Acetyl-D-galactosamin-4- und -6-sulfat	β(1,3), β(1,4)	Tierisches Bindegewebe
Dextran	D-Glucose	α(1,4), α(1,6)	Bakterien
Glycogen	D Glucose	α(1,4), α(1,6)	Säugetiere
Heparin	D-Glucuronsäure-2-sulfat, D-Galactosamin-N, C-6-disulfat	α(1,4)	Säugetiere
Hyaluronsäure	D-Glucuronsäure, N-Acetyl-D-glucosamin	β(1,3), β(1,4)	Bakterien, Tiere
Inulin	D-Fructose	β(2,1)	Compositae, Liliaceae
Mannan	D-Mannose	überw. β(1,4)	Pflanzen
Murein	N-Acetyl-D-glucosamin, N-Acetyl-D-muraminsäure	β(1,4)	Bakterien
Pectinsäure	D-Galacturonsäure	α(1,4)	Höhere Pflanzen
Xylan	D-Xylose	β(1,4)	Pflanzen

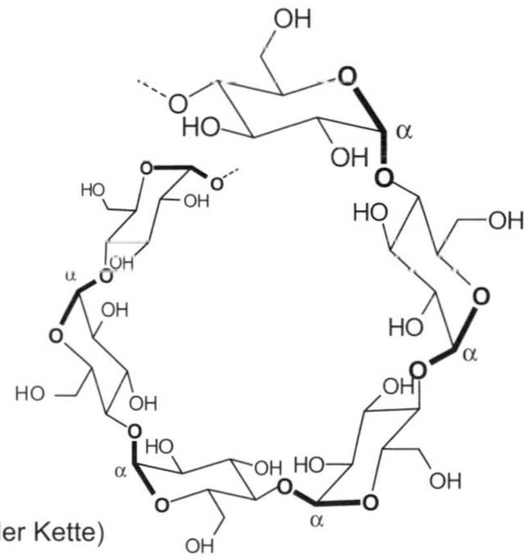

Amylose
(Ausschnitt aus der Kette)

Der Hauptbestandteil der Stärke, das **Amylopectin**, ist im Gegensatz zur Amylose stark verzweigt: **α(1,4)-glycosidisch** gebaute Amylose-Ketten sind **α(1,6)-glycosidisch** miteinander verbunden.

Stärke wird industriell mit Hilfe von Enzymen über Maltose zu Glucose abgebaut, die ggf. weiter zu Ethanol vergärt werden kann (Abschn. 28.1.2).

$$(C_6H_{10}O_5)n + n\,H_2O \xrightarrow{\text{Diastase}} \frac{n}{2}\,\underset{\text{Maltose}}{C_{12}H_{22}O_{11}}$$

$$\underset{\text{Maltose}}{C_{12}H_{22}O_{11}} + H_2O \xrightarrow{\text{Maltase}} 2\,\underset{\text{Glucose}}{C_6H_{12}O_6}$$

41.3.1.3   Glycogen

Glycogen, ein ebenfalls aus Glucose aufgebautes Reserve-Polysaccharid, ist ähnlich wie Amylopektin $\alpha(1,4)$- und $\alpha(1,6)$-**verknüpft**. Die Verzweigung ist jedoch noch beträchtlich größer. Analog zur Amylose entsteht mit Iod eine braunfarbene Einschlussverbindung, die auf eine helicale Struktur hindeutet.

41.3.2   Makromoleküle mit Aminozuckern

Chitin, eine zweite wichtige Gerüstsubstanz neben Cellulose, ist der Gerüststoff der Arthropoden (Gliederfüßler). Die Monosaccharid-Einheit ist in diesem Fall ein sog. Aminozucker, das *N*-Acetyl-glucosamin. **Glucosamin** entspricht strukturmäßig der Glucose, wobei die Hydroxyl-Gruppe am C-2-Atom durch eine Amino-Gruppe ersetzt wurde (**2-Amino-2-desoxy-glucose**). Durch Acetylierung der Amino-Gruppe erhält man das *N*-**Acetyl-glucosamin**.

▶ Im Kettenaufbau entspricht Chitin der Cellulose: beide sind $\beta(1,4)$-verknüpft.

Die erhöhte Festigkeit des Chitins ist u. a. auf die zusätzlichen H-Brückenbindungen der Amid-Gruppen zurückzuführen. Hinzu kommt, dass je nach Bedarf das Polysaccharid mit Proteinen (in den Gelenken) oder Calciumcarbonat (im Krebspanzer) assoziiert ist. Analoges gilt für die Cellulose; sie ist z. B. im Holz in **Lignin**, ein anderes Biopolymer, eingebettet.

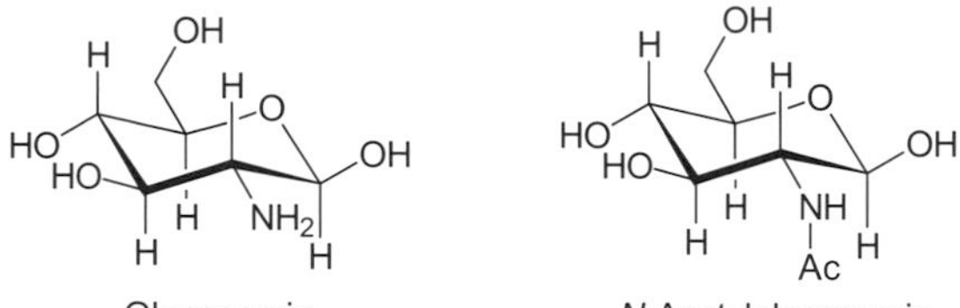

Glucosamin

N-Acetylglucosamin

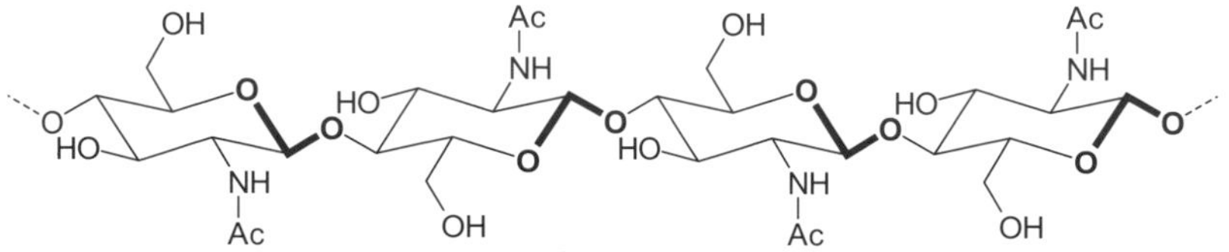

Chitin
(Ausschnitt aus der Kette)

41.3.2.1 Proteoglycane

N-Acetyl-glucosamin ist auch ein wichtiger Bestandteil vieler **Glycosaminoglyca-ne**. Diese dienen vor allem als Gerüstsubstanz des Bindegewebes und werden heute auch **Proteoglycane** genannt. Während bei den bisher besprochenen Polysacchari-den das „Rückgrat" des Polymeren aus Zuckereinheiten gebildet wird, liegt bei den Proteoglycanen eine andere Grundstruktur vor: Rückgrat ist hier eine Polypeptid-kette (Abschn. 42.2), an die Oligosaccharid-Seitenketten angeknüpft sind.

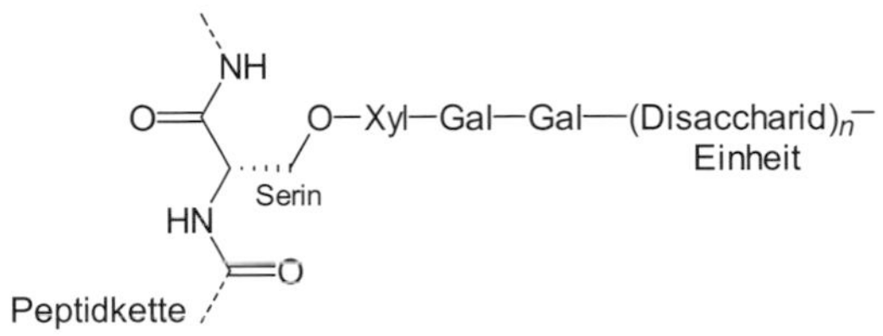

41.3.3 Weitere Polysaccharide mit anderen Zuckern

Die **Pectine** (vor allem in Früchten) bilden Gele und haben ein hohes Wasser-bindungsvermögen. Sie enthalten D-**Galacturonsäure** ($\alpha(1,4)$-verknüpft), deren COOH-Gruppen z. T. als Methylester ($-COOCH_3$) vorliegen. Sie dienen zur Her-stellung von Gelees, Marmeladen etc.

Aminosäuren, Peptide und Proteine

42

Die **Eiweiße** oder **Proteine** (Polypeptide) sind hochmolekulare Naturstoffe (Molekülmasse >10.000), aufgebaut aus einer größeren Anzahl (20) verschiedener **Aminosäuren** (Aminocarbonsäuren).

42.1 Aminosäuren

42.1.1 Einteilung und Struktur

Die meisten natürlichen Aminosäuren tragen die Amino-Gruppe in α-Stellung, d. h. an dem zur Carboxyl-Gruppe benachbarten Kohlenstoff-Atom. Außer Glycin sind alle **20 in Proteinen vorkommenden α-Aminosäuren** (*proteinogene Aminosäuren*) **chiral**, weil das α-C-Atom ein Asymmetriezentrum ist (Kap. 39). Zur Darstellung der Aminosäuren bedient man sich zweier Schreibweisen: Zum einen der *Fischer*-Projektion (analog den Kohlenhydraten), zum anderen einer räumlichen Darstellung. Bei allen proteinogenen Aminosäuren steht die NH_2-Gruppe in der *Fischer*-Projektion links, d. h. sie haben **L-Konfiguration** (Abschn. 39.3.2). Bestimmt man die Konfiguration nach den Regeln von *Cahn*, *Ingold* und *Prelog* (Abschn. 39.3.1), so besitzen **fast alle Aminosäuren S-Konfiguration**. Einzige Ausnahme: Cystein (S hat höhere Priorität als O). Per definitionem zeichnet man Aminosäuren und Peptide so, dass die Amino-Gruppe immer links und die Carboxyl-Gruppe immer rechts steht.

Darstellungsweisen:	Konfigurationsbestimmung:

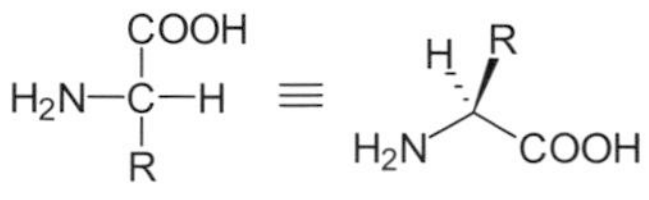

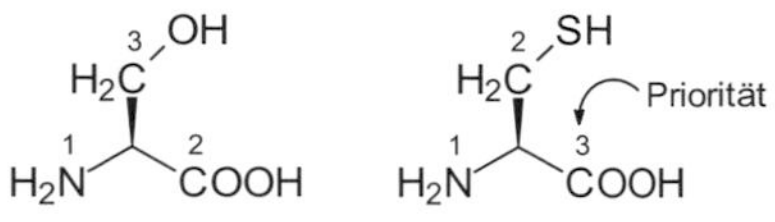

Fischer-Projektion — räumliche Darstellung

(S)-Serin   (R)-Cystein

© Springer-Verlag Berlin Heidelberg 2016
H.P. Latscha, U. Kazmaier, *Chemie für Biologen*, DOI 10.1007/978-3-662-47784-7_42

Die natürlich vorkommenden Aminosäuren werden eingeteilt in: **neutrale** Aminosäuren (eine Amino- und eine Carboxyl-Gruppe), **saure** Aminosäuren (eine Amino- und zwei Carboxyl-Gruppen) und **basische** Aminosäuren (eine Carboxyl-Gruppe und zwei basische Funktionen).

1. **Neutrale Aminosäuren** (Abkürzungen in Klammern)

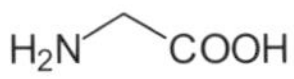

Glycin	Alanin	Valin*	Leucin*	Isoleucin*
(Gly, G)	(Ala, A)	(Val, V)	(Leu, L)	(Ile, I)

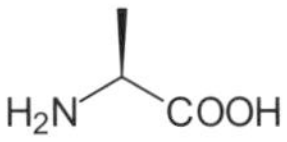

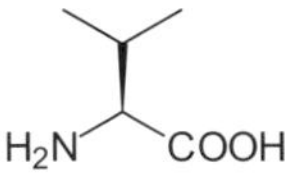

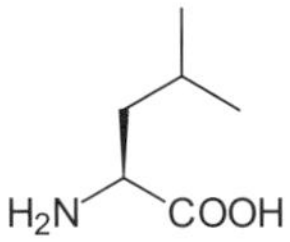

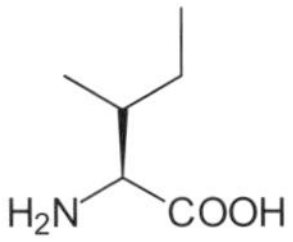

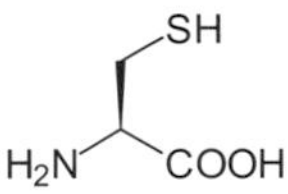

Cystein	Serin	Threonin*	Asparagin	Glutamin
(Cys, C)	(Ser, S)	(Thr, T)	(Asn, N)	(Gln, Q)

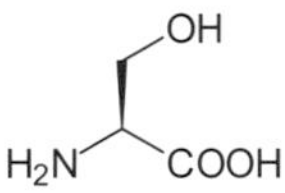

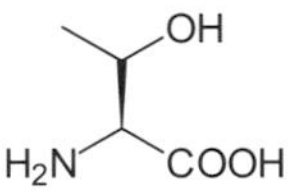

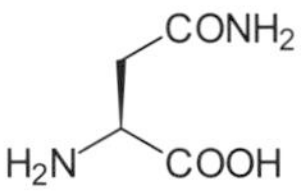

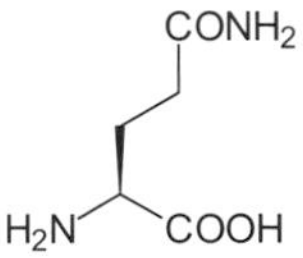

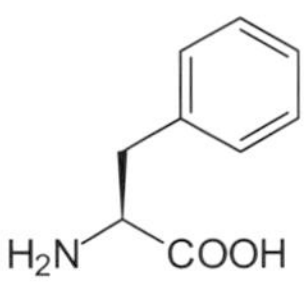

Phenylalanin*	Thyrosin	Tryptophan*	Methionin*	Prolin
(Phe, F)	(Tyr, Y)	(Trp, W)	(Met, M)	(Pro, P)

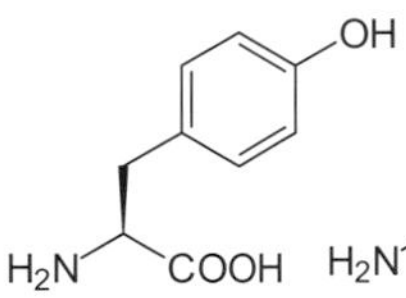

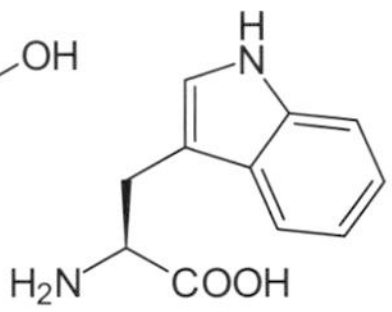

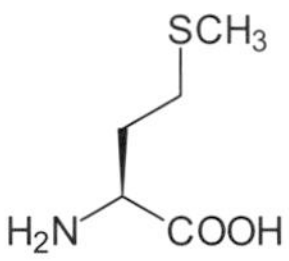

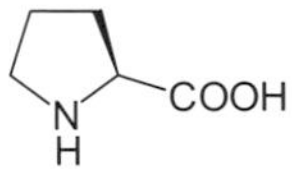

2. **Basische Aminosäuren**

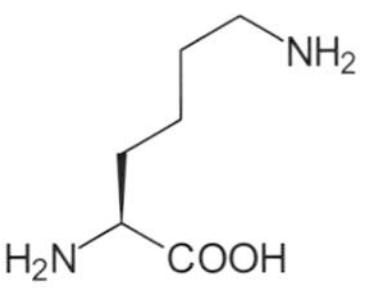

Lysin*	Arginin	Histidin
(Lys, K)	(Arg, R)	(His, H)

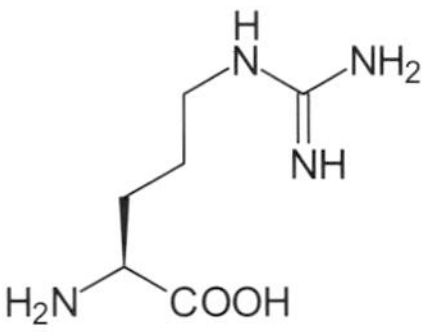

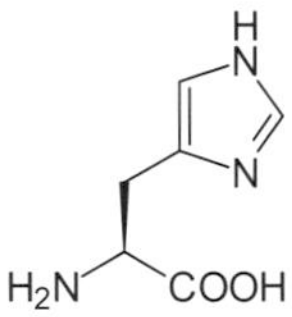

3. **Saure Aminosäuren**

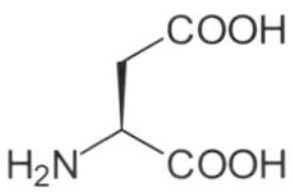

Asparaginsäure	Glutaminsäure
(Asp, D)	(Glu, E)

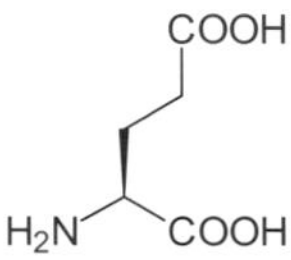

Als vereinfachte Schreibweise verwendet man für die Aminosäuren und Peptide häufig den **Dreibuchstaben-Code** (Bsp. Ile für Isoleucin). Bei den erheblich größeren Proteinen beschreibt man die Aminosäuresequenz mit Hilfe des **Einbuchstaben-Codes** (I für Isoleucin).

Diese 20 α-Aminosäuren werden benötigt zur **Proteinbiosynthese**. 12 davon können vom Körper selbst aufgebaut werden, die übrigen 8 sind **essentielle Aminosäuren** (*), d. h., sie **müssen mit der Nahrung aufgenommen** werden. Der Bedarf an diesen Aminosäuren lässt sich durch Verzehr von Fleisch, Fisch oder Eiern decken. Vegetarier sollten daher auf proteinreiche pflanzliche Produkte zurückgreifen. Bei der künstlichen Ernährung werden wässrige Aminosäure-Lösungen intravenös verabreicht.

Neben diesen 20 Aminosäuren findet man in vereinzelten Proteinen (z. B. im Kollagen) weitere Aminosäuren wie etwa Hydroxyprolin (Hyp). Dieses entsteht aus Prolin, wobei die Hydroxyl-Gruppe nach der Proteinsynthese eingeführt wird. Dies bezeichnet man als **posttranslationale Modifizierung**.

Außer α-Aminosäuren gibt es noch eine Reihe weiterer wichtiger Aminocarbonsäuren, die von biologischer Bedeutung sind. Je nach Stellung der Amino-Gruppe unterscheidet man β-, γ-, δ-, ε-Aminosäuren. Diese Aminosäuren kommen zwar nicht in Proteinen vor, sie sind jedoch wichtige Botenstoffe oder spielen eine Rolle im Stoffwechsel. So ist β-Alanin ein Bestandteil von Coenzym A, γ-Aminobuttersäure ist ein wichtiger Neurotransmitter.

Hydroxyprolin   β-Alanin   γ-Aminobuttersäure
(Hyp)   (β-Ala)   (GABA)

42.1.2 Aminosäuren als Ampholyte

Aufgrund ihrer Struktur besitzen Aminosäuren sowohl basische als auch saure Eigenschaften (Ampholyte, vgl. Teil I, Kap. 10). Es ist daher eine intramolekulare Neutralisation möglich, die zu einem sog. **Zwitterion (Betain)** führt:

Zwitterion einer Aminosäure

Aminosäuren liegen meist kristallin vor, ihre Schmelzpunkte sind sehr hoch und liegen über den Zersetzungspunkten (z. B. Alanin 295 °C).

In wässriger Lösung ist die $-NH_3^+$-Gruppe die Säuregruppe einer Aminosäure. Der pK_S-Wert ist ein Maß für die Säurestärke dieser Gruppe. Der pK_B-Wert einer Aminosäure bezieht sich auf die basische Wirkung der $-COO^-$-Gruppe.

Isoelektrischer Punkt der Aminosäuren

Für eine bestimmte Verbindung sind die Säure- und Basestärke nicht genau gleich, da diese von der Struktur abhängen. Es gibt jedoch in Abhängigkeit vom pH-Wert einen Punkt, bei dem die intramolekulare Neutralisation vollständig ist. Dieser wird als isoelektrischer Punkt (I. P.) bezeichnet.

Er ist dadurch gekennzeichnet, dass im elektrischen Feld bei der Elektrophorese keine Ionenwanderung mehr stattfindet und die Löslichkeit der Aminosäuren ein **Minimum** erreicht. Daher ist es wichtig, bei gegebenen pK_S-Werten den isoelektrischen Punkt (I. P.) berechnen zu können. Die Formel hierfür lautet:

$$I.\,P. = 1/2\,(pK_{S1} + pK_{S2})$$

pK_{S1} = pK_S-Wert der Carboxyl-Gruppe, pK_{S2} = pK_S-Wert der Amino-Gruppe. Manchmal findet man anstatt K_S auch K_A ($_A$ von acid).

Beispiel Glycin $H_2N–CH_2–COOH$

$$\begin{array}{ll}
K_A = 1{,}6 \cdot 10^{-10}\ (pK_A = 9{,}8) & \qquad K_{S2} = 1{,}6 \cdot 10^{-10}\ (pK_{S2} = 9{,}8) \\
\text{(A)} & \qquad\qquad \text{oder (B)} \\
K_B = 2{,}5 \cdot 10^{-12}\ (pK_B = 11{,}6) & \qquad K_{S1} = 4 \cdot 10^{-3}\ (pK_{S1} = 2{,}4)
\end{array}$$

Beide Angaben (A) und (B) sind in der Literatur üblich. Die Lage des I. P. berechnet sich daraus zu:

$$I.\,P. = 1/2\,(2{,}4 + 9{,}8) = 6{,}1\,.$$

Bei pH $= 6{,}1$ liegt also Glycin als Zwitterion vor, welches von einem elektrischen Feld nicht beeinflusst wird. Verändert man jedoch den pH-Wert einer Lösung, so wandert die Aminosäure je nach Ladung an die Kathode oder Anode, wenn man eine Gleichspannung an zwei in ihre Lösung eintauchende Elektroden anlegt (**Elektrophorese**). Dies lässt sich an Hand der folgenden Gleichgewichte leicht einsehen:

$$\begin{array}{ccc}
\text{pH < I.P.} & \text{pH = I.P.} & \text{pH > I.P.} \\
\text{Kation} & \text{Zwitterion} & \text{Anion} \\
\text{(wandert zur Kathode)} & \text{(keine Wanderung)} & \text{(wandert zur Anode)}
\end{array}$$

▶ **Puffereigenschaften der Aminosäuren**

Im Bereich der pK_S-Werte ist die Steigung der Titrationskurve am geringsten (Abb. 42.1), d. h., schwache Säuren und Basen puffern optimal im pH-Bereich ihrer pK_S-Werte (und nicht am I. P.).

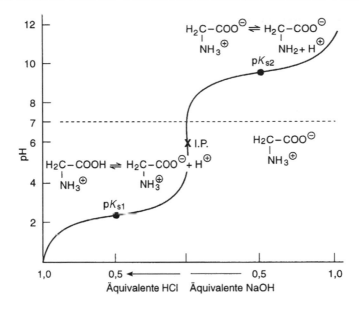

Abb. 42.1 Titrationskurve von Glycin

Beispiel: Lysin

Lysin hat einen I. P. von 9,74. Bei einem pH von 10 liegt Lysin als Anion vor, bei pH = 9,5 als Kation. Die jeweils vorliegende Struktur ergibt sich aus den obigen Gleichgewichten.

Will man Lysin an einen Anionenaustauscher adsorbieren, muss man daher den pH-Wert der wässrigen Lösung größer als den I. P. wählen (z. B. pH = 10). In einer derartigen Lösung wird Lysin bei Anlegen einer elektrischen Gleichspannung zur Anode wandern.

42.1.3 Gewinnung und Synthesen von Aminosäuren

Der mit Abstand größte Bedarf an α-Aminosäuren besteht bei den proteinogenen Aminosäuren. Diese erhält man überwiegend durch **Totalhydrolyse** von **Proteinen** und anschließende Trennung des dabei anfallenden Aminosäuregemisches. Auf diese Weise sind die meisten der 20 L-Aminosäuren zugänglich. Die in Proteinen seltener vorkommenden und die D-Aminosäuren können so jedoch nicht (in ausreichenden Mengen) erhalten werden. Daher wurde eine Reihe von Synthesemethoden zum Aufbau auch unnatürlicher Aminosäuren entwickelt.

42.1.3.1 *Strecker*-Synthese

Eine wichtige Herstellungsmethode ist die *Strecker*-Synthese. Dabei werden Aldehyde mit Ammoniak und Blausäure umgesetzt. Die Hydrolyse des dabei gebildeten α-Aminonitrils ergibt die gewünschte Aminosäure in racemischer Form:

$$RCHO + NH_3 + HCN \xrightarrow[- H_2O]{} \underset{\alpha\text{-Aminonitril}}{H_2N-\overset{H}{\underset{R}{C}}-CN} \xrightarrow[- NH_3]{+ 2\,H_2O} \underset{\alpha\text{-Aminosäure}}{H_2N-\overset{H}{\underset{R}{C}}-COOH}$$

Der Aldehyd reagiert dabei mit Ammoniak in einer Gleichgewichtsreaktion zu einem **Imin** (Azomethin) (Abschn. 33.1.3), das als „carbonyl-analoge" Verbindung HCN addieren kann. Vergleicht man jedoch die **Carbonylaktivitäten** (Abschn. 33.1.3) des Aldehyds und des Imins, so sollte man erwarten, dass der reaktivere Aldehyd bevorzugt mit dem Cyanid reagiert, unter Bildung eines Cyanhydrins (Abschn. 33.2.1). Dies ist jedoch nicht der Fall. Vielmehr kommt es zu einer Protonierung des Imins durch die Blausäure, wodurch das gebildete **Iminiumion** reaktiver wird als der ursprüngliche Aldehyd (Abschn. 33.1.3). Dieses reagiert dann mit dem Cyanid zum entsprechenden Aminonitril. Blausäure ist eine relativ schwache Säure, und daher nicht in der Lage, den Aldehyd zu protonieren, wohl aber das erheblich basischere Imin.

$$R-\overset{O}{\underset{H}{\|}} + NH_3 \underset{- H_2O}{\rightleftharpoons} R-\overset{NH}{\underset{H}{\|}} \underset{+ H^+}{\rightleftharpoons} \left[R-\overset{\overset{+}{N}H_2}{\underset{H}{\|}} \longleftrightarrow R-\overset{NH_2}{\underset{+}{|}}_H \right] \xrightarrow{+ CN^-} R-\overset{NH_2}{\underset{H}{<}}_{CN}$$

Imminium-Ion

42.1.3.2 **Aminierung von α-Halogencarbonsäuren**

Eine weitere wichtige Herstellungsmethode ist die Aminierung von α-Halogencarbonsäuren. Dabei werden z. B. α-Bromcarbonsäuren, erhältlich durch Halogenierung nach *Hell-Volhard-Zelinsky* (Abschn. 34.5.4), mit einem großen Überschuss an Ammoniak umgesetzt:

Beispiel

$$H_3C-CH_2-COOH \xrightarrow[\text{Phosphor}]{Br_2} H_3C-\overset{Br}{\underset{|}{CH}}-COOH \xrightarrow{NH_3} H_3C-\overset{NH_2}{\underset{|}{CH}}-COOH$$

Hell-Volhard-Zelinsky-Reaktion   Alanin

Der Überschuss ist notwendig, da die Amino-Gruppe der gebildeten Aminosäure nucleophiler ist als der eingesetzte Ammoniak (Abschn. 30.1.2.1) und daher ebenfalls mit der α-Bromcarbonsäure reagieren kann.

42.1.3.3 *Gabriel*-Synthese

Die *Gabriel*-Synthese (Abschn. 30.1.2.2) umgeht dieses Problem und verwendet anstelle von Ammoniak Kaliumphthalimid, das z. B. mit Brommalonester umgesetzt werden kann. Das entstandene Produkt wird alkyliert und anschließend hydrolysiert. Die dabei gebildete substituierte Malonsäure spaltet bei Erwärmen CO_2 ab (Abschn. 36.2.2.1), und man erhält die gewünschte Aminosäure:

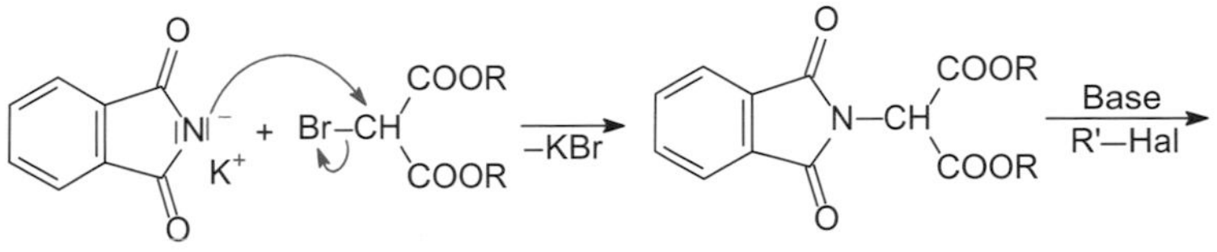

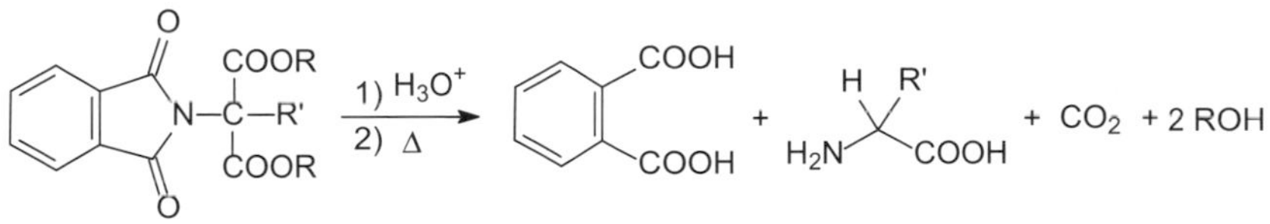

Kaliumphthalimid

42.1.3.4 Trennung der Aminosäure-Racemate

Bei allen hier vorgestellten Verfahren werden die Aminosäuren in racemischer Form gebildet. Die Trennung der Aminosäure-Racemate in die optischen Antipoden (Enantiomere) erfolgt nach speziellen Methoden (Abschn. 39.4). Im Wesentlichen sind drei Verfahren entwickelt worden:

1. Trennung durch **fraktionierte Kristallisation** (physikalisches Verfahren).
2. Umwandlung von Aminosäurederivaten mit Hilfe von **Enzymen**, wobei diese nur eine enantiomere Form erkennen und umsetzen, und das andere Enantiomer unverändert zurückbleibt (biologisches Verfahren).
3. Kombination einer racemischen Säure mit einer optisch aktiven Base (Abschn. 39.4). Es entstehen Salze, z. B. D-Aminosäure-L-Base und L-Aminosäure-L-Base, die aufgrund ihrer unterschiedlichen Löslichkeit getrennt werden können (chemisch-physikalisches Verfahren).

42.1.4 Reaktionen von Aminosäuren

Die **Aminosäuren** können entsprechend der vorhandenen funktionellen Gruppen **wie Amine** oder **Carbonsäuren reagieren**. Beide funktionelle Gruppen können analog zu den Hydroxysäuren (Abschn. 34.5.2.3) beim **Erwärmen** miteinander reagieren:

1. **α-Aminosäuren** bilden ein **cyclisches Diamid** (Diketopiperazin):

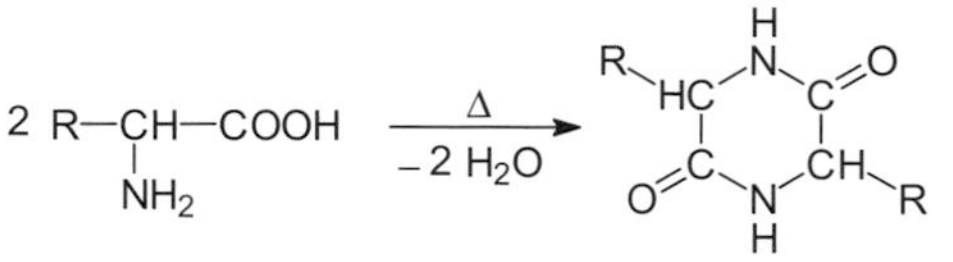

$$2\ R{-}CH{-}COOH \xrightarrow[-2\,H_2O]{\Delta}$$

$$NH_2$$

Diketopiperazin

2. **β-Aminosäuren** führen zu **α, β-ungesättigten Säuren**:

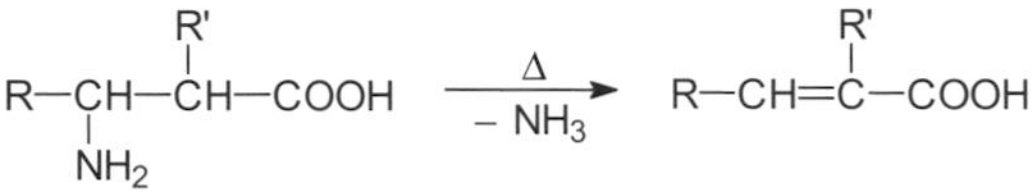

$$R{-}CH{-}\overset{R'}{CH}{-}COOH \xrightarrow[-NH_3]{\Delta} R{-}CH{=}\overset{R'}{C}{-}COOH$$

$$NH_2$$

3. Aus **γ- und δ-Aminosäuren** entstehen cyclische Amide, die **γ- und δ-Lactame**:

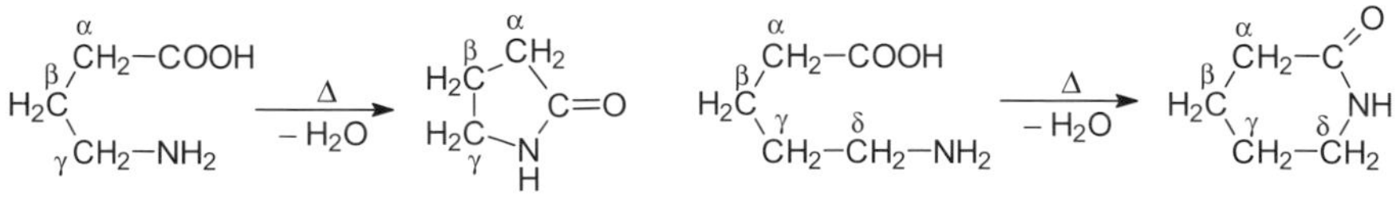

γ-Aminosäure   γ-Lactam   δ-Aminosäure   δ-Lactam

42.2 Peptide

Zwei, drei oder mehr **Aminosäuren** können, zumindest formal, unter Wasserabspaltung zu einem größeren Molekül kondensieren. Die Verknüpfung erfolgt jeweils über die **Peptid-Bindung –CO–NH–** (Säureamid-Bindung).

▶ Je nach der Anzahl der Aminosäuren nennt man die entstandenen Verbindungen Di-, Tri- oder Polypeptide.

Beispiel

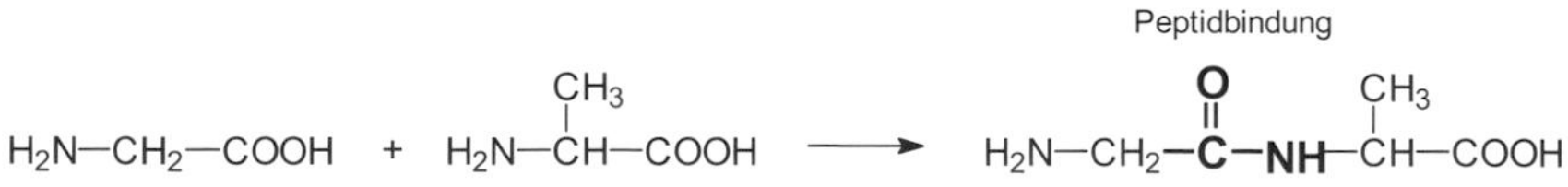

Peptidbindung

$$H_2N{-}CH_2{-}COOH\ +\ H_2N{-}\overset{CH_3}{CH}{-}COOH \longrightarrow H_2N{-}CH_2{-}\overset{O}{\underset{}{C}}{-}NH{-}\overset{CH_3}{CH}{-}COOH$$

Glycin   Alanin   Glycyl-Alanin

(Gly)   (Ala)   (Gly-Ala)

ein Dipeptid

Bei der Beschreibung der Peptide verwendet man in der Regel den Dreibuchstaben-Code (Proteine: Einbuchstaben-Code). Bei der Verwendung der Abkürzungen wird die Aminosäure mit der freien Amino-Gruppe (**N-terminale AS**) am linken

Abb. 42.2 Die wichtigsten Abmessungen (Längen und Winkel) in einer Polypeptid-Kette. Längenangaben in pm

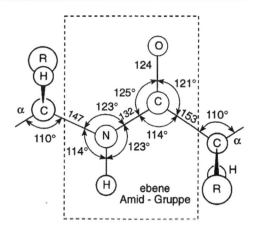

Ende, diejenige mit der freien Carboxyl-Gruppe (***C*-terminale AS**) am rechten Ende geschrieben: Gly-Ala (oft auch H-Gly-Ala-OH) im obigen Beispiel ist also nicht dasselbe wie Ala-Gly (= H-Ala-Gly-OH). Drei verschiedene Aminosäuren können daher $3! = 1 \cdot 2 \cdot 3 = 6$ verschiedene Tripeptide geben, die zueinander **Sequenzisomere** sind.

Beispiel Aus Ala, Gly und Val lassen sich bilden: Ala-Gly-Val, Ala-Val-Gly, Gly-Ala-Val, Gly-Val-Ala, Val-Ala-Gly, Val-Gly-Ala.

Kristallstrukturbestimmungen von einfachen Peptiden führen zu den in Abb. 42.2 enthaltenen Angaben über die räumliche Anordnung der Atome: Da alle Proteine aus L-Aminosäuren aufgebaut sind, ist die Konfiguration am α-C-Atom festgelegt. Die Röntgenstrukturanalyse ergibt zusätzlich, dass die Amid-Gruppe eben angeordnet ist, d. h., **die Atome der Peptidbindung liegen in einer Ebene**.

Dies ist auf die **Mesomerie der Peptidbindung** zurückzuführen (Abschn. 35.2.3), die auch eine verringerte Basizität (Nucleophilie) des Amid-N-Atoms zur Folge hat. Der **partielle Doppelbindungscharakter** wird durch den gemessenen C–N-Abstand von 132 pm im Vergleich zu einer normalen C–N-Bindung von 147 pm bestätigt.

Die planaren Peptidbindungen sind über die sp^3-hybridisierten α-C-Atome miteinander verbunden. Daraus ergibt sich eine **zickzack-förmige Anordnung** der Peptidkette, die sich verallgemeinert und vereinfacht wie folgt schreiben lässt:

Die Atomfolge $\overset{\alpha}{\text{--C}}-\underset{\underset{O}{\|}}{\text{C}}-\text{N}-\overset{\alpha}{\text{C}}\text{--}$ bezeichnet man auch als das **Rückgrat** der Peptidkette.

▶ Die Reihenfolge der Aminosäuren in einem Peptid wird als die **Sequenz** (Primärstruktur) bezeichnet.

42.2.1 Hydrolyse von Peptiden

Im Organismus wird der Eiweißabbau durch proteolytische Enzyme (Trypsin, Chymotrypsin, Papain) eingeleitet, die eine gewisse Spezifität hinsichtlich ihrer Spaltungsposition zeigen und bei bestimmten pH-Werten ihr Wirkungsoptimum haben. Sie zerlegen größere Peptide und Proteine in kleinere Peptidfragmente, die dann weiter abgebaut werden können.

42.2.2 Peptid-Synthesen

42.2.2.1 Schutzgruppen
Möchte man zwei Aminosäuren zu einem Dipeptid verknüpfen, so gibt es zwei Möglichkeiten, da jede Aminosäure eine Amino- und eine Säurefunktion besitzt. Um eine gezielte Umsetzung zu erreichen, muss man bei der einen Aminosäure die Amino-Gruppe blockieren, damit diese nur noch an der Carboxyl-Gruppe reagieren kann, bei der zweiten Komponente, die an der Aminofunktion reagieren soll, muss hingegen die Carboxyl-Gruppe blockiert werden. Hierzu verwendet man so genannte **Schutzgruppen** (**SG**).

$$\underset{\text{SG}^1-\text{HN}}{\overset{\text{R}^1}{\bigvee}}\text{COOH} \quad + \quad \underset{\text{H}_2\text{N}}{\overset{\text{R}^2}{\bigvee}}\text{CO}-\text{SG}^2 \quad \xrightarrow{-\text{H}_2\text{O}} \quad \underset{\text{SG}^1-\text{HN}}{\overset{\text{R}^1}{\bigvee}}\text{CO}-\text{HN}\underset{}{\overset{\text{R}^2}{\bigvee}}\text{CO}-\text{SG}^2$$

Dabei ist es wichtig, dass sich die Schutzgruppen abspalten lassen, ohne dass der Peptidbindung etwas geschieht. Möchte man aus dem so hergestellten geschützten Peptid das ungeschützte Dipeptid erhalten, so wird man Schutzgruppen SG^1 und SG^2 wählen, die sich unter denselben Bedingungen abspalten lassen. Will man hingegen aus dem Dipeptid ein größeres Peptid aufbauen, so ist es wichtig, dass sich eine Schutzgruppe selektiv abspalten lässt, damit man an diesem Ende des Dipeptids gezielt weiterknüpfen kann. Man verwendet in einem solchen Fall **orthogonale Schutzgruppen**, also Schutzgruppe die sich bei ihrer Entfernung nicht gegenseitig beeinträchtigen.

Schutzgruppen für die Carboxyl-Gruppe
Schutzgruppen für die Carboxyl-Gruppe sind in der Regel verschiedene Ester. **Methylester** lassen sich leicht mit Natronlauge verseifen, **Benzylester** entfernt man

durch katalytische Hydrierung, und *tert.*-**Butylester** entfernt man mit (wasserfreier) Säure (Bildung des stabilen *tert.*-Butyl-Carbeniumions):

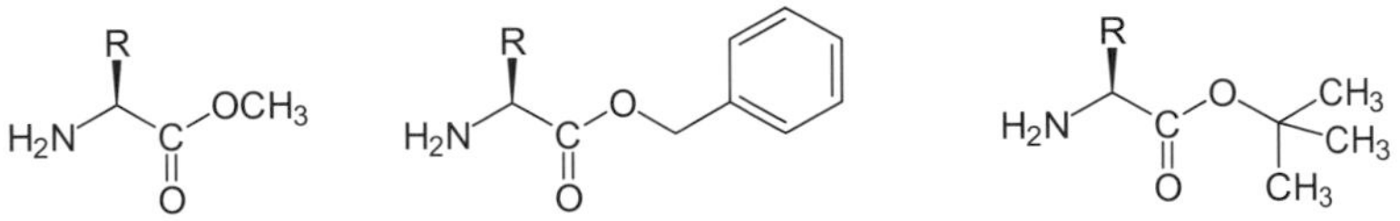

Methylester Benzylester *tert.*-Butylester

Schutzgruppen für die Aminofunktion

Schutzgruppen für die Aminofunktion sind in der Regel Derivate der Carbamidsäure (Abschn. 37.1). Dieselben Schutzgruppen, die man zum Schutz der Carboxyl-Gruppe einsetzt, kann man auch für die Amino-Gruppe verwenden, wenn man sie in die entsprechenden Carbamidsäureester überführt. Besonders bewährt haben sich die **Benzyloxycarbonyl-(Z-,Cbz-)-Schutzgruppe** und die *tert.*-**Butyloxycarbonyl-(Boc-)-Schutzgruppe**:

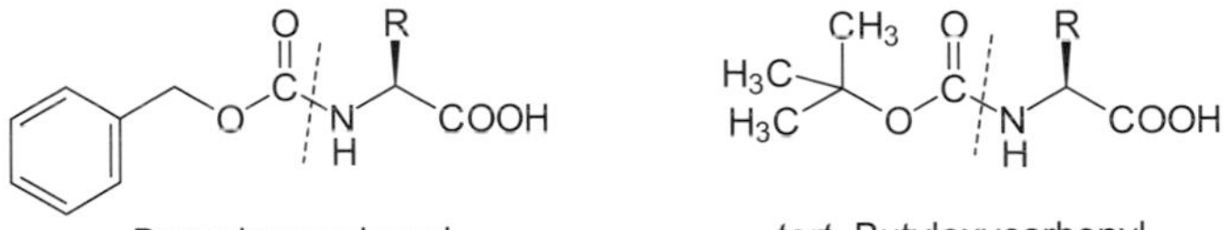

Benzyloxycarbonyl-
(Z-)-Schutzgruppe

tert.-Butyloxycarbonyl-
(Boc-)-Schutzgruppe

Wie alle benzylischen Schutzgruppen so wird auch die **Z-Schutzgruppe** durch **katalytische Hydrierung** abgespalten, die **Boc-Gruppe** wird wie alle *tert.*-Butyl-Schutzgruppen **im Sauren** entfernt.

Schutzgruppen die den Benzylrest enthalten und jene mit einem *tert.*-Butylrest sind orthogonal zueinander.

42.2.2.2 Peptidknüpfung

Die entsprechenden Aminosäurederivate können nun für eine Peptidknüpfung eingesetzt werden.

▶ Hierzu muss die Carboxyl-Gruppe der einen Komponente aktiviert werden (wieso?).

Man verwendet häufig so genannte **Aktivester**, bei denen die Carbonyl-Gruppe durch elektronenziehende Gruppen besonders aktiviert ist. Gut geeignet sind *p*-Nitrophenyl- und Pentafluorphenylester:

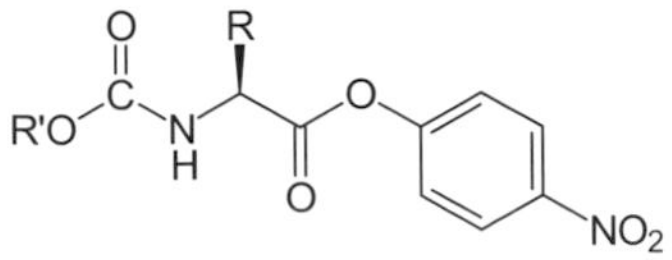

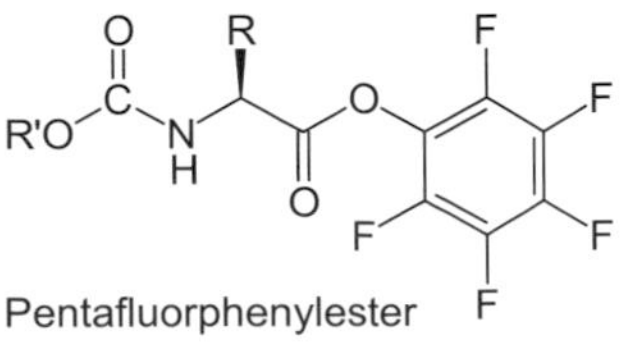

p-Nitrophenylester Pentafluorphenylester

Ein ebenfalls weit verbreitetes Knüpfungsreagenz ist **Dicyclohexylcarbodiimid** (**DCC**), ebenfalls ein Kohlensäurederivat. Im ersten Schritt der Aktivierung addiert die Aminosäure an die C=N-Bindung unter Bildung des aktivierten Derivats **I** (ein *N*-analoges Kohlensäureesteranhydrid), welches dann von der Aminkomponente angegriffen wird.

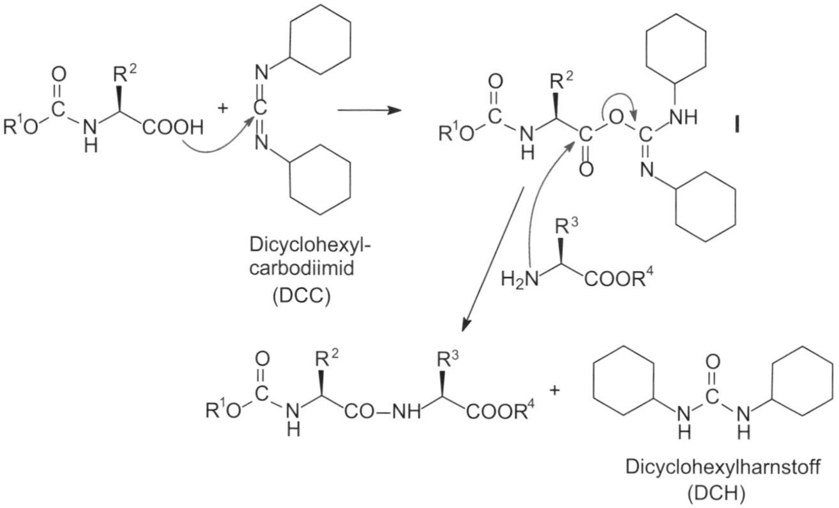

Dicyclohexyl-
carbodiimid
(DCC)

Dicyclohexylharnstoff
(DCH)

42.2.3 Biologisch wichtige Peptide

Eines der kleinsten Peptide, dem eine wichtige biologische Funktion zukommt ist **Glutathion** (GSH), ein Tripeptid. In ihm ist die Glutaminsäure nicht (wie sonst üblich) über die α-Carboxyl-Gruppe sondern über die γ-COOH-Gruppe verknüpft. Glutathion wirkt als **Antioxidans**, da es oxidierende Substanzen reduziert (und damit unschädlich macht), wobei es selbst oxidiert wird. Aus der SH-Gruppe des Cysteins bildet sich dabei unter Dimerisierung (GSSG) das Disulfid (Abschn. 29.1.3).

Zu den **Neuropeptiden** gehören die **Enkephaline**, Pentapeptide mit schmerzlindernder Wirkung. Diese Peptide binden an die **Opiat-Rezeptoren** des Gehirns, worauf ihre Wirkung zurückzuführen ist. An diese Rezeptoren binden auch die **Endorphine** (endogene Morphine), Neuropeptide aus 20–30 Aminosäuren.

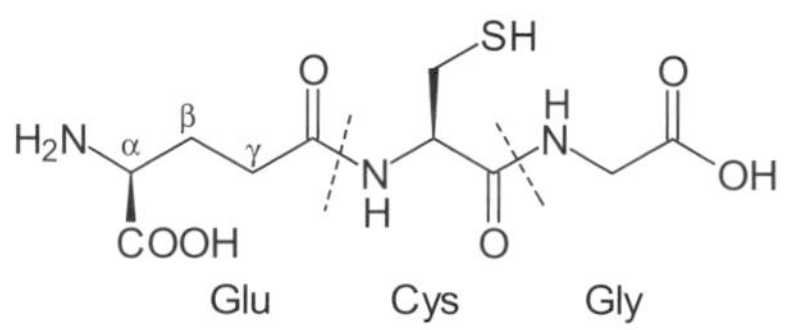

Glutathion
(GSH)

Glu   Cys   Gly

Tyr—Gly—Gly—Phe—Met
Methionin-Enkephalin

Tyr—Gly—Gly—Phe—Leu
Leucin-Enkephalin

Zahlreiche wichtige **Hormone**, vor allem der Hypophyse und der Bauchspeicheldrüse sind Oligo- oder Polypeptide. Dazu gehören z. B. **Ocytocin** (Oxytocin, 9 Aminosäuren) und **Vasopressin** (Adiuretin, 9 Aminosäuren), beides Hormone aus dem Hypophysenhinterlappen. Ocytocin bewirkt **Uteruskontraktion** und erzeugt das **Sättigungsgefühl** bei der Nahrungsaufnahme. Vasopressin ist ein **Neurotransmitter** und wirkt **blutdrucksteigernd**. Beide Peptide sind fast identisch, sie unterscheiden sich nur in einer Aminosäure. Charakteristisches Merkmal von beiden ist die **Disulfidbrücke** zwischen Cys^1 und Cys^6, wodurch ein **Cyclopeptid** entsteht.

Ocytocin

$$ \text{H}_2\text{N}-\overset{1}{\text{Cys}} \quad \overset{6}{\text{Cys}}-\overset{7}{\text{Pro}}-\overset{8}{\text{Leu}}-\overset{9}{\text{Gly}}-\text{NH}_2 $$

Lys statt Leu

Vasopressin

Ebenfalls stark **blutdrucksteigernd** wirkt **Angiotensin II**, ein lineares Octapeptid, das aus der inaktiven Vorstufe Angiotensin I mit Hilfe des Enzyms *Angiotensin-Converting-Enzyme* (ACE) gebildet wird:

Asp—Arg—Val—Tyr—Ile—His—Pro—Phe—His—Leu

← —————————— Angiotensin I ——————————— →
← —————————— Angiotensin II————→

Zu den längeren Peptiden gehören die Peptidhormone **Corticotropin** (39 Aminosäuren, Hypophysenvorderlappen) und **Insulin** (51 Aminosäuren, *Langerhans*'sche Inseln der Bauchspeicheldrüse). Corticotropin regt die Nebennierenrinde zur **Bildung der Corticoide** an. Insulin **senkt den Blutzuckerspiegel** und wird bei Diabetikern therapeutisch angewandt. Gegenspieler des Insulins ist das **Glucagon**, ebenfalls ein Peptid (29 Aminosäuren) der Bauchspeicheldrüse. Interessant am Insulin ist die Struktur: Es besteht aus *zwei Peptidketten* (A und B), die durch Disulfidbrücken zusammengehalten werden. Die Struktur des Insulins ist bei den meisten Säugetieren fast identisch: das Insulin des Menschen unterscheidet sich von dem des Rinds oder Schweins in nur einer Aminosäure, so dass man auf diese Insuline für therapeutische Zwecke zurückgreifen kann.

A-Kette

```
  1                    6                                      20   21
Gly—Ile—Val—Glu—Gln—Cys—S—S—Cys—Ser-Leu-Tyr—Gln-Leu—Glu-Asn—Tyr—Cys—Asn
                      | 7     |10                                   |
                      Cys      Ile                                  S
                       \   Thr—Ser                                  |
                        S                                           S
                        |                                           |19   20
                        S                        Leu—Tyr—Leu—Val—Cys—Gly
  1                     | 7           10         |
Phe-Val—Asn-Gln-His-Leu—Cys—Gly—Ser-His—Leu—Val—Glu—Ala             Glu
                                                                    |
B-Kette                                          30                 Arg
                                                                    |
                    Insulin          Thr—Lys-Pro-Thr—Tyr—Phe—Phe—Gly
```

Alle diese vorgestellten Peptide enthalten ausschließlich die proteinogenen Aminosäuren mit L-Konfiguration. Dies liegt daran, dass bei der **ribosomalen Proteinbiosynthese** (s. Lehrbücher der Biochemie) nur diese 20 Aminosäuren codiert sind und somit verwendet werden. **Niedere Organismen** (Pilze, Schwämme, Bakterien etc.) verfügen jedoch über einen anderen Synthesemechanismus, so dass diese auch in der Lage sind, andere, ungewöhnliche Aminosäuren einzubauen. Sie können auch D-**Aminosäuren** verwenden oder gar **Hydroxysäuren**.

▶ Peptide, die neben Aminosäuren auch Hydroxysäuren enthalten, bezeichnet man als **Depsipeptide** oder **Peptolide**.

Als Stoffwechselprodukte findet man bei ihnen zum Teil sehr exotische Strukturen, unter anderem auch **Cyclopeptide**. Zu diesen gehören z. B. so bekannte Gifte wie **Phalloidin** und **Amanitin** (beide aus dem Knollenblätterpilz), sowie Antibiotika wie **Gramicidin** (aus *Bacillus brevis*). Letzteres ist ein cyclisches Decapeptid (2 identische Einheiten), das nicht über S–S-Brücken verknüpft ist und zwei D-Aminosäuren enthält.

```
              Val—Orn—Leu
             /           \
          Pro            D–Phe
       ---------|------------------|----
          D–Phe            Pro
             \           /
              Leu—Orn—Val    Gramicidin S
```

42.3 Proteine

Proteine sind Verbindungen, die wesentlich am Zellaufbau beteiligt sind und aus einer oder mehreren Polypeptid-Ketten bestehen können. Sie setzen sich aus den 20 proteinogenen Aminosäuren zusammen und werden oft eingeteilt in **Oligopeptide** (bis 10 Aminosäuren), **Polypeptide** (bis 100 Aminosäuren) und die noch größeren **Makropeptide**.

Zu der bereits bekannten **Primärstruktur**, d. h. der Aminosäuresequenz der Peptidketten, treten weitere übergeordnete Strukturen hinzu.

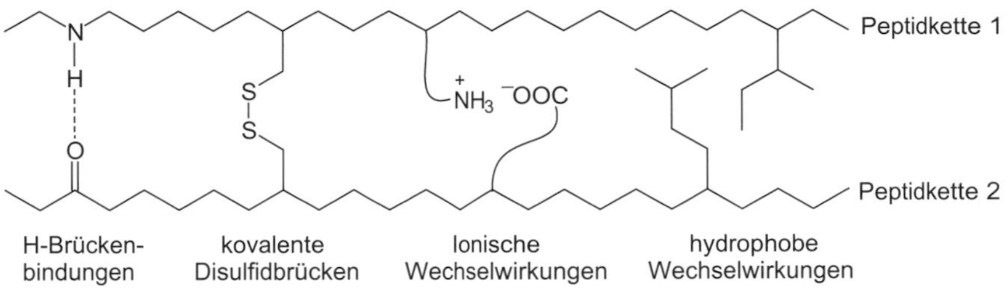

| H-Brücken-bindungen | kovalente Disulfidbrücken | Ionische Wechselwirkungen | hydrophobe Wechselwirkungen |

Abb. 42.3 Schematische Darstellung intramolekularer Bindungen

42.3.1 Struktur der Proteine

▶ Die **Sekundärstruktur** beruht auf den Bindungskräften zwischen den verschiedenen funktionellen Gruppen der Peptide.

Am wichtigsten sind die in Abb. 42.3 dargestellten inter- und intramolekularen Bindungen, die schon an anderer Stelle besprochen wurden.

Die **Wasserstoff-Brückenbindungen zwischen NH- und CO-Gruppen** üben einen stabilisierenden Einfluss auf den Zusammenhalt der Sekundärstruktur aus und führen zur Ausbildung zweier verschiedener Polypeptid-Strukturen, der **α-Helix-** und der **Faltblatt-Struktur**.

α-Helix

In der α-Helix (Abb. 42.4) liegen hauptsächlich **intramolekulare** H-Brückenbindungen vor. Hierbei ist die Peptidkette spiralförmig in Form einer Wendeltreppe verdreht mit etwa 3,6 Aminosäuren pro Umgang.

Es bilden sich H-Brückenbindungen zwischen aufeinander folgenden Windungen derselben Kette aus, und **zwar zwischen den N–H-Protonen** einer Peptid-Bindung **und dem Carbonyl-Sauerstoff** der dritten Aminosäure oberhalb dieser Bindung. Jede Peptid-Bindung nimmt an einer H-Brückenbindung teil. Alle Aminosäuren müssen dabei die gleiche Konfiguration besitzen, um in die Helix zu passen. Man kann dieses Modell als rechts- oder linksgängige Schraube konstruieren (Abb. 42.4); beide sind zueinander **diastereomer**. Die **rechtsgängige Helix** ist **energetisch stabiler**. Alle bisher untersuchten nativen Proteine sind rechtsgängig.

Eine besonders eindrucksvolle Struktur besitzen das **Kollagen** (Bindegewebe) und das **α-Keratin** der Haare. Drei lange Polypeptid-Ketten aus linksgängigen Helices sind zu einer dreifachen, rechtsgängigen **Superhelix** verdrillt, wobei sich zwei helicale Strukturen überlagert haben.

Faltblatt-Struktur

Beim Dehnen der Haare geht die α-Keratin-Struktur in die β-Keratin-Struktur über. Dabei handelt es sich um eine **Faltblatt-Struktur**, bei der zwei oder mehr Polypeptid-Ketten durch **intermolekulare** H-Brückenbindungen verbunden sind. Auf

Abb. 42.4 Schematische Darstellung der beiden möglichen Formen der α-Helix. **a** Linksgängige, **b** rechtsgängige Schraube, dargestellt in beiden Fällen mit L-Aminosäure-Resten. Das Rückgrat der Polypeptid-Kette ist fett gezeichnet, die Wasserstoffatome sind durch die kleinen Kreise wiedergegeben. Die Wasserstoff-Brückenbindungen (intramolekular) sind durch gestrichelte Linien dargestellt

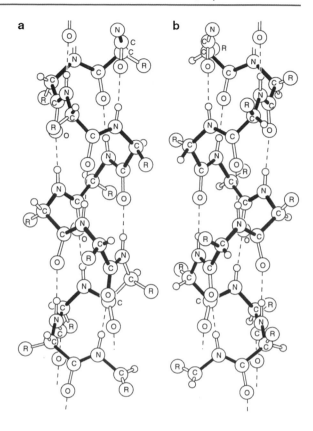

diese Weise entsteht ein „Peptid-Rost", der leicht aufgefaltet ist, weil die Reste R als Seitenketten einen gewissen Platzbedarf haben (Abb. 42.5).

Tertiärstruktur und Quartärstruktur

Die vorstehend beschriebene Sekundärstruktur bestimmt auch teilweise die Ausbildung geordneter Bereiche innerhalb einer Kette, d. h. die helix-förmige (oder anders gestaltete) Peptidkette faltet sich noch einmal zusammen. Dies führt zu einer räumlichen Orientierung des Moleküls, die man als Tertiärstruktur bezeichnet. Verschiedene Proteine können sich auch zu einer größeren Einheit zusammenlagern, deren Anordnung Quartärstruktur genannt wird. Bekanntes Beispiel: **Hämoglobin** (vier Peptidketten).

42.3.2 Beispiele und Einteilung der Proteine

Da nur in wenigen Fällen die genauen Strukturen bekannt sind, werden zur Unterscheidung Löslichkeit, Form und evtl. die chemische Zusammensetzung herangezogen. Proteine werden i. A. unterteilt in:

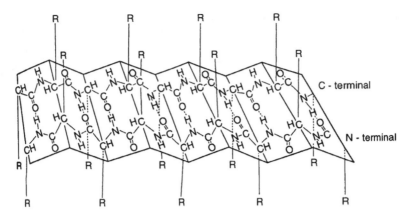

Abb. 42.5 Faltblatt-Struktur von β-Keratin mit antiparallelen Peptidketten („Peptid-Rost")

1. **globuläre Proteine (Sphäroproteine)** von kompakter Form, die im Organismus verschiedene Funktionen (z. B. Transport) ausüben, und
2. **faserförmig strukturierte Skleroproteine (fibrilläre Proteine)**, die vor allem Gerüst- und Stützfunktionen haben. Vergleichende Größenangaben zeigt Abb. 42.6.

Häufig werden als Proteine nur solche Polypeptide bezeichnet, die ausschließlich aus Aminosäuren bestehen. Davon zu unterscheiden sind die **Proteide,** die sich aus einem Protein und anderen Komponenten zusammensetzen. Es sei darauf hingewiesen, dass die Unterscheidung nicht immer eindeutig ist. So können die Metalle bei

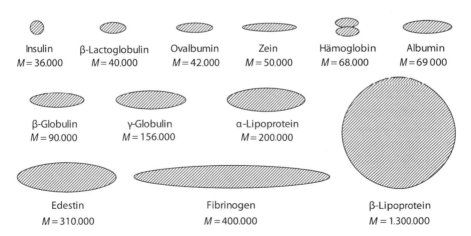

Insulin	β-Lactoglobulin	Ovalbumin	Zein	Hämoglobin	Albumin
$M = 36.000$	$M = 40.000$	$M = 42.000$	$M = 50.000$	$M = 68.000$	$M = 69\,000$

β-Globulin	γ-Globulin	α-Lipoprotein
$M = 90.000$	$M = 156.000$	$M = 200.000$

Edestin	Fibrinogen	β-Lipoprotein
$M = 310.000$	$M = 400.000$	$M = 1.300.000$

Abb. 42.6 Vergleich der Form und Größe einiger globulärer Proteine (in Anlehnung an *J. T. Edsall*)

den „Metalloproteiden" auch nur adsorbiert sein, so dass man derartige Aggregate heute ebenfalls als „. . . proteine" bezeichnet.

42.3.3   Eigenschaften der Proteine

Proteine sind wie die Aminosäuren, aus denen sie aufgebaut sind, **Ampholyte**, d. h., sie enthalten sowohl basische als auch saure Gruppen. Je nach pH-Wert liegen sie als Kationen, Anionen oder als elektrisch neutrale Moleküle vor.

▶ Der pH-Wert, bei dem ein Eiweißkörper nach außen elektrisch neutral ist, nennt man den **isoelektrischen Punkt I. P.**

Proteine wandern im elektrischen Feld in gleicher Weise wie die Aminosäuren. Falls Seitengruppen ebenfalls ionisierbar sind (z. B. OH-, SH-, COOH-Gruppen), bestimmen diese das Säure-Base-Verhalten. Als polar wirkende Gruppen sind sie auch mitverantwortlich für die hydrophilen Eigenschaften der sie enthaltenden Proteine, während hydrophobe Proteine vor allem Aminosäuren-Seitengruppen des Valins, Leucins, Isoleucins und Phenylalanins enthalten (vgl. Aminosäuren-Übersicht, Abschn. 42.1.1!).

Ebenso wie bei den Aminosäuren ist auch die **Pufferwirkung** der Proteine im Säure-Base-Haushalt des Organismus durch ihren Ampholyt-Charakter bedingt. Hierbei spielt die Imidazol-Gruppe des Histidins aufgrund ihres pK-Wertes von 6,1 eine stärkere Rolle als etwa die freien Carboxyl-Gruppen (z. B. in Glutaminsäure, Asparaginsäure) oder Amino-Gruppen (z. B. in Lysin, Arginin).

Die **Löslichkeit** eines Proteins hängt vor allem ab von seiner Aminosäuren-Zusammensetzung, seiner Molmasse und seiner Molekülstruktur. Sie lässt sich beeinflussen durch Temperatur, organische Lösemittel, pH-Veränderung oder Neutralsalze wie Na_2SO_4.

Proteine lassen sich aufgrund ihrer physikalisch-chemischen Eigenschaften mit mehreren Methoden voneinander trennen. Bei den klassischen Verfahren spielen als Parameter die elektrochemischen Eigenschaften (Elektrophorese/Ionenaustausch-Chromatographie) und die Molekülgröße (Ultrazentrifuge, Gelfiltration) eine entscheidende Rolle. Spezifische Eigenschaften der Bindungsfähigkeit werden ausgenutzt bei den Methoden der Affinitätschromatographie und der immunchemischen Fällung.

Lipide 43

43.1 Überblick über die Lipid-Gruppe

Die Ester langkettiger, meist unverzweigter Carbonsäuren wie Fette, Wachse u. a. werden unter dem Begriff **Lipide** zusammengefasst. Manchmal rechnet man auch die in den nachfolgenden Kapiteln besprochenen Isoprenoide wie Terpene und Steroide hinzu.

Biochemisch von Bedeutung ist, dass Lipide im Stoffwechsel viele Gemeinsamkeiten aufweisen: Sie werden **aus aktivierter Essigsäure** aufgebaut, enthalten vielfach langkettige Fettsäuren als wesentliche Komponente, werden im Stoffwechsel oft durch einfache Reaktionen ineinander übergeführt und sind häufig wichtige Bestandteile biologischer Membranen, deren Eigenschaften sie bestimmen. Tabelle 43.1 gibt einen Überblick über wichtige Lipide.

Tab. 43.1 Wichtige Stoffklassen der Lipide

Verbindungsklasse	Schemat. Aufbau bzw. Hydrolyseprodukte	Beispiel
I Nicht hydrolysierbare Lipide		
II Ester		
Fette	Fettsäure + Glycerol	Tristearoylglycerol
Wachse	Fettsäure + Alkanol	Bienenwachs
Sterinester	Fettsäure + Cholesterol	Cholesterol-Linola
III Phospholipide		
Phosphatidsäure	Fettsäure + Glycerol + Phosphorsäure	–
Phosphatide	Fettsäure + Glycerol + Phosphorsäure + Aminoalkohol	Lecithin
IV Glycolipide		
Cerebroside	Fettsäure + Sphingosin + Zucker	Galactosylsphingosin
Ganglioside	Fettsäure + Sphingosin + Zucker + Neuraminsäure	–

© Springer-Verlag Berlin Heidelberg 2016
H.P. Latscha, U. Kazmaier, *Chemie für Biologen*, DOI 10.1007/978-3-662-47784-7_43

43.2   Fettsäuren und Fette

▶ Fette sind Mischungen aus Glycerolestern („Glyceride") verschiedener Carbonsäuren mit 12 bis 20 C-Atomen (Tab. 43.2).

Sie dienen im Organismus zur Energieerzeugung, als Depotsubstanzen, zur Wärmeisolation und zur Umhüllung von Organen.

Wie alle Ester können auch Fette mit nucleophilen Reagenzien, z. B. einer NaOH-Lösung, umgesetzt werden (Verseifung). Dabei entstehen Glycerol und die Natriumsalze der entsprechenden Säuren (Fettsäuren), die auch als Seifen bezeichnet werden. Durch Zugabe von NaCl (Kochsalz) zu den wasserlöslichen Seifen werden diese ausgefällt („aussalzen", Überschreitung des Löslichkeitsprodukts). Sie werden auf diesem Wege großtechnisch hergestellt und als Reinigungsmittel verwendet.

$$
\begin{array}{ll}
CH_2-O-\underset{\underset{O}{\|}}{C}-C_{15}H_{31} & CH_2-OH \quad + \quad C_{15}H_{31}-COO^- Na^+ \\
 & \qquad\qquad\qquad\qquad\text{Na-Palmitat} \\
CH-O-\underset{\underset{O}{\|}}{C}-C_{17}H_{33} \xrightarrow{+\,3\,NaOH} & CH-OH \quad + \quad C_{17}H_{33}-COO^- Na^+ \\
 & \qquad\qquad\qquad\qquad\text{Na-Oleat} \\
CH_2-O-\underset{\underset{O}{\|}}{C}-C_{17}H_{35} & CH_2-OH \quad + \quad C_{17}H_{35}-COO^- Na^+ \\
 & \qquad\qquad\qquad\qquad\text{Na-Stearat}
\end{array}
$$

ein Glycerolester
(Triglycerid, Triacylglycerol)

Glycerol
(Glycerin)

Die saure Verseifung höherer Carbonsäureester (Fette) ist wegen der Nichtbenetzbarkeit von Fetten durch Wasser sehr erschwert, ein Zusatz von Emulgatoren daher erforderlich.

Öle (= flüssige Fette) haben i.a. einen höheren Gehalt an **ungesättigten Carbonsäuren** (alle *cis*-konfigurierte Doppelbindungen) als Fette und daher auch einen niedrigeren Schmelzpunkt. Die *cis*-Konfiguration der Doppelbindung stört eine regelmäßige Packung der Fettsäureketten. Bei der sog. **Fetthärtung** werden diese Doppelbindungen katalytisch hydriert, wodurch der Schmelzpunkt steigt. Wegen der C=C-Doppelbindungen sind Öle oxidationsempfindlich und können ranzig werden (Autoxidation).

▶ Der Begriff Öl wird oft als Sammelbezeichnung für dickflüssige organische Verbindungen verwendet. Es sind daher zu unterscheiden: Fette Öle = flüssige Fette = Glycerolester; Mineralöle = Kohlenwasserstoffe; Ätherische Öle = Terpen-Derivate (Kap. 45).

Die natürlichen Fettsäuren haben infolge ihrer biochemischen Synthese eine **gerade Anzahl von C-Atomen**, denn sie werden aus **Acetyl-CoA** (C_2-Einheiten) aufgebaut (Abschn. 36.3):

$$
2\ CH_3-\underset{\underset{O}{\|}}{C}-S-CoA \xrightarrow{-\,CoASH} CH_3-\underset{\underset{O}{\|}}{C}-CH_2-\underset{\underset{O}{\|}}{C}-S-CoA \longrightarrow \cdots
$$

Tab. 43.2 Wichtige in Fetten vorkommende Carbonsäuren

Zahl der C-Atome	Name	Formel
Gesättigte Fettsäuren		
4	Buttersäure	$CH_3–(CH_2)_2–COOH$
12	Laurinsäure	$CH_3–(CH_2)_{10}–COOH$
14	Myristinsäure	$CH_3–(CH_2)_{12}–COOH$
16	Palmitinsäure	$CH_3–(CH_2)_{14}–COOH$
18	Stearinsäure	$CH_3–(CH_2)_{16}–COOH$
Ungesättigte Fettsäuren (Doppelbindungen: *cis*-konfiguriert)		
16	Palmitoleinsäure	$CH_3–(CH_2)_5–CH=CH–(CH_2)_7–COOH$
18	Ölsäure	$CH_3–(CH_2)_7–CH=CH–(CH_2)_7–COOH$
18	Linolsäure	$CH_3–(CH_2)_3–(CH_2–CH=CH)_2–(CH_2)_7–COOH$
18	Linolensäure	$CH_3–(CH_2–CH=CH)_3–(CH_2)_7–COOH$
20	Arachidonsäure	$CH_3–(CH_2)_3–(CH_2–CH=CH)_4–(CH_2)_3–COOH$

Tabelle 43.2 enthält wichtige **gesättigte** und **ungesättigte Fettsäuren**. In den meisten natürlich vorkommenden Fettsäuren liegen die **Doppelbindungen isoliert** und in der *cis*-**Form** vor. Mehrfach ungesättigte Fettsäuren können nur teilweise im Säugetierorganismus aufgebaut werden. Insbesondere Linol- und Linolensäure müssen über die pflanzliche Nahrung aufgenommen werden (**essentielle Fettsäuren**).

Die Fettsäuren reagieren chemisch wie andere Carbonsäuren an ihren funktionellen Gruppen: Die Carboxyl-Gruppe bildet mit Alkoholen **Ester** (z. B. mit Glycerol in den Phospholipiden) und mit Aminen **Säureamide** (z. B. mit Sphingosin in den Sphingolipiden). Sie lässt sich zunächst zum **Aldehyd** und dann weiter zum **Alkohol** reduzieren. Vorhandene **Doppelbindungen** können hydriert werden (Beispiel: Fetthärtung) oder auch Wasser anlagern (Hydratisierung, vgl. biochem. Fettsäureabbau). Während die Fettsäuren selbst wegen ihres langen, hydrophoben Kohlenwasserstoff-Restes nicht sehr gut in Wasser löslich sind, sind ihre **Anionen** in Form der Na- und K-Salze relativ gut wasserlöslich und als **Detergentien** wichtige oberflächenaktive Stoffe.

43.3 Komplexe Lipide

Die Fette als Triester des Glycerols (**Triacylglycerole**) sind im Abschn. 43.2 ausführlich besprochen worden. Sie sind, ebenso wie die Wachse, neutrale Verbindungen (**Neutralfette**); ihre langkettigen Kohlenwasserstoff-Reste sind unpolar. Die nachfolgend zu erörternden **Phospho-** und **Glycolipide** enthalten sowohl lipophile als auch hydrophile Gruppen. Sie sind **amphiphil** und bilden in wässrigen Medien geordnete Strukturen (**Micellen** und **Lamellen**). Bei den Phospholipiden enthält der hydrophile Teil des Moleküls gleichzeitig eine positive und eine negative Ladung.

43.3.1 Phospholipide

Neben den Acylglycerolen sind als zweite wichtige Gruppe der Lipide die **Phosphoglyceride** oder **Glycerolphosphatide** zu nennen. Vielfach werden sie auch **Phospholipide** oder Phosphatide genannt, weil sie Phosphat (Phosphorsäure) als Baustein enthalten, wodurch sie sich von den Glycolipiden unterscheiden. Sie sind charakteristische Komponenten der zellulären Membranen.

In einer älteren Einteilung werden phosphathaltige Lipide, die statt Glycerol als Alkoholkomponente **Sphingosin** enthalten, als eigene Gruppe, die **Sphingolipide,** geführt. In diesem Fall dient die Bezeichnung Phospholipide als Oberbegriff für zwei Gruppen, nämlich die Sphingolipide und die Glycerolphosphatide.

Phospholipide sind Phosphorsäurediester. Die Phosphorsäure ist zum einen mit dem dreiwertigen Alkohol Glycerol bzw. dem zweiwertigen Aminoalkohol Sphingosin verestert. Dabei liegt die Glycerol-Komponente als Diacylglycerol vor. Die langkettigen Kohlenwasserstoff-Reste der darin enthaltenen Fettsäuren bilden den unpolaren Teil des Moleküls. Die Phosphorsäure ist zum anderen mit Alkoholen wie z. B. Cholin und Ethanolamin (ferner Serin, Inosit oder auch Glycerol) verestert. Cholin (Abschn. 30.1.5) und Ethanolamin enthalten zusätzlich ein basisches Stickstoffatom, das positiv geladen ist und zusammen mit der negativ geladenen Phosphat-Gruppe den polaren Teil des Zwitterions bildet.

Wichtige Phosphatide sind **Lecithin** und **Kephalin**. Sie liegen als Zwitterionen vor und sind am Aufbau von Zellmembranen, vor allem der Nervenzellen, beteiligt.

43.3.2 Glycolipide

Als dritte wichtige Gruppe der Lipide neben den Acylglycerolen und den Phospholipiden sind die **Glycolipide** zu nennen. Dabei handelt es sich um Verbindungen, die einen Lipid- und einen Kohlenhydratanteil enthalten, jedoch **kein Phosphat**. Glycerolglycolipide enthalten Glycerol als Grundkörper, der am C-1- und C-2-Atom

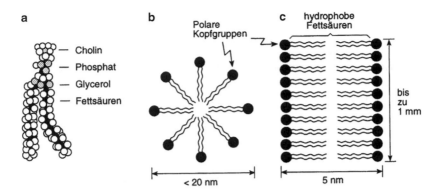

Abb. 43.1 a Kalottenmodell eines Phospholipidmoleküls. Die ungesättigte Fettsäure ist mit einem deutlichen Knick dargestellt. **b** Eine Micelle aus Phospholipid-Molekülen. **c** Eine Lipid-Doppelschicht aus Phospholipid-Molekülen

jeweils mit Fettsäure verestert ist und am C-3-Atom in glycosidischer Bindung ein Mono- oder Oligosaccharid enthält (hydrophiler Teil des Moleküls).

Von größerer Bedeutung sind die Glycolipide mit Sphingosin als Grundkörper, die **Glycosphingolipide**. Die Cerebroside sind die einfachsten Vertreter dieser Gruppe. Sie enthalten ein Monosaccharid, im Gehirn meist Galactose, in Leber oder Milz meist Glucose. Der Zucker-Rest kann seinerseits verestert sein (z. B. mit Schwefelsäure in den Sulfatiden) oder weitere glycosidische Bindungen enthalten. Komplexere Glycolipide wie die Ganglioside enthalten bis zu 7 Zuckerreste.

43.3.3 Biochemische Bedeutung komplexer Lipide

Da Lipide i. A. zwei lange, hydrophobe Kohlenwasserstoff-Reste enthalten sowie eine polare Kopfgruppe, bilden sie in wässriger Lösung leicht **Micellen** (Abb. 43.1). Bei den Phosphatiden ist der Phosphatteil in Wasser gelöst, während die Fettsäurereste sich innerhalb der Micelle zusammendrängen. Phospholipide können sich ferner noch unter Ausbildung einer monomolekularen Schicht zusammenlagern, die **Lipid-Doppelschicht** genannt wird (Abb. 43.1c). Diese Doppelschicht, die in biologischen Membranen nur etwa $10 \, \text{nm} = 10^{-6} \, \text{cm}$ dick ist, bildet eine sehr wirksame Permeabilitätsbarriere: Geladene Teilchen können praktisch nicht in das hydrophobe Innere der Membran eindringen. Dadurch kann sich ein gewisses Ladungsgefälle aufbauen. Die meist biologischen Membranen stehen daher unter einer elektrischen Spannung, die bei den Nervenzellen im Ruhezustand ca. 70 mV beträgt.

Die biologische Membran ist nach neueren Erkenntnissen keine reine Lipidmembran, sondern enthält in der Membran und an deren Oberfläche verschiedene Proteine. Der Proteingehalt beträgt 20–80 Massenanteile. Lipid-Doppelschichten sind in ständiger Bewegung und lassen sich am besten als „flüssig-kristallin" charakterisieren.

43.4 Wachse

Neben den Fetten und Phospholipiden gibt es eine weitere wichtige Art von Naturstoff-Lipiden, die Wachse. Wir kennen tierische Wachse, pflanzliche Wachse und eine große Anzahl synthetisch zugänglicher Wachsprodukte für technische und medizinisch-pharmazeutische Zwecke.

▶ Wachse sind Monoester langkettiger unverzweigter Carbonsäuren mit langkettigen unverzweigten Alkoholen (C_{16} bis C_{36}).

Der Unterschied zu den Fetten besteht darin, dass an die Stelle der alkoholischen Esterkomponente Glycerol höhere primäre Alkohole treten wie Myricylalkohol (Gemisch von $C_{30}H_{61}$–OH und $C_{32}H_{65}$–OH) im Bienenwachs, Cetylalkohol ($C_{16}H_{33}$–OH) im Walrat und Cerylalkohol ($C_{26}H_{53}$–OH) im chinesischen Bienenwachs. Das Carnauba-Wachs besteht hauptsächlich aus Myricylcerotinat $C_{25}H_{51}COOC_{30}H_{61}$.

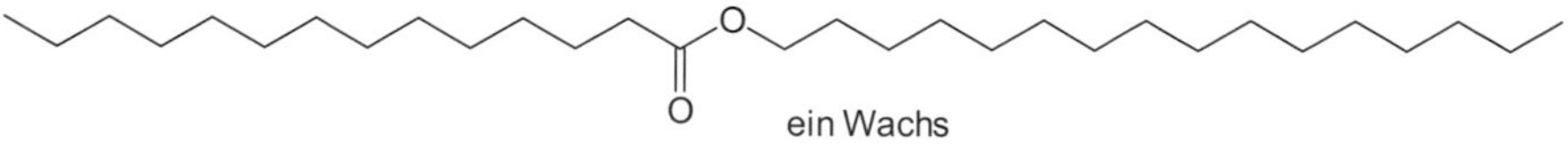

ein Wachs

Nucleotide und Nucleinsäuren

44

44.1 Nucleotide

Nucleotide wurden erstmals als **Bausteine der Nucleinsäuren** gefunden. Sie sind in charakteristischer Weise aufgebaut und haben inzwischen einer ganzen Substanzklasse gleichermaßen aufgebauter Verbindungen ihren Namen gegeben.

► Nucleotide enthalten drei typische Bestandteile, nämlich eine organische Base, ein Monosaccharid und Phosphorsäure.

Als organische Basen fungieren meist *N*-haltige Heterocyclen mit einem aromatischen Ringsystem. Als Zucker findet man in der Regel D-*Ribose* oder D-*Desoxyribose*. Zur Unterscheidung der Ringziffern in der Base beziffert man die C-Atome dieser Zucker mit 1′ bis 5′. Die Moleküleinheit aus **Base und Zucker** bezeichnet man als **Nucleosid**. Durch Esterbindung einer OH-Gruppe des Zuckers *mit Phosphorsäure* entsteht aus dem Nucleosid ein **Nucleotid**. Nucleotide sind demzufolge **Nucleosidphosphate**.

Einteilung der Nucleotide
Je nach der Zahl der Phosphatreste werden **Mono-, Di-** oder **Triphosphate** unterschieden, wobei die Phosphatreste miteinander durch energiereiche Phosphorsäureanhydridbindungen (!) verbunden sind. *Beispiele:* Die Coenzyme AMP, ADP, ATP sowie NAD und NADP (Abschn. 40.1). Findet die zweite Veresterung im Nucleotid mit demselben, im Molekül bereits enthaltenen Zucker statt, bilden sich **cyclische** Nucleotide, wie z. B. 3′,5′-*cyclo*-AMP.

© Springer-Verlag Berlin Heidelberg 2016

H.P. Latscha, U. Kazmaier, *Chemie für Biologen*, DOI 10.1007/978-3-662-47784-7_44

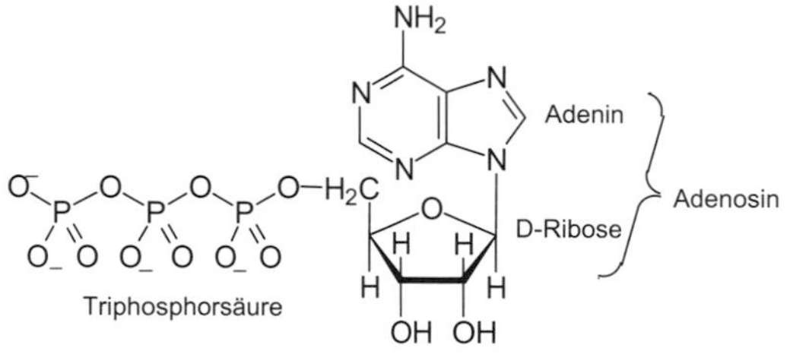

Adenosintriphosphat (ATP)

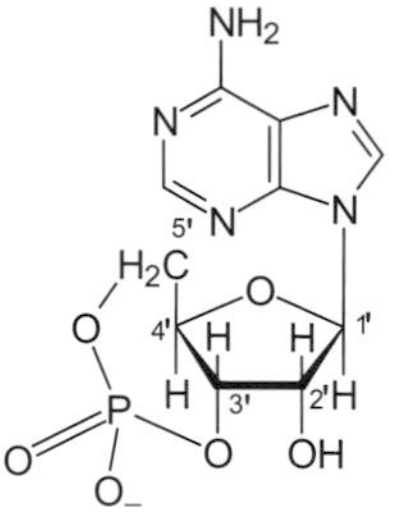

cyclo-AMP
Adenosin-3',5'-monophosphat

Wird die Esterbindung mit der OH-Gruppe des Zuckers eines zweiten Nucleotids durchgeführt, erhält man ein **Dinucleotid** mit einer Phosphorsäurediesterbindung. Bei weiterer Wiederholung des Vorgangs entsteht durch diese Polykondensationsreaktion ein **Polyester** (**Polynucleotid**). *Beispiele:* DNA, RNA.

44.1.1 Energiespeicherung mit Phosphorsäureverbindungen

Phosphorsäureester und -anhydride spielen bei der Übertragung und Speicherung von Energie in der Zelle eine bedeutende Rolle. Bindungen, die zur Energiespeicherung benutzt werden, sind mit $\sim$ gekennzeichnet:

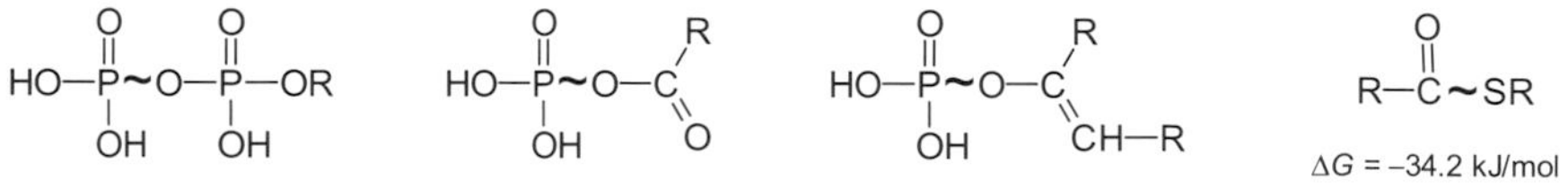

Pyrophosphat   gemischtes Anhydrid   Enolphosphat   Thioester

$\Delta G = -34.2$ kJ/mol

Neben Thioestern (s. Coenzym A, Abschn. 35.3) spielen vor allem die Pyrophosphate eine wichtige Rolle. Einen herausragenden Platz nimmt dabei **Adenosintriphosphat**, **ATP**, ein, da es über zwei energiereiche Pyrophosphatbindungen verfügt, die gespalten werden können. Adenin, eine heterocyclische Base mit einem Purin-Gerüst, ist hierbei mit D-Ribose, einem Kohlenhydrat, zu dem Nucleosid Adenosin verknüpft (Abschn. 44.1.2). Dieses kann mit **M**ono-, **D**i- oder **T**riphosphorsäure verestert sein. Dementsprechend erhält man die Nucleotide **AMP**, **ADP** oder **ATP**.

Bei der Hydrolyse der aufgeführten Strukturen und anderer ähnlicher Verbindungen wird im Vergleich zu normalen Estern mehr Energie freigesetzt. Sie werden daher oft als energiereich (= reaktionsfähig) bezeichnet. Dies gilt besonders für die Spaltung der Pyrophosphatbindung. Tabelle 44.1 bringt zum Vergleich einige Werte für die Freie Enthalpie unter Standardbedingungen.

1,3-Diphosphoglycerinsäure besitzt zwar zwei Phosphat-Gruppen, jedoch wird nur die sehr energiereiche Anhydrid-Bindung bei der Hydrolyse gespalten:

Tab. 44.1 ΔG^0-Werte der Hydrolyse von Verbindungen der Phosphorsäure

Verbindung	Reaktion	ΔG^0 [kJ]
Glucose-6-phosphat	Glc-6–ⓟ $\longrightarrow$ Glc + ⓟ	−13,4
Glucose-1-phosphat	Glc-1–ⓟ $\longrightarrow$ Glc + ⓟ	−20,9
Pyrophosphat	ⓟ–ⓟ $\longrightarrow$ ⓟ + ⓟ	−28
ATP	ATP $\longrightarrow$ ADP + ⓟ	−31,8
ATP	ATP $\longrightarrow$ AMP + ⓟ–ⓟ	−36
1,3-Diphosphoglycerinsäure	$\longrightarrow$ 3-Phosphoglycerin-säure + ⓟ	−56,9

$(\text{ⓟ} \equiv HPO_4^{2-}, \text{ⓟ}-\text{ⓟ} \equiv P_2O_7^{4-})$

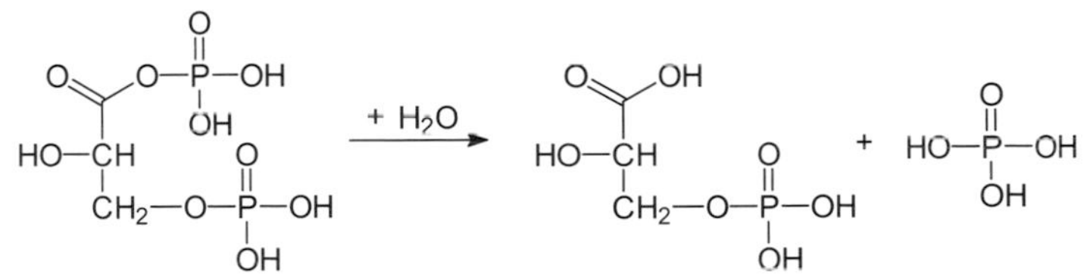

1,3-Diphosphoglycerinsäure   3-Phosphoglycerinsäure

Die unter physiologischen Bedingungen zur Verfügung stehende Energie hängt von der Konzentration der Reaktionspartner, dem pH-Wert und anderen Einflüssen ab. Sie lässt sich mit der vereinfachten Gleichung

$$\Delta G = \Delta G^0 + R \cdot T \cdot \ln \frac{c\,(ADP^{2-})\,c\,(HPO_4^{2-})}{c\,(ATP^{4-})} \text{ für ATP} \rightarrow \text{ADP} + \text{ⓟ abschätzen}.$$

mit: $R = 8,3\,\mathrm{J\,K^{-1}\,mol^{-1}}$, $T = 37\,^\circ\mathrm{C} = 310\,\mathrm{K}$, $c\,(HPO_4^{2-}) \approx 10^{-2}\mathrm{M}$, $\Delta G^0 = -31,8\,\mathrm{kJ}$, pH = 7.

Bei gleichen Konzentrationen an ADP und ATP (etwa 10^{-3} M) beträgt

$$\Delta G = -31.800 + 8,3 \cdot 310 \cdot \ln 10^{-2} = -43,65\,\mathrm{kJ\,mol^{-1}}.$$

Bei einem Verhältnis von $1:1000$ (ADP : ATP), wie es z. B. im Muskel vorliegt, steigt ΔG an:

$$\Delta G = -31.800 + 8,3 \cdot 310 \cdot \ln \frac{10^{-2}}{10^3} = -61,42\,\mathrm{kJ\,mol^{-1}}.$$

Die Bildung von ATP erfolgt entsprechend der Reaktion ADP + ⓟ → ATP. In einer Zelle wird sie meist mit einer anderen biochemischen Reaktion gekoppelt, bei der eine höhere Reaktionsenergie frei wird als diejenige, die zur ATP-Synthese erforderlich ist.

Beispiel Bei der Verbrennung von 1 mol Glucose werden 2870 kJ frei. Dabei können im Organismus pro Mol Glucose 38 mol ATP gebildet werden. Die Verbrennungsenergie wird zu

$$\frac{38 \cdot 31{,}8}{2870} \cdot 100 = 42\,\%$$

als ATP gespeichert und der Rest als Wärme abgegeben.

44.1.2 Nucleotide in Nucleinsäuren

In den Nucleinsäuren liegen die Nucleotide als **Nucleosidmonophosphate** vor. An Zuckern treten auf: D-Ribose in RNA und D-Desoxyribose in DNA.

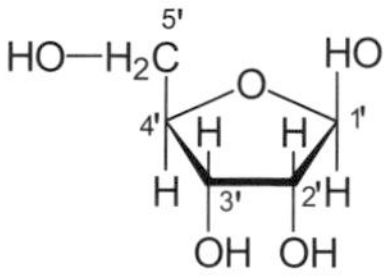

β-D-Ribose 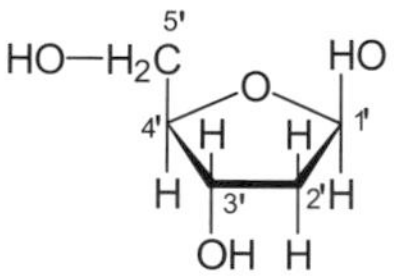   β-D-Desoxyribose

Die Zucker sind *N*-glycosidisch mit einer heterocyclischen Base verknüpft, mit Purin bzw. Pyrimidin als heterocyclischem Grundkörper (Abschn. 38.3). Die Nucleobase Thymin kommt nur in der DNA vor, die verwandte Base Uracil nur in der RNA.

Purin-Basen: **Pyrimidin-Basen:**

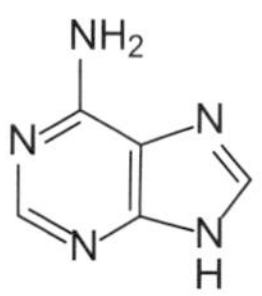

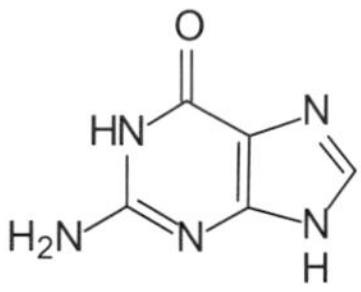

Adenin	Guanin	Cytosin	Uracil	Thymin
(RNA, DNA)	(RNA, DNA)	(RNA, DNA)	(nur RNA)	(nur DNA)

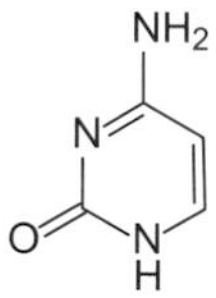

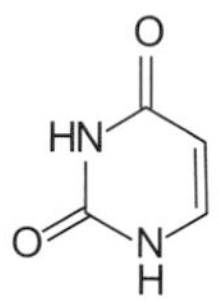

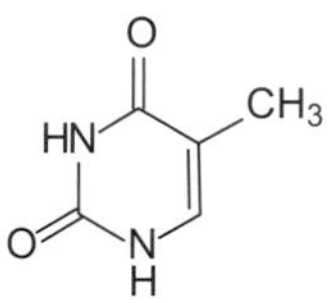

Die Namen der Nucleoside bzw. Nucleotide sind von diesen Basen abgeleitet. Sie enden bei den Purinderivaten auf -osin, bei den Pyrimidinderivaten auf –idin. Die Nucleoside werden meist nur mit ihrem ersten Anfangsbuchstaben abgekürzt G = Guanosin, C = Cytidin etc. Die Desoxyribonucleoside werden durch Vorsetzen von „d" gekennzeichnet, z. B. dT = Thymidin.

Tab. 44.2 Nomenklatur der Nucleoside mit Trivialname und Abkürzung

Base	Ribonucleosid	Desoxyribonucleosid	Ribonucleotide
Trivialname	Trivialname	Trivialname	5'-Phosphate*
Adenin Ade	Adenosin A	Desoxyadenosin dA	AMP, ADP, ATP
Guanin Gua	Guanosin G	Desoxyguanosin dG	GMP, GDP, GTP
Thymin Thy		Thymidin dT	dTMP, dTDP, dTTP
Cytosin Cyt	Cytidin C	Desoxycytidin dC	CMP, CDP, CTP
Uracil Ura	Uridin U		UMP, UDP, UTP

* Die 3'-Phosphate werden zur Unterscheidung von 5'-Phosphaten beziffert:
3'-ADP = Adenosin-3'-diphosphat; 3'-dAMP = Desoxyadenosin-3'-monophosphat.

Nucleoside: **Nucleotide:**

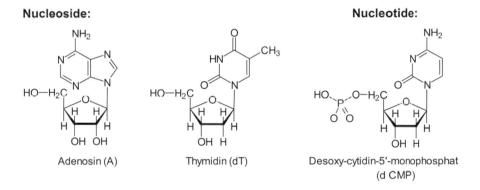

Adenosin (A)   Thymidin (dT)   Desoxy-cytidin-5'-monophosphat
(d CMP)

In Tab. 44.2 sind die Bezeichnungen wichtiger Nucleoside zusammengefasst.

44.2 Nucleinsäuren

Nucleinsäuren sind Makromoleküle des Polyester-Typs. Die monomeren Bausteine sind Nucleotide, das Polymer folglich ein **Polynucleotid**. Die einzelnen Nucleoside sind durch Phosphorsäure in Diesterbindung am C-3'- und C-5'-Atom zweier Zuckereinheiten miteinander verbunden (s. Abb. 44.1).

Im Einzelnen unterscheidet man die **DNA** = Desoxyribonucleinsäuren (Desoxyribonucleic Acid) und die **RNA** = Ribonucleinsäuren (Ribonucleic Acid).

Die Nucleinsäuren sind Bestandteil aller lebenden Zellen, in denen sie als Nucleoproteine vorkommen. Die Polynucleotide selbst haben Molmassen von einigen Tausend bis zu mehreren Millionen. Sie steuern die Synthese von Proteinen. Die dazu nötigen Informationen sind in den Nucleinsäuren als Code gespeichert und werden bei Bedarf abgerufen. Sie werden aber auch bei der Vermehrung an die Nachkommen weitergegeben, denn die Nucleinsäuren sind die „Datenträger" für die Vererbung. Abbildung 44.2 fasst wichtige Wechselbeziehungen zwischen den Nucleinsäuren und Proteinen zusammen.

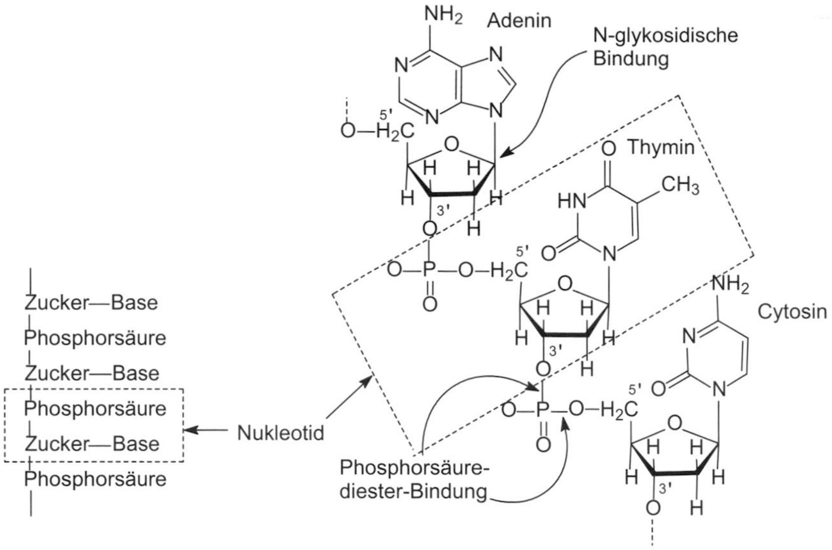

Abb. 44.1 Ausschnitt aus einem DNA-Molekül (Polynucleotid-Kette) mit Aufbauschema. Kurzschreibweise des Ausschnitts: d(pAp Tp Cp) oder pdA-dT-dC-

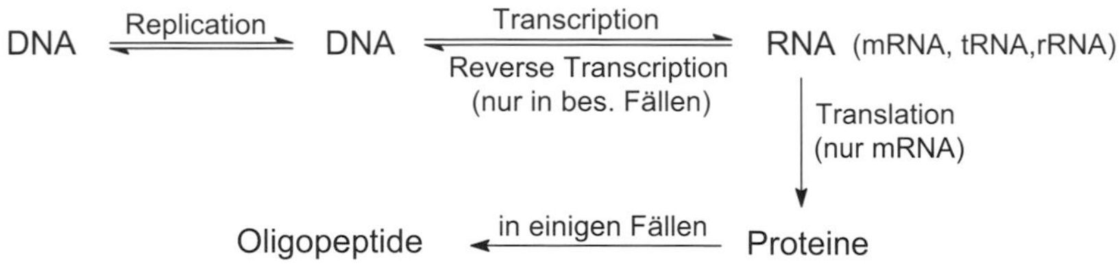

Abb. 44.2 Der Fluss der biologischen Information und einige wichtige Wechselbeziehungen zwischen Nucleinsäuren und Proteinen. Replication = Reduplikation (der DNA), Transcription = Umschreiben der Nucleotidsequenz der DNA in eine entsprechende Sequenz der RNA. Translation = Übersetzung der Sequenz von Nucleotid-Tripletts der mRNA in die entsprechende Aminosäuresequenz eines Proteins oder Polypeptids (nach *Dose*, Springer-Verlag)

44.2.1 Aufbau der DNA

Die DNA ist aufgebaut aus dem Zucker D-Desoxyribose und den Basen Adenin, Guanin, Cytosin und Thymin. Abbildung 44.1 zeigt als Primärstruktur einen Ausschnitt aus einem DNA-Molekül und das entsprechende Aufbauschema.

Aufgrund von Röntgenstrukturanalysen wird für die **Sekundärstruktur** eine **Doppelhelix** vorgeschlagen (Abb. 44.3), wobei die Verbindung der beiden rechtsgängigen Polynucleotidstränge durch **H-Brückenbindungen** der Basenpaare A–T und C–G erfolgt. Die Folge davon ist, dass die an sich aperiodische Basensequenz einer Kette die Sequenz der anderen Kette festlegt.

Abb. 44.3 Helix-Struktur
doppelsträngiger DNA (Doppelhelix)

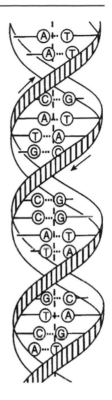

Die **Basenpaare** liegen im Innern des Doppelstranges, die Zucker-Phosphat-Ketten bilden die äußeren Spiralen. Die Stränge sind antiparallel, d. h., die Phosphorsäurediesterbindungen verlaufen einmal in Richtung 5′ → 3′ und bei der zweiten Kette in Richtung 3′ → 5′ (Abb. 44.4).

Basenpaare

A—T (für R = CH₃ in RNA)
A—U (für R = H in DNA)

G—C

Abb. 44.4 Anordnung komplementärer DNA-Stränge in
Gegenrichtung. *DR* Desoxyribose

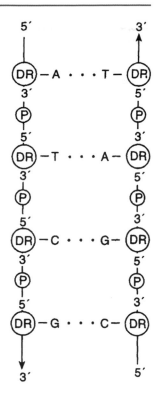

Tab. 44.3 Klassifizierung der RNA (aus *Escherichia coli*)

Bezeichnung	Molmasse	Nucleotidreste	Struktur	Sedimentationskonstante
tRNA	23.000–30.000	75–90	Kleeblatt	4 S
mRNA	25.000–1.000.000	75–3.000	Einzelstrang	6 S–25 S
rRNA	35.000	100	Einzelstrang	5 S
	550.000	1.500		16 S
	1.100.000	3.100		23 S

44.2.2 Aufbau der RNA

Die RNA ist ähnlich aufgebaut wie die DNA. Sie enthält als Zucker die D-Ribose,
als Base Adenin, Guanin, Cytosin und Uracil. Je nach Struktur und Funktion unterscheidet man folgende wichtige Klassen von RNA (s. Tab. 44.3):

- die **Transfer-RNA** (tRNA), die an der Synthese der Peptidbindungen beteiligt
  ist,
- die **ribosomale RNA** (rRNA), die als Baustein der Ribosomen vorkommt,
- die **messenger RNA** (mRNA, Boten-RNA, Matrizen-RNA), die an der Übersetzung von Nucleotid-Sequenzen des genetischen Materials in Aminosäurese-
  quenzen von Proteinen mitwirkt.

Abb. 44.5 Schematische Darstellung einer tRNA als sog. Kleeblattstruktur (aus der Kenntnis der Primärstruktur abgeleitete Struktur)

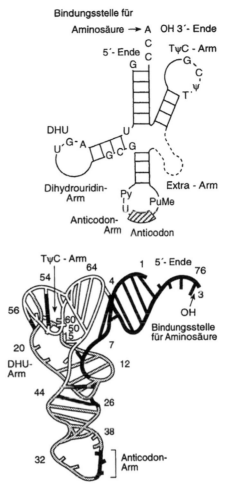

Abb. 44.6 Raumstruktur der Phenylalanin-tRNA (aufgrund röntgenografischer Daten ermittelt)

Die RNA kommen im Unterschied zur DNA in der Regel einsträngig vor. Im Vergleich zu mRNA und rRNA sind die tRNA kleine Moleküle, mit etwa 75–90 Nucleotiden.

Aufgrund der **Primärstruktur** hat man Strukturmodelle vorgeschlagen, die vor allem dem Vorkommen komplementärer Sequenzen in Teilbereichen der tRNA Rechnung tragen (= **Sekundärstruktur**). Die kleeblattförmige Darstellung in Abb. 44.5 lässt die intramolekularen Basenpaarungen gut erkennen. Die komplementären Bereiche erlauben bei geeigneter Faltung der Kette die intramolekulare Ausbildung von Wasserstoffbrücken wie bei der DNA-Doppelhelix und damit den Aufbau einer räumlichen Struktur des **Kleeblatts** (= **Tertiärstruktur**) (Abb. 44.6). Vor allem die tRNA enthält eine Vielzahl **ungewöhnlicher Nucleotide** (DHU = Dihydrouridin; ψ = Pseudouridin; DiMe-G = Dimethylguanosin; Py = Pyrimidinnucleosid; Pu(Me) = (Methyl)purinnucleosid).

Terpene und Carotinoide

45

Terpene kommen vor allem in **Harzen** und etherischen Ölen vor. Sie werden in der *Riechstoffindustrie* zur Herstellung von Parfümen und zur Parfümierung von Waschmitteln und Kosmetika verwendet.

Etherische Öle sind teilweise wasserlösliche, ölige Produkte, die im Gegensatz zu den fetten Ölen (= flüssige Fette, Abschn. 28.2) ohne Fettfleck vollständig verdunsten. Ihre Gewinnung erfolgt durch Wasserdampfdestillation, Extraktion (mit Petrolether) oder Auspressen von Pflanzenteilen.

Eigenschaften der Terpene

Chemisch handelt es sich bei Terpenen meist um Verbindungen, die aus **Isopren-Einheiten** (C_5H_8) aufgebaut sind.

- Allgemeine Summenformel: $(C_5H_8)_n$.
- Aufbauprinzip (Kopf-Schwanz-Verknüpfung):

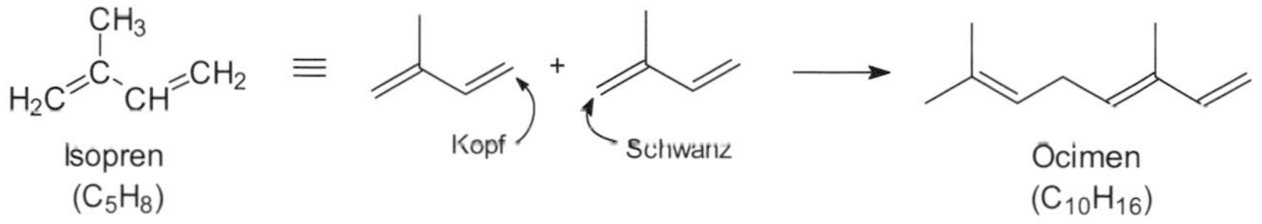

- Einteilung der Terpene: Monoterpene (C_{10} = 2-mal C_5-Isopreneinheiten), Sesquiterpene (C_{15}), Diterpene (C_{20}), Triterpene (C_{30}), Tetraterpene (C_{40}).

© Springer-Verlag Berlin Heidelberg 2016
H.P. Latscha, U. Kazmaier, *Chemie für Biologen*, DOI 10.1007/978-3-662-47784-7_45

Monoterpene

Bei den Monoterpenen findet man sowohl offenkettige als auch cyclische und bicyclische Vertreter:

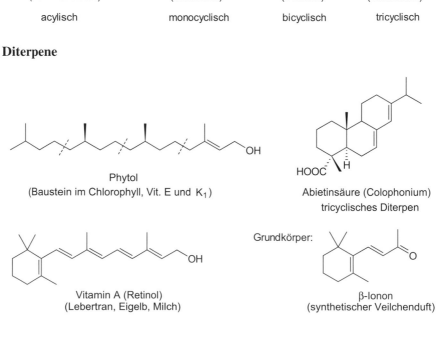

Geraniol	Menthol	Campher
(Rosenöl)	(Pfefferminzöl: (−))	(Campherbaum)

Sesquiterpene

Farnesol	Bisabolen	β-Selinen	α-Santalen
(Kamillenblüten)	(Citronenöl)	(Selleriöl)	(Sandelholz)
acylisch	monocyclisch	bicyclisch	tricyclisch

Diterpene

Phytol
(Baustein im Chlorophyll, Vit. E und K_1)

Abietinsäure (Colophonium)
tricyclisches Diterpen

Vitamin A (Retinol)
(Lebertran, Eigelb, Milch)

Grundkörper:

β-Ionon
(synthetischer Veilchenduft)

Triterpene
Squalen (aus Haifischleber) ist ein Zwischenstoff bei der Biosynthese der Steroide
(Kap. 46):

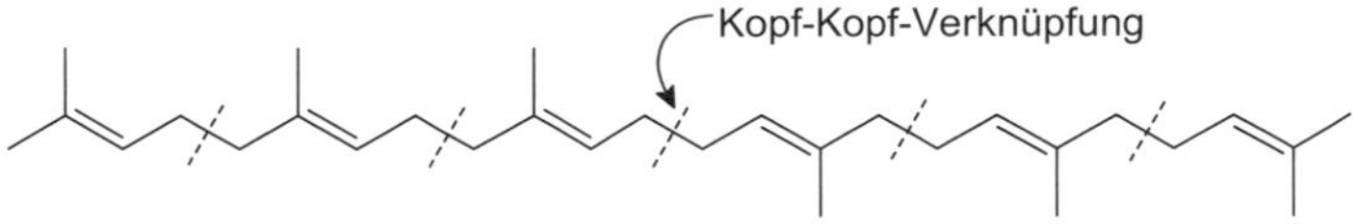

Kopf-Kopf-Verknüpfung

Squalen

Zu den **Sapogeninen**, die oft als Glycoside (Saponine) in Pflanzen auftreten,
zählen nicht nur verschiedene pentacyclische Triterpene, sondern auch verschiedene Spirostan-Derivate vom Typ des Diosgenins (Steroidsapogenine). Nicht dazu
gehören die Steroidglycoside vom Typ Strophantin oder Digitoxin (Abschn. 46.5).

Tetraterpene
Die wichtigsten Tetraterpene sind die **Carotinoide**, die als lipophile Farbstoffe
in der Natur weit verbreitet sind und lange Alken-Ketten mit konjugierten C=C-
Bindungen enthalten. Sie finden sich in Karotten und Pflanzenblättern, in zahlreichen Früchten und auch in der Butter. Da β-Carotin symmetrisch aufgebaut ist, wird
es vom Organismus enzymatisch in zwei Moleküle Vitamin A_1 gespalten (Provitamin A_1). Aus α- und γ-Carotin entsteht jeweils nur ein Molekül Vitamin A_1 (s.
Markierung).

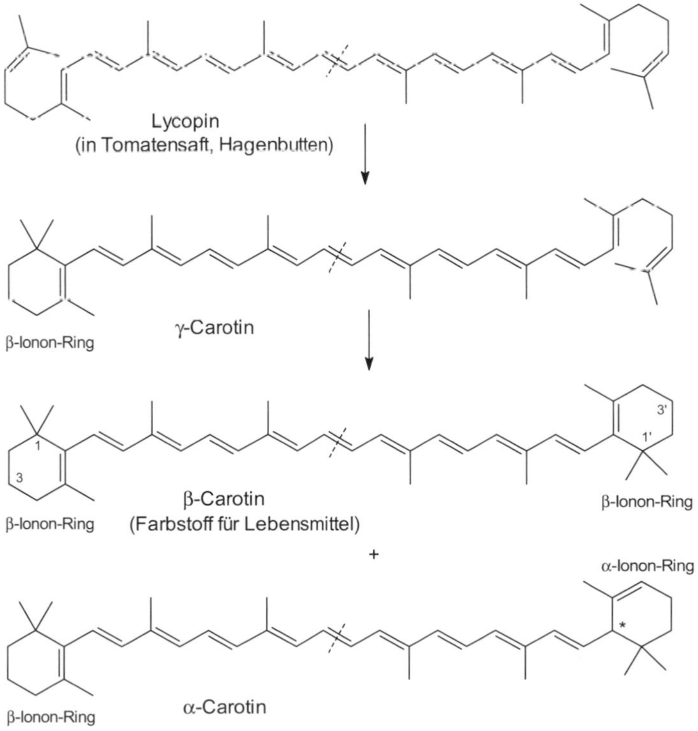

Lycopin
(in Tomatensaft, Hagenbutten)

β-Ionon-Ring γ-Carotin

β-Ionon-Ring β-Carotin β-Ionon-Ring
β-Ionon-Ring   (Farbstoff für Lebensmittel)

+

α-Ionon-Ring

β-Ionon-Ring α-Carotin

Xanthophylle sind die Farbstoffe des Herbstlaubes und kommen auch in Eidotter und Mais vor. Dazu gehören Lutein (3,3′-Dihydroxy-α-carotin) und Zeaxanthin (3,3′-Dihydroxy-β-carotin).

Steroide

46

Zu den biologisch wichtigen Steroiden gehören die Sterine (Sterole), die Gallensäuren, Sexualhormone, sowie die Corticoide. Zu den herzaktiven Steroiden gehören die Cardenolide und Bufadienolide. In Nachtschattengewächsen findet man Steroid-Alkaloide. Auch Vitamine (D$_2$) leiten sich von den Steroiden ab.

▶ Steroide sind Verbindungen mit dem Grundgerüst des Sterans:

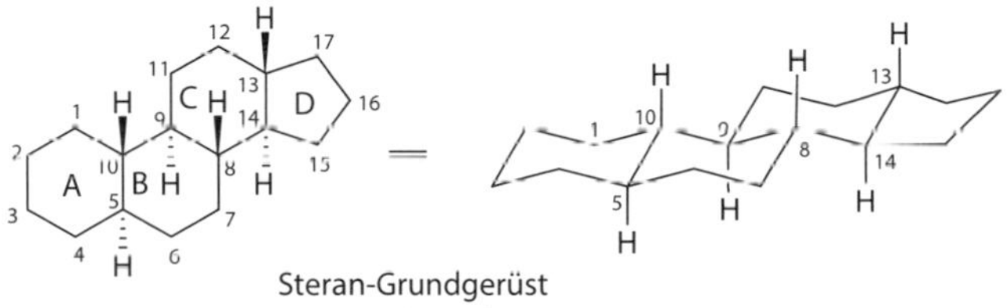

Steran-Grundgerüst
(5α-Gonan)

46.1 Sterine

▶ Sterine tragen eine OH-Gruppe am C-3-Atom und leiten sich vom Cholesterin (Cholesterol) ab.

Sie unterscheiden sich in erster Linie in der Substitution der Seitenkette. Cholesterin kommt im tierischen Organismus vor (**Zoosterin**). Andere Sterine, wie **Stigmasterin** (Stigmasterole), stammen aus Pflanzen (**Phytosterine**) und dienen als Ausgangsstoff für die Synthese von Steroid-Hormonen. Zu den **Mycosterinen** zählt das **Ergosterin** (*Regosterol*) (z. B. in Hefepilzen), das bei Bestrahlung mit UV-Licht zum **Vitamin D$_2$** fotoisomerisiert und daher auch als Provitamin D$_2$ bezeichnet wird. Es wird der B-Ring zwischen C-9 und C-10 gespalten und dabei zwischen C-10 und C-19 eine Doppelbindung gebildet.

© Springer-Verlag Berlin Heidelberg 2016
H.P. Latscha, U. Kazmaier, *Chemie für Biologen*, DOI 10.1007/978-3-662-47784-7_46

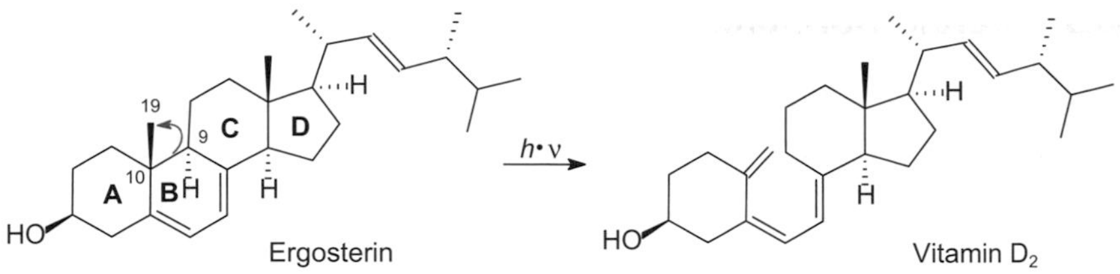

Ergosterin $h \cdot \nu$ Vitamin D$_2$

Cholesterin (Cholesterol) ist das am längsten bekannte Steroid. Es bildet den Hauptbestandteil der *Gallensteine* und wurde aus diesen erstmals gewonnen. Aufgrund der ‚flachen' Struktur des Steran-Grundgerüsts können sich Steroide wie Cholesterin sehr gut in Zellmembranen einlagern. Cholesterin ist daher ein sehr wichtiger Zellbestandteil. *Störungen des Cholesterin-Stoffwechsels* kann, vor allem im Alter, zu Ablagerungen an den Arterienwänden und damit zur **Arteriosklerose** führen.

46.2   Gallensäuren

Die Gallensäuren gehören zu den Endprodukten des Cholesterin-Stoffwechsels. Sie kommen in der Galle jedoch nicht in freier Form vor, sondern stets über die Säurefunktion an Aminosäuren (Glycin, Taurin) gebunden (Glycocholsäure und Taurocholsäure). Durch Hydrolyse erhält man die freien Gallensäuren. Es sind Hydroxyderivate der **Cholansäure**, wobei die Ringe A und B *cis*-verknüpft sind.

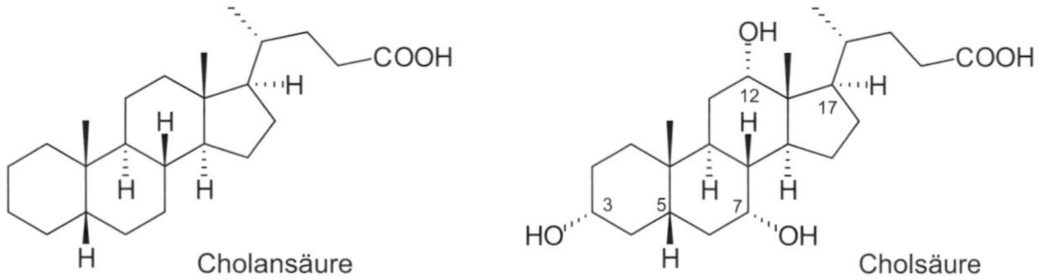

Cholansäure   Cholsäure

Die wichtigste Gallensäure ist die **Cholsäure** ($3\alpha,7\alpha,12\alpha$-Trihydroxy-5β-cholansäure). Andere Gallensäuren, wie die Desoxycholsäure ($3\alpha,12\alpha$-Dihydroxy-5β-cholansäure), enthalten weniger OH-Gruppen. Gallensäuren sind wichtig bei der Fettverdauung. Die Alkalisalze der Glycocholsäure und der Taurocholsäure sind oberflächenaktiv und dienen wahrscheinlich als Emulgatoren für Nahrungsfette.

46.3   Steroid-Hormone

Hierbei handelt es sich um biochemische Wirkstoffe, die im Organismus gebildet werden und wegen ihrer großen Wirksamkeit bereits in kleinsten Mengen Stoffwechselvorgänge beeinflussen, sowie das Zusammenspiel der Zellen und Organe regulieren. Es werden unterschieden nach Funktion und Zahl der C-Atome:

- **Androgene** (männl. Sexual-Hormone); C_{19}; Biosynthese aus Cholesterin über Progesteron.
- **Östrogene** (Follikel-Hormone); C_{18}; Biosynthese aus Testosteron; der A-Ring ist aromatisch!
- **Gestagene** (Gelbkörper-Hormone); C_{21}; Progesteron: Biosynthese aus Cholesterin.
- **Corticoide** (Nebennierenrinden-Hormone): C_{21}; Biosynthese aus Cholesterin über Progesteron.

Die ersten drei Verbindungsklassen gehören zur Gruppe der **Sexualhormone**. Diese fassen alle Wirkstoffe zusammen, die in den männlichen und weiblichen *Keimdrüsen* gebildet werden. Man unterscheidet daher auch zwischen **männlichen** und **weiblichen** Sexualhormonen, wobei sich die Bezeichnung männlich und weiblich nicht auf das Vorkommen sondern die Wirkung bezieht.

46.3.1   Männliche Sexualhormone (Androgene)

Die wichtigsten männlichen Sexualhormone sind das Androsteron und das Testosteron:

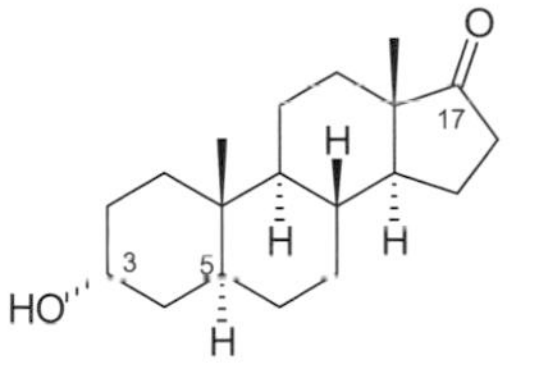

Androsteron
(5α-Androstan-3α-ol-17-on)

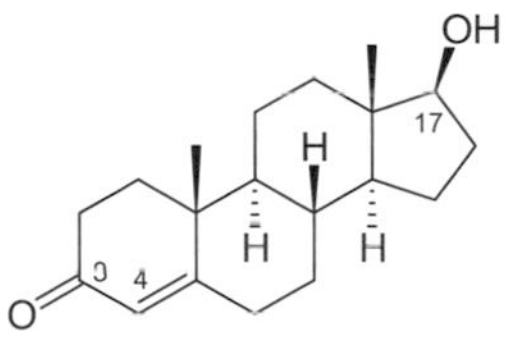

Testosteron
(17β-Hydroxy-4-androsten-3-on)

Androsteron wurde erstmals aus Männerharn isoliert, **Testosteron** gewinnt man aus Stierhoden. Vor allem Letzteres stimuliert das Wachstum der Geschlechtsdrüsen und die Ausbildung der sekundären Geschlechtsorgane.

46.3.2   Weibliche Geschlechtshormone (Östrogene, Gestagene)

Die weiblichen Sexualhormone steuern entscheidend den sich wiederholenden Sexualcyclus bei Mensch und Tier, sowie die Schwangerschaft. Diese werden von unterschiedlichen Hormonen dominiert. Man unterscheidet daher zwischen den **Follikelhormonen** (Östrogene)und den **Schwangerschaftshormonen** (Gestagene). Die Follikelhormone leiten sich vom Grundkörper Östran ab, die wichtigsten Vertreter sind:

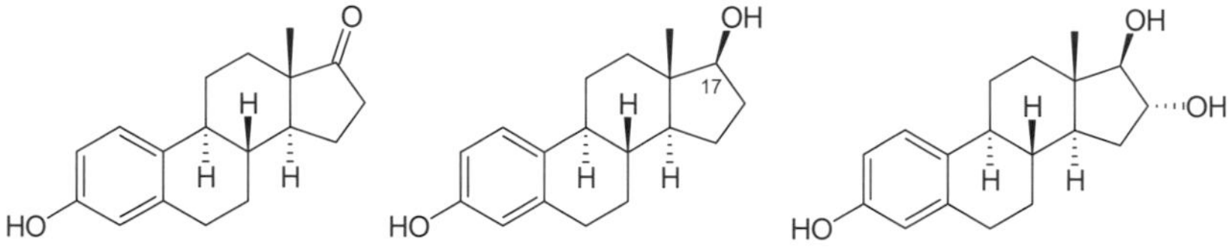

| Östron | 17β-Östradiol | Östriol |

Besonders hohe Konzentrationen an **Östrogenen** findet man während der Zeit des Follikelsprungs (daher der Name Follikelhormone). Die Östrogene werden jedoch nicht nur in den weiblichen Keimdrüsen gebildet, sondern auch in den männlichen. Im männlichen Organismus wirken die Östrogene als Antagonisten der Androgene. Die Östrogene zeigen schwache Anabolika-Wirkung, sie stimulieren die Milchdrüsen-, Blasen- und Harnleitermuskulatur, und verhindern die Entkalkung der Knochen.

Die **Gelbkörperhormone** (Gestagene) werden nach dem Follikelsprung aus dem *Corpus luteum* (Gelbkörper) gebildet. Das wichtigste Hormon **Progesteron** bereitet die Uterusschleimhaut für die Aufnahme des befruchteten Eis vor. Während der Schwangerschaft ist seine Konzentration besonders hoch. Hier verhindert es die Reifung neuer Follikel.

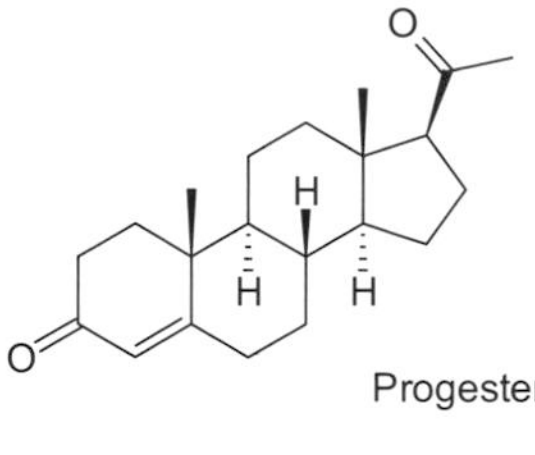

Progesteron

46.3.3 Kontrazeptive Steroide

Abgewandelte Östrogene und Gestagene eignen sich auch als Antigestagene zur Empfängnisverhütung. Ein wichtiger Bestandteil der „Pille" ist z. B. 17α-Ethinyl-östradiol. Der Progesteron-Antagonist RU 486 (*Mifegyne*) ermöglicht einen Schwangerschaftsabbruch bis zum Ende der 7. Schwangerschaftswoche.

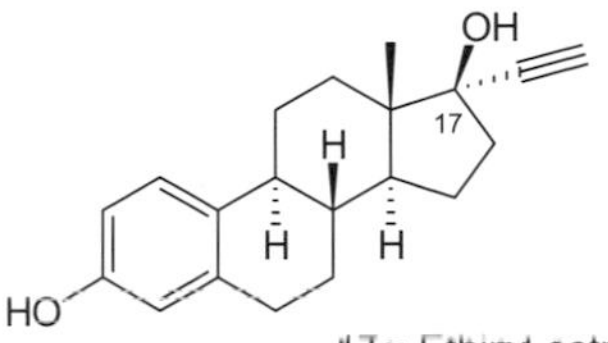

17α-Ethinyl-ostradiol   RU 486 (*Mifegyne*)

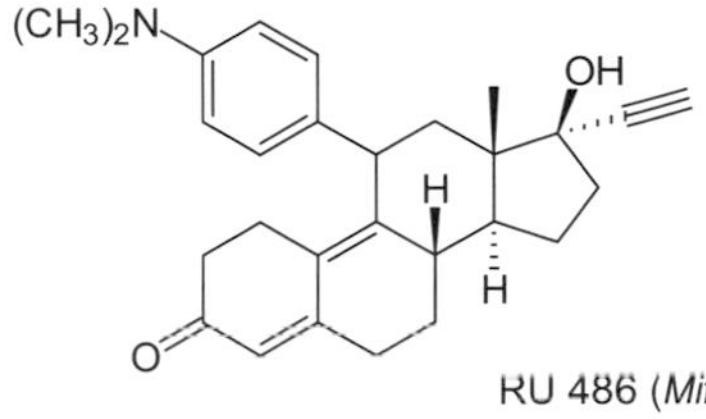

46.4 Corticoide

Eng verwandt mit dem Progesteron sind die *Hormone der Nebennierenrinde*, die Corticoide (von *cortex* = Rinde). Sie gehören zu den lebenswichtigen Stoffen im Körper, daher führt die Entfernung der Drüse über kurz oder lang zum Tode. Die Corticoide beeinflussen vor allem den Mineralhaushalt (Mineralcorticosteroide, z. B. Aldosteron) und den Kohlenhydratstoffwechsel (Glucocorticosteroide z. B. Cortisol). In Stresssituationen wird besonders viel Cortisol ausgeschüttet, weshalb es auch als **Stresshormon** bezeichnet wird.

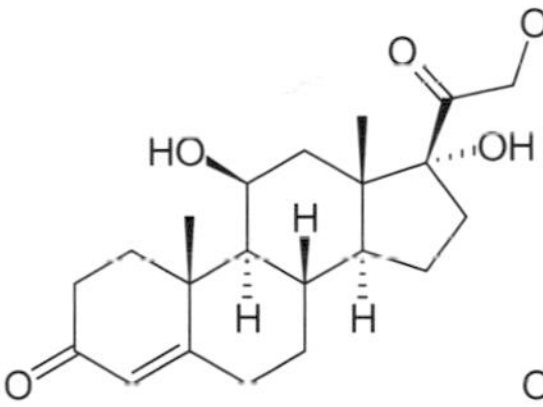

Cortisol
(Hydrocortison)   Corticosteron 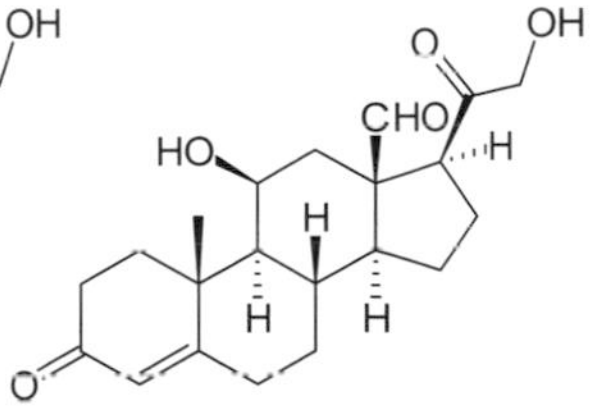   Aldosteron

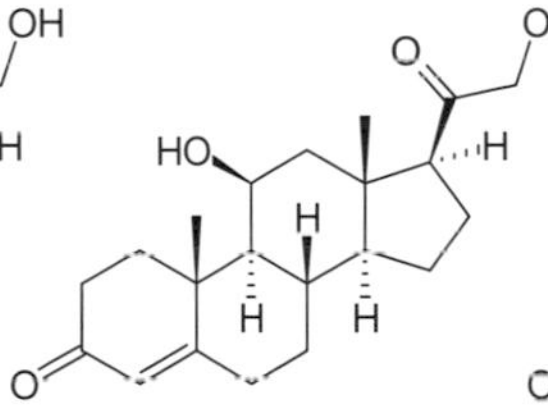

46.5 Herzaktive Steroide

Die Gruppe der herzaktiven Steroide umfasst die **Cardenolide**, die vor allem in den Blättern von *Digitalis*-Arten (Fingerhut) vorkommen, und die **Bufadienolide** die als Gifte in Pflanzen und Krötensekreten auftreten. Die Cardenolide kommen in der Natur in glycosidischer Form vor. Die Bufadienolide sind eng mit den Cardenoliden verwandt, sie treten jedoch nicht in glycosidischer Form auf. Ein bekanntes Krötengift ist **Bufotalin**.

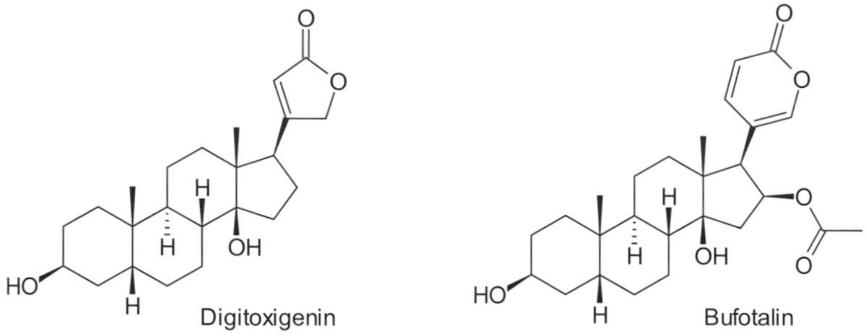

Digitoxigenin   Bufotalin

46.6 Sapogenine und Steroid-Alkaloide

▶ Von den Sterinen leiten sich die Sapogenine und Steroid-Alkaloide ab. Sie enthalten Seitenketten am C-17-Atom, die oft zu Lacton-, Ether- oder Piperidin-Ringen cyclisiert sind.

Viele kommen als Glycoside (**Saponine**) vor und sind wegen ihrer pharmakologischen Wirkung von Bedeutung. Obwohl einige davon auch in *Digitalis*-Arten vorkommen, sind sie nicht herzaktiv.

Wichtige Vertreter sind: Saponine (aus *Digitalis*-Arten und *Dioscoreaceen*):

- **Diosgenin** (→ zur Partialsynthese von Steroid-Hormonen),
- **Digitonin** (→ zur Cholesterin-Bestimmung).

Die Steroid-Alkaloide findet man als Glycoside vor allem in Nachtschattengewächsen wie der Tomate (z. B. Tomatidin) und der Kartoffel (Solanidin).

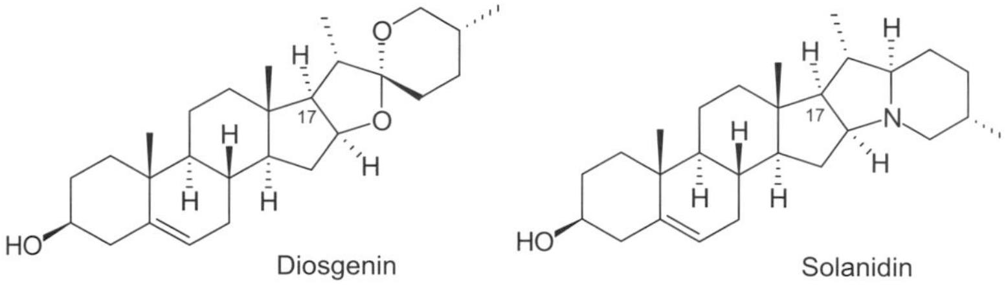

Diosgenin   Solanidin

Alkaloide

47

▶ Alkaloide sind eine Gruppe von *N*-haltigen organischen Verbindungen, die von der Biosynthese her als Produkte des Aminosäure-Stoffwechsels angesehen werden können.

Die meisten Alkaloide enthalten **Stickstoff-Heterocyclen** als Grundkörper und werden anhand dieser Ringsysteme eingeteilt (Abb. 47.1). Besonders verbreitet sind 5-gliedrige Ringe (Pyrrol- und Pyrrolidin-Alkaloide) und 6-gliedrige Ringe (Pyridin- und Piperidin-Alkaloide), wobei häufig auch Kombination aus mehreren Ringen auftreten. Neben dem bicyclischen Tropan-Grundgerüst findet man vor allem auch die kondensierten Ringsysteme der Pyrrolizidin-, Indolizidin- und Chinolizidin-Alkaloide. Zu den Alkaloiden mit heteroaromatischem Grundkörper gehört die wichtige Gruppe der Indol-Alkaloide, die sich von der Aminosäure Tryptophan

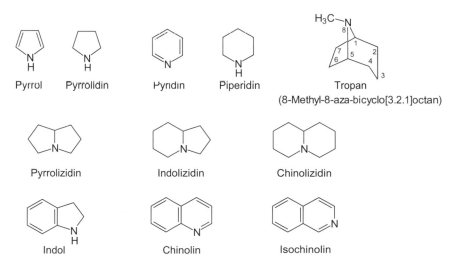

Abb. 47.1 Stammheterocyclen bedeutender Alkaloide

© Springer-Verlag Berlin Heidelberg 2016
H.P. Latscha, U. Kazmaier, *Chemie für Biologen*, DOI 10.1007/978-3-662-47784-7_47

ableiten, sowie die Chinolin und Isochinolin-Alkaloide. Die Familie der Steroid-Alkaloide wurde bereits in Abschn. 46.6 besprochen.

Bei der Extraktion aus pflanzlichem Material nutzt man die basischen Eigenschaften vieler Alkaloide zur Trennung aus. Alkaloide finden als Arzneimittel Verwendung; einige sind bekannte Rauschmittel und Halluzinogene.

47.1 Pyrrolidin- und Piperidin-Alkaloide

Die wichtigsten Pyrrolidin-Alkaloide sind **Hygrin** und **Cuscohygrin**, welche beide in den Blättern des Coca-Strauches (*Erythroxylum coca*) vorkommen. Cuscohygrin findet man ferner in den Wurzeln der Tollkirsche (*Atropa belladonna*) und im Stechapfel (*Datura sp.*) sowie im Bilsenkraut (*Hyoscyamus sp.*), also in denselben Pflanzen, in denen auch die Tropan-Alkaloide (Abschn. 48.3) vorkommen. Viele dieser Pflanzen werden in der Volksmedizin verschiedener Völker als Narkotika und Sedativa verwendet.

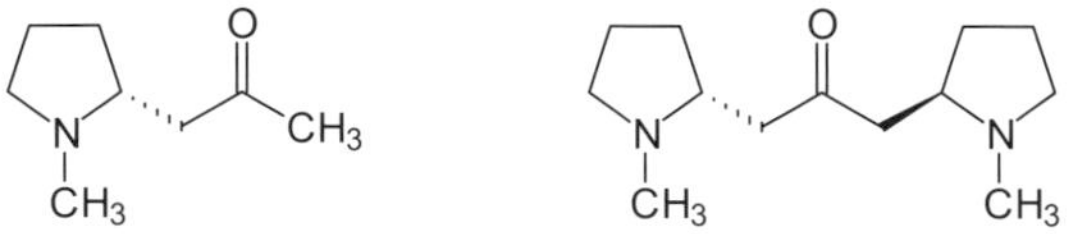

Hygrin   Cuscohygrin

Einfache Derivate des Pyrrolidins und Piperidins kommen in den **Alkaloiden des Pfeffers** (*Piper nigrum*) vor. **Piperin**, das Hauptalkaloid ist für dessen scharfen Geschmack verantwortlich. Zu den Piperidin-Alkaloiden gehört auch das hochtoxische **Coniin**, das Gift des Schierlings (*Conium maculatum*). In der Antike wurden wässrige Auszüge dieser Pflanze (**Schierlingsbecher**) von Giftmischern verabreicht. Unter anderem fiel *Sokrates* diesem Gift zum Opfer. Es bewirkt zuerst eine Erregung der motorischen Nervenendigungen, dann eine curareartige Lähmung der quergestreiften Muskulatur. Der Tod erfolgt nach 1–5 h bei vollem Bewusstsein durch Lähmung der Brustkorbmuskulatur. Das ebenfalls recht einfach gebaute **Lobelin** aus *Lobelia inflata* regt die Atmung an und wird daher therapeutisch bei Atemstörungen und bei der Tabakentwöhnung angewandt.

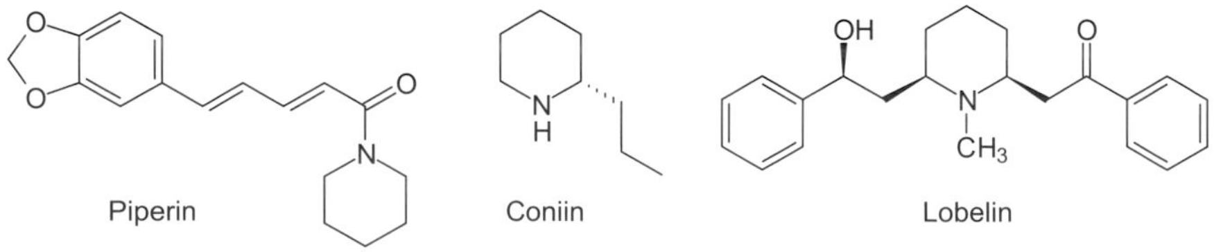

Piperin   Coniin   Lobelin

47.2 Pyridin-Alkaloide

Die wichtigsten Pyridin-Alkaloide findet man in der **Tabakpflanze** (*Nicotina tabacum*). Neben den Hauptalkaloiden **Nikotin** und **Anabasin** findet man eine Reihe von Nebenalkaloiden (Nornicotin, 2,3-Bipyridin etc.) mit ähnlicher Struktur. Nikotin regt das Nervensystem an, verengt die Blutgefäße und steigert infolge dessen den Blutdruck. In Form von Nikotinpflaster wird es zur Raucherentwöhnung eingesetzt. Es ist sehr toxisch (letale Dosis: 1 mg/kg Körpergewicht) und wird wie das strukturisomere Anabasin als Schädlingsbekämpfungsmittel eingesetzt.

Strukturell verwandt mit Nikotin und Anabasin ist **Epibatidin**, das Gift des **Pfeilgiftfrosches** *Epipedobates tricolor*. Es ist ca. 200- bis 500-mal stärker schmerzlindernd als Morphin, bindet jedoch nicht wie dieses an den Opioid-Rezeptor im Zentralnervensystem, sondern wie Nikotin an den Acetylcholin-Rezeptor.

Nicotin   Anabasin   Epibatidin

47.3 Tropan-Alkaloide

Tropan-Alkaloide enthalten als Grundgerust das 8-Methyl-8-azabicyclo[3.2.1]octan (Tropan) und kommen in zahlreichen **Nachtschattengewächsen** vor (*Solonaceae*). Tropan setzt sich formal aus einem Pyrrolidin- und einem Piperidinring zusammen. Man unterscheidet zwischen den Alkaloiden der Atropin- und der Cocain-Gruppe.

Atropin, das Hauptalkaloid der **Tollkirsche** (*Atropa belladonna*), ist der Ester des Tropan-3α-ols und der racemischen Tropasäure. Das im Bilsenkraut (*Hyoscamus niger*) und Stechapfel (*Datura stramonium*) vorkommende **Hyoscamin** ist identisch gebaut, enthält jedoch optisch aktive (S)-Tropasäure. Im **Scopolamin** ist der Bicyclus zusätzlich epoxidiert.

Atropin, Hyoscyamin   Scopolamin

Atropin wirkt pupillenerweiternd und wurde früher in der Augenheilkunde eingesetzt. Da die Wirkung zu langsam abklingt, findet es mittlerweile keine Anwendung mehr. Im Mittelalter, als große Pupillen als Schönheitsideal galten, wurden

wässrige Auszüge der Tollkirsche vor allem von der Damenwelt für Schönheits-
zwecke (Belladonna) benutzt. Heute finden solche Zubereitungen vor allem Anwendung zur Behandlung von Spasmen im Gastrointestinaltrakt.

Cocain enthält als Grundkörper das Ecgonin (Tropan-3β-ol-2-carbonsäure). Neben Hygrinderivaten (Abschn. 47.1) kommt Cocain als Hauptalkaloid in den Blättern des in den Anden beheimateten **Coca-Strauches** (*Erythroxylum coca*) vor.
Extrakte dieser Blätter waren früher in einer berühmten braunen Limonade enthalten.

Besonders hart arbeitende Bevölkerungsteile Südamerikas wickeln Kalk oder
Pottasche (reagieren alkalisch) in getrocknete Coca-Blätter, um durch Kauen dieser
„Cocabissen" ihre Arbeit besser zu ertragen. Dabei wird das Cocain zum Ecgonin
verseift, welches zwar ebenfalls anregend und leistungsfördernd wirkt, aber nicht
so psychoaktiv und suchterregend wie Cocain.

Cocain   Ecgonin

Aufgrund dieser vorübergehenden leistungssteigernden und euphorisierenden
Wirkung wird Cocain als illegale **Droge** angewandt, die geschnupft, geraucht
oder intravenös gespritzt wird. Es erregt das Nervensystem, verengt die Blutgefäße und führt demzufolge zu einer Erhöhung des Blutdrucks. Durch mangelnde
Durchblutung des Muskelgewebes kann es zu dessen Abbau führen; Nierenversa-
gen und Schlaganfälle sind weitere Nebenwirkungen dieses stark suchterregenden
Rauschmittels. Abbauprodukte lassen sich im Urin und in den Haaren nachweisen,
wobei die „Haaranalyse" auch zum Nachweis von Langzeitanwendungen und zur
Abschätzung des Drogenkonsums geeignet ist.

Eng verwandt mit den Tropan-Alkaloiden sind die Ringhomologen, die den Bicyclus Granatan enthalten. Das Hauptalkaloid dieser Gruppe, **Pseudopelletierin,**
kommt in der Rinde des **Granatapfelbaums** (*Punica granatum*) vor, Zubereitungen dieser Rinde werden als Bandwurmmittel eingesetzt.

Granatan   Pseudopelletierin
(9-Methyl-9-aza-bicyclo[3.3.1]nonan)

47.4   Pyrrolizidin-, Indolizidin- und Chinolizidin-Alkaloide

Pyrrolizidin-Alkaloide

Pyrrolizidin-Alkaloide findet man in einer Vielzahl von Pflanzenfamilien (*Asteraceae*, *Euphorbiaceae*, *Leguminoseae*, *Orchidaceae* etc.), wobei man zwischen den freien Pyrrolizidinen und den Ester-Alkaloiden unterscheiden kann. Zu den freien Pyrrolizidinen gehören Vertreter wie **Retronecanol** (aus *Crotalaria*) und die Gruppe der **Necine**, welche eine CH_2OH-Gruppe enthalten. Zur dieser Klasse zählt das **Retronecin**. Weitere OH-Gruppen an den Ringsystemen erhöhen die Vielfalt der Necine. Vom Retronecin leiten sich auch die Ester-Alkaloide wie etwa Lycopsamin (aus *Heliotropium spathulatum*) und Senicionin (aus *Tussilago farfara*) ab. Diejenigen Derivate, die eine Doppelbindung im Ring enthalten, sind hochtoxisch und kanzerogen, wobei die Kanzerogenität wahrscheinlich auf einer Quervernetzung der DNA-Stränge beruht.

| Retronecanol | Retronecin | Lycopsamin | Senecionin |

Indolizidin-Alkaloide

Indolizidin-Alkaloide findet man in diversen Pflanzenarten (*Elaecarpaceae*, *Asclepiadaceae*) sowie als Metaboliten von Pilzen und Bakterien. Mehrfach hydroxylierte Vertreter wie **Swainsonin** (aus *Rhizoctonia leguminicola*) und **Castanospermin** (aus *Castanospermum australe*) haben große Ähnlichkeit mit Zuckern, und werden daher häufig auch als Aza- oder Iminozucker bezeichnet. Aufgrund dieser Ähnlichkeit wirken diese Alkaloide als Inhibitoren von Glycosidasen (zuckerspaltende Enzyme). Swainsonin inhibiert z. B. Mannosidasen, Castanospermin Glucosidasen. Castanospermin wirkt zudem gegen Krebszellen und HIV-Viren.

Zu den Indolizidin-Alkaloiden gehören auch die **Pumiliotoxine**, die Giftstoffe des **Pfeilgiftfrosches** *Dendrobates pumilio*. Neben den Hauptalkaloiden **Pumiliotoxin A** und **B** gibt es noch eine ganze Reihe weiterer Vertreter, die sich vor allem im Substitutionsmuster der Seitenkette unterscheiden. Einige der Derivate enthalten ein vollständig gesättigtes Chinolin-Grundgerüst. Die toxische Wirkung beruht auf einer Veränderung der Membranpermeabilität für Na^+- und Ca^{2+}-Ionen.

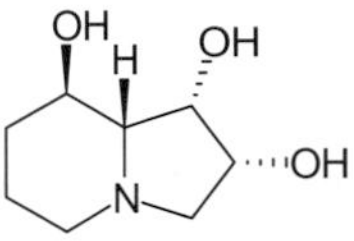

Swainsonin 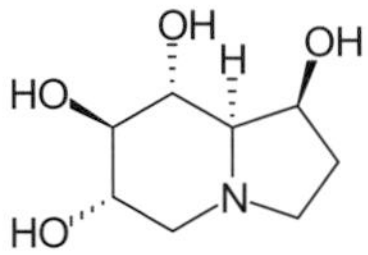   Castanospermin 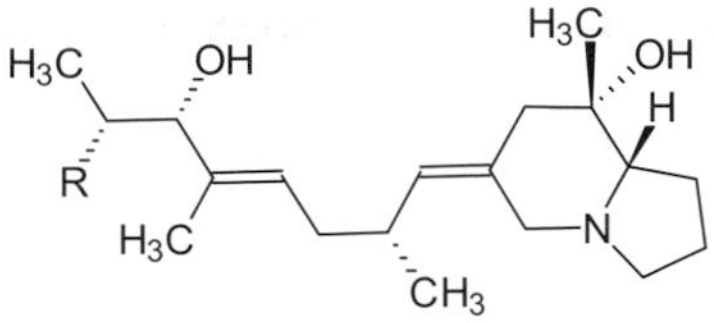   Pumiliotoxin A R = H
                                             Pumiliotoxin B R = OH

Chinolizidin-Alkaloide

Chinolizidin-Alkaloide sind Inhaltsstoffe vieler Leguminosen. Besonders bekannt sind die in Lupinen (*Lupinus luteus*) vorkommenden Alkaloide **Lupinin**, und das wehenfördernde **Spartein** aus Besenginster (*Sarothamnus scoparius*). **Cytisin**, das Hauptalkaloid des Goldregens (*Cytisus laburnum*), wirkt in geringen Dosen anregend bis halluzinogen, in höheren Dosen atemlähmend.

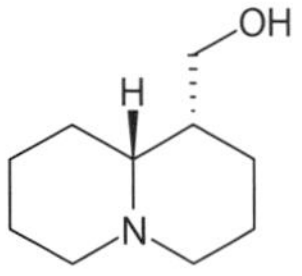

Lupinin 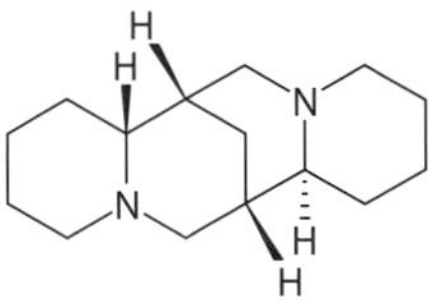   Spartein 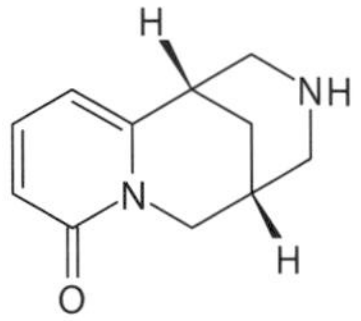   Cytisin

47.5 Indol-Alkaloide

Die Gruppe der Indol-Alkaloide ist ungemein groß und umfasst mehr als 1500 Vertreter. Sie enthalten alle einen (teilweise auch gesättigten) Indolring oder Tryptamin als Teilstruktur, und leiten sich vom **Tryptophan** ab. Zur weiteren Differenzierung unterscheidet man verschiedene Klassen wie die Carbazol-, Carbolin- und Ergolin-Alkaloide, um nur die wichtigsten zu nennen. Viele dieser Alkaloide werden als Medikamente verwendet, einige von ihnen sind hochwirksame Halluzinogene.

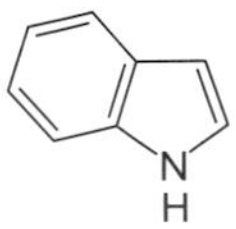

Indol 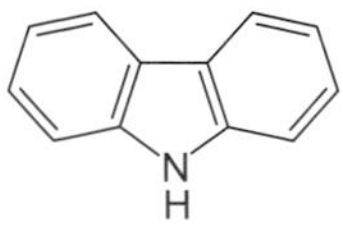   Carbazol 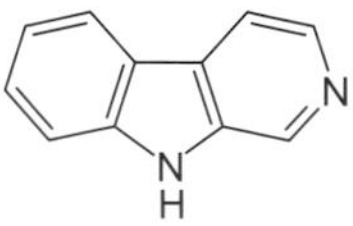   β-Carbolin 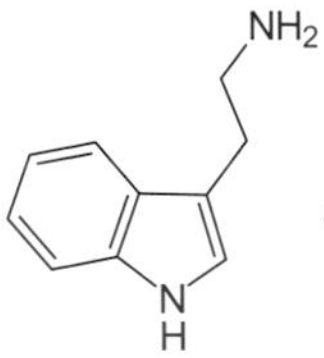   Tryptamin 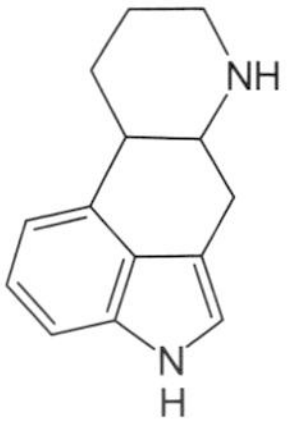   Ergolin

47.5.1 Substituierte Indole

Vom **Tryptamin** als **biogenem Amin** (Abschn. 30.1.5) leiten sich eine ganze Reihe einfachster Indol-Alkaloide ab, wie das Serotonin und Melatonin, welche im Blut von Säugetieren vorkommen. **Serotonin** (5-Hydroxytryptamin) wirkt gefäßverengend, **Melatonin** (aus der Zirbeldrüse) wirkt sedierend und wird daher bei Schlafstörungen und gegen Jetlag angewandt. Ähnliche Strukturen findet man auch in **Krötengiften**, die zudem stark halluzinogen sind.

Weitere interessante Tryptamine, wie die stark halluzinogenen **Psilocin** und **Psilocybin** findet man in diversen Pilzen, wie dem mexikanischen Zauberpilz *Psilocybe mexicana* und dem balinesischen Wunderpilz *Copelandia cyanescens* („*Magic Mushroom*").

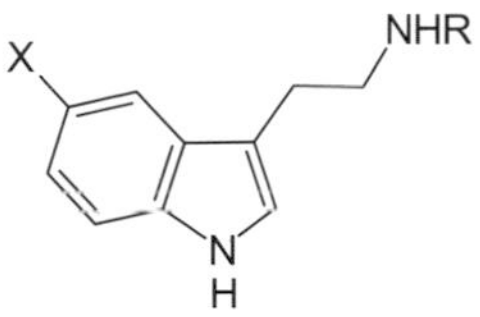

Serotonin X = OH   R = H
Melatonin X = OCH₃ R = COCH₃

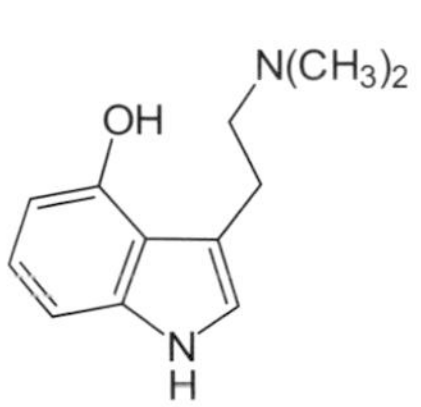

Psilocin

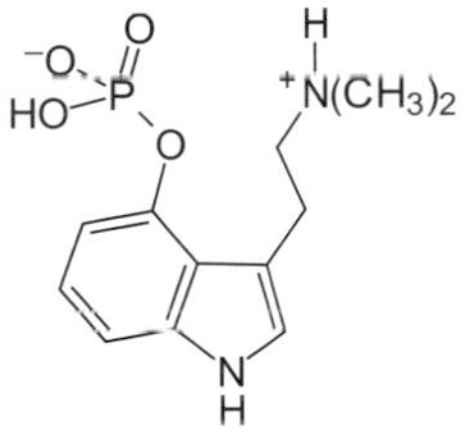

Psilocybin

47.5.2 Carbazol-Alkaloide

Carbazol-Alkaloide mit intakten Benzol-Ringen sind relativ selten. Teilweise hydrierte Strukturen sind jedoch relativ weit verbreitet und finden sich in den polycyclischen Hydrocarbazolen.

Zu den **Strychnos-Alkaloiden** gehören **Strychnin** und **Brucin**, die beide in den Samen der Brechnuss (*Strychnos nux vomica*) vorkommen. Das hochtoxische Strychnin wirkt in geringer Dosis anregend bis euphorisierend. In höheren Dosen verursacht es starrkrampfartige Zustände, so dass ihm keine besondere therapeutische Bedeutung zukommt. Das schwächer wirksame Brucin wird vor allem zur Enantiomerentrennung racemischer Säuren (Abschn. 39.4) verwendet.

Die Gruppe der **Plumeran-Alkaloide** umfasst über 300 Hydrocarbazol-Alkaloide, die zusätzlich noch eine Indolizidin-Teilstruktur aufweisen. Grundkörper dieser Klasse ist das **Aspidospermidin** (aus *Aspidosperma quebrancho-blanco*), weshalb Verbindungen dieses Typs teilweise auch als **Aspidospermidin-Alkaloide** bezeichnet wird.

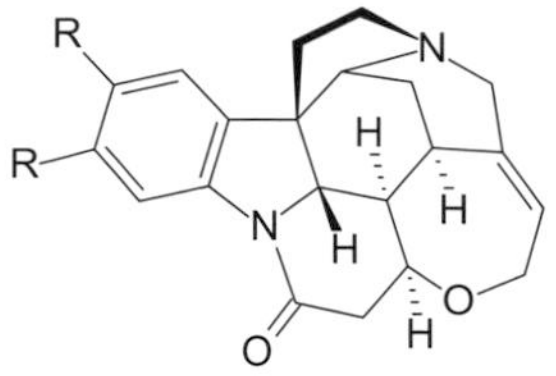

Strychnin R = H

Brucin   R = OCH$_3$

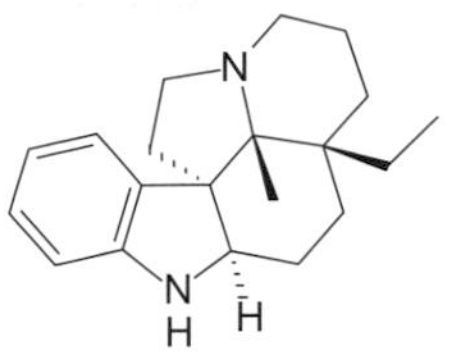

Aspidospermidin

47.5.3   Carbolin-Alkaloide

Als einfache Vertreter dieser Gruppe findet man z. B. **Harmin** neben einigen verwandten Alkaloiden in den Samen der Steppenraute *peganum harmala*. In der Volksmedizin werden diese Samen gegen Würmer und zur Blutreinigung eingesetzt. Harmin selbst wirkt halluzinogen.

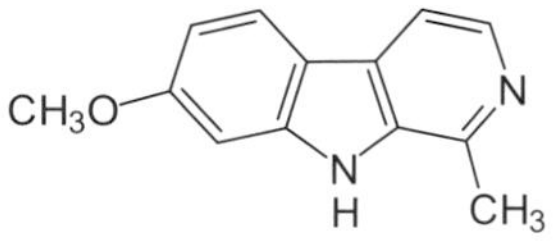

Harmin

Wie bei den Carbazol-Alkaloiden so findet man auch in dieser Gruppe eine Vielzahl von teilweise hydrierten Verbindungen. Stammverbindung der **Yohimban-Alkaloide** ist das **Yohimbin**, das in den Blättern und der Rinde des Yohimbe-Baums (*Corynanthe yohimbe*) vorkommt. Yohimbin wirkt gefäßerweiternd und somit blutdrucksenkend, und wird ferner gegen Impotenz sowie als Aphrodisiakum in der Veterinärmedizin angewendet. Zur selben Gruppe von Alkaloiden gehören auch die Inhaltsstoffe des Strauches *Rauwolfia serpentina* (*Apocyanceae*). Das Hauptalkaloid **Reserpin** wirkt blutdrucksenkend und beruhigend, aber auch potenzstörend und möglicherweise krebserregend und wird daher therapeutisch nicht benutzt.

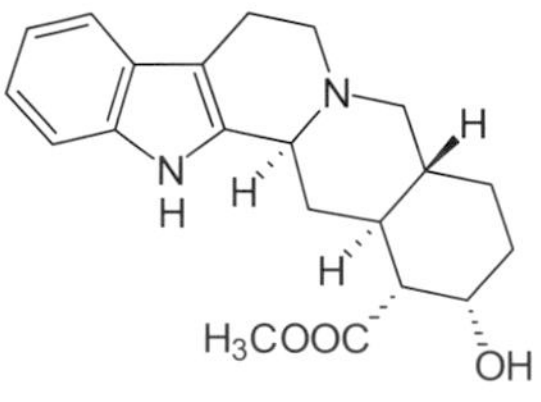

Yohimbin

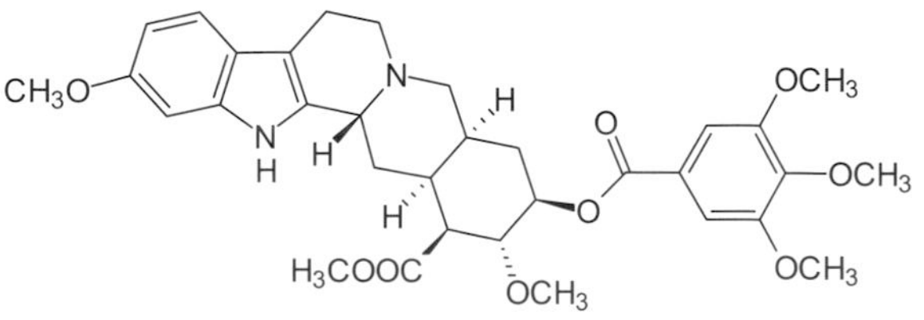

Reserpin

47.5.4 Ergolin-Alkaloide

Die Ergolin-Alkaloide lassen sich auf den tetracyclischen Grundkörper des **Ergolins** zurückführen. Häufig werden sie auch als **Mutterkorn-Alkaloide** bezeichnet, nach ihrem Vorkommen im Mutterkorn, dem auf Getreide schmarotzenden Schlauchpilz *Claviceps purpurea*. In früheren Zeiten war vor allem Roggen von diesem Pilz befallen. Durch bessere Reinigung des Saatguts und durch die Anwendung von Pflanzenschutzmitteln lässt sich dieses Problem jedoch weitestgehend lösen.

Das getrocknete Mutterkorn enthält über 30 Alkaloide. Diese lassen sich in zwei Gruppen, die **Lysergsäureamide** und die **Clavine** einteilen lassen:

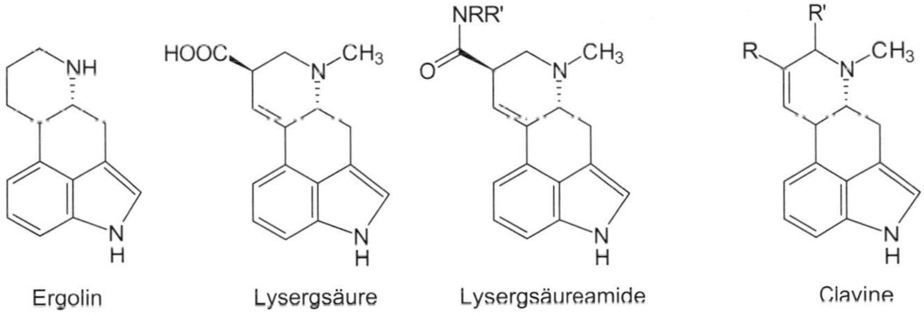

| Ergolin | Lysergsäure | Lysergsäureamide | Clavine |

Zu den Lysergsäureamiden zählt z. B. **Ergobasin** (Ergometrin), eines der Hauptalkaloide des Mutterkorns. Das relativ bekannte **Lysergsäure-*N,N*-diethylamid (LSD)** kommt im Pilz *Claviceps paspali* vor. Das *N,N*-unsubstituierte Amid **Ergin** findet man in Samen mexikanischer Winden. Diese Samen wurden bereits von den Azteken als Zauberdroge bei religiösen Ritualen benutzt. Neben diesen einfachen Amiden gibt es auch Alkaloide, bei denen die Lysergsäure an Peptide geknüpft ist. Einer der Hauptvertreter dieser Gruppe ist **Ergotamin**.

Ergotamin und Ergobasin finden wegen ihrer **wehenfördernden Wirkung** bei der Geburtshilfe Verwendung. Der Name Mutterkorn ist eben auf diesen Effekt zurückzuführen, da getrocknete Mutterkorn-Präparate bereits seit dem 17. Jahrhundert für diesen Zweck eingesetzt wurden. Zu hohe Dosen führen zu Krämpfen und hemmen den Blutkreislauf so stark, dass periphere Gliedmaßen wie Finger und Zehen absterben können. Diese Symptome traten in früheren Zeiten beim Verzehr von mit Mutterkorn verunreinigten Mehlprodukten auf.

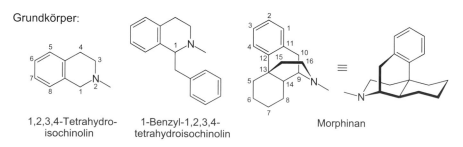

Ergobasin   Lysergsäure-*N,N*-diethylamid   Ergotamin

LSD wirkt bereits in sehr geringen Dosen (0,05–0,1 mg) halluzinogen: Töne sollen als Farben, Berührungen als Geräusche empfunden werden. LSD wurde zeitweilig in der Psychotherapie angewendet, wurde jedoch 1966 wieder aus dem Verkehr genommen. LSD ist kein typisches Suchtgift. Es führt zu extremen Beeinträchtigungen der Bewegungskontrolle, der Wahrnehmung und des Bewusstseins, bis hin zu panischen Angstzuständen (*Horror-Trips*) und im Selbstmord endenden psychotischen Zuständen. Zudem soll es Erbschäden verursachen.

47.6   Isochinolin-Alkaloide

Extrem artenreich ist die Gruppe der Isochinolin-Alkaloide, von denen über 2500 Vertreter bekannt sind. Sie enthalten die **Phenylethylamin-Teilstruktur** (s. a. biogene Amine, Abschn. 30.1.5) und leiten sich vom Phenylalanin bzw. Thyrosin ab. Grundkörper fast aller Alkaloide ist das **1,2,3,4-Tetrahydroisochinolin**, wobei die an Position 1 benzylierten Derivate eine eigene Untergruppe bilden. Ebenfalls zur Gruppe der Isochinolin-Alkaloide gehören die Morphinane mit einem tetracyclischen Grundgerüst.

Grundkörper:

1,2,3,4-Tetrahydro-   1-Benzyl-1,2,3,4-   Morphinan
isochinolin   tetrahydroisochinolin

Isochinolin-Alkaloide kommen vor allem in den Pflanzenfamilien der **Mohngewächse** (*Papaveracea*), Berberitzen (*Berberidaceae*) und der Liliengewächse (*Li-*

liceae) vor. Einfache Vertreter wie **Lophophorin** und **Gigantin** findet man in verschiedenen Kakteenarten, wie etwa dem Peyotl-Kaktus (neben Mescalin).

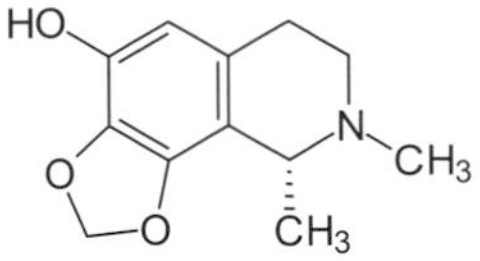

Lophophorin

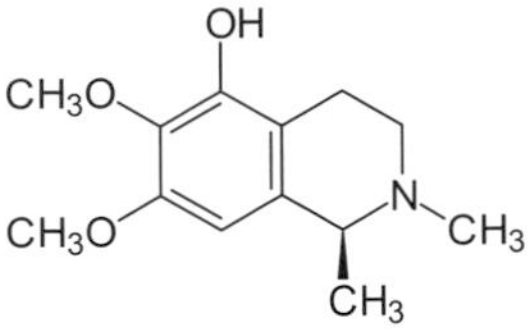

Gigantin

Benzylisochinolin- und Benzyltetrahydroisochinolin-Alkaloide

Zu den Benzyl-isochinolinen und -tetrahydroisochinolinen gehört **Reticulin** (aus *Annona reticulata*), eine biogenetische Vorstufe der **Morphinan-Alkaloide** aus dem Schlafmohn (*Papaver somniferum*), aus dem das Opium gewonnen wird. Ein weiteres **Opium-Alkaloid** ist das **Papaverin**, mit einem „intakten" Isochinolinring:

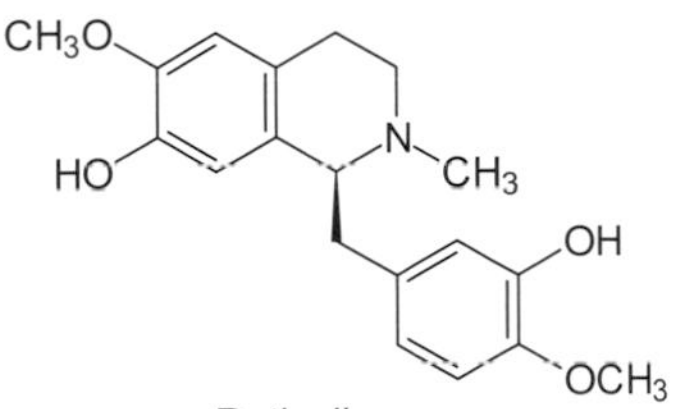

Reticulin

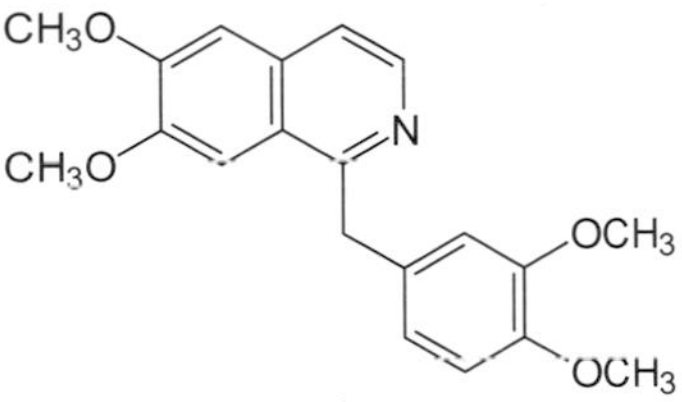

Papaverin

Bisbenzylisochinolin-Alkaloide

In den Bisbenzylisochinolin-Alkaloiden sind zwei Benzyl-tetrahydrochinolin-Einheiten in der Regel über Etherbrücken miteinander verknüpft. Bei den meisten Vertretern findet man zwei oder mehrere Brücken, so dass macrocyclische Strukturen gebildet werden. Einer der wichtigsten Vertreter dieser Gruppe ist das **Tubocurarin** aus der südamerikanischen Liane *Chondodendron tomentosus*. Tubocurarin ist der Wirkstoff des Pfeilgifts **Curare**, welches von südamerikanischen Indianerstämmen aus dieser Liane gewonnen wird. Die Giftwirkung beruht auf einer Lähmung der Muskulatur und der Atmung.

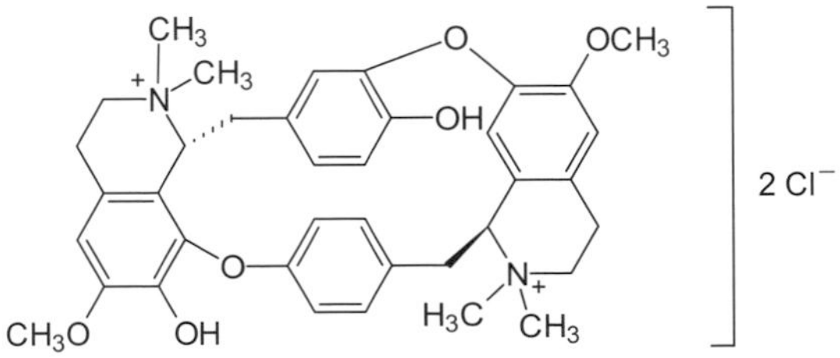

Tubocurarin-chlorid

Morphinan-Alkaloide

Das wichtigste Alkaloid der Morphinan-Gruppe ist **Morphin**, das Hauptalkaloid des Opiums aus dem Schlafmohn *Papaver somniferum*. Es war das erste aus einer pflanzlichen Droge rein isolierte Alkaloid (1806). Das **Opium** gewinnt man durch Anritzen der Mohnkapseln, wobei ein weißer Milchsaft (Latex) austritt. Durch Oxidationsprozesse färbt er sich allmählich braun und bildet das Rohopium.

Morphin	R = R' = H
Codein	R = OCH$_3$; R' = H
Heroin	R = R' = COCH$_3$

Das Rohopium enthält neben Proteinen, Fetten und Zuckern bis zu 20 % Morphin sowie ca. 40 weitere Isochinolin-Alkaloide. Derivate des Morphins sind das **Codein** und das **Heroin**, welches nicht natürlich vorkommt, sondern durch Acetylierung aus Morphin hergestellt wird.

Morphin ist ein hochwirksamer **Schmerzstiller**, der vor allem bei Tumorpatienten angewendet wird. **Codein** findet Verwendung als **Hustendämpfer**. Das synthetische Heroin wurde während des 1. Weltkriegs ebenfalls als Schmerzmittel bei Verwundeten eingesetzt, sowie zur Stimulierung der Kampfbereitschaft („Heroisierung", daher der Name Heroin). Aufgrund des extrem hohen Suchtpotenzials findet es jedoch keine medizinische Anwendung mehr. Es wird nur noch als illegale Droge gehandelt

47.7 Chinolin-Alkaloide

Von den Chinolin-Alkaloiden sind ca. 200 Vertreter bekannt, wobei aus pharmakologischer Sicht vor allem die **China-Alkaloide** von Bedeutung sind. Diese findet man in der Rinde des Cinchona-Baumes (*Cinchona officinalis*). Die wichtigsten Alkaloide sind **Chinin** und das diastereomere **Chinidin**, welche jeweils eine Methoxy-Gruppe am Chinolinring tragen. Aber auch die unsubstituierten Derivate kommen vor (**Cinchonidin, Cinchonin**). Chinin findet Anwendung in der **Malaria-Therapie**. Ferner wird es aufgrund seines bitteren Geschmacks Mineralwässern („Tonic Water") und Limonaden („Bitter Lemon") zugesetzt.

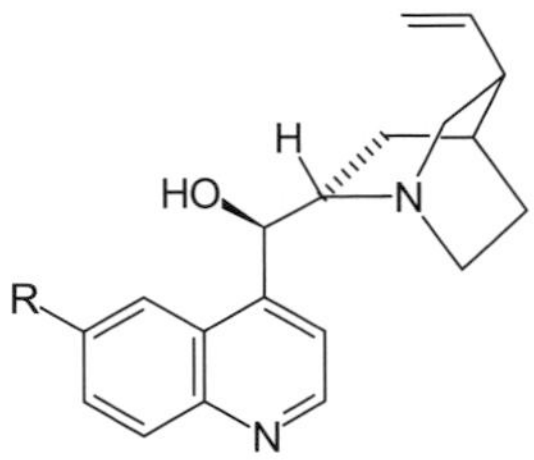

R = OCH₃   Chinin   R = OCH₃   Chinidin
R = H   Cinchonidin   R = H   Cinchonin

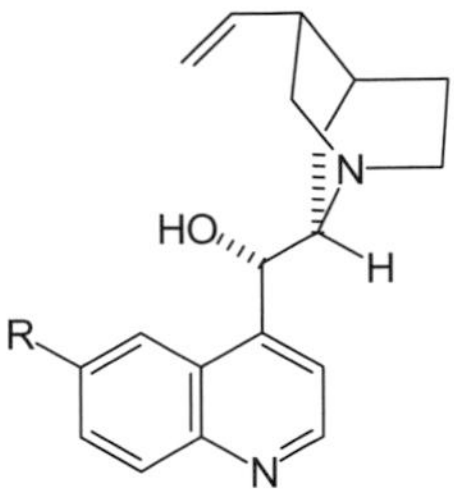

Natürliche Farbstoffe

48

In den vorangegangenen Kapiteln wurden bereits mehrere natürlich vorkommende Farbstoffe erwähnt, so z. B. **β-Carotin** (Butter) und die **Xanthophylle** (Gelbfärbung von Laub). Viele Farbstoffe enthalten heterocyclische Grundgerüste.

48.1 Pteridinfarbstoffe

Die **Flügelpigmente** einiger Insekten enthalten Pteridin als Heterocyclus (es ist jeweils nur eine tautomere Form angegeben):

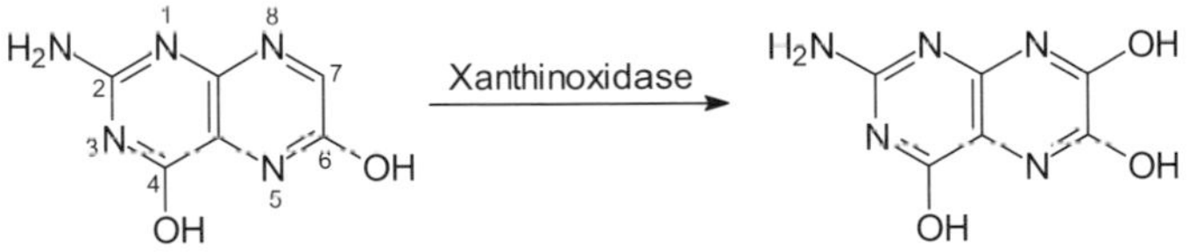

Xanthopterin (gelb)
(Zitronenfalter)

Leukopterin (weiß)
(Kohlweißling)

© Springer-Verlag Berlin Heidelberg 2016
H.P. Latscha, U. Kazmaier, *Chemie für Biologen*, DOI 10.1007/978-3-662-47784-7_48

48.2 Porphinfarbstoffe

Zu dieser wichtigen Verbindungsklasse gehören die **Farbkomponenten des Blutes** (Häm), des **Blattgrüns** (Chlorophyll) und des **Vitamin B$_{12}$**. **Häm** und **Chlorophyll** leiten sich ab vom Porphin (Porphyrin), bei dem 4 Pyrrolringe jeweils über Methinbrücken (−CH=) verknüpft sind. Dadurch entsteht ein 16-gliedriges mesomeriestabilisiertes Ringsystem. Die Pyrrolringe tragen weiterhin Methyl- und Ethenyl-Gruppen, sowie Propionsäuregruppierungen:

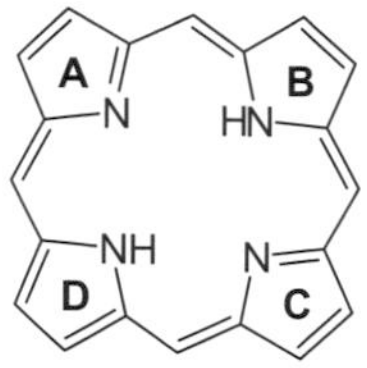

Porphin-Ring
(Porphyrin-Ring)

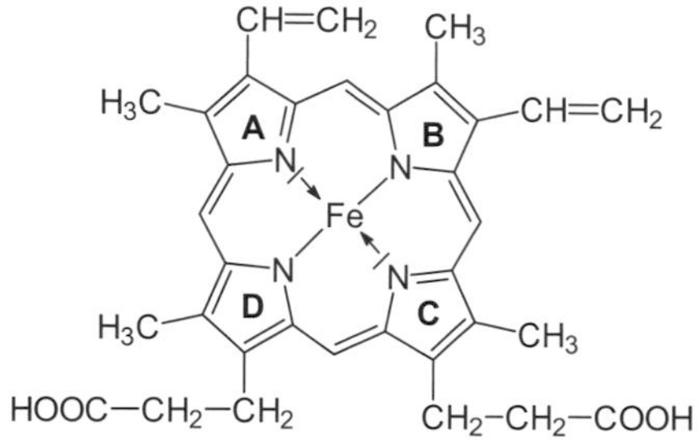

Häm

48.2.1 Häm und Hämoglobin

▶ Häm ist die farbgebende Komponente des Hämoglobins, des Farbstoffs der roten Blutkörperchen (Erythrocyten).

Der Hämanteil des Hämoglobins beträgt ca. 4 %, der Rest (96 %) besteht aus dem Protein Globin. Im Zentrum des Porphin-Ringsystems, dem Protoporphyrin, befindet sich beim Häm ein **Fe^{2+}-Ion**, das mit den Stickstoffatomen der Pyrrolringe vier Bindungen eingeht, von denen zwei **koordinative Bindungen** sind. Im Hämoglobin wird eine fünfte Koordinationsstelle am Eisen durch das Histidin des Globins beansprucht. Dadurch wird das Häm koordinativ an das Eiweiß gebunden. Hämoglobin besteht aus vier Untereinheiten, enthält also 4 Häm-Moleküle.

Der durch die Lunge eingeatmete Sauerstoff kann reversibel eine sechste Koordinationsstelle besetzen (= Oxyhämoglobin). Auf diese Weise transportiert das Hämoglobin den lebenswichtigen Sauerstoff. Noch besser als Sauerstoff werden jedoch Kohlenstoffmonoxid (Kohlenoxidhämoglobin) und Cyanid gebunden. Bei einer Kohlenstoffmonoxid- oder Blausäure-Vergiftung wird der Sauerstoff daher durch CO bzw. CN$^-$ verdrängt (bessere Komplexliganden). Dadurch wird die Zellatmung unterbunden und der ganze Stoffwechsel gestört, was letztendlich zum Tode führt.

48.2.2 Chlorophyll

Beim strukturell verwandten Blattfarbstoff Chlorophyll ist eine der beiden Propionsäure-Gruppen oxidiert und zu einem 5-Ring cyclisiert (Z). Beide Säurefunktionen sind verestert. Der verbleibende Propionsäure-Substituent ist mit dem Diterpenalkohol (Kap. 45) Phytol verknüpft. Ring D ist teilweise hydriert. Chlorophyll enthält komplex gebundenes **Magnesium** als Zentralion.

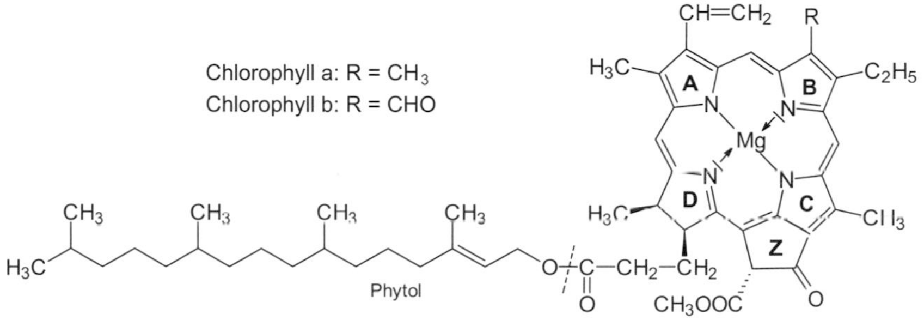

Chlorophyll a: R = CH$_3$
Chlorophyll b: R = CHO

Phytol

48.2.3 Vitamin B$_{12}$

Eng verwandt mit den Porphinfarbstoffen ist der *Antiperniciosa*-Faktor, das Vitamin B$_{12}$, ein dunkelroter Farbstoff. Es enthält das so genannte **Corrin-System**, bei dem im Vergleich zum Porphin-Ringsystem eine Methin-Gruppe fehlt. Dadurch ergibt sich ein 15-gliedriger Ring, wobei auch hier einige der Pyrrolringe teilweise gesättigt sind. Das Corrin-System ist hochsubstituiert, vor allem mit Essigsäure- und Propionsäure-Gruppen, welche als Amide vorliegen, wodurch sich eine extrem komplizierte Struktur ergibt. Eine der Propionsäure-Gruppen ist an ein Nucleotid gebunden, welches Dimethylbenzimidazol als Nucleobase enthält. Dieses koordiniert an das Zentralatom, in diesem Fall Cobalt. Die sechste Koordinationsstelle des Cobalts wird durch ein Cyanidion (R = CN$^-$) besetzt, welches jedoch auch gegen OH$^-$ oder Cl$^-$ ausgetauscht werden kann.

48.2.4 Phthalocyanine

Auch die als Pigmentfarbstoffe technisch wichtigen Phthalocyanine sind ähnlich
wie das Porphinsystem aufgebaut. Die Methinbrücken sind hier jedoch durch Stickstoff ($-N=$) ersetzt, als Zentralion findet man oft Cu^{2+}.

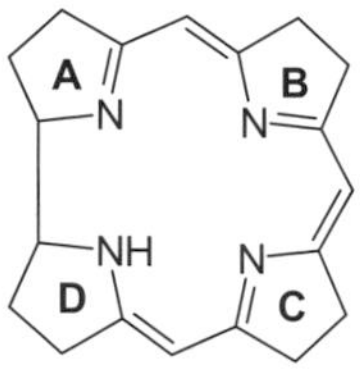

Corrin

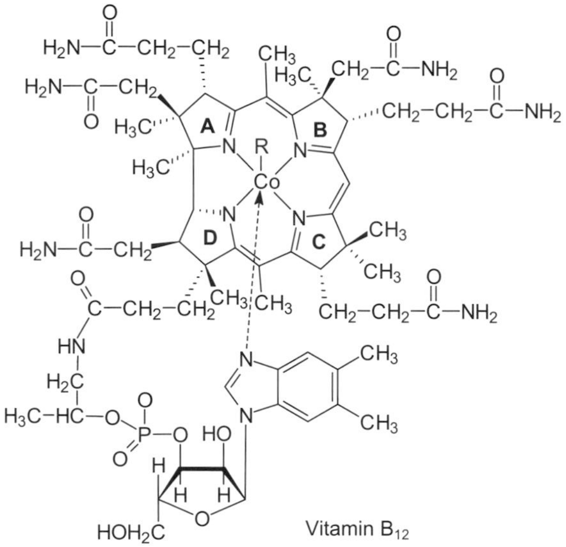

Vitamin B$_{12}$

48.3 Anthocyane

Anthocyane enthalten den Heterocyclus **Chromen**, der folgenden Derivaten zugrunde liegt:

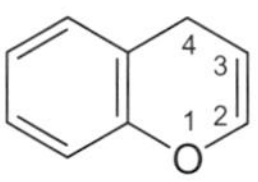

4H-Chromen 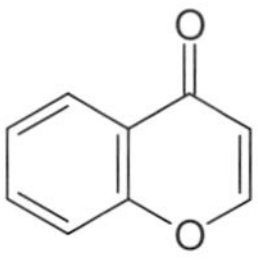   Chromon 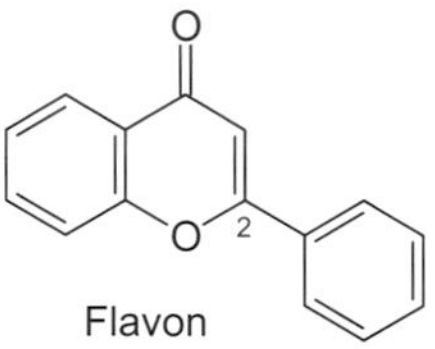   Flavon
                                                 (2-Phenyl-chromon)

Viele rote und blaue Blütenfarbstoffe sind substituierte **Flavyliumsalze,** die wie
üblich meist als Glycoside (Anthocyanine) vorkommen. Bei der sauren Hydrolyse
erhält man die mesomeriestabilisierten Flavyliumsalze (Anthocyanidine).

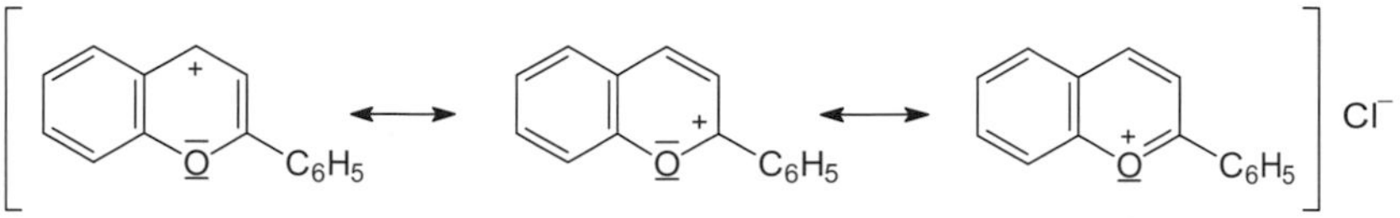

Flavyliumchlorid (mesomeriestabilisiert)
(2-Phenylchromyliumchlorid)

Die wichtigsten Vertreter sind:

- **Cyanidinchlorid** (3,5,7,3′,4′-Pentahydroxy-flavyliumchlorid),
- **Delphinidinchlorid** (3,5,7,3′,4′,5′-Hexahydroxy-flavyliumchlorid),
- **Pelargonidinchlorid** (3,5,7,4′-Tetrahydroxy-flavyliumchlorid).

Die Farbe der Anthocyane hängt ab vom pH-Wert und verschiedenen Metallionen, mit denen Chelatkomplexe gebildet werden.

Eng verwandt mit den Anthocyanidinen sind die **Flavonole** (3-Hydroxy-flavone), meist gelbe Farbstoffe, die frei oder glycosidisch gebunden in Blüten und Rinden vorkommen. Dazu gehört z. B. **Morin** (5,7,2′,4′-Tetrahydroxy-flavonol), ein empfindliches Nachweisreagenz für Al^{3+}, oder **Quercitin** (5,7,3′,4′-Tetrahydroxy-flavonol) in Stiefmütterchen, Löwenmaul, Rosen etc.

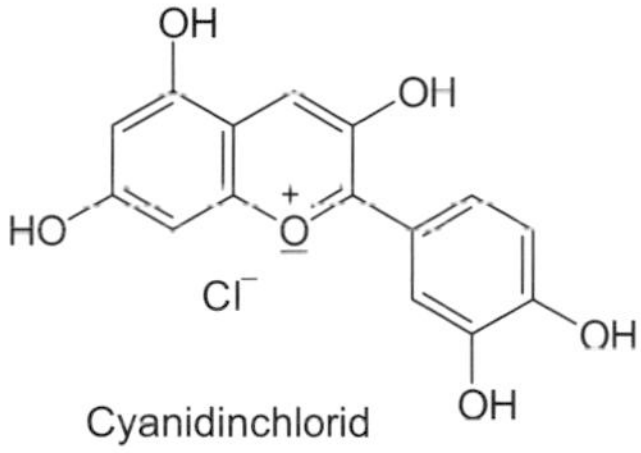

Cyanidinchlorid
(rote Rose, Kornblume, Mohn, Kirsche)

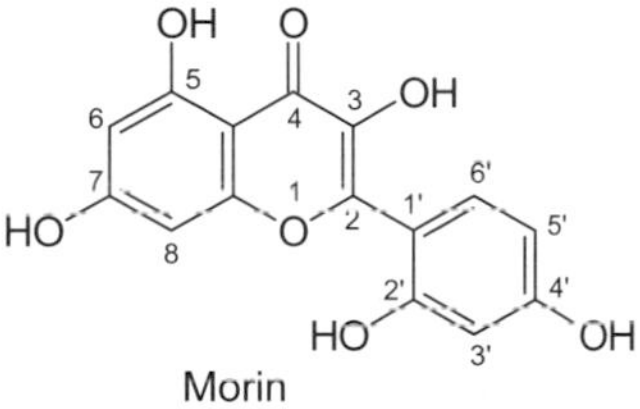

Morin
(Gelbholz)

48.4   Catechine

Chemisch verwandt mit den beiden Farbstoffgruppen (Anthocyanidinen und Fla-
vonolen) (Abschn. 48.3) sind die Catechine, **natürliche Gerbstoffe**, die ebenfalls
meist glycosidisch gebunden sind, z. B. **Catechin** und **Vitamin E** (Tocopherol).

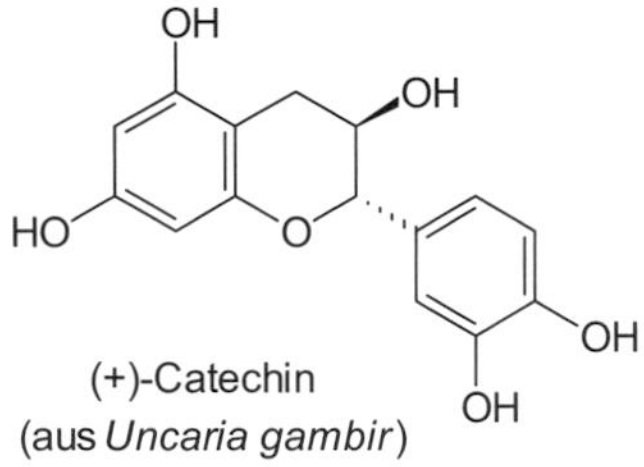

(+)-Catechin
(aus *Uncaria gambir*)

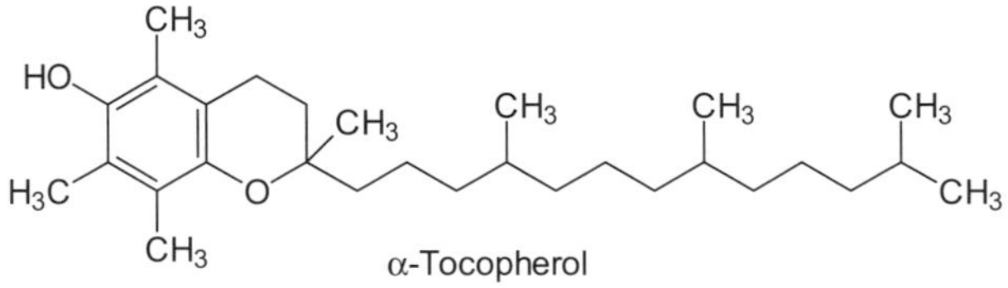

α-Tocopherol

Wichtige Medikamente

49

▶ Medikamente (Arzneimittel) sind definiert als „Stoffe oder Stoffzusammensetzungen, die zur Heilung oder Verhütung von Krankheiten verabreicht werden können, um die menschlichen (oder tierischen Funktionen) wiederherzustellen."

Neue Medikamente werden von der Pharmaindustrie entwickelt. Dabei werden zuerst neue Wirkstoffe identifiziert und charakterisiert. Diese können entweder als Naturstoffe natürlich vorkommen, oder auch vollsynthetisch hergestellt sein. Diese werden auf ihre biologische Aktivität hin untersucht und in der Regel durch aufwendige Synthesen optimiert. Dann werden sie experimentell-pharmakologischen Testsystemen unterzogen, bevor ihre Toxizität auch in Tierversuchen untersucht wird. Die pharmazeutische Technologie (Galenik) entwickelt dann die optimale Arzneiform (Salbe, Tablette, Zäpfchen, ...). Vor der Zulassung muss ein Medikament mehrere klinische Phasen durchlaufen, bevor es auf den Markt gelangen darf.

- *Phase I*: Überprüfung der Arzneistoffaufname und Überprüfung der Nebenwirkungen (10–15 Probanden).
- *Phase II*: Qualitative und quantitative Überprüfung der (Neben-)Wirkungen und Dosisfindung für Phase III (100–500 Patienten).
- *Phase III*: Quantitativer Nachweis der Wirksamkeit gegenüber einem Placebo oder eine ähnliche Kontrolle (> 1000 Patienten).
- *(Phase IV)*: Langzeitstudie, nachdem das Medikament auf dem Markt zugelassen ist.

▶ Ein **Placebo** ist eine Tablette oder Kapsel ohne Wirkstoff, die also auch keine Wirkung entfalten darf.

Tritt dennoch beim Patienten eine physische oder körperliche Reaktion auf, dann nennt man dies „Placeboeffekt". In der Regel ist dies auf psychische Effekte zurückzuführen.

© Springer-Verlag Berlin Heidelberg 2016
701
H.P. Latscha, U. Kazmaier, *Chemie für Biologen*, DOI 10.1007/978-3-662-47784-7_49

Die Entwicklung eines Medikaments ist ein sehr langer Weg von der Entdeckung eines Wirkstoffs bis hin zum marktreifen Produkt. Nur ca. 8 % aller Wirkstoffe, die überhaupt in die klinischen Studien gelangen (die meisten scheiden schon vorher aus), schaffen auch die Zulassung. Da vor allem die klinische Phase-III-Studie extrem teuer ist, kostet die Entwicklung eines Medikaments nicht selten rund 1 Mrd. €. Einige der wichtigsten Medikamenten-Klassen seien hier vorgestellt.

49.1 Antibiotika

Der Name Antibiotika stammt aus dem Griechischen (*anti bios* = gegen Leben). Antibiotika sind streng genommen niedermolekulare Stoffwechselprodukte niederer Organismen wie Pilze und Bakterien, die schon in geringen Dosen das Wachstum anderer Mikroorganismen hemmen oder diese abtöten. Als Antibiotika bezeichnet man in der Regel Arzneistoffe zur **Behandlung von Infektionskrankheiten**. In der Regel sind Antibiotika gut verträglich und zeigen wenige Nebenwirkungen, da sie häufig gezielt in bakterielle Prozesse eingreifen, die beim Menschen gar nicht vorkommen. Das **Hauptproblem** bei der Anwendung von Antibiotika ist das Auftreten von **Resistenzen** bei den Krankheitserregern, was auch auf den übermäßigen Einsatz z. B. in der Massentierhaltung oder in Krankenhäusern zurückzuführen ist.

Man kann folgende wichtige Klassen unterscheiden:

- β-Lactam-Antibiotika
- Glykopeptide
- Polypeptidantibiotika
- Polyketidantibiotika
- Chinolone
- Sulfonamide

49.1.1 β-Lactam-Antibiotika

Typische Vertreter dieser Substanzklasse sind die Penicilline, Cephalosporine und Carbapeneme. **Penicillin** G wurde 1928 von Alexander Fleming entdeckt und ist damit eines der ältesten verwendeten Antibiotika. Obwohl schon viele Erreger dagegen resistent sind, wird die „Muttersubstanz" aller Penicilline immer noch eingesetzt. Die Penicilline stören die Zellteilung der Bakterien, indem sie den Aufbau der Zellwand behindern. Die Zellwand wird dadurch „löchrig" und die Bakterien „laufen aus". D. h., die Penicilline wirken nur gegen sich teilende Bakterien, aber nicht gegen existierende, sich nicht teilende.

Cephalosporine sind *Breitbandantibiotika*, die ähnlich wie die Penicilline aufgebaut sind und ebenfalls von Schimmelpilzen produziert werden. Auch sie hemmen die Zellwandbiosynthese der Bakterien.

Carbapeneme werden nur in sehr speziellen Fällen eingesetzt. Sie gelten als „**Reserveantibiotika**" und kommen nur zum Einsatz, wenn andere Antibiotika bei resistenten Erregern nicht mehr wirken.

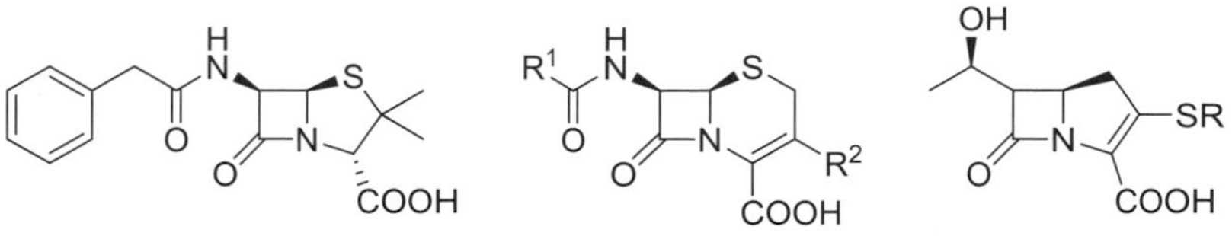

Penicillin G   Cephalosporine   Carbapeneme

49.1.2 Glykopeptide

Glykopeptide behindern wie die β-Lactame die Zellwandbiosynthese und wirken gegen grampositive Bakterien. Typische Vertreter sind Vancomycin und Teicoplanin, hoch komplexe Strukturen.

49.1.3 Polypeptidantibiotika

Polypeptidantibiotika sind cyclische Peptide unterschiedlicher Ringgröße, die von diversen Bakterienstämmen produziert werden. Einige von ihnen wirken auf die Zellmembran von Bakterien, so dass Transportprozesse durch die Membran be- oder verhindert werden (z. B. Polymyxine).

49.1.4 Polyketidantibiotika

Diese Gruppe von *Breitbandantibiotika* wirkt gegen grampositive und gramnegative Bakterien, indem sie die bakterielle Proteinsynthese hemmen. Die **Tetracycline** werden von Bakterien der Gattung *Streptomyces* produziert und in der Regel anschließend chemisch verändert (halbsynthetische Antibiotika). Sie binden an die bakteriellen Ribosomen stärker als an menschliche, was ihre Selektivität erklärt. Die **Makrolidantibiotika** wie z. B. Erythromycin hemmen ebenfalls die Proteinbiosynthese und finden Anwendung z. B. bei Geschlechtskrankheiten und Hautinfektionen.

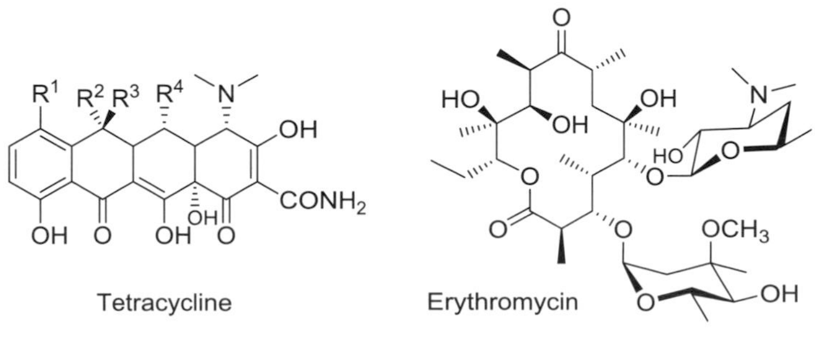

Tetracycline   Erythromycin

49.1.5 Chinolone

Die Chinolone sind synthetische Antibiotika mit einem Chinolin-Grundgerüst. Sie wirken auf die DNA der Bakterien und verhindern, dass diese repliziert werden kann.

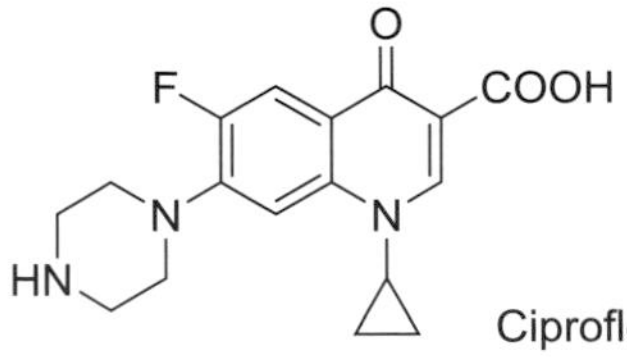

Ciprofloxacin

49.1.6 Sulfonamide

Die Sulfonamide (Abschn. 29.3.2) sind Analoga des Wachstumsfaktors p-Amino-benzoesäure und verhindern die Bildung von Folsäure, die für das Wachstum der Bakterien wichtig ist.

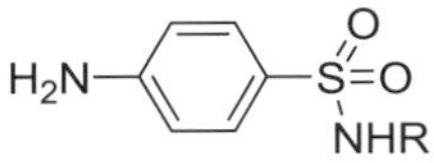

Sulfonamide

49.2 Antivirale Arzneistoffe

Antiviral wirkende Verbindungen werden gegen Viren und die durch sie verursach-ten Krankheiten eingesetzt. In der Regel wirken diese Mittel **virostatisch**, d. h., sie hemmen die Vermehrung der Viren im Körper. Diese Mittel greifen häufig in virusspezifische enzymatische Prozesse sein, die zur Vermehrung der Viren not-wendig sind. Da jedoch Viren über keinen eigenen Stoffwechsel verfügen, ist die Anzahl spezifischer Virenenzyme stark begrenzt, was die Entwicklung antiviraler Verbindungen schwierig macht. Typische Viruserkrankungen sind **(Vogel-)Grippe** (Influenza), **Herpes**, **Aids** und **Ebola**. Das Ebolavirus, welches 2014 die Ebola-Epidemie in Westafrika auslöste, kommt in fünf Formen vor und gehört mit zu den tödlichsten Viren (Sterblichkeitsrate 50–90 %, je nach Art). Wie andere Vi-ren auch wird es durch Kontakt mit Körperflüssigkeiten übertragen. Medikamente gegen Ebola gibt es bisher keine, einige Wirkstoffe befinden sich in der Erprobungs-phase (Stand: November 2014).

Oseltamivir (Tamiflu) gehört zur Gruppe der **Neuramidase-Inhibitoren** und wird zur Behandlung von Virusgrippe (Influenza A und B) eingesetzt. Von der Weltgesundheitsbehörde (WHO) wurde es auch zur Behandlung von Vogelgrippe H5N1 empfohlen.

Indinavir (Crixivan) ist ein Arzneistoff aus der Gruppe der **HIV-Proteaseinhibitoren** und wird bei der Behandlung von Aids-Patienten eingesetzt. Es wird in der Regel nicht als Einzelmedikament eingesetzt, da die Viren rasch Resistenzen entwickeln würden, sondern in Kombination mit **Azidothymidin** (AZT). Dies ist ein Derivat des Nukleosids Thymidin und wird statt diesem in die virale DNA eingebaut. Dadurch stoppt die virale DNA-Synthese (Abschn. 31.2), da die dafür benötigte 3-OH-Gruppe fehlt.

Oseltamivir   Azidothymidin   Indinavir
                              (AZT)

49.3 Antitumor-Arzneistoffe

Antitumor-Medikamente (Zytostatika) werden in der **Chemotherapie** zur Behandlung von **Krebserkrankungen** eingesetzt. Es handelt sich dabei um Zellgifte, die in den Zellteilungsprozess der Tumorzellen eingreifen und dadurch das Zell- und Tumorwachstum stoppen. Die Behandlung erfolgt in der Regel ambulant und besteht zumeist aus 4–8 Behandlungszyklen, bei denen am Patienten die Medikamente intravenös verabreicht werden. Da durch viele Medikamente nicht nur die Tumorzellen beeinträchtigt werden, sondern auch normale Körperzellen, haben die meisten Medikamente unerwünschte Nebenwirkungen wie Haarausfall, Übelkeit und Erbrechen, Appetitlosigkeit oder Veränderungen des Blutbildes.

Imatinib (Glivec) ist ein sogenannter **Proteinkinase-Inhibitor** und wird in erster Linie zur Behandlung von Blutkrebs (Leukämie) eingesetzt.

Paclitaxel (Taxol) wurde aus der Rinde der pazifischen Eibe isoliert und findet Anwendung zur Behandlung diverser Tumorarten wie etwa Prostata-, Brust- oder Lungenkrebs. Paclitaxel stört die Zellteilung (Mitose) und wirkt daher nicht nur auf Tumorzellen, sondern auch auf normale Körperzellen. Da sich Tumorzellen jedoch öfter und schneller teilen, sind sie stärker betroffen.

Um ungewünschten Nebenwirkungen zu vermeiden, bedient sich die moderne Tumortherapie sogenannter **Antikörper-Wirkstoff-Konjugate**, mit Hilfe derer ein Wirkstoff gezielt zu/in Tumorzellen transportiert wird, so dass diese gezielt geschädigt werden. Ein solcher Antikörper ist z. B. **Bevacizumab** (Avastin), der zur Behandlung von Darm-, Lungen-, Brust- Nieren- und Eierstockkrebs eingesetzt wird. Dabei handelt es sich um einen Angiogenese-Hemmer, er verhindert die Neubildung von Blutgefäßen, auf die ein wachsender Tumor angewiesen ist.

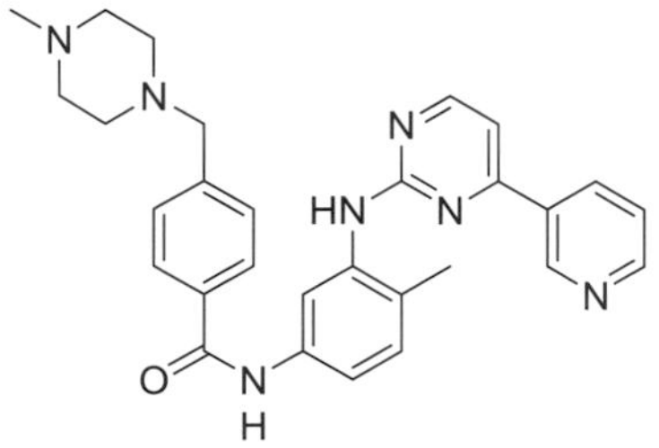

Imatinib 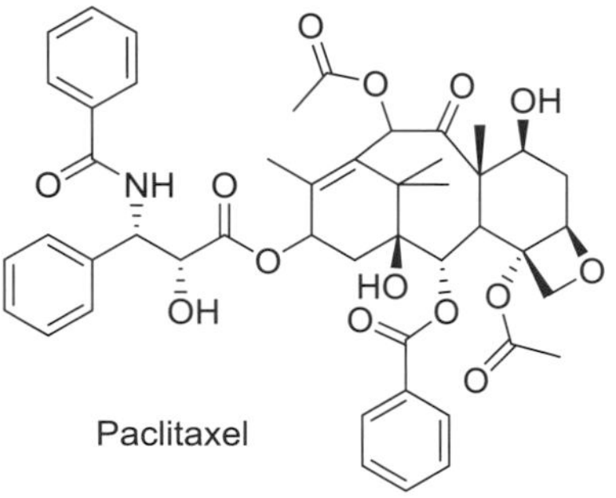   Paclitaxel

49.4 Blutdrucksenkende Arzneistoffe

Bluthochdruck (**Hypertonie**) ist eine der am weitesten verbreiteten Herz-Kreislauf-Erkrankungen der westlichen Welt und einer der „vier großen Risikofaktoren" (neben Rauchen, Diabetes und Hypercholesterinämie). Die Ursache der vor allem im Alter auftretenden Erkrankung ist in ca. 90 % aller Fälle nicht auffindbar.

Wird Bluthochdruck nicht rechtzeitig behandelt, kommt es oftmals zu Folgeerkrankungen wie Herzinfarkt, Schlaganfall oder Nierenschäden. Daher ist es wichtig, Bluthochdruck frühzeitig zu erkennen und zu behandeln. Typische Symptome sind Schwindel, Übelkeit, Nasenbluten oder Schlaflosigkeit. Oftmals genügt ein gesunder Lebensstil (gesunde Ernährung, Sport, kein Nikotin), um den Blutdruck zu senken. Gelingt dies nicht, sollten blutdrucksenkende Mittel zum Einsatz kommen. Hierbei kann man fünf Klassen unterscheiden:

- ACE-Hemmer
- AT1-Rezeptor-Antagonisten
- β-Blocker
- Ca-Antagonisten
- Diuretika

49.4.1 ACE-Hemmer

Das *Angiotensin-Converting-Enzym* (ACE) (Abschn. 42.2.3) ist an der Bildung des Hormons Angiotensin II beteiligt, welches eine Verengung der Blutgefäße, und damit verbunden einen Anstieg des Blutdrucks verursacht. Durch Hemmung dieses

Enzyms kann daher der Blutdruck gesenkt werden. Entsprechende Medikamente enden häufig mit „-pril" (z. B. Captopril, Enalapril, Lisinopril).

49.4.2 AT1-Rezeptor-Antagonisten

Diese wirken auf dasselbe Hormonsystem wie die ACE-Hemmer, jedoch verhindern sie nicht die Bildung des Angiotensin II, sondern sie blockieren den Rezeptor des Hormons, an den es binden muss, um seine blutdrucksteigernde Wirkung auszulösen. Diese Wirkstoffe enden mit „-sartan" (z. B. Candesartan, Telmisartan).

49.4.3 β-Blocker

β-Blocker blockieren bestimmte Rezeptoren für Adrenalin und Noradrenalin in der Niere. Diese Hormone werden in Stress-Situationen ausgeschüttet und führen zur Freisetzung des Enzyms Renin, welches wiederum die Bildung von Angiotensin II bewirkt und damit den Blutdruck steigert. Die β-Blocker verhindern also, dass diese ganze Kaskade durchlaufen wird. Weiterhin blockieren diese Medikamente Adrenalin-Rezeptoren am Herzen, wo das Andrenalin zu einer Steigerung der Herzfrequenz und der Schlagkraft des Herzens führt. Auch dieser „Bremseffekt" wirkt blutdrucksenkend. β-Blocker enden auf „-lol" (z. B. Bisoprolol, Metoprolol).

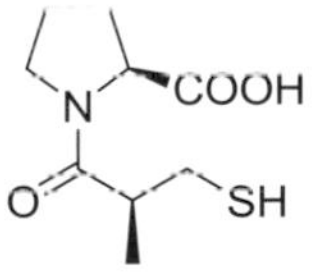

Captopril 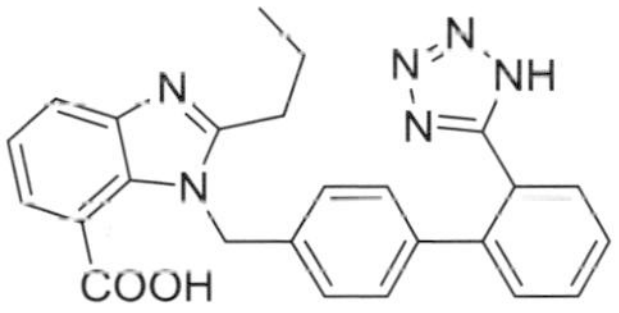   Candesartan 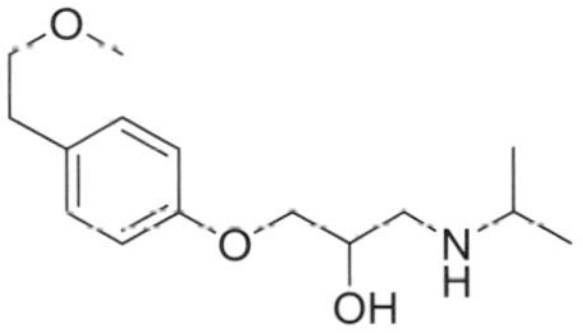   Metoprolol

49.4.4 Ca-Antagonisten

Ca-Antagonisten hemmen spezielle Ca-Kanäle der Gefäßmuskulatur und verhindern das Einströmen von Ca^{2+} in die Zelle. Dadurch können sich die Muskelzellen weniger zusammenziehen, die Gefäße bleiben erweitert, was wiederum blutdrucksenkend wirkt. Diese Wirkstoffe erkennt man an der Endung „-dipin" (z. B. Amlodipin, Nifedipin). Typisches Strukturelement ist das Dihydropyridin-Ringsystem.

49.4.5 Diuretika

Diuretika sind Medikamente, die entwässernd wirken. Durch die vermehrte Wasserausscheidung sinkt die Blutmenge in den Gefäßen und damit auch der Blutdruck. Weit verbreitet sind Thiazid-Diuretika (z. B. Hydrochlorthiazid, Polythiazid).

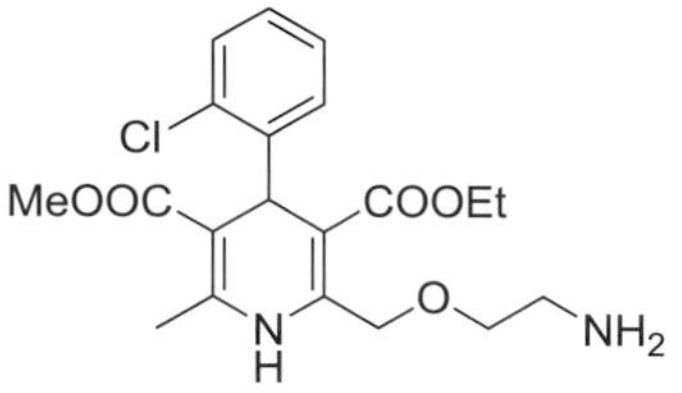

Amlodipin 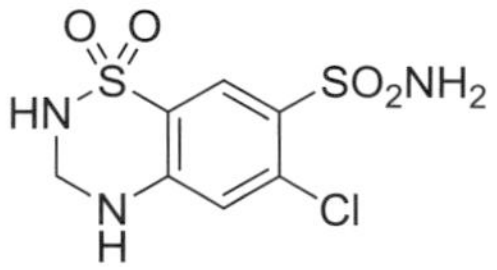   Hydrochlorthiazid

49.5 Cholesterinsenkende Arzneistoffe

Ein hoher Cholesterinwert gilt als Hauptursache für die Entwicklung von **Arteriosklerose** sowie davon abhängiger Folgeerkrankungen. Da Herz-Kreislauf-Erkrankungen die Todesursache Nr. 1 in westlichen Ländern darstellen, gehören cholesterinsenkende Mittel zu den absatzstärksten Arzneimitteln in Europa und den USA.

Cholesterin ist ein lebenswichtiger Bestandteil der Plasmamembran und Vorstufe zur Synthese der Steroidhormone und Gallensäure. Ein Teil des Cholesterins wird über die Nahrung aufgenommen, ein Teil wird im Körper direkt synthetisiert. Zur Senkung des Cholesterinspiegels trägt gesunde Ernährung bei (Absenkung der Cholesterinaufnahme). Genügt diese Maßnahme nicht, muss oft mit Medikamenten therapiert werden. Dabei kann man entweder die Cholesterinaufnahme im Darm blockieren, z. B. mit Ezetimib, oder man inhibiert die Cholesterinbiosynthese im Körper. Viele Medikamente **hemmen** die **HMG-CoA-Reduktase**, ein Schlüsselenzym der Cholesterinproduktion. Diese Medikamente haben meist die Endung „-statin" (z. B. Simvastatin, Atorvastatin, Fluvastatin).

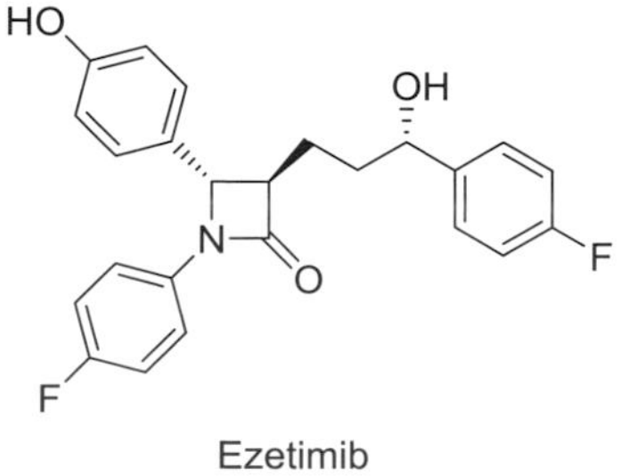

Ezetimib 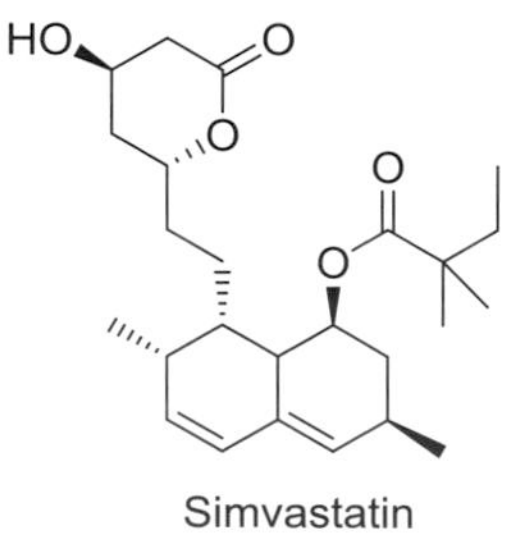   Simvastatin

49.6 Entzündungshemmer

Entzündungshemmer (Antiphlogistika) greifen auf biochemischem Weg in Entzündungsprozesse ein, wobei man zwischen den steroidalen, nichtsteroidalen und pflanzlichen **Antiphlogistika** unterscheidet. Zu Letzteren gehören z. B. etherische Öle aus Kamillen und Arnikablüten. Zu den steroidalen Wirkstoffen gehören die Glucocorticoide (Abschn. 46.4) wie z. B. Cortisol und Prednisolon. Sie werden z. B. bei allergischem Schnupfen und Asthma eingesetzt.

Zu den nichtsteroidalen Entzündungshemmern zählen z. B. Acetylsalicylsäure, Ibuprofen und Diclofenac. Diese hemmen Cyclooxygenasen, welche für die Bildung der entzündungsvermittelnden Prostaglandine verantwortlich sind. In der Regel haben diese Verbindungen auch schmerzstillende Wirkung.

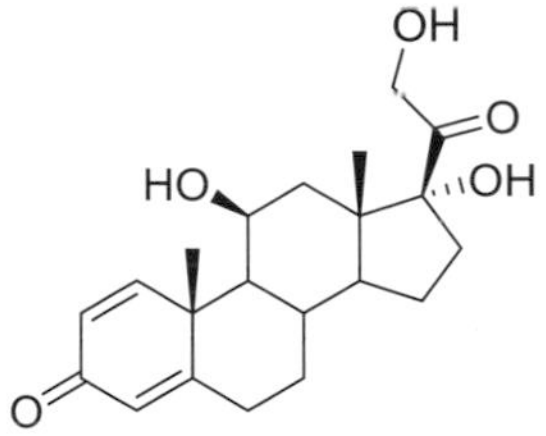

Prednisolon 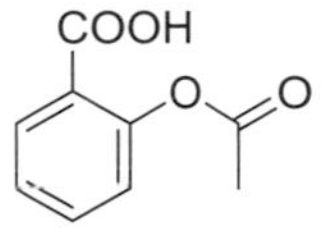   Acetylsalicylsäure 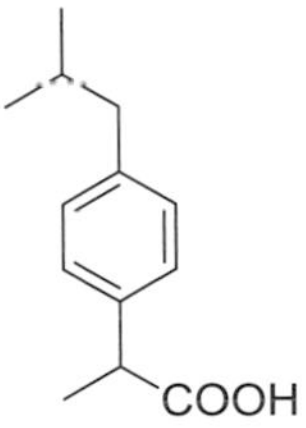   Ibuprofen 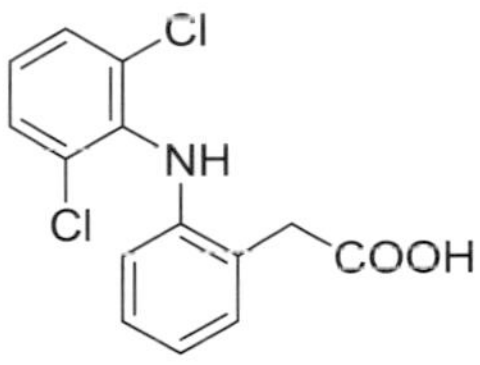   Diclofenac

49.7 Potenzmittel

Als Potenzmittel bezeichnet man umgangssprachlich Wirkstoffe zur Behandlung der **erektilen Dysfunktion** (Impotenz). Die neuesten und wirkungsvollsten Medikamente sind Hemmer des Enzyms Phosphodiesterase-5 (PDE-5). Diese Verbindungen wurden ursprünglich zur Behandlung von Angina Pectoris entwickelt, da eine Hemmung der PDE-5 zu einer Erweiterung der Blutgefäße und besseren Durchblutung führt. Viele der Medikamente haben die Endung „-fil", z. B. Sildenafil (Viagra), Vardenafil (Levitra), Tadalafil (Cialis).

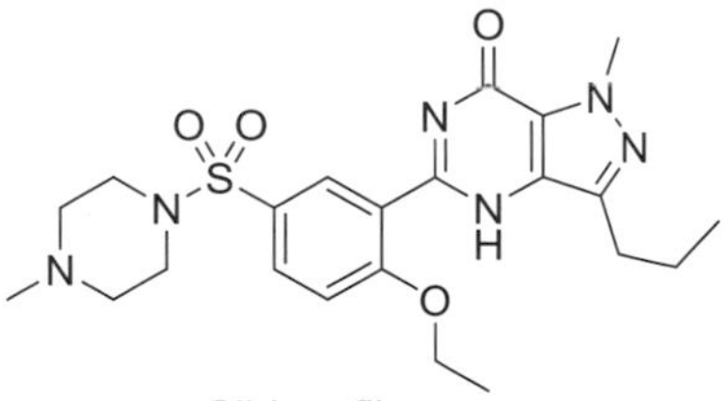

Sildenafil 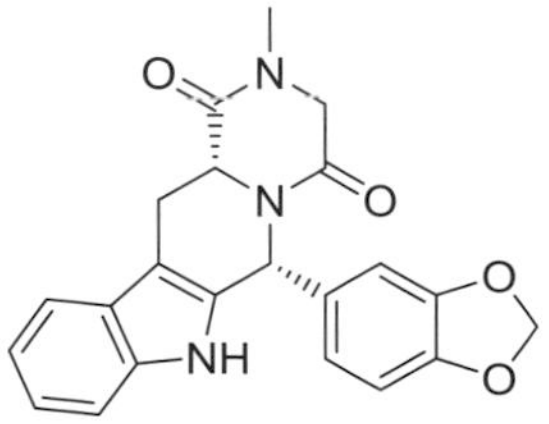   Tadalafil

49.8 Psychopharmaka

Psychopharmaka beeinflussen neuronale Abläufe im Gehirn und bewirken dadurch eine Veränderung der psychischen Verfassung. Sie werden in der Regel bei psychischen Störungen eingesetzt. Die meisten Medikamente nehmen Einfluss auf die chemische Signalübertragung am synaptischen Spalt. Einige von ihnen ahmen den natürlichen **Neurotransmitter** (Abschn. 14.1.5) nach und reizen den Rezeptor der nächsten Nervenzelle (Agonisten), andere blockieren diesen Rezeptor, so dass der Neurotransmitter nicht gebunden werden kann (Antagonisten). Eine weitere Möglichkeit besteht in der Hemmung des Enzyms, das für den Abbau des Neurotransmitters verantwortlich ist. Man kann diese Psychopharmaka in mehrere Gruppen unterteilen.

49.8.1 Antidepressiva

Diese Verbindungen werden überwiegend gegen Depressionen, Panikattacken, Essstörungen, aber auch gegen chronische Schmerzen und Schlafstörungen eingesetzt. Weit verbreitet sind tricyclische Antidepressiva wie Clomipramin oder Amitriptylin. Sie greifen in das Neurotransmittersystem ein, indem sie die Wiederaufnahme von Serotonin, Noradrenalin und Dopamin hemmen. Dadurch steigt deren Konzentration im synaptischen Spalt, die bei Depressionen normalerweise zu niedrig ist.

Neben solchen synthetischen Psychopharmaka kommen häufig auch Phytopharmaka zum Einsatz, die ausschließlich pflanzlichen Ursprungs sind. Hierunter fallen z. B. Extrakte aus dem echten Johanniskraut (*Hypericum perforatum*). „Winterdepressionen" sind häufig auf Lichtmangel zurückzuführen und können durch Spaziergänge im Freien behandelt werden.

49.8.2 Neuroleptika

Diese Medikamente haben eine sedierende und antipsychotische (Realitätsverlust bekämpfende) Wirkung und werden hauptsächlich zur Behandlung von Wahnvorstellungen und Halluzinationen eingesetzt. Chlorpromazin war das erste verwendete Neuroleptikum. Es gehört wie Clomipramin zu den tricyclischen Antidepressiva und blockiert die Neurotransmitter-Rezeptoren. Andere weit verbreitete Strukturen sind Dibenzepine und Butyrophenone, wie etwa Haloperidol.

Haloperidol blockiert Dopamin-Rezeptoren und zeigt trotz hoher antipsychotischer Aktivität vergleichsweise wenige Nebenwirkungen und ist daher relativ gut verträglich.

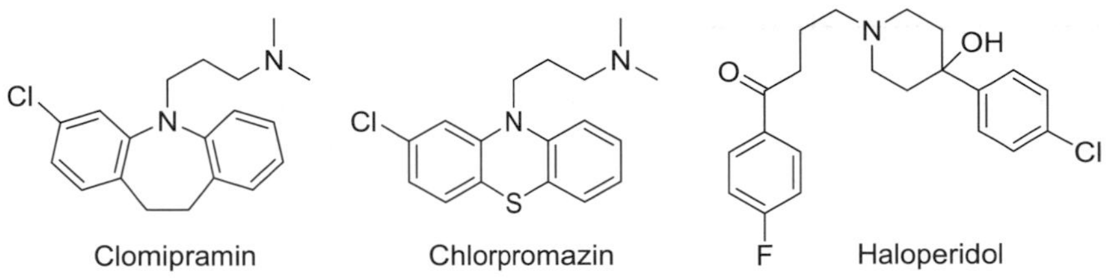

Clomipramin   Chlorpromazin   F   Haloperidol

49.8.3 Tranquilizer

Diese Substanzklasse hat angstlösende und entspannende Wirkung. Neben β-Blockern und Neuroleptika kommen hierbei oft Benzodiazepine zum Einsatz. Benzodiazepine binden an den **GABA-Rezeptor** (GABA: γ-Aminobuttersäure) und beeinflussen dadurch die Chlorid-Ionenkanäle der Nervenzellen. Letztendlich wird die Erregbarkeit der Nervenmembran herabgesetzt. Benzodiazepine enden häufig mit „-olam" oder „-epam".

Pflanzliche Sedative findet man zum Beispiel im Hopfen oder Baldrian.

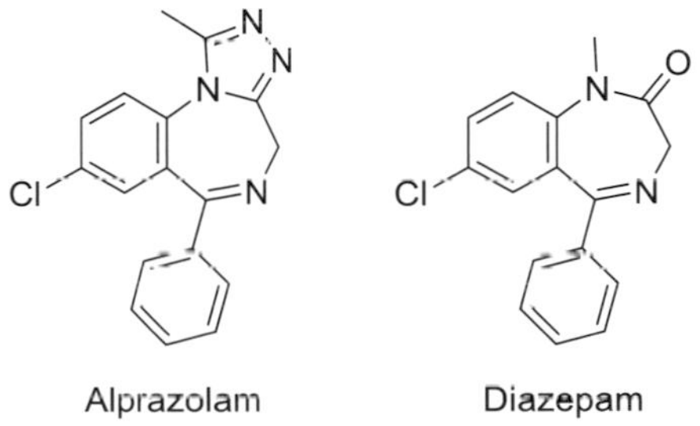

Alprazolam   Diazepam

49.8.4 Schlafmittel (Hypnotika)

Schlafmittel sind schlaffördernde Substanzen, die im „fließenden Bereich" zwischen Beruhigungsmitteln (Sedativa) und Betäubungsmitteln (Narkotika) angesiedelt sind. Daher werden häufig auch solche Mittel bei Schlafstörungen eingesetzt. Neben pflanzlichen Extrakten (Hopfen, Melisse, Baldrian) und den bereits vorgestellten Benzodiazepinen fanden früher vor allem Barbitursäure-Derivate (Barbiturate) Anwendung. Aufgrund von Nebenwirkungen (*Hangover*) sind die meisten dieser Medikamente mittlerweile wieder vom Markt. Ebenso wie das früher oft verwendete Chloralhydrat.

49.8.5   Stimulanzien

Als Stimulanzien (**Psychotonika**, „Upper") bezeichnet man Substanzen, die anregend auf den Organismus wirken. Neben den Xanthin-Derivaten Koffein, Theobromin und Theophyllin sind hier vor allem die **Amphetamine** zu nennen, Verbindungen aus der Klasse der β-Phenylethylamine. Neben dem Appetitzügler Ephedrin fallen hierunter auch „Party-Drogen" wie Ecstasy. Viele dieser Stimulanzien haben Suchtpotenzial. Bei Überdosierung kommt es häufig zu Bluthochdruck, Herzrasen, Aggressivität oder gar zum Ausbruch von Psychosen.

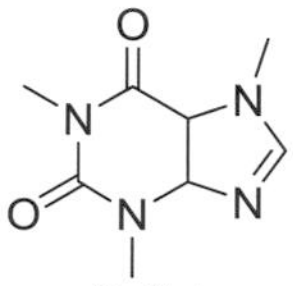

Coffein 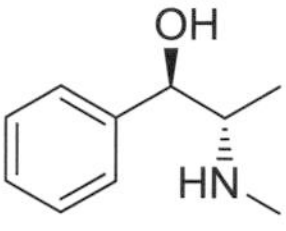   Ephedrin 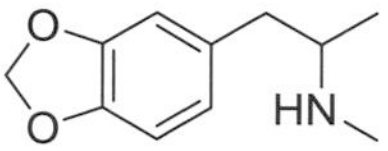   Ecstasy

Literaturnachweis und Literaturauswahl an Lehrbüchern

Allgemeine und anorganische Chemie – Große Lehrbücher

1. Cotton FA, Wilkinson G (1999): Advanced Inorganic Chemistry. Interscience Publishers, New York

2. Ehlers E (2008): Chemie I. Deutscher Apotheker Verlag, Stuttgart

3. Eméleus HJ, Sharpe AG (1973): Modern Aspects of Inorganic Chemistry. Routledge & Kegen Paul, London

4. Greenwood NN, Earnshaw A (1997): Chemistry of the Elements. Pergamon Press.

5. Heslop RB, Jones K (1976): Inorganic Chemistry. Elsevier.

6. Hollemann AF, Wiberg E (2007): Lehrbuch der anorganischen Chemie. Walter de Gruyter, Berlin

7. Huheey IE, Keiter EA u.a. (2003): Anorganische Chemie. Walter de Gruyter, Berlin

8. Lagowski JJ (1973): Modern Inorganic Chemistry. Marcel Dekker, New York

9. Purcell KF, Kotz JC (1977): Inorganic Chemistry. WB Saunders, Philadelphia

10. Riedel E (2011): Anorganische Chemie. Walter de Gruyter, Berlin

11. Riedel E. (Hrsg) (2012). Moderne Anorganische Chemie. Walter de Gruyter, Berlin

Allgemeine und anorganische Chemie – Kleine Lehrbücher

12. Cotton FA, Wilkinson G (1995): Basic inorganic chemistry. John Wiley & Sons, New York

13. Gutmann, Hengge (1974): Allgemeine und anorganische Chemie. Verlag Chemie, Weinheim

14. Jander G, Spandau H (1987): Kurzes Lehrbuch der anorganischen und allgemeinen Chemie. Springer, Berlin

15. Kaufmann H (1996): Grundlagen der allgemeinen und anorganischen Chemie. Birkhäuser, Basel

16. Latscha HP, Klein HA (2011): Anorganische Chemie (Chemie Basiswissen I). Springer, Berlin

17. Mortimer ChE, Müller U (2014): Chemie. Thieme, Stuttgart

18. Riedel E (2013): Allgemeine und Anorganische Chemie. Walter de Gruyter, Berlin

© Springer-Verlag Berlin Heidelberg 2016   713
H.P. Latscha, U. Kazmaier, *Chemie für Biologen*, DOI 10.1007/978-3-662-47784-7

Allgemeine und anorganische Chemie – Darstellungen der allgemeinen Chemie

19. Becker RS, Wentworth WE (1976): Allgemeine Chemie. Thieme, Stuttgart

20. Blaschette A (1993): Allgemeine Chemie. Akademische Verlagsgesellschaft, Frankfurt

21. Christen HR (1997): Grundlagen der allgemeinen und anorganischen Chemie. Sauerländer-Salle, Aarau

22. Dickerson, Gray, Haight (1978): Prinzipien der Chemie. Walter de Gruyter, Berlin

23. Fachstudium Chemie, Lehrbuch 1–7. Verlag Chemie, Weinheim

24. Gründler W et al (1990): Struktur und Bindung. Verlag Chemie, Weinheim

25. Heyke HE (1984): Grundlagen der Allgemeinen Chemie und Technischen Chemie. Hüthig, Heidelberg

26. Sieler J et al (1990): Struktur und Bindung – Aggregierte Systeme und Stoffsystematik. Verlag Chemie, Weinheim

Allgemeine und anorganische Chemie – Physikalische Chemie

27. Barrow GM (2012): Physikalische Chemie. Vieweg, Braunschweig

28. Brdicka R (1962): Grundlagen der Physikalischen Chemie. Wiley-VCH, Weinheim

29. Ebert H (1979): Elektrochemie. Vogel, Würzburg

30. Hamann, Vielstich (2005): Elektrochemie. Wiley-VCH, Weinheim

31. Moore WJ, Hummel DO (1990): Physikalische Chemie. Walter de Gruyter, Berlin

32. Näser K-H (1990): Physikalische Chemie. VEB Deutscher Verlag für Grundstoffindustrie, Leipzig

33. Wagner W (1976): Chemische Thermodynamik. Akademie-Verlag, Berlin

34. Wiberg E (1972): Die chemische Affinität. Walter de Gruyter, Berlin

Allgemeine und anorganische Chemie – Monografien über Teilgebiete

35. Bailar JC (1956): The chemistry of coordination compounds. Reinhold Publishing Corp, New York

36. Bell RP (1974): Säuren und Basen. Verlag Chemie, Weinheim

37. Chemische Kinetik. Fachstudium Chemie, Bd 6. Verlag Chemie, Weinheim

38. Büchner Schliebs Winter Büchel (1986): Industrielle Anorganische Chemie. Verlag Chemie, Weinheim

39. Emsley J (1994): Die Elemente. Walter de Gruyter, Berlin

40. Evans RC (1976): Einführung in die Kristallchemie. Walter de Gruyter, Berlin

41. Gillespie RJ (1985): Molekülgeometrie. Verlag Chemie, Weinheim

42. Gray HB (1973): Elektronen und chemische Bindung. Walter de Gruyter, Berlin

43. Greenwood NN (1973): Ionenkristalle, Gitterdefekte und nichtstöchiometrische Verbindungen. Verlag Chemie, Weinheim

44. Grinberg AA (1962): The Chemistry of Complex Compounds. Pergamon Press, London

45. Hardt H-D (1987): Die periodischen Eigenschaften der chemischen Elemente. Thieme, Stuttgart

46. Hiller J-E (1952): Grundriß der Kristallchemie. Walter de Gruyter, Berlin

47. Homann KH (1975): Reaktionskinetik. Steinkopff, Darmstadt

48. Kehlen H, Kuschel F, Sackmann, H (1974): Grundlagen der chemischen Kinetik. Vieweg, Braunschweig

49. Kettle SFA (1982): Koordinationsverbindungen. Verlag Chemie, Weinheim

50. Klapötke TM, Tornieporth-Oetting IC (1994): Nichtmetallchemie. Verlag Chemie, Weinheim

51. Kleber W (2010): Einführung in die Kristallographie. VEB Verlag Technik, Berlin

52. Kober F (1999): Grundlagen der Komplexchemie. Salle + Sauerländer, Frankfurt

53. Krebs H (1968): Grundzüge der Anorganischen Kristallchemie. Enke, Stuttgart

54. Kunze UR (2009): Grundlagen der quantitativen Analyse. Thieme, Stuttgart

55. Latscha HP, Klein HA (2014): Analytische Chemie. Springer, Berlin

56. Latscha HP, Schilling G, Klein HA (2014): Chemie-Datensammlung. Springer, Berlin

57. Lieser KH (1991): Einführung in die Kernchemie. Verlag Chemie, Weinheim

58. Powell P, Timms P (1974): The Chemistry of the Non-Metals. Chapman and Hall, London

59. Schmidt A (1985): Angewandte Elektrochemie. Verlag Chemie, Weinheim

60. Steudel R (2013): Chemie der Nichtmetalle. Walter de Gruyter, Berlin

61. Tobe ML (1976): Reaktionsmechanismen der anorganischen Chemie. Verlag Chemie, Weinheim

62. Verkade JG (1986): A Pictorial Approach to Molecular Bonding. Springer, Berlin

63. Weiss A, Witte H (1983): Kristallstruktur und chemische Bindung. Verlag Chemie, Weinheim

64. Wells AF (2012): Structural Inorganic Chemistry. University Press, Oxford

65. West AR (1992): Grundlagen der Festkörperchemie. Verlag Chemie, Weinheim

66. Winkler HGF (1955): Struktur und Eigenschaften der Kristalle. Springer, Berlin

Allgemeine und anorganische Chemie – Stöchiometrie

67. Kullbach W (1980). Mengenberechnungen in der Chemie. Verlag Chemie; Weinheim

68. Nylen P, Wigren N (1996): Einführung in die Stöchiometrie. Steinkopff, Darmstadt

69. Wittenberger W (2005): Rechnen in der Chemie. Springer, Wien

Allgemeine und anorganische Chemie – Nachschlagewerke und Übersichtsartikel

70. Adv. Inorg. Chem. Radiochemistry. Academic Press, New York

71. Aylward GH, Findlay TJV (2014): Datensammlung Chemie. Verlag Chemie, Weinheim

72. Chemie in unserer Zeit. Verlag Chemie, Weinheim

73. Comprehensive inorganic chemistry. Pergamon Press, New York

74. Fachlexikon ABC Chemie (1979). Harri Deutsch, Frankfurt

75. Gmelin Handbuch-Bände der Anorganischen Chemie. Springer, Berlin

76. Gutmann V (Hrsg) (1967). Halogen Chemistry. Academic Press, New York

77. Harrison RD (1982): Datenbuch Chemie Physik. Vieweg, Braunschweig

78. Kolditz L (Hrsg) (1985). Anorganikum. Wiley-VCH, Weinheim

79. Progress in Inorganic Chemistry. John Wiley & Sons, New York

80. Römpps Chemie-Lexikon (1996). Franckh'sche Verlagshandlung, Stuttgart

Organische Chemie – Allgemeine Lehrbücher

81. Beyer H, Walter W (2004): Lehrbuch der organischen Chemie. Hirzel, Stuttgart

82. Breitmaier E; Jung G (2005): Organische Chemie. Grundlagen, Stoffklassen, Reaktionen, Konzepte, Molekülstruktur. Thieme, Stuttgart

83. Bruice PY (2011): Organische Chemie. Pearson, München

84. Buddrus J (2015): Grundlagen der Organischen Chemie. de Gruyter, Berlin

85. Carey FA, Sundberg RJ (1995): Organische Chemie. Ein weiterführendes Lehrbuch. Wiley/VCH, Weinheim

86. Christen HR; Vögtle F (1996): Organischen Chemie, Bd I–III. Sauerländer-Diesterweg-Salle, Frankfurt

87. Fox ME, Whitesell JK (1995): Organische Chemie. Grundlagen, Mechanismen, bioorganische Anwendungen. Spektrum, Heidelberg

88. Sykes P (1988): Reaktionsmechanismen der organischen Chemie. Wiley/VCH, Weinheim

89. Vollhardt KPC, Schore NE (2011): Organische Chemie. Wiley/VCH, Weinheim

Organische Chemie – Kurzlehrbücher

90. Hart H, Craine LE, Hart DJ (1988): Organische Chemie. Ein kurzes Lehrbuch. Wiley/VCH, Weinheim

91. König B, Butenschön H (2007): Organische Chemie. Kurz und bündig für die Bachelor-Prüfung. Wiley/VCH, Weinheim

92. Latscha HP, Kazmaier U, Klein HA (2013): Organische Chemie (Chemie Basiswissen II). Springer, Berlin

93. Laue T, Plagens A (2006): Namen- und Schlagwort- Reaktionen der Organischen Chemie. Teubner, Stuttgart

94. Mortimer CE, Mueller U (2014): Chemie. Das Basiswissen der Chemie. Mit Übungsaufgaben. Thieme, Stuttgart

95. Wünsch KH, Miethchen R, Ehlers D (1993): Grundkurs Organische Chemie. Wiley/VCH, Weinheim

Organische Chemie – Sondergebiete

96. Becker HGO, Berger W, Domschke G (1996): Organikum. Wiley/VCH, Weinheim

97. Bender HF (2005): Sicherer Umgang mit Gefahrstoffen. Sachkunde für Naturwissenschaftler. Wiley/VCH, Weinheim

98. Brückner R (2015): Reaktionsmechanismen. Organische Reaktionen, Stereochemie, moderne Synthesemethoden. Spektrum Verlag, Heidelberg

99. Eicher T, Tietze LF (1995): Organisch-chemisches Grundpraktikum unter Berücksichtigung der Gefahrstoffverordnung. Thieme, Stuttgart

100. Eliel EL, Wilen SH (1997): Organische Stereochemie. Wiley/VCH, Weinheim

101. Habermehl G, Hamann PE (2008): Naturstoffchemie. Eine Einführung. Springer, Berlin

102. Hellwinkel D (2005): Nomenklatur der organischen Chemie. Springer, Berlin

103. Hesse M, Meier H, Zeeh B (2011): Spektroskopische Methoden in der organischen Chemie. Thieme, Stuttgart

104. Karlson P, Doenecke D, Koolman J (1994): Kurzes Lehrbuch der Biochemie für Mediziner und Naturwissenschaftler. Thieme, Stuttgart

105. Lehninger AL (1984): Grundkurs Biochemie. de Gruyter, Berlin

106. Velvart I (1989): Toxikologie der Haushaltsprodukte. Verlag Hans Huber, Göttingen

107. Vollmer G, Franz M (1994): Chemie in Haus und Garten. Thieme, Stuttgart

108. Warren S (1997): Organische Retrosynthese. Ein Lernprogramm zur Syntheseplanung. Teubner, Stuttgart

109. Weissermel K, Arpe HJ (2007): Industrielle organische Chemie. Bedeutende Vor- und Zwischenprodukte. Wiley/VCH, Weinheim.

Sachverzeichnis

Maßeinheiten

Das Internationale Einheitensystem (Système International d'Unités, SI) wurde am 2.7.1970 durch das „Gesetz über Einheiten im Messwesen" in der Bundesrepublik eingeführt. Die ergänzende Ausführungsverordnung trat am 5.7.1970 in Kraft. Nachfolgend sind die wichtigsten neuen Maßeinheiten zusammen mit den Umrechnungsfaktoren für einige ältere Einheiten angegeben.

1. Basiseinheiten des SI-Systems und der Atomphysik

Größe	Einheit	Zeichen
Länge	Meter	m
Masse	Kilogramm	kg
Zeit	Sekunde	s
Stromstärke	Ampere	A
Temperatur	Kelvin	K
Lichtstärke	Candela	cd
Stoffmenge	Mol	mol
Energie	Elektronenvolt	eV
Teilchenmasse	atomare Masseneinheit	u

2. Abgeleitete Einheiten

Größe	Einheit	Zeichen	Einheitengleichung	Umrechnung
Kraft	Newton	N	$m \cdot kg \cdot s^{-2}$	$1\,kp = 9,81\,N$ $1\,dyn = 10^{-5}\,N$
Druck	Pascal	Pa	$m^{-1} \cdot kg \cdot s^{-2}$	$1\,Torr = 1,333\,mbar$
	Bar	bar	$(1\,bar = 10^5\,Pa)$	$1\,mmHg = 1,333\,mbar$ $1\,atm = 1,013\,bar$
Arbeit	Joule	J	$m^2 \cdot kg \cdot s^{-2}$	$1\,erg = 10^{-7}\,J$
Energie				$1\,cal = 4,187\,J$
Elektronenvolt pro mol	eV			$96,485\,kJ \cdot mol^{-1} = 1\,eV$
Leistung	Watt	W	$m^2 \cdot kg \cdot s^{-3}$	$1\,kcal \cdot h^{-1} = 1,163\,W$ $1\,PS = 735,49\,W$

Aus Gründen der Zweckmäßigkeit wurde die Celsiustemperatur beibehalten. Für sie gilt: t in Grad Celsius (°C) $= T - 273{,}15$ in Kelvin (K). Das Gradzeichen (°) entfällt bei der Einheit Kelvin.

Während das Liter als Volumeneinheit weiterhin zulässig ist ($1\,l = 1\,L = 1\,dm^3$) soll die Längeneinheit Å in Meter angegeben werden: $1\,\text{Å} = 10^{-10}\,m = 100\,pm = 10^{-1}\,nm$.

Um bei der Verwendung von Basiseinheiten nicht ständig mit Zehnerpotenzen arbeiten zu müssen, werden die Messgrößen mit Vorsilben versehen, die nachfolgend aufgeführt sind.

Faktor	Bezeichnung	Kurzzeichen	Faktor	Bezeichnung	Kurzzeichen
10^{-18}	Atto-	a	10^{-1}	Dezi-	d
10^{-15}	Femto-	f	10^{1}	Deka-	da
10^{-12}	Pico-	p	10^{2}	Hekto-	h
10^{-9}	Nano-	n	10^{3}	Kilo-	k
10^{-6}	Mikro-	μ	10^{6}	Mega-	M
10^{-3}	Milli-	m	10^{9}	Giga-	G
10^{-2}	Zenti-	c	10^{12}	Tera-	T

Ergänzende Literatur: *J.F. Cordes*: Das neue internationale Einheitensystem. Naturwissenschaften *59*, 177–182.

Printing: Ten Brink, Meppel, The Netherlands
Binding: Ten Brink, Meppel, The Netherlands